高层建筑转换层结构设计与施工

（第二版）

唐兴荣 编著

中国建筑工业出版社

图书在版编目（CIP）数据

高层建筑转换层结构设计与施工/唐兴荣编著. —2 版. 北京:中国建筑工业出版社，2012.6
ISBN 978-7-112-14295-8

Ⅰ.①高… Ⅱ.①唐… Ⅲ.①高层建筑-转换层-结构设计-高等学校-教材 ②高层建筑-转换层-工程施工-高等学校-教材
Ⅳ.①TU973②TU974

中国版本图书馆 CIP 数据核字（2012）第 101469 号

本书按照我国最新规范《高层建筑混凝土结构技术规程》（JGJ 3—2010），《混凝土结构设计规范》（GB 50010—2010），《建筑抗震设计规范》（GB 50011—2010）和《混凝土结构工程施工规范》（GB 50666—2011），系统而完整地阐述了高层建筑转换层结构设计和施工。内容包括：带转换层高层建筑结构的概念设计、带托墙转换梁高层建筑结构设计、带托柱转换层高层建筑结构设计、深受弯构件设计、带桁架转换层高层建筑结构设计、带厚板转换层高层建筑结构设计、带箱形转换层高层建筑结构设计、搭接柱转换结构设计、斜撑（柱）转换结构设计、其他转换结构设计、预应力混凝土转换层结构设计、巨型框架结构设计、错列桁架结构设计、错列墙梁结构设计、错列剪力墙结构设计、带转换层高层建筑结构的动力分析、带转换层高层建筑结构基于性能的抗震设计、高层建筑转换层结构的施工等。

读者对象：土木工程专业本科生、研究生、教师及工程技术人员等。

* * *

责任编辑：郦锁林
责任设计：赵明霞
责任校对：党 蕾 王雪竹

高层建筑转换层结构设计与施工
（第二版）
唐兴荣 编著
*
中国建筑工业出版社出版、发行（北京西郊百万庄）
各地新华书店、建筑书店经销
北京红光制版公司制版
北京建筑工业印刷厂印刷
*
开本：787×1092 毫米 1/16 印张：33¼ 字数：808 千字
2012 年 9 月第二版 2012 年 9 月第六次印刷
定价：72.00 元
ISBN 978-7-112-14295-8
（22360）

第二版前言

从20世纪70年代中期，国内开始尝试使用底层大空间剪力墙结构，到现在短短的三十余年时间，带转换层结构或设置转换构件的高层建筑结构的工程实践越来越多，且已成为现代高层建筑结构发展的趋向之一。转换层结构在高层建筑中的应用使高层建筑结构的发展进入了一个新的发展时期。

编著者长期从事带转换层高层建筑结构的体系、设计理论的实践和研究，对带转换层高层建筑结构进行了较为系统的试验研究和理论分析，近年来又完成了两项省部级科研项目和多个应用实践项目，积累了大量的相关资料，同时考虑到《高层建筑混凝土结构技术规程》(JGJ 3—2010)、《建筑抗震设计规范》(GB 50011—2010)、《混凝土结构工程施工规范》(GB 50666—2011) 等新修订的规范已陆续颁布和实施，因此有必要对《高层建筑转换层结构设计与施工》(第一版) 的内容进行大量的补充和完善，尽可能反映近年来国内外学者和编者取得的有关转换层结构试验研究、理论分析和工程实践的最新成果。也希望对带转换层高层建筑结构的设计有实用价值，为我国经济建设和科技创新作一点贡献。

本书具有如下显著的特点：一是内容全面，基本包括了目前国内常用的带转换层高层建筑结构及一些设置转换构件的高层建筑结构的设计和施工问题；二是密切结合工程实际，书中列举了大量的工程设计和施工实例；三是重视带转换层高层建筑结构概念设计、结构计算和构造要求等的论述。希望在帮助读者学习和掌握转换层结构知识的同时，能较好地解决实际工程中的设计问题和创新地设计出新型转换层结构形式。

本书是一部全面详细地论述带转换层高层建筑结构设计理论与施工技术的论著，内容涉及带转换层高层建筑结构的概念设计、结构设计、抗震设计方法、施工技术等多个方面。内容包括：带转换层高层建筑结构的概念设计、带托墙转换梁高层建筑结构设计、带托柱转换层高层建筑结构设计、深受弯构件设计、带桁架转换层高层建筑结构设计、带厚板转换层高层建筑结构设计、带箱形转换层高层建筑结构设计、搭接柱转换结构设计、斜撑（柱）转换结构设计、其他转换结构设计、预应力混凝土转换层结构设计、巨型框架结构设计、错列桁架结构设计、错列墙梁结构设计、错列剪力墙结构设计、带转换层高层建筑结构的动力分析、带转换层高层建筑结构基于性能的抗震设计、高层建筑转换层结构的施工等。

本书可供工程设计人员、科研人员以及高等院校土木工程专业本科生、研究生和教师参考使用。希望本书能对他们了解和掌握带转换层高层建筑结构设计方面的知识有所帮助，为知识经济时代的到来和知识创新、加速现代高层建筑结构的发展和应用，起到一定的作用。

限于编著者的水平，加之时间仓促，书中论述的内容定有不妥之处恳请读者批评指正。

第一版前言

从20世纪70年代中期，国内开始尝试使用底层大空间剪力墙结构，到现在短短的二十余年时间，转换层结构的工程应用发展很快，正朝着形式多样，方法多样以及结构受力更有利的方向发展。转换层结构已成为现代高层建筑结构发展的趋向之一，转换层结构在高层建筑中的应用使高层建筑结构的发展进入了一个新的发展时期。

转换层结构工程的应用虽较多，但目前国内尚没有一本系统而完整地阐述高层建筑转换层结构设计与施工的专门论著，以反映现代高层建筑转换层结构的发展。笔者有幸从师于东南大学丁大钧教授和蒋永生教授，博士学位论文以南京新世纪广场工程为背景，对高层建筑转换层结构进行了较为系统的试验研究和理论分析，同时积累了大量的相关资料，觉得有必要编著一部书较为系统地对高层建筑转换层结构的知识作介绍，为我国经济建设和科技创新作一点贡献。

本书有两个显著的特点：一是着重于阐述各种转换层结构设计和施工问题；二是重视高层建筑转换层结构基本概念和设计方法的论述。希望在帮助读者学习和掌握转换层结构知识的同时，能较好地解决实际工程中的设计问题和创新地设计出新型转换层结构形式。

本书是一部全面详细地论述现代高层建筑转换结构设计理论与施工方面的论著，内容包括：梁式转换层结构的设计、深受弯构件设计、桁架转换层结构设计、厚板转换层结构设计、箱形转换层结构设计、巨型框架结构设计、错列桁架结构体系、错列墙梁结构体系、错列剪力墙结构体系、底层大空间剪力墙结构的设计、底部大空间上层鱼骨式剪力墙结构设计、大底盘大空间剪力墙结构设计、预应力混凝土转换层结构设计、高层建筑转换层结构的动力分析、高层建筑转换层结构的施工以及高层建筑转换层结构设计中的几个问题等。

本书可供土木工程专业研究生、高年级的本科生和工程技术人员和教师参考。希望本书能对他们了解和掌握高层建筑转换层结构设计和施工方面的知识有所帮助，为知识经济时代的到来和知识创新，加速现代高层建筑结构的发展和应用，起到一定的作用。

限于编著者的水平，加上时间仓促，书中定有不妥甚至错误之处，衷心希望读者批评指正。

目 录

0　绪　　论

0.1　转换层结构的定义

近年来国内、外高层建筑发展迅速，现代高层建筑越建越高、越建越大，其建筑向着体型复杂、功能多样的综合性方向发展。在同一座建筑中，沿房屋高度方向建筑功能要发生变化，上部楼层布置旅馆、住宅；中部楼层作为办公用房；下部楼层作为商店、餐馆和文化娱乐设施，这种不同用途的楼层需要采用不同的结构形式。

从建筑功能上看，上部需要小开间的轴线布置和需要较多的墙体以满足旅馆和住宅的功能要求；中部则需要小的或中等大小的室内空间，可以在柱网中布置一定数量的墙体以满足办公用房的功能要求；下部需要尽可能大的自由灵活的室内空间，要求柱网大、墙体尽量少，以满足商店、餐馆等公用设施的功能要求。

从结构受力上看，由于高层建筑结构下部楼层受力很大，上部楼层受力较小，正常的结构布置应是下部刚度大，墙体多、柱网密，到上部渐渐减少墙、柱的数量，以扩大柱网。这样，结构的正常布置与建筑功能对空间的要求正好相反（图 0-1）。因此，为满足建筑功能的要求，结构必须进行“反常规设计”，即将上部布置小空间，下部布置大空间；上部布置刚度大的剪力墙，下部布置刚度小的框架柱。为了实现这种结构布置，就必须在结构转换的楼层设置结构转换层（Structure Transfer Story），在结构转换层布置转换结构构件（Transfer Member）。

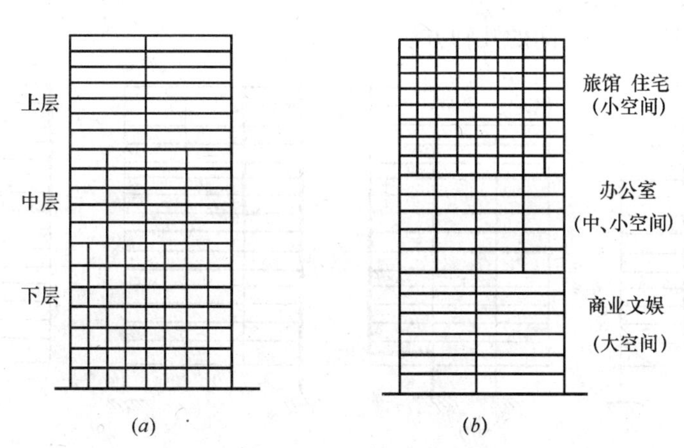

图 0-1　多功能建筑中结构正常布置与建筑功能的矛盾（示意图）
（a）结构的正常布置；（b）建筑功能对空间的要求

一般而言，当高层建筑下部楼层竖向结构体系或形式与上部楼层差异较大，或者下部楼层竖向结构轴线距离扩大或上部结构与下部结构轴线错位时，就应在结构改变的楼层布置结构转换层，形成带转换层结构。

鉴于目前高层建筑多功能发展的需要，带转换层的高层建筑结构的工程应用较多（附表1-1～附表1-7），已成为现代高层建筑发展趋势之一。

0.2 转换层的功能及其分类

0.2.1 结构转换层的建筑功能

在高层建筑中设置结构转换层可以实现以下建筑功能：

1. 提供大的室内空间

在商住楼、综合办公楼、酒店等公共建筑中，需要在某些楼层布置文体娱乐活动场所（例如商场、会议室、餐厅、歌舞厅、健身房等）及其他需要较大空间的公共用房，而其他楼层则是相对较小开间的用房，这就需要进行结构转换，形成室内大空间以满足建筑功能的需要。

当建筑物上部楼层均为常规建筑用房，而底层需要设置汽车、行人通道，甚至有火车轨道、站台穿过，也需要进行结构转换，形成底部大空间以满足建筑功能的需要。

此外，在办公、酒店等建筑中，有时一些楼层需要设置大、中型会议室，楼层局部需要大空间，这也需要在这些局部部位设置转换构件进行结构的局部转换。

大空间在楼层平面的范围，可以为整个楼层，需要设置整体转换层；也可以仅在楼层的某个局部需要大空间，设置结构局部转换层。大多数情况下，大空间层设置在底层或底部几层，也可以根据建筑功能在中间某层或某几层。

例如，在传统的剪力墙结构中，剪力墙间距小，适合于布置旅馆和住宅的客房层，当需要在底部布置商店、会议室、餐馆、文化娱乐及其他需要较大空间的公用房间时，可以将部分剪力墙通过转换层变为框支剪力墙，用框架柱代替剪力墙，形成部分框支剪力墙结构以满足建筑功能的要求。

图0-2为形成室内大空间的几种方法。

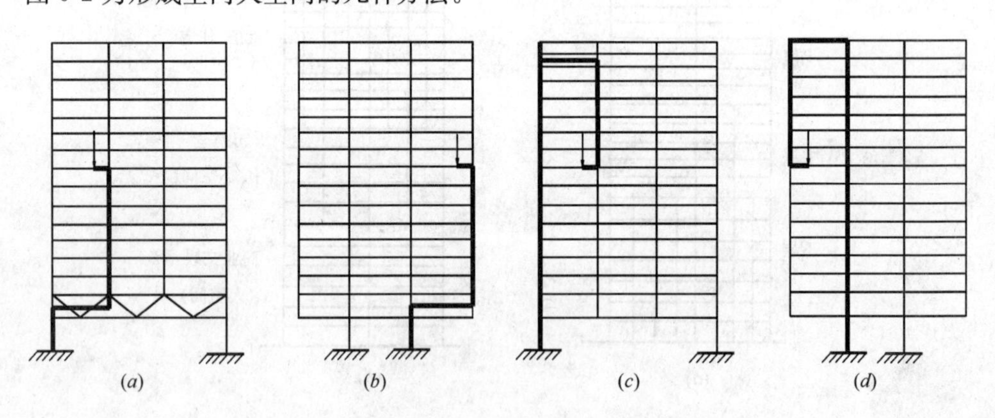

图0-2 内部大空间的形成
(*a*) 承托式；(*b*) 承托式；(*c*) 吊挂式；(*d*) 吊挂式

2. 提供大的出入口

一般而言，框架-核心筒结构和外围为密柱框架的筒中筒结构的内筒从上到下不需作什么变化，需要转换的主要是外筒。由于外框筒常常布置3～4m的柱距，无法为建筑物提供较大的入口，为了布置大的入口，要求在底部沿建筑平面周边柱列或角筒布置水平转换构件以扩大柱距。这里框架-核心筒、筒中筒结构中外框架（外筒体）密柱在房屋底部通过托柱转换层转变为稀柱框架的筒体结构，称为底部带托柱转换层的筒体结构。

0.2.2 结构转换层的分类

从结构角度看，结构转换层主要实现以下结构转换：

1. 上层和下层结构类型的转换

转换层将上部剪力墙转换为下部框架，以创造一个较大的内部自由空间。这种转换层广泛用于剪力墙结构和框架-剪力墙结构中，称这种类型的转换层为第一类转换层（图 0-3 中的转换层①）。

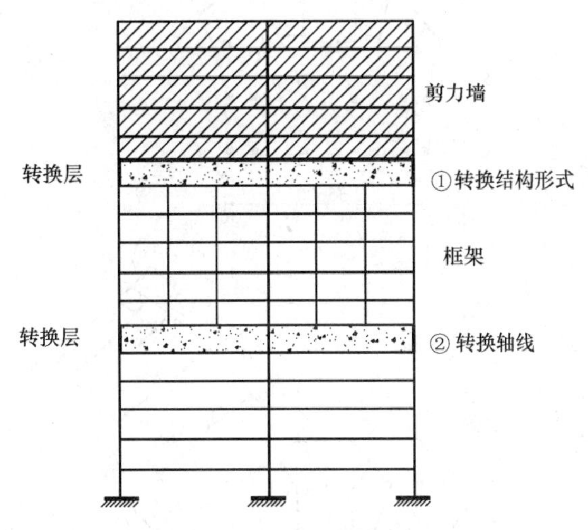

图 0-3 转换层的结构功能

广州金鹰大厦（图 0-4），地下 1 层，地上 33 层，建筑总高度 110.9m。第 4 层为转换层，4 层以上为大开间剪力墙结构，1～4 层部分剪力墙转换为框支柱，形成较大室内空间以设置公共部分。转换梁截面尺寸 1.4m×2.8m，1、2、3 层梁截面尺寸分别为 0.5m×1.0m、0.5m×1.2m、0.5m×1.8m。

北京军队离休干部活动中心（图 0-5），地下 2 层，地上 21 层，建筑总高度 67.8m。5 层以上为大开间剪力墙结构，1～5 层部分剪力墙转换为框支柱，形成较大室内空间以设置公共部分。转换梁截面尺寸 0.4m×1.2m，转换柱截面尺寸 0.6m×0.8m 及 D=0.9m。转换层楼板厚 180mm，一般层楼板厚 130mm。设防烈度 8 度，场地类别Ⅱ类。

2. 上层和下层柱网、轴线的改变

转换层上、下层的结构形式没有改变，通过转换层使下部柱的柱距扩大，形成大柱网。这种转换层常用于框架-核心筒结构和外围密柱框架的筒中筒结构的底部形成大入口的情况，称这种类型的转换层为第二类转换层（图 0-3 中的转换层②）。

香港新鸿基中心（图 0-6），51 层，建筑物总高 178.6m，采用框架外筒和剪力墙内筒组成的筒中筒结构，5 层以上办公楼，1～4 层为商业用房。外框筒柱距 2.4m，无法设置底层入口，采用 2.0m×5.5m 的预应力混凝土大梁进行结构轴线转换，将底层框筒柱距扩大为 16.8m 和 12m。新鸿基中心 1981 年落成时 51 层，1991 年加建 5 层至 56 层，建筑物总高 214.5m。

南京新世纪广场工程是一座集商业、住宅和办公为一体的建筑群体，地下 2 层，7 层以下为裙楼，7 层以上为二幢塔楼，一幢为 30 层的高层公寓，总高度 97.2m；另一幢为 55 层的写字楼，主体高 200.0m，顶部有一高塔，塔顶标高为 253.6m。写字楼采用框架外筒和剪力墙内筒组成的筒中筒结构（图 0-7），为了在底部布置大的出入口，在第 7 层沿外框筒设置 4 榀 7m 高的巨型桁架进行轴线转换，将底部外框筒的柱距由 3.75m 扩大到 7.50m。

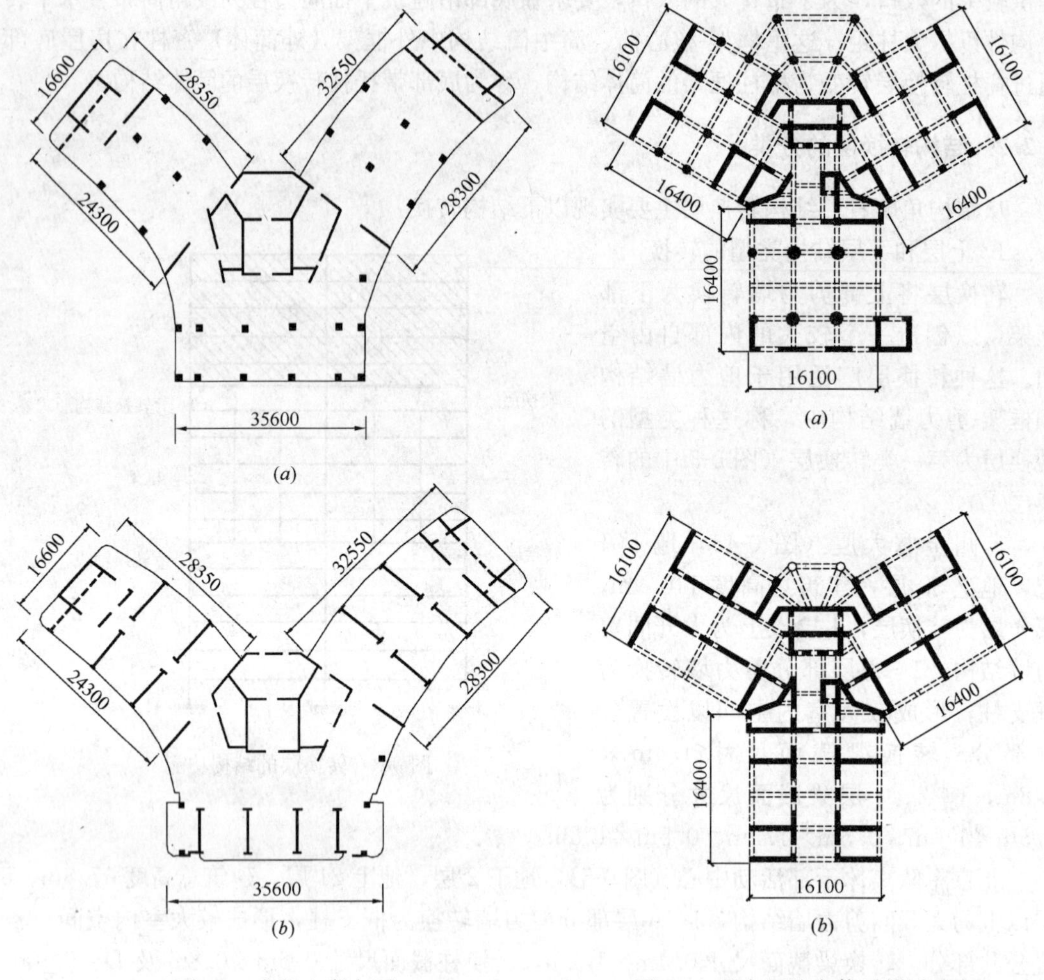

图 0-4　广州金鹰大厦
(a) 1～3 层平面；(b) 标准层平面

图 0-5　北京军队离休干部活动中心
(a) 1～5 层平面；(b) 标准层平面

高层建筑由于立面体形或其他功能要求，上部楼层竖向有收进或外挑，也会使竖向构件上、下层不对齐，也需要进行结构转换。这种转换一般是结构的局部转换，且往往是高位转换，转换构件布置比较复杂，要根据结构布置的具体情况采用不同的转换方式和转换构件，此时可采用搭接柱、斜撑（柱）等转换构件。

沈阳华利广场为多边形高层钢筋混凝土结构，33 层，总高度 114.8m，上部为公寓，中间走道环向布置了柱子，到下部办公楼层时，取消环向走道及其环向柱子，采用斜撑（柱）转换构件将上部环向柱子的荷载传递到内筒上（图 0-8），楼板内布置钢筋环梁，抵抗斜撑推力。

武汉世界贸易大厦主楼，地下 2 层，地上 58 层，总高度 229.0m，采用钢筋混凝土筒中筒结构体系，裙房为综合性商场，共 10 层，图 0-9、图 0-10 分别给出了它的剖面图和平面图。

由于平面和立面变化较多，采用三种转换层形式：

(1) 标准层的外框筒柱距 2.0m，10 层以下扩大为 8.0m，采用了梁式转换层。

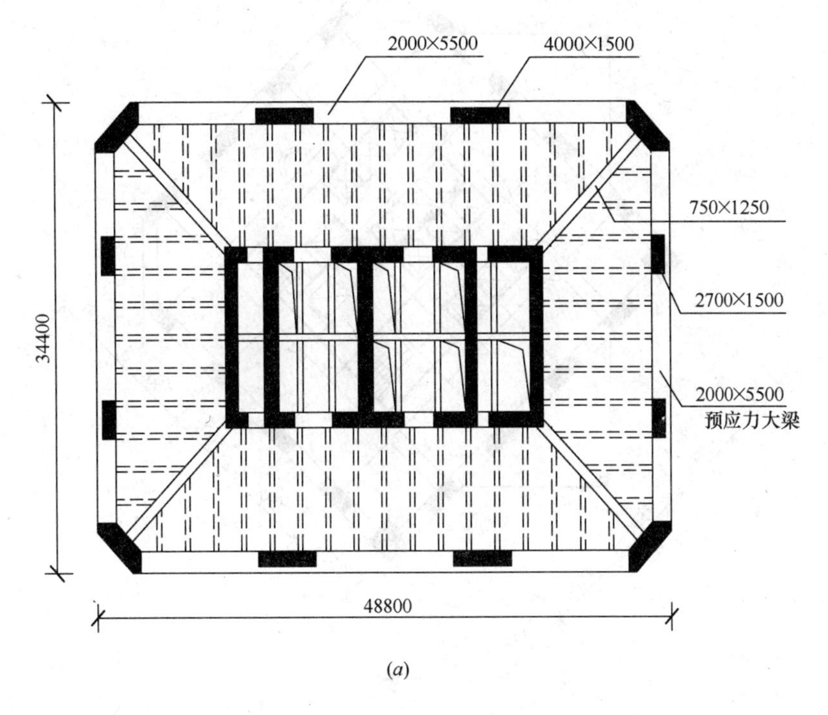

(*a*)

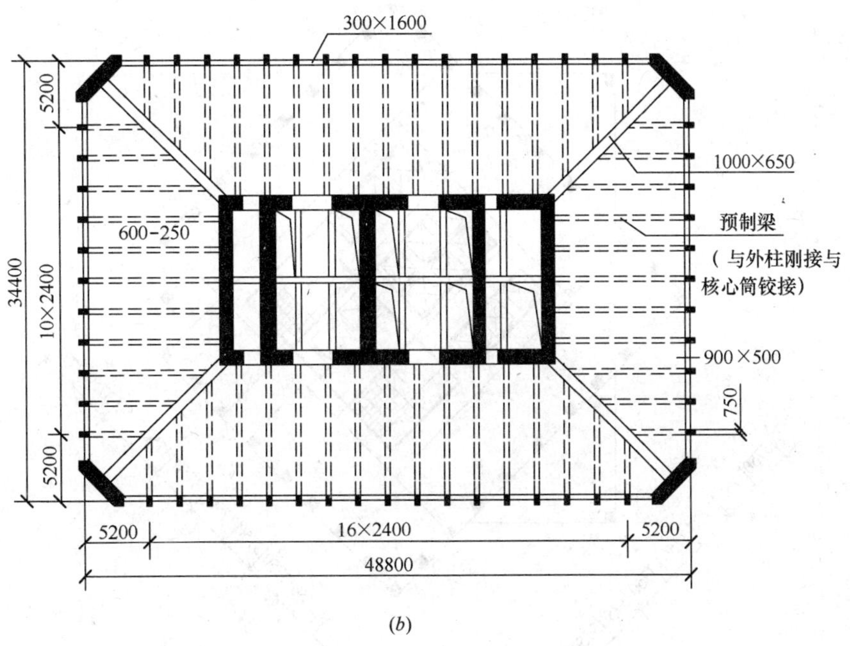

(*b*)

图 0-6　香港新鸿基中心

（*a*）五层平面；（*b*）标准层平面

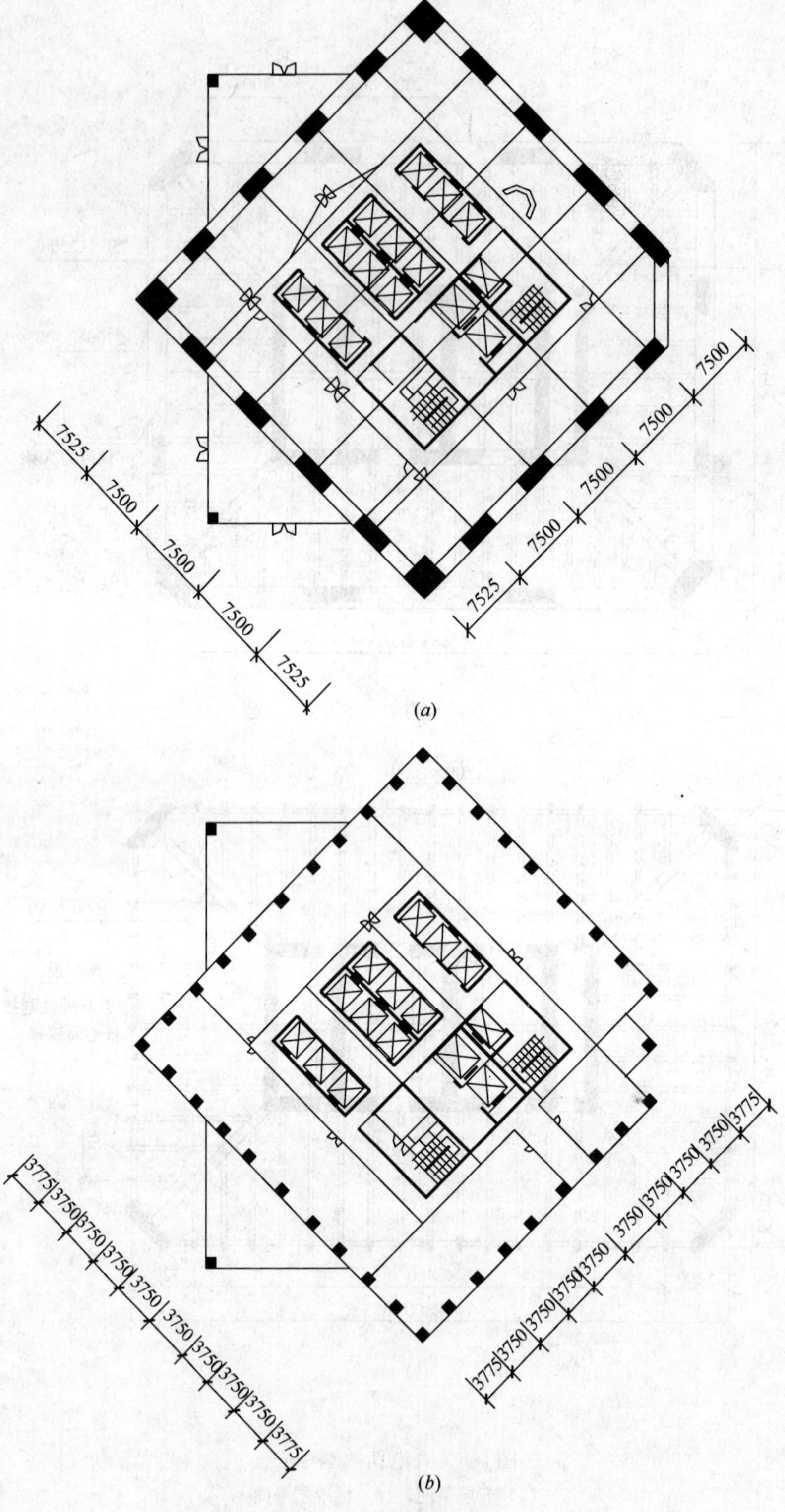

图 0-7 南京新世纪广场

(a) 转换层以下平面；(b) 转换层以上平面

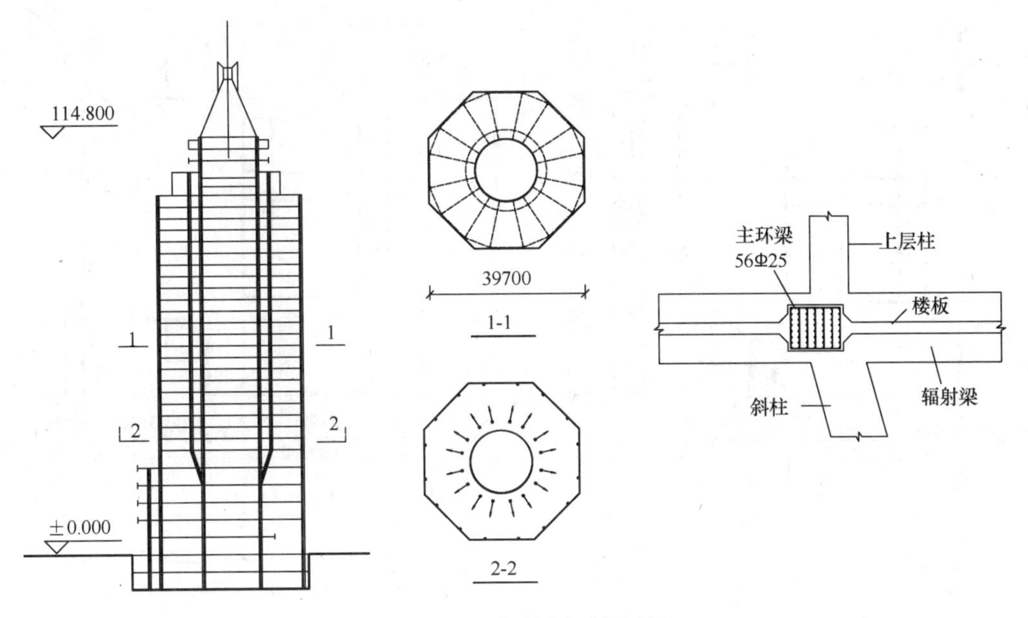

图 0-8　沈阳华利广场斜柱转换

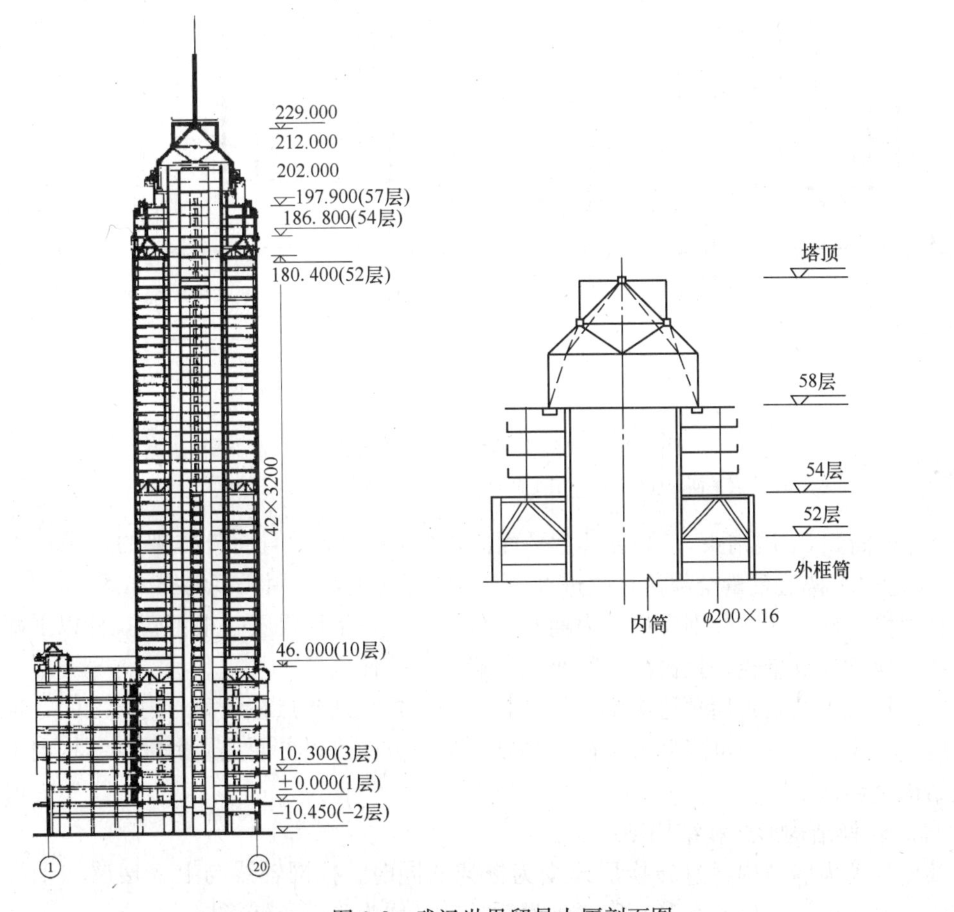

图 0-9　武汉世界贸易大厦剖面图

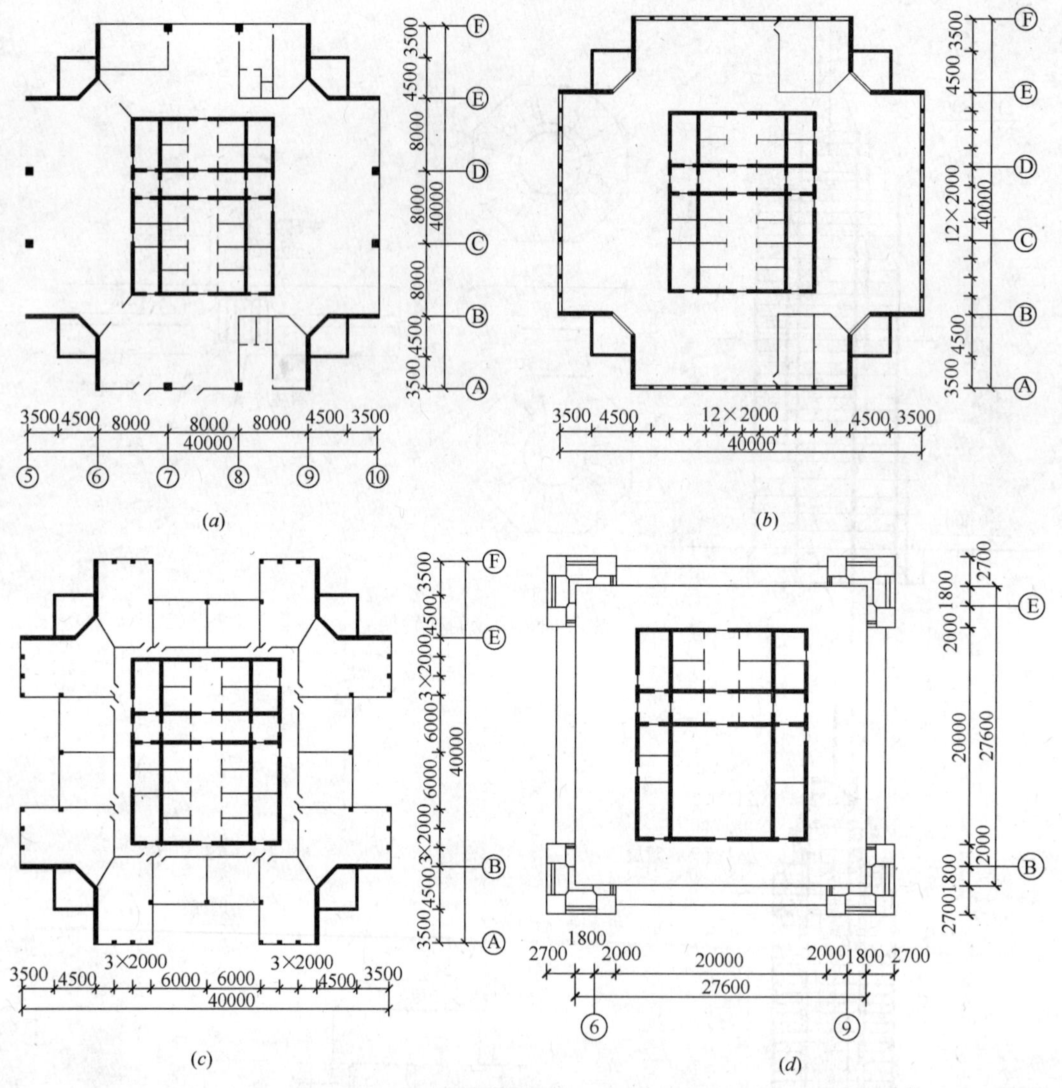

图 0-10　武汉世界贸易大厦平面图

(a) 8 层平面；(b) 9～36 层平面；(c) 41 层平面；(d) 48 层平面

(2) 外框筒到 54 层结束，54 层以上平面向内收进 3.5m，且将外框架的柱距扩大到 8.0m，54 层以上楼层重量全部落在收进 3.5m 后的轴线上，采用人字斜撑方案，每 8.0m 设置一个斜撑，斜撑两脚分别支撑在内筒和外框筒柱上，下面设置一根钢管拉杆以平衡推力，斜撑转换构件重量轻，且占用空间小，不影响建筑使用。

(3) 58 层以上的塔形屋顶层为空间钢结构，其 4 根立柱支点在角筒与内筒之间，采用钢骨混凝土大梁，一方面可降低大梁截面高度，另一方面可以方便地使上部钢结构向下部混凝土结构过渡。

3. 同时转换结构形式和结构轴线位置

上部楼层剪力墙结构通过转换层改变为框架的同时，柱网轴线与上部楼层的轴线错开，形成上、下结构错位的布置，称这种类型的转换层为第三类转换层。

深圳华侨大酒店（图 0-11），地下 1 层，地上 28 层，建筑总高度 103.1m。第 5 层为

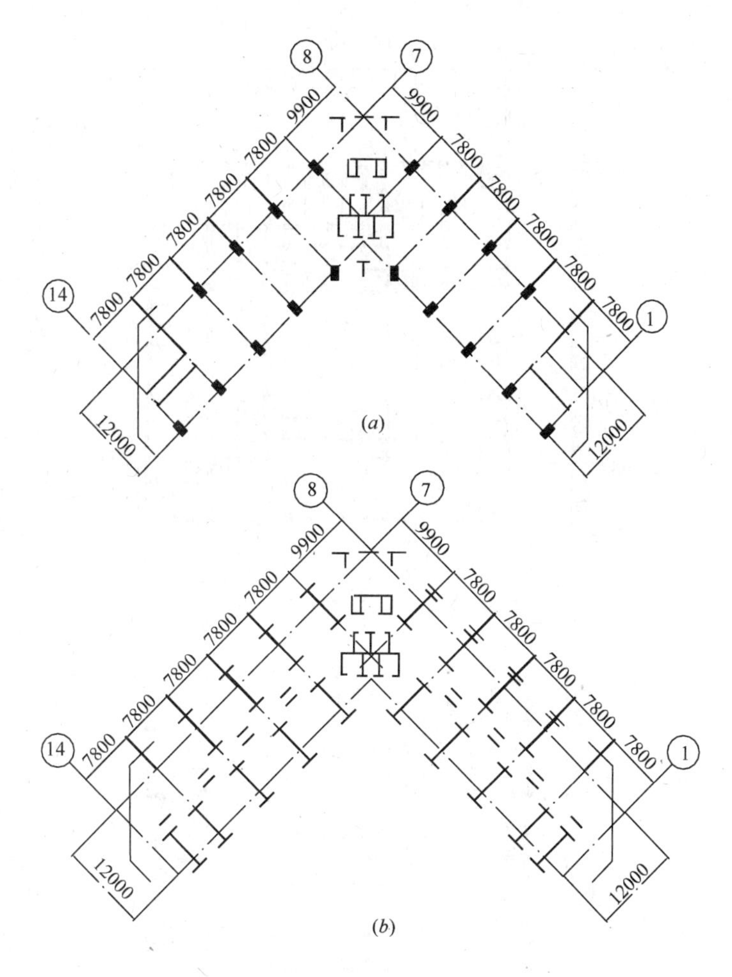

图 0-11　深圳华侨大酒店

(a) 1～5 层平面；(b) 6～28 层平面

转换层，6 层以上为客房，大开间剪力墙结构，纵向四轴线内廊式布置，下部 1～5 层则改为单跨框架，即纵向变为双轴线。转换梁截面尺寸 1.7m×2.5m，转换柱截面尺寸 1.4m×2.3m、1.4m×2.75m、1.4m×1.6m。1～5 层墙厚 500mm，6 层以上墙厚 200mm、300mm、400mm。

有些公共建筑为了满足各种建筑使用功能的要求和立面造型等的需要，在一个结构单元中不同的楼层有多处设置转换构件。

武汉佳丽广场（图 0-12）是一座集商业、娱乐、办公为一体的综合性超高层建筑，总建筑面积 222534m^2，地下 2 层，裙房 8 层，地上主楼 57 层，建筑物总高度 250.44m。主楼采用钢筋混凝土筒中筒结构。结构标准层平面见图 0-13。

图 0-12　武汉佳丽广场

场地地震基本烈度为 6 度，本工程设防烈度为 7 度，场地土类别为Ⅱ类场地。

由于主楼建筑平面的改变以及抽柱形成大空间，结构在 10 层、33 层、40 层分别设置了不同类型的结构转换层。

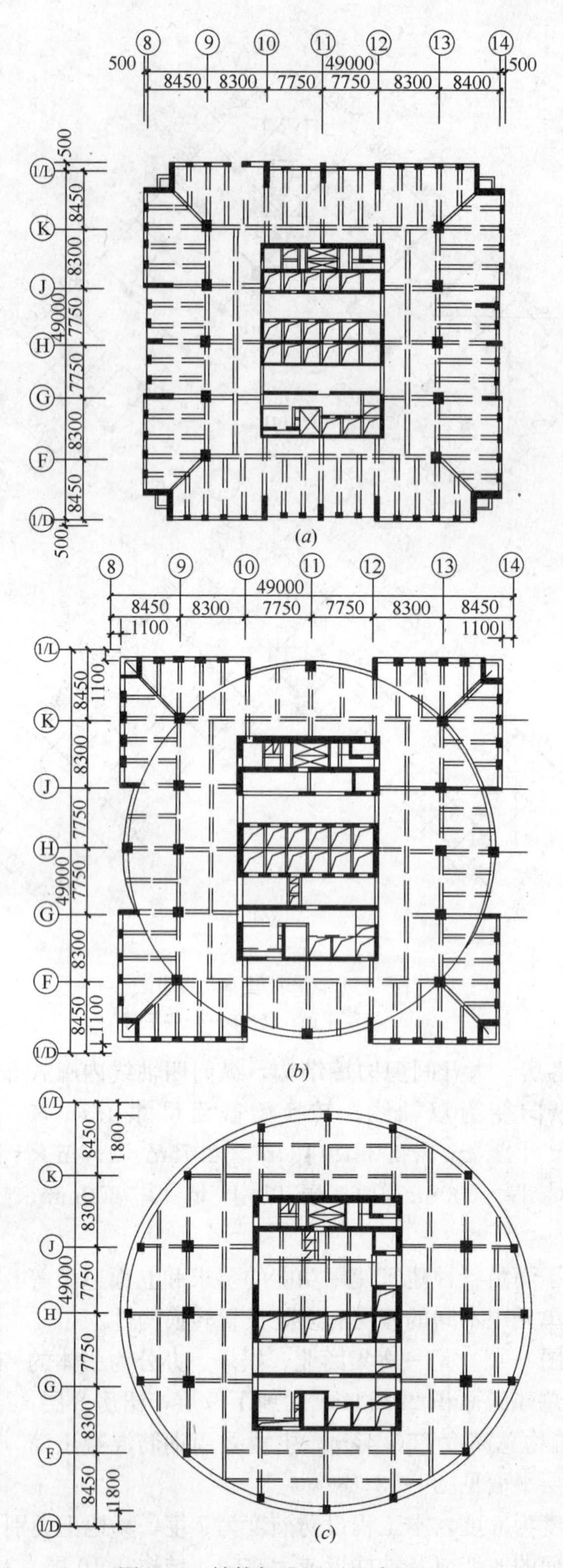

图 0-13　结构标准层平面布置图

(*a*) 结构标准层（一）；(*b*) 结构标准层（二）；(*c*) 结构标准层（三）

(1) 10 层以下为大空间，采用截面尺寸为 1.2m×2.0m 的实腹式转换梁（图 0-14）。

(2) 34 层外框筒柱每边内收 1.1m，采用了斜撑（柱）转换，斜撑（柱）截面尺寸同外框柱截面尺寸（图 0-15）。

(3) 40 层平面由方形改变为圆形，通过斜墙转换（图 0-16）。

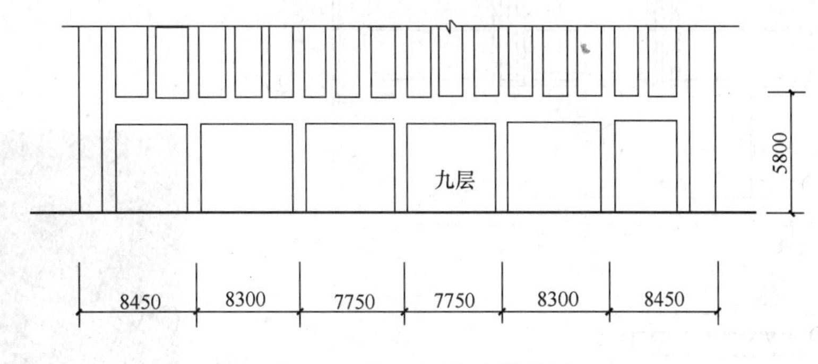

图 0-14 第 10 层实腹转换梁

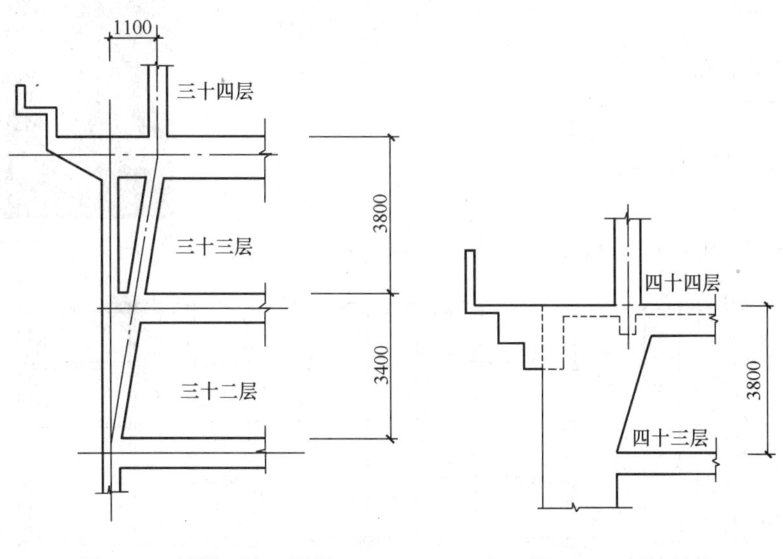

图 0-15 斜撑（柱）转换

图 0-16 斜墙转换

(4) 由于地下车库汽车坡道平面位置时裙房地下一层和地下二层二根框架柱不能直接落至基础，一根柱子在一层楼面，另一根柱子在地下一层楼面，需通过实腹梁进行转换，以使车道畅通。该转换梁承托 10 层荷载，通过框架柱传至转换梁。由于层高的限制，该转换梁截面高度不允许超过 1500mm，故采用了型钢混凝土实腹转换梁（图 0-17）。

各转换层楼板的厚度、梁的截面尺寸均适当加厚、加大，以增大楼盖的面内刚度，更好地传递水平荷载。

深圳华融大厦（图 0-18）为集银行、证券、保险、办公、宾馆等诸多功能于一体的综合性建筑，按照 SOM 规划要求，塔楼布置在建筑的东北角上，同时，在建筑裙房的一层设计成步行休闲广场，休闲广场中央作了一个巨大的约五层高的“瀑布”。使得裙房楼板从首层到裙房顶每层均有一个直径为 10.6～19.6m 的“圆洞”。标准层结构布置见图 0-19。

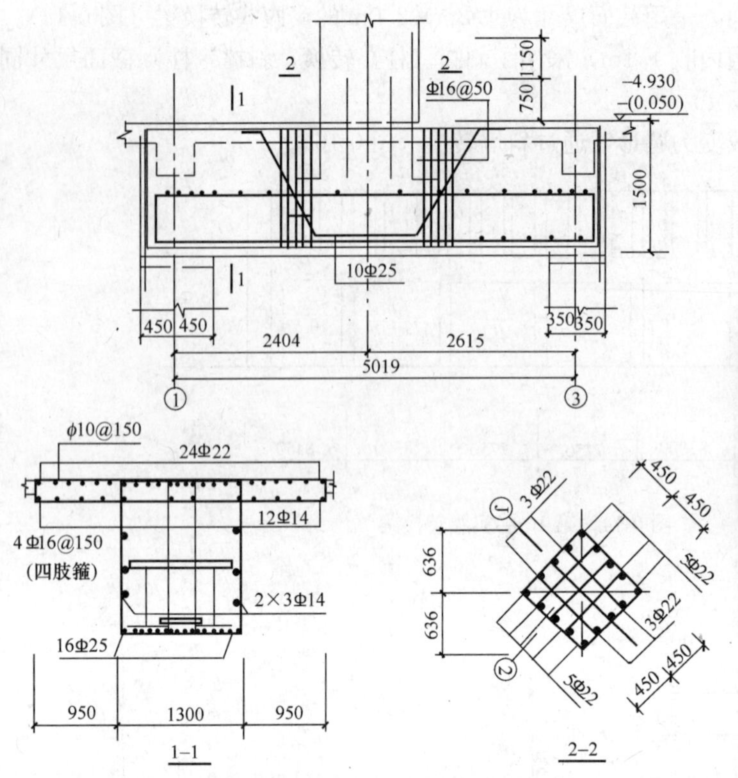

图 0-17　型钢混凝土实腹转换梁

图 0-18　深圳华融大厦

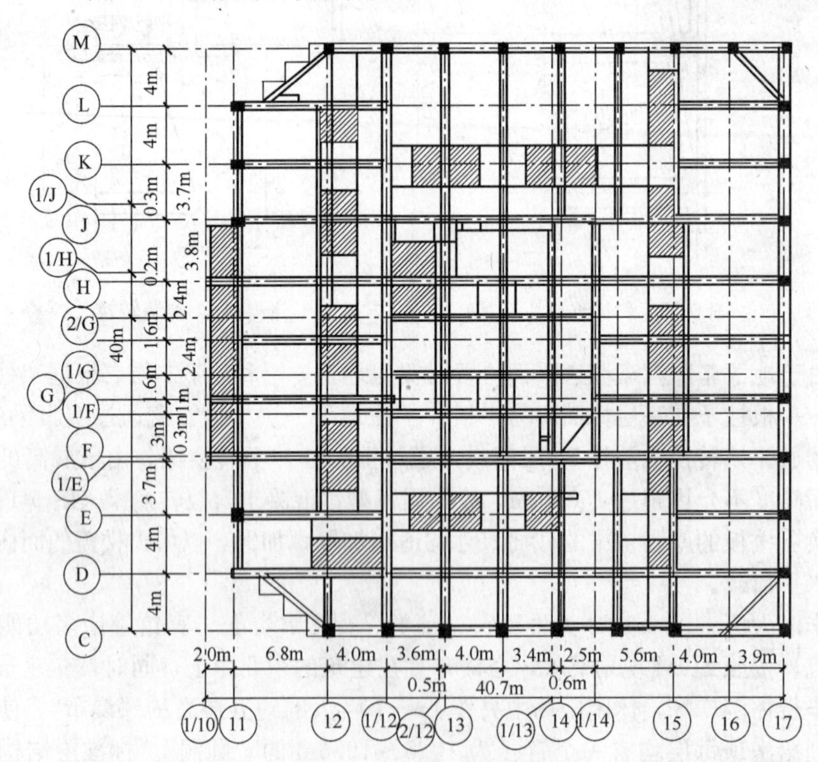

图 0-19　标准层平面图

本工程地下3层，裙房4层，地上塔楼32层，结构高度134.0m。塔楼采用框架-筒体结构，核心筒为14.45m×16.4m，墙厚为400～250mm。外框架梁、柱采用型钢混凝土组合结构，基础采用人工挖孔桩基础。裙房为现浇混凝土框架结构，楼板采用普通梁板结构。为满足建筑要求，塔楼和裙房之间不设缝，采用后浇带解决沉降及温度变形等问题。

本工程地震设防烈度7度，抗震设防类别为丙类，框架及核心筒抗震等级均为二级。场地土属于中软场地土，建筑场地类别为Ⅱ类。

（1）结构选型

在本工程结构选型时，要求必须解决如下问题：

1）外柱至核心筒的距离较大，从图0-19可以看出，⑰轴至(1/14)轴核心筒间框架梁净跨为12.70m，Ⓒ轴至(1/E)轴核心筒间及Ⓜ轴至(1/J)轴核心筒间的框架梁净跨为11.05m。建筑要求这些梁的梁高不得超过800mm；

2）外框柱自下而上，随着建筑造型的变化，不断内收；

3）Ⓒ轴上四层以下柱间距为8.0m，四层以上塔楼，外框柱间距4.0m。由于建筑功能的要求，不能采用传统的托梁转换的方式处理。

最早曾提出过本工程采用纯钢筋混凝土结构，采用宽扁梁来解决上述问题，梁高控制在800mm，经过STAWE计算，梁宽需要800mm以上，梁配筋：支座不小于14Φ25，跨中要大于或等于10Φ25（以第五层为例）。同时，采用纯钢筋混凝土结构，为满足《高层建筑混凝土结构技术规程》（JGJ 3—2010）有关轴压比的要求，框架柱截面，首层以下，Ⓒ轴上柱需要1.20m×1.60m，⑪轴上柱需要1.0m×1.6m。4层以上，外框柱需要0.80m×1.0m，因此，如果采取纯钢筋混凝土结构，结构又给建筑带来了新的问题。①由于框架梁过宽，使得5～9层酒店客房内卫生间很难布置，直接影响了建筑的使用功能；② 由于柱截面过大，使地下车库的停车位减少；实际使用面积也相应少。同时，在一般情况下，为使宽扁梁端部在柱外纵向钢筋有足够的锚固，均要求其能双向布置，显然在本工程使用有些不妥。

为此，在综合各种因素的情况下，考虑到型钢混凝土组合结构较混凝土结构具有良好的变形能力和消耗地震能量的能力。因此，本工程最终选用了型钢混凝土组合结构框架和混凝土筒体的结构形式。经过计算，所有的梁截面均控制在800mm高，同时，其挠度和裂缝均满足规范要求。柱截面再满足《高层建筑混凝土结构技术规程》（JGJ 3—2010）的轴压比的要求下，在±0.000以下，Ⓒ轴和⑪轴上柱为0.80m×1.20m，四层转换桁架以上，Ⓒ轴和⑪轴上柱均变为0.70m×0.85m，26层（95.450）以上。柱截面均改为0.70m×0.70m。采用型钢混凝土组合结构后，4层以下，由于柱截面的减少，每层增加的使用面积约为9.0m^2，四层以上，每层增加的使用面积约为7.0m^2。因此，本工程选用型钢混凝土组合结构框架和混凝土筒体的结构形式。

（2）特殊构件及局部节点构造措施

为满足建筑功能和造型的要求，确保结构的安全，设计过程中，对一些特殊构件及局部节点进行了特殊的处理：

1）⑪-Ⓛ轴柱的错位处理

⑪－Ⓛ轴柱由于地下室车道入口宽度的要求，该柱在二层以下错至⑪－(1/K)轴，上、下柱中心偏差为950mm。柱的错位使该柱在二层楼板标高处产生较大的附加弯矩和剪力，

为此，一方面采取了类似牛腿的做法，将上部柱的轴力通过牛腿传至下层柱，而不使其变为剪力，另一方面加强⑪轴方向的框架梁的刚度和配筋，使框架梁分担一部分柱的附加弯矩。如图 0-20 所示为 ⑴/⑾ 轴柱的错位处柱的配筋及配钢详图。

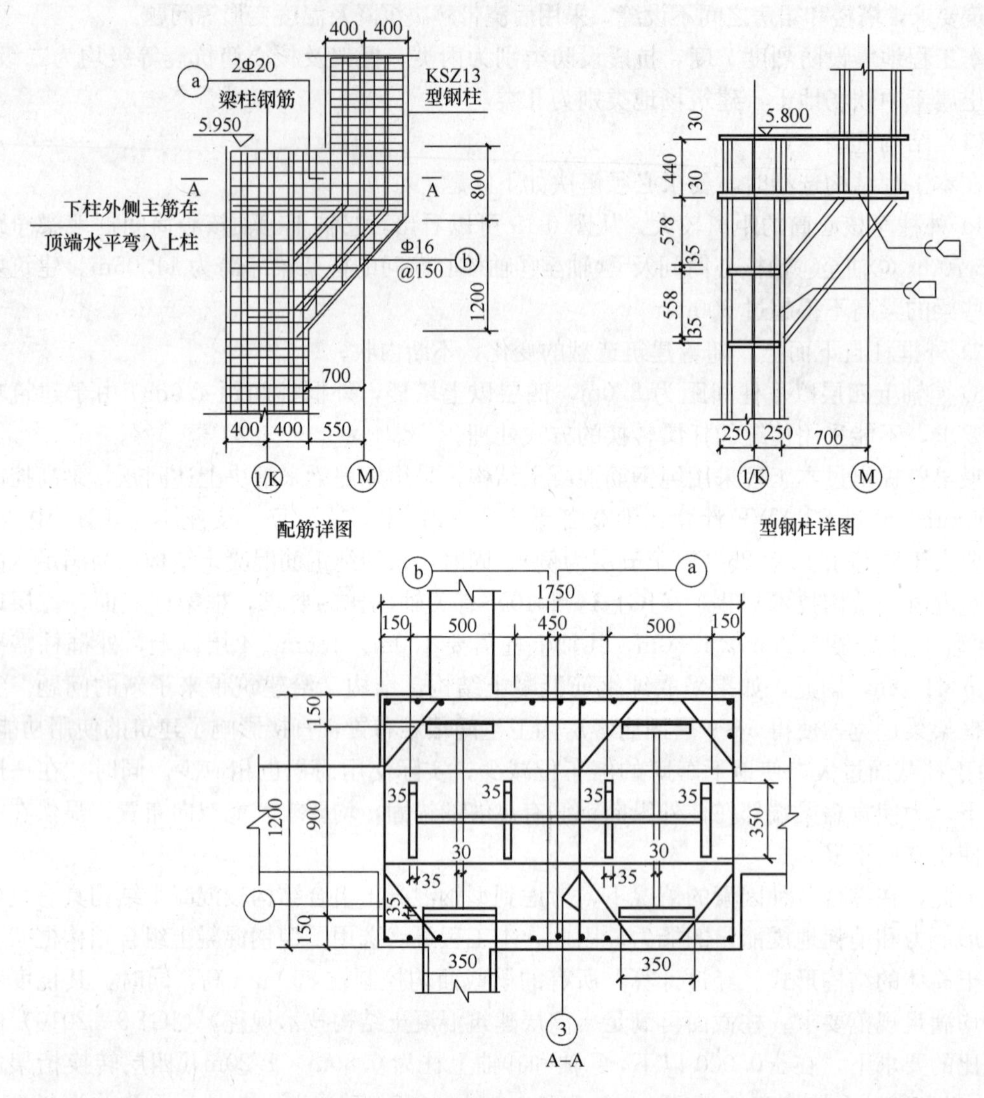

图 0-20　⑴/⑾轴柱的错位处柱配筋及配钢详图

2）转换桁架的设计

在 Ⓒ轴上⑫～⑰轴间和⑪轴上 Ⓖ～ Ⓗ轴间，第 3 至 4 层高度范围内布置了转换桁架，其目的是在 8.0m 柱距间支撑上部塔楼所需增加的外柱。使塔楼结构布置均匀、对称。同时，也满足了建筑在上述两部位设置通道的要求。为使新增柱上的竖向荷载能够通过桁架有效地传至两边柱上，转换桁架采用了型钢混凝土组合结构。转换桁架设计的难点在于桁架节点的设计，桁架节点不仅有来自桁架上、下弦及腹杆的型钢及钢筋，还有垂直于桁架方向的梁及上层新增加柱的型钢及钢筋，为使这些相互交错的型钢及钢筋能够有条理的布置，设计时一方面在节点处加宽了桁架上弦的翼缘板宽度，以便上层新增柱的连接和安装；另一方面，在平面上将节点设计成菱形，同时加大节点高度，以方便钢筋的穿越（图 0-21）。

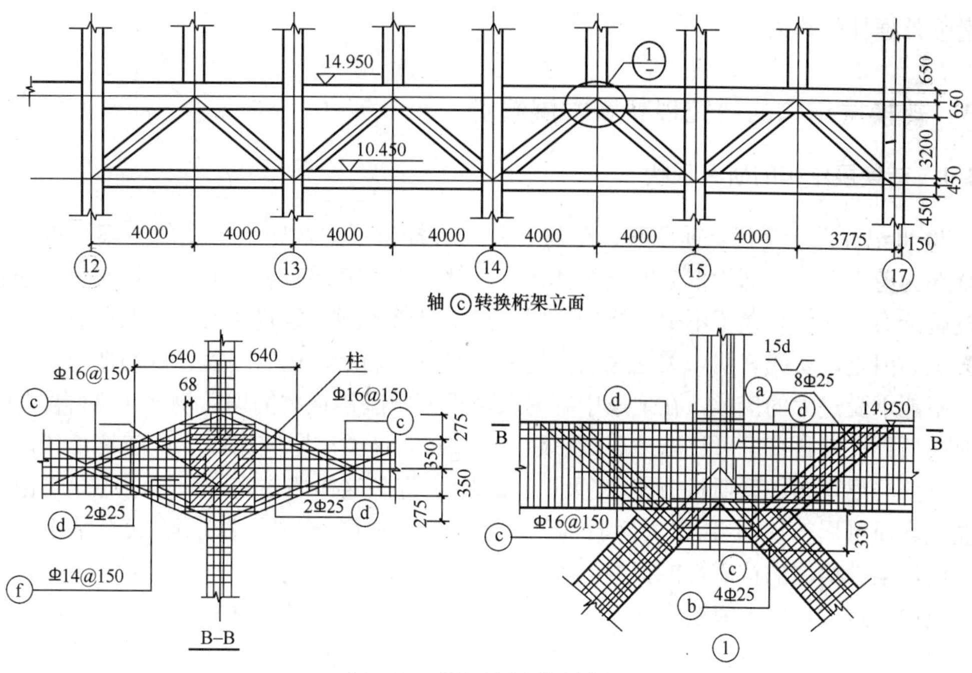

图 0-21　桁架及其节点详图

3）塔楼外柱内收处理

由于建筑立面要求，在 10(37.00)、29(106.30)、33(124.25)层楼面的⑰轴处外框架柱向筒体内收 2.0m，Ⓒ轴、Ⓜ轴处外框架柱向筒体内收 1.35m，使得外框架柱也随之变位，为减小因柱内收而产生的附加弯矩及整体刚度变化对建筑的影响，本工程采用斜撑(柱)将上部荷载传至下柱；同时，相关层的框架梁分担了一部分附加外向水平力，平衡了部分附加弯矩，从而使受力更为合理(图 0-22)。另外，对斜柱的周边环梁予以应加强，

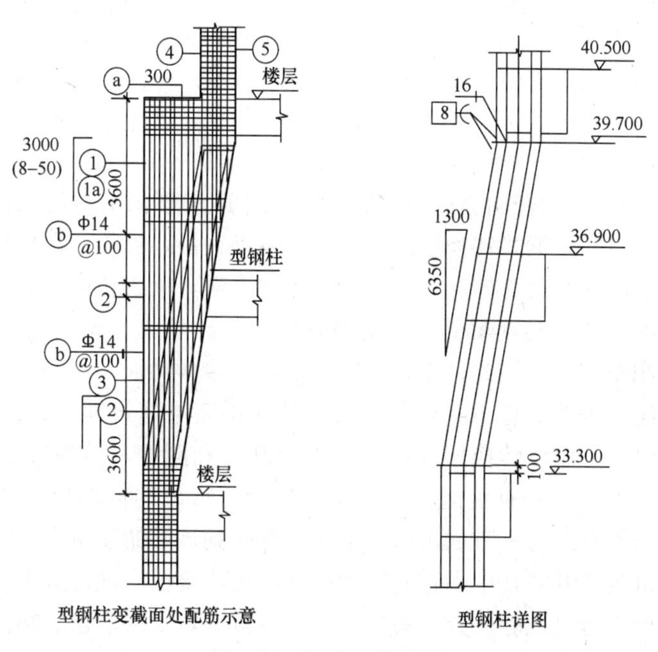

图 0-22　外柱内收详图

以增强外框柱的约束。

0.3 转换层结构的研究现状和发展趋势

0.3.1 转换层结构的研究现状

20世纪五六十年代，前苏联、东欧一些学者提出了柔性底层房屋的方案，也就是上部全部为剪力墙，下部为框架的结构体系，并认为柔性底层有利于隔震，提高整座建筑物的抗震能力，因而兴建了不少这样的房屋，这也是首次通过设置转换层而取得底层大空间的尝试。但是，实践表明，柔性底层房屋并不具有人们所期望的隔震、抗震能力，底层框架柱不能承受过大的变形，在地震中容易破坏而使整座建筑物倒塌。例如1963年7月26日前南斯拉夫斯科普里可比耶地震(震级：7.3级)，这类房屋倒塌或严重破坏；1977年3月4日罗马尼亚布加勒斯特地震(震级：7.2级)，许多这样的住宅、计算中心建筑由于底层柱破坏而倒塌；1988年12月7日前苏联亚美尼亚地震(震级：7.1级)又总结出一个教训：底层柔性房屋的抗震性能很差，破坏严重。

我国在这方面的研究及实际工程的应用始于20世纪70年代中期，1975年首先在上海天目路建成了13层住宅(上层剪力墙，下层部分剪力墙改为框架)，并对其进行了现场应力实测、光弹性实验、钢筋混凝土模型试验及框支剪力墙有限元分析等一系列研究。1981～1983年，对12层底层大空间剪力墙结构住宅模型(1∶6)进行了输入地震波的拟动力试验研究，并在大连建成了一幢15层的友好广场住宅[0-4]～[0-6]。1984～1986年，中国建筑科学研究所进行了一幢12层底部大空间上部为鱼骨式剪力墙模型(1∶6)的拟动力试验研究[0-7]、[0-8]，1988～1989年，还进行了一幢32层大底盘大空间有机玻璃模型的静力试验研究和振动台试验；另外，清华大学也进行了两个1∶24混凝土模型振动台试验研究。这些研究均为底部大空间剪力墙结构的整体刚度和楼层相对刚度的选择和控制，提供了试验和理论上的技术依据。

通过对框支剪力墙结构中框支梁的有限元分析以及一些工程实践的总结，对框支梁的受力性能有了较为全面的认识，获得了可靠的设计依据，已作为一种特殊的结构体系反映在《钢筋混凝土高层建筑结构设计与施工规程》(JGJ 3—90) 中。

从70年代中期，国内开始尝试使用底层大开间剪力墙结构（即梁式转换层），到现在短短的三十余年的时间，梁式转换层的工程应用发展很快。目前，在带转换层高层建筑结构中，梁式转换层的应用最为广泛，从结构传力方式看，梁式转换层具有传力直接、明确和传力途径清楚的优点。转换梁具有受力性能好、工作可靠、构造简单和施工方便的优点，结构计算也相对容易，因此，工程实践中应用较多。对国内、外280余幢带转换层的高层建筑结构的统计表明，有163幢采用梁式转换层高层建筑结构，约占57%，见附表1-1～附表1-7。但为了保证转换层具有足够的承载力和刚度，转换梁的截面尺寸往往很大，由于梁很强，处理不好有可能使转换梁与转换柱形成的框架出现“强柱弱梁”的现象，对结构的抗震不利；另一方面也或多或少会影响到该层的建筑空间使用。目前对下部数层大开间，上部为小开间，中间带有转换层的高层建筑仅有理论分析和工程实践的经验总结，没有系统地进行过试验研究。另外，由于设置了转换层沿建筑物高度方向结构刚度的均匀性会受到很大的破坏，力的传递途径有很大的改变，这就决定了转换层结构不能以通常结构来进行分析和设计。对转换层结构的动力特性和抗震性能，目前还不是很清楚，《高层建筑混凝土结构技术规程》（JGJ 3—2002）也没有给出明确的条款，如何进行水平地震作用下带转换层高层建筑结构的地震反应和地震作用计算有待进一步研究。因此，近年来中国建筑科学研究院、清华大学、东南大学等国内高等院校和科研院所结合实际工程对带转换层的高层建筑结构（包括梁式转换层、桁架式转换层、箱形转换层、板式转换层、搭接柱转换、斜撑（柱）转换以及巨型框架结构等新型抗侧力结构）进行了静力试验、拟动力试验和振动台试验研究和理论分析，得到了很多有益的设计建议，为实际工程设计和施工提供了科学的依据，其成果也反映在《高层建筑混凝土结构技术规程》（JGJ 3—2010）中。《高层建筑混凝土结构技术规程》（JGJ 3—2010）对带转换层高层建筑结构的有关规定进行了补充，规程的设计规定拓展到底部托墙转换层的剪力墙结构（部分框支剪力墙结构）和底部带托柱转换层的筒体结构。

梁式转换是目前最常用的一种结构转换形式，它传力途径明确、受力性能好、构造简单、施工方便，广泛应用于部分框支剪力墙结构体系中。附表 1-1 给出了带梁式转换层高层建筑结构的工程实例[0-4]~[0-39]。

桁架转换可采用空腹桁架、混合空腹桁架、斜杆桁架等形式，其高度一般为建筑物的一个层高，桁架上弦在上一层楼板平面内，下弦则在下一层楼板平面内。当转换桁架承托的上部层数很多、竖向荷载很大且跨度也很大时，可以采用叠层桁架转换。附表 1-2 给出了带桁架转换层高层建筑结构的工程实例[0-40]~[0-60]。

和实腹梁转换相比，桁架转换传力明确、途径清楚，桁架转换上、下层质量分布相对均匀，刚度突变程度也较小，地震反应要比实腹梁小得多。不仅可以大大减轻自重，而且可利用腹杆间的空间布置机电管线，有效地利用建筑空间。但桁架转换节点构造复杂，且杆件基本上都是轴心受力构件或小偏心受力构件，延性较差，同时施工复杂。

当竖向构件上、下层错位，且水平投影距离又不大时，可分别将错位层的上柱向下、下柱向上直通，在错位层形成一个截面尺寸较大的搭接块，和上、下层的水平构件（梁、板）一起来实现竖向荷载和水平荷载作用下的力的传递，实现结构转换，形成搭接柱转换。附表 1-3 给出了带搭接柱转换层高层建筑结构的工程实例[0-61]~[0-64]。

如果从错位层的下层柱柱顶到上层柱柱底设置一根斜撑（柱），直接用此斜撑（柱）来承托上层柱传来的竖向荷载，形成斜撑（柱）转换。附表 1-4 给出了带斜撑（柱）转换层高层建筑结构的工程实例[0-65]~[0-69]。

箱形转换利用单向托梁或双向托梁和其上、下层较厚的楼板，形成刚度较大的箱形转换层。其面内刚度较实腹梁转换层要大得多，但自重却比厚板转换层要小得多，既可像厚板转换层那样满足上、下层结构体系和柱网轴线同时变化的转换要求，抗震性能又有了较大的改善。附表 1-5 给出了带箱形转换层高层建筑结构的工程实例[0-70]~[0-82]。

当上、下层结构体系和柱网轴线同时变化，且变化楼层的上、下层剪力墙或柱错位范围较大，结构上、下层柱网有很多处不对齐时，采用搭接柱或梁式转换已不可能，这时可在上、下柱错位楼层设置厚板，通过厚板来完成结构在竖向荷载和水平荷载作用下力的传递，实现结构转换，形成厚板转换，附表 1-6 给出了带厚板转换层高层建筑结构的工程实例[0-83]~[0-89]。

厚板转换的下层柱网可以灵活布置，无须与上层结构对齐，但厚板的受力非常复杂，传力路径不明确，结构受力很不合理。转换厚板在转换层处集中了相当大的质量，刚度又很大，造成转换层处结构的上、下层竖向刚度突变，容易产生薄弱层，抗震性能很差。由于对厚板转换的结构分析研究尚不完善，实际工程较少，经验不多，故采用厚板转换应慎重。

当上部剪力墙带有短小翼缘的剪力墙时，可以将实腹梁宽度加大，使小翼缘全部落在扁梁宽度范围内，形成宽扁梁转换形式。宽扁梁转换可避免采用主、次梁方案。附表 1-7 给出了带宽扁梁梁式转换层高层建筑结构工程实例[0-93]~[0-95]。

0.3.2 转换层结构的发展趋势

转换层结构的发展趋势主要体现在以下几个方面：

1. 钢骨混凝土转换层的应用

由于建筑朝着高层和超高层形式发展，相应转换层结构中转换构件承托的层数也增多，同时，又由于建筑上对层高及使用空间的种种要求和限制，这使得工程应用中钢骨混凝土材料的引入势在必行。

钢骨混凝土梁不仅承载力高，刚度好，可大大减小截面尺寸，且塑性、耐久性和抗震性能也优于钢筋混凝土梁。此外，钢骨混凝土梁在施工阶段其自身刚度好，定位准确，可减少支模，加快施工进度。目前，国内采用钢骨混凝土转换构件的实际工程还不多，但国外采用则较多。

空间钢构架是由横向和斜向缀条与纵向弦杆焊接而成的承重轻钢结构，将空间钢构架替代传统钢筋混凝土结构中的绑扎钢筋骨架，形成空间钢构架混凝土结构。在混凝土结硬前，空间钢构架可承受施工阶段的荷载。在混凝土结硬后，空间钢构架像普通钢筋骨架一样与混凝土共同承受荷载。空间钢构架的这一特性利于提高钢筋混凝土结构构件的刚度和强度，使建立大跨度、大开间的建筑物成为可能。同时，在施工过程中可利用空间钢构架来悬挂模板，减少或免除主要的脚手架支撑，简化模板结构。编著者的研究表明[0-96]，与相同条件普通钢筋混凝土深梁相比，配置空间钢构架的混凝土深梁不仅其受剪承载力有较大幅度的提高，而且其变形能力也较大幅度的提高。因此，空间钢构架混凝土结构非常适合于大跨度、大层高的结构转换构件，是一种新型的转换结构形式。

北京国际贸易中心旅馆，26 层，框架-剪力墙结构，上层为剪力墙结构（带边框梁、柱）的客房，第四层为转换层，首先通过横向托梁将剪力墙的荷载传给横向框架梁，再通过纵向大托梁扩大柱距，将荷载传到下层框架柱。托梁采用 1.8m 高内埋工字钢的钢骨混凝土梁，承托上部 20 层的荷载，如图 0-23 所示。

新加坡 I.B.M. 大厦[0-97]，41 层，巨型框架结构，从地面到第 15 层，由三个芯筒组成呈“V”形的平面，如图 0-24 所示，其中一个芯筒升至 18 层为止，其余两个芯筒及其间的楼层继续升高到房屋的顶部，但升高的部分中相当于 18～22 层的高度部分没有楼层，形成一个大的矩形孔。为造成这样的建筑外形，在 22 层处设置转换大梁，大梁的截面尺寸为 2.4m×7.4m。为了避免在地面以上 82.0m 处设置支撑和提高施工效率，在转换大梁内设钢桁架，大梁采用预应力，形成预应力钢骨混凝土梁。大梁直接与埋在芯筒内的型钢构架相连接，大梁仅在底边与芯筒墙连接，而沿着大梁截面的其余三边均设置伸缩缝。

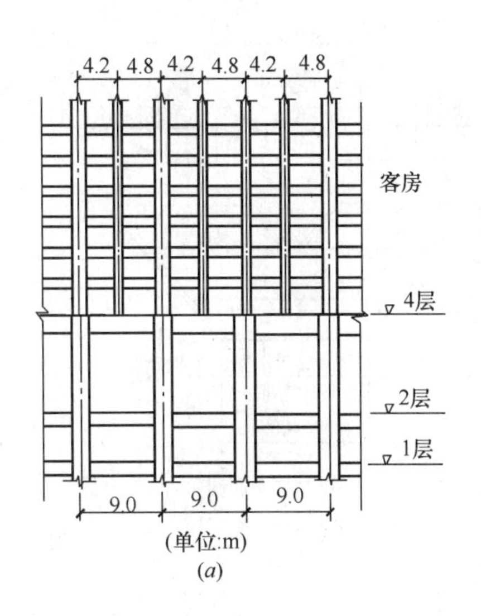

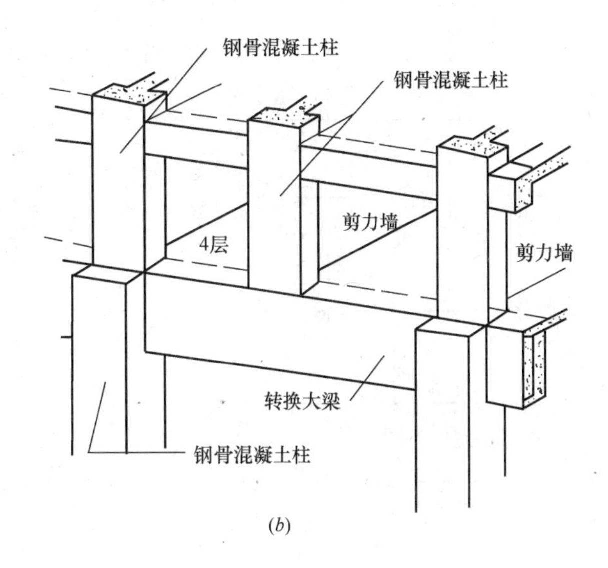

图 0-23 北京国际贸易中心旅馆

2. 预应力混凝土转换层的应用

采用预应力技术可带来许多结构和施工上的优点，如减小截面尺寸、控制裂缝和挠度，控制施工阶段的裂缝及减轻支撑负担等。因此，预应力混凝土结构非常适合于建造承受大荷载、大跨度的转换层，且有自重轻，节省钢材和混凝土。随着我国预应力技术的发展，预应力材料及施工费用的不断下降，即使用材料等强代换的概念从经济上来比较预应力混凝土结构和钢筋混凝土结构，许多情况下后者并不比前者经济。

转换构件施加预应力具有下列优点：

（1）施加预应力可减小转换梁的截面尺寸，避免转换梁和转换柱形成的框架出现“强梁弱柱”现象，对结构的抗震不利。

（2）施加预应力可提高转换构件的刚度，较易控制其挠度；

（3）预应力采用分阶段张拉技术可控制转换梁（桁架）的工作应力，在满足承载力和刚度要求的前提下，使转换构件截面保持一个绝对最小值。

（4）转换厚板施加预应力还可以控制混凝土收缩应力以及大体积混凝土产生的温度应力，避免出现温度和收缩裂缝。

近年来我国高层建筑结构中转换构件采用预应力技术的情况越来越多，大多数转换构件有成功地采用预应力技术的例子。

北京市人民检察院工程[0-98]（图 0-25），由于建筑设计上的六层办公楼与首层报告厅联结上的需要，在办公楼的二层做了一根 24m 跨度的上面承托四层框架的预应力混凝土大梁，利用建筑设计二层的高度，梁的截面尺寸 0.6m×3.2m。考虑到抗震的要求，在梁的两端设计了剪力墙，两道剪力墙和大梁构成一个大的“H”形抗震框架，以增强整个结构的抗侧力能力。预应力混凝土大梁使用 XM 系列锚具，7 束每束 7 根$\Phi^{s}5$高强钢丝。

江苏省委会议中心（南京钟山宾馆 3 号楼）[0-99]（图 0-26），框架-剪力墙结构，地下 1 层，地上 30 层，$H=100.8$m，1～3 层位会议室及公共部分，4 层主楼部分为客房，5 层

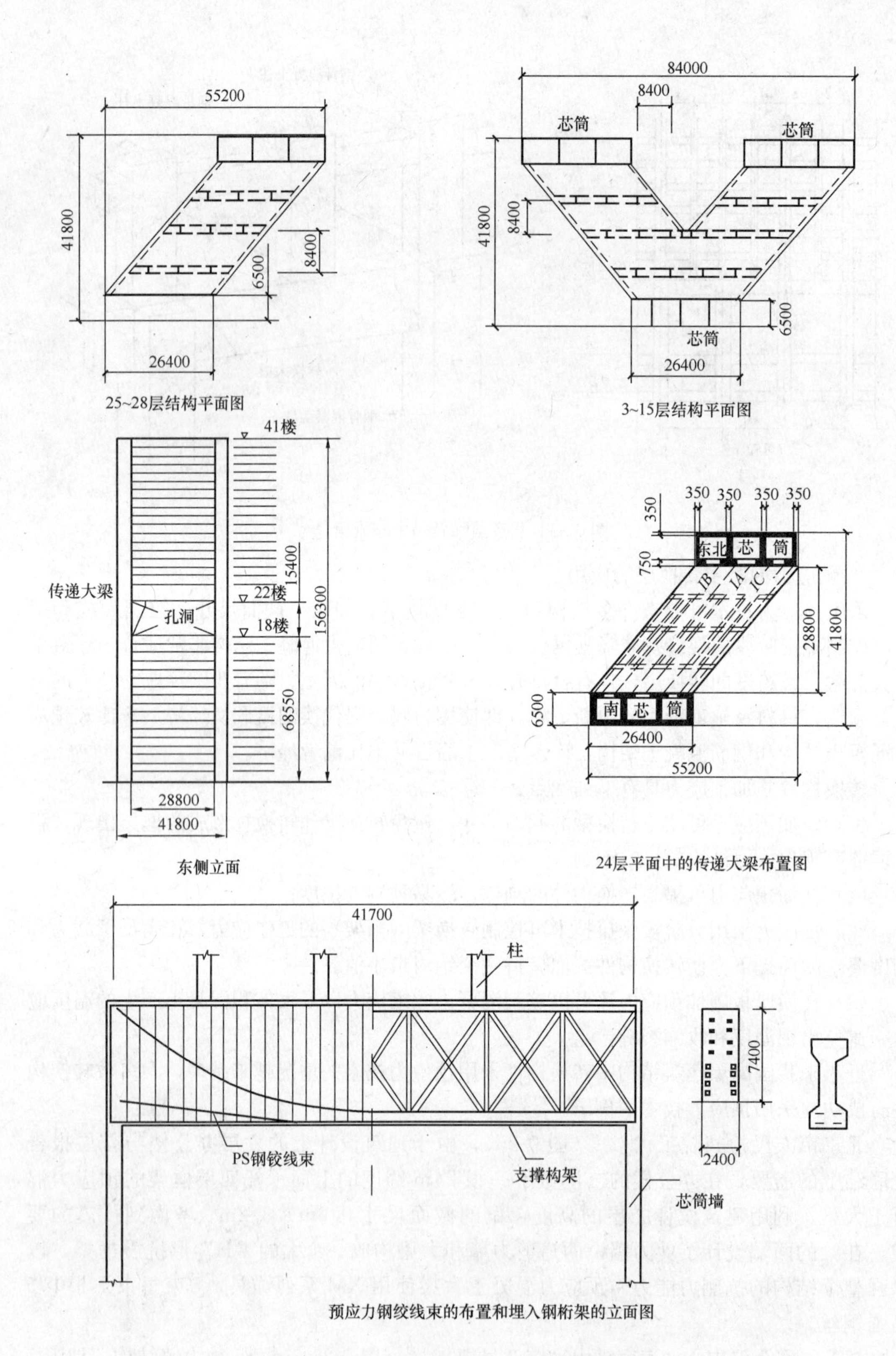

图 0-24　新加坡 I. B. M. 大厦

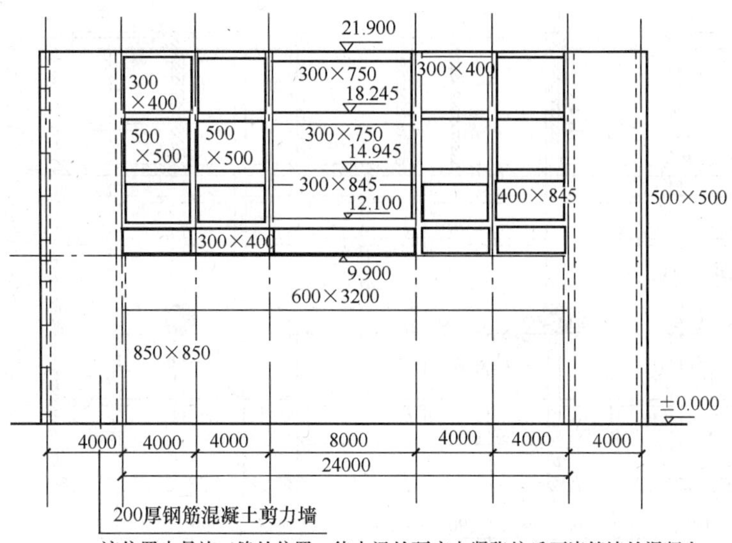

(a)

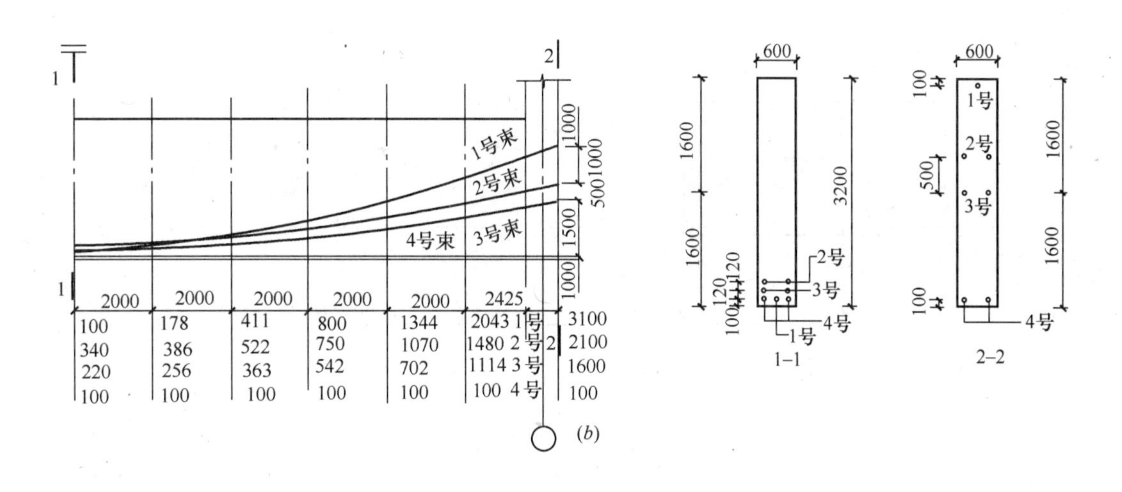

(b)

图 0-25　北京市人民检察院工程

以上是标准层，3.9m 小开间的客房。为实现柱网的改变，满足底部尽可能的灵活空间要求，设置 15.6m 跨的三跨连续的部分预应力混凝土大梁，截面尺寸为 1.5m×3.6m，预应力钢筋采用直线有粘结和曲线无粘结两种形式，13 束 8 Φ^j15 双曲抛物线加切线形式的无粘结预应力钢绞线；梁顶、梁底各 8 束 9 Φ^j15 直线形式的有粘结预应力钢绞线。

3. 转换梁受力性能的改善

转换梁的截面尺寸通常由其受剪承载力来控制，截面尺寸往往较大。从工程实践看，钢筋混凝土转换梁常用截面高度为 1.6～4.0m，只有在跨度较小以及承托层数较少时才采用较小的截面高度 0.9～1.4m，而跨度较大且承托层数较多时，或构造要求特殊时才采用较大的截面高度 4.0～8.0m。由于梁很强，处理不好有可能使转换梁与框支柱形成的框架出现“强梁弱柱”的现象，对结构的抗震不利；另一方面采用转换梁也或多或少会影响该

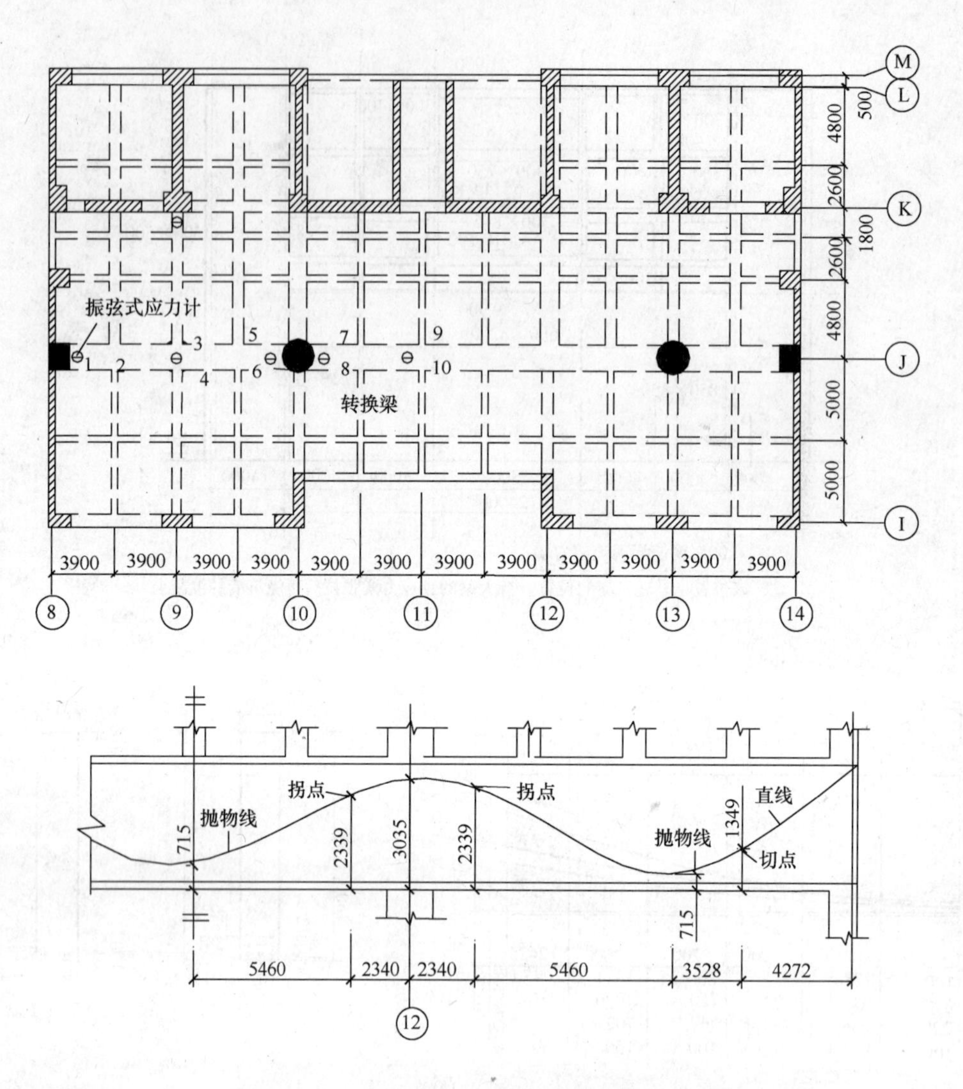

图 0-26　南京钟山宾馆 3 号楼预应力混凝土转换梁

层的使用空间；对外筒的转换，采用转换梁会影响对该层的通风、采光等，若开设洞口，则会产生明显的应力集中现象。因此，有必要寻求新的转换结构形式，以改善转换梁的受力性能。

(1) 斜向支撑的应用

托柱形式转换梁由于直接承托跨中上部柱传来的荷载，当转换梁跨度很大且承托层数较多时，由柱传递下来的荷载将会很大，使得转换梁的设计在理论上可以实现，但实际实施中却不可行。因此，为了使梁支托的柱上荷载在传给转换梁之前，预先卸去部分荷载给两边落地的竖向框架柱，可在转换梁上部框架中布置一定数量的斜腹杆，使转换梁上相当于一部分垂直荷载改变传力方向（图 0-27*a*），起到类似于拱传力的作用。

辽宁省艺术中心大厦，由于要将一幢 13 层的高层公寓建在剧院舞台大空间的上方，为了满足舞台建筑功能的要求，必须在舞台处抽去相应的 5 根柱子，用跨度为 23.4m 的转换梁承托上部 5 根柱传下来的 13 层建筑物的竖向荷载和水平地震作用，根据内力计算

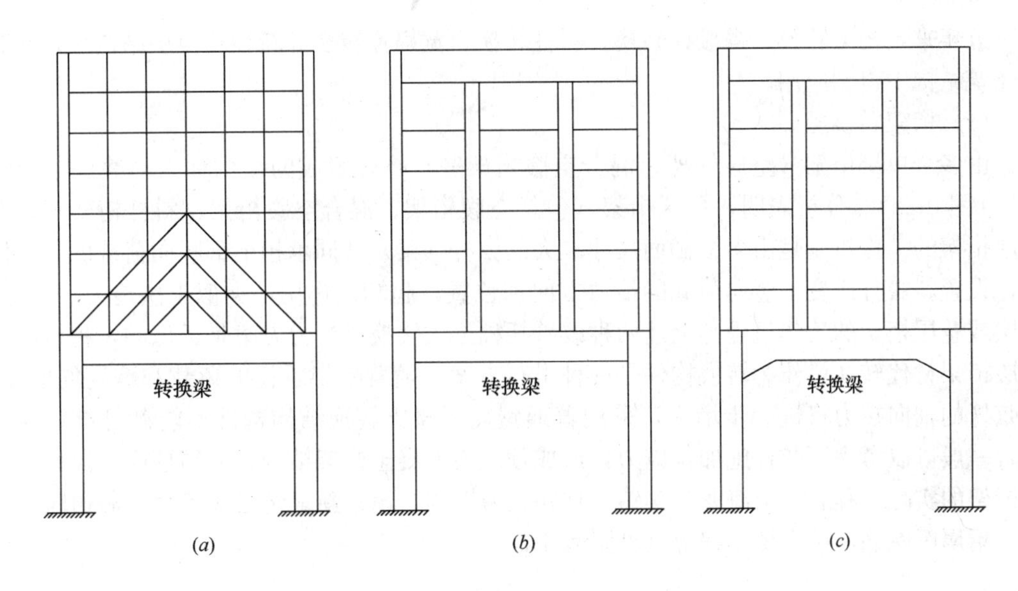

图 0-27　转换梁受力性能改善的方法

(*a*) 斜向支撑；(*b*) 多道转换；(*c*) 转换梁加腋

结果，转换梁的截面尺寸要求非常大，但在结构中加上斜向支撑后，转换梁内力降低很多，最后转换梁截面只需选取 0.55m×3.50m 即满足设计要求，同时提高了抽柱框架的抗震性能。

(2) 竖向受力的多道转换

为了避免一根转换梁承托上部所有各层荷载，造成转换梁截面尺寸过大，施工非常困难的情况，另一行之有效的方法就是设置多道转换梁（图 0-27*b*），使原由一层转换梁承托上部所有楼层，变成多道转换梁分别承托几层或十几层，降低单根转换梁上承受的荷载。

深圳海神广场，地下 3 层，地上 50 层，上部结构标准层为 3.1m 的柱距，下部 1～6 层由于大空间的需要，抽去 2 根柱，形成 9.3m 的大柱距。如果仅在第七层设置一根转换梁承托上部 2 根柱传下来的 43 层梁的荷载，则转换梁的截面尺寸要求很大，为此，分别在第 21 层和第 35 层增设了二道大梁，截面尺寸分别为 0.45m×1.90m 和 0.40m×1.70m，使得第 7 层的转换梁的截面只需选取 1.2m×2.0m 即满足设计要求，有效地降低了截面尺寸。

(3) 转换梁加腋的应用

实际设计时，转换梁的截面尺寸往往由其受剪承载力要求来决定，受弯承载力对截面的要求并不是主要因素。因此，如果能设法增强转换梁在支座区段的受剪承载力（梁在支座区段的剪力较大），就可以有效地降低其截面尺寸。转换梁的加腋就是基于这一想法而提出的（图 0-27*c*）。当然，考虑与上部剪力墙共同工作，由于转换梁截面尺寸减小，使其承受的荷载相应减小，带来的问题是上部墙体承受的荷载相应增加，设计时需要予以加强。

目前采用转换梁加腋的实际工程有深圳海滨花园、北京煤炭总公司高层商住楼、深圳园岭中心区园中花园、珠海园名山庄商住楼和深圳华丽花园商住楼等（见附表 1-1）。

4. 新型转换结构的应用

近年来，桁架转换、搭接柱转换、斜柱转换、宽扁梁转换等新型转换层结构形式在高层建筑结构中得到应用。

（1）桁架转换层

由多个单层桁架（空腹桁架、混合空腹桁架等）叠合组成的结构称为“叠层桁架结构”（图 0-28）。分析表明，单层桁架（包括空腹桁架、混合空腹桁架、斜杆桁架等）或叠层桁架的工作机制是由多根截面尺寸较大的弦杆（梁）共同承担上部竖向荷载的工作机制，设置斜腹杆改变了竖向荷载的传力方向和位置，起卸载作用，类似于拱传力。因此，单层或叠层桁架的工作机理与上述两种改善托柱形式转换梁受力方案是类似的，将单层或叠层桁架替代转换梁作为转换构件是一种可行方案。随着桁架承托的荷载和跨度的增加，下弦杆的轴向拉力将进一步增大，采用普通钢筋混凝土转换结构构件不能满足抗裂要求时，一般可以考虑下弦杆施加预应力，形成预应力混凝土桁架结构。采用预应力混凝土转换桁架的实际工程有：上海龙门宾馆、铁路大厦工程、南京新世纪广场工程、温州医学院第一附属医院病房综合楼工程等（见附表 1-2）。

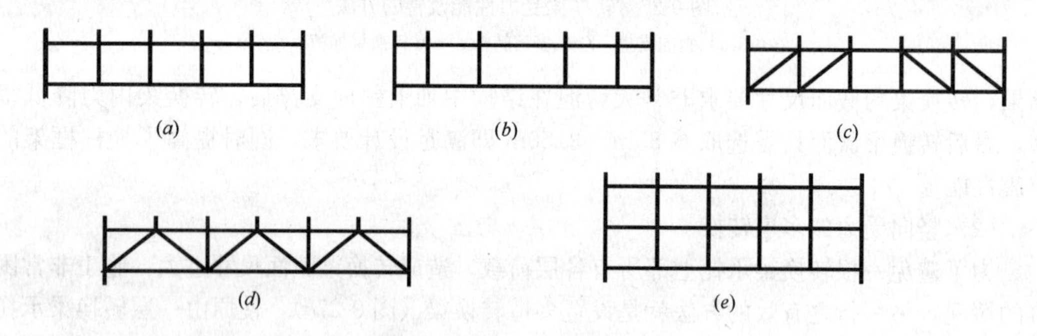

图 0-28　转换桁架的结构形式

(*a*) 等节间空腹桁架；(*b*) 不等节间空腹桁架；(*c*) 混合空腹桁架；(*d*) 斜杆桁架；(*e*) 叠层桁架

南京新世纪广场工程[0-100]，地下 2 层，7 层以下为裙楼，7 层以上为二幢塔楼，一幢为 30 层的高层公寓，总高度 97.2m；另一幢为 55 层的写字楼，主体高 200.0m，顶部有一高塔，塔顶标高为 253.6m。写字楼采用框架外筒和剪力墙内筒组成的筒中筒结构，平面呈正方形，高宽比 H/B 为 15.16。为了增加使用的灵活性，在 6 层以下采用柱距为 7.50m 的稀柱外框筒，7 层以上为柱距 3.75m 的密柱外框筒。在 6 层与 7 层之间，竖向荷载的传递未使用上部密柱和下部稀柱，而是沿外框筒设置 4 榀 7.00m 高的巨型转换桁架（图 0-29），其上、下弦杆截面尺寸为 1000mm×1200mm，竖腹杆截面尺寸为 1200mm×1200mm，斜腹杆截面尺寸为 1000mm×800mm，转换桁架混凝土强度等级 C50，下弦杆施加预应力。

上海裕年国际商务大厦[0-40]~[0-42]，总建筑面积为 44065m²，其中，地上部分为 38015.2m²，地下部分为 6049.8m²。主要屋面处标高 98.3m，地下 2 层均为车库和设备用房（其中地下第 2 层为战时 6 级人防）；地上 28 层（含顶层机房），其中 1 层、2 层为大堂吧、酒店、餐厅等；3 层为宴会厅和会议中心；4 层为健身、娱乐中心等；5 层为酒店管理、后勤、员工餐厅等；6～27 层旅馆，28 层为电梯机房。

为了在 4 层以下满足宴会厅、会议中心等大空间功能的要求，在④、⑦轴之间，Ⓕ轴

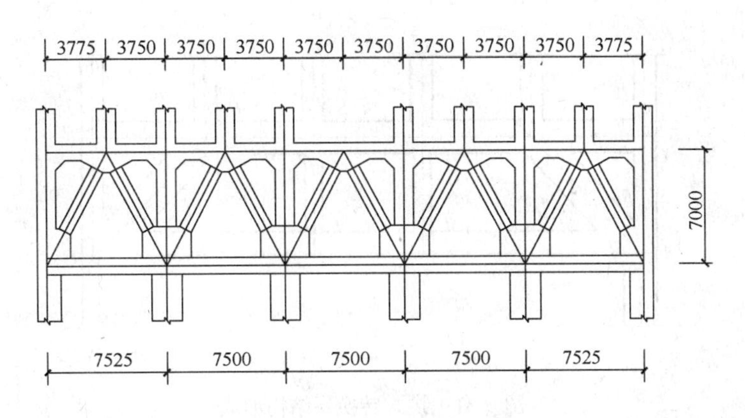

图 0-29　预应力混凝土转换桁架

线上柱抽掉，形成跨度为 3×8.2m＝24.6m 的大柱距。在转换的楼层（第 4、5 层）设置跨度为 24.6m，高度为（3.9m＋3.9m）的预应力叠层桁架转换层。该工程采用带转换层的钢筋混凝土框架-剪力墙结构，属于复杂高层建筑结构，设防烈度 7 度（0.1g）。

上海裕年国际商务大厦预应力混凝土转换桁架下弦配置 12-7U Φ^{s}15.2 无粘结预应力筋，中弦配置 4-6U Φ^{s} 15.2 无粘结预应力筋，如图 0-30 所示。

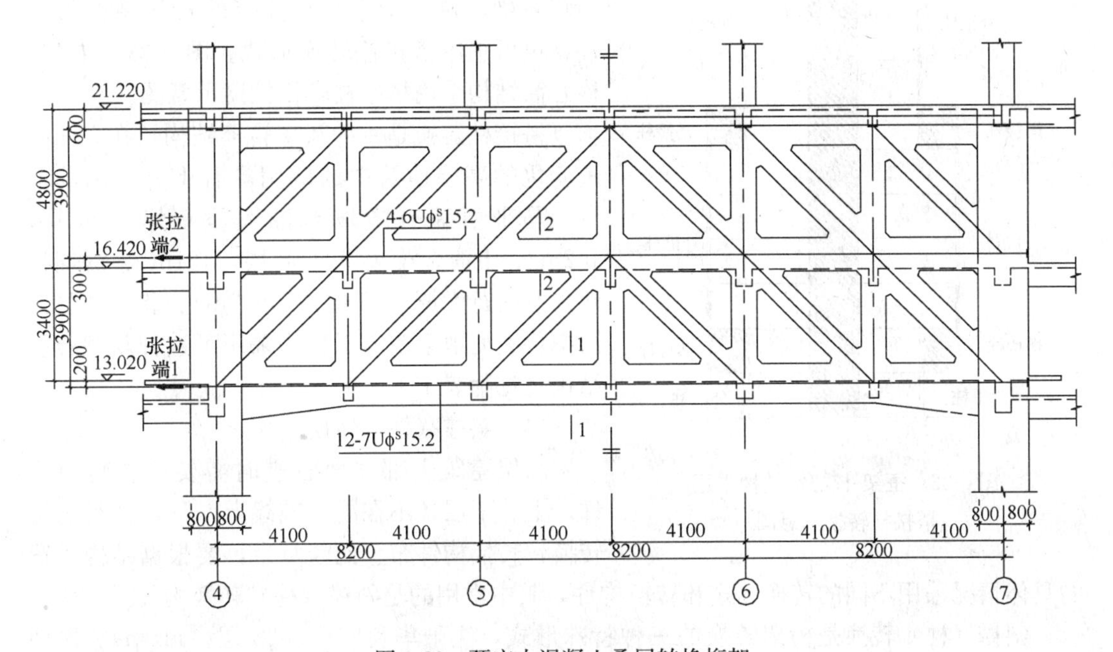

图 0-30　预应力混凝土叠层转换桁架

（2）拱式转换层

拱式转换层在楼层柱距变化处设置上弦杆 CD、下弦杆 AF，在上、下弦杆之间设置斜腹杆 AC、FD，形成拱式转换层结构，在斜腹杆之间设置竖腹杆 GH、ST，用以调节拱式转换层结构上、下弦杆间的内力分配，竖腹杆与上弦杆连接采用刚接形式，与下弦杆连接采用铰接形式，见图 0-31。

拱式转换层与桁架式转换层的工作机理都是通过各腹杆与上、下弦杆组合共同承担竖

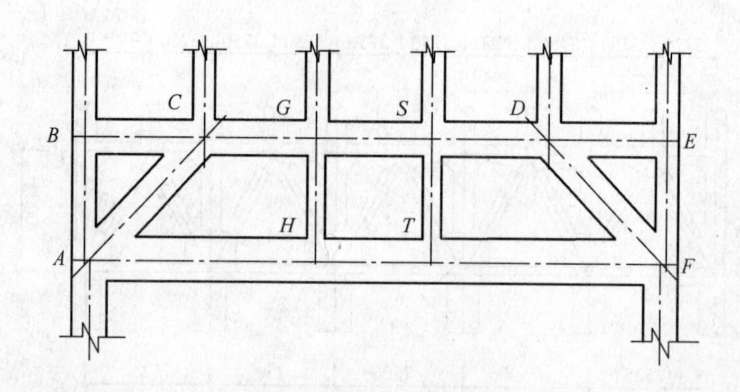

图 0-31　拱式转换层结构形式

向荷载。拱式转换层的各腹杆与上弦杆刚接，并通过下弦杆提供水平力，以此构成拱来承担上部竖向荷载。而桁架式转换层的各腹杆与上、下弦杆铰接，以桁架的工作原理来承当上部竖向荷载，这是拱式转换层与桁架式转换层受力机理的区别。

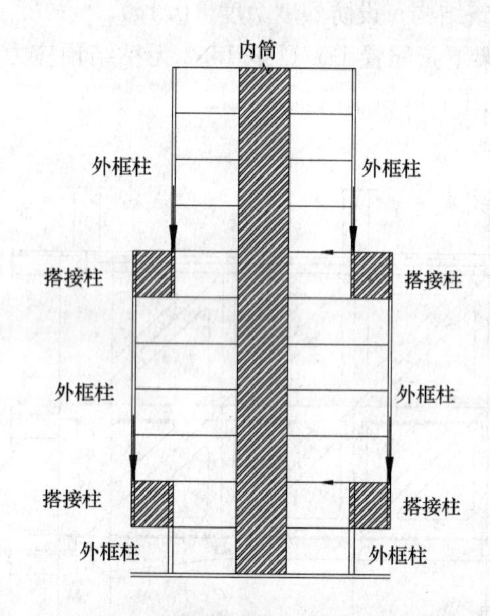

图 0-32　框架-核心筒结构采用搭接柱转换示意图

(3) 搭接柱转换

框架-核心筒结构外围框架柱上、下不连续时，需要设置转换结构加以过渡，实际结构中常用转换梁、转换桁架、斜撑等的转换结构形式外，也可采用搭接柱转换形式。图 0-32 为框架-核心筒结构采用搭接柱转换柱网示意图。

搭接柱转换是一种新型转换结构，在立面收进变化的高层建筑中的应用具有十分广阔的前景。马来西亚吉隆坡石油大厦双塔（95 层，452m）、上海金茂大厦（88 层，421m）、深圳福建兴业银行大厦（28 层，106.7m）、北京中国人民银行大厦地下室等工程均采用了这种新型转换结构（见附表 1-3）。

(4) 斜撑（柱）转换

高层建筑上部立面收进时需要设置转换构件，上、下层柱不在同一轴线上，且往往是高位转换，转换构件布置比较复杂，要根据结构布置的具体情况采用不同的转换方式和转换构件，其中常用的是斜撑（柱）转换构件。

斜撑（柱）转换是桁架转换的一种特殊形式，沈阳华利广场（33 层，115m）、深圳 2000 大厦（26 层、97.1m）、绥芬河海关办公楼（14 层，61.4m）、武汉世界贸易大厦（58 层，229m）、重庆银星商城（28 层、100.98m）、成都南洋商厦（16 层，48.5m）、日本东京绿园大厦（13 层）、辽宁省艺术中心（18 层、68.4m）等工程采用这种转换结构形式（见附表 1-4）。

图 0-33 列出了多种形式的平面和空间斜柱转换构件。

(5) 宽扁梁转换

当上部剪力墙带有短小翼缘的剪力墙时，可以将实腹梁宽度加大，使小翼缘全部落在

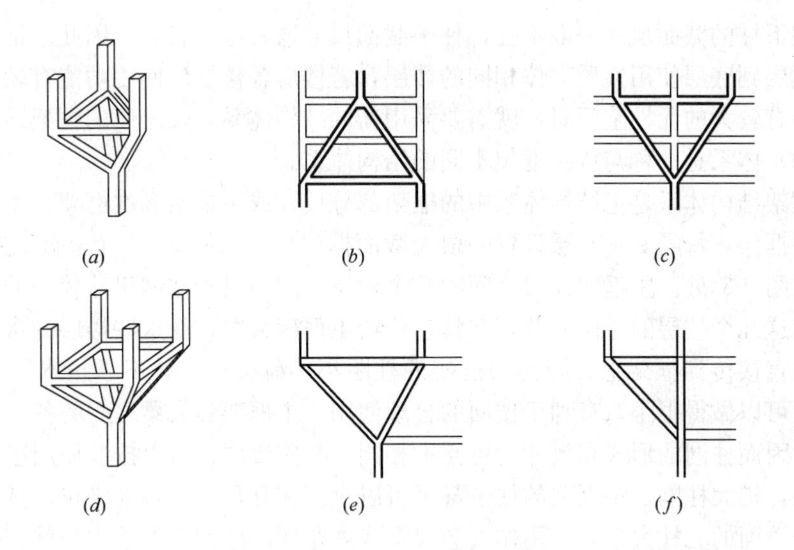

图 0-33　平面和空间斜柱转换

扁梁宽度范围内，形成宽扁梁转换形式。

宽扁梁转换结构有利于减小结构高度所占的空间，减小楼板厚度，有利于实现强柱弱梁、强剪弱弯，具有明显的综合技术经济效益。宽扁梁转换还可避免采用主、次梁方案。工程实际中控制宽扁梁跨高比 $L/h_b \leqslant 10$，宽高比 $b_b/h_b \geqslant 2.5$。深圳黄岗花园、深圳五洲宾馆、上海惠浦大厦等工程均采用了此种转换形式（见附表 1-7）。

5. 传统抗侧力结构形式的改善

框架结构和框架-剪力墙结构是传统的抗侧力结构形式，已广泛被应用于高层建筑中，但这些传统的结构形式不能满足现代高层建筑多功能、综合用途的建筑空间要求，寻求新的抗侧力结构形式便成为工程设计技术人员所关注的问题。

（1）巨型框架结构

在传统框架结构（图 0-34*a*）中，框架的各层柱需要承担其上所有楼层的竖向荷载，

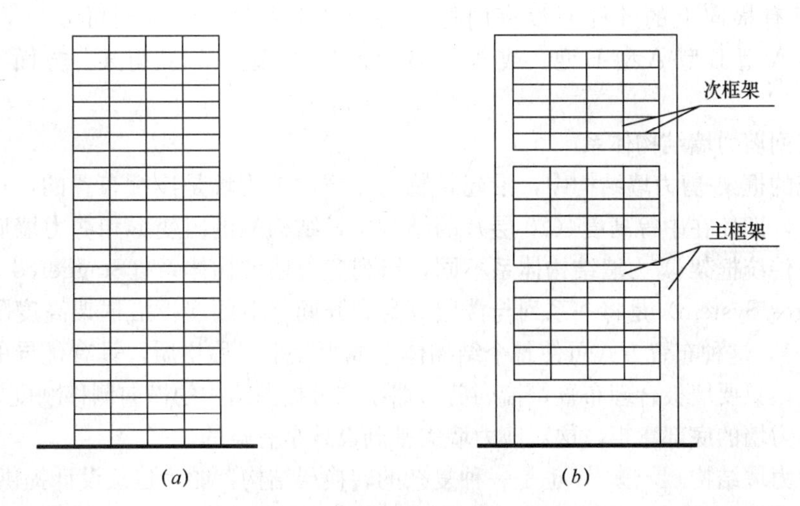

图 0-34　巨型框架结构体系比较

（*a*）传统框架结构体系；（*b*）巨型框架结构体系

而且从上到下柱的截面尺寸一般不变，柱子截面尺寸通常也比较大。因此，框架结构体系仅适用于顶层到底层使用性质大体相同的楼层，若楼房各楼层的使用功能有较大变化，某些楼层要求有较大的无柱空间时，就需要采用新的结构体系。大尺度的框架结构（或称巨型框架结构）体系是一种与传统框架不同的结构体系。

巨型框架结构体系是把结构体系中的框架部分设计成主框架和次框架。主框架是一种大型的跨层框架，每隔 6～10 层设置一根大截面框架梁，每隔 3～4 个开间设置一根大截面框架柱（图 0-34*b*）。主框架大梁之间的几个楼层，则另设置柱网尺寸较小的次框架。次框架仅负担这几个楼层的竖向荷载，并将它传给主框架大梁，而这些楼层的水平荷载则通过各层楼盖直接传到框架上。因为次框架的柱距小、荷载小，又不承担水平荷载，因而梁、柱截面可以做得很小，有利于楼面的合理使用。主框架各大梁之间的各个次框架是相互独立的，因而柱网的形式和尺寸均可互不相同，某些楼层也可以按照使用空间的需要抽去一些柱子，扩大柱网。小框架的柱子甚至可以全部在其顶层楼盖处终止，从而形成一个扩大到整个楼面的无柱大空间，用作大会议室或展览厅。巨型框架梁本身就构成了结构转换层，因此，巨型框架结构是一种复杂的转换层结构[0-101]～[0-103]。

我国已建的巨型框架结构均为钢筋混凝土结构，由于巨型框架结构大梁的跨度非常大，而且承担荷载极大，为了控制大梁变形和节约材料，一般须对其施加预应力，因此巨型框架结构也是一种新型预应力结构体系。钢筋混凝土巨型框架结构中巨型框架柱一般采用型钢混凝土柱或筒体，巨型框架梁可分为钢桁架、斜格型杆件或钢筋混凝土大梁（箱型或实体）。

深圳亚洲大酒店，深圳新华饭店，厦门国际金融大厦、苏州八面风商厦、南京多媒体通讯大楼等工程采用了巨型框架结构体系。

（2）错列结构体系

错列墙梁（或桁架）体系是另一种与传统框架不同的结构体系，它是由一系列与楼层等高的墙梁（或桁架）组成，墙梁（或桁架）横跨在两排外柱之间[0-104]～[0-107]。采用这种结构体系能为建筑平面布置提供宽大的无柱面积，使楼面的使用更加灵活。在建筑平面上只有横向上的外柱而没有内柱。墙梁（或桁架）的排列可以有规则地设置（图 0-35 中 A 型-B 型-A 型-B 型，或 A 型-B 型-B 型-A 型），以获得某一方面所需要的更大空间。

（3）错列剪力墙结构体系

在传统的框架-剪力墙结构中，沿建筑物高度方向剪力墙是连续布置的，这种剪力墙的布置方式，即使在中等高度（20 层）的结构中，结构的侧向变形和剪力墙底部的弯矩都很大。与传统框架-剪力墙结构体系不同，错列剪力墙结构体系（Staggered Shear Panels Structures System）是将一系列与楼层等高和开间等宽的墙板沿框架高度隔层错跨布置（图 0-36），这种布置方式可使整个结构体系成为几乎对称均质，具有优异的抵抗水平荷载的能力。只要墙板合理布置，错列剪力墙结构可提高结构的横向侧移刚度，同时可大大地降低剪力墙的底部弯矩，这对剪力墙的基础设计是有益的。

错列剪力墙结构[0-108]～[0-113]也是一种复杂的转换层结构，能为建筑设计提供大的空间，在提高结构横向侧移刚度及抵抗水平地震作用方面要比传统框架-剪力墙结构有独特的优势，不过它在纵向结构布置及刚度上显得相对薄弱，应采取相应的措施。

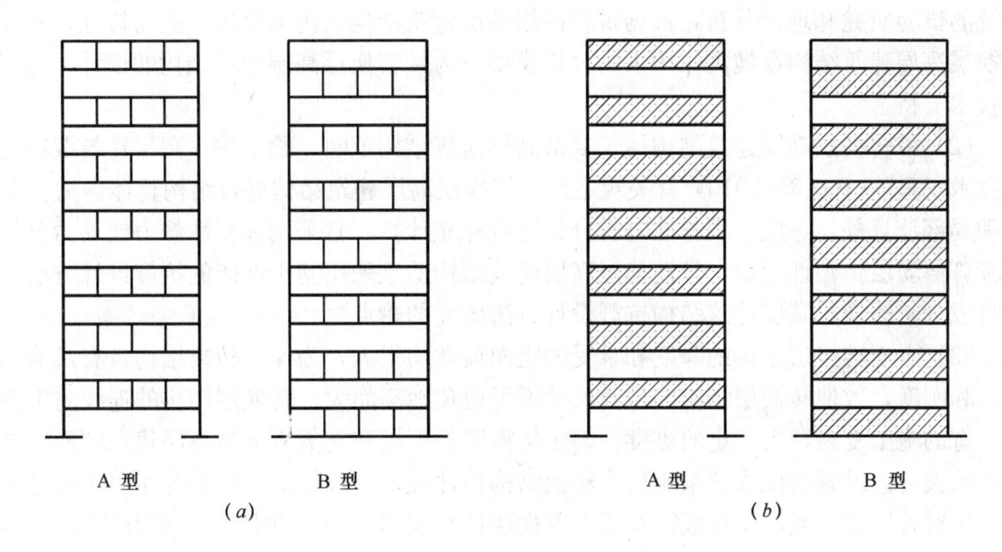

图 0-35　错列结构体系

(*a*) 错列桁架结构体系；(*b*) 错列墙梁结构体系

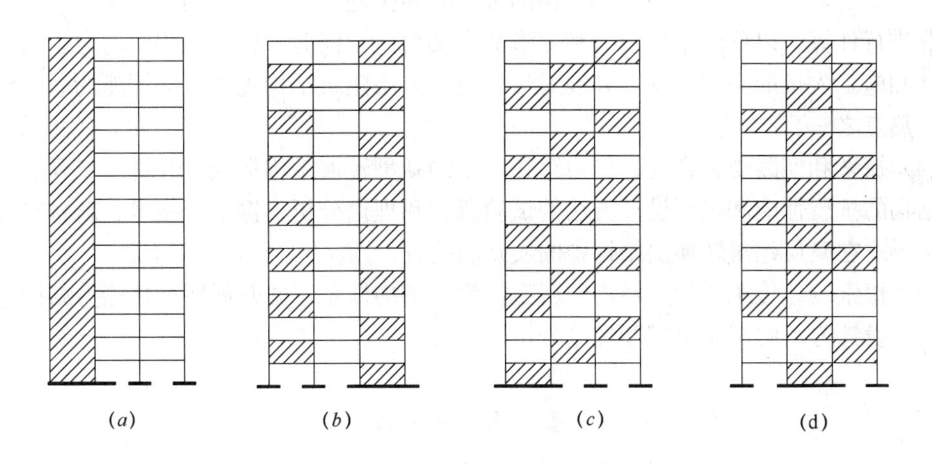

图 0-36　错列剪力墙结构

(*a*) 框架-剪力墙结构；(*b*) 类型 1；(*c*) 类型 2；(*d*) 类型 3

6. 研究展望

近几十年，底部带转换层的大空间剪力墙结构迅速发展，各高等院校和科研院所结合工程实践开展带转换层高层建筑结构的试验研究和理论分析，取得了一定的成果，为《高层建筑混凝土结构技术规程》(JGJ 3—2010) 相关内容的修订和完善，为带转换层高层建筑结构的工程应用提供了科学的依据。对带转换层高层建筑结构的研究应重视以下几个方面[0-90]、[0-91]：

(1) 鉴于目前对带转换层高层建筑结构的研究主要是结合为数不多的实际工程进行有限元分析，有时辅以结构整体模型的振动台试验或转换结构的局部模型试验研究，得出一些结论用以指导实际工程，取得了一定的成效。但未能形成系统的理论，对具有不同转换构件的高层建筑结构的抗震性能研究还不够完善，尚需进一步结合更多的工程实践，通过系统的试验研究和理论分析，根据带转换层高层建筑结构的传力机理、振动特性，建立带转换层高层建筑结构在地震作用下的分析模型，为带转换层高层建筑结构的设计、施工提供技术支持。

（2）带转换层高层建筑结构属于复杂高层建筑结构范畴，除了按《高层建筑混凝土结构技术规程》（JGJ 3—2010）有关规定对带转换层高层建筑结构进行结构整体内力位移计算和局部计算外，还应采用弹性时程分析进行补充计算；宜采用弹塑性静力或动力分析方法验算薄弱层弹塑性变形。带转换层高层建筑结构适宜采用基于性能的抗震设计方法，这也将成为带转换层高层建筑结构抗震设计方法研究的热点之一。

（3）由于转换层结构的跨度和承受的竖向荷载均很大，为保证转换结构具有足够的承载力和刚度，致使转换层结构的截面尺寸不可避免地高而大。转换层结构的连续施工强度大，有的施工复杂，有一定的难度，确定转换层的模板和支撑方案是高层建筑转换层结构施工的关键。设置模板支撑系统后，转换结构构件施工阶段的受力状态与使用阶段是不同的，应对转换梁（或转换厚板）及其下部楼层的楼板进行施工阶段的承载力验算。因此，应在结构设计阶段考虑转换结构的施工支模和拆除方案，建立综合考虑实际的力学分析模型，以达到设计和施工的统一。

一般而言，带转换层高层建筑结构的分析必须按施工模拟、使用各阶段及施工实际支撑情况进行计算，以反映结构内力和变形的真实情况。同时，施工过程中的力学问题应引起设计和施工人员的高度重视。开展对带转换层高层建筑结构施工力学性能的研究将成为研究的热点之一。

（4）探索和实践受力合理、传力路径清楚的新型转换结构形式，并进一步开展对新型转换结构的抗震性能和抗震设计方法的试验研究和理论分析。探索新技术、新材料和新转换结构形式在高层建筑转换层结构中的实践和研究。

（5）探索改善传统抗侧力结构的新型抗侧力结构体系，并开展新型抗侧力结构抗震性能和抗震设计方法的试验研究和理论分析。

参 考 文 献

[0-1] 中华人民共和国行业标准. 高层建筑混凝土结构技术规程(JGJ 3—2010)[S]. 北京：中国建筑工业出版社，2010

[0-2] 唐兴荣编著. 高层建筑转换层结构设计与施工[M]. 北京：中国建筑工业出版社，2002

[0-3] 唐兴荣编著. 特殊和复杂高层建筑结构设计[M]. 北京：机械工业出版社，2006

[0-4] 底层大空间剪力墙结构研究组. 底层大空间剪力墙结构十二层模型试验研究[J]. 建筑结构学报. 1984.5(2)：1~8

[0-5] 徐培福，郝锐坤，吴廉仲，黄宝清，皮绍刚，邵 弘等. 底层大空间剪力墙结构抗震设计[J]. 建筑科学. 1985.（1）：28~37

[0-6] 郝锐坤，徐培福，黄宝清，皮绍刚，邵 弘等. 底层大空间剪力墙结构十二层模型拟动力试验研究[J]. 建筑科学. 1985.（1）：38~52

[0-7] 徐培福，郝锐坤，吴廉仲. 底层大空间上层鱼骨式剪力墙结构的抗震设计[J]. 建筑科学. 1986，（4）：3~8

[0-8] 郝锐坤，徐培福，黄宝清. 底层大空间上层鱼骨式剪力墙结构十二层模型纵向拟动力试验研究

[J]. 建筑科学. 1986. (4): 9～16
[0-9] 刘永添，李志方. 粤财大厦结构设计[J]. 建筑科学. 2001.17(1): 46～50
[0-10] 邹建华，沈毅，黄建军，吴建卫. 4.2m 高大跨预应力转换大梁结构的施工[J]. 建筑施工. 1999.21. (6): 19～21
[0-11] 顾晴霞，袁世俊. 5.1m 高转换层大梁施工技术[J]. 施工技术. 1998. (8): 12～13
[0-12] 邹代灵. 高层建筑加腋转换梁结构的施工[J]. 建筑施工. 1999.21(6): 25～27
[0-13] 苏卫东，李玲. 重庆地王广场结构设计[J]. 西北建筑工程学院学报(自然科学版). 2001.18 (3): 41～45
[0-14] 韩小雷，陈学伟，顾希敏，林生逸，吴培烽，毛贵牛，何伟球. 珠海天朗海峰超限高层建筑结构设计[J]. 建筑结构，2010，4(10): 51～54
[0-15] 王能举，葛东霞，邵 兵. 世茂湖滨花园三号楼超限高层结构设计[J]. 建筑结构. 2004，34 (8): 7～10
[0-16] 陈刚，张谨. 苏州工业园区国际大厦转换层设计[J]. 建筑结构. 2001.31(5): 6～10
[0-17] 石伟国，刘秋生. 深圳俊园超长大体积框支梁施工技术[J]. 建筑技术. 2001.32(11): 48～49
[0-18] 李勇，娄宇，吴寿泉. 上海中欣大厦转换层结构设计[J]. 建筑结构. 2000.30(1): 43～46
[0-19] 王敏，李兵，曾凡生，谈燕宁. 庆化开元高科大厦转换结构设计[J]. 建筑结构. 2003.33 (6): 25～28
[0-20] 刘光云，姚刚，赵晓彬. 鼎盛时代大厦转换层施工技术[J]. 建筑技术开发. 2003.30(11): 58～60
[0-21] 丁勇，李倩，顾仲文. 杭州铁路客站综合楼转换层施工技术[J]. 浙江建筑. 1999.(3): 4～5
[0-22] 吕志涛，刘平昌，刘暖琏，姚明明，李少航. 南京状元楼预应力转换层结构工程研究[J]. 建筑技术. 28(3): 178～180
[0-23] 刘军进，吕志涛. 金山大厦转换梁的实测及分析[J]. 建筑结构. 2002.32(3): 35～37
[0-24] 冯健，樊德润，姜月林. 江苏省公安交通指挥控制中心预应力混凝土曲梁转换层结构设计[J]. 工业建筑. 2001.31(12): 29～32
[0-25] 李进，肖贤，江杰，陈德文. 华信大厦的结构设计及相关问题探讨[J]. 工业建筑. 2002.31 (2): 31～32
[0-26] 王能举，葛东霞，邵兵. 世茂湖滨花园三号楼超限高层建筑结构设计[J]. 建筑结构. 2004，3 (8): 7～10
[0-27] 胡振青，钱江，周春. 小偏移错位柱 SRC 梁式转换层节点承载性能研究[J]. 建筑结构学报. 2010，31(11): 119～125
[0-28] 胡振青，钱江，周春，王 湧，岳建勇. 陆家嘴时代金融中心 SRC 梁式转换层节点试验研究[J]. 结构工程师. 2008，24(6): 128～134
[0-29] 孙亮. 40m 跨度预应力箱型转换梁的设计研究[J]. 广东土木与建筑. 2009，(1): 20～23
[0-30] 沈伟，高飞，廖云忠，杨宗放，曹勇. 成都苏宁广场跨越地铁隧道的巨型预应力转换梁施工[J]. 建筑技术. 2010，41(12): 1094～1096
[0-31] 曹建荣. 复杂观体大底盘梁式转换层的结构设计[J]. 结构工程师. 1996，(1): 7～14
[0-32] 林川. 时富花园高层商住楼梁式转换层结构设计与分析[J]. 广东土木与建筑. 2006，(9): 16～18
[0-33] 宣伟，朱杰江. 上海市某超限高层商住楼框支剪力墙结构设计[J]. 工程建设与设计. 2003，(11): 8～10
[0-34] 谢定南，任旭，崔青. 高层公寓框支-剪力墙结构设计的几项措施[J]. 建筑技术. 30(2): 113～114

[0-35] 程晓艳. 珠江新岸公寓的框支剪力墙结构设计[J]. 广东土木与建筑. 2008, (12): 9～11
[0-36] 庞俊韬. 南宁市怡景西湖新天地高层商住楼框支剪力墙结构设计[J]. 广西城镇建设. 2006, (9): 74～75
[0-37] 陈跃辉. 某框支剪力墙结构设计[J]. 福建建筑. 2010, 总 142(4): 38～40
[0-38] 韩小雷, 陈学伟, 顾希敏, 林生逸, 吴培烽, 毛贵牛, 何伟球. 珠海天朗海峰超限高层建筑结构设计[J]. 建筑结构. 2010, 4(10): 51～54
[0-39] 王能举, 葛东霞, 邵兵. 世茂湖滨花园三号楼超限高层结构设计[J]. 建筑结构. 2004, 34 (8): 7～10
[0-40] 唐兴荣, 王恒光, 王燕, 计国, 赵健. 带叠层桁架转换层高层建筑结构整体模型的振动台试验研究[J]. 建筑结构学报. 2011, 32(6): 18～26
[0-41] 唐兴荣, 王恒光, 王燕, 计国, 李翠杰. 预应力混凝土叠层桁架转换结构设计和静力性能试验研究[J]. 建筑结构. 2010, 4(8): 64～70
[0-42] 唐兴荣, 王燕, 王恒光, 李翠杰. 混凝土叠层转换桁架结构预应力施工与监测[J]. 施工技术. 2009, 38(10): 54～57
[0-43] 唐兴荣, 蒋永生, 孙宝俊, 丁大钧, 樊德润等. 高强混凝土预应力桁架转换层结构性能的试验研究[J]. 建筑结构, 1998, 总 171(3): 16～18
[0-44] 唐兴荣, 蒋永生, 孙宝俊, 丁大钧等. 带预应力混凝土桁架转换层的多高层建筑结构设计与施工建议[J]. 建筑结构学报, 2000, 21(5): 65～74
[0-45] 唐兴荣, 蒋永生, 丁大钧. 预应力混凝土桁架转换层结构的试验研究和设计建议[J]. 土木工程学报, 2001, 34(4): 32～40
[0-46] 唐兴荣、何若全等. 带预应力混凝土桁架转换层结构模型的拟动力试验研究[J]. 南京工业大学学报, 2003, 25(4)
[0-47] 唐兴荣, 姚江峰. 带转换层高层建筑结构的弹塑性地震反应分析[J]. 南京工业大学学报, 2006, 3(28): 33～38
[0-48] 饶巍. 银安大厦桁架转换层结构设计[J]. 工厂建设与设计. 1998. 总第 148 期. (2): 25～27
[0-49] 赵伟, 金如元. 水产大厦预应力混凝土转换桁架设计[J]. 建筑科学. 2002. 18. (3): 10～12
[0-50] 邱剑, 肖蓓, 金志宏, 赵金强. 瑞通广场逆向转换层的设计[J]. 建筑结构. 1999. (4): 6～8
[0-51] 张誉, 赵鸣, 方健, 袁兴隆. 空腹桁架式结构转换层的试验研究[J]. 建筑结构学报. 1999. 20, (6): 11～17
[0-52] 成连生, 陈有琪, 罗民伟, 吕文剑. 高层建筑转换层预应力桁架不对称偏心张拉的探讨[J]. 施工技术. 1997. (12): 17～18
[0-53] 杨滨然, 林克昌, 肖栋. 嘉洲翠庭大夏桁架转换层结构设计[J]. 建筑结构. 2006, 36(增刊): 2～56～2～58
[0-54] 叶小刚, 秦从律, 肖建宝, 裘涛, 楼文娟, 陈勇. 大跨高位钢桁架转换层结构的实测与分析[J]. 建筑结构. 2007, 37(1): 28～31
[0-55] 邬晓, 陆秋旋. 预应力混凝土桁架转换结构的设计应用[J]. 广东土木与建筑. 2006, (2): 9～10
[0-56] 哈敏强. 型钢混凝土空腹桁架转换结构在高层建筑中的应用[J]。结构工程师. 2010, 26(5): 8～13
[0-57] 刘立东. 型钢混凝土桁架转换结构的应用[J]. 山西建筑. 2910. 36(8): 76～77
[0-58] 赵宏康, 戴亚萍. 某带钢-混凝土组合桁架转换层超限高层建筑结构设计[J]. 江苏建筑, 2007, 总 111(1): 44～47
[0-59] 陈琼, 李俊. 国检大厦架空桁架转换结构模板及支撑施工[J]. 建筑技术. 2008, 39(1): 35

～37
[0-60] 叶小刚，秦从律，肖建宝，裘涛，楼文娟，陈勇．大跨高位钢桁架转换层结构的实测与分析[J]．建筑结构．2007，37(1)：28～31
[0-61] 傅学怡，雷康儿，杨思兵，陈朝晖，顾磊，贾建英．福建兴业银行大厦搭接柱转换结构研究应用[J]．建筑结构．2003．(12)：8～12
[0-62] 顾磊，傅学怡．福建兴业银行大厦搭接柱转换结构有限元分析和预应力策略[J]．建筑结构．2003．(12)：13～16
[0-63] 徐培福，傅学怡，耿娜娜，王翠坤，肖从真．搭接柱转换结构的试验研究与设计要点[J]．建筑结构．2003．(12)：3～7
[0-64] 王翠坤，肖从真，赵宁等．深圳福建兴业银行模型振动台实验研究[J]．第十七届全国建筑结构学术交流会论文集．2002
[0-65] 李豪邦．高层建筑中结构转换层一种的新形式-斜柱转换[J]．建筑结构学报．1997．18．(2)：41～45
[0-66] 曹秀萍，马耀庭．斜柱在深圳2000大厦高位转换中的应用[J]．建筑结构．2002．32．(8)：15～19
[0-67] 张琳，白福波，林立．高层建筑梯形结构转换体系设计应用[J]．低温建筑技术．2002.87．(1)：20～21
[0-68] 郭必武，李治，董福顺．武汉世界贸易大厦结构设计[J]．建筑结构．2000.30．(12)：3～9
[0-69] 茅以川，尤亚平．高层建筑V形柱式结构转换[J]．建筑科学．2001.17．(1)：38～41
[0-70] 任淑杰，高树伦．高层建筑巨箱形结构转换层施工技术[J]．建筑施工．1998．20．(1)：26～28
[0-71] 陈立新．高层建筑箱式结构转换层施工技术[J]．建筑技术与应用．2003．(6)：29～30
[0-72] 黄小坤，林祥，华山．高层建筑箱形转换层结构设计探讨[J]．工程抗震与加固改造．2004．(5)：12～16
[0-73] 应立峰，叶平江．箱式转换层的施工[J]．浙江建筑．2000.99．(增刊)：62～63
[0-74] 潘民源，丁连昌，施勇．与地下室连为一体的超大型箱式结构转换层施工[J]．建筑施工．1998．20．(4)：18～21
[0-75] 黄小坤，林祥，华山．高层建筑箱形转换层结构设计探讨[J]．工程抗震与加固改造．2004．(5)：12～16
[0-76] 贾锋．常熟华府世家箱形转换层结构设计[J]．建筑结构．2007，37(8)：20～22
[0-77] 霍凯成，刘肖凡．带箱形转换层短肢剪力墙结构抗震性能分析[J]．武汉理工大学学报．2008，30(6)：66～69
[0-78] 谷倩，肖楠，蔡全智，彭少民．箱形转换层位置对高层结构抗震性能影响[J]．武汉理工大学学报．2010，32(2)：38～42
[0-79] 汤启明，陈卓．重庆国际贸易中心箱形转换层结构设计[J]．建筑结构．2010．40(增刊)：26～28
[0-80] 吴根才，徐暨平．厦门蓝湾国际箱形转换层施工[J]．山西建筑．2007，33(2)：148～149
[0-81] 施金平，赵明水，荣维生．高层建筑中高位箱形转换层结构的抗震设计[J]．工程抗震与加固改造．2005，27(6)：22～26
[0-82] 姚亚雄，黄缨．高层建筑箱形转换层结构分析与设计[J]．结构工程师．1996，(4)：1～7
[0-83] 许国平．带厚板转换层高层建筑的结构设计[J]．浙江建筑．1998．总88期．(2)：8～9
[0-84] 丁建南，冯信，申道辉．带厚板转换结构的设计与分析[J]．东南大学学报．1997．27(增刊)：29～32

[0-85] 瞿启忠，成彦，瞿宏程. 高层建筑 2.1m 厚混凝土板式结构转换层施工技术[J]. 建筑技术. 2003. 34. (11)：820～822
[0-86] 陈惠忠. 高层建筑厚板结构转换层支撑系统探讨[J]. 福建建筑科技. 2003. (4)：18～19
[0-87] 徐承强，李树昌. 高层建筑厚板转换层结构设计[J]. 建筑结构. 2003. 33. (2)：19～22
[0-88] 周光毅，刘进贵. 大连越秀广场大厦结构转换层施工[J]. 建筑技术. 2003. 34. (5)：362～364
[0-89] 扶长生，鞠进，姜平. 钢筋混凝土转换厚板的抗震设计. 建筑结构。2010，4(8)：57～63
[0-90] 唐兴荣、何若全. 高层建筑中转换层结构的现状和发展[J]. 苏州城建环保学院学报. 2001. (4)：1～8
[0-91] 娄宇，魏琏，丁大钧. 高层建筑中转换层结构的应用和发展[J]. 建筑结构. 1997. (1)：21～41
[0-92] Hamdan Mohamad，Tiam Choon etc. "the Petronas Towers：The Tallest Building in the World" Habitat and High-Rise[J]，Tradition and Innovation，Proceedings of the 5th world Congress，CTUBH1995. 5，Amsterdan，The Netherlands.
[0-93] 陈光，陈蕾. 皇岗花园转换层施工[J]. 施工技术. 1997. (7)：20～21
[0-94] 顾磊，傅学怡，陈宋良. 宽扁梁转换结构在深圳大学科技楼中的应用[J]. 建筑结构. 2006，36(9)：50～51
[0-95] 郜应斌. 上海惠浦大厦结构设计[J]. 建筑科学. 1998. 14. (6)：42～45
[0-96] 唐兴荣，孙红梅. 空间钢构架混凝土简支深梁静力性能试验研究和设计建议[J]. 建筑结构学报，2010，31(12)：108～116
[0-97] 佐腾邦昭，张耀晟译. 高层建筑中预应力传递大梁的设计[J]. 结构工程师. 1988. (3)：41～46
[0-98] 长华，刘季康. 24m 跨度承托四层框架的预应力钢筋混凝土梁的设计特点和受理分析[J]. 建筑结构学报. 1995，(2)：33～42
[0-99] 刘文. 江苏省会议中心预应力梁式转换层设计研究[J]. 建筑结构学报. 1998，19(6)：65～71
[0-100] 樊德润、郭泽贤、仓慧勤. 南京新世纪广场工程简介[J]. 建筑结构. 1996. (2)：15～21
[0-101] 唐兴荣. 巨型框架结构与框架剪力墙巨型框架结构计算[J]. 苏州城建环保学院学报. 1996. 9. (4)：15～22
[0-102] 李正良. 钢筋混凝土巨型结构组合体系的静动力分析[D]. 重庆大学博士学位论文. 1999
[0-103] 惠卓，秦卫红，吕志涛. 巨型建筑结构体系的研究与展望[J]. 东南大学学报(自然科学版). 2000. 30. (4)：1～30
[0-104] Gupta，R，p，and Goel，S. C.. Dynamic Analysis of staggered Truss Framing System[J]. Journal of the Structural Division。ASCE，Vol. 98，No，STT，July，1972，pp1475～1492
[0-105] 唐兴荣，蒋永生，丁大钧，孙宝俊. 间隔桁架式框架结构的静力性能分析[J]. 建筑结构. 1997. 总166期. (10)：3～7
[0-106] Fintel，M. Staggered Transverse wall Beams for Multistory concrete Buildings[J]. Journal of the American Concrete Institute Vol. 65，No，5，May，1968，pp366～378
[0-107] Mee，A. L. Jordan，I. A. and Ward，M. A.. Wall-Beam Frames Under Static Lateral Load [J]. Journal of the structural Division，ASCE，Vol. 101，No. ST2，Feb.，1975，PP377～395
[0-108] K N V Prasada Rao，Seetharamulu K. Staggered Shear Panels in Tall Buildings. ASCE. Journal of Structural Engineering，1983，109(5)：1174～1193
[0-109] K N V Prasada Rao. Tall Buildings with Staggered Shear Walls. Technology，New Delhi，India1978，in fulfillment of the requirements for the degree of Doctor of Philosophy.

[0-110] 唐兴荣，沈 萍. 钢筋混凝土错列剪力墙结构抗震性能的试验研究(Ⅰ)[J]. 四川建筑科学研究，2008，34(6)：138～144
[0-111] 唐兴荣，沈 萍. 钢筋混凝土错列剪力墙结构抗震性能的试验研究(Ⅱ)[J]. 四川建筑科学研究，2009，35(1)：161～165
[0-112] 唐兴荣，沈萍. 钢筋混凝土错列剪力墙结构抗震性能的试验研究(ⅡI)[J]. 四川建筑科学研究，2009，35(2)：157～161
[0-113] 唐兴荣，何若全，姚江峰. 侧向荷载作用下错列剪力墙结构的性能分析[J]. 苏州城建环保学院学报，2002，15(3)：12～18

1 带转换层高层建筑结构的概念设计

1.1 转换结构的主要结构形式

1.1.1 托墙转换和托柱转换

为了争取建筑物有较大空间，满足使用功能的要求，结构设计时一般有两种处理方法：对剪力墙，可以通过在某些楼层开大洞获得需要的大空间，形成框支剪力墙，由转换柱、转换梁和上部剪力墙共同承受竖向和水平荷载。由于上部为剪力墙，而下部为框架，需要进行结构转换。这就是框支转换，也称托墙转换（图 1-1*a*）。对框架，可以在相应楼层抽去几根柱形成大空间，通过加大托柱梁及下层柱的承载力和刚度来共同承担竖向和水平荷载，由于上部框架柱不能直接落地，需要进行结构转换。这就是托柱转换（图 1-1*b*）。

托墙转换和托柱转换都能实现大空间的建筑功能要求。在结构上，两者的共同特点是上部楼层的部分竖向构件（剪力墙或柱）不能直接连续贯通落地，需设置结构转换构件（如转换梁、桁架、空腹桁架、箱形结构、斜撑等），结构转换构件传力不直接，应力复杂。但两种转换构件在结构设计、受力特征、内力计算、配筋和构造要求等方面有很大的区别。

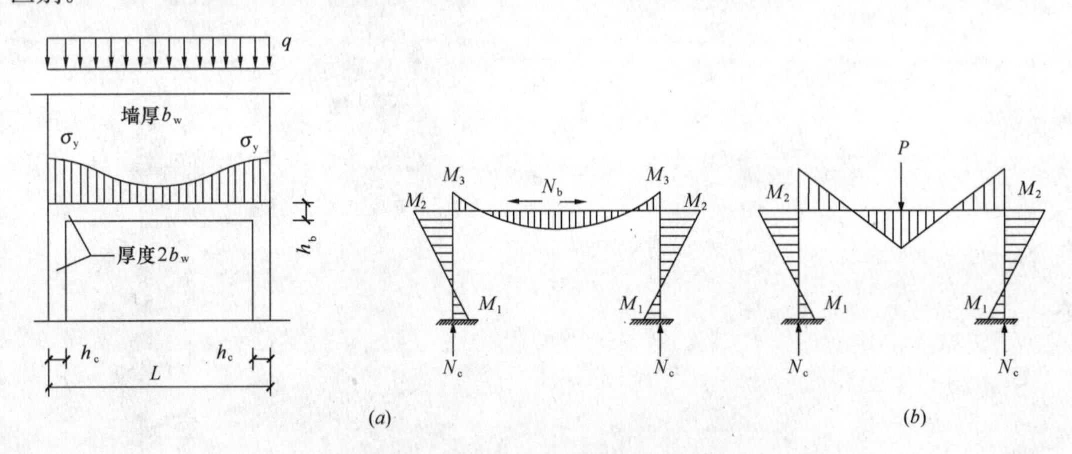

图 1-1 托墙转换梁和托柱转换梁结构内力比较

（*a*）托墙转换梁结构内力；（*b*）托柱转换梁结构弯矩图

1. 转换梁受力特征

在竖向荷载作用下，托墙转换梁和托柱转换梁的受力特征是不同的，这里以单榀托墙转换梁和单榀托柱转换梁为例予以说明。

在竖向荷载作用下，托墙转换梁和其上部剪力墙的墙体存在拱效应，两支座处竖向应力较大，同时有水平向应力（推力），跨中则会出现拉应力，托墙转换梁是受力拱的拉杆，在竖向荷载下除了有弯矩、剪力外，还有轴向拉力。拉力沿梁长不均匀，跨中处大，支座处减小。转换柱除受有弯矩、轴力外，还承受较大的剪力。

在竖向荷载作用下，抽柱转换形成的托柱转换梁的内力和普通跨中有集中荷载的框架梁相似，只不过是梁的跨度较大，跨中有很大的集中荷载，故梁端和跨中的弯矩、剪力都很大，但基本没有轴向拉力，柱的剪力较小。节点的不平衡弯矩完全按相交于该节点的梁、柱线刚度分配。

2. 竖向刚度变化

托墙转换梁上部为抗侧力刚度很大的剪力墙，下部为抗侧刚度较小的转换柱，托墙转换造成转换层上、下楼层的侧向刚度突变，在水平地震作用下转换层上、下层层间位移角及剪力分布变化很大。而抽柱转换仅是托柱转换梁上、下层柱子数量略有变化，其竖向刚度差异并不大。因此托柱转换层上、下楼层的侧向刚度一般不会发生突变，在水平地震作用下转换层上、下层层间位移角及剪力分布变化不大。

3. 转换层楼板的作用

托柱转换层楼板的作用与框支转换层楼板的作用是不同的。托墙转换层的楼板不仅要承受竖向荷载的作用，还要承受楼板平面内不落地剪力墙的剪力，其工作原理可视为支撑在落地墙（柱）的深受弯构件，因此需要规定转换层楼板截面尺寸要求、抗剪截面验算、楼板平面内受弯承载力验算以及构造配筋要求。而托柱转换层楼板仅承受作用的竖向荷载，因此其托柱转换层楼板的构造要求可以适当降低。

4. 转换梁截面承载力计算

托墙转换梁和托柱转换梁的截面承载力计算方法上有很大的区别。托墙转换梁为拉、弯、剪构件，正截面承载力按偏心受拉计算，斜截面承载力按拉、剪计算。而托柱转换梁为弯、剪构件，正截面承载力按纯弯构件计算，斜截面承载力按弯、剪计算，其承载力计算方法和一般梁相同。

无论托墙转换梁、托柱转换梁还是承托上部不完整墙体的转换梁，除应进行整体分析外，尚宜进行局部应力分析，并按应力进行配筋设计校核。

5. 转换梁的配筋构造要求

托墙转换梁和托柱转换梁的配筋构造要求上也有很大的区别。

托墙转换梁属于偏心受拉构件，《高层建筑混凝土结构技术规程》（JGJ 3—2010）第10.2.7条第3款规定，偏心受拉的转换梁的支座上部纵向受力钢筋至少应有50%沿梁全长贯通，下部纵向钢筋应全部直通到柱内。这可以这样理解：应根据工程实际情况，当配筋计算是由跨中正弯矩和拉力组合控制时，支座上部纵向钢筋配筋至少应有50%沿梁全长贯通，下部纵向钢筋全部直通柱内；当配筋计算是由支座负弯矩和拉力组合控制时，支座上部纵向钢筋应全部100%沿梁全长贯通，下部纵向钢筋全部直通到柱内。另外，托墙转换梁以上墙体是转换构件的组成部分，应力复杂，与一般剪力墙的配筋构造也不一样。而托柱转换梁属于弯剪构件，其构造要求和一般梁相同。

托墙转换梁和托柱转换梁在构造做法上还有很多区别（将在第2章和第3章中作介绍），不再赘述。

6. 转换梁的平面外设计

一般情况下，设计假定剪力墙平面外抗弯刚度为零或很小，托墙转换梁与转换柱或托墙转换梁与其上部墙体截面中心线宜重合。此时，可将该榀框支剪力墙按平面结构进行有限元计算分析，计算模型与结构实际受力状况基本一致，计算结果是正确可靠的。若托墙转换梁与转换柱或托墙转换梁与其上部的墙体截面中心线不重合，偏心距较大，则转换梁扭转不可忽略，如仍按单榀计算，又未采取合理可靠的构造措施，则肯定存在安全隐患，甚至有可能导致该转换梁的剪力和扭矩作用截面的剪压比远大于限值，使梁受剪破坏。此时，应考虑偏心所产生的扭矩，或按空间结构进行有限元计算分析，并据此采取合理可靠的构造措施（如在其平面外增设次梁以平衡平面外弯矩、加大转换梁截面尺寸或配置抗扭钢筋等）。

对托柱转换梁，由于托柱转换梁上部承托的是空间受力的框架结构，框架柱的两主轴方向都有较大的弯矩，故设计中除按计算配置该柱截面两个方向的受力钢筋外，还应在转换层托柱位置设置与转换梁轴线方向正交的框架梁或楼面梁，以平衡柱根部的弯矩，保证转换梁平面外承载力满足设计要求。

当托柱转换梁所受柱子传来的集中荷载较大（所托层数较多）时，宜验算托柱转换梁上梁、柱交接处的混凝土局部受压承载力。

7. 转换层设置位置

研究表明，转换层位置较高时，更易使框支剪力墙结构在转换层附近的刚度、内力发生突变，并易形成薄弱层。转换层位置较高时，转换层下部的落地剪力墙及框支结构易于开裂和屈服，转换层上部几层易于破坏。转换位置较高的高层建筑不利于抗震。因此，《高层建筑混凝土结构技术规程》（JGJ 3—2010）规定：部分框支剪力墙结构在地面以上设置转换层的位置：8 度时不宜超过 3 层，7 度时不宜超过 5 层，6 度时可适当提高。底部带转换层的框架-核心筒结构和外筒为密柱的筒中筒结构，结构竖向刚度变化不像部分框支剪力墙那么大，转换层上、下内力传递途径的突变程度也小于部分框支剪力墙结构，故其转换层位置可适当提高。抗震设计时，应尽量避免高位转换，如必须高位转换，应当慎重设计，并应作专门分析及采取可靠有效的措施。

一般情况下，当采用框支剪力墙且仅有少量的局部转换时，虽然也会使结构的楼层竖向刚度发生较大变化，传力不直接，转换构件应力复杂，甚至结构竖向不规则，产生薄弱层等，但由于转换层上、下层刚度变化比部分框支剪力墙结构的要小，故转换层位置可根据上、下层刚度比适当放宽，特别是对带托柱转换梁的局部转换，转换层位置更可放宽。但对局部转换部位的构件应根据结构的实际受力情况予以加强，例如提高转换层构件的抗震等级，水平地震作用的内力乘以增大系数，提高配筋率等。

1.1.2 搭接柱转换和斜撑（柱）转换

框架-核心筒结构外围框架柱上、下不连续时，需要设置转换结构加以过渡，实际结构中转换结构除了采用转换梁（图 1-2*a*）外，还可以采用搭接柱转换（图 1-2*b*）、斜撑（柱）转换（图 1-2*c*）等形式。

当竖向构件上、下层错位，且水平投影距离又不大时，可分别将错位层的上柱向下、下柱向上直通，在错位层形成一个截面尺寸较大的搭接块，和上、下层的水平构件（梁、板）一起来实现竖向荷载和水平荷载作用下的力的传递，实现结构转换，形成搭接柱转换。搭接柱转换不影响该层的使用，施工简单、经济性好，一般不会引起楼层层间刚度的

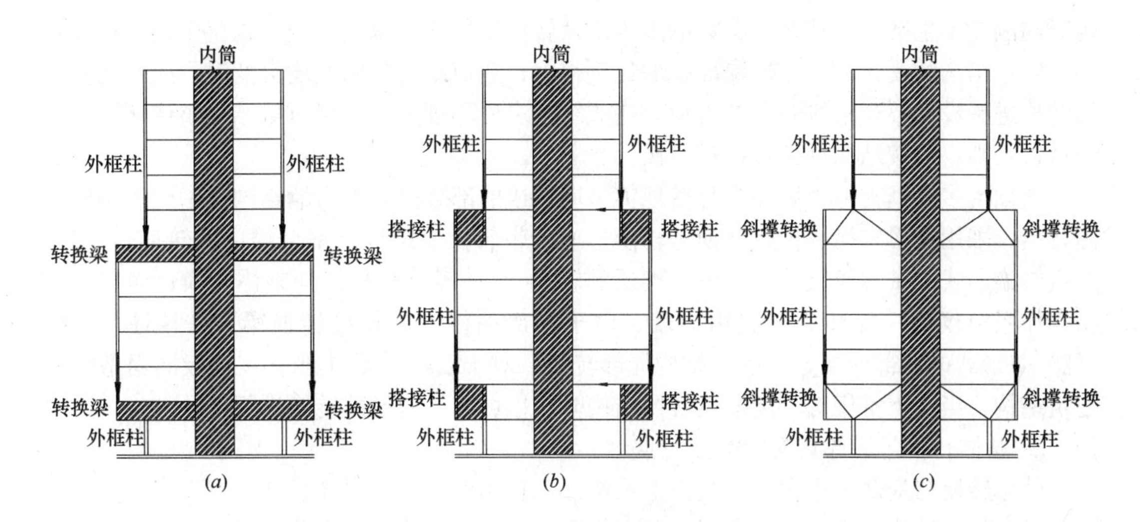

图 1-2 框架-核心筒结构采用转换梁、搭接柱转换、斜撑转换示意图

（a）梁式转换；（b）搭接柱转换；（c）斜撑转换

突变，是一种较为理想的结构转换形式，可广泛用于框架-核心筒结构体系和框架结构体系。

采用搭接柱作为转换构件，混凝土用量较少、造价低、自重小，可充分利用转换层本层建筑空间，上、下层刚度突变较小，外围框架柱的轴力较小。

在竖向荷载作用下，搭接柱转换结构的受力机理较为简洁，搭接块上、下柱偏心产生的力偶由与搭接块相连楼盖的拉、压力形成的反向力偶所平衡。

搭接柱转换基本保证了框架柱直接落地，水平地震作用下整体结构的振动特性及地震作用下的工作状态与框架-核心筒结构基本相同。框架柱搭接转换本质上弱化了框架的抗侧作用，更进一步强化了核心内筒的抗侧作用。

斜撑（柱）转换是通过斜撑（柱）受压和底部的楼盖（梁、板）受拉形成的三角形桁架来承受上部柱传来的竖向荷载。显然斜撑（柱）转换传力路径更加明确，以构件受压、受拉替代构件受弯、受剪来承受竖向荷载，受力方式更为合理。

综上所述，搭接柱转换和斜撑（柱）转换在转换构件的受力性能上不仅与托墙转换和托柱转换有很大的区别，它们之间的受力也很不一样。另外，采用搭接柱转换或斜撑（柱）转换后，结构转换层上、下楼层的侧向刚度比、转换层上部与下部结构等效侧向刚度比变化不大，水平地震作用下转换层上、下层层间位移角及剪力分布变化影响不大，有利于结构抗震。

1.1.3 整体转换和局部转换

1. 整体转换和局部转换的判别

根据建筑的功能要求，结构转换可能是整体转换（同一个楼层有多处转换，形成转换层；或结构中不在同一楼层有多处转换，致使结构多处不规则），也可能是局部转换（一个楼层仅有小范围转换，仅需局部设置少数转换构件）。

判别结构转换属于整体转换还是局部转换，重要的是看其是否造成转换层上、下部结构竖向刚度发生突变、转换楼层数的多少以及转换层所在的位置。当结构整个楼层进行转换，转换结构的受荷面积占楼层面积的比例很大，造成结构竖向刚度突变时，应按结构整体转换进行设计；当结构有多处转换，造成结构多处不规则时，也可按结构整体转换进行设计；否则，可按结构局部转换进行设计。

比如由多片框支剪力墙和多片落地剪力墙构成的部分框支剪力墙结构，一般为结构整体转换；采用箱形转换、桁架转换等转换形式的带转换层结构（整个楼层的转换），采用厚板转换形式的带转换层结构（整个楼层的转换），一般也都是结构整体转换；而剪力墙结构体系中仅有一片墙为框支剪力墙、由于局部抽柱形成托柱转换梁、搭接柱、斜撑（柱）等形式的局部转换，一般为结构局部转换。对于已经满足在地下室顶板嵌固条件的建筑结构，当地下室仅有个别框支转换结构时，也可按结构局部转换进行设计。

2. 整体转换与局部转换的受力特点

整体转换与局部转换在结构受力上虽然都存在相似之处，但在程度上有很大不同。

（1）整体转换的结构不仅在竖向荷载作用下传力不直接，传力路径复杂，而且转换层上、下部楼层结构竖向刚度发生突变，在地震作用下易形成结构下部变形过大的软弱层，进而发展成为承载力不足的薄弱层，抗震性能很差，在大震时易倒塌。故其对结构的影响是整体性的，且程度很严重。而局部转换的结构虽然在竖向荷载作用下结构传力不直接，传力路径复杂，但结构楼层的竖向刚度一般不会发生突变。比如在框架结构或框架-剪力墙结构中，某楼层抽去1或2根柱子的托柱梁转换；上、下楼层柱子错位采用搭接柱转换或斜撑（柱）转换等，显然结构整体抗侧力刚度变化并不大，转换层上、下楼层结构竖向刚度变化也很小。虽然转换构件及其邻近的一些构件内力较大，但其影响是局部性的，且程度较轻。

（2）在部分框支剪力墙结构中，当地面以上的大空间层数越多即转换层位置越高时，转换层上、下刚度突变越大，层间位移角和内力传递途径的突变越加剧，结构的扭转效应越严重。此外，落地墙或筒体易产生受弯裂缝，从而使框支柱内力增大；转换层上部的墙体也易发生破坏，不利于抗震。而底部带转换层的筒体结构，仅外框架有抽柱转换，承担结构绝大部分侧力的内筒剪力墙体从上到下建筑上无变化，因此其竖向刚度变化不像部分框支剪力墙结构的那么大，转换层上、下内力传递途径的突变程度也小于部分框支剪力墙结构的；而当结构仅为局部转换时，由于转换层上、下层刚度变化比部分框支剪力墙结构的要小，因此由结构高位转换所引起的不利影响也较整体转换的程度要轻。

3. 整体转换与局部转换设计应遵循的原则

结构的整体转换，转换位置越高，转换层以下各层构件的受力越复杂，延性越差，因此，剪力墙底部加强部位越高，对构件的抗震等级要求也越高。

当为整体转换时，由于在转换楼层上、下的竖向抗侧力构件刚度差异较大，为了更好更有效地传递水平力，对转换层楼板及相邻层楼板的平面内刚度和整体性有很高的要求。而对局部转换结构，对楼板的这个要求一般是局部性的，只要满足局部转换部位的水平力传递和整体性要求即可。

区别建筑结构的整体转换和局部转换是一个重要问题。如果把局部转换的结构按《高层建筑混凝土结构技术规程》（JGJ 3—2010）有关带转换层高层建筑结构的要求进行设计，显然要求过高，造成不必要的浪费。由于结构转换范围的不同，整体转换和局部转换在转换构件（包括转换层邻近构件）内力和结构楼层侧向刚度等方面在程度上都有很大的不同。一般情况下，当结构为整体转换时，房屋的最大适用高度、转换结构在地面以上的大空间层数、结构的平面和竖向布置、结构的楼盖选型、结构的抗震等级、剪力墙底部加强部位的规定等均可参考部分框支剪力墙结构的有关规定。而当结构为局部转换时，上述要求可根据工程实际情况考虑适当放宽。结构局部转换设计应遵循以下原则：

（1）房屋的最大适用高度

仅在个别楼层设置转换构件，且转换层上、下部结构竖向刚度变化不大的结构房屋的最大适用高度仍可按《高层建筑混凝土结构技术规程》（JGJ 3—2010）表 3.3.1-1、表 3.3.1-2 取用。对转换部位较多但仍为局部转换时，房屋的最大适用高度可比《高层建筑混凝土结构技术规程》（JGJ 3—2010）表 3.3.1-1、表 3.3.1-2 规定的数值适当降低。

（2）转换结构在地面以上的大空间层数

结构的转换层位置可适当放宽。例如：在剪力墙结构体系中仅有一榀剪力墙在底部开大洞形成框支剪力墙，特别是由于局部抽柱形成的梁托柱、搭接柱、斜撑（柱）这一类形式的局部转换，转换层位置更可根据上、下层刚度比适当放宽。

（3）结构的平面和竖向布置

满足结构布置的一般要求。注意平面布置的简单、规则、均衡对称，尽可能使水平荷载的合力中心与结构刚度中心接近，减小扭转的不利影响；注意结构竖向抗侧力刚度的均匀性。一般可根据建筑功能要求进行布置。

（4）结构的楼盖选型

转换楼层宜采用现浇式楼盖，转换层楼板可局部加厚，加厚范围不应小于转换构件向外延伸两跨，且应超过转换构件邻近落地剪力墙不少于一跨。

（5）结构的抗震等级

除转换结构及结构其他重要构件以外的部分，均可按《高层建筑混凝土结构技术规程》（JGJ 3—2010）表 3.9.3、表 3.9.4 采用。

（6）剪力墙底部加强部位

楼板加厚范围内的落地剪力墙和框支剪力墙应按部分框支剪力墙结构确定其剪力墙底部加强部位，其他部分可按一般剪力墙结构确定其剪力墙底部加强部位。

应该指出的是，局部转换虽然在上述方面可以适当放宽，但由于转换部位本身受力不合理，故对局部转换部位的转换构件的抗震措施应加强。抗震设计时要注意提高转换构件的承载能力和延性，提高其抗震等级、水平地震作用的内力乘以增大系数、提高构件的配筋率、加强构造措施等。对转换构件相邻的有关构件（如落地剪力墙、梁板等）应在计算及构造上予以加强。其他构造措施也应加强。

1.1.4 转换结构的主要形式

从结构转换层的概念来看，建筑物上部结构与地基间的基础，广义上讲也是一种结构转换层。因此，钢筋混凝土梁式、板式基础（包括柱下条形基础、交梁基础、片筏基础以及箱形基础）的结构形式同样可作为建筑物上部结构之间的转换结构形式。

根据结构材料划分，可分为钢筋混凝土转换构件、预应力混凝土转换构件、型钢混凝土转换构件、钢结构转换构件等。

常用的钢筋混凝土转换结构形式主要有：实腹梁转换（包括普通梁（图 1-3*a*）、墙梁（图 1-3*e*、*f*）、宽扁梁）、桁架转换（包括空腹桁架（图 1-3*b*）、混合空腹桁架（图 1-3*d*）、斜杆桁架（图 1-3*c*）、叠层转换桁架等）、搭接柱转换、箱形转换、厚板转换、斜撑（柱）转换以及拱转换等。它们可以是常规的平面体系，也可以是刚度很大的空间体系：格构式体系（图 1-3*g*）；筒体体系（图 1-3*h*、*i*）；箱梁体系（图 1-3*j*）等。

虽然在受力上有托墙转换和托柱转换、搭接柱转换和斜撑（柱）转换的区别，在转换范围上有整体转换和局部转换的区别，但结构设计时都可以根据实际工程的具体情况，采用上述一种或几种转换结构形式。

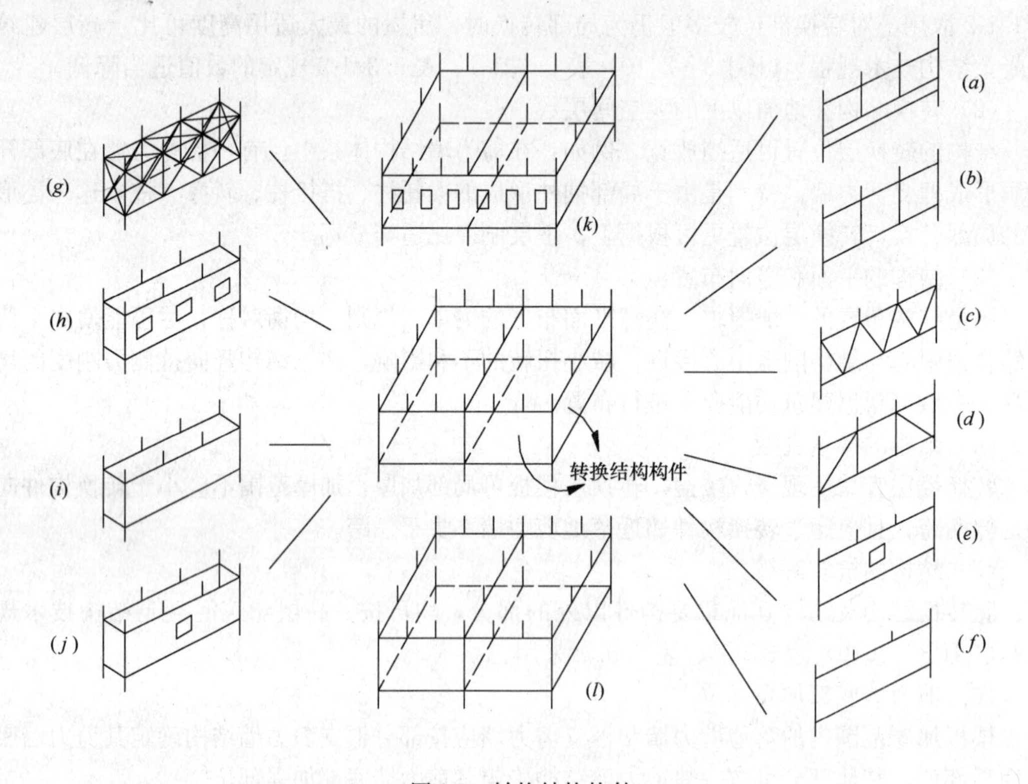

图 1-3　转换结构构件

1. 底部数层形成大空间的转换层

底部数层要求大空间是最常见的情况，这时可以有两种基本做法：

（1）转换层结构跨越底层建筑平面的两端，把荷载传到几个支撑点上，这一做法称为桥式结构。

（2）转换层中部支撑在一个强劲的筒体上，而四周向外悬挑，由此创造底部数层的大空间（层），使之成为一个大商场、停车场、展览厅或者城市广场的一部分。

梁式转换（图 1-4*a*）是目前最常用的一种结构转换形式，它传力途径明确、受力性能好、构造简单、施工方便，广泛应用于部分框支剪力墙结构体系中。但实腹转换梁的截面尺寸大，自重大，或多或少会影响该层的建筑空间的使用，同时易引起转换层上、下层刚度突变，对结构抗震不利。实腹梁转换一般适用于上、下层竖向构件在同一平面内的转换。

转换梁可沿纵向或横向平行布置（图 1-4*e*）；当需要纵、横向同时转换时，可采用双向梁的布置（图 1-4*f*）。实腹梁转换既可用于结构的整体转换，也可用于结构的局部转换。

当上部剪力墙带有短小翼缘的剪力墙时，可以将实腹梁宽度加大，使小翼缘全部落在扁梁宽度范围内，形成宽扁梁转换形式。宽扁梁转换可避免采用主、次梁方案。

桁架转换的高度一般为建筑物的一个层高，桁架上弦在上一层楼板平面内，下弦则在下一层楼板平面内，桁架转换可采用空腹桁架（图 1-4*b*）、混合空腹桁架、斜杆桁架（图 1-4*c*）等形式。当转换桁架承托的上部层数很多、荷载很大且跨度也很大时，可以采用叠层桁架转换。桁架转换即可用作结构的整体转换，也可用于结构的局部转换。

和实腹梁转换相比，桁架转换传力明确、途径清楚，桁架转换上、下层质量分布相对均匀，刚度突变程度也较小，地震反应要比实腹梁小得多。不仅可以大大减轻自重，而且可利用腹杆间的空间布置机电管线，有效地利用建筑空间。但桁架转换节点构造复杂，且杆件基本上都是轴心受力构件或小偏心受力构件，延性较差，同时施工复杂。桁架转换仅适用于上、下层竖向构件在同一竖向平面内的转换。

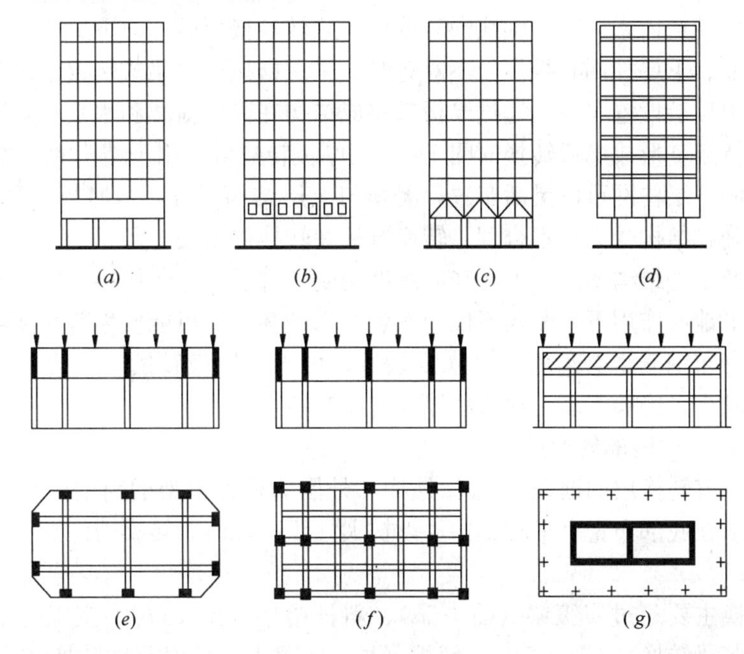

图 1-4　内部大空间转换层的结构形式

(*a*) 梁式转换；(*b*) 空腹桁架；(*c*) 斜杆桁架；(*d*) 箱形；(*e*) 托梁；(*f*) 双向梁；(*g*) 厚板

但当竖向构件上、下层错位，且水平投影距离又不大时，可分别将错位层的上柱向下、下柱向上直通，在错位层形成一个截面尺寸较大的搭接块，和上、下层的水平构件（梁、板）一起来完成竖向荷载和水平荷载作用下的力的传递，实现结构转换，形成搭接柱转换。

如果从错位层的下层柱柱顶到上层柱柱底设置一根斜撑（柱），直接用此斜撑（柱）来承托上层柱传来的竖向荷载，形成斜撑（柱）转换。

搭接柱转换、斜撑（柱）转换基本保证了竖向构件直接落地，从而避免了结构抗侧刚度沿竖向的突变。地震作用下框架柱受力较均匀，结构整体抗震性能较好。自重不大，又可争取到较大的建筑空间。当建筑立面内收或（和）外挑时，采用搭接柱转换或斜撑（柱）转换是一种较好的转换形式。此外，个别柱上、下层错位不对齐，采用搭接柱转换或斜撑（柱）转换也是一个很好的选择。

搭接柱转换、斜撑（柱）转换形式一般要求上、下层柱错位水平投影距离较小，适用于结构的局部转换。

箱形转换（图 1-4*d*）利用单向托梁或双向托梁和其上、下层较厚的楼板，形成刚度很大的箱形转换层。其面内刚度较实腹梁转换层要大得多，但自重却比厚板转换层要小得多，既可像厚板转换层那样满足上、下层结构体系和柱网轴线同时变化的转换要求，抗震性能又有了较大的改善。箱形转换一般适用于结构的整体转换，也可用于结构的局部转换。

箱形转换上、下层刚度突变较严重，不宜设置在楼层较高的部位，以免产生过大的地震反应。同时，箱形转换结构施工也比较麻烦。

当上、下层剪力墙或柱在两个平面内均不对齐，需要在两个方向都进行结构转换时，可以做成箱形转换形式，从而避免采用框支主、次梁方案。

当上、下层结构体系和柱网轴线同时变化，且转换楼层的上、下层剪力墙或柱错位范围较大，结构上、下层柱网有很多处不对齐时，采用搭接柱或梁式转换已不可能，这时可在上、下柱错位楼层设置厚板，通过厚板来完成结构在竖向荷载和水平荷载作用下力的传递，实现结构转换，形成厚板转换（图 1-4*g*）。厚板转换可以用于结构的整体转换。

厚板转换的下层柱网可以灵活布置，无须与上层结构对齐，但厚板的受力非常复杂，传力路径不明确，结构受力很不合理。转换厚板在转换层处集中了相当大的质量，刚度有很大，造成转换层处结构的上、下层竖向刚度突变，容易产生薄弱层，抗震性能很差。在竖向荷载和水平地震作用下，厚板不仅会发生冲切破坏，还可能发生剪切破坏。厚板的大体积混凝土和密布钢筋也会给施工带来复杂性。由于对厚板转换的结构分析研究尚不完善，实际工程较少，经验不多，故采用厚板转换应慎重。

2. 外部形成大柱网的转换层

对于底部带有转换层的框架-核心筒结构和外围为密柱框架的筒中筒结构，为了布置大的入口，要求在底部布置水平转换构件以扩大柱距。此时，转换构件沿平面周边柱列或角筒布置。

外筒的转换主要通过实腹梁（图 1-5*a*）、斜杆桁架（图 1-5*b*）、空腹桁架（图 1-5*c*）、叠层桁架（或多梁转换）（图 1-5*d*）、斜撑（柱）（图 1-5*e*）以及拱转换（图 1-5*f*）等进行。目前国内最常见的做法是实腹梁转换或转换桁架。

转换结构形式的选择，应整合考虑建筑功能、结构体系、抗震设防烈度、转换层位置、施工技术条件、建筑材料、经济等各个方面。

从建筑功能而言，设置结构转换层实现两个建筑功能，即提供大的室内建筑空间、提供大的出入口。为了实现这些建筑功能要求，有时需要在一个方向进行结构转换，有时需要在两个方向同时进行结构转换；可以是整个楼层的整体转换，也可以是结构的局部转换。

从结构而言，转换结构形式的选择，应根据转换结构的受力特点（如托墙转换还是托柱转换还是搭接柱转换）、整体转换还是局部转换等情况。首先要满足现行规范的有关规定，包括钢筋混凝土房屋适用高度和高宽比的规定；抗震设计时高位转换的规定；复杂高

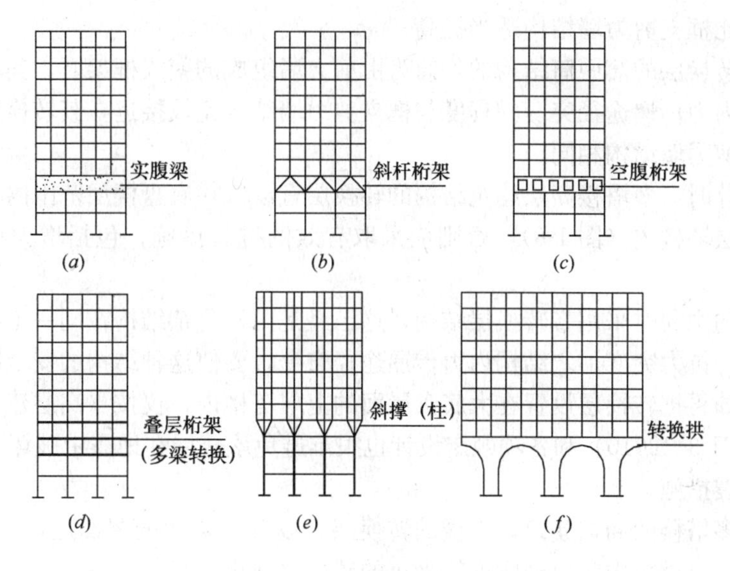

图 1-5　外部形成大入口的转换层

（*a*）实腹梁；（*b*）斜杆桁架；（*c*）空腹桁架；

（*d*）叠层桁架（或多梁转换）；（*e*）斜撑（柱）；（*f*）转换拱

层建筑设置转换层的规定等。其次，应做到使结构传力尽可能简洁、明确，尽可能减小转换层上、下层结构竖向刚度和质量变化程度；使转换层（转换梁、转换层楼板、转换柱等）具有合理的刚度和承载力，保证转换层可以将上部楼层剪力可靠地传到落地剪力墙上去；转换构件应尽可能轻质高强。

1.2　带转换层高层建筑结构布置

1.2.1　底部转换层的设置高度

在高层建筑结构的底部，当上部楼层部分竖向构件（剪力墙、框架柱）不能直接贯通落地时，应设置结构转换层，在结构转换层布置转换结构构件。结构转换层可根据其建筑功能和结构传力的需要，沿高层建筑高度方向一处或多处灵活布置（也可根据建筑功能的要求，在楼层局部布置转换层），且自身的这个空间既可作为正常使用楼层，也可作为技术设备层。

转换层位置较高时，易使框支剪力墙结构在转换层附近的刚度、内力发生突变，并易形成薄弱层，其抗震设计概念与底层框支剪力墙结构有一定的差别。转换层位置较高时，转换层下部的落地剪力墙及框支结构易于开裂和屈服，转换层上部几层墙体易于破坏。转换层位置较高的高层建筑不利于抗震。因此，《高层建筑混凝土结构技术规程》（JGJ 3—2010）规定，对部分框支剪力墙结构，转换层设置高度，8 度时不宜超过 3 层，7 度时不宜超过 5 层，6 度时其层数可适当增加。

对底部带转换层的框架-核心筒结构和外筒为密柱框架的筒中筒结构，由于其转换层上、下部结构的刚度突变不明显，转换层上、下内力传递途径的突变也小于框支剪力墙结构，转换层设置高度对这种结构虽有影响，但不如框支剪力墙结构严重，因此这种结构的转换层位置可比框支剪力墙结构适当提高。

当底部带转换层的筒中筒结构的外筒为由剪力墙组成的壁式框架时，其转换层上、下的刚度突变及内力传递途径突变的程度与框支剪力墙结构比较接近，其转换层设置高度的限制宜与框支剪力墙结构相同。

在抗震设计时，多塔楼高层建筑结构的转换层宜设置在底盘楼层范围内，不宜设置在底盘屋面的上层塔楼内（图 1-6），否则应采取有效的抗震措施，包括增大构件内力、提高抗震等级等。

多塔楼结构中同时采用带转换层结构，这已经是两种复杂结构在同一工程中采用，结构的竖向刚度、抗力突变加之结构内力传递途径突变，要使这种结构的安全能有基本保证已相当困难，如再把转换层设置在大底盘屋面的上层塔楼内，仅按《高层建筑混凝土结构技术规程》（JGJ 3—2010）和各项规定设计也很难避免该楼层在地震中破坏，设计者必须提出有效的抗震措施。

对大底盘多塔楼的商住建筑，塔楼的转换层宜设置在裙房的屋面层，并加大屋面梁、板尺寸和厚度，以避免中间出现刚度特别小的楼层，减小震害。

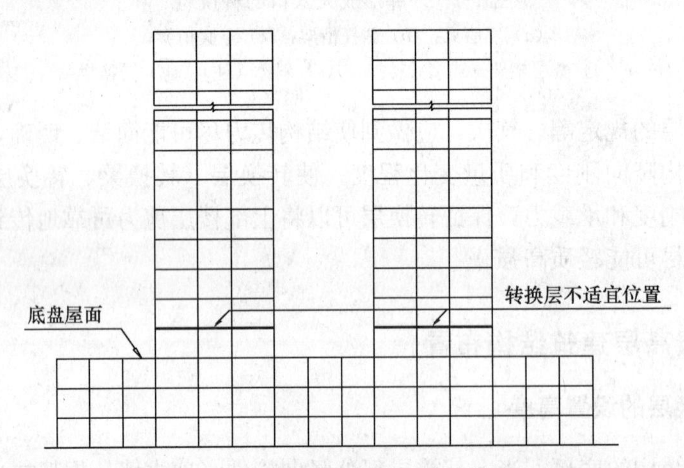

图 1-6　多塔楼结构转换层不适宜位置示意

沿高层建筑高度方向的结构转换层可以是分段布置，形成大框架套小框架的巨型框架结构（Mega-Frame Structures）（图 1-7*a*）；可以间隔布置，形成错列墙梁（或桁架）式

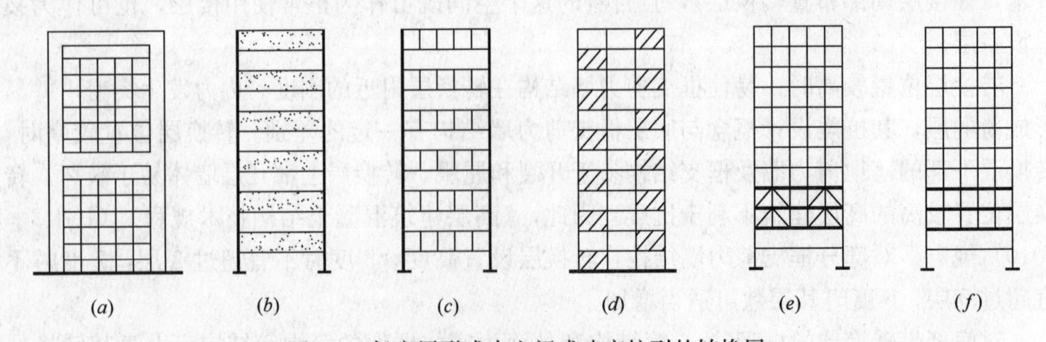

图 1-7　任意层形成大空间或改变柱列的转换层

（*a*）巨型框架结构；（*b*）错列墙梁结构；（*c*）错列桁架结构；（*d*）错列剪力墙结构；

（*e*）叠层桁架结构；（*f*）多梁承托方案

框架结构（Staggered Wall-Beam or Truss Structures）（图 1-7*b*、*c*）；错列剪力墙结构（Staggered Shear Panel Systems）（图 1-7*d*）；叠层桁架结构（图 1-7*e*）及多梁承托结构（图 1-7*f*）；转换层位置也可设置于建筑物的上部，悬挂下部结构的荷载，但由于竖向不规则加之高振型的影响，使结构设计难度加大。

1.2.2 转换层上、下刚度突变的控制

带转换层高层建筑结构应使转换层下部结构的抗侧刚度接近转换层上部邻近结构的抗侧刚度，不发生明显的刚度突变，转换层结构不应设计成为柔弱层。在水平荷载作用下，当转换层上、下部结构侧向刚度相差较大时，会导致转换层上、下结构构件内力突变，促使部分构件提前破坏；当转换层位置相对较高时，这种内力突变会进一步加剧。因此，设计时应控制转换层上、下层结构的等效刚度比。

1. 转换层上、下结构侧向刚度比 γ_{e1}

转换层设置在 1、2 层的部分框支剪力墙结构，转换层与其相邻上部结构的变形以剪切变形为主，可近似采用转换层与其相邻上部结构的等效剪切刚度比 γ_{e1} 表示转换层上、下层结构刚度的变化：

非抗震设计时：　　$0.4\leqslant\gamma_{e1}\leqslant1.0$

抗震设计时：　　$0.5\leqslant\gamma_{e1}\leqslant1.0$

也就是说，转换层的刚度尽可能与转换层相邻上层结构刚度宜接近（这一般很难实现），最低限度不能小于与转换层相邻上层结构刚度的 0.4（非抗震设计）和 0.5（抗震设计）。

其中 γ_{e1} 可按下式计算：

$$\gamma_{e1}=\frac{G_1A_1}{G_2A_2}\times\frac{h_2}{h_1} \tag{1-1}$$

式中　G_1、G_2——分别为转换层和转换层上层的混凝土剪变模量；

A_1、A_2——分别为转换层和转换层上层的折算抗剪截面面积，可按 $A_i=A_{w,i}+\sum_j C_{i,j}A_{ci,j},(i=1,2)$；

$A_{w,i}$——第 i 层全部剪力墙在计算方向的有效截面面积（不包括翼缘面积）；

$A_{ci,j}$——第 i 层第 j 根柱的截面面积；

$C_{i,j}$——第 i 层第 j 根柱截面面积折算系数，当计算值大于 1.0 时取 1.0，$C_{i,j}=2.5\left(\frac{h_{ci,j}}{h_i}\right)^2,(i=1,2)$；

h_i——第 i 层的层高；

$h_{ci,j}$——第 i 层第 j 根柱沿计算方向的截面高度。

当第 i 层各柱沿计算方向的截面高度不相等时，可分别计算各柱的折算抗剪截面面积。

2. 转换层上、下结构侧向刚度比 γ_{e2}

当转换层设置在第 2 层以上时，转换层下部框架-剪力墙结构的等效刚度与相同或相近高度的上部剪力墙结构的等效侧向刚度比 γ_{e2} 宜接近 1，非抗震设计时 γ_{e2} 不应小于 0.5，抗震设计时 γ_{e2} 不应小于 0.8。即

非抗震设计时：　　　　　　　　$0.5 \leqslant \gamma_{e2} \leqslant 1.0$

抗震设计时：　　　　　　　　　$0.8 \leqslant \gamma_{e2} \leqslant 1.0$

等效侧向刚度比 γ_{e2} 可采用图 1-8 所示的计算模型按下式计算：

$$\gamma_{e2} = \frac{\Delta_2 / H_2}{\Delta_1 / H_1} \tag{1-2}$$

式中　γ_{e2}——转换层下部结构与上部结构的等效侧向刚度比；

H_1——转换层及其下部结构（计算模型 1）的高度；

Δ_1——转换层及其下部结构（计算模型 1）在顶部单位水平力作用下的位移；

H_2——转换层上部剪力墙结构（计算模型 2）高度，应与转换层及其下部结构的高度相等或接近；

Δ_2——转换层上部剪力墙结构（计算模型 2）在顶部单位水平力作用下的位移。

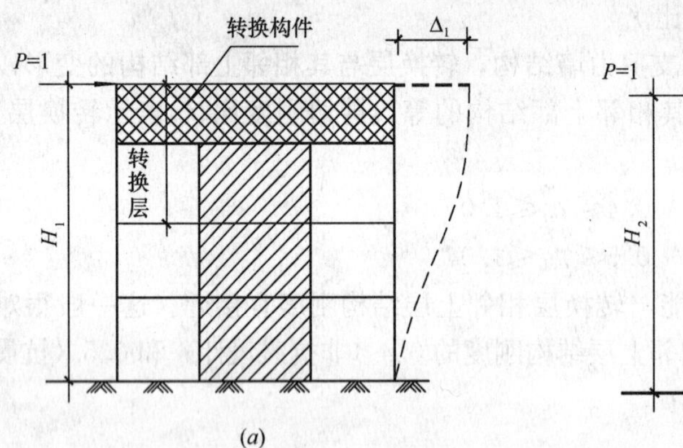

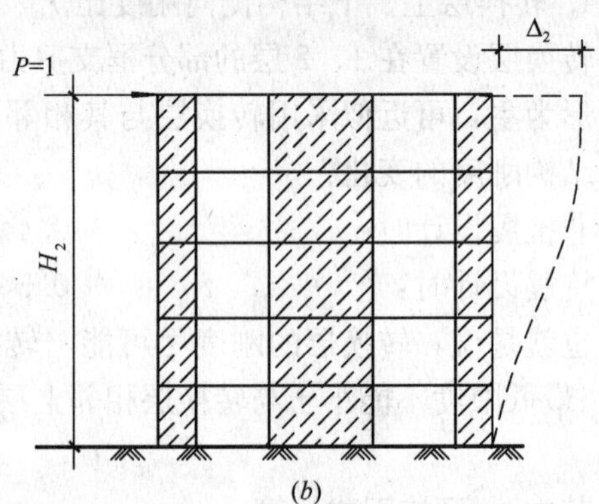

图 1-8　转换层上、下等效侧向刚度计算模型

(*a*) 计算模型 1—转换层及下部结构；(*b*) 计算模型 2—转换层上部结构

当采用式（1-2）计算 γ_{e2} 时，要注意使转换层上部部分结构（计算模型 2）的高度 H_2 接近或等于转换层下部结构（计算模型 1）的高度 H_1，且 H_2 不能大于 H_1，否则等效刚度比 γ_{e2} 的计算结果偏于不安全的。

3. 转换层与其相邻上层的侧向刚度比 γ_1

当转换层设置在第 2 层以上时，按下式计算的转换层与其相邻上层的侧向刚度比 γ_1 不应小于 0.6。

$$\gamma_1 = \frac{V_i / \Delta_i}{V_{i+1} / \Delta_{i+1}} \tag{1-3}$$

式中　γ_1——转换层侧向刚度；

V_i、V_{i+1}——转换层和与转换层相邻上层地震剪力标准值（kN）；

Δ_i、Δ_{i+1}——转换层和与转换层相邻上层在地震作用标准值作用下的层间位移（m）。

1.2.3　转换构件的布置

转换层结构中转换构件的布置必须与相邻层柱网统一考虑。

扩大底层入口，过渡上、下层柱列的疏密不一，把转换构件布置在平面周边柱列或角筒上（图 1-9*a*、*b*）。内部要求尽量敞开自由空间，转换构件可沿横向平行布置（图 1-9*c*）；转换构件可沿纵向平行布置（图 1-9*d*）；当需要纵、横向同时转换时，转换构件可采用双向布置（图 1-9*e*）；间隔布置，并与相邻层错开布置（图 1-9*f*）；顺建筑平面柱网变化而合理布置（图 1-9*g*）；相邻层互相垂直布置（图 1-9*h*）。围绕巨大芯筒在底层四周自由敞开时，转换构件布置在两个方向的剪力墙上，并向两端悬挑（图 1-9*i*）；必要的话可对角线布置（图 1-9*j*）；建筑平面及芯筒为圆形时，可放射性布置（图 1-9*k*）。

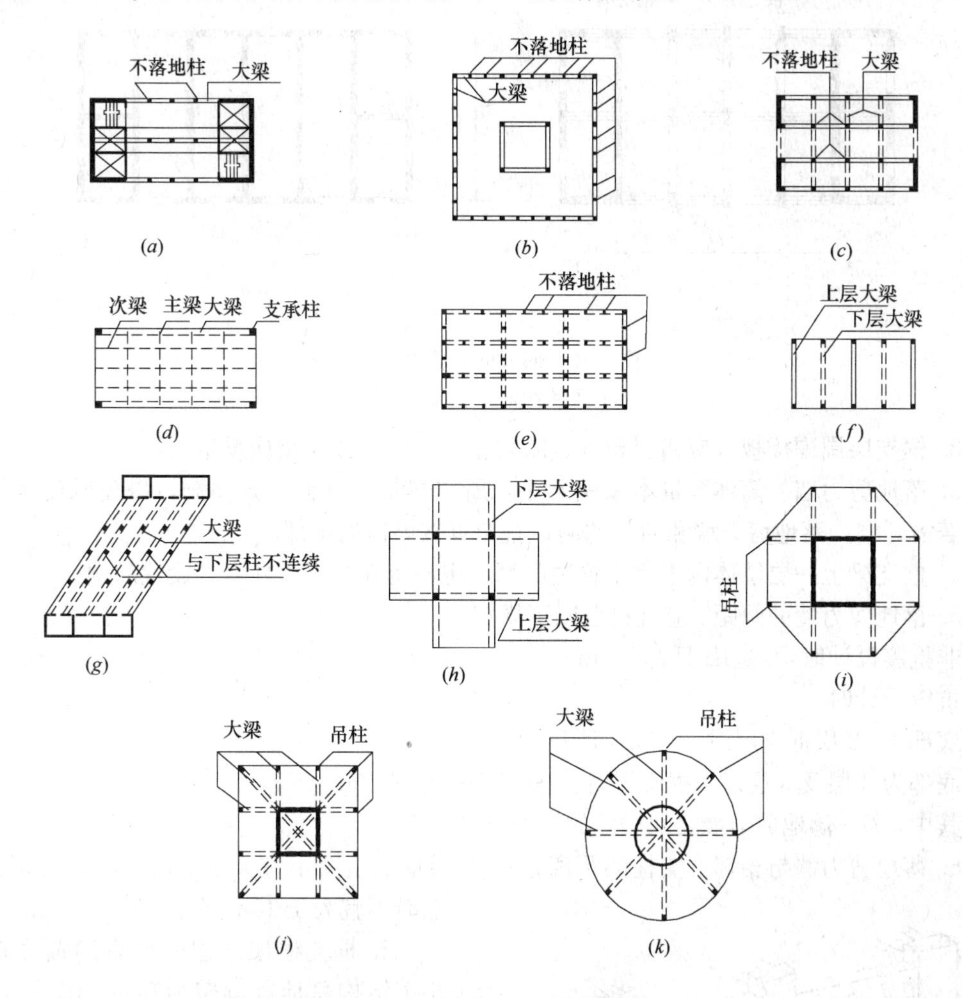

图 1-9　转换结构构件的平面布置

转换梁与转换柱截面中线宜重合，避免转换柱受到很大的平面外弯矩。转换层上部的竖向抗侧力构件（墙、柱）宜直接落在转换层的主要结构上，且转换层上部结构应尽可能地落到转换梁的中面上，以避免转换梁受到很大的扭矩。

1.2.4　剪力墙、筒体和框支柱的布置

落地剪力墙、筒体和框支柱的布置对于防止转换层下部结构在地震中发生严重破坏或倒塌将起着十分重要的作用。必须特别注意落地剪力墙、筒体和框支柱的布置。为此，应采取措施防止转换层下部结构发生破坏。

1. 带转换层的筒体结构的内筒应全部上、下贯通落地并按刚度要求增加墙厚度；框支剪力墙结构要有足够的剪力墙上、下贯通落地并按刚度要求增加墙厚度。

与建筑协调，争取尽可能多的剪力墙、筒体落地，且落地纵向、横向剪力墙最好成组布置，组合为落地筒体（图 1-10）。加大落地剪力墙、筒体底部墙体的厚度，尽量增大落地剪力墙、筒体的截面面积。

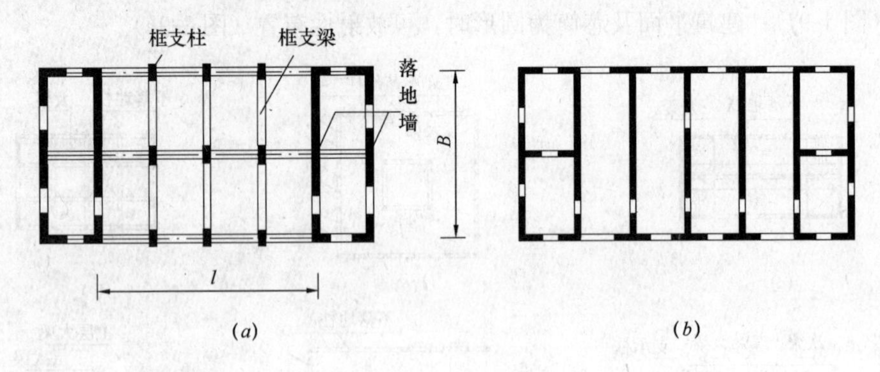

图 1-10　部分框支剪力墙结构

(a) 底层平面；(b) 标准层平面

2. 框支层周围楼板不应错层布置，以防止框支柱因楼盖错层发生破坏。

3. 落地剪力墙、筒体数量本来就不多，所以尽量不开洞，开小洞，以免刚度削弱太大。若需开洞，落地剪力墙和筒体的洞口宜布置在墙体的中部。

4. 框支梁上一层墙体内不宜设置边门洞，也不宜在框支中柱上方设置门洞。

5. 落地剪力墙的间距 l 应宜符合以下规定：

非抗震设计时：$l \leqslant 3B$ 且 $l \leqslant 36$m

抗震设计时：

底部 1～2 层框支层时：$l \leqslant 2B$ 且 $l \leqslant 24$m

底部为 3 层及 3 层以上框支层时：$l \leqslant 1.5B$ 且 $l \leqslant 20$m

其中，B—落地剪力墙之间楼盖的平均宽度。

6. 落地剪力墙与相邻框支柱的距离，1～2 层框支层时不宜大于 12m，3 层及 3 层以上时不宜大于 10m。

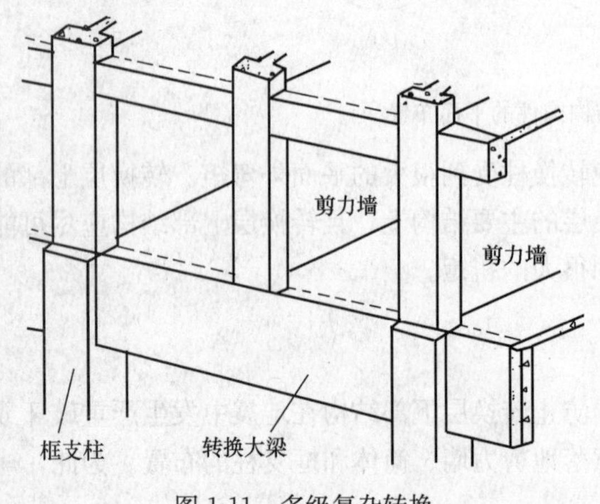

图 1-11　多级复杂转换

7. 框支框架承担的地震倾覆力矩应小于结构总地震倾覆力矩的 50%，以防止落地剪力墙过少。

8. 当框支梁框支主梁承托剪力墙并承托转换次梁及其上的剪力墙时，考虑到框支主梁除承受其上部剪力墙的作用外，还需承受次梁传给的剪力、扭矩和弯矩，框支柱易受剪破坏。因此，B 级高度部分框支剪力墙高层建筑的结构转换层不宜采用框支主、次梁方案（图 1-11）；A 级高度部分框支剪力墙高层建筑的结构转换层可以采用，但设计中应对框支剪力墙进行应力分析，按应力校核配筋，并加强配筋构造措施。

9. 转换层上部结构与下部结构的等效剪切刚度（等效侧向刚度）比应满足《高层建筑混凝土结构技术规程》（JGJ 3—2010）要求，以控制刚度突变，减小内力突变程度，缩短转换层上、下结构内力传递途径。

1.3 带转换层高层建筑结构抗震设计的一般规定

1.3.1 抗震等级

抗震设计的复杂高层建筑结构，根据设防烈度、结构类型、房屋高度区分为不同的抗震等级，采用相应的计算和构造措施。

A 级高度的高层建筑结构，应按表 1-1 确定其抗震等级。B 级高度的高层建筑，其抗震等级应有更严格的要求，应按表 1-2 采用。

底部带转换层的高层建筑结构的抗震等级应符合表 1-1 和表 1-2 的规定。

A 级高度的高层建筑结构抗震等级　　表 1-1

结构类型		设防烈度						
		6度		7度		8度		9度
	高度（m）	≤80	>80	≤80	>80	≤80	>80	≤60
部分框支剪力墙	非底部加强部位剪力墙	四	三	三	二	二		
	底部加强部位剪力墙	三	二	二	一	一	—	—
	框支框架	二		二	一	一		

注：1. 接近或等于高度分界时，应结合房屋不规则程度及场地、地基条件适当确定抗震等级；

2. 底部带转换层的筒体结构，其框支框架的抗震等级应按表中框支剪力墙结构的规定采用；

3. 部分框支剪力墙结构是指首层或底部两层框支剪力墙结构。

B 级高度的高层建筑结构抗震等级　　表 1-2

结构类型		设防烈度		
		6度	7度	8度
部分框支剪力墙	非底部加强部位剪力墙	二	一	一
	底部加强部位剪力墙	一	一	特一
	框支框架	一	特一	特一

注：底部带转换层的筒体结构，其框支框架和底部加强部位筒体的抗震等级应按表中框支剪力墙结构的规定采用。

1. 考虑到高位转换对结构抗震不利，特别是部分框支剪力墙结构。因此，部分框支剪力墙结构转换层的位置设置在 3 层及 3 层以上时，其框支柱、剪力墙底部加强部位的抗震等级尚宜按表 1-1 和表 1-2 的规定提高一级采用（已经为特一级时可不再提高），提高其抗震构造措施。

2. 对于底部带有转换层的框架-核心筒结构和外围为密柱框架的筒中筒结构，因其受力和抗震性能比部分框支剪力墙有利，故其抗震等级不必提高。因此，底部带转换层的筒体结构，其框支框架的抗震等级应按表 1-1 和表 1-2 中框支剪力墙结构的规定采用。

3. 转换层构件上部二层剪力墙属底部加强部位，其抗震等级采用底部加强部位剪力墙的抗震等级。

1.3.2 抗震概念设计的原则

带转换层高层建筑结构是一种受力复杂、不利抗震的高层建筑结构，结构设计需遵循以下一般原则：

1. 减少转换

布置转换层上、下主体竖向结构时，要注意尽可能多的布置成上、下主体竖向结构连续贯通，尤其是在框架-核心筒结构中，核心筒宜尽量予以上、下贯通。

2. 传力直接

布置转换层上、下主体竖向结构时，要注意尽可能使水平转换结构传力直接，尽量避免多级复杂转换，更应尽量避免传力复杂、抗震不利、质量大、耗材多、不经济、不合理的厚板转换。

3. 强化下部、弱化上部

为保证下部大空间整体结构有适宜的刚度、强度、延性和抗震能力，应尽量强化转换层下部主体结构刚度，弱化转换层上部主体结构刚度，使转换层上、下部主体结构的刚度及变形特征尽量接近。

对于下部核心筒框架、上部剪力墙的带转换层高层商住楼结构，应强化下部核心筒，如加大筒体尺寸、加厚筒壁厚度、加高混凝土强度等级，必要时可在房屋周边增置部分剪力墙；同时弱化上部剪力墙，如剪力墙开洞、开口、短肢、薄墙等，并尽量避免高位转换。

4. 优化转换结构

抗震设计时，当建筑功能需要不得已高位转换时，转换结构还宜优先选择不致引起框支柱（边柱）柱顶弯矩过大、柱剪力过大的结构形式，如空腹桁架、斜杆桁架、搭接柱、斜撑（柱）和宽扁梁等，同时要注意其需满足承载力、刚度要求，避免脆性破坏。

5. 计算全面准确

必须将转换结构作为整体结构中一个重要组成部分，采用符合实际受力变形状态的正确计算模型进行三维空间整体结构计算分析。采用有限元方法对转换结构进行局部补充计算时，转换结构以上至少取 2 层结构进入局部计算模型，同时应计及转换层及所有楼层楼盖平面内刚度，计及实际结构三维空间盒子效应，采用比较符合实际边界条件的正确计算模型。

整体结构宜进行弹性时程分析补充计算和弹塑性时程分析校核，还应注意对整体结构进行重力荷载下准确施工模拟计算。

1.3.3 一般构造规定

各抗震设防类别的高层建筑结构，其抗震措施应符合下列要求：

1. 甲类、乙类建筑：应按本地区抗震设防烈度提高一度的要求加强其抗震措施，但抗震设防烈度为9度时应按比9度更高的要求采取抗震措施；当建筑场地为Ⅰ类时，应允许仍按本地区抗震设防烈度的要求采取抗震构造措施。

2. 丙类建筑：应按本地区抗震设防烈度确定其抗震措施；当建筑场地为Ⅰ类时，除6度外，应允许按本地区抗震设防烈度降低一度的要求采取抗震构造措施。

3. 建筑场地为Ⅲ、Ⅳ类时，对设计基本地震加速度为0.15g和0.30g的地区，宜分别按抗震设防烈度8度（0.20g）和9度（0.40g）时各类建筑的要求采取抗震构造措施。

4. 抗震设计的高层建筑，当地下室顶层作为上部结构的嵌固端时，地下一层相关范围的抗震等级应按上部结构采用，地下一层以下抗震构造措施的抗震等级可逐层降低一级，但不应低于四级；地下室中超出上部主楼相关范围且无上部结构的部分，其抗震等级可根据具体情况采用三级或四级。

5. 抗震设计时，与主楼连为整体的裙房的抗震等级，除应按裙房本身确定外，相关范围不应低于主楼的抗震等级；主楼结构在裙房顶板上、下各一层应适当加强抗震构造措施。裙房与主楼分离时，应按裙房本身确定抗震等级。

6. 甲、乙类建筑按本地区抗震设防烈度提高一度确定抗震措施时，或Ⅲ、Ⅳ类场地且设计基本地震加速度为0.15g和0.30g的丙类建筑按抗震设防烈度8度（0.20g）和9度（0.40g）确定抗震措施时，如果房屋高度超过提高一度后对应的房屋最大适用高度，则应采取比对应抗震等级更有效的抗震构造措施。

7. 特一级构件构造措施

特一级是比一级抗震等级更严格的构造措施。这些措施主要体现在，采用型钢混凝土或钢管混凝土构件提高延性；增大构件配筋率和配箍率；加大强柱弱梁和强剪弱弯的调整系数；加大剪力墙的受弯和受剪承载力；加强连梁的配筋构造等。框架角柱的弯矩和剪力设计值仍应按《高层建筑混凝土结构技术规程》（JGJ 3—2010）第6.2.4条的规定，乘以不小于1.1的增大系数。

高层建筑结构中，抗震等级为特一级的钢筋混凝土构件，除应符合一级抗震等级的基本要求外，尚应满足下列规定：

（1）框架柱应符合下列要求：

1）宜采用型钢混凝土柱、钢管混凝土柱。

2）柱端弯矩增大系数η_c、柱端剪力增大系数η_{vc}应增大20%。

3）钢筋混凝土柱的柱端加密区最小配箍特征值λ_v应按《高层建筑混凝土结构技术规程》（JGJ 3—2010）表6.4.7数值增大0.02采用；全部纵向钢筋最小构造配筋百分率，中、边柱取1.4%，角柱取1.6%。

（2）框架梁应符合下列要求：

1）梁端剪力增大系数η_{vb}应增大20%。

2）梁端加密区箍筋构造最小配箍率应增大10%。

（3）框支柱应符合下列要求：

1）宜采用型钢混凝土柱、钢管混凝土柱。

2）底层柱下端及与转换层相连的柱上端的弯矩增大系数取1.8，其余层柱端弯矩增大系数η_c应增大20%；柱端剪力增大系数η_{vc}应增大20%；地震作用产生的柱轴力增大系数取1.8，但计算柱轴压比时可不计该项增大。

3）钢筋混凝土柱的柱端加密区最小配箍特征值 λ_v 应按《高层建筑混凝土结构技术规程》（JGJ 3—2010）表 6.4.7 的数值增大 0.03 采用，且箍筋体积配箍率不应小于 1.6%；全部纵向钢筋最小构造配筋百分率取 1.6%。

（4）筒体墙、剪力墙应符合下列要求：

1）底部加强部位的弯矩设计值应乘以 1.1 的增大系数，其他部位的弯矩设计值应乘以 1.3 的增大系数；底部加强部位的剪力设计值，应按考虑地震作用组合的剪力计算值的 1.9 倍采用，其他部位的剪力设计值，应按考虑地震作用组合的剪力计算值的 1.4 倍采用。

2）一般部位的水平和竖向分布钢筋最小配筋率应取为 0.35%，底部加强部位的水平和竖向分布钢筋的最小配筋率应取为 0.40%。

3）约束边缘构件纵向钢筋最小构造配筋率应取为 1.4%，配箍特征值宜增大 20%；构造边缘构件纵向钢筋的配筋率不应小于 1.2%。

4）框支剪力墙结构的落地剪力墙底部加强部位边缘构件宜配置型钢，型钢宜向上、下各延伸一层。

5）连梁的要求同一级。

参 考 文 献

[1-1] 中华人民共和国行业标准．高层建筑混凝土结构技术规程(JGJ 3—2010)[S]．北京：中国建筑工业出版社，2010

[1-2] 中华人民共和国国家标准．建筑抗震设计规范(GB 50011—2010)[S]．北京：中国建筑工业出版社，2010

[1-3] 唐兴荣．高层建筑转换层结构设计与施工[M]．北京：中国建筑工业出版社，2002

[1-4] 唐兴荣．特殊和复杂高层建筑结构设计[M]．北京：机械工业出版社，2006

[1-5] 张维斌．钢筋混凝土带转换层结构设计释疑及工程实例[M]．北京：中国建筑工业出版社，2008

[1-6] 傅学怡．带转换层高层建筑结构设计建议[J]．建筑结构学报．1999，20(2)：28-41

2 带托墙转换梁高层建筑结构设计

2.1 概述

剪力墙结构具有良好的抗震性能，较好的经济技术指标，因而在住宅、旅馆等的建筑中得到了广泛的应用。但是当住宅建筑的底部需要设置商店等公共用途的大房间；旅馆下部需要安排门厅、餐厅、会议室及其他大空间时，剪力墙结构就很难满足这一建筑功能的要求。

带转换层的底层大空间剪力墙结构的研究和工程应用始于20世纪70年代中期，1975年首先在上海天目路建成了12层住宅，上层剪力墙，底层部分剪力墙改为框架，并对其进行了现场应力实测、光弹试验、钢筋混凝土模型试验以及框支剪力墙有限元分析等一系列研究。中国建筑科学研究院于1981～1983年对12层底层大空间剪力墙结构住宅模型（1∶6）进行了输入地震波的拟动力试验，并在大连建成了一栋15层的友好广场住宅（图2-1）。在北京建成了一批8度抗震设防的底层大空间剪力墙结构住宅。通过对底层大空间剪力墙结构研究和总结，对底层大空间剪力墙结构有了较为全面的认识，获得了可靠的设计依据，已作为一种特殊的结构体系反映在《钢筋混凝土高层建筑结构设计与施工规程》（JGJ 3—91）中。

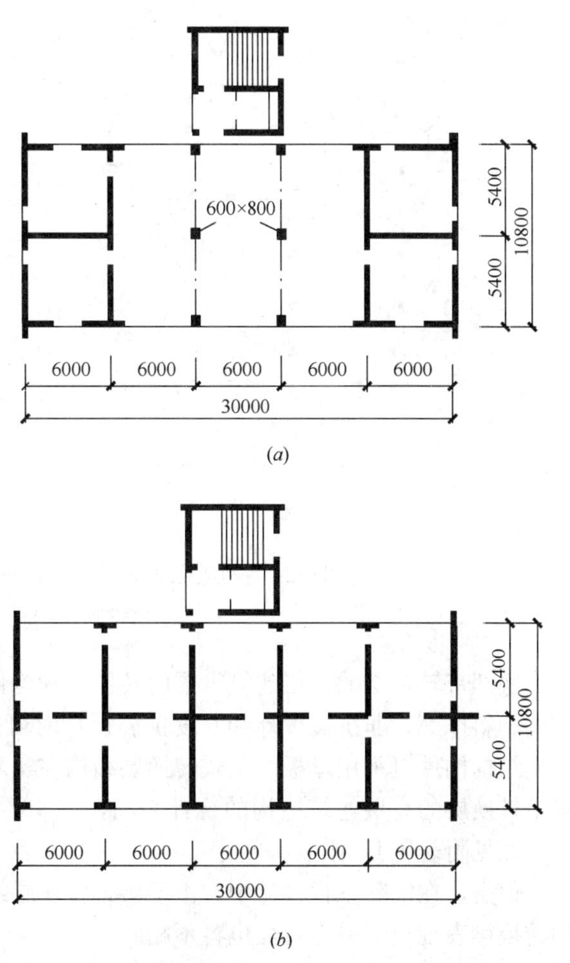

图2-1 大连友好广场住宅（15层，底部1层框支剪力墙结构）
(a) 底层平面图；(b) 标准层平面图

20世纪90年代的10年间，底部带转换层的大空间剪力墙结构迅速发展，在地震区许多工程的转换层位置已较高，目前国内已建工程底部大空间的通常最多层数为：8度抗震设计时，3～4层；7度抗震设计时，5层；6度抗震设计时，6～7层，但一般情况下为1～3层。

图 2-2 为深圳荔景大厦，建筑总高 105.0m，地下 1 层，地上 29 层，1～3 层为商场，4 层为公司会议室与餐厅，5～9 层为灵活的办公空间，大小组合与景观办公室，9a 层为设备层与结构转换层，10～29 层为公寓，地下 1 层为设备库与停车库。底部 9 层为框支剪力墙结构，为我国底部大空间层数最多的工程。

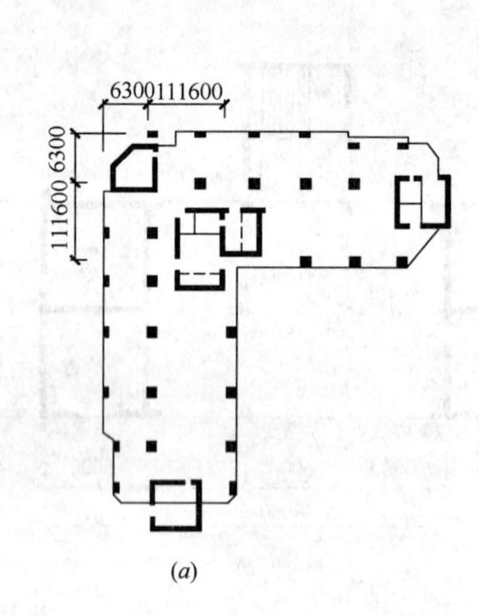

(*a*)

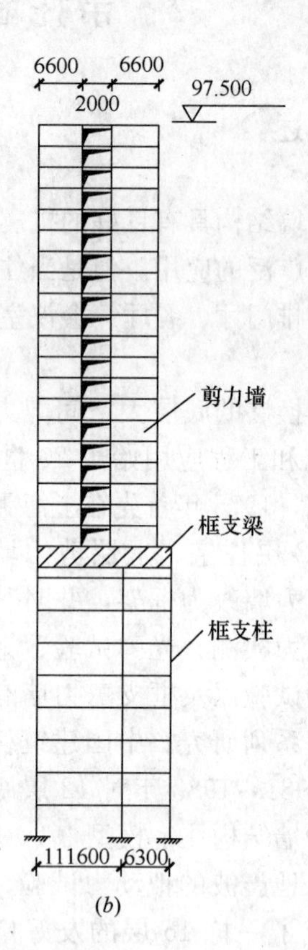

(*b*)

图 2-2 深圳荔景大厦（29 层，底部 9 层框支剪力墙结构）

（*a*）底层平面图；（*b*）框支剪力墙

底部带转换层的高层建筑设置的转换结构构件可采用转换梁、桁架、空腹桁架、箱形结构、斜撑等，非抗震设计和 6 度抗震设计时可采用厚板，7、8 度抗震设计时地下室的转换结构构件可采用厚板。梁式转换层结构在实际工程中的应用较广，对国内、外 280 余幢带转换层的高层建筑结构的统计表明，有 163 幢采用梁式转换层高层建筑结构，约占 57%，见附表 1-1～附表 1-7。

但是，在实际工程设计中，由于梁式转换层结构形式的多样性，作为其主要受力构件的转换梁表现出的受力特征也各不相同。

根据实际工程中转换梁的应用形式、受力特点、转换梁与上部结构的共同工作形式，可将梁式转换层的结构类型归纳为图 2-3 所示的几种形式，其中图 2-3（*a*）～图 2-3（*f*）为托墙转换梁，图 2-3（*g*）、图 2-3（*h*）为托柱转换梁。

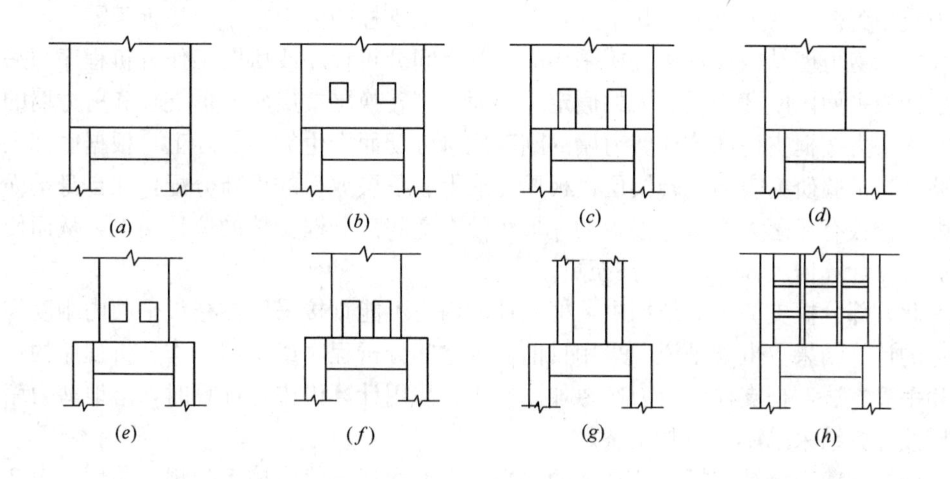

图 2-3 梁式转换层的结构类型

2.2 部分框支剪力墙结构的计算

2.2.1 水平力在各片剪力墙之间的分配

带转换层高层建筑结构，在结构内力与位移整体计算中，可对转换层做适当的和必要的简化处理，但不应改变其整体变形和受力特点。鉴于带转换层的高层建筑结构属于复杂高层建筑结构，其竖向刚度变化大、受力复杂、易形成薄弱部位，因此整体计算分析时应从严要求。整体计算后应采用有限元法对简化处理的转换结构构件进行应力分析，保证转换结构构件计算分析的可靠性。

带转换层高层建筑结构整体计算分析时，应采用至少两种不同力学模型的三维空间分析软件（空间杆系、空间杆-薄壁杆系、空间杆-墙元及其他组合有限元等计算模型）进行整体内力和位移计算。抗震计算时，宜考虑平扭藕连计算结构的扭转效应，振型数不应小于 15，对多塔楼结构的振型数不应小于塔楼数的 9 倍，且计算振型数应使振型参与质量不小于总质量的 90%；应采用弹性时程分析法进行多遇地震作用下的补充计算。

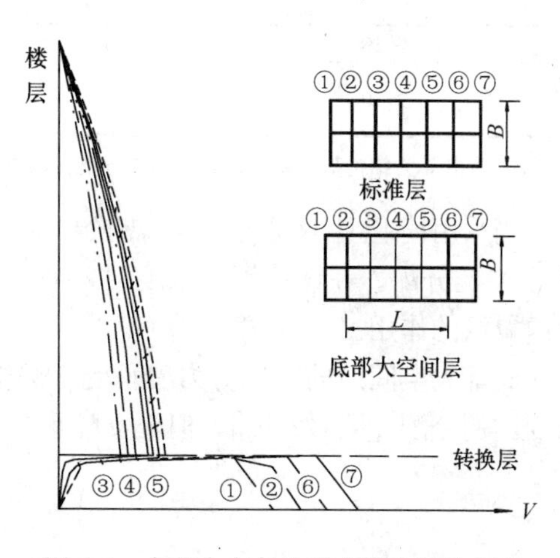

图 2-4 水平力在各片剪力墙之间的分配

整体分析结果表明，底部大空间剪力墙结构以转换层为分界，上、下两部分的内力分布规律是不同的，如图 2-4 所示。

转换梁上部楼层，各片剪力墙刚度成比例变化，位移特征相似，外荷载产生的水平力大体上按各片墙的等效刚度（EI_{eq}）比例分配。

在底部大空间层，由于框支柱的刚度很小，往往不足落地剪力墙刚度的 1%，因此水平剪力集中到落地剪力墙上，几乎为百分之百；框支柱的剪力很小，接近于零。由于目前底部大空间剪力墙结构计算机分析采用的三维空间分析程序或协同工作分析程序都采用了转换层楼板平面内刚度为无穷大的假定，因而得到转换层楼层所有框支柱和剪力墙的位移相等、水平力按框支柱和落地剪力墙的刚度比例分配而产生的。实际上，根据底部大空间剪力墙结构试验研究表明：转换层楼板要完成上、下层剪力的重新分配，在自身平面内受力很大，楼板有显著大变形。楼板的变形将使大空间部分框支柱的位移增大，从而使框支柱的剪力比计算值大3～5倍，甚至更多。

因此，部分框支剪力墙结构中，框支柱的内力不能直接采用按楼板平面内刚度为无穷大假定的计算结果。也就是说，采用目前三维空间分析程序或协同工作分析程序的计算机方法和手算方法，框支柱的内力都要加以修正。采用计算机进行计算时，落地剪力墙的内力直接按计算结果采用，不必调整。

部分框支剪力墙结构框支柱承受的水平地震剪力标准值应按下列规定采用（表2-1）：

（1）每层框支柱的数目（n_c）不多于10根时，当底部框支层为1～2层时，每根柱所受的剪力应至少取结构基底剪力（V）的2%；当底部框支层为3层及3层以上时，每根柱所受的剪力应至少取结构基底剪力（V）的3%。

（2）每层框支柱数目（n_c）多于10根时，当底部框支层为1～2层时，每层框支柱承受剪力之和应至少取结构基底剪力（V）的20%；当框支层为3层及3层以上时，每层框支柱承受剪力之和应至少取结构基底剪力（V）的30%。

框支柱剪力调整后，应相应调整框支柱的弯矩及柱端框架梁的剪力、弯矩，但框支梁的剪力、弯矩、框支柱的轴力可不调整。

框支柱地震剪力标准值 V_{cj} **表2-1**

框支柱数 n_c	框支层数	
	1～2层	≥3层
≤10	$0.02V$	$0.03V$
>10	$\frac{0.2}{n_c}V$	$\frac{0.3}{n_c}V$

注：表中V为结构基底剪力；n_c为每层框支柱的数目。

当采用简化计算方法时，转换层以上各楼层水平力可按各片剪力墙的等效刚度（EI_{eq}）比分配。在计算等效刚度时，剪力墙的弯曲刚度可考虑翼缘的作用，剪切刚度不考虑翼缘的作用。

底部大空间层的落地剪力墙承受全部楼层剪力，楼层剪力在落地剪力墙之间按其等效刚度比例分配［式（2-1）］，但框支柱承受的剪力V_{cj}不应小于表2-1中的数值。

$$V_{wj} = \frac{EI_{eqj}}{\sum EI_{eqj}}V \tag{2-1}$$

这样，底部大空间剪力墙的设计剪力将大于外荷载产生的楼层剪力V，最多可达（1.2～1.3）V。底部大空间剪力墙结构设计必须保证大空间层有较富余的承载力，避免破坏发生在大空间层。

部分框支剪力墙结构下部楼层刚度有所降低，但由于层数不多，对整个结构的刚度、位移影响并不显著，其自振周期也和一般剪力墙结构相差不多。

2.2.2 框支剪力墙的受力特点

1. 竖向荷载作用下框支剪力墙的受力特点

在竖向荷载作用下，离开框支梁较远的上部墙体大约离墙体和框支梁界面 l_n（l_n 为框支梁的净跨）以外，竖向应力 σ_y 分布不受底部框架的影响，在均布荷载作用下，σ_y 也均匀分布。稍低处 σ_y 沿拱作用线向框支柱上方集中。在双跨框架的情况下，由于有一部分荷载首先沿较高处的拱轴线直接传递到边柱，剩下来的荷载在较低处再沿小拱轴线分别传递到边柱和中柱，所以边柱上方 σ_y 的集中程度大于中柱上方（图 2-5）。

框支梁的刚度越大、框支柱截面高度 h_c 越大，则竖向应力 σ_y 集中程度越小，分布越平缓。在常用尺寸（$h_b/L=0.10\sim0.16$、$b_c/L=0.06\sim0.10$）下，边柱上方应力 σ_{y1} 约为平均应力q/b_w 的 4～6 倍，中柱上方 σ_{y2}约为平均应力q/b_w 的 2～3 倍。

竖向荷载作用下，框支梁上部实体墙内水平应力 σ_x 分布如图 2-6 所示。

单跨支承框架时，墙板内基本上是压应力。双跨支承框架的中柱上方存在一个三角形的拉应力区，拉应力在中柱正上方、框支梁的上边缘处墙板内为最大。其数值取决于梁、柱刚度的大小，$\sigma_{x0}=(0.7\sim1.0)\,q/\,b_w$，$B=(0.5\sim0.75)L$，$A\approx0.4L$。

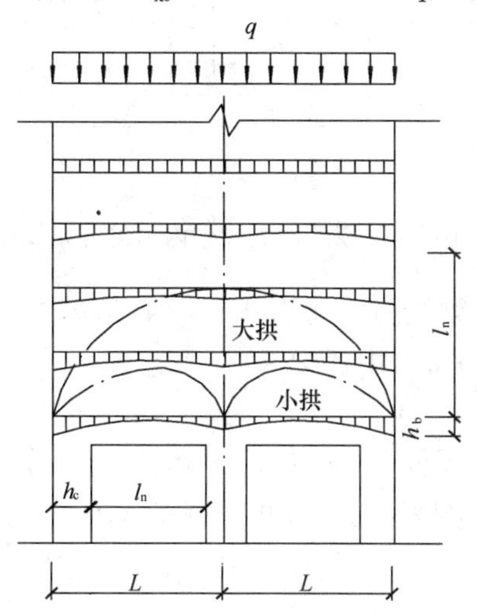

图 2-5　上部剪力墙内垂直应力 σ_y 分布

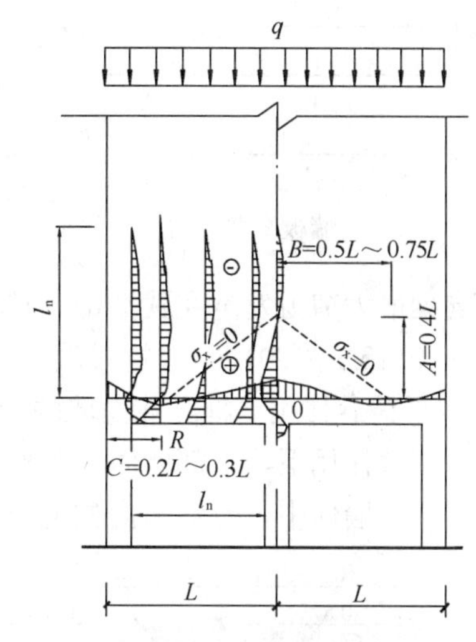

图 2-6　上部剪力墙内水平应力 σ_x 分布

不论是单跨还是双跨支承框架，水平应力 σ_x 仅分布在高度为 l_n 范围内的墙体中，更高部分水平应力 σ_x 接近于零。

墙内剪应力 τ 分布如图 2-7 所示。剪应力仅在离框支梁 l_n 的范围内出现，在剪力墙与框支梁的交界处达到最大值，可达$(1.1\sim1.5)q/b_w$。梁的下边缘与柱的交界处，剪应力可达$(1.5\sim2.0)q/b_w$。

单跨框架梁在柱上方的弯矩很小，弯矩分布类似于简支梁。由于框支梁与上部墙体共同工作，组成一个倒 T 形的深梁，框支梁是这个深梁的受拉翼缘，因此承受轴向拉力 N_b，此拉力值可达（$0.15\sim0.20$）qL。因此，框支梁不同于一般框架梁，普通框架梁为受弯构件，轴力为零，在同一竖向荷载下弯矩很大；而框支梁是拉弯构件，弯矩较小，且有轴向拉力，因此必须按偏心受拉构件进行截面设计。

双跨框支梁的弯矩及轴向拉力分布如图 2-8 和图 2-9 所示。轴向拉力最大值 N_{max} 约为 $(0.15\sim0.20)qL$，距外侧 $(0.35\sim0.45)L$；柱上方拉力近于零。框支梁最大正弯矩发生在距外侧约为 $0.2L$ 处。

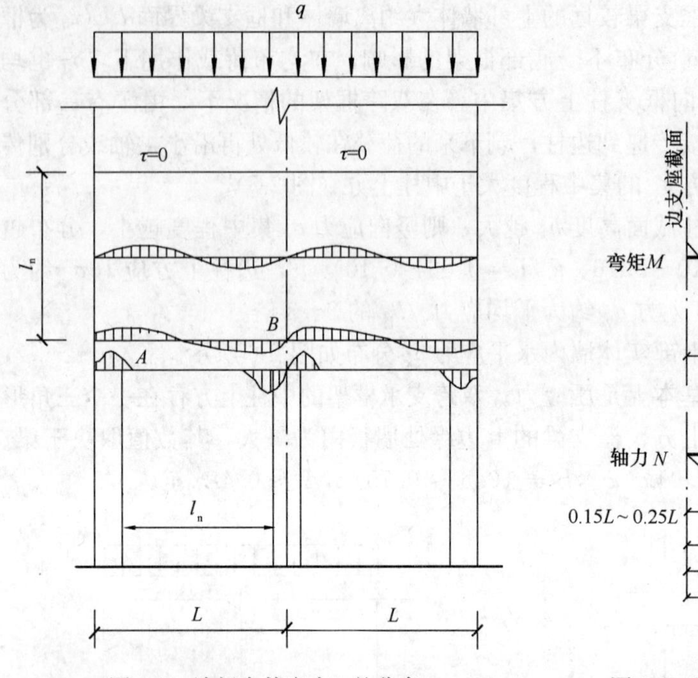

图 2-7　墙板中剪应力 τ 的分布　　　图 2-8　双跨框支梁中内力的分布规律

框支梁最大剪力发生在其端部，单跨框支梁的梁端剪力约为 $0.25qL$；双跨框支梁的剪力约为 $(0.15\sim0.20)qL$（边柱梁端），$(0.20\sim0.25)qL$（中柱梁端）。

2. 水平荷载作用下框支剪力墙的受力特点

水平荷载作用下，上部墙体（距框支梁 l_n 以上部分）中竖向应力 σ_y 为线性分布；在靠近框支梁的墙体中，σ_y 逐渐向柱上方集中，但仍保持反对称分布的特点（图 2-10）。

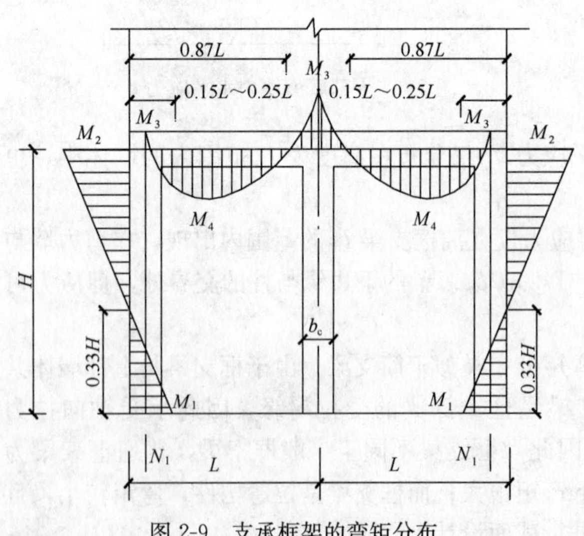

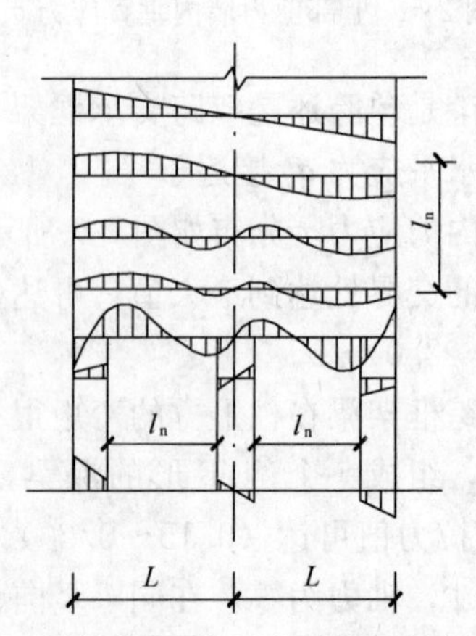

图 2-9　支承框架的弯矩分布　　　图 2-10　水平荷载下框支剪力墙竖向应力分布

框支梁同样存在较大的轴向拉力和剪力。

3. 托墙转换梁受力机理

分析表明，无论托墙转换梁上部墙体的形式如何，只要墙体存在一定长度，托墙转换梁中的弯矩就会较不考虑上部墙体作用的要小，相应墙体下的转换梁就有一段范围出现受拉区。出现这一现象的主要原因有：

（1）墙、转换梁作为一个整体共同弯曲变形，转换梁处于这整体弯曲的受拉翼缘，若单独分析转换梁，其所受的弯矩由于剪力墙的共同工作而大大降低，同时，由于处于受拉翼缘，应力积分后框支梁中就会出现轴向拉力。这种整体弯曲会随着上部墙肢长度变短而影响范围迅速缩小，当上部墙体为小墙肢时，这种影响只限于小墙肢下较小的范围内。

（2）形成转换梁内力特点的另一主要原因是拱的传力作用。由于竖向传力拱作用的存在，使得上部墙体上的竖向荷载传到转换梁时，很大一部分荷载以斜向荷载的形式作用于梁上（图 2-11*b*），若将这斜向荷载分解为垂直和水平等效荷载形式（图 2-11*c*、*d*），则垂直荷载作用下的弯矩肯定要比不考虑墙体作用时要小（图 2-11*a*），在水平荷载作用下，就形成了托墙转换梁跨中一定区域受轴向拉力而支座区域受轴向压力的现象。

托墙转换梁的最终受力状态是由上述两个因素综合影响的结果。

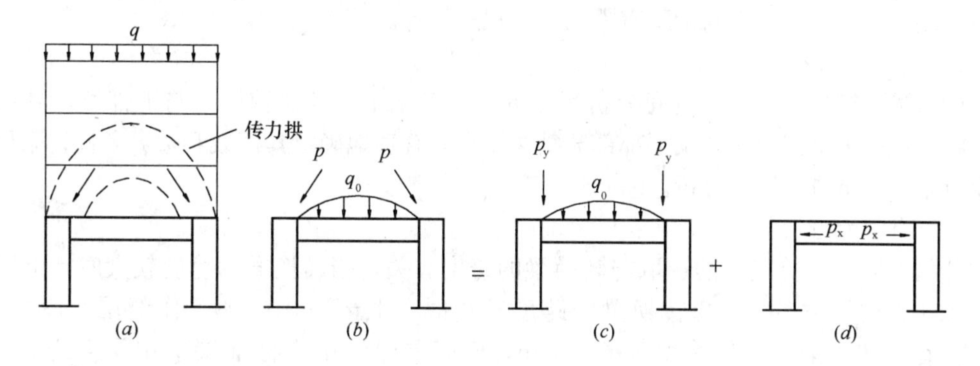

图 2-11　托墙转换梁受力机理示意

2.2.3　托墙转换梁的内力计算

托墙转换梁的内力计算方法主要有梁杆系模型分析法和有限元模型分析法两种。

1. 梁杆系模型

带梁式转换层高层建筑结构分析时，直接用三维空间分析程序（空间杆系、空间杆-薄壁杆系、空间杆一墙元及其他组合有限元等计算模型）进行整体结构内力分析，求得转换梁的内力作为设计依据。按梁杆系模型分析时，剪力墙墙肢作为柱单元考虑，转换梁按一般梁杆模型处理，计算时在上部剪力墙和下部柱之间设置转换梁，墙肢与转换梁连接，而不考虑转换梁与上部墙体的共同工作，如图 2-12 所示。

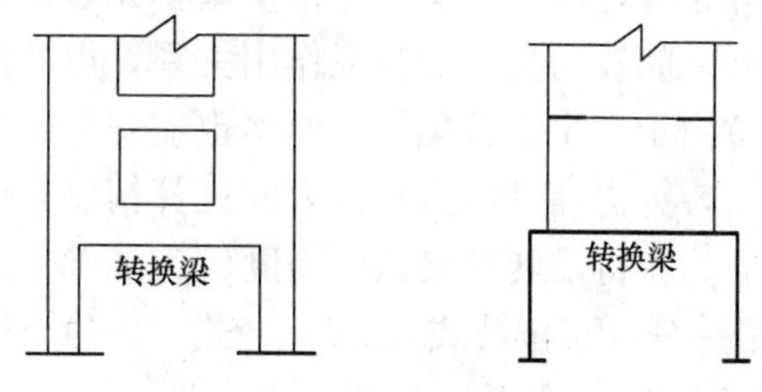

图 2-12　转换梁的杆系模型

分析表明，采用图 2-12 所示的梁杆系模型分析得到的转换梁的内力与按高精度平面有限元程序计算结果相差很大，往往是异常的。出现异常的原因：

（1）杆系模型采用小变形，而转换梁（通常占整个层高）受力后的变形理论不同；

（2）杆系模型结构计算简图与实际受力的传力途径不相符。在实际结构中，转换梁上部结构各楼层荷载是通过各层联系梁按墙肢的刚度分配给各墙肢的，即通过墙肢逐层向下部有柱的方向传递。

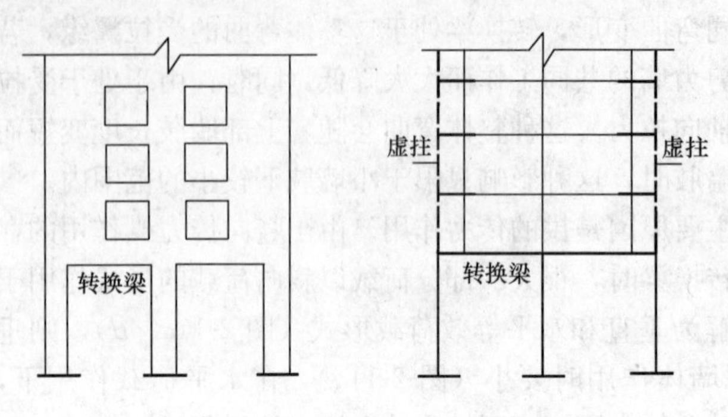

图 2-13 转换梁的修正杆系模型

为此，构建如图 2-13 所示的结构计算简图，以正确地反映结构中转换梁上部墙肢实际的受力途径。图中横梁刚度为无穷大，而虚柱截面宽度 $b=b_w$（b_w 为转换梁上部墙体厚度），截面高度 $h=h_c$（h_c 为转换梁下部支承柱的截面高度）。

采用这种计算简图计算高层建筑中转换梁内力的算例表明，能够满足工程设计的要求，但要想取得最准确结果，还必须采用高精度有限元分析程序计算。

2. 梁有限元模型

梁有限元模型是在整体空间分析程序的计算基础上，考虑转换梁与上部墙体共同工作，将转换梁上部部分墙体及下部部分结构取出，合理地确定其荷载和边界条件，采用高精度有限元分析方法进行分析。

（1）有限元分析范围

分析表明，计算模型的选取与转换梁的跨度有关，当转换梁的跨度较大时，上部墙体参加工作的层数多些；当转换梁的跨度较小时，上部墙体参加工作的层数就少些。实际工程中转换梁的常用跨度为 6～12m，而高层建筑结构标准层常用层高为 2.8～3.2m，在此跨度和层高范围内，托墙形式的梁式转换层结构内力有限元分析可取其上部墙体 3～4 层，视这部分墙体连同转换梁组成的倒 T 形深梁。转换梁下部结构层数对其控制截面的内力影响不大，在一般情况下，转换梁下部结构可取一层。因此，梁式转换层结构有限元分析时，计算简图可取转换梁附近净跨 l_n 范围内的墙体（从实际工程设计的经验来看，约为转换梁附近 3-4 层墙体）和下部一层结构作分析模型，其计算精度已满足设计要求。

（2）单元网格划分

分析表明，远离转换梁的墙体对转换梁的应力分布和内力大小影响很小，可考虑网格划分粗些，以达到减少分析模型单元数，减轻计算工作量的目的；为较精确模拟墙体和转换梁之间较为复杂的相互作用关系，可考虑转换梁附近墙体的网格划分应细些；墙体开洞部位由于产生应力集中，网格也应划分细些；转换梁、柱由于尺寸相对较小，应力变化幅度大，为提高其应力和内力的计算精度，必须对其网格划分得相对细些。

为获得沿转换梁截面高度较为准确的应力分布规律，截面高度方向网格划分宜取 6～8 个等分。若按公式（2-2）～式（2-4）计算转换梁的内力，则沿截面高度方向网格划分只需取 3～5 个等分即可。

当 $m=3$ 时 $$N=\frac{1}{6}b_{\mathrm{b}}h_{\mathrm{b}}\left[(\sigma_1+\sigma_4)+2(\sigma_2+\sigma_3)\right] \tag{2-2a}$$

$$M=\frac{1}{18}b_{\mathrm{b}}h_{\mathrm{b}}^2\left[\frac{5}{4}(\sigma_1-\sigma_4)+(\sigma_2-\sigma_3)\right] \tag{2-2b}$$

$$V=\frac{1}{6}b_{\mathrm{b}}h_{\mathrm{b}}\left[(\tau_1+\tau_4)+2(\tau_2+\tau_3)\right] \tag{2-2c}$$

当 $m=4$ 时 $$N=\frac{1}{8}b_{\mathrm{b}}h_{\mathrm{b}}\left[(\sigma_1+\sigma_5)+2(\sigma_2+\sigma_3+\sigma_4)\right] \tag{2-3a}$$

$$M=\frac{1}{16}b_{\mathrm{b}}h_{\mathrm{b}}^2\left[\frac{7}{8}(\sigma_1-\sigma_5)+(\sigma_2-\sigma_4)\right] \tag{2-3b}$$

$$V=\frac{1}{8}b_{\mathrm{b}}h_{\mathrm{b}}\left[(\tau_1+\tau_5)+2(\tau_2+\tau_3+\tau_4)\right] \tag{2-3c}$$

当 $m=5$ 时 $$N=\frac{1}{10}b_{\mathrm{b}}h_{\mathrm{b}}\left[(\sigma_1+\sigma_6)+2(\sigma_2+\sigma_3+\sigma_4+\sigma_5)\right] \tag{2-4a}$$

$$M=\frac{1}{50}b_{\mathrm{b}}h_{\mathrm{b}}^2\left[\frac{9}{4}(\sigma_1-\sigma_6)+3(\sigma_2-\sigma_5)+(\sigma_3-\sigma_4)\right] \tag{2-4b}$$

$$V=\frac{1}{10}b_{\mathrm{b}}h_{\mathrm{b}}\left[(\tau_1+\tau_6)+2(\tau_2+\tau_3+\tau_4+\tau_5)\right] \tag{2-4c}$$

式中 $\sigma_i(i=1\sim m)$——计算条带边缘正应力；

$\tau_i(i=1\sim m)$——计算条带边缘剪应力；

b_{b}——转换梁截面宽度；

h_{b}——转换梁截面高度。

（3）计算荷载

转换梁有限元分析都是在结构整体三维空间分析后进行的，有限元分析的荷载可以直接取用结构整体空间分析的内力计算结果。荷载的取用原则：

竖向荷载：计算简图顶部墙体上的竖向荷载取该层上部垂直荷载的累计值，其余各层的竖向荷载采用各自层的垂直荷载（图 2-14*a*）。

水平荷载：计算简图顶部墙体上的剪力作为该层的水平节点荷载［式（2-5)］，该层

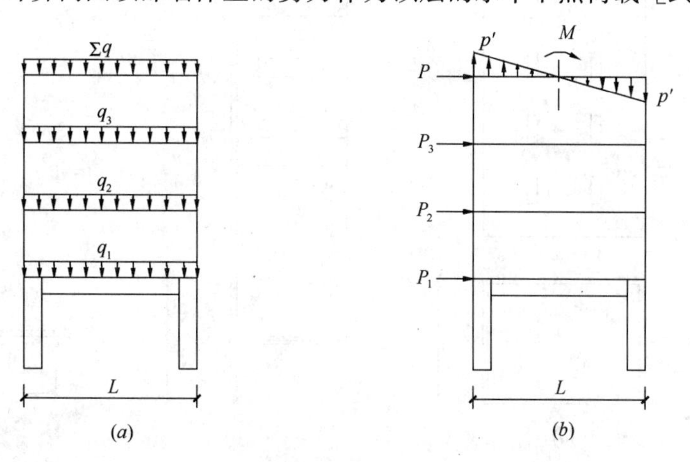

图 2-14 计算荷载

（*a*）竖向荷载；（*b*）水平荷载

墙体的弯矩 M 换算成三角形分布的垂直荷载［式（2-6）］作用于计算简图顶部墙体上；其余各层则作用相应的水平节点荷载（图 2-14*b*），其数值分别取本层墙体剪力与上层墙体剪力的差值［式（2-7）］。

$$P = V_i \tag{2-5}$$

$$p' = M/W \tag{2-6}$$

$$P_i = V_{i+1} - V_i, (i = 1 \text{或} 2) \tag{2-7}$$

竖向荷载主要指重力荷载，7 度、8 度抗震设计时转换构件还应考虑竖向地震作用的影响。水平荷载包括风荷载和水平地震作用。

在确定上述计算荷载后，转换梁模型有限元分析时，一般采用以下两种荷载组合：

1）将重力荷载、风荷载和地震作用各工作情况分别作用于分析模型上，将有限元分析得出的转换梁内力按《高层建筑混凝土结构技术规程》（JGJ 3—2010）中基本组合的要求，对各种工作情况进行内力组合，求出各组内力最大值并进行相应的截面设计。

2）直接取用结构整体分析中的组合内力最大值（包括弯矩最大、轴力最大和剪力最大三组内力）作为有限元分析的计算荷载，分析中水平荷载和竖向荷载一次作用，算出三组转换梁内力分别进行截面设计，转换梁的配筋取用各相应部位的抗剪、抗弯最不利配筋。

（4）支撑与侧向边界的简化

当转换梁一侧或两端支撑在筒体上时，采用空间三维实体有限元模型分析时能正确模拟侧向边界条件，而采用平面有限元模型分析时就不能体现转换梁在筒体一侧的支撑情况。采用平面有限元模型分析时可将筒体的影响用等效约束来表示，约束的处理方法如下：

1）当转换梁布置在筒体墙的中间时（图 2-15*a*），则可按图 2-15（*b*）进行计算简化，其中等效约束处理后的侧向弹性支撑的弹簧劲度系数可按式（2-8）计算。

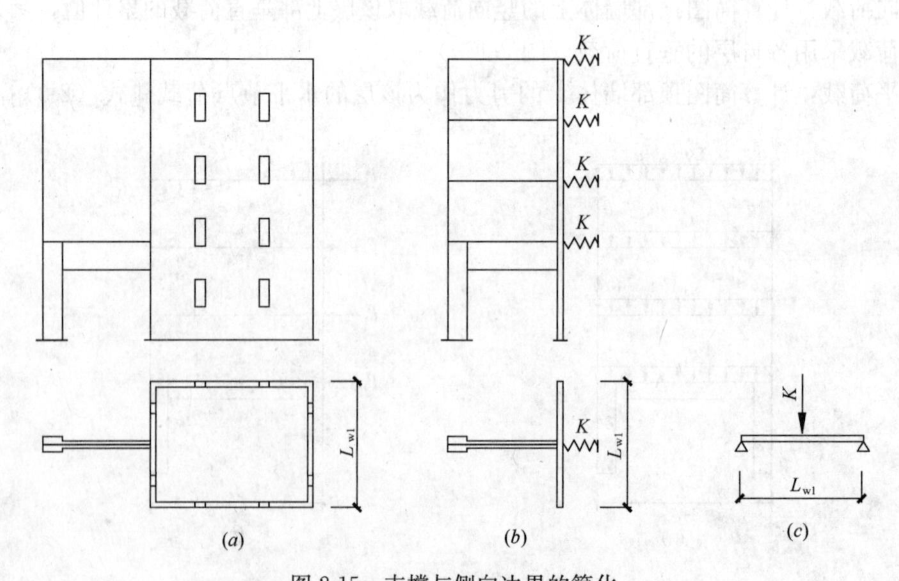

图 2-15　支撑与侧向边界的简化

（*a*）计算模型；（*b*）简化计算模型；（*c*）弹簧劲度系数计算示意

$$K = \frac{48E_c I_{w1}}{nL_{w1}^3} \tag{2-8}$$

式中　E_c——墙体混凝土弹性模量；

I_{w1}、L_{w1}——墙体 W_1 对其本身中和轴的惯性矩和墙长；

n——计算时每一层墙侧向约束个数。

2）当转换梁布置在筒体端部墙体上时（图 2-16*a*），则可按图 2-16（*b*）进行简化，其中等效约束处理后的侧向弹性支撑的弹簧劲度系数可按式（2-9）计算。

$$K = \frac{6E_c I_{w2}}{nL_{w2}^3} \tag{2-9}$$

式中　I_{w2}、L_{w2}——墙体 W_2 对其本身中和轴的惯性矩和墙长；

其余符号同前。

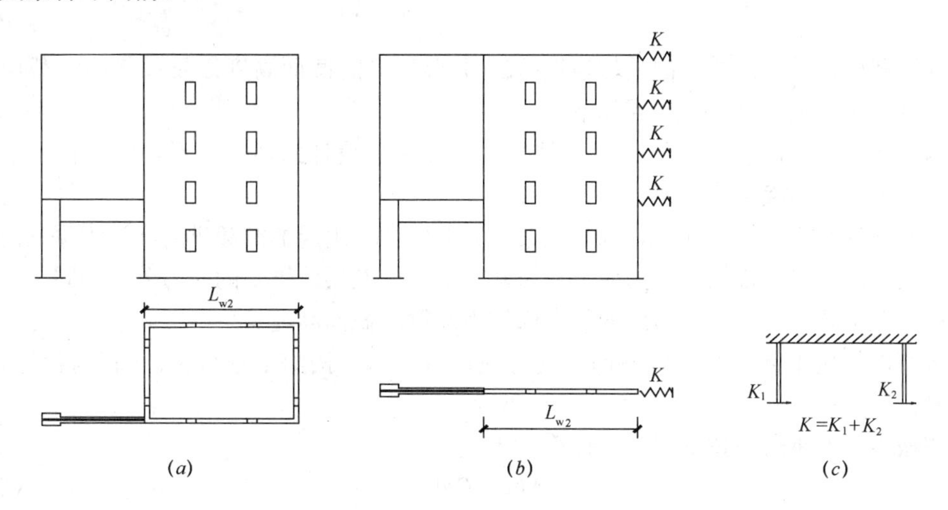

图 2-16　支撑与侧向边界的简化

（*a*）计算模型；（*b*）简化计算模型；（*c*）弹簧劲度系数计算示意

（5）支撑约束条件的简化

分析表明，梁式转换层结构有限元分析时，下部结构支柱下端的约束条件选取铰接或固接对转换梁应力及内力的计算结果有较大的影响。在梁式转换层结构进行有限元分析时，具体选用何种约束条件为宜，这主要与转换梁下部框支层层数有关。实际结构设计时，当转换梁下部框支层仅有一层时，可考虑支柱下部取为固接；当转换梁下部框支层有二层或二层以上时，可考虑支柱下部取为铰接。

2.2.4　托墙转换梁截面设计方法

目前国内结构设计工作者普遍采用的托墙转换梁截面设计方法主要有：

1. 偏心受拉构件截面设计方法

按偏心受拉构件进行截面设计的关键是如何将有限元分析得到的转换梁截面上的应力换算成截面内力，但这是一种比较麻烦的事情。分析表明，可按式（2-2）～式（2-4）将转换梁的截面应力换算成截面内力。根据转换梁的截面内力（M，N）按偏心受拉构件进行正截面承载力计算，根据剪力 V 进行斜截面受剪承载力计算。

2. 深梁截面设计方法

实际工程中转换梁的高跨比$h_b/l=1/8\sim1/6$，因此转换梁是一种介于普通梁和深梁之间的梁，尤其是托墙转换梁，其受力和破坏特征类似于深梁。

当转换梁承托的上部墙体满跨或基本满跨时，转换梁与上部墙体之间共同工作的能力较强，此时上部墙体和转换梁的受力如同一倒T形深梁，转换梁为该组合深梁的受拉翼缘，跨中区存在很大的轴向拉力，此时转换梁就不能按普通梁进行截面设计，但如果将倒T形深梁的受拉区部分划出来按偏心受拉构件进行截面设计，计算出的纵向受力钢筋的配筋量偏少，不满足承载力要求。

分析表明：当转换梁承托的上部墙体满跨或基本满跨时，转换梁与上部墙体之间共同工作的能力较强，此时上部墙体和转换梁的受力特征如同一倒T形深梁，转换梁为该组合深梁的受拉翼缘，跨中区存在很大的轴向拉力，此时转换梁宜按倒T形深梁进行截面设计。

深梁截面设计方法的关键是如何选取倒T形深梁的截面高度以及如何确定截面的内力臂。确定深梁截面高度的步骤如下：

（1）转换梁顶以上l_n范围内的墙体（从实际工程设计的经验来看，约为转换梁附近3～4层墙体）与转换梁一起组成倒T深梁。

（2）根据有限元计算结果，取转换梁与上部墙体所组成的卸载拱的高度为深梁的截面高度，其中卸载拱上部墙体中的应力分布基本上与标准层墙体中的应力分布相同。

（3）取上述（1）、（2）两项的较大值作为深梁的截面高度。

计算出作用于倒T形深梁截面上的弯矩、剪力后，按深梁进行正截面及斜截面承载力计算。

正截面受弯承载力按下列公式计算：

$$M \leqslant f_y A_s Z \tag{2-10}$$

式中 f_y——纵向受拉钢筋的抗拉设计强度；

A_s——纵向受拉钢筋的截面面积；

Z——截面的内力臂。

在确定倒T形深梁截面内力臂Z时，应考虑截面厚度变化的因素，可按下列公式计算：

$$Z = \alpha_d (h_0 - 0.5x) \tag{2-11}$$

$$\alpha_d = 0.80 + 0.04\frac{l_0}{\alpha h} \tag{2-12}$$

式中 x——截面受压区高度，按《混凝土结构设计规范》（GB 50010—2010）计算，当$x<0.2h_0$时，取$x=0.2h_0$；

h_0——截面的有效高度，且$h_0=\alpha h-a_s$；

α——深梁截面高度折减系数，$\alpha = \dfrac{b_b h_b + b_w h_w}{b_b(h_b + h_w)}$；

其中 b_b——托墙转换梁截面宽度；

h_b——托墙转换梁截面高度；

b_w——剪力墙截面宽度；

h_w——剪力墙截面厚度。

3. 应力截面设计方法

对转换梁进行有限元分析得到的结果是应力及其分布规律，为能直接应用转换梁有限元法分析后的应力大小及其分布规律进行截面的配筋计算，假定：

（1）不考虑混凝土的抗拉作用，所有拉力由钢筋承担；

（2）钢筋达到其屈服强度设计值 f_y；

（3）受压区混凝土的强度达轴心抗压强度设计值 f_c。

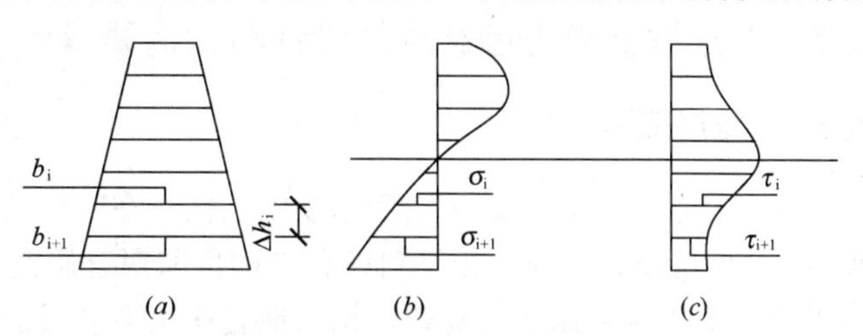

图 2-17 截面和应力分布示意图

（a）截面；（b）正应力分布；（c）剪应力分布

由前面计算假定及图 2-17 可得正截面配筋计算公式为：

受拉区条带：
$$f_y A_s = (\sigma_i + \sigma_{i+1}) b_i \frac{\Delta h_i}{2} \tag{2-13}$$

受压区条带：
$$f_y A_s + f_c b_i \Delta h_i = (\sigma_i + \sigma_{i+1}) b_i \frac{\Delta h_i}{2} \tag{2-14}$$

式中 b_i——所计算条带的截面宽度；

Δh_i——所计算条带的高度；

σ_i、σ_{i+1}——所计算条带边缘的正应力。

斜截面受剪承载力计算时，截面的设计剪力 V 按下式计算：

$$V = \sum_{1}^{m} (\tau_i + \tau_{i+1}) b_i \frac{\Delta h_i}{2} \tag{2-15}$$

式中 τ_i、τ_{i+1}——计算条带边缘的剪应力；

m——截面划分的条带总数；

其余符号同前。

应力截面设计法的步骤如下：

1）采用高精度有限元法计算转换梁截面沿高度方向的应力（σ_i、τ_i）：

2）分别按式（2-13）～式（2-15）计算出各条带中拉力或压力以及剪力；

3）对每一个条带进行截面的配筋计算。

2.2.5 托墙转换梁截面设计方法的选择

托墙转换梁截面设计方法的选择与其受力性能及转换层结构形式相关。

当转换梁承托上部墙体满跨不开洞时，转换梁与上部墙体共同工作，其受力特征与破坏形态表现为深梁，此时转换梁截面设计方法宜采用深梁截面设计方法或应力截面设计方法，且计算出的纵向钢筋应沿全梁高适当分布配置。由于此时转换梁跨中较大范围内的内力比较大，故底部纵向钢筋不宜截断和弯起，应全部伸入支座。

当转换梁承托上部墙体满跨且开较多门窗洞或不满跨但剪力墙的长度较大时，转换梁截面设计也宜采用深梁截面设计方法或应力截面设计方法，纵向钢筋的布置则沿梁下部适当分布配置，且底部纵向钢筋不宜截断和弯起，应全部伸入支座。

当转换梁承托上部墙体为小墙肢时，转换梁基本上可按普通梁的截面设计方法进行配筋计算，纵向钢筋可按普通梁集中布置在转换梁的底部。

2.3 部分框支剪力墙结构的设计与构造要求

2.3.1 适用范围

带转换层高层建筑结构属于不规则结构，在竖向荷载、风荷载或水平地震作用下受力复杂，9度抗震设计时，由于对这种结构目前缺乏研究和工程实践经验，不应采用。在同一工程中采用两种以上的复杂结构，地震作用下易形成多处薄弱部位。为了保证设计的安全可靠，7度和8度抗震设计的部分框支剪力墙结构不宜再同时采用两种或两种以上《高层建筑混凝土结构技术规程》(JGJ 3—2010) 第10.1.1款所指的复杂建筑结构。

转换结构构件采用转换梁、桁架、空腹桁架、箱形结构、斜撑（柱）等的高层建筑结构适用于非抗震设计和6度、7度及8度抗震设防区。转换构件采用厚板的高层建筑结构适用于非抗震设计和6度抗震设防地区，但对于大空间地下室，因周围有约束作用，地震反应不明显，故7度、8度抗震设计的地下室的转换构件可采用厚板转换层。

A级、B级高度乙类和丙类部分框支剪力墙结构的最大适用高度应符合表2-2的规定。

部分框支剪力墙结构的最大适用高度（m）　　表2-2

结构类型	非抗震设计	抗震设防烈度			
		6度	7度	8度	
				0.20g	0.30g
A级高度	130	120	100	80	50
B级高度	150	140	120	100	80

注：部分框支剪力墙结构指地面以上有部分框支剪力墙的结构。

研究表明，B级高度的底部带转换层的筒中筒结构，当外筒由剪力墙构成的壁式框架时，其转换层上下刚度和内力传递途径变化比较明显，因此，其最大适用高度比表2-2中的规定的数值适当降低。降低的幅度可根据抗震设防烈度、转换层位置高低等因素，具体研究确定，一般可考虑降低10%～20%。

表2-2中部分框支剪力墙结构的最大适用高度已经考虑了框支层的不规则性，而比全落地剪力墙结构降低，故对于“竖向和平面均不规则”可指框支层以上结构同时存在竖向和平面不规则的情况；仅有个别墙体不落地，只要框支部分的设计安全合理，其适用的最大高度可按一般剪力墙结构确定。

2.3.2 结构布置

部分框支剪力墙结构的布置应符合下列规定：

1. 落地剪力墙和筒体墙体应加厚，尽量增大落地剪力墙的截面面积。

2. 框支柱周围楼板不应错层布置。

3. 落地剪力墙和筒体的墙体不宜开洞，以免刚度削弱过大，如需开洞，应开规则小洞口且布置在墙体的中部，以形成开小洞剪力墙或双肢剪力墙。

4. 框支梁上一层墙体内不宜设置边门洞，也不宜在框支中柱上方设置门洞。当洞口靠近框支梁端部且梁的受剪承载力不满足要求时，可采取框支梁加腋或增大框支墙洞口连梁刚度等措施。

5. 落地剪力墙的间距 l 应符合下列规定：

非抗震设计时，$l\leqslant 3B$ 且 $l\leqslant 36m$；

抗震设计时，当底部框支层为 1～2 层时，$l\leqslant 2B$ 且 $l\leqslant 24m$；

当底部框支层为 3 层及 3 层以上时，$l\leqslant 1.5B$ 且 $l\leqslant 20m$。

其中，B——落地剪力墙之间楼盖的平均宽度。

6. 框支柱与相邻落地剪力墙的距离，1～2 层框支层时不宜大于 12m，3 层及 3 层以上框支层时不宜大于 10m。

7. 框支框架承担的地震倾覆力矩应小于结构总地震倾覆力矩的 50%，以防止落地剪力墙过少。

8. 带转换层高层建筑，当上部平面布置复杂而采用框支主梁承托转换次梁及其上剪力墙时，由于多次转换传力路径长，框支主梁将承受较大的剪力、扭矩和弯矩，一般不宜采用。

当框支梁承托剪力墙并承托转换次梁及其上剪力墙时，应进行应力分析，按应力校核配筋，并加强构造措施。

B 级高度的部分框支剪力墙高层建筑结构转换层，不宜采用框支主、次梁方案。条件许可时，可采用箱形转换层。

2.3.3 转换构件的内力调整

1. 薄弱层水平地震剪力调整

带转换层高层建筑，转换层上部楼层的部分竖向构件不能连续贯通至下部楼层，因此转换层是薄弱楼层，为保证转换构件的设计安全度并具有良好的抗震性能，带转换层的高层建筑，其薄弱层的地震剪力应乘以 1.25 的增大系数，同时符合楼层最小地震剪力系数 λ（剪重比）要求，即

$$V_{Eki} = 1.25\lambda\sum_{j=i}^{n} G_j \tag{2-16}$$

式中 V_{Eki}——薄弱层对应水平地震作用标准值的剪力；

λ——水平地震剪力系数，按《高层建筑混凝土结构技术规程》（JGJ 3—2010）表 4.3.12 取值；

G_j——第 j 层的重力荷载代表值；

n——结构计算总层数。

2. 转换结构构件的内力调整

对转换结构构件的水平地震作用计算内力需要调整增大：特一、一、二级转换结构构件的水平地震作用计算内力应分别乘以增大系数 1.9、1.6、1.3。

3. 转换结构构件的竖向地震效应

转换结构构件 7 度（0.15g）、8 度抗震设计时，除考虑竖向荷载、风荷载或水平地震

作用外，还应考虑竖向地震作用的影响。

(1) 跨度大于12m的转换结构的竖向地震作用效应标准值宜采用时程分析或振型分解反应谱方法进行计算。时程分析计算时输入的地震加速度最大值可按规定的水平输入最大值的65%采用，反应谱分析时结构竖向地震影响系数最大值可按水平地震影响系数最大值的65%采用，但设计地震分组可按第一组采用。

(2) 高层建筑中，转换结构的竖向地震作用标准值不宜小于结构或构件承受的重力荷载代表值（G_E）与《高层建筑混凝土结构设计技术规程》(JGJ 3—2010) 规定的竖向地震作用系数的乘积。

7度（0.15g）：竖向地震作用系数取0.08；8度（0.20g）：竖向地震作用系数取0.10；8度（0.30g）：竖向地震作用系数取0.15。g为重力加速度。

(3) 竖向地震作用下转换构件动力时程分析方法，在计算转换构件弯矩 M_{bE}时，应考虑两种端部约束条件：

1) 两端为铰接，两端有竖向位移和转动；

2) 两端只有竖向位移，而没有转动。

按约束条件可以得到转换构件跨中最大弯矩及支座最大弯矩。按上述两种条件计算的弯矩包络图设计较为安全（图2-18）。

进行转换构件设计时，还应考虑竖向地震方向上、下相反两种情况。

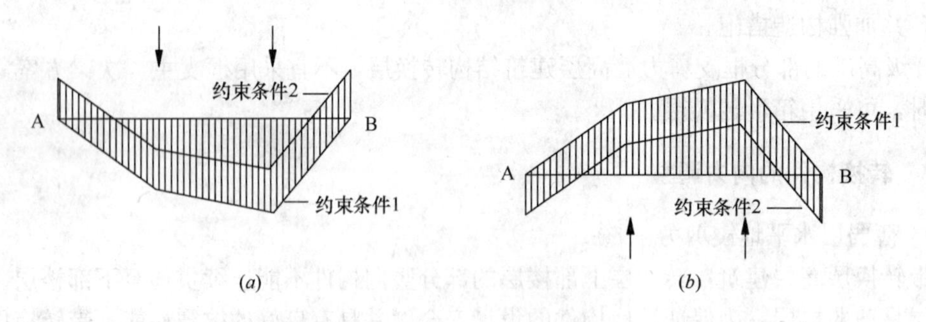

图2-18 转换梁的设计弯矩

(a) 正向地震；(b) 反向地震

2.3.4 转换层楼板

部分框支剪力墙结构中，框支转换层楼板是重要的传力构件，不落地剪力墙的剪力需要通过转换层楼板传递到落地剪力墙，为保证楼板能可靠传递面内相当大的剪力（弯矩），需要规定转换层楼板截面尺寸要求、抗剪截面验算、楼板平面内受弯承载力验算以及构造配筋要求。

1. 部分框支剪力墙结构中，转换层楼板要将上部剪力墙的水平剪力传递到落地剪力墙上去，其自身平面内受到很大的剪力，楼板变形显著。因此，框支转换层楼板应采用现浇钢筋混凝土板，其厚度不宜小于180mm，应双层双向配筋，且每层每方向贯通钢筋的配筋率不宜小于0.25%，楼板中钢筋应锚固在边梁或墙体内。

落地剪力墙和筒体外围的楼板不宜开洞。楼板边缘和较大洞口周边应设置边梁，其宽度不宜小于板厚的2倍，全截面纵向钢筋配筋率不应小于1.0%。

与转换层相邻楼层的楼板也应适当加强，楼板厚度不宜小于150mm，并宜双层双向配筋，每层每方向贯通钢筋配筋率不宜小于0.25%，且需在楼板边缘结合纵向框架梁或底部外纵墙予以加强。

转换层楼板混凝土强度等级不应低于C30。

2. 部分框支剪力墙结构中，抗震设计的矩形平面建筑框支层楼板，当平面较长或不规则以及各剪力墙内力相差较大时，可采用简化方法验算楼板平面内的受弯承载力。

3. 部分框支剪力墙结构中，抗震设计的矩形平面建筑框支转换层楼板，其截面剪力设计值应符合下列要求：

$$V_f \leqslant \frac{1}{\gamma_{RE}}(0.1\beta_c f_c b_f t_f) \quad (2\text{-}17)$$

式中 V_f——由不落地剪力墙传到落地剪力墙处按刚性楼板计算的框支层楼板组合的剪力设计值，8度时应乘以增大系数2.0，7度时应乘以增大系数1.5。验算落地剪力墙时不考虑此项增大系数；

β_c——混凝土强度影响系数，当 $f_{cu,k} \leqslant 50$ N/mm^2 时，取 $\beta_c = 1.0$，当 $f_{cu,k} = 80$ N/mm^2 时，取 $\beta_c = 0.8$，其间按直线内插法取用；

b_f、t_f——分别为框支转换层楼板的验算截面宽度和厚度；

γ_{RE}——承载力抗震调整系数，可采用 $\gamma_{RE} = 0.85$。

4. 部分框支剪力墙结构中，框支转换层楼板与落地剪力墙交接截面的受剪承载力（图2-19），应按公式（2-18）验算：

$$V_f \leqslant \frac{1}{\gamma_{RE}}(f_y A_s) \quad (2\text{-}18)$$

式中 A_s——穿过落地剪力墙的框支转换层楼板（包括梁和板）的全部钢筋的截面面积。

γ_{RE}——承载力抗震调整系数，可采用0.85。

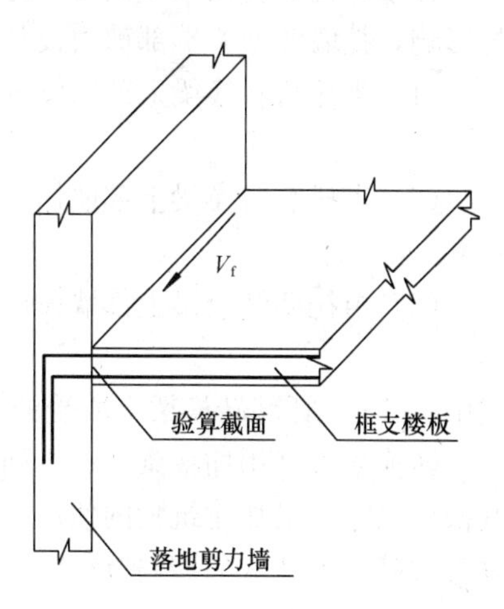

图2-19 框支层楼板与落地剪力墙相交截面示意图

2.3.5 转换梁

框支梁承托上部剪力墙传递下来的竖向荷载，受力很大，又是保证框支剪力墙抗震安全的关键部位。试验结果表明：在竖向荷载作用下，梁端、柱端往往首先破坏，所以必须注意其构造要求。

1. 转换梁的截面尺寸

转换梁与转换柱截面中线宜重合。

当上部框支剪力墙门窗洞口规则排列且位于框支梁跨中部区域时，框支梁与其上部墙体的共同工作较强，框支梁的截面尺寸可按下列构造要求确定：

转换梁的截面高度不宜小于计算跨度的 $L/8$（L 为转换梁计算跨度）。

框支梁的截面宽度 $\begin{cases} 2b_w\ (b_w \text{为上部剪力墙厚度}) \\ 400\text{mm} \end{cases}$，且不宜大于框支柱相应方向的截面宽度。

转换梁的截面尺寸是根据其抗剪承载力要求决定的，抗弯对截面的要求并不是控制因素。转换梁截面组合的剪力设计值应符合下列要求：

持久、短暂设计状况： $V_b \leqslant 0.20\beta_c f_c b_b h_{b0}$ (2-19)

抗震设计状况： $V_b \leqslant \frac{1}{\gamma_{RE}}(0.15\beta_c f_c b_b h_{b0})$ (2-20)

式中 V_b——托墙转换梁端部剪力的设计值；

b_b、h_{b0}——分别为托墙转换梁截面宽度、截面有效高度；

f_c——托墙转换梁混凝土抗压强度设计值；

γ_{RE}——托墙转换梁受剪承载力抗震调整系数，$\gamma_{RE}=0.85$。

在估算托墙转换梁截面时，考虑到转换梁上部受力的不对称性以及其他一些不利因素的影响，托墙转换梁端部剪力设计值 V_b 可按下列原则选取：

（1）当托墙转换梁上部墙体满跨不开洞或开洞较少时，可取

$$V_b = (0.25 \sim 0.35)G$$

（2）当托墙转换梁上部墙体一侧满跨、另一侧不满跨时，可取

$$V_b = (0.35 \sim 0.45)G$$

（3）当托墙转换梁上部墙体两侧都不满跨时，可取

$$V_b = (0.50 \sim 0.60)G$$

式中 G——托墙转换梁上所受的全部竖向荷载设计值。

转换梁可采用加腋梁，一方面可保证转换梁的抗剪承载力，另一方面也可有效地降低其截面尺寸，增加建筑物的使用空间。工程结构中转换梁可采用水平加腋（图 2-20*a*）及垂直加腋（图 2-20*b*）两种形式。

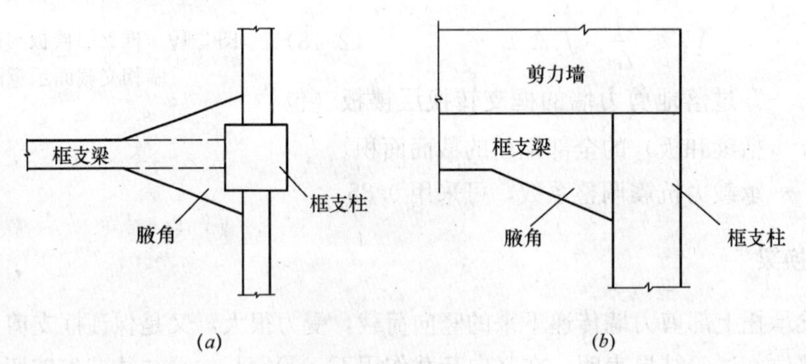

图 2-20 转换梁加腋示意

（*a*）水平腋角；（*b*）垂直腋角

2. 转换结构构件内力调整

特一、一、二级转换梁的水平地震作用计算内力应乘以增大系数 1.9、1.6、1.3。框支层一般梁的剪力增大系数同一般框架梁，即特一、一、二级抗震设计时，梁端部截面组合剪力增大系数 η_{vb} 分别取 1.2×1.3=1.56、1.3、1.2。

3. 转换梁开洞构造

转换梁不宜开洞。若必须开洞时，洞口边离开支座柱边的距离不宜小于梁截面高度；被洞口削弱的截面应进行承载力计算，洞口截面的剪力设计值应乘以 1.2 的增大系数；因开洞形成的上、下弦杆应加强纵向钢筋和抗剪箍筋配置，洞口高度限值及内力计算参见第 3.4.2 节有关内容。

4. 转换梁的纵向钢筋

转换梁纵向钢筋应按以下要求配置：

（1）转换梁上、下部纵向受力钢筋的最小配筋率，非抗震设计时均不应小于 0.3%；抗震设计时，特一、一、二级抗震等级分别不应小于 0.6%、0.5%、0.4%。

（2）转换梁纵向受力钢筋不宜有接头；有接头时，宜采用机械连接，同一连接区段内接头钢筋截面面积不宜超过全部钢筋截面面积的 50%。接头位置应避开上部剪力墙体开洞部位、梁上托柱部位及受力较大部位。

（3）由于托墙转换梁为偏心受拉构件，其纵向钢筋按偏心受拉承载力计算确定。所以其支座上部纵向钢筋至少应有 50%沿梁全长贯通，下部纵向钢筋应全部直通到柱内。

具体应视工程实际情况确定，当配筋计算是由跨中正弯矩和拉力组合控制时，支座上部纵向钢筋配筋至少应有 50%沿梁全长贯通，下部纵向钢筋全部直通柱内；当配筋计算是由支座负弯矩和拉力组合控制时，支座上部纵向钢筋应全部 100%沿梁全长贯通，下部纵向钢筋全部直通到柱内。

（4）托墙转换梁沿梁腹板高度应配置间距不大于 200mm、直径不小于 16mm 的腰筋。腰筋末端进入柱支座按受拉钢筋锚固长度要求执行，且需伸至柱外皮水平弯起≥15d（d 为腰筋直径）。在计算截面偏心受拉承载力时，可以计算腰筋的作用。腰筋应每隔一根用拉筋加以约束、固定。

托墙转换梁腰筋构造要求见表 2-3，表中上下部以梁高中点为分界。

转换梁腰筋构造要求 **表 2-3**

所在范围	抗震设计			非抗震设计
	特一级、一级	二级	三级	
下部	≥2ϕ20@100	≥2ϕ18@100	≥2ϕ16@100	≥2ϕ12@100
上部	≥2ϕ20@200	≥2ϕ18@200	≥2ϕ16@200	≥2ϕ12@200

转换梁腰筋尚应满足要求：

$$A_{sh} \geqslant sb_w(\sigma_x - f_t)/f_{yh} \quad (2\text{-}21)$$

式中 A_{sh}——腰筋截面面积；

s——腰筋间距；

b_w——转换梁腹板截面宽度；

σ_x——转换梁计算腰筋处最大组合水平拉应力设计值，地震作用组合时，乘以 γ_{RE} =0.85；

f_t——转换梁混凝土轴心抗拉强度设计值；

f_{yh}——腰筋抗拉强度设计值。

（5）框支剪力墙结构中的框支梁上、下纵向受力钢筋和腰筋（图 2-21）应在节点区可靠锚固，水平段应伸至柱边，且非抗震设计时不应小于 $0.4l_{ab}$，抗震设计时不应小于 $0.4l_{aE}$，梁上部第一排纵向受力钢筋应向柱内弯折锚固，且应延伸过梁底不小于 l_a（非抗震设计）或 l_{aE}（抗震设计）；当梁上部配置多排纵向钢筋时，其内排钢筋锚入柱内的长度可适当减小，但水平段长度和弯下段长度之和不应小于钢筋锚固长度 l_a（非抗震设计）或 l_{aE}（抗震设计）。

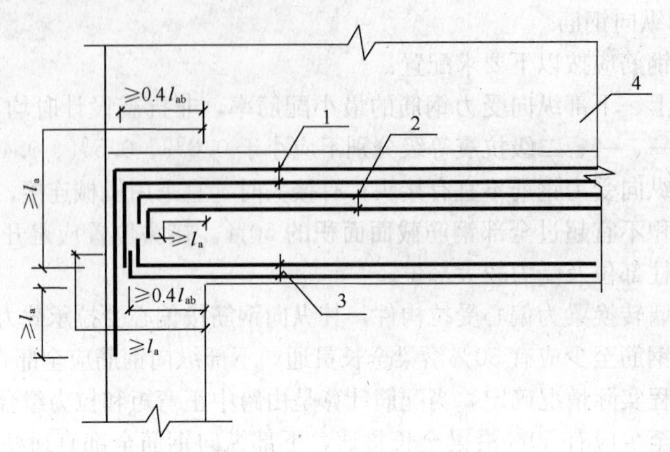

图 2-21　框支梁主筋和腰筋的锚固

1—梁上部纵向钢筋；2—梁腰筋；3—梁下部纵向钢筋；4—上部墙体

抗震设计时图中 l_a、l_{ab}分别取为 l_{aE}、l_{abE}

5. 转换梁的箍筋

转换梁的箍筋由抗剪承载力计算来确定。离柱边 $1.5h_b$（h_b 为转换梁高度）的范围内的梁箍筋应加密，加密区直径不应小于10mm，间距不应大于100mm。加密区箍筋最小面积配箍率为：非抗震设计时不应小于 $0.9f_t/f_{yv}$；抗震设计时，特一、一、二级抗震等级分别不应小于 $1.3f_t/f_{yv}$、$1.2f_t/f_{yv}$和 $1.1f_t/f_{yv}$。

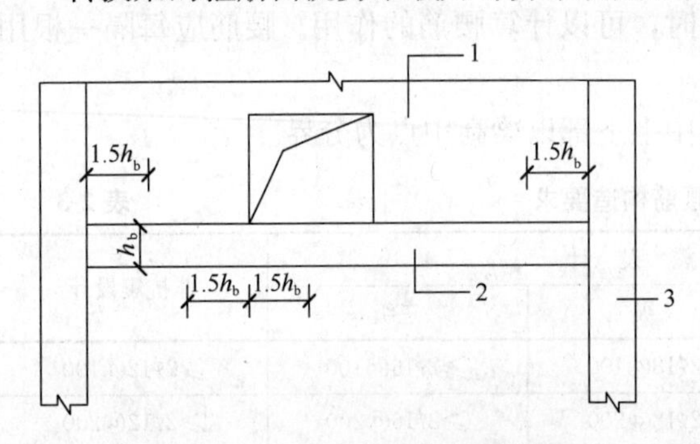

图 2-22　框支梁箍筋加密区示意

1—框支剪力墙；2—转换梁；3—转换柱

框支梁上部墙体开洞部位，梁的箍筋应加密配置，加密区范围可取墙边两侧各 $1.5h_b$（图 2-22）；加密区箍筋直径、间距及面积配箍率同梁端加密区的要求。

转换梁其他部位可将箍筋的间距加大，但不应超过 200mm。

6. 转换梁的混凝土强度等级

转换梁的混凝土强度等级不应低于 C30。

2.3.6　转换柱

1. 地震作用下转换柱内力调整

（1）弯矩调整

按“强柱弱梁”的设计概念，转换柱柱端弯矩设计值应予以调整增大。《高层建筑混凝土结构技术规程》（JGJ 3—2010）规定，特一、一、二级抗震等级与转换构件相连的柱上端和底层柱下端截面的弯矩组合值分别乘以增大系数（η_c）1.8、1.5、1.3，其他层转换柱柱端弯矩设计值按下列公式予以调整：

$$\Sigma M_c = \eta_c \Sigma M_b \tag{2-22}$$

式中 ΣM_c——节点上下柱端截面顺时针或逆时针方向组合弯矩设计值之和；

ΣM_b——节点左右梁端截面逆时针或顺时针方向组合弯矩设计值之和；

η_c——柱端弯矩增大系数，特一、一、二级抗震等级分别取1.68、1.4、1.2。

（2）剪力调整

按“强剪弱弯”的设计概念，对转换柱的截面剪力设计值应予以调整增大。《高层建筑混凝土结构技术规程》（JGJ 3—2010）规定，特一、一、二级抗震等级与转换构件相连的柱上端和底层柱下端的剪力组合值分别乘以增大系数（η_{vc}）1.2×1.4=1.68、1.4、1.2；其他层框支柱剪力组合设计值应分别乘以增大系数（η_{vc}）1.68、1.4、1.2。

转换柱截面剪力增大是在柱端弯矩增大的基础上再增大，实际增大系数可取弯矩增大系数和剪力增大系数的乘积，即

特一、一、二级抗震等级与转换构件相连的柱上端和底层柱下端的剪力实际增大系数分别为1.8×1.68=3.02、1.5×1.4=2.1、1.3×1.2=1.56；其他层转换柱剪力实际增大系数分别为1.68×1.68=2.82、1.4×1.4=1.96、1.2×1.2=1.44。

（3）轴力调整

抗震设计时，转换柱截面主要由轴压比控制并要满足剪压比的要求。为增大转换柱的安全性，有地震作用组合时，特一、一、二级转换柱由地震作用产生的轴力设计值应分别乘以增大系数1.8、1.5、1.2，但计算柱轴压比 μ_N 时不宜考虑该增大系数。

考虑到转换角柱承受双向地震作用，扭转效应对内力影响较大，且受力复杂，在设计中宜另外增大其弯矩和剪力设计值。转换角柱的弯矩设计值和剪力设计值应分别在前述转换柱基础上乘以增大系数1.1。

2. 转换柱的截面尺寸

转换柱的截面尺寸由以下三方面条件确定：

（1）最小构造尺寸

柱截面宽度（b_c），非抗震设计时不宜小于400mm，抗震设计时不应小于450mm；

柱截面高度（h_c），非抗震设计时不宜小于转换梁跨度的1/15，抗震设计时不宜小于转换梁跨度的1/12。

（2）转换柱要求比一般框架柱有更大的延性和抗倒塌能力，所以对轴压比 μ_N 有更严格的要求。转换柱的截面尺寸一般系由轴压比（μ_N）计算确定，其限值见表2-4。

框支柱轴压比 μ_N 限值 **表2-4**

结构类型	抗震等级					
	一级			二级		
	≤C60	C65～C70	C75～C80	≤C60	C65～C70	C75～C80
部分框支剪力墙	0.60	0.55	0.50	0.70	0.65	0.60

注：1. 轴压比指考虑地震作用组合的轴压力设计值与全截面面积和混凝土轴心抗压强度设计值乘积的比值；

2. 表内数值适用于剪跨比 $\lambda>2$ 的柱。$1.5\leqslant\lambda\leqslant2.0$ 的柱，其轴压比限值应比表中数值减小0.05；$\lambda<1.5$ 的柱，其轴压比限值应专门研究并采取特殊构造措施。

当框支柱沿全高箍筋采用井字复合箍、复合螺旋箍、连续复合螺旋箍形式，或在柱截面中部设置配筋芯柱，且配筋满足一定要求时，柱的延性性能有不同程度的提高，此时柱的轴压比限值可适当放宽。但框支柱经采用上述加强措施后，其最终的轴压比限值不应大于1.05。

在估算转换柱截面尺寸时，可取

$$N_{max}=(1.05\sim1.10)N_{CG}。$$

式中 N_{CG}——重力荷载产生的轴力设计值；

系数(1.05～1.10)——考虑水平地震作用（或风载）产生的轴向力的附加值。

（3）抗剪承载力要求

持久、短暂设计状况：
$$V_c\leqslant 0.20\beta_c f_c b_c h_{c0} \quad (2\text{-}23a)$$

地震设计状况时：
$$V_c\leqslant \frac{1}{\gamma_{RE}}(0.15\beta_c f_c b_c h_{c0}) \quad (2\text{-}23b)$$

式中 V_c——框支柱端部剪力的设计值；

b_c、h_{c0}——分别为框支柱截面宽度、截面有效高度；

其余符号同前。

如果框支柱不满足轴压比限值或抗剪承载力要求，则应加大截面尺寸或提高混凝土强度等级。

转换柱的混凝土强度等级不应低于C30。

3. 纵向钢筋

（1）特一级框支柱宜采用型钢混凝土柱或钢管混凝土柱，框支柱纵向钢筋最小配筋百分率不应小于表2-5的规定值，抗震设计时，对Ⅵ类场地上较高的高层建筑，表2-5中数值应增加0.1。

框支柱纵向受力钢筋最小配筋百分率（%） **表2-5**

柱类型	抗震等级			非抗震
	特一级	一级	二级	
框支柱	1.6	1.1	0.9	0.7

注：1. 采用335级、400级纵向受力钢筋时，应分别按表中数值增加0.1和0.05采用；

2. 当混凝土强度等级高于C60时，上述数值应增加0.1采用。

（2）纵向钢筋的间距均不应小于80mm，且抗震设计时不宜大于200mm；非抗震设计时不大于250mm；抗震设计时柱内全部纵向钢筋配筋率不宜大于4.0%。

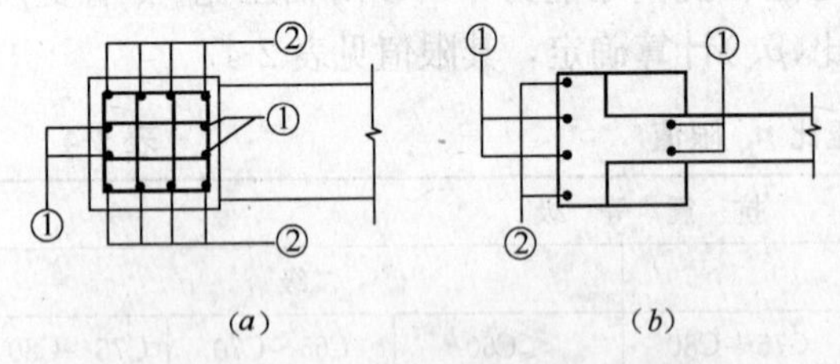

图2-23 框支柱纵向钢筋锚固要求

①号筋应尽量伸入上层墙内作为上一层墙体的端部筋；②号筋锚入底层楼板内长度≥l_{aE}。当上层墙带翼缘时，②号筋也应尽量伸入上层墙体内（图2-23*b*）

（3）部分框支剪力墙结构中的框支柱在上部墙体范围内的纵向钢筋应伸入上部墙体内不少于一层，其余柱纵筋应锚入转换层梁或板内。从柱边算起，锚入梁内的钢筋长度，不应小于l_{aE}（抗震设计）或l_a（非抗震设计）。

框支柱钢筋在柱顶锚固要求见图2-23，能伸入上部墙体的钢筋尽量伸入墙体，不能伸入墙体的钢筋在梁内锚固。

4. 箍筋

（1）抗震设计时，转换柱箍筋应采用复合螺旋箍筋或井字复合箍筋，并沿全高加密，箍筋直径不应小于10mm，箍筋间距不应大于100mm和6d（d为纵向钢筋直径）的较小值。

（2）非抗震设计时，转换柱箍筋宜采用复合螺旋箍筋或井字复合箍筋，箍筋的体积配筋率不宜小于0.8%，箍筋直径不宜小于10mm，箍筋间距不宜大于150mm。

（3）抗震设计时，特一级框支柱加密区的配箍特征值λ_v应比框架柱加密区的配箍特征值增大0.03采用，且柱箍筋体积配箍率ρ_v不应小于1.6%。一级、二级转换柱加密区的配箍特征值λ_v应比框架柱加密区的配箍特征值增大0.02采用，且柱箍筋体积配箍率ρ_v不应小于1.5%。

框支柱箍筋体积配筋率见表2-6和表2-7。

柱箍筋加密区箍筋的体积配筋率应符合下列要求：

$$\rho_v = \lambda_v \frac{f_c}{f_{yv}} \tag{2-24}$$

式中 λ_v——柱最小配箍特征值；

f_c——混凝土轴心抗压强度设计值，当混凝土强度等级低于C35时，应按C35计算；

f_{yv}——柱箍筋或拉筋的抗拉强度设计值。

框支柱箍筋（HPB300）最小体积配箍率（%） **表2-6**

混凝土强度等级	抗震等级	箍筋形式	轴压比								
			≤0.30	0.40	0.50	0.60	0.70	0.80	0.90	1.00	1.05
≤C35	一级	井字复合箍	1.50	1.50	1.50	1.50	1.50	1.50	1.55	—	—
		复合螺旋箍	1.50	1.50	1.50	1.50	1.50	1.50	1.50	—	—
	二级	井字复合箍	1.50	1.50	1.50	1.50	1.50	1.50	1.50	1.50	1.61
		复合螺旋箍	1.50	1.50	1.50	1.50	1.50	1.50	1.50	1.50	1.50
C40	一级	井字复合箍	1.50	1.50	1.50	1.50	1.50	1.56	1.77	—	—
		复合螺旋箍	1.50	1.50	1.50	1.50	1.50	1.50	1.63	—	—
	二级	井字复合箍	1.50	1.50	1.50	1.50	1.50	1.50	1.50	1.70	1.84
		复合螺旋箍	1.50	1.50	1.50	1.50	1.50	1.50	1.50	1.56	1.70
C45	一级	井字复合箍	1.50	1.50	1.50	1.50	1.50	1.72	1.95	—	—
		复合螺旋箍	1.50	1.50	1.50	1.50	1.50	1.56	1.80	—	—
	二级	井字复合箍	1.50	1.50	1.50	1.50	1.50	1.50	1.64	1.88	2.03
		复合螺旋箍	1.50	1.50	1.50	1.50	1.50	1.50	1.50	1.72	1.88
C50	一级	井字复合箍	1.50	1.50	1.50	1.50	1.63	1.88	2.14	—	—
		复合螺旋箍	1.50	1.50	1.50	1.50	1.50	1.54	1.77	—	—
	二级	井字复合箍	1.50	1.50	1.50	1.50	1.50	1.63	1.80	2.05	2.22
		复合螺旋箍	1.50	1.50	1.50	1.50	1.50	1.50	1.63	1.88	2.05

注：1. 当采用HRB335级箍筋时，表中值乘以0.90，但最小值不低于1.50；

2. 计算复合螺旋箍体积配箍率时，其非螺旋箍的箍筋体积应乘以换算系数0.8；

3. 体积配箍率计算中应扣除重叠部分的箍筋体积；

4. 框支柱的剪跨比应≥1.5。

框支柱箍筋（HRB335）最小体积配箍率（%） **表 2-7**

混凝土强度等级	抗震等级	箍筋形式	轴压比								
			≤0.30	0.40	0.50	0.60	0.70	0.80	0.90	1.00	1.05
≤C35	一级	井字复合箍	1.50	1.50	1.50	1.50	1.50	1.50	1.50	—	—
		复合螺旋箍	1.50	1.50	1.50	1.50	1.50	1.50	1.50	—	—
	二级	井字复合箍	1.50	1.50	1.50	1.50	1.50	1.50	1.50	1.50	1.50
		复合螺旋箍	1.50	1.50	1.50	1.50	1.50	1.50	1.50	1.50	1.50
C40	一级	井字复合箍	1.50	1.50	1.50	1.50	1.50	1.50	1.59	—	—
		复合螺旋箍	1.50	1.50	1.50	1.50	1.50	1.50	1.50	—	—
	二级	井字复合箍	1.50	1.50	1.50	1.50	1.50	1.50	1.59	1.53	1.66
		复合螺旋箍	1.50	1.50	1.50	1.50	1.50	1.50	1.50	1.50	1.53
C45	一级	井字复合箍	1.50	1.50	1.50	1.50	1.50	1.50	1.76	—	—
		复合螺旋箍	1.50	1.50	1.50	1.50	1.50	1.50	1.62	—	—
	二级	井字复合箍	1.50	1.50	1.50	1.50	1.50	1.50	1.50	1.69	1.83
		复合螺旋箍	1.50	1.50	1.50	1.50	1.50	1.50	1.50	1.55	1.69
C50	一级	井字复合箍	1.50	1.50	1.50	1.50	1.50	1.50	1.93	—	—
		复合螺旋箍	1.50	1.50	1.50	1.50	1.50	1.50	1.77	—	—
	二级	井字复合箍	1.50	1.50	1.50	1.50	1.50	1.50	1.62	1.85	2.00
		复合螺旋箍	1.50	1.50	1.50	1.50	1.50	1.50	1.50	1.69	1.85

注：1. 当采用 HPB300 级箍筋时，表中值乘以 1.11；
2. 计算复合螺旋箍体积配箍率时，其非螺旋箍的箍筋体积应乘以换算系数 0.8；
3. 体积配箍率计算中应扣除重叠部分的箍筋体积；
4. 框支柱的剪跨比应≥1.5。

5. 转换梁、柱节点核心区构造

因转换梁、柱节点受力非常大，应加强转换梁、柱节点核心区的构造。抗震设计时，转换梁、柱的节点核心区应进行抗震验算，节点应符合构造措施的要求。

抗震设计时，转换梁、柱节点核心区水平箍筋原则上不宜小于核心区上、下柱端配箍率的最大值。一级、二级转换梁、柱节点核心区转换梁、柱节点配箍特征值 λ_v 分别不宜小于 0.12、0.10，且箍筋体积配筋率 ρ_v 分别不宜小于 0.6%、0.5%。

2.3.7 框支梁上部剪力墙、筒体

1. 框支梁上部剪力墙、筒体布置时，应注意其整体空间的完整性和延性，注意外墙尽量设置转角翼缘，注意门窗洞尽量居于框支梁跨中，应尽量避免无连梁相连的延性较差的秃墙。满足上述条件的上部剪力墙（筒体）墙肢的轴压比限值见表 2-8。

底部加强部位剪力墙（筒体）墙肢轴压比限值 **表 2-8**

抗震等级	一级（9度）	一级（6、7、8度）	二、三级
轴压比	0.4	0.5	0.6

注：墙肢轴压比是指重力荷载代表值作用下墙肢承受的轴压力设计值（N）与墙肢的全截面面积（A_c）和混凝土轴心抗压强度设计值（f_c）乘积之比值。

应注意：框支柱的轴压比和剪力墙墙肢的轴压比限值是不同的。这是因为框支柱轴压比中的 N 是考虑地震作用组合的轴向压力设计值，而为了简化设计计算，剪力墙墙肢轴压比中的 N 是重力荷载代表值作用下剪力墙墙肢轴向压力设计值，不考虑地震作用组合。由于考虑地震作用组合的轴向压力设计值一般比重力荷载代表值作用下剪力墙墙肢轴向压力设计值数值要大，故相同抗震等级下框支柱轴压比限值要比剪力墙墙肢轴压比限值大，但实际上两者是相当的。

2. 振动台试验表明，底部带转换层的高层建筑结构中，当转换层位置较高时，落地剪力墙往往从其墙底部到转换层以上1～2层范围内出现裂缝，同时转换构件上部的1～2层剪力墙也出现裂缝或局部破坏。因此，框支梁上部剪力墙、筒体的底部加强部位范围取转换构件上部二层。

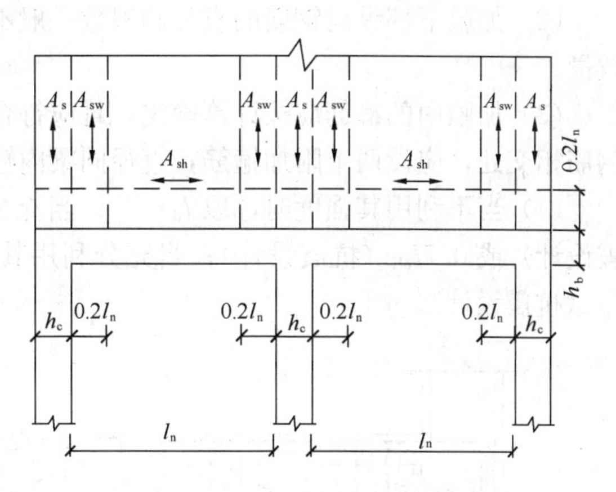

图 2-24　框支梁上部墙体的配筋构造

3. 框支梁上部一层墙体的配筋宜按式(2-25)～式(2-27)的规定进行复核（图2-24）：

(1) 柱上墙体的端部竖向钢筋面积 A_s：

$$A_s = h_c b_w (\sigma_{01} - f_c)/f_y \tag{2-25}$$

(2) 柱边 $0.2l_n$ 宽度范围内的竖向分布钢筋面积 A_{sw}：

$$A_{sw} = 0.2 l_n b_w (\sigma_{02} - f_c)/f_{yw} \tag{2-26}$$

(3) 框支梁上方 $0.2l_n$ 高度范围内墙体水平钢筋面积 A_{sh}：

$$A_{sh} \geqslant 0.2 l_n b_w \sigma_{xmax}/f_{yh} \tag{2-27}$$

式中　l_n——框支梁净跨（mm）；

h_c——框支柱截面高度（mm）；

b_w——墙截面厚度（mm）；

σ_{01}——柱上墙体 h_c 范围内考虑风荷载、地震作用组合的平均压应力（N/mm^2）；

σ_{02}——柱边墙体 $0.2l_n$ 范围内考虑风荷载、地震作用组合的平均压应力（N/mm^2）；

σ_{xmax}——框支梁与墙体交接面上考虑风荷载、地震作用组合的拉应力（N/mm^2）。

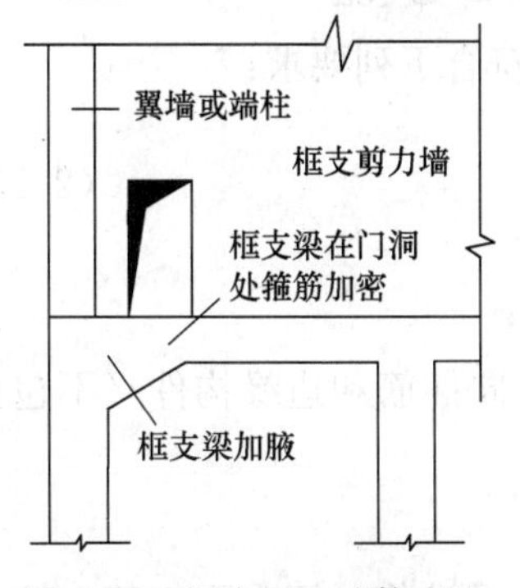

图 2-25　框支梁上墙体有边门洞时洞边墙体的构造

有地震作用组合时，式(2-25)～式(2-27)中的 σ_{01}、σ_{02}、σ_{xmax} 均应乘以 γ_{RE}，$\gamma_{RE}=0.85$。

4. 当框支梁上部的墙体开有边门洞时，洞边墙体宜设置翼墙、端柱或加厚（图2-25），并应按《高层建筑混凝土结构技术规程》(JGJ 3—2010) 有关约束边缘构件的要求进行配筋设计。

当洞口靠近梁端部且梁的受剪承载力不满足要求时，可采取框支梁加腋或增大框支墙洞口连梁刚度等措施。

框支梁梁端加腋节点构造，除应满足有关要求外，还应符合下列构造规定（图2-26）。

（1）加腋梁坡度一般为1∶1～1∶2，其长度$l_h \geqslant h_b$（h_b为梁截面高度），其高度$h_h \leqslant 0.4h_b$，且应满足下列要求：

持久、短暂设计状况：　$V_b \leqslant 0.20 f_c b_b (h_b + h_h - a_s)$

抗震设计状况：　$V_b \leqslant \frac{1}{\gamma_{RE}} [0.15 f_c b_b (h_b + h_h - a_s)]$

（2）加腋下部纵向钢筋的直径和根数一般不宜少于梁伸进加腋下部纵向钢筋的直径和数量。

（3）加腋内的箍筋应按计算确定，且应符合相应抗震等级的构造要求，加腋梁底纵向钢筋相交处，应设两个附加箍筋，直径同梁内箍筋。

（4）当不利用其强度时，取$l_d = l_{as}$；当充分利用其抗压强度时，取$l_d = 0.7l_a$（非抗震设计）或$0.7l_{aE}$（抗震设计）；当充分利用其抗拉强度时，取$l_d = l_a$（非抗震设计）或l_{aE}（抗震设计）。

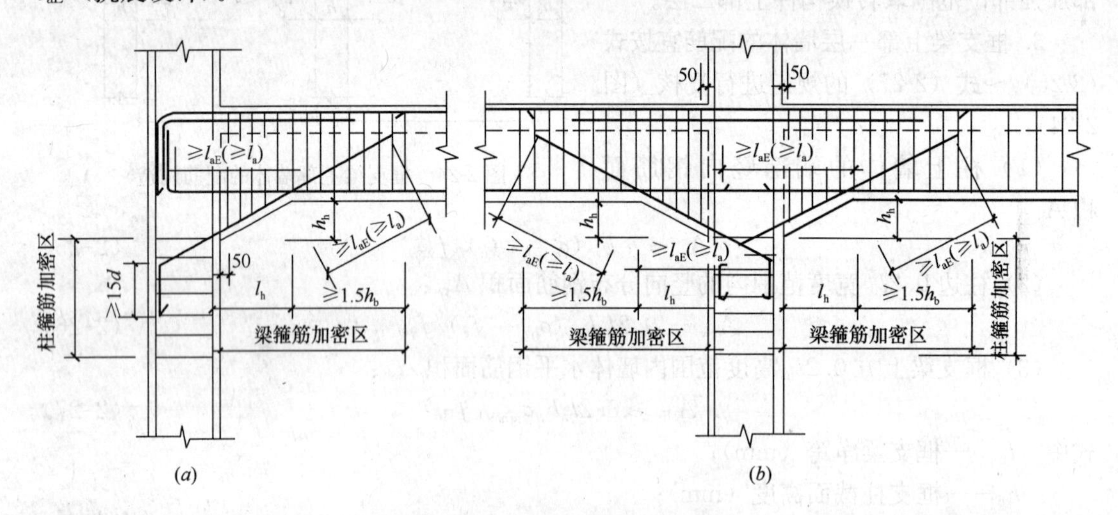

图2-26　框支梁梁端加腋节点构造

（*a*）边节点；（*b*）中节点

5. 框支梁上墙体竖向钢筋在梁内的锚固长度，抗震设计时不应小于l_{aE}，非抗震设计时不应小于l_a。锚固长度自框支梁顶面起计，且末端另加水平弯脚$10d$。

6. 框支梁与其上部墙体的水平施工缝处的抗滑移能力宜符合下列要求：

$$V_{wj} \leqslant \frac{1}{\gamma_{RE}} (0.6 f_y A_s + 0.8N) \tag{2-28}$$

式中　V_{wj}——水平施工缝处考虑地震作用组合的剪力设计值；

A_s——水平施工缝处剪力墙腹板内竖向分布钢筋、竖向插筋和边缘构件（不包括两侧翼墙）纵向钢筋的总截面面积；

f_y——竖向钢筋抗拉强度设计值；

N——水平施工缝处考虑地震作用组合的不利轴向力设计值，压力取正值，拉力取负值。

2.3.8 落地剪力墙、筒体

1. 振动台试验表明，带转换层的高层建筑结构，当转换层位置较高时，落地剪力墙往往从其墙底部到转换层以上1～2层范围内出现裂缝，同时转换构件上部的1～2层剪力墙也出现裂缝或局部破坏。因此，落地剪力墙、筒体底部加强部位的高度应从地下室顶板算起，宜取至转换层以上两层且不宜小于房屋高度的1/10。

2. 地震作用下落地剪力墙、筒体内力调整

为保证底层大空间层不首先发生破坏，应保证落地剪力墙、筒体有较高的承载力和延性，使其有较大的安全储备。

(1) 落地剪力墙弯矩调整

抗震设计时，落地剪力墙、筒体底部加强部位的弯矩设计值应按下式调整。

$$M = \eta_w M_w \tag{2-29}$$

式中 M——考虑地震作用组合的剪力墙底部加强部位截面的弯矩设计值；

M_w——考虑地震作用组合的剪力墙底部截面弯矩设计值；

η_w——弯矩增大系数，特一级为1.8、一级为1.5、二级为1.3、三级为1.1。

落地剪力墙、筒体其他部位的弯矩设计值应按下式调整。

$$M = \eta_w M_w \tag{2-30}$$

式中 M——考虑地震作用组合的剪力墙其他部位截面的弯矩设计值；

M_w——考虑地震作用组合的剪力墙各截面弯矩设计值；

η_w——弯矩增大系数，特一级为1.3、一级为1.2、二级为1.0。

(2) 落地剪力墙剪力调整

抗震设计时，落地剪力墙、筒体底部加强部位的剪力设计值应按下式调整。

$$V = \eta_{vw} V_w \tag{2-31}$$

式中 V——考虑地震作用组合的剪力墙底部加强部位截面的剪力设计值；

V_w——考虑地震作用组合的剪力墙底部截面剪力设计值；

η_{vw}——剪力增大系数，特一级为1.9、一级为1.6、二级为1.4。

落地剪力墙其他部位的剪力设计值按下式调整。

$$V = \eta_{vw} V_w \tag{2-32}$$

式中 V——考虑地震作用组合的剪力墙其他部位截面的剪力设计值；

V_w——考虑地震作用组合的剪力墙各截面剪力设计值；

η_{vw}——剪力增大系数，特一级为1.4、一级为1.3、二级为1.0。

3. 部分框支剪力墙结构中，剪力墙底部加强部位墙体的水平和竖向分布钢筋最小配筋率，抗震设计时不应小于0.3%，非抗震设计时不应小于0.25%；抗震设计时钢筋间距不应大于200mm，钢筋直径不应小于8mm。

但对于特一级剪力墙底部加强部位的水平和竖向分布钢筋最小配筋率取为0.40%，一般部位的水平和竖向分布钢筋最小配筋率取为0.35%。

4. 落地剪力墙、筒体截面限制条件

落地剪力墙的墙肢不宜出现偏心受拉。

落地剪力墙、筒体截面一般系由其轴压比确定，其限值见表2-9。

落地剪力墙、筒体轴压比限值 **表 2-9**

项 目	抗震设计			非抗震设计
	一级	二级	三级	
轴压比	0.45	0.50	0.55	0.60

注：墙肢轴压比为重力荷载代表值作用下墙肢承受的轴压力设计值与墙肢的全截面面积混凝土轴心抗压强度乘积之比值。

落地剪力墙、筒体截面剪力设计值应符合下列要求：

持久、短暂设计状况：

$$V \leqslant 0.25\beta_c f_c b_w h_{w0} \tag{2-33a}$$

地震设计状况时：

剪跨比大于 2.5 时

$$V \leqslant \frac{1}{\gamma_{RE}}(0.20\beta_c f_c b_w h_{w0}) \tag{2-33b}$$

剪跨比不大于 2.5 时

$$V \leqslant \frac{1}{\gamma_{RE}}(0.15\beta_c f_c b_w h_{w0}) \tag{2-33c}$$

式中 V——落地剪力墙、筒体最大水平剪力调整组合设计值；

b_w——水平剪力方向落地剪力墙、筒体墙肢厚度；

h_{w0}——水平剪力方向落地剪力墙、筒体墙肢有效高度。

其余符号同前。

5. 落地剪力墙、筒体的构造要求

框支剪力墙结构的剪力墙底部加强部位，墙体两端宜设置翼墙或端柱（图 2-27），抗震设计时应按下列规定设置约束边缘构件：

（1）约束边缘构件沿墙肢的长度 l_c 和箍筋配箍特征值 λ_v 应符合表 2-10 的要求，其体积配箍率 ρ_v 应按式（2-24）计算。

约束边缘构件沿墙肢的长度 l_c 及其配箍特征值 λ_v **表 2-10**

项 目	一级（6、7、8 度）		二、三级	
	$\mu_N \leqslant 0.3$	$\mu_N > 0.3$	$\mu_N \leqslant 0.4$	$\mu_N > 0.4$
l_c（暗柱）	$0.15h_w$	$0.20h_w$	$0.15h_w$	$0.20h_w$
l_c（翼缘或端墙）	$0.10h_w$	$0.15h_w$	$0.10h_w$	$0.15h_w$
λ_v	0.12	0.20	0.12	0.20

注：1. μ_N 为墙肢在重力荷载代表值作用下的轴压比，h_w 为墙肢的长度；

2. 剪力墙的翼墙长度小于翼墙厚度的 3 倍或端柱截面边长小于 2 倍墙厚时，按无翼墙、无端柱查表；

3. l_c 为约束边缘构件沿墙肢的长度（图 2-27）。对暗柱不应小于墙厚和 400mm 的较大值；有翼墙或端柱时，不应小于翼墙厚度或端柱沿墙肢方向截面高度加 300mm。

（2）约束边缘构件阴影部分（图 2-27）的竖向钢筋除满足正截面受压（受拉）承载力要求外，其配筋率一、二、三级时分别不应小于 1.4%、1.2%、1.0%，并分别不应少于 8ϕ16、6ϕ16 和 6ϕ14 的钢筋（ϕ 表示钢筋直径）。

特一级落地剪力墙约束边缘构件纵向钢筋最小构造配筋率应取为 1.4%，配箍特征值 λ_v 比一级时宜增大 20%。

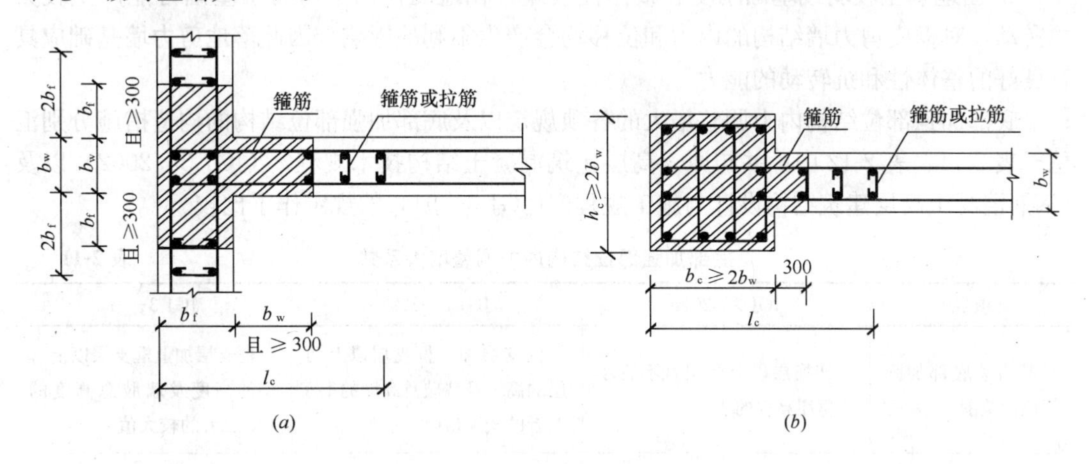

图 2-27 剪力墙的约束边缘构件

(a) 有翼墙；(b) 有端柱

(3) 特一级框支剪力墙结构的落地剪力墙底部加强部位边缘构件宜配置型钢，型钢宜向上、下各延伸一层。

6. 落地剪力墙不宜开洞，如需开洞，应开规则小洞口且布置在墙体中部，以形成开小洞剪力墙或双肢剪力墙。

落地双肢剪力墙宜使连梁具有较大的约束弯矩，同时要避免由于连梁过强在地震作用下使一侧墙肢出现拉力。

7. 抗震设计的落地双肢剪力墙，当抗震等级为特一、一、二级，且轴向压应力≤$0.2f_c$ 及剪应力>$0.15f_c$ 时，为了防止剪切滑移，在墙肢根部可设置交叉斜向钢筋，斜向钢筋宜放置在墙体分布钢筋之间，采用根数不太多的较粗钢筋，一端锚入基础，另一端锚入墙内，锚入长度为 l_{aE}（图 2-28）。

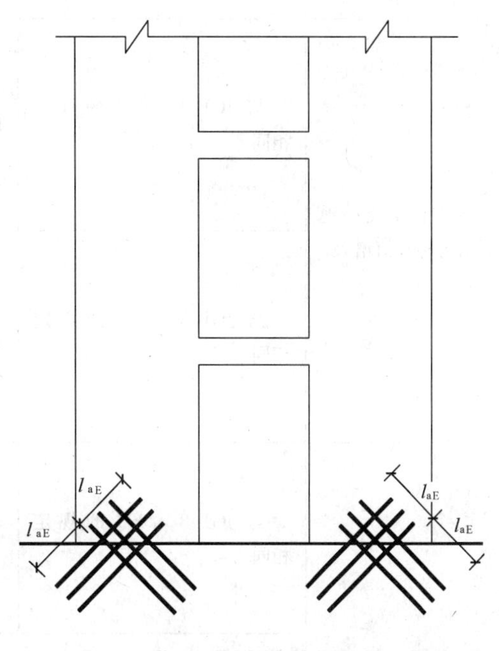

图 2-28 落地双肢剪力墙根部斜向钢筋

斜向钢筋截面面积，一般情况下按承担底部剪应力设计值的 30%确定，则

$$0.3V_w \leq A_s f_y \sin\alpha \tag{2-34}$$

V_w——双肢剪力墙墙肢底部剪力设计值，应按《高层建筑混凝土结构技术规程》（JGJ 3—2010）第 7 章第 7.2.4 条的规定取值，即当任一墙肢为偏心受拉时，另一墙肢的剪力设计值乘以增大系数 1.25；

A_s——墙肢斜向钢筋总截面面积；

f_y——斜向钢筋抗拉强度设计值；

α——斜向钢筋与地面夹角。

8. 当地基土较弱或基础刚度和整体性较差，在地震作用下剪力墙基础可能产生较大的转动，对框支剪力墙结构的内力和位移均会产生不利的影响。因此落地剪力墙基础应具有良好的整体性和抗转动的能力。

底部加强部位结构内力调整增大的各项规定以及底部加强部位结构的构造措施分别汇总于表 2-11、表 2-12 中，并与原《高层建筑混凝土结构技术规程》（JGJ 3—2002）以及《钢筋混凝土高层建筑结构设计与施工规程》（JGJ 3—91）的规定作了比较。

底部加强部位结构内力调整增大系数　　　　表 2-11

项目	JGJ 3—2010	JGJ 3—2002	JGJ 3—91
剪力墙底部加强部位的范围	转换层以上两层且不宜小于房屋高度的 1/10	框支层加上框支层以上两层的高度及墙肢总高度的 1/8 二者的较大值	框支层加上框支层以上一层的高度及墙肢总高度的 1/8 二者的较大值
薄弱层的地震剪力增大	转换层的地震剪力乘以 1.25 的增大系数	转换层的地震剪力乘以 1.15 的增大系数	无此规定
框支柱承受的地震剪力标准值增大	与 JGJ 3—2002 的规定相同	框支层为 1～2 层： 框支柱所受的剪力之和应取基底剪力的 20%；框支柱不多于 10 根，每根框支柱所受剪力至少取基底剪力的 2%	与 JGJ 3—2002 的规定相同
	与 JGJ 3—2002 的规定相同	框支柱为 3 层及 3 层以上： 框支柱所受的剪力之和应取基底剪力的 30%；框支柱不多于 10 根，每根框支柱所受剪力至少取基底剪力的 3%	无此规定
抗震等级	与 JGJ 3—2002 的规定相同	B 级高度房屋的抗震等级： 8 度特一级； 7 度框支框架特一级，剪力墙一级； 6 度一级	无此规定
	转换层在 3 层及 3 层以上时，抗震等级均比《规程》表 3.9.3 和表 3.9.4 的规定提高一级，已为特一级的不再提高	转换层在 3 层及 3 层以上时，抗震等级均比《规程》表 4.8.2 和表 4.8.3 的规定提高一级，已为特一级的不再提高	无此规定
	与 JGJ 3—2002 的规定相同	转换层构件上部二层剪力墙属底部加强部位，其抗震等级采用底部加强部位剪力墙的抗震等级	无此规定。原规程规定转换梁上部的剪力墙抗震等级按一般剪力墙的抗震等级采用

续表

项目	JGJ 3—2010	JGJ 3—2002	JGJ 3—91
按“强柱弱梁”的设计概念，框支柱柱端弯矩设计值乘以增大系数	底层柱下端弯矩以及与转换构件相连的柱的上端弯矩 特一级：1.8 一级：1.5 二级：1.3	底层柱下端弯矩以及与转换构件相连的柱的上端弯矩 特一级：1.8 一级：1.5 二级：1.25	底层框支结构，底层框支柱上、下端弯矩 无特一级 一级：1.5 二级：1.25
	其他层框支柱柱端弯矩 特一级：1.4×1.2=1.68 一级：1.4 二级：1.2	其他层框支柱柱端弯矩 特一级：1.68 一级：1.4 二级：1.2	其他层框支柱柱端弯矩 无特一级 一级：1.25（近似） 二级：1.1
框支柱由地震产生的轴力乘以增大系数	与 JGJ 3—2002 的规定相同	特一级：1.8 一级：1.5 二级：1.2	框支柱轴力组合设计值乘以增大系数 1.2
按“强剪弱弯”的设计概念，对框支柱的剪力设计值乘以增大系数（剪力增大是在柱端弯矩增大基础上再增大，实际增大系数可取弯矩和剪力增大系数的乘积）	底层柱以及与转换构件相连柱： 特一级：1.8×1.68=3.02 一级：1.5×1.4=2.1 二级：1.3×1.2=1.56	底层柱以及与转换构件相连柱： 特一级：1.8×1.68=3.02 一级：1.5×1.4=2.1 二级：1.25×1.2=1.5	底层柱 无特一级 一级：1.5×1.25=1.88 二级：1.25×1.1=1.38
	其他层柱 特一级：1.68×1.68=2.82 一级：1.4×1.4=1.96 二级：1.2×1.2=1.44	其他层柱 特一级：1.68×1.68=2.82 一级：1.4×1.4=1.96 二级：1.2×1.2=1.44	其他层柱 无特一级 一级：1.25×1.25=1.56 二级：1.1×1.1=1.21
转换构件内力增大系数	水平地震作用产生的计算内力： 特一级：1.2×1.6=1.9 一级：1.6 二级：1.3	水平地震作用产生的计算内力： 特一级：1.8 一级：1.5 二级：1.25	无此规定
	7 度（0.15g）、8 度抗震设计时应计入竖向地震作用（采用时程分析法或振型分解反应谱法计算）	8 度抗震设计时应考虑竖向地震作用的影响（重力荷载标准值作用下的内力乘以增大系数 1.1）	无此规定
框支层一般梁的剪力增大系数	特一级：1.2×1.3=1.56 一级：1.3 二级：1.2	特一级：1.43 一级：1.3 二级：1.2	无特一级 一级：1.2 二级：1.5

续表

项目	JGJ 3—2010	JGJ 3—2002	JGJ 3—91
落地剪力墙底部加强部位弯矩调整	取底部截面组合弯矩设计值乘以增大系数 特一级：1.2×1.5=1.8 一级：1.5 二级：1.3 三级：1.1	取底部截面组合弯矩设计值乘以增大系数 特一级：1.8 一级：1.5 二级：1.25	取底部截面组合弯矩设计值乘以增大系数 无特一级 一级：1.5 二级：1.5
落地剪力墙其他部位弯矩调整	取底部截面组合弯矩设计值乘以增大系数 特一级：1.3 一级：1.2 二级：1.0	取底部截面组合弯矩设计值乘以增大系数 特一级：1.3 一级：1.2 二级：1.0	无此规定
落地剪力墙底部加强部位剪力调整	按各截面的剪力计算值乘以增大系数 特一级：1.9 一级：1.6 二级：1.4	按各截面的剪力计算值乘以增大系数 特一级：1.9 一级：1.6 二级：1.4	按各截面的剪力计算值乘以增大系数 无特一级 一级：1.26 二级：1.1
落地剪力墙其他部位剪力调整	按各截面的剪力计算值乘以增大系数 特一级：1.4 一级：1.0 二级：1.0	按各截面的剪力计算值乘以增大系数 特一级：1.2 一级：1.0 二级：1.0	无此规定

注：框支角柱在一般框支柱弯矩和剪力增大的基础上再乘以1.1的增大系数。

底部加强部位结构构造措施 **表 2-12**

项目	JGJ 3—2010	JGJ 3—2002	JGJ 3—91
框支柱	截面的组合最大剪力设计值应符合： 持久、短暂设计状态： $V \leqslant 0.2\beta_c f_c bh_0$ 地震设计状态： $V \leqslant \frac{1}{\gamma_{RE}}(0.15\beta_c f_c bh_0)$	截面的组合最大剪力设计值应符合： 无地震作用： $V \leqslant 0.2\beta_c f_c bh_0$ 有地震作用： $V \leqslant \frac{1}{\gamma_{RE}}(0.15\beta_c f_c bh_0)$	截面的组合最大剪力设计值应符合： 无地震作用： $V \leqslant 0.25 f_c bh_0$ 有地震作用： $V \leqslant \frac{1}{\gamma_{RE}}(0.20 f_c bh_0)$
	与JGJ 3—2002的规定相同	特一级：宜采用型钢混凝土或钢管混凝土，纵向钢筋最小配筋率1.6%；箍筋最小体积配筋率1.6%	无此规定
	一级：纵向钢筋最小配筋率1.1% 箍筋最小体积配筋率1.0% 二级：纵向钢筋最小配筋率0.9% 箍筋最小体积配筋率0.8%	一级：纵向钢筋最小配筋率1.2% 箍筋最小体积配筋率1.5% 二级：纵向钢筋最小配筋率1.0% 箍筋最小体积配筋率1.5%	一级：纵向钢筋最小配筋率1.2% 箍筋最小体积配筋率1.5% 二级：纵向钢筋最小配筋率1.0% 箍筋最小体积配筋率1.5%
	框支柱纵向钢筋在上部墙体范围内的应伸入上部墙体不少于1层，其余部分应锚入梁内或板内，符合锚固长度 l_a（非抗震）或 l_{aE}（抗震）	框支柱纵向钢筋在上部墙体范围内的应伸入上部墙体至少1层，其余部分应锚入梁内或板内，符合锚固长度 l_a（非抗震）或 l_{aE}（抗震）	无此规定

续表

项目	JGJ 3—2010	JGJ 3—2002	JGJ 3—91
框支梁	截面的组合最大剪力设计值应符合： 持久、短暂设计状态： $V \leqslant 0.2\beta_c f_c bh_0$ 地震设计状态： $V \leqslant \frac{1}{\gamma_{RE}}(0.15\beta_c f_c bh_0)$	截面的组合最大剪力设计值应符合： 无地震作用： $V \leqslant 0.2\beta_c f_c bh_0$ 有地震作用： $V \leqslant \frac{1}{\gamma_{RE}}(0.15\beta_c f_c bh_0)$	截面的组合最大剪力设计值应符合： 无地震作用： $V \leqslant 0.25 f_c bh_0$ 有地震作用 $V \leqslant \frac{1}{\gamma_{RE}}(0.20 f_c bh_0)$
	特一级：上、下纵筋配筋率分别不应小于0.6%，加密区箍筋最小面积含箍率1.3 f_t/f_{yv}，直径不小于 ϕ10，间距不大于100mm，腰筋直径不小于 ϕ16，间距不大于200mm	特一级：上、下纵筋配筋率分别不应小于0.6%，加密区箍筋最小面积含箍率1.3 f_t/f_{yv}，直径不小于 ϕ10，间距不大于100mm，腰筋直径不小于 ϕ16，间距不大于200mm	无此规定
	一级：上、下纵筋配筋率分别不应小于0.5%，加密区箍筋最小面积含箍率1.2 f_t/f_{yv}，直径不小于 ϕ10，间距不大于100mm，腰筋直径不小于 ϕ16，间距不大于200mm	一级：上、下纵筋配筋率分别不应小于0.5%，加密区箍筋最小面积含箍率1.2 f_t/f_{yv}，直径不小于 ϕ10，间距不大于100mm，腰筋直径不小于 ϕ16，间距不大于200mm	一级：上、下纵筋配筋率分别不应小于0.2%，加密区箍筋直径不小于 ϕ10，间距不大于100mm，腰筋直径不小于 ϕ16，间距不大于200mm
	二级：上、下纵筋配筋率分别不应小于0.4%，加密区箍筋最小面积含箍率1.1 f_t/f_{yv}，直径不小于 ϕ10，间距不大于100mm，腰筋直径不小于 ϕ16，间距不大于200mm	二级：上、下纵筋配筋率分别不应小于0.4%，加密区箍筋最小面积含箍率1.1 f_t/f_{yv}，直径不小于 ϕ10，间距不大于100mm，腰筋直径不小于 ϕ16，间距不大于200mm	二级：上、下纵筋配筋率分别不应小于0.2%，加密区箍筋直径不小于 ϕ10，间距不大于100mm，腰筋直径不小于 ϕ16，间距不大于200mm
底部加强部位剪力墙分布钢筋配筋率	剪力墙底部加强部位墙体的水平和竖向分布钢筋最小配筋率： 非抗震设计：0.25% 抗震设计：0.30% 底部加强部位墙体包括落地剪力墙和转换构件上部2层剪力墙	剪力墙底部加强部位墙体的水平和竖向分布钢筋最小配筋率： 非抗震设计：0.25% 抗震设计：0.30% 底部加强部位墙体包括落地剪力墙和转换构件上部2层剪力墙	落地剪力墙墙体水平和竖向分布钢筋最小配筋率： 非抗震设计：0.25% 抗震设计：0.30% 对转换构件上部墙体无规定
转换层楼板	与JGJ 3—2002的规定相同	混凝土强度等级不应低于C30，楼板厚度不宜小于180mm，应双层双向配筋，每层每方向配筋率不宜小于0.25%	混凝土强度等级不应低于C30，楼板厚度不宜小于180mm，应双层双向配筋，每层每方向配筋率不宜小于0.25%
	抗震设计的矩形平面建筑框支转换层楼板，当平面较长或不规则以及各剪力墙内力相差较大时，采用简化方法验算楼板平面内受弯承载力	抗震设计的长矩形平面建筑转换层楼板，必要时需验算其受弯承载力及抗剪能力	无此规定

2.4 工程实例

2.4.1 珠海天朗海峰国际中心

1. 工程概况

天朗海峰国际中心为集商业、住宅为一体的多功能建筑（图 2-29），由裙楼和两座主楼组成。地下 3 层，地上 58 层，1～4 层裙楼为商业功能，两栋主楼为商住楼。

工程设计基准期为 50 年，抗震设防烈度为 7 度，设计基本地震加速度为 0.1g（g 为重力加速度），地震分组为第一组，抗震设防类别为丙类，结构安全等级为二级，场地特征周期 T_g=0.45s。结构基本风压取 100 年一遇的 w_0=0.90kN/m²，进行承载力分析；重现期为 50 年时 w_0=0.85kN/m²，进行结构刚度分析；重现期为 10 年时 w_0=0.50kN/m²，进行正常使用状态下的舒适性分析。地面粗糙度 C 类。

图 2-29　天朗海峰国际中心

2. 结构体系

两栋塔楼与裙楼通过防震缝分隔。塔楼结构总高度为 185.2m，平面为 26.1m × 28.9m，高宽比为 185.2/26.1=7.1。采用现浇钢筋混凝土部分框支剪力墙结构，其中中部核心筒剪力墙及四周角部剪力墙直接落地，部分剪力墙在首层通过梁式转换结构直接支承于框支柱。

满跨转换梁采用普通钢筋混凝土梁，因塔楼剪力墙窗洞而形成的非满跨转换梁采用型钢混凝土梁。

底层筒体剪力墙最大厚度为 600mm，沿高度逐步减少至 450mm；四周剪力墙墙厚 800mm，高度方向厚度不改变；框支柱最大截面为 1.40m×1.2m，型钢转换梁尺寸为 0.6m×1.0m，混凝土转换梁尺寸为 0.9m×1.0m。竖向构件的混凝土强度等级分八级逐步变换，其中底层（框支层）墙柱为 C70，38 层以上墙柱为 C30。所有楼盖均采用现浇钢筋混凝土梁板式结构。首层楼板厚 180mm，转换层楼板厚 200mm，人防顶板厚 250mm，标准层板厚 100mm，中部闭合式核心筒体内板厚 150mm。转换层及标准层结构布置图见图 2-30。

3. 结构分析

本工程主要超限情况如下：

（1）塔楼为钢筋混凝土部分框支剪力墙结构，结构主体高度为 185.2m，超出规范规定 B 级高度钢筋混凝土部分框支剪力墙结构的最大适用高度限值 120.0m，超出 54%；

（2）结构最大高宽比为 7.1，超出规范规定 B 级高度钢筋混凝土结构 7.0 的要求；

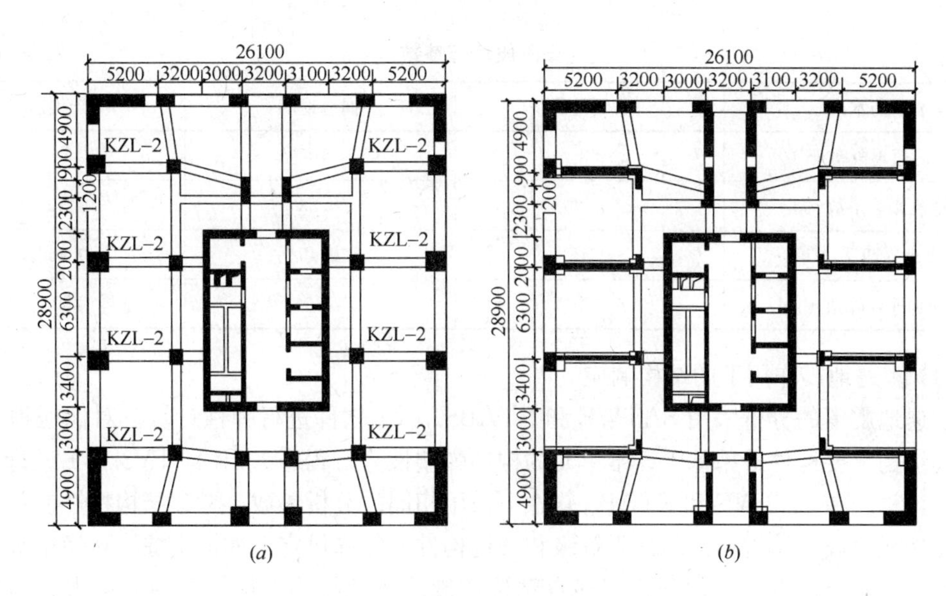

图 2-30　结构布置图

（a）框支层结构布置图；（b）标准层结构布置图

（3）转换层质量是转换层上一层质量的 180%，大于规范的允许值 150%，存在质量不规则。

针对以上超限及不规则情况，结构分析中采用了基于性能的抗震设计方法。参考 ASCE-41 中的相关规定，根据延性（非延性）构件的性能水平的阶段，可把结构的性能水平分为四个阶段：充分运行（简称 OP）、基本运行（简称 IO）、生命安全（简称 LS）、接近倒塌（简称 CP）。

根据工程结构各部位的重要程度，分别设定了三水准下的抗震性能目标。结构构件的性能目标见表 2-13。由表可以看出，由于底部加强区落地剪力墙以及转换梁等构件的重要性，其性能目标高于其他构件的。为确保抗震性能目标的实现，采用不同软件进行了弹性以及弹塑性阶段的分析。主要地震参数见表 2-14。

结构构件各阶段抗震性能目标　　**表 2-13**

构　件		小　震	中　震	大　震
框支柱		充分运行（OP）	充分运行（OP）	基本运行（IO）
框支层落地剪力墙		充分运行（OP）	充分运行（OP）	基本运行（IO）
底部加强区落地剪力墙		充分运行（OP）	充分运行（OP）	基本运行（IO）
转换梁		充分运行（OP）	充分运行（OP）	基本运行（IO）
非落地墙	底部加强部位剪力墙 抗剪	充分运行（OP）	充分运行（OP）	基本运行（IO）
	底部加强部位剪力墙 抗弯	充分运行（OP）	基本运行（IO）	生命安全（LS）
连梁	底部加强区连梁 抗剪	充分运行（OP）	基本运行（IO）	生命安全（LS）
	底部加强区连梁 抗弯	充分运行（OP）	基本运行（IO）	生命安全（LS）
	非底部加强区连梁 抗剪	充分运行（OP）	基本运行（IO）	接近倒塌（CP）
	非底部加强区连梁 抗弯	充分运行（OP）	生命安全（LS）	接近倒塌（CP）

三阶段地震参数 表 2-14

设防水准	常遇地震	偶遇地震	罕遇地震
50年内超越概率 P（%）	63	10	2
地震影响系数 α_{max}	0.08	0.23	0.50
卓越周期 T_g（s）	0.45	0.45	0.45
地面加速度峰值（gal）	38	110	220

（1）多遇地震作用下的结构响应

多遇地震下的分析采用 SATWE 和 ETABS9.1.2 软件进行弹性计算。对偶遇地震作用下的结构重要构件采用基于纤维单元的构件弹塑性分析程序 XTRACTV3.0.1 进行构件承载力计算。在 SATWE 和 ETABS 软件中采用相同的分析参数，考察结构特性参数时采用刚性楼板假设，结构构件的抗震等级和结构构件的特殊设定（如框支柱、转换梁等）严格按照规范规定设置，以便分析程序自动按照规范考虑结构、构件的内力增大、调整系数，主要的分析参数为：中梁刚度增大系数为 1.80，梁端弯矩调幅系数为 0.70，梁设计弯矩增大系数为 1.00，连梁刚度折减系数为 0.50，梁扭矩折减系数为 0.40，考虑活载不利布置，考虑活载折减。

由表 2-15 可见，两种程序的计算结果基本一致。结构的扭转与平动周期比为 0.56，说明结构具有良好的抗扭性能。弹性分析阶段同时选取了 2 组人工波（GM1，GM2）及 5 组天然波（GM3～GM7）作用进行弹性时程分析。弹性分析结果表明，结构变形均匀，沿高度无刚度突变，楼层地震剪力未出现突变。

多遇地震作用下振型分解反应谱分析的结构反应 表 2-15

分析软件	SATEW	ETABS	
结构总重量/t	73741.6	73521.2	
自振周期/s	T_1	4.65	4.77
	T_2	4.42	4.22
	T_3	2.62	2.78
扭转与平动周期比 T_t/T_l		0.56	0.58
最大扭转位移比		1.08	1.05
最大层间位移角/rad	x 向	1/1179	1/1152
	y 向	1/1284	1/1374
最大楼层位移/mm	x 向	127	128
	y 向	106	106
基地剪力/kN	x 向	9386	8946
	y 向	9797	9827
基地弯矩/kN·m	x 向	998564	966292
	y 向	1021180	1014359

(2) 偶遇地震作用下的结构响应

偶遇地震作用下的结构承载力分别采用 ETABS 及 PKPM 软件进行了中震不屈服和中震弹性的复核。根据地震安全性评价报告提供的参数，地震影响系数最大值为 0.23。计算结果表明，偶遇地震作用下的结构基本上处于弹性阶段。框支柱和转换梁无超筋信息，承载力满足中震弹性内力组合需求和中震弹性性能要求。框支层落地剪力墙最大剪应力水平为 0.053，没有出现抗剪超限且无超筋信息，构件承载力满足中震弹性内力组合需求和中震弹性性能要求。底部加强区剪力墙最大剪应力水平为 0.044，剪力墙抗剪无超筋信息，满足中震弹性性能要求，而剪力墙抗弯满足中震不屈服性能要求。底部加强区的剪力墙连梁以及非底部加强区的连梁抗剪均满足中震不屈服性能要求，而非底部加强区的连梁抗剪承载力不满足中震不屈服。采用 XTRACT 截面分析软件，通过内力近似计算其构件变形，分析表明，非底部加强区连梁变形满足生命安全 LS 限值。结构满足设定的设防烈度地震作用下的性能要求。

(3) 罕遇地震下的弹塑性分析

考虑到结构的重要性，采用 PERFORM-3D 程序进行静力及动力弹塑性分析。上述的 7 条地震波（GM1～GM7），分别按 0°、90°为主方向进行双向弹塑性时程分析，并以 0°结果平均值和 90°结果平均值的不利情况进行结构抗震性能评估。为了真实考虑结构实配钢筋的影响，整个弹塑性分析模型的钢筋按结构初步设计配筋进行输入。

为了比较结构的塑性变形，将弹性模型（采用 ETABS 分析）与弹塑性模型在同样的地震作用下的响应进行对比。分析表明，在 X 方向地震作用下的前 7s，弹塑性分析的顶点位移时程与倾覆弯矩曲线形状与弹性分析基本一致，表明结构处于弹性状态，地震作用 7s 以后，弹塑性分析的顶点位移曲线与倾覆弯矩曲线与弹性分析的曲线分离，表明结构发生明显的弹塑性损伤。随着时间的增加，两者的差距逐渐增加，弹性、弹塑性模型的顶点位移分别为 726mm、538mm，弹性、弹塑性模型的倾覆弯矩分别为 5.15×10^6kN·m、3.12×10^6kN·m。

根据计算结果分析可知，构件变形响应与整体响应一样，表明结构处于弱非线性状态。梁构件小部分处于 LS 及 CP 状态，柱及剪力墙大部分构件处于 IO 状态。结构在大震作用下仍处于弱非线性状态的原因是建筑位于珠海市，其设计风压为 0.90kN/m，结构的配筋情况由风荷载控制，其配筋量可实现中震不屈服。因此，结构在 7 度烈度区的罕遇地震作用下，不出现很明显的非线性变形，处于弱非线性阶段。

基于该弹塑性分析模型，进行了推覆分析（Pushover 分析），作为弹塑性时程分析的参考。由于采用了倒三角的侧向荷载分布模型，使分析得到的性能点处层间位移角偏大，基底剪力与时程分析吻合，推覆分析得到结构的最大层间位移角为 1/132，小于规范规定弹塑性层间位移角限值 1/100。分析表明，X、Y 方向罕遇地震作用下的结构变形性能均满足规范要求，结构达到大震作用下的抗倒塌性能目标。

(4) 不屈服构件承载力分析

对结构中起关键作用的构件，如框支层落地剪力墙、转换梁、连梁等，单独进行了性能分析。采用构件弹塑性分析程序 XTRACT 进行构件弹塑性分析及承载力、变形复核。表 2-16 给出了 KZL-2 型钢转换梁（图 2-31）抗剪、抗弯承载力复核结果。

转换梁 KZL-2 承载力复核　　表 2-16

编号	抗剪承载力（kN）		抗弯承载力（kN·m）	
	响应最大值	屈服承载力	响应最大值	屈服承载力
GM1	4806	7553	5766	8000
GM2	5024	7553	6027	8000
GM3	4816	7553	5788	8000
GM4	4632	7553	5557	8000
GM5	3919	7553	4702	8000
GM6	4076	7553	4890	8000

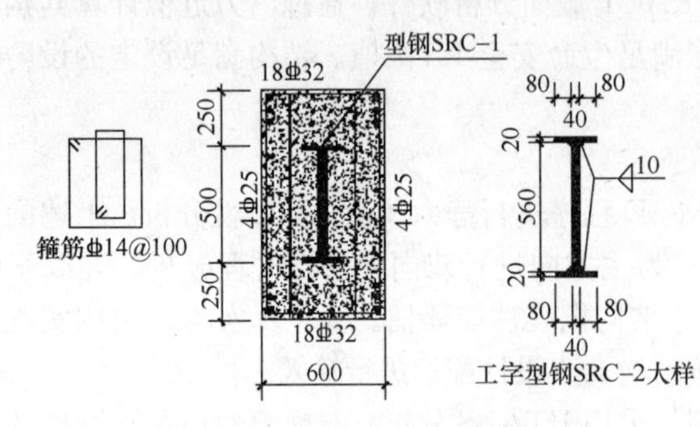

图 2-31　转换梁 KLZ-2 截面示意

4. 风振时程分析

考虑到工程的重要性以及所处沿海城市，对结构进行了风洞试验和风振时程分析，并将分析结果与按规范风荷载静力计算的结果进行比较（表 2-17）。由表 2-17 可见，风振分析结果与规范风荷载的静力计算结果较吻合，按规范静力风荷载分析结果略大于按基于风洞试验的动力风荷载分析结果，故结构构件性能分析均以规范静力分析结果作为设计验算依据。

重现期 100 年的风荷载作用下结构内力对比　　表 2-17

作用方向	分析方法	基底剪力（kN）	基底弯矩（kN·m）
X 向	规范方法	13997	1581921
	时程分析法	12458	1438133
Y 向	规范方法	12344	1395036
	时程分析法	11504	1306826

5. 超限措施

结构采用部分框支剪力墙结构，混凝土筒体、转换梁及型钢转换梁等形成结构承重及抗侧力体系共同抵抗水平和竖向荷载。采取了以下结构加强措施：

（1）加强直接落地剪力墙保证转换层承载力及刚度。中部闭合式核心筒体及四周角部 L 形剪力墙直接落地。闭合式核心筒体平面约 9.0m×12.0m，在首层采用 C70 混凝土，并增厚至 450～600mm。

（2）四周角部全长设置 L 形墙肢以保证结构整体抗扭刚度。平面布置规则，平面长宽比接近 1.0。四周角部沿结构竖向全长设置 L 形墙肢，墙厚 800mm，平面约 5.0m×2.3m，有效保证结构整体抗扭刚度。结构扭转最大位移比 1.12（包括偶然偏心工况）。

（3）尽量采用满跨钢筋混凝土转换梁形式，满足建筑使用和结构安全要求。否则，采用型钢混凝土梁保证转换梁的抗剪承载力需求。

（4）加强底部加强区剪力墙承载力，保证结构底部承载力。按《高层建筑混凝土结构技术规程》(JGJ 3—2002)的规定，B级高度框支剪力墙加强区剪力墙抗震等级提高一级进行设计。底部加强区剪力墙约束边缘构件阴影范围延至LC段，即整个LC范围按阴影区配筋率及配箍率配筋，且首层剪力墙纵筋及水平钢筋数量应同时满足中震弹性内力组合需求。

(5) 加强框支柱承载力及延性，保证框支柱抗震性能。采用弹性大震分析结构抗倾覆能力，并按偏心受拉构件配置纵筋满足框支柱大震不屈服内力组合需求。框支柱中部设置由附加纵向钢筋形成的芯柱，且附加纵向钢筋的截面面积不小于柱全截面面积的1.0%；框支柱全长配置复合井字箍，间距100mm，肢距不大于100mm，直径不小于14mm。

(6) 采用高强混凝土减少墙、柱截面面积；采用轻质砖墙材料（容重不大于10kN/m^2）有效降低结构自重，减小地震反应。

2.4.2 世茂湖滨花园三号楼

1. 工程概况

世茂湖滨花园是由别墅和高层组成的大型住宅小区，位于上海浦东碧云国际社区内。其中三号楼是小区内的一栋高层建筑，地下1层，地面以上由层数分别为22、25、28、26层的K、L、M、N四个单元组成。主体结构最大高度为87.0m，建筑面积约5万m^2。建筑立面如图2-32所示。地下室层高5.6m，层1层高6.0m，层2及以上层高3.0m。根据建筑功能要求，层2以下为大开间柱网结构，层2以上为剪力墙结构的住宅；局部层4以上为剪力墙结构的住宅，其下为架空的汽车通道。结构设计在标高±0.000以上中间位置设一防震缝，使之成为两个独立的单元。在层2和局部层4位置采用框支梁作为转换构件，上部为剪力墙结构。竖向构件的混凝土强度等级：层5以下为底部加强区，采用C50，层5以上为C40，框支梁为C50，楼板为C35。标准层及其框支转换层结构布置图分别见图2-33。

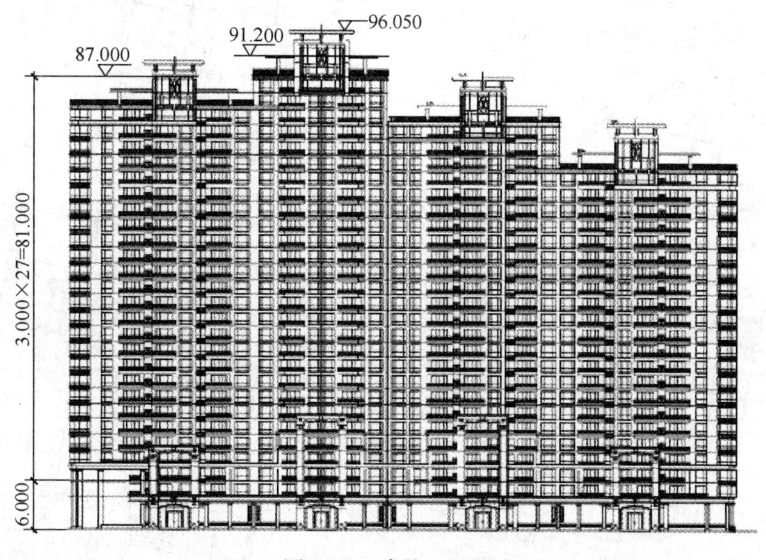

图2-32 建筑立面图

地震设防烈度为7度，场地土的特征周期 $T_g=0.9s$，设计基本地震加速度0.10g。结构的阻尼比为0.05，水平地震影响系数最大值为0.08，罕遇地震影响系数最大值为0.5，

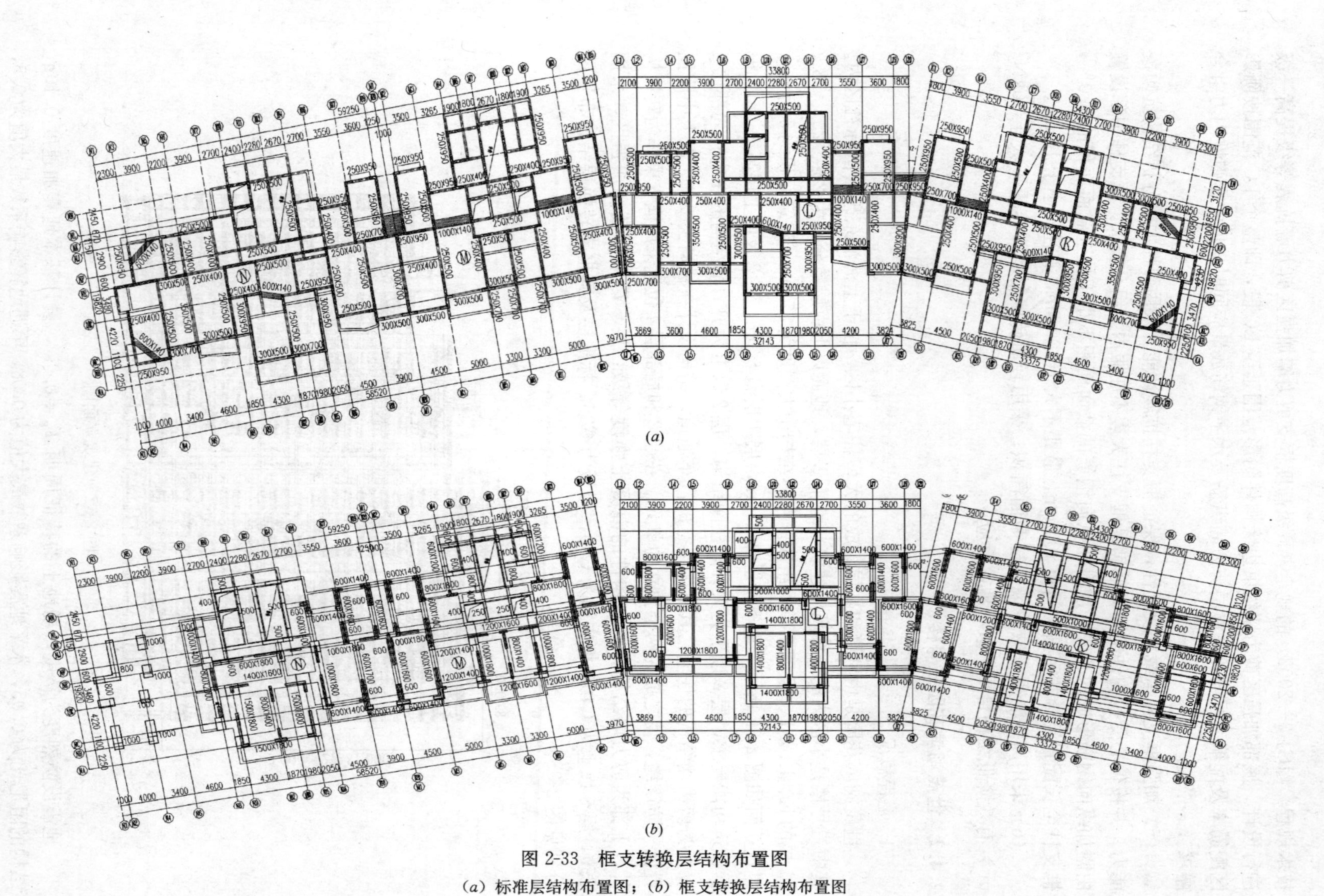

图 2-33 框支转换层结构布置图

(a) 标准层结构布置图；(b) 框支转换层结构布置图

基本风压为 0.6kN/m²，地面粗糙度为 B 类。

2. 结构计算分析

由于结构层 2 上平面凹口深达 6.27m，占凹口方向 15.5m 的 40.5%；平面有较多的外凸部分，顶部跃层楼板开大洞，开洞面积超过楼面面积的 30%。加之又采用部分框支剪力墙结构，该工程属平面和竖向均不规则的超限结构。为此，结构计算采用了 SATWE 和 PMSAP 两种力学模型不同的程序进行计算比较。SATWE 是采用空间杆元模拟梁、柱及支撑等杆件，用在壳元基础上凝聚而成的墙元模拟剪力墙，墙元具有平面内、平面外的刚度，楼板根据需要假定为平面内无限刚、分块无限刚、分块无限刚带弹性板、弹性楼板。PMSAP 程序基于广义协调理论和子结构技术开发了能够任意开洞的细分墙单元和多边形楼板单元，其面内刚度和面外刚度分别由平面应力膜和弯曲板进行模拟，楼板参与整体结构的计算分析。

剪力墙的抗震等级为二级，层 2 的托墙转换梁、转换柱的抗震等级为一级，层 4 的托墙转换梁、转换柱的抗震等级为特一级。计算中考虑双向水平地震作用、扭转耦联影响及重力二阶效应，并对结构的稳定性进行计算。抗震计算取用 18 个振型，按模拟施工加荷计算方式，将两单元交接的凹口处和顶层跃层开大洞处的楼板设为弹性板带。计算中连梁的刚度折减系数为 0.6，跨高比大于 5 的梁设为普通梁。

在第一次初算的结果中，层 2 的最大层间位移比达 1.49>1.4，结构的扭转效应明显，凹口处和墙肢集中处的连梁超筋较多，并且转换层上下刚度比接近 2，对结构的抗震极为不利。为此在设计上作如下处理：

(1) 在外围剪力墙的窗洞口处，利用窗台做上翻梁，外围连梁高度除门洞处都加至 950mm，加大外围构件的刚度；在开角窗的端部剪力墙处，加厚楼板至 140mm，并在角部增设 600mm×140mm 的斜向暗梁约束端部的剪力墙。通过以上措施以提高结构的整体侧移刚度和抗扭刚度。

(2) 层 2 的扭转效应明显，且为结构转换层，为加强整体刚度和抗扭能力，经与建筑协调，此层的凹口板全部贯通，板厚为 200mm，配筋率大于 0.35 %，双层双向贯通。上部标准层在凹口的内侧设一宽为 2.0m、厚 120mm 的连接板，并设边梁加强，配筋为双层双向Φ 12@150，以加强楼板的面内刚度和整体性，提高结构的抗扭能力。

(3) 由于建筑不允许在客厅上有梁，为了有效传递纵向地震力，在纵向剪力墙、梁不连续的轴Ⓔ处（见图 2-33 的阴影线所示），增设宽 1000mm 的暗梁。

(4) 在满足位移、扭转、周期和最小地震剪力的条件下，上部剪力墙尽可能减少，转换层下的墙体加厚，同时注意整体的刚度均匀，墙体在电梯井筒外均匀布置几道，避免上、下刚度突变，将转换层上、下刚度比控制在 2 以内。

(5) 部分洞口的连梁超筋，通过调低连梁的刚度折减系数至 0.6 予以解决。对极个别连梁超筋严重的，考虑地震作用时其退出工作，将梁端设为铰接。

(6) 调整长墙肢的分布，用弱连梁分割长墙肢，避免地震力的集中。

通过以上调整，结构的整体抗震指标均较好地满足了规范要求，结构整体刚度适中，构件的超筋现象较少，计算结果如表 2-18 所示。分析表明周边构件的刚度、凹口是否封闭和深度、转角墙体是否封闭，对结构整体的扭转效应有显著影响。在柱、墙之间的梁不能贯通以及外围转角墙不能封闭时，通过加大板厚、增设暗梁，能起到传递地震力的作用，减小扭转效应。除了用以上两种程序计算外，对复杂高层结构，尚应进行弹性动力时程分析，以确定薄弱层位置。

最终计算结果整理 **表 2-18**

程序种类			SATWE	PMSAP	时程分析
自振周期（s）	T_1		1.929（平动系数为 0.97，扭转系数为 0.03）$T_3/T_1=0.78<0.85$	2.172（平动系数为 0.96，扭转系数为 0.04）$T_3/T_1=0.78<0.85$	
	T_2		1.862（平动系数为 0.98，扭转系数为 0.02）$T_2/T_1=0.81<0.85$	2.153（平动系数为 0.95，扭转系数为 0.05）$T_2/T_1=0.79<0.85$	
	T_3		1.506（平动系数为 0.12，扭转系数为 0.88）	1.704（平动系数为 0.20，扭转系数为 0.80）	
最大层间位移	风荷载	x 向	1/4843	1/3926	
		y 向	1/4742	1/3316	
	地震作用	x 向	1/1123	1/1008	1/1011
		y 向	1/1631	1/1124	1/1001
最大层间位移与平均位移的比值	风地震荷载	x 向	1.19	1.06	
		y 向	1.15	1.01	
	地震作用	x 向	1.36	1.11	
		y 向	1.18	1.03	
剪重比（%）		x 向	3.02	2.58	
		y 向	2.76	2.50	
基底剪力（kN）		x 向	13467	13796	13218
		y 向	13568	14318	17618
有效质量系数（%）		x 向	97.9	93.4	
		y 向	94.01	90.1	
转换层上、下刚度比		x 向	1.815	1.81	
		y 向	1.578	1.58	

计算中采用上海的三条地震波。图 2-34 给出了时程分析计算得的地震剪力大于振型分解反应谱法的结果，层 2 的层间位移有突变，该处是薄弱层，地震内力乘以 1.15 的放大系数。

设计超限高层时，应特别重视抗震措施，同时对计算中存在少量构件的奇异超筋现象，应进行具体分析。

工程设计中主要采取以下一些措施：

（1）因地下室顶板兼作人防顶板，板厚取 350mm，以增大地下室结构整体刚度，保证上部结构在地下室顶板处接近嵌固。在结构防震缝的位置处，楼板中有应力集中，地下室顶板的配筋率按大于 0.35％和计算结果双控。

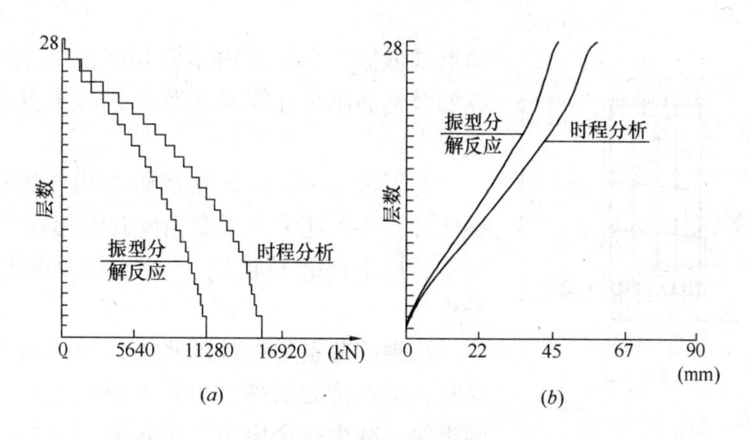

图 2-34　时程分析与振型分解反应谱法的比较

(*a*) 最大楼层剪力曲线；(*b*) 最大楼层位移曲线

(2) 提高底部加强区的配筋率，对结构薄弱层部位进行加强。尤其是部分加厚的墙肢，由于其高厚比较小，有些接近或小于 4，整个墙肢按柱进行设计，其配筋率、配箍率、轴压比等均按一级抗震柱的要求设计。

(3) 在凹口连接处和楼电梯间的楼板、顶部跃层开大洞的楼板，均适当加厚楼板并提高其配筋率，板厚不小于 120mm，配筋率不小于 0.35%，且双层双向贯通，以加强楼板的刚度。

(4) 部分墙肢的端部抗弯纵筋超筋，分析计算结果，是端部暗柱截面取值偏小所致，设计取暗柱长度为墙宽的 2 倍，则配筋率在规范允许范围内。

(5) 对跨高比小于 2 的连梁设 4 Φ 14 交叉斜筋，增加连梁的延性，补充箍筋抗剪的不足。

3. 型钢混凝土框支转换结构的设计

本工程转换层上部结构墙体不规则，纵横方向轴线错位较多，多处有二次转换的框支梁；其次，上部剪力墙靠柱边开洞的情况较多，导致部分框支梁截面的承载力不足；再次受建筑净高和设备走管线的要求，转换梁的截面高度受到限制。经综合考虑，部分框支梁、柱采用型钢混凝土结构。

设置型钢主要是为了提高框支梁截面的抗剪承载力，同时采用型钢混凝土的框支梁、柱，可提高薄弱层结构的延性。虽然混凝土框支柱的承载力和轴压比均满足规范要求，但考虑型钢梁的传力和强柱弱梁的原则，在与型钢混凝土框支梁相连的框支柱和剪力墙暗柱中配置构造的型钢柱。框支梁内的型钢主要为提高梁截面的抗剪承载力，因工字钢腹板主要起抗剪作用，故框支梁中的型钢采用窄翼缘的工字钢，窄翼缘既可避免梁内箍筋和柱纵筋穿越翼缘板，又便于混凝土浇捣密实。

根据建筑和机电专业的要求，型钢混凝土框支梁截面统一取 0.80m×1.60m，梁的纵向受力钢筋的配筋量由裂缝宽度控制，根据工字钢的截面、含钢率等构造要求和对翼缘的限制，假定工字钢的截面。由 $M \leqslant M_{by}^{ss} + M_{bu}^{rc}$，$V \leqslant V_{by}^{ss} + V_{bu}^{rc}$ 验算，经调整并最终确定工字钢的截面大小（图 2-35）。构造上主要在型钢梁翼缘上增设栓钉，转换梁上的墙体纵筋伸入梁底。

框支柱内型钢仅为满足梁、柱节点传力而设置，故柱内钢骨率满足构造要求即可，截

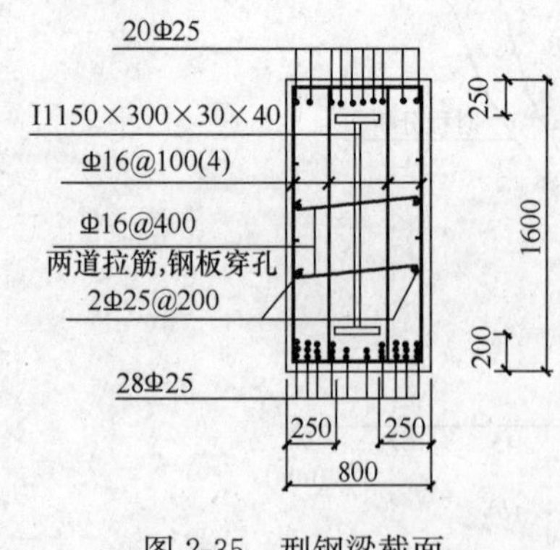

图 2-35　型钢梁截面

面形式依据与型钢梁内钢骨相匹配的原则确定，柱内纵筋及箍筋满足计算及规范中混凝土框支柱的配筋构造要求。

为了进一步弄清转换层附近构件的受力状态，除整体计算外，还采用了高精度有限元软件 FEQ 进行框支梁、框支柱和转换层上 2 层剪力墙的应力及应变分析。

型钢的节点是设计的重点，设计中力求减少型钢穿孔，节点传力明确、可靠，避免钢筋直接与工字钢的焊接，减少残余应力，现场施工方便，主要考虑以下几点：

(1) 型钢梁与型钢柱的节点连接形式，按《高层民用建筑钢结构技术规程》(JGJ 99—98) 采用翼缘板焊接，腹板用高强螺栓连接。为避免塑性铰产生在梁、柱节点核心区，在工字钢柱侧面焊接一段悬臂梁与钢梁栓焊连接。

(2) 对型钢梁、柱连接节点，在钢骨柱上均设置加劲板，加劲板厚同翼缘板。为保证梁柱节点的强度，在加劲板上预留混凝土溢浆孔，确保混凝土浇捣密实。

(3) 当混凝土梁与型钢柱相连接时，因受工字钢阻挡，梁纵筋水平锚固长度不足时，可在型钢柱上加焊小牛腿，钢筋与牛腿板焊接。

(4) 型钢梁上、下翼缘板上增设栓钉，提高型钢与混凝土粘结和抗滑移传力，保证型钢与混凝土间的内力传递。

(5) 在二次转换的框支梁上，为使主型钢混凝土框支梁与次混凝土框支梁的刚度匹配、变形协调，在次框支梁上附加一段钢梁，节点构造见图 2-36。此时主框支梁的扭矩较大，根据抗震计算的扭矩，按普通混凝土结构的抗扭计算，确定主框支梁的箍筋和侧面纵筋配置量。

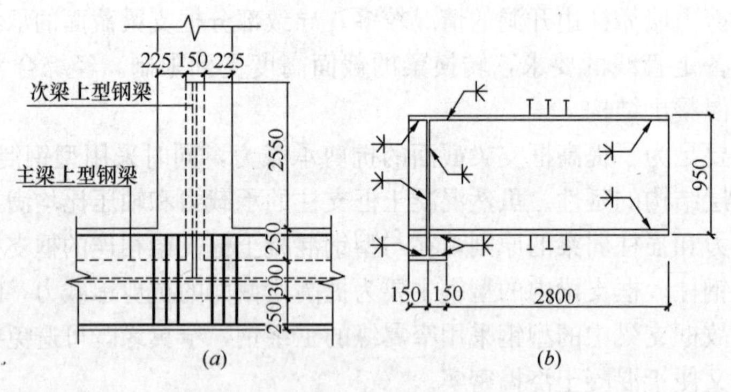

图 2-36　主、次框支梁节点构造

(a) 平面；(b) 立面

(6) 型钢混凝土框支梁上的剪力墙纵筋尽可能避开型钢梁翼缘，直接伸入框支梁内，如遇工字钢翼缘板阻挡，则在翼缘板上加焊钢板，墙纵筋与钢板焊接。

(7) 由于型钢混凝土梁采用窄翼缘的工字钢，故型钢柱内纵筋可绕过梁内钢骨翼缘，直接伸至框支梁顶。

参考文献

[2-1] 中华人民共和国行业标准. JGJ 3—2010 高层建筑混凝土结构技术规程[S]. 北京：中国建筑工业出版社，2010

[2-2] 中华人民共和国行业标准. JGJ 3—2002 高层建筑混凝土结构技术规程[S]. 北京：中国建筑工业出版社，2002

[2-3] 中华人民共和国行业标准. JGJ 3—91 钢筋混凝土高层建筑结构设计与施工规程[S]. 北京：中国建筑工业出版社，1991

[2-4] 中华人民共和国国家标准. 建筑抗震设计规范(GB 50011—2010)[S]. 北京：中国建筑工业出版社，2010

[2-5] 唐兴荣编著. 高层建筑转换层结构设计与施工[M]. 北京：中国建筑工业出版社，2002

[2-6] 唐兴荣编著. 特殊和复杂高层建筑结构设计[M]. 北京：机械工业出版社. 2006

[2-7] 傅学怡. 带转换层高层建筑结构设计建议[J]. 建筑结构学报. 1999. 20.（2）：28～42

[2-8] 姚江峰，唐兴荣. 带转换层高层建筑结构中转换梁截面设计方法的探讨[J]. 苏州科技学院学报（工程技术版）. 2005，18(3)：19-22

[2-9] 韩小雷，陈学伟，顾希敏，林生逸，吴培烽，毛贵牛，何伟球. 珠海天朗海峰超限高层建筑结构设计[J]. 建筑结构，2010，40(10)：51-54

[2-10] 王能举，葛东霞，邵兵. 世茂湖滨花园三号楼超限高层结构设计[J]. 建筑结构. 2004，34(8)：7-10

3　带托柱转换层高层建筑结构设计

托柱转换层与托墙转换层的设计有其相同之处，也有其特殊性，本章主要介绍带托柱转换层高层建筑结构的设计和构造要求。

3.1　受力特点及适用范围

3.1.1　托柱转换结构的受力特征

【情况 1】　托柱转换梁结构（图 3-1*a*），上部框架结构层高 3.0m，转换梁截面尺寸为 0.60m×1.6m，净跨度 l_n=11.5m。转换梁上部框架梁 0.30m×0.60m，框架边柱 1.0m×1.0m，中柱 0.60m×0.8m；下部框架柱 1.5m×1.5m。混凝土强度等级 C50；集中荷载 P=3000kN，每个楼层作用的均布荷载 q=100.0kN/m。

【情况 2】　托柱转换空腹桁架结构（图 3-1*b*），空腹桁架上、下弦杆的截面尺寸均为 0.60m×1.0m，其余参数同情况 1。

【情况 3】　托柱转换混合空腹桁架结构（图 3-1*c*），上、下弦杆截面尺寸均为 0.60m×1.0m，斜腹杆截面尺寸为 0.30m×0.30m，其余参数同情况 1。

为了便于各托柱转换结构性能的分析比较，引入参数 m_0、n_0 和 v_0，其物理意义如下：

$$m_0=\frac{M}{\alpha_1 f_c bh_0^2} \tag{3-1a}$$

$$n_0=\frac{N}{f_c bh} \tag{3-1b}$$

$$v_0=\frac{V}{f_c bh} \tag{3-1c}$$

实际设计时，转换梁的截面尺寸往往由其受剪承载力要求来决定，受弯承载力对截面的要求并不是主要因素。由于上述各转换结构方案中转换构件都承受一定的轴向力，为了在确定构件截面尺寸时考虑轴向力对其抗剪承载力的有利或不利影响，这里提出一个等效设计剪力的概念，用 V^* 表示。其中等效设计剪力 V^* 根据转换构件受拉或受压分别按下式计算：

转换构件受拉时：　$$V^*=V+0.2N \tag{3-2a}$$

转换构件受压时：　$$V^*=V+0.07N \tag{3-2b}$$

式中　N——表示构件所受拉、压力的设计值。构件受拉时取正值，受压时取负值。

为便于进一步分析对比，再引入剪应力特征值参数 v_0^*，其取值如下：

$$v_0^*=\frac{V^*}{f_c bh} \tag{3-3}$$

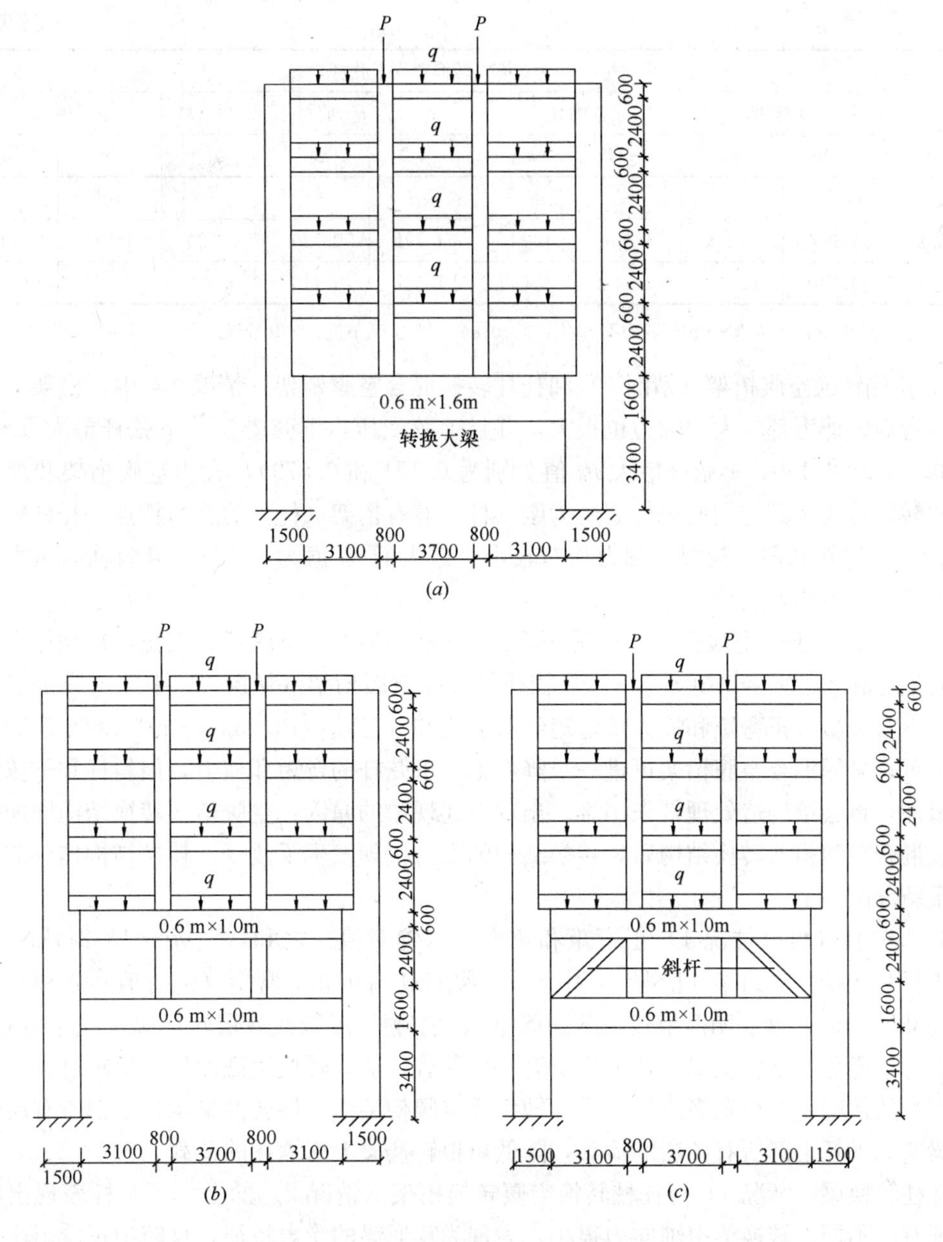

图 3-1　托柱转换结构计算简图

(a) 情况 1；(b) 情况 2；(c) 情况 3

情况 1、情况 2 及情况 3 部分内力计算结果　　　**表 3-1**

	第一转换梁（下弦杆）								
	负弯矩		正弯矩		剪力			轴力	
	$-M$	m_0	$+M$	m_0	V	v_0	v_0^*	N	n_0
情况 1	6.183	0.174	7.028	0.198	3.775	0.272	0.184	1.561	0.133
情况 2	2.860	0.081	3.615	0.102	1.850	0.134	0.164	1.933	0.135
情况 3	2.139	0.060	2.615	0.074	1.358	0.098	0.136	2.639	0.190

续表

	第二转换梁（上弦杆）								
	负弯矩		正弯矩		剪力			轴力	
	$-M$	m_0	$+M$	m_0	V	v_0	v_0^*	N	n_0
情况 1	—	—	—	—	—	—	—	—	—
情况 2	2.964	0.084	4.091	0.115	1.791	0.129	0.120	1.821	0.131
情况 3	1.840	0.052	2.714	0.077	1.527	0.110	0.098	2.475	0.079

注：弯矩 M 单位：$\times10^3$kN·m；剪力 V 单位：$\times10^3$kN；轴力 N 单位：$\times10^3$kN。

1. 托柱转换空腹桁架（情况 2）和托柱转换混合空腹桁架（情况 3）中，桁架上、下弦杆的弯矩、剪力都较大，轴力也很大，并且上弦受压，下弦受拉（下弦杆最大 n_0 值分别为 0.135 和 0.190，上弦杆最大 n_0 值分别为 0.131 和 0.079），表明空腹桁架和混合空腹桁架转换结构及其它们的构件表现为刚（杆）兼有桁架（杆）的受力特点。托柱转换梁（情况 1）的弯矩和剪力较大，轴力相对较小（最大的 n_0 值为 0.133）且为轴向压力，故其受力特征基本同普通梁。

2. 托柱转换混合空腹桁架（情况 3）中，转换桁架上、下弦杆最大正弯矩和最大负弯矩绝对值之和（$\sum M_i=9.308$kN·m）较托柱转换空腹桁架（情况 2）中的空腹桁架转换层上、下弦杆最大正弯矩和最大负弯矩绝对值之和（$\sum M_i=13.53$kN·m）降低了 30%以上。可见，采用混合空腹桁架可进一步降低上、下弦杆的弯矩和剪力，但斜杆和下弦杆的轴力增加，将会给构造处理带来困难。出现上述现象的原因：空腹桁架转换结构增加斜腹杆变成混合空腹桁架转换结构后，转换结构的受力机理发生了改变，转换结构构件的内力产生重新分配。

3. 托柱转换梁（情况 1）正弯矩和负弯矩（绝对值）之和（$\sum M_i=13.211$kN·m）相当于托柱转换空腹桁架（情况 2）中上、下弦杆正弯矩和负弯矩（绝对值）之和（$\sum M_i=13.53$kN·m），这表明两根较大截面梁组成的空腹桁架取代一层转换梁是完全可以的，因此，为了避免一根转换梁承托上部所有各层荷载，造成转换梁截面尺寸要求过大，施工非常困难的情况，可设置多道转换梁，即组成空腹桁架使一层转换梁承托上部所有层变成多道梁共同承托上部所有各层的荷载，降低单根转换梁上所承托的荷载。

托柱转换梁（情况 1）与托柱转换空腹转换桁架（情况 2）的上、下弦杆表现出的受力特征有所不同。转换梁中轴向力很小，表现为普通梁的受力特征，且跨中正弯矩比支座负弯矩大。而转换空腹桁架的上弦杆为偏压构件，下弦杆为偏拉构件，上、下弦杆的跨中正弯矩比支座负弯矩小。

文献［3-6］还列出了托柱转换叠层桁架结构方案的静力分析结果，其中 A4 托柱转换梁（截面高度 1.50m）方案（图 3-2*a*）；B4 为托柱转换叠层空腹桁架方案，各弦杆的截面尺寸均为 0.35m×0.85m（图 3-2*b*）；C4 为托柱转换叠层混合空腹桁架方案，各弦杆的截面尺寸同 B4（图 3-2*c*）。

上述托柱转换结构方案在相同竖向荷载作用下的静力分析结果列于表 3-2。

1. 方案 A4 托柱转换梁正弯矩及负弯矩（绝对值）之和（$\sum M_i=5052.3$kN·m）相当于方案 B4 托柱转换叠层空腹桁架的上、中、小三根弦杆的正弯矩及负弯矩（绝对值）

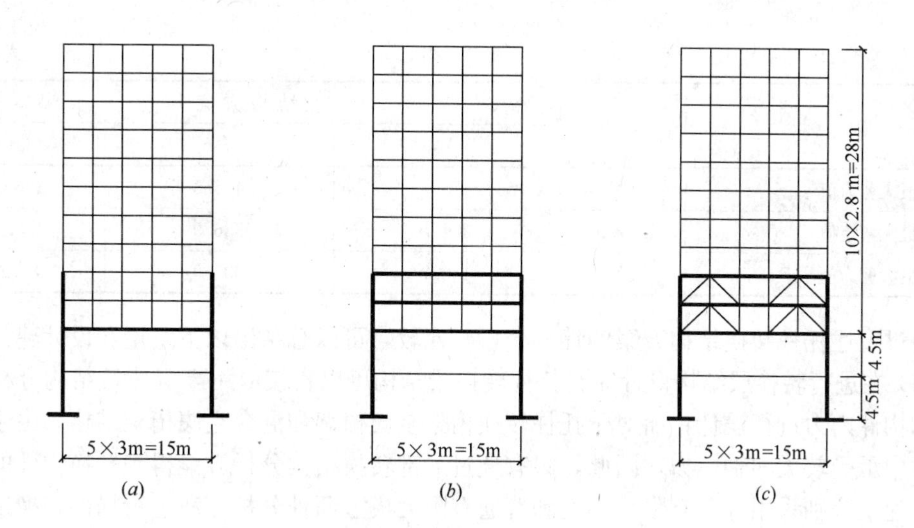

图 3-2 计算简图

（竖向荷载：第一层：36.0kN/m；其余各层：42.0kN/m）

之和（ΣM_i=5124.9kN·m），这表明用三层较大梁组成的叠层空腹桁架取代一层大梁是完全可以的，它可大幅度地减小单根大梁和相应边柱的弯矩。

2. 方案 C4 托柱转换叠层混合桁架的上、中、下三根弦杆正弯矩之和（ΣM_i=587.8kN·m）约为方案 A4 托柱转换梁正弯矩（ΣM_i=1999.7kN·m）的 1/3，而托柱转换叠层混合桁架的上、中、下三根弦杆负弯矩之和（ΣM_i=−1566.8kN·m）约为方案 A4 托柱转换梁负弯矩（ΣM_i=−3062.6kN·m）的 1/2，这表明在叠层空腹桁架节间适当布置斜杆，使转换桁架承托的上部竖向荷载逐步卸去部分荷载给两边落地的竖向框架柱，大幅度地降低转换桁架弦杆的弯矩和剪力。但斜腹杆和下弦杆的轴力较大，将给构造处理提出更高的要求。

各结构方案部分内力计算结果 **表 3-2**

指　标	单　位	结构方案		
		A4	B4	C4
框架梁最大弯矩值	kN·m	290.9	297.2	178.7
框架梁最大剪力值	kN	218.1	222.0	151.2
第三大梁最大负弯矩值	kN·m	307.8	1143.5	508.9
第三大梁最大正弯矩值	kN·m	181.98	542.1	190.0
第三大梁最大剪力值	kN	226.3	583.1	296.0
第二大梁最大负弯矩值	kN·m	301.2	1209.6	462.2
第二大梁最大正弯矩值	kN·m	180.6	575.9	186.4
第二大梁最大剪力值	kN	223.6	614.4	279.2
第一大梁最大负弯矩值	kN·m	3062.6	1182.1	595.7
第一大梁最大正弯矩值	kN·m	1999.7	471.7	211.4
第一大梁最大剪力值	kN	1304.1	564.8	322.0
边柱最大弯矩值	kN·m	1537.5	742.0	561.1

续表

指　　标	单　位	结构方案		
		A4	B4	C4
边柱最大剪力值	kN	475.3	486.5	233.5
中柱最大弯矩值	kN·m	204.8	336.9	133.1
中柱最大剪力值	kN	150.7	235.9	86.2

通过上述托柱转换结构方案的计算分析与比较，可以总结出以下结论和设计建议：

(1) 在进行转换层结构设计时，托柱转换梁结构可以直接取用高层建筑结构分析程序算出的构件内力进行设计；而对于托柱转换桁架空腹桁架和混合空腹桁架结构，由于其转换构件中承受较大的轴向力，因此，只有通过局部转换结构分析方能得到转换构件的全部内力，建议分别采用杆系有限元模型和普通有限元模型两种分析方法进行局部转换结构的内力与变形分析。

(2) 托柱转换空腹桁架和混合空腹桁架转换结构各弦杆承受较大的弯矩、剪力和轴力，因此，都属于偏心受力构件，应按偏心受力构件进行配筋设计；托柱转换梁所受轴力较小，其受力和普通梁相同，故可按普通梁进行配筋设计。

(3) 空腹桁架转换结构增设斜腹杆形成混合空腹桁架后，增加了转换层的结构刚度，构件内力产生重分布。下弦杆截面设计的控制截面可能会有所改变，截面设计的控制杆件由原来两侧下弦杆变成下弦中间杆。设计人员在选取截面内力进行截面设计时应注意这一点。

(4) 转换桁架竖向荷载的分担与桁架各弦杆的刚度大小有关，因此，设计托柱转换桁架时，应合理地选择各弦杆的刚度以保证单层或叠层桁架各弦杆的共同工作。

混合空腹桁架转换层中，斜腹杆和下弦杆的受力都很大，因此，要采取相应的措施来降低斜杆的轴压比和提高下弦杆的抗裂度。

(5) 托柱转换结构的设计应与上部框架结构的设计结合起来加以考虑，这是因为转换结构上部几层框架梁的刚度对转换结构内力的影响较大。上面几层框架梁的刚度增加，转换结构承受的荷载将减小；反之，转换结构承受的荷载要增加。

3.1.2　适用范围

托柱转换可以用于非抗震设计和6度、7度、8度抗震设计的多层、高层建筑结构。

托柱转换较多地应用于框架-核心筒、筒中筒结构中的外框架（外筒体）密柱在房屋底部通过托柱转换层转变为稀柱框架的筒体结构。可用于结构的整体转换，也可用于结构的局部转换。

外围为密柱框架的筒中筒结构的外框筒柱距（一般柱距为3～4m）较小，无法为建筑物提供较大的入口，为了布置大的入口，要求在底部布置水平转换构件以扩大柱距，形成带托柱转换层的筒体结构。

带托柱转换层的筒体结构，其转换柱和转换梁的抗震等级按部分框支剪力墙结构中的框支框架采纳。但对于托柱转换结构，因其受力情况和抗震性能比部分框支剪力墙结构要有利，故未要求根据转换层设置高度采取更严格的措施。

3.2 结构布置

3.2.1 平面布置

平面布置应力求简单、规则、均衡、对称，尽量使水平荷载的合力中心与结构刚度中心重合，避免扭转的不利影响。

带托柱转换层的筒体结构应符合下列要求：

1. 托柱转换构件可采用实腹梁、（叠层）空腹桁架、（叠层）混合空腹桁架、斜杆桁架（斜撑）、拱等，如图 3-3 所示。

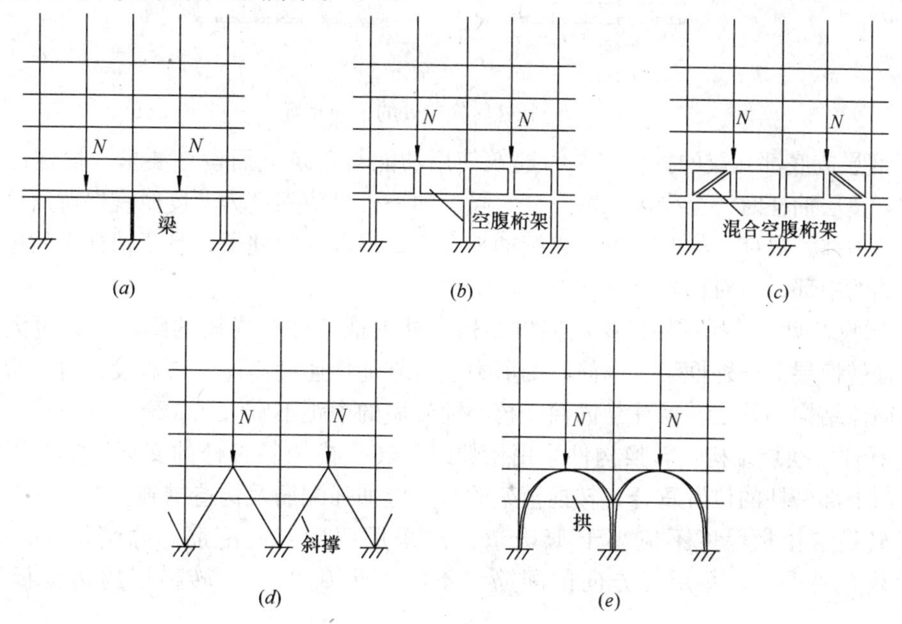

图 3-3 框筒托柱转换结构示意

(*a*) 托柱转换梁；(*b*) 托柱转换空腹桁架；(*c*) 托柱转换混合空腹桁架；(*d*) 斜柱转换；(*e*) 转换拱

2. 转换层结构中转换构件的布置必须与相邻层柱网统一考虑。扩大底部大入口，过渡上下层柱列的疏密不一，将托柱转换构件布置在平面周边柱列或角筒上（图 3-4*a*、*b*）。内部要求敞开自由空间，托柱转换构件可沿横向平行布置（图 3-4*c*）；托柱转换构件可沿纵向平行布置（图 3-4*d*）；当需要纵、横向同时转换时，托柱转换构件可采用双向布置（图 3-4*e*）。

3. 筒中筒结构和框架-核心筒结构的内筒及核心筒应全部贯通建筑物全高，且转换层以下的筒体宜加厚。

4. 转换层上、下部结构质量中心宜接近重合（不包括裙房）。

5. 由于托柱梁上托的是空间受力的柱子，柱子的两个主轴方向都有较大的弯矩，因此设计中除应对托柱梁按计算配置轴线方向的受力钢筋外，还尚宜在垂直于托柱梁轴线方向的转换层板内设置楼面梁或框架梁，以平衡转换梁所托上层柱底平面外方向的弯矩，避免转换梁承受过大的扭矩作用。

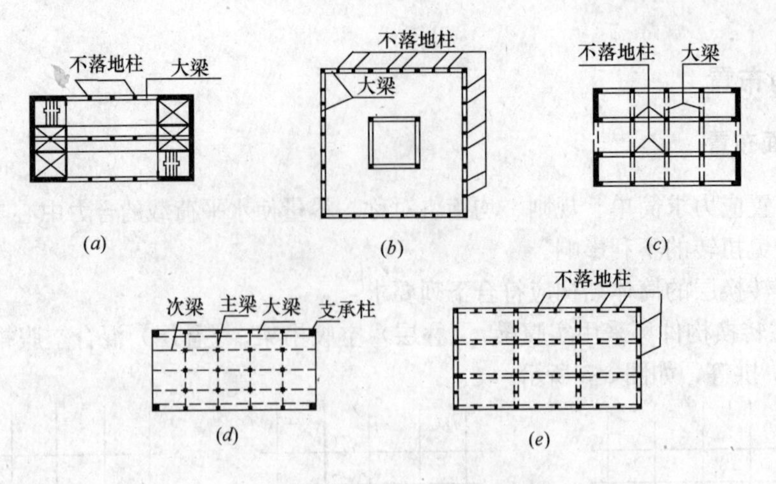

图 3-4 托柱转换构件的平面布置

6. 底层或底部几层的抽柱应结合建筑使用功能与建筑立面设计要求，抽柱位置宜均匀对称，整层抽柱时，至少应保留角柱、隔一抽一；设防烈度为 8 度时宜保留角柱及相邻柱、隔一抽柱。局部抽柱时，不应连续抽去多于 2 根以上的柱子，且所抽柱子的位置应在结构平面的中部、主对称轴附近。

7. 试验表明，带托柱转换层的筒体结构，外围框架柱与内筒的距离不宜过大，否则难以保证转换层上部外框架（框筒）的剪力能可靠地传递到筒体。抗震设计时，带托柱转换层的筒体结构的外围转换柱与内筒、核心筒外墙的中距不宜大于 12m。

8. 托柱转换层结构，转换构件采用桁架时，转换桁架斜腹杆的交点、空腹桁架的竖腹杆宜与上部密柱的位置重合，转换桁架的节点应加强配筋及构造措施。

9. 转换层楼板厚度不应小于 150mm，应采用双层双向配筋，除满足竖向荷载下受弯承载力要求外，每层每方向的配筋率不应小于 0.25%。转换层周边楼板不应错层布置。

10. 转换层在转换梁所在与外框筒之间的楼板不应开设洞口边长与内外筒间距之比大于 0.20 的洞口。当洞口边长大于 1000mm 时，应采用边梁或暗梁（平板楼盖、宽度取 2 倍板厚）对洞口加强，开洞楼板除应满足承载力要求外，边梁或暗梁的纵向受力钢筋配筋率不应小于 1.0%。

3.2.2 竖向布置

1. 托柱转换层设置高度

对底部带转换层的框架-核心筒结构和外筒为密柱框架的筒中筒结构，由于其转换层上、下部结构的刚度突变不明显，转换层上、下内力传递途径的突变也小于框支剪力墙结构，转换层设置高度对这种结构虽有影响，但不如框支剪力墙结构严重，因此这种结构的转换层位置可比框支剪力墙结构适当提高。因此，《高层建筑混凝土结构技术规程》（JGJ 3—2010）对托柱转换层结构的位置未作限制。

当底部带转换层的筒中筒结构的外筒为由剪力墙组成的壁式框架时，其转换层上、下的刚度突变及内力传递途径突变的程度与框支剪力墙结构比较接近，其转换层设置高度的限制宜与框支剪力墙结构相同。

2. 底部带转换层的筒中筒结构适用高度

抗震设计时，底部带转换层的B级高度筒中筒结构，当外筒框支层以上采用由剪力墙构成的壁式框架时，因抗震性能比密柱框架更为有利，其最大适用高度应比《高层建筑混凝土结构技术规程》(JGJ 3—2010) 表3.3.1-2规定的数值适当降低。一般可考虑抗震设防烈度、转换层位置高低等因素，降低10%～20%。

3. 转换层上、下结构侧向刚度规定

转换层上部结构与下部结构的等效剪切刚度（等效侧向刚度）比应满足《高层建筑混凝土结构技术规程》(JGJ 3—2010) 附录E的规定，以控制刚度突变，减小内力突变程度，缩短转换层上、下结构内力传递途径。

4. 托柱转换梁与转换柱截面中线宜重合。托柱转换层上部的竖向抗侧力柱宜直接落在转换层的主要转换构件上，以避免转换构件受到很大的扭矩。

3.3 计算要点

3.3.1 内力及位移计算

1. 整体计算

带转换层高层建筑属于复杂高层建筑范畴，应进行整体分析和局部分析。整体计算时，应采用至少两种不同力学模型的结构分析软件（例如：空间杆系、空间杆-薄壁杆系、空间杆-墙元及其他组合有限元等计算模型）进行整体内力和位移计算。抗震设计时，宜考虑平扭偶联计算结构的扭转效应，振型数不应小于15；应采用弹性时程分析法进行补充计算；宜采用弹塑性静力或弹塑性动力分析方法补充计算。

在结构整体计算中，转换层结构应选用合适的计算模型进行计算。托柱转换梁、托柱转换桁架（空腹桁架、混合空腹桁架、斜杆桁架、叠层桁架等）本身是杆件，都可以按原来实际形态参与整体计算。

一般梁、柱可以采用空间杆单元模型，转换柱、转换梁整体分析时也可按空间杆单元，剪力墙（包括转换梁上被托墙肢）宜采用墙元（壳元）。

当转换梁达到一层的高度时，按梁（杆件）分析，有时会造成梁刚度偏大，在局部产生较大的应力集中而使梁的配筋计算超限。分析模型与构件的配筋模型难以统一，此时采用两种不同计算模型分别计算。

(1) 模型1

梁所在的楼层按一层结构输入，转换梁按剪力墙定义，此时可以正确分析整体结构及构件内力，除转换梁（用剪力墙输入）的配筋不能用外，其余构件的配筋均可参考采用。

(2) 模型2

将转换梁和下一层两层合并为一层输入，转换梁按梁定义，层高为两层之和。即梁的轴线定在转换层楼板处，梁的刚度取实际刚度（图3-5）。这种计算模型仅用于考虑计算转换梁受力、配筋，其余构件及结构整体分析的结果可以不用。

采用模型2时，由于托柱转换梁轴线定于转换层楼面，与转换梁相连下部柱的计算高度变为 $h_{i-1}+h_i$，所以在水平荷载作用下的柱端弯矩不能直接采用。与转换构件相连的转换柱的上端截面（A-A）的弯矩应乘以修正系数 β，β 可按下式计算。

$$\beta=\frac{h_{i-1}}{h_{i-1}+h_i} \tag{3-4}$$

式中　h_{i-1}、h_i——分别为转换层下层、转换层的层高。

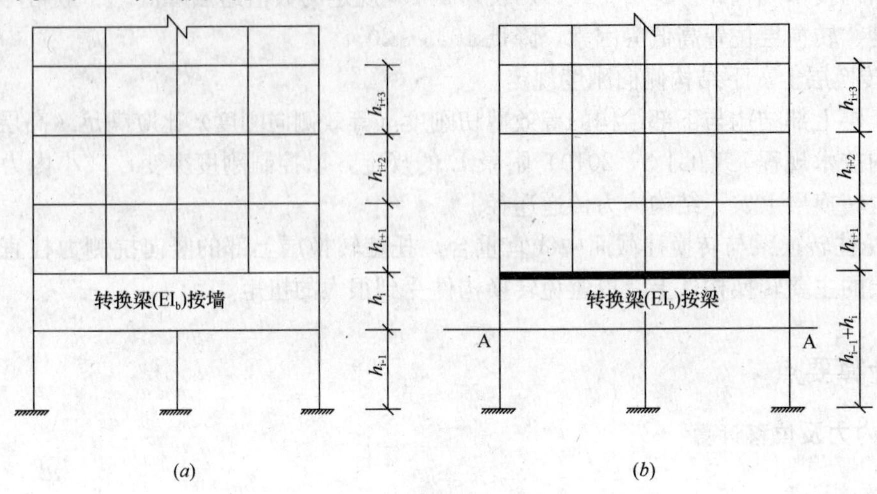

图 3-5　托柱转换梁的计算简图

（a）模型 1；（b）模型 2

托柱转换桁架可以其实际杆件分布的情况参与整体计算（图 3-6），但由于目前实际工程设计中采用的高层建筑结构计算分析程序均采用了楼板在自身平面内刚度为无穷大的假定，即楼板在自身平面内只作刚体运动，没有相对变形，楼板内任一点的位移都可用平移 u、v 和转角 ϑ_z 来线性表示。这一假定使位于楼板平面内的弦杆（梁单元）均无法直接计算其轴向变形和杆件的轴向内力。

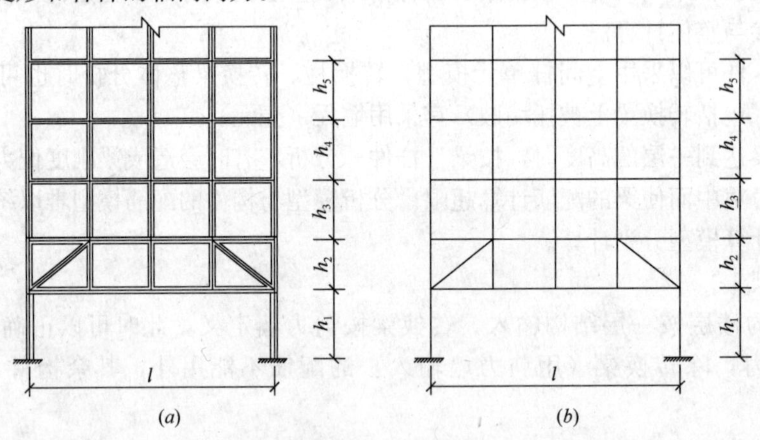

图 3-6　托柱转换桁架的计算简图

（a）实际结构；（b）计算简图

2. 局部计算

在整体计算中对转换层做简化处理的，宜对其局部进行更细致的补充计算分析。转换构件受力复杂，尚宜进行应力分析，并按应力进行配筋设计校核。

(1) 托柱转换梁局部计算

局部分析一般取若干榀典型的抽柱框架（壁式框架）。计算分析表明，只要转换层上部楼层总高度大于其下部转换梁处的楼层高度，计算出的内力就基本趋于一致，所以计算范围取结构底层到转换层以上不小于转换梁下部的楼层高度即可，一般可取 2～4 层。

转换梁的有限元宜选用高精度元，沿梁的全截面高度方向可划分 3～5 等分，详见第 2.2.3 节。

(2) 托柱转换桁架的局部计算

对于托柱转换空腹桁架和混合空腹桁架结构，不仅斜腹杆内有较大的轴向变形和轴向力，而且与之相连的上、下弦杆（位于楼板平面内的梁单元）也存在较大的轴向力。在桁架转换层结构中，不计算位于楼板平面内的上、下弦杆的轴力的影响，仅考虑弯矩、剪力和扭矩的作用，采用电算的梁单元配筋结果是不安全的。因此，只有通过局部转换结构分析方能得到转换构件的全部内力。建议简化计算方法如下：

1) 利用整体分析所得到的转换桁架相邻上部柱下端截面内力（M_c^b、V_c^b、N_c^b）和转换桁架相邻下部柱上端截面内力（M_c^t、N_c^t、N_c^t）作为转换桁架的外荷载（图 3-7)，采用考虑杆件轴向变形的杆系有限元程序分析各种工况下转换桁架上、下弦杆的最大轴向力。

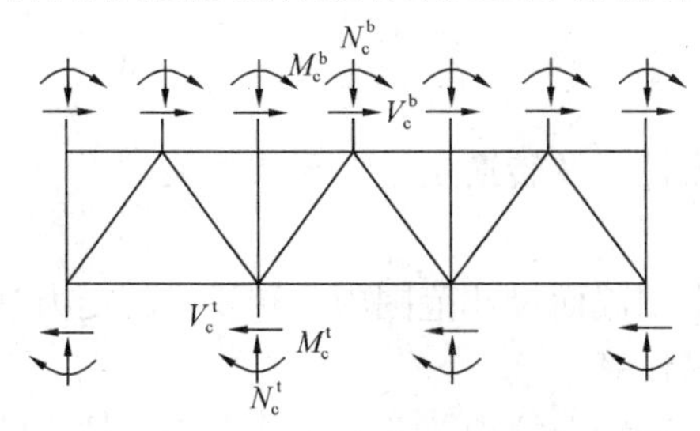

图 3-7 转换桁架计算图

2) 按《高层建筑混凝土结构技术规程》(JGJ 3—2010) 中基本组合的要求，对各种工况进行组合，得到上、下弦杆轴向力设计值。

3) 利用整体空间分析计算的梁单元的弯矩、剪力和扭矩，按偏心受力构件计算上、下弦杆的配筋，其中轴力可按上、下弦及相连楼板有效翼缘的轴向刚度比例分配，以考虑翼缘范围内楼板的影响。

精确的计算方法应是取消楼板平面内刚度为无限大的假定，考虑楼板、梁的实际刚度，计算梁、板的变形和内力，得到组合设计值，进而配筋。

这里需要注意：当考虑转换梁和上部框架（壁式框架）共同工作时，转换梁上部框架可作为空腹桁架考虑。整体计算时应考虑楼板为弹性有限刚度，即按实际情况计算楼板面内刚度。此时所有的梁、柱均考虑弯曲、剪切、轴向、扭转变形。

3.3.2 内力调整

1. 转换结构构件的内力调整

特一、一、二级转换结构构件的水平地震作用计算内力应乘以增大系数 1.2×1.6=1.92、1.6、1.3。

2. 转换柱内力调整

(1) 轴力调整

特一、一、二级转换柱由地震作用产生的轴力应分别乘以增大系数 1.2×1.5=1.8、1.5、1.2，但计算柱轴压比时可不考虑该增大系数。

(2) 弯矩调整

与转换构件相连的特一、一、二级转换柱的上端和底层柱下端截面的弯矩组合值应分别乘以增大系数 1.2×1.5=1.8、1.5、1.3；特一、一、二级其他层转换柱柱端弯矩设计值应分别乘以增大系数 1.2×1.4=1.68、1.4 和 1.2。

（3）剪力调整

特一、一、二级柱端截面的剪力设计值应分别乘以增大系数 1.2×1.4=1.68、1.4 和 1.2。

3. 转换角柱内力调整

转换角柱的弯矩设计值和剪力设计值应分别在上述转换柱内力调整的基础上乘以增大系数 1.1。

4. 托柱转换构件上部框架内力调整系数

上部框架与转换梁共同工作，可视作一个层层受楼板约束、受相连梁空间约束的巨型平面空腹桁架。设计时可加大转换梁上面几层框架梁的刚度，以达到共同承受上部荷载和起到二道设防的作用，同时由一层梁承托变成层层梁承托上部框架柱的工作机制。

托柱转换结构上部的框架结构须按“强柱弱梁”、“强剪弱弯”、“强边柱弱中柱”的原则进行设计，确保塑性铰在梁端出现，使柱比梁有更大的安全储备。框架梁、柱的内力增大系数同一般框架结构中梁、柱内力增大系数。

3.3.3 构件的配筋计算

托柱转换结构构件截面设计方法的选择与其受力性能及转换层结构形式相关。

1. 托柱形式转换梁截面设计

（1）当转换梁承托上部普通框架时，在转换梁常用截面尺寸范围内，转换梁的受力基本和普通梁相同，可按普通梁截面设计方法进行配筋计算。

（2）当转换梁承托上部斜杆框架时，转换梁将承受轴向拉力，此时应按偏心受拉构件进行截面设计。

（3）当托柱转换梁的跨高比 $l_0/h \leqslant 5.0$ 时，根据《混凝土结构设计规范》（GB 50010—2010）有关规定，属于深受弯构件。应根据第 4 章“深受弯钩件设计”提供的方法进行正截面、斜截面和局部受压承载力的计算，并根据局部有限元分析结果，用应力校核截面配筋。

2. 托柱形式转换桁架截面设计

托柱转换空腹桁架和混合空腹桁架转换结构各弦杆承受较大的弯矩、剪力和轴力，因此，都属于偏心受力构件，应按偏心受力构件进行配筋设计。

3. 转换柱截面设计

与托柱转换梁相连的下层柱为转换柱，为偏心受压构件，配筋计算和构造要求均同托墙转换梁下的转换柱。

3.4 构造要求

3.4.1 一般要求

1. 抗震等级

对于底部带有转换层的框架-核心筒结构和外围为密柱框架的筒中筒结构，因其受力和抗震性能比部分框支剪力墙有利，故其抗震等级不必提高。因此，带托柱转换层的筒体结构，其转换柱和转换梁的抗震等级按部分框支剪力墙结构中的框支框架采纳（表 3-3）。

框支框架的抗震等级 **表 3-3**

	烈度					
	6度		7度		8度	
	≤80m	>80m	≤80m	>80m	≤80m	>80m
A级高度	二		二	一	一	—
B级高度	二		一		特一	

注：接近或等于高度分界时，应结合房屋不规则程度及场地地基条件适当确定抗震等级。

2. 混凝土强度等级

转换层楼板、转换梁、转换柱的混凝土强度等级均不应低于 C30。

3. 转换梁的构造要求

转换梁设计应符合下列要求：

（1）转换梁上、下部纵向钢筋的最小配筋率，非抗震设计时均不应小于 0.30%；抗震设计时，特一、一和二级分别不应小于 0.60%、0.50%和 0.40%。

（2）转换梁支座处（离柱边 $1.5h_b$ 范围内，h_b 为转换梁高度）的梁箍筋应加密，加密区箍筋直径不应小于 10mm、间距不应大于 100mm。加密区箍筋的最小面积配筋率，非抗震设计时不应小于 $0.9f_t/f_{yv}$；抗震设计时，特一、一和二级分别不应小于 $1.3f_t/f_{yv}$、$1.2f_t/f_{yv}$ 和 $1.1f_t/f_{yv}$。

转换梁设计尚应符合下列规定：

（1）转换梁截面高度不宜小于计算跨度的 1/8，托柱转换梁的截面宽度不应小于其上所托柱在梁宽方向的截面宽度，一般宜两侧各宽出 50mm。

（2）转换梁截面组合的剪力设计值应符合下列要求：

持久、短暂设计状态 $$V \leqslant 0.20\beta_c f_c b h_0 \tag{3-5a}$$

地震设计状态 $$V \leqslant \frac{1}{\gamma_{RE}}(0.15\beta_c f_c b h_0) \tag{3-5b}$$

（3）托柱转换梁应沿腹板高度配置腰筋，其直径不宜小于 12mm，间距不宜大于 200mm。

（4）转换梁纵向钢筋接头宜采用机械连接，同一连接区段内接头钢筋截面面积不宜超过全部纵筋截面面积的 50%，接头位置应避开梁上托柱部位及受力较大部位。

（5）对托柱转换梁的托柱部位，梁的箍筋应加密配置，加密区范围可取梁上托柱边两侧各 $1.5h_b$（图 3-8）；箍筋直径、间距及面积配筋率应符合转换梁端加密区的要求。

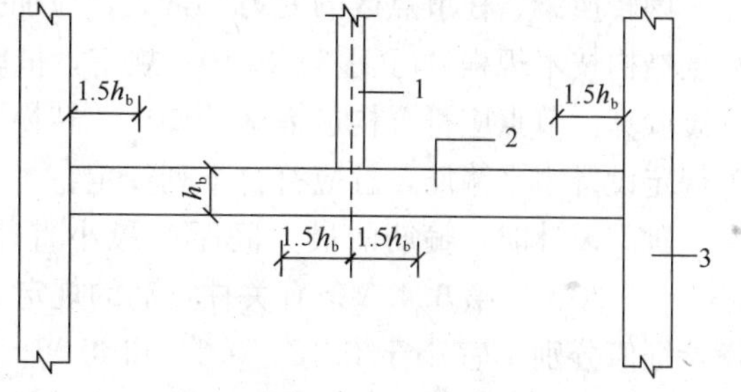

图 3-8 托柱转换梁箍筋加密区示意

1—梁上托柱；2—转换梁；3—转换柱

（6）托柱转换梁在转换层宜在托柱位置正交方向的框架梁或楼面梁，以避免转换梁承受过大的扭转作用。

4. 转换柱构造要求

转换柱设计应符合下列要求：

（1）柱内全部纵向钢筋配筋率应符合表 3-4 中框支柱的规定。

转换柱纵向受力钢筋最小配筋百分率（%） **表 3-4**

	抗震等级				非抗震
	一级	二级	三级	四级	
框支柱	1.1	0.9	—	—	0.7

注：1. 采用 335MPa 级、400MPa 级纵向受力钢筋时，应分别按表中数值增加 0.1 和 0.05 采用；

2. 当混凝土强度等级高于 C60 时，上述数值应增加 0.1 采用；

3. 抗震设计时，对Ⅳ类场地上较高的高层建筑，表中数值应增加 0.1。

（2）抗震设计时，转换柱的箍筋应采用复合螺旋箍筋或井字复合箍筋，并沿全高加密，箍筋直径不应小于 10mm，箍筋间距不应大于 100mm 和 $6d$（d 为纵向钢筋直径）的较小值。

（3）抗震设计时，转换柱的箍筋配箍特征值应比普通框架柱要求的数值增加 0.02 采用，且箍筋体积配箍率不应小于 1.5%。

转换柱设计尚应符合下列要求：

1）柱截面宽度，非抗震设计时不宜小于 400mm，抗震设计时不应小于 450mm；柱截面高度，非抗震设计时不宜小于转换梁跨度的 1/15，抗震设计时不宜小于转换梁跨度的 1/12。

2）柱截面的组合剪力设计值应符合下列要求：

持久、短暂设计状态 $$V \leqslant 0.20\beta_c f_c b h_0 \tag{3-6a}$$

地震设计状态 $$V \leqslant \frac{1}{\gamma_{RE}}(0.15\beta_c f_c b h_0) \tag{3-6b}$$

3）纵向钢筋的间距均不应小于 80mm，且抗震设计时不宜大于 200mm，非抗震设计时不宜大于 250mm；抗震设计时，柱内全部纵向钢筋配筋率不宜大于 4.0%。

4）非抗震设计时，转换柱宜采用符合螺旋箍或井字复合箍，其箍筋体积配箍率不宜小于 0.8%，箍筋直径不宜小于 10mm，箍筋间距不宜大于 150mm。

5. 转换梁、柱节点构造要求

因转换梁、柱节点区的受力非常大，应加强其节点核心区的构造要求。《高层建筑混凝土结构技术规程》（JGJ 3—2010）规定，抗震设计时，转换梁、柱的节点核心区应进行抗震验算，节点应符合构造措施的要求。转换梁、柱节点核心区应按框架节点核心区的有关规定设置水平箍筋，且应符合下列规定：

抗震设计时，箍筋的最大间距和最小直径宜符合《高层建筑混凝土结构技术规程》（JGJ 3—2010）第 6.4.3 条有关柱箍筋的规定。一、二和三级转换梁、柱的节点核心区配箍特征值分别不宜小于 0.12、0.10 和 0.08，且箍筋体积配箍率分别不宜小于 0.60%、0.50%和 0.40%。转换柱剪跨比大于 2 的转换梁、柱的节点核心区的体积配箍率不宜小于核心区上、下柱端体积配箍率中的较大值。

6. 转换层楼板构造要求

托柱转换层楼板的作用与框支转换层楼板的作用是不同的。部分框支剪力墙结构中，框支转换层楼板不仅要承受竖向荷载的作用，还要承受楼板平面内不落地剪力墙的剪力，其工作原理可视为支撑在落地墙（柱）的深受弯构件。而托柱转换层楼板仅承受作用的竖向荷载。因此，其托柱转换层楼板的构造要求可以适当降低。

托柱转换层的楼盖应采用现浇楼盖结构，并应予以适当加强。

7. 托柱转换层结构上部框架结构构造要求

分析表明，托柱转换梁与上部框架是共同工作的，可以看成是一榀受相连框架梁和楼板约束的多层空腹桁架。设计时应尽可能加大转换梁上面几层框架梁的刚度，以便更好地共同承担上部荷载，将主要由一根转换梁承托转变为多层梁共同承托上部竖向荷载的工作机制。

上部框架，尤其是转换层上层的框架梁柱受力复杂、应力集中，设计时应予以加强。抗震设计时，转换层上部框架柱轴压比限制应比《高层建筑混凝土结构技术规程》（JGJ 3—2010）表 6.4.2 中格的第二栏框架-剪力墙、框架核心筒、筒中筒结构规定的数值减小 0.05 采用，见表 3-5。

转换层上部框架柱轴压比限值 **表 3-5**

柱轴压比	一级	二级	三级
μ_N	0.70	0.80	0.90

考虑到结构变形的连续性，在水平方向上与设置转换梁的框架直接相连的普通框架（不设置转换梁的框架）的抗震构造设计宜适当加强，加强的范围不少于相邻一跨。

托柱转换层结构上部框架结构中，框架梁、框架柱抗震等级、纵向钢筋、箍筋构造要求、上部框架柱节点及节点上、下箍筋加密等的构造要求均同一般框架结构。

但应注意：上部框架梁纵向钢筋构造应注意整体结构空腹桁架工作特性，下部纵向钢筋在柱支座内的锚固、搭接应按受拉钢筋要求执行。

3.4.2 转换梁开洞构造要求

转换梁不宜开洞。若必须开洞时，洞口边离开支座柱边的距离不宜小于梁截面高度。被洞口削弱的截面应进行承载力计算，因开洞形成的上、下弦杆应加强纵向受力钢筋和抗剪箍筋的配置。

（1）当洞口直径（或洞口宽度、高度中的大者）$\leqslant h_b/4$（h_b 为转换梁的高度）时，可采取洞口加筋、洞边加网片予以构造加强。

当洞口直径$>h_b/4$ 时，开洞位置需位于跨中 $l_n/3$ 区段（l_n 为转换梁净跨），且洞口上、下部按上、下弦杆进行加强配筋。

当洞口直径$>h_b/3$ 时，需进行专门有限元分析，根据计算应力设计值进行配筋。为减少矩形洞口角部应力集中，可将洞口直角改为圆角或洞口角部加腋角。

（2）洞口上、下弦杆的内力按下式计算（图 3-9）：

剪力
$$V_i=\frac{I_i}{I_1+I_2}V_b \tag{3-7a}$$

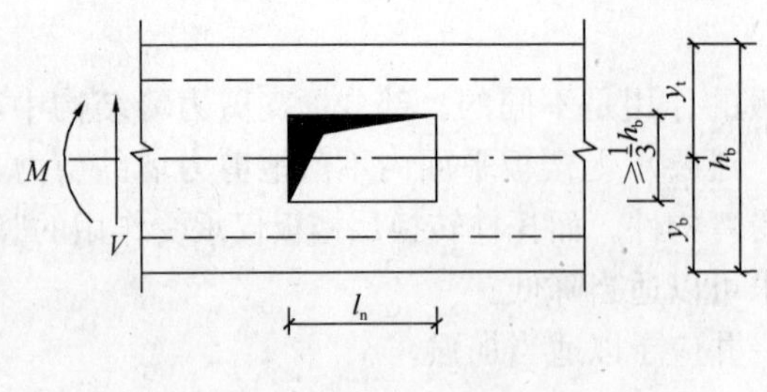

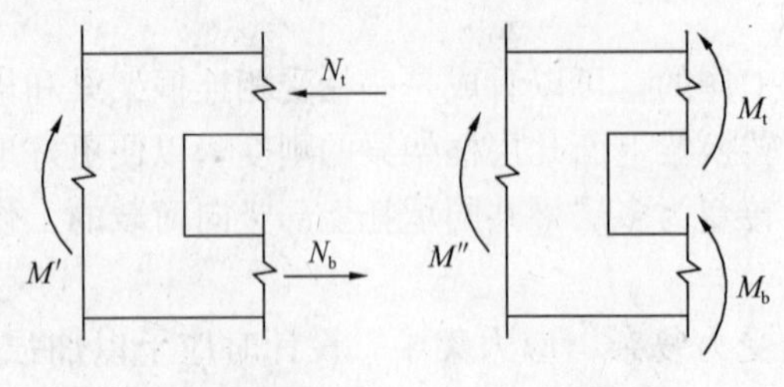

图 3-9 洞口上、下弦杆内力计算

弯矩 $M_i = V_i \dfrac{l_n}{2}$ (3-7b)

轴力 $N_i = \pm \dfrac{M_b}{Z}$ (3-7c)

式中 M_i——计算截面的弯矩；

V_i——计算截面的剪力；

I_i——上弦杆或下弦杆的惯性矩；

Z——内力臂。

(3) 洞口上、下弦杆必须采取加强措施，箍筋要加密，以增强其抗剪能力。上、下弦杆箍筋计算时宜将剪力设计值乘放大系数 1.2。沿弦杆全长箍筋应加密，间距不宜大于 100mm。

当洞口较大、弦杆内力较大时，可于弦杆内设置型钢以提高其承载力和延性。洞口两侧也应配置加强钢筋，或用型钢加强。

3.5 工程实例

3.5.1 北京银泰中心

1. 工程概况

北京银泰中心[3-11]是集酒店公寓（A 座）、办公写字楼（B、C 座）、商场（裙房 D）、娱乐服务（裙房 E）为一体的大型综合性建筑群体，各相邻结构主体在地上部分以伸缩缝、防震缝完全断开，长 230m、宽 130m 的四层地下室在地下将它们连成一个整体。其中 B、C 座为两幢结构布置相同的办公写字楼，地下 4 层，地上 42 层，以上有 2 层塔楼，结构总高度 186.00m。图 3-10 为总体屋顶平面图，图 3-11 为北立面效果图。

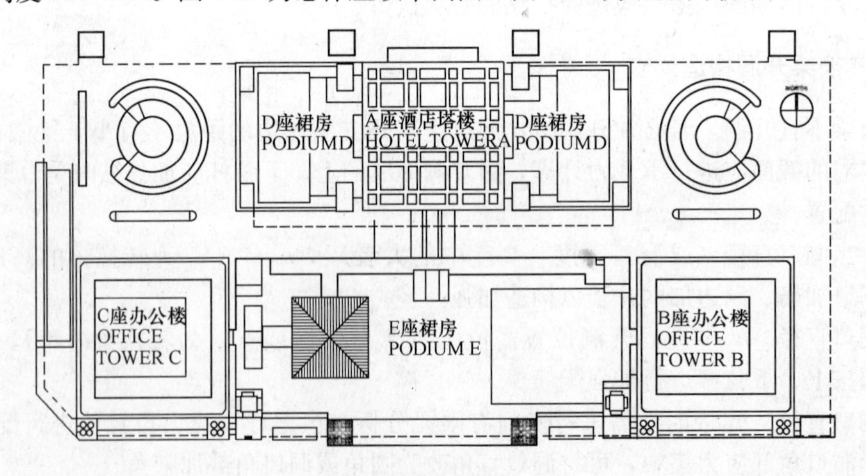

图 3-10 总体屋顶平面图

本工程结构设计使用年限为 50 年，结构安全等级为一级，抗震设防烈度为 8 度，设计地震分组为第一组，抗震设防类别为丙类，建筑场地类别为Ⅱ类，地面特征周期 $T_g=$

0.40s，基本风压 $w_0=0.50\text{kN/m}^2$，地面粗糙度为 C 类。

采用钢筋混凝土筒中筒结构体系，外框筒平面为 42.5m×42.5m 的正方形。中央核心筒平面尺寸为 18.05m×21.20m。核心筒上、下贯通建筑物全高，连续完整。各层柱截面尺寸及柱距见表 3-6。

为满足建筑交通、大堂大空间的要求，首层抽柱，经分析研究，确定在 2 层（标高 11.500m）设置转换梁承托上部 40 层外框筒密柱传来的荷载。转换梁相邻楼层立面如图 3-12 所示。

图 3-11　北立面效果图

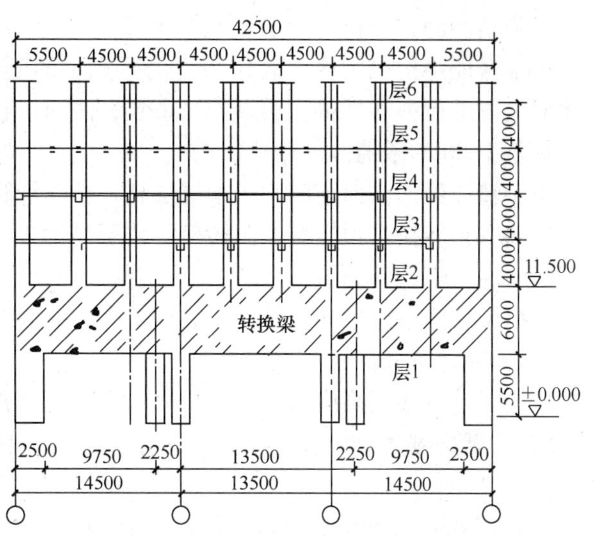

图 3-12　转换梁相邻楼层立面示意图

外框筒柱截面尺寸及柱距　　　**表 3-6**

楼　层	截面尺寸（mm）		柱距（m）
	角　柱	其他柱	
−4～−1	2500×2500×2000	2000×2000	13.5
1～2	2500×2500×2000	ϕ1500	13.5
2～3	2000×2000	1200×1700	4.5
4～12	1200×1200	1200×900	4.5
12 以上	1200×1200	1200×600	4.5

2. 结构计算分析

（1）结构整体计算分析

1）采用 ETABS 和 SATWE 两种程序进行结构整体计算分析，用杆单元模拟柱和梁，用壳单元模拟剪力墙，用膜单元模拟楼板。计算中考虑了 P-Δ 效应、扭转效应及地震作用的最不利方向。

分析表明，结构的主振型以平动为主，扭转振型周期与平动周期之比 T_3（x 向平动）/T_1（扭转）=0.61（ETABS 分析结果）较小，结构有较好的抗侧刚度及抗扭刚度。层间位移角满足《高层建筑混凝土结构技术规程》（JGJ 3—2010）要求。

楼板最大水平位置和质心位移之比在 1.26 以内，X、Y 方向最大位移比分别为 1.15、1.20，满足《高层建筑混凝土结构技术规程》(JGJ 3—2010)的要求。

2) 弹性动力时程分析

选取Ⅱ类场地土、特征周期 $T_g=0.40s$ 的二条实际地震波及针对本场地的一条人工模拟加速度时程曲线，输入的地震加速度峰值 $\ddot{x}_{g,max}=70cm/s^2$，结构阻尼比 $\xi=0.05$，计算结果满足《高层建筑混凝土结构技术规程》(JGJ 3—2010)要求。实际配筋取三条曲线计算结果的平均值和振型分解反应谱法计算结果中的较大值。

3)弹塑性静力分析(Pushover 法)

为了保证结构在罕遇地震作用下仍有充足的延性和承载力而不致倒塌，采用 EPDA 程序对结构进行弹塑性静力分析(Pushover 法)作补充分析。计算出层间位移角为 1/24，小于规范 1/20 的限值。

由于转换梁的截面高度大于本层层高，整体计算中转换梁的位置取在梁顶标高处，即下层层高取到转换梁顶标高处。转换层楼层高度 $h_i=6000mm$，转换层下一楼层高度 $h_{i-1}=5500mm$，则计算所得的柱端弯矩尚应乘以修正系数 $\beta=h_{i-1}/(h_{i-1}+h_i)=0.478$。

转换梁作为考虑轴向变形的弯曲杆单元，应同时考虑剪切变形的影响。

(2)局部计算分析

转换层计算楼层高度为 11.5m，故局部计算分析时取典型一榀抽柱框架转换梁以上四个楼层(计算高度为 $4\times4m=16.0m$)与下部转换梁组成一体，计算中考虑杆件的轴向变形。

3. 转换构件截面配筋及构造设计

(1)设计控制指标

剪力墙、外框筒梁柱、转换梁、转换柱抗震等级均为特一级，严格控制转换层及转换层以下楼层剪力墙、框架柱、转换柱的轴压比，使转换柱的轴压比 $\mu_N\leqslant0.5$，剪力墙筒体的轴压比 $\mu_N\leqslant0.4$。柱配箍特征值 $\lambda_v\geqslant0.19$。

(2)通过调整转换层相邻各层转换柱、外裙梁的截面尺寸，调整内筒墙厚以及在楼梯间设置补偿剪力墙等措施，使转换层上、下层楼层侧向刚度比不大于 0.74，避免出现结构薄弱层。

(3)为了避免转换梁脆性破坏和具有较合适的配箍率，控制转换梁剪压比不大于 0.08，对转换梁进行多次试算、调整，最后确定转换梁截面尺寸为 2000mm×6000mm，混凝土强度等级 C50。

转换梁跨高比为 13500/6000＝2.25，故按深梁矩形截面设计，截面配筋见图 3-13 (*a*)。为了提高转换梁混凝土的抗裂性及增强混凝土和钢筋的共同工作性能，在转换梁纵向受力钢筋保护层内增设 $\phi4@50\times50$ 的 U 形钢筋网片，见图 3-13 (*b*)。

在转换梁内与柱轴线对应位置处预埋了工字形钢梁，并在节点处理上保证钢梁和柱内型钢等强连接，以提高结构整体抗震性能。转换梁型钢与柱内型钢连接示意见图 3-14。

(4)转换柱及框架柱

为了提高构件的延性及承载力，外框筒钢筋混凝土柱中，从地下 2 层～地上 6 层均增设构造型钢，6 层以上至结构顶部增设芯柱。典型柱截面形式见图 3-15。型钢柱中型钢的截面尺寸及芯柱配筋见表 3-7。

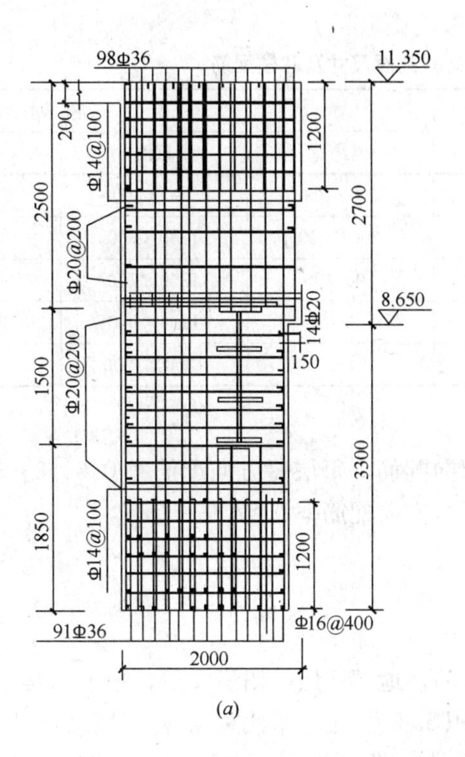

(*a*)

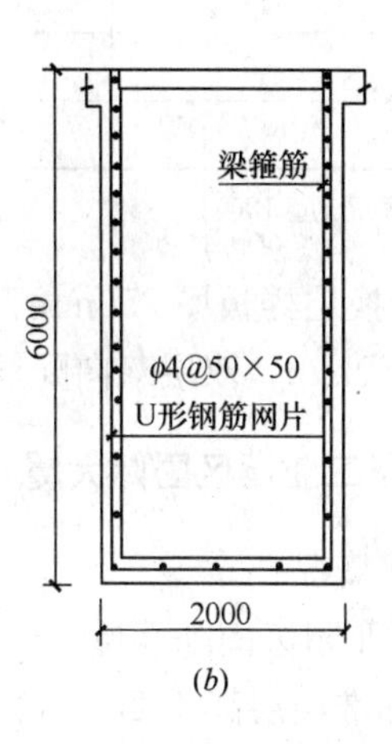

(*b*)

图 3-13　转换梁配筋示意图

(*a*)截面配筋；(*b*)钢筋网片

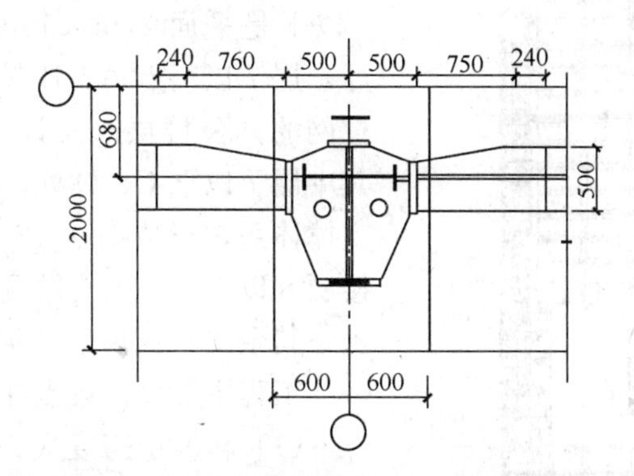

图 3-14　转换梁型钢与柱内型钢连接示意图

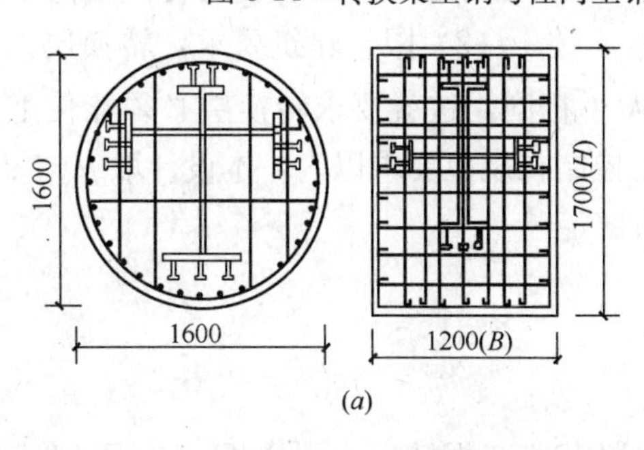

(*a*)

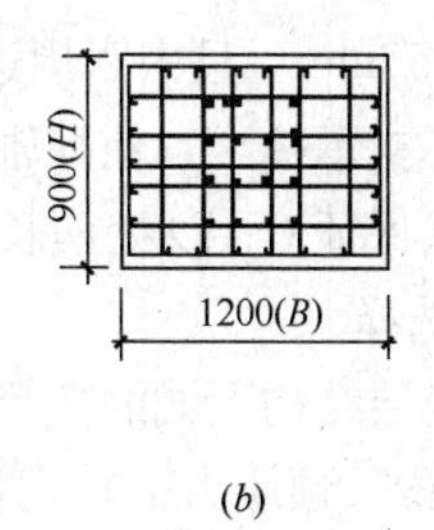

(*b*)

图 3-15　柱截面形式

(*a*)型钢柱；(*b*)芯柱

型钢柱中型钢的截面尺寸及芯柱配筋 **表 3-7**

型钢(mm)				芯 柱	
腹板厚	翼缘厚	腹板高	翼缘宽	截面	纵筋
9	14	350	200～250	700×600	8ф28
18	20	350～950	200～700	1200×600	12ф28
36	40	1000/1100	300/400	1200×700	12ф28
40	50	1500	600	1200×900	16ф28
—	—	—	—	1200×1200	16ф28

注：芯柱箍筋为ф12@100。

(5) 转换层楼板厚 250mm，双层双向配筋，每层每方向配筋率 0.63%。转换层上一层楼板厚 180mm，双层双向配筋，每层每方向配筋率 0.87%。

3.5.2 苏州工业园区国际大厦

1. 工程概况

苏州工业园区国际大厦[3-12]（图 3-16），地下 2 层，裙房 4 层，地上主楼 20 层，总高 89.56m，标准层层高 4.2m，总建筑面积 5.6 万 m^2。采用框架-剪力墙结构结构体系，主楼、裙楼之间不设永久缝。建筑要求在层 7（标高 28.80m）设转换层，图 3-17 中阴影部分在层 7 以下是平面 27m×18m，高 28.80m 的共享大厅，层 7 以上点 A、B 起柱，支承 9m×9m 间距柱网的办公楼层（共计 13 层）及塔楼（2 层）。其中层 7 以下 C、D 处两柱在主受力方向无楼层支撑体系，形成高达 28.80m 的长柱。本工程主楼层 8 以下柱、剪力墙及转换大梁采用 C55 混凝土，其余梁、板为 C45 混凝土。

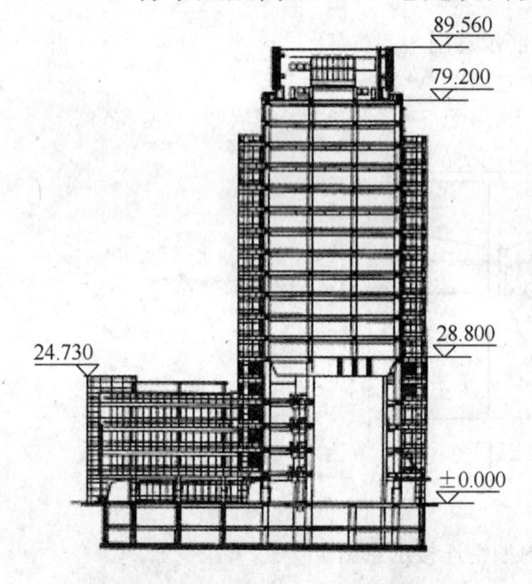

图 3-16 国际大厦剖面图

工程主要设计难点在于：

(1) 转换层跨度大、负荷重，设计中应采取安全可靠、行之有效的转换结构形式；

(2) 限于建筑要求，转换层以下支承柱截面不能超过 ϕ1350mm，且中庭周边柱大小相同，这就要求转换层必须能使上部荷载较为均匀地分摊至各支承柱上，使柱轴压比控制在规范要求以内，本设计取 $\mu_N \leqslant 0.80$；

(3) 设法保证 C、D 处两长柱的稳定。

2. 方案选择

(1) 转换层结构形式的选择

1) 普通梁（预应力梁）式转换

方案 1（图 3-18）在对应起柱位置布置 3 根转换大梁 YKL1、YKL2，截面尺寸均为 1.0m×3.0m。经 SATWE 电算分析（考虑活荷载折减），柱 C'、D'轴向压力过大，轴压比达 0.86，超过规范规定。柱 C、D 轴力比其余支承柱轴力大约 15%，考虑到柱 C、D

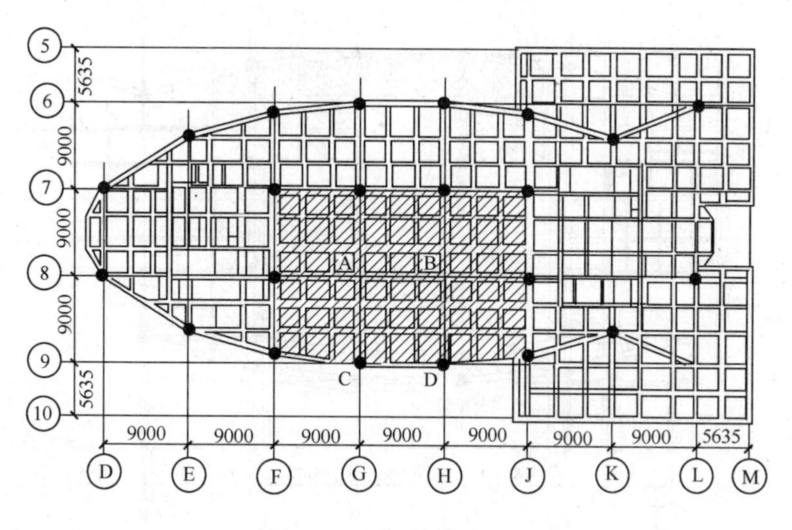

图 3-17　层 7 结构平面图

为细长柱，也较为不利。其余柱轴压比（如 E、F、G）在 0.53 左右。

2）双向预应力转换梁体系

从方案 1 分析可知，必须设法减轻柱 C、C'、C、D'的负担，而发挥其他柱的潜力。方案 2（图 3-19）在靠近 YKL2 处增加了两根 YL1，且使纵向梁高大于横向梁高。该方案经同样电算分析，柱 C'、D'轴压比降为 0.80，满足要求。柱 C、D 轴力与其余柱相当，轴压比 0.56，达到了增加沿纵向传力，使各支承柱所受轴力更加均匀的目的。为改善使用性能，减少转换层挠度变形（对上部结构构件内力的影响），保证结构的耐久性，5 根转换大梁均采用预应力钢筋混凝土。

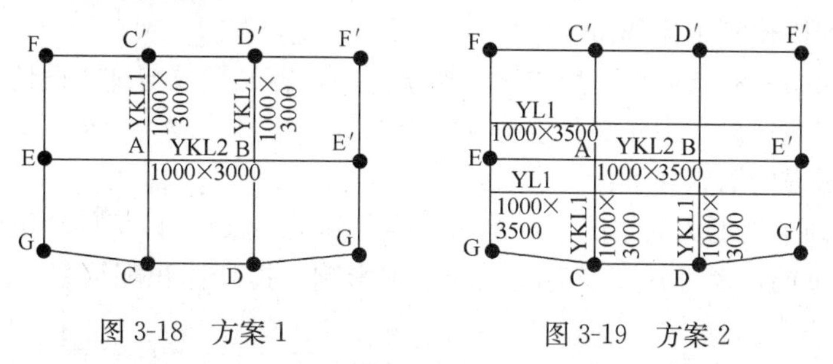

图 3-18　方案 1　　　　图 3-19　方案 2

（2）长柱处理方案

为解决 C、D 处转换梁下长柱的稳定问题，设计考虑了以下方案（图 3-20）：在 C、D 内侧 C''、D''位置设两小柱，小柱截面 ϕ550，上端纵筋锚入 YKL1，顶部与 YKL1 间填充沥青麻丝脱开。C''与 C，D''与 D 间在各楼层位置设钢筋混凝土拉梁，隔层即层 2、4 在梁间设加强走道梁板，走道板及走道板两端主楼剪力墙筒体间的楼板加厚至 180mm。

3. 整体分析

（1）抗震概念设计

在结构总体考虑上通过采用框架-剪力墙体系（双内筒），以减轻框架部分承担的地震作用，形成以抗震墙为主的多道防线，按 6 度抗震设防，考虑到工程的重要性，按 7 度采取构造措施，框架、剪力墙抗震等级均为二级，结构平面、立面布置及构件设计均按规范

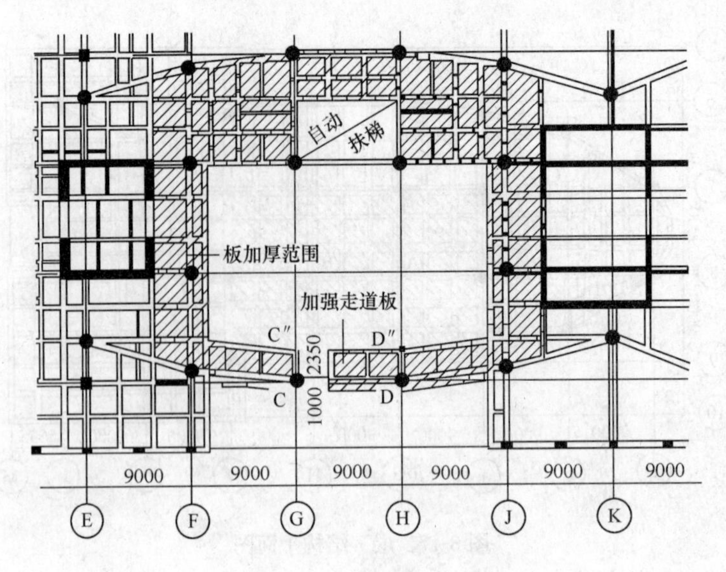

图 3-20 加强走道板平面图

有关要求进行。

在设计中，转换梁采用有粘结部分预应力技术，配置 HRB335 级钢筋，以提高转换梁的延性和反复荷载作用下结构耗散能量的能力。预应力混凝土结构的延性和转动能力在很大程度上决定于预应力钢筋的含量 ρ_p，随 ρ_p 值的增加构件延性将明显下降。因此为了保证结构具有抗震设计所需要的延性，在设计预应力混凝土大梁时，跨中梁底控制预应力筋的含量 $\rho_p \leqslant 0.005$，支座梁顶以 HRB335 级钢筋为主，适当配置预应力筋以减少反拱。由于支座处以普通配筋为主，因而使转换层结构的延性得以提高，使优先考虑弯曲变形耗能的抗震设计原则得到了体现。

由于转换层结构中支承柱一般均比转换梁薄弱，容易形成与抗震设计原则相违背的强梁弱柱结构，因此在设计中除满足规范规定要求外，应适当增大支承柱的承载力及延性，在设计中具体考虑的措施如下：

1）在柱截面不能增大的情况下，采用高强混凝土（C55）以降低轴压比。

2）配螺旋箍筋，考虑到高强混凝土的不利影响，提高体积配箍率，设计体积配箍率达到 1.86%。

3）适当提高支承柱的纵筋配置量，实际配筋率为 1.2%。

4）柱纵筋的间距在 150mm 以下时，由于与加密箍筋配合，对截面核芯混凝土构成方格网式约束，可提高柱的延性。因此支承柱配筋时，在配筋量不变的情况下，设计应尽可能地增加钢筋根数，实际纵筋间距为 143mm。

（2）整体分析

工程采用 SATWE 软件进行计算，采用超单元墙元模拟剪力墙，较好地模拟了工程剪力墙的真实受力状态。对楼板则以弹性板单元来描述，可以较准确地算出楼板变形对梁、柱、墙的影响。在地震作用计算中，该程序可考虑扭转耦联，这不同于以往只考虑两垂直方向的平移振动，而是考虑了各方向位移间的相互影响，且是一种自由振动，所产生的各振型、周期均是空间的。

4．局部分析

采用 SATWE 对钢筋混凝土结构作分析时，对结构的稳定不作考虑。设计在对 C、D 长柱作稳定补充分析时，采用以下假定：

（1）材料线弹性，当转换层处于弹性阶段时基本可满足；

（2）偏于安全地不考虑同层其余框架柱的影响；

（3）在设有加强走道梁板的楼层，梁柱间形成小框架，偏安全地不计无走道板处拉梁对柱的约束；

（4）按无侧移框架考虑。

图 3-21 为 C、D 长柱的计算简图。

基于《高层民用建筑钢结构技术规程》（JGJ 99—98）中的有关规定作了上述 4 条假定。《高层民用建筑钢结构技术规程》（JGJ 99—98）第 5.2.11 条规定："对于有支撑结构，且 $\Delta u/h \leqslant 1/1000$，按有效长度法验算（整体稳定）。柱计算长度系数可按现行《钢结构设计规范》（GB 50017—2003）附录 D 表 D-1 采用（该表为无侧移框柱计算长度系数）。支撑体系可以是钢支撑、剪力墙和核心筒体等。"在其后 6.3.2 条也给出了无侧移框架柱的计算公式（式 6.3.2-2）。

本工程中，小框架通过设加强走道梁板与剪力筒相连，可认为是一有支撑结构，且在走道梁板及中庭周边板按弹性板假设的电算分析结果表明：入口长柱的最大层间位移 $\Delta u/h=1/3428$，小于规定的 1/1000。可认为长柱与其相连小柱构成的小框架为无侧移框架。

最终 C、D 长柱根据电算内力（$N=21133\text{kN}$，$M=959\text{kN}\cdot\text{m}$）及控制计算长度 8.26m 计算配筋，考虑抗震构造后的实际配筋见图 3-22。

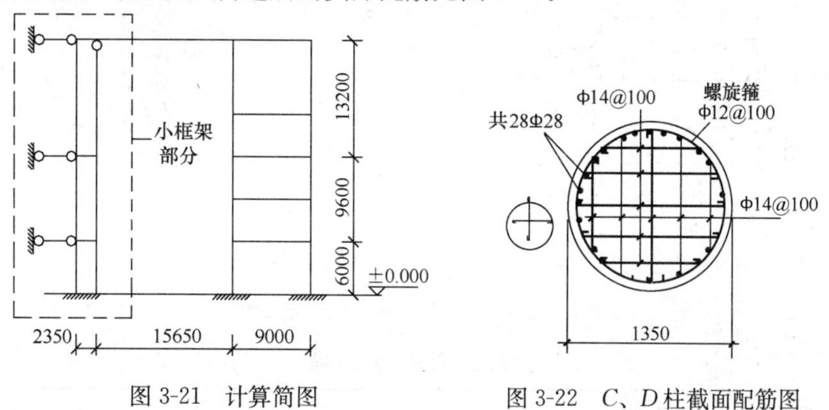

图 3-21　计算简图　　　　图 3-22　C、D 柱截面配筋图

5．预应力转换层设计

转换层板厚 250mm，在按弹性板假定整体电算得出内力后，考虑到转换梁的重要性，对其内力乘以 1.2 的增大系数，然后按现行规范并参考文献［3-13］进行 5 根转换梁的预应力设计。预应力筋采用低松弛钢绞线，折线布筋，一端张拉，锚具采用 OVM 系列。

本工程转换梁处室内低侵蚀环境，根据文献［3-13］研究成果，抗裂控制取：

短期组合：

$$\sigma_{sc}-\sigma_{pc}\leqslant 2.5f_{tk} \tag{3-8a}$$

长期组合：

$$\sigma_{sc} - \sigma_{pc} \leqslant 0.8\gamma f_{tk} \tag{3-8b}$$

式中　γ——截面抵抗矩塑性系数，取 $\gamma=1.75$。

根据式（3-8）可估算预应力配筋，然后进行正截面承载力验算、预应力损失计算、抗裂验算等。转换梁的配筋计算结果见图 3-23 和表 3-8。

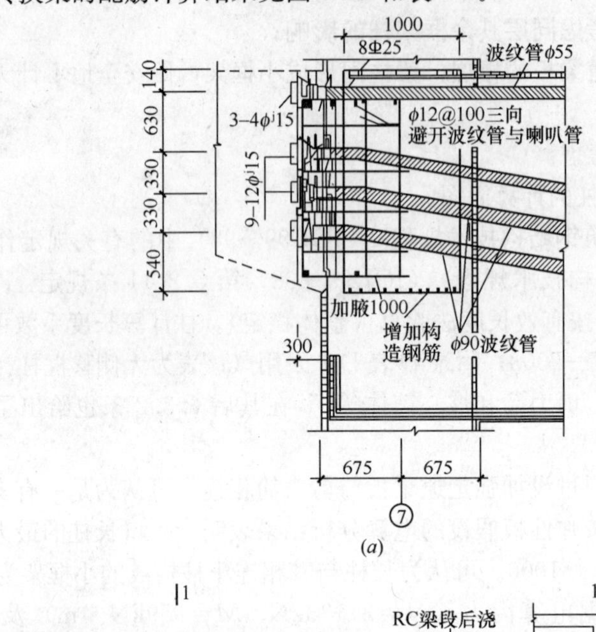

(*a*)

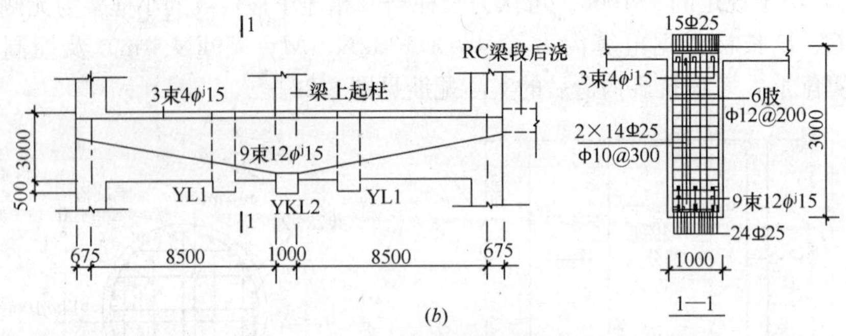

(*b*)

图 3-23　YKL1 预应力筋布置图

（*a*）张拉端部节点；（*b*）预应力筋布置

预应力转换梁的配筋　　　　　**表 3-8**

梁号	截面尺寸（mm）	跨度（m）	梁底地面配筋	梁顶面配筋	箍筋	腰筋
YKL1	1000×3500	18	9 束 12Φʲ15+24Φ25	3 束 4Φʲ15+15Φ25	6 肢Φ12@100/200	2×14Φ25
YKL2	1000×3500	27	6 束 12Φʲ15+21Φ25	2 束 4Φʲ15+15Φ25	6 肢Φ12@100/200	2×17Φ25
YL1	1000×3500	27	4 束 12Φʲ15+21Φ25	21Φ25	6 肢Φ12@200	2×17Φ25

由于本工程转换层结构是 5 根预应力混凝土梁交叉形成的井字梁系，其中任何一根梁的张拉都会对其他梁产生影响，因此有必要对张拉阶段内力状况作空间分析。同时，不同的张拉顺序和不同的张拉阶段，其对应的内力状况也不同。当预应力效应用等效荷载法考虑时，其不同的应力状态都可通过在按方案 2 建立的简化空间模型（图 3-19）中施加相应

等效荷载电算得出。

预应力筋采用分批张拉技术，分两批张拉，每批张拉的预应力筋数目基本相同。第一批张拉的预应力筋为：YKL1 的 5 束预应力底筋和 3 束负筋、YKL2 的 3 束底筋和 2 束负筋、YL1 的 2 束底筋。第一批预应力张拉后，转换梁的应力由两部分组成：自重、预应力作用，其中预应力作用对应于按比例施加的等效荷载。第二批张拉在层 14 楼面浇筑完毕后进行，此时转换梁的应力由新增加的楼面荷载、转换层自重及所有预应力产生的应力叠加形成。

3.5.3 南京状元楼酒店

1. 工程概况

南京状元楼酒店二期工程[3-14]由主楼（高层建筑）和附楼（多层建筑）两部分组成，总建筑面积 31000.0m^2。主楼地上 12 层，局部退层，总高 45.0m，标准层面积 2300.0m^2；附楼地上 3～7 层；主楼和附楼设 1 层（层高 3.5～4.5m）地下室。抗震设防烈度为 7 度，场地类别为Ⅱ类，采用钢筋混凝土框架结构体系。基础采用桩基，主楼和附楼之间不设缝，仅留后浇带。

按照建筑功能要求，地下室为停车库，主楼 4 层以下设有商场、大堂、餐厅、文化娱乐等公共设施，5 层以上均为客房。附楼 2 层中部需设置 1 个多功能厅兼大宴会厅，要求形成跨度为 19.6m、局部 2 层高的大空间，并且在其上方再设 4 层公寓。为此结构柱网布置要适应上述建筑要求，开间取 8.0m，在 4 层以下，主楼采用两跨框架，裙楼采用单跨框架，在 5 层以上采用三跨框架，利用设备层作为结构转换层来实现上、下柱网的改变，即主楼通过两跨（8.6m+8.6m）转换层结构支承 8 层三跨（6.55m+4.7m+5.95m）框架（图 3-24*a*），附楼通过单跨（19.6m）转换层结构支承 4 层三跨（5.95m+7.3m+5.95m）框架（图 3-24*b*）。这样的结构布置可使 5 层以上客房及公寓中每层框架梁高度减小 150mm，既满足了规划部门对总高度的限制，又保证了 12 层总层数，使业主获得了较大综合效益。

4 层以下大柱网楼板采用双向密肋板，板厚为 70mm，肋高 300～350mm。5 层以上现浇板厚为 90mm。混凝土强度等级：1～4 层为 C40，5～8 层为 C35，9 层以上为 C30。

2. 结构计算分析

(1) 结构整体分析

结构整体分析采用 TBSA 程序，由于转换梁的截面高度为一层高，整体计算中转换梁的位置取在梁顶标高处，梁的刚度取实际刚度。转换梁可按杆系结构考虑，但计算所得的柱端弯矩尚应乘以修正系数 $\beta = h_{i-1}/(h_{i-1} + h_i)$。

(2) 局部分析

从 TBSA 电算结果中取出作用在转换梁上的所有外力，然后施加部分预应力，同时考虑预应力施工模拟工况进行转换梁的单榀分析。

3. 预应力转换结构设计和构造措施

(1) 转换层结构方案选择

转换层结构设计是本工程设计的重点。经试算发现，本工程在同等截面条件下，若采用非预应力转换层结构，配筋较多，不便施工，支座处抗裂不能满足规范要求；若在转换

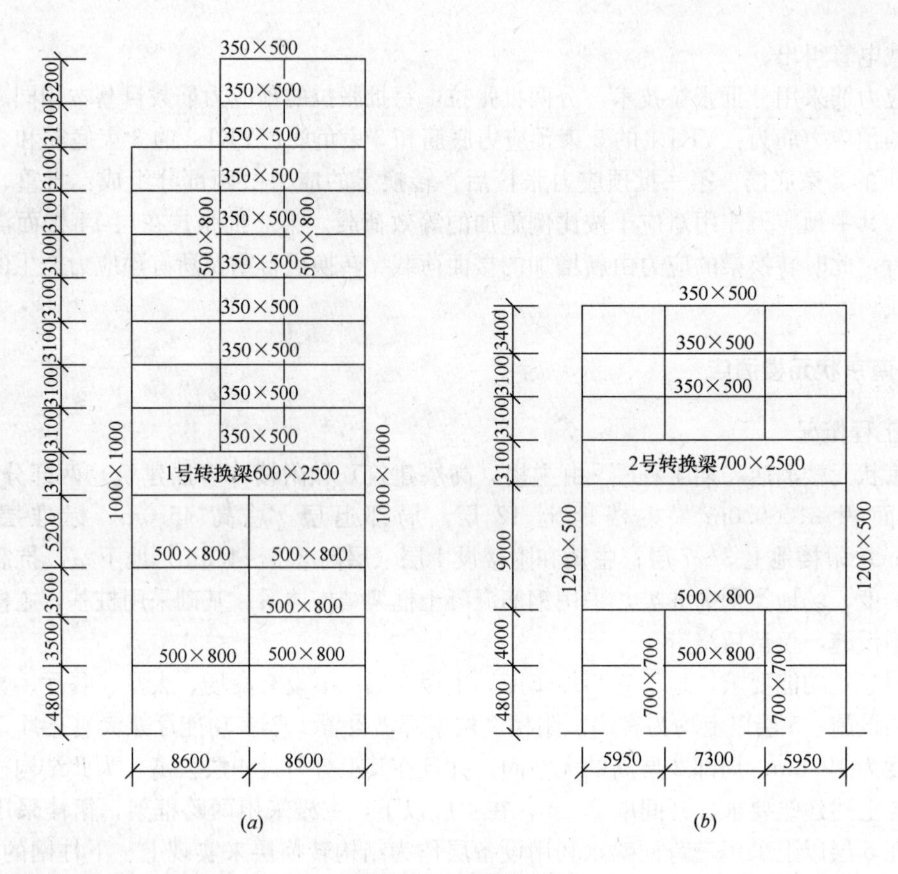

图 3-24　结构剖面图

(*a*) 1 号转换梁；(*b*) 2 号转换梁

层结构上施加部分预应力，可改善结构受力性能，减少挠度和梁截面高度，并节约钢材，提高梁的抗裂性。

由于本工程设备层兼做结构转换层，为了节约空间，降低造价，在主楼转换层结构上要设置 0.80m×1.20m 和 1.0m 的设备孔洞。经过多方案比较，确定主楼转换层结构采用预应力混凝土开洞托柱转换梁，附楼转换层结构采用预应力混凝土实腹托柱转换梁。

（2）预应力混凝土转换梁设计

根据内力图合理布置预应力钢筋。预应力转换梁部分预应力比率 $PPR=0.55\sim0.70$。根据抗裂要求选择预应力钢筋，按照强度和延性要求配置非预应力筋，控制梁内受压区相对高度 $x/h_0\leqslant0.35$。梁内裂缝宽度不超过 0.2mm，使转换梁截面有足够延性。

主楼预应力混凝土转换梁截面尺寸 0.60m×2.50m，下部配置 2 束 $7\phi^{s}15$ 折线钢绞线，上部配置 2 束 $7\phi^{s}15$ 直线钢绞线，见图 3-25*a*。附楼预应力混凝土转换梁截面尺寸 0.70m×2.50m，下部配置 2 束 $7\phi^{s}15$ 直线钢绞线＋4 束 $7\phi^{s}15$ 折线钢绞线，见图 3-25 (*b*)。

（3）构造措施

根据模拟试验出现的薄弱环节，在设计转换层结构时采取以下构造加强措施：

1）严格控制转换层结构框架柱轴压比，保证柱子有较大安全储备。本工程柱轴压比按抗震等级提高一级控制。

2）加强转换层相邻上、下层柱配筋率及柱混凝土约束，柱内箍筋采用焊接接头，以

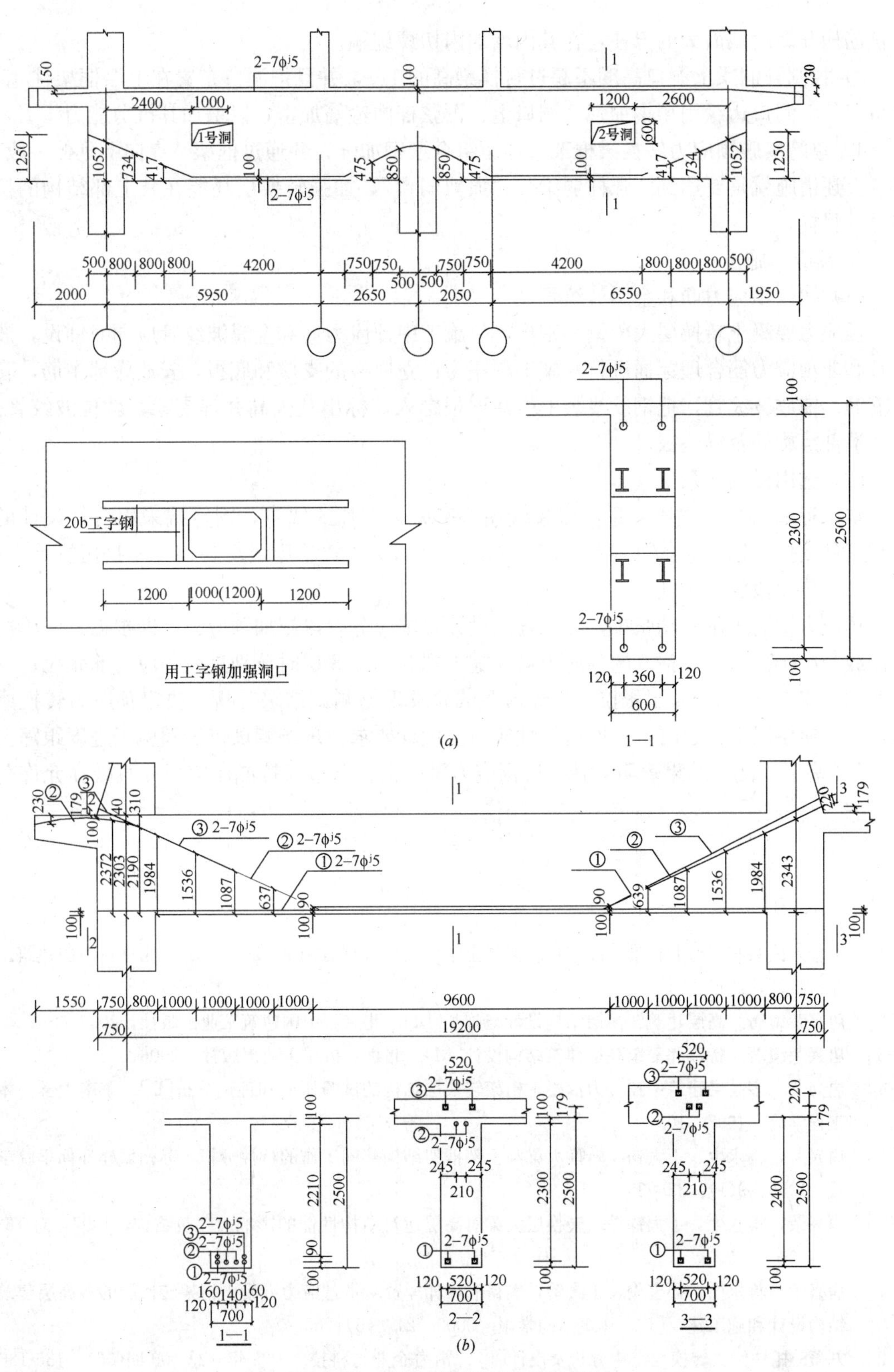

图 3-25　换层大梁的预应力筋布置

(a) 1号转换层大梁；(b) 2号转换层大梁

防箍筋崩开。对截面大的方柱，在其内增加内切螺旋箍。

3）控制开洞梁上洞口高度不超过转换梁高的1/3，并且把洞口布置在上层框架柱45°扩角以外，洞口边缘用型钢加强，洞口上、下弦杆内箍筋加密，以增加其抗剪能力。

4）单跨实腹预应力转换梁框架边柱用组合型钢加强，并通过框架节点向上延伸一段。

上述措施就是要达到“强柱弱梁”、“强剪弱弯”，加强转换层耗能在其上部结构的抗震设计目标。

4. 预应力施工

（1）铺设预应力筋和金属波纹管

预应力混凝土转换层大梁钢筋密集，故施工中预应力筋和金属波纹管应同时铺设，波纹管和非预应力筋合理穿插进行，施工顺序为：立模板的支撑和底板，安放底部主筋，套上箍筋，铺放波纹管，把钢绞线装上引套逐根穿入，标出孔矢高并焊支架，就位波纹管，安装端部螺旋筋及锚垫板。

（2）选用锚固体系

本工程采用QM锚固体系，张拉端用QM15-7夹片式锚具，固定端采用自行设计的群锚配件及挤压锚；配备机具有YCW-100～150型穿心式千斤顶及GYJ-150挤压机等。

（3）分阶段施加预应力

预应力钢筋采用一端张拉，本工程按设计要求应分阶段施加预应力，即根据不同阶段的荷载分次张拉，对一抬八的预应力梁在施工到3、6、8层时分别进行预应力筋张拉；一抬四的预应力梁在2、4层张拉。后经模型试验及现场测试结果分析，决定预应力转换梁施工到转换层以上3层时，一次施加预应力至设计要求。现场测试仪表随施工进度跟踪至8层施工完毕。测试结果表明，转换层预应力梁的上、下边缘拉或压应力一直处在允许范围之内。

参 考 文 献

[3-1] 中华人民共和国行业标准. 高层建筑混凝土结构设计规程(JGJ 3—2010)[S]. 北京：中国建筑工业出版社，2010

[3-2] 唐兴荣编著. 高层建筑转换层结构设计与施工[M]. 北京：中国建筑工业出版社，2002

[3-3] 唐兴荣编著. 特殊和复杂高层建筑结构设计[M]. 北京：机械工业出版社，2006

[3-4] 唐兴荣. 多高层建筑中预应力混凝土桁架转换层结构的试验研究和理论分析[D]. 东南大学土木工程学院，1998. 10.

[3-5] 唐兴荣，蒋永生，丁大钧. 转换大梁与上部框架结构共同工作的特性分析. 苏州城建环保学院学报，1996，9(1)：32～38

[3-6] 唐兴荣，蒋永生，丁大钧等. 转换层大梁对高层建筑结构性能的影响. 建筑结构，1997，总163(7)：3～6

[3-7] 唐兴荣，蒋永生，孙宝俊，丁大钧，樊得润，郭泽贤. 带预应力混凝土桁架转换层的多高层建筑结构设计和施工建议[J]. 建筑结构学报. 2000. 21. (5)：65～74

[3-8] 刘薇. 托柱梁式转换层结构分析及设计[J]. 沿海企业与科技. 2006年，总109期(06)：135-136

[3-9] 傅传国，鞠好学，宫志超. 高层建筑托柱转换结构力学特点的分析与比较[J]. 山东建筑工程学院学报. 2003，18(2)：1～6

[3-10] 傅学怡. 带转换层高层建筑结构设计建议[J]. 建筑结构学报，1999，20(2)：28～42
[3-11] 韩合军，黄健，李培彬，赵广鹏，吕佐超，娄宇. 北京银泰中心钢筋混凝土转换梁设计[J]. 建筑结构，2007
[3-12] 陈刚，张谨. 苏州工业园区国际大厦转换层设计[J]. 建筑结构，2001，31(5)：6～10
[3-13] 吕志涛等. 部分预应力混凝土框架结构的预应力度及配筋选择. 华东预应力中心论文选编(1990～1994). 东南大学华东预应力中心，1994
[3-14] 吕志涛，刘平昌，刘瑷琏，姚明明，李少航. 南京状元楼预应力转换层结构工程研究[J]. 建筑技术，28(3)：178-180

4 深受弯构件设计

4.1 概述

根据弹性力学方法计算的均布荷载 p 作用下简支梁截面正应力 σ_x、σ_y 和 τ_{xy} 的表达式[4-1]：

$$\sigma_x = \frac{6p}{bh^3}\left(\left(\frac{l}{2}\right)^2 - x^2\right)y + p\frac{y}{bh}\left(4\frac{y^2}{h^2} - \frac{3}{5}\right) \tag{4-1a}$$

$$\sigma_y = -\frac{p}{2}\left(1 + \frac{y}{h}\right)\left(1 - \frac{2y}{h}\right)^2 \tag{4-1b}$$

$$\tau_{xy} = -\frac{6p}{bh^3}x\left(\frac{h^2}{4} - y^2\right) \tag{4-1c}$$

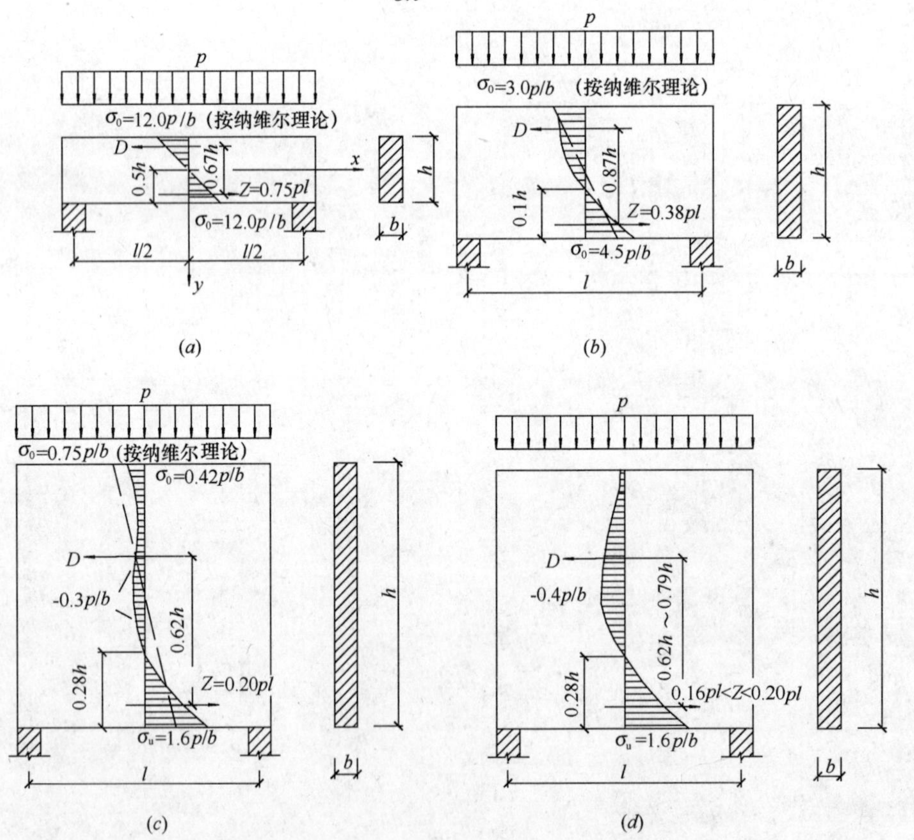

图 4-1 均布荷载作用下不同跨高比（l/h）时梁的正应力（σ_x）分布图

（a）$l/h=4.0$、$c/h=0.1$；（b）$l/h=2.0$、$c/h=0.1$；

（c）$l/h=1.0$、$c/h=0.1$；（d）$l/h<1.0$、$c/h=0.1$

图 4-1 给出了均布荷载作用下不同跨高比（l/h）时梁的正应力（σ_x）分布图，由图可见，当梁跨度（l）与截面高度（h）之比较大时，截面的正应力分布越接近线性（图 4-1a），即服从纳维尔平面假定。当梁的跨高比 l/h 减小时，截面的正应力分布逐渐偏离直线（图 4-1b、c、d），中和轴下降，压应力区加大而压应力逐渐降低；拉应力区减小而拉应力增大。

式（4-1a）弯曲应力 σ_x 的表达式中，第一项和材料力学中的解答相同，即 M_y/I；第二项则是弹性力学提出的修正项。当梁的跨度 $l=2h$ 时，最大弯矩应力须修正 1/15；当梁的跨度 $l=4h$ 时，最大弯矩应力须修正 1/60；当梁的跨度 $l=5h$ 时，最大弯矩应力须修正 4/375。因此，对于 $l/h>5$ 的梁，材料力学中的解答已经足够精确。

一般认为，跨高比 $l_0/h \leqslant 2.0$ 的简支梁及跨高比 $l_0/h \leqslant 2.5$ 的连续梁为深梁，$l_0/h>5$ 的梁为普通梁，可称为浅梁，2.0（2.5）$<l_0/h<5.0$ 的梁称为短梁。《混凝土结构设计规范》（GB 50010—2010）将 $l_0/h \leqslant 5.0$ 的钢筋混凝土梁统称为深受弯构件。其中，$l_0/h \leqslant 2.0$ 的钢筋混凝土简支梁和 $l_0/h \leqslant 2.5$ 的钢筋混凝土连续梁称为深梁。此处，h 为梁的截面高度；l_0 为梁的计算跨度，可取 l_c 和 $1.15l_n$ 两者中的较小值，l_c 为支座中心线之间的距离，l_n 为梁的净跨。

$l_0/h \leqslant 5.0$ 的深受弯构件（深梁、短梁）和 $l_0/h>5$ 的普通梁（浅梁）受力性能比较见表 4-1。

深梁、短梁和浅梁的受力性能比较 **表 4-1**

受力阶段	项目	深梁 $l_0/h \leqslant 2.0$（2.5）	短梁 2.0（2.5）$<l_0/h<5.0$	浅梁 $l_0/h>5$
弹性阶段	平截面假定	不符合	基本符合	符合
	中和轴	非直性	接近直线	直线
	变形	弯曲、剪切、轴向	弯曲、剪切	弯曲为主
非弹性阶段及破坏阶段	弯曲破坏标准	$\varepsilon_s \geqslant \varepsilon_y$、$\varepsilon_c<\varepsilon_{cu}$	$\varepsilon_s \geqslant \varepsilon_y$、$\varepsilon_c=\varepsilon_{cu}$	$\varepsilon_s \geqslant \varepsilon_y$、$\varepsilon_c=\varepsilon_{cu}$
	弯曲破坏形态	适筋、少筋梁	适筋、少筋、超筋梁	适筋、少筋、超筋梁
	受力模型	以拱作用为主	拱作用、梁作用	以梁作用为主
	剪切破坏形态	斜压	斜压、剪压	斜压、剪压、斜拉
	腹筋作用	作用不大	有些作用	垂直腹筋作用大

4.2 深受弯构件的内力分析方法

深梁的应力分布是相当复杂的，图 4-2 为简支深梁（$l/h=1.0$、$c/h=0.1$）在上缘均布荷载（p_t）或下缘均布荷载（p_b）作用下的应力（σ_x、σ_y、τ_{xy}）分布及主应力迹线。

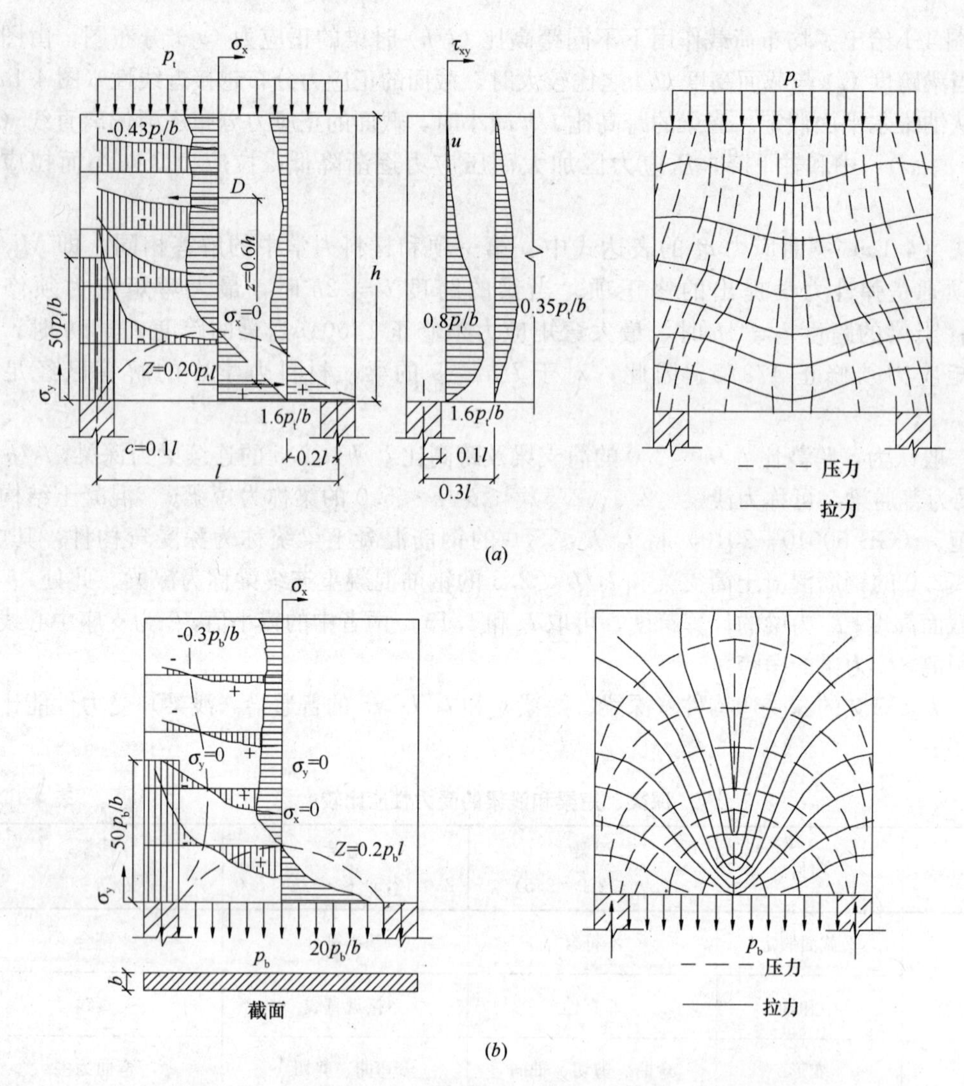

图 4-2 均布荷载作用下的单跨深梁的应力分布及主应力迹线

(a) 上缘均布荷载作用下单跨深梁（$l/h=1.0$、$c/h=0.1$）的应力分布及主应力迹线；

(b) 下缘均布荷载作用下单跨深梁（$l/h=1.0$、$c/h=0.1$）的应力分布及主应力迹线

图 4-3 为多跨连续深梁（$l/h=1.0$、$c/l=0.1$）在上缘均布荷载（p_t）或下缘均布荷载（p_b）作用时的竖向应力 σ_y 分布。

图 4-4 为多跨连续深梁（$l/h=1.5$、$c/h=0.1$）在上缘均布荷载（p_t）或下缘均布荷载（p_b）作用时的中跨的主应力迹线。

由上述分析可知，简支深梁的内力分析与一般梁相同，但连续深梁的内力值及其沿跨度的分布规律与一般连续梁不同，其跨中正弯矩比一般连续梁偏大，支座负弯矩偏小，且随跨高比和跨数而变化。因此，在工程设计中，连续深梁的内力应由二维弹性分析确定，且不宜考虑内力重分布。

对高层建筑结构中的转换梁，由于它的形状和荷载条件很复杂，有时还有洞口，产生明显的应力集中现象，一般宜采用弹性力学方法进行详细的应力分析。

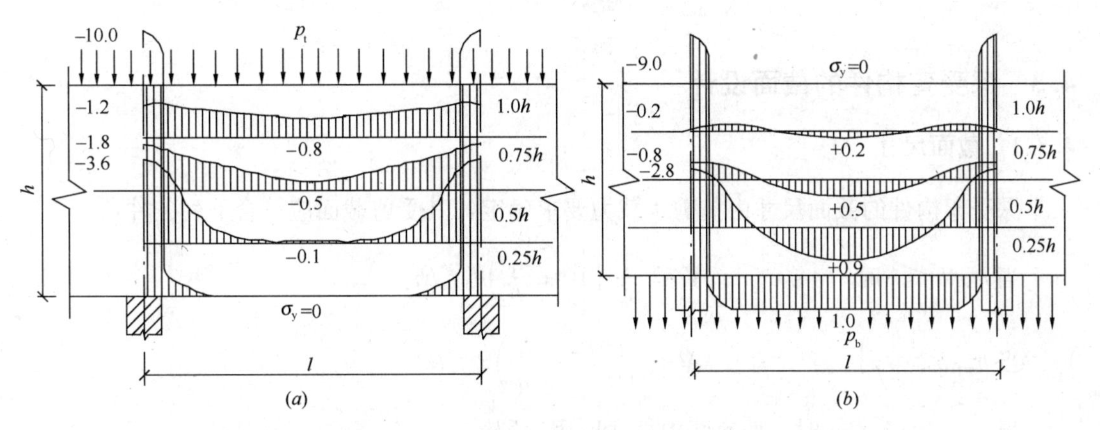

图 4-3　均布荷载作用时连续深梁（$l/h=1.0$、$c/h=0.1$）竖向应力 σ_y 分布

（a）上缘均布荷载作用时竖向应力 σ_y 分布；（b）下缘均布荷载作用时竖向应力 σ_y 分布

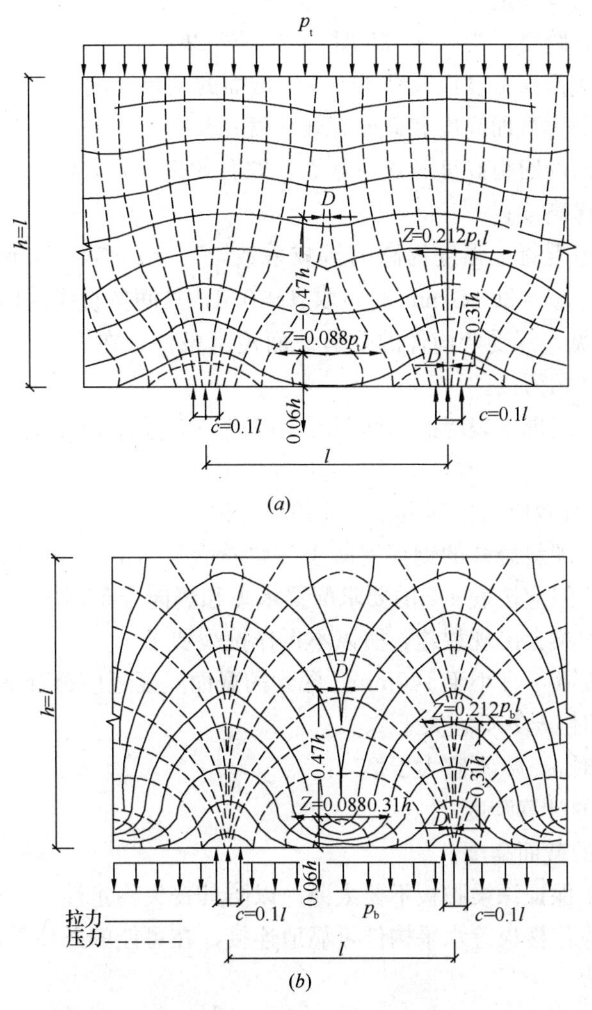

图 4-4　均布荷载作用时连续深梁（$l/h=1.5$、$c/l=0.1$）中跨的主应力迹线

（a）上缘均布荷载作用时中跨的主应力迹线；（b）下缘均布荷载作用时中跨的主应力迹线

4.3 深受弯构件的截面设计

4.3.1 截面尺寸

深受弯构件的截面尺寸由抗剪承载力要求确定，其受剪截面应符合下列条件：

当 $h_w/b \leqslant 4$ 时
$$V \leqslant \frac{1}{60}\left(10+\frac{l_0}{h}\right)\beta_c f_c b h_0 \tag{4-2a}$$

当 $h_w/b > 6$ 时
$$V \leqslant \frac{1}{60}\left(7+\frac{l_0}{h}\right)\beta_c f_c b h_0 \tag{4-2b}$$

当 $4 < h_w/b < 6$ 时，按直线内插法取用，即
$$V \leqslant \frac{1}{60}\left(16-\frac{3}{2}\frac{h_w}{b}+\frac{l_0}{h}\right)\beta_c f_c b h_0 \tag{4-2c}$$

式中 V——剪力设计值；

l_0——计算跨度，当 $l_0' < 2h$ 时，取 $l_0 = 2h$；

b——矩形截面宽度以及T形、I形截面的腹板厚度；

h、h_0——分别为截面高度和截面有效高度；

h_w——截面的腹板高度，矩形截面，取有效高度 h_0；T形截面，取有效高度减去翼缘高度；

β_c——考虑混凝土强度提高的折减系数，当 $f_{cuk} \leqslant 50\ \text{N/mm}^2$ 时，取 $\beta_c = 1.0$；当 $f_{cuk} = 80\ \text{N/mm}^2$ 时，取 $\beta_c = 0.8$，其间按直线内插法取用。

由式（4-2）可见，深受弯构件的受剪截面控制条件，在 $l_0/h = 5.0$ 时与一般受弯构件受剪截面控制条件相衔接。

对于一般要求不出现斜裂缝的钢筋混凝土深梁，应符合下列条件：
$$V_k \leqslant 0.5 f_{tk} b h_0 \tag{4-3}$$

式中 V_k——按荷载效应的标准组合计算的剪力值。

当一般要求不出现斜裂缝的钢筋混凝土深梁符合式（4-3）的条件时，可不进行斜截面受剪承载力计算，但应按表4-2的要求配置水平和竖向分布钢筋。

地震作用下，深梁会出现裂缝，所以不再作抗裂要求。

深梁的腹板厚度 b 不宜小于140mm。深梁的截面宽度还应符合下列条件：

当 $l_0/h \geqslant 1.0$ 时，h/b 不宜大于25

当 $l_0/h < 1.0$ 时，l_0/b 不宜大于25

式中 l_0——深梁的计算跨度；

h——深梁的截面高度。

上述条件是为了保证深梁腹板不要太薄，以防其丧失稳定性。为进一步提高深梁的侧向稳定性，深梁顶应与楼板等水平构件可靠地连接，在可能的条件下，可将深梁下部支承柱延伸到深梁顶。

深梁的混凝土强度等级不应低于C20，采用强度等级400MPa及以上的钢筋时，混凝土强度等级不应低于C25；用于转换构件时，混凝土强度等级不应小于C30。

4.3.2 承载力计算

1. 正截面承载力计算

试验表明，斜裂缝出现后，梁截面产生明显的内力重分布，形成纵向受拉钢筋为拉杆，斜裂缝上部混凝土为拱肋的拉杆拱受力体系（图 4-5）。

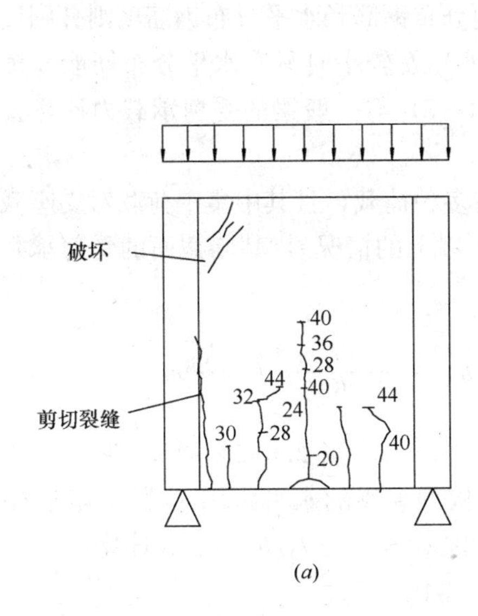

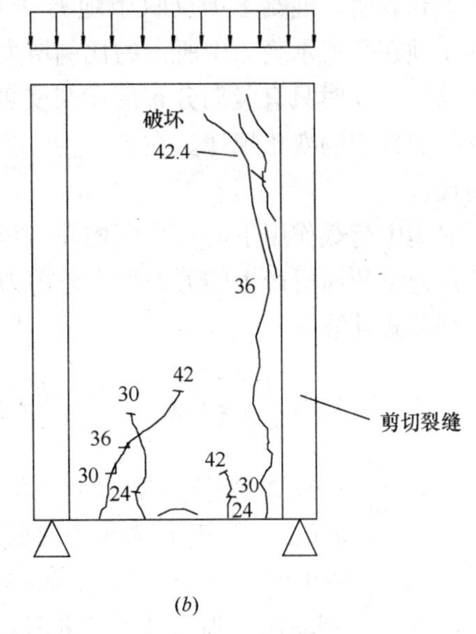

图 4-5 在设有足够横向钢筋的试验深梁上出现的典型裂缝分布和破坏图

试验表明，水平分布钢筋只承担总受弯承载力的 10%～30%，为简化计算，在正截面受弯承载力计算中忽略分布钢筋的作用，全部由纵向受拉钢筋承担。即

$$M \leqslant f_y A_s z \tag{4-4}$$

内力臂 z 可按下式取用：

$$z = \alpha_d (h_0 - 0.5x) \tag{4-5}$$

$$\alpha_d = 0.80 + 0.04 \frac{l_0}{h} \tag{4-6}$$

当 $l_0 < h$ 时，取内力臂 $z=0.6l_0$。

式中 x——截面受压区高度，按《混凝土结构设计规范》[4-2]（GB 50010—2010）计算，当 $x < 2h_0$ 时，取 $x=2h_0$；

h_0——截面有效高度，$h_0 = h - a_s$，其中 h 为截面高度，当 $l_0/h \leqslant 2.0$ 时，跨中截面取 $a_s = 0.1h$，支座截面取 $a_s = 0.2h$；当 $l_0/h > 2.0$ 时，a_s 按受拉区纵向钢筋至受拉边缘的实际距离取用。

式（4-5）内力臂 z 计算表达式在 $l_0/h = 5.0$ 时，与一般梁的计算公式相衔接。

2. 斜截面承载力计算

试验表明，深梁的受剪承载力主要取决于截面尺寸、混凝土强度等级和剪跨比，并与支承长度（c）有关。分布钢筋对受剪承载力的贡献较小，竖向分布钢筋的作用就更小。

钢筋混凝土深受弯构件，在均布荷载作用下，当配有竖向分布钢筋和水平钢筋时，其斜截面的受剪承载力按下列公式计算：

$$V \leqslant 0.7\frac{(8-l_0/h)}{3}f_t bh_0+\frac{(l_0/h-2)}{3}f_{yv}\frac{A_{sv}}{s_h}h_0+\frac{(5-l_0/h)}{6}f_{yh}\frac{A_{sh}}{s_v}h_0 \quad (4\text{-}7)$$

上式表明，混凝土项反映了随 l_0/h 的减小，剪切破坏模式由剪压型向斜压型过渡，混凝土项在受剪承载力中所占的比例增大。而竖向分布钢筋和水平分布钢筋项则分别反映了 $l_0/h=5.0$ 时只有竖向分布筋参与受剪，过渡到 l_0/h 较小时只有水平分布筋能发挥有限的受剪作用的变化规律。在 $l_0/h=5.0$ 时，式（4-7）与一般梁的受剪承载力计算公式相衔接。

对集中荷载作用下的深受弯构件（包括作用有多种荷载，且其中集中荷载对支座截面或节点边缘截面所产生的剪力值占总剪力值的75%以上的情况），其斜截面的受剪承载力按下列公式计算

$$V \leqslant \frac{1.75}{\lambda+1}f_t bh_0+\frac{(l_0/h-2)}{3}f_{yv}\frac{A_{sv}}{s_h}h_0+\frac{(5-l_0/h)}{6}f_{yh}\frac{A_{sh}}{s_v}h_0 \quad (4\text{-}8)$$

式中 λ——计算剪跨比；当 $l_0/h \leqslant 2.0$ 时，取 $\lambda=2.5$；当 $2.0<\lambda<5.0$ 时，取 $\lambda=a/h_0$，其中，a 为集中荷载到深受弯构件支座的水平距离；λ 的上限值按 $\lambda_u=0.92\,l_0/h-1.58$ 计算，λ 的下限值按 $\lambda_l=0.42\,l_0/h-0.58$ 计算；

l_0/h——跨高比，当 $l_0/h<2.0$ 时，取 $l_0/h=2.0$；

ρ_{sv}——竖向分布钢筋的配筋率，$\rho_{sv}=A_{sv}/bs_h$；

ρ_{sh}——水平分布钢筋的配筋率，$\rho_{sh}=A_{sh}/bs_v$。

在 $l_0/h=5.0$ 时，式（4-8）与一般梁的受剪承载力计算公式相衔接。

3. 支座局部受压承载力验算

深梁支座的支承面和深梁顶集中荷载作用面的混凝土都有发生局部受压破坏的可能性，应进行局部受压承载力验算，在必要时还应配置间接钢筋。

钢筋混凝土深梁在承受支座反力的作用部位和集中荷载的部位，应按下式进行局部受压承载力验算：

$$F_l \leqslant 1.35\beta_c\beta_l f_c A_{ln} \quad (4\text{-}9)$$

$$\beta_l=\sqrt{\frac{A_b}{A_l}} \quad (4\text{-}10)$$

式中 F_l——局部受压面上作用的局部荷载，即梁的支座反力；

β_l——混凝土局部受压时的强度提高系数；

A_l——混凝土局部受压面积；

A_{ln}——混凝土局部受压净面积；

A_b——局部受压时的计算底面积，可根据局部受压底面积同心、对称的原则确定，一般的情况可按图 4-6 取用。

其余符号同前。

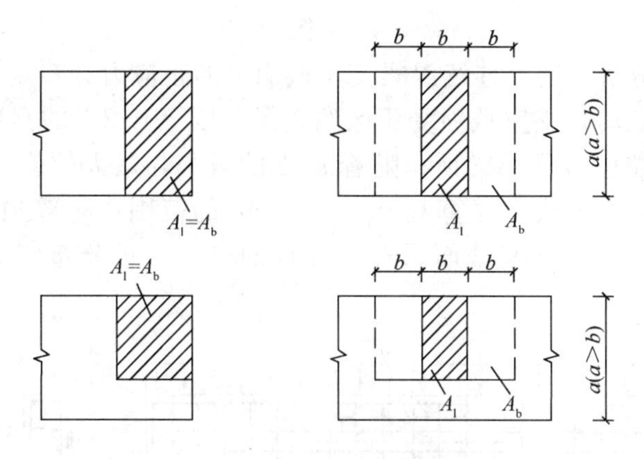

图 4-6　局部受压的计算底面积 A_b

4.4　深受弯构件的构造要求

4.4.1　一般要求

1. 钢筋混凝土深梁的纵向受拉钢筋宜采用较小直径，避免裂缝宽度过大，并应按下列规定布置：

（1）简支深梁的下部纵向钢筋应均匀布置在梁下边缘以上 0.2h 的范围内（图 4-7），并应全部伸入支座，不应在跨中弯起或截断。

纵向钢筋应沿水平方向弯折锚固，其锚固长度 l_{a1}（$l_{a1}=1.1l_a$）；当不能满足上述锚固长度要求时，应采取在钢筋上焊锚固钢板或将钢筋末端焊成封闭等有效措施。

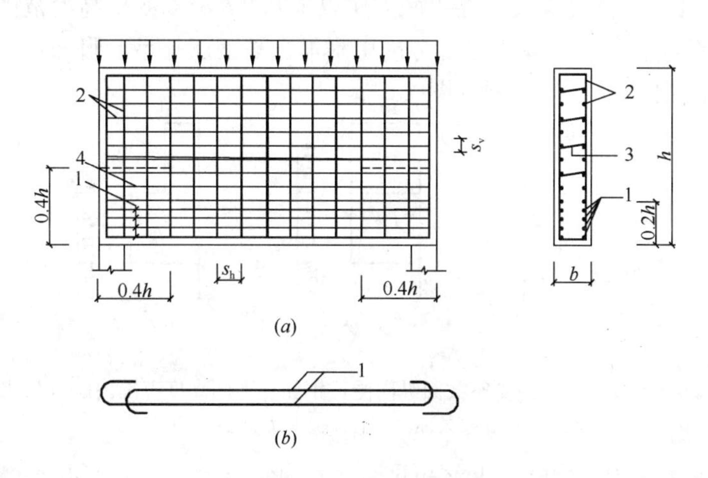

图 4-7　单跨深梁的钢筋配置

（a）纵向受拉钢筋及水平和竖向分布钢筋的布置；

（b）同一水平纵向受拉钢筋的弯折锚固

1—下部纵向受拉钢筋及弯折锚固；2—水平及竖向分布钢筋；3—拉筋；4—拉筋加密区

（2）连续深梁的下部纵向钢筋应均匀布置在梁下边缘以上 0.2h 的范围内（图 4-8），并应全部伸过中间支座的中心线，其自支座边缘算起的锚固长度不应小于 $l_{a1}=l_a$（l_a 为受拉钢筋锚固长度）。

弹性受力阶段分析表明，连续深梁支座截面中的正应力分布规律随深梁的跨高比变化。当 $l_0/h>1.5$ 时，支座截面受压区约在梁底以上 $0.2h$ 的高度范围内，再向上为拉应力区，最大拉应力位于梁顶；随着 l_0/h 的减小，最大拉应力下移；到 $l_0/h=1.0$ 时，较大拉应力位于从梁底算起 $0.2h\sim0.6h$ 的范围内，梁顶拉应力相对偏小。达到承载力极限状态时，支座截面因开裂导致的拉应力重分布使深梁支座截面上部钢筋拉力增大。

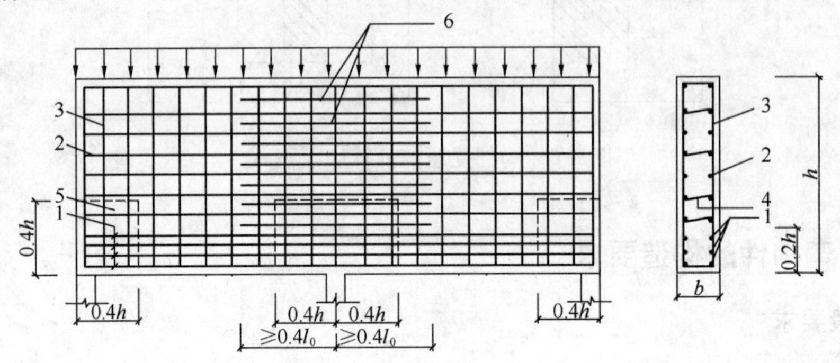

图 4-8　连续深梁的钢筋配置

1—下部纵向受拉钢筋；2—水平分布钢筋；3—竖向分布钢筋；4—拉筋；
5—拉筋加密区；6—支座上部附加水平钢筋

图 4-9 给出了支座截面负弯矩受拉钢筋沿截面高度的分区布置规定，比较符合正常使用极限状态支座截面的受力特点。

对于 $l_0/h<1.0$ 的连续深梁，在中间支座以上 $0.2l_0\sim0.6l_0$ 高度范围内的纵向受拉钢筋配筋率尚不得小于 0.5%，不足部分应由附加水平钢筋补足，附加水平钢筋应自支座向跨中延伸不宜小于 $0.4l_0$ 后截断（图 4-8）。

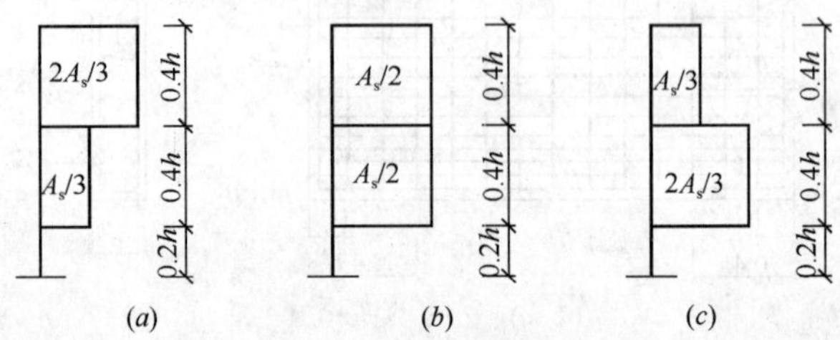

图 4-9　连续深梁中间支座截面纵向受拉钢筋在不同高度范围内的分配比例

(a) $1.5<l_0/h\leqslant2.5$；(b) $1.5\geqslant l_0/h>1$；(c) $l_0/h\leqslant1$

2. 深梁应配置双排钢筋网，水平和竖向分布钢筋的直径均不应小于 8mm，网格间距不应大于 200mm。

试验表明，当仅配有双层钢筋网时，如果网与网之间未设拉筋，由于钢筋网在深梁平面外未受到专门约束，当拉杆拱拱肋内斜向压力较大时，有可能发生沿深梁中面劈开的侧向劈裂型斜压破坏，故应在深梁双排钢筋之间设置拉筋。拉筋沿纵横两个方向的间距均不宜大于 600mm，在支座区高度为 $0.4h$，宽度为从支座伸出 $0.4h$ 的范围内（图 4-7、图 4-8 中的虚线部分），尚应适当增加拉筋的数量。

当深梁端部竖向边缘处设有柱时，水平分布钢筋应锚入柱内，其锚固长度不宜小于受拉钢筋最小锚固长度 l_a；当深梁端部竖向边缘无柱时，水平分布钢筋在竖向边缘处应做成封闭式，或按图 4-7 的规定进行锚固。

当深梁梁端部竖向边缘设柱时，水平分布钢筋应锚入柱内。在深梁上、下边缘处，竖向分布钢筋宜做成封闭式。

3. 深梁的水平和竖向分布钢筋对受剪承载力所起作用虽然有限，但能限制斜裂缝的开展。此外，分布钢筋对控制深梁中温度、收缩裂缝的出现起作用。深梁的纵向受拉钢筋配筋率 $\rho\left(\rho=\dfrac{A_s}{bh}\right)$、水平分布钢筋配筋率 $\rho_{sh}\left(\rho_{sh}=\dfrac{A_{sh}}{bs_v}\right)$ 和竖向分布钢筋的配筋率 ρ_{sv} $\left(\rho_{sv}=\dfrac{A_{sv}}{bs_h}\right)$ 不宜小于表 4-2 规定的数值。

深梁中钢筋的最小配筋百分率（%） **表 4-2**

钢　筋　种　类	纵向受拉钢筋（ρ）	水平分布钢筋（ρ_{sh}）	竖向分布钢筋（ρ_{sv}）
HPB300	0.25	0.25	0.20
HRB400、HRBF400、RRB400、HRB335、HRBF335	0.20	0.20	0.15
HRB500、HRBF500	0.15	0.15	0.10

注：当集中荷载作用于连续深梁上部 1/4 高度范围内且 $l_0/h>1.5$ 时，竖向分布钢筋的最小配筋百分率应增加 0.05。

4. 当深梁下部支承在钢筋混凝土柱上时，宜将柱伸至深梁顶（图 4-10）。当深梁上部有集中荷载由柱传入，且柱截面宽度大于深梁的壁厚时，宜将柱伸入深梁内，深入长度不宜小于柱截面的宽度，随后应将柱截面以不大于 1∶1 的坡度收小至深梁壁厚（图 4-10）。

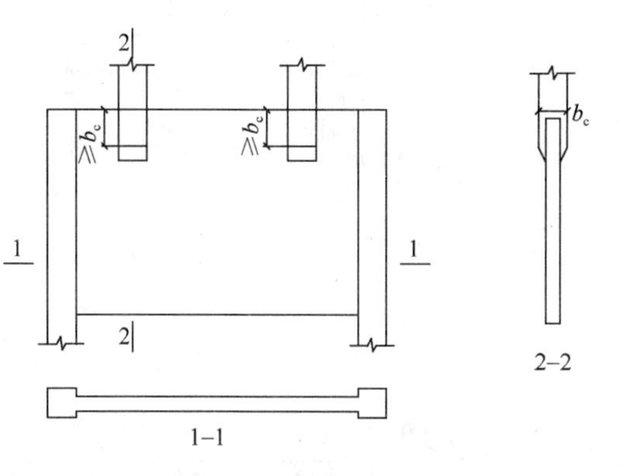

图 4-10　下部支承柱及上部传递集中荷载柱伸入深梁高度范围的构造

5. 深梁中心线宜与柱中心线重合；如不能重合时，深梁任一侧边离柱边的距离不宜小于 50mm，见图 4-11。

6. 除深梁以外的深受弯构件（即“短梁”）纵向受力钢筋、箍筋及纵向构造钢筋的构造要求与一般梁相同。但其截面下部 1/2 高度范围内和中间支座上部 1/2 高度范围内布置的纵向构造钢筋一般梁适当加强。

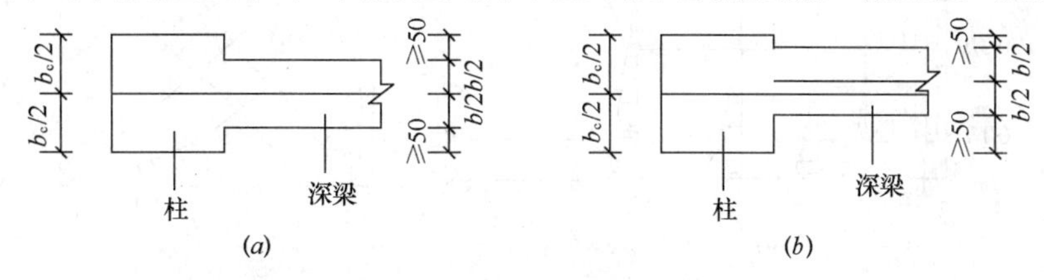

图 4-11　深梁与柱连接平面

（a）梁柱中心线重合；（b）梁柱中心线不重合

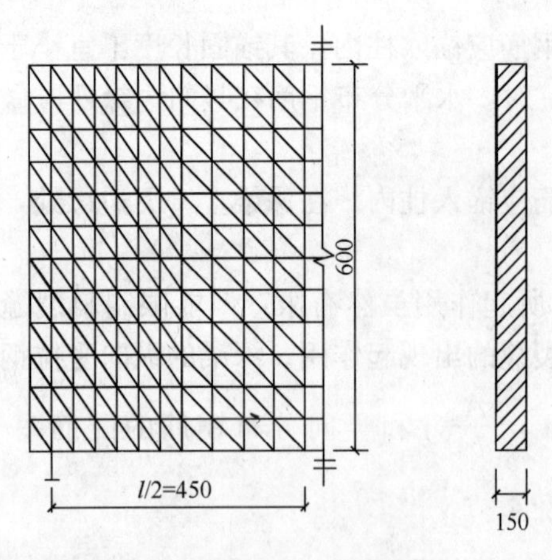

图 4-12 试件尺寸和网格划分（$l/h = 1.5$）

4.4.2 间接加载深梁

采用有限元分图 4-12 所示无腹筋深梁在直接加载和上部、中部、下部间接加载四种情况下的应力分布。在有限元分析中，钢筋采用杆单元，混凝土采用线性位移模型的三角形单元，钢筋与混凝土之间的粘结滑移关系采用弹簧连接单元。分析结果分别示于图 4-13～图 4-16。

由图 4-13～图 4-16 可见，直接加载时，在荷载作用部位的 σ_y 很大，说明梁顶面存在荷载的局部挤压作用。而间接加载时，挑耳附近 σ_y 的增加不甚明显。说明间接加载时不存在荷载的局部挤压作用或作用微弱。

当间接荷载作用于深梁上部时，σ_y 均为压应力，除局部挤压外，其值与直接加载时接近。

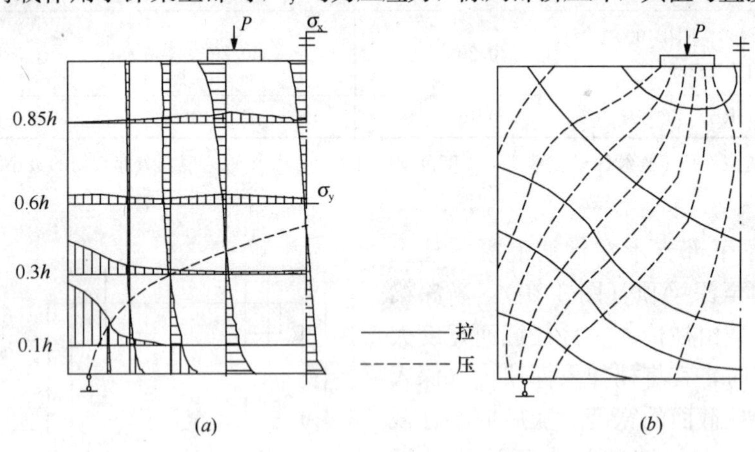

图 4-13 直接加载

（a）正应力（σ_x、σ_y）分布；（b）主应力迹线

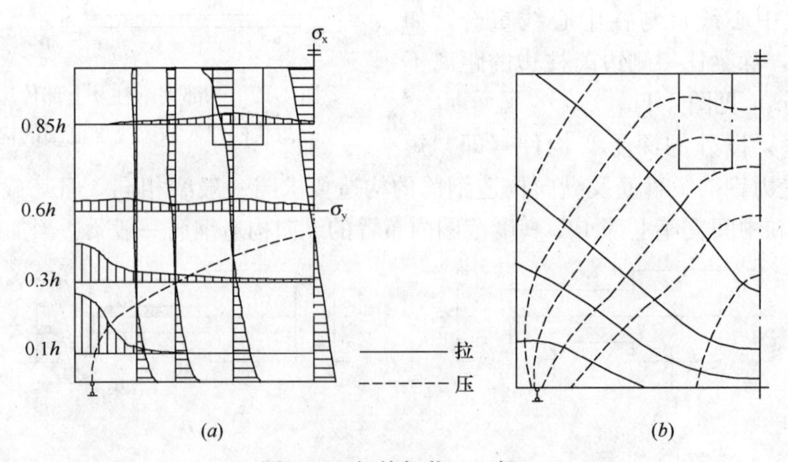

图 4-14 间接加载（上部）

（a）正应力（σ_x、σ_y）分布；（b）主应力迹线

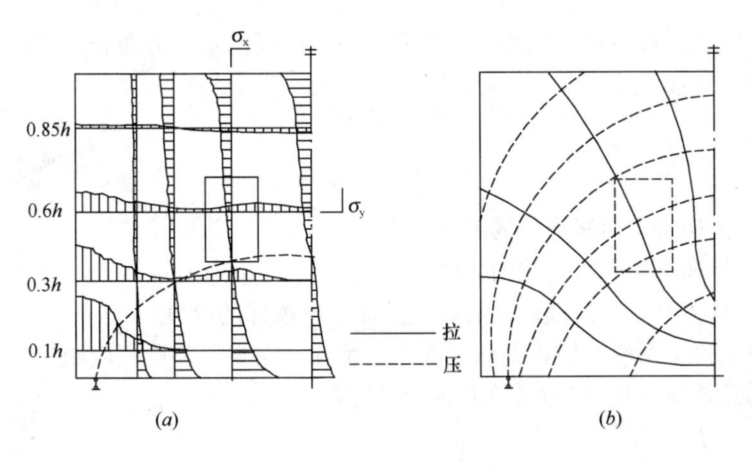

图 4-15　间接加载（中部）

（a）正应力（σ_x、σ_y）分布；（b）主应力迹线

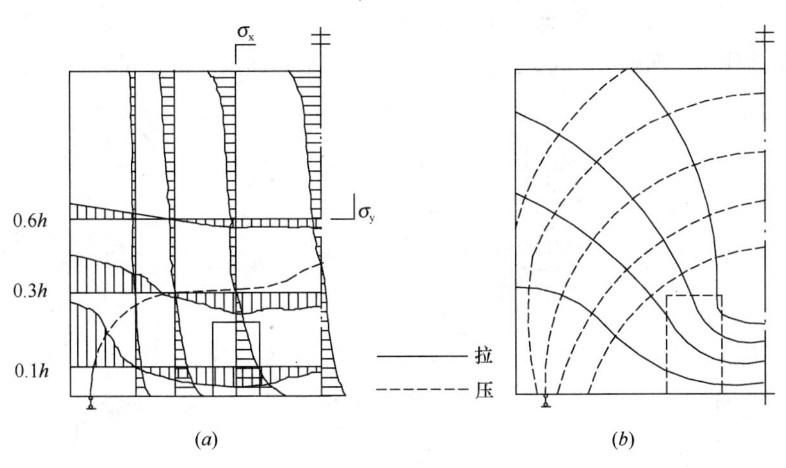

图 4-16　间接加载（下部）

（a）正应力（σ_x、σ_y）分布；（b）主应力迹线

当间接加载作用于中部时，挑耳以下 σ_y 均为压应力，其值从上到下递减，挑耳以上为拉应力，其值从上到下递减。当间接荷载作用于下部时，梁内 σ_y 全部为拉应力（指跨中），其值在挑耳顶部最大，向上逐渐减小，接近梁顶时，σ_y 已趋于零。

从简支深梁不同部位加载时的主应力迹线可见，支座附近主压应力均很大，但分布规律无明显差异，说明加载方法及加载位置的变化对支座附近主应力的影响甚微。

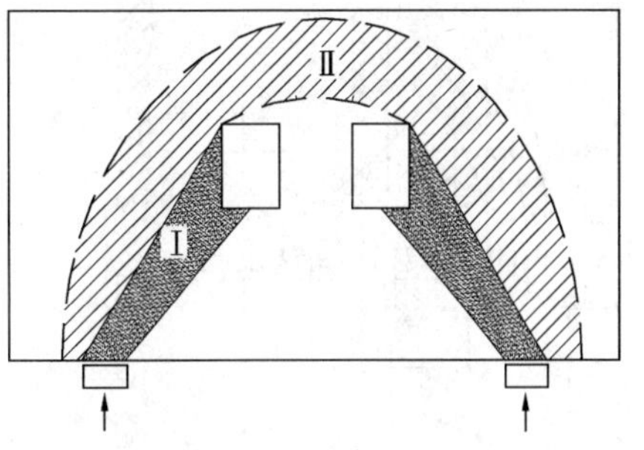

图 4-17　配置吊筋间接加载深梁的受力机理

简支深梁配置吊筋后的受力模型可假定为重叠拱结构（图 4-17），一部分荷载通过吊筋向上有效传递，再以拱的斜压杆的形式传递到支座。拱体Ⅰ为无吊筋的受力状态，拱体Ⅱ为借助吊筋作用的受力状态。

当有集中荷载作用于深梁高度下部 3/4 范围内时，该集中荷载也应全部由竖向吊筋承担，吊筋应优先采用竖向吊筋，也可采用斜向吊筋。竖向吊筋的水平分布长度 s 按下式确定：

当 $h_1 \leqslant h_b/2$ 时

$$s = b_b + h_b \tag{4-11a}$$

当 $h_1 > h_b/2$ 时

$$s = b_b + 2h_1 \tag{4-11b}$$

式中 b_b ——传递集中荷载构件的截面宽度；

h_b ——传递集中荷载构件的截面高度；

h_1 ——从传递集中荷载构件的底边到深梁下边缘的高度。

竖向吊筋应沿梁两侧布置，并从梁底伸到梁顶，在梁顶和梁底应做成封闭式。

竖向吊筋总截面面积 A_s 应按下式进行计算：

$$A_s \geqslant \frac{F}{0.8 f_{yv} \sin\alpha} \tag{4-12}$$

式中 0.8——承载力计算附加系数；

α ——竖向吊筋与梁轴线间的夹角。

当均布荷载作用于深梁下部时，应沿梁全跨均匀布置竖向吊筋，其间距不应大于200mm。

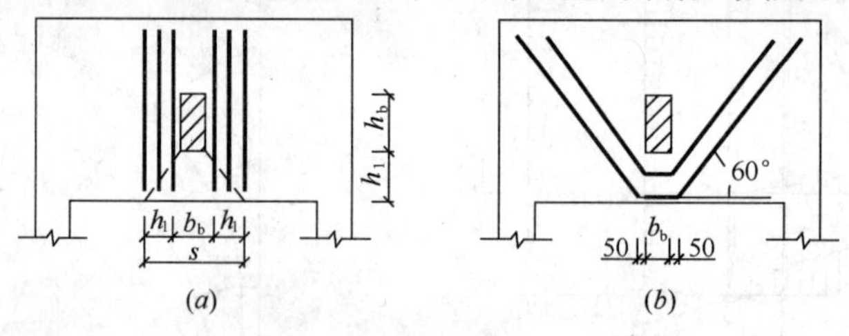

图 4-18　间接集中荷载作用时的附加吊筋

(a) 竖向吊筋；(b) 斜向吊筋

4.4.3　间接支承深梁

深梁支承在另一个深梁上时，成为间接支承深梁（图 4-19）。为了有效地传递被支承深梁传来的集中剪力，在深梁交汇处，应设置足够数量的斜筋或吊筋，斜筋倾角为 40°～55° 可设置单排或双排钢筋（图 4-20、图 4-21）。当深梁传递的力较小时，可配置加密箍筋传递而不设斜筋（图 4-22）。

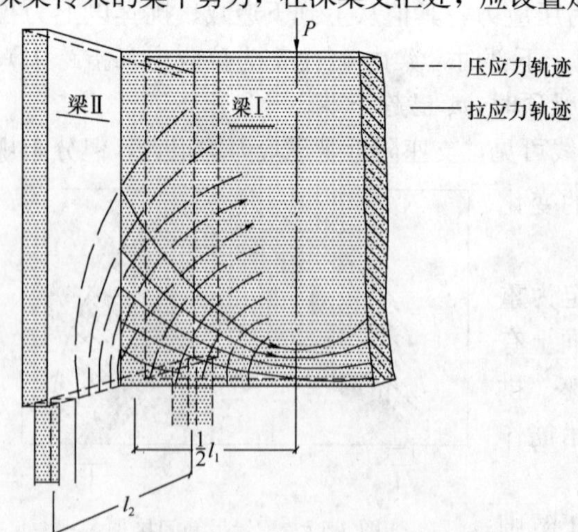

图 4-19　间接支承深梁在支座范围内的应力迹线

4.4.4　短梁设计

（1）除深梁以外的深受弯构件（短梁）的内力可按一般方法计算。短梁的承载力应按规范中深受弯构件的规定计算。

（2）短梁的纵向受力钢筋、箍筋及纵向构造钢筋的构造规定与一般梁相同，但短梁截面下部 1/2 高度范围内和中间支座上部 1/2 高度范围内布置的纵向构造钢筋，宜较一般梁适当加强。

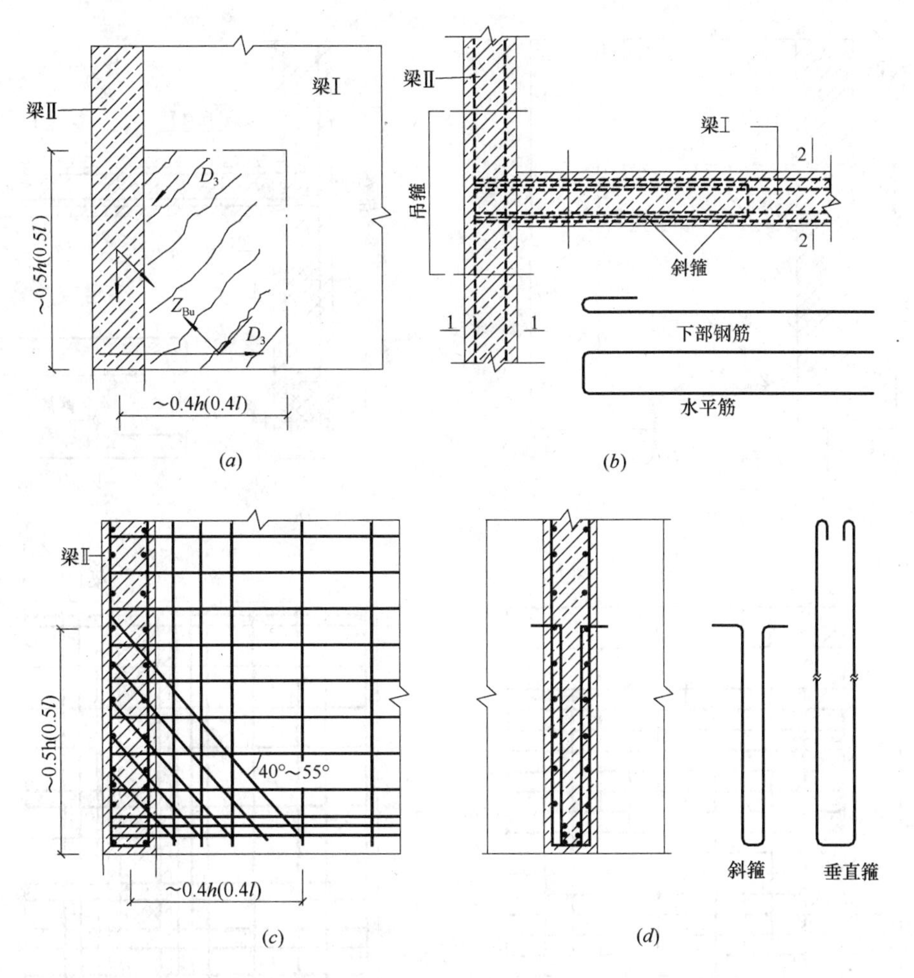

图 4-20 受力较大时，带斜箍的梁Ⅰ的荷载传递区的配筋

(*a*) 荷载传递区；(*b*) 平面图；(*c*) 1—1 截面；(*d*) 2—2 截面

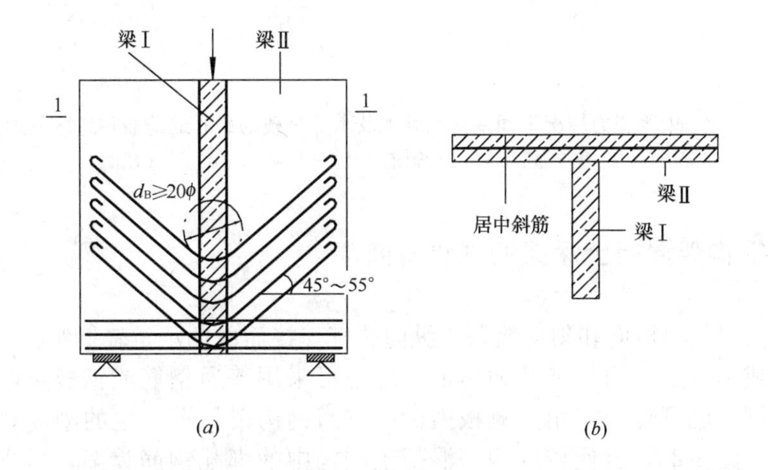

图 4-21 受力较大时，带斜筋和适量正交配筋（未绘出）用于悬挂荷载的梁Ⅱ

(*a*) 支承深梁Ⅱ传递区配筋；(*b*) 1—1 截面

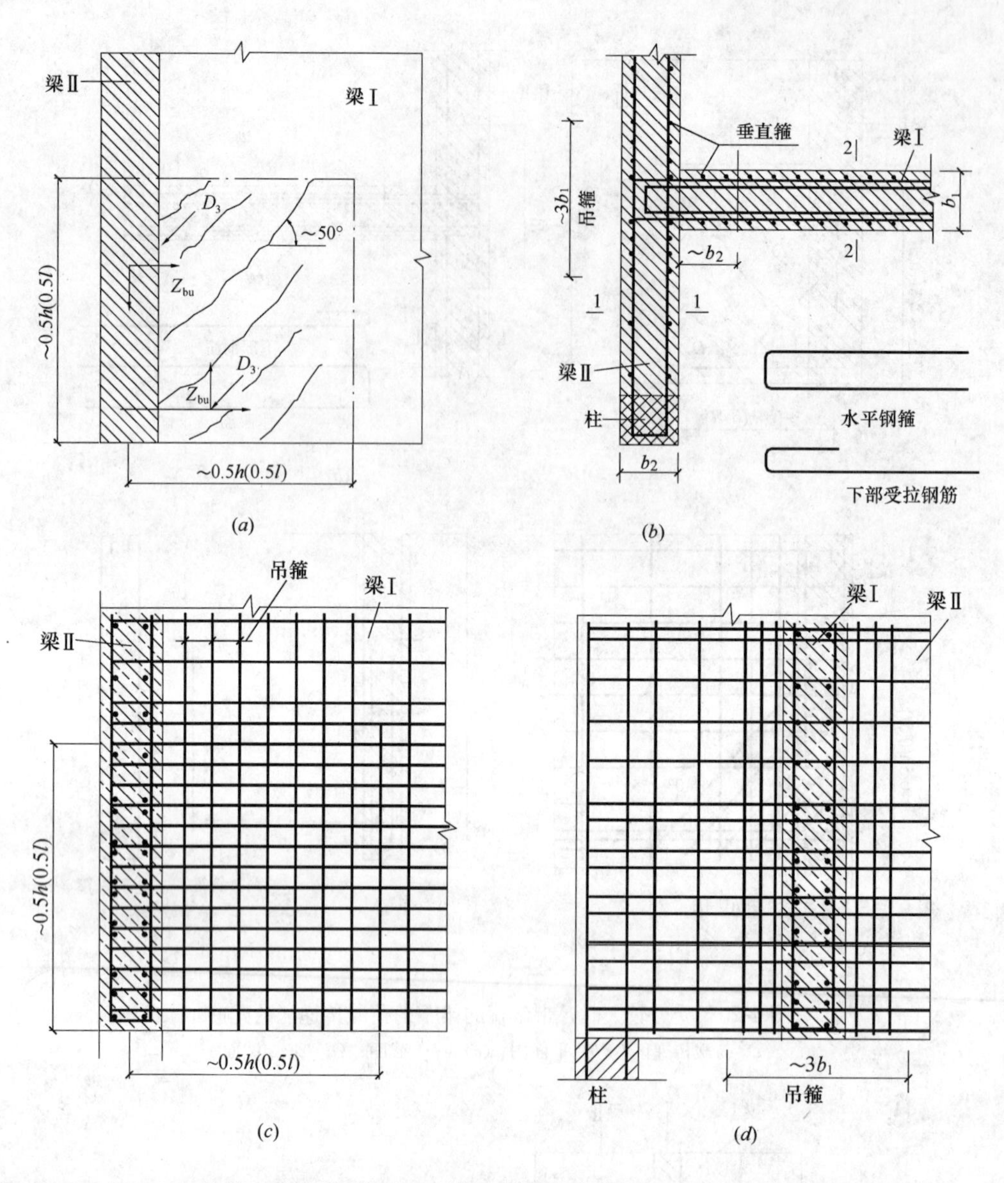

图 4-22　中等受力情况下间接支承梁Ⅰ及承受荷载的梁Ⅱ的荷载传递区的配筋
(a) 荷载传递区；(b) 平面图；(c) 1—1 截面；(d) 2—2 截面

4.5　空间钢构架混凝土深梁的试验研究

空间钢构架是由横向和斜向缀条与纵向弦杆焊接而成的承重轻钢结构。纵向弦杆可采用（等边或不等边）角钢或普通钢筋。缀条可采用普通钢筋或钢板条，缀条焊接在角钢翼板外侧，也可焊接在角钢翼板内侧。空间钢构架具有一定的刚度和承载力，将空间钢构架（图 4-23）替代传统钢筋混凝土结构中的绑扎钢筋骨架，形成空间钢构架混凝土结构。

空间钢构架混凝土结构的上述特定形式，使之兼有钢结构和钢筋混凝土结构的优点。空间钢构架在混凝土未浇灌以前即已形成钢结构，它具有一定的承载能力，能够承受构件

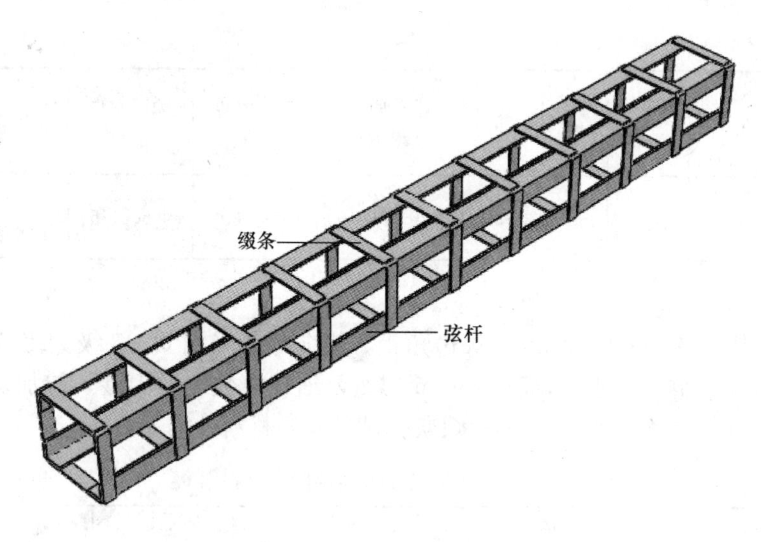

图 4-23　空间钢构架示意图

自重和施工活荷载作用，使用灵活。空间钢构架可应用于梁（包括独立梁、肋形梁）、柱以及由梁一柱构件组成的框架结构，尤其适用于大跨度、大层高的转换结构构件。也可采用钢构架来改善异形柱、短肢剪力墙、深梁等构件的受力性能。

本节介绍空间钢构架混凝土深梁的静力性能和构造要求[4-6]。

4.5.1　试验概况

1. 试件设计

试验共包括 6 个试件，其中 SDB1、SDB2、SDB5 和 SDB6 为空间钢构架混凝土深梁，作为对比试件，SDB1、SDB4 为普通混凝土深梁。试件设计参数为：跨高比（l/h）、配筋形式（包括深梁下边缘以上 0.2h 范围内纵向钢筋的形式：普通钢筋骨架、空间钢构架；设置斜向分布钢筋；设置斜向暗梁等）。试件 SDB1～SDB6 的计算跨度（l_0 =1200mm）、截面宽度（b =150mm）不变，截面高度（h）变化；各试件的水平分布钢筋配筋率（ρ_{sh} = 0.240%）、竖向分布钢筋的配筋率（ρ_{sv} =0.343%），以及纵向受拉钢筋截面面积（A_s）均相同，混凝土设计强度为 C50。各试件的截面尺寸及配筋情况见表 4-3 和图 4-24。图中 M1、M2 表示预埋件，其尺寸为－200×150×10mm。

试件尺寸和配筋　　**表 4-3**

试件编号	截面尺寸 $b\times h$（mm×mm）	跨高比 l/h	纵筋配筋	箍筋（缀条）	水平分布钢筋	竖向分布钢筋	备注
SDB1	150×600	2.0	6Φ14	Φ6@100	Φ6@110	Φ6@135	
SDB2	150×600	2.0	4×L30×4	－20×3@100	Φ6@110	Φ6@135	
SDB3	150×600	2.0	4×L30×4	－20×3@100	Φ6@110	Φ6@135	设置斜向分布钢筋（Φ6@45）
SDB4	150×400	1.5	6Φ14	Φ6@100	Φ6@110	Φ6@135	
SDB5	150×400	1.5	4×L30×4	－20×3@100	Φ6@110	Φ6@135	

续表

试件编号	截面尺寸 $b\times h$ (mm×mm)	跨高比 l/h	纵筋配筋	箍筋（缀条）	水平分布钢筋	竖向分布钢筋	备注
SDB6	150×400	1.5	4×L30×4	−20×3@100	Φ6@110	Φ6@135	设置斜向暗梁（4Φ10，Φ6@100）

2. 材性试验

空间钢构架的弦杆采用Q235级等边角钢，横向缀条采用Q235级钢缀条。混凝土材料选用42.5R矿渣硅酸盐水泥，5～16mm碎石，细度模数2.3中砂，掺加水泥用量2%的GL-3S减水剂，掺合料为15%的粉煤灰，试件实测材料性能见表4-4。

试件实测材料性能 **表4-4**

钢筋				混凝土	
规格	屈服强度 (N/mm²)	极限强度 (N/mm²)	弹性模量 (N/mm²)	立方体抗压强度 (N/mm²)	棱柱体抗压强度 (N/mm²)
Φ6	424.41	601.25	2.09×10^5	59.6	49.43
Φ10	240.11	403.62	1.66×10^5		
Φ14	415.75	679.42	1.47×10^5		
−20×3	276.67	344.33	2.24×10^5		
L30×4	314.64	429.91	2.05×10^5		

注：混凝土立方体试块尺寸为：150mm×150mm×150mm，棱柱体试块尺寸为：100mm×100mm×300mm。

3. 加载装置及制度

试验在江苏省结构工程重点实验室（苏州科技学院）的500t长柱压力试验机上进行，竖向荷载通过工字钢分配梁，将荷载平均分配到深梁的加载点上，试验装置如图4-25所示。加载程序：试件开裂前每级荷载增量 $\Delta P=50\text{kN}$，开裂后每级荷载 $\Delta P=25\text{kN}$，直至试件破坏为止。

采用50mm位移传感器量测深梁的跨中挠度；采用50mm混凝土应变片测定纯弯段跨中截面混凝土应变、剪跨段混凝土应变；采用2mm×3mm电阻应变片量测水平和竖向分布钢筋的应变、纵向钢筋（角钢）跨中截面应变以及斜向分布钢筋和斜向暗梁钢筋的应变等。每加载一级，用计算机采集一遍数据，直至试件破坏止。

4.5.2 试验现象

1. 普通钢筋混凝土深梁

试件SDB1、SDB4为普通钢筋混凝土深梁，跨高比分别为2.0、1.5，其受力全过程描述如下：

（1）试件SDB1

当 P 低于300kN时，没有发现可见裂缝，深梁基本处于弹性工作阶段。当 $P=300\text{kN}$ 时，在纯弯段的受拉区出现第一条弯曲裂缝，随后几条新的弯曲裂缝陆续出现，且跨中裂缝向梁上部发展迅速。当 $P=450\text{kN}$ 时，在剪跨段出现一条弯曲斜裂缝，方向

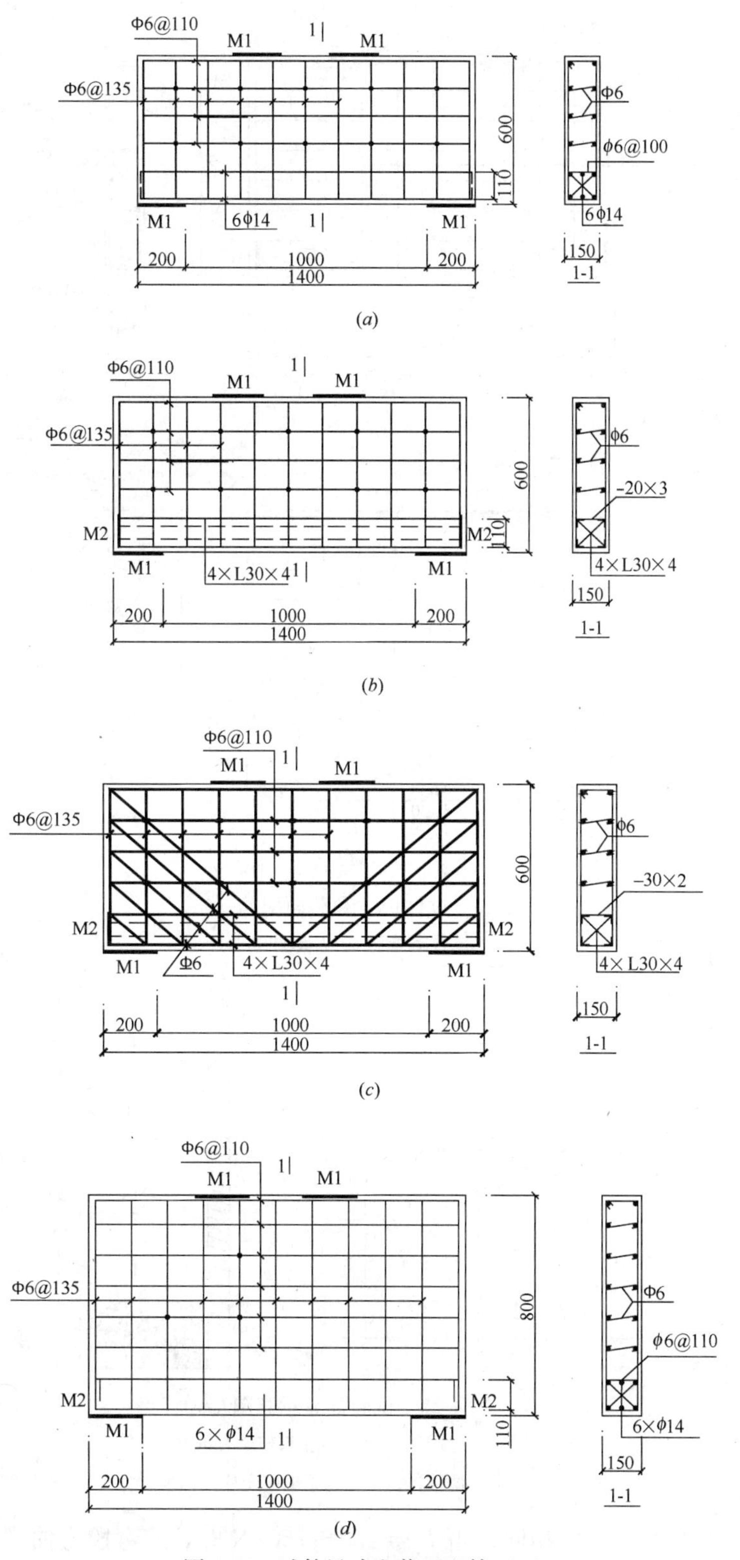

图 4-24　试件尺寸和截面配筋（一）

（*a*）试件 SDB1；（*b*）试件 SDB2；（*c*）试件 SDB3；（*d*）试件 SDB4

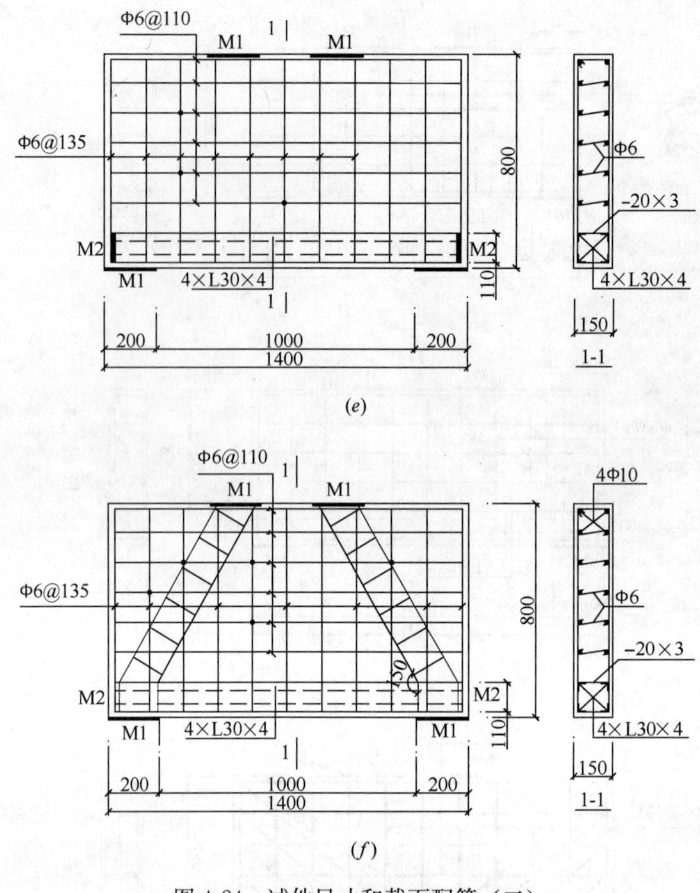

图 4-24　试件尺寸和截面配筋（二）

（e）试件 SDB5；（f）试件 SDB6

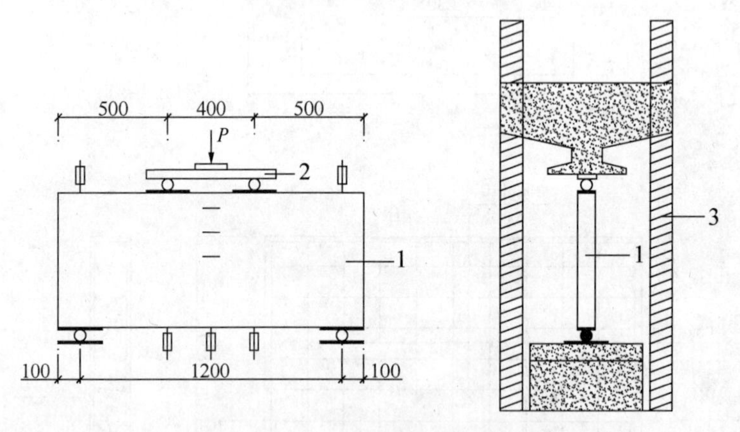

图 4-25　试验加载示意图

1—试件；2—分配梁；3—500t 长柱压力试验机；

—位移计；——混凝土应变片

与支座到加载点的方向大致相同。当 $P=450\sim750$kN 时，纯弯段弯曲裂缝几乎没有发展，而剪跨段的斜裂缝不断发生和发展，在加载点与支座之间形成几条大致平行的斜裂缝。当 $P=750$kN 时，在已有斜裂缝的外侧突然出现一条从加载点到支座贯通的斜裂缝。

当 $P=450$kN 时，临界斜裂缝的宽度迅速开展，形成临界裂缝，此时荷载读数下降，挠度持续增加，试件破坏。破坏形态呈剪切破坏（图 4-26*a*）。

（2）试件 SDB4

当 P 低于 450kN 时，没有发现可见裂缝，深梁基本处于弹性工作阶段。当 $P=450$kN 时，在纯弯段的受拉区出现第一条弯曲裂缝。当 $P=450\sim625$kN 时，新的弯曲裂缝不断出现，并向梁上部发展，第一条弯曲裂缝已发展到梁的中部。当 $P=625$kN 时，在剪跨段出现一条腹剪斜裂缝，方向与支座到加载点的方向大致相同。当 $P=625\sim975$kN 时，弯曲裂缝发展缓慢，基本处于稳定状态，而斜裂缝随着荷载的增大向上和向下发展，最后相互贯通。当 $P=975$kN 时，左侧剪跨段的斜裂缝裂缝的宽度突然增大，挠度也突然增大。当 $P=1175$kN 时，贯通斜裂缝宽度迅速开展，形成临界斜裂缝，此时荷载读数下降，挠度持续增加，试件破坏。破坏形态呈剪切破坏（图 4-26*b*）。

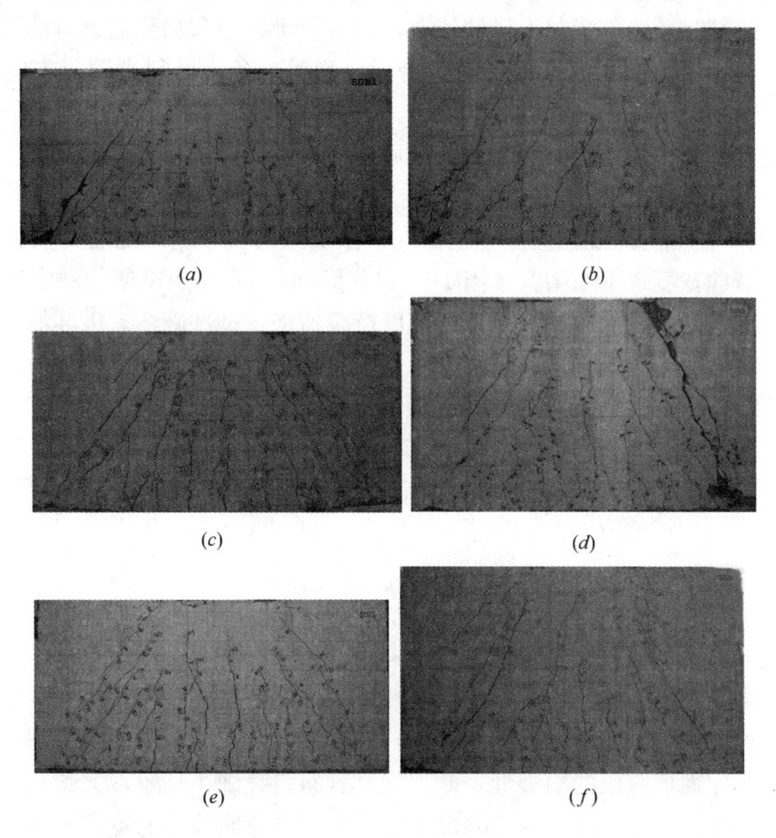

图 4-26　各试件的破坏状态

（*a*）SDB1；（*b*）SDB4；（*c*）SDB2；（*d*）SDB5；（*e*）SDB3；（*f*）SDB6

2. 空间钢构架混凝土深梁

试件 SDB2、SDB5 为空间钢构架混凝土深梁，跨高比分别为 2.0、1.5，其受力全过程描述如下：

（1）试件 SDB2

当 P 低于 325kN 时，没有发现可见裂缝，深梁基本处于弹性工作阶段。当 $P=325$kN 时，在纯弯段的受拉区出现第一条弯曲裂缝，随着荷载的不断增大，纯弯段不断出现新的弯曲裂缝，并向梁上部发展。当 $P=500$kN 时，在剪跨段出现一条腹剪斜裂缝，方向与支座到加载点的方向大致相同。当 $P=500\sim400$kN，纯弯段的弯曲裂缝发展基本稳定，而剪跨段的斜裂缝不断出现、发展，在加载点与支座之间形成几条大致平行的斜裂缝。当 $P=425$kN 时，在左侧剪跨段突然出现一条从加载点到支座贯通的斜裂缝。当 $P=47.5$kN 时，右侧剪跨段相应位置也出现一条贯通的斜裂缝。随着荷载的增大，斜裂缝宽度也相应增大，当 $P=1100$kN 时，受压区出现混凝土剥落现象，贯通斜裂缝突然增大，裂缝宽度迅速开展，形成临界斜裂缝，此时荷载读数下降，挠度持续增加，试件破坏。破坏形态呈剪切破坏（图 4-26*c*）。

（2）试件 SDB5

当 P 低于 450kN 时，没有发现可见裂缝，深梁基本处于弹性工作阶段。当 $P=450$kN 时，在纯弯段的受拉区出现第一条弯曲裂缝。当 $P=450\sim400$kN，新的弯曲裂缝不断出现，但一部分弯曲裂缝向上延伸较高，只有位于跨中和加载点下方的弯曲裂缝向上发展到梁的中部。当 $P=400$kN 时，在剪跨段出现第一条腹剪斜裂缝，方向与支座到加载点的方向大致相同。当 $P=400\sim1200$kN，弯曲裂缝发展缓慢，基本处于稳定状态，而斜裂缝随着荷载的增大向上和向下发展，最后相互贯通。当 $P=1200$kN 时，在右侧剪跨段的斜裂缝的外侧突然出现一条从加载点到支座贯通的斜裂缝，深梁挠度也突然增大。当 $P=1300$kN 时，左侧剪跨段相应位置也出现一条贯通的斜裂缝，随着荷载的增加，斜裂缝不断发展，裂缝宽度也不断增大。当 $P=1450$kN 时，有一条贯通的斜裂缝宽度迅速开展，形成临界裂缝，此时荷载读数下降，挠度持续增加，试件破坏。破坏形态呈剪切破坏（图 4-26*d*）。

3. 配置附加钢筋的空间钢构架混凝土深梁

试件 SDB3、SDB6 的跨高比分别为 2.0、1.5，其中试件 SDB3 为设置斜向分布钢筋的空间钢构架混凝土深梁，SDB6 为设置斜向暗梁的空间钢构架混凝土深梁，其受力全过程描述如下：

（1）试件 SDB3

当荷载 P 低于 425kN 时，没有发现可见裂缝，深梁基本处于弹性工作阶段。当 $P=425$kN 时，在纯弯段的受拉区出现两条弯曲裂缝。当 $P=425\sim600$kN 时，不断出现新的弯曲裂缝，并向梁上部发展。当 $P=600$kN 时，在剪跨段出现一条腹剪斜裂缝，方向与支座到加载点的方向大致相同。当 $P=600\sim950$kN 时，弯曲裂缝向梁上部缓慢发展，基本处于稳定状态，而剪跨段的斜裂缝不断出现，且斜裂缝细小且短，大致相互平行，分布也较试件 SDB2 更为均匀。当 $P=950$kN 时，其中一条弯曲裂缝的宽度不断增大，挠度也不断增大，并向上部发展，但剪跨段的斜裂缝宽度没有增大，基本处于稳定状态。当 $P=1150$kN 时，受压区混凝土开始剥落，弯曲裂缝迅速向梁上部开展，形成临界弯曲裂缝，此时荷载读数下降，挠度持续增加，试件破坏。破坏形态呈弯曲破坏（图 4-26*e*）。

（2）试件 SDB6

当 P 低于 550kN 时，没有发现可见裂缝，深梁基本处于弹性工作阶段。当 $P=550$kN 时，在纯弯段的受拉区出现第一条弯曲裂缝。当 $P=550\sim475$kN，新的弯曲裂缝不断出现，但一部分弯曲裂缝向上延伸较高，只有位于跨中和加载点下方的弯曲裂缝向上发展到梁的中部。当 $P=475$kN 时，在右侧和左侧剪跨段均出现一条腹剪斜裂缝，方向与支座到加载点的方向大致相同。当 $P=475\sim1175$kN 时，弯曲裂缝发展缓慢，基本处于稳定状态，剪跨段的斜裂缝随着荷载的增大向加载点和支座发展，形成相互贯通的斜裂缝。当 $P=1175$kN 时，在右侧剪跨段的斜裂缝外侧突然出现一条长的斜裂缝，两条裂缝大致平行。当 $P=1175\sim1300$kN 时，斜裂缝发展贯通，在两侧各形成两条大致平行的斜裂缝。当 $P=1300$kN 时，斜裂缝的宽度突然增大，试件挠度也突然增大。当 $P=1600$kN 时，贯通斜裂缝突然增大，裂缝宽度迅速开展，形成临界斜裂缝，此时荷载读数下降，挠度持续增加，试件破坏。破坏形态为剪切破坏（图 4-26f）。

4.5.3 试验结果及分析

空间钢构架混凝土深梁的主要试验结果列于表 4-5。

主要试验结果　　表 4-5

试件编号	跨高比 l/h	开裂荷载 P_{cr} (kN)	屈服荷载 P_y (kN)	屈服荷载时挠度 f_y (mm)	极限荷载 P_u (kN)	极限荷载时挠度 f_u (mm)	破坏形态
SDB1	2.0	300	749.16	2.24	450	2.91	剪切破坏
SDB2	2.0	325	934.45	1.99	1100	4.36	剪切破坏
SDB3	2.0	425	—	—	1150	—	弯曲破坏
SDB4	1.5	450	—	—	1175	3.43	剪切破坏
SDB5	1.5	450	1223.36	5.02	1450	10.60	剪切破坏
SDB6	1.5	550	1367.71	3.76	1600	10.43	剪切破坏

注：屈服荷载和屈服荷载对应的挠度值根据能量等效面积法确定。

1. 极限受剪承载力

图 4-27 给出了各试件极限受剪承载力和跨高比（$P_u\sim l/h$）的关系。由图 4-27 可见：

（1）试件 SDB2 的极限受剪承载力比试件 SDB1 的极限受剪承载力提高 $(\Delta P_u)_{2-1}=250$kN，增加了 29.41%；试件 SDB5 极限受剪承载力要比试件 SDB4 的极限受剪承载力提高 $(\Delta P_u)_{5-4}=275$kN，增加了 23.4%，且 $(\Delta P_u)_{2-1}\approx(\Delta P_u)_{5-4}$。这表明，空间钢构架混凝土深梁的极限受剪承载力较相同条件普通钢筋混凝土深梁的极限受剪承载力有较大幅度提高。

（2）试件 SDB6 的极限受剪承载力比试件 SDB5 的极限受剪承载力提高 $(\Delta P_u)_{6-5}=150$kN，增加了 10.35%。这表明，沿主压应力迹线设置暗梁的空间钢构架混凝土深梁受剪承载力较相同条件空间钢构架混凝土深梁受剪承载力要提高。

上述现象可用图 4-28 所示的空间钢构架混凝土深梁“拉压杆模型”来解释。图 4-28 中，拉杆为空间钢构架混凝土拉杆；而压杆 1 为混凝土压杆，当沿主压应力迹线设置暗梁时，则为钢筋混凝土压杆；压杆 2 为混凝土压杆。

试件 SDB2、SDB5 中，空间钢构架对核心内混凝土有较强的约束作用，空间钢构架混凝土作为“拉压杆模型”的拉杆，提高了“拉压杆模型”中拉杆的受拉承载力，致使空间钢构架混凝土深梁的受剪承载力较相同条件钢筋混凝土深梁受剪承载力有较大的提高。

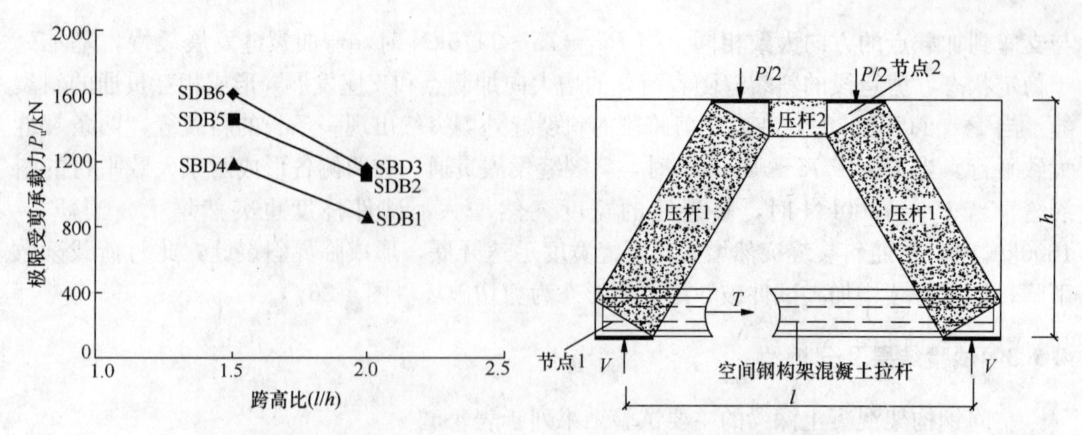

图 4-27　试件极限受剪承载力与跨高比的关系　　图 4-28　空间钢构架混凝土简支深梁拉压杆模型

试件 SDB6 中，沿主压应力迹线方向设置了暗梁，提高了“拉压杆模型”中压杆 1 的受压承载力，致使空间钢构架混凝土深梁受剪承载力较相同条件空间钢构架混凝土深梁受剪承载力要提高。

（3）试件 SDB3 的极限受剪承载力比试件 SDB2 的极限受剪承载力提高 $(\Delta P_u)_{3-2}=50\text{kN}$，增加了 4.35%。这是因为在试件 SDB3 中，除了配置水平和竖向分布钢筋外，还配置了沿主拉应力迹线斜向分布钢筋，限制了斜裂缝的发生和发展，提高了空间钢构架混凝土深梁的受剪承载力，但其提高的幅度不大。

2. 变形能力

图 4-29 给出了各试件荷载与跨中挠度（$P\sim f$）的关系曲线。由图 4-29 可见：

（1）试件 SDB2 的跨中极限挠度为试件 SDB1 的跨中极限挠度的 2.47 倍，而试件 SDB5 的跨中极限挠度为试件 SDB4 的跨中极限挠度的 3.09 倍。这表明，与相同条件普通钢筋混凝土深梁相比，空间钢构架混凝土深梁的变形能力均有较大幅度的提高，且跨高比（l/h）越小，其跨中极限挠度提高的幅度也越大，具有较好的变形能力。

（2）试件 SDB1、SDB4 基本没有屈服段，而试件 SDB2（$f_u-f_y=6.37\text{mm}$）、试件 SDB5（$f_u-f_y=5.54\text{mm}$），具有明显的屈服段，表明合理设置空间钢构架可较好地改善混凝土深梁的延性性能。

3. 剪跨段混凝土应变

表 4-6 给出了剪跨段实测混凝土应变计算的主压应力（应变）方向与水平夹角（α）值。由表 4-6 可以看出，主压应力（应变）与水平方向的平均夹角 $\bar{\alpha}$ 要比相应的加载点到支座连线与水平向夹角 α_0 要小，相差近似在 10°以内。

实测剪跨段混凝土主压应变方向与水平夹角（α）值　　表 4-6

试件编号	跨高比 $l/h=1.5$		试件编号	跨高比 $l/h=1.5$	
	平均值 $\bar{\alpha}$ (°)	α_0 (°)		平均值 $\bar{\alpha}$ (°)	α_0 (°)
SDB1	55.13	56.30	SDB4	56.30	63.43
SDB2	44.91	56.30	SDB5	52.66	63.43
SDB3	45.49	56.30	SDB6	52.95	63.43

注：α_0 为加载点到支座连线与深梁水平轴线的夹角。

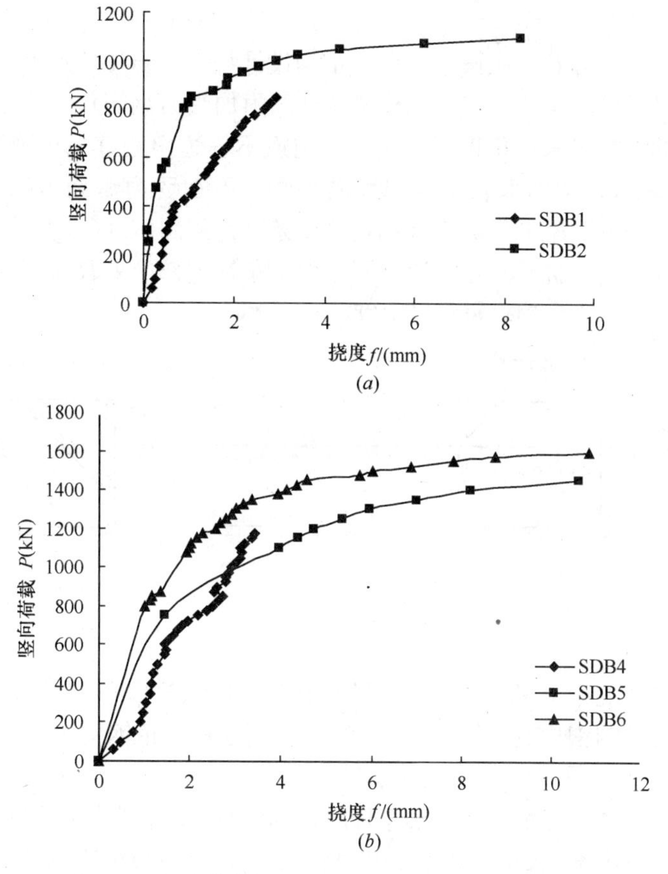

图 4-29　各试件荷载与跨中挠度（$P \sim f$）的关系曲线

(a) 跨高比 $l/h=2.0$；(b) 跨高比 $l/h=1.5$

4.5.4　设计和构造要求

（1）深梁内的空间钢构架应配置在其下边缘以上 $0.2h$ 的范围内（图 4-30），替代普通钢筋混凝土深梁内的纵向钢筋。当需要采用空间钢构架承受施工荷载、直接悬挂模板时，空间钢构架为承重钢构架，此时应按两个受力阶段进行设计计算。

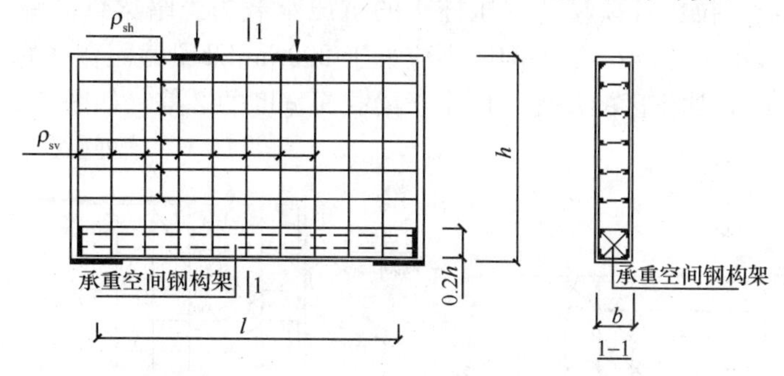

图 4-30　空间钢构架混凝土深梁配筋示意图

钢构架第一阶段的计算，应按《钢结构设计规范》(GB 50017—2003) 进行。空间钢构架如轻钢结构一样承受自重、模板重量、尚未凝结的混凝土重量、浇灌混凝土时的安装荷载等。

钢构架第二阶段的计算，应按《混凝土结构设计规范》(GB 50010—2010) 进行，计算所需要的全部纵向受力钢筋（包括钢构架弦杆和附加受力钢筋)。

空间钢构架的弦杆可采用角钢或圆钢。等边或不等边角钢宜采用牌号 Q235B 级的碳素钢，以及牌号 Q345B 级的低合金高强度结构钢。附加受力钢筋可采用 HRB400 级和 HRB335 级钢筋，也可采用 HPB235 级钢筋。缀条可采用扁钢（Q235）或圆钢。

(2) 为了保证角钢与混凝土更好地共同工作，角钢端部应采取锚固措施，即焊成加劲板（图 4-31)。图中 b_n 为角钢较窄翼缘宽度。

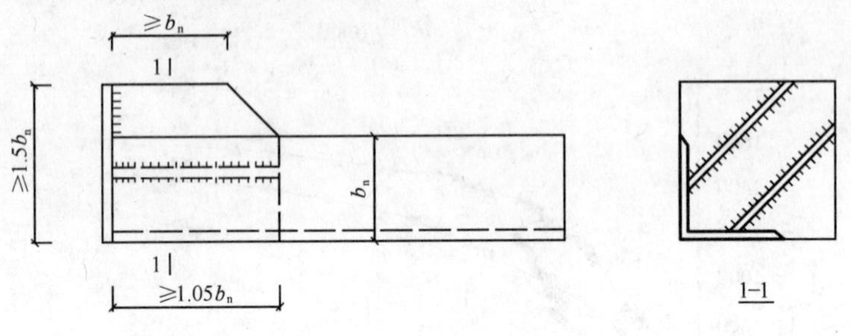

图 4-31 角钢端部构造

(3) 空间钢构架混凝土深梁的混凝土强度等级不宜低于 C30。空间钢构架的混凝土保护层厚度：当弦杆由圆钢构成时，取 25～30mm；当弦杆由角钢构成时，取不应小于角钢翼缘宽度的 0.6 倍。

(4) 深梁空间钢构架的配筋率 (ρ_s) 同普通钢筋混凝土深梁中的纵向受拉钢筋的配筋率 (ρ) 要求，即不应小于 0.25%（Q235B 级钢)、0.20%（Q345B 级钢)。

(5) 深梁内设置沿主拉应力迹线方向的斜向分布钢筋可提高深梁的受剪承载力。斜向分布钢筋直径不宜小于 6mm，配筋率（ρ_{sa}）不应小于 0.25%（Q235B 级钢)、0.20%（Q345B 级钢)，如图 4-32 所示。

空间钢构架混凝土深梁的水平分布钢筋和竖向分布钢筋的配筋率 ($\rho_{sh} = A_{sh}/bs_v$、$\rho_{sv} = A_{sv}/bs_h$) 同普通钢筋混凝土深梁中的水平分布钢筋和竖向分布钢筋的配筋率。

(6) 深梁内沿主压应力迹线（近似取加载点至支座方向）设置斜向暗梁，可提高空间钢构架混凝土深梁“拉压杆模型”中压杆 1 的抗压承载力。暗梁纵向钢筋不应小于 4Φ14，箍筋直径不应小于 4mm，箍筋间距不应大于 200mm 及梁截面宽度的一半；端部加密区不应大于 100mm，加密区的长度不应小于梁截面宽度的 2 倍，如图 4-33 所示。

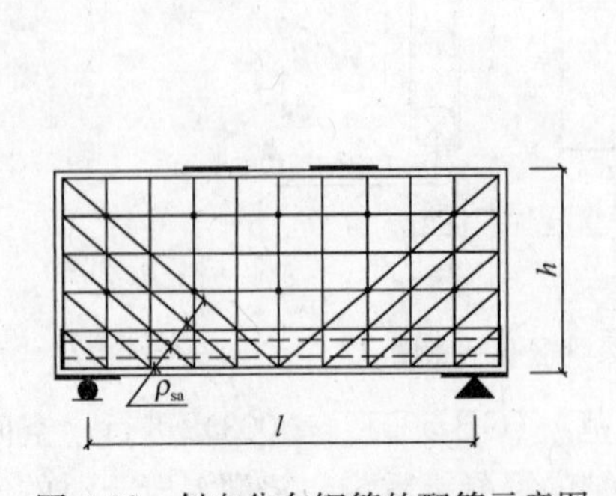

图 4-32 斜向分布钢筋的配筋示意图

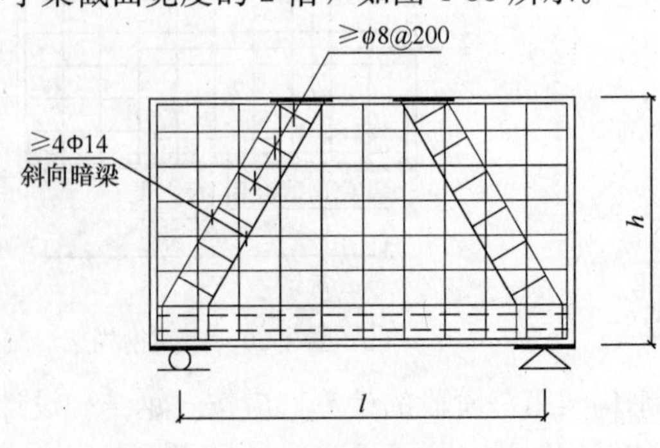

图 4-33 斜向暗梁配筋示意图

4.5.5 主要结论

通过空间钢构架混凝土深梁的对比试验研究，可以得出以下主要结论：

（1）与相同条件普通钢筋混凝土深梁相比，配置空间钢构架的混凝土深梁的受剪承载力有较大幅度的提高。这是因为空间钢构架混凝土作为“拉压杆模型”中的拉杆，提高了拉杆的抗拉承载力，可提高深梁的受剪承载力。

（2）与相同条件普通钢筋混凝土深梁相比，空间钢构架混凝土深梁的变形能力有较大幅度的提高，具有明显的屈服段，表明合理设置空间钢构架可较好地改善混凝土深梁的延性性能。

（3）深梁中除配置水平和竖向分布钢筋外，沿主拉应力迹线方向配置斜向分布钢筋，限制了斜裂缝的发生和发展，可提高深梁的受剪承载力。

（4）深梁中除配置水平和竖向分布钢筋外，沿主压应力迹线（近似取加载点至支座）方向设置斜向暗梁，可提高空间钢构架混凝土深梁“拉压杆模型”中压杆 1 的抗压承载力，可提高深梁的受剪承载力。

（5）空间钢构架混凝土深梁是一种新型的组合结构形式，其构造要求应满足本章 4.5.4 有关设计和构造要求。

当空间钢构架混凝土深梁用作转换构件时，其设计和构造要求还应满足本书第 2 章、第 3 章有关转换梁的相关规定。

参 考 文 献

[4-1] 徐芝纶. 弹性力学简明教程(第三版)[M]. 北京：高等教育出版社，2010

[4-2] 中华人民共和国国家标准. 混凝土结构设计规范(GB 50010—2010)[S]. 北京：中国建筑工业出版社，2010

[4-3] 赵西安编著. 现代高层建筑结构设计[M]. 北京：科学出版社，2000

[4-4] 唐兴荣编著. 高层建筑转换层结构设计和施工[M]. 北京：中国建筑工业出版社，2002

[4-5] 唐兴荣编著. 特殊和复杂高层建筑结构设计 [M]. 北京：机械工业出版社，2006

[4-6] 唐兴荣，孙红梅. 空间钢构架混凝土简支深梁静力性能试验研究和设计建议[J]. 建筑结构学报，2010，31(12)：108-116

5　带桁架转换层高层建筑结构设计

5.1　转换桁架结构形式和受力特征

5.1.1　转换桁架结构形式

转换桁架可采用等节间空腹桁架（图 5-1*a*）、不等节间空腹桁架（图 5-1*b*）、混合空腹桁架（图 5-1*c*）、斜杆桁架（图 5-1*d*）、叠层桁架（图 5-1*e*）等形式。当采用空腹桁架、斜杆桁架或叠层桁架作转换构件时，桁架下弦宜施加预应力，形成预应力混凝土桁架转换构件，以减小因桁架下弦轴向变形过大而引起桁架及带桁架转换层高层建筑结构在竖向荷载作用下次内力的影响和提高转换桁架的抗裂度和刚度。必要时，桁架上、下弦杆可同时采用预应力混凝土，以改善上弦节点的受力状态，提高节点的受剪承载力。

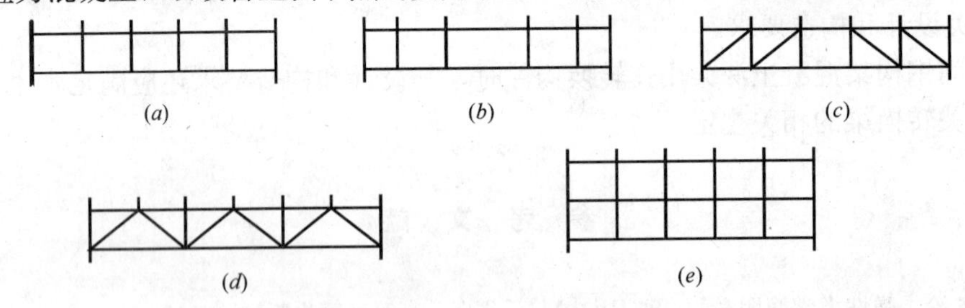

图 5-1　转换桁架的结构形式

（*a*）等节间空腹桁架；（*b*）不等节间空腹桁架；（*c*）混合空腹桁架；
（*d*）斜杆桁架；（*e*）叠层桁架

5.1.2　转换桁架的受力特征

转换桁架主要承受竖向荷载，转换桁架的受力特征主要表现为竖向荷载作用下的受力规律。因此，这里着重进行竖向荷载作用下转换桁架内力特征的分析。为了较准确地反映桁架结构的受力特征，采用考虑杆件轴向变形的弯曲杆单元杆系有限元分析程序进行内力计算。

1. 单层桁架的受力特征

情况 1：等节间空腹桁架（图 5-2*a*），上、下弦杆和竖腹杆的截面尺寸均为 0.40m×0.80m，混凝土强度等级 C50，荷载取各上弦均布荷载 q_u=63.5kN/m，各下弦均布荷载 q_b=79.2kN/m，净跨 l_n=20.0m，其余参数见图。

情况 2：不等节间空腹桁架（图 5-2*b*），仅调整弦杆节间的跨度（原则：一般是将两端节间的跨度减小些，而中间节间的跨度相对加大），将端节间跨度由 4.0m 调整到 2.0m，而中间节点跨度则由 4.0m 调整到 8.0m，其余参数同情况 1。

情况 3：混合空腹桁架（图 5-2*c*），仅在空腹桁架的端节间增设一根斜腹杆（截面尺寸 0.30m×0.30m)，斜腹杆与上、下弦杆为刚接，其余参数同情况 1。

情况 4：混合空腹桁架（图 5-2d），在空腹桁架的端节间和第二节间均设置斜腹杆（截面尺寸 0.30m×0.30m)，其余参数同情况 1。

以上四种情况的部分计算结果列于表 5-1。

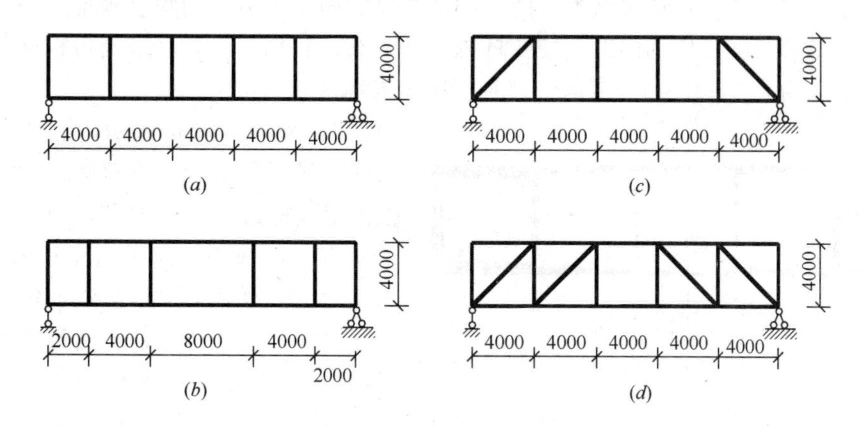

图 5-2 单层桁架计算简图

转换桁架部分内力计算结果 **表 5-1**

指标		单位	情况 1	情况 2	情况 3	情况 4
上弦杆	最大弯矩	kN·m	−1247.30	−884.86	−592.49	−380.07
	最大剪力	kN	695.01	683.73	418.54	279.92
	最大压力	kN	1647.70	1583.10	1662.20	1715.40
下弦杆	最大弯矩	kN·m	−1271.10	−854.40	−582.94	−411.95
	最大剪力	kN	731.99	743.27	437.66	323.26
	最大拉力	kN	1647.70	1583.10	1662.20	1715.20
竖腹杆	最大弯矩	kN·m	1498.10	1319.30	694.32	409.90
	最大剪力	kN	−695.01	1341.10	471.80	197.49
	最大压力	kN	747.20	683.73	346.58	646.90
斜腹杆	最大弯矩	kN·m	—	—	5.00	4.46
	最大剪力	kN	—	—	−1.47	−0.784
	最大压力	kN	—	—	−1276.70	−1165.4

注：弯矩、剪力以顺时针为正，反之为负。

对上述分析结果进一步分析可得以下几点主要结论[5-6][5-10]：

(1) 情况 1 分析表明，等节间空腹桁架弦杆节间最大弯矩值与最小弯矩值之比达 5 倍多。综合考虑桁架中弯矩、剪力和轴力对各杆件强度设计的不利影响，主要是出现在空腹桁架的第一节间的各杆件上，它们都是偏心受力构件，且主要是弯矩和剪力起控制作用。如果按截面内力大小来选择各杆件的截面尺寸的话，将会是靠近端头截面最大，而中间节间相对小（图 5-3)。随着跨度的增加，这个问题就越突出，甚至造成局部内力分布不合理，以致带来构造上和施工上的问题。分析表明，这种桁架形式在跨度 15m 以内时较为经济（除预应力空腹桁架外），否则会因弦杆端节间弯矩和剪力过大而使弦杆截面过大。而解决这一问题的有效办法可采用不等节间空腹桁架（图 5-2*b*）和混合空腹桁架（图5-2*c*、*d*）。

（2）情况 2 分析表明，通过调整弦杆节间尺寸，弦杆节间最大弯矩值与最小弯矩值之比仅 2 倍多。这表明，可通过增大中间节间的跨度和减小端节间的跨度来增大中间弦杆的内力和减小端部节间杆件的内力，使弦杆内力的分布比较均匀，弦杆节间可根据建筑的要求确定，一般为 2.0～4.0m，结构选型时宜优先采用这一结构形式。

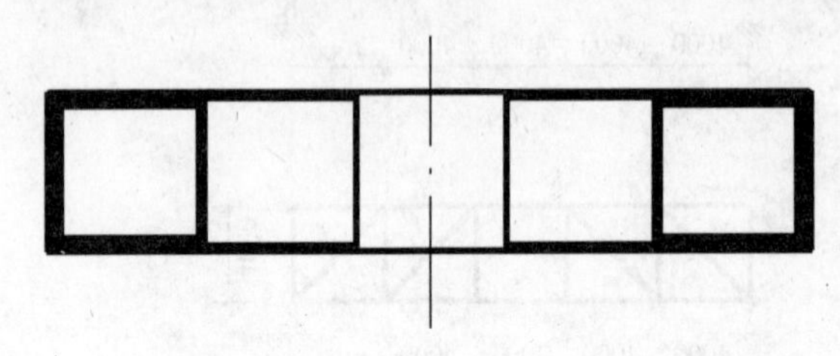

图 5-3　根据内力大小变化各杆截面尺寸

（3）情况 3 分析表明，混合空腹桁架弦杆的最大弯矩较不设斜腹杆的等节间空腹桁架弦杆最大弯矩 1271.10kN・m 减少了约 50%，仅有 582.94kN・m，而弦杆的最大剪力值降低了约 40%，仅有 418.54kN・m。可见，空腹桁架端部设置斜腹杆，使竖向荷载的传力方向和位置发生了变化，部分竖向荷载直接传给支座或靠近支座，使端部上、下弦杆的弯矩和剪力均较大幅度减小，但斜腹杆以及上、下弦杆中轴力较大，截面主要有轴力控制，设计时应特别注意。

（4）分析表明，设置斜腹杆后，桁架的竖向刚度有较大幅度的提高，可作为荷载重、跨度大的竖向转换构件。

2. 叠层桁架的受力特征

情况 5：叠层空腹桁架（图 5-4*a*），情况 5 分为七种情况，其中情况 5-1～5-5 分别取下弦杆截面高度为 0.6m、0.8m、1.0m、1.2m 和 1.5m；情况 5-6 仅中弦杆截面高度取 1.2m；情况 5-7 仅上弦杆截面高度取 1.5m，其余杆件尺寸同情况 1。静力分析时均在上部各节点施加集中力 N=1000kN。

情况 6：叠层混合空腹桁架（图 5-4*b*），斜腹杆的截面尺寸 0.30m×0.30m，其余参数同情况 1。

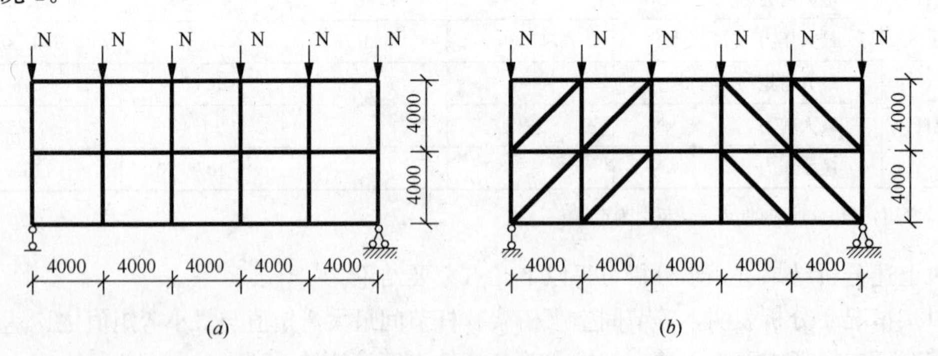

图 5-4　叠层桁架计算简图

对分析结果进一步分析可得以下几点主要结论[5-10]：

（1）叠层空腹桁架弦杆弯矩和剪力的大小与各弦杆之间的相对刚度密切相关，竖向荷载的分担与各层弦杆的刚度大小有关。欲使叠层桁架各弦杆有显著的共同工作特性，应保证竖腹杆处有适当的竖向位移，因此，设计叠层空腹桁架的关键是合理选择各弦杆的刚度。

分析表明：叠层空腹桁架的轴力分布特点是下弦杆出现最大拉力，而上弦杆的压力最大，中弦杆的轴力相对较小。从各层弦杆的轴力的变化，中间节间最大，两边节间的变化逐渐减小，这与外形类似的理想桁架上下弦杆轴力的分布式相似的。

（2）叠层混合空腹桁架由于存在一定数量的斜腹杆，改变了上部竖向荷载的传力途径，将部分竖向荷载卸给靠近支座的竖腹杆，直接传给支座，大幅度地降低各层弦杆的弯矩和剪力，但增加了斜腹杆和弦杆的轴向力。

3. 转换桁架的工作机理

单层或叠层桁架的工作机理是由多根截面较大的弦杆（梁）共同承担上部竖向荷载的工作机制，斜腹杆改变了竖向荷载的传力方向和位置，起卸载作用，类似于拱传力。但当转换桁架的跨度和承担的竖向荷载较大时，势必会造成下弦杆的轴力进一步增大，采用普通钢筋混凝土不能满足转换结构构件抗裂要求时，一般可以考虑在受拉弦杆中采用预应力混凝土，形成预应力混凝土桁架结构。

在转换桁架中采用预应力技术概念类似于屋架受拉的下弦杆中施加预应力（图 5-5）。由于转换桁架的上、下弦杆与刚度极大的楼面整浇，使桁架斜腹杆传递下来的水平推力由楼面分配到建筑物的各抗侧力构件上，这些“附加力”的影响范围主要是集中在角区，如果能随着建筑物不断增加的施工荷载，在力 N 的形成、增大过程中，同步张拉配置于桁架下弦的预应力筋，在该处提供一对与推力 N 大小相等方向相反的力，就可以在角区就地完成力的平衡，中断或减小通过楼面向外传递的荷载。

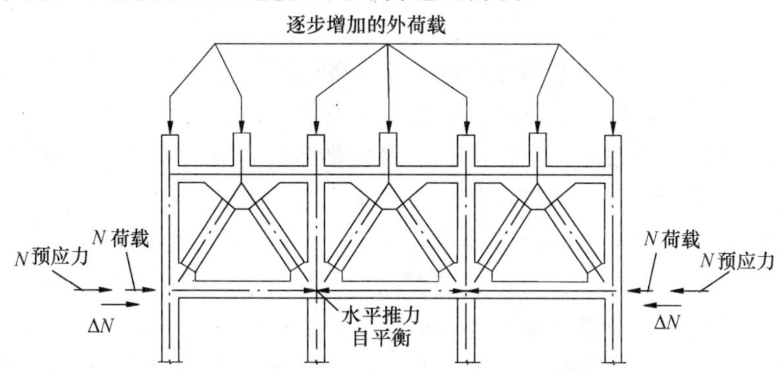

图 5-5 预应力转换桁架的工作机理

5.1.3 转换桁架适用范围

抗震设计时应避免高位转换，当建筑功能需要不得已高位转换时，转换结构还宜优先选择不致引起转换柱（边柱）柱顶弯矩过大、柱剪力过大的结构形式，采用桁架转换结构是一种有效的方法。转换桁架用于高位转换、托柱转换层结构中的转换构件时较采用梁式转换构件合理。

一般情况下，转换桁架的选型原则如下：

（1）当转换结构构件的跨度和承托的竖向荷载不大时，可选用等节间空腹桁架；若其跨度或承托的竖向荷载较大，尤其端节间弦杆的弯矩和剪力很大时，可选用不等节间空腹桁架或混合空腹桁架，后者斜腹杆也可铰接于上、下弦杆。

（2）当转换层高度小于层高时，转换桁架宜满层设置，选用单层转换桁架；当转换层高度超过一层时，转换桁架宜满层布置，选用叠层转换桁架。

（3）当转换桁架的受拉弦杆不满足抗裂要求时，宜在受拉弦杆中施加预应力，选用预应力混凝土转换桁架。

5.1.4 转换桁架结构布置

桁架的高度不宜过小，一般可取其跨度的1/10～1/6。转换桁架的高度一般为一个楼层高度（单层桁架）或多个楼层高度（叠层桁架）。桁架的上弦在上一层楼板平面内，下弦在下层楼板平面内。

转换桁架的设计应与其上部结构的设计综合考虑。转换桁架的上弦节点应布置成与上部框架柱、墙肢形心重合。转换桁架上、下层框架柱（墙肢）分别与桁架上、下弦平面外宜中心对齐。

采用转换桁架结构时，一层桁架中一般不宜设置“X”形斜腹杆，腹杆数量不宜过多，以免杆件受力复杂，且易造成杆件长细比过小，形成短柱，不满足规范抗震要求。

桁架上、下弦节间长度一般可取3～5m，可能情况下，宜采用不等节间空腹桁架（两端节间间距取小值，跨中取大值），以尽可能使各杆件受力均匀。

桁架上弦截面宽度（弦杆在桁架平面外的尺寸）应大于上托柱相应方向的截面尺寸，下弦截面宽度（弦杆在桁架平面外尺寸）不应大于下层转换柱相应方向的截面尺寸。上、下弦杆截面宽度宜相同，以方便施工。腹杆截面宽度不应大于上、下弦截面宽度，且腹杆长度与截面短边之比应大于4。

框支柱应向上伸入转换桁架与上托框架柱直接相连。在转换桁架内应按框架柱和桁架端腹杆两者的最不利情况设计。其截面宽度不应小于上、下弦截面宽度。

节点是保证转换桁架整体性及正常工作的重要部位。桁架节点处一般有3～5根杆件交汇，截面又发生突变，受力相当复杂。如设计不当或施工质量得不到保证，将会在节点附近出现裂缝，甚至造成节点的剪切破坏。因此，必须予以充分的重视。节点宽度与桁架弦杆截面相同，其高度应根据腹杆的布置情况确定。节点与腹杆相接面应与腹杆轴线垂直。节点几何尺寸应满足节点斜面长度不小于腹杆截面高度加50mm。

转换桁架跨中起拱值，钢筋混凝土桁架可取$l/700$～$l/600$，预应力桁架可取$l/1000$～$l/900$，这里l为转换桁架的跨度。

采用转换桁架将框架-核心筒结构、筒中筒结构的上部密柱转换为下部稀柱时，转换桁架宜满层设置，其斜杆的交点宜为上部密柱的支点。

采用空腹桁架转换层时，空腹桁架宜满层设置，应有足够的刚度保证其整体受力作用。空腹桁架的竖腹杆宜与上部密柱的位置重合。

当桁架高度超过层高时，转换构件宜采用叠层桁架，其斜腹杆（竖腹杆）宜与上部密柱的位置重合。

5.2 带桁架转换层结构的振动台试验研究

上海裕年国际商务大厦采用带转换层的钢筋混凝土框架-剪力墙结构，属于复杂高层建筑结构，抗震设防烈度 7 度（设计地震加速度值为 0.1g）。该工程所采用预应力混凝土叠层转换桁架的跨度和其承受的竖向荷载均很大，是整个结构设计和施工的技术关键。为保证整体结构和叠层转换桁架的安全可靠，作者进行了 1∶25 缩尺整体结构模型模拟地震振动台试验，研究模型结构的动力特性，在 7 度、8 度区多遇烈度、基本烈度、罕遇烈度及罕遇强烈度地震动作用下模型结构的加速度、位移和关键部位的应变反应，以及结构的破坏形式和破坏机理。[5-12]

5.2.1 试验概况

1. 模型设计与制作

综合考虑原型结构和试验室条件，采用 1∶25 的缩尺比例模型进行单向地震作用下的动力试验。模型设计时尽可能满足模型与原型结构在材料特性、几何特性、构件和节点构造、荷载分布等方面的相似律。模型设计和加载程序应保证在主要地震波激励下，结构模型进入塑性状态（即进行破坏性试验）时，能有效采集数据和试验观察。试验结果分析时充分考虑重力失真效应、尺寸效应等问题。

（1）相似关系

在模型设计制作时，考虑地面的嵌固作用，不考虑地下室部分；上部结构的形式根据委托方提供的施工图纸资料确定。

模拟地震振动台模型应满足：物理条件相似、几何条件相似、边界条件相似，以及质点动力平衡方程相似和运动的初始条件相似等。

1）物理条件相似

模型与原型的物理条件相似，就是要求模型与原型相应各点的应力和应变间的关系相同，即

$$\left.\begin{aligned} S_{\mu} &= 1.0 \\ S_{\sigma} &= S_{E}S_{\varepsilon} \\ S_{\tau} &= S_{G}S_{\gamma} \end{aligned}\right\} \tag{5-1}$$

根据国内外的研究，动力试验，不论是弹性的还是非弹性的，S_{ε} 必须为 1.0。

2）几何条件相似

几何条件相似，就是要求模型与原型各相应部分的长度互成比例。

根据变形体的长度、位移、应变之间的关系，可以导出相似条件：

$$\frac{S_{x}}{S_{E}S_{l}} = 1.0 \tag{5-2}$$

刚度相似条件：

$$\frac{S_{E}S_{l}}{S_{K}} = 1.0 \text{ 或 } \frac{S_{G}S_{l}}{S_{K}} = 1.0 \tag{5-3}$$

3）边界条件相似

边界条件相似，就是要求模型与原型在于外界接触的区域内的各种条件保持相似，包括支承条件相似、约束条件相似、在边界上的受力情况相似等。

集中力或剪力 V $$S_{V} = S_{\sigma}S_{l}^{2} \tag{5-4}$$

弯矩或扭矩 M $$S_{M} = S_{\sigma}S_{l}^{3} \tag{5-5}$$

4）质点动力平衡方程相似

对质点体系的地震动作用下的运动方程进行相似变换后可得：

$$\frac{S_C S_t}{S_m}=1.0 \tag{5-6}$$

$$\frac{S_K S_t^2}{S_m}=1.0 \tag{5-7}$$

同理，可得固有周期的相似系数：

$$S_T=\left(\frac{S_m}{S_K}\right)^{1/2} \tag{5-8}$$

上述推导中，取重力加速度相似系数 $S_g=1.0$。

5）运动的初始条件相似

运动的初始条件包括在初始状态下质点的位移、速度和加速度物理量之间的微分关系，可得下列相似关系：

$$\left.\begin{aligned} S_x &= S_l \\ S_{\dot{x}} &= \frac{S_x}{S_t} \\ S_{\ddot{x}} &= \frac{S_x}{S_t^2} \end{aligned}\right\} \tag{5-9}$$

注意：相似系数 S 为模型与原型相应物理量之比值。

整体结构模型的相似关系如表 5-2 所示。

模型与原型的相似关系 **表 5-2**

物理量	相似关系	物理量	相似关系
应变 ε	$S_\varepsilon=1$	时间，固有周期 T	1/7.906
应力 σ	$S_\sigma=1/3$	频率 f	$S_f=7.906$
弹性模量 E	$S_E=1/3$	速度 $\dot{x}$	$S_{\dot{x}}=1/3.162$
质量密度 ρ	$S_\rho=3.333$	加速度 $\ddot{x}$	$S_{\ddot{x}}=2.5$
长度 l	$S_l=1/25$	重力加速度 g	$S_g=1$
质量 m	$S_m=1/4687.5$	集中力 P	$S_P=1/1875$

在对模型具体构件的相似设计中，采用构件层面上的相似原则。对钢筋混凝土梁、柱构件的正截面承载力的模拟，依据抗弯承载力等效的原则；对其斜截面承载力的模拟，依据抗剪承载力等效的原则。转换桁架下弦杆、中弦杆的预压力，依据轴向受压承载力等效的原则。

1）弯矩相似常数

原型结构：$M^p=f_y^p A_s^p h_0^p$

模型结构：$M^m=f_y^m A_s^m h_0^m$

弯矩相似常数：
$$S_M=\frac{M^m}{M^p}=\frac{f_y^m A_s^m h_0^m}{f_y^p A_s^p h_0^p}=\frac{A_s^m}{A_s^p}S_{fy}S_l$$

$$A_s^m=A_s^p\frac{S_M}{S_{fy}S_l}=A_s^p\frac{S_\sigma S_l^2}{S_{fy}} \tag{5-10}$$

2）剪力相似系数

原型结构：
$$V^p=f_{yv}^p\frac{A_{sv}^p}{s^p}h_0^p$$

模型结构：
$$V^m=f_{yv}^m\frac{A_{sv}^m}{s^m}h_0^m$$

剪力相似系数：
$$S_V=\frac{V^m}{V^p}=\frac{f_{yv}^m\frac{A_{sv}^m}{s^m}h_0^m}{f_{yv}^p\frac{A_{sv}^p}{s^p}h_0^p}=\frac{A_{sv}^m}{A_{sv}^p}S_{fyv}\frac{S_l}{S_s}$$

$$A_{sv}^m=A_{sv}^p\frac{S_V S_s}{S_{fyv}S_l}=A_{sv}^p\frac{S_\sigma S_l S_s}{S_{fyv}} \tag{5-11}$$

3）预压力相似系数

原型结构：
$$N^p=\sigma_c^p A_c^p$$

模型结构：
$$N^m=\sigma_c^m A_c^m$$

预压应力相似系数：
$$\frac{N^m}{N^p}=\frac{\sigma_c^m}{\sigma_c^p}\frac{A_c^m}{A_c^p}=S_\sigma S_l^2$$

$$N^m=N^p S_\sigma S_l^2 \tag{5-12}$$

（2）材料选取

选用微粒混凝土、镀锌铁丝和铁丝网来模拟原型结构的钢筋混凝土。

微粒混凝土采用较大砾砂作为粗骨料代替混凝土中的碎石，以较小的粒径的砾砂作为细骨料代替混凝土中的砾砂。微粒混凝土的施工方法、振捣方式和养护条件都与普通混凝土相同。采用木模作为外模，内模采用泡沫塑料，易成型、易拆模。内模泡沫塑料切成一定形状，形成构件所需的内部空间，布置绑扎好钢筋后进行浇筑，边浇筑边振捣密实。模型微粒混凝土设计强度指标如表 5-3 所示。

梁、柱和墙中的纵向受力钢筋和箍筋采用 22＃、20＃和 18＃镀锌铁丝来模拟，楼板受力钢筋采用铁丝网来模拟。

模型各构件混凝土设计强度等级 **表 5-3**

楼层号	原型结构		模型结构		备　注
	梁、板	柱、墙	梁、板	柱、墙	
≥21 层	C30	C30	C10	C10	
9～20 层	C30	C50	C10	C16.7	
1～8 层	C30	C60	C10	C20	转换桁架 原型：C40；模型：C13.3
1～3 层	C30	C60	C10	C20	

(3) 模型简化

为了便于1∶25缩尺结构模型的施工，在设计时，结构模型作如下简化：

1) 主要结构构件（柱、墙、主梁等）严格满足相似关系；

2) 楼面次梁根据刚度等效的原则折算到楼板中；

3) 核心筒（剪力墙）按抗侧刚度相等原则进行规则化处理；

4) 忽略附属非结构构件；

5) 忽略地下室，这是因为以往的模型试验和理论分析都表明，由于地下室和地基共同工作，使其抗侧刚度得到加强，在地震作用下地下室变形很小不会发生破坏。

根据上述简化原则确定的振动台结构模型高4.276m（包括底座高度0.3m），浇筑完成后的模型如图5-6所示。

图5-6 振动台模型全景

(4) 楼层附加质量（m^{a}）

楼层附加质量的确定原则：沿模型结构竖向布置，使附加质量后的楼层总质量满足原型结构楼层间的质量比例关系。即

$$m^{m} + m^{a} = m^{p}/S_{m} \tag{5-13}$$

式中 m^{p}、m^{m}、m^{a}——分别为原型、模型结构质量以及附加质量块；

S_{m}——质量相似系数。

附加质量的平面布置原则：沿模型结构平面方向，使附加质量后的楼层质量分布满足原型结构楼层上的质量分布关系。在布置质量块时，按照质量分布图，在每个质量块的位置抹一定质量的环氧砂浆，并将质量块嵌放在其上。注意砂浆如果太少质量块粘结不牢，会增加试验期间的危险性；而在质量块排放较密位置，砂浆太多，多余的砂浆在质量块之间，其硬化后的刚度会增加模型的楼面刚度，影响试验结果的准确性。

楼层附加质量选用3.5kg（100mm×100mm×50mm）、4.5kg（100mm×100mm×60mm）两种规格的质量块。楼层总附加质量3479kg，模型自重7498.5kg，模型总重10977.5kg（不含底座自重）。

2. 测点布置

根据本工程的结构特点，在模型不同楼层高度处布置加速度传感器和位移传感器，在转换桁架、底层柱和底层墙等关键部位布置混凝土应变片。

(1) 加速度传感器

模型结构共布置16个加速度传感器（A1～A16），分别布置在0（底座）、2层、4层、5层、6层、7层、9层、15层、21层、24层、27层楼面、28层（屋顶），以测定楼层在地震激励方向的加速度。同时，在结构屋面层，除了在楼层中间部位布置测点外，尚在其两侧各布置一个加速度传感器，以测定模型结构的扭转效应，如图5-7所示。

(2) 位移传感器

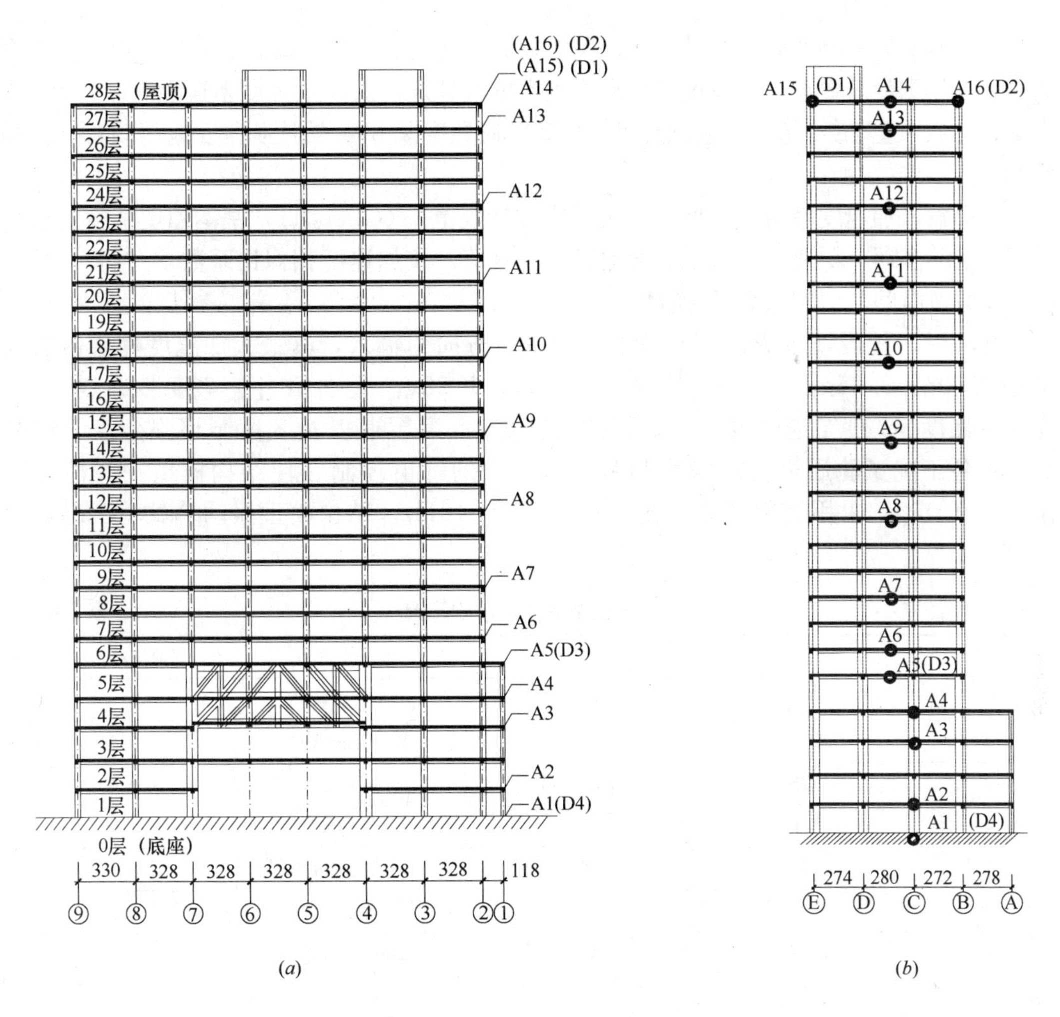

(*a*)　　(*b*)

图 5-7　加速度传感器测点布置（注：A—加速度传感器、D—位移传感器）
(*a*) 正面；(*b*) 侧面

模型结构共布置 4 个位移传感器（D1～D4），分别布置在 0 层（底座）、6 层楼面及 28 层（屋顶）（图 5-7），以测定楼层在地震激励方向的位移，其余楼层的位移，可通过量测模型结构主要楼层的加速度反应，经过频域分析，计算模型结构的绝对位移，相对位移和层间位移反应。

(3) 混凝土应变片

应变测点布置在转换桁架、底部柱和底部墙等受力较大且复杂的部位，用于监测其在各种地震激励的作用下的应变状态，以了解相应的应力变化情况。模型结构上共布置 14 个混凝土应变片，其中转换桁架布置 10 个应变片（S1～S10），底部柱布置 2 个应变片（S11～S12），底部墙布置 2 个应变片（S13～S14）。

3. 试验工况

根据《建筑抗震试验方法规程》（JGJ 101—96）和上海地区 7 度抗震设防及Ⅳ类场地要求，选用了 EL-Centro（N-S）地震波、Pasadena 地震波、Shw2002 上海人工地震波共三条地震记录作为振动台台面激励。

试验时根据模型所要求的动力相似关系对原型地震记录加以修正后，作为模拟振动台的输入。根据设防要求，加速度幅值从小到大依次输入，以模拟7度多遇烈度、7度基本烈度、7度罕遇烈度、7度罕遇强烈度、8度罕遇烈度及8度罕遇强烈度地震动对结构的作用。

台面输入加速度峰值，根据《建筑抗震设计规范》(GB50011) 基本烈度7度地震作用及相应的多遇，罕遇及罕遇强烈度地震最大峰值，按加速度相似比系数 $S_{\ddot{x}}$ 换算，地震波的持时按时间相似比系数 S_t 换算。

试验时，地震波按纵向（与叠层桁架平行方向）输入，其最大加速度峰值依次调整至0.09g、0.25g、0.56g、0.75g、1.00g、1.28g，分别相当于7度多遇烈度、7度基本烈度、7度罕遇烈度、7度罕遇强烈度、8度罕遇以及8度罕遇强烈度。试验前和在各工况试验后进行白噪声扫频。白噪声的峰值控制在使结构模型在弹性内工作，取0.05g，采用有限带宽，输入频宽0.1～40Hz。结构模型振动台试验工况如表5-4所示。

结构模型振动台试验工况 **表5-4**

工况编号	工况名称	地震烈度	地震波类型	加速度峰值 (g)
1	W1	频率扫描	第一次白噪声	0.05
2	F7E	7度多遇	EL-Centro波	0.09
3	F7S		Shw2002波	0.09
4	F7P		Pasadena波	0.09
5	W2	频率扫描	第二次白噪声	0.05
6	B7E	7度基本	EL-Centro波	0.25
7	B7S		Shw2002波	0.25
8	B7P		Pasadena波	0.25
9	W3	频率扫描	第三次白噪声	0.05
10	R7E	7度罕遇	EL-Centro波	0.55
11	R7S		Shw2002波	0.55
12	R7P		Pasadena波	0.55
13	W4	频率扫描	第四次白噪声	0.05
14	R7.5E	7度罕遇强	EL-Centro波	0.75
15	R7.5S		Shw2002波	0.75
16	R7.5P		Pasadena波	0.75
17	W5	频率扫描	第五次白噪声	0.05
18	R8E	8度罕遇	EL-Centro波	1.00
19	R8P		Pasadena波	1.00
20	W6	频率扫描	第六次白噪声	0.05
21	R8.5E	8度罕遇强	EL-Centro波	1.28
22	R8.5P		Pasadena波	1.28
23	W7	频率扫描	第七次白噪声	0.05

5.2.2 试验现象

当台面输入7度多遇烈度地震动时，模型结构没有出现可见裂缝，从传递函数分析中，也可以发现自振频率基本没有下降，进一步说明在7度多遇烈度地震动作用下，模型结构处于弹性阶段。当台面输入7度基本烈度地震动时，模型结构没有出现可见裂缝，从传递函数分析中，可以发现没有明显的自振频率下降，说明模型结构基本处于弹性阶段。当台面输入7度罕遇烈度地震后，模型结构虽然没有出现可见裂缝，但从传递函数分析中，还是可以发现明显的自振频率下降，结构开裂较严重，说明结构进入典型的非线性反应阶段。当台面输入7度罕遇强烈度地震（工况16：R7.5P）后，在模型结构沿地震动方向的筒体墙体连梁端部出现微小的可见裂缝，8度罕遇烈度地震动输入后，模型结构的自振频率进一步下降，表明模型结构破坏程度相当严重。

在整个振动台试验过程中，均未发现预应力混凝土叠层桁架及与其上弦、下弦相连的柱端出现可见裂缝，表明叠层桁架在整个振动台试验过程中基本上处于弹性工作状态。

5.2.3 试验结果及分析

1. 频率

试验前及各烈度地震输入后，分别对模型结构进行噪声扫频，以获得模型结构的自振频率变化情况。震前及各个地震波输入工况后模型结构的前三阶频率如表5-5所示。

模型结构基本频率的变化 **表5-5**

工况编号	第一阶频率 f_1（Hz）	第二阶频率 f_2（Hz）	第三阶频率 f_3（Hz）
1	5.697	17.653	40.878
5	5.478	17.528	40.878
9	5.196	16.026	39.313
13	4.507	14.116	34.743
17	4.038	12.113	25.384
20	3.506	10.486	24.477
23	2.880	8.545	22.223

从每次地震动输入后模型结构的频率变化看，在7度多遇烈度地震波输入后，模型结构的第一阶自振频率仅下降3.84%，说明模型结构处于弹性工作状态。在7度基本烈度地震波输入后，模型结构的第一阶自振频率仅下降8.79%，表明结构仍基本处于弹性工作状态。随着输入烈度的不断提高，模型结构开裂不断发展，使其刚度不断减

小。7度罕遇烈度地震波输入后，模型结构的第一阶频率下降约20%，模型结构的损伤较为严重。

2. 加速度反应

试验直接测得了模型结构在0层（底座）、2层、4层、5层、6层、7层、9层、12层、15层、18层、21层、24层、27层楼面及28层（屋顶）的加速度时程。图5-8、图5-9分别给出了28层（屋顶）A14在EL-Centro波、Shw2002波作用下实测加速度时程曲线。

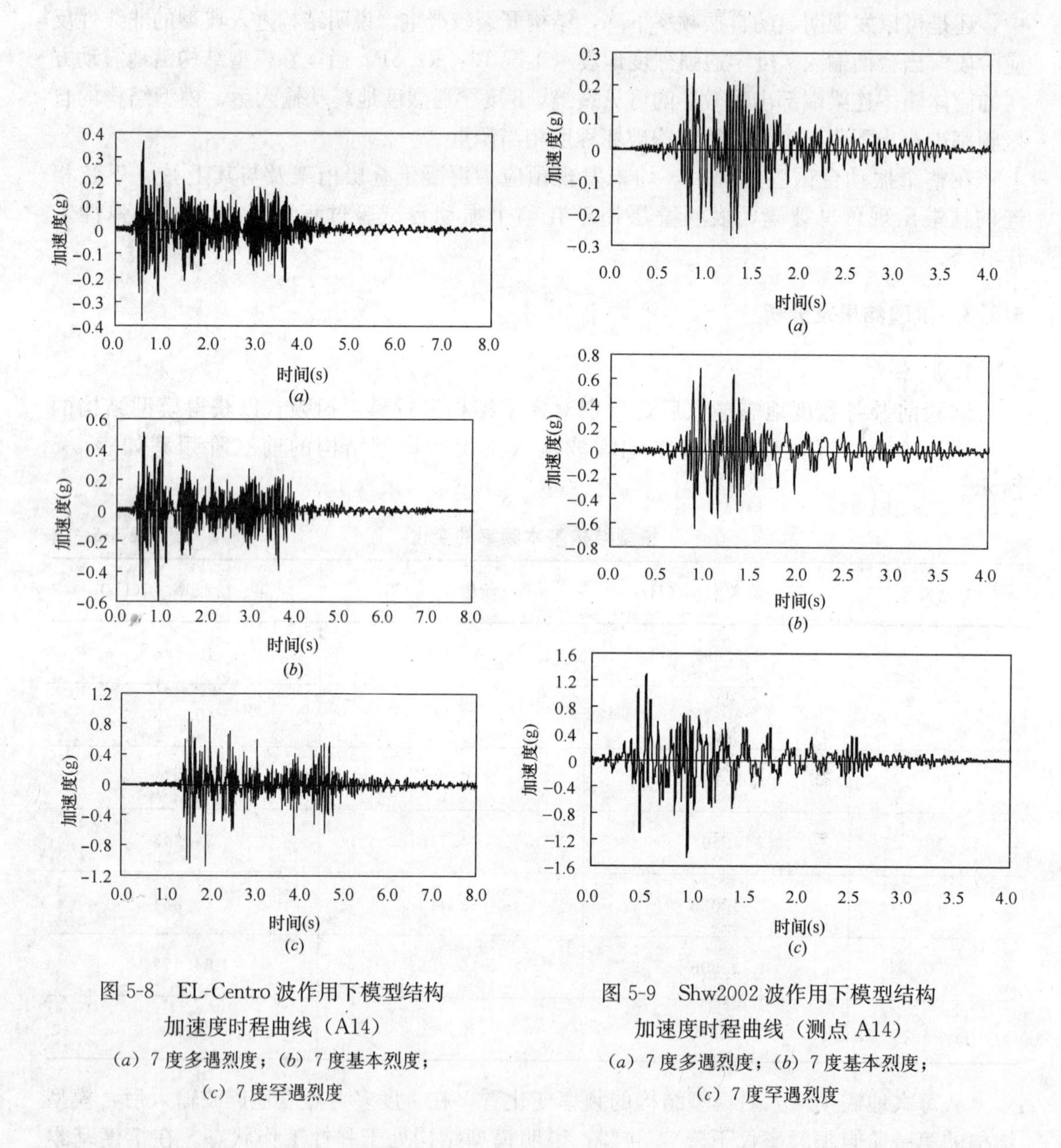

图5-8　EL-Centro波作用下模型结构加速度时程曲线（A14）

(*a*) 7度多遇烈度；(*b*) 7度基本烈度；(*c*) 7度罕遇烈度

图5-9　Shw2002波作用下模型结构加速度时程曲线（测点A14）

(*a*) 7度多遇烈度；(*b*) 7度基本烈度；(*c*) 7度罕遇烈度

图5-10～图5-14给出了设防烈度分别为7度、8度时各工况模型结构的最大加速度反应包络图。

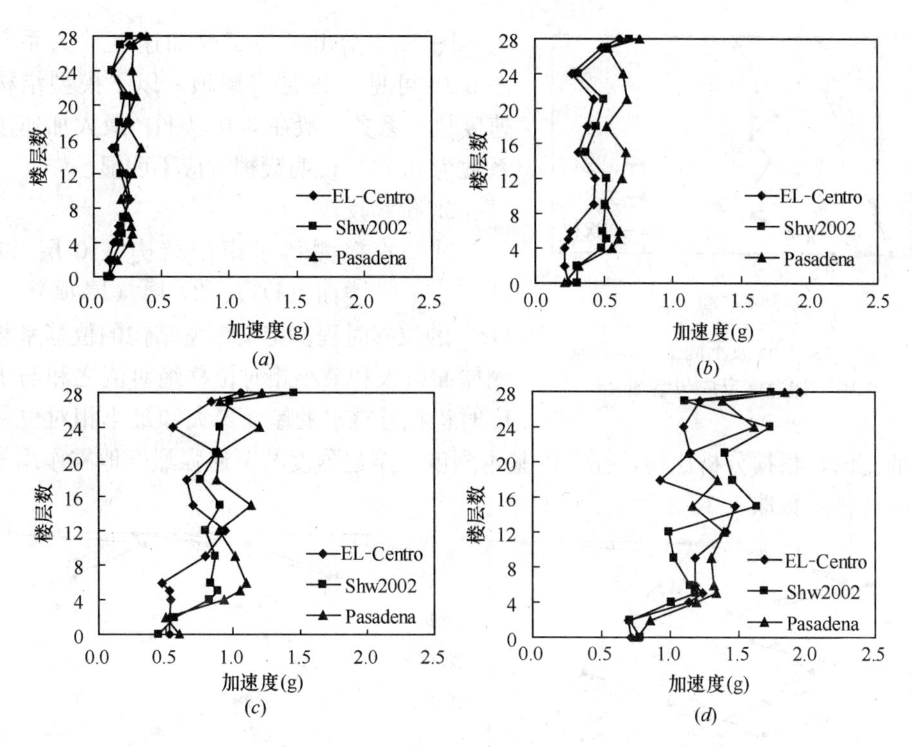

图 5-10　设防烈度 7 度时各工况模型结构的最大加速度反应包络图

(*a*) 7 度多遇烈度；(*b*) 7 度基本烈度；(*c*) 7 度罕遇烈度；(*d*) 7 度罕遇强烈度

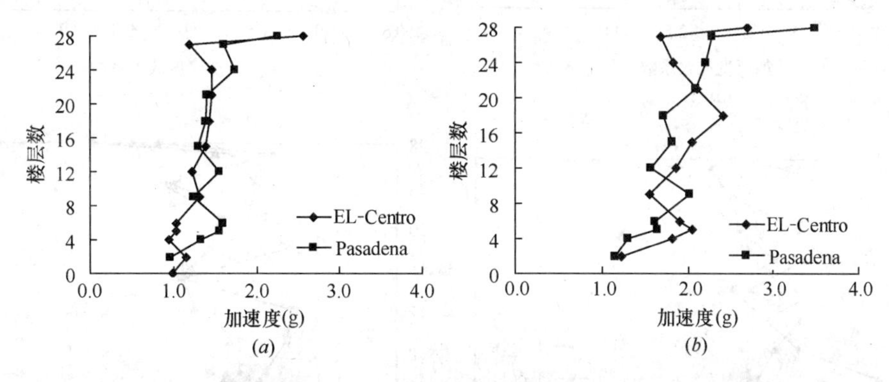

图 5-11　设防烈度 8 度时各工况模型结构的最大加速度反应包络图

(*a*) 8 度罕遇烈度；(*b*) 8 度罕遇强烈度

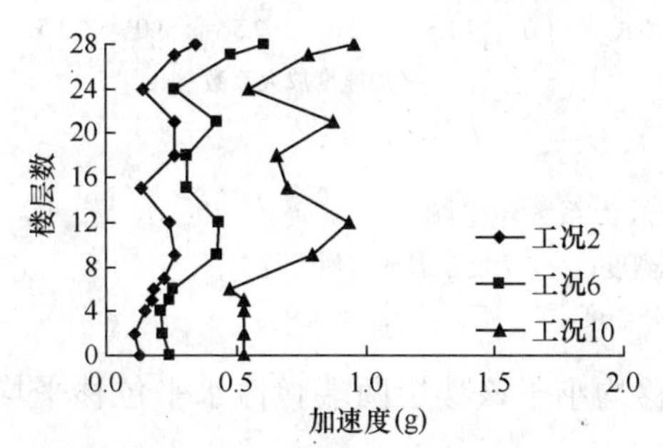

图 5-12　EL-Centro 波不同工况地震动作用下加速度反应包络图

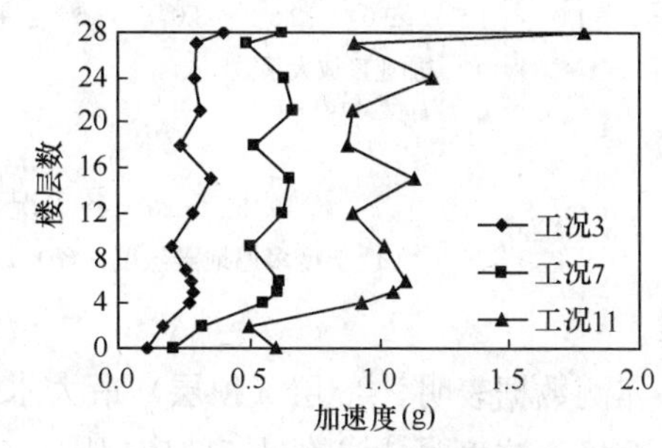

图 5-13　Shw2002 波不同工况地震动作用下加速度反应包络图

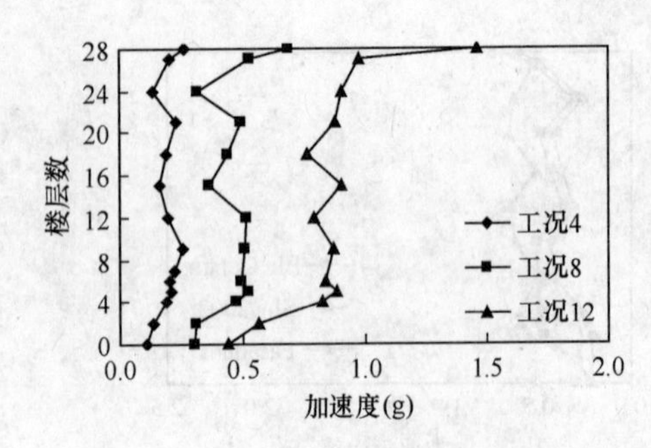

图 5-14　Pasadena 波不同工况地震动作用下加速度反应包络图

图 5-15 给出了各工况加速度放大系数，由图 5-15 可见，28 层（屋顶）以下模型结构的加速度放大系数一般在 3.0 以下，最大加速度放大系数为 3.74，说明鞭梢效应不明显。

3. 位移反应

试验直接测得了模型结构在 0 层（底座）(D4)、6 层楼面（D3）、28 层（屋顶）（D1、D2）的位移时程。定义模型结构的位移系数为实测屋面最大和最小相对位移绝对值之和与由加速度时程积分得出的屋面最大和最小相对位移绝对值之和的比值，根据分析比较，在 7 度基本烈度、罕遇烈度及罕遇强烈度地震作用下，模型结构的位移系数取 1.15。

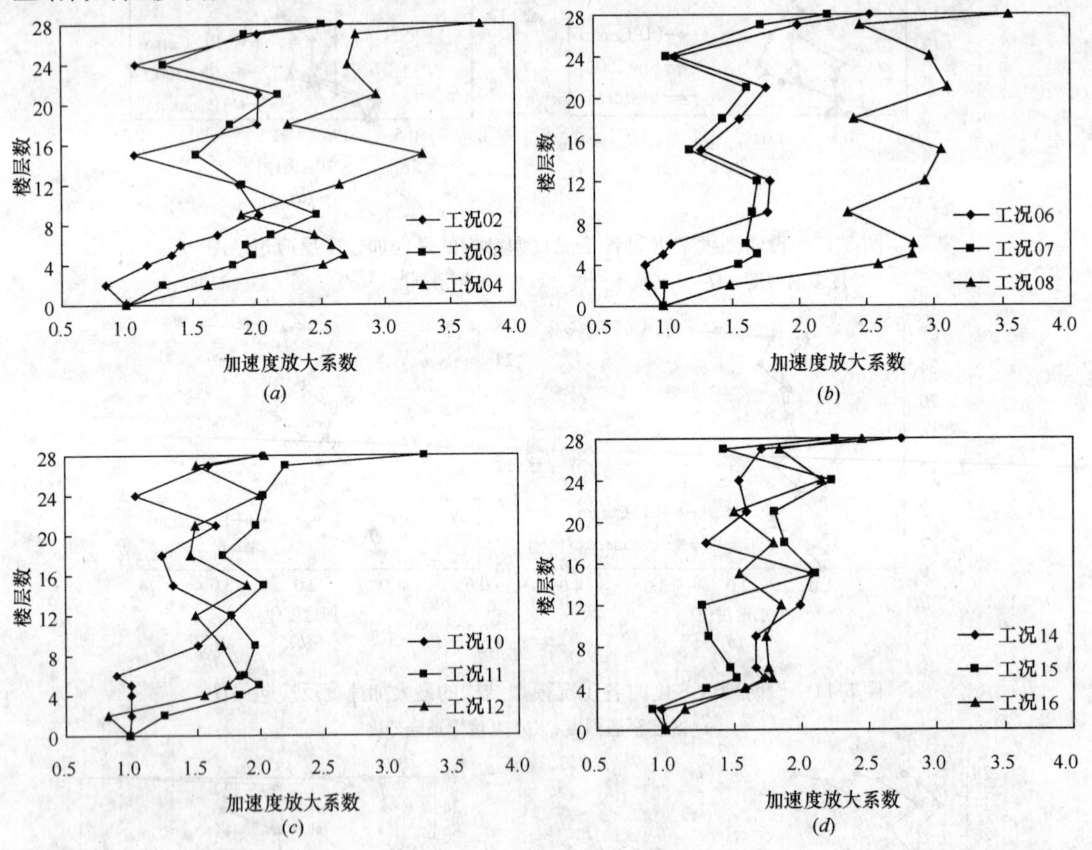

图 5-15　各工况加速度放大系数包络图

(a) 7 度多遇地震烈度；(b) 7 度基本烈度；(c) 7 度罕遇地震烈度；(d) 7 度罕遇强烈度

实测数据表明，28 层（顶层）最大水平位移均小于该楼层两端弹性水平位移平均值的 1.2 倍，这表明结构的扭转效应规则。

图 5-16～图 5-19 给出了各种情况的模型结构最大位移包络图。试验结果表明，结构

顶层在地震波作用下的位移反应最大；各种地震波及其不同加速度峰值作用下，结构的各层位移反应值不同，随着 3 种波输入峰值加速度的增加，结构各层位移反应增大，其中 Pasadena 波作用下的位移反应最大。当 Pasadena 波加速度达 0.55g 时最大位移值发生在结构顶层，达 6.403mm，Shw2002 波次之。在各种地震波作用下，模型结构各层位移反应值呈倒三角形分布，结构变形呈弯剪型，结构顶层最大位移与结构高度的比值为1/621，满足规范的要求。由曲线形状可以看出结构位移对低阶频率反应比较敏感。

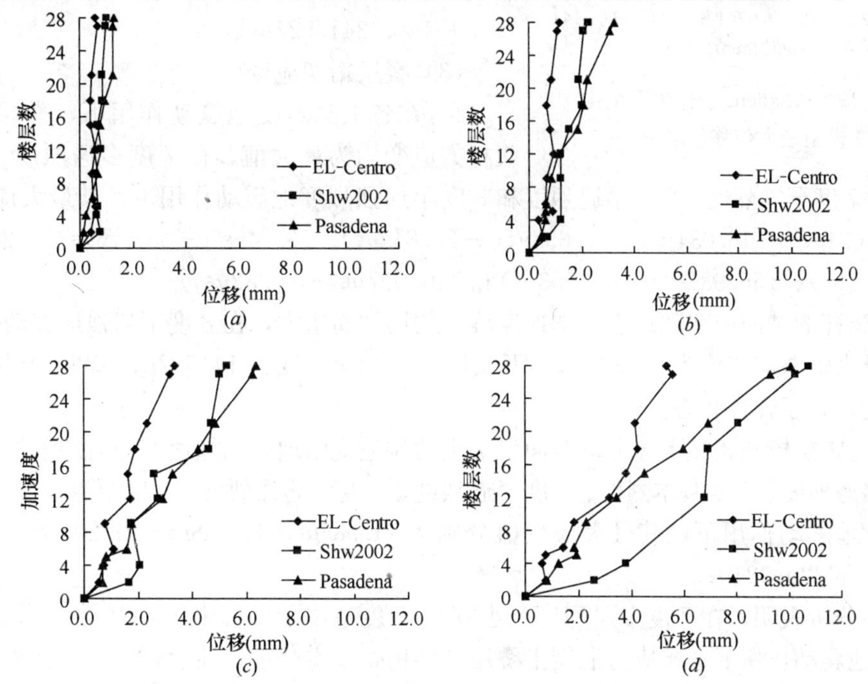

图 5-16　7 度设防烈度各工况地震动作用下最大位移包络图

（a）7 度多遇烈度；（b）7 度基本烈度；（c）7 度罕遇烈度；（d）7 度罕遇强烈度

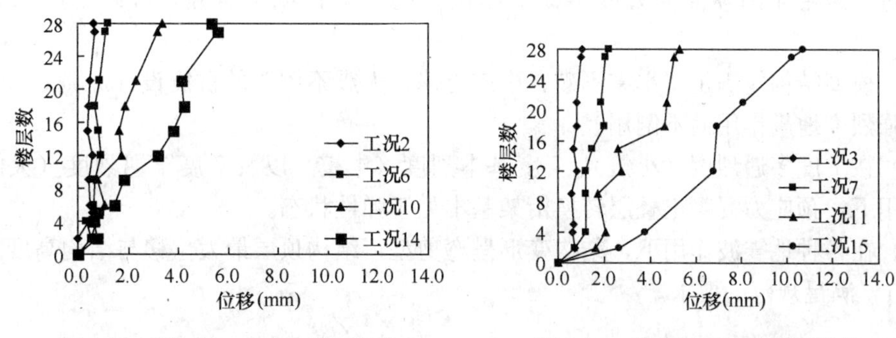

图 5-17　EL-Centro 波作用下结构模型最大位移包络图

图 5-18　Shw2002 波作用下结构模型最大位移包络图

4. 应变反应

（1）底层柱应变

在 7 度多遇烈度、7 度基本烈度、7 度罕遇烈度、7 度罕遇强烈度、8 度罕遇烈度、8 度罕遇强烈度地震动作用下，模型结构底层柱最大应变值分别为 $23.026\mu\varepsilon$、$44.399\mu\varepsilon<\varepsilon_{c,cr}$

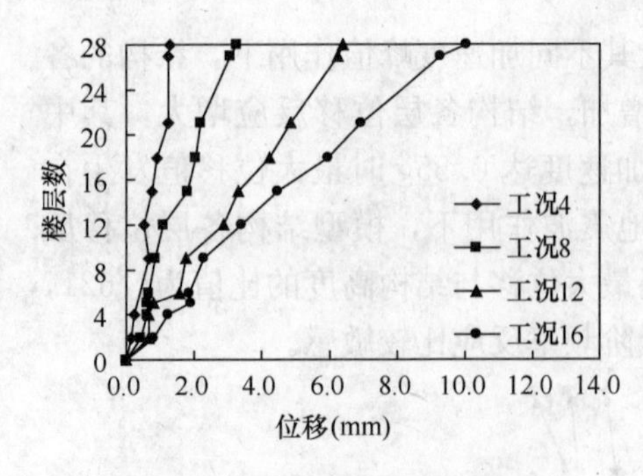

图 5-19　Pasadena 波作用下结构模型最大位移包络图

≈60με、106.008με、163.213με、236.643με、275.133με。

（2）底层墙体应变

在 7 度多遇烈度、7 度基本烈度、7 度罕遇烈度、7 度罕遇强烈度、8 度罕遇烈度、8 度罕遇强烈度地震动作用下，模型结构底层墙体最大应变值分别为 25.50με、37.798με、84.571με、104.268με、193.903με、241.927με。

（3）叠层桁架应变

1）在各工况烈度地震动作用下，叠层桁架斜腹杆的应变均为最大值。在 7 度多遇烈度、7 度基本烈度、7 度罕遇烈度、8 度罕遇烈度和 8 度罕遇强烈度地震动作用下，其最大应变值分别为 29.024με（－16.034με）、37.058με（－28.842με）、79.74με（－55.076με）、120.849με（－78.021με）、155.938με（－89.053με）和 140.057με（－88.82με）。

2）弦杆的轴向应变随地震动加速度峰值的增加而增大，在 8 度罕遇强地震动作用下，中弦杆最大轴向应变值为 65.365με，下弦杆最大轴向应变为 14.587με，均小于混凝土的开裂应变，处于弹性状态。

3）与转换桁架相连下柱上端截面混凝土的拉应变随地震动加速度峰值的增加而增大，在 7 度多遇烈度、7 度基本烈度、7 度罕遇烈度、7 度罕遇强烈度、8 度罕遇烈度、8 度罕遇强烈度地震动作用下，其最大应变值分别为 21.985με、41.908με、91.205με、162.0με、170.89με 和 220.924με。

上述分析表明，在 7 度多遇烈度（小震）、7 度基本烈度（中震）以及 7 度罕遇烈度（大震）地震动作用下，预应力混凝土叠层转换桁架基本处于弹性状态。

5.2.4　主要结论

通过上海裕年国际商务大厦结构整体模型的振动台试验研究，可以得出以下主要结论：

（1）模型结构能满足“小震不破、中震可修、大震不倒”的抗震设计原则，能承受 8 度罕遇强烈度地震作用而不倒塌。

（2）在 7 度多遇烈度（小震）、7 度基本烈度（中震）以及 7 度罕遇烈度（大震）地震动作用下，预应力混凝土叠层转换桁架基本处于弹性状态。

（3）在各种地震波作用下，结构变形呈弯剪型，结构顶层最大位移与结构高度的比值为 1/621，满足规范的要求。

5.3　带桁架转换层结构的拟静力试验研究

5.3.1　试验概况

作者结合南京新世纪广场工程进行了一榀带预应力转换桁架的四层框架结构模型的模拟静力试验[5-6][5-11][5-13]。根据加载装置的承载条件，取模型与原型结构的几何相似比为 1∶10，即转换桁架的截面尺寸按实际结构的 1∶10 比例缩小；保持截面的配筋率不变，即实际结构的钢筋用量除以 100 得到；而转换桁架上、下部结构的截面尺寸则根据转换层上、下层结构的剪切刚度比 γ 等于 1 确定。试件尺寸和配筋如图 5-20 所示。

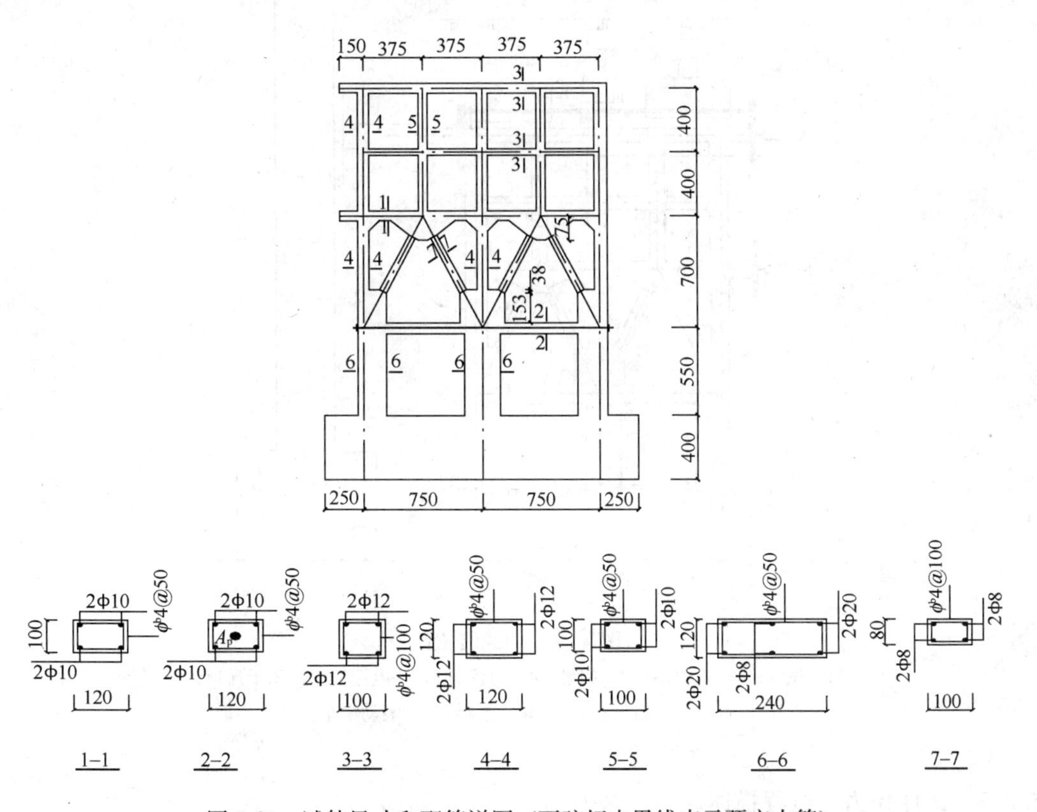

图 5-20　试件尺寸和配筋详图（下弦杆中黑线表示预应力筋）

根据质量相似条件，应在模型各层均匀地附加质量，但考虑到原型结构上部传下来的重力荷载代表值很大，为方便计，仅考虑牛型柱顶有集中质量，每个柱顶 $N=$ 100kN。

桁架下弦根据转换桁架的抗裂度和预应力度的要求配置 4ϕ5 碳素钢丝，控制张拉应力 $\sigma_{con}=0.65f_{ptk}$，总张拉力 $N_p=30$kN。

试验加载装置见图 5-21 所示。

实测混凝土立方体强度 55.3 N/mm^2，混凝土棱柱体强度 44.0 N/mm^2，混凝土弹性模量 3.55×10^4 N/mm^2。

试验采用的加载程序为：首先对试件施加 40%的竖向荷载，反复 4 次后加至 100%竖向荷载设计值，并在整个加载过程中维持不变，每个柱子的轴向力 $N=100$kN（轴压比 $\mu_N=0.158$）。然后，在水平方向施加低周反复荷载。水平荷载采用分级加载制度：在梁或柱中的主筋屈服前，加载采用荷载控制，并分级加载，每级荷载循环 3 次，直到试件屈服。在结构梁或柱中的主筋屈服后，加载改为位移控制，即以顶部横梁中心线水平屈服位移（δ_y）的整数倍（即 $1\delta_y$、$2\delta_y$、$3\delta_y$、$4\delta_y$……）控制加载，每级加载循环 3 次，直至试件破坏时为止。

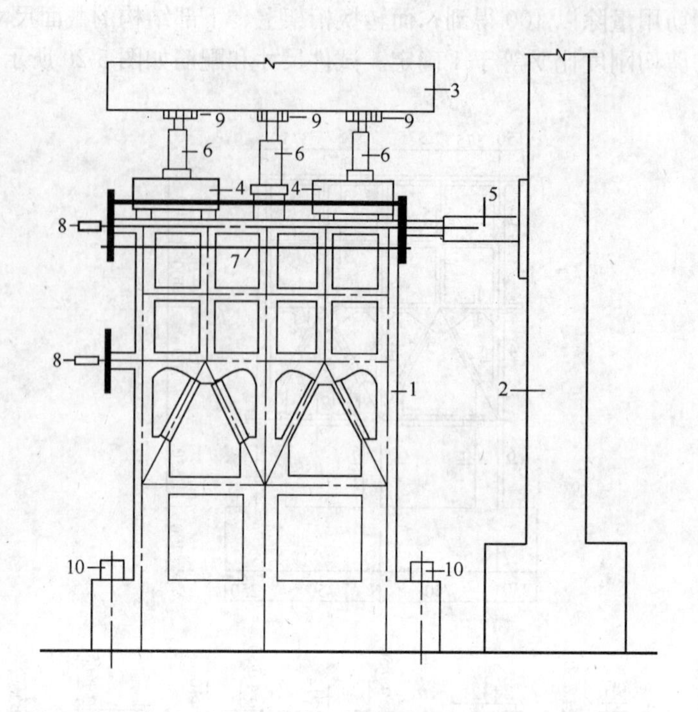

图 5-21　加载装置图

1—试件；2—反力墙；3—钢梁；4—分配梁；5—电液伺服拉压千斤顶；6—液压千斤顶；7—拉杆；8—位移传感器；9—滚动滑车；10—小钢梁

5.3.2　试件受力全过程描述

当水平荷载低于 80kN 时，试件上无裂缝出现，基本处于弹性工作阶段。当水平荷载超过 80kN 时，预应力转换桁架的一根受拉斜腹杆的端部出现第一条裂缝，但之后没有继续开展。当水平反复荷载达 100kN 时，桁架下弦两端、中柱与桁架上弦交接截面处，上部框架梁端截面及中柱与桁架上弦交接处不断出现新的裂缝，并向截面纵深延伸，但裂缝宽度均不大，在反向水平荷载作用下基本闭合。当水平荷载增至 140kN 时，转换桁架上部框架中钢筋屈服，定义此时相对应的水平位移为屈服位移 δ_y($\delta_y=4$mm)。结构屈服后，框架梁两端及中柱与桁架上弦交接截面处的裂缝发展较大，裂缝走向开始倾斜，并逐渐延伸。当位移控制 4 δ_y 时，转换桁架上部框架梁与柱节点，中柱与桁架上弦交接截面处开始出现剪切斜裂缝。当位移控制加载至 5 δ_y 时，结构达峰值承载力(水平荷载正向 408kN，相应位移 15.5mm 反向 414kN，相应位移 15.0mm)，此时，在转换桁架上部框架的梁端和柱与桁架上弦交接的截面处逐渐形成塑性铰。到 6 δ_y 时，上部框架柱塑性铰区的混凝土大面积压酥或剥落，承载力降低，结构破坏。破坏后试件的裂缝分布情况如图 5-22 所示。

由试验结果可知，预应力高强混凝土桁架转换层的裂缝开展情况是比较满意的，一方面裂缝开展速度慢，宽度小；另一方面，裂缝的闭合能力较强，一旦卸载，转换桁架上的裂缝很快闭合，这说明了预应力的作用是明显的。

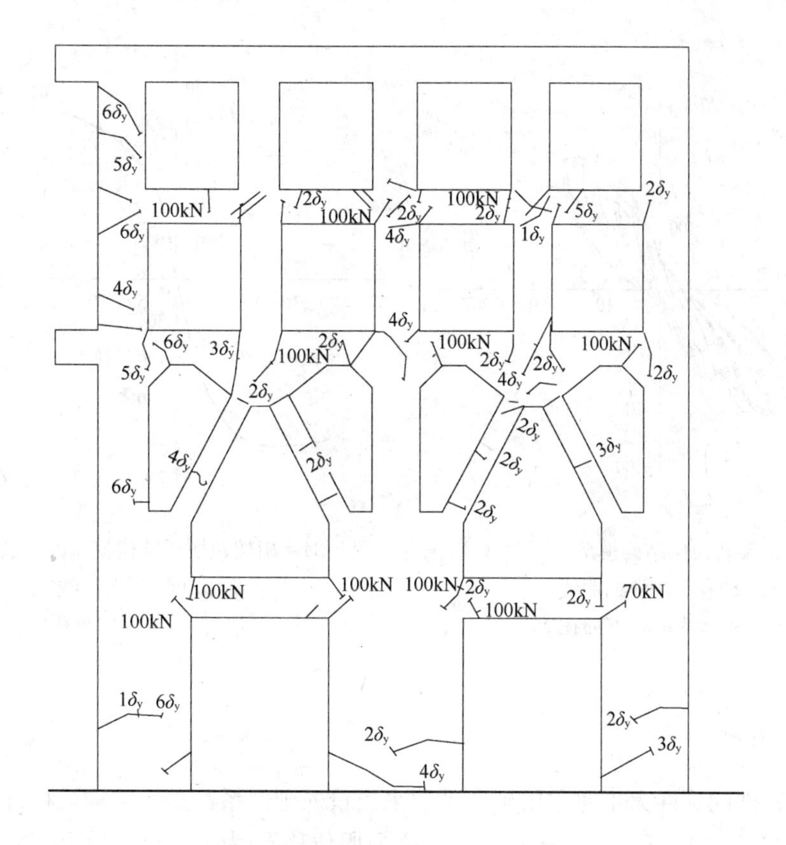

图 5-22　破坏后试件的裂缝分布情况

5.3.3　滞回曲线和骨架曲线

试件的荷载（P）—位移（δ）滞回曲线如图 5-23 所示。从图 5-23 可见，结构从加载到破坏经历了弹性、弹塑性和破坏三个阶段。在加载初期，结构基本上处于弹性工作阶段，荷载与位移关系接近直线。当结构开裂后，随水平荷载的不断增大，位移的增长速度大于荷载增长速度，滞回曲线的面积也不断增大，并呈“梭形”。这表明结构的残余变形在逐渐增大，刚度在不断下降，此时结构处于弹塑性阶段。当荷载逐渐增大到峰值荷载时，滞回曲线面积还在增大，并在荷载为零处有一颈缩区，超过峰值荷载，即 $6\delta_y$ 的第一个循环后，荷载突然降低，位移迅速增大，这说明结构已产生破坏。

图 5-24 给出了结构的荷载（P）—位移（δ）骨架曲线，图 5-24 中结构的各项指标见表 5-6，表中屈服荷载系指该方向加载时，上部框架梁或柱截面钢筋屈服时的荷载值。

实测各阶段荷载、位移和延性系数　　**表 5-6**

项目 加载方向	斜杆开裂		屈服荷载点		峰值荷载点		
	P_{cr}(kN)	δ_{cr}(mm)	P_y(kN)	δ_y(mm)	P_m(kN)	δ_m(mm)	$\mu=\delta_m/\delta_y$
正向	80	4.3	118	4.0	408	15.5	3.88
反向	100	4.5	140	3.75	414	15.5	4.13

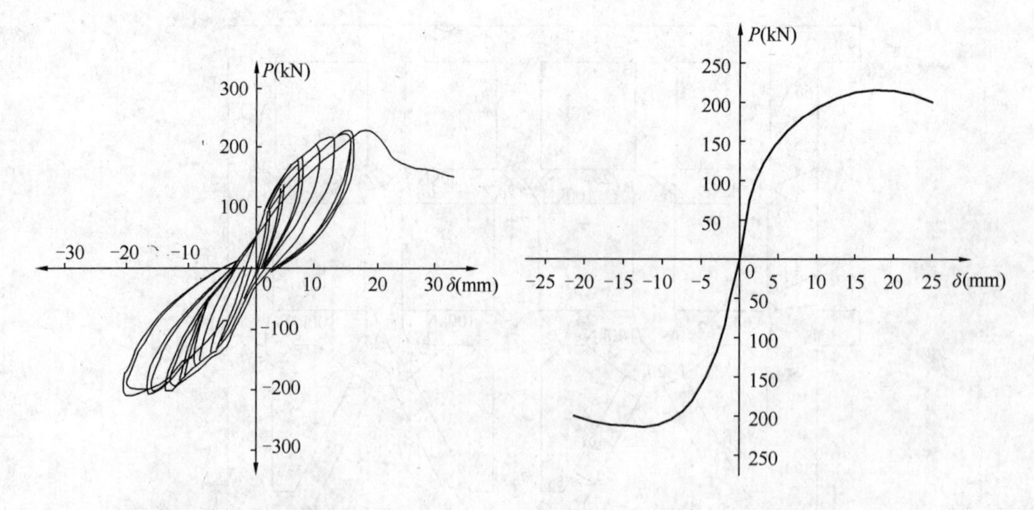

图 5-23 桁架转换层结构模型的荷载（P）—位移（δ）滞回曲线

（注：δ为结构顶部侧移）

图 5-24 桁架转换层结构模型的荷载（P）—位移（δ）骨架曲线

（注：δ为结构顶部侧移）

5.3.4 延性系数

结构或构件的延性大小通常用延性系数来衡量。延性系数是指结构或构件的极限位移δ_u与屈服位移δ_y的比值，即$\mu=\delta_u/\delta_y$。定义屈服位移δ_y为试件出裂后上部框架纵筋达屈服，其P-δ骨架曲线第一次循环出现第一水平台阶的起点所对应的位移值。从表 5-6 中可以看出，由于试件按“强转换层下层”、“弱转换层上层”、“强边柱弱中柱”上部框架为“强柱弱梁型”的原则设计，预应力桁架转换层框架实测的延性系数为 4.0，仍具有较好的延性。试验结果表明：转换层以下的柱顶没有出现塑性铰，转换层以上的框架柱除中柱外没有出现塑性铰。这表明按这种设计方案能保证桁架转换层框架有较好的延性。

5.3.5 主要结论

通过低周反复荷载下预应力混凝土桁架转换层框架结构模型的试验研究，可以得出如下结论：

（1）在使用阶段，结构处于良好的工作状态，有效地满足底部大跨度的要求；在破坏阶段，结构具有较好的延性，能够满足工程抗震的要求。

（2）满足转换层上、下层剪切刚度比γ和转换层下层柱轴压比限值（μ_N）条件的桁架转换层结构，转换桁架上层是结构的薄弱层，破坏比较严重。设计时应保证转换层以上柱底尽可能避免边柱出现塑性铰，同时加强上层柱与转换桁架的连接构造，以保证预应力混凝土桁架转换层框架结构有更好的延性。

（3）桁架转换层框架结构设计应遵循下列原则：桁架转换层结构按“强转换层、弱转换层上层”的原则；桁架转换层按“强斜腹杆、强节点”的原则；桁架转换层上部框架结构按“强柱弱梁、强边柱弱中柱”的原则。试验结果表明，满足上述原则设计的桁架转换层结构具有较好的延性，能够满足工程抗震的要求。

5.4 带桁架转换层结构的静力试验研究

作者结合南京新世纪广场大厦和上海裕年国际商务大厦工程进行了桁架转换层结构的静力试验研究[5~15]，这里仅介绍上海裕年国际商务大厦工程预应力混凝土叠层转换桁架静力性能的试验研究。

5.4.1 预应力混凝土叠层桁架转换构件设计原则

1. 叠层桁架转换构件的设计原则

以往的研究表明，带桁架转换层的结构按“强化转换层及其下部、弱化转换层上部”的原则设计，桁架转换构件按“强受压斜腹杆、强节点”的原则设计。

叠层桁架构件按“强受压斜腹杆、强节点”的原则设计。叠层桁架的上弦、中弦和下弦节点的截面应满足抗剪的要求，以保证整体桁架结构具有一定延性不发生脆性破坏。控制叠层桁架受压斜腹杆的轴压比 μ_N，以确保其延性。叠层桁架竖腹杆按“强剪弱弯”进行设计。

2. 预应力叠层桁架转换构件的工作机理

本工程采用 SATWE 和 ETABS 电算程序进行结构的整体计算。为分析本工程叠层转换桁架的工作机理，选取由 ETABS 整体计算得出作用于叠层桁架上层柱底截面内力作为作用于叠层桁架上弦节点处的外荷载，采用 SAP2000 软件进行结构的局部计算，得到叠层桁架的内力标准值。考虑到叠层桁架上层柱底截面内力由轴向力控制，弯矩值较小。为计算方便，仅取其轴向力作为叠层桁架上弦节点处的外荷载进行计算，取“1.0 恒载+1.0 活载”组合下的集中力 P_k =12527.63kN，混凝土强度 C40，截面尺寸见图 5-27 所示。图 5-25 给出了叠层桁架在“1.0 恒载+1.0 活载”组合下的轴力标准值（N_k）、弯矩标

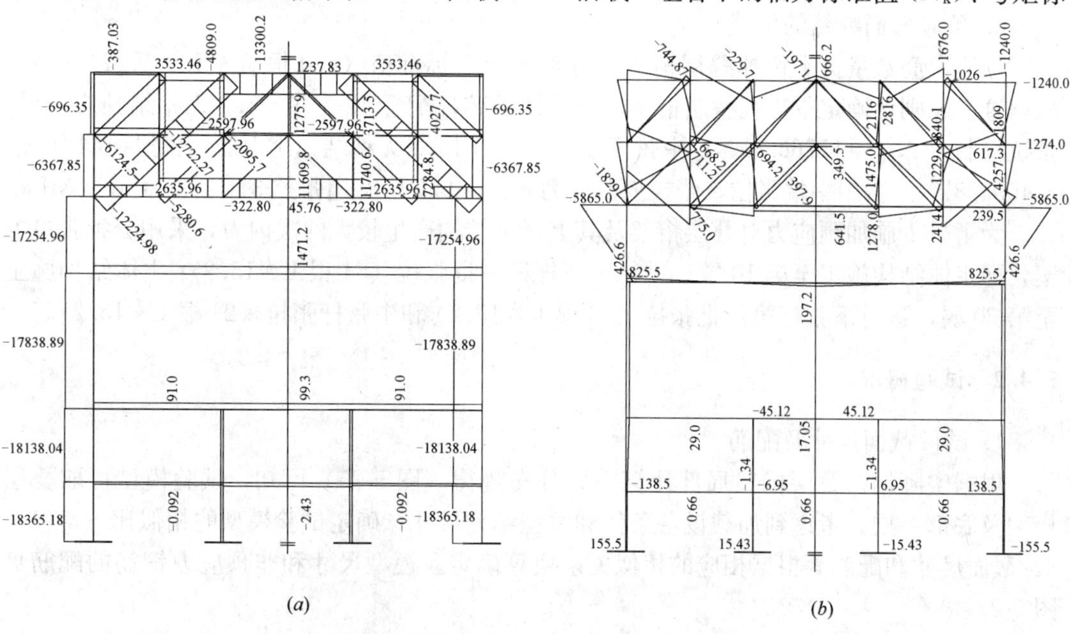

图 5-25 结构内力图（1.0 恒载+1.0 活载）

（a）轴力标准值 N_k（kN）；（b）弯矩标准值 M_k（kN·m）

准值 (M_k)。

由图 5-25 (a) 可知，在叠层桁架转换构件中，竖向外荷载 P 主要通过由下弦杆（拉杆）＋斜腹杆（压杆）＋上弦杆（压杆）所组成的拱结构来传递的。为使叠层桁架转换构件在使用阶段处于弹性状态，在叠层桁架下弦杆施加预应力 N_{P1}，同时为了减少下弦杆预应力张拉引起叠层桁架较大的次内力，在叠层桁架的中弦杆也施加预应力 N_{P2}，如图 5-26 所示。

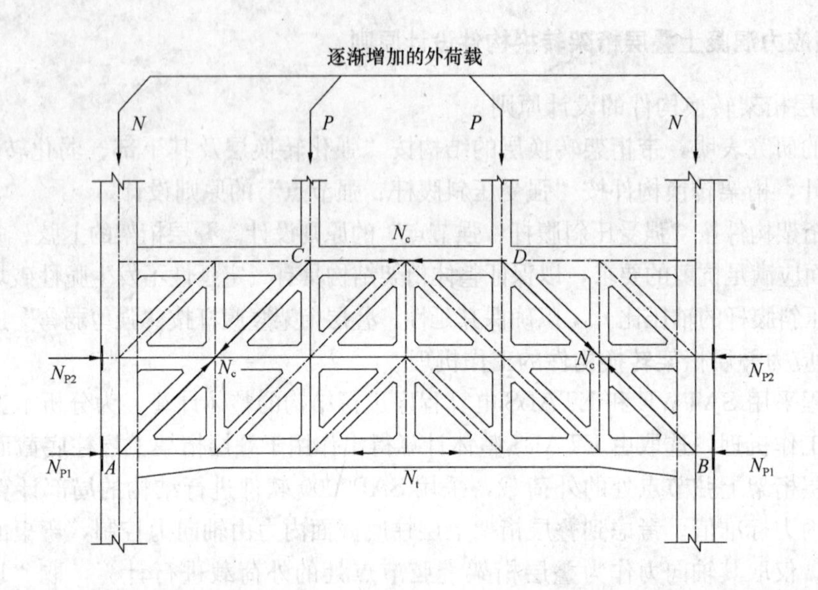

图 5-26　预应力混凝土叠层桁架转换构件的工作机理

3. 预应力筋数量的估算

预应力筋数量按平衡掉叠层桁架弦杆轴向拉力标准值（1.0 恒载＋1.0 活载）确定。根据这一原则，确定本工程叠层桁架转换构件下弦杆配置 12-7Uϕ^s 15.2 无粘结预应力筋，张拉控制力 N_{p1} ＝15766.8kN；中弦杆配置 4-6Uϕ^s15.2 无粘结预应力筋，张拉控制力 N_{p2} ＝4504.8kN。采用一端张拉，张拉控制应力 $\sigma_{con} = 0.7f_{ptk}$，超张拉 3%，$f_{ptk}$ ＝1860MPa。

为了减少施加预应力对叠层桁架及其上、下结构产生较大的次内力，采用分批张拉方案，即主体结构施工至第 10 层，进行下弦杆第一批张拉（54 根 Uϕ^s15.2）；主体结构施工至第 20 层，进行下弦杆第二批张拉（30 根 Uϕ^s15.2）和中弦杆张拉（24 根 Uϕ^s15.2）。

5.4.2　试验概况

1. 试件截面尺寸及配筋

根据实际结构叠层桁架局部计算内力分布规律（图 5-25）可知，试验模型可取叠层桁架及底部一层。考虑到加载设备条件和原型结构尺寸，确定试验模型的相似比 S_l ＝1∶8，截面尺寸和配筋等根据相应的相似关系换算确定。模型尺寸和非预应力钢筋的配筋见图 5-27。

下弦杆采用 2Uϕ^s 15.2 钢绞线，张拉控制力 N_{p1} ＝250kN；中弦杆采用 2Uϕ^s 15.2 钢绞线，张拉控制力 N_{p2} ＝80kN。

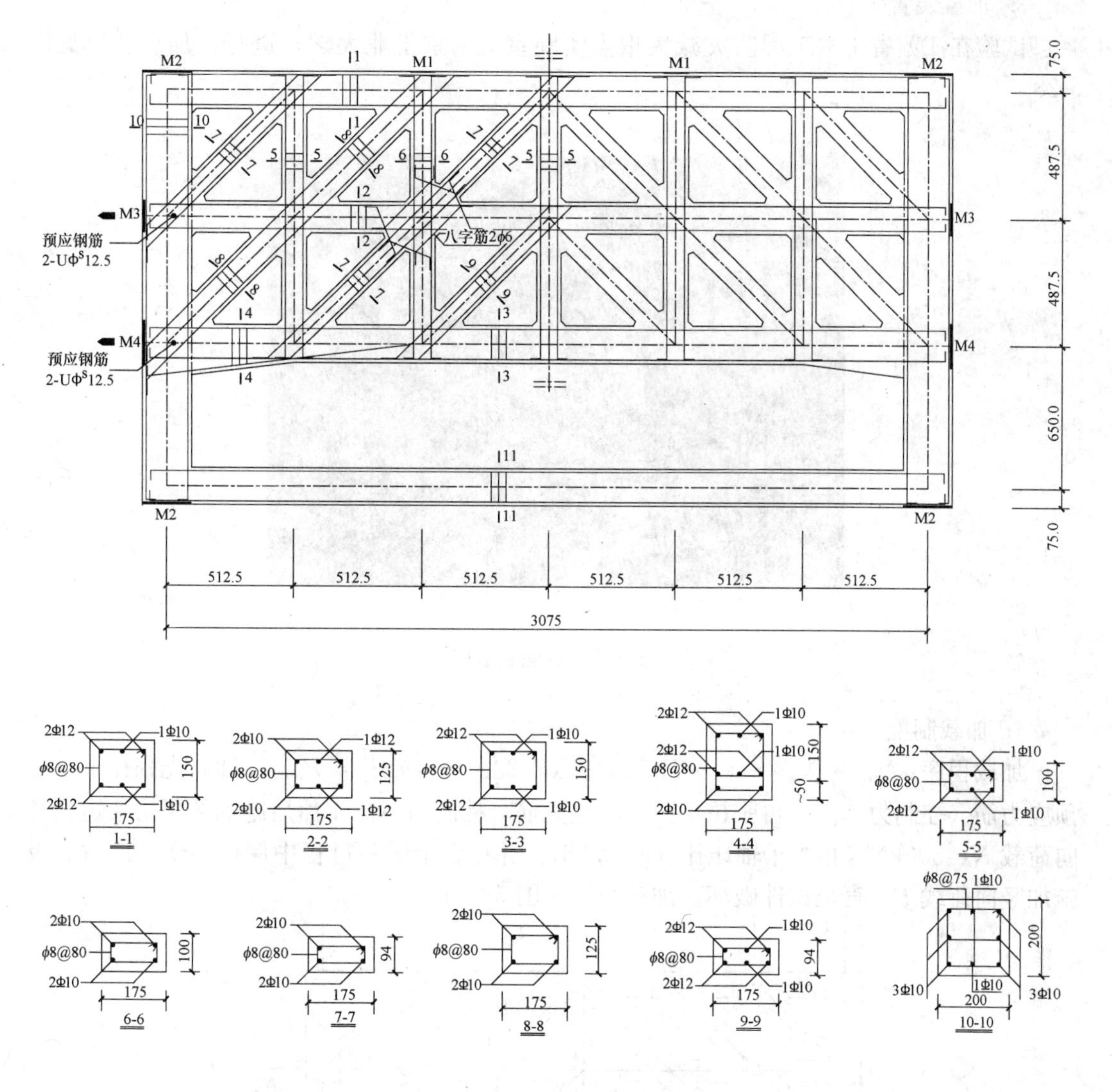

图 5-27　试件尺寸及截面配筋图

2. 材料性能

原型结构预应力混凝土叠层桁架边柱的混凝土强度等级为 C60，其他杆件混凝土强度等级均为 C40。为方便施工，模型混凝土强度等级均取 C40，在确定叠层桁架边柱轴压比时考虑其因混凝土强度改变的影响。试件实测混凝土立方体（150mm×150mm×150mm）抗压强度平均值 40.13N/mm²。非预应力钢筋的材料性能如表 5-7 所示。

非预应力钢筋的材料性能　　　　**表 5-7**

直径（mm）	屈服强度（N/mm²）	极限强度（N/mm²）	直径（mm）	屈服强度（N/mm²）	极限强度（N/mm²）
6.5	498.88	569.02	10	387.36	552.85
8	400.13	534.67	12	380.89	585.54

3. 加载装置

试验在江苏省土木工程防灾减灾重点实验室（南京工业大学）进行，加载装置见图5-28。

图 5-28　试验装置图

4. 加载制度

加载程序：$N_{p1} \rightarrow N_{p2} \rightarrow N \rightarrow P(1\Delta P、2\Delta P、3\Delta P,\cdots,n\Delta P = P_{max})$。即，先张拉下弦杆预应力筋（控制力 N_{p1}）；再张拉中弦杆预应力筋（控制力 N_{p2}）；然后施加叠层桁架边柱竖向荷载 N=300kN（相当于轴压比 μ_N=0.28），并在整个试验过程中保持不变；最后分级施加竖向荷载 P，直至试件破坏。加载简图如图 5-29 所示。

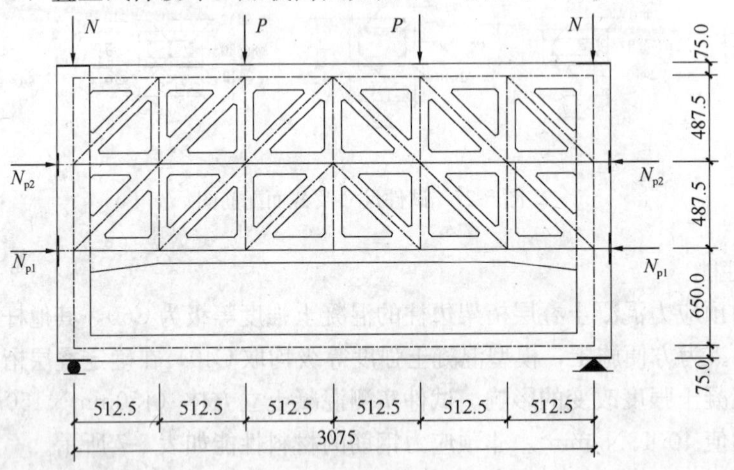

图 5-29　加载简图

5. 测试内容

测试内容包括竖向荷载（P）与相应的竖向变形（f）的关系、各控制截面混凝土应变、钢筋应变等。混凝土应变片、钢筋应变片和位移计的布置详见图 5-30。所有测试内容包括两个阶段：(1) 叠层桁架弦杆施加预应力阶段；(2) 叠层桁架施加竖向荷载阶段。

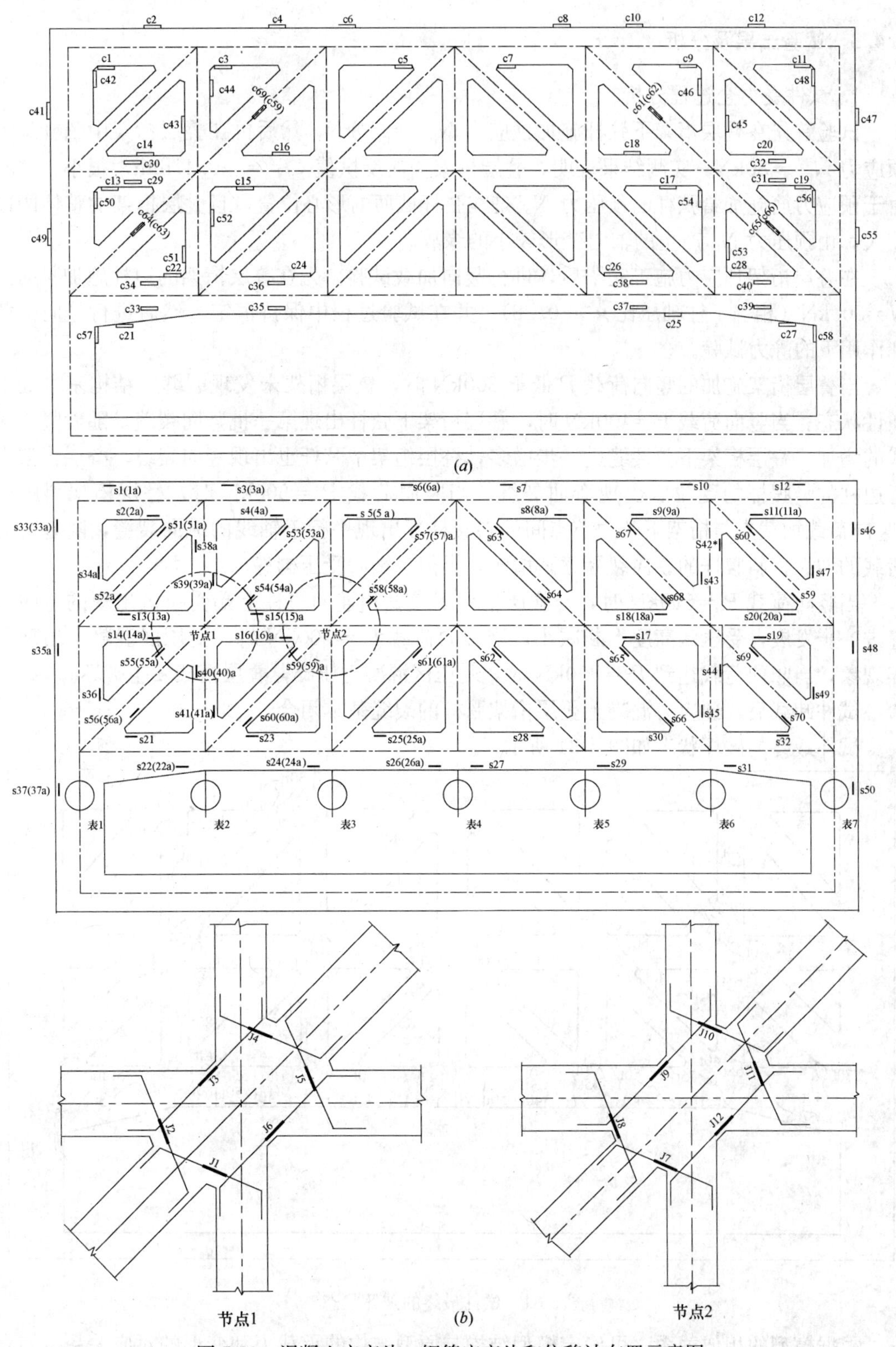

图 5-30　混凝土应变片、钢筋应变片和位移计布置示意图

（*a*）混凝土应变片布置；（*b*）钢筋应变片和位移计布置

5.4.3 试验结果及分析

1. 试件受力全过程分析

试验首先在叠层桁架下弦杆施加预应力 $N_{p1}=250\text{kN}$，然后再在叠层桁架中弦杆施加预应力 $N_{p2}=80\text{kN}$。实测结果表明，叠层桁架竖向反拱值（$f_1=-0.47\text{mm}$）很小，这是由于预应力筋施加给弦杆的预压力 N_{pi} 是在弦杆截面的形心位置，且叠层桁架的整体刚度较大，由预压力 N_{pi} 产生的轴向变形较小的缘故。

在叠层桁架预应力施工完毕后，进行竖向加载试验。先在叠层桁架的边柱施加竖向力 $N=300\text{kN}$（相当于柱轴压比 $\mu_N=0.28$），并在试验过程中保持恒定。然后进行竖向荷载 P 作用下的静力试验。

当叠层桁架施加的竖向荷载 P 低于 300kN 时，叠层桁架未发现裂缝，结构基本处于弹性状态。当竖向荷载 $P=400\text{kN}$ 时，叠层桁架下弦杆出现第一批竖向裂缝。随着竖向荷载的增加，叠层桁架下弦裂缝进一步增多，叠层桁架中弦杆也出现竖向裂缝。叠层桁架靠近边柱的竖腹杆的受拉区出现弯曲裂缝。当竖向荷载 $P=500\text{kN}$ 时，叠层桁架斜腹杆（竖向荷载加载点与桁架下弦边节点间的斜腹杆）出现平行于轴线的纵向裂缝，随着竖向荷载的增大，斜腹杆的纵向裂缝逐渐增多，类似于轴心受压构件。

当竖向荷载 $P=500\text{kN}$ 时，与叠层桁架下弦杆相连的边柱上端受拉区出现的弯曲裂缝进一步发展，受压区高度不断减小；当竖向荷载 $P=700\text{kN}$ 时，受压区混凝土出现压碎现象，当竖向荷载达到 $P=800\text{kN}$ 时，受压区混凝土压碎，叠层桁架发生破坏。

试件卸载后，预应力混凝土叠层桁架弦杆的裂缝基本闭合。

试件最终的破坏状态如图 5-31 所示。

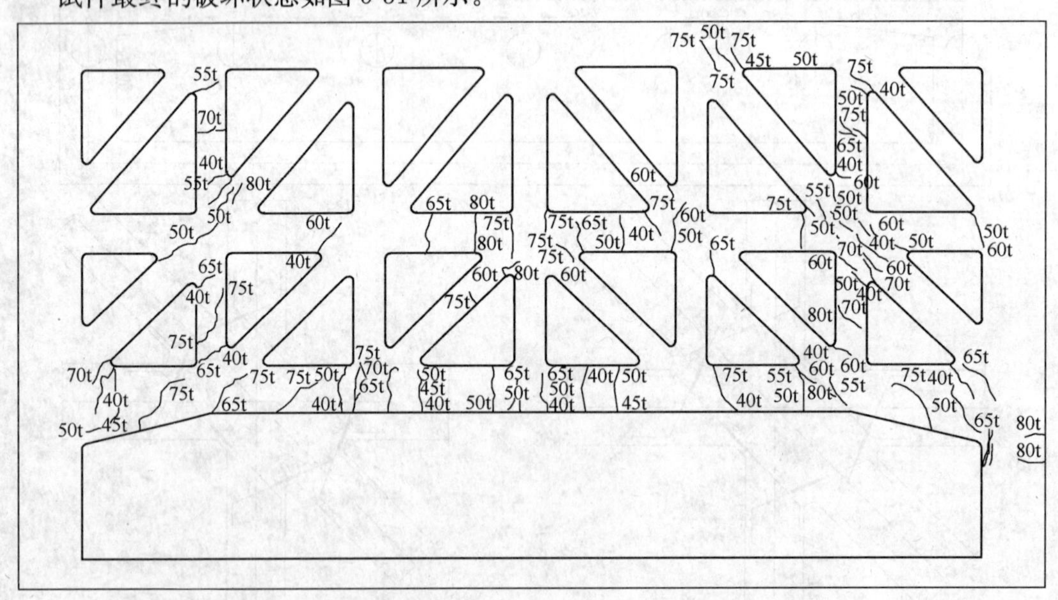

图 5-31 试件最终的破坏状态

根据模型的相似关系，可确定模型结构与原型结构的承载力和变形的对应关系，如表 5-8 所示。

模型结构与原型结构承载力和变形的对应关系 **表 5-8**

项目	开裂荷载 P_{cr}(kN)	极限荷载 P_u(kN)	预应力反拱 f_l(mm)	开裂时挠度 f_{cr}(mm)	最大挠度值 f_u(mm)
模型结构	300～350	800	−0.47	0.61	7.77
实际结构	19200～22400	51200	−3.76	4.88	62.20

原型结构叠层桁架所承受的最不利竖向荷载标准值：

$$P_k = 10641.97 + 1885.66 = 12527.63\text{kN} < P_u = 51200\text{kN}$$

原型结构叠层桁架允许竖向挠度限值：

$$f_{lim} = l/300 = 24600/300 = 82.0\text{mm} < f_u = 62.2\text{mm}$$

这表明，按"强受压斜腹杆、强节点"设计的预应力混凝土叠层桁架转换构件能够满足承载能力和变形的要求，且使用阶段叠层桁架处于弹性工作状态。

2. 叠层桁架变形分析

图 5-32 给出了施工阶段叠层桁架的反拱情况。图 5-33 给出了预应力混凝土叠层桁架竖向荷载（P）～相应竖向变形（f）的关系图。由图 5-32、图 5-33 可知：

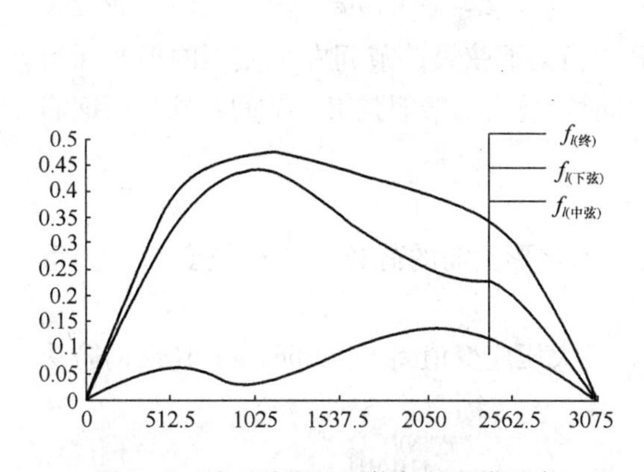

图 5-32 施工阶段叠层桁架的反拱示意

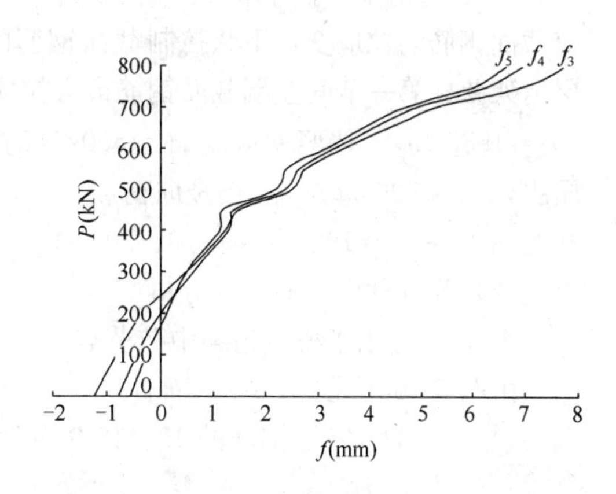

图 5-33 预应力混凝土叠层桁架的竖向荷载～挠度（$P \sim f$）的关系

（1）当竖向荷载 P 低于 400kN 时，预应力混凝土叠层桁架荷载（P）与竖向变形（f）的关系基本呈线性关系，表明预应力混凝土叠层桁架基本处于弹性工作状态。

（2）由叠层桁架下弦杆、中弦杆施加预应力引起的最大反拱值为 0.47mm。当竖向荷载 P =300kN 时，预应力混凝土叠层桁架最大竖向位移值为 0.61mm；当竖向荷载 P = 800kN 时，预应力混凝土叠层桁架最大竖向位移值为 7.77mm。

3. 主要控制截面钢筋应变分析

（1）弦杆截面钢筋应变分析

图 5-34、图 5-35 分别给出了叠层桁架下弦、中弦和上弦杆第一节间左、右端截面钢筋的荷载（P）与应变（ε_s）的关系图。由图 5-34、图 5-35 可知：

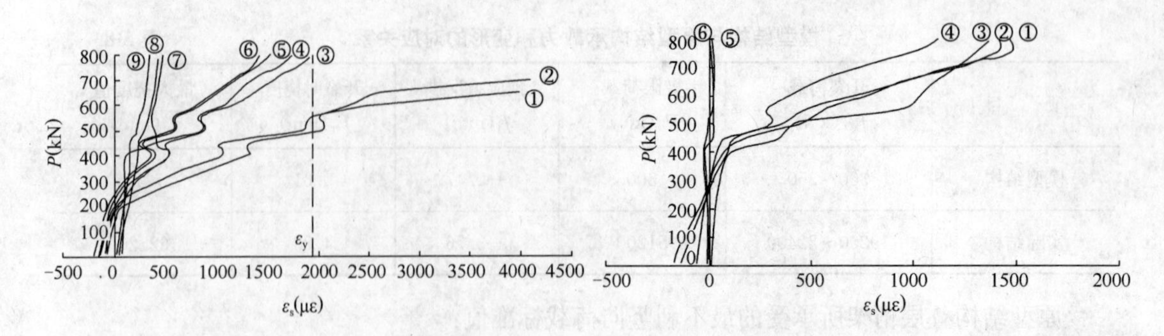

图 5-34　叠层桁架各弦杆第一节间左端截面钢筋的荷载～应变（$P\sim\varepsilon_s$）关系

（下弦：①—S32、②—S21；中弦：③—S13a、④—S13、⑤—S20、⑥—S20a；上弦：⑦—S12、⑧—S1a、⑨—S1）

图 5-35　叠层桁架各弦杆第一节间右端截面钢筋的荷载～应变（$P\sim\varepsilon_s$）关系

（下弦：①—S22、②—S22a；中弦：③—S14a、④—S14；上弦：⑤—S2、⑥—S2a）

1）叠层桁架第一节间各弦杆左端截面钢筋的拉应变要比右端截面钢筋的拉应变大得多。当竖向荷载达极限荷载 $P=800$kN 时，除下弦杆第一节间左端截面钢筋屈服外，中弦和上弦右端截面钢筋的应变均未达到屈服应变；叠层桁架第一节间各弦杆右端截面的钢筋的拉应变均未达屈服应变。

2）叠层桁架下弦左端截面钢筋的拉应变大于中弦相应截面钢筋的拉应变大于上弦相应截面钢筋的拉应变，下弦控制截面钢筋的拉应变最大。当竖向荷载 $P\leqslant300$kN 时，叠层桁架弦杆第一节间左端截面钢筋最大拉应变 $(\varepsilon_s)_{max}=\varepsilon_{s32}=649\mu\varepsilon<\varepsilon_y=387.362/2\times10^5=1936.8\mu\varepsilon$。当竖向荷载 $P=500$kN 时，叠层桁架下弦第一节间左端截面的钢筋开始屈服，$\varepsilon_{s32}=2069\mu\varepsilon>\varepsilon_y$，当竖向荷载 $P=550$kN 时，叠层桁架下弦第一节间左端截面钢筋开始屈服，$\varepsilon_{s21}=1926\mu\varepsilon\approx\varepsilon_y$。

（2）节点截面钢筋应变分析

图 5-36 给出了叠层桁架中弦节点 1 和节点 2 八字形钢筋的荷载（P）～应变（ε_s）关系图。由图 5-36 可见：

1）节点 1 八字形钢筋的 J3、J6 钢筋受压，最大压应变值 $\varepsilon_{J3}=-569\mu\varepsilon$；其余钢筋受

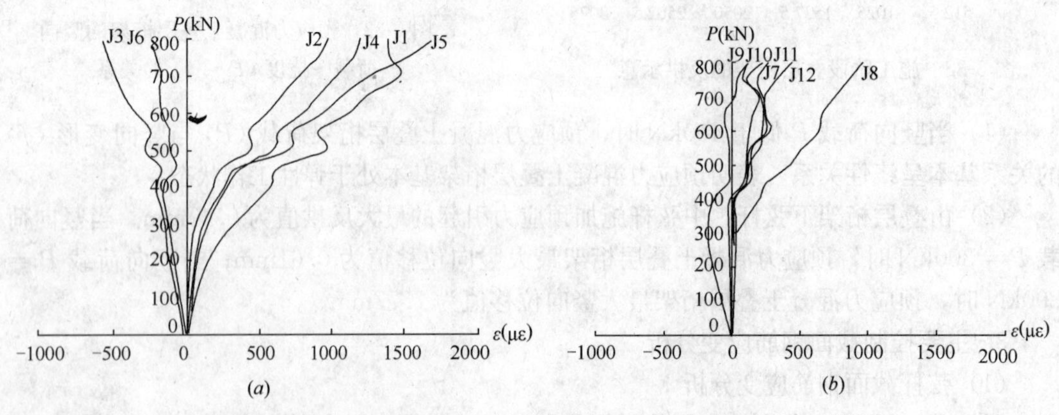

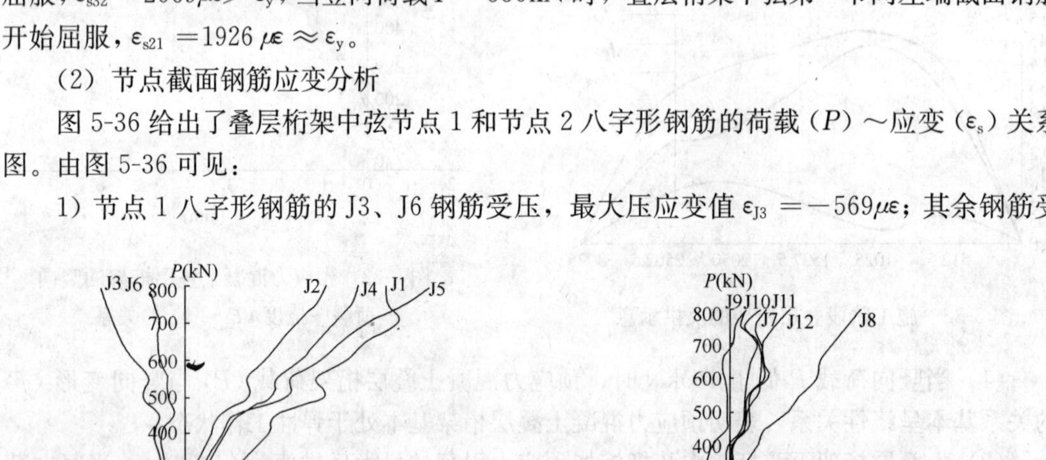

图 5-36　叠层桁架中弦节点八字形钢筋的荷载～应变（$P\sim\varepsilon_s$）关系

（*a*）节点 1；（*b*）节点 2

拉，其最大拉应变值 $\varepsilon_{J5}=1684\mu\varepsilon$，均小于其屈服应变值（$\varepsilon_y=498.8792/2.1\times10^5=2375.6\mu\varepsilon$）。

2）节点 2 八字形钢筋均为拉应变，且最大受拉应变值 $\varepsilon_{J8}=970\mu\varepsilon$，远小于其屈服应变值 ε_y。

3）由于节点 1 的斜腹杆承受较大的压应力，致使另一项混凝土抗拉强度降低，因此，节点 1 出现的裂缝较节点 2 多，设计时应加强节点 1 的构造。

（3）竖腹杆钢筋应变分析

图 5-37 给出了叠层桁架第一竖腹杆钢筋的荷载（P）与应变（ε_s）关系图。由图 5-37 可见：

1）叠层桁架上层第一竖腹杆上、下端控制截面钢筋的应变与下层相应位置钢筋的应变基本相同，且同一层上、下端控制截面的钢筋应变基本相等。这说明叠层桁架第一竖腹杆以承受弯矩为主，设计时可按受弯构件设计。

2）当竖向荷载 $P=300\text{kN}$ 时，竖腹杆下端控制截面钢筋拉应变最大，$(\varepsilon_{s39})_{max}=538\mu\varepsilon$，远小于其屈服钢筋应变。当竖向荷载 $P=750\text{kN}$ 时，竖腹杆下端控制截面钢筋开始屈服，$\varepsilon_{s39}=1944\mu\varepsilon$、$\varepsilon_{s41a}=1840\mu\varepsilon$。

（4）斜腹杆钢筋应变分析

图 5-38 给出了叠层桁架斜腹杆（加载点与桁架下弦边节点间的斜腹杆）钢筋的荷载（P）～应变（ε_s）关系图。由图 5-38 可知：

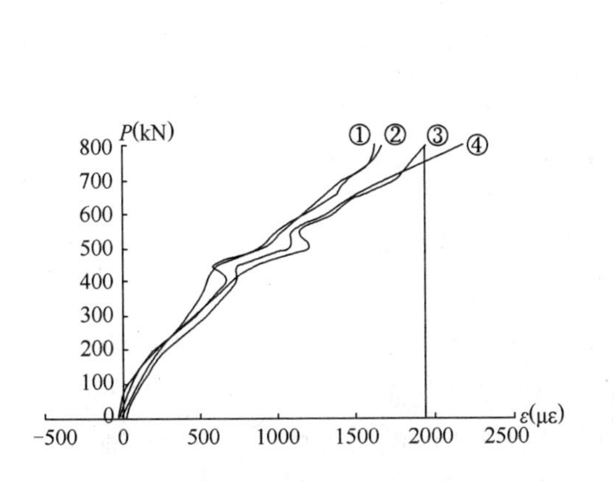

图 5-37 叠层桁架第一竖腹杆钢筋的荷载～应变（$P\sim\varepsilon_s$）关系

（①—S40；②—S38a；③—S41a；④—S39a）

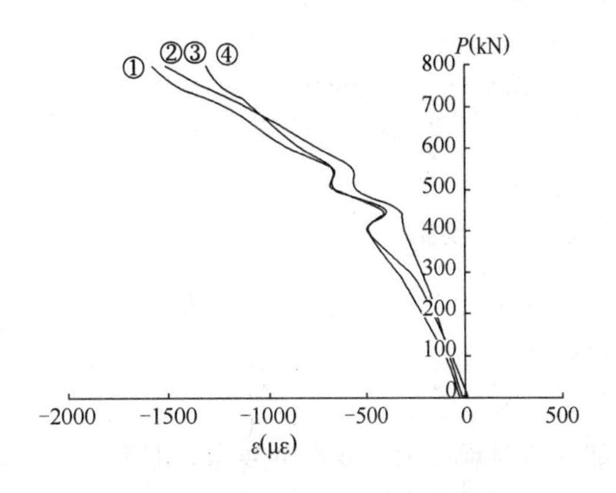

图 5-38 叠层桁架斜腹杆钢筋的荷载～应变（$P\sim\varepsilon_s$）关系

（①—S56a；②—S55、S55a；③—S53、S53a；④—S54、S54a）

叠层桁架上层斜腹杆各控制截面钢筋的压应变与下层斜腹杆相应位置的钢筋应变基本相同，且同一层斜腹杆两端截面钢筋的应变基本相同，这表明叠层桁架斜腹杆的受力特性接近于轴心受压构件。

4. 主要控制截面混凝土应变分析

图 5-39 给出了叠层桁架第一节间弦杆混凝土平均轴向压应变分布规律。由图 5-39 可知：

（1）下弦杆、中弦杆预应力张拉施工完成时，第一节间下弦杆混凝土平均轴向最大压应变 $\bar{\varepsilon}_c = -448\mu\varepsilon$，中弦杆混凝土平均轴向最大压应变 $\bar{\varepsilon}_c = -68\mu\varepsilon$。

（2）当 $P \leqslant 550$kN 时，第一节间下弦杆混凝土平均轴向应变为压应变；当 $P \leqslant 300$kN 时，第一节间中弦杆混凝土平均轴向应变为压应变。

图 5-40 给出了叠层桁架斜腹杆混凝土压应变分布规律。由图 5-40 可知：

当竖向荷载 $P = 300$kN 时，叠层桁架斜腹杆混凝土平均轴向压应变 $\bar{\varepsilon}_c = -319.75\mu\varepsilon$。当竖向荷载 $P = 800$kN 时，斜腹杆混凝土平均轴向拉应力 $\bar{\varepsilon}_c = -1253.13\mu\varepsilon$（当混凝土达 f_c 时的 $\varepsilon_0 = -2000\mu\varepsilon$）。

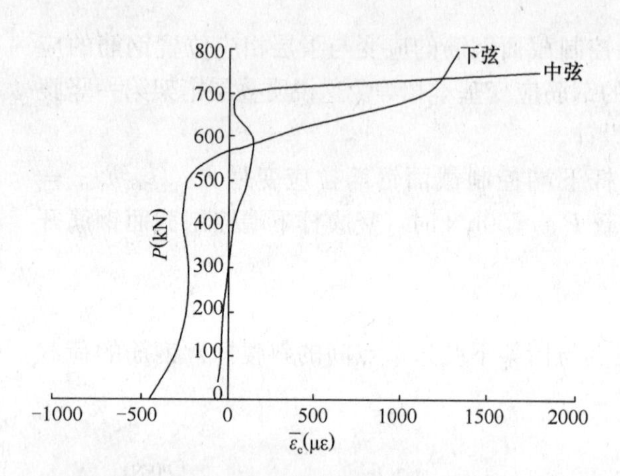

图 5-39　叠层桁架第一节间弦杆混凝土平均轴向压应变分布规律

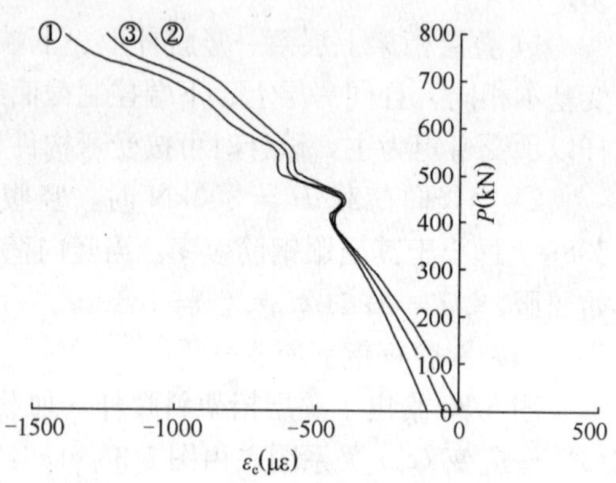

图 5-40　叠层桁架斜腹杆混凝土轴向压应变分布规律

（①—上层斜杆平均应变；②—下层斜杆平均应变；③—斜杆混凝土平均应变）

5.4.4　主要结论

通过预应力混凝土叠层桁架转换结构静力性能的试验研究和分析，可以得出以下主要结论和设计建议：

（1）试验表明，按“强受压斜腹杆、强节点”设计的预应力混凝土叠层桁架转换构件能够满足承载力和变形的要求，且在使用阶段处于弹性工作状态。

（2）试验表明，竖向荷载加载点与叠层桁架下弦边节点间的斜腹杆承受很大的轴向压力，试件破坏时，出现沿其轴线的纵向裂缝，类似于轴心受压构件。因此，为了确保其延性，应采取加强斜腹杆的措施。

受压斜腹杆的截面尺寸一般应由其轴压比 μ_N 控制计算确定，以确保其延性，其限值见表 5-9。如果不满足要求，可配置螺旋箍筋或采用内埋型钢或内埋空腹钢桁架的钢骨混凝土。

斜腹杆截面高度应小于等于截面宽度，且斜腹杆长度与其截面短边之比大于 4。

桁架受压斜腹杆的轴压比限值 μ_N　　**表 5-9**

抗震等级	一级	二级	三级
轴压比限值	0.7	0.8	0.9

(3) 桁架节点区截面尺寸及其箍筋数量应满足截面抗剪承载力的要求。桁架弦杆节点配筋构造原则上参考屋架图配置节点钢筋。桁架节点采用封闭式箍筋，箍筋要加密，且垂直于弦杆的轴线位置，并增加拉筋，以确保节点约束混凝土的性能。

试验表明，叠层桁架节点采用八字形配筋形式（图 5-41）是有效的，每侧配筋≥Φ 16@150，其伸入桁架杆件内的锚固长度≥ l_{aE}（非抗震设计时取 l_a），弯折段长度≥15 d(d 为八字形钢筋直径)。节点区内箍筋的体积配箍率要求同受压弦杆。

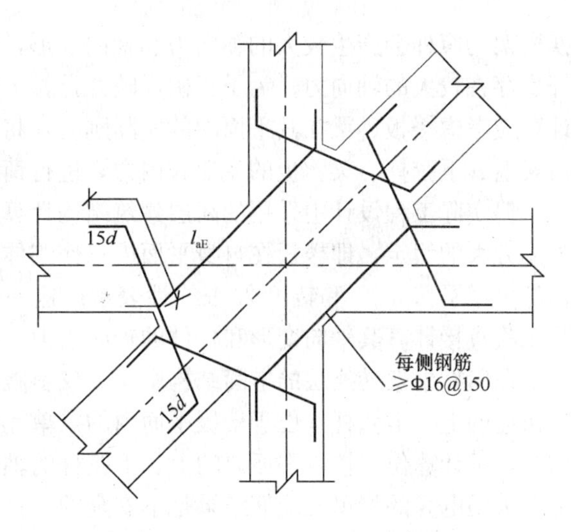

图 5-41 节点八字形钢筋构造

(4) 试验表明，叠层桁架竖腹杆以承受弯矩为主，设计时应按“强剪弱弯”原则进行配筋设计，加强箍筋配置，并加强与上、中、下弦杆的连接构造。

(5) 试验表明，叠层桁架的破坏始于与其相连下柱截面受压区混凝土压碎，因此应严格控制其轴压比 μ_N，宜符合表 5-10 的要求。当很难满足轴压比的要求时，与叠层桁架相连的下层柱可采用高强混凝土柱、钢骨混凝土柱等有效方法来调整截面尺寸、刚度及其延性。

与叠层桁架相连的下层柱的轴压比限制 μ_N **表 5-10**

轴压比	抗震设计			非抗震设计
	一 级	二 级	三 级	
μ_N	0.70	0.75	0.80	0.85

5.5 结构设计与构造要求

5.5.1 结构设计原则

带托柱形式桁架转换层高层建筑结构按“强化转换层及其下部、弱化转换层上部”的原则；桁架转换按“强斜腹杆、强节点”的原则；桁架转换上部框架结构按“强柱弱梁、强边柱弱中柱”的原则。

试验结果表明，满足上述原则设计的带桁架转换层高层建筑结构具有较好的延性，能够满足工程抗震的要求。

5.5.2 结构计算方法

带桁架转换层的建筑结构在转换层上、下层侧向刚度有突变，转换层楼盖一方面要传递较大的水平力，这将在楼板平面内引起较大的内力；另一方面，在竖向荷载作用下，转换桁架的腹杆会产生较大的轴向力和轴向变形，同时位于上、下层楼板平面内的上、下弦杆也存在较大的轴向力。为了正确反映并计算上、下弦杆的轴向力，带桁架转换层结构的计算应考虑楼板、梁在其平面内的实际刚度，将上、下层楼板定义为弹性楼盖，以便计算桁架上、下弦杆、梁、板的变形和内力，进行荷载和内力组合、配筋计算。

但实际工程设计中采用的高层建筑结构计算分析程序均采用了楼板在自身平面内刚度为无穷大的假定，即楼板在自身平面内只作刚体运动，没有相对变形，楼板内任一点的位移都可用平移 u、v 和转角 ϑ_z 来线性表示。这一假定使位于楼板平面内的杆件（梁单元）均无法直接计算其轴向变形和杆件的轴向内力。

在斜杆桁架转换层的空间结构中，不仅斜腹杆内有较大的轴向变形和轴向力，而且与之相连的上、下弦杆（位于楼板平面内的梁单元）也存在较大的轴向力。在桁架转换层结构中，不计算位于楼板平面内的上、下弦杆的轴力的影响，仅考虑弯矩、剪力和扭矩的作用，采用电算的梁单元配筋结果是不安全的。在实际工程中，带桁架转换层高层建筑结构的计算可采用下列简化计算方法：

1. 将转换桁架置于整体空间结构中进行整体分析。此时转换桁架（斜）腹杆作为柱单元，上、下弦杆作为梁单元，按空间协同工作或三维空间分析程序计算整体的内力和位移。计算时，转换桁架按实际杆件布置参与整体分析，但上、下弦杆轴向刚度、弯曲刚度中应计入楼板的作用，楼板的有效翼缘宽 $b'_f(b_f)$ 取：

$$b'_{\mathrm{f}}(b_{\mathrm{f}})=\begin{cases}12h_i(\text{中桁架})\\6h_i(\text{边桁架})\end{cases}\tag{5-14}$$

式中　h_i ——与上弦杆或下弦杆相连楼板的厚度。

2. 利用整体分析所得到的转换桁架相邻上部柱下端截面内力（M_C^b、V_C^b、N_C^b）和转换桁架相邻下部柱上端截面内力（M_C^t、V_C^t、N_C^t）作为转换桁架的外荷载（图 5-42），采用考虑杆件轴向变形的杆系有限元程序分析各种工况下转换桁架上、下弦杆的最大轴向力。

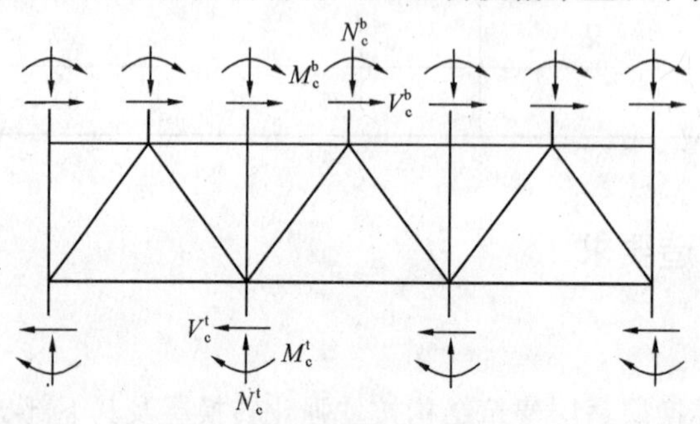

图 5-42　转换桁架计算图

3. 按《高层建筑混凝土结构技术规程》（JGJ 3—2010）中基本组合的要求，对各种工况进行组合，得到上、下弦杆轴向力设计值。

4. 利用整体空间分析计算的梁单元的弯矩、剪力和扭矩，按偏心受力构件计算上、下弦杆的配筋，其中轴力可按上、下弦及相连楼板有效翼缘的轴向刚度比例分配，以考虑翼缘范围内楼板的影响。

精确的计算方法应是取消楼板平面内刚度为无限大的假定，考虑楼板、梁的实际刚度，计算梁、板的变形和内力，得到组合设计值，进而配筋。

5.5.3 斜杆桁架设计

1. 内力分析及配筋计算

桁架转换上、下弦杆各节间均相互刚接，腹杆与上、下弦杆铰接。一般情况下，上弦杆受有轴向压力、弯矩、剪力，按偏心受压构件设计；下弦杆受有轴向拉力、弯矩、剪力，按偏心受拉构件设计；斜腹杆受有轴向压力或拉力，按轴心受压或轴心受拉构件设计。杆件的计算长度平面内、平面外均可取 $l_0 = l$（l 为杆件的几何长度）。

受拉杆件应根据结构类别和环境类别，按《混凝土结构设计规范》（GB 50010—2010）表 3.4.5 选用不同的裂缝控制等级及最大裂缝宽度限值，验算杆件正常使用极限状态下的裂缝控制要求。

2. 斜腹杆截面尺寸的确定

对桁架转换层而言，应保证强受压斜腹杆和强节点。受压斜腹杆的截面尺寸一般应由其轴压比 μ_N 控制计算确定，以确保其延性，其限值见表 5-11。如果不满足要求，可配置螺旋箍筋或采用内埋型钢或内埋空腹钢桁架的钢骨混凝土。

桁架受压斜腹杆的轴压比限值 μ_N　　　**表 5-11**

抗震等级	特一级	一级	二级	三级
轴压比限值 μ_N	0.6	0.7	0.8	0.9

受压斜腹杆轴压比

$$\mu_N = \frac{N_{max}}{f_c A_c} \tag{5-15}$$

式中 N_{max}——受压斜腹杆考虑地震作用组合的最大轴向压力设计值；

f_c——受压斜腹杆混凝土抗压强度设计值；

A_c——受压斜腹杆截面的有效面积。

初步确定受压斜腹杆截面尺寸时，可取 N_{max} 为

$$N_{max} = 0.8G \tag{5-16}$$

式中 G——转换桁架上按简支状态计算分配传来的所有重力荷载作用下受压斜腹杆轴向压力设计值。

受拉斜腹杆截面尺寸一般取与受压斜腹杆截面尺寸相同。斜腹杆的截面宽度宜比上、下弦杆小。

上、下弦杆的截面高度可取节间长度的 1/8～1/12；截面宽度：对上弦杆应大于所承托的上部柱的截面宽度，并应满足轴压比的要求（表 5-12）；对下弦杆应小于转换柱相应方向的截面尺寸。

3. 斜杆桁架构造要求

（1）受压弦杆构造要求

受压弦杆非预应力纵向受力钢筋宜对称沿周边均匀布置，且宜全部贯通受压弦杆，其最小配筋率要求见表 5-12。

非预应力纵向受力钢筋进入边节点区起计锚固长度，且需伸至节点边 $\geq 10d$（d 为非

预应力纵向钢筋直径）。

受压弦杆箍筋应全杆段加密，其最小体积配箍率的要求见表 5-12。箍筋宜采用复合螺旋箍或井字复合箍，箍筋直径不应小于 10mm，间距不应大于 100mm 和 $6d$（d 为纵向受力钢筋直径）两者中的较小值。

转换桁架杆件的配筋构造要求 **表 5-12**

项目		受压弦杆	受压斜腹杆	受拉弦杆	受拉斜腹杆
纵筋最小配筋率（%）	特一级	1.4	1.4	0.40 和 $80\ f_t/f_{yv}$	0.40 和 $80\ f_t/f_{yv}$
	一级	1.2	1.2	0.40 和 $80\ f_t/f_{yv}$	0.40 和 $80\ f_t/f_{yv}$
	二级	1.0	1.0	0.30 和 $65\ f_t/f_{yv}$	0.30 和 $65\ f_t/f_{yv}$
	三级和非抗震	0.8	0.8	0.25 和 $55\ f_t/f_{yv}$	0.25 和 $55\ f_t/f_{yv}$
纵筋配筋方式		周边对称均匀布置，全长贯通	周边对称均匀布置，全长贯通	周边对称均匀布置，至少 50%全长贯通	周边对称均匀布置，全长贯通
纵筋锚固		伸入节点边下弯不小于 10 d	伸入节点边水平弯不小于 10 d	伸入节点边上弯不小于 15 d	伸入节点边水平弯不小于 15 d
箍筋最小体积配箍率（%）	抗震设计	1.5	1.5	$0.6\ f_t/f_{yv}$	$0.6\ f_t/f_{yv}$
	非抗震设计	1.0	1.0	$0.4\ f_t/f_{yv}$	$0.4\ f_t/f_{yv}$
节点区箍筋最小体积配箍率（%）		同受压杆，且直径不应小于 10mm，间距不应大于 100mm			
节点区附加周边钢筋		直径不宜小于 16mm，间距不应大于 100mm			

注：所有杆件的非预应力纵向受力钢筋支座锚固长度均为 l_{aE}（抗震设计）、l_a（非抗震设计）。

（2）受拉弦杆构造要求

受拉弦杆非预应力纵向受力钢筋宜对称沿周边均匀布置，且应按正常使用状态下裂缝宽度 0.2mm 控制。非预应力纵向钢筋至少有 50%全部贯通桁架，其余跨中非预应力纵向钢筋均应伸过节点区在不需要该钢筋处受拉锚固长度后方可切断，非预应力纵向钢筋进入边节点区锚固，以过边节点中心起计锚固长度，且末端应伸至节点边向上弯 $\geqslant 15d$（d 为非预应力纵向受力钢筋直径）。

受拉弦杆箍筋应全杆长加密，最小体积配箍率的要求见表 5-12。

桁架受拉、受压弦杆的非预应力受力钢筋的接头宜采用机械连接接头。同时，桁架弦杆的非预应力钢筋宜与支承锚具的钢垫板焊接。

（3）受压腹杆构造要求

受压腹杆非预应力纵向受力钢筋配置构造要求同受压弦杆，其纵向钢筋进入边节点区起计锚固长度，且需末端伸至节点边 $\geqslant 10d$（d 为非预应力纵向受力钢筋直径）。

（4）受拉腹杆构造要求

受拉腹杆非预应力纵向受力钢筋配筋构造要求同受拉弦杆，其纵向钢筋全部贯通，进入边节点区锚固，以过边节点中心起计锚固长度，且末端伸至节点边向上弯$\geqslant 15d$(d为非预应力纵向受力钢筋直径)。

(5) 桁架节点构造要求

1) 桁架上、下弦节点配筋构造原则上参考屋架图配置节点钢筋。桁架节点采用封闭式箍筋，箍筋要加密，且垂直于弦杆的轴线位置，并增加拉筋，以确保节点约束混凝土的性能。桁架节点区截面尺寸及其箍筋数量应满足截面抗剪承载力的要求［式(5-17)、式(5-18)］，且构造上要求满足节点斜面长度≥腹杆截面高度+50mm。

节点区内侧附加元宝钢筋直径不宜小于ϕ16，间距不宜大于150mm。节点区内箍筋的体积配箍率要求同受压弦杆（表5-12）。

当桁架节点尺寸很大时，桁架节点可按剪力墙配筋方式配置水平箍筋（ρ_{sh}）和垂直箍筋（ρ_{sv}），箍筋直径不小于10mm，间距不大于100mm，同时在箍筋交点处隔点设置拉筋。桁架节点要配边筋，边筋要垂直于腹杆轴线且边筋直径不应小于同一截面处弦杆内的最大纵筋直径，根数可取同一截面内其纵筋总根数的一半。

2) 斜腹杆桁架节点（如图5-43、图5-44所示）截面尺寸及箍筋配置应满足节点区抗剪承载力要求，抗震设计时，应按“强节点”的要求满足规范有关要求，以保证整体桁架结构具有足够的延性不致发生脆性破坏，保证桁架各弦杆很好地共同工作。

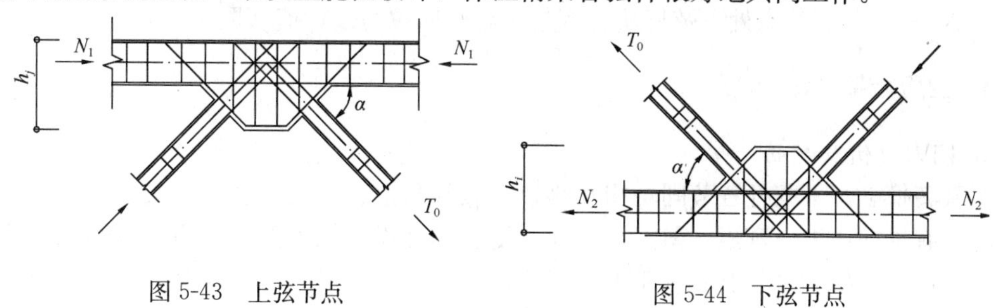

图5-43　上弦节点　　　　图5-44　下弦节点

上弦节点截面抗剪要求：

$$\begin{cases} V_j \leqslant \dfrac{1}{\gamma_{RE}}\left[0.1\left(1+\dfrac{N_1}{f_c b_j h_j}\right)f_c b_j h_{j0}+\dfrac{f_{yv}A_{sv}}{s}h_{j0}\right] \\ \text{且满足 } V_j \leqslant \dfrac{1}{\gamma_{RE}}(0.2 f_c b_j h_j) \end{cases} \tag{5-17}$$

下弦节点截面抗剪要求：

$$\begin{cases} V_j \leqslant \dfrac{1}{\gamma_{RE}}\left[0.05 f_c b_j h_{j0}+\dfrac{f_{yv}A_{sv}}{s}h_{j0}-0.16N_2\right] \\ \text{且满足 } V_j \leqslant \dfrac{1}{\gamma_{RE}}(0.15 f_c b_j h_j) \end{cases} \tag{5-18}$$

式中　α——受力斜腹杆与上、下弦杆的夹角；

V_j——斜腹杆桁架节点剪力设计值，其中V_j按式(5-19)计算；

$$V_j=\begin{cases}1.25A_s f_{yk}\sin\alpha & \text{一级抗震等级}\\ 1.05T_0\sin\alpha & \text{二级抗震等级}\\ T_0\sin\alpha & \text{三级抗震等级、非抗震设计}\end{cases} \tag{5-19}$$

式中 T_0 ——受拉腹杆组合轴力设计值；

A_s ——受拉腹杆实配受拉纵向钢筋总面积；

f_{yk} ——受拉腹杆实配受拉纵向钢筋抗拉强度标准值；

γ_{RE} ——考虑地震作用组合时截面抗震承载力调整系数，$\gamma_{RE}=0.85$；

N_1 ——计算节点处上弦杆所受到的组合轴向压力设计值（取大者）；当 $N_1>0.5f_c b_c h_c$ 时，取 $N_1=0.5f_c b_c h_c$；

f_c ——混凝土抗压强度设计值；

b_c、h_c ——上弦杆截面宽度和高度；

b_j、h_j ——节点截面宽度和高度；

f_{yv} ——节点区抗剪箍筋抗拉设计强度；

A_{sv} ——节点区同一截面内箍筋各肢截面面积之和；

s ——节点区箍筋水平间距；

h_{j0} ——节点截面有效高度；

N_2 ——计算节点处下弦杆所受到的组合轴向拉力设计值（取小者）。

5.5.4 空腹桁架设计

1. 内力分析及配筋计算

桁架转换上、下弦杆各节间均相互刚接，腹杆与上、下弦杆也未刚接。一般情况下，上弦杆受有轴向压力、弯矩、剪力，按偏心受压构件设计；下弦杆受有轴向拉力、弯矩、剪力，按偏心受拉构件设计；竖腹杆受有轴向拉力、弯矩、剪力，按拉、弯、剪构件设计。杆件的计算长度平面内、平面外均可取 $l_0=l$（l 为杆件的几何长度）。

受拉杆件应根据结构类别和环境类别，按《混凝土结构设计规范》（GB 50010—2010）表 3.4.5 选用不同的裂缝控制等级及最大裂缝宽度限值，验算杆件正常使用极限状态下的裂缝控制要求。

2. 竖腹杆截面尺寸的确定

空腹桁架腹杆的截面尺寸一般应由其剪压比限值计算来确定，以避免脆性破坏。有地震作用效应组合控制时，剪压比限值取 0.15，无地震作用效应组合控制时，取 0.20。即

持久、短暂设计状况：
$$V_{max}\leqslant 0.20\beta_c f_c bh_0 \tag{5-20}$$

抗震设计状况：
$$V_{max}\leqslant \frac{1}{\gamma_{RE}}(0.15\beta_c f_c bh_0) \tag{5-21}$$

式中 V_{max} ——空腹桁架腹杆最大组合剪力设计值；

b、h_0 ——分别为空腹桁架腹杆截面宽度、截面有效高度；

f_c ——空腹桁架腹杆混凝土抗压强度设计值；

β_c ——混凝土强度影响系数；

γ_{RE} ——空腹桁架腹杆受剪承载力抗震调整系数，$\gamma_{RE}=0.85$。

空腹桁架竖腹杆应按“强剪弱弯”进行配筋设计，加强箍筋配置，并加强与上、下弦杆的连接构造。

空腹桁架竖腹杆的纵向受力钢筋、箍筋的构造要求均同斜腹杆桁架受拉腹杆相应的构造要求。

3. 上、下弦杆构造要求

(1) 空腹桁架的受压、受拉弦杆宜考虑相连楼板有效翼缘作用按偏心受压或偏心受拉构件设计，其中轴力可按上、下弦杆及相连楼板有限翼缘的轴向刚度比例分配。

(2) 空腹桁架的受压、受拉弦杆的非预应力纵向受力钢筋、箍筋的构造要求均同斜腹杆桁架受压、受拉弦杆相应的构造要求。

(3) 空腹桁架应加强上、下弦杆与框架柱的锚固连接构造。

(4) 所有杆件的非预应力纵向受力钢筋支座锚固长度均为 l_{aE}（抗震设计)、l_a（非抗震设计)。

4. 桁架节点构造要求

(1) 桁架节点区截面尺寸及其箍筋数量应满足截面抗剪承载力的要求［式 (5-22)、式 (5-23)］，抗震设计时应按“强节点”的要求满足规范有关规定，以保证整体桁架结构具有足够的延性不致发生脆性破坏，保证桁架各杆件很好地共同工作。构造上要求满足断面尺寸≥腹杆断面宽度、高度＋50mm。

节点区内侧附加弯起钢筋除满足抗弯承载力外，直径不宜小于 ϕ20，间距不宜大于100mm。节点区内箍筋的体积配箍率要求同受压弦杆（表 5-13)。

(2) 空腹桁架的端节点实际上就是框架的梁柱节点，因此节点设计及构造要求应符合框架的梁柱节点的相应设计及构造要求。

(3) 空腹桁架上、下弦节点（如图 5-45、图 5-46 所示）的截面应满足抗剪的要求，以保证空腹桁架结构具有一定延性不发生脆性破坏。

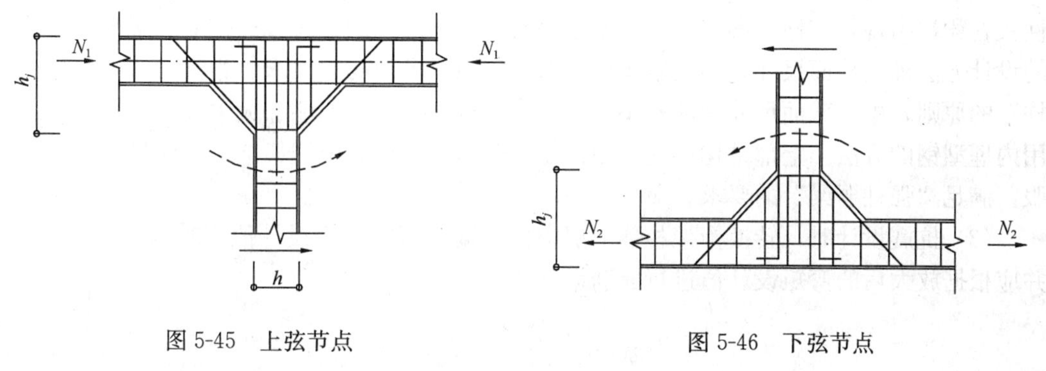

图 5-45　上弦节点　　图 5-46　下弦节点

上弦节点截面抗剪要求：

$$\begin{cases} V_j \leqslant \dfrac{1}{\gamma_{RE}}\left[0.1\left(1+\dfrac{N_1}{f_c b_j h_j}\right)f_c b_j h_{j0}+\dfrac{f_{yv}A_{sv}}{s}(h_{j0}-a'_s)\right] \\ \text{且满足 } V_j \leqslant \dfrac{1}{\gamma_{RE}}(0.2 f_c b_j h_j) \end{cases} \tag{5-22}$$

下弦节点截面抗剪要求：

$$
\begin{cases} V_j \leqslant \dfrac{1}{\gamma_{RE}}\left[0.05 f_c b_j h_{j0} + \dfrac{f_{yv} A_{sv}}{s}(h_{j0} - a'_s) - 0.16 N_2\right] \\ \text{且满足 } V_j \leqslant \dfrac{1}{\gamma_{RE}}(0.15 f_c b_j h_j) \end{cases} \tag{5-23}
$$

式中 V_j——空腹桁架节点剪力设计值，其中 V_j 按式（5-24）计算。

$$
V_j = \begin{cases} 1.05 M_{0u}/(h_0 - a'_s) & \text{一级抗震等级} \\ 1.05 M_0/(h_0 - a'_s) & \text{二级抗震等级} \\ M_0/(h_0 - a'_s) & \text{三级抗震等级、非抗震设计} \end{cases} \tag{5-24}
$$

式中 M_{0u}——空腹桁架腹杆考虑承载力调整系数的正截面受弯承载力；

M_0——空腹桁架腹杆节点边截面处组合弯矩设计值；

h、h_0——空腹桁架腹杆截面高度、截面有效高度；

a'_s——空腹桁架腹杆受压区纵向钢筋合力中心至受压区边缘的距离；

N_1——计算节点处上弦杆所受到的组合轴向压力设计值（取最小值），当 $N_1 > 0.5 f_c b_c h_c$ 时，取 $N_1 = 0.5 f_c b_c h_c$；

N_2——计算节点处下弦杆所受到的组合轴向拉力设计值（取最大值）；

符号 f_c、b_c、h_c、b_j、h_j、h_{j0}、f_{yv}、A_{sv}、s、γ_{RE} 的意义同斜杆桁架。

5.5.5 转换桁架邻近构件的设计

1. 转换桁架上部框架结构

（1）满足转换层上、下层等效剪切刚度（等效侧向刚度）比要求和转换层下层柱轴压比限值条件的带桁架转换层的结构，转换桁架上层是结构的薄弱层，破坏比较严重。设计时应保证转换桁架上层柱的柱底尽可能避免边柱出现塑性铰，同时加强上层柱与转换桁架的连接构造，以保证桁架转换层框架结构有更好的延性。

（2）转换桁架上部框架结构按“强柱弱梁、强边柱弱中柱”的原则进行设计，确保塑性铰在梁端出现，使柱比梁有更大的安全储备。上部结构的柱按普通钢筋混凝土框架结构的设计方法确定截面尺寸，满足轴压比要求、抗剪要求及构造要求。为满足“强边柱弱中柱”的原则，中柱截面尺寸一般较小。如果由于构造要求而不能加大中柱刚度时，可以采用内埋型钢的方法。上部结构梁的截面设计同普通钢筋混凝土框架结构，应尽量使其先屈服，满足“强柱弱梁”的要求。

（3）抗震设计时，转换桁架相邻上层中柱下端截面的弯矩设计值应乘以放大系数 η_b，并应根据放大后的弯矩设计值进行配筋设计。

$$
\eta_b = \left(\frac{M_{cub}^b}{M_c^b}, 1.5\right)_{max} \tag{5-25}
$$

式中 M_{cub}^b——转换桁架相邻上层中柱下端的柱底考虑承载力调整系数的正截面受弯承载力值；

M_c^b——转换桁架相邻上层中柱下端的柱顶截面弯矩设计值。

当柱对称配筋时，M_{cub}^b 可按下式计算：

$$
M_{cub}^b = \frac{1}{\gamma_{RE}}\left[\alpha_1 f_{ck} b_c x (h_{c0} - 0.5x) + f'_{yk} A'_s (h_{c0} - a'_s) - N_G (0.5 h_{c0} - a_s)\right] \tag{5-26}
$$

$$x=\frac{N_G}{\alpha_1 f_{ck} b_c} \tag{5-27}$$

式中　b_c、h_{c0}——柱截面宽度、有效高度；

A'_s——纵向受压钢筋实际截面面积；

f'_{yk}——纵向受压钢筋强度标准值；

f_{ck}——混凝土轴心抗压强度标准值；

α_1——系数，当 $f_{cuk} \leqslant 50N/mm^2$ 时，α_1 取为 1.0；当 $f_{cuk}=80N/mm^2$ 时，α_1 取 0.94，其间按直线内插法取用；

N_G——重力荷载代表值的柱中轴向压力设计值。

2. 转换桁架下部结构

桁架转换层下部结构柱的截面尺寸可根据满足轴压比限值的要求和转换桁架上、下层剪切刚度比等于1的条件来确定。转换桁架下层柱的轴压比必须严格控制，宜符合表5-13的要求。应严格控制转换桁架下层柱的轴压比，当很难满足轴压比限值要求时，转换桁架以下柱可采用高强混凝土柱、钢骨混凝土柱等有效方法来调整截面尺寸、刚度及其延性。

转换桁架下层柱的轴压比　　**表5-13**

	抗震设计			非抗震设计
	一　级	二　级	三　级	
轴压比限值 μ_N	0.70	0.75	0.80	0.85

$$\mu_N=\frac{N_{max}}{f_c b h_0} \tag{5-28}$$

式中　N_{max}——转换桁架下层柱的最大组合轴力设计值（包括地震作用下轴力调整）；

f_c——转换桁架下层柱混凝土抗压强度设计值；

b、h_0——分别为转换桁架下层柱截面的宽度、截面的有效高度。

转换桁架相邻下层柱的柱顶弯矩应乘以放大系数 η_t，并应根据放大后的弯矩设计值进行配筋设计。

$$\eta_t=\left(\frac{M^t_{cub}}{M^t_c},1.6\right)_{max} \tag{5-29}$$

式中　M^t_{cub}——转换桁架相邻下层柱的柱顶考虑承载力调整系数的正截面受弯承载力值；

M^t_c——转换桁架相邻下层柱下的柱顶截面弯矩设计值。

对于薄弱层柱的混凝土也应进行特别约束，箍筋间距不得大于100mm，箍筋直径不得小于10mm，并且箍筋接头应焊接或作135°弯钩，必要时可采用内埋型钢的方法来提高柱截面的抗弯承载力。

3. 转换层楼板

（1）转换桁架上、下层弦杆所在楼层楼面应采用现浇板，其转混凝土强度等级不应低于C30，楼板厚度不应小于180mm，应双层双向配筋，且每层每方向贯通钢筋的配筋率不宜小于0.25%。在楼板边缘和较大洞口周边应设置边梁，其宽度不宜小于板厚的2倍，全截面纵向钢筋配筋率不应小于1.0%。楼板中钢筋应锚固在边梁或墙体内。

采用斜腹杆的桁架作为转换构件时，端节点斜腹杆会对桁架下弦端节点产生水平推力，设计中宜将角区楼板适当加厚，并在板内顺应变方向配置加强钢筋，在下弦与楼板连接处加设腋角。也可在角区楼板增设预应力钢筋来平衡此水平力。

(2) 转换层上、下层楼板也受到较大影响。因此，设计时也应考虑对转换层上、下各2～3层楼板采取适当的加强措施。如适当加大这些楼层楼板的厚度；提高其混凝土强度等级；采用双层双向配筋，每层每方向贯通钢筋配筋率不宜小于0.25%，且需在楼板边缘结合纵向框架梁或底部外纵墙予以加强。

5.6 工程实例

5.6.1 南京新世纪广场大厦

1. 工程概况

南京新世纪广场工程[5~16]是一座集商业、住宅和办公为一体的建筑群体，地下2层，深8.8m，7层以下为裙楼，7层以上为二幢塔楼，一幢为30层的高层公寓，总高度97.2m；另一幢为55层的写字楼，主体高200.0m，顶部有一高塔，塔顶标高为253.6m，总建筑面积131546.5m^2。

由于使用要求不同，建筑高度不同，本工程可分为三大部分：

第一部分是商场，采用框架结构；

第二部分是高层公寓，采用框支剪力墙结构，第7层为结构转换层。在纵、横两个方向设置了转换梁，其截面尺寸为1.0m×2.5 m。为了控制框支层的上、下刚度不发生突变，采取如下措施：

① 与建筑密切配合，争取尽可能多的剪力墙落地；② 加大落地剪力墙的厚度，其最大厚度为500mm；③ 适当加大框支柱的截面尺寸，控制柱子的轴压比 $\mu_N=0.60$；④ 提高框支层墙、柱的混凝土强度等级，采用C50 。

经过上述处理后，转换层上、下的刚度比 $\gamma=1.85$。

第三部分是写字楼，它是由框筒和剪力墙内筒组成的筒中筒结构，平面呈正方形，高宽比 $H/B=200.0/38.75=5.16$。

为了增加使用的灵活性，在6层以下采用稀柱外框筒，柱距7.5m；7层以上为密柱外框筒，柱距3.75m；墙面的孔率为33%，见图5-47。

在6层与7层之间，为了适应上部密柱和下部稀柱间的竖向荷载传递的转变，沿着外框筒设置四榀7.0m高的预应力混凝土巨型转换桁架（图5-48)。

为了增加外框筒的空间整体受力，外框筒为扁宽矩形柱，柱子长边位于框架平面内，边长1200mm，直于框架平面的柱宽由1200mm逐步减小至400mm。外框筒的横梁梁高从下到上均为700mm ，梁宽随着框架柱宽的变化而变化，由下部的宽500mm减小到上部的350mm。

楼面为梁板结构，梁截面为300mm×550mm。为了减少外框筒的剪应力滞后现象及增强角柱的侧向刚度，在平面四角处设置四根斜梁，以增加角柱和内筒的联系，并使部分楼面荷载向角柱传递，以增加角柱的轴向压力。

2. 写字楼结构计算

(1) 计算简图

整个工程南北长130.00m、东西宽82.00m，体型较大，在7层裙楼之上有两幢塔楼，体型复杂。分两步进行计算分析，第一步忽略两幢塔楼的相互影响，把两幢塔楼看成两个独立体，不考虑裙房单独计算，初步掌握两幢塔楼的受力情况和判断各部分构件尺寸选取的是否合适；第二步将两幢塔楼连同裙楼进行整体计算，并比较两次计算结果，确定塔楼和裙房的梁、柱、墙的内力和配筋。

(2) 计算程序

本工程在初步设计阶段，采用美国的ETABS程序进行结构内力和变形分析；在技术设计阶段采用中国建筑科学研究院编制的TBSA进行计算；在施工图设计阶段采用中国建筑科学研究院编制的MTBSA进行复算。

(3) 计算结果

采用TBSA程序进行计算。单塔（写字楼部分）计算结果如下：

1) 周期，见表5-14。

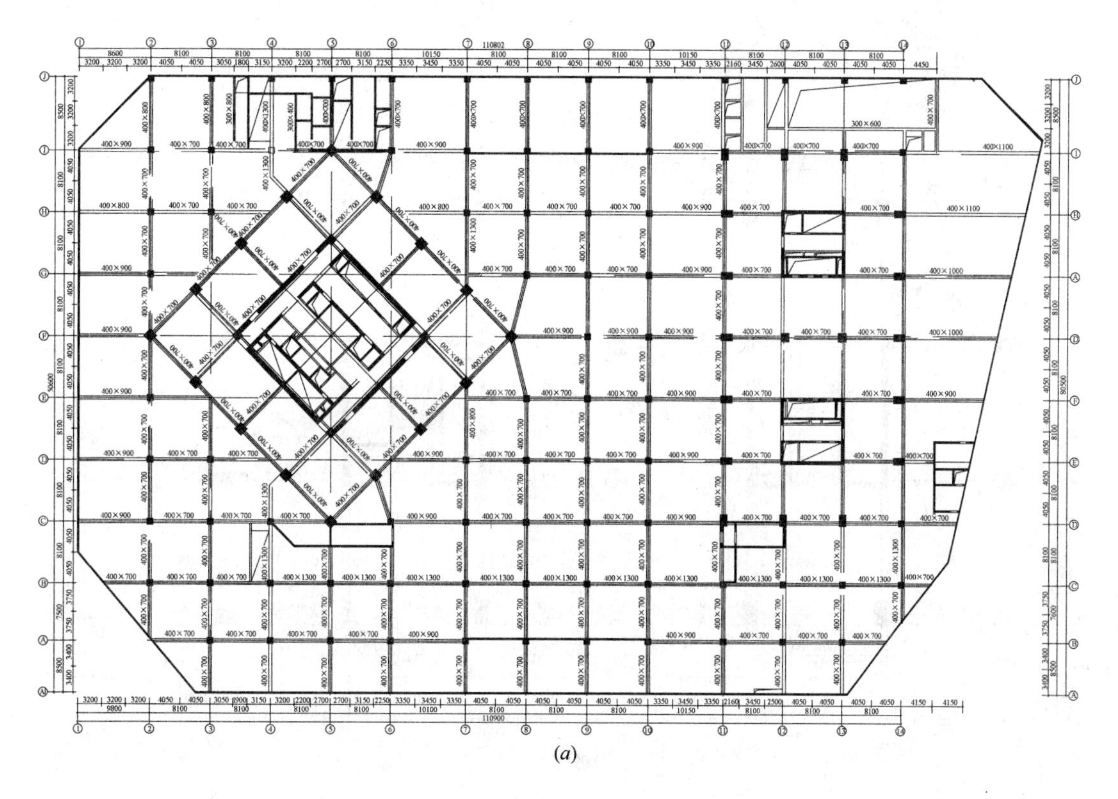

(a)

图5-47 南京新世纪广场工程（一）

(a) 底部结构平面图

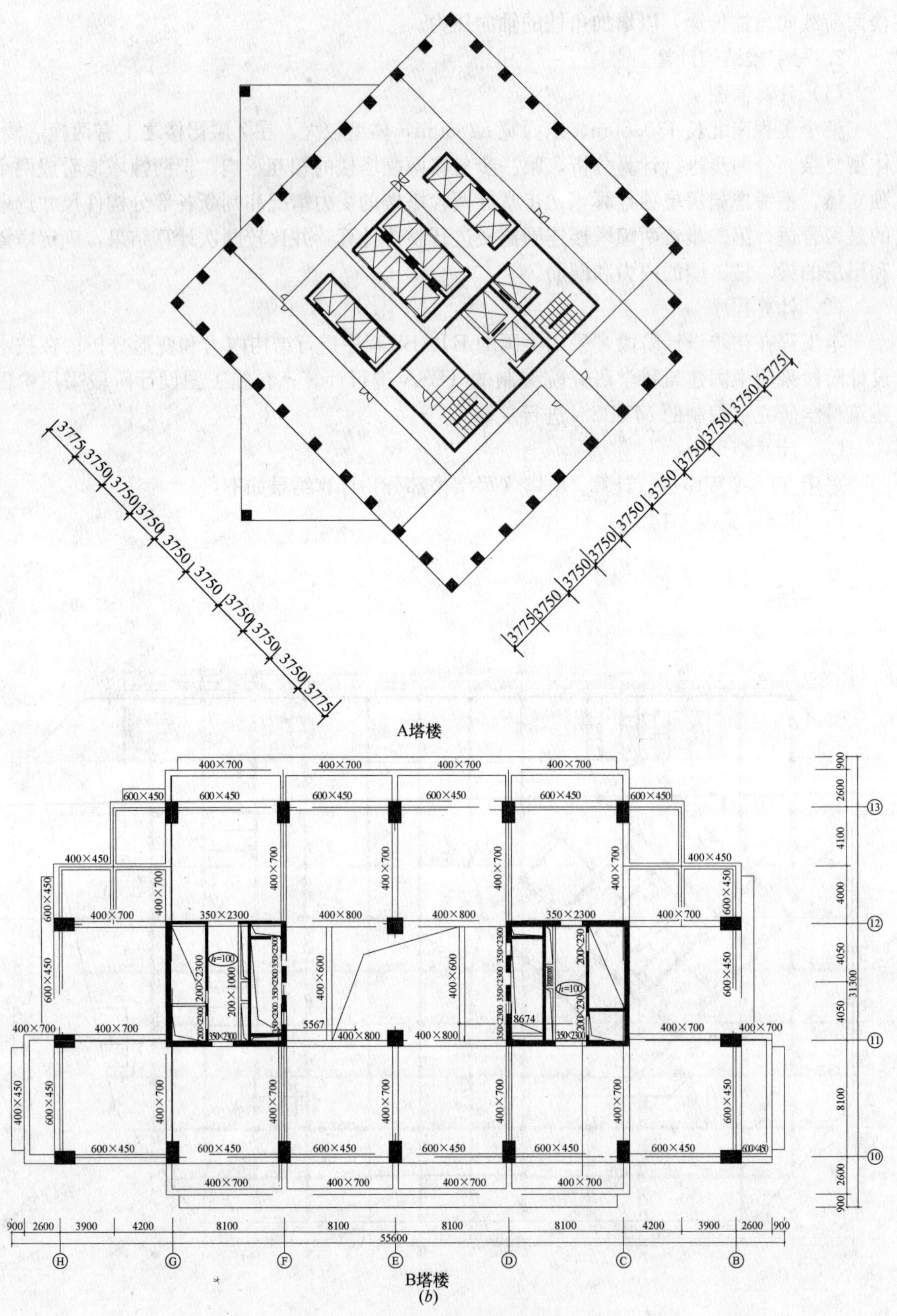

图 5-47　南京新世纪广场工程（二）

（*b*）标准层结构平面图

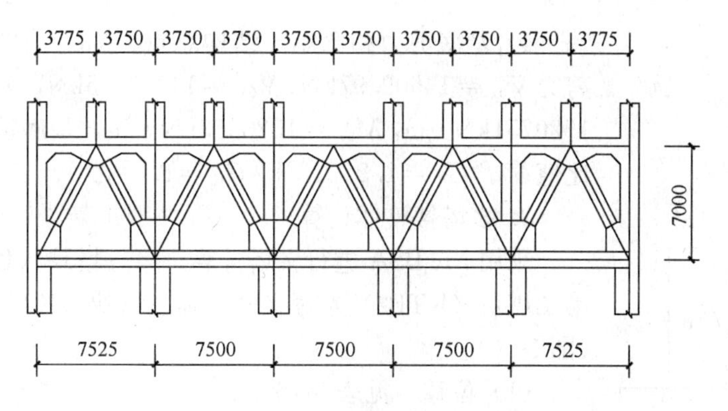

图 5-48 预应力混凝土转换桁架

单塔楼（写字楼部分）周期（s） **表 5-14**

	T_1	T_2	T_3	T_4	T_5	T_6
x方向	3.5041	1.0062	0.4937	0.3175	0.2248	0.1713
y方向	3.5316	0.9828	0.4723	0.2897	0.1980	0.1468

2）位移，见表 5-15。

单塔楼（写字楼部分）位移 **表 5-15**

荷载工况	顶点位移 Δ（mm）	顶点相对位移 Δ/H	最大层间相对位移	
			楼层号（i）	相对位移值（δ_i/h_i）
x向风力	48.73	1/4040	32	1/3003
y向风力	49.23	1/3999	32	1/2953
x向地震	79.02	1/2491	33	1/1834
y向地震	79.76	1/2468	32	1/1808

3）振型，见图 5-49。

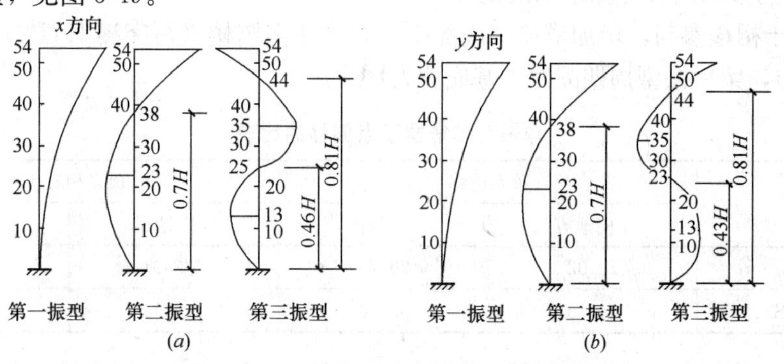

图 5-49 单塔楼（写字楼部分）振型

（a）x 方向振型；（b）y 方向振型

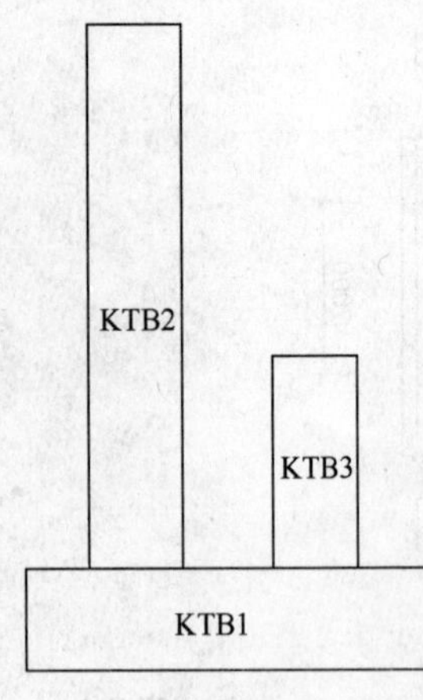

图 5-50　多塔楼分块图

4）基底剪力和弯矩。结构总重力 $G_E=1201116\text{kN}$，基底剪力 $V_{0x}=14609.97\text{kN}$，$V_{0y}=14746.35\text{kN}$，基底弯矩 $M_{0x}=1520751\text{kN}\cdot\text{m}$，$M_{0y}=1523363\text{kN}\cdot\text{m}$，基底剪力和总重力的比值 $V_{0x}/G_E=1.2\%$，$V_{0y}/G_E=1.2\%$。

3. 多塔楼整体计算

采用 MTBSA 进行多塔计算，第一塔块（KTB1）为裙楼，第二塔块（KTB2）为写字楼，第三塔块（KTB3）为高层公寓（图 5-50）。

（1）位移，见表 5-16。

（2）周期，见表 5-17。

（3）基底剪力和弯矩。结构总重力 $G_E=1897707\text{kN}$，基底剪力 $V_{0x}=26641.63\text{kN}$，$V_{0y}=24945.63\text{kN}$，基底弯矩 $M_{0x}=1671947\text{kN}\cdot\text{m}$，$M_{0y}=1576980\text{kN}\cdot\text{m}$，基底剪力和总重力的比值 $V_{0x}/G_E=1.4\%$，$V_{0y}/G_E=1.4\%$。

多塔楼位移　　**表 5-16**

地震作用方向	塔楼分块编号	楼层号(i)	位置 H(m)	顶点位移 Δ(mm)	顶点相对位移 Δ/H
x 向地震	KTB1	6	31.50	3.50	1/9002
	KTB2	52	186.80	61.96	1/3014
	KTB3	28	106.60	13.47	1/7913
y 向地震	KTB1	6	31.50	3.09	1/10179
	KTB2	52	186.80	65.70	1/2843
	KTB3	28	106.60	7.82	1/13639

多塔楼周期（s）　　**表 5-17**

地震作用方向	T_1	T_2	T_3	T_4	T_5	T_6	T_7	T_8	T_9
x 方向	2.9943	0.9618	0.7442	0.4228	0.2923	0.2078	0.1879	0.1443	0.1200
y 方向	3.1578	0.9213	0.8708	0.4465	0.3213	0.2679	0.1975	0.1646	0.1417

4. 单塔与多塔两种计算结果的比较

（1）由于裙楼参与，增加塔楼的底部刚度，致使多塔楼（写字楼 KTB2）顶部侧移减小（表 5-18），第一振型周期减短，基底剪力增大。

单塔与多塔楼顶点侧移的比较　　**表 5-18**

计算程序	顶点位移		顶点相对位移	
	x 向地震	y 向地震	x 向地震	y 向地震
TBAS	79.02	79.76	1/2491	1/2468
MTBAS	61.96	65.70	1/3014	1/2843

（2）由于多塔楼的相互影响，多塔楼高振型周期比单塔楼的周期加长，同时使基本周期与高振型周期的比值加大（表 5-19）。

单塔与多塔楼自振周期比值的比较　　表 5-19

周期比		T_1/T_2	T_1/T_3	T_1/T_4	T_1/T_5	T_1/T_6
x 方向	单塔楼	3.5	7.1	11.0	15.6	20.5
	多塔楼	3.0	4.0	7.0	10.0	14.0
y 方向	单塔楼	3.6	7.5	12.0	18.0	24.0
	多塔楼	3.5	3.6	7.0	10.0	12.0

5. 主要构件尺寸

(1) 柱、墙截面尺寸（见表 5-20）。

柱、墙截面尺寸　　表 5-20

楼　层	−2～5	6、7	8～14	15、16	17～25	26、27	28～36	37、38	39～55
柱截面尺寸 (mm)	1200×1900	1200×1900	1200×1200	1200×1200	1200×1000	1200×1000	1200×750	1200×750	1200×500
内筒外墙厚 (mm)	700	600	600	500	500	400	400	300	300
内筒内墙厚 (mm)	500 450	500 450	500 450	400	400	300	300	200	200

(2) 混凝土强度等级

混凝土强度等级：柱、墙采用的混凝土强度等级：−2～9 层混凝土强度等级 C50；10～35 层位 C40；36～55 层位 C30。

(3) 楼板厚度

第 1、6、7 层楼板厚 200mm，其余楼层的楼板厚度均为 120mm，楼面梁、板混凝土强度等级为 C30。

(4) 转换桁架

6 层至 7 层设置转换桁架（图 5-48），上、下弦杆截面尺寸为 1200mm×1200mm。竖腹杆截面尺寸为 1200mm×1200mm，斜腹杆截面尺寸为 1200mm×1000mm。转换桁架设计要点如下：

1) 整体分析时，将桁架的上、下弦杆作为梁单元，腹杆作为柱、斜杆单元直接进入 TBSA 进行整体计算。

2) 由于桁架的杆件截面尺寸都很大，很难把各个节点都做成刚接，因而将桁架当成铰接节点再进行计算。

根据上述 1)、2) 计算的结果，配置杆件的预应力钢筋和非预应力钢筋。

3) 配置预应力钢筋的原则：使下弦杆截面不出现拉应力为准，以避免因张拉预应力给桁架各杆件及上、下层框架带来较大的次应力。桁架下弦配置 6 根 7ϕ^j5 钢绞线，控制张拉应力 $\sigma_{con}=0.65f_{ptk}$，总张拉应力 $N_p=7000.0$kN。

6. 几种特殊构件的配筋

(1) 转换柱的配筋

根据抗震规范的要求，高层公寓下部的框支层框架属于一级抗震，写字楼下部的外框

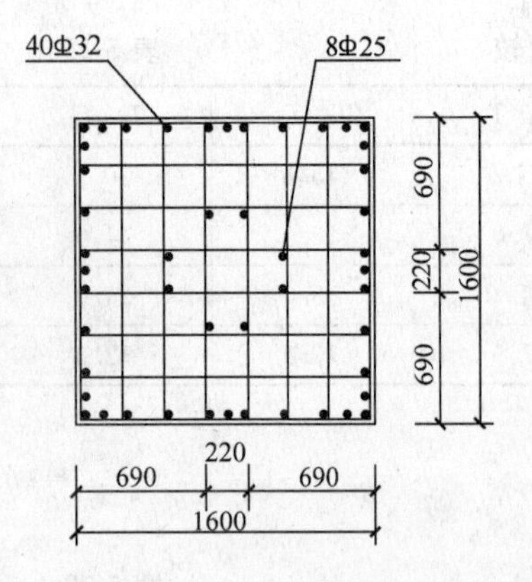

图 5-51　框支柱截面配筋

柱，属于二级抗震。

1）框支柱的配筋

高层公寓下部框支柱属于一级抗震，控制轴压比 μ_N =0.60，柱的截面尺寸为 1600mm×1600mm，外圈纵向钢筋按计算配置。同时，考虑到柱的截面尺寸较大，为了加强柱子的核心区混凝土的约束和减小箍筋无支撑长度，在柱子的核心区增配 8 Φ 25 纵向钢筋（见图 5-51）。

2）外框柱的配筋

写字楼下部的外框柱属于二级抗震，控制轴压比 μ_N =0.80，柱截面尺寸为 1200mm×1900mm，外圈纵向钢筋按计算配置。同时，考虑到柱的截面尺寸较大，为了加强柱子的核心区混凝土的约束和减小箍筋无支撑长度，在柱子的核心区增配 8 Φ 25 纵向钢筋（见图 5-52）。

（2）转换梁的配筋

转换梁截面尺寸 1000mm×2500mm，纵向受拉钢筋的最小配筋率为 0.2%，不设绑扎接头，下部纵向钢筋全部都伸入支座，上部钢筋在跨中切断数量不大于总数 50%，保留的 50%纵向钢筋伸入支座。沿梁的两侧水平分布钢筋最小配筋率为 0.25%，竖向分布钢筋最小配筋率为 0.25%，每隔一根腰筋，用横向钢筋拉结（图 5-53）。

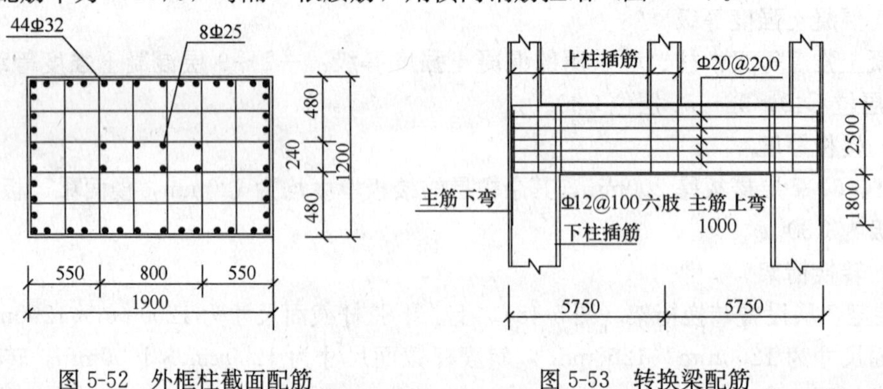

图 5-52　外框柱截面配筋

图 5-53　转换梁配筋

（3）转换桁架

转换桁架是传递上层柱内力到下层柱的中间结构，其重要性应大于上柱和下柱。设计在两个方面进行加强，① 在计算方面，除了进行整体计算外，还要将桁架取出单独计算，并取其中较大值。② 在配筋和节点构造方面，采取上、下横梁的纵筋全部焊接接头，箍筋加密、加大腰筋，各节点参考屋架图配置节点钢筋。

5.6.2　上海裕年国际商务大厦

1. 工程概况

上海裕年国际商务大厦[5~17]位于上海市恒丰路汉中路口，总建筑面积为 44065m²，其中，地上部分为 38015.2m²，地下部分为 6049.8m²。主要屋面处标高 98.3m，地下 2 层均为车库和设备用房（其中地下第 2 层为战时 6 级人防）；地上 28 层（含顶层机房），其中

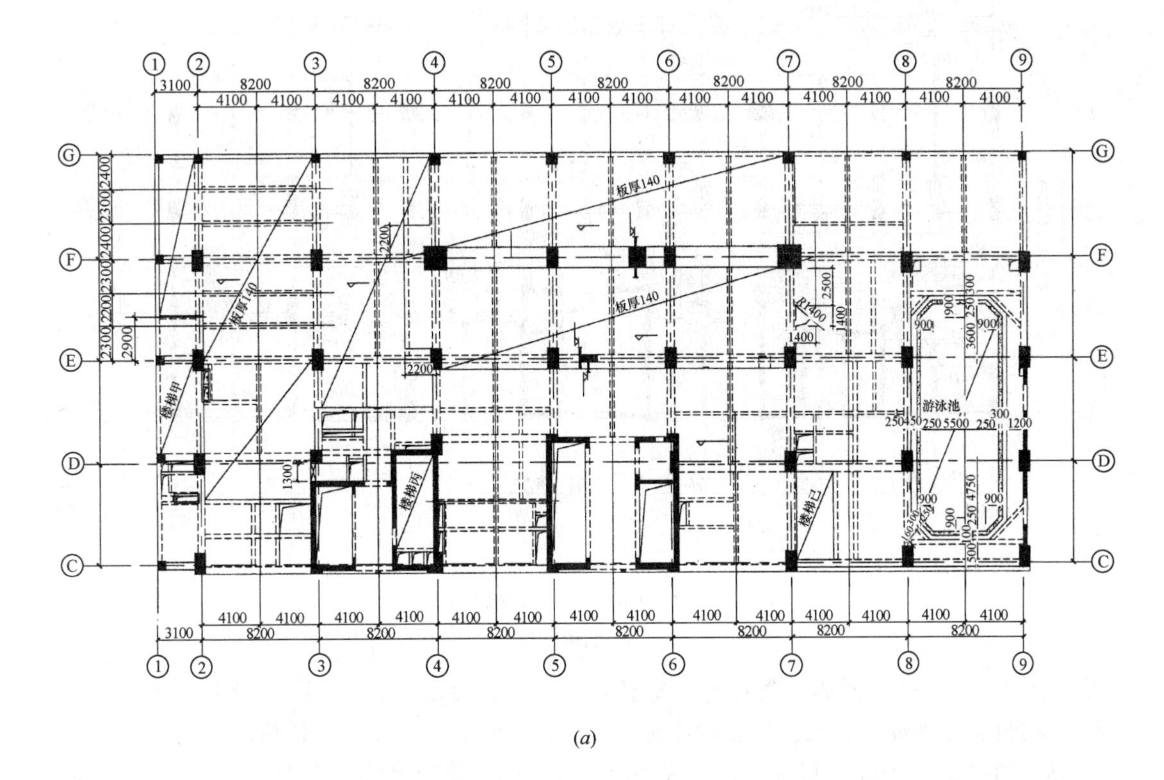

(a)

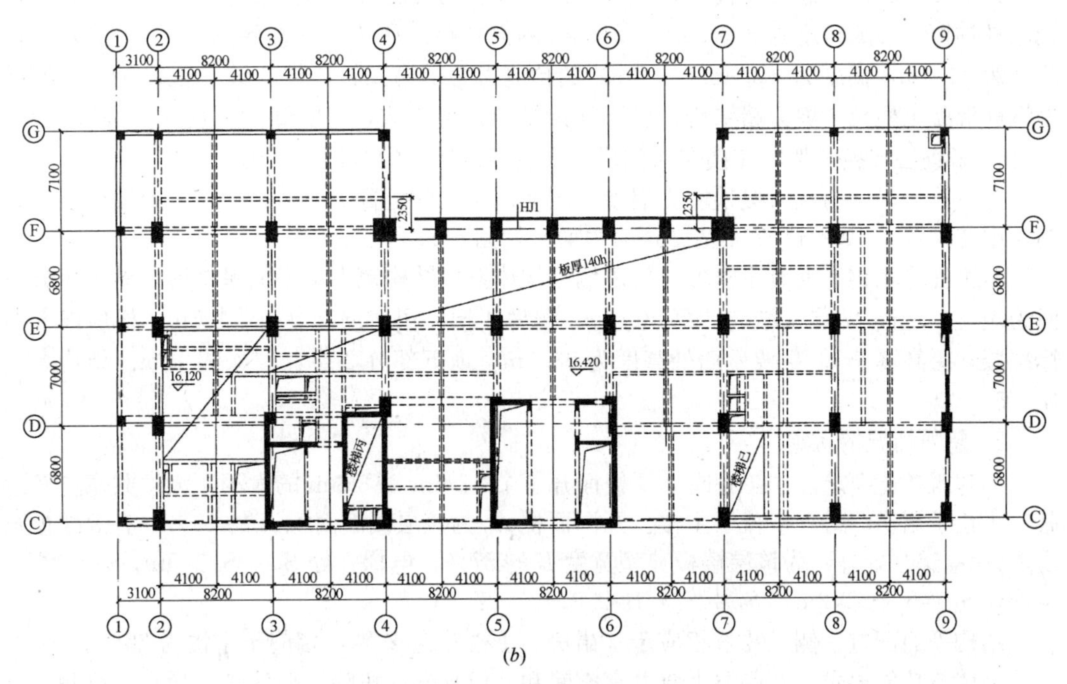

(b)

图 5-54　转换桁架结构布置图（一）

(a) 四层结构布置图；(b) 五层结构布置图

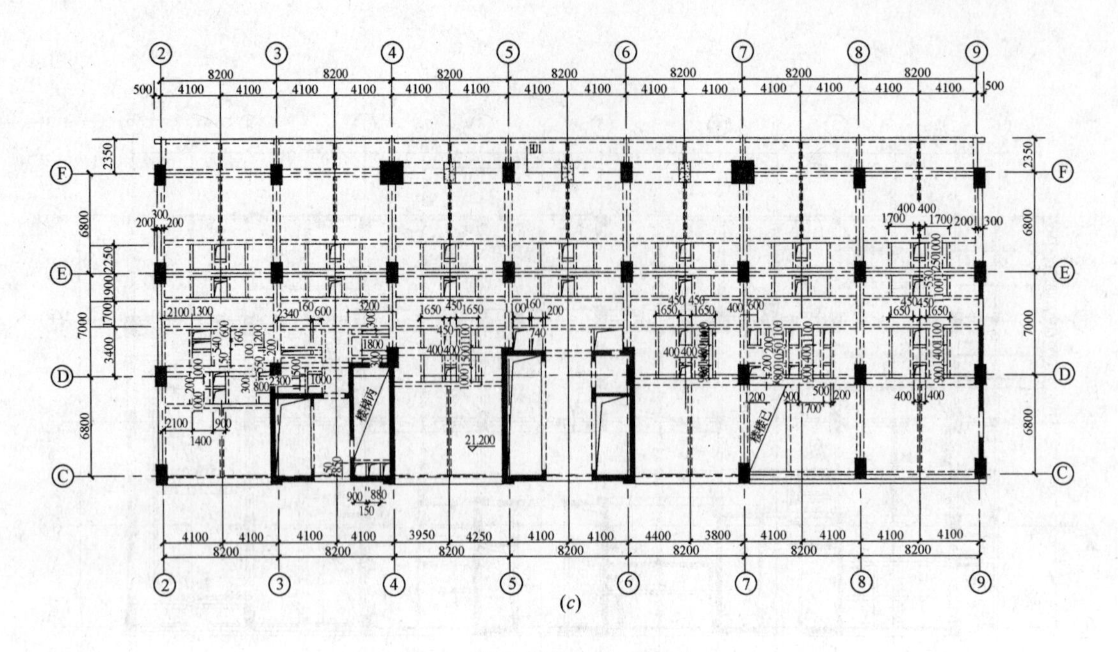

图 5-54　转换桁架结构布置图（二）

(c) 六层结构布置图

1 层、2 层为大堂吧、酒店、餐厅等；3 层为宴会厅和会议中心；4 层为健身、娱乐中心等；5 层为酒店管理、后勤、员工餐厅等；6～27 层旅馆，28 层为电梯机房。

为了在 4 层以下满足宴会厅、会议中心等大空间功能的要求，在④、⑦轴之间，F 轴线上柱抽掉，形成跨度为 3×8.2m＝24.6m 的大柱距。在转换的楼层（第 4、5 层）设置跨度为 24.6m，高度为（3.9m＋3.9m）的预应力叠层桁架转换层。该工程采用带转换层的钢筋混凝土框架－剪力墙结构，属于复杂高层建筑结构，设防烈度 7 度（0.1g）。图 5-54 给出了叠层转换桁架所在楼层（四层、五层和六层）的结构布置图。

上海裕年国际商务大厦预应力混凝土转换桁架下弦配置 12－7Uϕ^s 15.2 无粘结预应力筋，中弦配置 4-6Uϕ^s 15.2 无粘结预应力筋，如图 5-55 所示。

本工程采用钢筋混凝土框架—抗震墙结构体系。结构地下室平面呈梯形，地上部分平面为矩形。主楼 27 层（结构计算 30 层），裙房 4 层。裙房层高 4.0～4.5m。裙房以上为标准层，层高 3.5m。主要屋面处高度为 98.3m。地下部分 2 层，埋深约 10m。结构高宽比＜5。

2. 超限情况的认定

因建筑功能要求，本工程在 2 层楼面开了个 24.6m×13.9m 的大洞（大堂共享空间），其一半位于裙房，另一半位于主楼。开洞面积 A_0 为该层楼面面积 A 的 19%，有效楼板宽度 b（除电梯井处外）为该层楼板典型宽度 B 的 57%，电梯井处 $S_1+S_2>5\text{m}$，$S_1=2.6\text{m}>2\text{m}$，$S_2=5.8\text{m}>2\text{m}$，$(S_1+S_2)/B<0.5$。

结构平面凹进一侧尺寸，相应于（裙房＋主楼）为 43%，相应于主楼为 30%。

因建筑功能要求，在底层大堂共享空间和 3 层宴会厅拔除 2 个柱子，故在 4 层和 5 层设置了一叠层桁架作为转换结构，以支承其上的框架柱。

3. 针对超限情况的抗震措施

对 2 楼大洞周边楼板增加板厚 20mm，并对洞周边板适当增加配筋量。

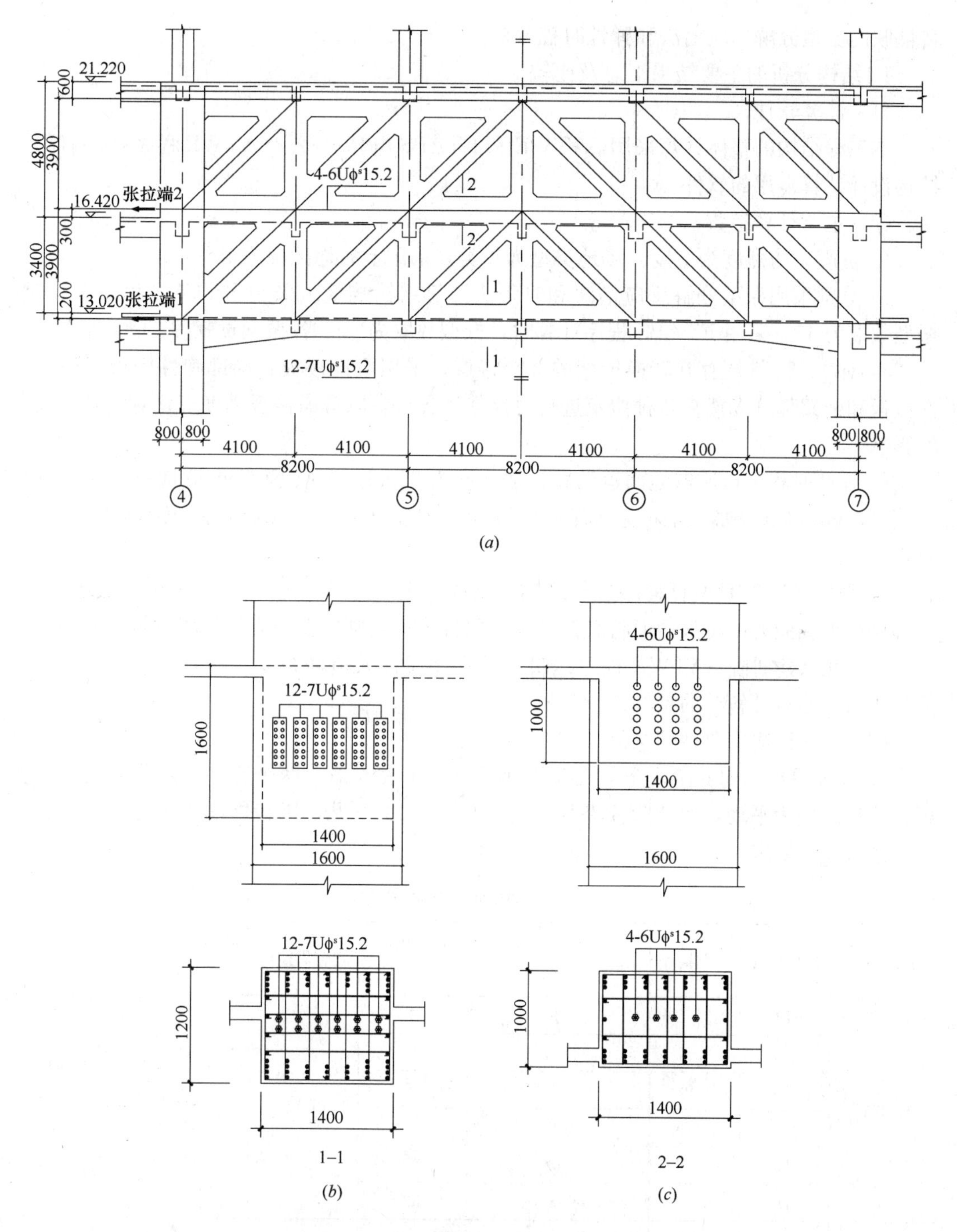

图 5-55　预应力混凝土叠层桁架转换构件

(*a*) 叠层桁架立面；(*b*) 张拉端 1 详图；(*c*) 张拉端 2 详图

对叠层转换桁架，由于下弦和中弦存在拉力，且下弦的拉力比较大，故对下弦和中弦采用了预应力筋和非预应力筋的混合配筋。大部分拉力由非预应力筋承担，预应力钢筋承担小部分拉力和裂缝控制。

结构计算采用两种空间分析程序（SATWE 和 ETABS）进行分析比较，采用考虑扭转耦联的振型分解反应谱法和弹性时程分析。

4. 结构分析的主要结果汇总及比较

(1) 计算软件

本工程结构的整体计算采用 SATWE 和 ETABS 电算程序。SATWE 程序是目前我国结构设计计算常用的软件。

(2) 主要计算参数

1) 抗震设防烈度为 7 度，场地类型为Ⅳ类，采用上海地区反应谱。

2) 分别采用振型分解反应谱法和时程法计算结构响应。采用 SATWE 程序计算时，振型数取为 15，采用 ETABS 程序计算时，振型数取为 40。各振型贡献按 CQC 组合。

3) 对 4、5、6 层存在转换桁架的 3 个楼层，采用刚性楼板、局部弹性楼板，整层弹性楼板和桁架部分无楼板多种假定进行对比整体分析，以考虑楼板刚度变化对水平力分配的影响。

4) 弹性时程分析所取地面运动最大加速度为 35gal，选取 El-Centro 地震加速度时程（南北），Pasadena 地震加速度时程和上海人工加速度时程 SHM2，共三条地震加速度时程。

5) 采用 SATWE 电算程序进行结构分析时，发现计算 5 层（结构 4 层）之刚度比、位移比和承载能力比超限。但将转换桁架的斜杆取消，则以上电算指标均正常。我们将以上情况与北京建研院 SATWE 程序编辑部的程序设计人员联系了。对方答复，本程序目前为止尚不能对带斜杆的结构进行分析计算。

(3) 反应谱法主要计算结果

1) 计算得到的前 6 阶模态的震动周期结果列于表 5-21，两个程序计算得到的第一和第二阶模态均为平动，第 3 阶模态为扭转。从表 5-21 可见，扭转周期比满足要求，有效质量系数满足要求。

结构动力特性　　表 5-21

<table>
<tr><th>程序名称</th><th>周期序号</th><th>周期</th><th>(X+Y) 平动比例 (%)</th><th>扭转比例 (%)</th><th>扭转周期比</th><th>结构总质量 (t)</th><th>有效质量系数 (%)</th></tr>
<tr><td rowspan="6">SATWE</td><td>T1</td><td>2.58</td><td>100</td><td>0</td><td rowspan="6">0.74</td><td rowspan="6">57388</td><td rowspan="3">96.88 (X向)</td></tr>
<tr><td>T2</td><td>2.51</td><td>100</td><td>0</td></tr>
<tr><td>T3</td><td>1.92</td><td>1</td><td>99</td></tr>
<tr><td>T4</td><td>0.78</td><td>99</td><td>1</td><td rowspan="3">94.78 (Y向)</td></tr>
<tr><td>T5</td><td>0.66</td><td>53</td><td>47</td></tr>
<tr><td>T6</td><td>0.62</td><td>48</td><td>52</td></tr>
<tr><td rowspan="6">ETABS</td><td>T1</td><td>2.52</td><td colspan="2">0.63+53.22+1.1</td><td rowspan="6">0.84</td><td rowspan="6">58300</td><td rowspan="3">94.00 (X向)</td></tr>
<tr><td>T2</td><td>2.44</td><td colspan="2">55.47+0.66+0.01</td></tr>
<tr><td>T3</td><td>2.14</td><td colspan="2">0.03+1.01+46.13</td></tr>
<tr><td>T4</td><td>0.76</td><td colspan="2">13.02+0.02+0.44</td><td rowspan="3">95.00 (Y向)</td></tr>
<tr><td>T5</td><td>0.64</td><td colspan="2">0.07+8.05+4.38</td></tr>
<tr><td>T6</td><td>0.60</td><td colspan="2">0.00+6.97+6.75</td></tr>
</table>

2）反应谱法计算得到的结构最大响应位移结果列于表5-22。由表5-22可见，个别层间位移角及位移比超限，剪重比均满足要求。

反应谱法结构地震响应计算结果 **表5-22**

结构响应		SATWE		ETABS	
		地震作用	风作用	地震作用	风作用
最大层间位移角	X向	1/809	1/4993	1/824	1/5178
	Y向	1/799	1/2040	1/764	1/2106
最大层间位移 平均层间位移	X向	1.30	1.28	1.05	1.05
	Y向	1.15	1.13	1.16	1.10
基底剪重比（%）	X向	3.05	0.05	3.16	0.05
	Y向	2.91	1.24	3.08	1.22

3）分析表明，地震作用下结构的层剪力沿竖向的分布情况无明显突变，满足规范要求。

4）结构刚度比计算结果见计算书。

（4）时程法主要计算结果及比较与分析

时程法计算结果见表5-23。对应于输入的3条地震时程曲线，每条时程曲线计算所得结构底部剪力和3条时程曲线计算所得结构底部剪力的平均值与反应谱法计算结果的比值见表5-24。

由表5-23、表5-24可见，两个电算程序计算所得时程法结构底部剪力与反映谱法结构底部剪力之比，其单条时程曲线计算结果有的小于65%，而3条时程曲线计算平均值均大于80%。

时程法结构地震响应计算结果 **表5-23**

结构响应		最大层间位移角		最大层间位移/平均层间位移		基底剪重比（%）	
		x向	y向	x向	y向	x向	y向
SATWE	EL-Centro	1/1614	1/1440	1.11	1.45	1.68	1.56
	Pasadena	1/984	1/756	1.19	1.41	2.44	3.25
	SHM2-4	1/621	1/634	1.20	1.45	3.60	3.50
ETABS	EL-Centro	1/1532	1/1696	—	—	1.53	2.06
	Pasadena	1/764	1/1631	—	—	3.50	1.64
	SHM2-4	1/1007	1/946	—	—	3.48	3.89

反应谱法（CQC）与时程法地震响应（结构底部剪力）计算结果　　表 5-24

		结构底部剪力（kN）		结构底部平均剪力（kN）		时程法底部剪力（kN）		时程法底部平均剪力（kN）	
		x 向	*y* 向	*x* 向	*y* 向	*x* 向	*y* 向	*x* 向	*y* 向
SATWE	EL-Centro	9615	8935	14743	15915	0.55	0.53	0.84	0.95
	Pasadena	13998	18624			0.80	1.12		
	SHWE-4	20618	20136			1.18	1.21		
	CQC	17519	16702	17519	16702	—	—	—	—
ETABS	EL-Centro	8934	12020	16558	14751	0.48	0.67	0.90	0.82
	Pasadena	20430	9583			1.11	0.53		
	SHWE-4	20310	22650			1.10	1.26		
	CQC	18450	17940	18450	17940	—	—	—	—

参 考 文 献

[5-1] 唐兴荣编著．特殊和复杂高层建筑结构设计[M]．北京：机械工业出版社，2006

[5-2] 唐兴荣编著．高层建筑转换层结构设计与施工[M]．北京：中国建筑工业出版社，2002

[5-3] 中国建筑科学研究院建筑结构研究所．高层建筑转换层结构设计及工程实例[M]．1993

[5-4] 徐培福，傅学怡，王翠坤，肖从真．复杂高层建筑结构设计[M]．北京：中国建筑工业出版社，2005

[5-5] 方鄂华编著．高层钢筋混凝土结构概念设计[M]．北京：机械出版社，2004

[5-6] 唐兴荣．多高层建筑中预应力混凝土桁架转换层结构的试验研究和理论分析[D]．东南大学土木工程学院，1998.10

[5-7] 申强．预应力混凝土桁架转换层结构抗震性能的试验研究和理论分析[D]．东南大学土木系，1996.4

[5-8] 傅学怡．带转换层高层建筑结构设计建议[J]．建筑结构学报．1999.20.(2)：28～42

[5-9] 唐兴荣，蒋永生，孙宝俊，丁大钧，樊得润，郭泽贤．带预应力混凝土桁架转换层的多高层建筑结构设计和施工建议[J]．建筑结构学报．2000.21.(5)：65～74

[5-10] 唐兴荣，蒋永生，丁大钧，孙宝俊．新型钢筋混凝土空腹桁架的结构分析[J]．东南大学学报，1996.(6B)：94～96

[5-11] 唐兴荣，蒋永生，孙宝俊，樊德润，郭泽贤，李 麟．预应力高强混凝土桁架转换层结构层的试验研究[J]．东南大学学报．1997，增刊：6～11

[5-12] 唐兴荣，王恒光，王燕，计国，赵健．带叠层桁架转换层高层建筑结构整体模型的振动台试验研究[J]。建筑结构学报，2011.32(6)：18-26

[5-13] 唐兴荣，蒋永生，丁大钧．预应力混凝土桁架转换层结构的试验研究与设计建议[J]．土木工程学报，2001.(4)：32～40

[5-14] 唐兴荣，蒋永生，孙宝俊，丁大钧，樊德润，郭泽贤．高强混凝土预应力桁架转换层结构性能的试验研究[J]．建筑结构．1998.(3)：16～18

［5-15］ 唐兴荣，王恒光，王燕，计国，李翠杰. 预应力混凝土叠层桁架转换结构设计和静力性能试验研究[J]，建筑结构，2010，4(8)：64-70
［5-16］ 樊德润、郭泽贤、仓慧勤．南京新世纪广场工程简介[J]. 建筑结构．1996.(2)：15～21
［5-17］ 唐兴荣．上海裕年国际商务大厦结构振动台试验研究报告[R]，苏州：苏州科技学院，2009

6 带厚板转换层高层建筑结构设计

当转换层的上、下层剪力墙或柱子错位范围较大，结构上、下层柱网有很多处对不齐时，采用搭接柱或实腹梁转换已不可能，这时可在上、下柱错位楼层设置厚板，通过厚板来完成结构在竖向荷载和水平荷载下力的传递，实现结构转换，形成厚板转换。带板式转换层高层建筑结构工程实例详见附表 1-6，转换厚板的厚度约为柱距的 1/3 ~ 1/5，实际工程中转换厚板的厚度可达 2.0 ~ 2.8m。

6.1 厚板转换层结构的适用范围

目前国内外高层建筑大多采用梁式转换层进行结构的竖向转换，这主要由于梁式转换层具有传力直接、明确和传力途径清楚等优点。转换梁具有受力性能好、工作可靠、构造简单和施工方便等优点，结构计算也相对容易。但当转换层上、下柱网轴线错开较多，难以用梁直接承托时，则需要做成厚板，形成板式转换层。

厚板转换层一方面给上部结构的布置带来方便，另一方面也使板的传力途径变得不清楚，因而受力也非常复杂，结构计算相对困难，采用有限元法计算时，计算结果繁琐，给厚板配筋设计带来不便，而且从受力的角度考虑，往往需要在柱与柱，柱与墙之间配筋加强，相当于设置暗梁，增加了配筋量。

从抗剪和抗冲切的角度考虑，转换板的厚度往往很大，实际工程中转换板的厚度可达 2.0～2.8m。这样的厚板一方面重量很大，增大了对下部垂直构件的承载力设计要求；另一方面其混凝土用量也很大，对混凝土的施工提出了更高的要求。

由于相当于几层楼重量的厚板质量集中在结构的中部，振动性能十分复杂，且该层刚度很大，下层刚度相对较小，容易产生底部变形集中，在地震作用下，地震反应强烈，对结构的抗震不利。不仅板本身受力很大，而且由于沿竖向刚度突然变化，相邻上、下层受到很大的作用力，容易发生震害。中国建筑科学研究院及东南大学等单位的试验研究表明，厚板本身产生破坏的可能性很小，厚板的上、下相邻层结构出现明显裂缝和混凝土剥落。另外试验还表明，在竖向荷载和地震力的共同作用下，板不仅发生冲切破坏，而且可能产生剪切破坏，板内必须三向配筋。

从已设计的工程来看，带有厚板转换层的商住建筑，结构设计和施工都比较复杂，材料用量和造价都较高，而且抗震设计上的问题较多，目前还在进一步研究，加之厚板转换在地震区的实际工程经验很少，故采用厚板转换结构形式应慎重，尤其是在地震区，更应慎重，应深入研究，组织专家论证，以确保工程的安全、合理、经济。

考虑到厚板转换结构形式的受力复杂性、抗震性能较差、施工较复杂，同时由于转换厚板在地震区使用经验较少，《高层建筑混凝土结构技术规程》（JGJ3－2010）第 10.2.4 条规定，非抗震设计和 6 度抗震设计时可采用厚板转换；对于大空间地下室，因周围有约束作用，地震反应不显著，故 7、8 度抗震设计时高层建筑地下室转换构件可采用厚板转换。

框架结构由于结构抗侧力刚度较弱，采用厚板转换结构形式将会使转换层处结构的上、下层竖向刚度均产生更大的突变，故不应采用。

剪力墙结构、框架-剪力墙结构，当采用厚板转换结构形式时，其最大适用高度应按第 1 章表 1-1、表 1-2 适当降低。

6.2 厚板转换层结构的计算方法

6.2.1 厚板转换层结构的整体计算方法

当采用板式转换层进行上、下部结构的转换时，转换板的内力分布有特殊的规律及其对整个结构的影响是结构设计的关键，所以对转换板的内力分析采用正确合理的方法是至关重要的。带厚板转换层的高层建筑结构应采用至少两种不同力学模型的结构分析软件进行整体计算。目前工程上常用的分析厚板转换层和相应结构的方法主要有如下几种：

1. 等效交叉梁系的分析方法

当转换厚板上、下部结构布置较规则时，一般可把实体转换厚板划分为双向交叉梁系，交叉梁系通过柱连节点或无柱连节点与上、下部结构的竖向构件相连，参与结构的整体计算。

交叉梁高可取转换板厚度，梁宽可取为支承柱的柱网间距（图 6-1），即每一侧的宽度取其间距之半，但不超过 6 h(h 为转换板的厚度)。根据整体计算分析所得的交叉梁系的内力，进行转换厚板板带的配筋计算。当转换板上部竖向结构构件布置不规则时，由于交叉梁系中的梁宽和合理取值很难确定，所以分析误差较大。

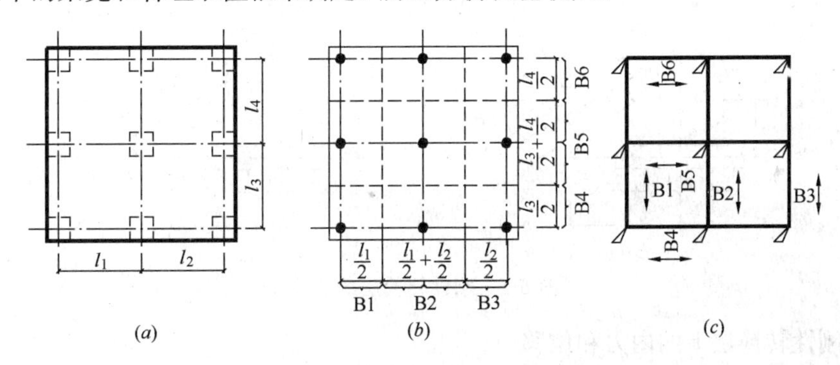

图 6-1 转换厚板的计算图形

(a) 实际结构；(b) 等效板宽；(c) 计算图形

2. 设置虚梁的分析方法

当转换厚板上、下部结构布置不规则时，此时可采用设置虚梁的分析方法。设置虚梁的分析方法是指先采用高层建筑结构空间有限元分析与设计软件（如 PKPM 系列中 SATWE ）中定义的虚梁（截面尺寸为 100mm×100mm)，当虚梁所围成的面积较大时还应在其中增设虚梁，人工地细分厚板单元。建立柱连节点或无柱连节点网以形成转换板上、下部结构的力的传递，使转换板参与结构整体计算分析。

3. 刚性板的简化分析方法

当塔楼面积较小时，厚板转换层的刚度很大，可以视为刚性转换层。一般实体转换板的厚度大于边长的1/10，且大于下部支承净距的1/6时，可不考虑板在平面外的变形，按刚性板进行下部结构楼层内力和位移的简化计算。

首先，将转换板视为上部结构的固定端，计算上部结构的内力和位移，从而得到竖向构件传给转换板的荷载；其次，按刚性层的计算方法，计算下部结构的内力和位移；然后，根据上部结构与下部结构的计算结果，计算转换板的内力。这种计算方法由于是假定转换板在平面内刚度无限大，只产生位移而不产生变形，与实际情况存在较大差异，而且对建筑的整体受力分析不够明确。

在外荷载作用下，转换厚板只有位移，没有变形，因而它在发生位移后仍保持平面。因此，可用6个位移分量 $\{u, v, w, \theta_x, \theta_y, \varphi\}$ 唯一地确定刚性转换层（图6-2）上任何一点的位移。位移前坐标系为 $o-xyz$，z 轴向上。位移后坐标系为 $o'-x'y'z'$。

建筑物顶点的水平位移，分别由三部分组成（图6-3）：刚性转换层的水平位移、刚性转换层的倾角使结构顶点产生的位移、上部结构本身产生的水平位移，即

$$\Delta_x = u + \theta_x H + \Delta_{0x} \tag{6-1a}$$

$$\Delta_y = v + \theta_y H + \Delta_{0y} \tag{6-1b}$$

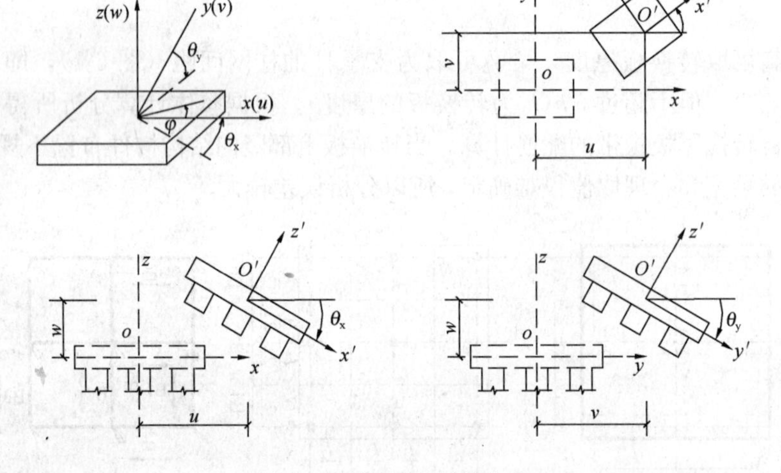

图6-2 刚性转换层的位移

(1) 刚性转换层上的内力和位移

上部结构可以作为固定于转换厚板上的独立悬臂结构，按一般方法分析其构件的内力。与转换厚板相连的上部竖向构件（墙、柱）的内力，对转换厚板则成为外加荷载。

上部结构传给转换厚板的荷载合力为：

总轴向力：P_z

总剪力：P_x、P_y

总倾覆力矩：$\overline{M}_{px}$、$\overline{M}_{py}$

总扭矩：$\overline{M}_t$

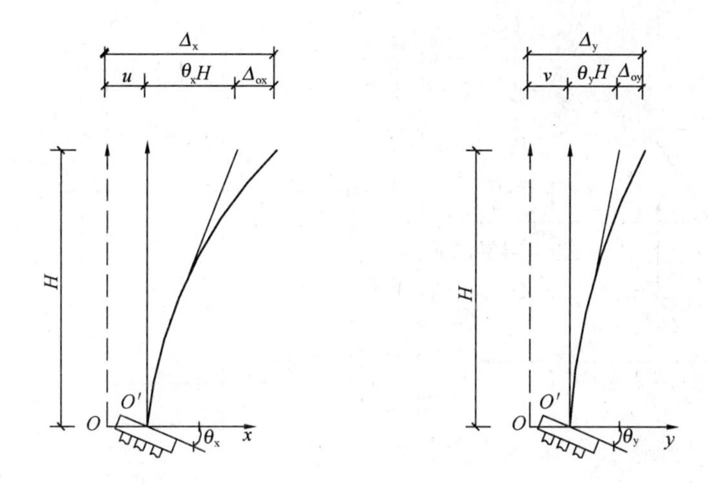

图 6-3　建筑物顶点的水平位移

对于参考坐标系 $\overline{x}\,\overline{o}\,\overline{y}$，下层抗侧力结构刚度中心的坐标为：

$$\eta = \frac{\Sigma D_{yi}\overline{R}_{xi}}{\Sigma D_{yi}} \tag{6-2a}$$

$$\xi = \frac{\Sigma D_{xi}\overline{R}_{yi}}{\Sigma D_{xi}} \tag{6-2b}$$

式中　D_{xi}、D_{yi}——第 i 根柱（墙肢）的抗侧移刚度；

$\overline{R}_{xi}$、$\overline{R}_{yi}$——第 i 根柱（墙肢）对参考坐标系原点 $\overline{o}$ 的距离。

对于参考坐标系 $\overline{x}\,\overline{o}\,\overline{y}$，下层结构轴向刚度中心的坐标为：

$$\eta_0 = \frac{\Sigma EA_i\overline{R}_{xi}}{\Sigma EA_i} \tag{6-3a}$$

$$\xi_0 = \frac{\Sigma EA_i\overline{R}_{yi}}{\Sigma EA_i} \tag{6-3b}$$

式中　EA_i——第 i 根柱（墙肢）的轴向刚度。

作用于转换层的总荷载由其下部结构的柱和剪力墙承担。第 i 根柱（墙肢）承受的内力有：轴向力（N_i）、剪力（V_{xi}、V_{yi}）、弯矩（M_{xi}、M_{yi}）及扭矩（T_i）（图 6-4）。

由平衡条件可得下列方程：

$$\begin{gathered}
\Sigma V_{xi} = P_x \\
\Sigma V_{yi} = P_y \\
\Sigma N_i = P_z \\
-\Sigma V_{xi}\overline{R}_{yi} + \Sigma V_{yi}\overline{R}_{xi} + \Sigma T_i = \overline{M}_t \\
\Sigma M_{xi} - \Sigma N_i\overline{R}_{xi} = \overline{M}_{px} \\
\Sigma M_{yi} - \Sigma N_i\overline{R}_{yi} = \overline{M}_{py}
\end{gathered} \tag{6-4}$$

由于转换厚板只有位移，没有变形，所以转换厚板上任一点的位移（u_i、v_i、φ_x、θ_{xi}、θ_{yi}、w_i）可以由参考坐标系原点 $\overline{o}$ 的位移（$\overline{u}$、$\overline{v}$、$\overline{\varphi}$、$\overline{\theta}_x$、$\overline{\theta}_y$）表示。

$$u_i = \overline{u} - \overline{R}_{yi}\overline{\varphi}$$

$$v_i = v + \overline{R}_{xi}\overline{\varphi}$$

$$\varphi_i = \overline{\varphi}$$

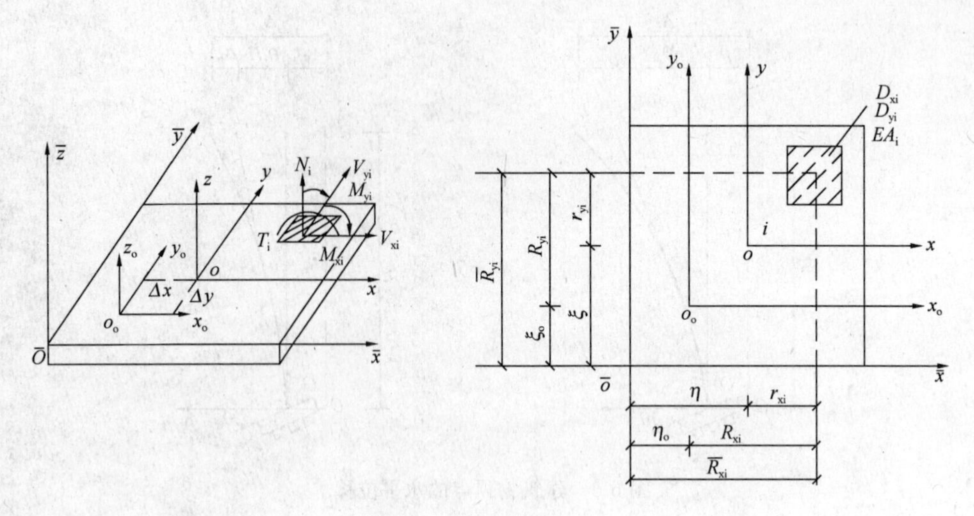

图 6-4 坐标和荷载

$$\theta_{xi}=\bar{\theta}_x$$
$$\theta_{yi}=\bar{\theta}_y \tag{6-5}$$
$$w_i=\bar{w}-\bar{R}_{yi}\bar{\theta}_y-\bar{R}_{xi}\bar{\theta}_x$$

式中 $\bar{u}$、$\bar{v}$、$\bar{\varphi}$、$\bar{\theta}_x$、$\bar{\theta}_y$ ——参考坐标系原点 $\bar{o}$ 的位移；

$\bar{R}_{xi}$、$\bar{R}_{yi}$ ——计算点对 $\bar{o}$ 的坐标。

（2）基本方程的建立

对于底层柱（墙肢）其内力与位移的关系可表示为：

$$V_{xi}=D_{xi}u_i-\frac{6EI_{xi}}{h_0^2}\theta_{xi}$$
$$V_{yi}=D_{yi}v_i-\frac{6EI_{yi}}{h_0^2}\theta_{yi}$$
$$N_i=\frac{EA_i}{h_0}w_i \tag{6-6}$$
$$T_i=\frac{EI_{ki}}{h_0}\varphi_i$$
$$M_{xi}=V_{xi}h_{xi}$$
$$M_{yi}=V_{yi}h_{yi}$$

将式（6-5）代入式（6-6），可得：

$$V_{xi}=D_{xi}\ (\bar{u}-\bar{R}_{yi}\bar{\varphi})-\frac{6EI_{xi}}{h_0^2}\bar{\theta}_x$$
$$V_{yi}=D_{yi}\ (\bar{v}+\bar{R}_{xi}\bar{\varphi})-\frac{6EI_{yi}}{h_0^2}\bar{\theta}_y$$
$$N_i=\frac{EA_i}{h_0}\ (\bar{w}-\bar{R}_{yi}\bar{\theta}_y-\bar{R}_{xi}\bar{\theta}_x) \tag{6-7}$$
$$T_i=\frac{EI_{ki}}{h_0}\bar{\varphi}$$
$$M_{xi}=D_{xi}h_{xi}\ (\bar{u}-\bar{R}_{yi}\bar{\varphi})-\frac{6EI_{xi}h_{xi}}{h_0^2}\bar{\theta}_x$$

$$M_{yi} = D_{yi}h_{yi}\ (\overline{v} + \overline{R}_{xi}\overline{\varphi}) - \frac{6EI_{yi}h_{yi}}{h_0^2}\overline{\theta}_y$$

式中　h_0 ——底层柱净高；

　　h_{xi} ——第 i 柱 x 向反弯点至柱顶高度；

　　h_{yi} ——第 i 柱 y 向反弯点至柱顶高度。

将式（6-7）代入式（6-4），可得底部位移与上部结构传来荷载的关系，即基本方程：

$$[K]\{\Delta\} = \{P\} \tag{6-8}$$

式中　$\{\Delta\} = \{\overline{u}, \overline{v}, \overline{w}, \overline{\theta}_x, \overline{\theta}_y, \overline{\varphi}\}^T$；

　　$\{P\} = \{P_x, P_y, P_z, \overline{M}_{px}, \overline{M}_{py}, \overline{M}_t\}^T$；

　　$[K]$ 由式（6-9）确定。

$$[K] = \begin{bmatrix} \Sigma D_{xi} & 0 & 0 & -\frac{6}{h_0^2}\Sigma EI_{xi} & 0 & -\Sigma D_{xi}\overline{R}_{yi} \\ 0 & \Sigma D_{yi} & 0 & 0 & -\frac{6}{h_0^2}\Sigma EI_{yi} & -\Sigma D_{yi}\overline{R}_i \\ 0 & 0 & \frac{\Sigma EA_i}{h_0} & \begin{array}{c} -\frac{1}{h_0}\Sigma EA_i\overline{R}_{xi} \\ -\frac{1}{h_0}\Sigma EA_i\overline{R}_{xi}^2 \end{array} & -\frac{1}{h_0}\Sigma EA_i\overline{R}_{yi} & 0 \\ \Sigma D_{xi}h_{xi} & 0 & -\frac{1}{h_0}\Sigma EA_i\overline{R}_{xi} & -\frac{6}{h_0^2}\Sigma EI_{xi}h_{xi} & \begin{array}{c} -\frac{1}{h_0}\Sigma EA_i\overline{R}_{xi}\overline{R}_{yi} \\ -\frac{1}{h_0}\Sigma EA_i\overline{R}_{yi}^2 \end{array} & -\Sigma D_{xi}h_{xi}\overline{R}_{yi} \\ 0 & \Sigma D_{yi}h_{yi} & -\frac{1}{h_0}\Sigma EA_i\overline{R}_{yi} & -\frac{1}{h_0}\Sigma EA_i\overline{R}_{xi}\overline{R}_{yi} & -\frac{6}{h_0^2}\Sigma EI_{yi}h_{yi} & \Sigma D_{yi}h_{yi}\overline{R}_{xi} \\ -\Sigma D_{xi}\overline{R}_{yi} & \Sigma D_{yi}\overline{R}_{xi} & 0 & -\frac{6}{h_0^2}\Sigma EI_{xi}\overline{R}_{yi} & \frac{6}{h_0^2}\Sigma EI_{yi}\overline{R}_{xi} & \begin{array}{c} \Sigma D_{yi}\overline{R}_{xi}^2 + \Sigma \\ D_{xi}\overline{R}_{yi}^2 \\ + \Sigma EI_k / h_0 \end{array} \end{bmatrix} \tag{6-9}$$

由于水平位移与竖向位移是相互独立的，对两者可以分别采用水平刚度中心坐标系 xoy 和竖向刚度中心坐标系 $x_0o_0y_0$，以简化基本方程。

与水平位移有关的项（u、v、φ）对 xoy 建立方程；与竖向位移有关的项（w、θ_x、θ_y）对 $x_0o_0y_0$ 建立方程，由此可得：

$$M_{px}^* = M_{px} - \Sigma M_{xi}$$

$$M_{py}^* = M_{py} - \Sigma M_{yi}$$

式中　M_{px}、M_{py} ——上部结构总倾覆力矩；

　　M_{xi}、M_{yi} ——底层第 i 柱（墙肢）的截面弯矩。

则式（6-8）可表示为：

$$[\overline{K}]\{\overline{\Delta}\} = \{\overline{P}\} \tag{6-10}$$

式中　$\{\overline{\Delta}\} = \{u, v, w, \theta_x, \theta_y, \varphi\}^T$；

　　$\{\overline{P}\} = \{P_x, P_y, P_z, M_{px}^*, M_{py}^*, M_t\}^T$；

$[\overline{K}]$ 由式（6-11）确定。

$$[\overline{K}]=\begin{bmatrix} \Sigma D_{xi} & 0 & 0 & \frac{6}{h_0^2}\Sigma EI_{xi} & 0 & 0 \\ 0 & \Sigma D_{yi} & 0 & 0 & -\frac{6}{h_0^2}\Sigma EI_{yi} & 0 \\ 0 & 0 & \frac{\Sigma EA_i}{h_0} & 0 & 0 & 0 \\ 0 & 0 & 0 & \frac{1}{h_0}\Sigma EA_iR_{xi}^2 & -\frac{1}{h_0}\Sigma EA_iR_{xi}R_{yi} & 0 \\ 0 & 0 & 0 & -\frac{1}{h_0}\Sigma EA_iR_{xi}R_{yi} & \frac{1}{h_0}\Sigma EA_iR_{yi}^2 & 0 \\ 0 & 0 & 0 & 0 & 0 & \Sigma D_{yi}r_{xi}+\Sigma D_{xi}r_{yi}^2+\frac{1}{h_0}\Sigma EI_{ki} \end{bmatrix} \tag{6-11}$$

由方程（6-10）可直接计算底层柱（墙肢）的内力：

$$\begin{aligned} V_{xi} &= \frac{D_{xi}}{\Sigma D_{xi}}P_x+\frac{M_t}{I}D_{xi}r_{yi} \\ V_{yi} &= \frac{D_{yi}}{\Sigma D_{yi}}P_y+\frac{M_t}{I}D_{yi}r_{xi} \\ M_{xi} &= V_{xi}h_{xi} \\ M_{yi} &= V_{yi}h_{yi} \\ M_{px}^* &= M_{px}-\Sigma V_{xi}h_{xi} \\ M_{py}^* &= M_{py}-\Sigma V_{yi}h_{yi} \\ N_i &= EA_iw_i \end{aligned} \tag{6-12}$$

同理，可得底层柱（墙肢）的位移：

$$\begin{aligned} \theta_x &= \frac{M_{py}^*K_2-M_{px}^*K_3}{K_2^2-K_1K_2} \\ \theta_y &= \frac{M_{px}^*K_2-M_{py}^*K_1}{K_2^2-K_1K_2} \\ u &= \frac{P_x}{\Sigma D_{xi}}+2h_0\theta_x \\ v &= \frac{P_y}{\Sigma D_{yi}}+2h_0\theta_y \\ w &= \frac{P_z}{\Sigma EA_i} \\ u_i &= u-r_{xi}\varphi \\ v_i &= v+r_{yi}\varphi \\ w_i &= w-R_{xi}\theta_x-R_{yi}\theta_y \\ \varphi &= \frac{M_t}{I} \end{aligned} \tag{6-13}$$

式中 $I=\Sigma D_{yi}r_{xi}^2+\Sigma D_{xi}r_{yi}^2+\frac{EI_k}{h_0}$；

$K_1=\frac{1}{h_0}\Sigma EA_iR_{xi}^2$；

$$K_2 = -\frac{1}{h_0}\Sigma EA_i R_{xi} R_{yi};$$

$$K_3 = \frac{1}{h_0}\Sigma EA_i R_{yi}^2;$$

h_0 ——底层柱净高；

h_{xi}、h_{yi} ——第 i 柱 x 向及 y 向反弯点至柱顶距离，一般可取 $h_0/2$。

当只有一个方向有水平力作用（如 x 向）时，式（6-12）可进一步简化为：

$$\begin{aligned} V_{xi} &= \frac{D_{xi}}{\Sigma D_{xi}} P_x + \frac{M_t}{I} D_{xi} r_{yi} \\ V_{yi} &= \frac{M_t}{I} D_{yi} r_{xi} \\ M_{xi} &= V_{xi} h_{xi} \\ M_{yi} &= V_{yi} h_{yi} \\ N_i &= EA_i w_i \end{aligned} \tag{6-14}$$

同理，式（6-13）可简化为：

$$\begin{aligned} \theta_x &= \frac{M_{px} - \Sigma M_{xi}}{\Sigma EA_i R_{xi}^2} h_0 \\ u &= \frac{P_x}{\Sigma D_{xi}} + 2h_0\theta_x \\ v &= 0 \\ w &= \frac{P_z}{\Sigma EA_i} \\ u_i &= u - r_{xi}\varphi \\ v_i &= r_{yi}\varphi \\ w_i &= w - R_{xi}\theta_x \\ \varphi &= \frac{M_t}{I} \end{aligned} \tag{6-15}$$

4. 组合单元的分析方法

上述的厚板转换层结构的计算分析方法从满足工程需要的角度出发是可行的，但对于体型特别复杂的高层建筑，这种精确分析是有局限的，特别是采取两步走的方法从分析本质上讲是对厚板转换层的静力分析，对地震作用下厚板的动力特性进行准确分析，在一定范畴内是具有局限性的。从精确的分析角度出发，应用大型的结构通用分析软件（如SAP2000），采用组合单元对结构进行整体的有限元分析，是最能反映结构实际受力的方法。但这种方法需时较长，计算机配置要求较高，不便于工程反复计算及修改。

6.2.2 厚板转换层结构的局部计算方法

在带厚板转换层高层建筑结构整体计算的基础上，应对转换厚板的局部连续体采用考虑厚板剪切变形影响的实体三维有限元分析。单元划分的长、宽、高的数量级宜相同，尺寸宜接近；对柱边、剪力墙边的板单元划分宜更细、更密。

经典的板弯曲理论主要是求解基于忽略剪切变形的薄板理论问题，对厚板来说，剪切变形很重要，因此必须采用厚板理论进行分析。由 Hinton，Razzaque 等人提出的方法，不仅使所有类型的板都能适应，而且也避免了连续性的要求。

PKPM 系列中的 SlabCAD 程序所采用的板单元为基于 Mindlin 假定的中厚板通用八节点等参单元，计算精度较高。

采用 Mindlin 假定（小挠度、直法线、忽略垂直于中面的应力）的板单元列式中，总位能 Π 可以表示为：

$$\Pi=\frac{1}{2}\int_{A}(\{M\}^{\mathrm{T}}\{\chi\}+\{Q\}^{\mathrm{T}}\{\phi\})\mathrm{d}A-\int_{A}qw\mathrm{d}A \tag{6-16}$$

式中 $\{M\}$——弯矩向量，且 $\{M\}=\begin{Bmatrix}M_{x}\\M_{y}\\M_{xy}\end{Bmatrix}=\begin{Bmatrix}\int\sigma_{x}z\mathrm{d}z\\\int\sigma_{y}z\mathrm{d}z\\\int\tau_{xy}z\mathrm{d}z\end{Bmatrix}$；

$\{Q\}$——剪力向量，且 $\{Q\}=\begin{Bmatrix}Q_{x}\\Q_{y}\end{Bmatrix}=\begin{Bmatrix}\int\tau_{xz}\mathrm{d}z\\\int\tau_{yz}\mathrm{d}z\end{Bmatrix}$；

$\{\chi\}$——挠度曲率向量，且 $\{\chi\}=\begin{Bmatrix}\chi_{x}\\\chi_{y}\\\chi_{xy}\end{Bmatrix}=\begin{Bmatrix}-\dfrac{\partial\theta_{x}}{\partial x}\\-\dfrac{\partial\theta_{y}}{\partial y}\\-\left(\dfrac{\partial\theta_{x}}{\partial y}+\dfrac{\partial\theta_{y}}{\partial x}\right)\end{Bmatrix}$。

应力与应变关系（图 6-5）可表达为：

$$\begin{aligned}\{M\}&=[D_{\mathrm{f}}]\{\chi\}\\\{Q\}&=[D_{\mathrm{s}}]\{\phi\}\end{aligned} \tag{6-17}$$

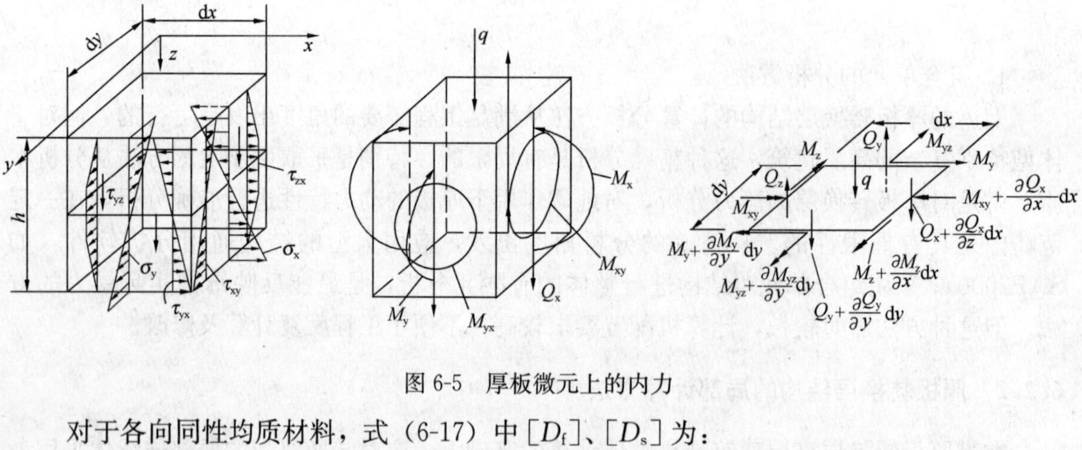

图 6-5 厚板微元上的内力

对于各向同性均质材料，式（6-17）中 $[D_{\mathrm{f}}]$、$[D_{\mathrm{s}}]$ 为：

$$[D_{\mathrm{f}}]=\frac{Et^{3}}{12(1-\nu^{2})}\begin{bmatrix}1&\nu&0\\\nu&1&0\\0&0&\dfrac{1-\nu}{2}\end{bmatrix}$$

$$[D_s] = \frac{Et}{2(1+\nu)\alpha}\begin{bmatrix} 1 & 0 \\ 0 & 1 \end{bmatrix}$$

式中　$\alpha = 6/5$，允许横截面的扭矩；

E——弹性模量；

ν——泊松比。

则总位能Π可以写成：

$$\Pi = \frac{1}{2}\int_A (\{\chi\}^T [D_f] \{\chi\} + \{\phi\}^T [D_s] \{\phi\})dA - \int_A qw dA \tag{6-18}$$

在八节点等参单元中，单元上的几何及位移变量用同样的插值函数来描述：

$$\begin{Bmatrix} x \\ y \end{Bmatrix} = \sum_{i=1}^{8} N_i \begin{Bmatrix} x_i \\ y_i \end{Bmatrix} \tag{6-19}$$

板弯曲单元的广义应力与位移的关系可以写成：

$$\{\varepsilon\} = \sum_{i=1}^{8} [B_i] \{\delta_i\} \tag{6-20}$$

式中　$\{\varepsilon\}^T = [\{\chi\}^T, \{\phi\}^T]$；

$[B_i]$——应变矩阵，按式（6-21）确定。

$$[B_i] = \begin{bmatrix} B_{fi} \\ B_{si} \end{bmatrix} = \begin{bmatrix} 0 & -\frac{\partial N_i}{\partial x} & 0 \\ 0 & 0 & -\frac{\partial N_i}{\partial y} \\ 0 & -\frac{\partial N_i}{\partial y} & -\frac{\partial N_i}{\partial x} \\ \frac{\partial N_i}{\partial x} & -N_i & 0 \\ \frac{\partial N_i}{\partial y} & 0 & -N_i \end{bmatrix} \tag{6-21}$$

式中　$[B_{fi}]$——与弯曲变形相关的应变矩阵；

$[B_{si}]$——与剪切变形相关的应变矩阵。

这样，联系节点p和q的单元刚度矩阵的一个典型子矩阵可以写成：

$$[K_{pq}] = \iint [B_p]^T [D] [B_q] dxdy \tag{6-22}$$

式中　$[D] = \begin{bmatrix} [D_f] & 0 \\ 0 & [D_s] \end{bmatrix}$

这里，包括弯曲基值$[K_{pqf}]$和剪切基值$[B_{pqs}]$，即

$$[K_{pqf}] = \iint [B_{pf}]^T [D_f] [B_{qf}] dxdy \tag{6-23}$$

$$[K_{pqs}] = \iint [B_{ps}]^T [D_s] [B_{qs}] dxdy \tag{6-24}$$

而
$$[K_{pq}] = [K_{pqf}] + [K_{pqs}]$$

刚度系数的积分是由4×4高斯积分求解。许多文献的经验表明，这是一个消除虚假剪切应变能效应的最佳积分法则。

6.3 厚板转换层结构的设计

6.3.1 结构布置

带厚板转换层高层建筑的结构布置宜简单、规则、对称，尽量减少结构刚心与质心的偏心；主要抗侧力构件宜尽可能布置在周边，尤其应注意加强厚板转换层下部结构的抗侧能力。

转换层下部必须有落地剪力墙和（或）落地筒体，落地纵、横剪力墙最好成组布置，结合成落地筒体。当转换层下部有转换柱时，落地剪力墙和（或）落地筒体、转换柱的平面布置应符合第 2 章部分框支剪力墙的平面布置要求。

带厚板转换层结构中转换层上、下结构的侧向刚度，应符合《高层建筑混凝土结构技术规程》(JGJ 3—2010) 附录 E 的有关规定。此外，还应满足转换层上、下部结构层间位移角的规定。

带厚板转换层高层建筑结构在地面以上的大空间层应尽可能少，6 度时不应超过 6 层。

厚板转换层结构的上、下层侧向刚度均突变，同时相邻楼层质量差异很大，竖向传力不直接，属于特别不规则的建筑结构。由于结构的地震作用效应不仅与刚度有关，还与质量有关，仅限制转换层结构的上、下层侧向刚度，无法有效控制结构的地震效应。因此，当转换层结构的上、下层侧向刚度比较大时，应采用弹性时程分析法进行多遇地震下的结构计算，严格控制转换层结构上、下层层间位移角，以避免产生薄弱层或软弱层，确保结构具有足够的承载力和变形能力。

6.3.2 转换柱、落地剪力墙

转换厚板的下层柱应按转换柱设计，转换厚板的下层剪力墙，不应设计成短肢剪力墙或单片剪力墙。抗震设计时，框支柱的抗震等级应提高一级。剪力墙底部加强部位的高度，应从地下室顶板算起，宜取至厚板转换层以上两层且不宜小于房屋高度的 1/10。

框支柱、落地剪力墙的设计应符合第 2 章部分框支剪力墙结构中框支柱、落地剪力墙的相关要求。

6.3.3 转换厚板

1. 转换厚板的厚度可由抗弯、抗剪、抗冲切承载力计算确定。一般情况下，板厚可取厚板转换层下柱柱距的 1/3～1/6，上托楼层多、跨度大时可取大值。一般情况下板厚约在 1.0～3.0m 之间。

从实际工程厚板位移、内力等直线图上可以看出，位移和内力在转换厚板上的分布是极不均匀的，在有较大荷载作用的板区域内力很大，但在另一些荷载作用较小的区域中内力则相应较小。在这些内力较小的区域，转换厚板可局部做成薄板，薄板与厚板交界处可加腋；也可局部做成夹心板，以节省材料，同时也可以减小自重荷载。

2. 转换厚板宜按整体计算分析时所划分的主要交叉梁系的剪力和弯矩设计值进行截面设计，并按连续体有限元分析的应力结果进行截面配筋校核。

（1）厚板受弯纵向钢筋可沿转换板上、下部双层双向配置，每一方向总配筋率不宜小于0.6%。板的两个方向底部纵向受力钢筋应置于板内暗梁底部纵向受力钢筋之上。配筋计算时，应考虑板两个方向纵向受力钢筋的实际有效高度。

（2）为防止转换厚板的板端沿厚度方向产生层状水平裂缝，宜在厚板外围周边配置钢筋骨架网进行加强。钢筋骨架网≥ϕ16@200双向。

3. 转换厚板内沿下部结构轴线处应设置暗梁，下部结构轴线之间沿上部结构主要剪力墙长度方向处应设置暗次梁。暗梁的宽度建议取$2h/3$，且不小于下层柱宽或墙厚；暗次梁的宽度建议取$h/2$，且不小于上层柱宽或墙厚，此处h为转换厚板的厚度。暗梁、暗次梁的配筋应符合下列要求（图6-6）：

（1）暗梁（暗次梁）纵向受力钢筋的最小配筋率，建议不小于按结构相应抗震等级框架梁的最小配筋率，同时不应小于三级抗震等级时框架梁的最小配筋率；非抗震设计时，不应小于三级抗震等级时框架梁的最小配筋率。

（2）暗梁（暗次梁）的下部纵向受力钢筋应在梁全跨拉通，上部纵向受力钢筋至少应有50%在梁全跨拉通。

（3）暗梁（暗次梁）抗剪箍筋的面积配筋率不宜小于0.45%。

（4）暗梁（暗次梁）箍筋构造上至少应配置四肢箍，直径不应小于8mm，间距不应大于100mm，箍筋肢距不应大于250mm。

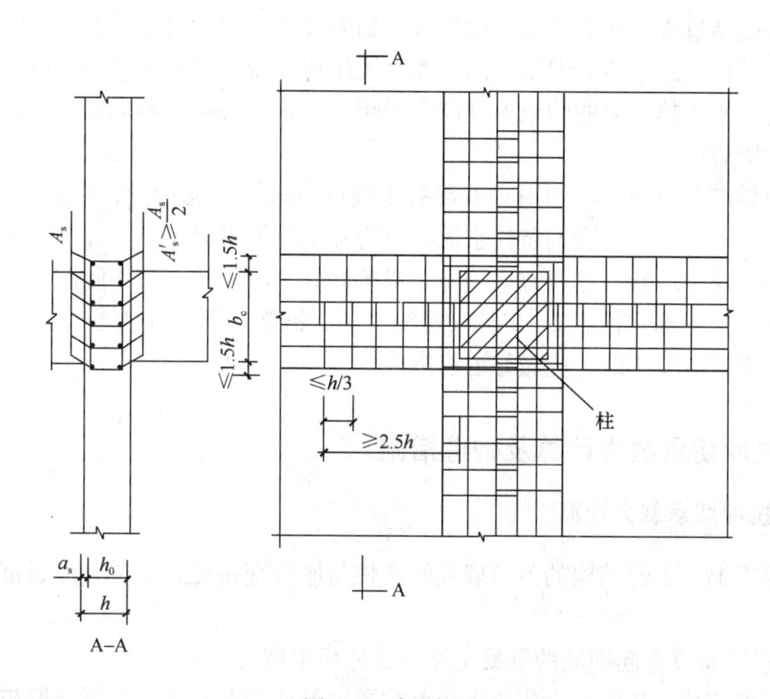

图6-6 暗梁构造

4. 对转换厚板上、下部结构的剪力墙或框支柱与厚板交接处，应进行厚板抗冲切承载力计算（详见第6.4节）。

5. 厚板中部不需要抗冲切钢筋的区域，应配置不小于ϕ16@400直钩形式的双向抗剪兼架立钢筋（图6-7）。

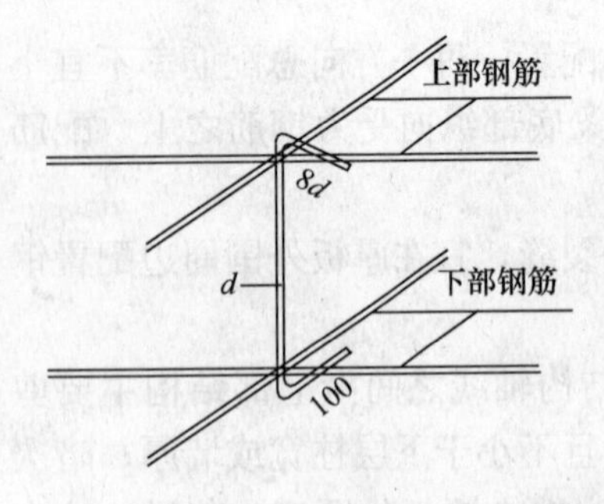

图 6-7　直钩形式的抗剪兼架立钢筋

6. 对转换厚板上、下部结构的剪力墙或框支柱与厚板的交接处，由于柱子轴力很大，混凝土强度等级较高，还宜验算此处板的局部受压承载力。厚板的局部受压承载力计算和构造要求可按《混凝土结构设计规范》（GB 50010—2010）的有关规定进行。

7. 对转换层厚板施加预应力，可有效地控制板的角部及高应力区及其他应力集中区域（如转换板中开洞的凹角、柱头、剪力墙过渡区等）的混凝土裂缝。

当采用预应力转换厚板时，应采用有粘结预应力配筋；非预应力配筋在上部和下部宜双层双向通长设置；沿板厚方向宜配置竖向不小于Φ25@150 插筋；转换厚板中部宜设置 1～2 层间距不大于 200mm 的双向钢筋网。

8. 转换厚板的混凝土强度等级不应低于 C30。

9. 转换厚板的上、下层框支柱、剪力墙的纵向受力钢筋均应在转换厚板内有可靠锚固。

10. 转换厚板上、下一层的楼板应适当加强，楼板厚度不宜小于 150mm。宜双层双向配筋，每层每方向配筋率不宜小于 0.20%。

11. 大体积混凝土由于水化热引起的内外温差超过 25℃时，就会产生有害裂缝。同时，混凝土在凝结过程中还会产生干缩裂缝，如果处理不当，将会危及结构安全，产生不良后果。厚板转换层的厚板，混凝土用量大，大体积混凝土的水化热问题应引起重视。为减小混凝土内部水化热带来的约束温度应力影响，并解决底模支承问题，在设计上宜采取一些针对性的措施：

（1）采用粉煤灰混凝土，利用 C60 混凝土强度，减少水泥用量，降低水化热。同时，在混凝土中掺入一定量的膨胀剂替代水泥，成为补偿收缩混凝土。

（2）增加配筋率。转换厚板宜采用分层浇筑混凝土的方法。板中除配有上部和下部受力钢筋外，在厚板中部宜设置 1～2 层双向钢筋网。钢筋尽可能小直径、密间距，以便减小裂缝宽度。浇筑混凝土时，应做好温控措施。

6.4　厚板抗冲切承载力计算及构造措施

6.4.1　厚板抗冲切承载力计算

对转换厚板上、下部结构的剪力墙或转换柱与厚板交接处，应进行厚板抗冲切承载力计算。

1. 不配置箍筋或弯起钢筋的混凝土厚板抗冲切承载力计算

（1）在局部荷载或集中反力作用下，不配置箍筋或弯起钢筋的混凝土厚板，其抗冲切承载力可按下式计算（图 6-8）：

$$F_l \leqslant (0.7\beta_h f_t + 0.25\sigma_{pc,m})\eta u_m h_0 \tag{6-25}$$

式中　F_l——厚板冲切力，为上部或下部柱、墙最不利组合轴力设计值；当有不平衡弯矩时，应按《混凝土结构设计规范》（GB 50010—2010）附录 F 的规定

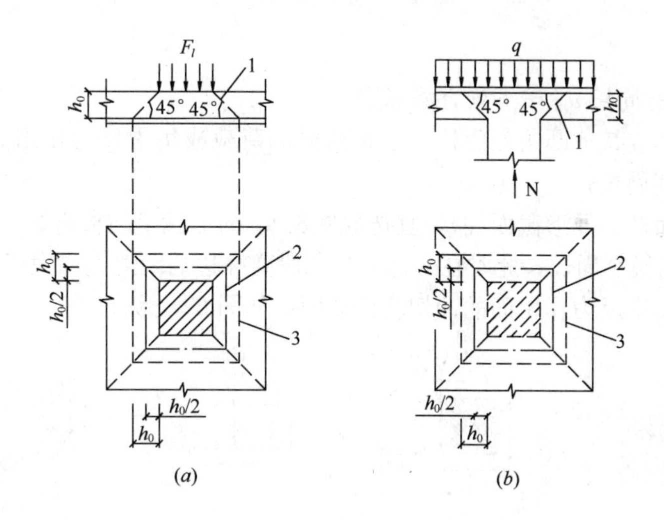

图 6-8 板受冲切承载力计算

（a）局部荷载作用下；（b）集中反力作用下

1—冲切破坏锥体的斜截面；2—距荷载面积周边 $h_0/2$ 处的周长；3—冲切破坏锥体的底面线

确定；

β_h ——截面高度折减系数，当 $h \leqslant 800$mm 时，取 $\beta_h=1.0$；当 $h>2000$mm 时，取 $\beta_h=0.90$，其间按直线内插法取用。

f_t ——厚板混凝土抗拉强度设计值；

$\sigma_{pc,m}$ ——计算截面周长上两个方向混凝土有效预压应力按长度的加权值，其值宜控制在 1.0～3.5N/mm² 范围内，对非预应力混凝土板，取 $\sigma_{pc,m}=0$；

η ——系数，考虑到矩形形状的加载面积边长之比大于 2 后，受冲切承载力有所降低，此外，当临界截面相对周长 u_m/h_0 过大时，也会使受冲切承载力降低。η 按下列两个公式计算，并取其中较小值。

$$\eta_1 = 0.4 + \frac{1.2}{\beta_s} \tag{6-26}$$

$$\eta_2 = 0.5 + \frac{\alpha_s h_0}{4u_m} \tag{6-27}$$

式中 h_0 ——厚板截面的有效高度，取两个方向配筋的截面有效高度的平均值；

η_1 ——局部荷载或集中反力作用面积形状的影响系数；

η_2 ——临界截面周长与板截面有效高度之比的影响系数；

β_s ——局部荷载或集中反力作用面积为矩形是的长边与短边尺寸的比值，β_s 不宜大于 4；当 $\beta_s<2$ 时，取 $\beta_s=2$；当面积为圆形时，取 $\beta_s=2$；

α_s ——板柱结构中柱位置影响系数；中柱，取 $\alpha_s=40$；边柱，取 $\alpha_s=30$；角柱，取 $\alpha_s=20$；

u_m ——临界截面的周长，按下列规定确定：

1）临界截面是指冲切最不利的破坏锥体底面线与顶面线之间的平均周长 u_m 处板的冲切截面。其中对等厚板为垂直于板中心平面的截面；对变高度板为垂直于板受拉面的截面。

2）临界截面的周长 u_m 按下列方法确定：

①对矩形截面或其他凸角截面柱，是距离局部荷载或集中反力作用面积周长 $h_0/2$ 处垂直截面的最不利周长；

②对凹角截面柱（异形截面柱），宜选取周长 u_m 的形状呈凸形折线，其折角不能大于 180°，由此可得到最小周长，此时在局部周长区段离柱边的距离允许大于 $h_0/2$。

常见的复杂集中反力作用面的冲切临界截面，如图 6-9 所示。

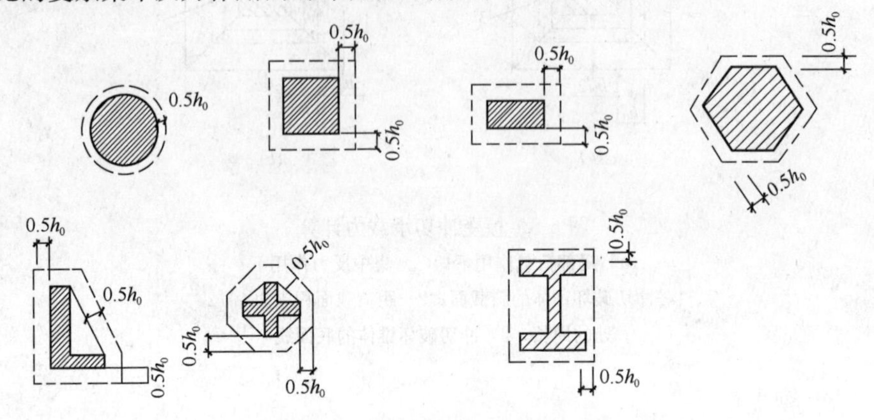

图 6-9　板的冲切临界截面示意

3）当板开有孔洞且孔洞至局部荷载或集中反力作用面积边缘的距离不大于 6 h_0 时，受冲切承载力计算中取用的临界截面周长 u_m，应扣除局部荷载或集中反力作用面积中心至开孔外边画出两条切线之间所包含的长度。临近自由边时，应扣除自由边的长度，见图 6-10。

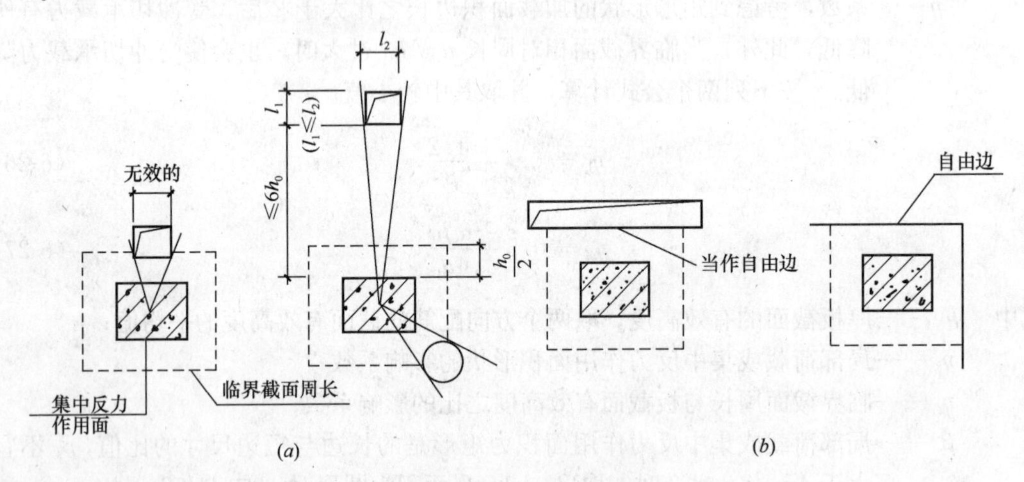

图 6-10　临近孔洞或自由边时的临界截面周长

（a）孔洞；（b）自由边

当图示 $l_1 > l_2$ 时，孔洞边长 l_2 用 $\sqrt{l_1 l_2}$ 代替

（2）在冲切力较大的柱头转换厚板处设置柱帽或托板，柱帽或托板的几何尺寸由板的抗冲切承载力按式（6-25）计算确定。构造上帽或托板的有效宽度 C 不宜小于 $l/6$（l 为转

换厚板的计算跨度），托板的厚度不宜小于转换厚板厚度的 1/5。

常用柱帽或托板的形式见图 6-11，其中图 6-11（*a*）适用于冲切力较小的情况；图 6-11（*b*）～图 6-11（*d*）适用于冲切力较大的情况。

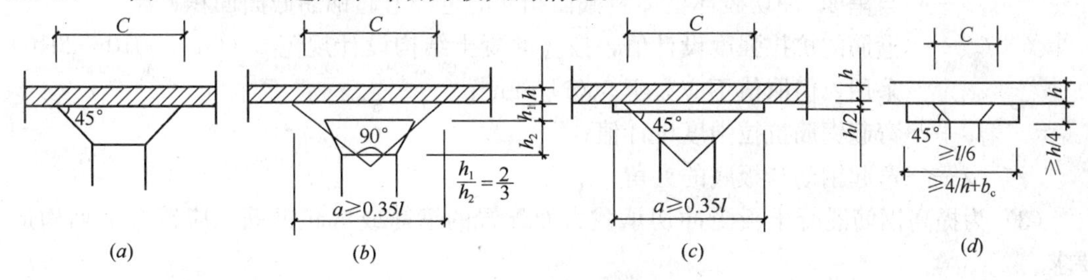

图 6-11　柱帽、托板的外形尺寸

设置托板的柱帽，非抗震设计时托板底部应布置构造钢筋；抗震设计时托板底部钢筋应按计算确定，并应满足抗震锚固要求。计算柱上板带的支座钢筋时，可考虑托板厚度的有利影响。

柱帽配筋构造要求见图 6-12。需要说明的是，图中配筋构造仅为非抗震设计的构造要求，当为抗震设计时，柱帽配筋应根据有关计算确定。

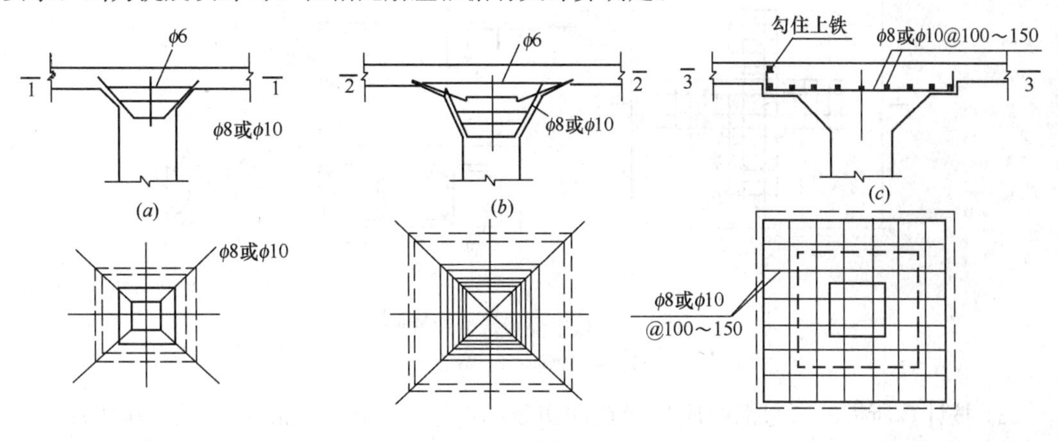

图 6-12　柱帽配筋构造

2. 配置抗冲切钢筋的混凝土厚板抗冲切承载力计算

转换厚板在竖向荷载、水平荷载作用下，当板柱节点的受冲切承载力不满足式（6-25）的要求且板厚受到限制时，可配置抗冲切钢筋（箍筋或弯起钢筋）。此时，应符合下列规定：

（1）转换厚板受冲切截面应符合下列条件：

$$F_l \leqslant 1.2 f_t u_m \eta h_0 \tag{6-28}$$

（2）设置暗梁的转换厚板的抗冲切承载力可按下式计算：

当配置箍筋时

$$F_l \leqslant (0.5 f_t + 0.25\sigma_{pc,m}) \eta u_m h_0 + 0.8 f_{yv} A_{svu} \tag{6-29}$$

当配置弯起钢筋时

$$F_l \leqslant (0.5f_t + 0.25\sigma_{pc,m})\eta u_m h_0 + 0.8 f_y A_{sbu} \sin\alpha \tag{6-30}$$

式中 A_{svu}——与呈 45°冲切破坏锥体斜截面相交的全部箍筋截面面积；

A_{sbu}——与呈 45°冲切破坏锥体斜截面相交的全部弯起钢筋截面面积；

f_{yv}——箍筋的抗拉强度设计值，按《混凝土结构设计规范》（GB 50010—2010）采用，但取值不应大于 360N/mm^2；

f_y——弯起钢筋抗拉强度设计值；

α——弯起钢筋与板底的夹角。

（3）为提高钢筋混凝土板受冲切承载力而配置的箍筋或弯起钢筋，应符合下列构造要求：

1）按计算所需的箍筋截面面积及相应的架立钢筋应配置在冲切破坏锥体范围内，并布置在从柱边向外不小于 $1.5h_0$ 的范围内。箍筋宜为封闭式，箍筋直径不应小于 6mm，并应箍住架立钢筋和主筋。直径不应小于 6mm，间距不应大于 $h_0/3$（图 6-13）。

抗冲切箍筋宜和暗梁结合配置，箍筋肢数不应小于 4 肢。

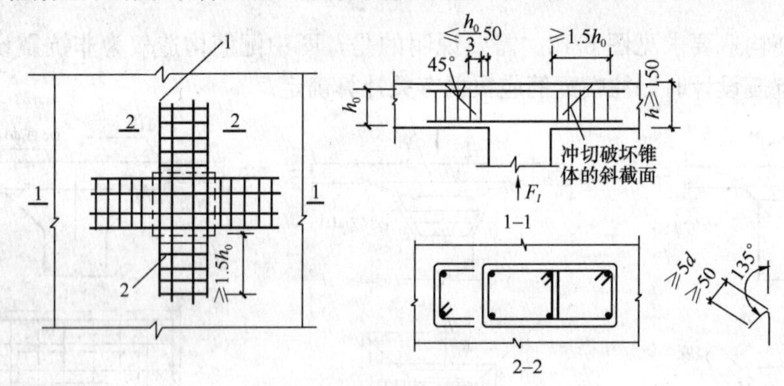

图 6-13　板中配置抗冲切箍筋

1—架立钢筋；2—箍筋

2）按计算所需的弯起钢筋应配置在冲切破坏锥体范围内，可由一排或二排组成，其弯起角度可根据板的厚度在 30°～45°之间选取（图 6-14）；弯起钢筋的倾斜段应与冲切破坏斜截面相交，当弯起钢筋为一排时，其交点应在离柱边以外 $h/2 \sim 2h/3$ 的范围内；当弯起钢筋为二排时，其交点应在柱边以外 $h/2 \sim 5h/6$ 范围内。弯起钢筋直径不应小于 12mm，且每一方向不应少于三根。

（4）对配置抗冲切钢筋的冲切锥体以外的截面，尚应按式（6-25）要求进行受冲切承载力验算。此时，临界截面周长 u_m 应取配置抗冲切钢筋的冲切破坏锥体以外 $h_0/2$ 处的最不利周长。

3. 配置冲切锚栓的混凝土厚板抗冲切承载力计算

转换厚板在竖向荷载、水平荷载作用下，当板柱节点受冲切承载力不满足式（6-25）的要求且板厚受到限制时，也可在板中配置抗冲切锚栓（图 6-15）。此时，应符合下列要求：

（1）受冲切截面控制条件应符合式（6-28）；

（2）受冲切承载力应按下列公式计算：

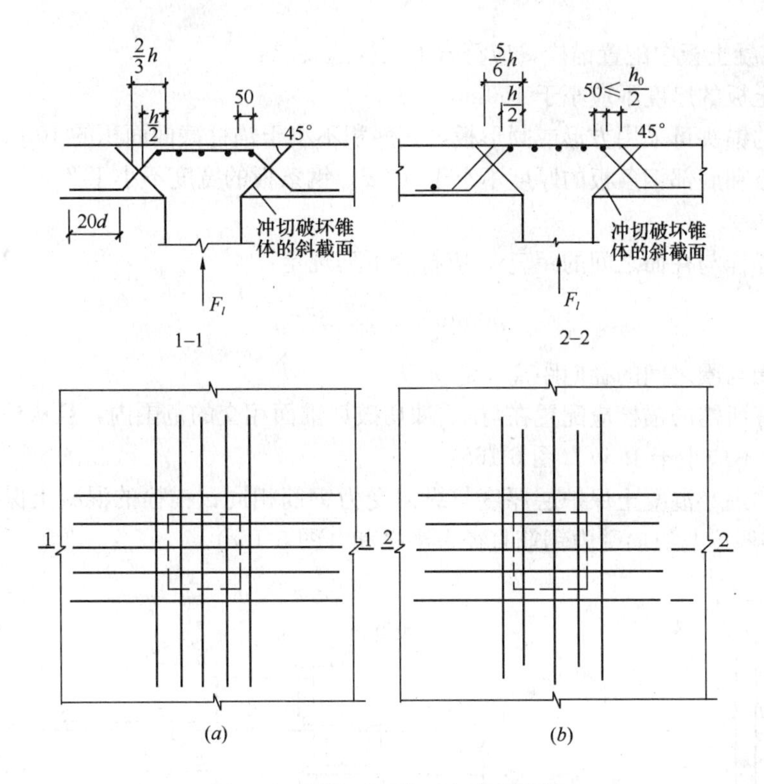

图 6-14　板中配置抗冲切弯起钢筋

（a）一排弯起钢筋；（b）二排弯起钢筋

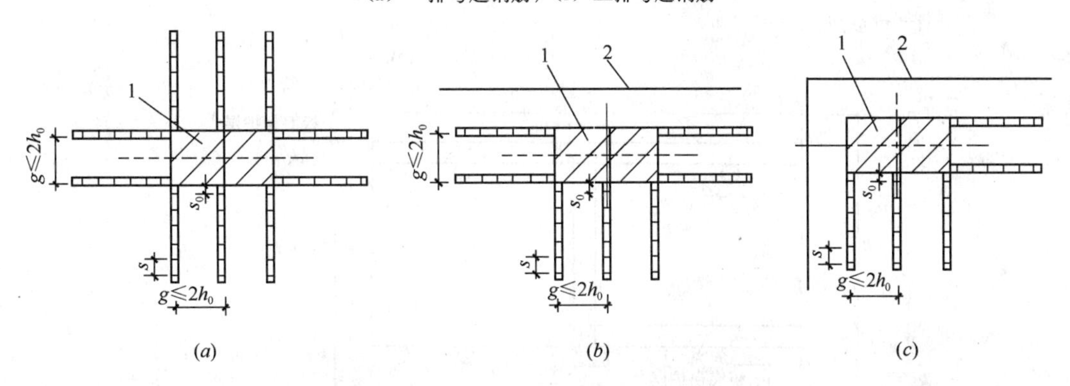

图 6-15　矩形柱抗冲切锚栓排列

（a）内柱；（b）边柱；（c）角柱

1—柱；2—板边

$$F_{l,\mathrm{eq}} \leqslant (0.5f_{\mathrm{t}} + 0.25\sigma_{\mathrm{pc,m}})\eta u_{\mathrm{m}} h_0 + 0.9\frac{h_0}{s}f_{\mathrm{yv}}A_{\mathrm{sv}} \tag{6-31}$$

式中　s ——锚栓间距；

f_{yv} ——锚栓抗拉强度设计值，不应大于 $300\mathrm{N/mm^2}$；

A_{sv} ——与柱面距离相等围绕柱一侧内锚栓的截面面积。

（3）对配置抗冲切锚栓的冲切破坏锥面体以外的截面，尚应按式（6-25）要求进行受冲切承载力验算。此时，u_{m} 应取距最外一排锚栓周边 $h_0/2$ 处的最不利周长。

（4）在混凝土板中配置锚栓，应符合下列构造要求：

1）混凝土板的厚度不应小于 150mm。

2）锚栓的锚头可采用方形或圆形板，其面积不小于锚杆截面面积的 10 倍。

3）锚头板和底部钢条板的厚度不小于 $0.5d$，钢条板的宽度不小于 $2.5d$，d 为锚杆的直径（图 6-16*a*）。

4）里圈锚栓与柱面之间的距离 s_0 应符合下列规定：

$$50\text{mm} \leqslant s_0 \leqslant 0.35h_0$$

5）锚栓圈与圈之间的径向距离 $s \leqslant 0.5h_0$。

6）按计算所需的锚栓应配置在与 45°冲切破坏锥面相交的范围内，且从柱界面边缘向外的分布长度不应小于 $1.5h_0$（图 6-16*b*）。

7）锚栓的最小混凝土保护层厚度与纵向受力钢筋相同；锚栓的混凝土保护层不应超过最小保护层厚度与纵向受力钢筋直径一半之和（图 6-16*c*）。

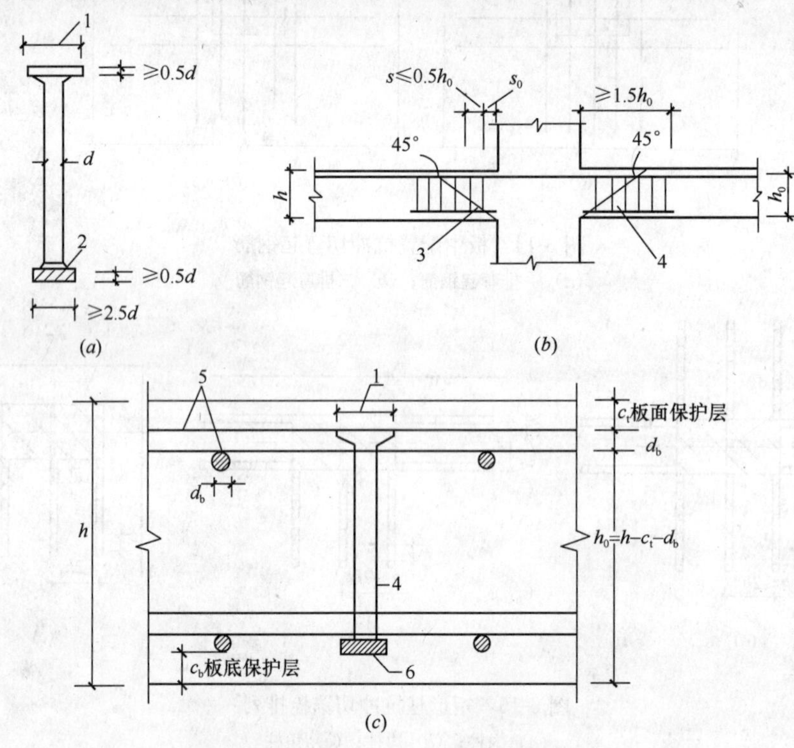

图 6-16　板中抗冲切锚栓布置

（*a*）锚栓大样；（*b*）用锚栓作抗冲切钢筋；（*c*）锚栓混凝土保护层要求

1—顶部面积≥10 倍锚杆截面面积；2—焊接；3—冲切破坏锥面；

4—锚栓；5—受弯钢筋；6—底部钢条板

4. 配置型钢剪力架的混凝土厚板抗冲切承载力计算

转换厚板在竖向荷载、水平荷载作用下，当板柱节点的受冲切承载力不满足式（6-25）的要求且板厚受到限制时，还可以在板中配置抗冲切型钢剪力架。此时，应符合下列规定：

(1) 型钢剪力架的型钢高度不应大于其腹板厚度的 70 倍；剪力架每个伸臂末端可削成与水平呈 30°～60°的斜角；型钢的全部受压翼缘应位于距混凝土板的受压边缘 0.3 h_0 范围内。

(2) 型钢剪力架每个伸臂的刚度与混凝土组合板换算截面刚度的比值 α_a 应符合下列要求：

$$\alpha_a \geqslant 0.15 \tag{6-32}$$

$$\alpha_a \geqslant \frac{E_a I_a}{E_c I_{o,cr}} \tag{6-33}$$

式中 I_a ——型钢截面惯性矩；

$I_{o,cr}$ ——组合板裂缝截面的换算截面惯性矩。

计算惯性矩 $I_{o,cr}$ 时，按型钢和非预应力钢筋的换算面积以及混凝土受压区的面积计算确定，此时组合板截面宽度取垂直于所计算弯矩方向的柱宽 b_c 与板的有效高度 h_0 之和。

(3) 工字钢焊接剪力架伸臂长度可由下列近似公式确定（图 6-17a）。

$$l_a = \frac{u_{m,de}}{3\sqrt{2}} - \frac{b_c}{6} \tag{6-34}$$

$$u_{m,de} \geqslant \frac{F_{l,eq}}{0.6 f_t \eta h_0} \tag{6-35}$$

式中 $u_{m,de}$ ——设计截面周长；

$F_{l,eq}$ ——距柱周边 $h_0/2$ 处的等效集中反力设计值。当无不平衡弯矩时，对板柱结构的节点取柱所承受的轴向压力设计值层间差值减去冲切破坏椎体范围内板所承受的荷载设计值，取 $F_{l,eq} = F_l$；当有不平衡弯矩时，应符合 6.4.2“板柱节点计算用等效集中反力设计值”的规定；

b_c ——方形柱的边长；

h_0 ——板的截面有效高度；

η ——考虑局部荷载或集中反力作用面积形状、临界截面周长与板截面有效高度之比的影响系数，按式（6-26）、式（6-27）计算，并取其中的较小值。

槽钢焊接剪力架的伸臂长度可按图 6-17b 所示的计算截面周长，用于工字钢焊接剪力架的类似方法确定。

(4) 剪力架每个伸臂根部的弯矩设计值及受弯承载力应满足下列要求：

$$M_{de} = \frac{F_{l,eq}}{2n}\left[h_a + \alpha_a\left(l_a - \frac{h_c}{2}\right)\right] \tag{6-36}$$

$$\frac{M_{de}}{W} \leqslant f_a \tag{6-37}$$

式中 h_a ——剪力架每个伸臂型钢的全高；

h_c ——计算弯矩方向的柱子尺寸；

n ——型钢剪力架相同伸臂的数目；

f_a ——钢材的抗拉强度设计值，按现行《钢结构设计规范》（GB 50017）的有关规定取用。

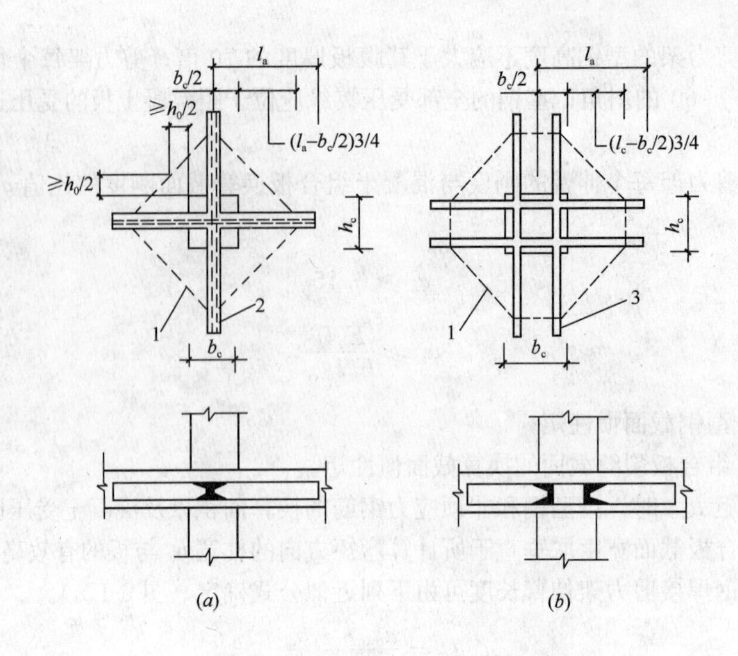

图 6-17 剪力架及其计算冲切面

(a) 工字钢焊接剪力架；(b) 槽钢焊接剪力架

1—设计截面周长；2—工字钢；3—槽钢

(5) 配置型钢剪力架的冲切承载力应满足下列要求：

$$F_{l,\mathrm{eq}} \leqslant 1.2 f_{\mathrm{t}} \eta u_{\mathrm{m}} h_0 \tag{6-38}$$

6.4.2 板柱节点计算用等效集中反力设计值

板柱节点在竖向荷载、水平荷载作用下的受冲切承载力计算，应考虑板柱节点冲切破坏临界截面上偏心剪应力传递的部分不平衡弯矩。其集中反力设计值 F_l 应以等效集中反力设计值代替 $F_{l,\mathrm{eq}}$。

等效集中反力设计值 $F_{l,\mathrm{eq}}$ 可按下列情况确定：

1. 传递单向不平衡弯矩的板柱节点。当不平衡弯矩作用平面与柱矩形截面两个轴线之一重合时，可按下列两种情况进行计算：

(1) 由节点受剪传递的单向不平衡弯矩 $\alpha_0 M_{\mathrm{unb}}$，当其作用方向指向图 6-18 的 AB 边时，等效集中反力设计值可按下列公式计算

$$F_{l,\mathrm{eq}} = F_l + \frac{\alpha_0 M_{\mathrm{unb}} a_{\mathrm{AB}}}{I_{\mathrm{c}}} u_{\mathrm{m}} h_0 \tag{6-39}$$

$$M_{\mathrm{unb}} = M_{\mathrm{unb,c}} - F_l e_{\mathrm{g}} \tag{6-40}$$

(2) 由节点受剪传递的单向不平衡弯矩 $\alpha_0 M_{\mathrm{unb}}$，当其作用方向指向图 6-18 的 CD 边时，等效集中反力设计值可按下列公式计算

$$F_{l,\mathrm{eq}} = F_l + \frac{\alpha_0 M_{\mathrm{unb}} a_{\mathrm{CD}}}{I_{\mathrm{c}}} u_{\mathrm{m}} h_0 \tag{6-41}$$

$$M_{\mathrm{unb}} = M_{\mathrm{unb,c}} + F_l e_{\mathrm{g}} \tag{6-42}$$

式中 F_l ——在竖向荷载、水平荷载作用下，柱所承受的轴向压力设计值的层间差值减去冲切破坏椎体范围内板所承受的荷载设计值；

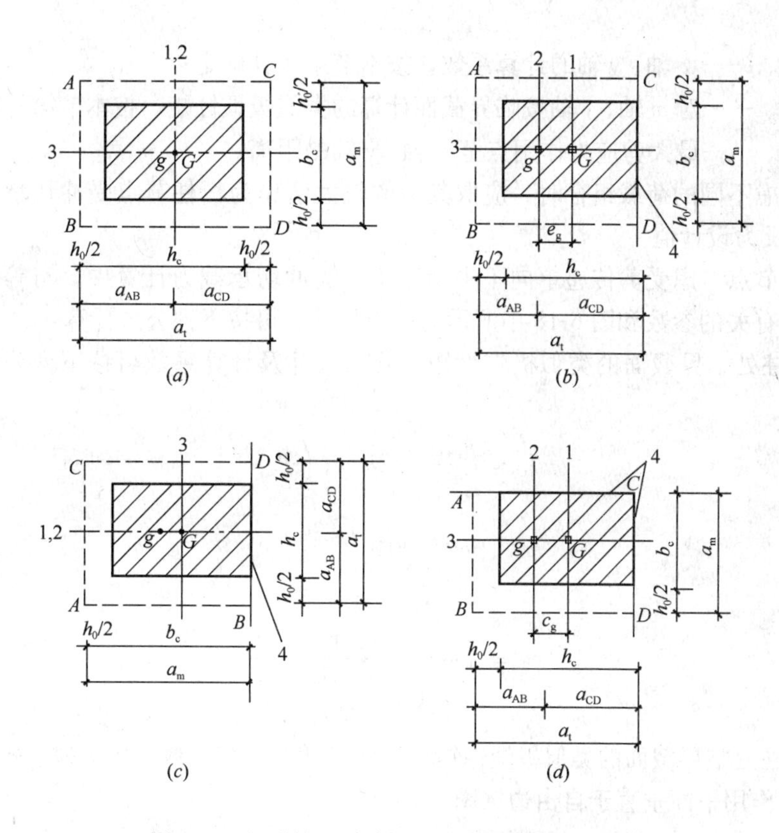

图 6-18　矩形柱及受冲切承载力计算的几何参数

(a) 中柱截面；(b) 边柱截面（弯矩作用平面垂直于自由边）；

(c) 边柱截面（弯矩作用平面平行于自由边）；(d) 角柱截面

1—通过柱截面重心 G 的轴线；2—通过临界截面周长重心 g 的轴线；

3—不平衡弯矩作用平面；4—自由边

α_0 ——计算系数，按本节第 4 款计算；

M_{unb} ——竖向荷载、水平荷载对轴线 2（图 6-18）产生的不平衡弯矩设计值；

$M_{unb,c}$ ——竖向荷载、水平荷载对轴线 1（图 6-18）产生的不平衡弯矩设计值；

a_{AB}、a_{CD} ——轴线 2 至 AB、CD 边缘的距离；

I_c ——按临界截面计算的类似极惯性矩，按本节第 4 款计算；

e_g ——在弯矩作用平面内轴线 1 至轴线 2 的距离，按本节第 3 款计算；对中柱截面和弯矩作用平面平行于自由边的边柱截面，$e_g = 0$。

2. 传递双向不平衡弯矩的板柱节点。当节点受剪传递的两个方向不平衡弯矩为 $\alpha_{0x}M_{unb,x}$、$\alpha_{0y}M_{unb,y}$ 时，等效集中反力设计值可按下列公式计算：

$$F_{l,eq} = F_l + \tau_{unb,max} u_m h_0 \tag{6-43}$$

$$\tau_{unb,max} = \frac{\alpha_{0x}M_{unb,x}a_x}{I_{cx}} + \frac{\alpha_{0y}M_{unb,y}a_y}{I_{cy}} \tag{6-44}$$

式中　$\tau_{unb,max}$ ——双向不平衡弯矩在临界截面上产生的最大剪应力设计值；

$M_{unb,x}$、$M_{unb,y}$ ——竖向荷载、水平荷载引起对临界截面周长重心处 x 轴、y 轴方向的不平衡弯矩设计值；

α_{0x}、α_{0y} —— x 轴、y 轴的计算系数，按本节第 4 款确定；

I_{cx}、I_{cy} ——对 x 轴、y 轴按临界截面计算的类似极惯性矩，按本节第 4 款确定；

a_x、a_y ——最大剪应力作用点至 x 轴、y 轴的距离。

3. 当考虑不同的荷载组合时，应取其中的较大值作为板柱节点受冲切承载力计算用的等效集中反力设计值。

4. 板柱节点考虑受剪传递单向不平衡弯矩的受冲切承载力计算中，与等效集中反力设计值 $F_{l,eq}$ 有关的参数和图 6-18 中所示的几何尺寸，可按下列公式计算：

(1) 中柱处临界截面的类似极惯性矩、几何尺寸及计算系数可按下列公式计算（图 6-18a）：

$$I_c = \frac{h_0 a_t^3}{6} + 2h_0 a_m \left(\frac{a_t}{2}\right)^2 \tag{6-45a}$$

$$a_{AB} = a_{CD} = \frac{a_t}{2} \tag{6-45b}$$

$$e_g = 0 \tag{6-45c}$$

$$\alpha_0 = 1 - \frac{1}{1 + \frac{2}{3}\sqrt{\frac{h_c + h_0}{b_c + h_0}}} \tag{6-45d}$$

(2) 边柱处临界截面的类似极惯性矩、几何尺寸及计算系数可按下列公式计算：

1) 弯矩作用平面垂直于自由边（图 6-18b）

$$I_c = \frac{h_0 a_t^3}{6} + h_0 a_m a_{AB}^2 + 2h_0 a_t \left(\frac{a_t}{2} - a_{AB}\right)^2 \tag{6-46a}$$

$$a_{AB} = \frac{a_t^2}{a_m + 2a_t} \tag{6-46b}$$

$$a_{CD} = a_t - a_{AB} \tag{6-46c}$$

$$e_g = a_{CD} - \frac{h_c}{2} \tag{6-46d}$$

$$\alpha_0 = 1 - \frac{1}{1 + \frac{2}{3}\sqrt{\frac{h_c + h_0/2}{b_c + h_0}}} \tag{6-46e}$$

2) 弯矩作用平面平行于自由边（图 6-18c）

$$I_c = \frac{h_0 a_t^3}{12} + 2h_0 a_m \left(\frac{a_t}{2}\right)^2 \tag{6-47a}$$

$$a_{AB} = a_{CD} = \frac{a_t}{2} \tag{6-47b}$$

$$e_g = 0 \tag{6-47c}$$

$$\alpha_0 = 1 - \frac{1}{1 + \frac{2}{3}\sqrt{\frac{h_c + h_0}{b_c + h_0/2}}} \tag{6-47d}$$

(3) 角柱处临界截面的类似极惯性矩、几何尺寸及计算系数可按下列公式计算：

$$I_c = \frac{h_0 a_t^3}{12} + h_0 a_m a_{AB}^2 + h_0 a_t \left(\frac{a_t}{2} - a_{AB}\right)^2 \tag{6-48a}$$

$$a_{AB}=\frac{a_t^2}{2\ (a_m+a_t)} \tag{6-48b}$$

$$a_{CD}=a_t-a_{AB} \tag{6-48c}$$

$$e_g=a_{CD}-\frac{h_c}{2} \tag{6-48d}$$

$$\alpha_0=1-\frac{1}{1+\frac{2}{3}\sqrt{\frac{h_c+h_0/2}{b_c+h_0/2}}} \tag{6-48e}$$

5. 在按式（6-43）、式（6-44）进行板柱节点考虑传递双向不平衡弯矩的受冲切承载力计算中，如将本节第4款的规定视作x轴（或y轴）的类似极惯性矩、几何尺寸及计算系数，则其相应的x轴（或y轴）的类似极惯性矩、几何尺寸及计算系数，可将前述的x轴（或y轴）的相应参数进行置换确定。

6. 当边柱、角柱部位有悬臂板时，临界截面周长可计算至垂直于自由边的板端处，按此计算的临界截面周长应与按中柱计算的临界截面周长相比较，并取两者中的较小值。在此基础上，应按本节第4款和第5款的原则，确定板柱节点考虑受剪传递不平衡弯矩的受冲切承载力计算所用等效集中反力设计值$F_{l,eq}$的有关参数。

6.5 工程实例

6.5.1 济南三箭·银苑花园

1. 工程概况

济南三箭·银苑花园工程为一综合性高层商住楼，地下3层，地上29层，总高度98.4m（局部111.4m），建筑面积为3.9万m^2。地下1层为超市，地下2层、3层为健身及设备房，1～4层为大空间商场，5层以上为错层式高级住宅，4层～5层之间为设备层，5层以上为住宅。1层商场及住宅标准层平面如图6-19、图6-20所示，立面图见图6-21。场地土为Ⅱ类，抗震设防烈度为6度，设计基本地震加速度为0.05g，丙类建筑。转换层以上住宅部分为大开间剪力墙结构，剪力墙抗震等级为三级；转换层以下商场为框架剪力墙结构，框架及剪力墙的抗震等级为二级。

2. 结构的整体设计

（1）住宅部分轴网相当复杂，与层4以下大柱网商场轴网很难协调，采用普通的梁式转换层需多次转换，而且受力体系复杂，影响商场部分建筑功能的要求。

经多次方案比较，决定采用厚板式转换层，转换层位于层4的顶板，其板顶标高为20m。

（2）由于建筑功能所限，住宅部分的剪力墙只有中部交通筒可以落地，其他部分无法直接落地。为了增强转换层下结构的刚度，经与建筑专业协商，结合工程平面体形不规则的特点，决定将商场部分的交通及辅助部分分别放在平面的左上、左下及右侧角部，形成三个筒与中筒之间用规则柱网相连的抗侧力体系（图6-19）。这样既较好地满足了建筑的使用功能，又解决了不规则平面建筑的质心与刚度中心尽量接近的问题，提高了建筑物在地震作用下的抗扭转能力。

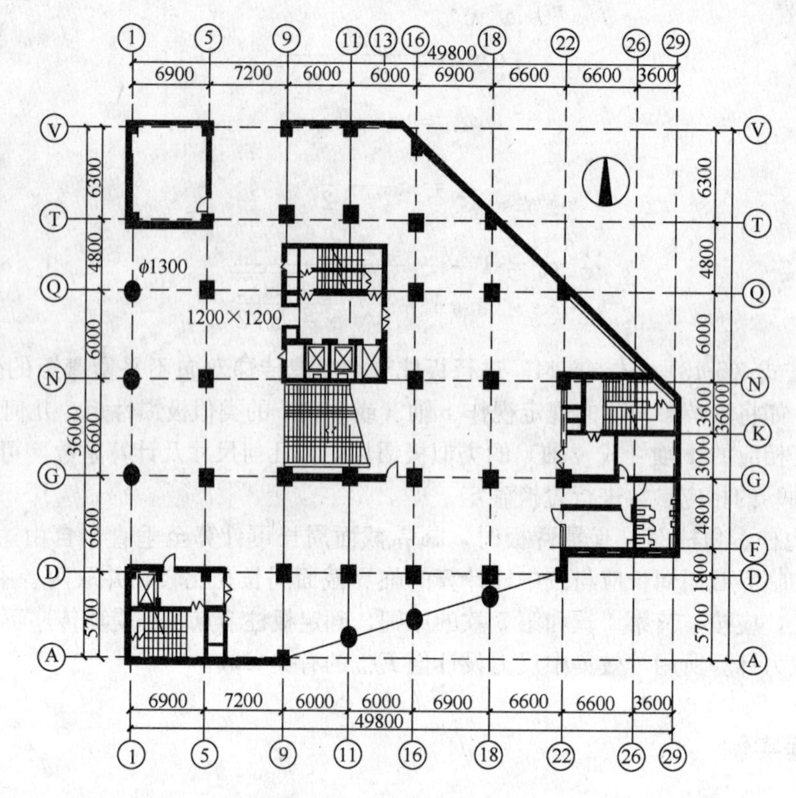

图 6-19　1 层商场平面图

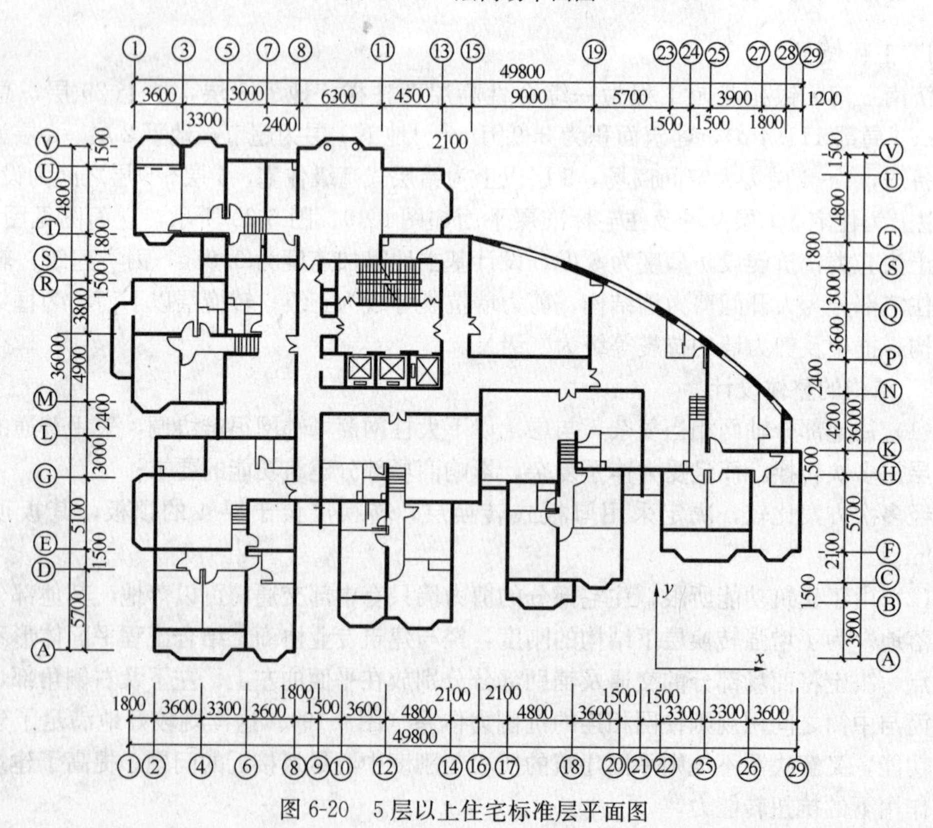

图 6-20　5 层以上住宅标准层平面图

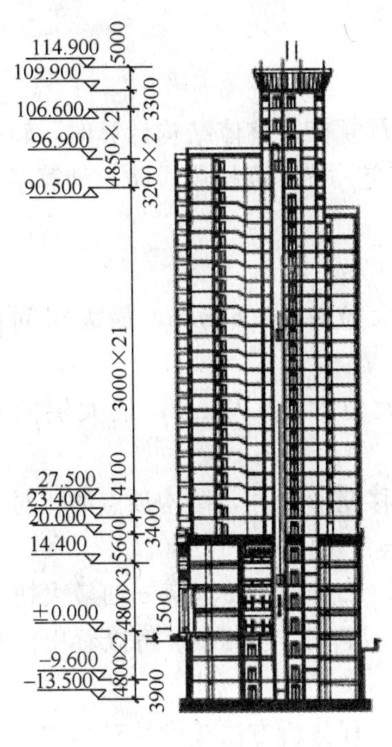

图 6-21 剖面图

经过调整后，结构的形心与质心接近重合，x 方向差 $e_x=291$mm，y 方向差 $e_y=210$mm。

3. 结构的竖向设计要点构造

（1）为了保证主体结构沿竖向刚度均匀，使转换层上、下层的刚度接近，避免刚度突变而形成薄弱层，《高层建筑混凝土结构技术规程》（JGJ 3—91）第 2.4.5-1 条规定，抗震设计时转换层上、下抗侧移刚度比 $\gamma=G_{i+1}A_{i+1}h_i/G_iA_ih_{i+1}\leqslant 2$。为此除了在建筑商场部分的三个角部加设筒体外，还采取了以下措施：

1）在保证上部住宅剪力墙强度及层间位移满足规范要求的前提下，尽量减少上部剪力墙数量，减薄厚度（240mm，200mm），而且开有较大的施工洞口，转换层以上剪力墙连梁尽量减小高度，转换层以下剪力墙厚度加大（400mm），以减小结构上部刚度，增大下部刚度。

2）中筒剪力墙厚度，转换层以下为 400mm，转换层以上设备层为 300mm，层 5 以上为 240mm，逐渐减薄，避免刚度突变。

3）转换层以上设备层层高由 3.0m 加高至 3.4m，转换层以下（层 4）层高由 3.9m 减小为 3.6m（不包括转换层板厚）。

4）转换层以上采用 C40 混凝土，转换层以下采用 C50 混凝土。

采取上述措施后，转换层上、下层刚度比在 x 方向为 1.05，y 方向为 1.17。

（2）为了有效地将水平地震力传递给剪力墙，在应力较集中的楼层，将楼板加厚。层 1 楼板（即地下室顶板）、转换层上一层楼板（设备层顶板）及顶层（屋面）楼板加厚为 200mm。

（3）调整框支柱总剪力不小于 $0.3Q_0$。为了增强框支柱的延性，框支柱轴压比控制不超过 0.65，配筋率为 1.7%左右，体积配箍率为 1.8%；柱箍筋采用全长加密，并在框支柱中间增加芯筋（见图 6-22），柱纵向钢筋全部采用机械连接。

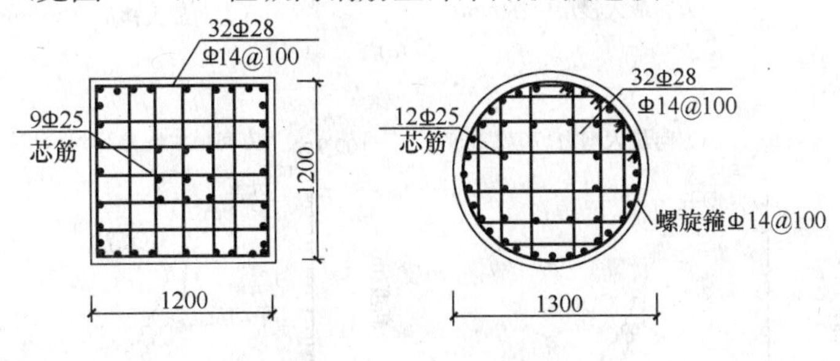

图 6-22 框支柱配筋

（4）框支层剪力墙轴压比控制在 0.4 以内，配筋率为 0.6%；剪力墙暗柱配筋率为 1.5%，其体积配箍率为 1.2%左右，保证了剪力墙有足够的延性。

（5）转换层上部靠近转换层的楼层墙体，由于转换层处刚度突变，亦受到较大的剪力作用，为保证其延性，对转换层以上 3 层剪力墙及暗柱配筋作了加强处理，剪力墙配筋率为0.4%，暗柱配筋率为1.0%。

4. 整体结构的自振周期及变形

整体结构计算采用SATWE程序，并用TAT程序进行复核。整体结构计算时，转换层厚板简化为沿轴网加虚梁，墙下加虚梁，虚梁与轴网相交。按6度抗震设防，计算结果如下：

结构的自振周期为：$T_1=1.47s$、$T_2=1.35s$、$T_3=1.07s$。

地震作用下：x 向的最大位移12.6mm，y 向的最大位移15.64mm，最大层间位移0.72mm。

风荷载作用下：x 向最大位移10.87mm，y 向最大位移14.77mm，最大层间位移0.67mm。

比较风荷载与地震作用，按地震作用下产生的较大侧移变形计算，结构顶点的相对位移为 $U/H=1/7034<1/850$，楼层层间相对位移为 $u/h=1/6100<1/650$。

转换层上部结构的层最大刚度偏心率为：$E_{ex}=0.008$，$E_{ey}=0.049$。绕 z 轴最大扭转角为0.032rad。以扭转为主的最大周期为 $T_t=T_3=1107s$，$T_t/T_1=0173$。可以看出由整个结构刚心与质心偏差造成的扭转效应不大。

为了检验带转换层结构的抗震能力，按7度抗震采用时程分析方法按弹性对结构进行控制验算，取Ⅱ类场地上3条地震波时程曲线计算的最大楼层位移及剪力的平均值，与按反应谱法（CQC法）计算的结果一起绘出，见图6-23。

由图6-23（a）可看出，结构 x 方向位移曲线在转换层处变化不大，而 y 方向位移曲

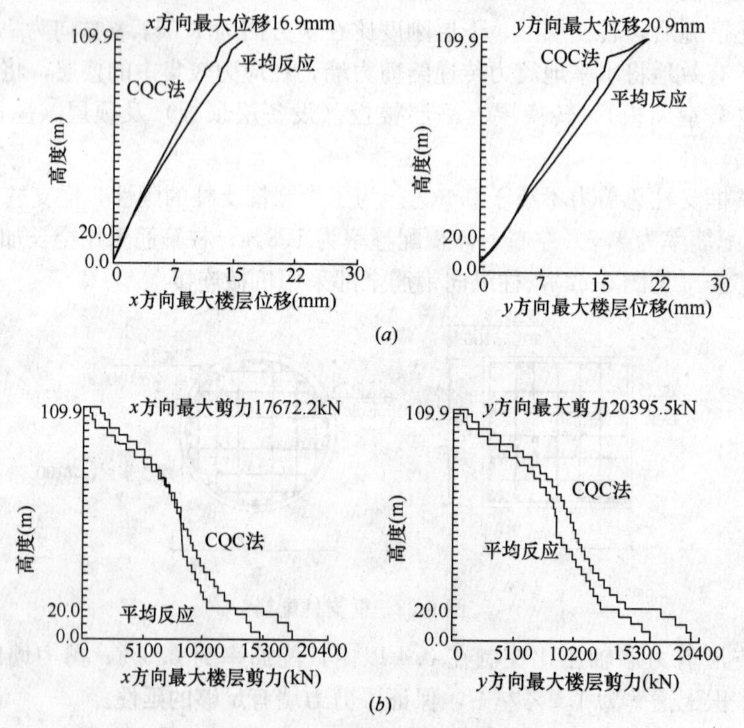

图6-23 抗震验算结果（7度）

（a）最大楼层位移曲线；（b）最大楼层剪力曲线

线在转换层处有明显的折点，但倾斜角度不算太大，说明高位转换时，不仅应控制层剪切刚度比，还应控制转换层上、下层的层侧向刚度比，为此设计中又将转换层 y 向主要落地剪力墙的厚度加大至 550mm。重新分析结果显示，转换层以下 y 向位移曲线斜率明显减小。由图 6-23（b）可看出，在转换层处，x、y 方向最大剪力值都有突变，转换层以上几层剪力值亦有明显增大，这些薄弱部位通过上述措施得到了解决。

计算结果表明，7 度抗震设防时，除了转换厚板上一层个别墙体及其连梁强度不满足要求给予加强外，其他构件都能满足要求。

5. 转换层厚板设计与构造

转换板采用建研院编制的转换层厚板有限元分析与配筋程序 Slab 计算，并用简化计算模型手算复核，板厚采用 2.0m，为最大柱距的 1/3.6，板的配筋根据抗弯强度验算结果，并参考有关文献资料，配筋率采用 0.5%，板上、下配筋为双排双向Φ 32@160，暗梁范围为Φ 32@130，主筋保护层为 50mm。为减少厚板大体积混凝土水化热的问题，厚板采用 C40 混凝土，为满足柱顶周围板的抗剪强度要求，在柱轴网方向板宽 2.0m 范围内利用板上、下的钢筋设暗梁，暗梁采用 8 肢箍，在柱周围长 1.5m 范围内箍筋采用Φ 16@130，其余为Φ 16@260，暗梁大样如图 6-24a 所示。

为了增加板的抗裂能力，除板中混凝土内掺 10%水泥用量的膨胀剂外，在厚板的中部设上、下两层Φ 14@260 双向钢筋网片，板周边暗梁按框支梁构造加强，暗梁两侧设Φ 20@200 腰筋，以加强板边缘抗扭能力，防止板端头出现水平及竖向劈裂，见图 6-24b 所示。

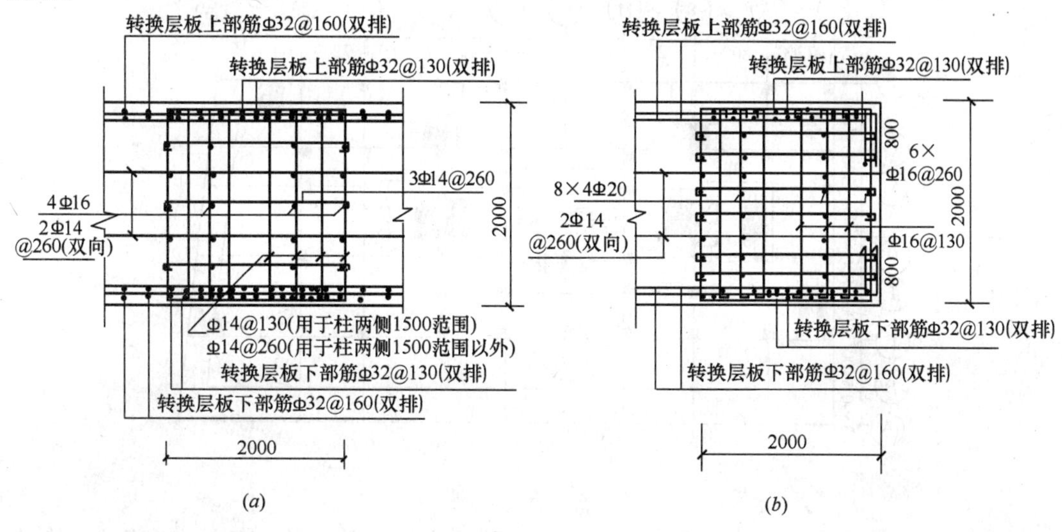

图 6-24 暗梁配筋大样

（a）暗梁；（b）板端暗梁

由于转换层自重较大，为了避免施工时自底层起层层支模，设计中利用转换层下一层楼板作为转换层施工时的模板支撑面，此层板厚为 260mm。

6. 转换层厚板施措施

转换层厚板属于大体积混凝土构件，荷载集度很大，为保证厚板的质量，防止其产生温度裂缝十分重要。设计除进行温度裂缝验算外，在施工中还采取了如下措施：

（1）采用低强度、低水化热的水泥（32.5 级矿渣水泥），并严格控制水泥用量。

（2）混凝土中除掺用定量的减水剂外，同时掺加一定量的粉煤灰以改善混凝土的可泵性，降低水泥的水化热，并掺加了 10%水泥用量的 UEA 微膨胀剂，提高了抗裂能力。

（3）现场配有足够的混凝土输送车、输送泵，保证商品混凝土的供应以及混凝土的连续浇筑，并分层平摊，避免出现施工缝。

（4）为了保证混凝土厚板内、外温差小于 25℃，对混凝土保湿养护采取以下措施：板底模采用两层竹胶板夹一层塑料薄膜，板上采用地毯和塑料薄膜覆盖，薄膜层板下空间封闭，减少冷空气对流；另外在板中部埋设两层直径 50mm、间距 1.5m 的循环冷却水降温钢管，在养护期间测试温度，必要时进行冷却降温。

（5）板中部布置多处测温点，由微机进行控制，动态掌握混凝土内部多点实际温度，分析内外温差梯度，以便在保温措施上适时调整。

6.5.2 南京市娄子巷小区 D7-07、D7-08 高层商住楼

1. 工程概况

南京市娄子巷小区 D7-07、D7-08 高层住宅工程，地下 1 层，地上 30 层，总建筑面积 3.7 万 m^2。由于 5 层以下为商场，5 层以上为住宅，故除剪力墙中筒直通外，5 层以下为大柱网的框架柱。5 层以上为小间距的剪力墙。为了满足建筑功能的要求，需在第 5 层进行结构转换。裙房平面见图 6-25，标准层平面见图 6-26。

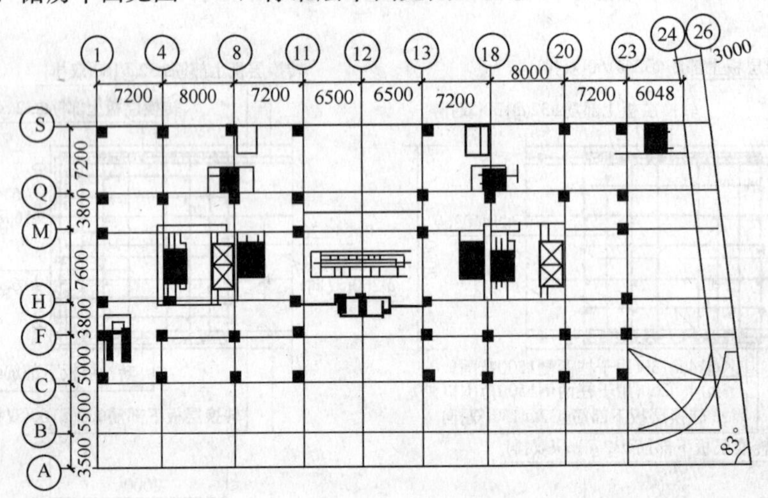

图 6-25　裙房平面

本工程上、下部结构柱网、轴线双向交错，按结构竖向在一个平面内的单榀式转换结构不能很好地满足要求，而厚板转换则能实现结构的三维转换，转换层的上、下柱网可以灵活布置。经分析比较，确定采用预应力厚板转换。最大柱距为 8.0m，厚板的厚度一般可取柱间距的 1/3～1/5，考虑到对转换厚板施加预应力能提高混凝土的抗冲切能力，所以该板厚取柱距的 1/4，即 2.0m。抗震设防烈度为 7 度，设计基本地震加速度为 0.10g。

2. 整体和局部计算分析

采用 TBSA4.2 程序进行结构的整体计算分析，转换厚板转化为等效交叉梁系，转换厚板下部柱子或剪力墙作支座的沿支座轴线均设置暗梁，梁高与板厚相同，梁宽统一取

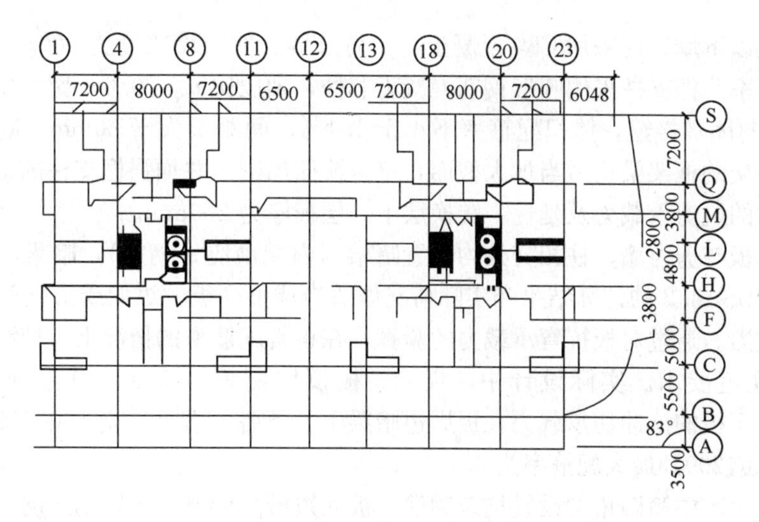

图 6-26　标准层平面

1.5m。分析结果表明，结构的第一振型 $T_1=2.2$s，最大层间位移 2.5mm，最大顶点位移 33.04mm，均在较合理的范围内。同时进行了多遇地震作用下的弹性时程分析，分析表明，转换层的下一层是薄弱层。

采用 SUPER-SAP9 有限元分析程序对转换厚板进行局部应力分析，采用高精度 8 节点实体三维单元，为保证计算精度，便于分析和减少计算时间，采用了以直角网格为主，单元长、宽、高量级相同，尺寸接近的单元划分模式，转换层厚板分为四个层区，对柱边、剪力墙边及核心筒边的单元形式进行了精心处理，避免在这些应力集中区出现单元“畸形”。作用在厚板上的荷载，以 TBSA4.2 程序整体计算的转换厚板上部结构最不利组合内力作为外荷载作用在厚板上，支座边界条件按实际情况输入。分析了以下 5 种荷载工况，计算结果表明，工况③为控制工况。

(1) 重力荷载×1.25；

(2) 重力荷载×1.2+x 方向水平地震荷载×1.3−风载×0.28；

(3) 重力荷载×1.2−x 方向水平地震荷载×1.3−风载×0.28；

(4) 重力荷载×1.0+x 方向水平地震荷载×1.3+风载×0.28；

(5) 重力荷载×1.0−x 方向水平地震荷载×1.3−风载×0.28。

3. 设计及构造要求

结构竖向布置时，尽量将上部剪力墙贯通下来，并在主体平面四角设置剪力墙，形成下部较大的整体刚度和抗扭刚度。

转换层以上尽可能减少剪力墙数量、在剪力墙上开洞、减小剪力墙厚度；且墙体自上而下厚度分三次由小变大，混凝土强度等级也错开分三次变化。以减小结构沿竖向刚度变化的不均程度。同时考虑抗扭因素，同一平面内剪力墙厚度也有变化。

厚板转换层以上三层剪力墙均按加强层设计。从下往上，楼板厚度分别为 180mm、150mm、120mm，剪力墙厚度分别为 250mm、250mm、220mm，中筒外墙剪力墙厚度从 600mm 过渡到 500mm、400mm、300mm。

适当提高塔楼以下三层楼板及连梁的配筋，以适应顶部较大地震反应及温度应力的影响。

转换厚板以下墙、柱采用C50混凝土，中筒外墙、剪力墙厚度为600mm，并适当提高墙体的配筋率。框支柱采用圆形钢筋混凝土芯柱，轴压比$\mu_N \leqslant 0.6$，受力纵向钢筋配筋率取2.0%；封闭焊接箍，体积配箍率不小于1.4%，间距不大于80mm。同时，与框支柱及剪力墙相交的框架梁均适当加大截面，全跨箍筋加密。并加强框支柱的锚固，保证板柱节点处结构的抗剪承载力及延性。转换层下一层板厚为250mm。

转换层厚板与剪力墙、柱相交处均设置暗梁（内配预应力钢筋），暗梁内纵向受力钢筋配筋参考TBSA4.2的计算结果和实际情况作适当调整。板的纵向受力钢筋配置主要考虑的抗弯承载力。通过对板抗弯承载力的验算，在正常配筋率的情况下，控制截面的抗弯承载力满足规范要求。实际设计中，板底、板顶均配置Φ25@150双向，配筋率为0.34%。为提高板的抗冲切承载力，板周边暗梁上、下各配置8肢Φ16@200，中间暗梁配置6肢Φ14@200，最大配箍率为0.45%。

在板的四角、中筒四角均设置抗裂钢筋。板周边沿高度方向配置钢筋网，以防止板端头出现水平及竖向裂缝。

4. 预应力设计

在转换层板顶部和底部采用双向有粘结预应力钢筋直线布置方案。预应力筋的布置重点在受力较大的暗梁位置，同时兼顾板的跨中受力和施工阶段控制大体积混凝土收缩裂缝的需要。每块预应力混凝土转换板平面尺寸22.4m×27.4m，混凝土强度等级C40，沿板顶和板底配置双向双层有粘结预应力钢绞线（极限抗拉强度为1860N/mm²），其中短边方向40束，每束为4ϕ^j15，全部为直线束，采用一端张拉，张拉力每束为189.5kN，张拉端交错布置（图6-27）。对板施加的预应力度为1.0MPa。

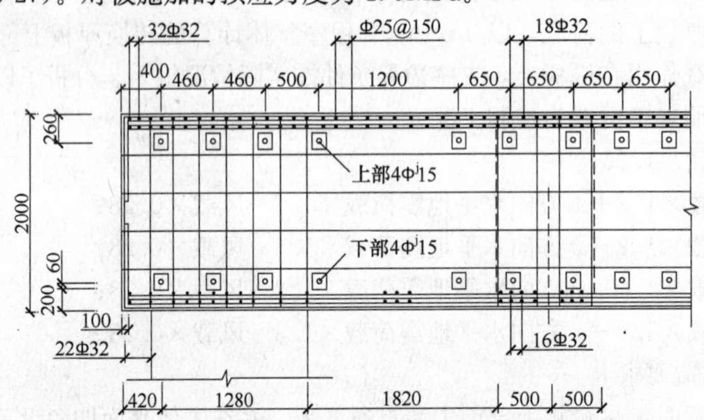

图6-27 南京市娄子巷小区四期工程转换厚板中钢绞线布置示意

参考文献

[6-1] 中华人民共和国国家标准. 混凝土结构设计规范(GB 50010—2010)[S]. 北京：中国建筑工业出版社，2010

[6-2] 中华人民共和国行业标准. 高层建筑混凝土结构技术规程(JGJ 3—2010)[S]. 北京：中国建筑工业出版社，2010

[6-3] 唐兴荣编著. 高层建筑转换层结构设计与施工[M]. 北京：中国建筑工业出版社，2002

[6-4] 中国建筑科学研究院建筑结构研究所．高层建筑转换层结构设计及工程实例[M]. 1993
[6-5] 徐培福，傅学怡，王翠坤，肖从真．复杂高层建筑结构设计[M]. 北京：中国建筑工业出版社，2005
[6-6] 傅学怡．带转换层高层建筑结构设计建议[J]. 建筑结构学报．1999. 20.（2）：28～42
[6-7] 方鄂华编著．高层钢筋混凝土结构概念设计[M]. 北京：机械工业出版社，2004
[6-8] 赵西安．带刚性转换层的高层塔楼低层部分内力和位移的简化计算[J]. 第十一届全国高层建筑结构学术交流会论文集，1990-02
[6-9] 王平山，孙炳楠．高层建筑厚板转换层有限元软件包及其应用[J]. 建筑结构学报．1996，17(3)：15-31
[6-10] 徐承强，李树昌．高层建筑厚板转换层结构设计[J]. 建筑结构．2003. 33.（2）：19～22
[6-11] 汪凯，盛小微，吕志涛，舒赣平．高层建筑预应力混凝土板式转换层结构设计[J]. 建筑结构. 2000. 30.（6）：45～49

7 带箱形转换层高层建筑结构设计

箱形转换结构是利用楼层实腹边肋梁、中间肋梁和上、下层楼板，形成刚度很大的箱形空间结构。一般情况下，肋梁可双向布置，也可单向布置，中间肋梁腹板往往开洞以满足建筑和机电等专业的功能要求。带箱形转换层的高层建筑结构实际工程见附表1-5。

7.1 箱形转换的适用范围

箱形转换结构具有如下特点：

（1）箱形转换结构刚度大，整体性好，受力明确，能更好更可靠地传递竖向和水平荷载，使各转换构件和竖向构件受力较均匀。受力性能优于一般实腹梁转换结构。

（2）箱形转换结构的面内刚度较单层的梁、板结构要大得多，而自重相差不大；但较厚板转换层平面内的刚度要小得多，节省材料，减小地震作用，降低造价。这将改善带转换层高层建筑结构的受力性能。

（3）可以满足上、下层结构体系或柱网轴线变化的转换要求，也可以满足上、下层结构体系和柱网轴线同时变化的转换要求。当需要纵、横两个方向同时进行结构转换时，可以采用双向肋梁布置。采用箱形转换结构可避免采用框支主次梁的转换方案。

（4）箱形转换结构的空腔部分可以兼作设备层，肋梁可根据建筑功能要求开设洞口，充分利用建筑空间，提高经济效益。

（5）箱形转换结构的缺点是箱形转换层上、下层刚度突变较严重，不宜用在较高的部位。同时，转换结构竖向构件受力较大，大震作用下易首先进入塑性状态甚至破坏。应根据规范要求采取合理可靠的加强措施，确保结构安全。此外，箱形转换结构的施工也比较麻烦。

带箱形转换层的高层建筑结构房屋最大适用高度可参照《高层建筑混凝土结构技术规程》（JGJ 3—2010）有关部分框支剪力墙结构取用。

9度抗震设计时不应采用带箱形转换层的高层建筑结构。7度和8度抗震设计的带箱形转换层的高层建筑结构不宜再同时采用两种或两种以上《高层建筑混凝土结构技术规程》（JGJ 3—2010）10.1.1条所指的复杂建筑结构。

箱形转换层结构在地面以上设置转换层的位置，8度时不宜超过3层，7度时不宜超过5层，6度时可适当提高。

7.2 箱形转换层结构的整体计算方法

带箱形转换层高层建筑结构的整体计算应采用两种不同力学模型的三维空间分析程序进行结构整体分析，并应采用弹性时程分析程序作校核性验算。

工程设计中，对带箱形转换层的高层建筑结构进行整体结构内力和位移分析时，宜将箱形转换层结构离散后参与整体分析。箱形转换层结构离散的方法主要有墙（壳）元模型和梁元模型两种。

7.2.1 墙（壳）元模型

墙（壳）元模型的基本假定如下：

(1) 把箱形转换层结构离散为墙板构件，箱形梁上、下翼板作为普通楼板不参与构件受力计算，如图 7-1 所示。离散后的墙板高度应算至上、下翼板外侧面。

(2) 墙板构件只计平面内刚度，不考虑其平面外刚度。

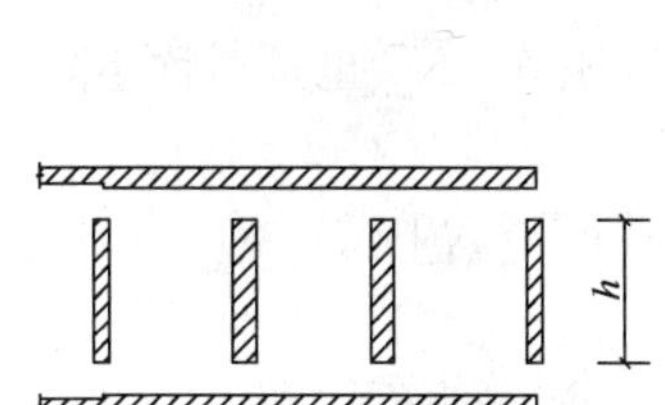

图 7-1　离散后的箱形转换层结构剖面

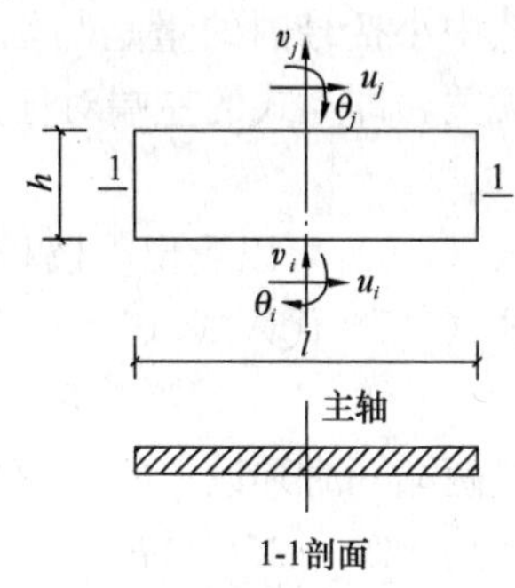

图 7-2　墙（壳）元模型

墙板模型（图 7-2）的物理方程为：

$$\{F\} = [K]\{\Delta\} \tag{7-1}$$

式中　$\{F\}$——墙板力向量，且 $\{F\} = \{N_i, V_i, M_i, N_j, V_j, M_j\}^{\mathrm{T}}$；

$\{\Delta\}$——墙板位移向量，且 $\{\Delta\} = \{u_i, v_i, \theta_i, u_j, v_j, \theta_j\}^{\mathrm{T}}$；

$[K]$——墙板单元刚度矩阵，它是 EA、EI 和 GA 的函数。

具有 6 个自由度的墙板计算模型（图 7-3）应满足墙板竖向受力时的平截面假定，则墙板位移向量 $\{\Delta\}$ 和墙板计算模型位移向量 $\{\delta\}$ 之间存在下列关系：

$$\{\Delta\} = [N]\{\delta\} \tag{7-2}$$

式中　$\{\delta\}$——墙板计算模型位移向量，$\{\delta\} = \{u_1, u_2, u_3, u_4, u_5, u_6\}^{\mathrm{T}}$；

$[N]$——广义位移转换矩阵，且

$$[N] = \begin{bmatrix} 0 & 1 & 0 & 0 & 0 & 0 \\ 0 & 0 & 0 & 0 & \frac{1}{2} & \frac{1}{2} \\ 0 & 0 & 0 & 0 & \frac{1}{l} & -\frac{1}{l} \\ 1 & 0 & 0 & 0 & 0 & 0 \\ 0 & 0 & \frac{1}{2} & \frac{1}{2} & 0 & 0 \\ 0 & 0 & \frac{1}{l} & -\frac{1}{l} & 0 & 0 \end{bmatrix}$$

不难证明，$[N]$ 是可逆矩阵，即 $[N][N]^{-1} = [E]$。

墙板计算模型的物理方程为：

$$\{f\}=[\overline{K}]\{\delta\} \tag{7-3}$$

式中 $\{f\}$——墙板计算模型的力向量，$\{f\}=\{f_1, f_2, f_3, f_4, f_5, f_6\}^{\mathrm{T}}$；

$[\overline{K}]$——墙板计算模型的刚度矩阵。

根据能量守恒可得：

$$\frac{1}{2}\{\delta\}^{\mathrm{T}}\{f\}=\frac{1}{2}\{\Delta\}^{\mathrm{T}}\{F\} \tag{7-4}$$

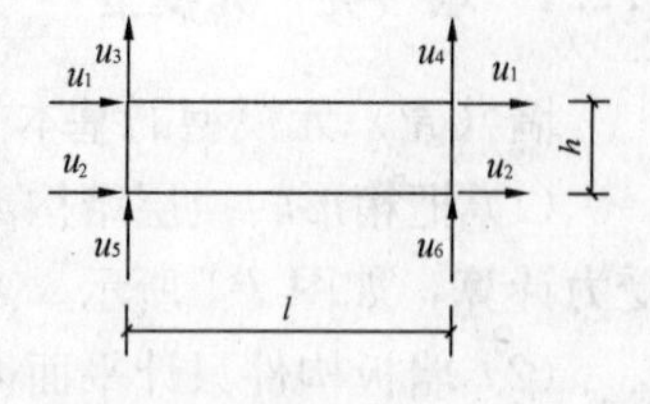

图 7-3 墙板计算模型

将式（7-1）～式（7-3）代入式（7-4），整理后得：

$$\{\delta\}^{\mathrm{T}}([\overline{K}]-[N]^{\mathrm{T}}[K][N])\{\delta\}=\{0\}$$

上式中小括号内的量是与墙板的固有属性有关，它与力和位移无关，即上式的左端对任意的 $\{\delta\}$ 都为零。由此可得：

$$[\overline{K}]=[N]^{\mathrm{T}}[K][N] \tag{7-5}$$

由式（7-5）可以看出，墙板计算模型的刚度矩阵 $[\overline{K}]$ 也是对称矩阵。

将式（7-2）代入式（7-1）得：

$$\{F\}=[K]\{\Delta\}=[K][N]\{\delta\}$$

上式两端同时乘以 $[N]^{\mathrm{T}}$ 可得：

$$\{N\}^{\mathrm{T}}\{F\}=[N]^{\mathrm{T}}[K][N]\{\delta\}=[\overline{K}]\{\delta\}=\{f\} \tag{7-6}$$

综上所述，两种模型的转换关系如下：

$$\begin{aligned}\{\delta\}&=[N]^{-1}\{\Delta\}\\ \{f\}&=[N]^{\mathrm{T}}\{F\}\\ [\overline{K}]&=[N]^{\mathrm{T}}[K][N]\end{aligned} \tag{7-7}$$

当墙板与其他构件相连时，应考虑墙板和构件之间在平面转动的连续性，必须在连接楼面标高处设置一根单参数刚梁，定义其竖向抗弯刚度为无穷大，其余参数如截面尺寸、轴向刚度、竖向抗剪刚度、横向抗剪刚度、横向抗弯刚度、抗扭刚度均不考虑，即

截面尺寸：$b\times h=0\times 0$

轴向刚度：$EA=0$

竖向抗剪刚度：$GA_1=0$

横向抗剪刚度：$GA_2=0$

竖向抗弯刚度：$EI_1=\infty$

横向抗弯刚度：$EI_2=0$

抗扭刚度：$EJ=0$

在图 7-4 中，刚梁 1 在左端为连续端，右端为铰接端；刚梁 2 在两端为连续端。墙板承受的竖向荷载也是通过刚梁施加到结构计算中去的。

7.2.2 梁元模型

梁元模型的基本假定如下：

(1) 把箱形转换结构根据其主梁的布置方式按《公路钢筋混凝土及预应力混凝土桥涵设计规范》（JTG D64—2004）离散成位于结构楼层内的 I 形和 [形截面梁系（图 7-5）。箱形梁的抗弯刚度应计入相连层楼板的作用，楼板的有效翼缘宽度为：$12h_i$（中间肋梁），

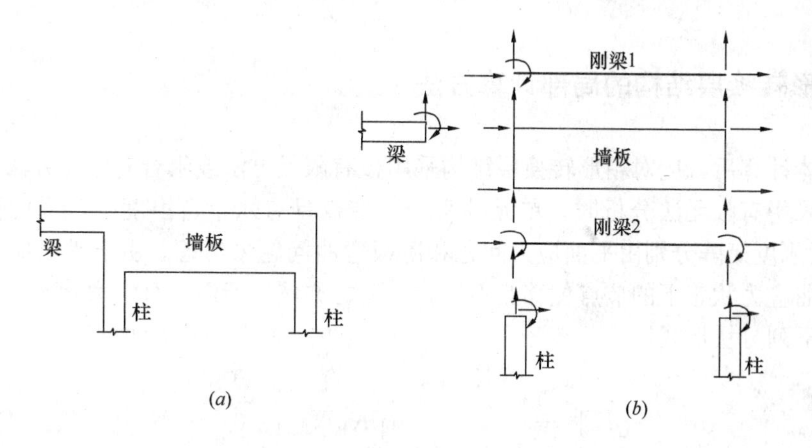

图 7-4　墙板边界条件的确定

(*a*) 实际结构；(*b*) 刚梁设置

$6h_i$（边肋梁），但不应大于肋梁间距之一半，h_i 为肋梁上、下翼缘相连楼板的厚度，不宜小于 180mm。

（2）离散后的肋梁为空间受力构件，其参数为：

EA—轴向刚度，按实际计算；

GA_1—竖向抗剪刚度，按实际计算；

GA_2—横向抗剪刚度，按实际计算；

EI_1—竖向抗弯刚度，按实际计算；

EI_2—横向抗弯刚度，按实际计算；

EJ—抗扭刚度，令 $EJ=0$。

箱形转换层在整体计算时划分成等效交叉梁系，箱形转换层结构的上、下楼板连同腹板组成Ⅰ形和［形截面梁，按面积相等和惯性矩相等的原则折算成等效刚度矩形截面（图 7-6）参与计算。等效刚度矩形截面尺寸：

$$h_{\text{equ}}=\sqrt{\frac{b_{\text{f}}h^3-(b_{\text{f}}-b)(h-2h_{\text{f}})^3}{b_{\text{f}}h-(b_{\text{f}}-b)(h-2h_{\text{f}})}} \tag{7-8a}$$

$$b_{\text{equ}}=\frac{b_{\text{f}}h-(b_{\text{f}}-b)(h-2h_{\text{f}})}{h_{\text{equ}}} \tag{7-8b}$$

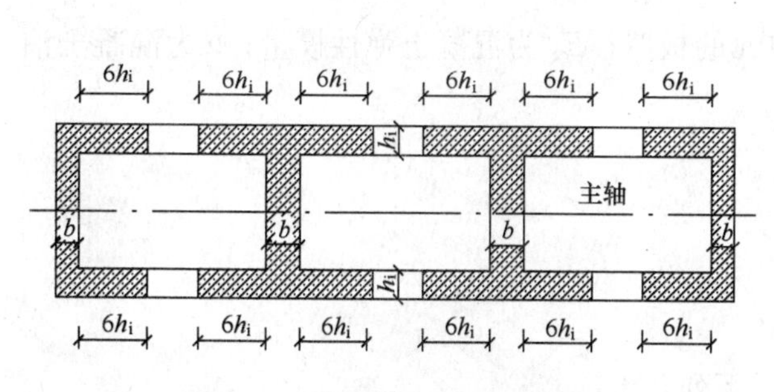

图 7-5　箱形转换层结构的离散

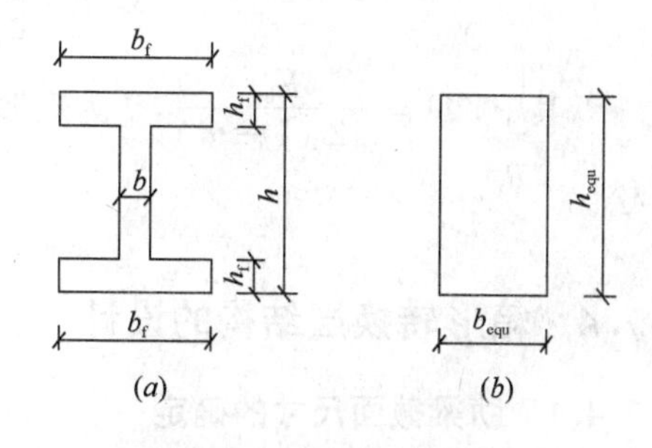

图 7-6　箱形梁截面等效

(*a*) 箱形截面；(*b*) 等效矩形

7.3 箱形转换层结构的局部计算方法

在整体计算后，应对箱形转换层结构采用板有限元方法或组合有限元方法进行局部应力分析。采用有限元法分析时，单元的每一个节点具有六个自由度（三个位移、三个转角），单元刚度矩阵分别由平面应力问题和薄板弯曲问题来考虑。由于平面应力状态下的节点与弯曲应力状态下的节点位移互不耦合，反之亦然。所以组合应力状态下的单元刚度矩阵写成下列分块形式。

$$[K]^{e}=\begin{bmatrix}[K_{P}]^{e}_{8\times 8} & 0 & 0\\ 0 & [K_{B}]^{e}_{12\times 12} & 0\\ 0 & 0 & 0\end{bmatrix}_{24\times 24}$$

其中，平面应力问题

$$[K_{P}]^{e}=\int_{A}[B]^{T}[D][B]t\,dA \tag{7-9}$$

式中 A——矩形单元面积；

t——矩形单元厚度；

$[B]$——应变矩阵；

$[D]$——弹性矩阵，且 $[D]=\dfrac{E}{1-\upsilon^{2}}\begin{bmatrix}1 & \upsilon & 0\\ \upsilon & 1 & 0\\ 0 & 0 & \dfrac{1-\upsilon}{2}\end{bmatrix}$

薄板弯曲问题

$$[K_{B}]^{e}=\int_{A}[B]^{T}[D][B]\,dA \tag{7-10}$$

式中 A——矩形单元面积；

$[B]$——应变矩阵；

$[D]$——弹性矩阵，且 $[D]=\begin{bmatrix}D & \upsilon D & 0\\ \upsilon D & D & 0\\ 0 & 0 & \dfrac{1-\upsilon}{2}D\end{bmatrix}$；

其中，$D=\dfrac{E_{c}t^{3}}{12(1-\upsilon^{2})}$，$t$ 为矩形单元的板厚；E_{c} 为混凝土弹性模量；υ 为混凝土泊松比。

7.4 箱形转换层结构的设计

7.4.1 肋梁截面尺寸的确定

箱形转换结构肋梁的截面尺寸应满足下列要求：

(1) 肋梁的截面宽度：不宜大于转换柱相应方向的截面宽度，当梁上托墙时，不宜小于其上部墙体厚度的 2 倍和 400mm 的较大值；当梁上托柱时，尚不应小于梁宽度方向的转换柱截面宽度。

肋梁的截面高度：不宜小于其计算跨度的 1/8。

（2）肋梁的受剪截面控制条件应满足以下要求：

持久、短暂设计状况：
$$V \leqslant 0.20\beta_c f_c b h_0 \tag{7-11}$$

抗震设计状况：
$$V \leqslant \frac{1}{\gamma_{RE}}(0.15\beta_c f_c b h_0) \tag{7-12}$$

式中 V——肋梁在所有重力荷载代表值作用下按简支梁计算出的支座截面剪力设计值；

b、h_0——分别为肋梁腹板宽度、截面有效高度；

f_c——肋梁的混凝土抗压强度设计值；

γ_{RE}——肋梁受剪承载力抗震调整系数，$\gamma_{RE}=0.85$。

在估算肋梁截面尺寸时，肋梁支座截面剪力设计值 V 按下式估算，当结构为非抗震设计或设防烈度较低时，可取小值，反之应取大值：

$$V = (0.60 \sim 0.80)G \tag{7-13}$$

式中 G——作用在肋梁上所有重力荷载代表值。

（3）受有扭矩的箱形转换结构肋梁，其截面尺寸尚应满足以下要求：

当 $\frac{h_w}{b}\left(或\frac{h_w}{t_w}\right) \leqslant 4$ 时
$$\frac{V}{bh_0} + \frac{T}{0.8W_t} \leqslant 0.25\beta_c f_c \tag{7-14}$$

当 $\frac{h_w}{b}\left(或\frac{h_w}{t_w}\right) = 6$ 时
$$\frac{V}{bh_0} + \frac{T}{0.8W_t} \leqslant 0.20\beta_c f_c \tag{7-15}$$

当 $4 < \frac{h_w}{b}\left(或\frac{h_w}{t_w}\right) < 6$ 时，按线性内插法确定，即

$$\frac{V}{bh_0} + \frac{T}{0.8W_t} \leqslant 0.025\left(14 - \frac{h_w}{b}\right)\beta_c f_c \tag{7-16}$$

式中 b——箱形截面的侧壁总厚度，取 $b = 2t_w$；

h_0——箱形截面的有效高度；

h_w——箱形截面的腹板净高；

t_w——箱形截面壁厚，其值不应小于 $b_h/7$，此处 b_h 为箱形截面的宽度；

T——扭矩设计值；

W_t——箱形截面受扭塑性抵抗矩，按《混凝土结构设计规范》（GB 50010—2010）有关规定计算。

当 $\frac{h_w}{b}\left(或\frac{h_w}{t_w}\right) > 6$ 时，受扭构件的截面尺寸要求及扭曲面承载力计算应符合专门规定。

7.4.2 结构布置

箱形转换一般适用于结构的整体转换，也可用于结构的局部转换。

箱形转换构件设计时，要保证其整体受力作用。箱形转换结构上、下层楼板厚度均不

宜小于 180mm，应根据转换柱的布置和建筑功能要求设置双向横隔板；一般宜沿建筑周边环通构成“箱子”，满足箱形梁刚度和构造要求。

带箱形转换层高层建筑的结构布置宜简单、规则、对称，尽量减少结构刚心与质心的偏心；主要抗侧力构件宜尽可能布置在周边，尤其应注意加强箱形转换层下部结构的抗侧能力。

转换层下部必须有落地剪力墙和（或）落地筒体，落地纵、横剪力墙最好成组布置，结合为落地筒体。当转换层下部有转换柱时，落地剪力墙和（或）落地筒体、框支柱的平面布置应符合第 2 章部分框支剪力墙的平面布置要求。

带箱形转换层结构中转换层上、下结构的侧向刚度，应符合《高层建筑混凝土结构技术规程》（JGJ 3—2010）附录 E 的有关规定。

带转换层结构的上、下层侧向刚度均突变，同时相邻楼层质量差异很大，竖向传力不直接，是特别不规则的建筑结构。由于结构的地震作用效应不仅与刚度有关，还与质量有关，仅限制转换层结构的上、下层侧向刚度，是无法有效控制结构的地震效应的。因此，当转换层结构的上、下层侧向刚度比较大时，应采用弹性时程分析法进行多遇地震下的结构计算，严格控制转换层结构上、下层层间位移角，以避免产生薄弱层或软弱层，确保结构具有足够的承载力和变形能力。

7.4.3 箱形转换结构的设计和构造要求

1. 箱形转换结构肋梁

箱形肋梁的配筋设计，应对按梁元模型和墙（壳）元模型的计算结果进行比较和分析，综合考虑纵向受力钢筋和腹部钢筋的配置。配筋构造除应符合第 2 章的托墙转换梁或第 3 章的托柱转换梁的要求外，还应符合下列要求：

（1）箱形梁的承载力计算，受剪、受弯时按等效工字形截面，楼板有效翼缘宽度可取板厚的 8～10 倍（中间肋梁）或 4～5 倍（边肋梁），且不宜小于 180mm，箱形梁抗弯刚度应计入相连层楼板的作用。受扭时按箱形截面。

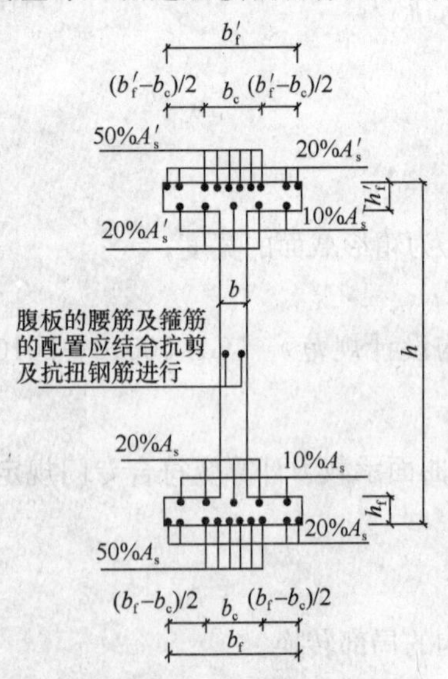

图 7-7 箱形梁抗弯受力钢筋构造

（2）箱形肋梁的顶、底部抗弯纵向受力钢筋可采用工字形截面梁的配筋方式，翼缘宽度可取板厚的 8～10 倍（中间肋梁）或 4～5 倍（边肋梁）；70%～80%的纵向受力钢筋应配置在支承肋梁的转换柱的宽度范围内（图 7-7）。

在图 7-7 中，A_s 为箱形梁底部总配筋；A'_s 为箱形梁顶部总配筋；b_f 为箱形梁底部总宽度；h_f 为箱形梁底板厚度；b'_f 为箱形梁顶部总宽度；h'_f 为箱形梁顶板厚度；b 为箱形梁腹板厚度；h 为箱形梁高度。

（3）肋梁的箍筋及腹板腰筋应结合抗剪及抗扭承载力计算配筋并满足构造要求配置，腹板腰筋的构造要求同转换梁。

（4）肋梁上、下翼缘板内横向钢筋不宜小于 ϕ12@200 双层。

(5) 箱形梁的开洞构造要求同第 3 章转换梁开洞要求。

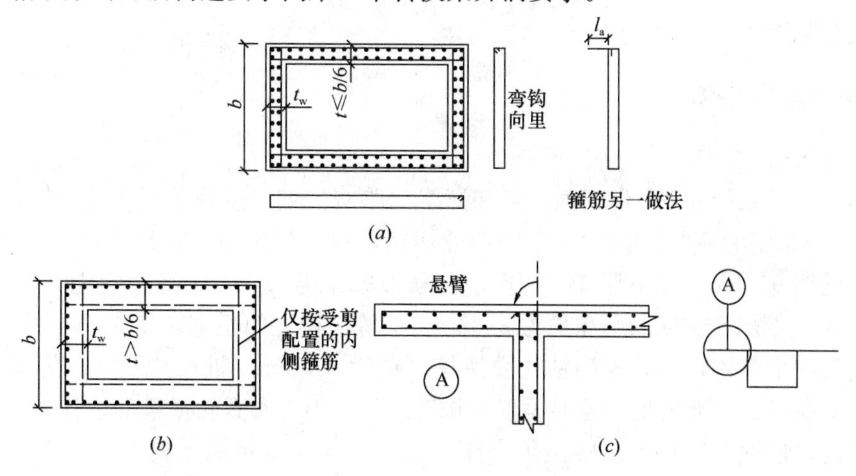

图 7-8 箱形截面的抗扭配筋

(a) $t\leqslant b/6$；(b) $t>b/6$；(c) 带悬壁的箱形截面节点 Ⓐ

(6) 箱形转换结构肋梁的纵向受力钢筋在支座处的锚固应满足图 2-21 的规定，所有纵向受力钢筋（包括梁翼缘柱外部分）锚固长度的计算均从柱内边算起。纵向受力钢筋支座锚固长度抗震设计时取 l_{aE}，非抗震设计时取 l_a。

(7) 箱形转换构件截面的抗剪及抗扭配筋构造，当壁厚 $t\leqslant b/6$ 时，可在壁外侧和内侧配置横向钢筋和纵向钢筋（图 7-8*a*）。要特别注意壁内侧箍筋在角部应有足够的锚固长度。当承受的扭矩很大时，宜采用 45°和 135°的斜钢筋。当壁厚 $t>b/6$ 时，壁内侧钢筋不再承受扭矩，可仅按受剪配置内侧钢筋（图 7-8*b*）。

2. 转换柱

转换柱设计应考虑箱形转换层（顶板、底板、肋梁）的空间整体作用，配筋构造同第 2 章转换柱。

3. 落地剪力墙、筒体

落地剪力墙、筒体的设计应符合第 2 章部分框支剪力墙结构中的落地剪力墙、筒体有关要求。

4. 箱形转换层上、下楼板

由于箱形转换层是整体空间受力的，因此配筋计算时应考虑板平面内的拉力和压力的影响。顶板和底板的配筋计算应以箱形整体模型分析结果为依据，除进行楼板的局部弯曲设计外，尚应按偏心受拉或偏心受压构件进行配筋设计。

箱形转换层上、下层楼板应采用现浇钢筋混凝土板，其厚度不宜小于 180mm，应双层双向配筋，且每层每方向贯通钢筋的配筋率不宜小于 0.25%，楼板中钢筋应锚固在边梁或墙体内。

与转换层相邻楼层的楼板也应适当加强，楼板厚度不宜小于 150mm，并宜双层双向配筋，每层每方向贯通钢筋配筋率不宜小于 0.25%，且需在楼板边缘结合纵向框架梁或底部外纵墙予以加强。

箱形转换结构的混凝土强度等级不应低于 C30。

7.5 工程实例

7.5.1 常熟华府世家

1. 工程概况

常熟华府世家工程[7~9]位于枫林路和海虞北路交汇处，总建筑面积约 9.15 万 m^2，共有 3 栋 32～33 层的高层住宅，2～4 层商业裙房，设 2 层地下室，地下层 2 为六级人防，建筑总高度约 99.6m。地下层 1、2 层高均为 3.9m，层 1～4 层高分别为 5.4m、5.2m、3.5m、2.85m，层 5～35 的层高均为 2.85m。三栋塔楼之间根据建筑布局自然设缝脱开，地下室连为一个整体，基础采用钻孔灌注桩，桩径 800mm，桩长约 50m。为实现从上部住宅到下部商场的功能转换，需要设置结构转换层。但在布置转换梁的过程中，发现有较多次梁抬墙的情况，这种多次转换传力路径长，框支主梁将承受较大的剪力、扭矩和弯矩，对抗震不利，所以决定采用整体性好的箱形转换结构。这里以 1 号楼为例介绍箱形转换结构的计算分析以及设计中的一些主要问题。

2. 结构布置

结构层 1、2 为商场，层 3 及以上为住宅，图 7-9 为层 3 转换层结构平面。图中阴影部分为转换层以上标准层的竖向构件（剪力墙），而阴影部分下方为框支梁、框支柱以及落地剪力墙的轮廓线。一般框支柱截面 1.2m×1.2m，一般框支梁截面 0.8m×2.0m，转换层上、下层板厚均为 200mm，转换层以上剪力墙厚 200mm，转换层以下落地剪力墙厚 400mm。

本工程结构布置的特点如下：

（1）由于平面布置复杂，为实现上、下竖向构件的转换，框支梁将承托剪力墙并承托转换次梁及其上剪力墙，即梁抬梁的二次转换现象不可避免，局部甚至是三次转换。在这种情况下，框支主梁易产生受剪破坏。必须进行应力分析，按应力校核结果配筋。但要进行精确的应力分析是相当困难的，尤其是在复杂的地震力作用下，而采用整体性好的箱形转换层，则可以从概念和构造上解决应力复杂的难题。

（2）框支梁上的墙体大多分段分布，作为集中竖向构件作用在梁上，而不是理想状态下的框支墙梁，即不会有明显的内力拱出现，框支梁主要是受弯构件而不是偏心受拉构件。

（3）由于建筑要求，有些框支梁的中心线不能和上部剪力墙中心线重合，将在框支梁上产生扭矩，而准确计算这种扭矩也很困难。不能简单地将上部剪力墙的垂直荷载乘以偏心距得到，因为上部结构有一个共同工作问题，上部结构的梁、板、墙均会抵消掉一部分扭矩。而箱形转换层的上、下层厚板承载力可形成一个力臂，可以抵消掉这种扭转作用。同时，箱形转换层整体受力，其共同作用能力和变形协调能力都大大提高。

（4）由于箱形转换层的梁板形成一个个封闭的空间，混凝土整浇后模板无法撤出，所以在框支梁的中间部位开了 ϕ600mm 的圆洞，使得每个封闭空间能形成对外撤出模板的通道。梁高 2.0m，圆洞直径小于梁高的 1/3。开洞尽量做到最少，并且靠近框支梁剪力较小的跨中部位。

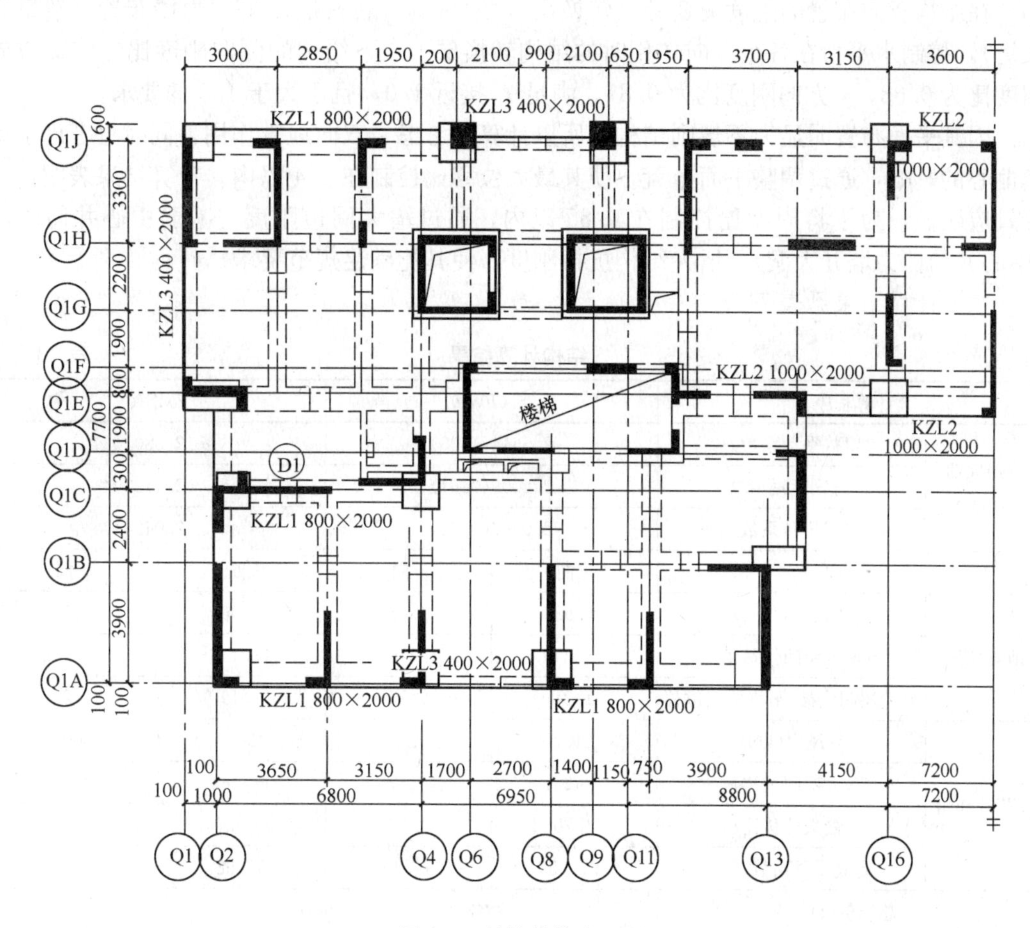

图 7-9　转换结构布置图

3. 计算分析

(1) 结构整体计算

按建筑使用功能的重要性，建筑抗震设防类别为丙类，抗震设防烈度为 6 度，设计基本地震加速度值为 0.05g，设计地震分组为第一组。根据岩土工程勘察报告，建筑场地类别为Ⅲ类，特征周期 T_g=0.55s。设计基本风压 0.5kN/m^2，地面粗糙度 B 类。

计算表明，本工程的风荷载起控制作用，以下分析中均取 y 向风荷载的计算结果。

采用 SATWE 和 PMSAP 两程序进行整体计算分析。因为转换层板在水平力作用下将承受较大的内力作用，其平面内的变形不能忽略，又由于弹性板模型在整体计算中要考虑其平面外刚度，对梁会产生卸荷作用，使得梁的设计偏于不安全，所以在整体计算分析时，转换层板采用弹性膜单元是合适的。结构转换层设在层 2，计算时采用了剪弯刚度。进行整体分析时，考虑程序计算模式所限，没有输入转换层的下层板，而是将转换层作为一般梁式转换输入，但计算上、下层侧向刚度比时，应考虑下层板的作用，将箱形转换层的高度平均分配给相邻的上、下两层。做上述简化后，转换层上、下侧向刚度比是比较接近真实情况的，而由于上、下层层高均较输入层高要小，得到的上、下层剪力墙、柱内力偏大，偏于安全。

在结构竖向布置的刚度突变处（转换层），通过调整转换层以下剪力墙布置（数量和长短），控制水平力在各个方向作用时的结构转换层上、下结构的侧向刚度比，使 x 方向刚度比为 0.63，y 方向刚度比为 0.87，满足 γ_c 接近 1.0，且不大于 1.3 的要求。

因其平面布置明显为不规则结构，所以计算时考虑了双向地震作用，同时也考虑了偶然偏心的影响，通过调整平面布置，使其最大位移比控制在 1.4 以内。计算结果表明，扭转效应明显，为了将周期比控制在 0.85 以内，通过增大周边刚度，减弱中心井筒刚度（中心井筒剪力墙开大洞），增大结构抗扭刚度，使其能满足规范要求。

主要计算结果见表 7-1。

结构计算结果 **表 7-1**

计算程序		SATWE		PMSAP	
自振周期(s)	T_1(平动系数)	2.5644(1.00)		2.5801	
	T_2(平动系数)	2.4009(0.61)		2.4123	
	T_3(扭转系数)	2.0996(0.61)		2.0424	
方　向		x 向	y 向	x 向	y 向
地震作用	剪重比 Q_0/W(%)	0.98	1.06	0.96	1.05
	最大层间位移角	1/2849	1/2407	1/3146	1/2002
	最大层间位移/平均层间位移	1.21	1.22	1.19	1.20
风荷载作用	总风力(kN)	2407	6041	2391	6002
	最大层间位移角	1/4261	1/1478	1/4440	1/1468
	最大位移比	1.20	1.03	1.22	1.05
	有效质量系数(%)	97.75	94.39	97.68	94.19
总质量(t)		38848		38859	

(2) 箱形转换层的局部有限元计算分析

采用 ANSYS 有限元软件进行局部计算分析，建模时从整体结构中把相应框支效应明显的构件取出并作适当简化，对其边界处理如下：

1) 转换层向下取一层，底部取为嵌固；

2) 转换层以上取三层，在上部施加荷载，荷载从 SATWE 整体结构计算数据提取。转换层及其上三层剪力墙和下一层墙、柱均采用 Solid65 实体单元模拟，楼面板采用 Shell63 板壳单元模拟。

计算中荷载组合（标准值）为：恒载＋活载＋ 0.6y 向风载。

4. 箱形转换层构件设计

(1) 转换梁的设计

转换梁跨中底部和支座上部在竖向荷载作用下的弯矩最大，所以梁的弯剪配筋采用了 SATWE 整体计算配筋结果，而下层板的作用未考虑，即框支梁计算时取 T 形截面，而实际为工字形截面，将其作为安全储备。个别框支梁靠近支座处抗剪不够，通过加腋角来解决。框支梁主筋全跨拉通，接头要求采用机械连接，箍筋也是全跨加密。主筋和箍筋均采用Ⅲ级钢，混凝土强度等级 C40。几个有代表性的框支梁（KZL1、KZL2、KZL3）的配筋截面如图 7-10 所示。

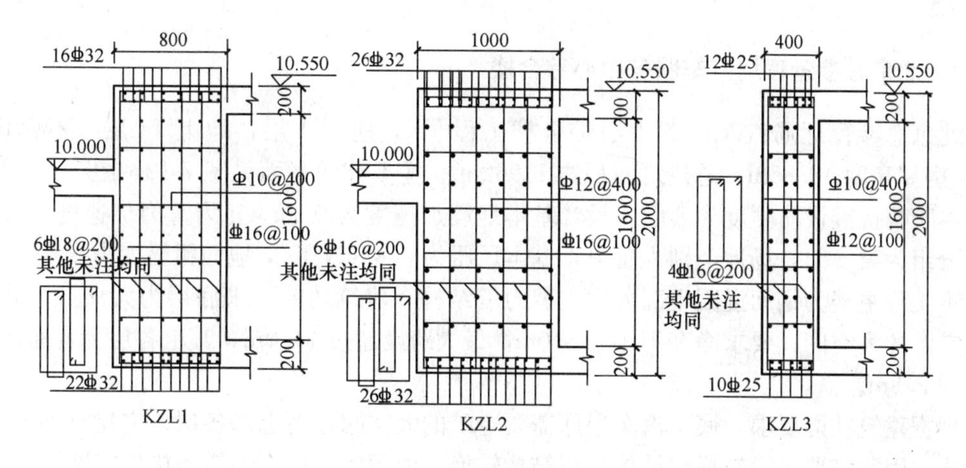

图 7-10 框支梁配筋截面

主、次梁相交处，采取以附加箍筋为主、以吊筋为辅的配筋方式。但由于箍筋间距为100mm，直径16mm或14mm，又是多肢套叠，如果再设置间距50mm的附加箍筋，则箍筋间距过小，无法施工，因此采用加大主、次梁相交处箍筋直径的方式来解决。

（2）转换层板的设计

转换层顶、底板厚度均为200mm。ANSYS计算结果显示，底板拉压应力略大于顶板，在顶板中设置双层双向拉通钢筋Φ 12@150，底板Φ 14@150，单层单向配筋率分别为0.38%和0.5%。一方面满足构造要求，另一方面也满足应力校核需要，在局部拉应力较大区域，采取加强措施，适当增加配筋。

（3）转换梁的开洞构造

为便于施工拆除模板及箱形转换层内设备管道的检修，在一些大梁腹部开了ϕ600mm的圆洞，使每个分隔区域均能连通。框支梁上是不宜开洞的，设计上做到尽量少开洞，并将洞口留在跨中1/3范围内。对开洞处进行补强处理，开洞补强大样见图7-11。

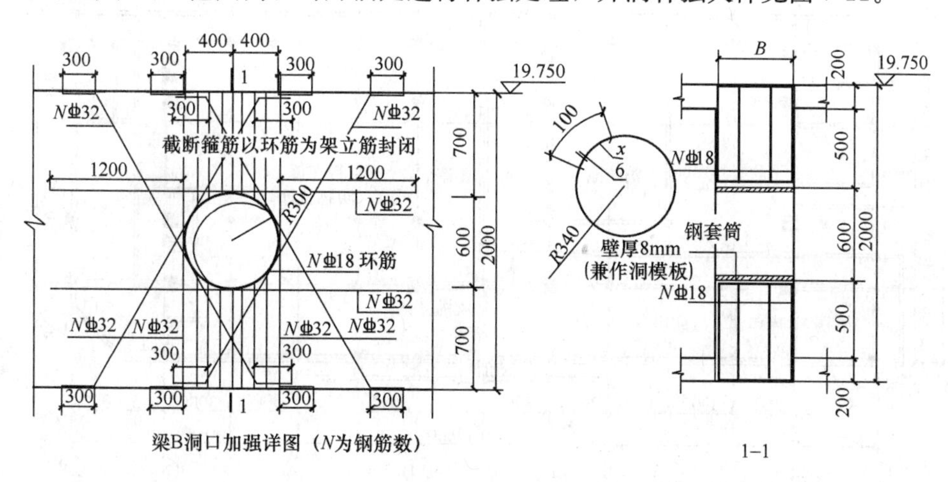

图 7-11 框支梁开洞补强

另外，整个箱体一次整浇是不可能的，考虑将水平施工缝留在下层板面上300mm高处，在施工缝面框支梁中适当增加构造钢筋。

7.5.2 北京总参管理局汽车服务中心综合楼

北京总参管理局汽车服务中心综合楼工程[7-10]，地下 1 层，地上 14 层（不含设备层），房屋高度 46.85m，总建筑面积约 11962m²。主要建筑平面见图 7-12～图 7-14。

本工程抗震设防烈度为 8 度，设计基本地震加速度为 0.2g（g 为重力加速度），设计地震分组为第一组，场地类别为Ⅲ类，基本风压为 0.45kN/m²，地而粗糙度为 C 类。

本工程主楼为钢筋混凝土部分框支剪力墙结构。建筑功能要求底层为大众汽车展厅，需要空旷的大空间，要求净高不小于 6.0m，最大跨度超过 14.0m，其上各层为普通住宅，层高为 2.9m。

根据建筑功能要求，底层汽车展厅需要空旷的大空间，而上部各层住宅建筑采用剪力墙结构，因此需要采用转换层结构进行结构转换。由于本工程水平转换构件跨度较大（最大为 14.5m），落地剪力墙除房屋中部一榀外，主要集中在房屋的两个端部，普通框支转换梁难以满足结构的局部和整体性能要求；同时，建筑设计希望利用结构转换层作为设备层，以减小房屋总高度，满足规划要求。根据结构方案试算结果和设备层层高的要求，采用高度为 2.4m 的箱形结构转换层可同时满足建筑、结构、设备等不同专业的要求。箱形梁内部腹板（肋梁）设置位置与上部剪力墙布置基本一致，肋梁的截面宽度由计算确定，并不小于上部剪力墙的截面宽度。箱形转换层的顶、底板的构造设计参考框支转换梁楼层楼板的构造要求，板厚度均为 200mm。转换层竖向支承构件，在建筑专业许可的部位，尽量多设置落地剪力墙和框支柱，落地剪力墙截面适当加厚并设置边框柱，以满足承载力、竖向刚度比以及构造要求。框支柱根据建筑要求采用圆形截面，其截面尺寸由承载力和轴压比要求控制。

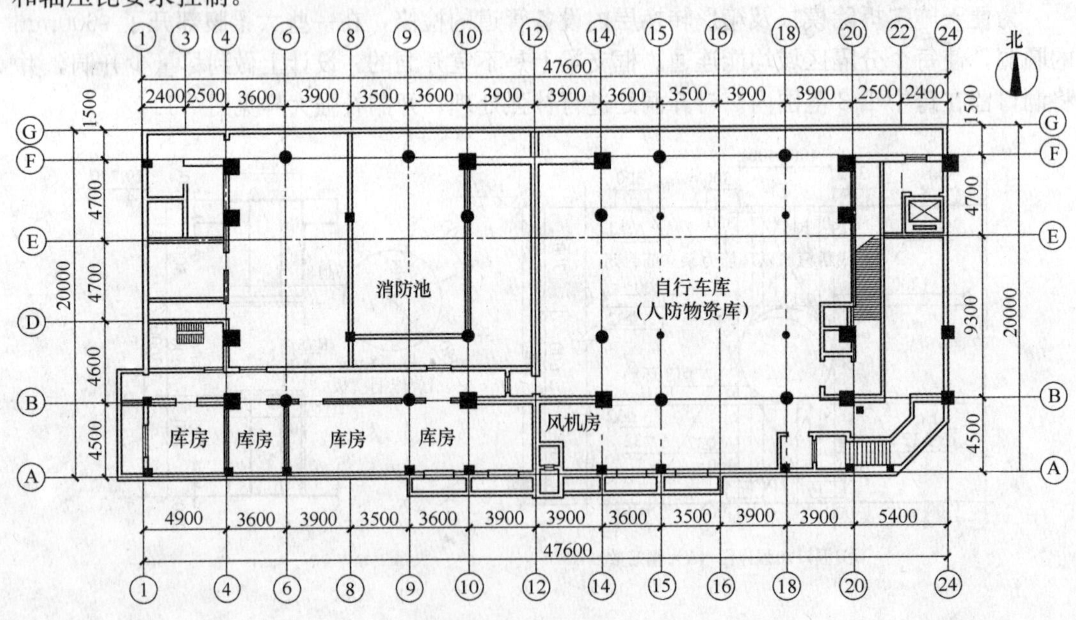

图 7-12　地下室平面

采用 SATWE 程序进行结构整体计算分析，并采用 SAP2000 进行补充计算。为保证工程安全可靠，分析时采用了两种计算模型：

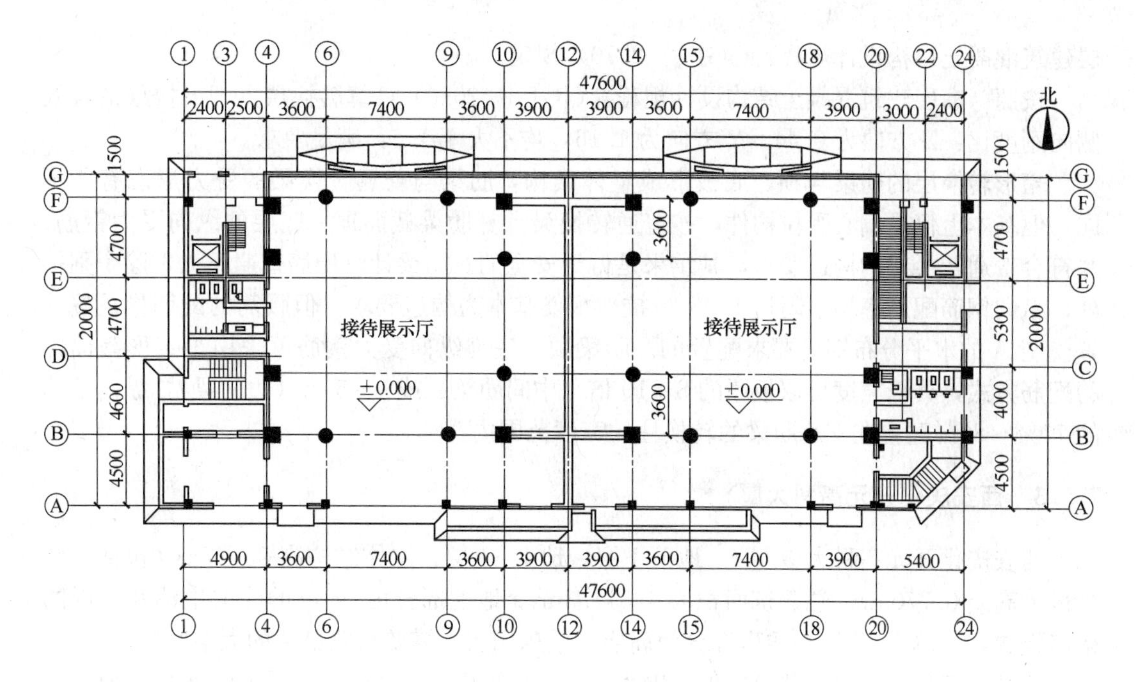

图 7-13　首层平面

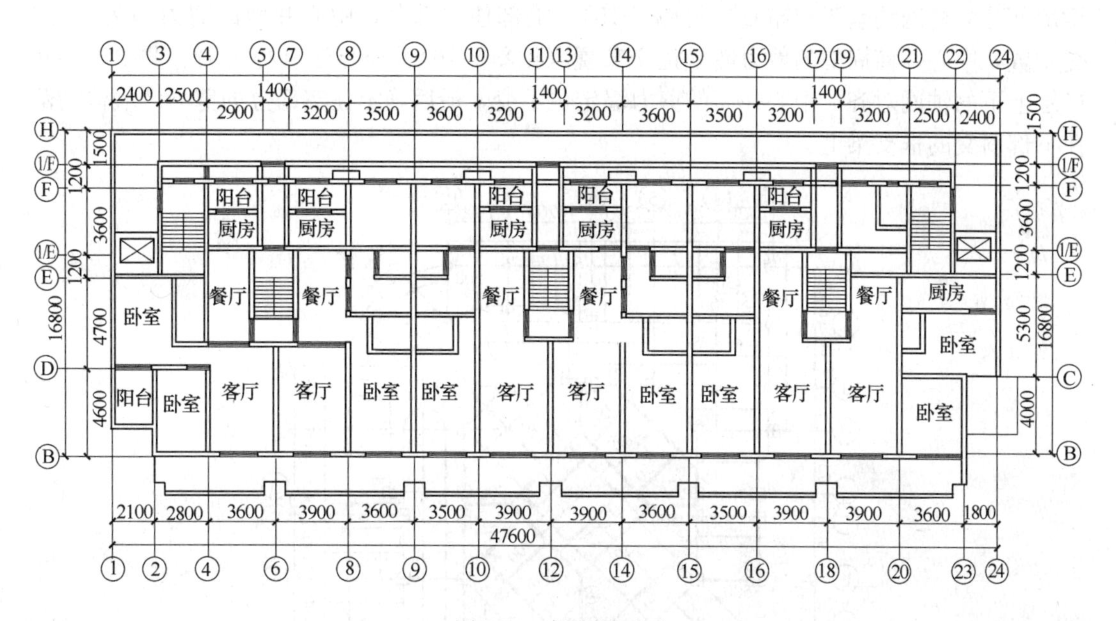

图 7-14　标准层平面

模型 A：将箱形转换层作为一层考虑，顶、底板考虑面内的变形和面外刚度的影响。

模型 B：将箱形转换层视为一般转换结构（即忽略箱形转换层的底板作用），转换层下一层的高度取为自该层柱底至箱形转换层中部的距离。

除箱形转换层以外的各层结构设计依此模型 A 的计算结果为设计依据，而转换层上、下楼层的侧向刚度比和等效侧向刚度比依此模型 B 计算结果为依据。

按照楼层剪力与层间位移的比值计算转换层与其上层的侧向刚度比：X 方向为 0.867，Y 方向为 0.776，均大于 0.5（转换层要求）和 0.7（一般楼层要求），符合《高层建筑混凝土结构设计规程》(JGJ 3—2010）规定。

按照《高层建筑混凝土结构设计规程》(JGJ 3—2010）计算转换层上、下楼层的等效侧向刚度比：X方向为0.44，Y方向为1.16，均不大于1.3，满足要求。

箱形转换层的肋梁与顶、底板形成整体结构，肋梁与普通转换梁的受力形态有所不同，但基本上仍是偏心受拉构件，按普通转换梁计算肋梁截面顶、底层的纵向受力钢筋，并符合普通转换梁的构造要求，其结果是偏于安全的。肋梁计算配筋普遍不大，除个别梁外，纵向钢筋配筋率均不超过1.0%，抗剪配筋基本为构造要求。但腰筋的配筋量是按计算模型A的水平分布钢筋要求配置的。肋梁顶、底部纵向受力钢筋可采用工字形截面梁的配筋方式，翼缘宽度可取板厚的8～10倍（中间肋梁）或4～5倍（边肋梁），纵向钢筋的70%～80%配置在支承肋梁的转换柱的宽度范围内。

7.5.3 西安庆化开元高科大厦

西安庆化开元高科大厦[7-11]，地下1层，地上31层，主体结构高95.27m（包括室内外最大高差0.770m），总建筑面积为44311.3m^2。地上部分由28层的住宅主体及3层的裙房组成，主体1～3层及裙房部分为商店、娱乐用房，需要布置灵活的大空间。

下部裙房部分，中心井筒的剪力墙为45°斜交布置，而中心井筒周围的部分剪力墙及裙房部分的柱网均呈正交布置（见图7-15)。上部住宅部分，中心井筒的剪力墙为45°斜交布置，中心井筒周围的剪力墙呈正交布置（见图7-16)。经与建筑师协商、调整，将转换层上下的轴网对齐，中心井筒的剪力墙定位不变，最后确定住宅部分的剪力墙墙体均落在下部斜交的框支梁上。

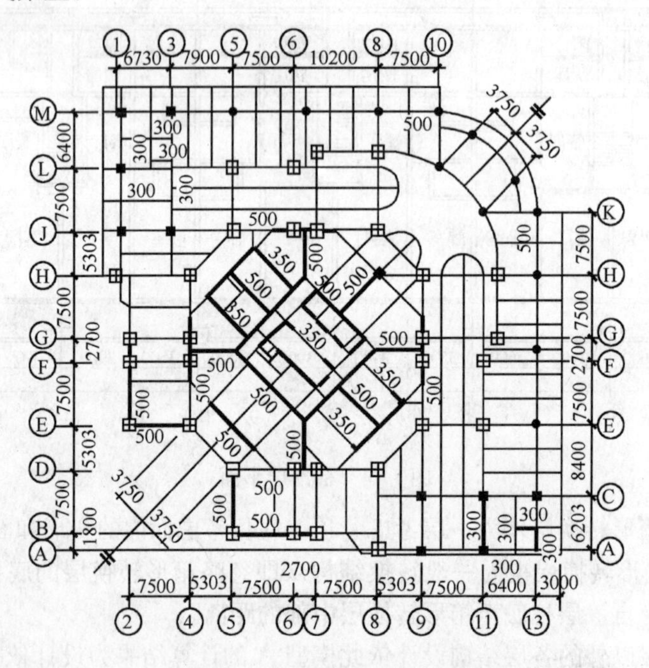

图7-15 层2结构平面图（标高4.800m）

为满足建筑使用功能的要求，结构转换层设置在第3层结构平面（见图7-17)，3层及以下为框支剪力墙结构，4层为框架-剪力墙结构，4层以上为全剪力墙结构，形成独特

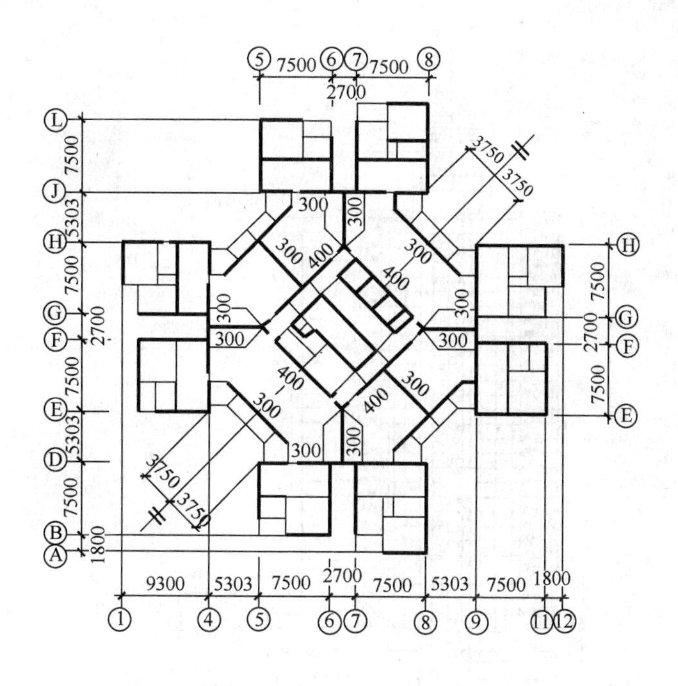

图 7-16　标准层结构平面图（未注明墙厚为 250mm）

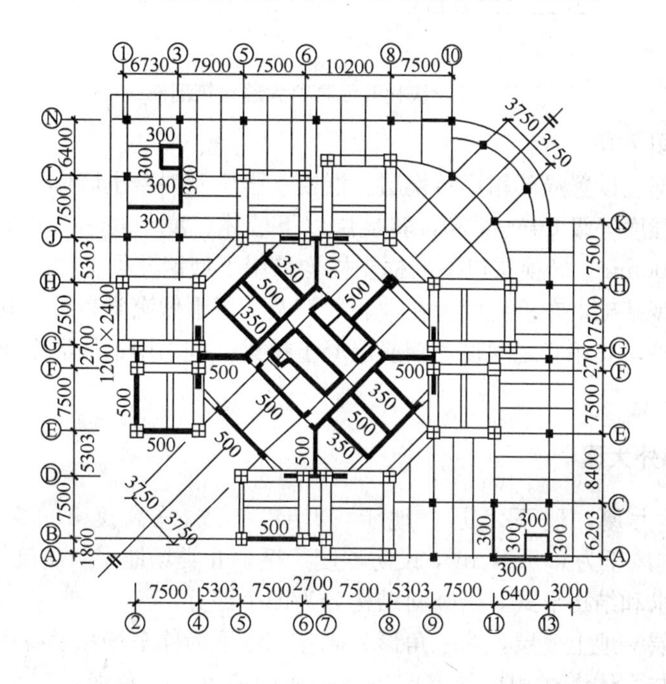

图 7-17　结构转换层（层 3）平面图（标高 10.500m）

的转换结构体系。

在主楼有转换关系的部位设置了厚 180mm 的结构转换层底板，转换层顶板亦厚 180mm，且在上、下板间布置了 1.2m×2.4m 的框支主梁、0.7m×2.4m 的框支次梁。其周围的框架部分也采用厚 180mm 的楼板，梁截面为 500mm×800mm 以加强整体刚度（见图 7-17）。

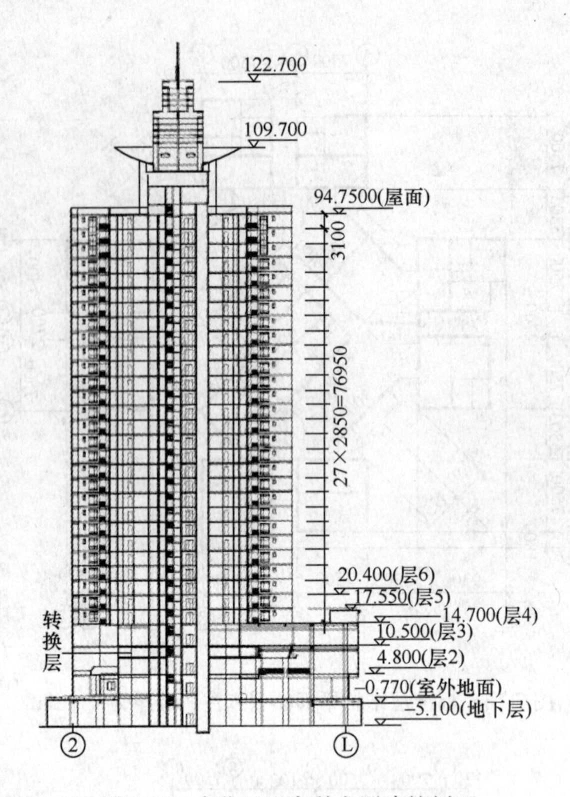

图 7-18　庆化开元高科大厦建筑剖面

建筑剖面见图 7-18。

在 3 层主楼部位设置局部箱形转换层。混凝土强度及混凝土墙体厚度沿高度为递减变化趋势，混凝土强度等级 C45～C30，转换层以下墙体厚度 500～300mm，转换层以上墙体厚度为 400～200mm。转换层以下的框支柱均采用了型钢混凝土柱。

基础采用桩筏基础，布桩原则为在中心井筒及其周围做满堂布桩，其他部分为柱下独立承台或墙下布桩，其相互之间设置钢筋混凝土拉梁，桩采用钢筋混凝土机械旋挖钻孔灌注桩。

7.5.4　哈尔滨海外大厦

哈尔滨海外大厦，地下 2 层，地上 32 层，建筑总高度 109.7m，总建筑面积 57000.0m²。基本风压为 0.5kN/m²，设防烈度 7 度，Ⅱ类场地土。建筑剖面见图 7-19。

根据使用要求和结构形式，沿竖向结构分为四个部分：

(1) 地下 2 层～地上 4 层，为三角形大底盘，地下为停车场和设备用房，地上为商场和娱乐中心，除与主体塔楼相应处有剪力墙连成中筒外，三角形的三个角部也设置剪力墙，形成框架-剪力墙结构，其中塔楼下的柱为框支柱。

(2) 第 5 层～11 层为办公用房，由大底盘向内缩进，由柱（塔楼下的柱为框支柱）及中筒组成框架-剪力墙结构。

(3) 第 12 层为转换层，采用结构高度 2.9m 的箱形转换层，箱底标高为 43.40m。其做法是在底部框支柱轴线和上部剪力墙下各设置一道 0.80m×1.20m 的大梁，在此两梁间用 250mm 厚混凝土墙相连。此外，其他适当位置设置 0.35m×2.90m 的混凝土梁。顶

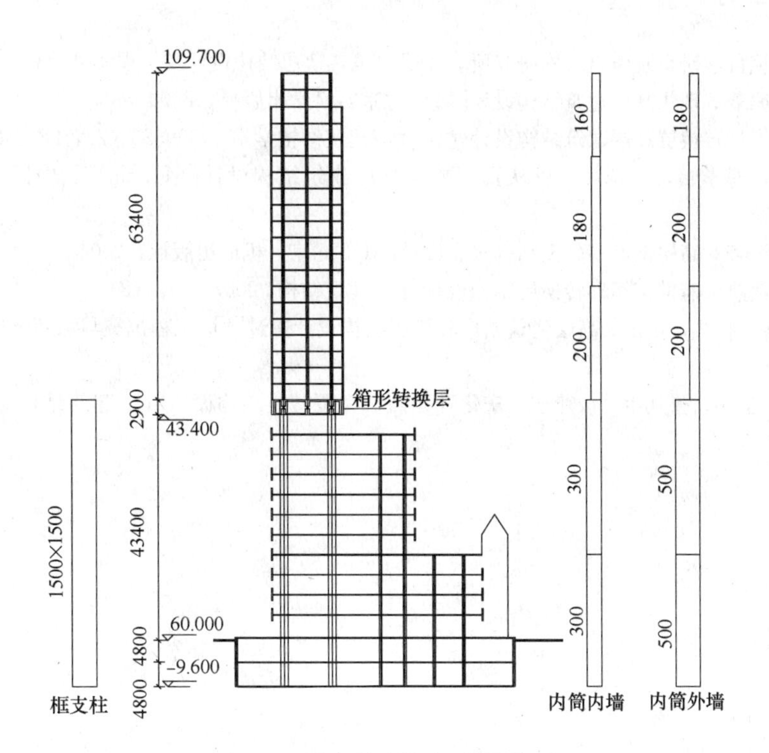

图 7-19 哈尔滨海外大厦剖面示意

板厚 300mm，底板厚 200mm，顶、底板均双层双向配筋，由此形成高 2.90m 的箱形转换层。转换层混凝土强度等级 C40。框支柱截面尺寸 1.50m×1.50m，一直伸到转换层的顶部（12 层），部分柱筋在与剪力墙相对应处插入墙内以加强上下联系，见图 7-20。

（4）第 13 层～30 层为公寓，是两个相连的十字形塔楼，采用剪力墙结构。

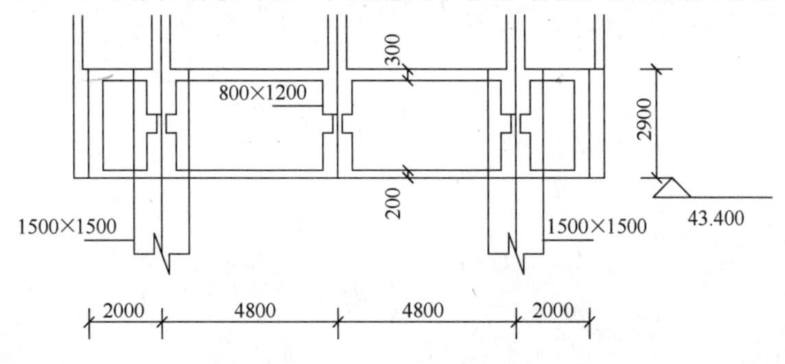

图 7-20 哈尔滨海外大厦箱形转换层

参 考 文 献

［7-1］ 中华人民共和国国家标准. 混凝土结构设计规范(GB 50010—2010)[S]. 北京：中国建筑工业出版社，2010

［7-2］ 中华人民共和国行业标准. 高层建筑混凝土结构技术规程(JGJ 3—2010)[S]. 北京：中国建筑工业出版社，2010

［7-3］ 唐兴荣编著 . 高层建筑转换层结构设计与施工[M]. 北京：中国建筑工业出版社，2002

[7-4] 中国建筑科学研究院建筑结构研究所．高层建筑转换层结构设计及工程实例[M].1993
[7-5] 赵西安编著．现代高层建筑结构设计[M]. 北京：科学出版社，2000
[7-6] 傅学怡．带转换层高层建筑结构设计建议[J]. 建筑结构学报．1999.20.(2)：28～42
[7-7] 徐培福，傅学怡，王翠坤，肖从真．复杂高层建筑结构设计[M]. 北京：中国建筑工业出版社，2005
[7-8] 方鄂华编著．高层钢筋混凝土结构概念设计[M]. 北京：机械出版社，2004
[7-9] 贾锋．常熟华府世家箱形转换层结构设计[J]. 建筑结构．2007，37.(8)：20～22
[7-10] 黄小坤，林祥，华山．高层建筑箱形转换层结构设计探讨[J]. 工程抗震与加固改造．2004.(5)：12～16
[7-11] 王敏，李兵，曾凡生，谈燕宁．庆化开元高科大厦转换结构设计[J]. 建筑结构．2003.33.(6)：25～28

8　搭接柱转换结构设计

当转换层的上、下柱错位，且其水平投影距离较小时，可分别将转换层的上柱向下、下柱向上直通，在转换楼层形成一个截面尺寸较大的柱（也称搭接块）和其相连的上、下楼盖（梁、板）一起来完成竖向荷载的传递，实现结构转换，形成搭接柱转换。搭接柱转换是一种新型转换结构，在立面收进变化的高层建筑中的应用具有十分广阔的前景，可广泛用于框架-核心筒结构体系和框架结构体系。带搭接柱转换层的高层建筑结构工程实例见附表1-3。

基于实际工程，国内开展了对带搭接柱转换结构的模型试验研究，顾磊等[8-2]针对搭接柱的受力性能进行了缩尺为1/5的整体结构模型试验，并利用SAP2000对其受力变形进行了分析；傅学怡等[8-3]对福建兴业银行大厦进行整体振动台和局部搭接柱试验分析，揭示了搭接柱的工作机理和设计要点；徐培福等[8-4]通过缩尺为1/5搭接柱模型试件进行破坏试验，揭示了搭接柱的应力分布、破坏形态和承载力，并给出了搭接柱设计要点；全学友等[8-5]通过1/4模型试验研究，研究了搭接柱的传力机制、变形特征及转换搭接柱上、下层梁受力特点，并提出了相应的设计建议。吕西林等[8-6]针对带搭接柱转换的双塔结构进行了缩尺比1/15模型的模拟地震振动台试验，并利用MIDAS软件进行了动力特性和动力反应的分析。通过试验和计算结果对比，揭示此类结构在地震作用下的受力特性和反应特点，并提出相应的设计建议。

本章主要介绍搭接柱转换结构的设计和构造要求等内容。

8.1　搭接柱转换结构的特点

框架-核心筒结构外围框架柱上、下不连续时，需要设置转换结构加以过渡，实际结构中常用的转换结构形式有：转换梁（图8-1*a*）、转换桁架、斜撑等，也可采用搭接柱转换（图8-1*b*）。

当框架-核心筒结构外围框架柱网错开时，若采用梁式转换结构，楼板受力较小，转换梁承受很大的内力（弯矩和剪力），将造成转换梁截面大，用钢量大，施工复杂，同时转换层可利用空间较少。此外，由于转换梁刚度大、自重大，转换层附近刚度和质量分布不均匀，当转换层为高位转换时，对抗震尤为不利。

采用搭接柱作为转换构件，混凝土用量较少、造价低、自重小，转换层的建筑空间可充分利用，上、下层刚度突变较小，外围框架柱的轴力较小。

梁式转换结构与搭接柱转换结构主要特点比较见表8-1。

梁式转换结构与搭接柱转换结构主要特点比较　　**表8-1**

结构转换方式	建筑空间利用	材料用量	竖向刚度突变	楼板受力	转换梁搭接柱受力	上、下柱应力集中	柱的轴力
梁式转换	低	多	大	无拉力	较明确	较大	较大
搭接柱转换	高	少	小	有拉力	复杂	大	较小

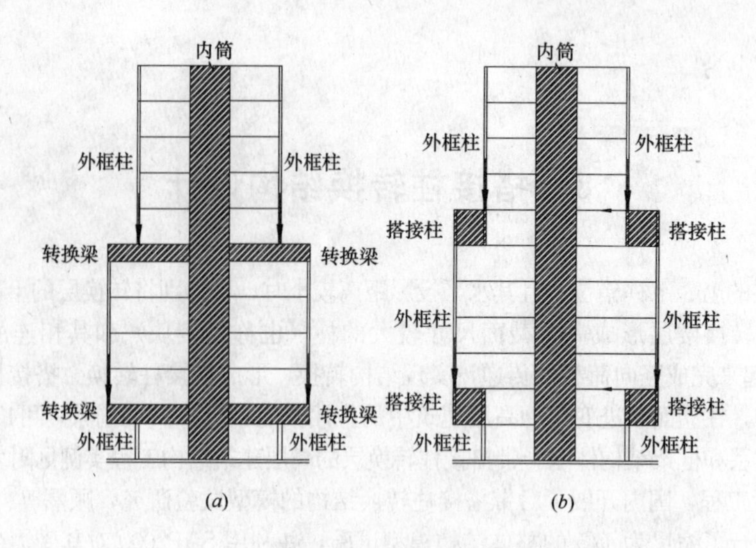

图 8-1　框架-核心筒结构采用转换梁与搭接柱转换示意图

(*a*) 梁式转换；(*b*) 搭接柱转换

8.2　搭接柱转换结构的工作机理

在竖向荷载作用下，搭接柱可将上层柱的轴向压力通过搭接块的剪切变形传递到下层柱上，而搭接柱上、下层柱偏心所产生的弯矩则由搭接柱附近上、下层楼盖梁、板的拉、压力形成的反向力偶来平衡。搭接柱转换层中受拉楼盖梁、板为偏心受拉构件，搭接柱转换层中受压楼盖的梁、板为偏心受压构件，搭接块本身受力较为复杂，所受压力、剪力、弯矩都较大。搭接柱转换结构的受力机理详见图 8-2。

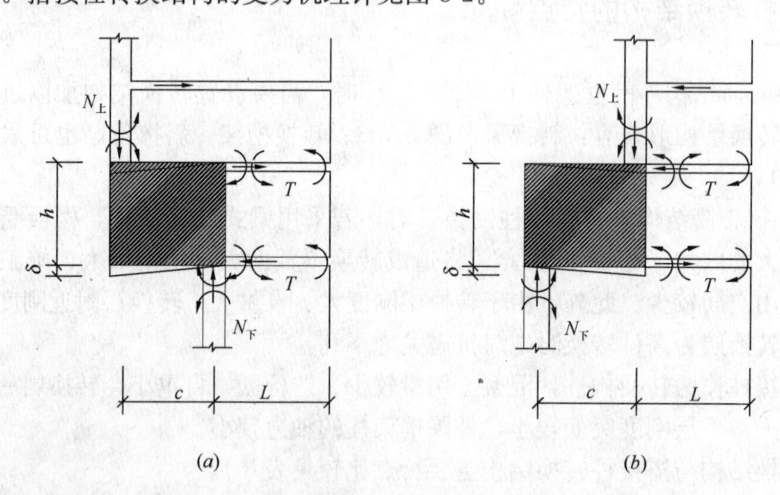

图 8-2　搭接柱转换结构的受力机理

(*a*) 外悬搭接；(*b*) 内收搭接

在竖向荷载作用下搭接块向下发生位移 δ（图 8-2），与搭接块相连楼盖梁、板承受水平拉力或压力 T，根据平衡条件可得：

$$T \approx \frac{c}{h} N_{上} \tag{8-1}$$

$$\delta \approx \frac{L N_{上} c^2}{1/EA_{上} + 1/EA_{下}} \tag{8-2}$$

式中　$EA_{上}$、$EA_{下}$——搭接柱上、下层楼盖梁板的轴向刚度；

c——上、下柱中心距；

其他符号含义见图 8-2。

值得注意的是，当搭接柱上、下层柱偏心弯矩很大时，搭接柱上层楼盖梁、板承受很大的拉力，易成为薄弱部位，搭接柱转换层上部 1～2 层楼盖梁、板仍可能承受拉力。因此，搭接柱转换结构在竖向荷载作用下的安全度和可靠度，主要取决于与搭接块相连接楼盖梁、板的承载力和轴向刚度的控制。楼盖梁、板的承载力和轴向刚度得到控制和满足，竖向荷载作用下，次内力及搭接柱变形就能得到控制，整个搭接柱转换结构就能正常工作。

当上、下柱轴力产生的力矩较大时，可通过对搭接柱受拉楼层梁、板施加预压应力，产生结构的反向变形，用以减小搭接块的水平位移，减小楼盖梁、板的受拉应力，控制其裂缝发展，确保受拉楼盖梁、板的轴向刚度，提高受拉楼盖梁、板的承载力。同时，对搭接柱受拉楼层的梁、板施加预应力，也有利于减小搭接块的转角，减小搭接块上、下层梁的梁端弯矩。

如果搭接柱附近上、下层楼板不开洞，保持连续，则上、下层楼板的拉、压力由楼板自身平衡，并不会对其他构件内力产生显著影响。

8.3　搭接柱转换的适用范围

结合城市景观和功能需要，建筑立面有竖向外挑或竖向内收的建筑结构，或建筑结构上、下层柱局部错位、改变结构柱网，使外框柱不能直接落地，可采用搭接柱转换形式。

搭接柱转换传力直接、受力合理、稳定可靠，可适合于高位结构转换情况，具有较好的抗震性能。

当搭接块上、下层柱的水平投影距离（a）与搭接块的高度（h）之比（a/h）大于 0.7 或当搭接块上柱轴向压力（$N_{上}$）很大时，不宜采用搭接柱转换形式。

搭接柱转换可直接应用于非抗震设防地区及抗震设防烈度不大于 7 度的地区，8 度抗震设防烈度地区在对搭接柱高宽比适当从严限制后也可应用。

搭接柱转换基本保证了框架柱直接落地，在水平地震作用下带搭接柱转换的框架-剪力墙结构或框架-筒体结构，其整体结构的振动特性和地震作用下的工作状况与框架-剪力墙结构或框架-筒体结构几乎没有什么区别。框架柱搭接转换本质上弱化了框架的抗侧作用，更进一步强化了核心内筒的抗侧作用。但抗震设计的纯框架结构，搭接柱转换对整体结构的振动特性和地震作用下的工作状况影响显然要比框架-剪力墙结构或框架-筒体结构大得多，加上目前对这方面的研究还不多，因此，采用搭接柱转换框架结构的适用范围应从严控制。对设防烈度较高、结构高度较高、转换较多的框架结构采用搭接柱转换应慎重。

8.4 搭接柱转换结构的设计

8.4.1 一般规定

框架结构的抗侧力刚度很小，设置搭接柱转换会弱化框架的抗侧作用，因此，若同一楼层沿一个方向多处设置搭接柱转换时，应设置落地剪力墙或落地筒体，并应控制结构的层间位移角满足规范要求。

带搭接柱转换层的框架-剪力墙结构、筒体结构体系的平面布置、竖向布置等应符合《建筑抗震设计规范》（GB 50011—2010）、《高层建筑混凝土结构技术规程》（JGJ 3—2010）的相关规定，以使结构具有合理的抗侧力刚度和抗扭刚度，避免结构竖向抗侧力刚度突变，使结构具有足够的承载力和良好的延性及抗震性能。除搭接柱转换构件外的其他构件（剪力墙、框架、楼板等）的设计应符合《建筑抗震设计规范》（GB 50010—2010）、《高层建筑混凝土结构技术规程》（JGJ 30—2010）等相关构件的设计要求。

带搭接柱转换层高层建筑结构应进行整体计算和局部计算。整体计算可考虑刚性楼盖、弹性楼盖两种模型；局部计算可取搭接块、搭接块临近不少于两跨范围内的上、下 2 ~4 层柱、楼盖，以整体计算结果中的相应杆件内力作为外荷载，按连续体有限元进行计算。根据建筑结构的重要性，对高烈度区可根据设计性能要求，补充弹性反应谱中震或大震的计算分析。

竖向荷载作用下，搭接柱上、下层楼盖梁、板的混凝土徐变长期效应使其刚度退化，计算时应考虑将梁、板的刚度折减，折减系数可取 0.5～0.75。

8.4.2 搭接柱截面控制条件

搭接块是搭接柱转换结构的关键构件，应按罕遇地震作用下弹性计算结果组合效应进行设计。

1. 搭接块的斜裂缝控制条件

在竖向荷载作用下搭接块将产生剪切裂缝，且随着荷载增大，剪切斜裂缝数量增多、宽度增大。应要求搭接块在正常使用中不致因混凝土所受斜向压力过大而出现斜裂缝。因此搭接块应以正常使用极限状态下不出现斜裂缝作为截面的控制条件。即搭接块正常使用状态竖向剪力标准值应满足下式的要求：

$$V_k \leqslant \beta f_{tk} bh \tag{8-3}$$

式中 V_k——搭接块正常使用状态竖向剪力标准值；

β——裂缝控制系数，当对搭接块楼盖施加预应力时，取 0.85；

f_{tk}——搭接块混凝土轴心抗拉强度标准值；

b——搭接块横截面宽度；

h——搭接块竖向高度。

2. 搭接块斜截面抗剪的截面控制条件

除满足裂缝控制要求外，搭接块斜截面受剪截面控制条件应符合下式的要求：

$$V \leqslant \frac{1}{\gamma_{RE}}(0.15 f_c bh) \tag{8-4}$$

式中 V——搭接块竖向剪力设计值，可取搭接块上层柱考虑罕遇地震作用组合的轴力设计值；

f_c——搭接块混凝土轴心抗压强度设计值；

γ_{RE}——承载力抗震调整系数，取 0.85；

b、h——含义同前。

3. 搭接块宽高比

为了确保搭接柱转换结构的正常工作，控制相连楼层梁、板的刚度和承载力十分重要。搭接块及其附近构件受力大小与搭接块宽高比（a/h）有关，搭接块的宽高比宜满足下列条件：

$$\frac{a}{h} \leqslant 0.7 \tag{8-5}$$

式中 h——搭接块竖向高度；

a——搭接块悬臂长度（图 8-3）。

当 $\frac{a}{h} \leqslant 0.45$ 时，搭接块上方受拉楼盖可不施加预应力。

8.4.3 搭接块的配筋设计

搭接块竖向及水平钢筋根据抗剪要求配置，不考虑混凝土抗剪作用，按罕遇地震作用下弹性计算结果组合配筋。

1. 竖向钢筋

竖向钢筋应满足下式要求：

$$V_1 \leqslant \frac{1}{\gamma_{RE}}\left(f_{yv}\frac{A_{sv}}{s_h}h\right) \tag{8-6}$$

式中 V_1——罕遇地震组合的搭接块竖向剪力设计值，$V_1 = N$（图 8-3）；

f_{yv}——竖向钢筋受拉强度设计值；

γ_{RE}——承载力抗震调整系数，取 0.85；

A_{sv}——配置在同一截面内竖向钢筋的截面面积；

s_h——竖向钢筋间距。

2. 水平钢筋

水平钢筋应满足下式要求：

$$V_2 \leqslant \frac{1}{\gamma_{RE}}\left(f_{yh}\frac{A_{sh}}{s_v}c\right) \tag{8-7}$$

式中 V_2——罕遇地震组合的搭接块水平剪力设计值，$V_2 = T$（图 8-3）；

f_{yh}——水平钢筋受拉强度设计值；

γ_{RE}——承载力抗震调整系数，取 0.85；

A_{sh}——配置在同一截面内水平钢筋的

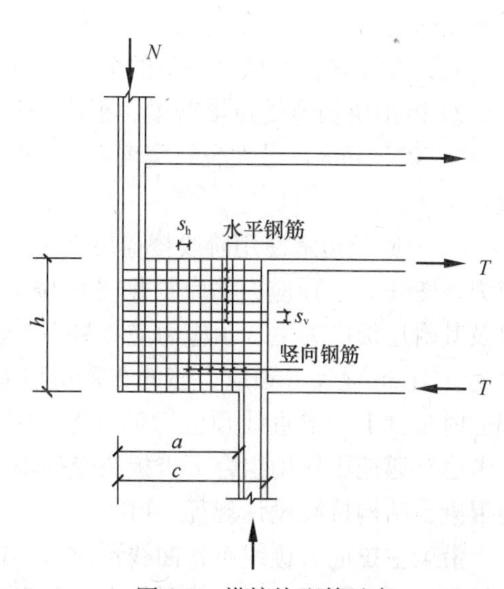

图 8-3 搭接块配筋示意

截面面积；

s_v ——水平钢筋间距；

c ——搭接块宽度。

除计算配筋外，要求搭接块竖向钢筋均要有拉结筋拉结，拉筋的间距同搭接块水平钢筋。为限制搭接柱产生温度、收缩裂缝，并使其具有一定的抗剪强度，要求搭接块中的水平钢筋及竖向钢筋配筋率满足下列要求：

$$\frac{A_{sv}}{bs_h} \geqslant 0.7\%；\frac{A_{sh}}{bs_v} \geqslant 0.7\% \tag{8-8}$$

式中　A_{sv}、A_{sh} ——配置在同一截面内的钢筋面积。

8.4.4　搭接块附近构件设计

1. 与搭接块相连的楼盖梁、板设计

(1) 与搭接块相连的楼板设计

搭接块受拉楼盖应考虑楼盖构件的变形，计算分析取楼板为弹性，按楼板实际面内刚度、采用有限元分析结果进行配筋计算。与搭接块相连的楼板应按偏心受拉构件设计。

与搭接块相连的楼板厚度不宜小于150mm，并应双层双向配筋，每层每方向受力钢筋配筋率不宜小于0.25%。搭接块相邻楼板本跨内不应开洞，较远处楼板开洞应在洞口设置边梁或设置补强钢筋。

搭接块相邻上、下楼板应（对受拉层楼板）或宜（对受压层楼板）双层双向配筋，每层每方向受力钢筋配筋率不宜小于0.2%。楼板开洞时应在洞口设置边梁或设置补强钢筋。

与搭接块相连的楼板混凝土强度等级不应低于C30。

(2) 与搭接块相连受拉梁设计

无论是外悬搭接转换还是内收搭接转换，与搭接块相连的上、下层梁一个为偏心受拉构件，另一个则为偏心受压构件，因此需要对与搭接块相连的受拉梁和受压梁进行设计。

1) 在搭接转换结构中，受拉梁起到一个拉杆作用，受力总体以拉力为主，所以梁内纵向钢筋应沿梁跨全长贯通。试验表明，受拉梁端部箍筋应力较小，而且梁端部裂缝基本都是垂直裂缝，说明该梁所受的剪力较小，可按构造要求配置箍筋。

2) 搭接块相连受拉楼盖梁、板应按偏心受拉构件进行设计，纵向受力钢筋最大应力 $\sigma_{max} \leqslant 150N/mm^2$，最大裂缝宽度 $w_{max}275 \leqslant 0.1mm$，受拉层楼盖梁板截面轴向拉应力平均值 $\bar{\sigma} \leqslant f_{tk}$。

3) 为避免正常使用阶段楼盖出现裂缝，当 $0.45 \leqslant a/h \leqslant 0.70$ 时，受拉楼盖应施加预应力（图8-4）。预应力筋应根据受拉楼盖拉应力分布规律进行布置，预应力筋分布应以梁及其附近板区为主。预应力应尽量平衡正常使用荷载所引起的楼板拉应力或限制裂缝宽度为0.1mm设计。预应力筋的布置可以有两种布置方式：布置曲线预应力筋（图8-4*a*）和同时布置上、下直线预应力筋（图8-4*b*）。受拉楼盖的普通钢筋和预应力钢筋的设计，应考虑罕遇地震作用组合下楼板所受的轴力和弯矩。预应力强度比 λ 的取值可参见《预应力混凝土结构抗震设计规程》(JGJ 140—2004)。

沿梁主拉应力迹线布置曲线预应力筋符合一般设计思路，但曲线预应力筋计算和施工比较复杂，且预应力损失相对较大，对于主要以受拉为主，弯矩影响不大的情况，可以采

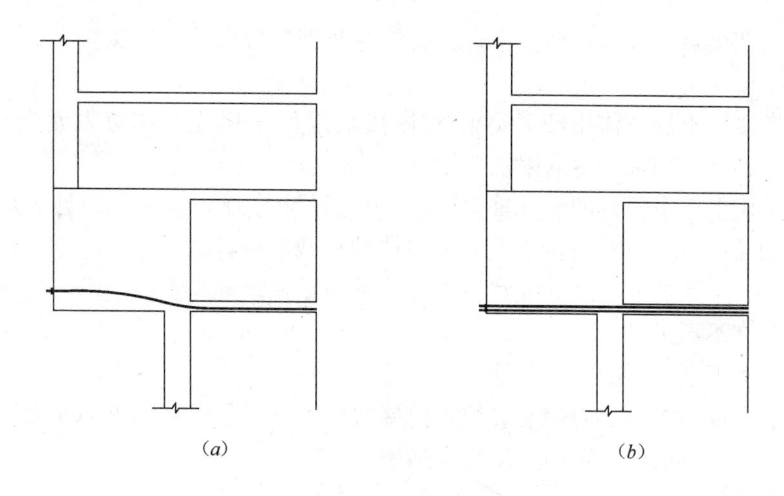

图 8-4　搭接柱预应力钢筋布置形式

(a) 曲线预应力筋；(b) 上、下直线预应力筋

取直线布置预应力筋，这样不仅施工方便，而且预应力损失很小。根据受拉梁的实际情况，上、下部预应力筋的数量可不同。

(3) 与搭接块相连受压梁设计

与搭接块相连的受压梁是一个偏心受压构件，其轴压力大小主要与搭接块的内收尺寸与搭接块高度的比值 (a/h) 有关，而弯矩大小取决于搭接块节点的转角。受压梁在整个转换结构中实际上起到一个压杆的作用。如果在受拉梁中施加预应力，充分控制搭接块的侧移和转动，此时受压梁端所受的弯矩将更小，压杆作用就愈加明显，就可近似作为压杆设计。

类似拉杆梁，压杆梁中相当一部分压力是由楼板承担，保留在梁中的部分压力仍由核心筒壁来承担，在设计时除了考虑连续板的传力作用外，还需尽量保留受压梁在核心筒中的截面尺寸，最后尚需对传递到核心筒壁的压力进行计算，并对核心筒壁的承载力和变形进行验算。在设计时还要注意考虑梁有效翼缘宽度的作用，翼缘计算宽度 b_f'可按《混凝土结构设计规范》(GB 50010—2010) 有关规定取值。

搭接柱相连的受压楼盖梁、板截面轴向压应力平均值 $\bar{\sigma} \leqslant 0.1f_{ck}$。

2. 与搭接块相连上、下层柱设计

在高层建筑结构抗震设计中，水平荷载必然会产生层间侧移，柱中剪力将会很大，因此箍筋配置必须充分满足受剪承载力的要求且应沿全长加密，轴压力的存在可以在一定程度上增加柱的受剪承载力，但为了防止发生延性不好的小偏心受压破坏，设计轴压比 (μ_N) 不宜很大。与搭接块相连上、下层柱的轴压比限值可按普通框架柱的轴压比限值减小 0.1 取值，即柱的轴压比限值：一级抗震时为 0.55，二级抗震时为 0.65，三级抗震时为 0.75，当很难满足柱轴压比和上、下层剪切刚度比要求时，可采用型钢或钢管混凝土柱，用以改善这种柱的受力性能和变形性能。

下柱截面尺寸，可根据转换结构上、下层剪切刚度比和轴压比的大小来确定。在结构设计时，还应遵循“强柱弱梁”的原则。

搭接柱上、下层柱设计时应考虑搭接柱位移引起的附加弯矩的影响，其设计弯矩、剪力和轴力的计算可分为两个步骤：

(1) 考虑在罕遇地震作用组合下进行整体结构弹性分析求得搭接块上、下层柱的内力 M_1、V_1、N_1。

(2) 在搭接块上层柱作用轴力 N_1，对搭接块局部采用连续体有限元进行结构分析，求得搭接块上、下层柱端产生的附加弯矩 M_2。

(3) 搭接块上、下层柱的设计轴力 $N=N_1$、设计剪力 $V=V_1$，设计弯矩 $M=M_1+M_2$，以此叠加后的内力进行搭接块上、下层柱的承载力设计。

搭接块上、下层柱的抗震等级宜提高一级采用，一级提高至特一级，抗震等级已经为特一级时，允许不再提高。

搭接块上、下柱的混凝土强度等级不应低于C30。

搭接块上层柱的纵向受力钢筋应伸入搭接块内底部，下层柱的纵向受力钢筋应伸入搭接块内顶部；上、下层柱的箍筋宜沿全高加密。

3. 内筒构造要求

在实际工程中，受拉梁的另一端与核心筒相连，转换层梁中的拉力从搭接柱一侧向核心筒传递的过程中，由于楼板（其平面内刚度很大）的扩散作用，相当一部分拉力转为由楼板承担，考虑到楼盖平面本身具有对称性，因此应充分利用楼板的抗拉能力，尤其应重视核心筒中连续楼板的传力作用。由于受核心筒电梯井道及设备管井的限制，受拉梁并不能贯穿核心筒，使得保留在受拉梁中的部分拉力仍需要由核心筒壁承担，需要验算核心筒壁承载力和变形。

因此，筒体内除楼电梯间和必要的管道井外，筒体内楼面应尽量避免过多开洞，并适当加强楼板，使楼板在筒体内基本连续。同时还需要在尽可能的情况下保留受拉梁在核心筒中的截面尺寸，最后还需对传递到核心筒壁上的拉力进行计算，并对核心筒壁的承载力和变形进行验算。当不能满足设计使用要求时，需要作局部加强处理：①在相差不大的情况下，可采取在相交处配置斜向钢筋的措施，必要时还可以设置腋角，如图 8-5（*a*）所示。②如果变形太大难以满足要求，需要进行相关的结构调整，以改变传力途径，如图 8-5（*b*）所示。③也可适当考虑加大核心筒壁的厚度。

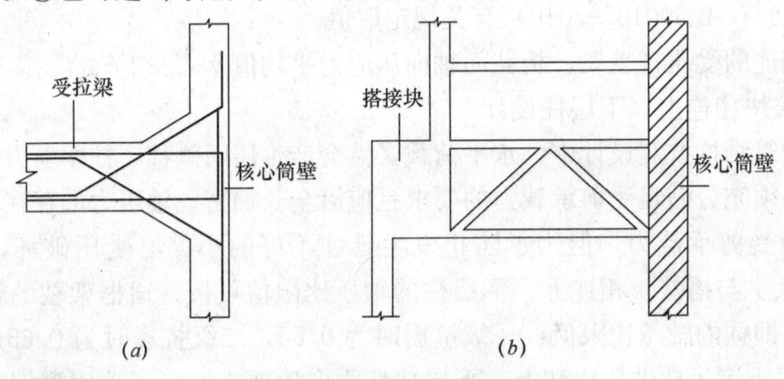

图 8-5 加强与改善处理措施

8.5 其他搭接转换形式

1. 搭接墙转换

当剪力墙底部开大洞，上部墙体不开洞或墙体中间位置开有小洞时，为框支剪力墙。

当剪力墙底部大开洞，上部墙体开有规则较大洞口形成较小的独立墙肢时，为托墙转换。这两种情况下，一般可以采用实腹式转换梁进行转换设计，而对于后者，当在墙体中间位置开有较大的洞口、两侧形成小墙肢、转换楼层上墙肢的宽高比（a/h）较小时，可采用搭接墙转换形式。

搭接墙转换是利用上、下层楼盖的拉压形成的反向力偶平衡由于竖向荷载在转换楼层上部墙肢和下部框支柱的偏心所产生的弯矩，完成竖向荷载的传递（图 8-6）。

需要指出的是，对于墙体开洞后中间位置同时有小墙肢的情况，则一般应采用实腹式托墙转换，而不宜采用搭接墙转换（图 8-7）。

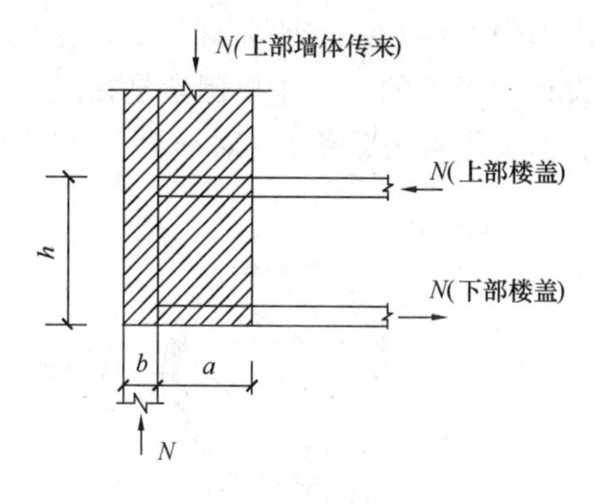

图 8-6　竖向荷载作用下搭接墙转换结构受力示意

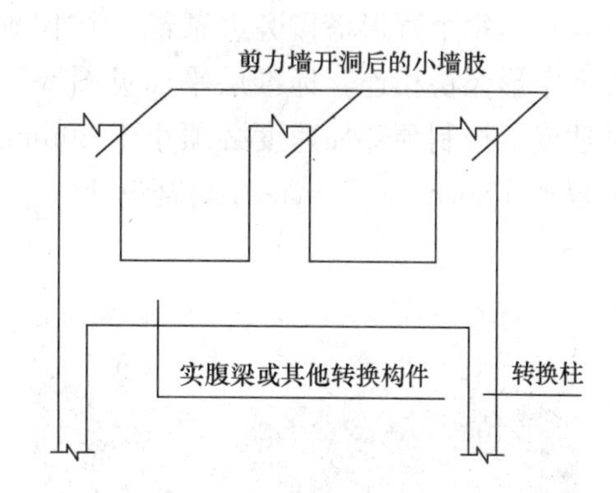

图 8-7　实腹梁托墙转换

2. 其他转换形式

当上部为小偏移错位柱时，错位柱使该柱在楼板标高处产生较大的附加弯矩和剪力，此时，可采取类似牛腿的做法，即上部柱的轴力通过牛腿与其相连的上、下楼盖（梁、板）一起来完成竖向荷载的传递，实现结构转换，形成牛腿转换（图 8-8）。

当下部为墙体，上部为小偏移错位柱时，也可采用斜墙转换，即错位柱上部竖向荷载通过斜墙和其相连的上、下楼盖（梁、板）一起来完成竖向荷载的传递，实现结构转换（图 8-9）。

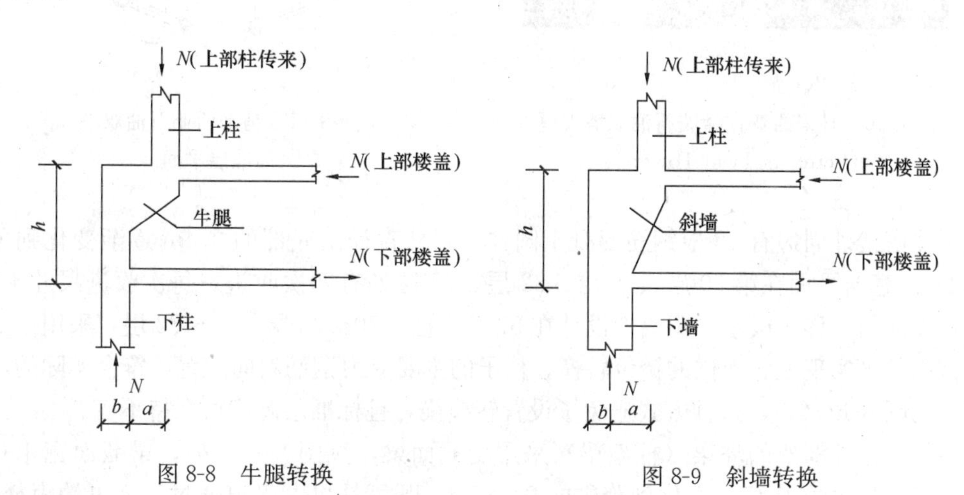

图 8-8　牛腿转换　　　　图 8-9　斜墙转换

8.6 工程实例

8.6.1 马来西亚吉隆坡石油大厦

马来西亚吉隆坡石油双塔大厦[8-8]（Petronas Twin Towers）（图 8-10），地下 3 层，地上 88 层（实际 95 层），屋顶高度 379.0m，顶部有塔桅，总高度 452.0m。采用钢筋混凝土框架-核心筒-伸臂结构体系，每个主体结构旁边的附属圆形框架结构与主体相连，可增大主体结构的抗侧能力。建筑平面为圆形，底部直径 46.2m，在第 60、72、82、85 层处有收进，每个圆形塔楼旁边靠着一个小圆形附属塔楼（44 层，直径 23.0m），在双塔之间有人字形天桥相连。标准层平面见图 8-11。设计中考虑的一个重要因素是在风作用下的舒适度，控制顶部加速度必须小于 20mm/s^2。由美国著名建筑师 Cesar Pelli 和著名结构工程师 Thornton Tomaetti 联合设计。

图 8-10 马来西亚吉隆坡石油双塔大厦（Petronas Twin Towers）

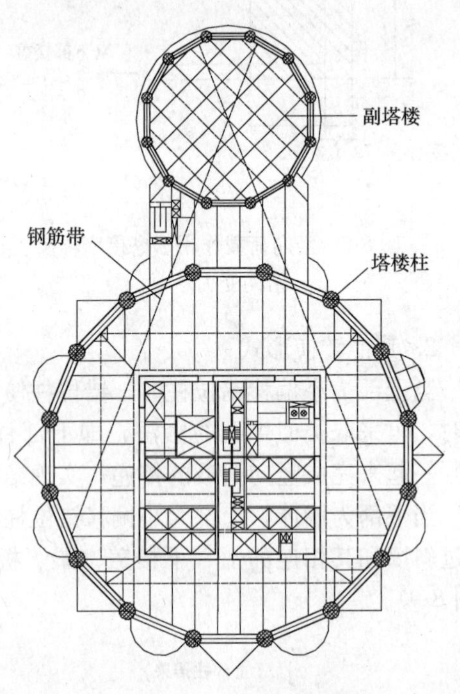

图 8-11 马来西亚石油双塔标准层平面

主体塔楼外周边有 16 根钢筋混凝土圆柱，圆柱直径由底部的 2.4m 逐渐变化到顶部的 1.2m。建筑平面在第 60 层、72 层、82 层、85 层处有四次收进，每次收进尺寸不大，要求柱子向内平移一段水平距离。设计在 57～60 层、70～73 层、79～82 层，采用三层高的变截面柱来实现上、下柱的错位转换。柱子的主要受力钢筋斜向配置，符合实际的传力途径，见图 8-12（*a*），这种方式避免了设置转换梁，且标准层高度可保持不变。

主体塔楼外框架的环梁（框架梁）采用变截面梁，见图 8-12（*b*），梁截面宽 1.0m，截面高度由柱边的 1.15m 变化到跨中的 0.775m，既可是机电管道通过，又可约束楼板，承受斜柱所产生的一部分水平推力。

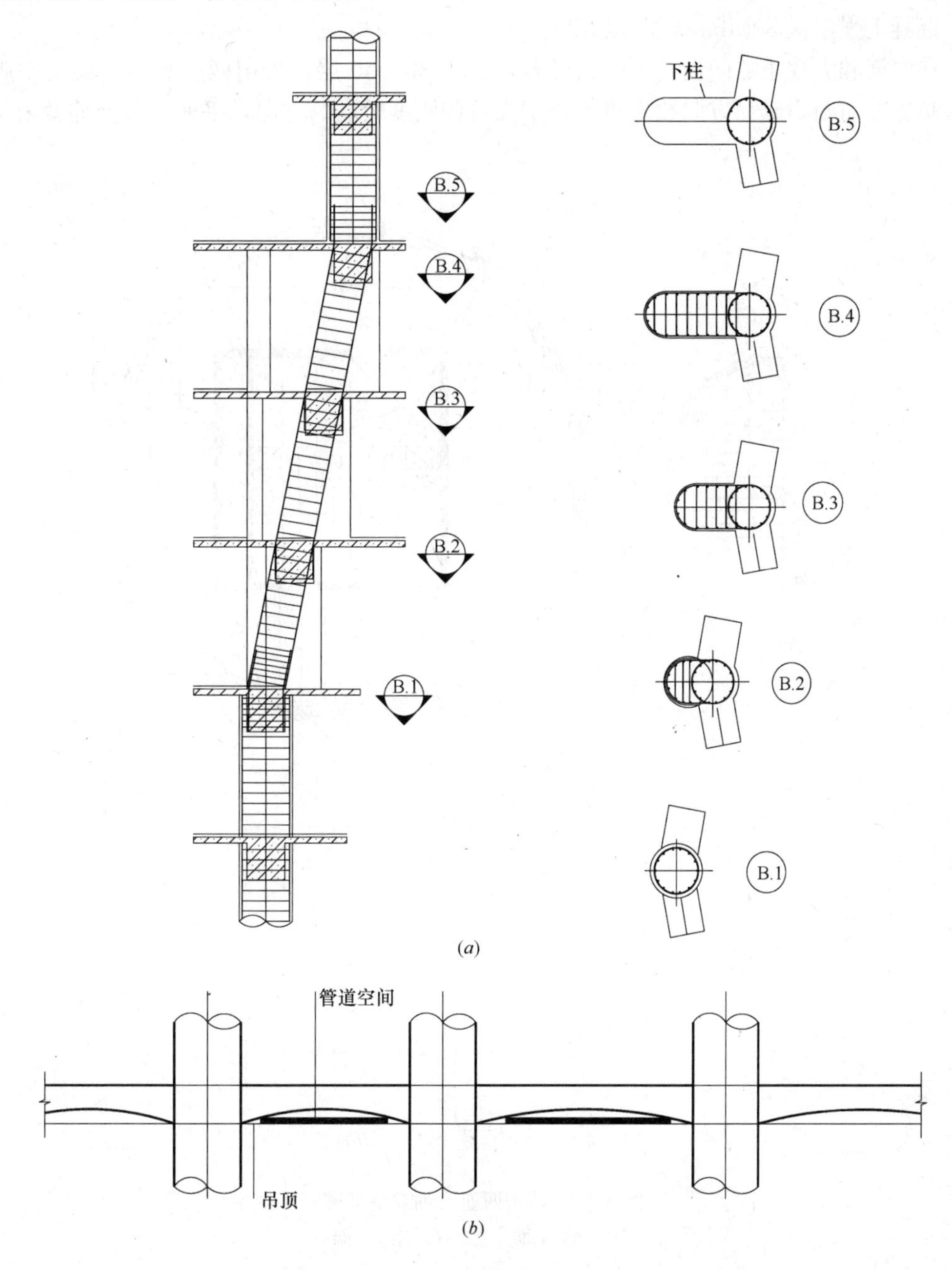

图 8-12 马来西亚石油双塔框架柱及环梁

(a) 柱收进构造；(b) 环梁

副塔楼外周边有 12 根圆柱，圆柱直径由 1.4m 变化到 1.2m，柱间环梁也采用变截面梁，截面宽度 0.80m，截面高度由柱边的 1.15m 变化到跨中的 0.725m。

钢筋混凝土核心筒在底部为 23.0m×23.0m，分 4 次缩进到顶部尺寸为 18.8m×22.0m。筒的外壁墙厚由底部 750mm 减至顶部 350mm，筒内部分隔墙厚度为 350mm，沿全高不变。有几道内部分隔墙不开洞，因此核心筒的惯性矩很大，在基底处承受的倾覆力矩超过 50%。

混凝土强度从 80MPa 减至 40MPa。

在内筒和大柱子之间设置了一道伸臂，位于 38～40 层，采用两层高的混凝土空腹桁架，布置方向与附属筒方向相垂直，以增强抗侧刚度较弱的方向，平面布置及伸臂桁架见图 8-13。

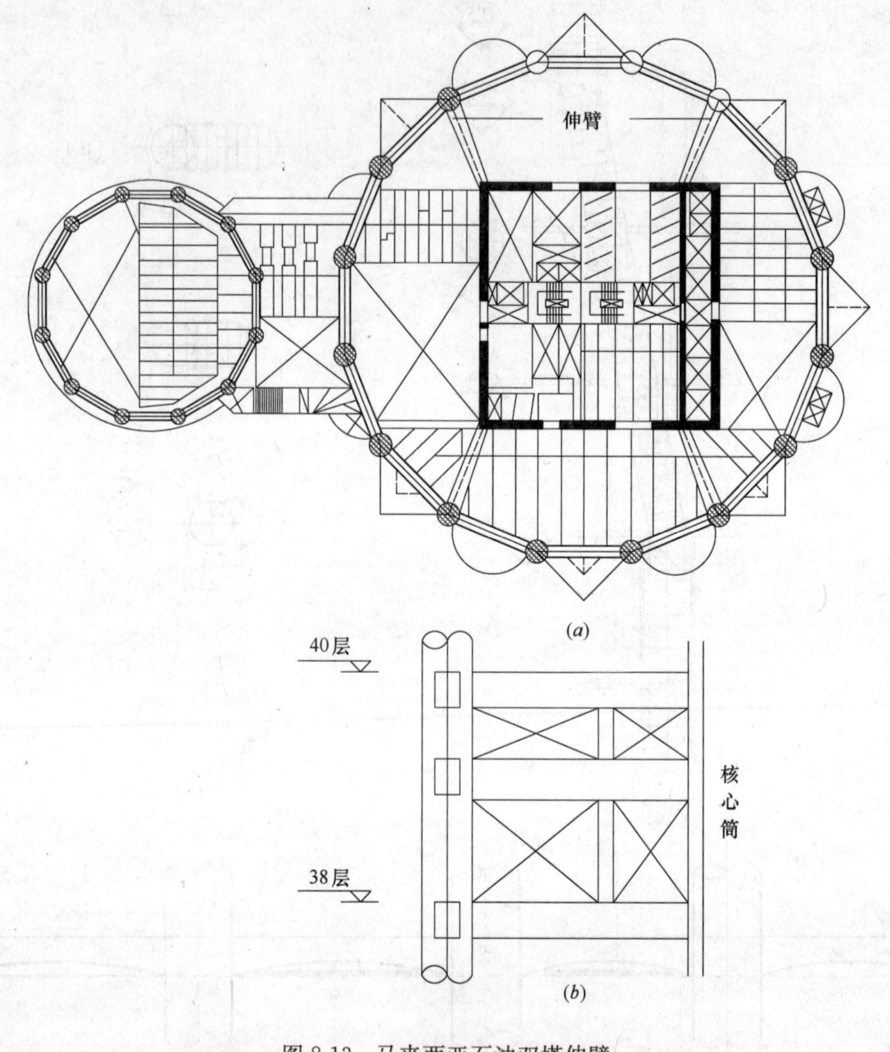

图 8-13　马来西亚石油双塔伸臂

(a) 伸臂平面位置；(b) 伸臂桁架

楼盖梁采用宽翼缘钢梁，间距 3.0m，最大跨度为 12.8m，截面高度 457mm。采用组合楼板，在 53mm 厚的压型钢板上现浇 115mm 厚混凝土。设备层楼板混凝土厚度达到 200mm。

两个主塔楼间由一个人字天桥，天桥位于 40～43 层，跨度 58.0m，有两层通道，经过比较采用了三铰拱方案，一个铰在天桥跨中，下面两个铰支座在 29 层，三铰拱方案使天桥与主体结构连接处的受力最简单，但必须处理好构造，保证当风引起相对位移时的安全。

8.6.2 福建兴业银行大厦

福建兴业银行大厦[8-9]（图 8-14），总建筑面积 45181m²，地下 3 层，地上 28 层（其中商业裙楼 2 层），层高首层 6.0m，2～3 层 4.8m，4 层以上标准层 3.5m，结构总高度 99.6m。抗震设防烈度 7 度，主体结构采用框架-核心筒结构。在 3、10、22 层建筑立面有变化：3 层竖向外挑，10 层、22 层则竖向收进，改变结构柱网，使外框柱不能直通落地，需要进行结构转换。为满足上述建筑立面变化的要求，沿竖向在 3 层、10 层和 22 层三个楼层中采用了搭接柱转换形式，避免了设置转换层和转换大梁，极大地提高了大厦内部空间使用率，可提供 9.0m×12.6m 框架体系，满足大公司办公要求；大厦率先采用宽扁梁技术与先进的抗震技术，使梁高仅为 500mm，增加室内空间高度。

图 8-14　福建兴业银行大厦效果图

大厦剖面图见图 8-15，第 4、10、22 层结构布置见图 8-16。

1. 整体结构的布置及核心筒的加强

本工程有多处搭接柱转换，因此剪力墙筒体的数量、结构布置十分重要。本工程两个主轴方向筒体高宽比分别为 8.67 和 7.22，均小于 10，较为合理。结合建筑功能要求，利用楼电梯间、管道井等布置剪力墙筒体，墙肢多为“L”形、工字形、槽形等，具有较好的抗侧刚度和抗扭刚度。并注意加强剪力墙筒体的配筋和构造，使之具有良好的承载力、延性和抗震性能。计算表明：框架部分承担的倾覆弯矩仅占总倾覆弯矩的 15%。同时适当加强框架的设计，使之成为结构抗震的第二道防线，有利于结构整体达到大震不倒的设防目标。

2. 结构计算分析

（1）整体计算

本工程整体杆系模型计算分析采用 TBSA 与 ETABS 两种软件，按刚性楼盖、弹性楼盖两种模型进行了小震作用、重力荷载效应、风荷载效应的结构内力及位移计算。

分析表明，按弹性楼盖与刚性楼盖整体计算结果十分相近。弹性楼盖计算搭接块主变形、下挠增大 10 %左右，主内力搭接柱上层柱轴力减小 5%左右，而与此同时，上部结构梁、柱其他内力增大 5%～10%左右，差别不大。考虑搭接柱转换安全度，取刚性楼盖最不利搭接块上层柱底轴力、水平剪力、弯矩作为搭接柱转换层局部有限元分析的外力。在重力荷载和多遇水平地震作用下，其主要内力标准值计算结果见表 8-2。

搭接块上层柱柱底内力标准值　　**表 8-2**

楼 层	4			10			23		
内力	N(kN·m)	M(kN·m)	V(kN·m)	N(kN·m)	M(kN·m)	V(kN·m)	N(kN·m)	M(kN·m)	V(kN·m)
重力荷载	13143	832	253	7057	348	146	1886	81	39
多遇地震	792	71	23	560	81	36	209	36	36

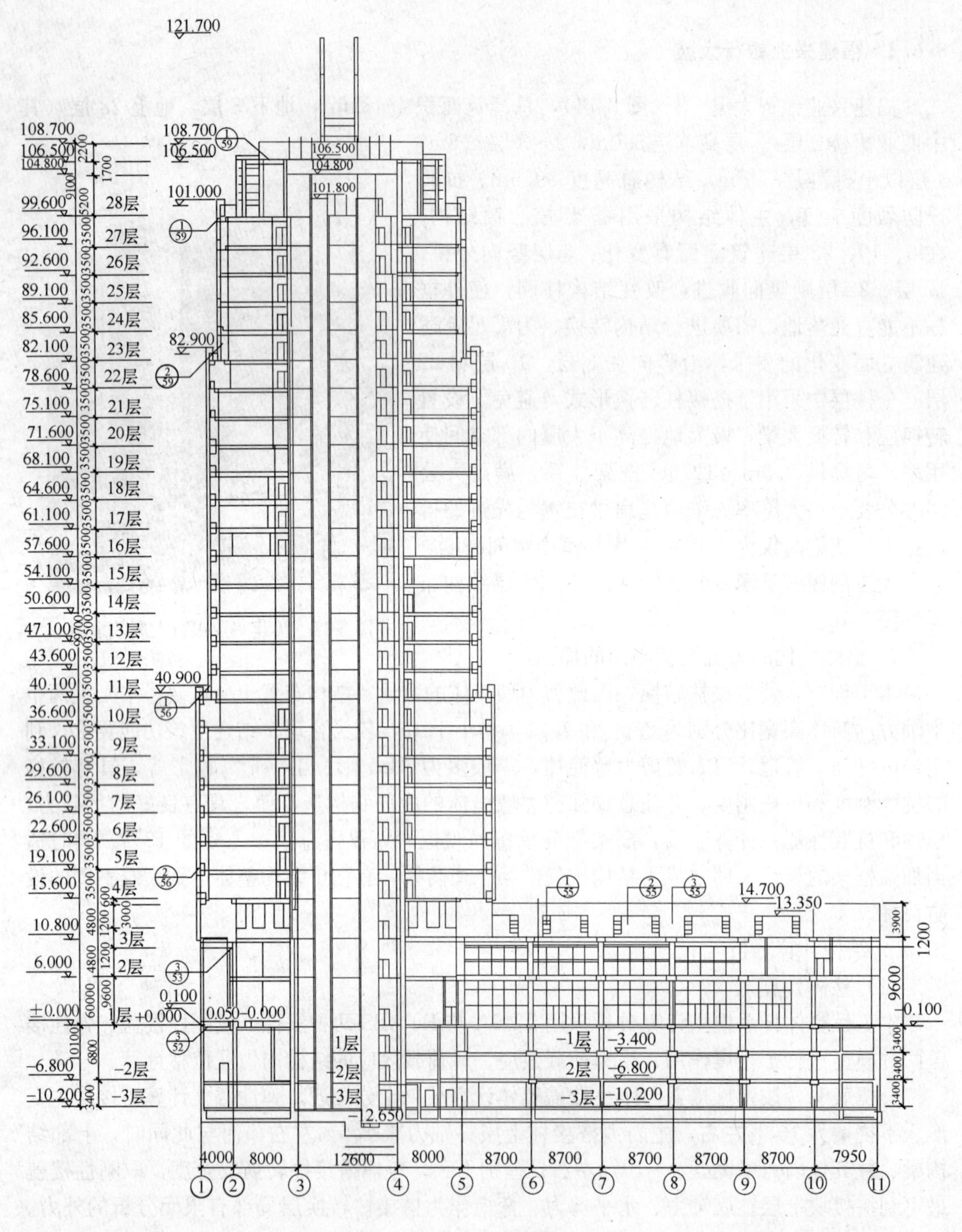

图 8-15　剖面图

（2）局部计算

局部连续体有限元分析采用 SAP2000 整体壳单元，取 3、4 层最不利搭接柱区段上、下 3～4 层剪力空间模型进行计算分析。楼板为水平面内的壳单元，梁、柱和剪力墙为竖向平面内的壳单元。考虑到搭接柱转换的安全度，搭接块局部有限元分析时取刚性楼盖最不利搭接柱上层柱柱底轴力、水平剪力、弯矩作为搭接柱转换层局部有限元的外荷载，并

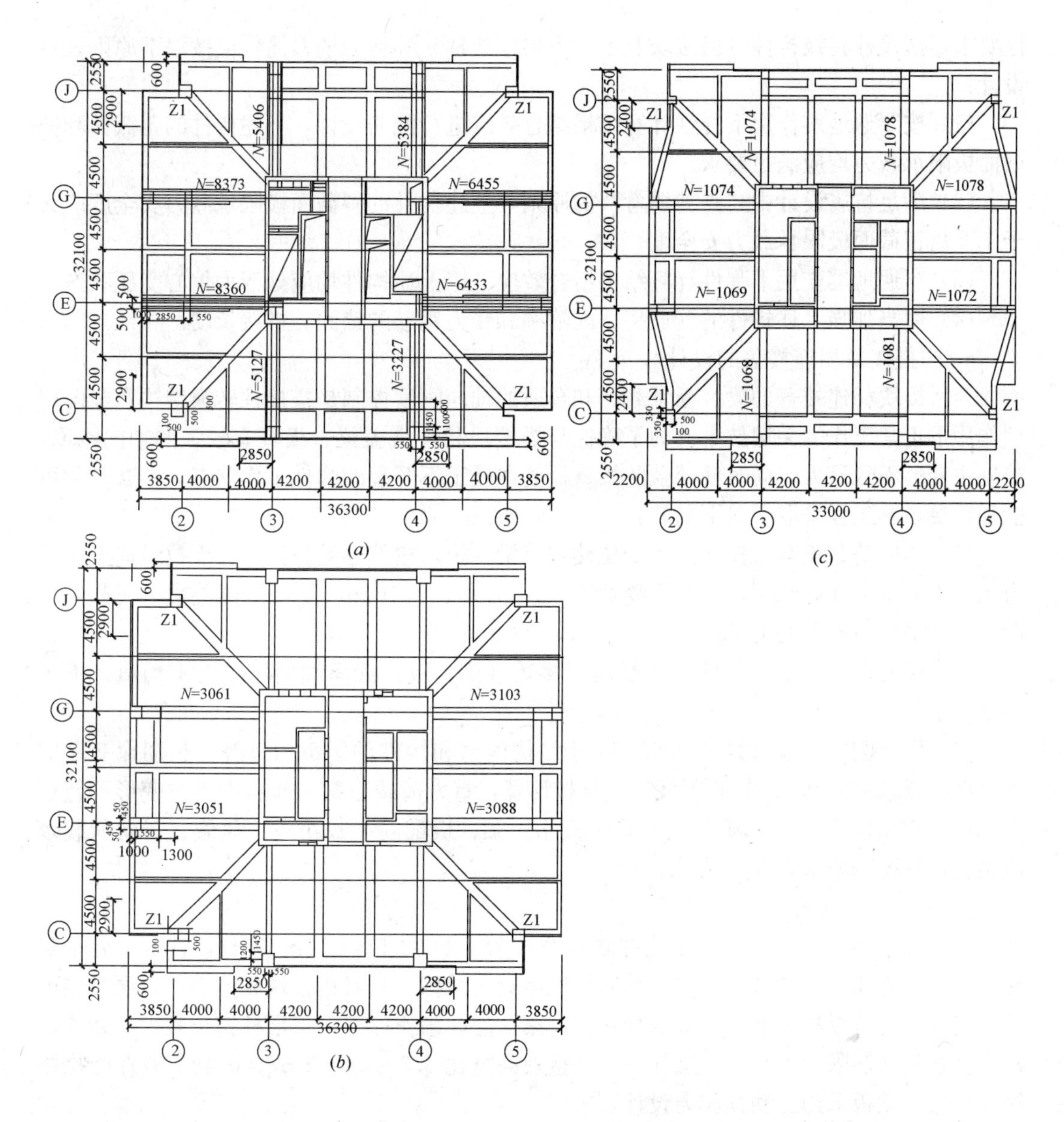

图 8-16　第 4、10、22 层结构布置图

(*a*) 第 4 层结构平面布置；(*b*) 第 10 层结构平面布置；(*c*) 第 22 层结构平面布置

以此计算结果验算构件的配筋。

(3) 罕遇地震作用下的弹性分析

考虑到搭接柱转换结构的重要性，本工程补充采用了弹性反应谱大震分析与计算。按弹性大震组合效应符合搭接块、上下柱、筒体及相连楼盖梁板正截面、斜截面极限承载力，较小震组合作用结果适当增加 10％～20％配筋和配箍，基本保证大震作用下搭接柱转换结构的安全，并在此基础上进一步验证复核了这部分竖向构件满足延性控制条件（大偏压、强剪弱弯）。

3. 搭接块及上、下层框架柱的设计

为了保证搭接柱转换构件（搭接块及上、下层框架柱）和剪力墙、筒体的承载力与延性要求，搭接柱转换构件（搭接块及上、下层框架柱）和剪力墙、筒体应按以下原则进行设计：

（1）按罕遇地震作用下弹性计算结果组合效应进行配筋设计，上述构件的正截面和斜截面极限承载力均应满足要求。

（2）满足抗震设计中“强剪弱弯”的原则，上述构件的斜截面极限承载力安全度应大于1.2倍正截面极限承载力安全度。

（3）罕遇地震作用下弹性计算结果组合效应下，上述构件均应处于大偏心受压状态。

（4）适当加强上述构件的配筋率、配箍率和受力钢筋的锚固、搭接长度。

4. 与搭接块相连楼盖的设计

与搭接块相连楼盖的梁、板承载力和合适的轴向刚度控制是搭接柱转换结构在竖向荷载作用下正常工作的关键技术。为了确保与搭接块相连楼盖梁、板具有较强的轴向刚度，控制主变形不致过大，同时使楼盖的梁、板基本处于不开裂的弹性工作状态，结合实际可能和需要，本工程采取了以下措施：

（1）竖向荷载正常工作状态下受拉楼盖（梁、板）按偏心受拉设计，受拉纵筋最大应力 σ_{max} 不大于 150N/mm^2，最大裂缝宽度 w_{max} 不大于 0.1mm，受拉层楼盖梁、板截面轴向拉应力平均值 σ 不大于 f_{tk}。

（2）竖向荷载正常工作状态下受压层楼盖（梁、板）截面轴向压应力平均值 σ 不大于 $0.1f_{ck}$。

（3）短期刚度折减系数取 0.85，用于结构内力和构件的承载力计算。长期徐变效应下刚度折减系数取 0.5。经有限元模型复核计算，重力荷载正常工作状态下主变形不超过 2.0mm，仅增加 15%，影响不大且量级极小。梁、板配筋率较小震、风载、竖向荷载效应组合设计配筋率增大 50%左右。

5. 主动预应力设计

本工程第 10 层、第 22 层中搭接块高宽比为 $1.55/3.5=0.44<0.45$，且由于处于高位转换，重力荷载效应减弱，采用普通钢筋混凝土结构。故对搭接块相连上、下层楼盖梁板及受拉层楼盖梁板配筋予以适当加强。而第 3 层、第 4 层上、下层柱错位较大，搭接块高度受建筑功能限制不允许越层加高，搭接块高宽比 $3.3/4.8=0.67>0.45$，故在受拉层第 4 层楼盖梁板采用主动预应力设计。

（1）预应力强度比 λ 的控制

考虑经济性和耐久性，通过从严控制裂缝宽度，加大非预应力钢筋配筋量，使之能满足重力荷载作用下正常使用极限承载力要求。本工程预应力强度比 λ 取扣除预应力损失后总预应力约为 70%重力荷载标准值产生的受拉楼盖的总水平拉力。实际工程采用 ϕ^j 15 (7ϕ5) 高强钢绞线，后张预应力，预应力控制应力 $\sigma_{con}=0.7f_{ptk}$（$f_{ptk}=1860$N/mm^2），扣除预应力损失后，有效预应力 $\sigma_{pe}=0.75\sigma_{con}$，每股钢绞线有效预拉力 $N_p=138.6\times977\times10^{-3}=135.0$N。

（2）分批张拉

计算分析表明，施工阶段若一次张拉，张拉时四层上柱柱底将受到较大弯矩作用。采用两次张拉，可使上柱受力较为均匀。第一批四层混凝土强度等级达到 100%，上部施工 3 层后张拉 40%；第二批上部施工 10 层后张拉剩余的 60%钢绞线。

(3) 集中与分散布筋

楼盖拉力来自上层柱集中力，计算分析及试验均表明，楼盖拉应力分布具有不均匀性。设计通过加大框架梁刚度与配筋，集中与分散布置预应力筋的方式，来适应和调节楼盖拉应力分布。其中框架梁及梁侧加密布筋 2/3，其余板区分散布筋 1/3。

(4) 筒体锚固端设计构造加强措施

由于实际筒体内机电及楼电梯井道影响，部分预应力筋遇井洞处，不能贯通整个楼层，只能锚固于筒体墙内侧面，筒体壁厚 500mm。经分析筒体局部变形对整体楼盖变形及应力分布影响不大，但筒体局部应力产生环向弯矩较大，针对此局部应力，3～4 层筒壁水平分布筋予以加强。

(5) 后浇缝设置

为减小搭接块刚度对楼板受压预应力干扰影响，预应力施工前框架梁两侧外段预留 100mm 宽后浇带，周边张拉端、锚固端混凝土封闭时同时予以封闭。

预应力筋的平面布置见图 8-17。

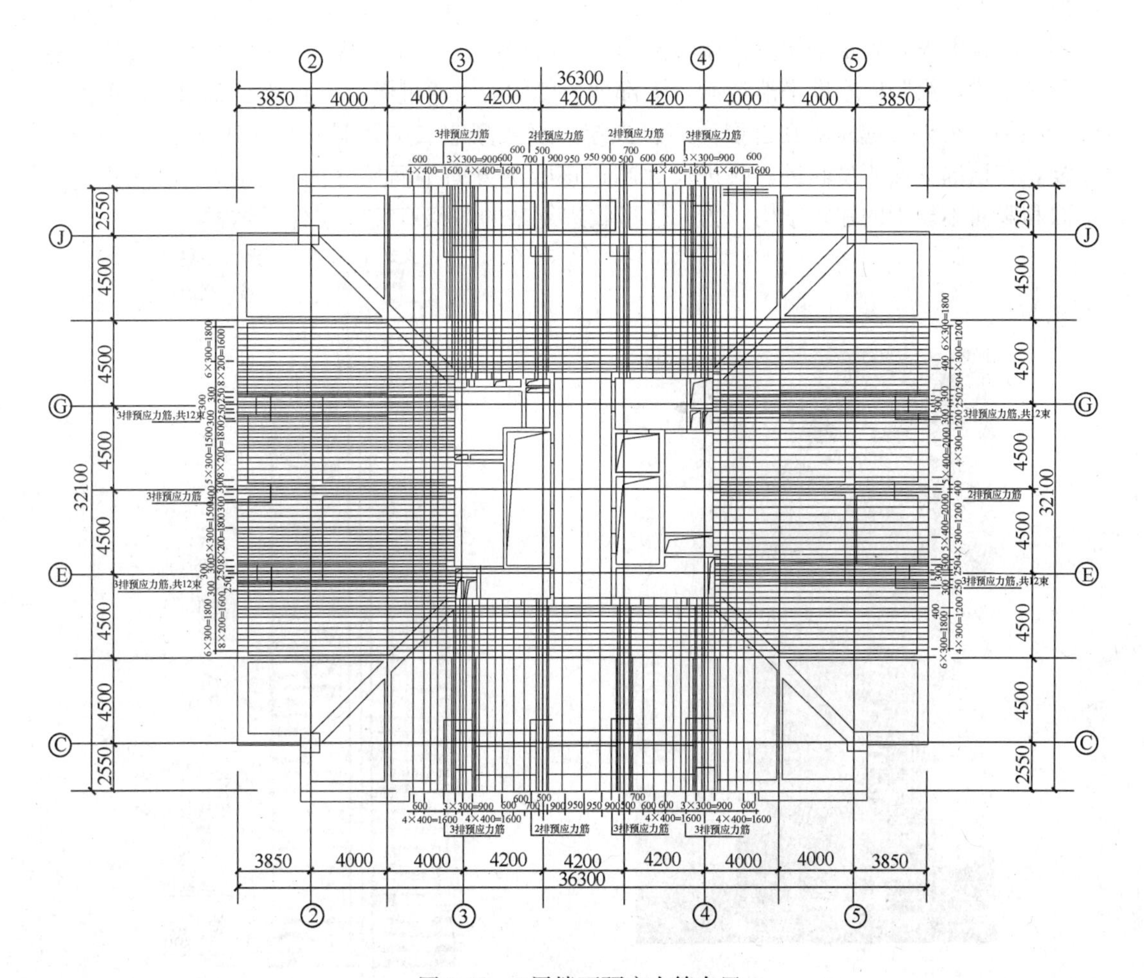

图 8-17　4 层楼面预应力筋布置

8.6.3 福建厦门银聚祥邸

福建厦门银聚祥邸[8-10]（图 8-18），地下 4 层，地上 40 层，建筑总高度 157.0m，总建筑面积 8.84 万 m^2，地上 1～5 层用于商业及办公，6～38 层为住宅，其中 20 层为避难层；地下 4 层分为停车、设备房及物业管理。建筑剖面图见图 8-19。

本工程抗震设防烈度为 7 度，设计基本地震加速度值为 0.15g，设计地震分组为第一组，Ⅱ类场地。主体结构采用框架-核心筒结构，核心筒墙厚 500mm，平面尺寸 20.4m×7.6m，外围对称布置框架柱和剪力墙（图 8-20）。

由于本工程为超豪华住宅，建筑立面和建筑功能要求建筑物周边不宜布置剪力墙，且建筑物本身较高，抗扭刚度不足。为了提高建筑物的抗扭刚度，结合建筑立面在第 6 层建筑物四角双向布置空腹桁架（直腹杆 900mm×350mm，弦杆 350mm×1200mm），即加密柱距，加大梁高，提高刚度；同时加大角柱截面，弱化了中部核心筒墙体与连梁，将连梁做成宽扁梁，即控制连梁剪压比小于 0.15，尽量减少连梁平面内刚度。

由于建筑底部大堂需要大空间，三层以下部分剪力墙不能落地，需要进行局部转换，转换层以上有 36 层，转换跨度 24.0m。若采用大梁转换则在局部形成强梁弱柱，不利于抗震。综合考虑，确定采用搭接墙转换形式，搭接块高 5.1m，宽 1.4m，避免了设置转换层和转换梁，沿竖向刚度平滑过渡，上部剪力墙的剪力通过厚板传到核心筒和落地剪力墙（图 8-18）。另外，建筑需在首层商店设夹层，复式豪宅二层开洞面积大于 60%，楼板不连续，在顶部立面体型收进，收进尺寸超过该收进方向平面尺寸的 25%以上，该建筑属平面和竖向不规则的建筑结构，为一体型收进复杂的 B 级高度高层建筑结构。

图 8-18 厦门银聚祥邸

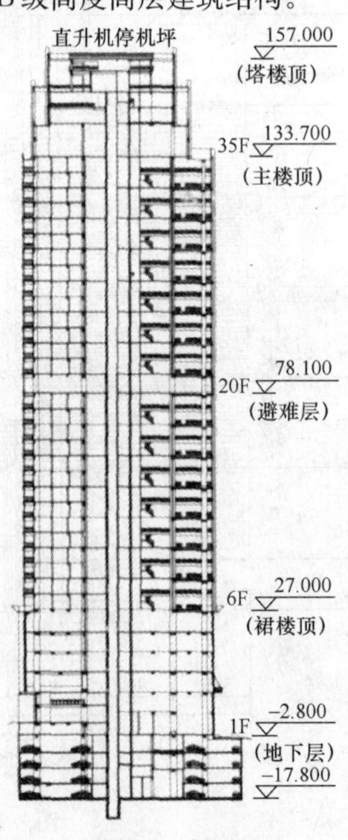

图 8-19 剖面图

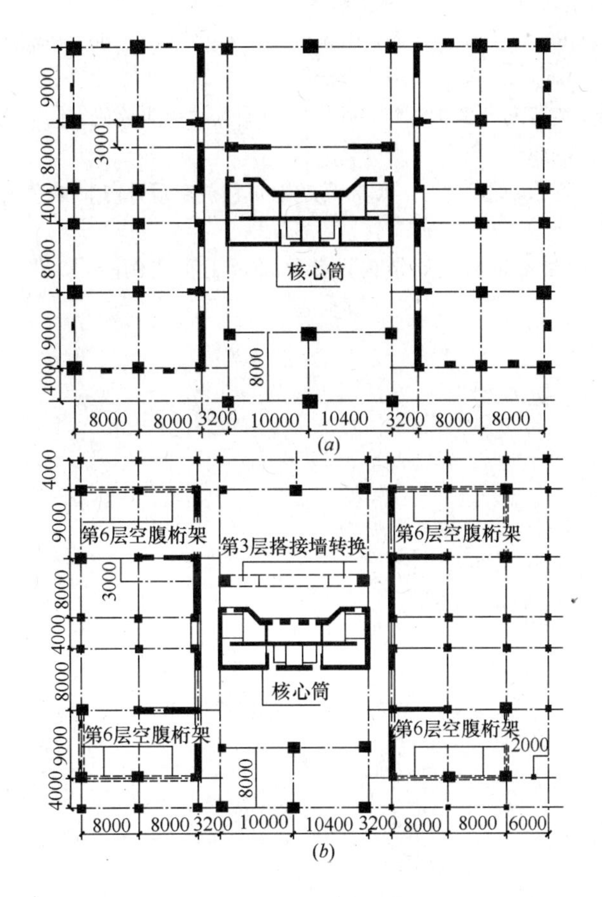

图 8-20　结构布置图

(a) 标准层；(b) 底层

参　考　文　献

[8-1]　唐兴荣编著. 特殊和复杂高层建筑结构设计[M]. 北京：机械工业出版社，2006

[8-2]　顾磊，傅学怡. 福建兴业银行大厦搭接柱转换结构有限元分析和预应力策略[J]. 建筑结构. 2003.(12)：13～16

[8-3]　傅学怡，雷康儿，杨思兵，陈朝晖，顾 磊，贾建英. 福建兴业银行大厦搭接柱转换结构研究应用[J]. 建筑结构 . 2003.(12)：8～12

[8-4]　徐培福，傅学怡，耿娜娜，王翠坤，肖从真. 搭接柱转换结构的试验研究与设计要点[J]. 建筑结构 . 2003.(12)：3～7

[8-5]　全学友，孔志坚，邓 凡等. 上部边框柱外移时搭接柱转换结构的试验研究[J]. 建筑结构. 2006，36(2) ：25～28

[8-6]　吕西林，张翠强，李检保，卢文胜. 搭接柱转换大底盘多塔楼结构抗震性能分析[J]. 建筑结构学报. 2011，32(6)：10～17

[8-7]　李亚娥，李洋，于法桥，徐立华. 搭接柱转换结构设计时相关问题探讨[J]. 甘肃科学学报. 2009，2(4)：72～76

[8-8]　Hamdan Mohamad，Tiam Choon etc. “the Petronas Towers：The Tallest Building in the World”

Habitat and High-Rise, Tradition and Innovation[C]. Proceedings of the 5th world Congress, CTUBH1995.5, Amsterdan, The Netherlands.
[8-9] 王翠坤，肖从真，赵宁等. 深圳福建兴业银行模型振动台实验研究[J]. 第十七届全国建筑结构学术交流会论文集. 2002
[8-10] 奚雄，傅学怡，吴兵. 厦门银聚祥邸超高超限工程抗震设计[J]. 有色冶金设计与研究. 2007, 28(1): 13～17
[8-11] 张维斌. 钢筋混凝土带转换层结构设计释疑及工程实例[M]. 北京：中国建筑工业出版社，2008

9 斜撑（柱）转换结构设计

由于建筑外形尺寸的局部收进或外挑，上、下楼层柱子轴线不对齐，柱子有错位，为了实现上、下柱的转换，可从下柱上端设置斜撑（柱）至上柱下端，直接将上柱竖向荷载传至下柱，形成斜撑（柱）转换。斜撑（柱）转换是桁架转换的一种特殊形式，斜撑（柱）转换主要用于框架-剪力墙结构和框架-核心筒结构中的外框架（外筒）的转换，而核心筒保持上、下贯通。带斜撑（柱）转换层高层建筑结构实际工程详见附表 1-4。

9.1 斜撑（柱）转换结构形式

斜撑（柱）转换可以在平面内转换，也可以在空间内转换。斜撑（柱）转换可采用下列几种基本形式[9-1]：

1. 平面三角形转换

图 9-1 给出了平面三角形斜撑（柱）转换示意，其中图 9-1（*a*）为对称正置三角形的双斜柱转换。图 9-1（*b*）为对称倒置三角形的双斜柱转换。图 9-1（*c*）为非对称三角形的双斜柱转换。图 9-1（*d*）为非对称三角形的单斜柱转换。

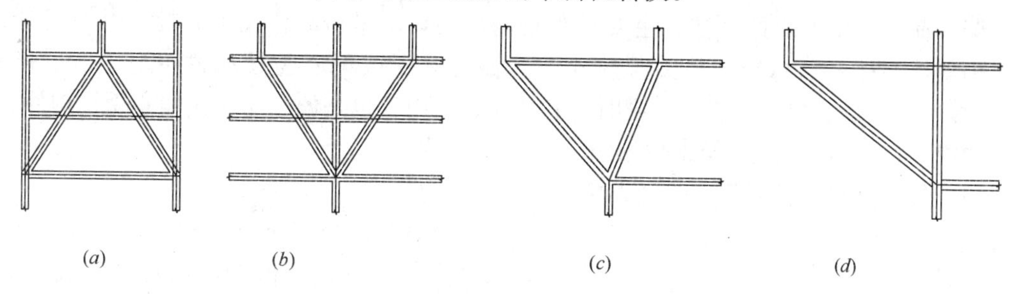

图 9-1 平面三角形斜撑（柱）转换

（*a*）对称正置三角形的双斜柱转换；（*b*）对称倒置三角形的双斜柱转换；

（*c*）非对称三角形的双斜柱转换；（*d*）非对称三角形的单斜柱转换

2. 空间角锥形转换

（1）倒置角锥形转换

图 9-2 给出了倒置角锥形斜撑（柱）转换示意，其中图 9-2（*a*）为三斜柱的转换，图 9-2（*b*）为四斜柱的单拉梁转换，图 9-2（*c*）为四斜柱的复拉梁转换。

（2）倒置圆锥形转换

沈阳华利广场中采用的双环结构斜柱转换即属此种的形式之一，见图 9-7。

（3）正置角锥形转换

图 9-3 给出了正置角锥形斜撑（柱）转换示意，为正置角锥三斜柱的转换。

从图 9-1～图 9-3 中可以看出，斜撑（柱）转换中的斜撑（柱）布局实际上是桁架结构（平面桁架或空间桁架）中最简单的基本单元——三角形布局形式。桁架结构与板、梁结构相比，杆件只承受轴向力，传力简单直接；采用桁架结构具有节约空间、增大使用面积、免除过大集中质量对地震作用的不利影响、节约材料、降低造价、方便施工等优点。因此，斜撑（柱）转换具有相当广阔的应用前景。但采用斜撑（柱）转换结构时，要求结构工程师与建筑师紧密配合，进行布局协调；在选定斜撑（柱）处理的形式时应灵活组合、妥善设置。

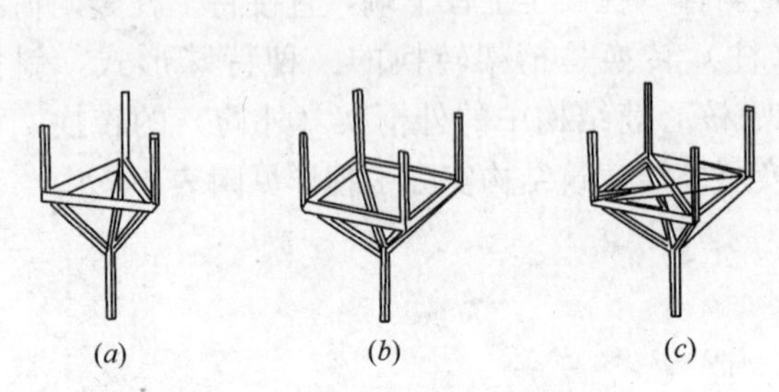

图 9-2 倒置角锥形斜撑（柱）转换示意
（a）三斜柱的转换；（b）四斜柱的单拉梁转换；（c）四斜柱的复拉梁转换

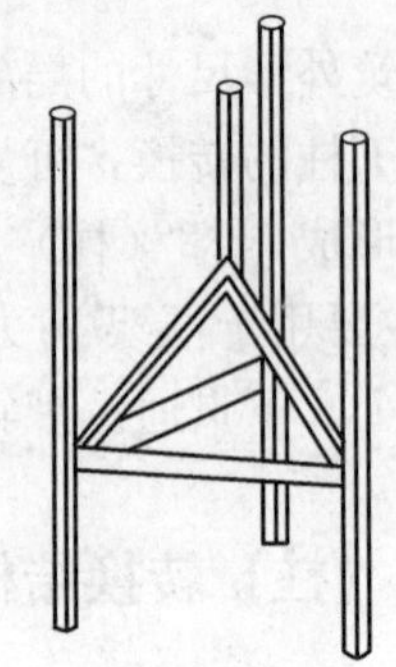

图 9-3 正置角锥形斜撑（柱）转换示意

9.2 斜撑（柱）转换受力特点

竖向荷载作用下斜撑（柱）主要承受轴向压力，水平荷载作用下斜撑（柱）可能受力，但斜撑（柱）的弯矩、剪力都较小，为偏心受压或偏心受拉构件；上、下层楼盖（梁、板）分别承受拉力或压力，同时受有弯矩、剪力，也是偏心受压或偏心受拉构件。

斜撑（柱）转换与托柱转换梁相比，具有以下优点：

（1）斜撑（柱）转换传力路径直接、明确，受力合理。

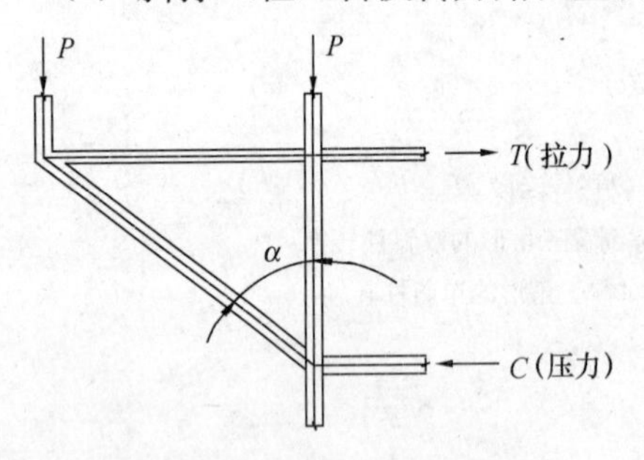

图 9-4 斜撑转换受力示意

斜撑（柱）转换直接将结构上层柱传来的重力荷载通过斜撑（柱）传至下层柱及楼盖（梁、板）（图 9-4），传力路径直接、明确，以构件的受压（斜柱）、受拉（相应部位楼盖梁、板）代替托柱转换梁受弯、受剪，受力方式更为合理。

（2）水平地震作用下应力集中程度减缓，有利于结构抗震。

采用斜撑（柱）转换的转换层与上、下楼层的刚度比变化幅度很小，故水平地震作用下，可以避免结构层间剪力和构件内力发生突变，对结构抗震有利。

（3）与转换梁相比较，斜撑（柱）转换可减轻结构自重，合理利用转换层内部的使用空间，设计构造简单，施工方便。

由于斜撑（柱）转换具有上述特点，因此斜撑（柱）转换可作为高层建筑结构的高位转换结构。

斜撑（柱）转换基本保证了框架柱直接落地，在水平地震作用下带斜撑（柱）转换的框架-剪力墙结构或框架-筒体结构，其整体结构的振动特性和地震作用下的工作状况与框架-剪力墙结构或框架-筒体结构几乎没有什么区别。框架柱斜撑（柱）转换本质上弱化了框架的抗侧作用，更进一步强化了核心内筒的抗侧作用。但抗震设计的纯框架结构，斜撑（柱）转换对整体结构的振动特性和地震作用下的工作状况影响显然要比框架-剪力墙结构或框架-筒体结构大得多，同时考虑到有可能出现较为严重的不对称荷载，因此对设防烈度较高、结构高度较高、转换较多的框架结构采用斜撑（柱）转换应慎重。

9.3 斜撑（柱）转换的设计要点

9.3.1 斜撑（柱）选型

（1）由于斜撑（柱）的轴力在其与上柱相交的楼层中心面上产生的水平分量作用于楼层，对该水平分量最好的处理办法应是设法在最短的传力途径上加以平衡。

对图 9-1（*a*）、图 9-3 的转换来说，只要在斜撑（柱）底的各柱之间设置拉梁就可以满足。必要时，可采用预应力混凝土拉梁。

对图 9-1（*b*）、图 9-2（*a*）、图 9-2（*b*）、图 9-2（*c*）的转换来说，则仅在图形对称、荷载也对称的条件下，同时在斜撑（柱）顶的各柱之间设置拉梁后，才可以满足此项要求。

对图 9-1（*c*）、图 9-1（*d*）通常不能满足此项要求，在此情况下一般应是在总的平面布局中将此类非对称的转换构件左右对称设置，以求其在总体上对称，将左右各自的不平衡力，通过中间相连楼盖（梁、板）的传递最终合并平衡消失。如不能做到这一点，则斜撑（柱）上、下端楼层的不平衡水平力只能是传递给有关的核心筒壁或剪力墙上，此上、下两层传来的、方向正好相反的力作用于筒壁或剪力墙后形成一力偶矩，最终合并其他传来的力一并传给地基。

（2）斜撑（柱）与竖向的夹角（α）不宜太大，否则水平拉力 T（图 9-4 中 $T \approx P\tan\alpha$）很大，受拉楼盖（梁、板）的裂缝宽度限值难以满足规范要求。

（3）当采用斜撑（柱）转换时，斜撑（柱）、上柱中轴线应与楼层梁的中轴线交汇一点（个别交于核心筒壁时可例外）。这样，斜撑（柱）穿越的楼层至少是 1 层，也可根据需要穿越 2～3 层。增多穿越层数可使斜撑（柱）作用给楼层的水平分力大为降低。在沈阳华利广场工程设计中，将斜撑（柱）的穿越层数由 1 层改为 2 层之后，斜撑（柱）顶主环梁的环向拉力总值降低为原拉力值的 50%，其节约钢筋用量的效益是十分明显的。

9.3.2 楼盖设计

由于斜撑（柱）的轴向力和剪力会使楼盖（梁、板）受拉，结构计算时应假定楼板为弹性，以便计算出梁、板所受的水平拉力。设计中除应满足包括地震效应组合下的构件承载力要求外，还应按偏心受拉验算构件在重力荷载作用下的挠度和最大裂缝宽度，满足规范的要求。

（1）由于楼层活荷载的存在，严格的荷载对称情况是不存在的。因此，对采用斜撑

（柱）转换的受拉楼盖的梁、板配筋应作特殊考虑。一般情况下，板面上、下及梁内纵筋宜连续配筋，其钢筋接头的搭接长度应按受拉钢筋的要求处理，必要时尚需通过计算确定。

（2）分析表明，不考虑楼盖梁的刚度退化时，楼盖梁处于最不利受力状态；当考虑楼盖梁的刚度退化且考虑长期作用影响时，斜撑（柱）和楼板处于最不利受力状态。因此，楼盖梁和斜撑（柱）的承载力设计应该分别满足最不利受力状态下的小震组合要求。

钢筋混凝土斜撑（柱）转换结构，应采用弹性楼盖计算，并考虑下弦楼盖梁在轴向拉力作用下出现裂缝，引起下弦楼盖梁刚度退化造成对整体转换结构的不利影响，下弦楼盖需要满足重力荷载下裂缝限值要求。

下弦楼盖梁处于偏心受拉工作状态，应按偏心受拉构件进行设计，并满足正常使用极限状态验算要求。

9.3.3 斜撑（柱）设计

斜柱是斜撑（柱）转换的重要构件，应确保大震下的可靠工作。

分析表明，在小震作用下，斜撑（柱）的轴力为压力，处于偏心受压状态，但在大震作用下，斜撑（柱）的轴力可能出现拉力，处于偏心受拉工作状态。为了保证斜撑（柱）在大震下的可靠工作，斜撑（柱）的承载力除了满足最不利受压状态下的小震组合要求外，还应按偏心受拉构件复核斜撑（柱）在大震作用下的极限承载力，并采取构造措施予以加强，以提高其延性和承载力。必要时可在斜撑（柱）内设置型钢。

在地震作用下，为保证转换结构可靠地传递重力荷载和地震作用，尤其是在大震作用下保证与斜撑（柱）相连接的竖向结构构件可靠工作是设计的关键。因此，与斜撑（柱）相连的节点应在构造上予以特别加强。

9.3.4 节点设计

斜撑（柱）和上、下柱的连接节点是保证斜撑转换可靠传来的关键部位，应按“强节点”进行设计。节点区域受力复杂，宜采用弹性反应谱验算节点的极限受剪承载力。同时，交汇于节点的纵向受力钢筋较多，应加强纵向受力钢筋在节点区的可靠锚固，加强约束节点区混凝土，以提高节点的延性。

9.4 “V”形柱转换

“V”形柱转换是斜撑（柱）转换的一种特殊形式，其受力机理与斜撑（柱）转换基本相同，如图 9-5 所示。

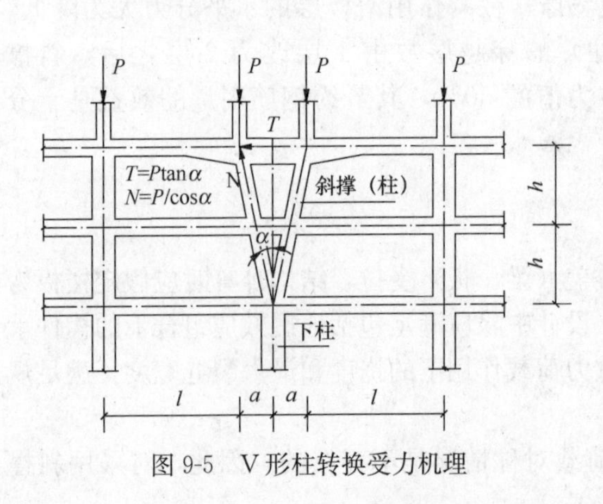

图 9-5　V 形柱转换受力机理

由于“V”形柱具有良好的几何特性，在桥梁工程中常见采用。“V”形柱用于高层建筑结构转换时，主要应用于框架-剪力墙结构体系和框架-筒体结构体系。虽然由于构造方面的因素会使“V”形柱构件的刚度增大，但从结构体系看，其刚度变化的影响很小，建筑结构体系的刚度并未因“V”形柱的应用而产生突变，因此“V”形柱的形态对结构抗震是有利的。

“V”形柱的具体形态和尺寸，需结合具体工程情况以及建筑平面、立面处理等综合确定。“V”形柱转换应满足下列构造措施：

(1) 采用“V”形柱转换会增加该楼层的抗侧刚度，因此“V”形柱转换的上柱数量不宜过多。从已有的工程实际来看，“V”形柱转换的上柱数量不应超过下层柱数量的25%。

(2)“V”形柱的斜撑（柱）的截面面积之和不应小于下部原柱截面或同层框架柱截面面积。

(3)“V”形柱顶部梁的拉力 $T\approx P\tan\alpha$，斜柱的斜率（$i=\tan\alpha$）越大，顶部梁的拉力 T 就越大，裂缝宽度的限值就很难满足要求。一般情况下，应控制“V”形斜柱的斜率（$i=\tan\alpha$）不超过1∶4.5；同时，应加强“V”形柱顶部拉梁的配筋，必要时在相邻框架梁端设置腋角。

(4) 采用“V”形柱结构转换时，“V”形柱顶部的水平拉力由“V”形柱之间的顶部梁承担，因此“V”形柱顶部楼盖可以不必采取特别的加强措施。

9.5 工程实例

9.5.1 沈阳华利广场

沈阳华利广场工程（图9-6），塔楼地上33层，结构总高度115.0m。按墙面外轮廓为正八角形，按外周梁柱连线为一接近圆形的十六边形平面，其周边边长长短相间，长边长约8.7m，短边长约6.4m。中部核心筒直径近似为15.5m。塔楼上部用做写字间、公寓的部位在核心筒外设有走廊柱16根，形成走廊柱环，其环直径约为20.65m。外圈周边16根柱的外柱环直径近似为40.0m。塔楼平面见图9-7中1-1剖面。

图9-6　沈阳华利大厦

设计时在公寓、写字间的使用层中设置了16根走廊柱是考虑设置它并不影响使用，但确可以明显地减小楼层辐射向主梁的跨度，使梁的截面减小、层高降低，以利在允许的总高度条件下增设楼层层数、增多出售面积、提高经济效益。由于本工程采取了此项措施，使外跨梁的计算弯矩值减小为不到原弯矩值的60%，而对内跨梁跨中的计算弯矩值则减小为不到原弯矩值的10%。设计中将内跨梁高度适度压低，主风道由其下通过，这样就使上部标准层的每层层高降低了350mm，从而取得了楼的总高度不增加但增加两层面积的巨大效益。

然而，在塔楼下部与群房共用的空间中，这16根环绕核心筒的柱的存在对商场的营运、布局是十分不利的，必须予以拔除。在解决本工程底部六层要求拔柱的结构转换问题

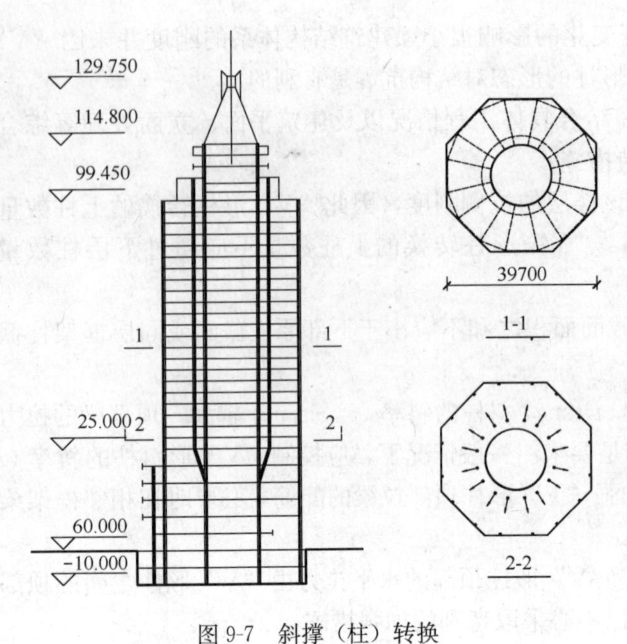

图 9-7　斜撑（柱）转换

时，结合本工程的特点采用了斜柱转换结构的一种特别形式—双环结构斜柱转换，其做法如图 9-7 所示。

本斜柱转换的实施特征是将转换层以上的 16 根环绕走廊的竖直柱在楼层梁中心标高处进行折转，使 16 根折转了的斜柱一律偏向核心筒的竖向中心轴，此 16 根斜柱在通过了两个楼层高度后，最终一律并入核心筒壁内。

众所周知，上、下层竖直柱在传递上部竖向力时，在柱与楼层梁交接处不存在水平力。但斜柱的两端则必然有水平力作用给楼层结构，此项水平力即为斜柱内力的水平分量。根据本工程的斜柱布局来看，在核心筒周边有 16 根斜柱对称布置，这样在斜柱顶、斜柱底的楼层上将出现对称于核心筒圆心的 16 个径向力，其中作用于斜柱顶楼层上的 16 个径向力方向背离圆心（见图 9-7 中 2-2 剖面）；而作用于斜柱底楼层上的 16 个径向力则方向指向圆心。由于位于核心筒内的楼板上设有楼梯洞口、电梯洞口、管道井等，因此无法使 16 个对称的径向力通过核心筒内的楼层板平衡抵消，只能主要由核心筒外的圆环形楼盖来承受，这就必然造成斜柱顶楼盖出现总体承受环向拉力，而斜柱底楼盖出现总体承受环向压力的趋势。设计中考虑到尽量缩短力的传递路线、减少中间的受力环节与构件、减轻外围构件的受力负担，. 在斜柱顶设置了集中解决抗环拉力的、在梁截面内均匀配筋的主环梁；在斜柱底则设置了利用核心筒壁局部加厚的、暗设的抗压环梁。

本工程斜柱顶共承托 24 层楼板，竖柱传给斜柱顶的竖向力设计值（包括本层重在内）为 11730kN，据此计算主环梁各折线段中的拉力分别为 8126kN（长弦边）、8028kN（短弦边）。主环梁的截面尺寸 0.8m×0.7m，内配置 7 排 HRB335 级钢筋，每排 8Φ25，共配 56Φ25，如图 9-8 所示。为了使核心筒外的环形楼板以及楼板外边缘处的边梁也一道参与抵抗环拉力，增大安全储备，在设计中将边梁、楼板、斜柱顶主环梁的中心置于同一水平面上，在构造上还特别注意到主环梁是折线拼成的 16 边形，该梁中所有的受拉纵筋在折角处皆将对混凝土产生一明显的集中压力，尤其是在梁顶及梁底处压力产生的影响最大，如处理不善将导致该处混凝土的挤压破坏（实质是剪切破坏）。基于此，设计中有意识地拉大辐射梁梁高与主环梁梁高的差量，使辐射梁在主环梁的上、下面都外包了 150mm。

考虑到斜柱顶楼层属于环拉层，其中辐射梁的实际受力情况是在主环梁以外的外段为受压，而其内段受拉；因此将其内段与核心筒壁连接端作了如图 9-9 所示的构造处理——即所有到头单筋皆设锚板，而 U 形筋则抱紧锚管；这样，将可有效地发挥核心筒壁内暗环梁的抗环拉工作，以增大安全储备。

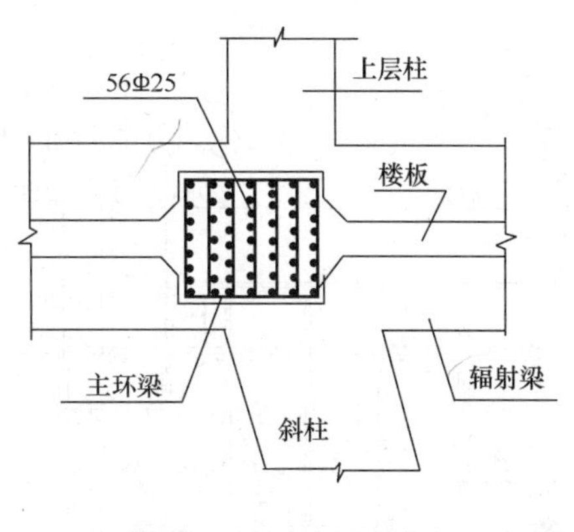

图 9-8 主环梁配筋

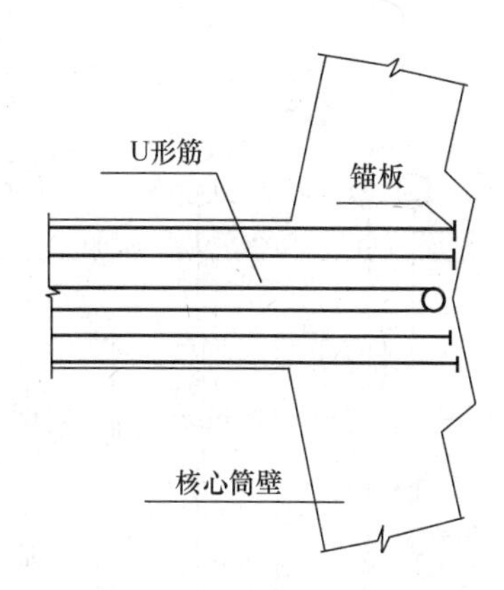

图 9-9 辐射梁与核心筒壁连接

为使楼板中的环向筋也能参与抵抗环拉的工作，板中上、下环向筋皆用Φ 16@120。设计要求所有板中环向筋及环梁中的纵筋其接头一律应满足等强抗拉的焊接要求；同时要求板中上、下环筋皆布置在上、下辐射筋之内。

设计中考虑到斜柱下端插入厚大的核心筒壁之内、层高不大、斜柱的抗弯抗剪刚度远比核心筒要小很多，因此计算中未对斜柱参与抵抗水平力（作用）进行验算，而仅作了构造上的一般加强。而对斜柱上端核心筒内的楼板，在配筋上作了加强，特别在洞口角部补了加强筋。对斜柱下端核心筒内的楼板厚度则增厚了 50mm。

9.5.2 深圳 2000 大厦

深圳 2000 大厦[9-2]（图 9-10）位于深圳华侨城地区华夏艺术中心西侧，华侨城指挥部办公楼的东北侧。深圳 2000 大厦包括办公楼和车库两部分，南侧为地下 2 层、地上 26 层、高 97.1m 的办公楼，建筑面积为 37920m²。柱网 8.2m×8.8m～8.2m×12.17m 不等，框架梁截面为 600mm×650mm，南北向悬臂 3.35m，楼板一般厚 120mm，带“十”字形次梁。抗侧力结构为东西端两个筒体。墙厚：层 6 以下为 400mm，层 7～18 为 300mm，层 18 以上为 250mm；柱截面：8 层以下为 1100mm×1100mm，9～16 层为 950mm×950mm，17～23 层为 850mm×850mm，23～26 层为 650mm×650mm。混凝土强度等级：柱子 15 层以下为 C60，18～23 层为 C40，23 层以上为 C30；墙在 23 层以下为 C40，23 层以上为 C30。北侧为可容纳 771 辆汽车的地下 2 层停车库，建筑面积为 20810m²，基础为天然地基扩展柱基，车库顶覆土后形成街心花园。办公楼和车库相连。为了让深圳 2000 大厦的办公楼部分与西南面的原华侨城指挥部办公楼东端 60°斜向山墙相呼应，采用平面向上逐步收进（图 9-11），在层 22、23 之间产生了柱网收进、且上、下不对齐的问题，要求结构在层 22、23 之间设置转换层，来实现建筑师的构思，并且层 22、23 层高不变，仍作为办公使用。

图 9-10 深圳 2000 大厦

图 9-12 给出了⑥～⑧轴斜撑（柱）转换计算简图。

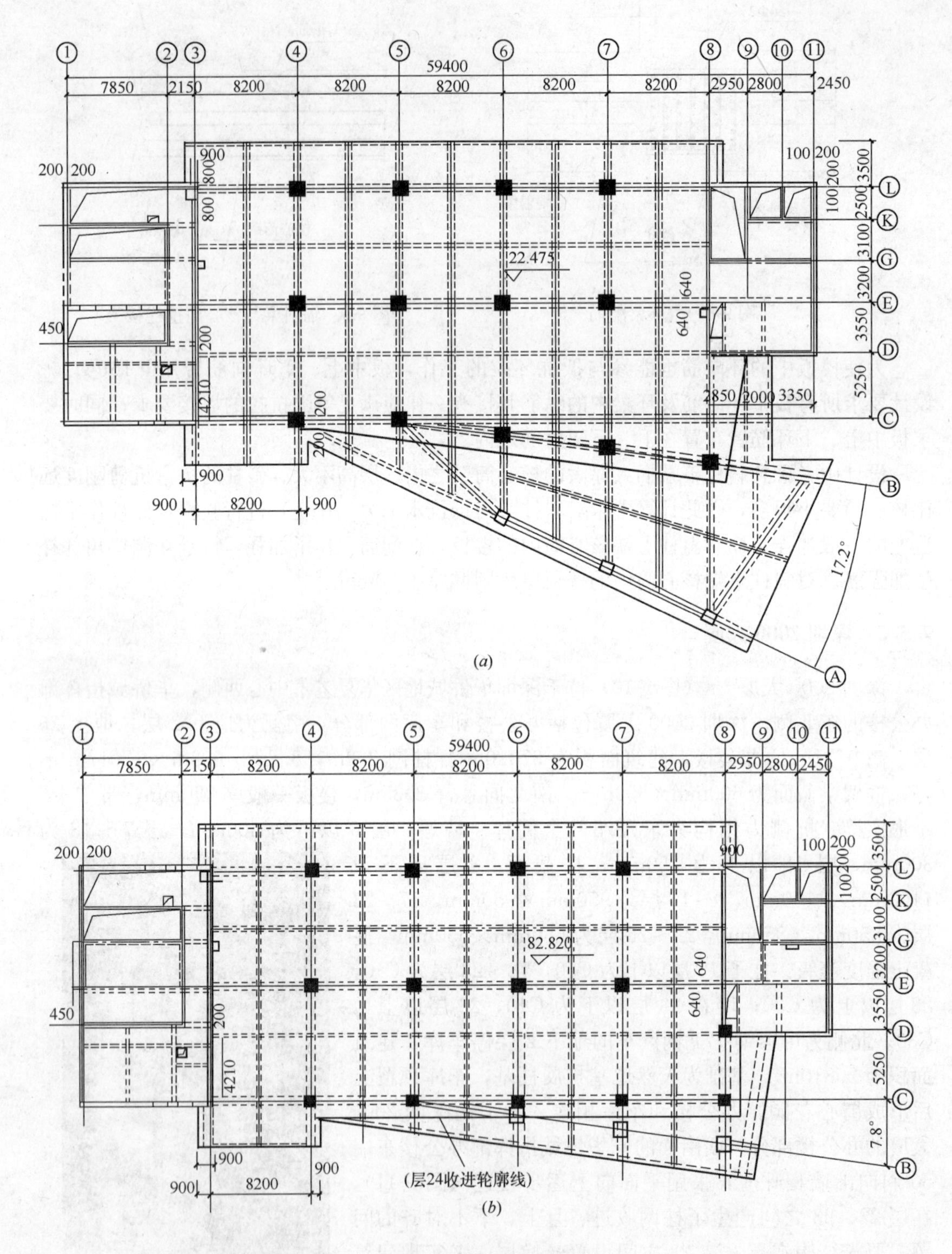

图 9-11　结构收进平面图

(*a*) 6 层结构布置图；(*b*) 23 层结构布置图

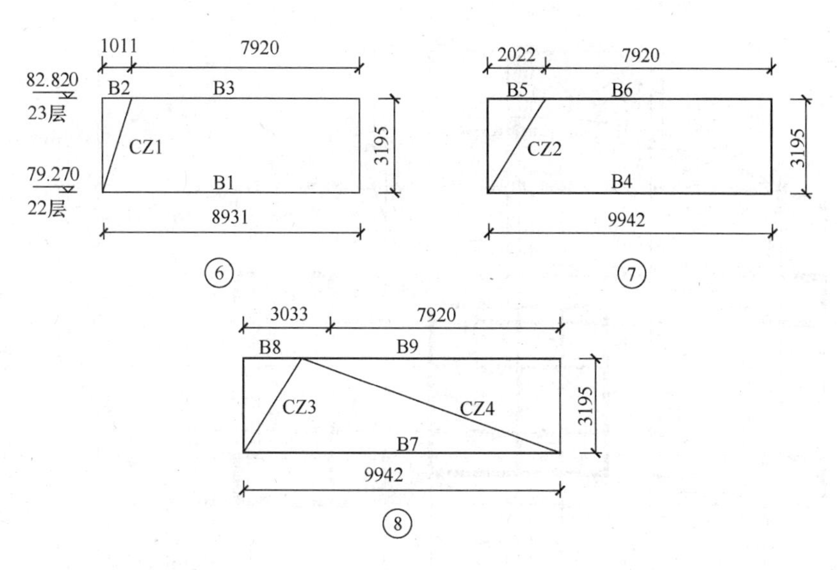

图 9-12　斜撑（柱）转换在轴⑥～⑧计算简图

9.5.3　珠海信息大厦

珠海信息大厦工程主体结构（图 9-13）采用框架-筒体结构，地下 1 层，地上 25 层，建筑总高度 99.6m，设防烈度 7 度，Ⅱ类场地，乙类建筑，抗震等级为一级。该建筑裙房为三层钢结构，柱、梁采用焊接工字钢，梁、柱节点采用横向铰接，纵向刚接，楼板为压型钢板上浇混凝土。

主体结构中心设有钢筋混凝土核心筒，两边各布置两个钢筋混凝土小筒，共计 5 个筒。主体的外框架底部为四层通高的钢管混凝土柱，形成底部空旷大空间，钢管混凝土柱延伸至地上第 5 层，上接钢筋混凝土方柱或圆柱。主体结构在第 13 层进行转换，从 14 层开始最外框架柱向内收进，形成弧形外排圆柱。14 层位于ⒶⒹ、ⒶⒼ、ⒶⓀ轴线的圆柱通过斜柱转换将其传递给下部楼层的柱（图 9-14）。

9.5.4　绥芬河海关办公楼

绥芬河海关办公楼[9-3]地上 14 层、地下 1 层，建筑高度 61.4m，建筑面积 13500m^2。采用框架-剪力墙结构。根据建筑功能要求，地上 1、2 层平面中部⑤～⑧轴间使报关大厅，为二层高（9.9m）、平面尺寸 23.4m×17.7m 的共享大空间，内部不允许设柱子。而以上各层均为小柱网、小空间。故需要在三层进行结构转换。采用在⑥、⑦轴从 3 层至 5 层采用三层高的斜柱转换方案，该转换结构跨度 17.7m，上托 12 层。转换层结构由底梁④＋顶梁②＋斜柱①＋腹梁③＋腹柱⑤＋吊柱⑦。除斜柱外，转换结构形式的杆件均为主体框架结构原有的梁柱，见图 9-15。

梯形框架转换结构的受力机理与折线形拉杆拱的受力类似。底梁④相当于折线形拉杆拱的拉杆，抵抗拱脚的推力，并承受本层楼板传来的荷载；顶梁②和两个斜柱①组成折线形拉杆拱的拱身，是受压构件；中间两根腹柱⑤是拱的吊杆，将转换结构所在各层的荷载吊挂在折线形拉杆拱上。整个折线形拉杆拱同时还承受主体结构五层以上传来的荷载。斜柱的设置，使上部结构传来的相当一部分竖向荷载改变了传力方向和位置，通过斜柱直接

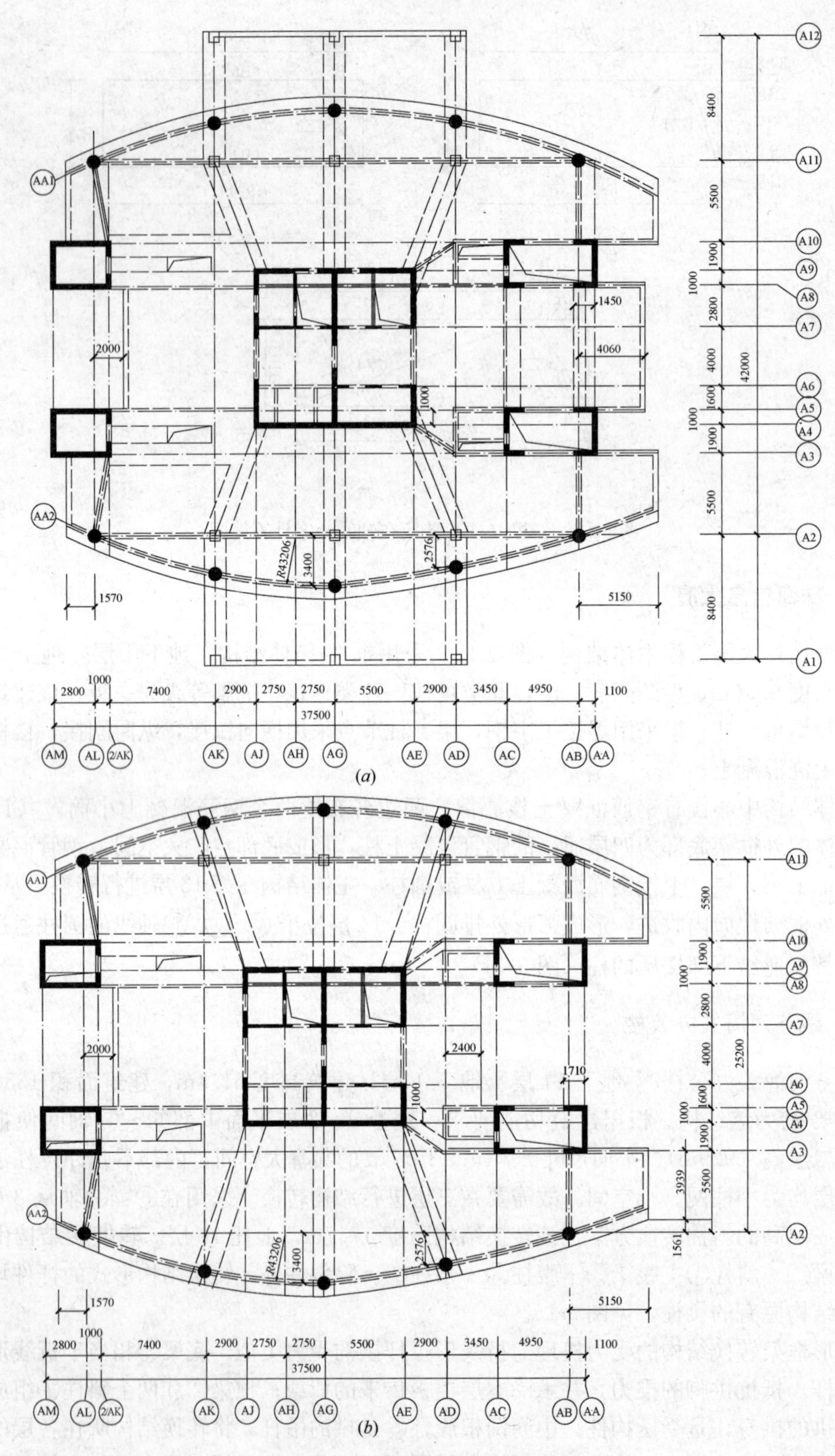

图 9-13　珠海信息大厦工程

（*a*）第 13 层结构布置；（*b*）第 14 层结构布置

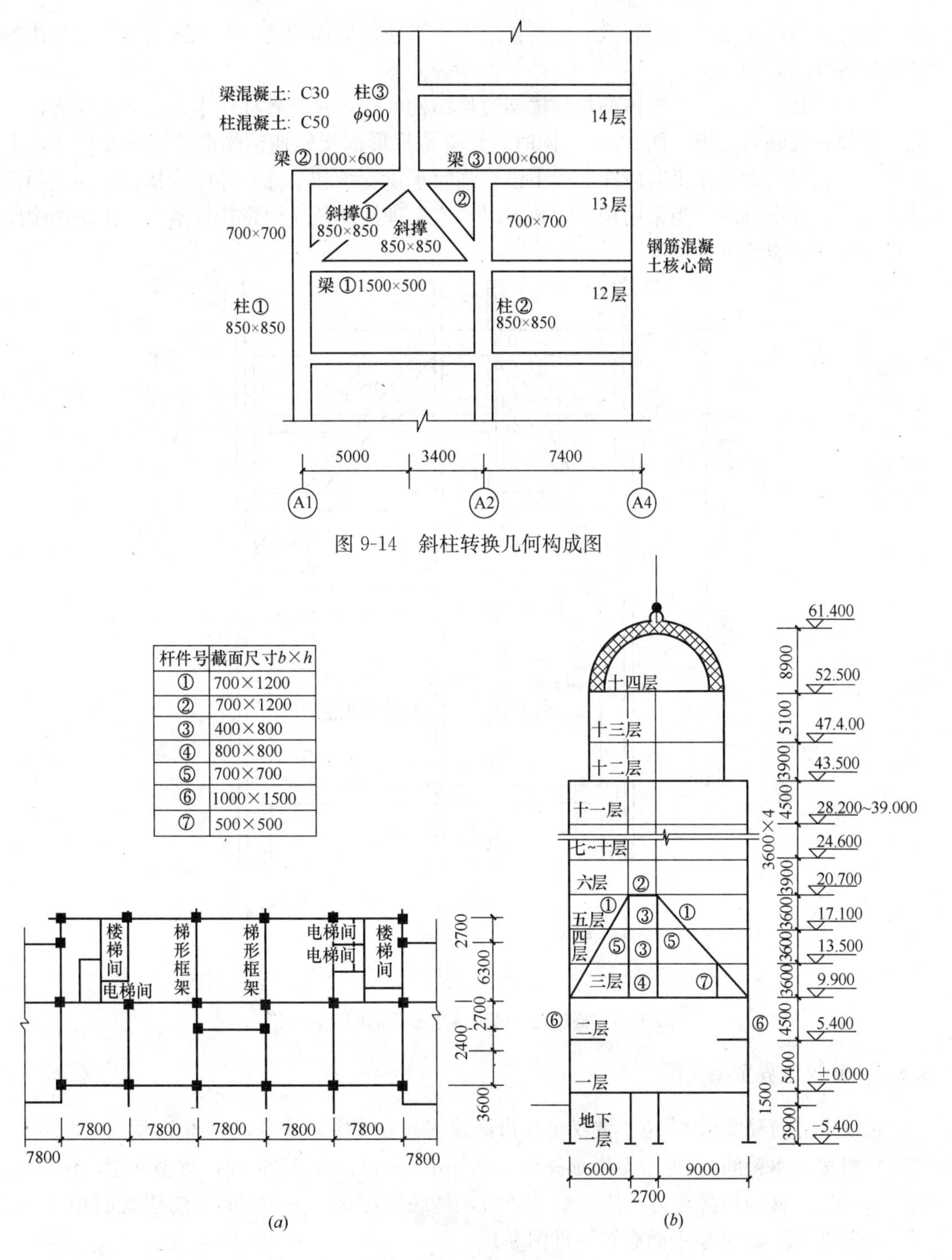

图 9-14　斜柱转换几何构成图

杆件号	截面尺寸$b\times h$
①	700×1200
②	700×1200
③	400×800
④	800×800
⑤	700×700
⑥	1000×1500
⑦	500×500

图 9-15　绥芬河海关办公楼

(*a*) 二至五层局部剪力墙、柱网布置图；(*b*) A-A 剖面图

传递给梯形框架以下的框支柱，大幅度降低了转换结构各杆件的弯矩和剪力；轴力的分布规律：底梁④拉力最大，为偏心受拉构件；顶梁②压力最大，为偏心受压构件；中间层各腹梁③的轴力均很小。可见，这种新型转换结构具有传力直接、受力合理、结构占用空间

小等特点。当用于结构局部转换时，转换层上、下楼层侧向刚度一般不致改变，对结构的整体抗震性能影响不大。

但应注意，作为一个整体的梯形框架转换结构形式，在其各杆件未达设计强度前，不应拆除模板及临时支撑（图 9-16）；同时，底梁是梯形框架转换结构形式的重要杆件，由于跨度大、拉力大，施工时应在底梁下设置临时承重支承和基础，并应待其各杆件达到设计强度后，方可拆除。当采用预应力技术时，应合理选择预应力张拉技术，防止张拉阶段拉杆预拉区开裂或反拱过大。

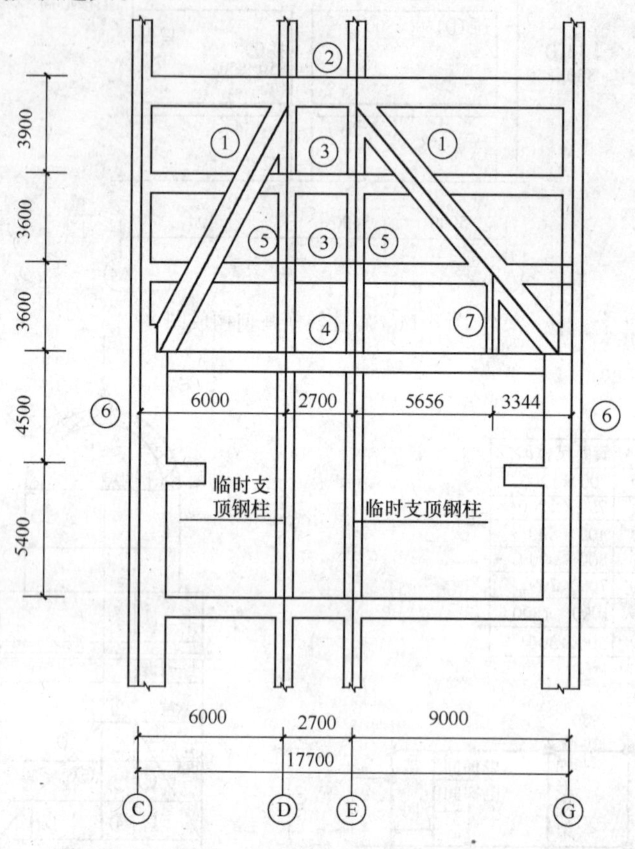

图 9-16　斜柱转换结构体系形成前的结构简图

9.5.5　武汉世界贸易大厦

武汉世界贸易大厦[9-4]位于武汉市汉口最繁华的商业中心地段，主楼 58 层（不包括顶部 2 层机房、水箱间），地上至塔顶高度 229.0m，檐口标高 212.0m；裙楼 9 层，屋顶标高 46.0m。主楼与裙房连为一体。地下 2 层，基底埋深标高 −14.0m。总建筑面积 11 万 m^2。首层平面、标准层平面布置图见图 9-17。

地下 2 层为设备用房和车库，地上 9 层为商业用房，10 层以上为写字间，57 层为擦窗机工作通廊，58 层为观光厅。建筑物顶部由三组 16 座小塔组成的塔群簇拥 27.0m 高的主塔，融合民族特色，风格独特。

主楼采用内筒与外框筒及角筒组成的筒中筒结构体系，裙楼为框架结构体系。设备层兼避难层设于 9 层、28 层、51 层，用桁架连接内外筒形成加强层。各层竖向承重墙柱混

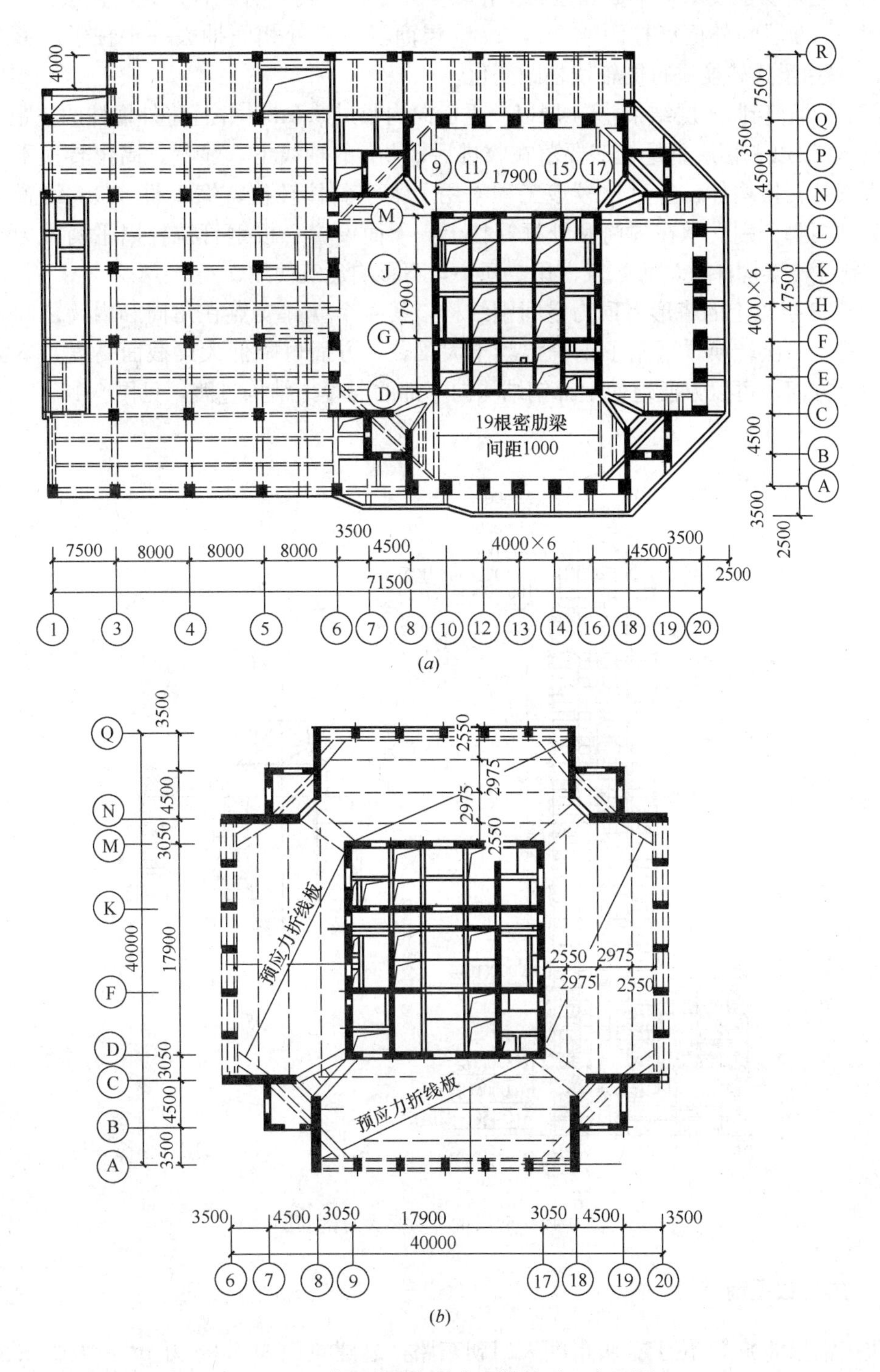

图 9-17　武汉世界贸易大厦结构平面布置图

（*a*）首层结构平面；（*b*）标准层结构平面

凝土强度等级：1～9 层为 C60，9 层以上根据内力逐渐降低，54 层以上为 C30。

由于建筑功能要求，平面和立面变化较多，主楼结构具有三种形式转换层：

(1) 标准层的外框筒柱距 4.0m，2、3 层商场入口处相间抽去一根柱子，形成柱距 8.0m，采用梁式转换进行同轴线柱距变化。

(2) 外框筒到 54 层结束，54 层以上平面向内收进 3.5m，并且将外框柱的柱距扩大至 8.0m，54 层以上楼层重量全部要落在收进后 3.5m 的轴线上，显然，高位转换不宜采用箱形大梁等转换构件，经过比较该工程采用了人字斜柱转换方案，每 8.0m 设置一个斜柱，斜柱两脚分别支承在内筒和外框筒柱上，下面设置一根钢管拉杆以平衡推力，见图 9-18，斜柱转换构件重量轻，且占用空间小，不影响建筑使用。

(3) 58 层以上的塔形屋顶为空间钢结构，其 4 个立柱支点在角筒和内筒之间，因此有必须进行一次转换，采用了钢骨混凝土大梁，一方面可降低大梁截面高度，不影响使用；另一方面，可以方便地使上部钢结构向下部的混凝土结构过渡，见图 9-18。

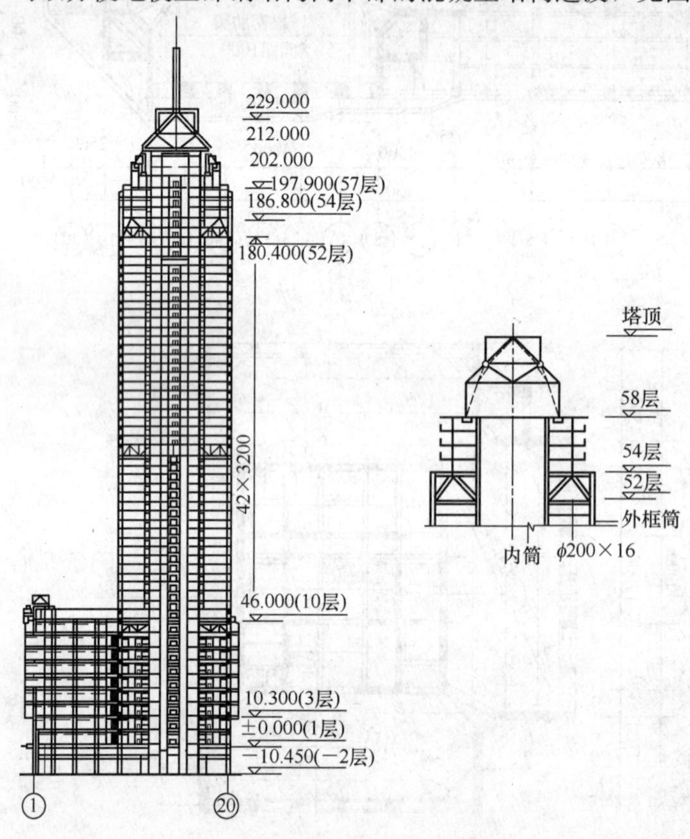

图 9-18　武汉世界贸易大厦剖面图

9.5.6　重庆银星商城

重庆银星商城[9-5]位于重庆市朝天门朝东路，总建筑面积 4.98 万 m²，为商住、商贸综合楼。建筑地下 1～2 层为车库及设备间，地上第 1～10 层为商场，第 11～26 层为住宅，第 27～28 层为设备层。

该工程采用框架-筒体结构，利用垂直交通枢纽及公用设备间形成中央井筒。由于 10

层以下柱网与11层以上柱网不一致，在标高33.900～42.300m范围，利用第9、10层空间设置了“V”形斜柱，实现结构的高位转换。“V”形斜柱的斜度为1∶4.7，“V”形斜柱截面尺寸0.8m×0.8m，下柱截面尺寸1.25m×1.25m，满足双柱截面之和不小于下柱总截面面积的要求，见图9-19。

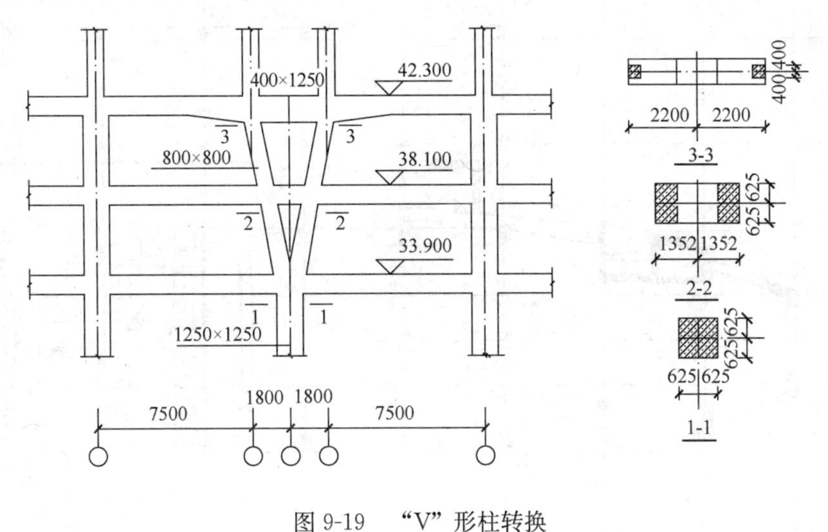

图9-19 “V”形柱转换

9.5.7 福州香格里拉酒店

福州香格里拉酒店[9-6]工程，地下1层，地上26层，结构高度99.0m，标准层平面呈梭形，长向70.0m，短向9～20m。主楼1～5层为大堂接待区和休息区，需要宽敞、高大、通透的大空间，只允许设置少量的框架柱（见图9-20*a*）。6层以上（标准层）是按内廊式布置的两侧客房，层高3.28m，小开间，剪力墙、框架柱较多（见图9-20*b*）。5～6层间设置层高2.2m的设备层。因此，结构必须进行转换。

采用框架-剪力墙结构。设防烈度7度，场地类别Ⅲ类，基本风压0.70kN/m^2，地面粗糙度B类。本工程采用了以下转换结构形式：

（1）在①轴、②轴布置4个“L”形剪力墙，由于②轴净跨达11.0m，故采用型钢混凝土梁，各层梁承托各楼层荷载，不进行转换。③轴设剪力墙，3层以下剪力墙开洞，形成在3层的框支转换，1～6层的框支柱采用型钢混凝土柱，既减小了柱子的截面尺寸，又提高了框支柱的承载力和延性，提高了结构的抗震性能。

（2）④轴、⑤轴处框架柱利用设备层作为转换层，采用“V”形斜撑（柱）转换。斜撑（柱）立面见图9-21，构造上控制斜柱的斜率1∶5。竖向荷载作用下“V”形斜柱中间拉梁L-1拉力较大，应按偏心受拉构件设计并加强构造措施；斜柱按一般框架柱设计。

（3）⑥轴中间没有柱子，跨度18.0m，需要利用设备层进行转换。采用整个楼层高的空腹桁架转换，各层设置。上、下楼层的框架梁即为桁架转换上、下弦杆，其间设置竖向腹杆，杆件之间均为刚接。

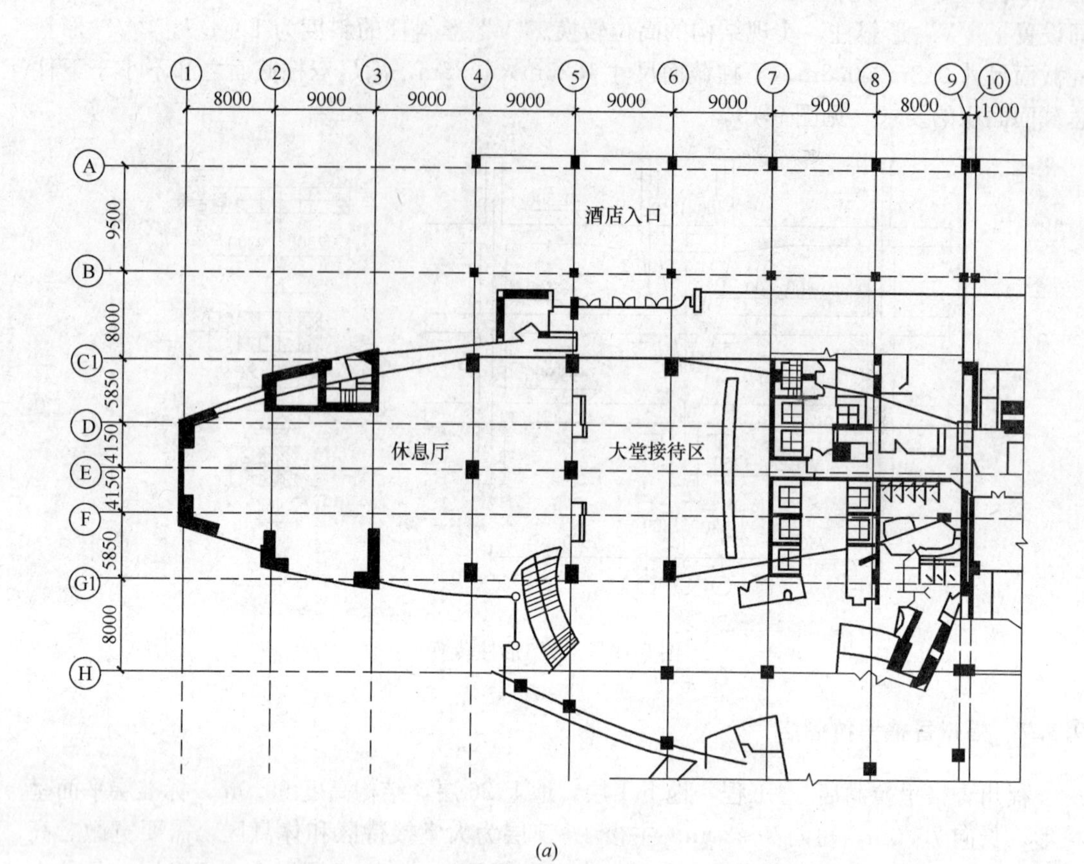

(*a*)

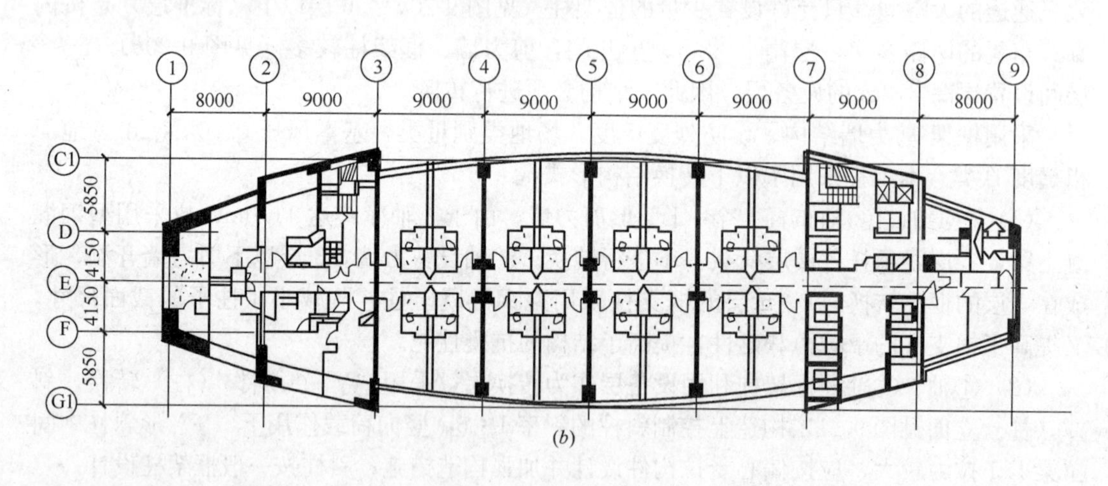

(*b*)

图 9-20 建筑平面图

(*a*) 底层平面；(*b*) 标准层（6 层以上）平面

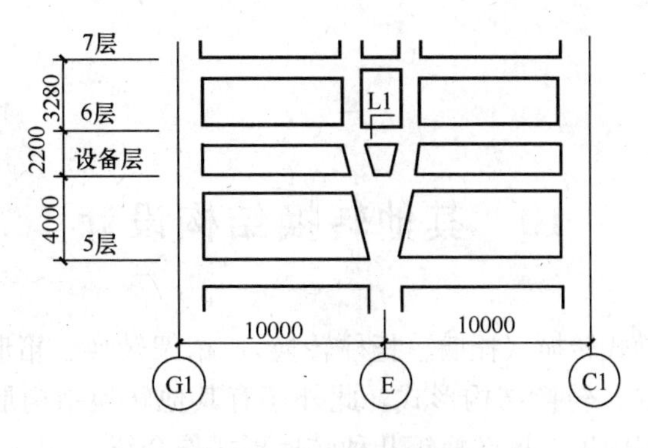

图 9-21 “V”形柱立面

参 考 文 献

[9-1] 李豪邦. 高层建筑中结构转换层一种的新形式-斜柱转换[J]. 建筑结构学报 . 1997，18(2)：41～45

[9-2] 曹秀萍，马耀庭. 斜柱在深圳 2000 大厦高位转换中的应用[J]. 建筑结构 . 2002. 32(8)：15～19

[9-3] 张琳，白福波，林立. 高层建筑梯形结构转换体系设计应用[J]. 低温建筑技术. 2002，87(1)：20～21

[9-4] 郭必武，李治，董福顺. 武汉世界贸易大厦结构设计[J]. 建筑结构. 2000. 30(12)：3～9

[9-5] 茅以川，尤亚平. 高层建筑 V 形柱式结构转换[J]. 建筑科学 . 2001. 17(1)：38～41

[9-6] 张维斌. 钢筋混凝土带转换层结构设计释疑及工程实例[M]. 北京：中国建筑工业出版社，2008

[9-7] 唐兴荣编著. 特殊和复杂高层建筑结构设计[M]. 北京：机械工业出版社，2006

10 其他转换结构设计

前面各章介绍了梁式转换（托墙、托柱转换）、桁架转换、箱形转换、厚板转换、搭接柱转换以及斜撑（柱）转换结构形式，此外还有其他转换结构形式，本章对宽扁梁转换、拱式转换以及空间内锥悬挑转换等几种转换形式作介绍。

10.1 宽扁梁转换结构设计

当上部剪力墙带有短小翼缘的剪力墙时，可以将实腹梁宽度加大，使小翼缘全部落在扁梁宽度范围内，形成宽扁梁转换形式。宽扁梁作为介于普通梁与无梁楼盖之间的一种过渡形式，有利于减小结构高度所占空间，减小楼板厚度，避免采用主、次梁转换方案，有利于实现“强柱弱梁’、“强剪弱弯”，具有明显的综合技术经济效益。带宽扁梁梁式转换层高层建筑结构工程实例见附表 1-7。

10.1.1 宽扁梁转换结构设计要点

宽扁梁转换梁除应满足转换梁的有关规定外，尚应符合下列规定：

1. 宽扁梁转换梁支座节点承载力与延性控制

为确保宽扁梁转换梁支座节点承载力与延性能满足弹性大震要求，特别要注意应双向设置宽扁梁，以扩大外核心区范围，保证外核心区受扭承载力，并应按梁端实配纵向受力钢筋复核其受扭极限承载力满足要求，避免外核心扭转脆性破坏。

2. 宽扁梁转换梁截面尺寸

（1）宽扁梁转换梁截面高度 h_b：对非预应力钢筋混凝土扁梁可取梁计算跨度的 1/8～1/10；对托柱转换梁，不应大于梁计算跨度的 1/10；对托墙转换梁，不应大于梁计算跨度的 1/8。对预应力钢筋混凝土扁梁可适当放宽，上托楼层较多、荷载较大时宜取较大值，上托楼层较少、荷载较小时宜取较小值。

宽扁梁转换梁的截面宽高比 b_b/h_b 不宜大于 2.5。

（2）抗震设计时，宽扁梁转换梁截面尺寸尚应符合下列要求：

$$b_b \leqslant 1.75b_c \tag{10-1}$$

$$b_b \leqslant b_c + 0.75h_b \tag{10-2}$$

式中 b_c——柱截面宽度，圆形截面取柱直径的 0.8 倍；

b_b、h_b——分别为梁截面宽度、高度。

对转换边梁，不宜采用宽扁梁。必须采用时，其梁宽不宜大于框支柱截面该方向的尺寸，应采取措施，以考虑其受扭的不利影响。

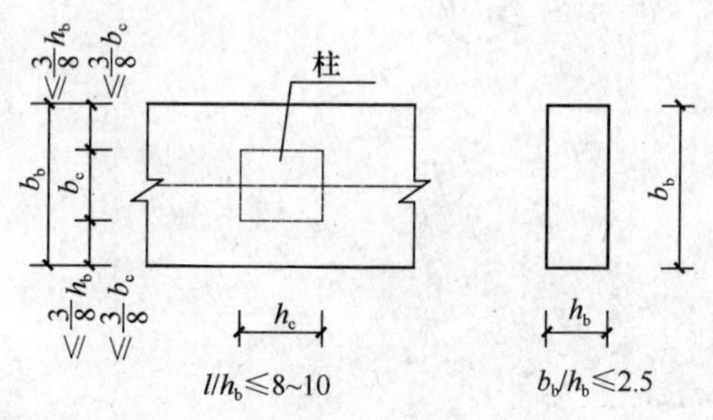

图 10-1 宽扁梁转换梁截面尺寸

（3）宽扁梁转换梁的受剪截面控制条件应满足下列要求：

持久、短暂设计状况 $$V_b \leqslant 0.20\beta_c f_c b_b h_{b0} \tag{10-3}$$

抗震设计状况 $$V_b \leqslant \frac{1}{\gamma_{RE}}(0.15\beta_c f_c b_b h_{b0}) \tag{10-4}$$

式中 V_b ——宽扁梁转换梁梁端部剪力的设计值；

b_b、h_{b0} ——分别为宽扁梁转换梁截面宽度、截面有效高度；

f_c ——宽扁梁转换梁混凝土抗压强度设计值；

γ_{RE} ——宽扁梁转换梁受剪承载力抗震调整系数，$\gamma_{RE}=0.85$。

3. 宽扁梁转换梁构造要求

（1）宽扁梁转换梁一般同时受弯、受拉、受剪、受扭，处于复杂应力状态，应按偏心受拉、受扭、受剪构件设计。上部墙肢、框架柱集中荷载作用处尚应验算宽扁梁的冲切承载力。配置冲切箍筋及弯起钢筋。

（2）宽扁梁转换梁纵向受力钢筋的最小配筋率，宜比框支梁规定数值增加0.05%，即非抗震设计时不应小于0.35%；抗震设计时，特一、一和二级分别不应小于0.65%、0.55%和0.45%。钢筋一般为单层放置，肢距不宜大于200mm。

抗震设计时，计入受压钢筋作用的梁端截面混凝土受压区高度与截面有效高度之比，不应大于0.25。

（3）采用梁宽大于柱宽的宽扁梁转换梁时，一、二级抗震等级时，宽扁梁端的截面内应有大于60%的上部纵向受力钢筋穿过转换柱；其他情况下宜有大于60%的上部纵向受力钢筋穿过转换柱，并且可靠地锚固在柱核心区内。对于边柱节点，宽扁梁转换梁端的截面内未穿过转换柱的纵向受力钢筋应可靠地锚固在框架边梁内。

（4）宽扁梁转换梁两侧应配置腰筋，腰筋直径不应小于16mm，间距不应大于200mm。

（5）宽扁梁转换梁端箍筋加密区长度，应自框支柱边以外 $b+h$ 范围内长度和自梁边算起 l_{aE} 中的较大值（图10-2）；加密区的箍筋最大间距和最小直径及箍筋肢距应符合《建筑抗震设计规范》（GB 50011—2010）的有关规定。

（6）宽扁梁转换梁在重力荷载正常工作状态下最大裂缝宽度 w_{max} 不应大于0.2mm，竖向长期挠度 f_{max} 不应大于 $L/400$（L 为宽扁梁转换梁的跨度）。

（7）宽扁梁转换梁上层的框支剪力墙（托柱或托墙）截面不应过大稍弱，轴压比控制不宜放松，配筋、配箍应适当加强。

4. 宽扁梁转换梁的梁、柱节点核心区构造要求

抗震设计时，宽扁梁转换梁的梁、柱节点核心区应符合下列要求：

（1）应根据《建筑抗震设计规范》（GB 50011—2010）附录D.2的规定，验算节点核心区截面受剪承载力。

（2）对于柱内节点核心区的配箍量及构造要求同普通框架节点；对于中柱节点柱外核心区（两向扁宽梁相交面积扣除柱截面面积部分），可配置附加水平箍筋及拉筋，当核心区受剪承载力不能满足计算要求时，可配置附加腰筋（图10-2）；对于宽扁梁边柱节点核心区，也可配置附加腰筋（图10-2）。

（3）当中柱节点和边柱节点在宽扁梁交角处的板面顶层纵向钢筋和横向钢筋间距较大时，应在板角处布置附加构造钢筋网，其伸入板内的长度，不宜小于板段跨方向计算跨度

的1/4，并应按受拉钢筋锚固在宽扁梁内。

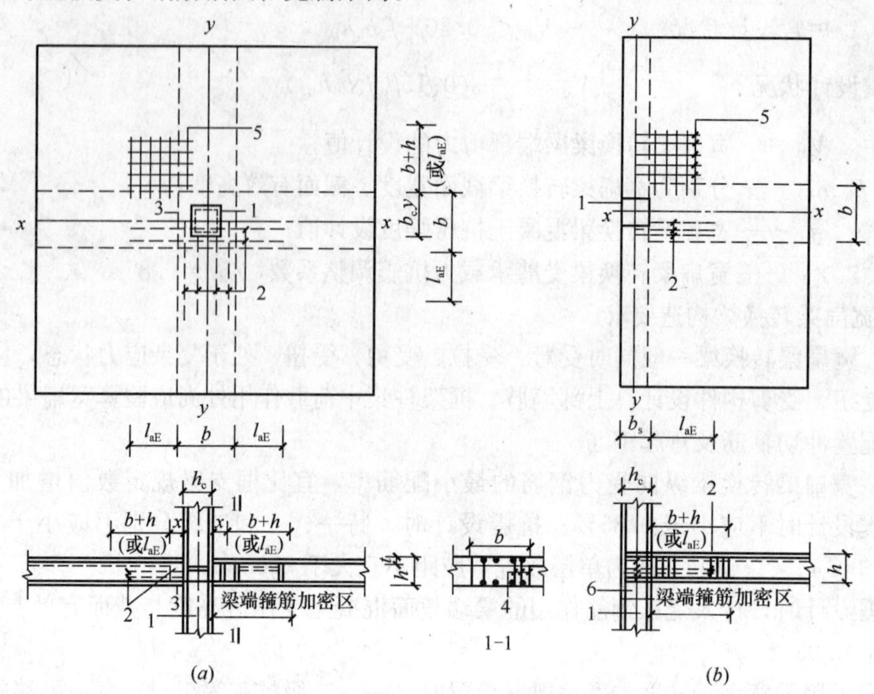

图10-2 扁梁柱节点的配筋构造

(a) 中柱节点；(b) 边柱节点

1—柱内核心区箍筋；2—核心区附加腰筋；3—柱外核心区附加水平箍筋；4—拉筋；

5—板面附加钢筋网片；6—边梁

10.1.2 工程实例

1. 深圳大学科技楼[10-2]

深圳大学科技楼（图10-3）位于校园的中心部位，主楼的方形塔楼15层，结构高度68.2m，裙房2层，高8.0m。主楼由平面为边长54.0m×54.0m的“回”字形，主楼天井内设中央公共竖向结构交通塔，塔高93.8m。

图10-3 深圳大学科技楼

抗震设防烈度为7度，建筑抗震设防类别为丙类。采用现浇钢筋混凝土框架-剪力墙结构。

由于建筑功能要求，平面南北入口大厅1、2层抽去一排截面尺寸为750mm×750mm的中柱，形成17.0m跨的大空间，以上则为8.5m柱距的框架，需在3层进行结构转换。经过计算分析比较后，决定采用钢筋混凝土宽扁梁转换梁，转换梁以上8层，转换层及其上一层平面如图 10-4 所示。

转换梁跨度 17.0m，其截面尺寸 3.0m×1.2m，混凝土强度等级 C30，控制剪压比（μ_v）不大于 0.12，转换梁伸过转换柱延伸到混凝土筒体形成连续梁。转换柱截面尺寸 1.1m×1.1m，混凝土强度等级 C50。转换梁和转换柱抗震等级均为一级。

设计中对宽扁梁转换和普通实腹梁转换进行了计算分析和比较，普通实腹转换梁截面尺寸取 0.8m×3.0m，宽扁梁转换梁截面尺寸取 3.0m×1.2m。

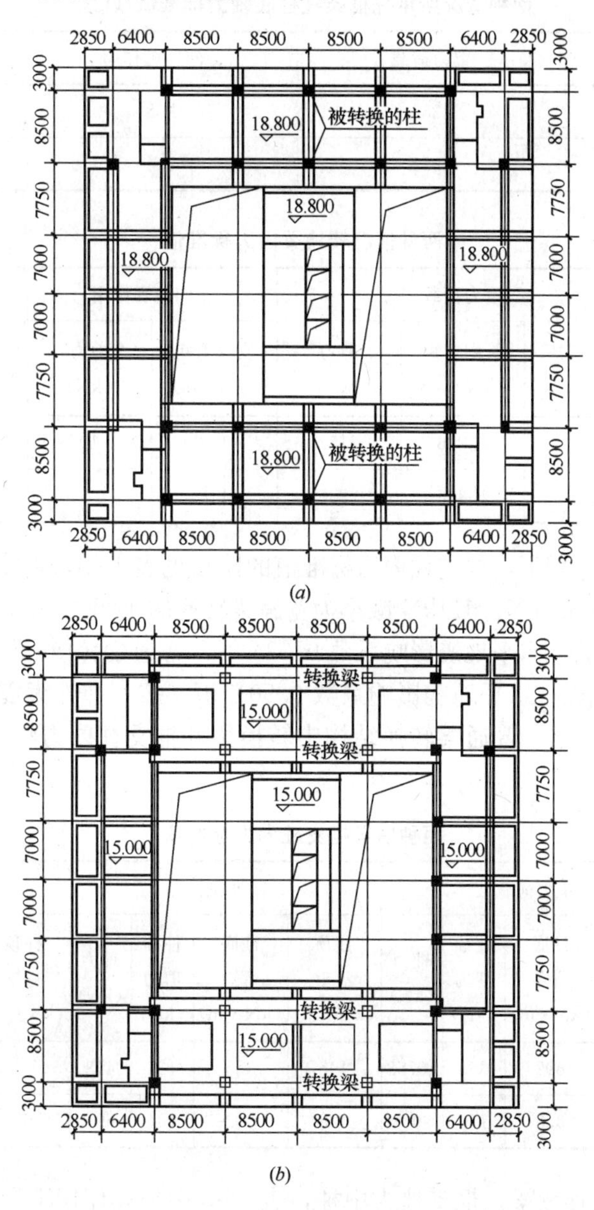

图 10-4　转换结构平面图

（a）转换层上一层平面；（b）转换层平面

在重力及多遇地震作用下，两种情况所承托框架柱在各工况下的柱底剪力、弯矩均很小，轴力差别不大，见表 10-1；而在重力荷载作用下，采用宽扁梁转换梁时所承托框架柱的柱顶弯矩、剪力和轴力均比普通实腹梁转换时有较大的增加。两种情况转换梁的内力标准值比较见表 10-2。由于普通实腹转换梁刚度较大，故在重力荷载作用下，梁跨中弯矩大，支座弯矩小，跨中弯矩大约是支座弯矩的 2 倍；而宽扁梁刚度较小，梁跨中弯矩和支座弯矩差距要小些。y 向地震作用下，宽扁梁支座弯矩（347kN・m）比普通实腹转换梁（778kN・m）减小 55%。

两种情况所承托框架柱柱底轴力标准值（kN）　　表 10-1

工　况	重力荷载	x 向地震作用	y 向地震作用
宽扁梁转换	4355	2.3	91
普通实腹梁转换	4951	2.4	99

两种情况转换梁内力标准值　　表 10-2

外荷载	重力荷载			x 向地震作用		y 向地震作用	
内力	支座弯矩（kN・m）	跨中弯矩（kN・m）	剪力（kN）	支座弯矩（kN・m）	剪力（kN）	支座弯矩（kN・m）	剪力（kN）
宽扁梁转换	9514	13286	3152	173	10	347	50
普通实腹梁转换	8106	16896	3285	118	2	778	53

在 x、y 向地震作用下，框支柱内力标准值的比较见表 10-3，框支柱的地震附加轴力分别由普通梁转换的 691kN、514kN 减小为宽扁梁转换的 413kN、335kN，减小了 30％～40％，在多遇地震（水平地震影响系数 0.08）下，普通梁转换，框支柱配筋可满足抗震要求；但在罕遇地震（水平地震影响系数 0.50）下，按"弹性大震"计算，地震作用将是多遇地震的 6.25 倍，普通梁转换结构中转换梁和框支柱内力将是多遇地震（小震）的 6.25 倍。

两种情况框支柱内力标准值　　表 10-3

外荷载	重力荷载				x 向地震作用				y 向地震作用			
内力	柱顶弯矩（kN・m）	柱底弯矩（kN・m）	柱顶剪力（kN）	轴力（kN）	柱顶弯矩（kN・m）	柱底弯矩（kN・m）	柱顶剪力（kN）	轴力（kN）	柱顶弯矩（kN・m）	柱底弯矩（kN・m）	柱顶剪力（kN）	轴力（kN）
宽扁梁转换	1814	692	358	10758	495	355	122	413	101	57	23	335
普通实腹梁转换	840	350	170	9903	426	302	104	691	98	53	22	514

本工程转换梁为连续梁，框支柱为中柱，表 10-3 中地震作用下框支柱的弯矩和剪力的差别不明显。但当框支柱为边柱，转换梁为单跨梁时，计算表明，采用宽扁梁转换可大大改善框支柱在地震作用下的弯矩和剪力的集中问题。

两种情况在多遇地震和罕遇地震下转换构件的内力比较见表 10-4，其中多遇地震下的内力为考虑地震组合的内力设计值，即（$1.2\,S_{GE}+1.3S_{Eh}$）乘以承载力抗震调整系数

γ_{RE}，罕遇地震下的组合内力标准值为 $S_{GE}+S_{Eh}$。宽扁梁转换时，转换梁支座组合弯矩、框支柱组合轴力罕遇地震比多遇地震增大的幅度分别为 31 ％、20 ％ ，而普通梁转换时，相应增幅高达 61 ％ 、31 ％ 。可见，宽扁梁转换结构抗罕遇地震的性能比普通梁转换有很大提高。若在高烈度地区（8 度、9 度），罕遇地震内力的增幅会更大，采用宽扁梁转换，对减小该增幅的效果将更加明显。罕遇地震、多遇地震的组合内力的增幅直接关系到多遇地震下结构设计的安全度能否经受罕遇地震的考验，而框支柱、转换梁这类重要结构罕遇地震下是不允许破坏或出现过多、过大的裂缝的，也就是说，这类重要结构构件设计时必须考虑罕遇地震下满足极限承载力要求。工程中宽扁梁转换梁和框支柱满足罕遇地震下极限承载力的要求。

多遇地震和罕遇地震下部分转换构件内力比较　　　　表 10-4

项　目	宽扁梁转换			普通梁转换		
	小震	大震	增幅	小震	大震	增幅
转换梁支座弯矩（kN·m）	8900	11682.8	31%	8054	12968.5	61%
框支柱轴力（kN）	10676	12851.8	20%	10041	13115.5	31%

表 10-5 给出了宽扁梁转换和普通实腹梁转换时，在其他条件完全相同的情况下，结构的第一周期、转换层及其上一层层间相对位移的比较。转换梁位于 x 方向，宽扁梁转换结构 x 方向第一周期 1.728s 比普通梁转换结构的 1.659s 加长，层间相对位移增加，宽扁梁转换结构的总体刚度有所降低，这是转换梁和框支柱地震反应减小的根本原因。

两种情况结构刚度比较　　　　表 10-5

转换类型	x 向地震作用			y 向地震作用		
	第一周期 T_1 (s)	层间位移角		第一周期 T_1 (s)	层间位移角	
		1	2		1	2
宽扁梁转换	1.728	1/6866	1/5410	1.411	1/8046	1/6365
普通实腹梁转换	1.659	1/7873	1/6213	1.401	1/8257	1/6522

注：1、2 分别表示转换层和转换层上 1 层。

2. 深圳五洲宾馆

深圳五洲宾馆（图 10-5）位于深圳市福田区深南大道，地上 12 层，采用框架-多筒体结构，第 4 层采用了宽扁梁托柱转换梁，转换梁截面尺寸（1.5～2.0）m×1.20m，跨度 8.4m～10.0m，框支柱截面 0.90m × 0.90m，转换梁跨高比 7.0～8.4，为 2.2m 层高管道设备层管道的铺设检修创造了可能。图 10-6 为转换层结

图 10-5　深圳五洲宾馆效果图

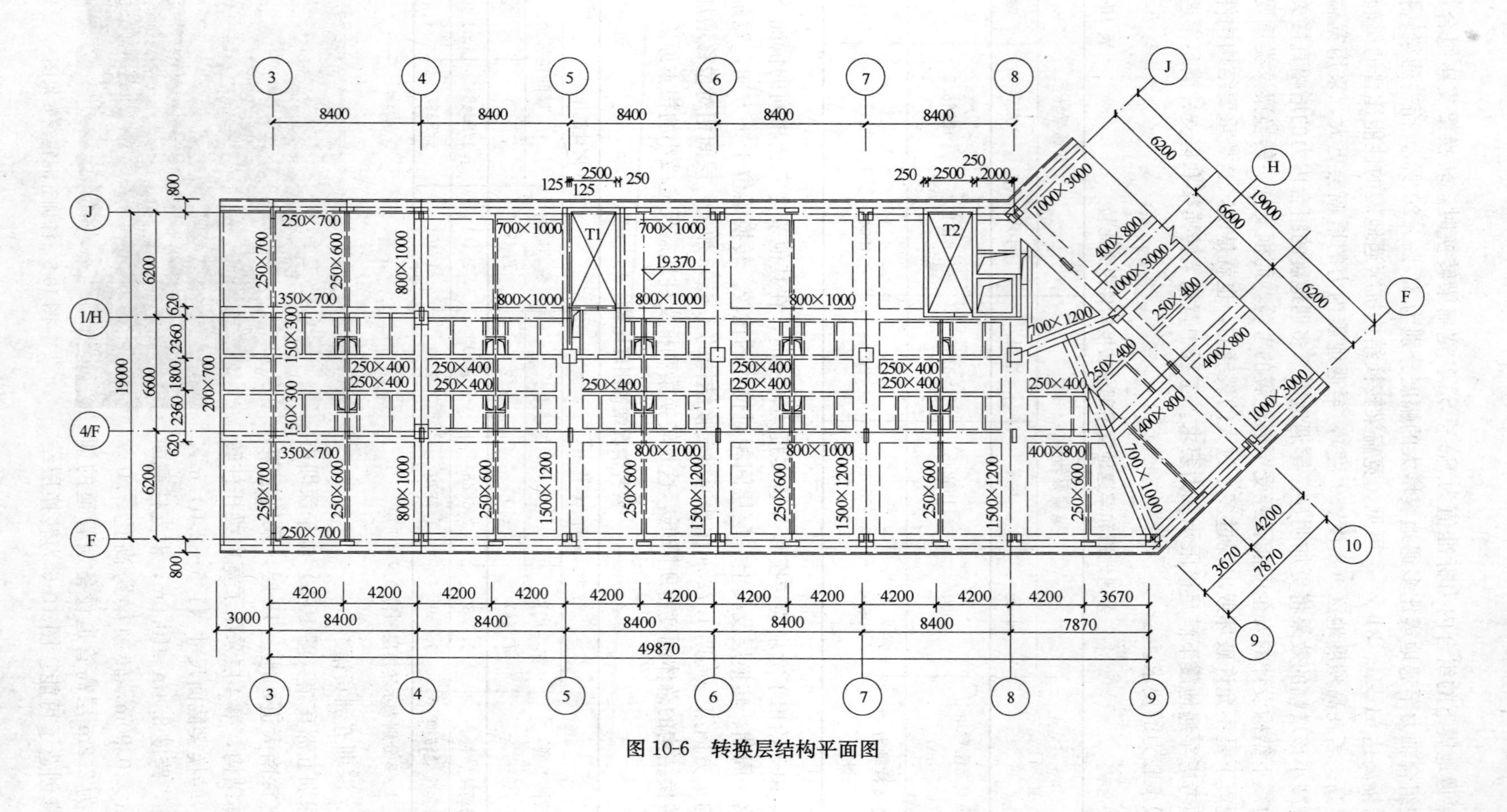

图 10-6　转换层结构平面图

构布置图。

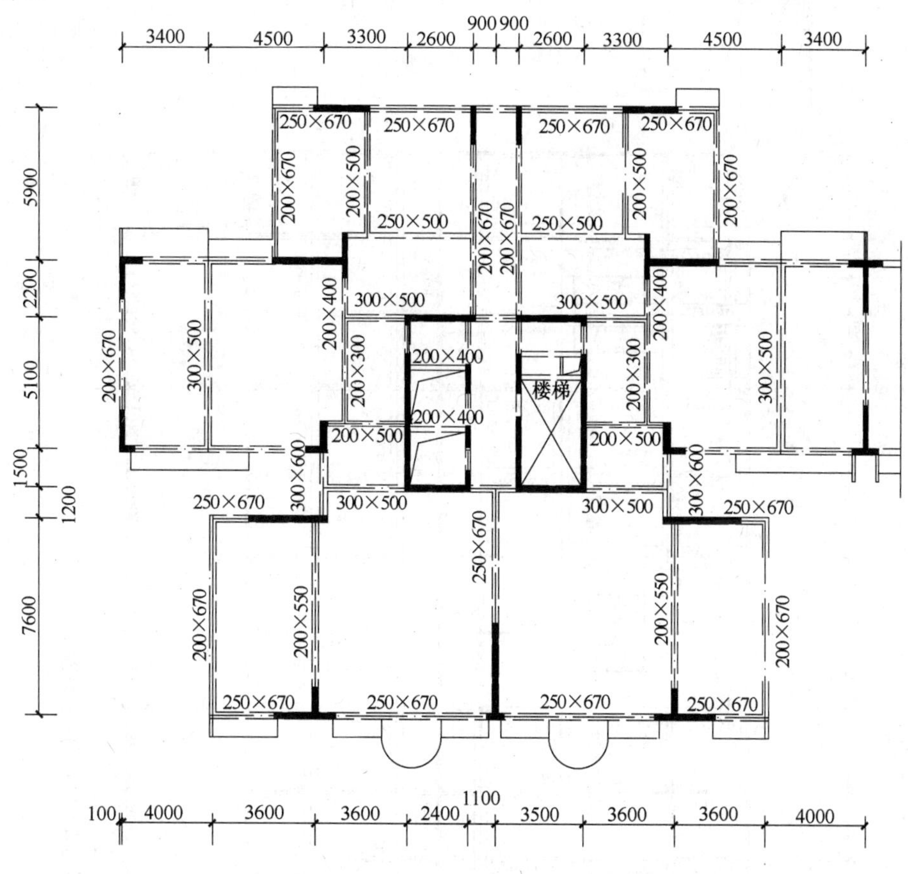

图 10-7　单元标准层结构平面

3. 深圳翠海花园

深圳翠海花园 B 型住宅 15～18 层筒体-短肢墙结构中，1 层地下室顶板层采用了宽扁梁柱支剪力墙转换，梁截面（2.0～2.5）m×（0.8～1.0）m，跨度（8.4～10.0）m，框支柱截面 900mm×900mm，转换梁跨高比为 10 左右，为 3.2m 层高地下停车创造了有利条件，其转换层结构平面和标准层结构平面分别见图 10-7、图 10-8。该工程地处微风化花岗岩露头地区，采用天然地基，减少地下室层高，减小了石方爆破工作量，综合经济效益显著。

10.2　拱式转换结构

在楼层柱距变化处设置上弦杆 CD、下弦杆 AF，在上、下弦杆之间设置斜腹杆 AC、FD，形成拱式转换层结构[10-3]~[10-6]（见图 10-9），在斜腹杆之间设置竖腹杆 GH、ST，用以调节拱式转换层结构上、下弦杆间的内力分配，竖腹杆与上弦杆连接采用刚接形式，与下弦杆连接采用铰接形式。

拱式转换层与桁架式转换层受力机理是不同的，拱式转换层是通过各腹杆（各腹杆与上弦杆刚接）与上、下弦杆构成的拱来承担上部竖向荷载，并通过下弦杆提供水平力；而

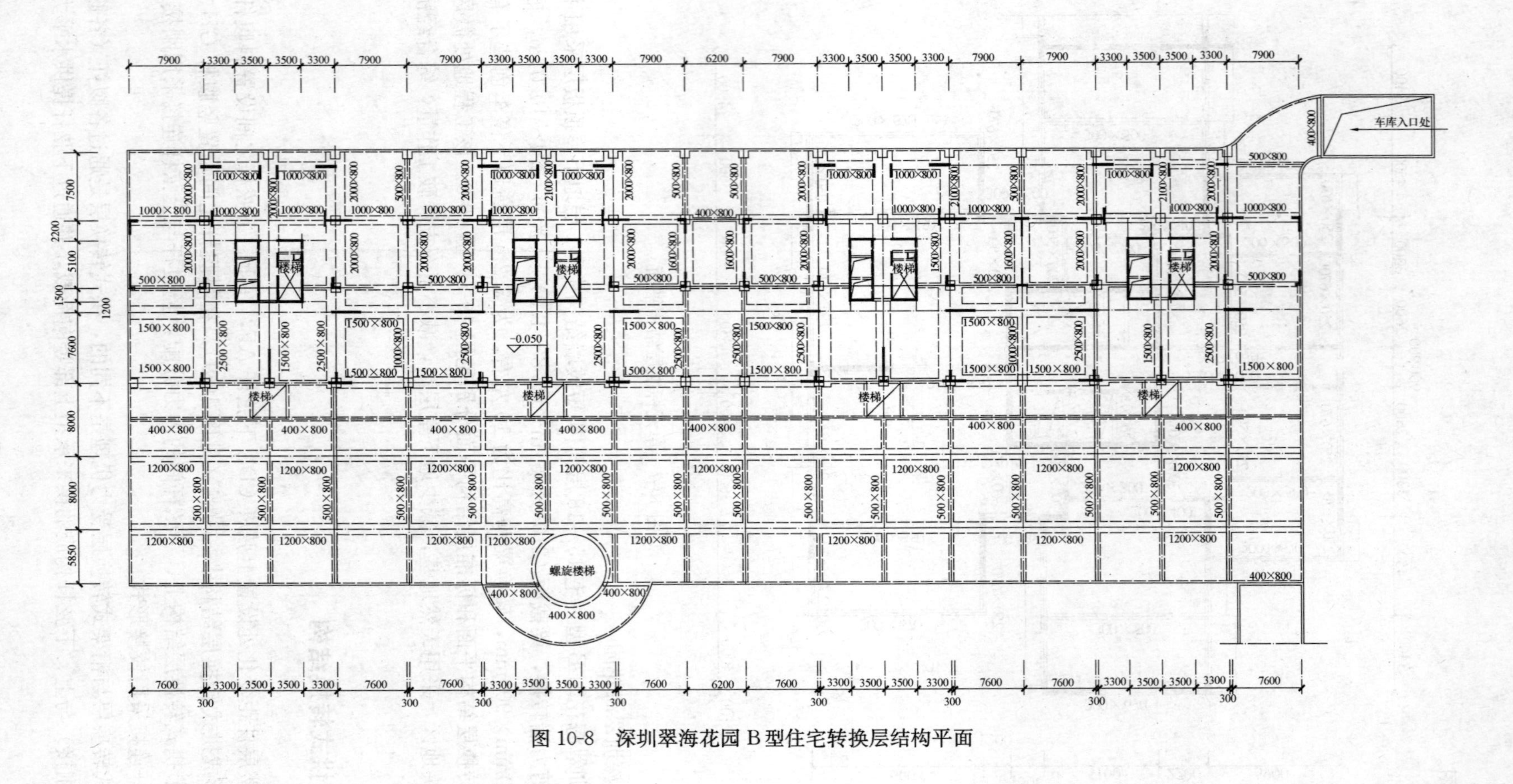

图 10-8　深圳翠海花园 B 型住宅转换层结构平面

桁架式转换层是通过各腹杆（各腹杆与上、下弦杆铰接）和上、下弦杆构成的桁架来承担上部竖向荷载的。

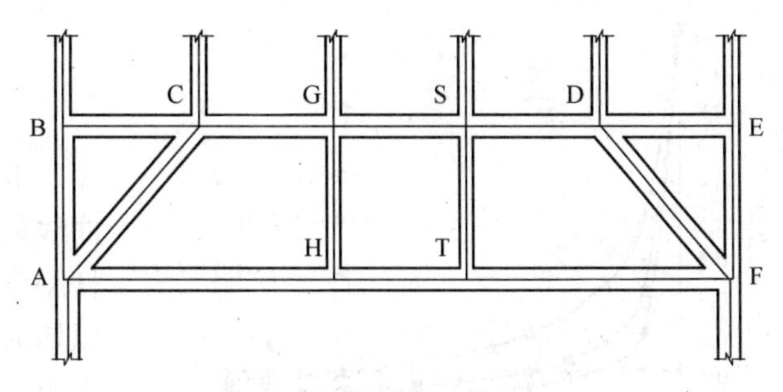

图 10-9　拱式转换层结构形式

10.2.1　拱式转换层结构的受力特点

斜腹杆 AC 和 FD、上弦杆 CD、下弦杆 AF 形成拱式结构，上部柱轴压力 P_1、P_2、P_3、P_4 均作用在该拱式结构上。在竖向荷载 P_1、P_2、P_3、P_4 作用下，下弦杆 AF 将产生水平拉力 H，这可以抵消荷载 P_1、P_2、P_3、P_4 在上弦杆 CD 中产生的部分弯矩。另外，在荷载 P_2、P_3 作用点下部设置竖腹杆 GH、ST，其作用是将荷载 P_2、P_3 合理分配到上弦杆 CD 和下弦杆 AF 上，即上弦杆承受集中力（P_2-X_1），（P_3-X_2），下弦杆承受集中力 X_1、X_2，通过调整上、下弦杆 CD 和 AF 的相对刚度来调整竖腹杆 GH、ST 轴力 X_1、X_2 的大小，即增大上弦杆刚度可以减小 X_1、X_2，而增大下弦杆刚度可以增大 X_1、X_2（图 10-10）。

上弦杆 CD 作为拱的一部分，还受有压力作用，当上弦杆 CD 设计为大偏心受压杆件时，其所受压力对其力学性能是有利的，而下弦杆 AF 在承受弯矩的同时，还受有较大水平拉力，该杆应该考虑设计为预应力混凝土构件。

以图 10-11 为例来说明竖腹杆在拱式转换层中的作用。设竖腹杆的轴向压力 X_1，则上弦杆承受集中力（$P-X_1$），下弦杆承受集中力 X_1。

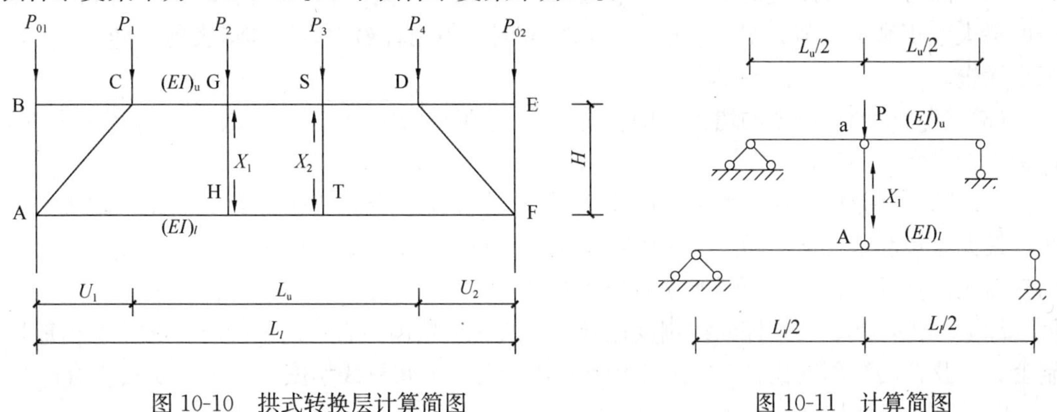

图 10-10　拱式转换层计算简图

图 10-11　计算简图

上弦杆跨中 a 点处挠度　　$f_u=\dfrac{(P-X_1)L_u^3}{48(EI)_u}$

下弦杆跨中 A 点处的挠度　　$f_l=\dfrac{X_1L_l^3}{48(EI)_l}$

假定竖腹杆 $EA=\infty$，则根据变形协调条件 $f_u=f_l$ 可得

$$X_1=\frac{1}{1+\dfrac{(EI)_u/L_u}{(EI)_l/L_l}\cdot\left(\dfrac{L_l}{L_u}\right)^2}P \tag{10-5}$$

令上、下弦杆线刚度比 $\beta=\dfrac{(EI)_u/L_u}{(EI)_l/L_l}$，则式（10-5）可改写为

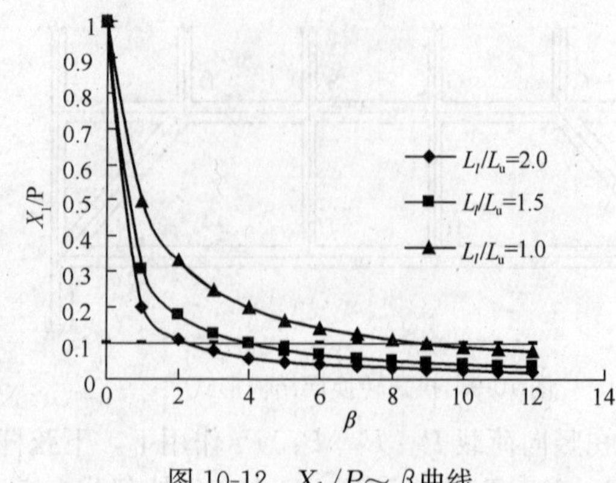

图 10-12　$X_1/P\sim\beta$ 曲线

$$X_1=\frac{1}{1+\beta\cdot\left(\frac{L_l}{L_u}\right)^2}P \quad (10\text{-}6)$$

取 $L_l/L_u=2.0$、1.5、1.0，则 $X_1\sim\beta$ 曲线如图 10-12 所示。由图可见，增大上弦杆刚度可以减小 X_1，而增大下弦杆刚度可以增大 X_1。当 β 达到某一 β_0 值后，X_1/P 小于 10%，即基本趋于稳定。

10.2.2　拱式转换层结构的设计要点

1. 上、下弦杆线刚度确定

定义，上、下弦杆线刚度比 β 为：

$$\beta=\frac{(EI)_u/L_u}{(EI)_l/L_l} \quad (10\text{-}7)$$

式中　$(EI)_u$、$(EI)_l$——分别为上、下弦杆抗弯刚度；

L_u、L_l——分别为上、下弦杆跨度。

(1) 随着上弦杆刚度的增大（即 β 增大），上弦杆承受的竖向荷载（P_i-X_i）增大，上弦杆的最大弯矩和最大剪力不断增大。当 $\beta\geqslant\beta_0$ 时，上弦杆最大弯矩和最大剪力随 β 增大变化不大。

(2) 随着上弦杆刚度的增大（即 β 增大），下弦杆承受的竖向荷载（X_i）减小，下弦杆的最大弯矩和最大剪力明显减小。当 $\beta\geqslant\beta_0$ 时，下弦杆最大弯矩和最大剪力随 β 增大而减小缓慢。

(3) 随着上弦杆刚度的增大（即 β 增大），竖腹杆的轴力（X_i）减小，当 $\beta\geqslant\beta_0$ 时，该轴力随 β 增大而变化缓慢。

(4) 随着上弦杆刚度的增大（即 β 增大），上弦杆承受的荷载（P_i-X_i）增大，斜腹杆最大弯矩和最大剪力随 β 增大而明显减小。斜腹杆最大轴力在 $\beta<\beta_0$ 时，随 β 增大而稍有增大；在 $\beta\geqslant\beta_0$ 时，随 β 增大而略有减小。

综上分析，上、下弦杆的线刚度比 β 对拱式转换层内力有一定的影响，必须适当地控制上、下弦杆的线刚度比 β。文献 [10-6] 建议上、下弦杆线刚度比 $\beta_0=3.0$ 较为合适。

2. 高跨比限值

定义，拱高跨比 α 为：

$$\alpha=\frac{H}{L_l} \quad (10\text{-}8)$$

式中　H——拱式转换层层高；

L_l——下弦杆的跨度。

(1) 随着转换层层高（H）的增大（即 α 增大），上弦杆的最大弯矩和最大剪力先增大后减小。而当 α 在 $\alpha_1\sim\alpha_2$ 时，上弦杆最大弯矩基本处于较大值附近，而最大剪力随 α 增大变化不大。

(2) 随着转换层层高（H）的增大（即 α 增大），下弦杆的最大弯矩和最大剪力先减小后增大。而当 α 在 $\alpha_1 \sim \alpha_2$ 时，下弦杆最大弯矩基本处于较小值附近，其最大剪力随 α 增大而变化不大。

（3）随着转换层层高（H）的增大（即 α 增大），上、下弦杆的最大轴力减小。

（4）随着转换层层高（H）的增大（即 α 增大），竖腹杆 GH、ST 最大轴力先减小后增大，当 α 在 $\alpha_1 \sim \alpha_2$ 时，该轴力基本处于较小值附近。

（5）斜腹杆的最大轴力随 α 增大而明显减小，斜腹杆的最大弯矩和最大剪力在 α 较小时，随 α 增大而稍有增大；在 α 较大时，随 α 增大而不断减小。

综上分析，拱高跨比 α 对拱式转换层内力有一定的影响，应适当地控制拱高跨比 α，文献[10-6]建议拱高跨比 α 取值为 0.175 ～ 0.35 较为合适。

3. 设计和构造要求

（1）拱式转换层的设计原则

拱式转换层应遵循设计原则：转换层结构按“弱转换层上层，强转换层本层，更强转换层下层”原则，转换层本身则按“弱上弦杆，强斜腹杆，更强下弦杆”原则，转换层上部则按“强柱弱梁，强剪弱弯，强节点、强锚固”的原则设计。

（2）拱式转换层由于斜腹杆的布置，改变了上部竖向荷载受力方式，能有效地抗剪和降低各杆件的弯矩和剪力，但同时使得斜腹杆和上、下弦杆轴力较大，因此上、下弦杆截面的设计应考虑轴力的影响。

（3）托柱转换层结构，转换构件采用拱式转换结构时，转换拱的斜腹杆、竖腹杆宜与上部密柱的位置重合。

（4）拱式转换层中，竖腹杆只起传递竖向荷载的作用，因此竖腹杆两端允许出现塑性铰，以增大结构耗能，提高结构抗震能力。

（5）上、下弦杆的线刚度比 β 对拱式转换层内力有一定的影响，必须适当地控制上、下弦杆的线刚度比 β。一般情况下可取上、下弦杆线刚度比 $\beta_0 = 3.0$ 较为合适。

（6）拱高跨比 α 对拱式转换层内力有一定的影响，应当适当地控制拱高跨比 α，一般情况下可取拱高跨比 α 为 0.175 ～ 0.35 较为合适。

（7）斜腹杆及竖腹杆的截面尺寸一般根据其轴压比来计算确定，轴压比的限值同桁架转换结构中的受压斜腹杆的轴压比限值（表 5-11）。在拱式转换结构中，斜腹杆所受轴压力往往很大，当不能满足轴压比限值要求时可采用型钢混凝土，以改善斜腹杆的受力性能。

（8）在竖向荷载作用下，拱式转换层的下弦杆出现较大拉力，当采用普通钢筋混凝土难以满足转换结构的抗裂要求时，可以考虑在下弦杆中施加预应力，形成预应力混凝土拱式转换层结构。

10.3 空间内锥型悬挑结构

北京中银大厦[10-7]（图 10-13）工程由著名建筑大师贝聿铭领衔设计，美国贝氏建筑师事务所与中国建研院设计院合作设计。地下 4 层，地上 15 层（最高），1 层、2 层为营业大厅，3 层、4 层为交易大厅、网控中心、集中计算机房，5 层以上为大空间办公用房。银行主管层为 10、11 层，在 11 层设有主管餐厅。建筑高度：西北 57.50m，东南

44.85m。总建筑面积 174869m²。建筑物外轮廓近似矩形，建筑物边长约为 120.0m×130.0m。该工程采用现浇钢筋混凝土板柱-剪力墙体系，局部设钢结构巨型桁架。抗震设防烈度为 8 度，场地类别为Ⅱ类。

图 10-13 北京中银大厦

本工程采用天然地基上筏板基础，地下室外墙为承重和支护合一的地下连续墙。

建筑物边长约为 120.0m×130.0m，整个建筑全部连成整体，未设温度缝、沉降缝、抗震缝。

剪力墙利用建筑楼、电梯间，井筒沿建筑布置。力求质量中心与刚度中心接近。建筑外墙开有连续窗洞，形成壁式框架。

因建筑功能要求，结构采用全现浇无柱帽平板楼盖。板厚依不同跨距取 220～350mm。顶层设备机房楼板设低梁，按新的设计概念计算设计。地下一层中部会议厅顶设 35.0m 跨预应力大梁。

根据建筑功能的要求，本工程采用以下转换结构形式：

(1) 搭接柱转换

上部结构基本柱网 6.9m×6.9m，地下室中部车库局部 7.8m×7.8m。因建筑要求，局部层间进行柱网转换，个别位置柱被抽除。采用搭接柱转换实现上、下柱的转换。

(2) 空间内锥型悬挑转换

空间内锥型悬挑结构位于中部大厅内侧角部。最大悬挑长度 9.8m。挑出部分设计未设悬挑梁。此结构体系的最大特点在于悬挑部位仍可保证与其他部位具有相同的建筑使用空间（因未设悬挑梁，该处仍为板柱结构）。

(3) 大跨度钢桁架转换

巨型钢桁架位于东、南两侧主入口上方，最大跨度 55.0m，高度 6.9m。

本工程结构设计难点包括 (1) 整体筏板基础，不设缝及后浇带；(2) 施工支护与使用合一的地下连续墙；(3) 大跨钢结构转换桁架；(4) 空间内锥形悬挑结构；(5) 无转换梁结构柱网转换（搭接柱转换）；(6) 35.0m 跨预应力梁机械铰节点。

1. 大跨度钢桁架转换

东立面、南立面各有两榀桁架（图 10-14），外侧桁架跨度 55.2m，内侧桁架跨度

45.5m，桁架高 6.9m，为标准楼层的两层高。钢桁架承托上部 8 层钢筋混凝土结构传来的巨大竖向荷载。

钢桁架按施工阶段和使用阶段“两阶段”设计。第一阶段（施工阶段），钢桁架按端部铰节点考虑。此阶段钢桁架两支座可以滑动，上部结构在施工期间支座处局部混凝土暂不浇筑，保证桁架支座水平方向自由滑动和转动。桁架上部混凝土结构施工时，跨中部位预留后浇带，去除上部混凝土结构与钢桁架的整体效应，使施工加载过程与计算假定接近。第二阶段（使用阶段），待上部结构完成后，以后期温度变化产生的应力最小为原则，考虑今后使用期间的室内温度及北京自然气温变化（取接近中间值）等影响因素，确定桁架端部混凝土封闭时间。

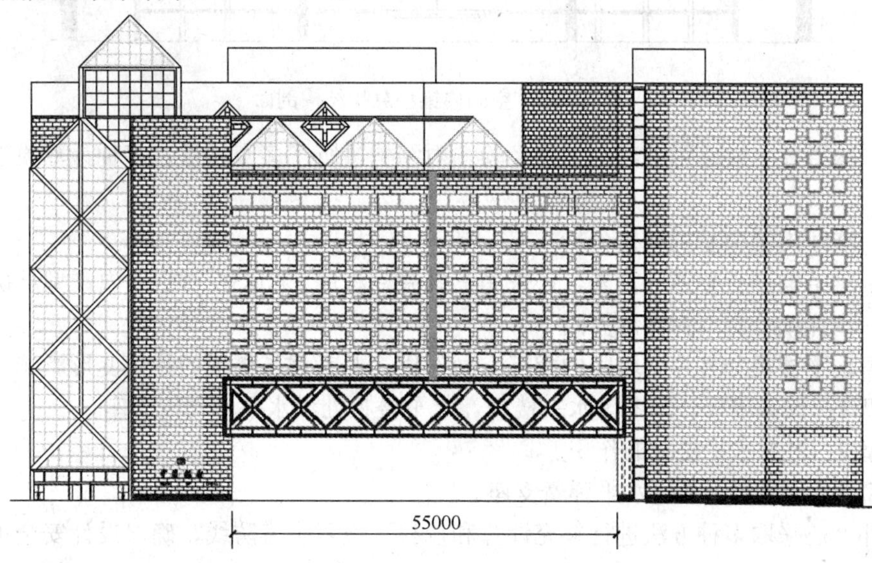

图 10-14　东、南立面巨型钢桁架

钢桁架钢材型号 A572，由国内生产。桁架上、下弦杆按箱型设计，腹杆为焊接 H 型钢，板材厚度分别为 50mm、75mm。桁架连接全部为焊接，焊缝按一级要求。

2. 空间内锥型悬挑结构

在中部大厅西北角上空 4～8 层由三个方向向内挑出 9.8m，形成空间内锥型悬挑结构（图 10-15）。悬挑部分以上楼层柱子直接落于挑出的水平楼板和斜墙上。结构设计舍弃了常规的设悬臂梁或吊挂结构形式，大胆采用了全新的设计概念，考虑上部结构的整体空间共同作用，利用水平楼板的受拉与斜墙承受的竖向荷载对剪力墙上端的力的平衡（图 10-16），解决了悬臂结构不设梁的技术难题。同时，对于落在挑出的楼板和斜墙上的上部楼层柱，结构也未设常规概念的转换大梁。即满足了建筑对斜墙以下底部大空间的要求，又保证了斜墙上部楼层建筑在使用上具有充分的灵活空间。

图 10-15　空间内锥型悬挑结构

考虑到空间内锥形悬挑结构受力的复杂性，又是新

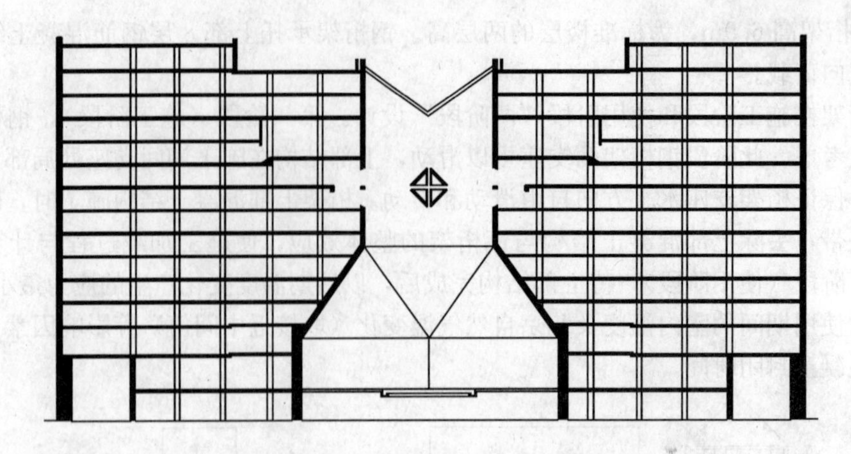

图 10-16 空间内锥型悬挑结构剖面

的转换结构形式，缺乏可参考的工程经验，对结构进行了多个软件、多种计算模型的分析计算。

(1) 空间内锥型悬挑结构分析

除了对结构进行整体计算外，还采用三维壳元程序 LARSA 对空间内锥型悬挑结构进行了进一步详细分析（弹性计算）。

考虑水平楼板和各片斜墙间的相互空间作用，并考虑了楼板的弹性变形影响。

模型 1：仅斜墙板，未考虑水平楼板，水平楼板处设水平不动铰支座。

模型 2：考虑水平楼板的作用。

模型 3：水平楼板处设水平弹簧支座。

此外，还采取多种方法进行补充计算和校核，设置多道防线，确保设计安全可靠。

分析表明，结构该部位空间作用十分明显，侧墙、斜墙、楼板以及上部墙体相互依托，构成空间整体共同工作的结构体系。

(2) 空间内锥型悬挑结构构造

相关楼层水平楼板、斜墙是空间内锥形悬挑结构的重要构件，使它们具有足够的承载力、变形能力是实现这种转换的可靠保证。为此，根据计算结果，采取的主要设计构造如下：

1) 由于水平楼板在受弯的同时还承受拉力，按偏心受拉构件设计。因此在配筋时板上、下层均配置全部拉通的受拉钢筋。并适当提高板的厚度，使其具有一定的刚度保证。

2) 对于斜墙板设计，由于在悬挑斜墙上支承上部楼层柱，没有梁，是板柱结构的受力特点。为提高斜墙板的刚度和抗弯、抗冲切能力，设计中对承受上部楼层柱的斜墙沿水平和沿斜墙方向的板带采取了板上加肋的构造措施，使斜墙板这一关键结构部位在设计中得到加强。

3. 搭接柱转换

传统设计中，柱网转换通常由转换大梁承托上部不落地柱。本工程受到限制，利用层间增设局部墙体对不落地柱进行转换，形成搭接柱转换（图 10-17）。

(1) 上、下层楼板作为拉、压平衡条件参加工作。

(2) 在设计上，对上、下层楼板加厚，并沿墙体方向根据计算设置暗梁，抵抗水平拉

（压）力。

（3）对墙体设计时进行应力状态分析，使墙体具有足够的抗剪强度保证，确保转移构件在上部荷载作用下安全可靠。

（4）设计中考虑了竖向地震作用的影响。

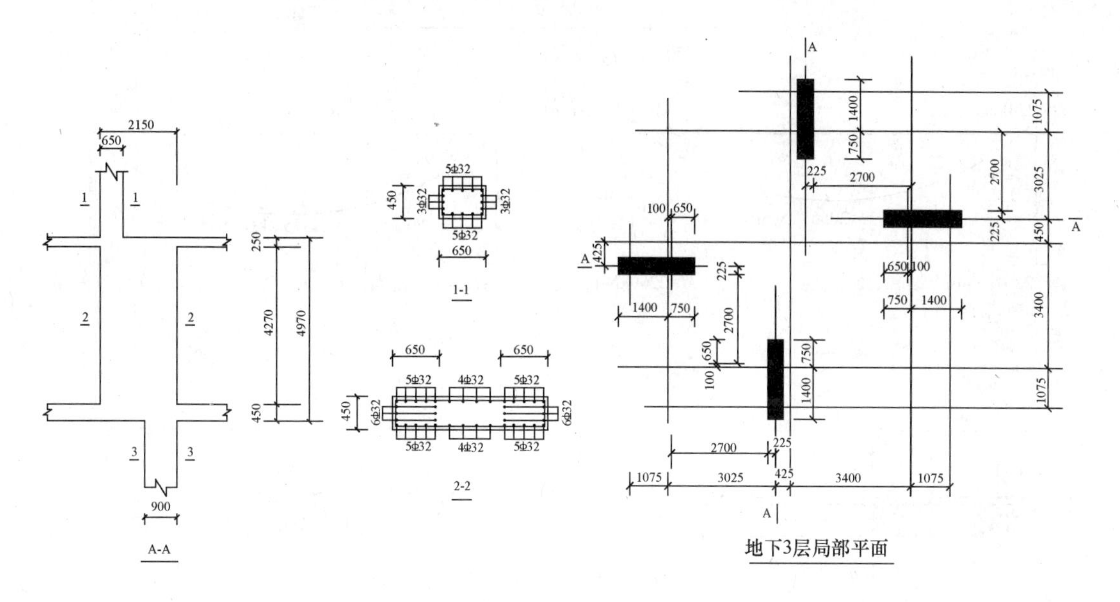

图 10-17　搭接柱转换

4. 机械铰节点

地下室 1000 人的国际会议厅的顶部为跨度为 32.0m 预应力大梁，梁、柱节点首次在建筑中采用机械铰装置。

预应力大梁跨度 32.0m，截面尺寸 1.2m×2.2m；圆柱截面 ϕ0.9m。由于建筑上的需要，不容许加大或改变柱截面尺寸及形状。经方案比较，预应力梁采用两端铰支座。

机械铰节点剖面见图 10-18。

以上几种转换结构形式，除宽扁梁转换梁外，其他转换形式在工程中应用尚不多见，缺乏较多的工程经验，加上转换结构本身受力复杂，甚至对整体结构都会产生较大的影响。特别是抗震设计，受力更加复杂，影响更大。因此，当确实需要采用这些转换形式时，应特别注意以下几点：

（1）按规范要求认真进行结构分析，正确、全面了解结构（尤其是转换结构）的受力情况，力求传力途径尽可能明确、简单。

（2）加强结构及构件（尤其是转换结构及其相邻构件）的构造措施。抗震设计时，更要注意提高结构及构件（尤其是转换结构及其相邻构件）的承载力和延性，加强抗震措施。

（3）对复杂的转换结构形式，必要时可进行模型试验或专家论证。

（4）加强与施工单位的合作，确定科学合理、切实可行的施工方案。

随着建筑技术的不断发展，在建筑师与结构工程的密切配合下，会创造出更加安全可靠、受力更合理、更经济的新的转换结构形式。

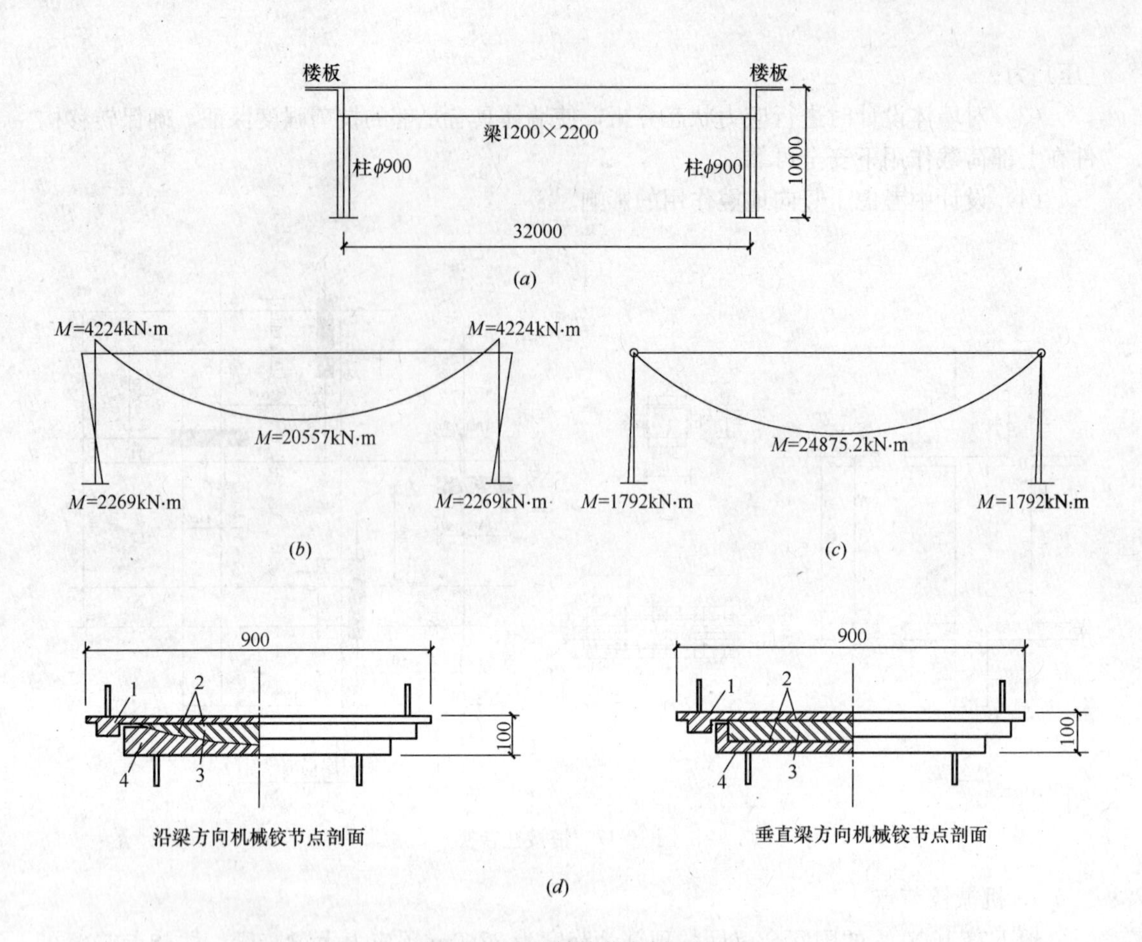

图 10-18 机械铰节点剖面图

（a）结构局部框架立面；（b）框架弯矩图；（c）铰接框架弯矩图；（d）机械铰接节点剖面

1—上支座钢板；2—高强耐磨复合材料聚四氟乙烯滑板；3—柱状转动铰钢板；4—下支座钢板

参 考 文 献

[10-1] 唐兴荣编著. 特殊和复杂高层建筑结构设计[M]. 北京：机械工业出版社，2006

[10-2] 顾磊，傅学怡，陈宋良. 宽扁梁转换结构在深圳大学科技楼中的应用. 建筑结构，2006，36(9)：50～51

[10-3] 张敏，王晓东. 拱式转换层结构竖向加载试验研究[J]. 四川建筑科学研究，2010，36(4)：9～11

[10-4] 张敏，王晓东. 拱式转换层结构水平反复加载试验研究[J]. 四川建筑科学研究，2010，36(34)：9～12

[10-5] 梁炯丰，邓宇，王俭宝，顾连胜. 刚度比对拱式转换层的动力特性影响分析[J]. 广西工学院学报，2008，19(2)：76～78

[10-6] 邓宇，梁炯丰，韦永乐. 拱高跨比对拱式转换层受力性能的影响分析[J]. 桂林工学院学报，2009，29(3)：351～353

[10-7] 中国建筑科学研究院. 北京中银大厦结构设计[R]. 2000

[10-8] 张维斌. 钢筋混凝土带转换层结构设计释疑及工程实例[M]. 北京：中国建筑工业出版社，2008

11 预应力混凝土转换层结构设计

采用预应力技术可带来许多结构和施工上的优点，如减小截面尺寸、控制裂缝和挠度，控制施工阶段的裂缝及减轻支撑负担等。因此，预应力混凝土结构非常适合于建造承受重荷载、大跨度的转换结构，且有自重轻，节省钢材和混凝土的优点。随着我国预应力技术的发展，预应力材料及施工费用的不断下降，即使用材料等强代换的概念从经济上来比较预应力混凝土结构和钢筋混凝土结构，许多情况下后者并不比前者经济。因此，近年来我国高层建筑结构转换结构构件中采用预应力技术的情况越来越多（附表1-1～附表1-7）。东南大学等对带预应力混凝土转换层的高层建筑结构的抗震性能进行了试验研究和理论分析[11-1]～[11-7]，得当了一些设计建议，为预应力技术在复杂高层建筑中的应用提供了技术依据。目前在高层建筑中应用的预应力混凝土转换结构主要有梁式、桁架式、厚板式等。

11.1 预应力混凝土梁式转换层设计

预应力混凝土梁式转换层按梁截面形式可分为矩形和箱形，按梁的组成材料可分为预应力混凝土梁和预应力钢骨混凝土梁，按梁的轴线形式可分为预应力混凝土直梁和预应力混凝土曲梁，按结构支承方式可分为托墙和托柱两种形式。

11.1.1 预应力混凝土转换梁

托柱形式的预应力混凝土转换梁内力计算可采用杆系有限元法，截面设计与一般框架梁相同。托墙形式的预应力混凝土转换梁需进行局部应力分析，并按应力进行设计校核。

预应力混凝土转换梁的设计步骤可归纳为：

1. 截面尺寸（$b \times h$）的估算

转换梁的截面尺寸常常是由受剪承载力控制的，施加预应力能够提高其受剪承载力，但截面尺寸减小的幅度要比普通框架梁要小。

转换梁的截面高度 h 不宜小于计算跨度的 $L/8$（L 为转换梁计算跨度），施加预应力后梁高度约可降低20%。转换梁截面宽度 b 与同一位置预应力束的数量有关，不应小于400mm。

2. 结构内力的计算和内力组合

至少采用两种不同力学模型的软件进行结构的整体分析，计算转换梁各截面在各种工作情况下的内力，并按《高层建筑混凝土结构技术规程》（JGJ3—2010）有关规定进行内力组合。

3. 预应力钢筋数量（A_p）的估算

（1）预应力钢筋数量的估算

预应力钢筋数量利用“荷载平衡法”来确定，即选择需要被预应力钢筋产生的等效荷载“平衡”掉的荷载。一般地说，当活荷载较小时，平衡荷载宜选“全部或部分恒载”；当活荷载较大时，宜选“全部恒载＋部分活载”。

（2）预应力筋的布置原则

1）预应力筋的外形和位置应尽可能与弯矩图一致；

2）为获得较大的截面抵抗矩，控制截面处的预应力筋应尽量靠近受拉边缘布置，以提高其抗裂及承载能力；

3）尽量减少预应力筋的摩擦损失和锚具损失，以提高构件的抗裂度；

4）为便于施工及减少锚具，预应力筋尽量连续布置；

5）综合考虑有关其他因素（保护层厚度、防火要求、次弯矩、构造要求等）。

4．有效预压应力（σ_{pe}）的计算

计算预应力损失（σ_l），校正初始假定值，得到预应力钢筋的有效预应力（$\sigma_{pe}=\sigma_{con}-\sigma_l$）；计算预应力钢筋引起的主内力。

5．次内力的计算

计算等效荷载（q_{equ}、P_{equ}），并计算等效荷载作用下转换梁各截面综合内力；计算转换梁各截面的次内力（次内力＝综合内力－主内力）。

6．截面承载力的计算

计算转换梁各控制截面的正截面、斜截面极限承载力，确定非预应力钢筋的数量（A_s）和箍筋的数量。

7．正常使用极限状态的验算

使用阶段转换梁抗裂度、裂缝宽度及变形验算。

8．局部受压承载力的计算

转换梁端部锚具局部受压承载力验算。

11.1.2 预应力钢骨混凝土转换梁

钢骨混凝土转换梁是在钢筋混凝土梁中埋置型钢或焊接工字钢，形成一体，共同发挥作用的组合梁。对用于结构转换层的梁，因其承受荷载大、受力复杂，一般的型钢截面不能满足设计的要求（复合型施工困难）。尤其是这种梁承受的剪力很大，需要较强的腹板提供抗力。因此，截面以焊接工字钢为好，板材可按设计和焊接技术要求，合理选择板厚。

对钢骨混凝土转换梁施加预应力具有下列优点[11-13]：

（1）避免非结构裂缝的出现

与钢筋混凝土转换梁相比，由于钢板表面光滑，与混凝土之间的粘结力不足，发生在钢骨拉压部分的混凝土横向裂缝宽度一般比钢筋混凝土梁表面裂缝大，施加预应力可有效地控制横向裂缝。

（2）增加长期使用的耐久性

钢骨混凝土梁中的混凝土外包钢骨使其免受环境的侵蚀，施加预应力可有效地限制裂缝的出现或控制裂缝的开展，对钢骨混凝土梁的耐久性是有益的。

（3）改善转换梁的受力性能

施加预应力产生的轴向压力可提高转换梁的受剪承载力。预应力钢筋取代相当数量的非预应力筋，避免非预应力钢筋过多造成的混凝土与钢骨之间粘结力的下降。预应力筋的不同束形布置可达到不同的效果（图 11-1），直线束可防止和抑制混凝土开裂，增加钢骨和混凝土的连接效果（部分抵消接触面上的剪切力），曲线束可平衡部分上部荷载。施工阶段采用分阶段张拉技术可减少梁在施工阶段与使用阶段之间受力状态的差异。

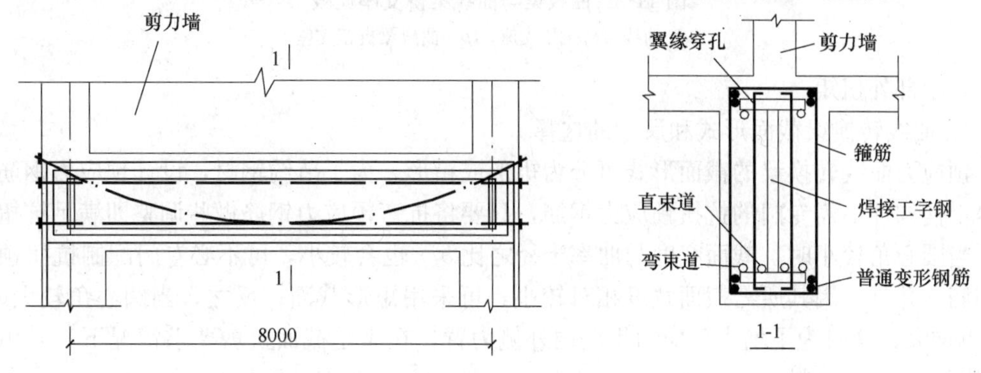

图 11-1 预应力钢骨混凝土转换梁

（4）钢骨混凝土梁有利于结构抗震

用钢骨混凝土梁替代一般钢筋混凝土梁，可减小截面高度，改善造成短柱的情况，使柱子的延性有所提高。钢骨混凝土梁的钢骨部分，在承载力极限状态下，由于钢有较强的塑性性能（不包括型材薄壁情况），进入塑性阶段仍具有较高的承载能力，因此具有一定的延性，起到耗能效果，提高抗震性能，避免脆性破坏，这是一般钢筋混凝土梁难以比拟的。钢骨部分腹板能吸收较大的剪力，从而减轻混凝土部分的负担，提高钢骨混凝土梁的抗剪承载力。梁混凝土的完整性，在支座处也增加了对柱子节点区域的约束作用，提高了节点延性。因此钢骨混凝土梁有利于结构的抗震。

11.1.3 预应力混凝土曲线转换梁

众所周知，曲线梁与直线梁是不同的，简支直梁在非偏心的竖向荷载作用下，扭矩引起的变形和内力均为零；同样，在扭矩荷载的作用下，涉及弯矩因素的变形和内力均为零，即弯矩和扭矩是各自独立反应的。而曲线梁存在弯扭耦合现象，外载在梁截面内产生“弯矩”的同时必然地伴随着产生“耦合扭矩”；同理，在产生“扭矩”的同时也伴随着产生相应的“耦合弯矩”。即它的各个截面内均有弯矩和扭矩存在，所以在竖向荷载作用下，曲线梁中的扭矩是不可以忽略的。

转换曲梁与曲线梁桥也有很大的不同。曲线梁桥按结构体系分类一般有静定悬臂梁、简支超静定曲线梁、连续曲线梁桥等，其超静定结构中的支承一般采用抗扭简支支座（图 11-2*a*），而转换梁一般采用普通的梁柱连接方式（图 11-2*b*）。曲线梁桥很宽，而转换梁的宽度一般要受到柱宽度的限制。另外，曲线梁桥的荷载形式与转换梁也不相同，对托柱形式的转换曲梁上作用相当大的集中荷载。

综上所述，曲线转换梁与直线转换梁受力特征是不同的。在曲线转换梁中施加预应力对抗弯和抗剪、抗扭都有利。对受弯构件，施加预应力可在裂缝及挠度得到有效控制的前提下显著地降低梁高。对曲线梁的抗扭，施加预应力具有特殊的优势，可以利用其抵抗部

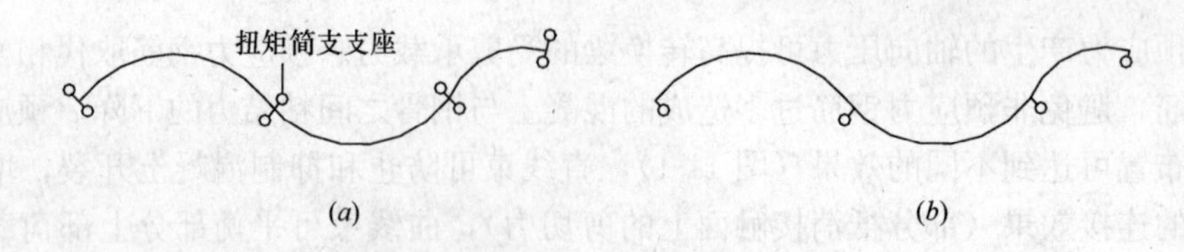

图 11-2　曲线梁与曲线梁桥支座比较

(a) 曲线梁桥抗扭支座；(b) 曲线梁抗扭支座

分甚至全部外扭矩。

1. 曲线转换梁截面形式和尺寸的选择

预应力曲线转换梁的截面形式可分为矩形或箱形。为了节约钢材，设计预应力钢筋时应尽量使构件不需专门的抗扭预应力钢筋，只要将抗弯预应力钢筋做些调整即满足抗扭需要。当圆心角较小时，截面宽度与曲率半径之比 b/r 也会较小，可不必专门配制抗扭预应力钢筋；并且，因其所需截面宽度相对较小，可采用矩形截面；反之，当圆心角较大时，b/r 也增大，这时为了增大预应力钢筋内外侧力臂，在满足截面抗剪要求情况下，采用箱形截面可以节约材料，降低自重，且能保证一定的抗扭效果。

一般情况下，转换梁截面尺寸是根据其抗剪承载力要求决定的，抗弯要求不是控制因素，而对曲线转换梁来说，由于存在扭矩，截面尺寸需满足下式要求：

$$\frac{V}{bh_0}+\frac{T}{0.8W_t}\leqslant 0.25\beta_c f_c \tag{11-1}$$

式中　V——剪力设计值；

T——扭矩设计值；

β_c——混凝土强度影响系数，当时 $f_{cu,k}\leqslant 50\text{N/mm}^2$，取 $\beta_c=1.0$；当 $f_{cu,k}=80\text{N/mm}^2$ 时，取 $\beta_c=0.8$，其间按直线内插法取用。

转换梁截面高度 h，抗震设计时不应小于跨度的 1/6，非抗震设计时不应小于跨度的 1/8。实际应用中，直线转换梁高为跨度的 1/4～1/6，施加预应力后梁高约可降低 20%，故当曲线梁的圆心角不太大时，预应力曲线转换梁的梁高可取为跨度的 1/5～1/7。转换梁截面宽度 b 不应小于 400mm。

2. 曲线预应力钢筋的配置

曲线梁的预应力钢筋形式须综合考虑弯矩、剪力、扭矩和轴力的共同作用，还要考虑构造及施工上的方便和可能性。从抗弯角度考虑，预应力筋应折线布置（内、外侧相同），如图 11-3（a）所示。从抗扭角度考虑，预应力钢筋在内、外侧布置应不相同，如图 11-3（b）所示，内、外侧预应力等效荷载形成的力矩可以抵抗部分外扭矩。从理论上说在曲梁上顶面和下底面布置一对如图所示的预应力筋，也可以抵抗扭矩。综合考虑各种因素，主要是抗弯和抗扭，最后确定采用如图 11-3（c）所示的预应力钢筋布置形式。

（1）抗弯预应力筋的选配

抗弯预应力筋可利用荷载平衡法来设计，即选择需要被预应力钢筋产生的等效荷载“平衡”掉的荷载。一般地说，当活荷载较小时，平衡荷载宜选“全部或部分恒载”；当活荷载较大时，宜选“全部恒载＋部分活载”。

（2）抗扭预应力筋的选配

当预应力曲线转换梁的圆心角不大时，扭矩值相对于弯矩值来说较小，可不配置专门

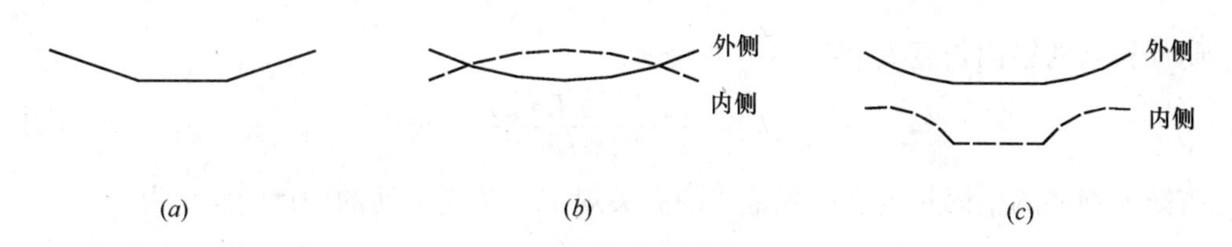

图 11-3　预应力钢筋示意

的抗扭预应力筋，只需把已配好的内侧和外侧的抗弯预应力筋的竖向位置往相反方向调即可，为了增大内、外侧预应力钢筋之间的力臂，应尽量使预应力筋靠近截面边缘，或采用箱形截面。当预应力曲线转换梁的圆心角较大时，扭弯比也增大，仅靠增大内、外侧预应力钢筋之间的力臂，不足以抵抗外扭矩，这时就需要配制专门的抗扭预应力筋。

3. 侧向防崩钢筋

当预应力曲线转换梁为箱形梁时，布置了预应力筋的腹板可看成是支撑在箱形截面顶板和底板的局部梁板。曲线预应力筋张拉后产生的径向力将在此梁板内产生弯矩和剪力，当曲率半径较小时，径向力会很大，以致使腹板内混凝土应力分布不利，可能导致腹板崩裂，预应力筋从曲梁内侧崩出，或沿着预应力钢筋孔道的轴心被撕裂。在实际工程中可采用以下两种方法来防止预应力筋从腹板中崩出：

(1) 增大腹板厚度和增大腹板配箍量

为了克服预应力钢筋侧向力产生的弯矩，箱形梁的腹板必须有一定的厚度和足够的箍筋。若预应力筋的张拉力为 F，曲线预应力筋的曲率半径为 r，腹板净高为 h_{c0}，厚度为 b_c，则箍筋间距 s 应为：

$$s=\frac{A_{sv}f_{yv}}{2\alpha_1 f_c\left(b_c-\dfrac{2h_{c0}F}{A_{sv}f_{yv}r}\right)} \tag{11-2}$$

从式 (11-2) 可知，预应力钢筋中的拉力 F 越大，曲率半径 r 越小，所需箍筋面积越大、间距越密；或者也可增大腹板厚度 b_c 来防止腹板崩裂。若选定箍筋面积和种类，已知腹板尺寸和预应力钢筋张拉力 F，按式 (11-2) 可得的箍筋间距 s 可以保证腹板的抗弯能力。

(2) 设置专门的防崩钢筋

曲线梁中预应力筋产生的混凝土预压力呈拱的效应，它可以抵消预应力产生的径向集中力的作用，但当曲率半径较小时，预应力钢筋产生的径向应力（图 11-4）常常大于混凝土的拱压力，局部压力不平衡，尤其是当混凝土的保护层厚度较小时，会造成局部混凝土崩裂。因而在构造上设计专门的防崩钢筋（图 11-5）是很必要的。

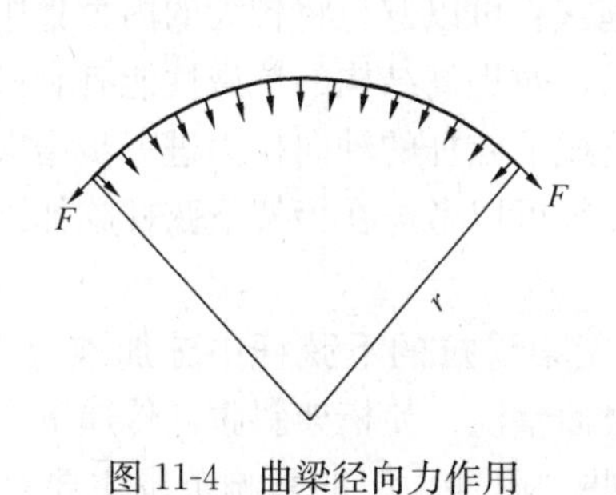

图 11-4　曲梁径向力作用

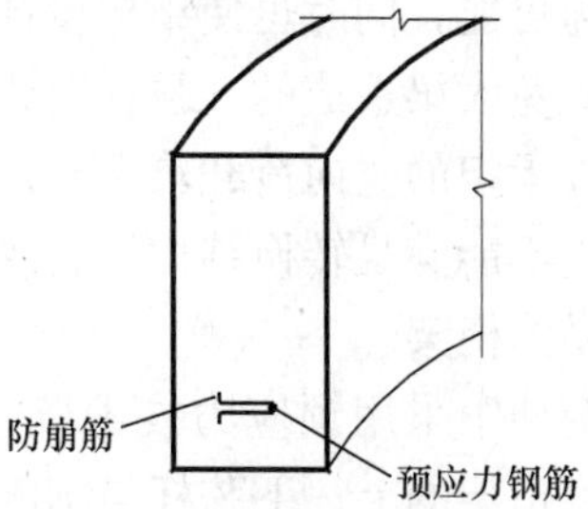

防崩筋

预应力钢筋

图 11-5　防崩钢筋构造

防崩钢筋的锚固长度 l_a 应满足下列要求：

$$l_a \geqslant \frac{(2F - b_c D\sigma_{pe})s}{2\pi r\tau d} \tag{11-3}$$

若防崩钢筋的锚固长度满足规范中的有关规定，防崩钢筋的设计间距 s 为：

$$s = \frac{\pi d^2 r f_y}{2\,(2F - b_c D\sigma_{pe})} \tag{11-4}$$

式中 D——预应力筋的直径；

τ——混凝土与防崩钢筋之间的平均粘结应力；

d——防崩钢筋的直径；

s——防崩钢筋的间距；

其余符号同前。

为了增强防崩效果，防崩钢筋的锚固端最好与梁的纵向钢筋绑在一起或锚固端做成弯钩。若锚固长度 l_a 不能满足规范要求，则需减小防崩钢筋间距。

4. 转换曲梁配筋构造要求

预应力曲线梁为弯、剪、扭构件，按现行《混凝土结构设计规范》（GB 50010—2010）计算预应力混凝土弯、剪、扭构件的承载力。

（1）纵向钢筋

在扭矩作用下，纵筋主要承受拉力和销栓力，角部纵筋除了承受这两种力外还承受混凝土斜压杆的外推力，因此纵筋（尤其是角部纵筋）直径不宜小于 10mm 或 $s/6$，纵筋间距不宜大于 300mm 和梁的宽度。在构件端部，纵筋应有弯钩，钩住端部加密的箍筋，否则角部混凝土易被斜压杆的外推力推出而发生端部锚固破坏。纵筋的最小配筋率应不小于受弯构件纵筋最小配筋率与受扭构件纵筋最小配筋率之和。

（2）箍筋

箍筋端部弯钩角度宜取用 135°，且应将箍筋的接头设在截面受压区，此处锚固条件比其他部位好。箍筋间距宜取为 $s \leqslant (h_0 + b)/4 \leqslant 300\text{mm}$，构件的最小配箍率可取同钢筋混凝土构件。研究表明，对预应力混凝土构件，当配筋强度比 $\zeta = 3$ 时，纵筋、箍筋均可屈服。

11.2 预应力混凝土转换桁架设计

采用桁架替代转换梁来承托上部结构传来的巨大竖向荷载不仅使充分利用该转换层的建筑空间成为可能，同时也使结构设计更为合理。它可以避免将较大的内力集中于一根大梁上，也可避免大梁造成的“强柱弱梁”的后果，对提高结构的抗震性能有利。但当转换桁架的跨度或承担的竖向荷载较大时，势必会造成下弦杆的轴向拉力进一步增大，采用普通钢筋混凝土不能满足转换结构抗裂要求时，一般可以考虑在桁架下弦杆施加预应力，形成预应力混凝土桁架。

在转换桁架中采用预应力技术概念类似于屋架受拉的下弦杆中施加预应力（图 11-6）。由于转换桁架的上、下弦杆与刚度极大的楼面整浇，使桁架斜腹杆传递下来的水平推力由楼面分配到建筑物的各抗侧力构件上，这些“附加力”的影响范围主要是集中在角区，如果能随着建筑物不断增加的施工荷载，在力 N 的形成、增大过程中，同步张拉配置于桁架下弦的预应力筋，在该处提供一对与推力 N 大小相等方向相反的力，就可以在角区就地完成力的平衡，中断或减小通过楼面向外传递的荷载。

在受拉的腹杆中也可施加预应力，若能在受拉腹杆中形成折线形预应力钢筋布置则更为合理。

为减小桁架在施工张拉阶段与使用阶段之间受力状态的差异，解决超静定结构受力状态变化且内力变幅过大时，构件间变形难以协调，以致开裂的问题，预应力桁架转换层结构宜采用分阶段张拉工艺施工。分阶段张拉技术是指分期分批施加预应力或选取经计算合适的施工楼层进行张拉，在此之前转换桁架下的支撑必须加强。

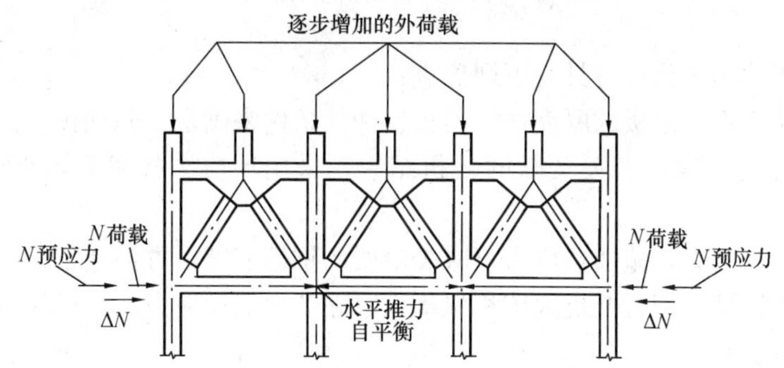

图 11-6　预应力转换桁架的工作机理

采用分阶段张拉技术施工时，为避免因转换桁架下弦长度大，预应力筋长时波纹管破损而导致漏浆和孔道堵塞的现象，预应力钢筋可在下弦混凝土浇筑前就穿入金属波纹管中，但此时必须采取有效的措施保护孔道内预应力钢筋在施工期间不生锈。

1. 转换桁架下弦预应力钢筋的估选

转换桁架下弦杆的预应力度的取值不宜过高，以避免因张拉预应力给桁架及上、下层框架带来较大的次内力。考虑到桁架转换层是整个结构受力的关键部位，对裂缝的控制要求较高，而且转换桁架恒载的比重较大。因此，建议转换桁架按公式（11-5）和（11-6）确定桁架下弦的预应力钢筋。

即

$$\sigma_{sc} - \sigma_{pc} \leqslant \bar{\alpha}_{ct} f_{tk} \tag{11-5}$$

$$\sigma_{lc} - \sigma_{pc} \leqslant 0.0 \tag{11-6}$$

式中　$\bar{\alpha}_{ct}$——广义拉应力限制系数，当结构属中等侵蚀环境时，$\bar{\alpha}_{ct}=2.0$，此时相应裂缝宽度限值为 0.2mm；

σ_{sc}、σ_{lc}——荷载标准效应组合和荷载准永久效应组合在混凝土中产生的拉应力，且 $\sigma_{sc}=\dfrac{M_s}{W}+\dfrac{N_s}{A}$，$\sigma_{lc}=\dfrac{M_l}{W}+\dfrac{N_l}{A}$；

σ_{pc}——有效预应力在混凝土中产生的压应力，且 $\sigma_{pe}=N_{pe}/A$；

N_{pe}——有效预应力，且 $N_{pe}=\sigma_{pe}A_p$；

σ_{pe}——预应力筋的有效预应力值，且 $\sigma_{pe}=\sigma_{con}-\sigma_l$；

σ_l——总预应力损失值。

2. 预应力转换桁架的构造要求

（1）混凝土强度等级对预应力桁架转换层来说是至关重要的，因为斜腹杆是受压构件和下弦施加预应力，预应力转换桁架宜采用高强度等级的混凝土。

(2) 由于预应力桁架转换层结构在桁架节点区（特别是预应力锚固区）钢筋稠密，混凝土应充分捣实，以防止锚固区混凝土局部破坏和节点发生破坏。施工时应对典型节点钢筋按图试绑，以防节点处钢筋“打架”，然后成批下料，全面施工。

(3) 为防止预应力高强混凝土转换桁架下弦端部受压区混凝土由于预应力而出现沿构件长度方向裂缝，其局部受压承载力应按《高强混凝土结构技术规程》(CECS104：99)中的有关规定进行计算。

11.3 预应力混凝土厚板转换层设计

在转换厚板中施加预应力具有下列优点：

(1) 从结构上看，厚板的厚度往往是根据冲切条件来确定，施加预应力增大了板的抗裂性、抗冲切能力。根据有关文献的分析结果，采用预应力技术后，板厚可降低10%～15%。

(2) 从施工角度看，施加预应力可减少暗梁的钢筋密度，方便施工，能保证混凝土的密实性；同时施加预应力可抵抗大体积混凝土收缩产生的拉应力和浇捣混凝土时由于水化热大引起的裂缝。

(3) 在局部高应力区域（如转换板中开洞的凹角、柱端和剪力墙过渡区域等），使用预应力可以较好地解决应力集中引起的开裂问题。

预应力筋的数量的确定，以在转换板中产生的有效预压力为0.7～1.0MPa为宜，它对抗裂或控制裂缝而言已足够，如从替换钢筋角度而言预应力钢筋数量可适当增加。

11.4 预应力混凝土转换梁设计实例

某综合办公大楼中取出的一榀带转换梁的框架结构（图11-7*a*），根据建筑功能的要求，转换梁采用有粘结部分预应力混凝土，跨度为24.0m，截面尺寸为0.6m×3.2m。框支柱截面尺寸为1.0m×1.0m，转换梁上部框架边柱截面尺寸为0.8m×0.8m，内柱截面尺寸均为0.5m×0.5m，上部框架结构中跨梁的截面尺寸为0.3m×0.75m，端跨梁的截面尺寸为0.3m×0.4m。楼板厚度为100mm，柱网为6.0m。

楼面可变荷载标准值为3.5kN/m²，屋面可变荷载标准值为1.5kN/m²。框架梁、柱、板的混凝土强度等级均为C40。计算简图见图11-7（*b*）。

11.4.1 内力计算

1. 几何特征

转换梁为T形截面，$b=600\text{mm}$；$h=3200\text{mm}$；$b'_f=b+12h'_f=1800\text{mm}$；$h'_f=100\text{mm}$

几何特征：$A=2.04\times10^6\text{mm}^2$；$I=1.9204\times10^{12}\text{mm}^4$；$y_0=1691.18\text{mm}$

2. 设计荷载

转换梁上荷载标准值：

$g_{1k}=48.0\text{kN/m}$；$g_{2k}=63.0\text{kN/m}$；$G_{1k}=30.0\text{kN}$；$G_{2k}=60.0\text{kN}$；

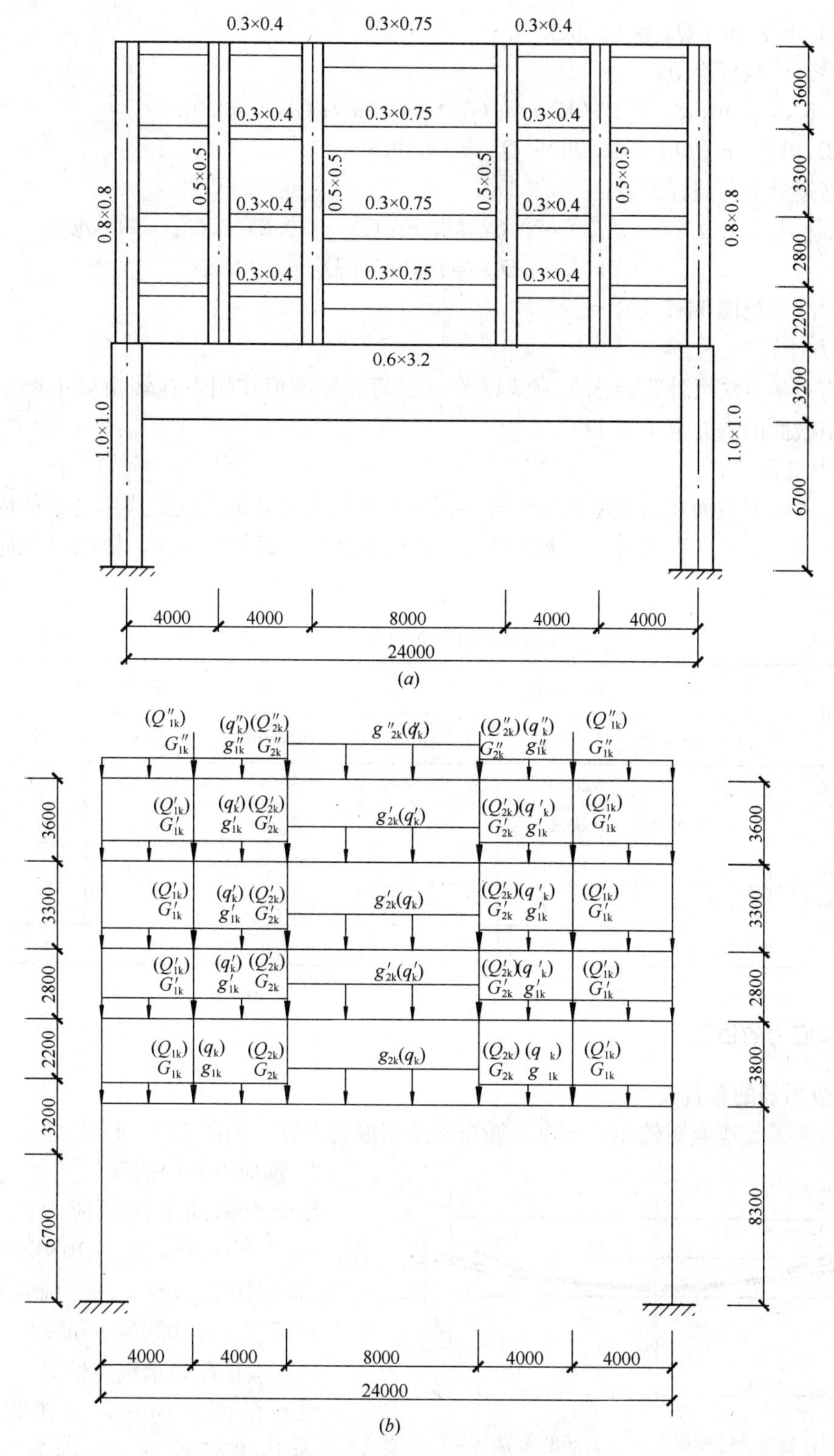

图 11-7　梁式转换层框架结构

（*a*）实际结构；（*b*）计算简图

$q_k = 21.0\text{kN/m}$；$Q_{1k} = 42.0\text{kN}$；$Q_{2k} = 84.0\text{kN}$。

框架梁上荷载标准值：

$g'_{1k} = 16.0\text{kN/m}$；$g'_{2k} = 31.0\text{kN/m}$；$G'_{1k} = 30.0\text{kN}$；$G'_{2k} = 60.0\text{kN}$

$q'_k = 21.0\text{kN/m}$；$Q'_{1k} = 42.0\text{kN}$；$Q'_{2k} = 84.0\text{kN}$。

屋面框架梁上荷载标准值：

$$g''_{1k} = 5.625\text{kN/m}；g''_{2k} = 20.625\text{kN/m}；G''_{1k} = 30.0\text{kN}；G''_{2k} = 60.0\text{kN}$$

$$q''_k = 9.0\text{kN/m}；Q''_{1k} = 18.0\text{kN}；Q''_{2k} = 36.0\text{kN}$$

荷载标准值见图 11-7（*b*）。

3. 内力计算

按结构力学方法可计算出永久荷载以及可变荷载标准值作用下在转换梁中产生的内力，其控制截面的内力值见表 11-1。

4. 内力组合

转换梁各控制截面在荷载的基本组合、标准效应组合以及准永久效应组合下的内力值见表 11-1。其中，永久荷载分项系数为 1.2，可变荷载分项系数为 1.4，楼面可变荷载准永久值系数为 0.5。

转换梁控制截面的内力值 **表 11-1**

荷载作用	跨中截面			支座截面		
	M（kN·m）	V（kN）	N（kN）	M（kN·m）	V（kN）	N（kN）
永久荷载	8331.4	252.0	146.7	2482.5	1792.2	11.38
可变荷载	4203.8	84.0	75.95	1220.9	843.3	3.77
基本组合	15883.0	420.0	282.37	4688.3	3331.3	18.93
标准组合	12535.2	—	—	3703.4	—	—
准永久组合	10433.3	—	—	3093.0	—	—

11.4.2 预应力的估选

1. 预应力筋的布置

由于转换梁支座弯矩较小，预应力筋布置采用混合布置，如图 11-8 所示。

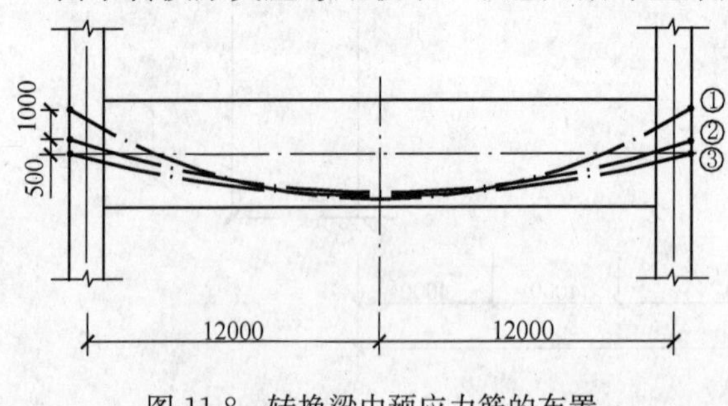

图 11-8 转换梁中预应力筋的布置

2. 预应力筋的估算

预应力钢筋采用预应力钢绞线，$f_{ptk} = 1570\text{N/mm}^2$，$f_{py} = 1070\text{N/mm}^2$，$E_p = 1.8310^5\text{N/mm}^2$。其控制应力为 $\sigma_{con} = 0.7f_{ptk} = 1099\text{N/mm}^2$。

（1）按正截面承载力估算

控制截面在跨中，弯矩设计值 $M_{max} = 15883.0\text{kN}\cdot\text{m}$。因为在确定 A_p 之前，预应力筋在转换梁中产生的次弯矩是未知的，考虑到次弯矩对跨中截面将产生不利影响，故近似在 M_{max} 前乘以系数 1.1。因此

$$M = 1.1M_{max} = 1.1 \times 15883.0 = 17471.3\text{kN} \cdot \text{m}$$

跨中截面混凝土受压区高度 x 为：

$$x = h_0 - \sqrt{h_0^2 - 2\frac{M}{\alpha_1 f_c b_f'}}$$
$$= 3100 - \sqrt{3100^2 - 2 \times \frac{17471.3 \times 10^6}{1.0 \times 19.5 \times 1800}}$$
$$= 165.0\text{mm} > h_f' = 100\text{mm}$$

重新计算 x 的值：

$$M_1 = M - (b_f' - b)h_f'\left(h_0 - \frac{h_f'}{2}\right)\alpha_1 f_c$$
$$= 17471.3 \times 10^6 - (1800 - 600) \times 100 \times \left(3100 - \frac{100}{2}\right) \times 1.0 \times 19.5$$
$$\doteq 10334.4\text{kN} \cdot \text{m}$$
$$x = h_0 - \sqrt{h_0^2 - 2\frac{M}{\alpha_1 f_c b}}$$
$$= 3100.0 - \sqrt{3100^2 - 2 \times \frac{10334.3 \times 10^6}{1.0 \times 19.5 \times 600}}$$
$$= 299.38\text{mm}$$

按预应力筋承受弯矩设计值的 40%考虑，即 $PPR = 0.4$，且 $\sigma_{pu} = f_{py}$，

故 $$A_p = [bx + (b_f' - b)h_f']\alpha_1 f_c \cdot ppR/\sigma_{pu}$$
$$= [600 \times 299.38 + (1800 - 600) \times 100] \times 1.0 \times 19.5 \times 0.4/1070$$
$$= 2184.2\text{mm}^2$$

（2）按裂缝控制要求估算

根据转换梁的裂缝控制标准和裂缝控制设计建议（文献［11-14］），可得：

$\bar{\alpha}_{ct,s} = 2.5 \times 0.8 = 2.0$；$\bar{\alpha}_{ct,l} = 1.5 \times 0.8 = 1.2$，其中 0.8 为截面高度修正系数。

而 $$\sigma_{pe} = 0.8\,\sigma_{con} = 0.8 \times 1099 = 879.2\text{N/mm}^2$$
$$M_s = 12535.2\text{kN} \cdot \text{m}$$
$$M_l = 10433.3\text{kN} \cdot \text{m}$$
$$W = \frac{I}{y_0} = 1.136 \times 10^9\text{mm}^3$$

所以，跨中截面处

$$A_{p,s} \geqslant \frac{M_s/W - \bar{\alpha}_{ct,s} f_{tk}}{\left(\frac{1}{A} + \frac{e_p}{W}\right)\sigma_{pe}}$$
$$A_{p,s} \geqslant \frac{12535.2 \times 10^6/1.136 \times 10^9 - 2.0 \times 2.45}{\left(\frac{1}{2.04 \times 10^6} + \frac{1356}{1.136 \times 10^9}\right) \times 879.2}$$
$$= 4143.7\text{mm}^2$$
$$A_{p,l} \geqslant \frac{M_l/W - \bar{\alpha}_{ct,l} f_{tk}}{\left(\frac{1}{A} + \frac{e_p}{W}\right)\sigma_{pe}}$$

$$A_{p,l} \geqslant \frac{10433.3 \times 10^6 / 1.136 \times 10^9 - 1.2 \times 2.45}{\left(\frac{1}{2.04 \times 10^6} + \frac{1356}{1.136 \times 10^9}\right) \times 879.2}$$

$$= 4217.8\text{mm}^2$$

综上可知，转换梁中选配 30ϕ^s15（A_p =4200mm^2）。

11.4.3 预应力损失的计算

1. σ_{l1}

曲线预应力筋在跨中截面处距下边缘为 100mm，而在梁端截面距上边缘为 100mm 处。

故曲线点高 e =3.0m，长度为 $l/2$ =12.0m，曲线方程为（以跨中为原点）

$$y = \frac{e}{(l/2)^2} x^2 = \frac{1}{48} x^2$$

$$r_c = 1/y'' = 24.0\text{m}$$

由于 k =0.0015，μ =0.25，a =5mm，则反向摩擦影响长度为：

$$l_f = \sqrt{\frac{aE_p}{1000\sigma_{con}\ (\mu/r_c + k)}} = \sqrt{\frac{5 \times 1.8 \times 10^5}{1000 \times 1099 \times (0.25/24 + 0.0015)}}$$

$$= 8.2898\text{m} < l/2 = 12.0\text{m}$$

$$\sigma_{l1} = 2\sigma_{con} l_f \left(\frac{\mu}{r_c} + k\right)\left(1 - \frac{x}{l}\right)$$

当 x =0 时，

$$\sigma_{l1} = 2 \times 1099 \times 8.2898 \times \left(\frac{0.25}{24} + 0.0015\right) = 217.13\ \text{N/mm}^2$$

当 $x = l/2$ 时，

$$\sigma_{l1} = 2 \times 1099 \times 8.2898 \times \left(\frac{0.25}{24} + 0.0015\right) \times \left(1 - \frac{1}{2}\right) = 108.57\ \text{N/mm}^2$$

2. σ_{l2}

预应力钢筋与孔道壁之间的摩擦引起的预应力损失为

$$\sigma_{l2} = \sigma_{con}\left(1 - \frac{1}{e^{kx+\mu\theta}}\right)$$

当 $x = l/2$ 时，$\sigma_{l2} = 1099 \times \left(1 - \frac{1}{e^{0.143}}\right) = 146.44\ \text{N/mm}^2$

3. σ_{l4}

钢筋松弛损失可按下式计算（不考虑超张拉）

$$\sigma_{l4} = 0.125\left(\frac{\sigma_{con}}{f_{ptk}} - 0.5\right)\sigma_{con}$$

$$= 0.125 \times (0.7 - 0.5) \times 1099 = 27.475\ \text{N/mm}^2$$

4. σ_{l5}

混凝土收缩、徐变引起受拉区预应力钢筋的预应力损失可按下式计算

$$\sigma_{l5} = \frac{25 + 220\frac{\sigma_{pc}}{f'_{cu}}}{1 + 15\rho}$$

计算预应力钢筋合力点处混凝土法向应力 σ_{pc} 时，应考虑第一批预应力损失 σ_{l1}，并计及自重的影响。

转换梁的跨中截面处，$e_p = 1.356\text{m}$

$$N_{pI} = (\sigma_{con} - \sigma_{l1})A_p$$

$$= (1099 - 108.57) \times 4200 = 4159.8\text{kN}$$

$$\sigma_{pc} - \sigma_{gc} = \frac{N_{pI}}{A} + \frac{N_{pI}e_p - M_g}{I}e_p$$

$$= \frac{4159.8 \times 10^3}{2.04 \times 10^6} + \frac{4159.8 \times 10^3 \times 1356 - 2979 \times 10^6}{1.9204 \times 10^{12}} \times 1356$$

$$= 3.92\ \text{N/mm}^2$$

设 $A_s = 0.002bh = 3840.0\text{mm}^2$，$\rho = \frac{A_s + A_p}{A} = 0.394\%$，$f'_{cu} = 40.0\text{N/mm}^2$，所以

$$\sigma_{l5} = \frac{25 + 220 \times 3.92/40}{1 + 15 \times 0.394\%} = 43.96\ \text{N/mm}^2$$

同理可计算出转换梁支座截面处 $\sigma_{l5} = 32.0\text{N/mm}^2$。

转换梁跨中截面处总预应力损失为 $\sigma_l = 326.45\text{N/mm}^2 > 80\text{N/mm}^2$

有效预应力为 $N_{pe} = (\sigma_{con} - \sigma_l)A_p = 3244.71\text{kN}$

转换梁支座截面处总预应力损失为 $\sigma_l = 276.61\text{N/mm}^2 > 80\text{N/mm}^2$

有效预应力为 $N_{pe} = (\sigma_{con} - \sigma_l)A_p = 3454.06\text{kN}$

11.4.4 次内力分析

1. 等效荷载

由于预应力值沿预应力筋是不均匀的，因此要精确计算等效荷载比较复杂，作为工程设计，按预应力值沿跨间不变的情况进行计算。取

转换梁的有效预应力　$N_{pe} = (3244.7 + 3454.06)/2 = 3349.38\text{kN}$

端弯矩 M_e 为端部预加力对该截面偏心距的乘积，有

$$M_e = 3349.38 \times 0.5 = 1674.69\text{kN}\cdot\text{m}$$

预应力钢筋的等效均匀荷载 q_e 为

$$q_e = \frac{8N_{pe}e}{l^2} = \frac{8 \times 3349.38 \times (3 + 2 \times 1.76 + 2 \times 1.38)/5}{24^2} = 86.34\text{kN/m}$$

2. 综合弯矩

根据结构力学方法，可求得预应力转换梁在等效荷载作用下的综合弯矩（略）。

3. 次内力

$$M_{次} = M_{综} - M_{主}，而\ M_{主} = N_p e_p，则$$

转换梁支座截面次弯矩为：

$$M_{次}=2382.4-1674.69=707.71\text{kN}\cdot\text{m}$$

转换梁跨中截面次弯矩为：

$$M_{次}=-3408.82-(-5640.69)=2231.87\text{kN}\cdot\text{m}$$

11.4.5 承载力计算

1. 正截面承载力计算

支座截面处的设计弯矩

$$M=M_{支座}-M_{次}=4688.3-707.71=3980.6\text{kN}\cdot\text{m}$$

对非预应力钢筋合力点取矩，得

$$x=3100-\sqrt{3100^2-\frac{2\times(3980.6\times10^6+4200\times100\times1070)}{600\times1.0\times19.1}}$$

$$=127.31\text{mm}$$

$$A_s=(\alpha_1 f_c bx-A_p f_{py})/f_y$$

$$=(1\times19.1\times600\times127.31-4200\times1070)/300<0$$

非预应力钢筋按构造配筋，即 8Φ25（$A_s=3927.0\text{mm}^2$）

跨中截面设计弯矩

$$M=M_{跨中}+1.2M_{次}=15883.0+1.2\times2231.87=18561.24\text{kN}\cdot\text{m}$$

$$M_f=\alpha_1 f_c b_f' h_f'(h_0-h_f'/2)$$

$$=1\times19.1\times1800\times100\times(3100-100/2)$$

$$=10485.9\text{kN}\cdot\text{m}<M=18561.244\text{kN}\cdot\text{m}$$，属于第二类 T 形截面

$$M_1=18561.244\times10^6-(1800-600)\times100\times(3100-100/2)\times1\times19.1$$

$$=11570.644\text{kN}\cdot\text{m}$$

$$x=3100-\sqrt{3100^2-2\times11570.644\times10^6/(600\times1.0\times19.1)}$$

$$=344.88\text{mm}$$

$$A_s=([bx+(b_f'-b)h_f']\alpha_1 f_c-A_p f_{py})/f_y$$

$$=\{[600\times344.88+(1800-600)\times100]\times1.0\times19.1$$

$$-4200\times1070\}/300=5834.42\text{mm}^2$$

选配 12Φ25（$A_s=5890.5\text{mm}^2$）

2. 斜截面受剪承载力计算

验算截面尺寸

$$\frac{h_w}{b}=\frac{3000}{600}=5>4 \text{ 和 }<6 \text{ 则}$$

$$0.025\left(14-\frac{h_w}{b}\right)\beta_c f_c b h_0$$

$$=0.025\times(14-5)\times1.0\times19.1\times600\times3100$$

$$=7993.35\text{kN}>V_{max}=3331.3\text{kN}$$

斜截面承载力按下式计算

$$V = V_c + V_{sv} + V_{Pb}$$

其中，$V_c = \tau_u \beta_h b h_0 = 0.7 \times 0.85 \times f_t b h_0 = 0.7 \times 0.85 \times 1.71 \times 600 \times 3100$

$= 1892.46\text{kN}$

$V_{pb} = 0.8 f_{py} A_{pb} \sin \alpha_p = 0.8 \times 1070 \times 4200 \times 0.4794$

$= 1723.54\text{kN}$

$V_{sv} < 0$，按构造配箍筋。选配 ϕ8 六肢箍筋，间距@300（当 h >800mm 时，s_{max} = 300mm）。

配箍率为 $\rho_{sv} = \dfrac{A_{sv}}{bs} = \dfrac{6 \times 50.3}{600 \times 300} = 0.1677\%$

$$< 0.24 \times \frac{f_t}{f_{yv}} = 0.24 \times \frac{1.71}{210} = 0.1954\%$$

箍筋六肢改为 ϕ8@250，即可满足要求。

11.4.6 使用阶段验算

1. 正截面抗裂验算

(1) 转换梁支座截面抗裂验算

$$\sigma_{sc} = \frac{M_s}{W} = \frac{3703.4 \times 10^6}{1.136 \times 10^9} = 3.26\text{N/mm}^2$$

$$\sigma_{lc} = \frac{M_l}{W} = \frac{3093 \times 10^6}{1.136 \times 10^9} = 2.273\text{N/mm}^2$$

$$\sigma_{pc} = \frac{N_p}{A} + \frac{M_{综}}{W} = \frac{3454.06 \times 10^3}{2.04 \times 10^6} + \frac{2382.4 \times 10^6}{1.136 \times 10^9} = 3.79\text{N/mm}^2$$

$$\sigma_{sc} - \sigma_{pc} < 0$$

$$\sigma_{lc} - \sigma_{pc} < 0$$

因此，转换梁支座截面抗裂满足要求。

(2) 转换梁跨中截面抗裂验算

$$\sigma_{sc} = \frac{M_s}{W} = \frac{12535.2 \times 10^6}{1.136 \times 10^9} = 11.035\text{N/mm}^2$$

$$\sigma_{lc} = \frac{M_l}{W} = \frac{10433.3 \times 10^6}{1.136 \times 10^9} = 9.184\text{N/mm}^2$$

$$\sigma_{pc} = \frac{N_p}{A} + \frac{M_{综}}{W} = \frac{3244.71 \times 10^3}{2.04 \times 10^6} + \frac{3408.82 \times 10^6}{1.136 \times 10^9} = 4.59\text{N/mm}^2$$

$$\sigma_{sc} - \sigma_{pc} = 6.445\text{N/mm}^2$$

$$> \bar{\alpha}_{ct,s} f_{tk} = 2.5 \times 0.8 \times 2.4 = 4.8\text{N/mm}^2$$

$$\sigma_{lc} - \sigma_{pc} = 4.594\text{N/mm}^2$$

$$> \bar{\alpha}_{ct,l} f_{tk} = 1.5 \times 0.8 \times 2.4 = 2.88\text{N/mm}^2$$

转换梁跨中截面超出广义拉应力限制系数的限值，应按规范验算其裂缝宽度。

2. 变形验算

使用阶段转换梁变形验算可按现行《混凝土结构设计规范》（GB50010—2010）方法进行，分别计算使用荷载下的挠度以及预应力引起的反拱，并验算短期和长期荷载下的挠度。限于篇幅，此处从略。

一般来说，只要预应力转换梁能满足正截面抗裂性要求，则预应力梁的变形通常能满足设计要求。

11.4.7 施工阶段验算

对预应力转换梁进行施工阶段应力验算时，应考虑荷载的最不利情况，即张拉预应力钢筋时可能的最小自重荷载。施工阶段应力验算和局部承压验算可按现行《混凝土结构设计规范》（GB 50010—2010）的方法进行。

预应力转换梁配筋简图如图 11-9 所示。

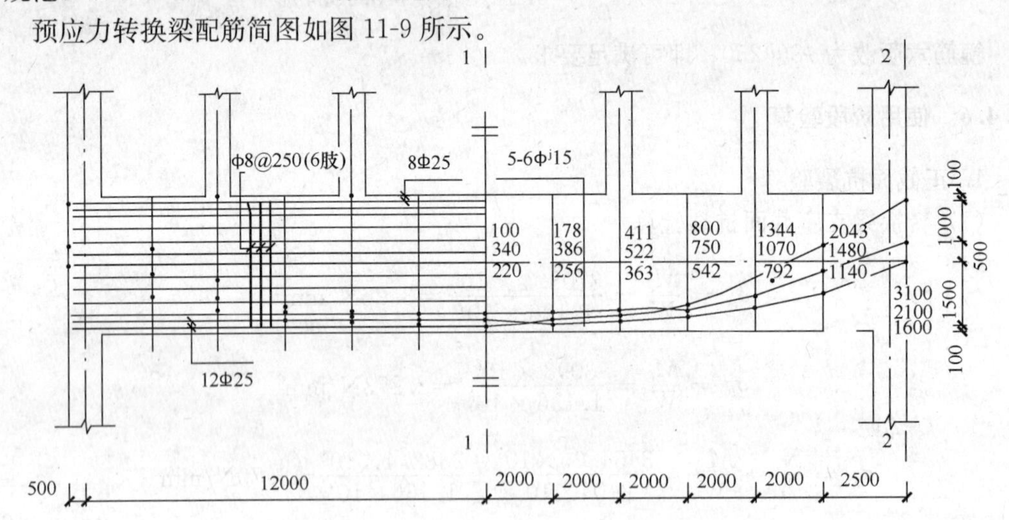

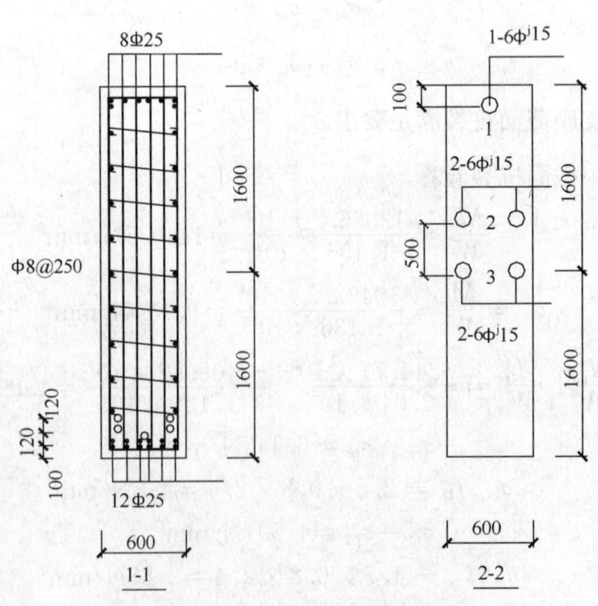

图 11-9 预应力转换梁配筋简图

11.5 工程实例

11.5.1 江苏省委会议中心

江苏省委会议中心[11-8]，地下 1 层，地上 30 层，顶层标高 100.8m，总建筑面积 32064m²。该工程 1～3 层为会议室及公共部分，要求有尽可能大的灵活空间，最大跨度 15.6m，4 层主楼部分为客房，裙房部分为屋面。5 层以上是标准层，均为客房，3.90m 小开间的轴线布置。

为了满足建筑功能的要求，保证结构安全可靠，主楼采用抗震性能好的框支剪力墙结构，第 4 层设转换层，该层 ① 轴处设一根 15.6m 跨的三跨预应力转换连续梁（图 11-10）。转换梁截面尺寸为 1.50m×3.60m。该梁不仅承担着本轴线 4 层上、下柱网的改变，而且又是横向转换梁的中间支座，受力很大。为了保证结构可靠地工作，结构布置时，使该大梁与下部 4 层及上部 26 层墙、梁一起，组成巨型框剪结构体系。

结构整体分析计算采用 TBSA 程序，采用 TBDYNA 程序进行动力时程分析。

部分预应力混凝土转换梁的预应力筋布置，一般应尽可能使预应力筋的线形与弯矩图一致，并减少摩擦损失和施工方便。预应力钢筋布置采用有粘结和无粘结预应力混合配筋，梁顶部和底部均配 8 束 9ϕ^{j}15 直线束有粘结预应力筋，用 ϕ80 波纹管留孔，QM15-9 群锚，两端张拉；中间曲线束配 104 根 $U\phi^{j}$ 15 无粘结预应力钢绞线，采用 VM15-1 单根夹片锚（见图 11-11）。钢绞线抗拉强度标准值 $f_{ptk}=1860\text{N/mm}^2$，控制应力 $\sigma_{con}=0.75f_{ptk}$。另外，从结构承载力和延性考虑，在直线预应力筋外侧，梁顶、梁底各配 HRB335 级钢筋，预应力度 $\lambda=A_{p}f_{py}/(A_{p}f_{py}+A_{s}f_{y})=0.66$，混凝土强度等级 C50。这样，承载力计算时，梁的混凝土受压区高度 $x/h_0=0.3<0.35$，保证截面有足够的延性。

预应力筋分三批张拉，使梁上、下边缘混凝土的拉或压应力一直处于允许范围内：第 1 次张拉上、下全部直线预应力筋（待混凝土达到要求的强度后）；第 2 批张拉一半曲线筋（12 层楼面完成后）；第 3 批张拉完成一半曲线筋（18 层楼面完成后）。

用 $q_{eq}=\dfrac{8N_{p}e_{p}}{l^2}$ 求出一半曲线预应力筋的等效荷载，分别作用于 12 层、18 层的框剪上，算出综合弯矩，减去主弯矩，加上相应的荷载弯矩，验算截面的抗裂性，满足要求。

11.5.2 南京新世纪广场工程

南京新世纪广场工程[11-12]（图 11-12），64 层（含 2 层地下室），采用框架外筒和剪力墙内筒组成的筒中筒结构，平面呈正方形，高宽比 $H/B=200.0/38.75=5.16$。

为了增加使用的灵活性，在六层以下采用稀柱外框筒，柱距 7.50m；七层以上为密柱外框筒，柱距 3.75m；墙面的孔率为 33%。

在 6 层与 7 层之间，为了适应上部密柱和下部稀柱间荷载传递的转变，沿着外框筒置四榀 7.0m 高的预应力混凝土巨型桁架，其中上、下弦杆截面尺寸为 1000mm×1200mm，竖腹杆截面尺寸为 1200mm×1200mm，斜腹杆截面尺寸为 1000mm×800mm。转换桁架混凝土强度等级 C50，下弦施加预应力。桁架配置预应力钢筋的原则，是使下弦截面不出

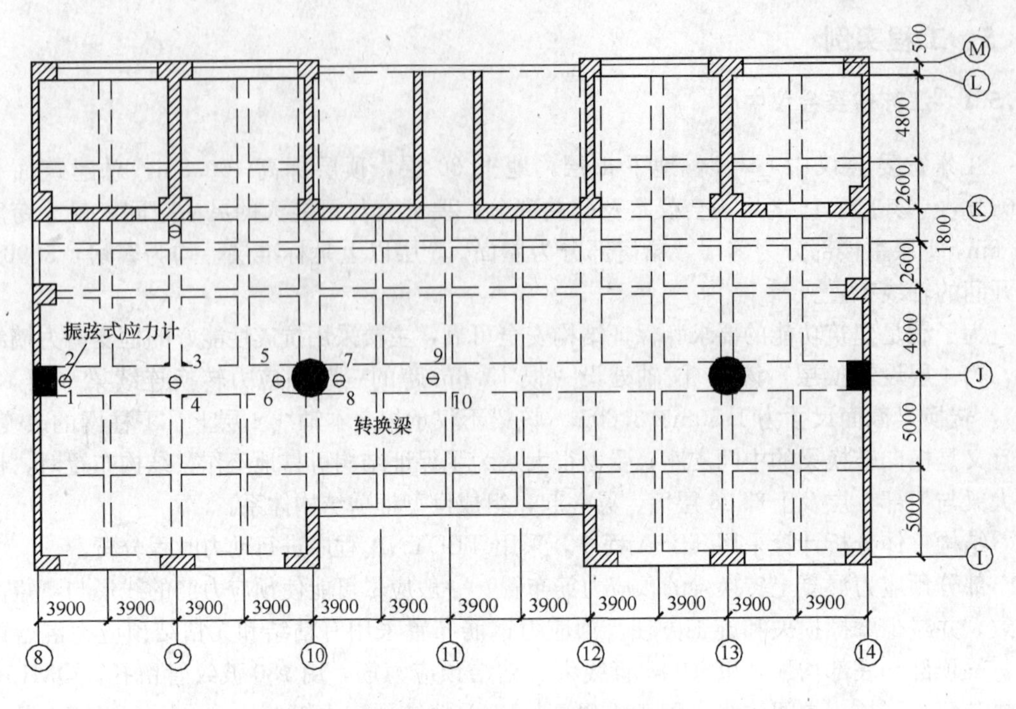

图 11-10 江苏省委会议中心 4 层（转换层）平面

现拉应力为准。这样可以避免因张拉预应力给桁架杆件及上、下层框架带来较大的次应力。桁架下弦配置 6-7ϕ^{j} 5 钢绞线，控制张拉应力 0.65 f_{ptk}，总张拉应力为 7000.0kN。预应力混凝土转换桁架见图 11-13 所示。

为了增加外框筒的空间整体受力，外框筒为扁宽矩形柱，柱子长边位于框架平面内，边长 1200mm，垂直于框架平面的柱宽由 1200mm 逐步减小至 400mm。外框筒的横梁高从下到上均为 700mm，梁宽随着框架柱宽的变化而变化，由下部的宽 500mm 减小到上部的 350mm。

楼面为梁板结构，梁截面为 300mm×550mm。为了减少外框筒的剪力滞后现象及增强角柱的侧向刚度，在平面四角处设置四根斜梁，以增加角柱和内筒的联系，并使部分楼面荷载向角柱传递，以增加角柱的柱向压力。

11.5.3 南京市娄子巷小区四期高层住宅（D_7-07、D_7-08）

南京市娄子巷小区四期高层住宅（D_7-07、D_7-08）工程[11-12]，地下 1 层，地上 28 层，有 5 层裙楼，裙楼为现浇混凝土芯筒框架结构，6 层以上的 2 幢塔楼为小开间的现浇剪力墙结构。6 层楼板为厚 2.0m 的预应力混凝土转换板，每块板为 22.4m×27.4m，混凝土强度等级 C40，沿板顶和板底配置双向双层有粘结预应力钢绞线，其中短边方向 40 束，每束为 4ϕ^{j}15，全部为直线束，采用一端张拉，张拉端交错布置（图 11-14）。对板施加的预应力度为 1.0MPa。

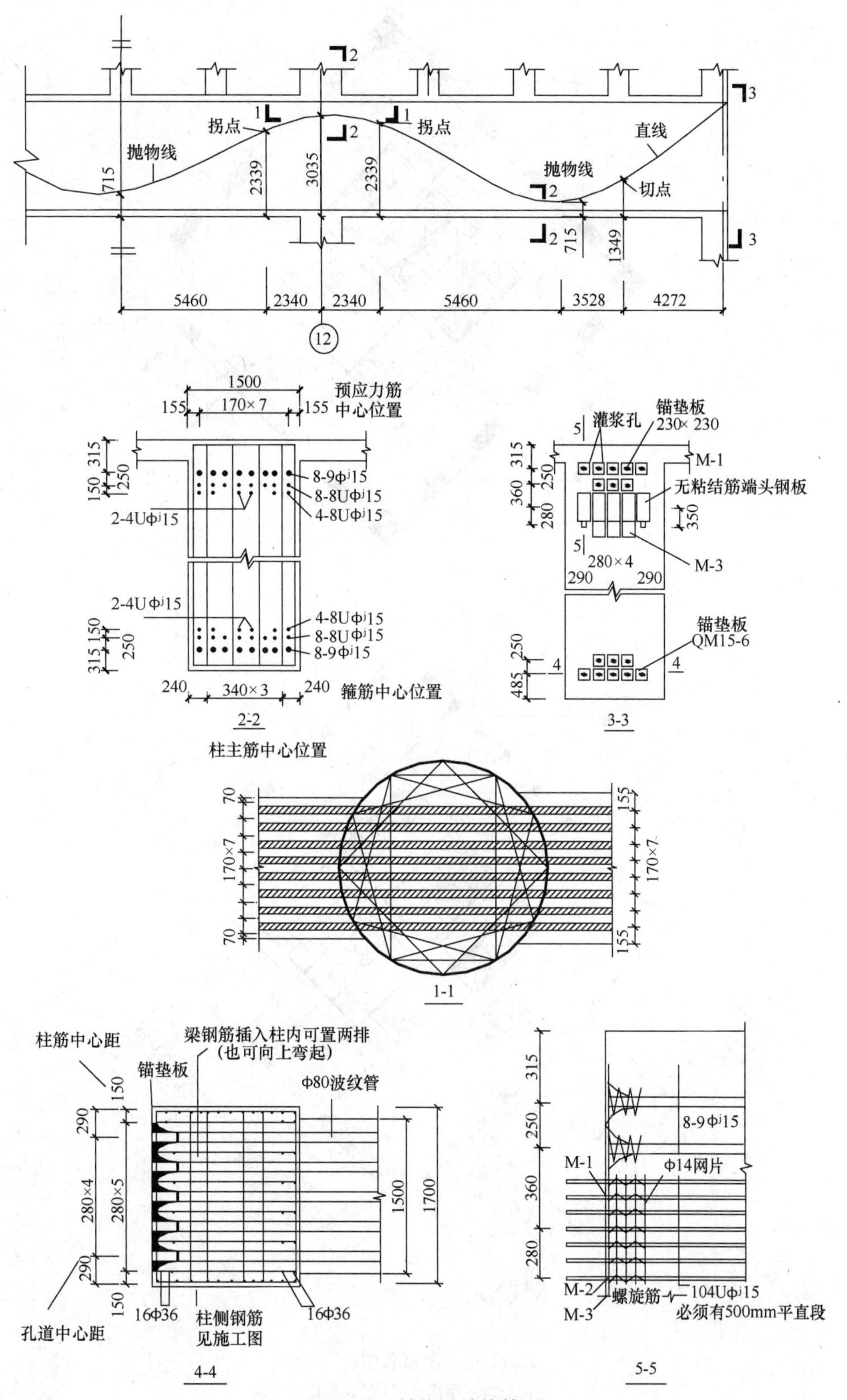

图 11-11　转换梁结构简图

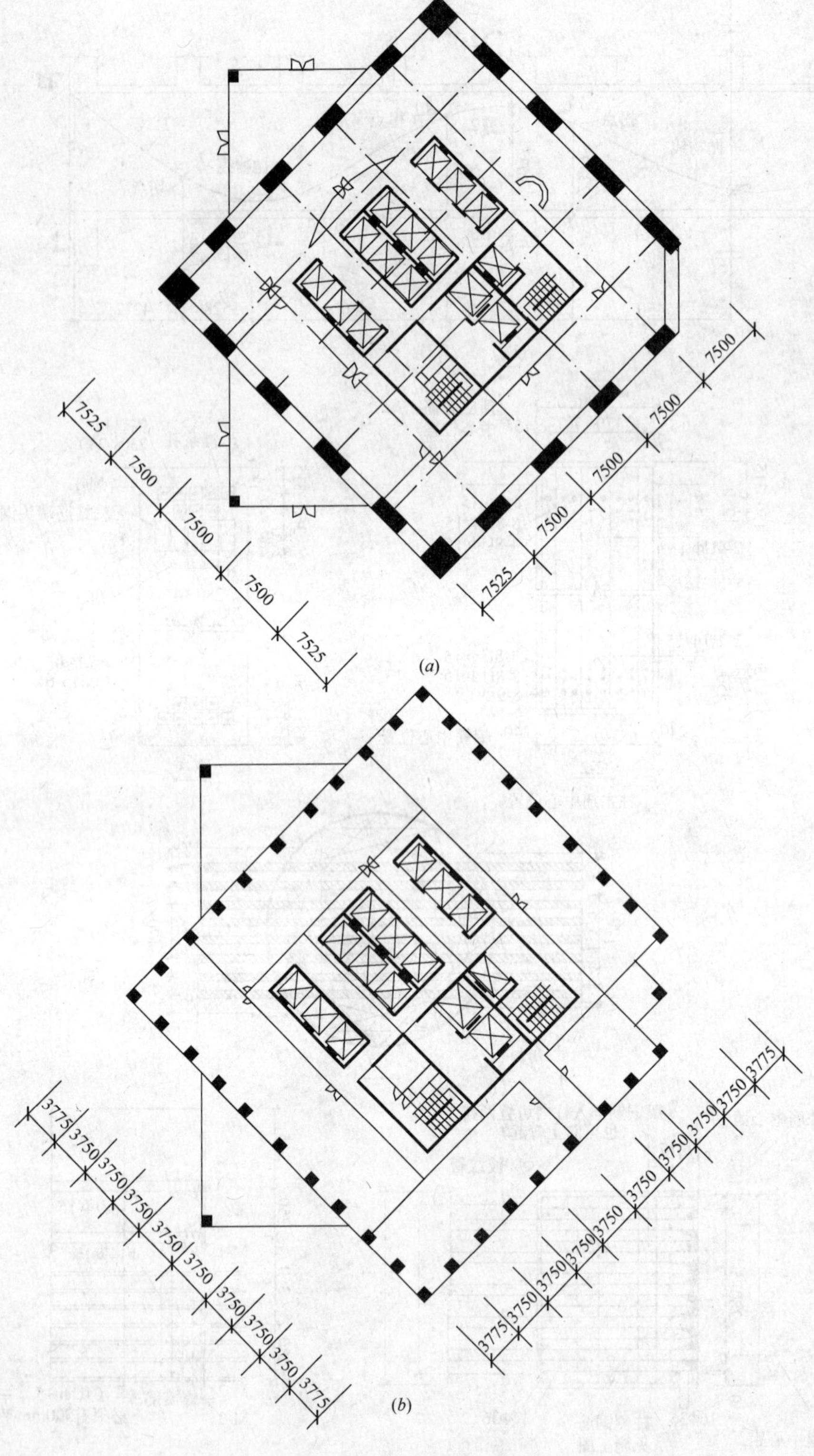

图 11-12　南京新世纪广场

(a) 转换层以下平面；(b) 转换层以上平面

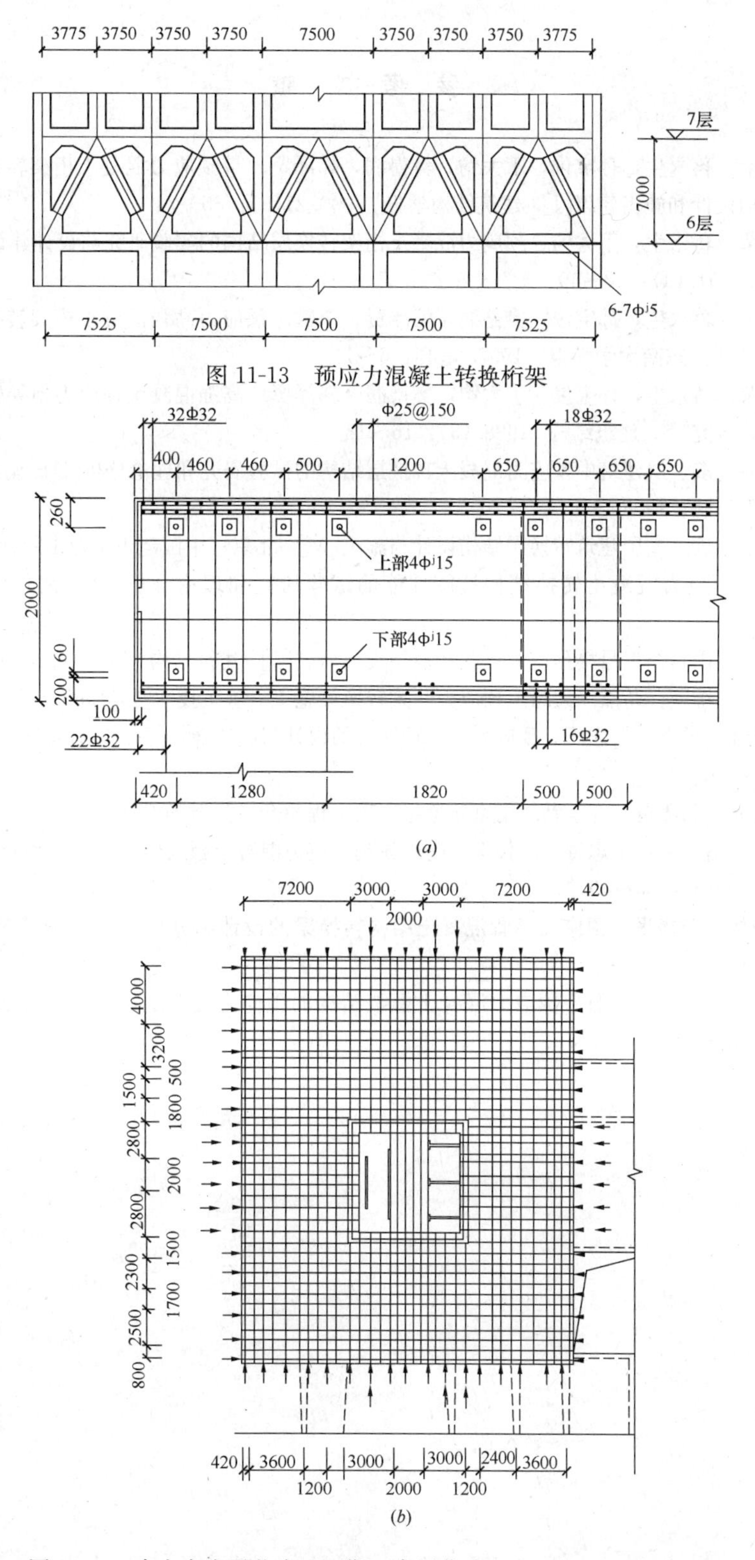

图 11-13　预应力混凝土转换桁架

图 11-14　南京市娄子巷小区四期（高层住宅 D_7-07、D_7-08）工程

(*a*) 转换厚板中钢绞线布置示意；(*b*) 预应力张拉示意

（图中，▶表示板底第 1 批张拉；➡表示板顶第 1 批张拉；未注明为第 2 批张拉）

参考文献

[11-1] 唐兴荣，蒋永生，孙宝俊，丁大钧，樊得润，郭泽贤. 带预应力混凝土桁架转换层的多高层建筑结构设计和施工建议[J]. 建筑结构学报. 2000. 21(5)：65～74

[11-2] 唐兴荣，蒋永生，丁大钧. 预应力混凝土桁架转换层结构的实验研究与设计建议[J]. 土木工程学报. 2001.(4)：32～40

[11-3] 唐兴荣，蒋永生，孙宝俊，樊德润，郭泽贤，李麟. 预应力高强混凝土桁架转换层结构层的试验研究[J]. 东南大学学报. 1997. 增刊：6～11

[11-4] 唐兴荣，蒋永生，孙宝俊，丁大钧，樊德润，郭泽贤. 高强混凝土预应力桁架转换层结构性能的试验研究[J]. 建筑结构. 1998.(3)：16～18

[11-5] 唐兴荣. 多、层建筑中预应力混凝土转换层结构的试验研究和理论分析[D]. 南京：东南大学土木工程学院，1998

[11-6] 唐兴荣编著. 高层建筑转换层结构设计与施工[M]. 北京：中国建筑工业出版社，2002

[11-7] 申强. 预应力混凝土转换结构抗震性能的试验研究和理论分析[D]. 南京：东南大学土木系. 1996

[11-8] 刘文. 钟山宾馆三号楼预应力梁式转换层设计研究[J]. 建筑结构. 1997.(6)：46～50

[11-9] 张谨，李维滨，苟杰. 大跨度预应力井式转换梁施工. 施工技术[J]. 1998.(12)：28～29

[11-10] 秦卫红，惠卓，吕志涛. 预应力曲线转换梁的设计与施工建议[J]. 东南大学学报. 1999.(4A)：132～136

[11-11] 樊德润，郭泽贤，仓慧勤. 南京新世纪广场工程简介[J]. 建筑结构. 1996.(2)：15～21

[11-12] 汪凯，盛小微，吕志涛，舒赣平. 高层建筑预应力混凝土板式转换层结构设计[J]. 建筑结构. 2000. 30(6)：45～49

[11-13] 张松林，舒赣平. 预应力钢骨混凝土结构转换梁的设计和分析[J]. 工业建筑. 1997. 27(7)：16～17

[11-14] 吕志涛，杨建明. 部分预应力混凝土框架结构的预应力度及配筋选择[J]. 建筑结构. 1993.(9)：33～36

12　巨型框架结构设计

近二十年以来随着高层建筑的不断发展，传统的抗侧力结构形式（如框架结构、框架-剪力墙结构、剪力墙结构等）不能满足现代高层建筑多功能、综合用途的建筑空间要求，寻求新的抗侧力结构形式便成为工程设计人员所关注的问题。

在传统框架结构（图 12-1a）中，框架的各层柱需要承担其上所有楼层的竖向荷载，而且从上到下柱的截面尺寸一般不变，柱子截面尺寸通常也比较大。因此，框架结构体系仅适用于顶层到底层使用性质大体相同的楼层，若楼房各楼层的使用功能有较大变化，某些楼层要求有较大的无柱空间时，就需要采用新的结构体系。将结构体系中的框架部分设计成主框架和次框架，形成巨型框架结构体系（图 12-1b）。巨型框架结构体系是一种与传统框架结构体系不同的抗侧力结构体系，巨型框架梁本身就构成了结构转换层，因此，巨型框架结构也是一种复杂的转换层结构。

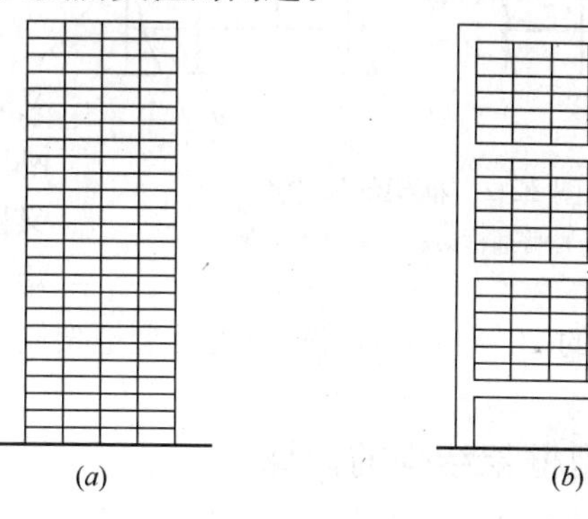

图 12-1　巨型框架结构体系比较
（a）传统框架结构体系；（b）巨型框架结构体系

采用巨型框架结构体系的实际工程有：深圳亚洲大酒店，深圳新华饭店，厦门国际金融大厦、苏州八面风商厦、南京电信局多媒体通信大楼等。

在巨型框架结构中，主框架的柱、梁通常采用实心截面。从经济、合理的角度考虑，梁、柱的截面尺寸又不可能做得很大。因此，这种框架抵抗水平荷载的能力有限，用于强台风或较高烈度地震区的高层建筑时，必须与剪力墙或筒体相配合，组成类似于框架-剪力墙体系或外框架-内筒体系的巨型框架结构体系，采用这种结构体系的实际工程有厦门常青大厦等。

本章主要介绍巨型框架结构体系的计算方法，以及巨型框架结构体系的设计和构造要求。

12.1　巨型框架结构的特征

巨型框架结构体系是把结构体系中的框架部分设计成主框架和次框架两部分。主框架是一种大型的跨层框架，每隔 6～10 层设置一根巨型梁，每隔 3～4 个开间设置一根巨型柱（图 12-1b）。巨型框架梁之间的几个楼层，则另设置柱网尺寸较小的次框架。次框架的主要作用是将各楼层的竖向荷载可靠地传递给主框架的巨型梁和巨型柱（当次框架采用有柱方案时），或将竖向荷载直接传递给巨型柱（当次结构采用无柱方案时）。因为次框架的柱距小、荷载小，又不承担水平荷载，因而梁、柱截面可以做得很小，有利于楼面的合理使用。巨型框架梁之间的各个次框架是相互独立的，因而柱网的形式和尺寸均可互不相同，某些楼层也可以按照使用空间的需要抽去一些柱子，扩大柱网。当次框架采用有柱方案时，直接位于巨型梁下面的一层可以不设柱，形成完全无柱的楼盖，用作大会议室或展览厅。

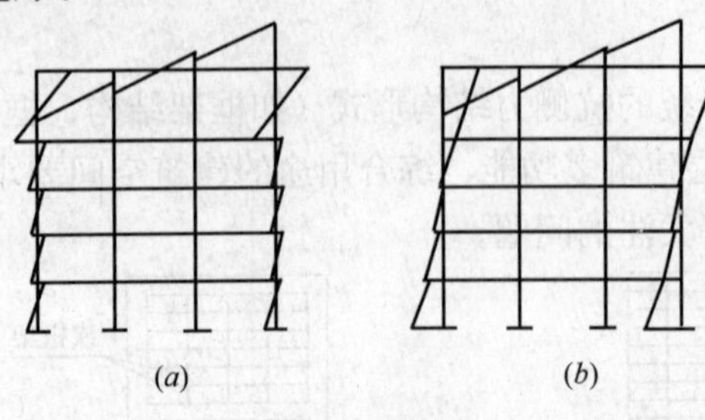

图 12-2　框架的反弯点
(a) 普通框架；(b) 巨型框架

巨型柱可采用由电梯井和楼梯间井筒构成，也可采用矩形截面巨型柱。而巨型梁可采用一般矩形截面或箱形截面梁，有时则可采用桁架。

目前，对巨型框架并没有一个定量的定义，其本质是主框架的刚度远大于次框架的刚度，主框架本身具有普通框架的特征。定义巨型层反弯点处弯矩值小于巨型柱最大弯矩的10%（或巨型层中部弯矩值小于巨型柱最大弯矩值的10%）时的结构称为巨型框架结构，如图 12-2 所示。

12.2　巨型框架结构的计算

近些年来，国内一些学者分别提出了以下几种具有代表性的巨型框架结构内力分析模型：

1. 主框架平面模型

赵西安、徐培福[12-1]等人对巨型框架结构的选型构造以及简化分析进行了研究。研究时将主框架看作受力构件，只将次框架及其楼板重量作为主框架的荷载，而不考虑次框架与主框架一道抵抗外荷载及地震作用。该假设条件下建立的模型在进行内力计算时方法虽然简单，但计算结果的误差较大。

2. 平面框架模型

在受力方面巨型框架可以看作竖向荷载作用下的转换层结构和水平荷载作用下的刚性层的复合体。同时考虑巨型框架梁、柱节点处刚性区域的存在以及巨型柱的剪切变形影响。梁、柱节点处有计算长度的刚性域，次框架作为巨型框架的一部分参与整体计算。通过建立带刚域杆件考虑剪切变形时的单元刚度矩阵以及求解方程，便可以求得各未知量的解。具体计算简图见图 12-3。

3. 空间刚架模型

为克服主框架平面模型存在的缺点，包世华、龚耀清[12-2]等人提出将空间巨型框架简化为巨型柱和弹性地基上的巨型梁的组合，次框架柱考虑其轴向变形作为巨型梁的弹性地基的空间刚架模型。巨型框架柱可为实腹柱、空腹柱或薄壁杆柱，按受有压力的三维杆件或薄壁杆处理；巨型框架梁可为实腹梁或空腹梁，按其所在框架平面内具有弹性支承的弹性地基梁处理；次框架梁、柱的截面几何尺度（面积、惯性矩等）与主巨型框架梁、柱的截面几何尺度相比很小，忽略其平面外的刚度，在平面内也只考虑其柱的轴向刚度；与同一巨型框架梁单元相连的次框架柱截面面积相等、布置间距相同、并有三根以上，沿巨型梁的轴线方向连续化处理后，成为巨型梁单元的“弹性地基”。该模型能够切实反映结构的实际受力情况，结合合适的计算方法能够更好地满足巨型框架结构的分析研究。

4. 加劲薄壁筒模型

根据巨型框架整体的受力与变形特征，利用刚度等效原理和质量等效原理将巨型框架等效连续化成由不同刚度和质量的闭口薄壁截面筒组合而成的闭口薄壁截面加劲筒[12-3]。即将次框架等效连续化成薄壁筒，将主框架中的巨型柱和巨型梁作为薄壁筒的加劲杆（可分别称为加劲巨型柱杆和加劲巨型梁杆），计算结果表明，这种简化分析方法是有效、合理的，可获得相当满意的精度。

以下仅介绍采用平面框架模型分析巨型框架结构内力的方法。

12.2.1 计算简图

巨型框架平面分析模型基本假定：

（1）主框架梁、柱节点处存在刚性区域。

（2）主框架结构的梁、柱的截面尺寸较大，剪切变形的影响不能忽略。因此，采用矩阵位移法计算巨型框架的内力时，应考虑采用带刚域的杆件考虑剪切变形时的单元刚度矩阵。

（3）次框架作为巨型框架的一部分参与整体计算。

巨型框架结构计算简图（图 12-3）中，主框架梁和柱、次框架梁和柱的轴线均取其截面形心线，刚域长度按式（12-1）～（12-2）取值，当计算得到的刚域长度为负值，则取等于零。

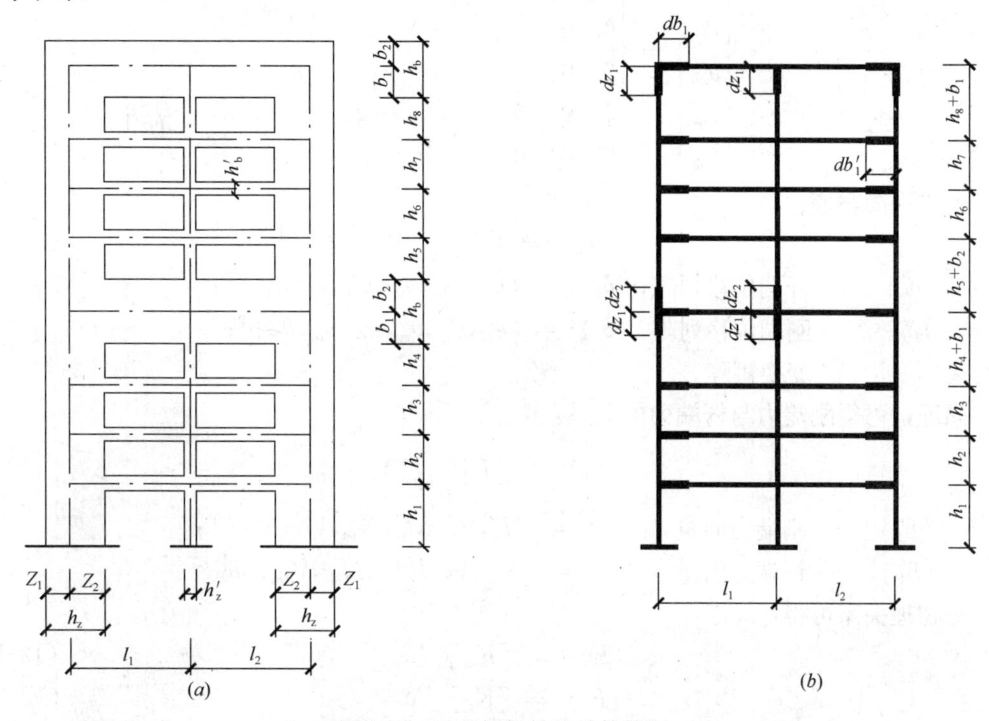

图 12-3 巨型框架结构计算简图

（a）实际结构；（b）计算简图

主框架梁：　　$db_1 = Z_2 - h_b/4$　　(12-1a)

柱：　　$dz_1 = b_1 - h_z/4$；$dz_2 = b_2 - h_z/4$　　(12-1b)

次框架梁：　　$db'_1 = Z_2 - h'_b/4$　　(12-2a)

柱：　　$dz'_1 = b_1 - h'_z/4$；$dz'_2 = b_2 - h'_z/4$　　(12-2b)

式中　h_b、h_z——分别为主框架梁、柱的截面高度；

h'_b、h'_z——分别为次框架梁、柱的截面高度。

12.2.2　带刚域杆件考虑剪切变形时的单元刚度矩阵的建立

图 12-4 所示杆端位移与刚端位移的关系。

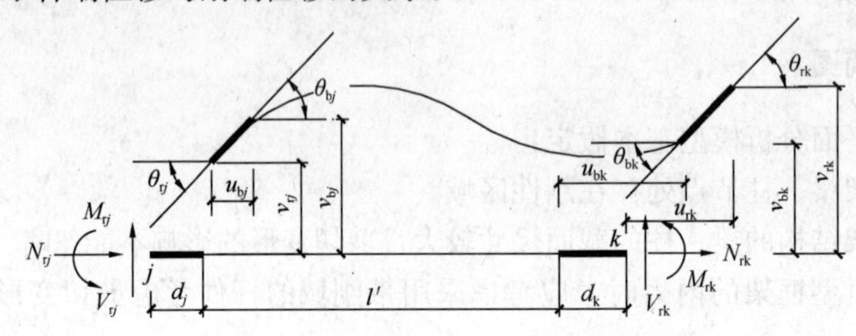

图 12-4　杆端位移与刚端位移的关系

根据几何关系可得

$$\begin{Bmatrix} u_{bj} \\ v_{bj} \\ \theta_{bj} \\ u_{bk} \\ v_{bk} \\ \theta_{bk} \end{Bmatrix} = \begin{bmatrix} 1 & 0 & 0 & 0 & 0 & 0 \\ 0 & 1 & d_j & 0 & 0 & 0 \\ 0 & 0 & 1 & 0 & 0 & 0 \\ 0 & 0 & 0 & 1 & 0 & 0 \\ 0 & 0 & 0 & 0 & 1 & -d_k \\ 0 & 0 & 0 & 0 & 0 & 1 \end{bmatrix} \begin{Bmatrix} u_{rj} \\ v_{rj} \\ \theta_{rj} \\ u_{rk} \\ v_{rk} \\ \theta_{rk} \end{Bmatrix} \tag{12-3a}$$

上式可简写成：

$$\{\delta_b\}^e = [T]\{\delta_r\}^e \tag{12-3b}$$

式中　$\{\delta_b\}^e$——杆端位移列阵，$\{\delta_b\}^e = \{u_{bj}, v_{bj}, \theta_{bj}, u_{bk}, v_{bk}, \theta_{bk}\}^T$；

$\{\delta_r\}^e$——刚端位移列阵，$\{\delta_r\}^e = \{u_{rj}, v_{rj}, \theta_{rj}, u_{rk}, v_{rk}, \theta_{rk}\}^T$；

$[T]$——变换矩阵。

同理，可得刚端力与杆端力的关系：

$$\{F_r\}^e = [T]^T\{F_b\}^e \tag{12-4}$$

式中　$\{F_r\}^e$——刚端力向量，$\{F_r\}^e = \{N_{rj}, V_{rj}, M_{rj}, N_{rk}, V_{rk}, M_{rk}\}^T$；

$\{F_b\}^e$——杆端力向量，$\{F_b\}^e = \{N_{bj}, V_{bj}, M_{bj}, N_{bk}, V_{bk}, M_{bk}\}^T$。

由物理关系可得：

$$\{F_b\}^e = [K_b]^e\{\delta_b\}^e \tag{12-5a}$$

$$\{F_r\}^e = [K_r]^e\{\delta_r\}^e \tag{12-5b}$$

由式（12-3b）～式（12-5），通过变换可得刚端单元刚度矩阵与杆端单元刚度矩阵的关系式：

$$[K_r]^e = [T]^T [K_b]^e [T] \tag{12-6}$$

式中 $[K_b]^e$ 由下式确定：

$$[K_b]^e = \begin{bmatrix} \frac{EA}{l'} & 0 & 0 & -\frac{EA}{l'} & 0 & 0 \\ 0 & \frac{12EI}{(1+\beta)l'^3} & \frac{6EI}{(1+\beta)l'^2} & 0 & -\frac{12EI}{(1+\beta)l'^3} & \frac{6EI}{(1+\beta)l'^2} \\ 0 & \frac{6EI}{(1+\beta)l'^2} & \frac{(4+\beta)EI}{(1+\beta)l'} & 0 & -\frac{6EI}{(1+\beta)l'^2} & \frac{(2-\beta)EI}{(1+\beta)l'} \\ -\frac{EA}{l'} & 0 & 0 & \frac{EA}{l'} & 0 & 0 \\ 0 & -\frac{12EI}{(1+\beta)l'^3} & -\frac{6EI}{(1+\beta)l'^2} & 0 & \frac{12EI}{(1+\beta)l'^3} & -\frac{6EI}{(1+\beta)l'^2} \\ 0 & \frac{6EI}{(1+\beta)l'^2} & \frac{(2-\beta)EI}{(1+\beta)l'} & 0 & -\frac{6EI}{(1+\beta)l'^2} & \frac{(4+\beta)EI}{(1+\beta)l'} \end{bmatrix} \tag{12-7}$$

式中 β——考虑剪切变形影响后的附加系数，且 $\beta = \frac{12\mu EI}{GAl'^2}$；当不考虑剪切变形影响时，$\beta = 0$，即仅为考虑弯曲变形时的情况；

E、G——分别为截面混凝土弹性模量及剪切模量，且 $G = 0.42E$；

I、A——分别为截面惯性矩和截面面积；

μ——与截面有关的系数，矩形截面取 $\mu = 1.2$。

在程序中由 $[K_r]^e$ 形成总刚度矩阵，通过解方程，求得节点位移和每根杆件的刚端位移 $\{\delta_r\}^e$，然后分别由式（12-3）和式（12-5）求杆端位移 $\{\delta_b\}^e$ 和杆端力 $\{F_b\}^e$。

12.2.3 算例和分析

图 12-5（*a*）所示的结构，可认为是巨型框架的一部分，且 $I_{刚梁} \gg I_{普梁}$，$A_{刚柱} \gg A_{柱}$。若按整体分析，一次施加全部竖向荷载（图 12-5*b*），则中柱的轴力如图 12-5（*c*）所示。但实际上在第 10 层完成以前，刚性大梁并不存在，刚性大梁下部楼层荷载无法实现通过中柱传到刚性大梁再传的边柱。若按模拟施工过程进行计算，则中柱的轴力如图 12-5（*d*）所示。对中柱，风载和地震作用均不产生轴力，因此图 12-5（*c*）、图 12-5（*d*）所示的轴力，也是中柱的不利设计轴力。

对比可知，一次加载的整体分析，使下部中柱的轴力大为减小，致使施工过程中就开始出现安全问题。而上部中柱的轴力为拉力，将导致很多无实际意义的受拉钢筋。

过去对模拟施工过程计算的对比分析，均未涉及到结构中同时存在着强梁和弱梁、强柱和弱柱的问题，分析的结果均为：梁的弯矩、剪力差别较大，柱子的轴力差别不大，而梁又可以考虑塑性内力重分布进行内力调整。因此，不考虑模拟施工的计算并未构成结构多大的安全问题。但现在的差别在柱子的轴力，而且差别很大，这就涉及结构安全问题。

因此，对巨型框架结构施工阶段的过渡受力应予以充分考虑。一般而言，巨型框架结构的分析必须按施工模拟、使用阶段以及施工实际支撑情况进行计算，以体现结构内力和变形的真实情况。

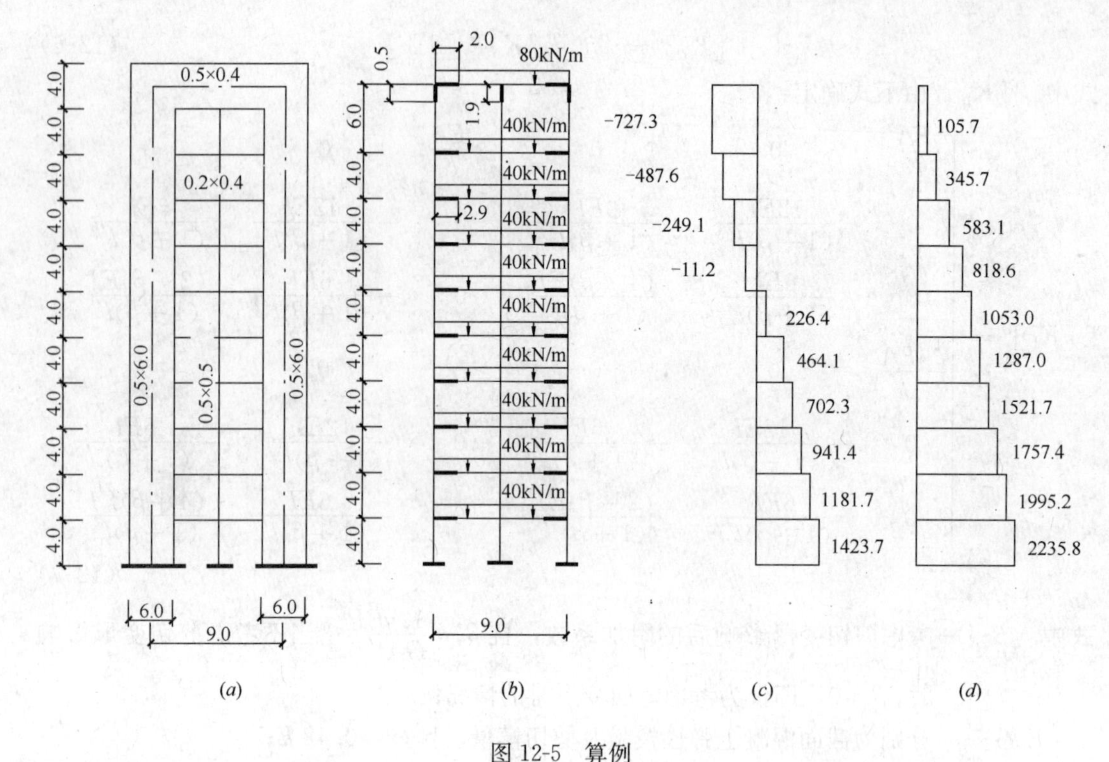

图 12-5 算例

(*a*) 实际结构；(*b*) 计算简图；(*c*) 中柱轴力（一次加载）（单位：kN）；(*d*) 中柱轴力（模拟施工）（单位：kN）

12.3 框架-剪力墙-巨型框架体系的结构计算

在水平荷载作用下，巨型框架的变形曲线类似于多层框架，但巨型框架的层高是框架层高的几倍，甚至更多，所以在考虑楼板和连梁的连接作用使框架、剪力墙和巨型框架协同工作的情况下，不能同框架一样忽略柱的层间挠曲变形（由节点转角产生的柱的变形），应按其倾斜连续的S形曲线考虑。本节主要介绍框架、剪力墙和巨型框架这三种结构的协同工作分析方法。

12.3.1 基本假定和计算简图

在选定计算简图时，作如下假定：

(1) 楼板在自身平面内的刚度为无穷大，出平面的刚度忽略不计；

(2) 框架、剪力墙、巨型框架在自身平面内有刚度，出平面的刚度忽略不计；

(3) 假定次框架梁、柱的刚度很小。

若巨型框架的两柱均由同一块楼板连接，在假定（1）和（2）下，此框架-剪力墙-巨型框架结构体系在水平荷载作用下，同一楼层的标高处，框架、剪力墙和巨型框架有相同的侧移和转角，一般计算简图见图 12-6（*a*）所示。将综合剪力墙和巨型框架合并成为一组合刚架，可建立图 12-6（*b*）所示的计算简图。图中 C_w 为剪力墙的抗剪刚度之和，C_f 为框架抗推刚度之和，C_z 为巨型框架柱抗剪刚度之和。

若巨型框架仅在其梁高范围内由同一块楼板连接，以作为大空间活动场所、避难层、

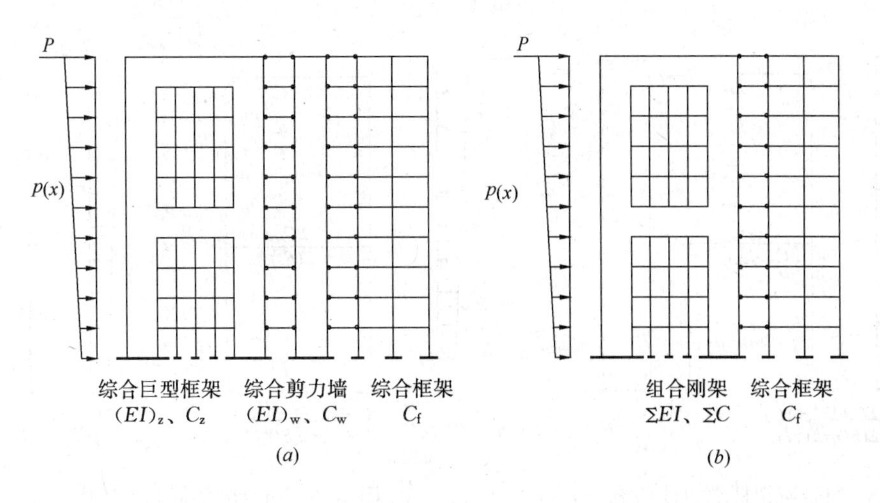

图 12-6　计算简图

技术层等，则巨型框架两柱的变形曲线不同，此时可建立图 12-7 所示的计算简图。

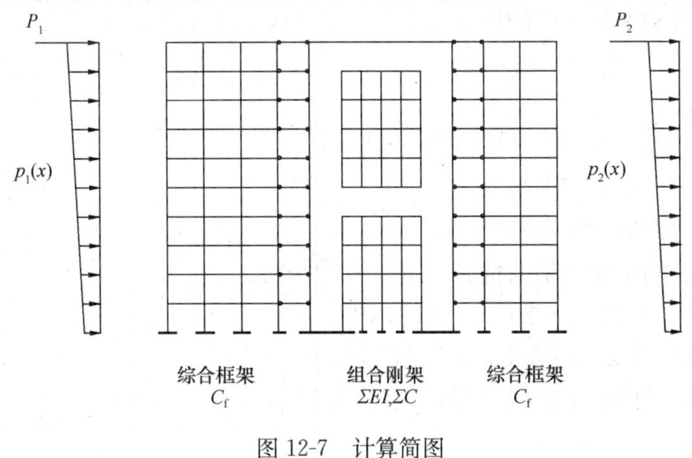

图 12-7　计算简图

12.3.2　组合刚架梁端力的计算方法

图 12-6（a）计算简图是建立在巨型框架两柱由各层的同一块楼板连接的基础上的，在变形相同连续的条件下，不论巨型框架两柱是否对称，在水平荷载作用下，巨型框架两端节点的转角相同，梁的反弯点在跨中点。根据假定（3），次级框架可不参与整体计算，仅作为荷载作用于大梁上。对次级框架只进行竖向荷载作用内力计算。因此，可将图 12-6（b）组合刚架转化为图 12-7 所示的组合刚架。

图 12-7 计算简图左右两部分的结构刚度或荷载不对称时，两部分结构的挠曲线不同，应处理成图 12-8 组合刚架计算。

组合刚架梁端力可采用杆系有限元法计算，此时，杆单元应考虑剪切变形的影响。只需将式（12-7）中 $l'\to l$，$EI\to\Sigma EI$，$\beta\to\beta'$，即得考虑剪切变形时单元刚度矩阵（局部坐标系）。其中 $\beta'=\dfrac{12\Sigma EI}{\Sigma C\cdot l^2}$。

ΣEI ——组合刚架柱或梁的抗弯刚度，

对图 12-8，$\Sigma EI=\Sigma EI_z+\Sigma EI_w$（柱）；

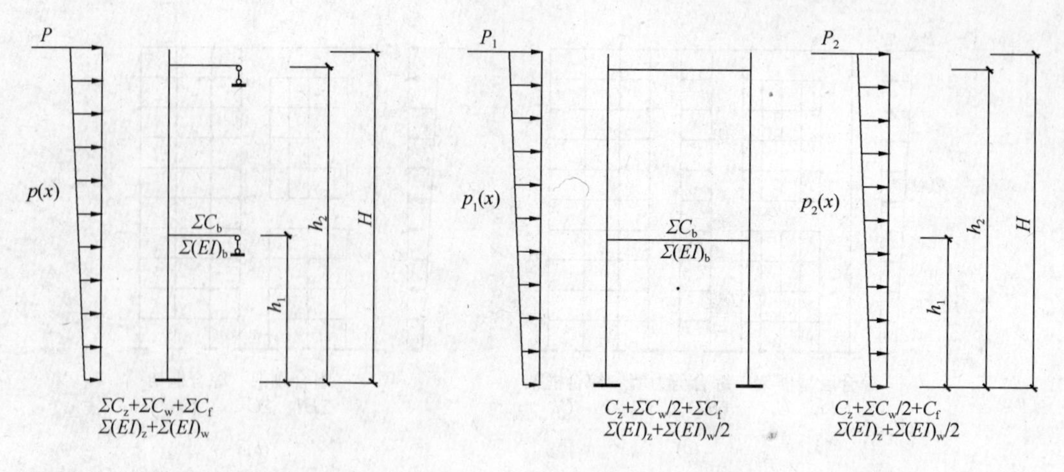

图 12-8　组合刚架杆端力计算图　　　　图 12-9　组合刚架杆端力计算

对图 12-9，$\Sigma EI=\Sigma EI_z+\Sigma EI_w/2$（柱）；$\Sigma EI=\Sigma EI_b$（梁）；

ΣEI_z——组合刚架柱或梁的抗弯刚度，且 $\Sigma EI_z=\Sigma(EI)_i$；

$(EI)_i$——各巨型框架柱或梁的抗弯刚度；

ΣEI_w——综合剪力墙的抗弯刚度，且 $\Sigma EI_w=\Sigma(EI)_i$；

$(EI)_i$——各剪力墙的抗弯刚度；

ΣC——组合刚架柱或梁的抗剪刚度：

对图 12-8，$\Sigma C=\Sigma C_z+\Sigma C_w+\Sigma C_f$；

对图 12-9，$\Sigma C=\Sigma C_z+\Sigma C_w/2+\Sigma C_f$；

ΣC_z——综合巨型框架柱或大梁的抗剪刚度；

ΣC_w——综合剪力墙的抗剪刚度，且 $\Sigma C_w=\Sigma\dfrac{(GA)_i}{\mu_i}$；

$\dfrac{(GA)_i}{\mu_i}$——各剪力墙的抗剪刚度；

ΣC_f——综合框架的抗推刚度，且 $\Sigma C_f=\Sigma C_{fi}$；

C_{fi}——各框架的抗推刚度。

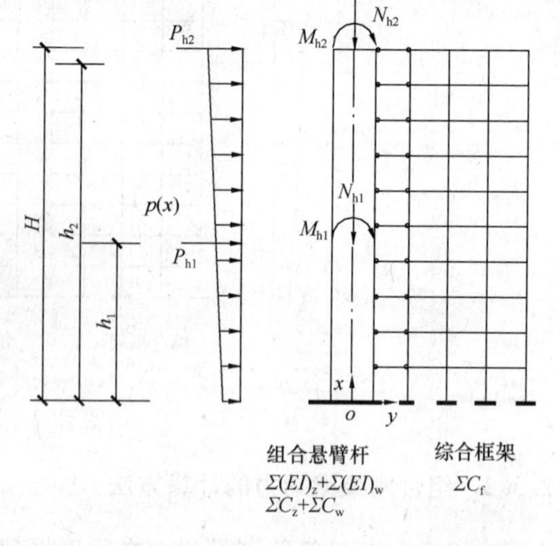

图 12-10　计算简图

12.3.3　框架-剪力墙-巨型框架结构体系内力和位移计算[12-4]

将求得组合刚架梁端力看作外力作用于组合刚架柱上，可得到图 12-10 所示的计算简图。组合悬臂杆的作用有如框架-剪力墙结构中的剪力墙，平面框架视为此组合悬臂杆的弹性地基。这样框架-剪力墙-巨型框架结构体系就转化为框架-剪力墙结构体系，此时考虑剪力墙剪切变形的影响。因此，框架-剪力墙-巨型框架结构体系在水平荷载作用下位移和内力的计算公式与考虑剪力墙剪切变形时框架-剪力墙结构体系位移和内力的计算公式相类似。

12.3.4 计算步骤

框架-剪力墙-巨型框架结构体系内力和位移计算步骤如下：

(1) 分别求出各榀框架的抗推刚度 (C_{fi})；

各剪力墙的抗弯刚度 ($(EI)_i$) 和抗剪刚度 ($\frac{(GA)_i}{\mu_i}$)；

各巨型框架梁、柱的抗弯刚度 ($(EI)_i$) 和抗剪刚度 ($\frac{(GA)_i}{\mu_i}$)；

(2) 计算组合刚架梁、柱的抗弯刚度 (ΣEI) 和抗剪刚度 (ΣC)；

(3) 采用考虑剪切变形时杆系有限元方法计算梁端力；

(4) 计算组合悬臂杆的抗弯刚度 ($\Sigma EI = \Sigma EI_z + \Sigma EI_w$) 和抗剪刚度 ($\Sigma C = \Sigma C_z + \Sigma C_w$)；综合框架的抗剪刚度 ($\Sigma C_f = \Sigma C_{fi}$)；

(5) 按文献[12-5]计算水平荷载作用下结构体系的位移和内力；

(6) 将求得的内力分配给各框架、各剪力墙和各巨型框架；

(7) 由计算假定可知，各巨型框架梁端转角是相同的，故可将组合刚架的梁端弯矩按各巨型框架梁的线刚度分配。

设计巨型框架梁时应留有一定的富余承载力；而巨型框架柱节点上、下柱端弯矩取该巨型框架所分配到的梁端弯矩按组合刚架上、下柱端的弯矩比例进行分配。

设计巨型框架柱时应留有较大的富余承载力；巨型框架梁端剪力全部由巨型框架柱承担。

12.4 巨型框架结构的设计及构造要求

12.4.1 巨型框架结构的设计总则

1. 巨型框架结构的适用高度

根据已建成的巨型框架结构房屋的高度，并参照有关规范和规程，文献[12-7]建议巨型框架结构的适用高度按表 12-1 取用。

巨型框架结构房屋的最大适用高度（m） 表 12-1

结构体系		非抗震设计	抗震设计			
			6 度	7 度	8 度	9 度
钢结构巨型框架		330	300	300	260	240
钢-混凝土混合结构	钢梁-钢筋混凝土筒体柱	230	200	200	160	130
	巨型钢框架-混凝土芯筒	220	220	220	150	—
钢筋混凝土巨型框架		120	115	115	100	70
钢筋混凝土巨型框架-芯筒体系		170	160	150	120	80

2. 巨型框架结构的抗震等级

巨型框架结构的抗震设计，应根据设防烈度、构件种类和房屋高度按表12-2采用相应的抗震等级，进行相应的计算并采取相应的构造措施。

巨型框架中钢筋混凝土结构的抗震等级 **表12-2**

<table>
<tr><th colspan="2" rowspan="2">结构体系
类型</th><th colspan="9">抗震设防烈度</th></tr>
<tr><th colspan="2">6度</th><th colspan="2">7度</th><th colspan="3">8度</th><th colspan="2">9度</th></tr>
<tr><td colspan="2">房屋高度（m）</td><td>≤60</td><td>>60</td><td colspan="2"></td><td colspan="2">≤35</td><td>>35</td><td colspan="2" rowspan="2">一</td></tr>
<tr><td colspan="2">钢梁—混凝土筒体柱</td><td>三</td><td>二</td><td colspan="2">二</td><td colspan="2">二</td><td>一</td></tr>
<tr><td colspan="2">房屋高度（m）</td><td>≤60</td><td>>60</td><td colspan="2"></td><td colspan="2">≤35</td><td>>35</td><td colspan="2" rowspan="2">一</td></tr>
<tr><td colspan="2">巨型钢框架—混凝土芯筒</td><td>三</td><td>二</td><td colspan="2">二</td><td colspan="2">二</td><td>一</td></tr>
<tr><td colspan="2">房屋高度（m）</td><td>≤50</td><td>>50</td><td>≤60</td><td>>60</td><td colspan="2">≤50</td><td>>50</td><td colspan="2" rowspan="2">一</td></tr>
<tr><td colspan="2">钢筋混凝土巨型框架</td><td>三</td><td>三</td><td>二</td><td>一</td><td colspan="2">二</td><td>一</td></tr>
<tr><td colspan="2">房屋高度（m）</td><td>≤60</td><td>>60</td><td>≤80</td><td>>80</td><td><35</td><td>35～80</td><td>>80</td><td>≤25</td><td>>25</td></tr>
<tr><td rowspan="2">巨型框架—
芯筒体系</td><td>巨型框架</td><td>四</td><td>三</td><td>三</td><td>二</td><td>三</td><td>二</td><td>一</td><td>二</td><td>一</td></tr>
<tr><td>芯　筒</td><td colspan="2">三</td><td colspan="2">二</td><td>二</td><td>二</td><td>一</td><td colspan="2">一</td></tr>
</table>

注：1. 各种情况的次框架抗震等级均按四级考虑；

2. 钢结构巨型框架、钢-混凝土混合结构中的钢部件的抗震等级参见《高层民用建筑钢结构技术规程》（JGJ 99—98）和《建筑抗震设计规范》（GB 50011—2010）。

3. 巨型框架结构体系抗震设计原则

理论和分析表明[12-6]～[12-11]，总体屈服机制是巨型框架结构体系的最佳破坏机制，即次结构应优于主结构屈服，将次结构推至抗震的第一道防线，其中为避免次结构倒塌，次结构中梁的屈服先于柱的屈服；主结构中巨型梁的屈服先于巨型柱的屈服。

为实现巨型框架结构的上述总体屈服机制，需符合以下三个条件：

1）在薄弱层处对巨型柱的纵向受力钢筋和箍筋进行加强，并采取一定的构造措施；

2）主结构构件的强度储备富裕于次结构构件的强度储备；

3）主、次结构均分别遵循"强柱弱梁"的设计原则。

（1）三阶段设计方法

为使巨型框架结构体系满足《建筑抗震设计规范》（GB 50011—2010）三水准的设防要求，并保证其发生总体屈服机制，文献［12-12］提出巨型结构体系的"三阶段设计法"。

第一阶段设计

采用第一水准烈度的地震动参数，先计算出次结构在弹性状态下的地震作用效应，与风、重力等荷载效应组合，并引入承载力抗震调整系数进行次结构构件截面设计，从而使次结构满足第一水准的强度要求。

第二阶段设计

采用第二水准烈度的地震动参数，计算出主结构在弹性状态下的地震作用效应，与风、重力等荷载效应组合，并引入承载力调整系数进行主结构截面设计，从而使主结构满足第一、第二水准的强度要求。同时，采用第一水准烈度措施，保证结构具有足够的延性、变形能力，从而满足第二水准的抗震要求。

第三阶段设计

采用第三水准烈度的地震动参数，用时程分析法计算出结构的弹塑性层间位移角，使之小于《建筑抗震设计规范》（GB 50011—2010）规定的限值；并结合采取必要的抗震构造措施，从而满足第三水准的防倒塌要求。

（2）主结构着重承载力，次结构着重延性

主结构构件的承载力储备应当富裕于次结构构件的承载力储备，因此，对主结构的设计应强调构件的承载力，这样才能保证次结构的屈服先于主结构的屈服，在遭遇第二水准烈度的地震时，次结构的某些构件逐渐进入屈服状态，若次结构具有足够的延性，则对整个结构的耗能和消减地震反应十分有利，从而提高了整个结构抗御强烈地震的能力。而次结构梁一般较易使之具有良好的延性，加之次结构的层数较少，次结构柱也不难具备一定的延性性能。

（3）增大次结构的相对刚度

巨型结构在遭遇第一水准烈度的地震时，主、次结构均处于弹性状态，水平地震力按实际的弹性刚度进行分配，由于主结构的刚度远大于次结构，将分得大部分的水平力，而次结构分得的水平力所占比例较少，从而影响次结构消耗地震能量的能力。另一方面，一旦次结构逐渐进入屈服状态，则次结构的刚度还会进一步退化，此时主结构所承担的水平力逐渐增加，次结构所承担的份额进一步减小，因此在一定程度上提高次结构相对于主结构的刚度，可以增加次结构分担水平力的份额，并有利于利用次结构的延性发挥其耗能能力。实际工程中可以通过填充墙等非结构构件增加次结构的刚度。

（4）主、次结构均分别遵循“强柱弱梁”的设计原则

这是保证次结构不倒塌以及使整个结构发生总体屈服机制的必要条件。

（5）提高薄弱层的刚度和强度，并加强构造措施

由于巨型结构体系存在着若干转换层，其所在的楼层的刚度比相邻的上、下楼层的刚度大得多，这种刚度突变使相邻的上、下楼层变成了薄弱层，从而不可避免地造成结构在大震下的塑性变形集中。因此在经过第一阶段和第二阶段设计的巨型结构还需要借助时程分析进行大震烈度下的弹塑性变形验算。对薄弱层应增大刚度和提高配筋率，并加强构造措施。

4. 巨型框架结构的高宽比限值

根据各种结构特点，并参照有关规范和规程，高宽比限值可按表 12-3 采用。

巨型框架结构房屋的高宽比限值 **表 12-3**

结构体系		非抗震设计	抗震设计		
			6、7度	8度	9度
钢结构巨型框架		5.5	5.5	5.0	4.0
钢-混凝土混合结构	钢梁-钢筋混凝土筒体柱	5.0	5	4.0	3.0
	巨型钢框架-混凝土芯筒	6.0	5.5	5.0	4.0
钢筋混凝土巨型框架		5.5	5.0	4.0	3.0
钢筋混凝土巨型框架-芯筒体系		6.0	6.0	7.0	4.0

5. 材料选用

预应力混凝土巨型框架梁和框架柱的混凝土强度等级不宜低于C40；次框架梁、柱混凝土强度等级可采用C30～C35，但不宜低于C30；现浇次梁及楼面板所用混凝土强度等级不应低于C20。

6. 结构布置

巨型框架结构用于强台风或较高烈度地震区高层建筑时，必须与抗震墙或筒体相配合，组成类似于框架-剪力墙体系或内筒-外框架体系的巨型框架体系。

(1) 结构的平面布置

巨型框架结构的建筑平面布置应简单、规则、合理。平面形状应符合《高层建筑混凝土结构技术规程》(JGJ 3—2010) 的规定。

同时巨型框架结构应力求结构对称、刚度中心和质量中心重合，将巨型框架结构沿房屋四周对称布置，以防引起过大的扭转效应，同时也使结构具有较大的抗倾覆能力。

巨型框架、次框架、砌体填充墙的轴线宜重合在同一平面内，梁柱轴线偏心距不宜大于柱截面在该方向边长的1/4。

(2) 结构的竖向布置

竖向体型应力求规则、均匀，避免有过大的外挑和内收，结构的抗侧刚度沿竖向变化要均匀，避免出现软弱层，以防形成塑性变形集中。

1) 巨型框架柱不得中断和突变，以避免造成传力途径不明确和刚度、承载力的剧变和应力的集中。大柱截面每边尺寸的变化，一次不得超过25%。

2) 为使各楼层的屈服强度系数大致相等，达到既耐震又经济的目的，巨型框架柱由底到顶应均匀逐渐减小，或以巨型框架层为界，分级减小。同一楼层次框架柱和各巨型框架柱分别具有大致相同的刚度、承载力和延性，以防受力悬殊而被各个击破。

7. 基础埋置深度

采用桩基时，基础埋深不宜小于楼房高度的1/8，桩长不计入基础埋置深度内。当基础落在基岩上时，埋置深度可根据工程具体情况确定，但应采用岩石锚杆等措施。

12.4.2 结构内力计算

巨型框架结构属于复杂高层建筑结构，应采用两种不同力学模型的三维空间分析程序(例如平面结构空间协同模型、空间杆系模型、空间杆-薄壁杆系模型、空间杆-墙板元模型、其他组合有限元模型等）进行结构整体分析，也可采用简化分析模型进行结构内力计算。巨型框架结构内力分析简化模型可采用主框架平面模型、平面框架模型、空间刚架模型、加劲薄壁筒模型等。

(1) 当巨型框架结构的内力计算采用平面框架模型时，可采用杆系有限元法分析，巨型框架梁、柱应采用带刚域杆件考虑剪切变形时的单元刚度矩阵。而次级框架宜作为巨型框架的一部分参与到整体中计算。

(2) 由于巨型框架结构同时存在强柱弱柱、强梁弱梁，因此，其结构内力分析除进行使用阶段计算外，尚应进行施工模拟过程的计算以及施工实际支撑情况的计算，以体现结构内力和变形的真实情况。

(3) 框架-剪力墙-巨型框架结构体系在水平荷载作用下位移和内力的计算方法可转化

为考虑剪力墙剪切变形时框架-剪力墙结构体系位移和内力的计算。

12.4.3 巨型框架结构的构件设计

1. 巨型框架结构梁、柱截面尺寸的选择

由于巨型框架本身既承受很大的重力荷载，又承受较大的水平荷载，在大梁中施加预应力增加结构横梁刚度和巨型框架节点的抗剪能力。试验研究表明，巨型框架中采用预应力混凝土大梁，在水平及竖向荷载作用下的结构性能都有所改善，在极限承载力阶段，位移延性也较好。

当巨型框架梁采用预应力大梁时，对巨型框架柱应有更严格的轴压比限值，建议巨型框架柱的轴压比限值按表 12-4 取用。

巨型框架柱轴压比限值 **表 12-4**

抗震等级	一级	二级	三级
巨型框架柱	0.6	0.7	0.8

巨型框架梁高度宜取（1/6～1/8）L_0（L_0 为巨型框架梁的计算跨度），截面高宽比不宜大于 3，同时，截面宽度也不宜小于上部楼层次框架柱宽度的 1.5 倍。另外，因为巨型框架梁的截面尺寸由抗剪承载力要求所决定，在方案设计阶段，可按下式确定：

持久、短暂设计状况 $$V_b \leqslant 0.25 f_c b h_0 \tag{12-8a}$$

地震设计状况 $$V_b \leqslant \frac{1}{\gamma_{RE}}(0.20 f_c b h_0) \tag{12-8b}$$

式中 V_b——巨型框架梁的剪力设计值。

2. 巨型框架结构梁的设计

(1) 次框架梁的正截面受弯承载力和斜截面受剪承载力计算同一般框架梁，详见《高层建筑混凝土结构技术规程》(JGJ 3—2010)。但紧靠巨型框架梁上面的 3 层次框架梁宜按偏心受压构件计算；紧靠巨型框架梁下面的 3 层次框架梁宜按偏心受拉构件计算。

(2) 巨型框架梁的设计

1) 巨型框架梁除承受弯矩、剪力外，还承受不可忽略的轴力作用，因此应视情况按偏心受拉和偏心受压构件分段进行截面设计，最后取用纵筋最大值。

2) 巨型框架梁截面受压区相对刚度应满足 $\xi = x/h_0 \leqslant 0.3$。

3) 在施工阶段，当没有形成巨型框架时，巨型框架梁是局部受力，与结构整体受力不同，所以设计时应分阶段按实际情况进行计算和设计。

4) 主筋最小配筋率 $\rho_{min} = 0.2\%$。纵向钢筋一般全部直通伸入支座。如果上部钢筋的一部分在跨中切断，则至少保留 50%伸入支座，下部钢筋应全部伸入支座。伸入支座的全部钢筋都应在柱内可靠锚固，负钢筋应伸入梁下皮以下 $l_a + 10d$。

5) 巨型框架梁两侧应布置间距不大于 200mm，直径不小于 $2\phi14$ 的腰筋，并每隔一根用拉筋加以约束、固定。

6) 巨型框架梁箍筋由受剪承载力计算。箍筋加密区长度取（$1.5h$，$0.2L_0$）max，L_0 为巨型框架梁计算跨度。加密区内，箍筋间距不宜大于 $0.2h$，并不得超过 100mm，直径不得小于 10mm。非加密区箍筋的间距不宜大于 200mm。

7）其余规定同框支梁的规定。

3. 巨型框架结构柱的设计

（1）次框架柱的设计

当次框架柱与上层巨型框架梁相连时，在竖向荷载作用下，上部几层小柱会出现拉应力，计算时应采用相应的公式。但应注意，在其上面的巨型框架梁尚未充分承担其上面各层次框架传下来的竖向荷载之前，次框架柱不宜与上面的巨型框架梁连接，以免造成竖向荷载传力不明确，以及下部次框架柱还需承担巨型框架梁以上次框架的一部分竖向荷载的不利状态。次框架柱可以待上面的巨型框架梁充分承担竖向荷载和产生相应挠曲变形后再与巨型框架梁连接。

次框架柱承受的剪力值较大，必须按次框架柱实际受力计算其配箍量，以切实保证强剪弱弯。

其余规定同一般框架柱。

（2）巨型框架柱的设计

1）巨型框架柱抗剪要求：

持久、短暂设计状况 $$V_c \leqslant 0.25 f_c b h_0 \tag{12-9a}$$

地震设计状况 $$V_c \leqslant \frac{1}{\gamma_{RE}}(0.20 f_c b h_0) \tag{12-9b}$$

式中 V_c——巨型框架柱的剪力设计值。

如果柱不满足轴压比或受剪承载力要求时，应采取措施加大柱截面尺寸、提高混凝土强度等级。

2）不宜采用短柱，柱净高与柱截面高度之比不宜小于4。否则要求采用构造措施或加高层高。当柱为短柱或轴压比较大时，应采用高强混凝土柱、钢骨混凝土柱和钢管混凝土柱。

3）柱内全部纵向钢筋最小配筋率为：一级抗震，$\rho_{min}=1.2\%$；二级抗震，$\rho_{min}=1.1\%$；三、四级抗震，$\rho_{min}=0.9\%$。

4）全部纵向钢筋的最大配筋率 $\rho_{min}=3.5\%$，超过时，箍筋应焊为封闭式。

5）纵向钢筋间距：抗震设计时，不宜大于 200mm；非抗震设计时，不宜大于 250mm。而且均不宜小于 80mm。

6）纵向钢筋的接头宜留在巨型框架梁所在楼板面 700mm 以上区段，宜用机械连接接头。

7）巨型框架柱宜优先采用螺旋箍。采用复合箍时，加密区长度范围应不低于规范中关于转换层相邻柱的有关规定。且箍筋接头应焊接或做 135° 弯钩。对柱截面较大者，可在箍筋内增设内切螺旋箍。箍筋最小直径、最大间距应不低于现行规范有关框支柱和框架柱的规定。当要求抗震设计时，巨型框架柱的加密区箍筋要求，且不少于 $4\phi 10@100$。当非抗震设计时，巨型框架柱箍筋配箍率为 0.4%，且不少于 $4\phi 10@100$。

8）其他规定详见规范有关框支柱和框架柱的要求。若巨型框架柱为筒体或其他形式，可参见有关规范条文。

4. 巨型框架结构节点的设计

（1）次框架节点

次框架节点设计同普通框架节点。

(2) 巨型框架节点

1) 一、二级抗震时，节点应进行抗震验算，验算内容符合现行国家标准及有关规定；三、四级抗震，节点可不进行抗震验算，但应符合构造措施的要求。

2) 巨型框架节点受剪的水平截面应符合下列条件：

$$V_j \leqslant \frac{1}{\gamma_{\mathrm{RE}}}(0.3\eta_j f_c b_j h_j) \tag{12-10}$$

式中 b_j ——节点核心区的截面有效验算宽度；当验算方向的梁截面宽度不小于高侧柱截面宽度的1/2时，可采用该侧柱截面宽度；当小于柱截面宽度1/2时可采用下列二者的较小值：

$$b_j = b_b + 0.5h_c \tag{12-11a}$$

$$b_j = b_c \tag{12-11b}$$

其中，b_b 为梁截面宽度；h_c 为验算方向的柱截面高度；b_c 为验算方向的柱截面宽度。

h_j ——节点核心区的截面高度，可取验算方向的柱截面高度；

η_j ——正交梁的约束影响系数；楼板为现浇、梁柱中线重合、四侧各梁截面宽度不小于该侧柱截面宽度的1/2，且正交方向梁高度不小于框架梁高度的3/4时，可采用1.5，9度的宜采用1.25；其他情况均采用1.0。

3) 框架节点核心区截面抗剪承载力应按下式计算

$$V_j \leqslant \frac{1}{\gamma_{\mathrm{RE}}}\left(0.1\eta_j f_t b_j h_j + 0.05\eta_j N\frac{b_j}{b_c} + f_{yv}A_{svj}\frac{h_{b0}-a'_s}{s}\right) \tag{12-12a}$$

9度的一级

$$V_j \leqslant \frac{1}{\gamma_{\mathrm{RE}}}\left(0.9\eta_j f_t b_j h_j + f_{yv}A_{svj}\frac{h_{b0}-a'_s}{s}\right) \tag{12-12b}$$

式中 N ——对应于组合剪力设计值的上柱组合轴向压力较小值，其取值不应大于柱的截面面积和混凝土轴心抗压强度设计值的乘积的50%，当 N 为拉力时，取 $N=0$；

其余符号含义见《混凝土结构设计规范》(GB50010—2010) 附录D。

4) 节点内配置的箍筋不宜小于柱端箍筋加密区的实际配箍量。巨型框架梁宽度不宜小于巨型框架柱宽度的一半，也不宜大于柱宽。

5) 条件允许的话，可在节点区域配置斜向交叉钢筋，以大大改善节点的抗震性能。

6) 其余规定见有关规范。

12.5 工程实例

12.5.1 深圳亚洲大酒店

深圳亚洲大酒店（图12-11）由中央核心筒和三个端筒组成巨型框架的四根大柱，沿竖向每六层设置十二根转换梁，每一翼的四根梁截面分别为0.8m×2.0m、1.0m×2.0m、0.8m×2.0m，组成巨型框架梁。其余楼层框架作为荷载作用在大梁上。

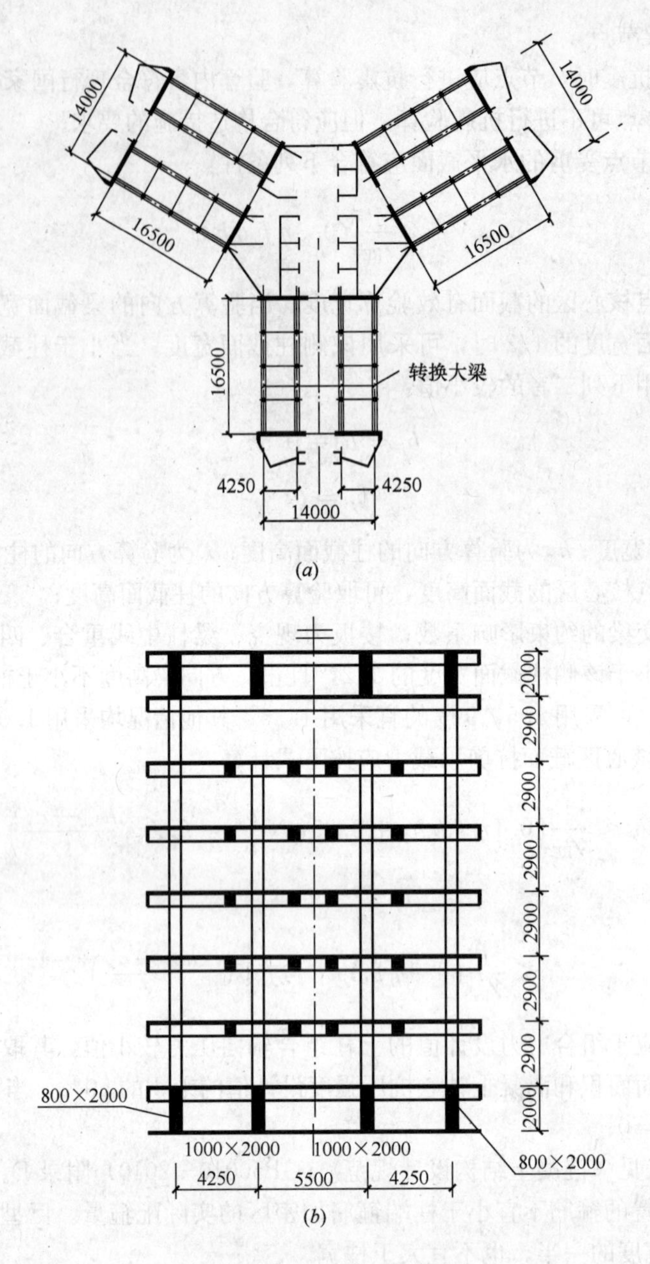

图 12-11　深圳亚洲大酒店
(*a*) 塔楼结构平面图；(*b*) 小框架示意图

12.5.2　深圳新华饭店

深圳新华饭店（图 12-12）采用巨型框架结构，中央筒体和四个巨型双肢角柱组成巨型框架柱，每隔 10 层设置转换梁。

12.5.3　厦门国际金融大厦

厦门国际金融大厦采用边长为 30m 的正方形平面，地面以上共 26 层，高 90.7m。主

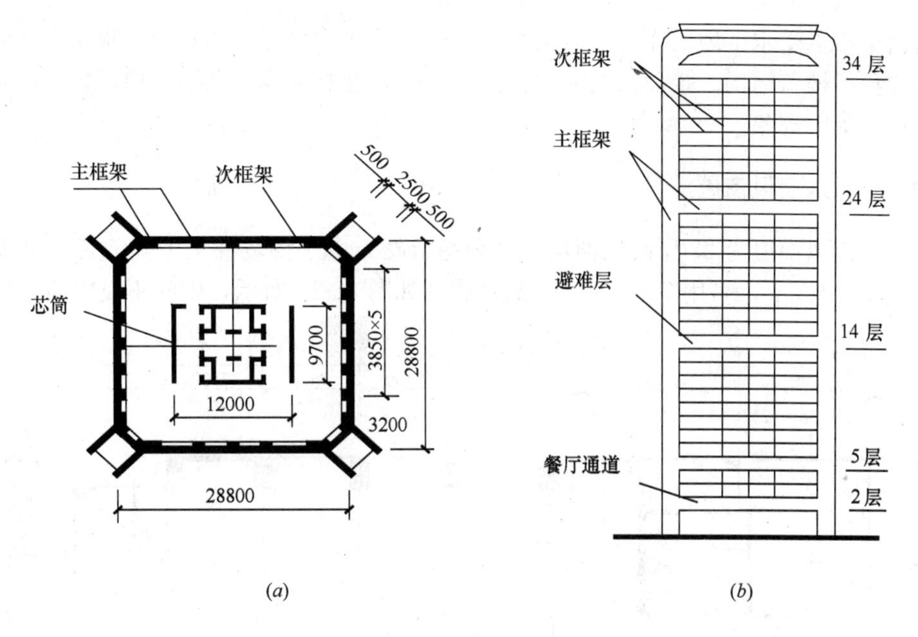

图 12-12　深圳新华饭店

(a) 结构平面图；(b) 立面图

体结构属主次框架体系，由钢筋混凝土芯筒和外圈大型框架组成。芯筒为矩形平面，外包尺寸为 12m×9m；内筒墙体的厚度，1～3 层为 600mm，4 层以上为 400mm。外圈框架可划分为主框架和次框架。主框架以楼层平面四角的大截面双柱作为主柱，在各根主柱之间，每隔 5 层设置一道预应力大梁。图 12-13 给出了该大厦的结构平面和结构剖面。

预应力混凝土大梁与四角的巨型柱一道形成较大刚度的抗侧力结构。巨型框架梁之间

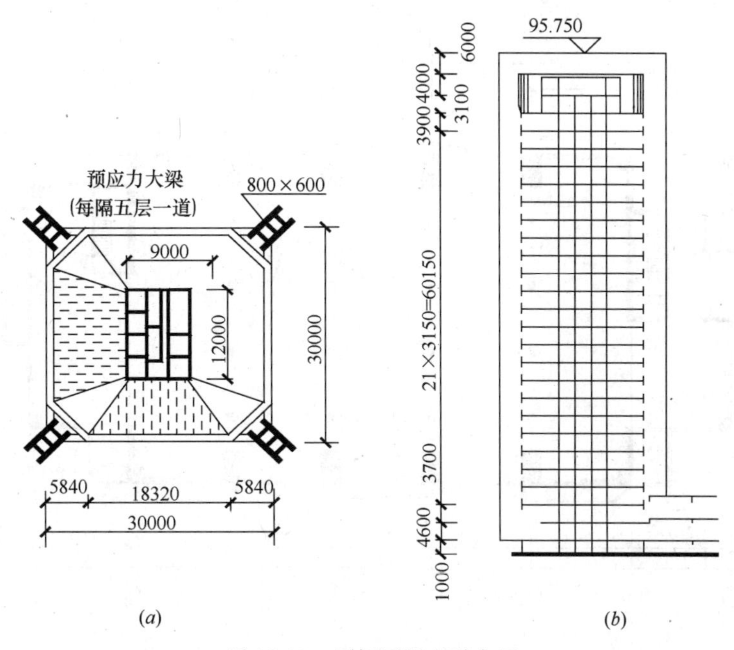

图 12-13　厦门国际金融大厦

(a) 结构平面图；(b) 剖面图

的楼盖由于不承受水平地震作用，故采用支撑由角柱伸出牛腿上的八角形预应力环梁及内筒共同支撑的楼盖结构。楼面结构采用先张法的叠合梁板及现浇混凝土梯形板，以减小内筒角区应力集中现象。

12.5.4 苏州八面风商厦

苏州八面风商厦为22层高层商场及办公综合楼。由于商场在大厦的底部，需要大开间，故在14层以下，采用7.5m×24m的柱网，如图12-14所示，中间不设内筒，抗风和

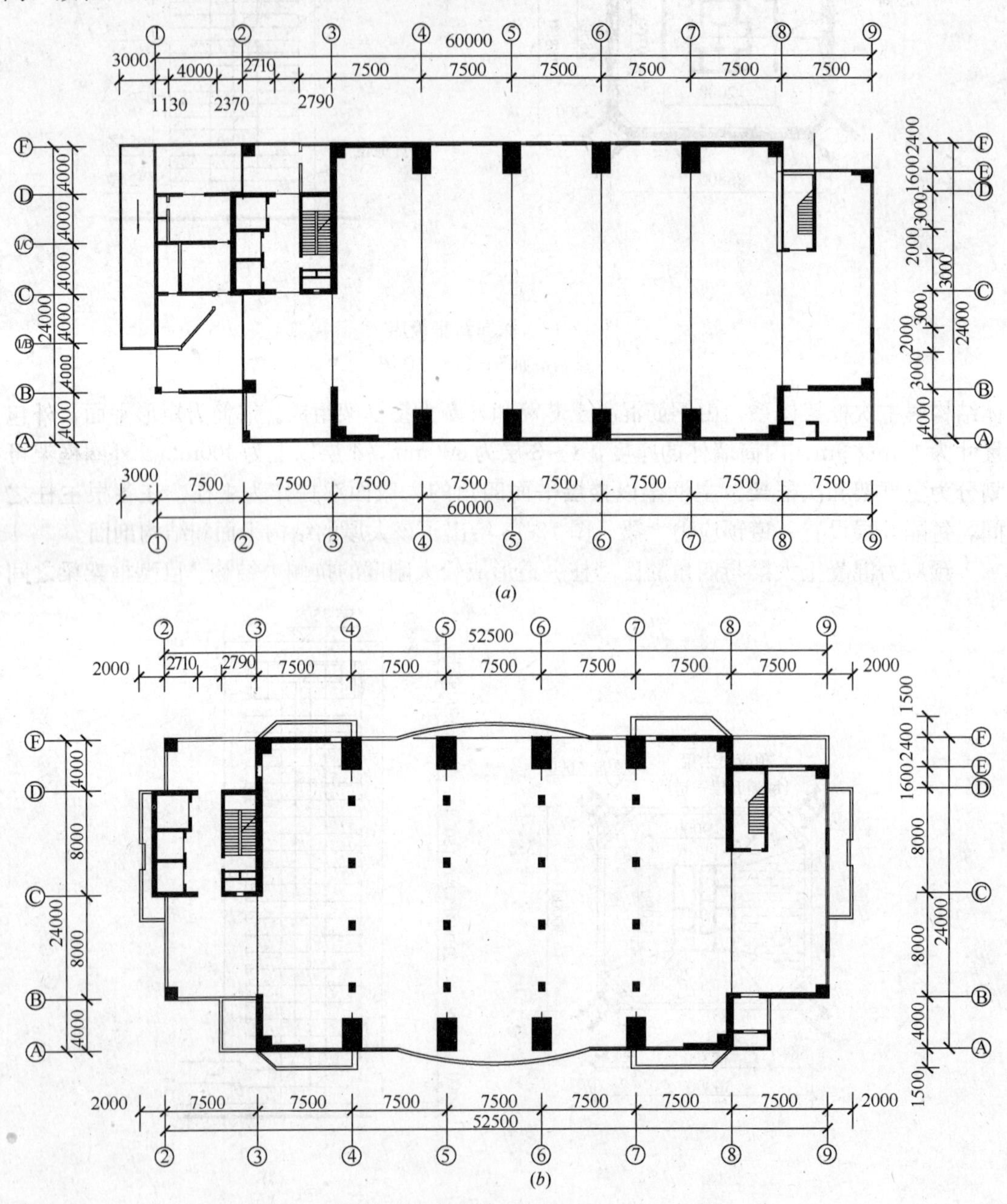

图12-14 苏州八面风商厦（一）

(*a*) 1层平面图；(*b*) 14～22层平面图

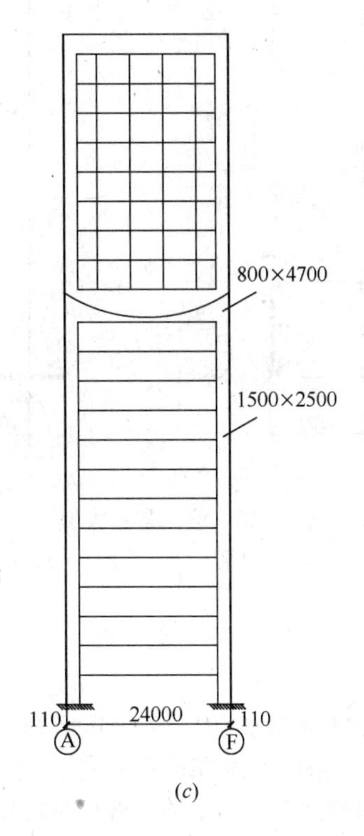

(c)

图 12-14　苏州八面风商厦（二）
(c) 巨型框架立面图

抗震均由框架承担，故采用巨型框架结构。将14层的预应力转换梁（截面尺寸为0.8m×4.7m）与两侧的巨型柱（截面尺寸1.5m×2.5m）一道形成巨型框架，14层以上8层采用8m开间的小跨度钢筋混凝土框架，14层以下各层采用梁高为1.3m的预应力混凝土梁。在水平地震作用下，除保证14层的预应力混凝土转换梁不出铰之外，其他层的梁都在节点处出现梁铰。经分析计算，由于苏州为6度地震设防区，这种单纯巨型框架抗侧移的结构能够满足规范的变形要求。

12.5.5　厦门常青大厦

厦门常青大厦地下1层，地上18层，建筑总高$H=69.4$m，位于厦门市湖滨北路与长青路交叉口的西北角，东邻进出厦门的咽喉要道福厦公路，在城市景观上占有重要的地位。标准层呈工字型平面（图12-15*a*），结合平面的自然状态，东、西立面处理成一巨大的门形（图12-15*b*），采用现浇钢筋混凝土横向框架结构方案。整个建筑采用框架-剪力墙-巨型框架结构体系，该结构体系的侧向刚度大于传统框架-剪力墙结构体系，对减少结构的水平位移，增加建筑物的高度是有利的。

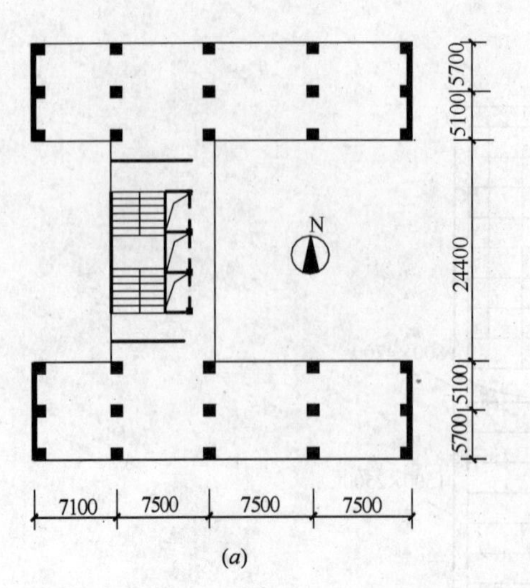

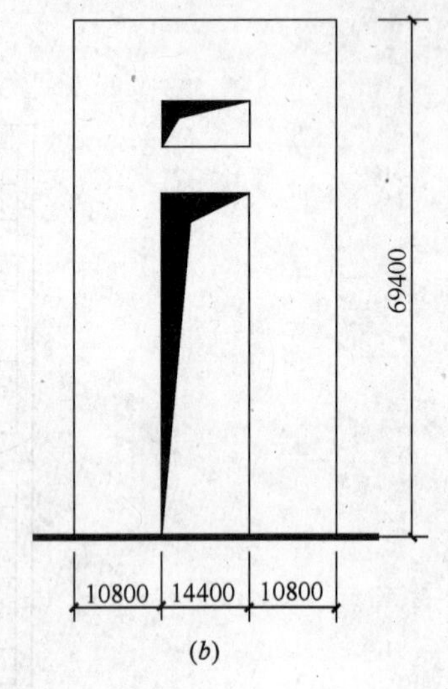

图 12-15 厦门常青大厦

(*a*) 标准层平面；(*b*) 巨型框架立面

参 考 文 献

[12-1] 赵西安，徐培福．高层建筑结构的选型构造及简化分析[M]. 北京：中国建筑工业出版社，1992

[12-2] 包世华，龚耀清．超高层建筑空间巨型框架的简化计算[J]. 工程力学(增刊)，2002

[12-3] 龚耀清，杨博．超高层建筑空间巨型框架的半解析自由振动分析[J]. 河南理工大学学报，2005.24(1)：65～68

[12-4] 唐兴荣．巨型框架结构与框架-剪力墙-巨型框架结构计算[J]. 苏州城建环保学院学报．1996.(4)：15～23

[12-5] 唐兴荣．框架-剪力墙结构考虑剪力墙剪切变形时的内力和位移[J]. 苏州城建环保学院学报．1996.(3)：20～29

[12-6] 肖燕旗．框剪大刚架结构与考虑剪力墙剪切变形的框架结构计算[J]. 建筑结构．1993.(12)：30～36

[12-7] 秦卫红，惠卓，吕志涛．巨型框架结构的设计方法初探[J]. 建筑结构．2001.31.(7)：43～47

[12-8] 秦卫红，惠卓，吕志涛．一种新的高层建筑结构体系-巨型建筑结构体系[J]. 东南大学学报．1999.29.(4A)：197～203

[12-9] 舒赣平，张宇峰，吕志涛，左江，夏长春，江韩．巨型框架结构的动力性能研究及设计建议[J]. 土木工程学报．2003.36.(2)：41～45

[12-10] 张宇峰，舒赣平，吕志涛，左江，夏长春，江韩．巨型框架结构的抗震性能和振动台实验研究[J]. 建筑结构学报．2001.22.(3)：2～8

[12-11] 篮宗建，杨东升，张敏．钢筋混凝土巨型框架结构弹性地震反应分析[J]. 东南大学学报．2002.32.(5)：724～727

[12-12] 李正良．钢筋混凝土巨型结构组合体系的静动力分析[D]. 重庆大学，1999

[12-13] 中华人民共和国行业标准．高层建筑混凝土结构技术规程(JGJ 3—2010)[S]. 北京：中国建筑工业出版社，2010

[12-14] 中华人民共和国国家标准．建筑抗震设计规范(GB 50011—2010)[S]. 北京：中国建筑工业出版社，2010

13　错列桁架结构设计

错列桁架结构体系是由一系列与楼层等高的桁架组成，桁架横跨在两排外柱之间（图13-1）。采用这种结构体系能为建筑平面布置提供宽大的无柱面积，使楼层的使用更加灵活。在建筑平面上只有横向上的外柱而没有内柱；具有与楼层等高的桁架的跨度按合理的跨高比确定可达 20m 以上（楼层高一般约为 3m），参考钢结构工程实例，纵向开间可做到 6～9m。在同一楼层上桁架可以间隔一个空间布置，其纵剖面（图 13-2）看来似砖的顺砌筑形式，所以无分隔空间的面积可达（12～18）m×20m 之大。错列结构体系是一种新型的框架结构体系，也是一种复杂的转换层结构。采用这种结构体系能为建筑平面布置提供宽大的无柱面积，使楼层的使用更加灵活，适用于高层住宅和办公楼等要求大空间的建筑物。

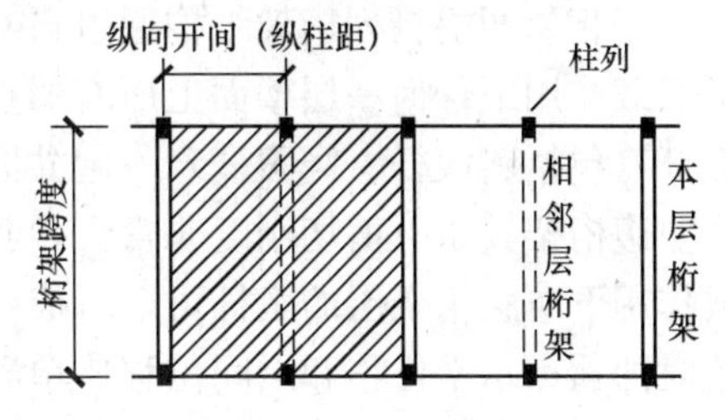

图 13-1　任意楼层平面上的桁架与柱网布置
（阴影为在该层上的无分隔空间的面积）

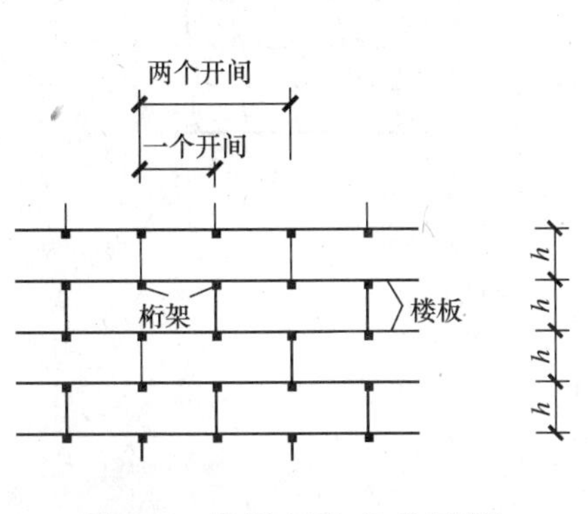

图 13-2　纵剖立面（h 为层高）

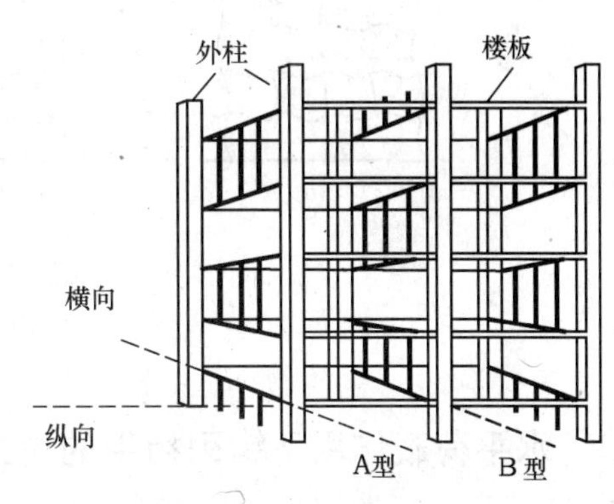

图 13-3　错列桁架结构体系

这种结构体系的主要承重构件为楼板、桁架和柱。楼板系统在每一开间上一边支承在一个桁架的上端，另一边则悬吊在其相邻桁架的下端（图 13-2），这样便自然地出现了两个柱距的无间隔空间而楼板的跨度仅为一个柱距，从而使楼板厚度减至最小。每片桁架的上端和下端同时承受楼板的竖向荷载，其承受竖向荷载的有效性如同大跨度屋架一样。

错列桁架结构体系（Staggered Truss Structures System）（图 13-3）是由一系列与楼层等高的桁架组成，桁架横跨在两排外柱之间。若采用空腹桁架，内部门窗等的设置更加灵活，桁架节间若不设填充墙时，内部空间会进一步增大。

13.1 错列桁架结构体系空间工作基本原理

在错列桁架结构体系中取出相邻两榀错列桁架结构（图 13-3 中 A 型、B 型）。从平面上来看，桁架层相对于敞开层来说，其水平内的刚度很大，类似于排架结构中的屋架，侧向变形主要发生在敞开层的柱子上，平面上的总体变形属于剪切变形，其层间位移为下大上小（图 13-4*a*、*b*）。

由于相邻两榀错列桁架结构通过自身平面内刚度为无穷大的楼板系统相互连接，则在水平荷载作用下任何一层楼面上所有的点将有相等的水平位移，即敞开层的柱子与桁架层的腹杆（包括斜腹杆、竖腹杆）一起共同抵抗侧向变形。在水平荷载作用下带有斜腹杆的混合空腹桁架其水平剪切刚度非常大，其空间工作的结果使其整体变形为弯曲形。在水平荷载作用下空腹桁架层的腹杆可以看成各层柱，这样考虑空间工作后的总变形为剪切形，但此时的顶点水平位移和层间位移比单独错列桁架结构要小得多（图 13-4*c*）。

因此，错列桁架结构体系的空间工作可简化为平面问题来分析，但采用计算机方法分析结构内力时，桁架各杆件应考虑轴向变形的影响。

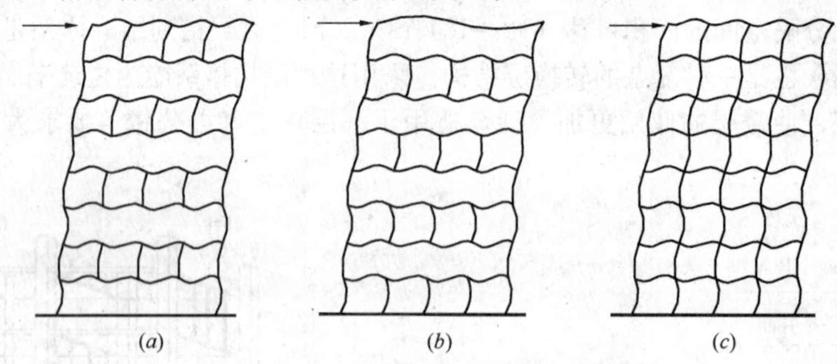

图 13-4　水平荷载下错列桁架的变形示意

(*a*) A 型；(*b*) B 型；(*c*) A 型与 B 型共同工作

13.2 水平荷载作用下错列桁架的内力计算

采用“D 值”法分析带空腹桁架的错列结构的内力，为此须解决下列两个主要问题：

(1) 边柱与桁架腹杆中剪力的分配；

(2) 边柱与桁架腹杆的反弯点位置。

1. 边柱与桁架腹杆的侧移刚度 D_{ij}

为计算桁架层腹杆的侧移刚度 D_{ij}，从桁架层中取出一腹杆及其相连的上下弦杆，并假定各杆端转角相等，即 $\theta_{\mathrm{f}}=\theta_{\mathrm{g}}=\theta_i=\theta_j=\theta_{\mathrm{m}}=\theta_{\mathrm{n}}=\theta$，腹杆的弦转角为 $\varphi=\dfrac{\Delta}{h_{ij}}$，$h_{ij}$ 为腹杆长度，如图 13-5 所示。

由转角位移方程可写出节点 i 和 j 的弯矩平衡方程分别为：

$$4(K_1+K_2+K_{ij})\theta_i+2(K_1\theta_f+K_2\theta_m+K_{ij}\theta_j)-6K_{ij}\varphi=0$$

$$4(K_3+K_4+K_{ij})\theta_j+2(K_3\theta_g+K_4\theta_{\mathrm{n}}+K_{ij}\theta_i)-6K_{ij}\varphi=0$$

上式相加，并注意 $\theta_f=\theta_g=\theta_i=\theta_j=\theta_m=\theta_n=\theta$，可得节点的转角 θ 与弦转角 φ 的关系：

$$\theta=\frac{1}{1+K_b/(2K_{ij})}\varphi \qquad (13\text{-}1)$$

式中，$K_b=\sum_{i=1}^{4}K_i=K_1+K_2+K_3+K_4$

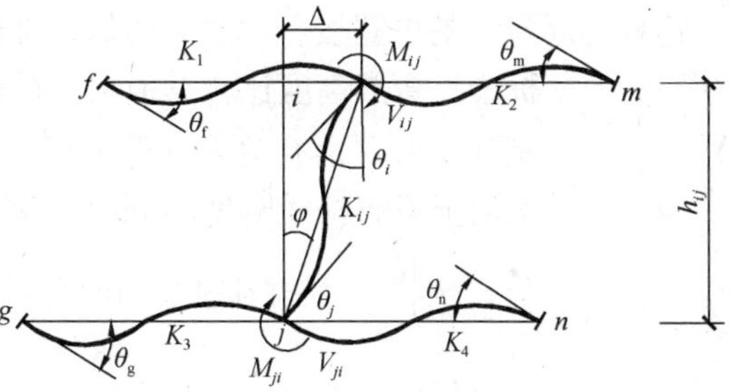

图 13-5　桁架分离体

令 $\overline{K}=\dfrac{K_b}{2K_{ij}}$，则腹杆 ij 的剪力为

$$\begin{aligned}V_{ij}&=-(M_{ij}+M_{ji})/h_{ij}\\&=-[2K_{ij}(2\theta_i+\theta_j)-6K_{ij}\varphi+2K_{ij}(\theta_i+2\theta_j)-6K_{ij}\varphi]/h_{ij}\\&=-12K_{ij}(\theta-\varphi)/h_{ij}\end{aligned}$$

将式（13-1）代入上式，并整理得：

$$V_{ij}=\frac{\overline{K}}{1+\overline{K}}\frac{12K_{ij}}{h_{ij}}\varphi=\alpha\frac{12K_{ij}}{h_{ij}^2}\Delta$$

这里，α——考虑弦杆与腹杆线刚度比值对腹杆侧移刚度的修正系数，且 $\alpha=\dfrac{\overline{K}}{1+\overline{K}}$。

则腹杆侧移刚度 $D_{ij}=\dfrac{V_{ij}}{\Delta}=\alpha\dfrac{12K_{ij}}{h_{ij}^2}$。

若 $\overline{K}=\infty$，即弦杆的线刚度为无穷大，则 $\alpha=1$，$D_{ij}=12K_{ij}/h_{ij}$ 与反弯点法中的 D 值相同；若 $\overline{K}=0$，即腹杆的上下端为铰接，则 $\alpha=0$，$D_{ij}=0$，即腹杆无侧移刚度。

错列桁架结构中边柱的侧移刚度 D_{ij} 计算方法同普通框架中的边柱，见表 13-1。

表 13-1 中，$K_1\sim K_6$ 为弦杆的线刚度；K_{ij} 为柱（腹杆）的线刚度。在计算上、下弦杆的线刚度时应考虑楼板对弦杆的刚度有利影响，即楼板作为弦杆的翼缘参加工作。楼板的有效翼缘宽取：$12h_i$（中桁架）、$6h_i$（边桁架），h_i—与上、下弦杆相连楼板的厚度。

α 值计算公式表　　**表 13-1**

楼　层	边　柱	α	腹　杆	α
一般层	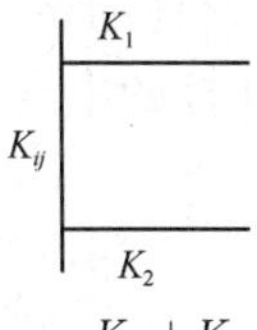 K_1，K_{ij}，K_2 $K=\dfrac{K_1+K_2}{2K_{ij}}$	$\alpha=\dfrac{K}{2+K}$	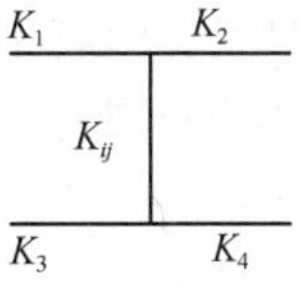 K_1，K_2，K_{ij}，K_3，K_4 $K=\dfrac{\sum_{i=1}^{4}K_i}{2K_{ij}}$	$\alpha=\dfrac{K}{1+K}$
首层	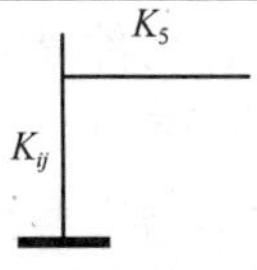 K_5，K_{ij} $K=\dfrac{K_5}{K_{ij}}$	$\alpha=\dfrac{0.5+K}{2+K}$	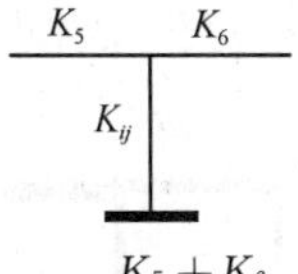 K_5，K_6，K_{ij} $K=\dfrac{K_5+K_6}{K_{ij}}$	$\alpha=\dfrac{0.5-3K}{2-3K}$

2. 边柱与桁架腹杆的反弯点位置

边柱的反弯点的位置按普通框架的做法来确定，即 $y=(y_0+y_1+y_2+y_3)h_{ij}$。

式中 y_0——标准反弯点高度比。其值根据框架总层数 m、该柱所在层数 n 和腹杆与柱线刚度比 $\overline{K}$，由有关表查得。

y_1——某层上下腹杆线刚度不同时，该层柱反弯点高度比修正值。当 $K_1<K_3$ 时，令 $\alpha_1=\dfrac{K_1}{K_3}$。根据比值 α_1 和腹杆与柱线刚度比 $\overline{K}$，由有关表查得。这时反弯点上移，y_1 取正值（图 13-6a）。当 $K_1>K_3$ 时，令 $\alpha_1=\dfrac{K_3}{K_1}$。这时反弯点下移，$y_1$ 取负值（图 13-6b）。对于首层不考虑 y_1 值。

y_2——上层高度与本层高度不同时（图 13-7），该层柱反弯点高度比修正值。其值根据 $\alpha_2=\dfrac{h_u}{h_{ij}}$ 和 $\overline{K}$ 的数值由有关表查得。

y_3——下层高度与本层高度不同时（图 13-7），该层柱反弯点高度比修正值。其值根据 $\alpha_3=\dfrac{h_b}{h_{ij}}$ 和 $\overline{K}$ 的数值由有关表查得。

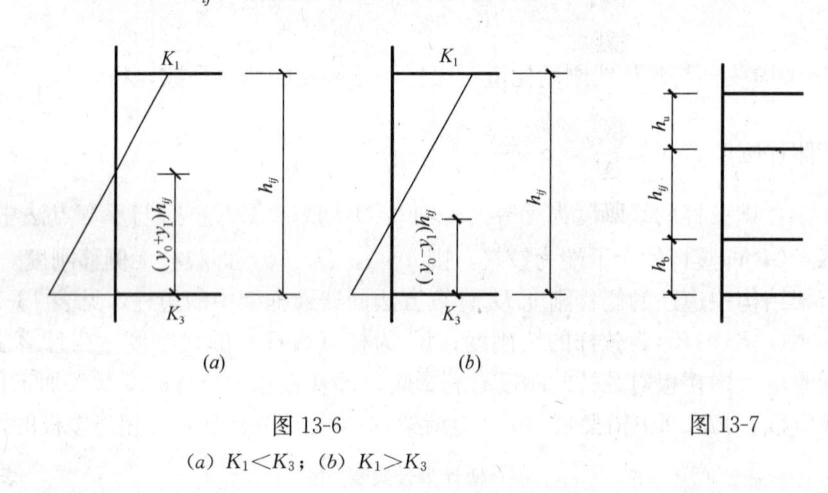

图 13-6

（a）$K_1<K_3$；（b）$K_1>K_3$

图 13-7

由于桁架层的上、下弦杆的相对水平位移引起各腹杆的变形特点是上下两段弯曲方向相反，而反弯点必在中点。腹杆的上下两端所相连的上、下弦杆的截面尺寸通常是相同的，即上下节点基本具有相同的转角，其反弯点也可以认为在杆的中点。因此腹杆的反弯点也可确定在杆的中点处。

13.3 错列桁架结构体系的设计

1. 在错列等节间空腹桁架结构中，弯矩、剪力和轴力对各构件承载力的影响，主要是各桁架层的端部节间的各杆件，它们都是偏心受力构件，且主要由弯矩及剪力起控制作用（除边柱以外），若按照内力的大小来选定各杆的截面，将会是靠两端节间截面最大，中间节间小（图 13-8）。随着桁架层跨度和荷载的增大，这个问题就很突

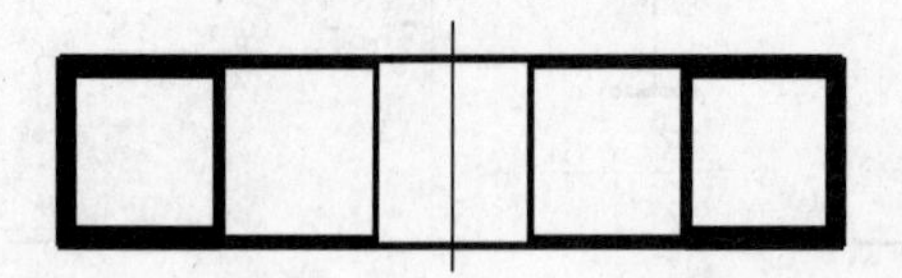

图 13-8 根据内力大小变化各杆截面尺寸

出，甚至造成构造和施工上的问题。而解决这一问题可以采用调整节间长度或在节间设置斜腹杆的方法来减小桁架层的内力，使杆件的内力分布比较均匀，减少构件的类型，达到经济的目的。

2. 当结构的侧移不是主要控制指标时，可采用错列不等节间空腹桁架结构体系。由于没有斜腹杆，施工方便，且其受力性能也较错列等节间空腹桁架结构要好。但当房屋超过某一高度（可参考框架结构体系）后，采用错列空腹桁架结构已难以满足侧移的控制要求或造成材料大量浪费时，可考虑采用错列混合空腹桁架结构，这种结构形式具有较好的受力性能，且更适合于较大跨度的情况，但结构中斜杆和上、下弦杆的轴力较大，这也将给设计和构造处理带来一定的困难。

3. 错列桁架结构的内力计算可采用考虑轴向变形的杆系有限元分析程序。上、下弦杆的轴向刚度、弯曲刚度中应计入楼板的作用，即楼板作为弦杆的翼缘参加工作。楼板的有效翼缘宽取：$12h_i$（中桁架）、$6h_i$（边桁架），h_i 为与上、下弦杆相连楼板的厚度。

4. 错列空腹桁架结构内力的实用计算方法：采用迭代法计算兼有水平和垂直位移的错列空腹桁架的内力；采用D值法计算水平荷载作用下错列空腹桁架结构的内力。

5. 斜杆桁架层的设计

受压斜腹杆的截面尺寸一般应由其轴压比 μ_N 控制计算确定，以确保其延性，其限值见表5-11。

受压斜腹杆轴压比

$$\mu_N = \frac{N_{max}}{f_c A_c} \tag{13-2}$$

式中 N_{max}——受压斜腹杆最大组合轴力设计值；

f_c——受压斜腹杆混凝土抗压强度设计值；

A_c——受压斜腹杆截面的有效面积。

初步确定受压斜腹杆截面尺寸时，可取 $N_{max}=0.8G$（G 为桁架层上按简支状态计算分配传来的所有重力荷载作用下受压斜腹杆轴向压力设计值）。

斜腹杆桁架上、下弦节点的截面应满足抗剪的要求，以保证整体桁架结构具有一定延性不发生脆性破坏。

6. 空腹桁架设计要求

空腹桁架腹杆的截面尺寸一般应由其剪压比控制计算来确定，以避免脆性破坏，其限值满足式（5-20）或式（5-21）的要求。

腹杆剪压比：

$$\mu_v = \frac{V_{max}}{f_c b h_0} \tag{13-3}$$

式中 V_{max}——空腹桁架腹杆最大组合剪力设计值；

f_c——空腹桁架腹杆混凝土抗压强度设计值；

b、h_0——分别为空腹桁架腹杆截面宽度和有效高度。

空腹桁架腹杆应满足强剪弱弯的要求，可按纯弯构件设计。

空腹桁架上、下弦杆应计入相连楼板有限翼缘作用按偏心受压或偏心受拉构件设计，其中轴力可按上、下弦杆及相连楼板有限翼缘的轴向刚度比例分配。

空腹桁架上、下弦节点的截面应满足抗剪的要求，以保证空腹桁架结构具有一定延性不发生脆性破坏。

13.4 错列桁架结构体系的构造要求

1. 斜杆桁架层的构造要求

斜腹杆桁架层的受压、受拉弦杆的纵向钢筋、箍筋的构造要求同斜腹杆桁架转换层。桁架受拉、受压弦杆的受力钢筋的接头宜采用焊接接头，并优先采用闪光接触对焊，焊接接头的质量应符合国家现行标准《混凝土结构工程施工质量验收规范》（GB 50204—2002）的要求。

受压腹杆的纵向钢筋配置构造要求同受压弦杆；受拉腹杆的纵向钢筋、箍筋配置构造要求同受弦杆。

所有杆件的纵向钢筋支座锚固长度均为 l_{aE}（抗震设计）、l_a（非抗震设计）。

桁架上、下弦节点配筋构造原则上参考屋架图配置节点钢筋。桁架节点采用封闭式箍筋，箍筋要加密，且垂直于弦杆的轴线位置，并增加拉筋，以确保节点约束混凝土的性能。桁架节点区截面尺寸及其箍筋数量应满足截面抗剪承载力的要求（式（5-17）、式(5-18)），且构造上要求满足节点斜面长度≥腹杆截面高度＋50mm。节点区内侧附加元宝钢筋直径不宜小于 $\phi16$，间距不宜大于 150mm。节点区内箍筋的体积配箍率要求同受压弦杆（见表 5-12）。

2. 空腹桁架层的构造要求

受压、受拉弦杆的纵向钢筋、箍筋构造要求均同斜腹杆桁架受压、受拉弦杆的构造要求。

直腹杆的纵向钢筋、箍筋的构造要求均同斜腹杆桁架受拉腹杆的构造要求。

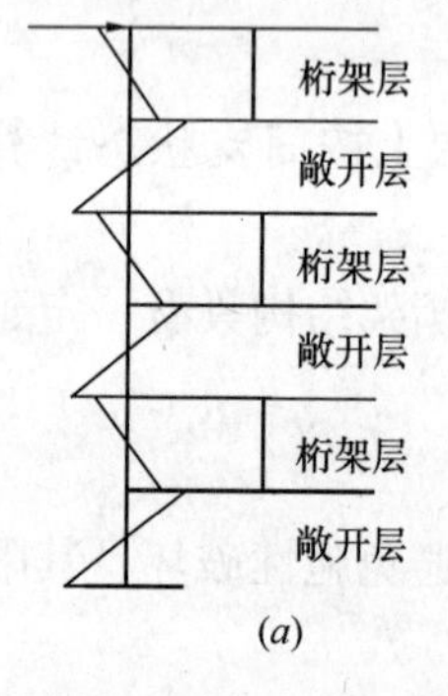

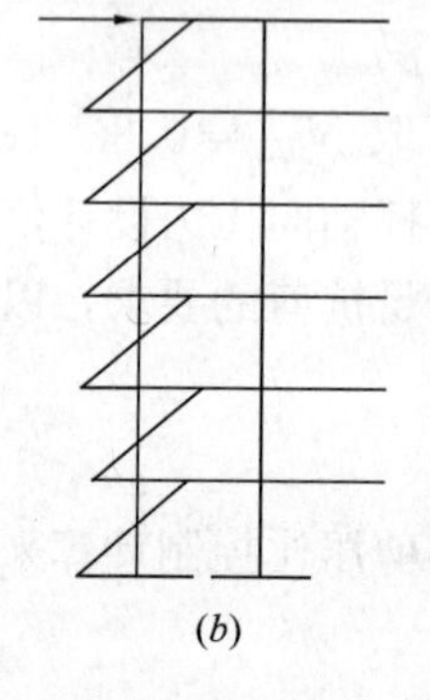

图 13-9 侧向荷载下边柱弯矩比较

（*a*）错列桁架结构；（*b*）一般框架结构

桁架节点区截面尺寸及其箍筋数量应满足截面抗剪承载力的要求［式（5-22）、式（5-23）］，且构造上要求满足短面尺寸≥腹杆断面宽度、高度＋50mm。节点区内侧附加元宝钢筋直径不宜小于 $\phi20$，间距不宜大于 100mm。节点区内箍筋的体积配箍率要求同受压弦杆（见表 5-12）。

3. 水平荷载作用下错列桁架结构中，桁架层边柱的剪力和弯矩较敞开层边柱相应的内力减小很多，且边柱的受力与一般框架结构不同（图 13-9）。结构的这一特性对桁架层弦杆与边柱节点是有利的。因此，桁架层弦杆与边柱节点的抗震构造要求可按框架结构中梁与柱边节点来处理。

参 考 文 献

［13-1］ 唐兴荣编著. 高层建筑转换层结构设计与施工[M]. 北京：中国建筑工业出版社，2002

[13-2] 唐兴荣编著. 特殊和复杂高层建筑结构设计[M]. 北京：机械工业出版社，2006
[13-3] 唐兴荣，丁大钧，王瑞. 兼有水平和竖向位移时空腹桁架的连续代入法[J]. 苏州城建环保学院学报. 1996. 9. (2)：44～51
[13-4] 唐兴荣，丁大钧，蒋永生，孙宝俊. 用连续代入法分析空腹桁架的内力[J]. 建筑结构. 1996，(11)：24～27
[13-5] 唐兴荣，蒋永生，丁大钧，孙宝俊. 间隔桁架式框架结构的静力性能分析[J]. 建筑结构. 1997. 总166期. (10)：3～7
[13-6] Gupta，R，p，and Goel，S. C. . Dynamic Analysis of staggered Truss Framing System[J]. Journal of the Structural Division. ASCE，Vol. 98，No，STT，July，1972，1475～1492

14 错列墙梁结构设计

错列墙梁结构体系是由一系列与楼层等高的墙梁组成，墙梁横跨在两排外柱之间（图 14-1）。采用这种结构体系能为建筑平面布置提供宽大的无柱面积，使楼层的使用更加灵活。在建筑平面上只有横向上的外柱而没有内柱；具有与楼层等高的墙梁的跨度按合理的跨高比确定可达 20m 以上（楼层高一般约为 3m），参考钢结构工程实例，纵向开间可做到（6～9）m。在同一楼层上墙梁可以间隔一个空间布置，其纵剖面（图 14-2）看来似砖的顺砌筑形式，所以无分隔空间的面积可达（12～18）m×20m 之大。错列结构体系是一种新型的框架结构体系，也是一种复杂的转换层结构。采用这种结构体系能为建筑平面布置提供宽大的无柱面积，使楼层的使用更加灵活，适用于高层住宅和办公楼等要求大空间的建筑物。

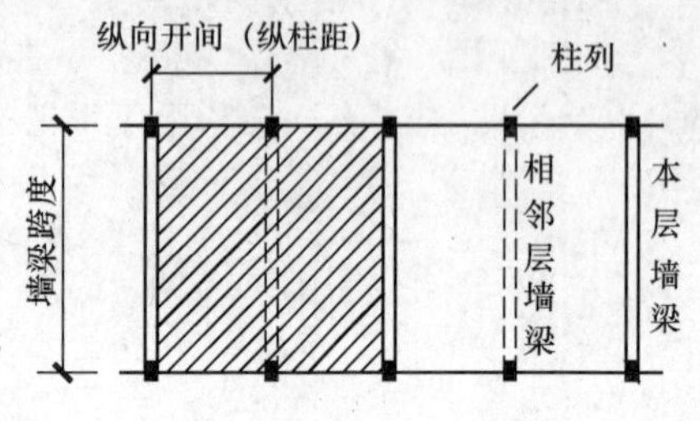

图 14-1 任意楼层平面上的桁架与柱网布置
（阴影为在该层上的无分隔空间的面积）

这种结构体系的主要承重构件为楼板、墙梁和柱。楼板系统在每一开间上一边支承在一个墙梁的上端，另一边则悬吊在其相邻墙梁的下端（图 14-2），这样便自然地出现了两个柱距的无间隔空间而楼板的跨度仅为一个柱距，从而使楼板厚度减至最小。每片墙梁的上端和下端同时承受楼板的竖向荷载，其承受竖向荷载的有效性如同大跨度屋架一样。

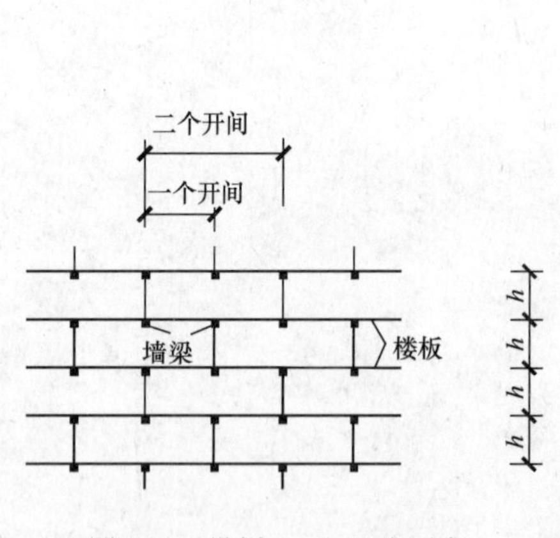

图 14-2 纵剖立面（h 为层高）

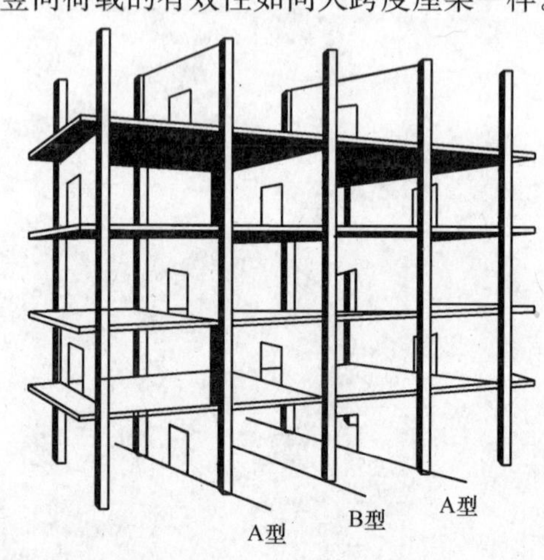

图 14-3 错列墙梁结构体系

错列墙梁结构体系（Staggered Wall-Beam Structures System）（图 14-3）是由一系列与楼层等高的大梁（墙梁）隔层交错布置组成的结构体系。墙梁的排列可以有规则地布置，例如图 14-3 中 A 型-B 型-A 型-B 型，或 A 型-B 型-B 型-A 型等，以获得某一方面所需要的更大空间。这里，A 型相应墙梁在框架的顶层，B 型相应墙梁不在框架顶部，即相邻墙梁框架。墙梁可根据其建筑功能的要求开设门洞。

14.1 错列墙梁结构体系空间工作基本原理

在错列墙梁结构体系中取出相邻两榀错列墙梁框架，即图 14-3 中的 A 型和 B 型。从平面上来看，墙梁层相对于敞开层来说，其平面内的刚度很大，类似于排架结构上的屋面梁，侧向变形主要发生在敞开层的柱子上，其单榀错列墙梁框架的变形如图 14-4（*a*）和图 14-4（*b*）所示。此时侧向荷载由柱的弯曲来承受。

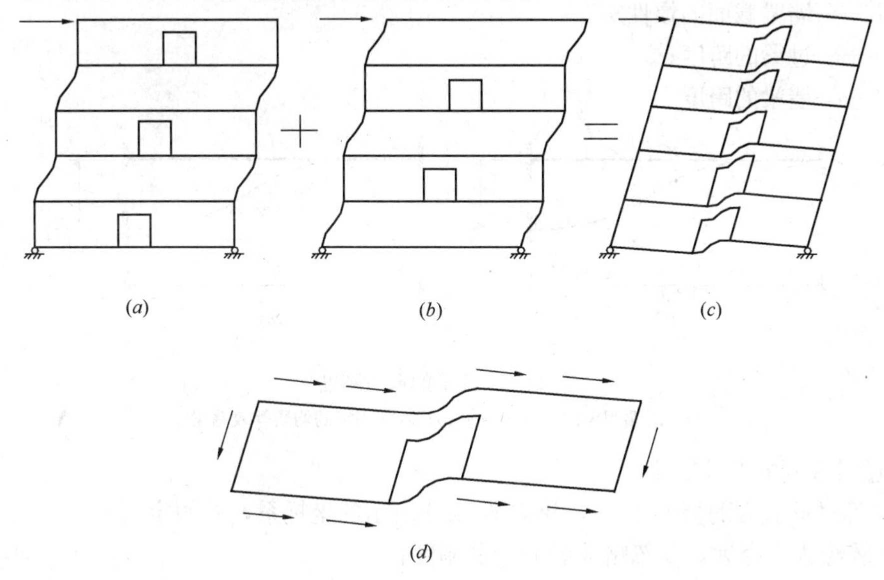

图 14-4　侧向荷载作用下墙梁框架结构体系的变形示意

（*a*）A 型；（*b*）B 型；（*c*）A 型和 B 型共同工作；（*d*）墙梁的变形

由于相邻两榀错列墙梁框架通过自身平面内刚度为无穷大的楼板系统相互连接，则在侧向荷载作用下任何一层楼面上所有的点将有相等的水平侧移，即敞开层的柱子与墙梁一起共同抵抗侧向变形。在侧向荷载作用下考虑空间工作后的错列墙梁结构的变形如图 14-4（*c*）所示，此时侧向荷载主要是由墙梁来承担。

墙梁的变形如图 14-4（*d*）所示。作用于墙梁上的荷载有：从一个墙梁的顶部楼板传到相邻墙梁底部楼板的水平剪力及墙梁端部的竖向剪力。墙梁端部的竖向剪力引起边柱的轴向力。洞口截面的竖向净剪力分别由过梁及楼板的弯曲来承担，而不是由整个洞口截面承担，其引起的变形是墙梁挠曲变形的主要因素。

14.2 侧向荷载下错列墙梁结构的内力计算

与普通框架结构的内力计算相类似，侧向荷载作用下错列墙梁结构的内力计算可简化为刚架，为此需将墙梁等效成均质构件，此时必须考虑墙梁的弯曲刚度及墙-柱组合体的轴向刚度的影响。

1. 墙梁的弯曲刚度

根据单元端部剪力作用下引起的两端固定对称墙梁（图 14-5a）和两端固定均质等效墙梁（图 14-5b）的端部侧移相等，可得等效均质墙梁的惯性矩 I

$$I=\frac{I_0}{\left(\frac{L_T}{L}\right)^3+\frac{I_0}{I_I}} \tag{14-1}$$

式中 $I_0=I_T+2I_F$；

I_T——过梁截面的惯性矩；

I_F——楼板截面的惯性矩；

I_I——墙梁截面的惯性矩；

L_T——过梁的跨度；

L——墙梁的跨度。

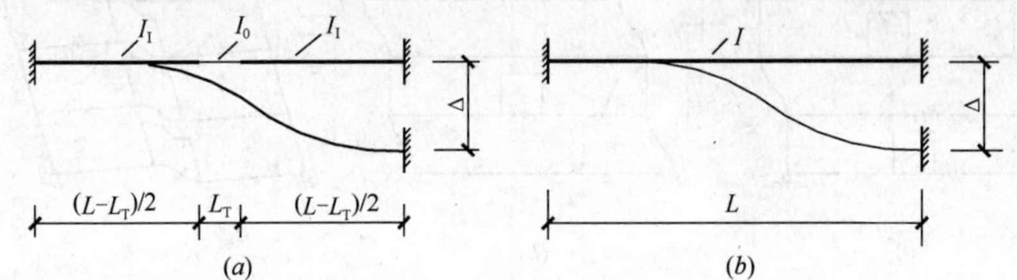

图 14-5 墙梁的弯曲刚度

（a）两端固定的对称墙梁；（b）两端固定的均质等效墙梁

2. 过梁截面的惯性矩 I_T

为计算过梁截面的惯性矩 I_T，建立图 14-6 所示的坐标系，并假定：

(1) 翼缘为无穷远，并忽略翼缘的弯曲刚度；

由于随着离腹板距离的增大（y 方向），翼缘中的应力很快减小，因此可假定翼缘为无穷远。

(2) 梁端部的整个截面保持平面；

(3) 腹板的性能符合简单梁理论（Simple Beam Theory）。

翼缘的应力分布满足双调和方程

$$\nabla^4\varphi=0 \tag{14-2}$$

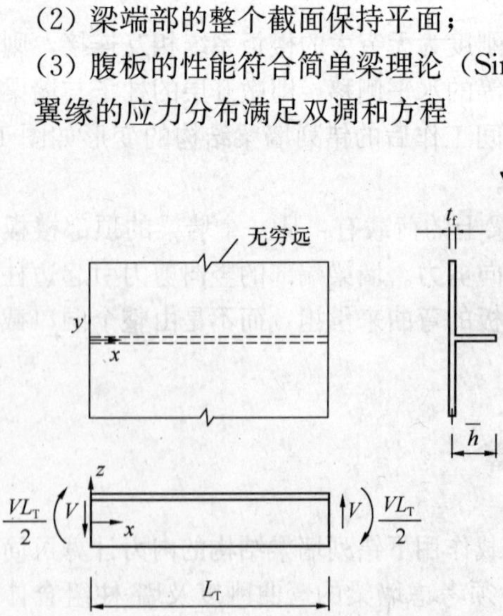

式中 φ——应力函数；

∇^4——双调和算子，且 $\nabla^4=\nabla^2\nabla^2=\left(\frac{\partial^2}{\partial x^2}+\frac{\partial^2}{\partial y^2}\right)^2=\frac{\partial^4}{\partial x^4}+2\frac{\partial^4}{\partial x^2\partial y^2}+\frac{\partial^4}{\partial y^4}$；

则应力分量可表示为

$$\sigma_x=\frac{\partial^2\varphi}{\partial y^2}$$

$$\sigma_y=\frac{\partial^2\varphi}{\partial x^2} \tag{14-3}$$

$$\tau_{xy}=\frac{\partial^2\varphi}{\partial x\,\partial y}$$

无穷远

图 14-6 T形过梁的简化

由于对称性，翼缘仅取负 y 方向的一部分。考虑到应力函数对 $x=L_T/2$ 为反对称，取应力函数为

$$\varphi=\sum_{n=1}^{\infty}[P_n+Q_n(1+a_ny)]e^{-a_ny}\cos(a_nx) \tag{14-4}$$

式中 $a_n=\dfrac{(2n-1)\pi}{L_T}$；

P_n 和 Q_n——待定常数；

L_T——过梁的跨度。

在平面应力状态下，翼缘的应变能 W_f 可表达为

$$W_f=\frac{t_f}{2E}\int_0^{\infty}\int_0^{L_T}[(\sigma_x+\sigma_y)^2+2(1+\nu)(\tau_{xy}^2-\sigma_x\sigma_y)]dxdy \tag{14-5}$$

式中 t_f——翼缘的厚度；

E——弹性模量；

ν——泊松比。

将式（14-2）和式（14-3）代入式（14-5）并积分得

$$W_f=\frac{t_fL_T}{2}\sum_{n=1}^{\infty}a_n^3\left(\frac{P_n^2}{2G}+\frac{P_nQ_n}{2G}+\frac{Q_n^2}{E}\right) \tag{14-6}$$

式中 G——剪切模量，且 $G=\dfrac{E}{2(1+\nu)}$。

取腹板微段 dx，作用在微段上的力（图 14-7a）满足平衡方程，即

$$\frac{dN}{dx}=-S$$

$$\frac{dM}{dx}=-V+\frac{1}{2}\bar{h}S \tag{14-7}$$

式中 M——弯矩；

V——竖向剪力；

N——轴向力；

S——单位长度的水平剪力；

$\bar{h}$——腹板高度（到翼缘中心）。

由于 $S=2t_f\tau_{xy}$，故在 $y=0$ 处，$S=2t_f\sum_{n=1}^{\infty}(-a_n^2\sin(a_nx))$，

$$N=-2t_f\sum_{n=1}^{\infty}a_nP_n\cos(a_nx) \tag{14-8}$$

$$M=\frac{V}{2}(L_T-2x)+t_f\bar{h}\sum_{n=1}^{\infty}a_nP_n\cos(a_nx) \tag{14-9}$$

计算腹板的应变能时应考虑其剪切变形的影响。取腹板单元图 14-7b，由平衡条件可得腹板的剪应力 τ_{xz} 为

$$\tau_{xz}=\frac{S}{2A_l}(\bar{h}+2z)+\frac{1}{16I_l}(2V-\bar{h}S)(\bar{h}^4-4z^2) \tag{14-10}$$

式中 A_l——腹板面积，且 $A_l=t_w\bar{h}$；

I_l——腹板的惯性矩，且 $I_l=\frac{1}{12}t_w\,\bar{h}^3$；

t_w——腹板的厚度。

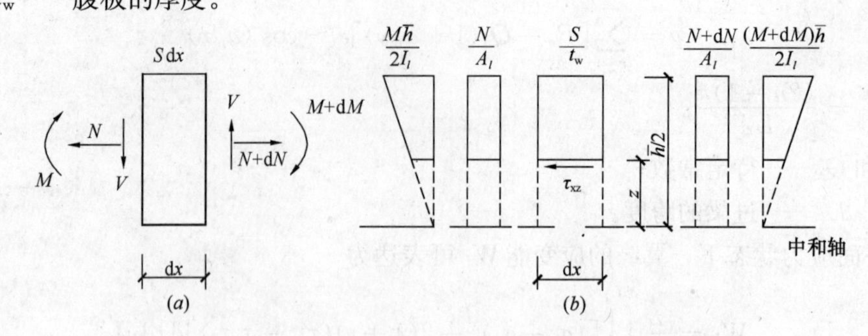

图 14-7　过梁分析

(a) 过梁腹板单元；(b) 腹板单元上的应力

腹板的应变能 W_w 表达式为

$$W_w=\int_0^{L_T}\frac{N^2}{2EA_l}dx+\int_0^{L_T}\frac{M}{2EI_l}dx+\int_0^{L_T}\int_{-\frac{\bar{h}}{2}}^{\frac{\bar{h}}{2}}\frac{\tau_{xz}^2}{2G}t_w dz dx \tag{14-11}$$

将式（14-8）～（14-10）代入式（14-11）并积分得

$$W_w=\frac{t_f^2L_T}{EA_l}\sum_{n=1}^{\infty}(a_nP_n)^2+\frac{1}{EI_l}\left[\frac{V^2L_T^3}{24}+2Vt_f\,\bar{h}\sum_{n=1}^{\infty}\frac{P_n}{a_n}+\frac{t_f^2\,\bar{h}^2L_T}{4}\sum_{n=1}^{\infty}(a_nP_n)^2\right]+$$
$$\frac{1}{GA_l}\left[\frac{3}{5}V^2L_T+\frac{2Vt_f\,\bar{h}}{5}\sum_{n=1}^{\infty}a_nP_n+\frac{2t_f^2\,\bar{h}^2L_T}{15}\sum_{n=1}^{\infty}(a_n^2P_n)^2\right] \tag{14-12}$$

总内能 U 应等于总应变能 W，即

$$U=W=2W_f+W_w \tag{14-13}$$

为满足变形协调条件，总应变能必须达最小，即

$$\frac{\partial U}{\partial P_n}=0;\frac{\partial U}{\partial Q_n}=0 \tag{14-14}$$

由此可得：

$$Q_n=\frac{1+\nu}{2}P_n \tag{14-15a}$$

$$P_n=-\frac{\frac{V\bar{h}^2}{2t_fL_T}\left[\frac{1+\nu}{5(a_n\,\bar{h})}+\frac{6}{(a_n\,\bar{h})^3}\right]}{1+\frac{(3-\nu)(1+\nu)}{16}\frac{t_w}{t_f}(a_n\,\bar{h})+\frac{1+\nu}{15}(a_n\,\bar{h})^2} \tag{14-15b}$$

采用 Castigliano′s theorem 计算过梁端部的相对挠度，并与相同方式荷载下简单梁的相对端部挠度比较，可得过梁的惯性矩 I_T

$$I_T=\frac{I_l}{1+\frac{12(1+\nu)\bar{h}^2}{5L_T^2}-\frac{2\bar{h}^4}{L_T^4}\sum_{n=1}^{\infty}\left[\frac{\frac{6}{(a_n\,\bar{h})^2}+\frac{1+\nu}{5}}{1+\frac{(3-\nu)(1+\nu)}{16}\frac{t_w}{t_f}(a_n\,\bar{h})+\frac{1+\nu}{15}(a_n\,\bar{h})^2}\right]} \tag{14-16}$$

3. I 形墙梁的惯性矩 I_{I}

假定相邻 I 形梁具有完全相同的应力和挠度形式，且墙梁顶部翼缘和底部翼缘的应力和挠度相等，但负号相反。因此墙腹没有轴向力；应力函数关于 x 轴和 y 轴反对称。不考虑翼缘的弯曲刚度，墙腹的性能满足简单梁理论。

分析过程同上述，这里仅给出应力函数和平衡方程。

满足双调和方程的翼缘应力函数 φ：

$$\varphi=\frac{V_{\mathrm{yx}}}{t_{\mathrm{f}}h}\left(\frac{x^{2}}{L^{2}}-\frac{3}{4}\right)+\sum_{n=1}^{\infty}\left[P_{\mathrm{n}}\left(X_{1\mathrm{n}}Y_{1\mathrm{n}}-X_{2\mathrm{n}}Y_{2\mathrm{n}}\right)-Q_{\mathrm{n}}\left(X_{1\mathrm{n}}Y_{2\mathrm{n}}+X_{2\mathrm{n}}Y_{1\mathrm{n}}\right)\right] \tag{14-17}$$

式中 V——剪力；

$$X_{1\mathrm{n}}+iX_{2\mathrm{n}}=\cosh\left(\frac{q_{\mathrm{n}}}{2}\right)\sinh\left[\left(\frac{q_{\mathrm{n}}x}{L}\right)-\left(\frac{2x}{L}\right)\right]\sinh\left(\frac{q_{\mathrm{n}}}{2}\right)\cosh\left(\frac{q_{\mathrm{n}}x}{L}\right);$$

$$Y_{1\mathrm{n}}+iY_{2\mathrm{n}}=\sinh\left(\frac{q_{\mathrm{n}}y}{L}\right);$$

$$i=\sqrt{-1};$$

$$q_{\mathrm{n}}=a_{\mathrm{n}}+ib_{\mathrm{n}};$$

h——墙梁高度；

P_{n} 和 Q_{n}——待定参数。

给定 Y 值，所有变量在任何翼缘截面将引起自平衡应力。表达式中 $V_{\mathrm{yx}}/(t_{\mathrm{f}}h)$ 由整个 I 形墙梁单元的平衡条件来确定。$X_{1\mathrm{n}}$ 和 $X_{2\mathrm{n}}$ 已用于分析半无限弹性梁。沿 $x=\pm L/2$ 边无正应力和剪应力。假定 a_{n} 和 b_{n} 为复杂方程 $\sinh(a_{\mathrm{n}}+ib_{\mathrm{n}})=a_{\mathrm{n}}+ib_{\mathrm{n}}$ 的解。

平衡方程为

$$\frac{\mathrm{d}M}{\mathrm{d}x}=V+hS$$

$$\tau_{\mathrm{xz}}=\frac{hS}{A_{\mathrm{w}}}+\frac{1}{8I_{\mathrm{w}}}(V-hS)(h^{2}-4z^{2}) \tag{14-18}$$

同前述可计算翼缘和腹板的能量表达式。在这种情况下，腹板应考虑弯曲和剪切的影响。由于在各变量间存在匹配，协调条件导致无穷组方程，要得到确定的解是不可能的，方程（14-17）必须采用数值计算。图 14-8 为典型的结果，其中 I_{W} 为墙腹的惯性矩。

4. 墙梁腹板的局部变形

墙梁在过梁连接处引起的局部变形可通过增加过梁有效长度来考虑。文献［14-3］采用 8 结点的矩形单元进行分析，考虑变量为：过梁跨度 L_{T}、过梁高度 $\bar{h}$ 及翼缘与腹板的厚度比 $t_{\mathrm{f}}/t_{\mathrm{w}}$。保持翼缘宽度与墙高度比（$B/h$）等于 1.5，$\bar{h}/h$ 在 0.125～0.25 间。给出过梁的附加长度 $e\bar{h}$

$$e\bar{h}=\left(\frac{\delta_{\mathrm{c}}-\delta_{\mathrm{w}}}{\delta_{\mathrm{f}}}\right)^{1/3}L_{\mathrm{T}} \tag{14-19}$$

式中 δ_{c}——梁顶的挠度；

δ_{w}——由于墙腹变形引起的顶点挠度；

δ_{f}——过梁挠度。

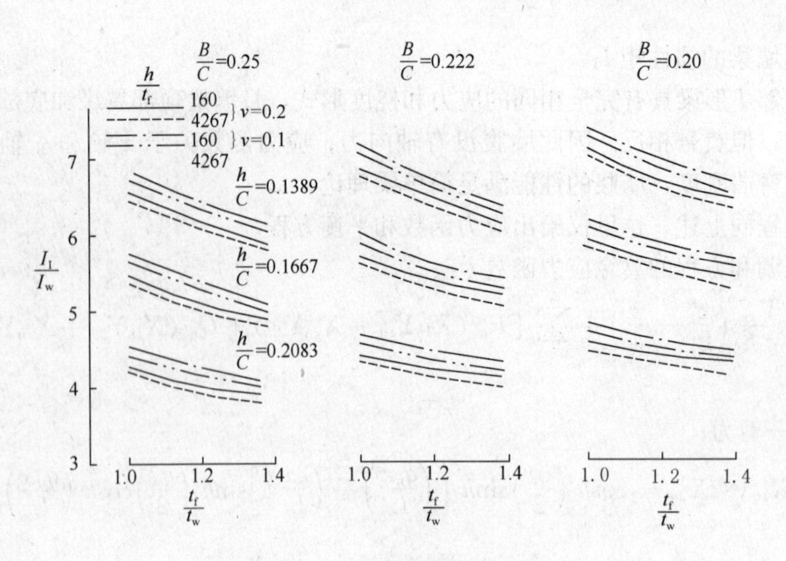

图 14-8 各几何参数惯性矩比

图 14-9 为各种几何参数时的 e 值。由于腹板与翼缘的厚度比（t_w/t_f）对 e 的影响很小，这里忽略了这一参数的影响。

这样过梁的有效长度 L_e

$$L_e = L_T + 2e\bar{h} \tag{14-20}$$

5. 楼板的弯曲刚度 I_F

取楼板的有效宽度计算其弯曲刚度 I_F，楼板的有效翼缘宽取值：$12h_i$（中间墙梁）、$6h_i$（边墙梁），h_i 为与墙梁顶、底相连楼板的厚度。

6. 等效墙梁的惯性矩 I

采用过梁的有效长度 L_e 计算顶部翼缘的惯性矩 I_{FT}，采用过梁的跨度 L_T 计算底部翼缘的惯性矩 I_{FB}。开洞墙梁的总惯性矩为：

$$I_0 = I_T + I_{FT} + I_{FB}\left(\frac{L_e}{L_T}\right)^3 \tag{14-21}$$

则等效墙梁的惯性矩 I 为

$$I = \frac{I_0}{\left(\frac{L_e}{L}\right)^3 + \frac{I_0}{I_1}} \tag{14-22}$$

式中 L_e——过梁有效长度，按式（14-20）计算；

I_0——开洞墙梁的总惯性矩，按式（14-21）计算。

7. 柱的轴向刚度

柱的轴向刚度应考虑柱-墙组合截面（图 14-10a）。墙腹的应力在 X 方向很快减小，因此可假定墙腹为无穷远的构件。假定在荷载作用下柱的竖向轴线保持直线。应力函数在梁腹端部的正应力和水平位移为零。

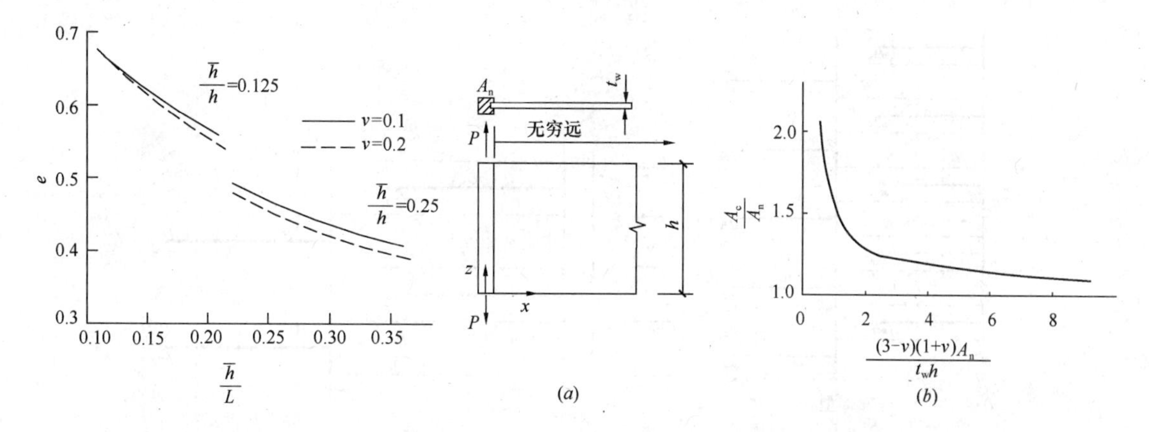

图 14-9 各种几何参数时 e 值

图 14-10 柱-墙轴向刚度分析

（a）柱单元；（b）柱面积比

对于梁腹，满足双调和方程的应力函数为

$$\varphi=\sum_{n=1}^{\infty}\left[P_{\mathrm{n}}+Q_{\mathrm{n}}(1+a_{\mathrm{n}}x)\right]e^{-a_{\mathrm{n}}x}\sin(a_{\mathrm{n}}z) \tag{14-23}$$

式中 $a_{\mathrm{n}}=\dfrac{(2n-1)\ \pi}{h}$；

P_{n}、Q_{n}——待定参数。

柱截面的平衡方程

$$\frac{\mathrm{d}N}{\mathrm{d}z}=-S \tag{14-24}$$

在 $x=0$ 时，$S=t_{\mathrm{w}}\tau_{\mathrm{xz}}$。根据最小能量条件可得：

$$Q_{\mathrm{n}}=\frac{1+\nu}{n}P_{\mathrm{n}} \tag{14-25a}$$

$$P_{\mathrm{n}}=\frac{4P}{t_{\mathrm{w}}ha_{\mathrm{n}}^{2}\left[\dfrac{a_{\mathrm{n}}A_{\mathrm{n}}(3-\nu)(1+\nu)}{2t_{\mathrm{w}}}\right]+1} \tag{14-25b}$$

式中 A_{n}——柱净面积。

比较柱与等效简支柱的相对端位移可得等效柱截面积 A_{c} 为

$$\frac{A_{\mathrm{c}}}{A_{\mathrm{n}}}=\frac{1}{1-\sum\limits_{n=1}^{\infty}\dfrac{8}{(a_{\mathrm{n}}h)^{2}\left[\dfrac{a_{\mathrm{n}}A_{\mathrm{n}}\ (3-\nu)\ (1+\nu)}{2t_{\mathrm{w}}}\right]+1}} \tag{14-26}$$

图 14-10（b）给出了上述方程曲线。

8. 墙梁框架的内力计算模型

通过上述分析，错列墙梁框架结构可简化为如图 14-11（a）所示的等效框架结构。对称结构在侧向荷载作用下弯曲产生反对称的侧移，分析时可取半边结构。在墙梁的跨中没有弯矩和竖向挠度，用一个滚动支座来代替。

分析时位移坐标系见图 14-11（b），每个楼层有一个水平位移和两个竖向位移（A 型、B 型框架各一个）。

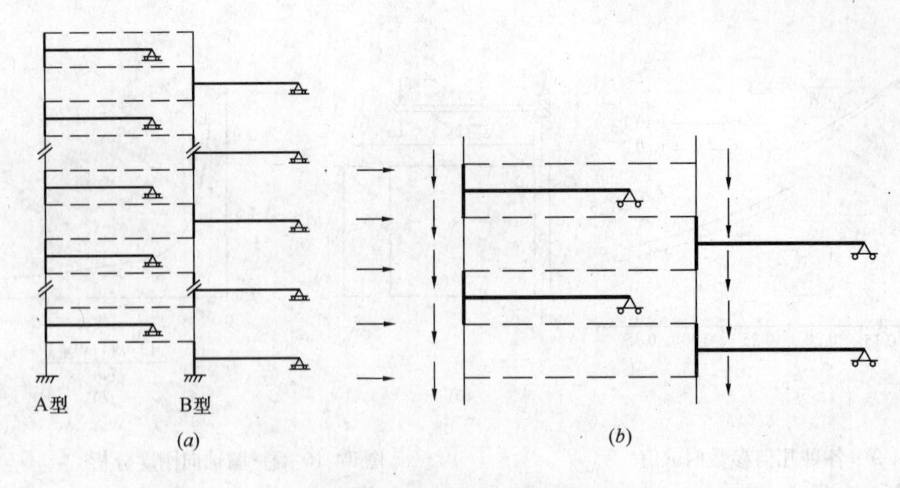

图 14-11 墙梁框架计算简图

(*a*) 墙梁框架简图；(*b*) 位移坐标系

14.3 错列墙梁结构体系的构造要求

1. 为保证结构在纵向具有足够的刚度，可采取下列两措施：

(1) 楼板边缘应设置具有一定高度的纵向边梁，其可与错列墙梁框架的外柱形成两道纵向抗侧力框架，最好在顶层楼板边缘设置刚度较大的边梁，使其具有类似顶层加强层的作用，可有效提高结构纵向整体抗侧刚度。

(2) 结构的两端设置剪力墙，剪力墙的刚度沿高度向上均匀变化，并保证剪力墙的基础有足够的抵抗转动刚度。这样纵向由端部剪力墙、横向框架外柱与楼板边梁组成的外纵向框架构成了抗侧力结构，在纵向作用下，其受力性能类似于一般框架剪力墙结构。

2. 在结构允许的限度内，墙梁可根据建筑功能的要求开设门洞。洞口过梁必须采取加强措施，箍筋要加密，以增强其抗剪能力。过梁箍筋计算时宜将剪力设计值乘放大系数1.2。当洞口内力较大时，可采用型钢构件来加强。

3. 由于墙梁顶部、底部同时承受楼板传来的荷载，因此，沿墙梁全跨应均匀设置竖向附加吊筋。吊筋应伸到梁顶，并宜做成封闭形式，其间距不宜大于 200mm。

为控制悬吊作用引起的裂缝宽度，吊筋的受拉能力不宜充分利用，在计算附加吊筋总截面面积时，吊筋设计强度 f_{yv}应乘以承载力计算附加系数 0.8。

4. 墙梁纵向钢筋边支座构造、锚固要求同框支梁，所有纵向钢筋均以柱内边起计锚固长度。

5. 墙梁的混凝土强度等级、纵向钢筋、腰筋、箍筋构造要求同框支梁。

14.4 错列结构中楼板构造

在错列结构中，楼板不仅要承受竖向荷载，而且纵、横两向的水平剪力也要通过楼板传递，且越往底层楼板传递的剪力越大，所以结构底部楼板要加强，应有足够的强度和刚度保证其能够传递所要求的水平剪力。因此，楼板应采用现浇，板厚要适当增大，一般底

部各层取 $h=180\sim200$mm，上部各层取 $h=150\sim180$mm，并配置不少于 $\phi8@200$ 的双向双层分布钢筋，混凝土强度等级不应低于 C30。

参 考 文 献

[14-1] 唐兴荣编著. 高层建筑转换层结构设计与施工[M]. 北京：中国建筑工业出版社，2002

[14-2] Fintel，M. Staggered Transverse wall Beams for Multistory concrete Buildings[J]. Journal of the American Concrete Institute Vol. 65，No，5，May，1968，366～378

[14-3] Mee，A. L. Jordan，I. A. and Ward，M. A.. Wall-Beam Frames Under Static Lateral Load[J]. Journal of the structural Division，ASCE，Vol. 101，No. ST2，Feb.，1975，377～395

15 错列剪力墙结构设计

在传统的框架-剪力墙结构中，沿建筑物高度方向剪力墙是连续布置的，这种剪力墙的布置方式，即使在中等高度（20层）的结构中，结构的侧向变形和剪力墙底部的弯矩都很大。与传统框架-剪力墙结构体系不同，错列剪力墙结构体系（Staggered Shear Panels Structures System）是将一系列与楼层等高和开间等宽的墙板沿框架高度隔层错跨布置（图15-1），这种布置方式可使整个结构体系成为几乎对称均质，具有优异的抵抗水平荷载的能力。只要墙板合理布置，错列剪力墙结构可提高结构的横向抗侧刚度，同时可大大地降低剪力墙的底部弯矩，这对剪力墙的基础设计是有益的。

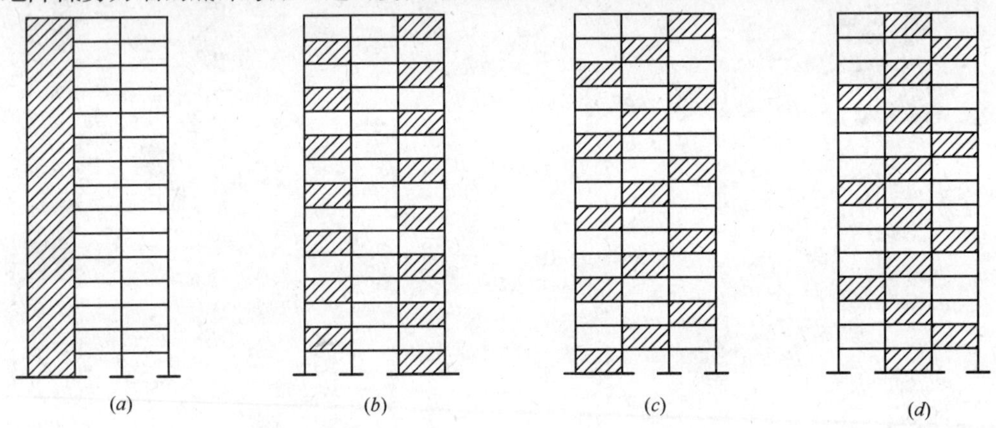

图15-1 错列剪力墙结构
(*a*) 传统框架-剪力墙结构；(*b*) 类型1；(*c*) 类型2；(*d*) 类型3

错列剪力墙结构也是一种复杂的转换层结构，能为建筑设计提供大的空间，在提高结构横向抗侧刚度及抵抗水平地震作用方面要比传统框架-剪力墙结构有独特的优势，不过它在纵向结构布置及刚度上显得相对薄弱，应采取相应的措施。

本章基于编者所进行的错列剪力墙结构试验研究成果和分析，分析了错列剪力墙结构体系的空间工作原理，提出了错列剪力墙结构的结构内力的实用计算方法、设计和构造要求。

15.1 错列剪力墙结构考虑空间工作的基本原理

对于类型1，当错列剪力墙结构中两个子结构间的梁没有联系时，刚性墙板使单跨框架的侧向变形呈弯曲型（图15-2*a*和图15-2*b*）。当两个子结构在楼层处用梁连接起来后，两个子结构将共同工作。在侧向荷载的作用下，A点和A'点向内相对移动，梁AA'受压力；B点和B'点向外相对移动，梁BB'受拉力。因此，在侧向荷载作用下，由于两个子结构的相互作用，错列剪力墙结构中梁交替产生拉力、压力，如图 15-2（*c*）所示。

对于类型 2，侧向荷载作用下错列剪力墙结构中梁同受拉力或压力，如图 15-2（*d*）所示。

对于类型 3，侧向荷载作用下错列剪力墙结构中同一跨内的梁承受相同向的拉力或压力，如图 15-2（*e*）所示。

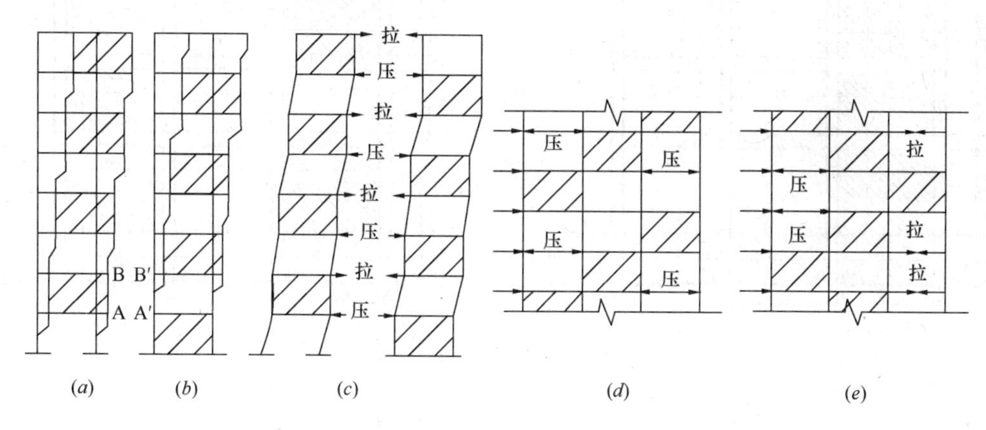

图 15-2 侧向荷载下错列剪力墙结构的工作机理

（*a*）、（*b*）、（*c*）类型 1；（*d*）类型 2；（*e*）类型 3

综上所述，由于墙板的隔层错跨布置，使错列剪力墙结构中各构件的内力发生重分布。与传统框架-剪力墙结构相比，错列剪力墙结构中梁存在较大的轴向拉（压）力，墙板底部的弯矩大大减小，内柱的底部固端弯矩增大。这是由于原本由墙板承担的部分弯矩传递给了柱，而使墙板承担的内力减小的缘故。

15.2 错列剪力墙结构的试验研究

15.2.1 试验概况

1. 试件概况

本次试验共有 4 个试件，其中 SSW-1、SSW-2、SSW-3 为错列剪力墙结构模型，SSW-0 传统框架-剪力墙结构模型，用作对比试验。试件 SSW-0、SSW-1、SSW-2、SSW-3 柱的截面尺寸均为 100mm×150mm，梁的截面尺寸均为 100mm×120mm，混凝土设计强度为 C30。各试件的截面尺寸及配筋情况见表 15-1 和图 15-3（四个试件的梁柱配筋和墙板的分布筋均相同，区别在于试件 SSW-2、SSW-3 的墙板中增设了 X 形斜向钢筋）。

2. 材料的力学性能

每批混凝土留有三个混凝土立方体（150mm×150mm×150mm）试块和三个棱柱体（100mm×100mm×300mm）试块，实测混凝土立方体抗压强度和棱柱体抗压强度分别为：45.32N/mm^2、16.66N/mm^2（SSW-0、SSW-1）、40.16N/mm^2、14.76N/mm^2（SSW-2、SSW-3）。每种规格钢筋留三根 500mm 长的试样作材料试验用，实测钢筋的抗拉屈服强度和极限强度。

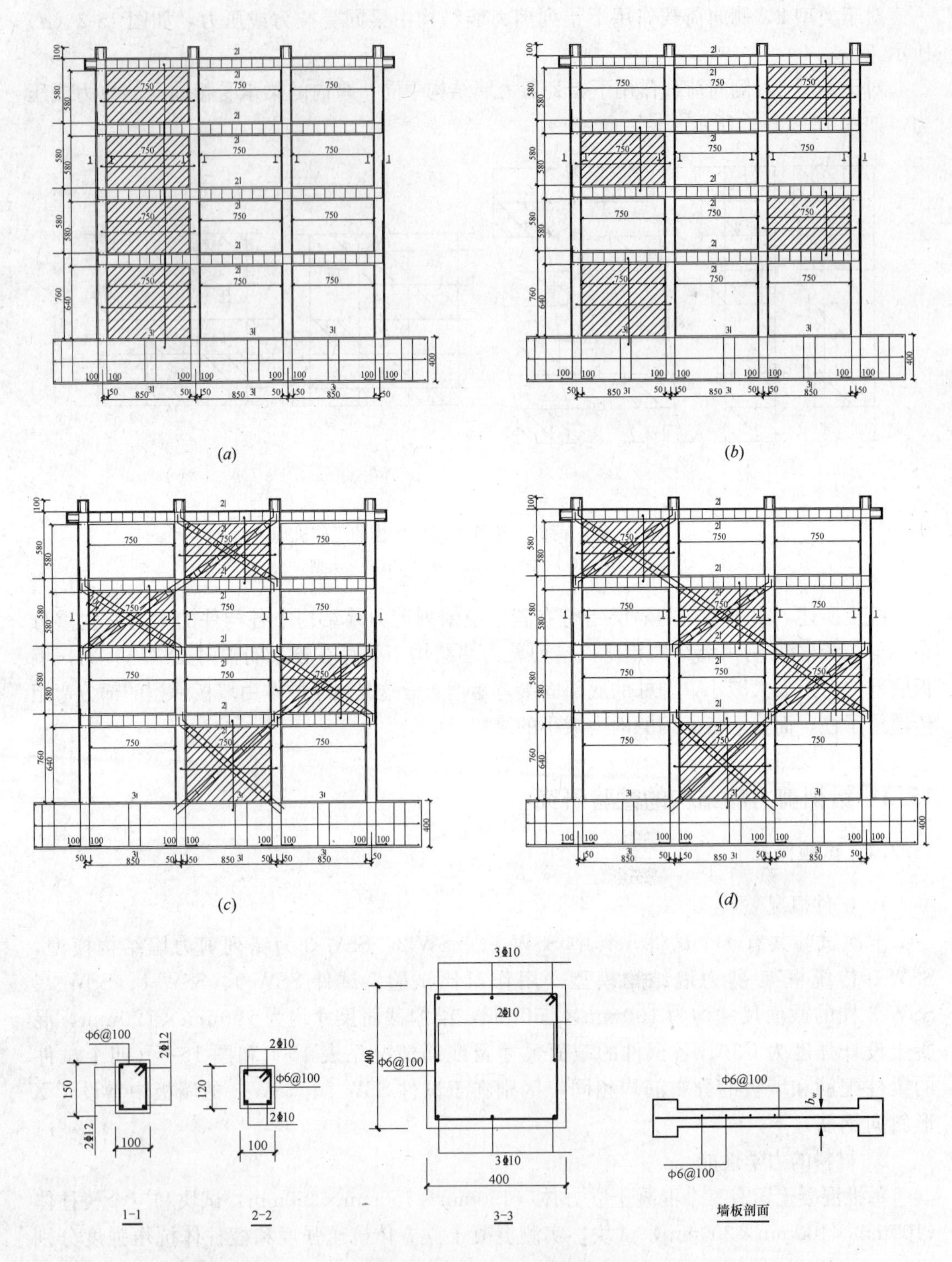

图 15-3　试件配筋图（注：SSW-2、SSW-3 试件中墙板斜筋为 2Φ 12，箍筋为Φ 6@100）

（*a*）试件 SSW-0；（*b*）试件 SSW-1；（*c*）试件 SSW-2；（*d*）试件 SSW-3

试件尺寸和配筋 **表 15-1**

<table>
<tr><td rowspan="3">试件名称</td><td colspan="6">纵向钢筋</td></tr>
<tr><td colspan="2">柱</td><td colspan="2">梁</td><td colspan="2">墙板</td></tr>
<tr><td>$b\times h$ (mm×mm)</td><td>配　筋</td><td>$b\times h$ (mm×mm)</td><td>配　筋</td><td>厚度 b_w (mm)</td><td>纵、横向分布筋</td></tr>
<tr><td>SSW-0</td><td>101.7×147.0</td><td>4ⲫ12</td><td>101.0×122.3</td><td>4ⲫ10</td><td>75</td><td>Φ6@100</td></tr>
<tr><td>SSW-1</td><td>102.3×147.7</td><td>4ⲫ12</td><td>101.0×122.0</td><td>4ⲫ10</td><td>76</td><td>Φ6@100</td></tr>
<tr><td>SSW-2</td><td>102.3×153.0</td><td>4ⲫ12</td><td>94.0×119.3</td><td>4ⲫ10</td><td>74</td><td>Φ6@100+4ⲫ12</td></tr>
<tr><td>SSW-3</td><td>101.0×149.7</td><td>4ⲫ12</td><td>99.3×123.0</td><td>4ⲫ10</td><td>77</td><td>Φ6@100+4ⲫ12</td></tr>
</table>

3. 加载制度与加载装置

试验采用的加载程序：首先对试件施加 50%的竖向荷载，反复两次后加至 100%的竖向荷载设计值，并在整个加载过程中不变。在水平方向施加低周反复荷载，水平荷载采用分级加载制度：在试件屈服前，加载采用荷载控制，加 2～3 级荷载到试件开裂，开裂前每级荷载循环一次，开裂后每级荷载循环三次直到试件屈服；试件屈服后，加载改为变形控制，变形值取试件屈服时的位移 δ_y 的整数倍，即 δ_y、$2\delta_y$、$3\delta_y$、$4\delta_y$……；每级加载循环三次，当承载力下降到荷载最大值的 85%以下为止，试件破坏。

试验在江苏省结构工程重点实验室（苏州科技学院）进行，加载装置如图 15-4*a* 所示。为保证试件加载过程中的侧向稳定性，制作了两套带滑轮的侧向支撑（图 15-4*b*）。

采用竖向液压千斤顶通过分配梁施加竖向集中荷载 N，每个柱子的轴向力 $N=100\text{kN}$，并保持恒定。采用电液伺服加载系统（MTS），500kN 电液伺服拉压千斤顶施加

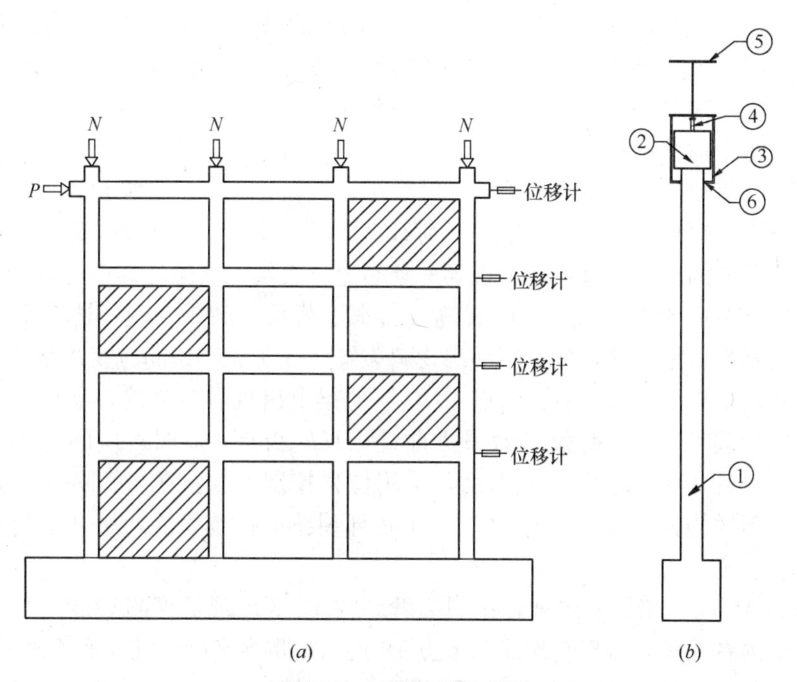

图 15-4　加载装置示意图

①试件；②竖向荷载分配梁；③和⑥带滑轮的侧向支撑；④竖向加载千斤顶；⑤支架横梁

水平低周反复荷载 P，采用 100mm 位移传感器量测各层梁轴线处的水平位移 δ（图 15-4a），采用 2mm×3mm 电阻片量测梁端、柱端各控制截面纵向受力钢筋及箍筋的应变，以及墙板分布水平和竖向钢筋、斜向钢筋等控制截面的应变。所有测量数据均通过计算机记录并打印。

15.2.2 试验结果及分析

1. 试件受力全过程描述

为便于试件受力全过程描述，对试件的墙、梁、柱及梁柱节点进行编号，各试件杆件的编号均相同，见图 15-5。

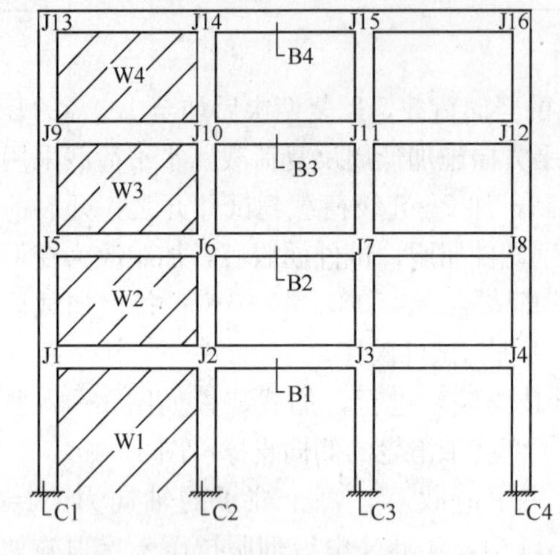

图 15-5　试件各杆件编号

在竖向荷载加载过程中，所有试件均未发现裂缝，试件处于弹性工作状态。

各试件的最终破坏状态见图 15-6 所示，因篇幅所限，这里仅以试件 SSW-0、SSW-1 为例说明错列剪力墙结构的受力全过程。

（1）试件 SSW-0

当水平荷载低于 60kN 时，试件处于无裂缝状态，基本处于弹性工作阶段。当水平荷载达到约 60kN 时，梁 1 跨中出现细微竖向裂缝，长度约 2/3 梁高，但在本级荷载循环结束时，裂缝基本闭合。当水平荷载达 80kN 时，在柱 1 根部出现一条斜裂缝，梁 2 跨中也出现一条细微的斜裂缝，墙板 1 中间部分出现第一条裂缝；反向加载时，柱 2 根部也出现一条斜裂缝。当水平荷载达 100kN 时，梁 3 也出现了一条斜裂缝，反向加载时，节点 8 处出现贯通整个梁截面的裂缝，梁 3 节点 10 右侧出现贯通裂缝。当水平荷载达到 120kN 时，柱 1 的第一层出现多条平行斜裂缝，其中柱底部两条斜裂缝已经贯通整个柱截面；墙板 2 开始出现裂缝，墙板 1 裂缝得到发展，裂缝宽度比上一级荷载大，裂缝的数量也比上一级荷载多，节点 2、3 处出现裂缝，节点 8 处出现新的斜裂缝；反向加载时，节点 7 出现第一条裂缝；在第二次循环结束时，墙板 1 根部新增一条斜裂缝，节点 6 处也出现新的裂缝。当水平荷载达到 140kN，柱 3 根部出现斜裂缝，节点 7 处出现新增裂缝，柱 4 底部出现斜裂缝，柱 1 底部钢筋应变片基本达到屈服应变，梁 1 处有新增裂缝且有开展，节点 10 右侧的梁上出现贯穿裂缝，节点 4、11 出现贯穿裂缝；反向加载时，试件荷载-位移骨架曲线出现转折点，此时对应的位移定义为试件的屈服位移 δ_y（约 10mm）。试件屈服后，采用位移控制加载。在 $\pm\delta_y$ 的循环过程中，墙板 1 根部出现新增的斜裂缝，柱 1、2、3、4 底部裂缝进一步发展，梁 2 中间跨出现新增的竖向裂缝。

位移达到 $2\delta_y$ 时，墙板 1 出现多条斜裂缝，柱 1、3 出现贯穿斜裂缝，节点 7 出现斜裂缝，墙板 1 的右上角区出现斜裂缝，节点 12 处出现贯穿裂缝，柱 4 底部裂缝宽度变大，节点 11 处出现水平和斜向裂缝，节点 15 出现水平裂缝，此时梁内主筋基本已屈服，荷载在不断上升。位移达到 $-2\delta_y$ 时，节点 12 出现贯穿裂缝，节点 3 出现两条新裂缝，节点 4

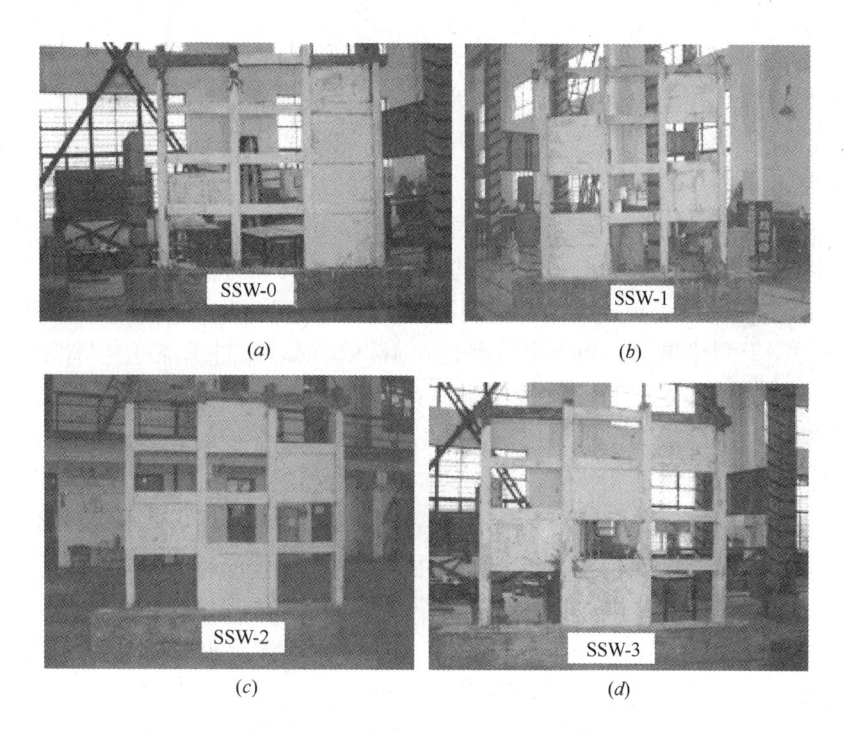

(*a*) (*b*) (*c*) (*d*)

图 15-6 试件的最终破坏状态

(*a*) 试件 SSW-0；(*b*) 试件 SSW-1；(*c*) 试件 SSW-2；(*d*) 试件 SSW-3

出现一条竖向裂缝，梁上所有裂缝都进一步开展，节点 16 出现新裂缝，节点 7 出现交叉裂缝，柱 3 顶部出现一条新裂缝，梁 2 节点 6、7 出现贯穿裂缝。位移达到 $3\delta_y$ 时，墙板 1 混凝土开始剥落，而且墙板 1 上原有裂缝进一步开展，柱 4 根部出现许多竖向裂缝，柱 4 上原有斜裂缝宽度加大，节点 3 出现新的斜裂缝。墙板 1 根部原有裂缝进一步开展，柱 4 表面混凝土大量剥落。位移达到 $-4\delta_y$ 时，节点 2 处斜裂缝贯穿，墙板的分布钢筋屈服，顶层水平位移最大达到 42mm，此时水平拉力最大达到 227kN。位移达到 $5\delta_y$ 时，裂缝发展迅速，裂缝宽度也不断加大，墙板 1 上的裂缝宽度变得很大。位移达到 $6\delta_y$ 时，裂缝发展迅速，裂缝宽度不断加大，与 $5\delta_y$ 相比，水平荷载略有下降，但下降幅度不大。水平推力下降到 198kN，水平拉力下降到 220kN，柱 4 顶部混凝土压碎。位移达到 $7\delta_y$ 时，试件模型中的柱 3、4 顶部被压坏，试验结束。试件最终破坏状态见图 15-6（*a*）。

（2）试件 SSW-1

当水平荷载低于 60kN 时，试件处于无裂缝状态，基本处于弹性工作阶段。当水平荷载达到 80kN 时，节点 2 右侧的梁上出现第一条裂缝，梁 3 跨中出现 3 条平行的竖向裂缝，其中有两条裂缝贯穿整个梁截面，梁 1 中间跨出现多条贯穿裂缝；当荷载达到－80kN 时，梁 2 跨中出现 5 条竖向裂缝，并且这 5 条裂缝基本贯穿。当水平荷载达到 100kN 时，梁 1 左侧跨中出现裂缝，墙板 1 出现第一条斜裂缝，梁 3 上出现新的竖向裂缝，上一级荷载产生的裂缝进一步开展，梁 1 上的裂缝也有进一步开展，节点 10 右侧和节点 11 的左侧梁上出现新的裂缝；当荷载－100kN 时，墙板 3 出现第一条斜裂缝，梁 2 的跨中节点区裂缝基本已经贯穿整个梁截面，但本级荷载所产生的裂缝宽度不大。当水平荷载达到 120kN 时，墙板 4 出现斜裂缝，墙板 2 也出现斜裂缝并向梁 1 延伸，节点 3 左右两侧的梁上出现新增竖向裂缝，梁1上裂缝基本贯穿整个梁截面，墙板1出现新的沿墙对角方向的斜裂缝，柱1的节点1下侧出现第一条水平裂缝，节点5处出现水平裂缝，截面14出现新的竖向裂缝，荷载达到－120kN时，墙板2出现斜裂缝并一直延伸到梁上，节点4处的柱上出现一条水平裂缝，墙板3的斜裂缝进一步开展，且裂缝宽度变大，本级荷载循环结束所有墙板均有裂缝产生。当水平荷载达到140kN时，顶层水平位移达到5.3mm，墙板1上斜裂缝进一步发展、墙板4出现新的对角方向的斜裂缝并一直延伸到梁3上，节点10右侧的梁上出现新增竖向裂缝，墙板3上又出现沿墙板对角方向的斜裂缝，节点6右侧的梁上裂缝贯穿。当水平荷载达到160kN时，试件荷载-位移骨架曲线出现转折点，此时对应的位移定义为试件的屈服位移δ_y。试件屈服后，采用位移控制加载。墙板1上的斜裂缝基本已贯穿整个对角，并且出现多条与之平行的裂缝，均匀分布于整个墙板，墙板2、3、4也出现很多裂缝，裂缝延伸到与之相连的梁上，节点1、2、3、4的下侧柱上均出现水平向裂缝，且节点8下侧裂缝已贯穿。当位移达$\pm\delta_y$时，墙板1裂缝变宽，墙板4表面出现与梁3相连的斜裂缝，柱4出现1条竖向裂缝，节点7左侧的梁上出现一条新的斜裂缝，墙板2出现2条新的斜裂缝并一直延伸到柱3表面。

位移达到$2\delta_y$时，墙板2表面又出现一条斜裂缝，墙板1出现沿对角线全面贯通的斜裂缝，墙板2、4表面的斜裂缝迅速开展并一直延伸到与之相连的梁上，墙板1上出现交叉裂缝，节点1梁上出现贯通裂缝，各墙板上裂缝不断开展，裂缝逐步呈网状布置。位移达到$3\delta_y$时，节点6处出现斜裂缝，节点4处出现新增斜裂缝，节点7出现斜裂缝，墙板2裂缝开展迅速一直延伸到梁上，墙板3出现与$2\delta_y$时产生的裂缝相交叉的裂缝，墙表面裂缝呈网状，节点5处混凝土局部被压碎，当位移到达$-3\delta_y$时，柱4根部出现两条水平裂缝，节点12处出现多条斜裂缝，梁2左侧跨内裂缝基本贯穿，截面3处裂缝贯穿整个梁截面，四块墙板上的裂缝都开展迅速。在位移逐渐向$4\delta_y$增大的过程中，柱4根部斜压破坏，试验结束。试件最终破坏状态见图15-6（*b*）。

主要试验结果汇总于表15-2。

实测各阶段荷载、位移值 **表15-2**

试件编号	加载阶段／加载方向	开裂荷载点 P_{cr} (kN)	开裂荷载点 δ_{cr} (mm)	屈服荷载点 P_y (kN)	屈服荷载点 δ_y (mm)	峰值荷载点 P_m (kN)	峰值荷载点 δ_m (mm)	极限荷载点 P_u (kN)	极限荷载点 δ_u (mm)
SSW-0	正向	79.1	5.67	139.9	11.4	205	38.62	198.6	64.52
	反向	99.9	3.14	140.1	7.03	241.6	55.3	227.3	75.6
SSW-1	正向	80	2.16	160	7.31	222.3	20.71	205.9	21.31
	反向	100	1.79	159	5.11	235.4	17.73	218.2	18.29
SSW-2	正向	60	0.65	160	4.36	274.5	18.45	209.9	15.59
	反向	60	0.34	159.8	3.76	249.7	16.2	240.3	16.86
SSW-3	正向	100	1.15	220	4.92	285.1	17.39	242.5	25.71
	反向	60	0.49	220	7.99	285	26.13	237.7	35.23

注：表中SSW-0、SSW-1、SSW-2中的极限荷载指的是试件破坏前的最后一级循环中的最大值；SSW-3的极限荷载就是峰值荷载的85%。

2. 墙板裂缝分布

图 15-7 给出了试件破坏时各层墙板的裂缝分布情况比较图。由图 15-7 可知：

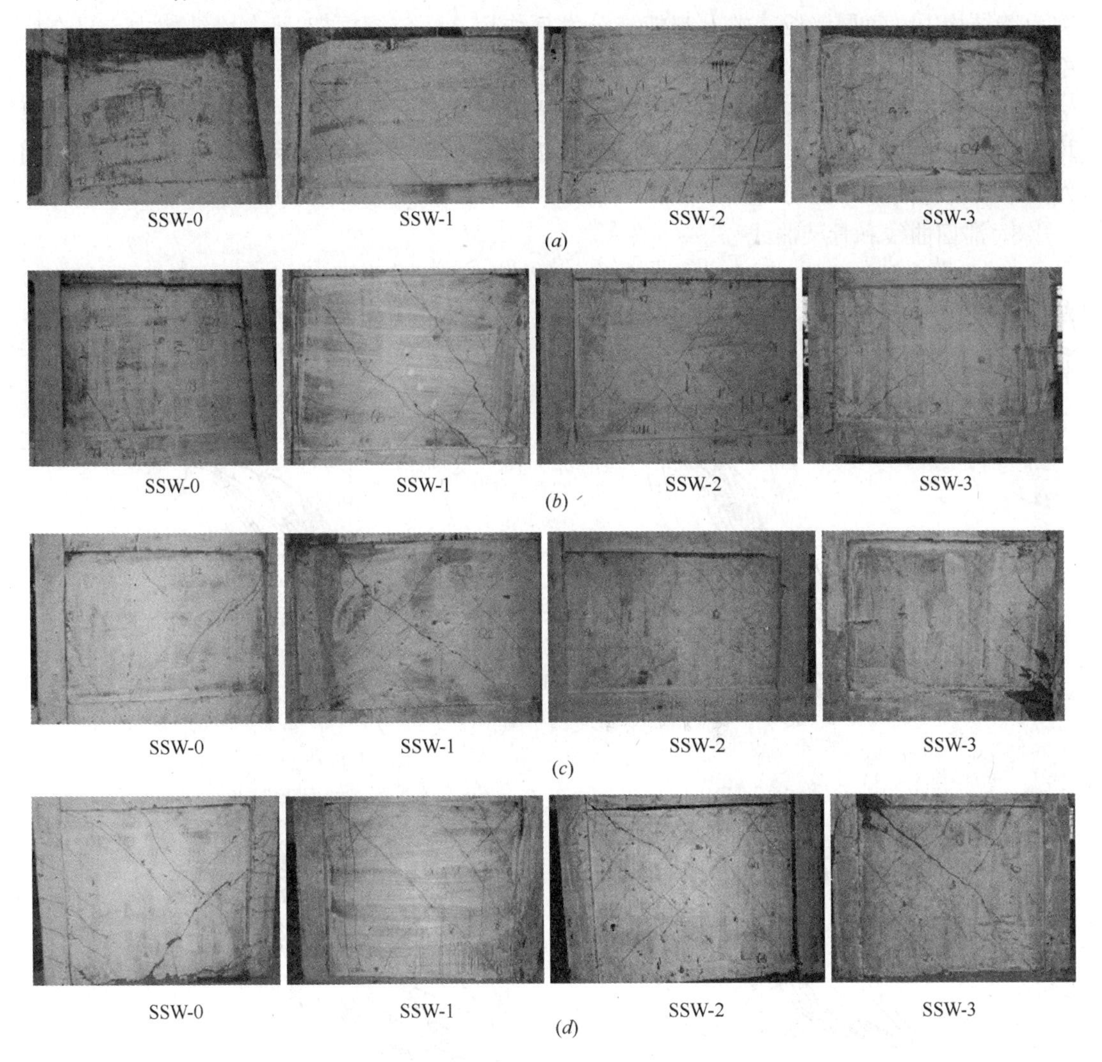

图 15-7　各试件破坏时各层墙板裂缝分布比较

(*a*) 四层墙板；(*b*) 三层墙板；(*c*) 二层墙板；(*d*) 一层墙板

(1) 四个试件的一层墙板都出现了斜裂缝，试件 SSW-1、SSW-2、SSW-3 一层墙板的斜裂缝要比试件 SSW-0 多，试件 SSW-2、SSW-3 的斜裂缝在整个墙板上的分布比试件 SSW-1 均匀，这说明试件 SSW-2、SSW-3 加设的 X 型斜向钢筋有效地抑制了墙板斜裂缝的发展。

(2) 四个试件的二层墙板上都出现了斜裂缝产生，但试件 SSW-0 表面的斜裂缝要明显少于试件 SSW-1、SSW-2、SSW-3 相应墙板的斜裂缝。

(3) 四个试件的三层墙板都出现了斜裂缝，但试件 SSW-0 墙板只出现 1 条斜裂缝，试件 SSW-2 和 SSW-3 墙板的斜裂缝分布比试件 SSW-1 墙板的斜裂缝分布均匀。

(4) 试件 SSW-0 四层墙板没有出现裂缝，其他三个试件的墙板都出现了斜裂缝，但试件 SSW-1 墙板只出现了单向的斜裂缝，试件 SSW-2、SSW-3 墙板出现交叉斜裂缝。

(5) 试件 SSW-0 仅在一层和二层墙板出现了斜裂缝，三层和四层的墙板几乎没有斜裂缝，而试件 SSW-1、SSW-2、SSW-3 中每层墙板都出现了交叉的斜裂缝，这说明错列剪力墙结构中，每层墙板基本上都能充分发挥作用，而传统框架-剪力墙结构中，只有底部的墙板发挥了作用。

(6) 错列剪力墙结构中试件 SSW-2、SSW-3 墙板斜裂缝的分布比试件 SSW-1 更多更均匀，这是由于在试件 SSW-2、SSW-3 的墙板内布置了 X 形斜撑钢筋，限制了斜裂缝的发展，使裂缝的分布更均匀。

3. 滞回曲线和骨架曲线

图 15-8 给出了试件 SSW-0、SSW-1、SSW-2、SSW-3 的荷载（P）～顶点位移（δ_4）滞回曲线，图 15-9 给出了试件 SSW-0、SSW-1、SSW-2、SSW-3 的荷载（P）～顶层位移（δ_4）骨架曲线。

从图 15-8 和图 15-9 可以看出：

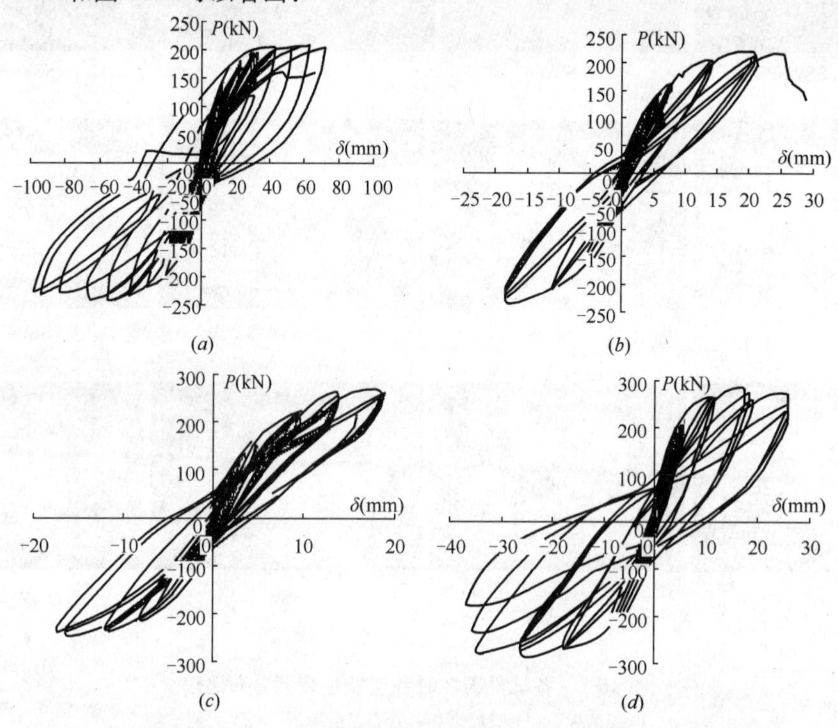

图 15-8 各试件荷载（P）～顶层位移（δ_4）滞回曲线（四层）

(*a*) 试件 SSW-0；(*b*) 试件 SSW-1；(*c*) 试件 SSW-2；(*d*) 试件 SSW-3

(1) 试件 SSW-0 的 $P\sim\delta_4$ 滞回曲线呈“梭形”形状，结构屈服后，$P\sim\delta_4$ 滞回曲线表现出“捏缩”现象，初始刚度差，极限承载力差。而试件 SSW-1、SSW-2、SSW-3 的 $P\sim\delta_4$ 滞回曲线与试件 SSW-0 相近，其初始刚度均比试件 SSW-0 要大；试件 SSW-1 的极限承载力与试件 SSW-0 相近，试件 SSW-2、SSW-3 的极限承载力要比试件 SSW-0 要高，提高约 13.6%～18.0%。

(2) 试件 SSW-3 的 $P\sim\delta_4$ 滞回曲线比试件 SSW-1、SSW-2 要饱满，稍有“捏缩”现象。试件 SSW-2、SSW-3 的初始刚度要比试件 SSW-1 要大，其极限承载力要比试件

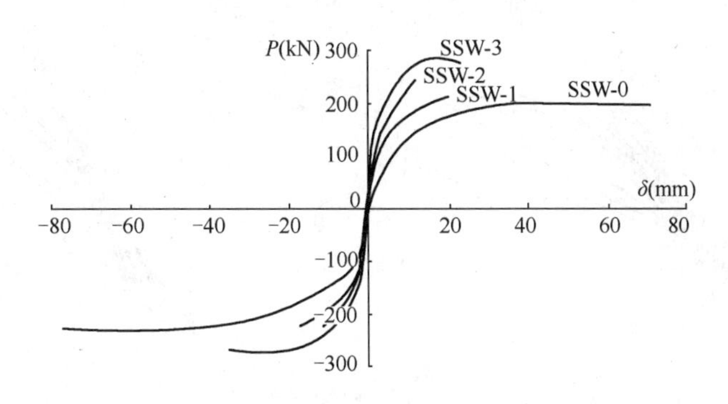

图 15-9 各试件荷载（P）～顶层位移（δ_4）骨架曲线

SSW-1 高，约提高 16.6%～21.0%。试件 SSW-3 的初始刚度最大，极限承载力也最大。

图 15-10～图 15-12 分别给出了试件 SSW-0、SSW-1、SSW-2、SSW-3 荷载（P）与位移（δ_3）（三层）、位移（δ_2）（二层）、位移（δ_1）（一层）滞回曲线。图 15-13 分别给出了试件 SSW-0、SSW-1、SSW-2、SSW-3 最大荷载所对应的各层侧移值。

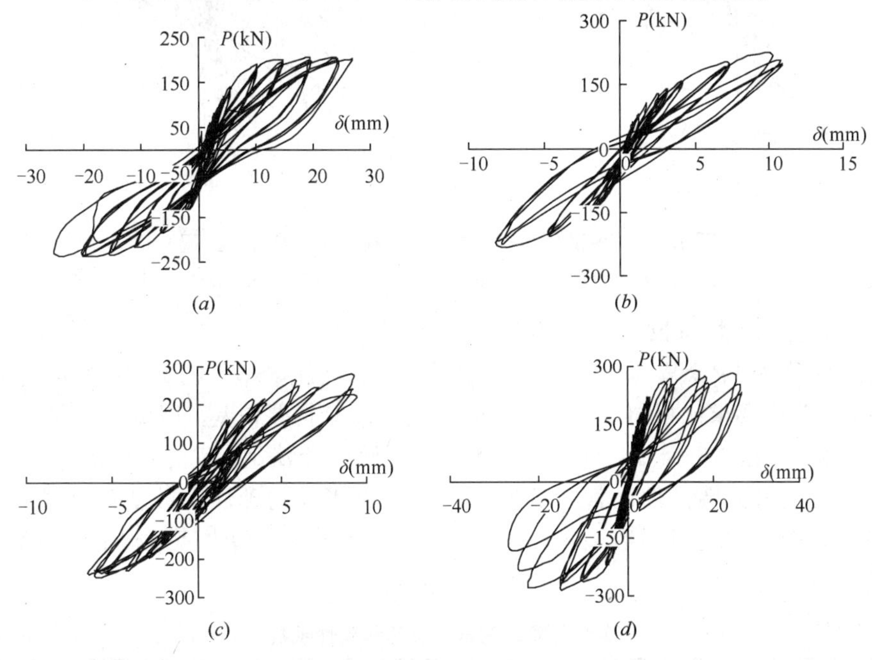

图 15-10 各试件荷载（P）～位移（δ_3）曲线（三层）

（a）试件 SSW-0；（b）试件 SSW-1；（c）试件 SSW-2；（d）试件 SSW-3

由图 15-10～图 15-13 可以看出，各试件的四个测点对应的位移最大值自上而下依次减少，变化幅度较大，说明结构的变形较分散。

试件 SSW-0、SSW-1、SSW-2 的层间位移（$\delta_4-\delta_3$），SSW-3 的层间位移（$\delta_4-\delta_3$）较小。而其余几层的层间位移变化不大。试件 SSW-0、SSW-1、SSW-2 结构的变形特点是介于剪切型和弯曲型之间的，而试件 SSW-3 的结构变形基本上是剪切型的。

4. 延性和耗能能力

延性系数是指结构或构件的极限位移 δ_u 与屈服位移 δ_y 的比值，即 $\mu=\delta_u/\delta_y$。屈服位移 δ_y 为 $P\sim\delta$ 骨架曲线第一次循环出现第一水平台阶的起点所对应的位移值。表 15-3 给

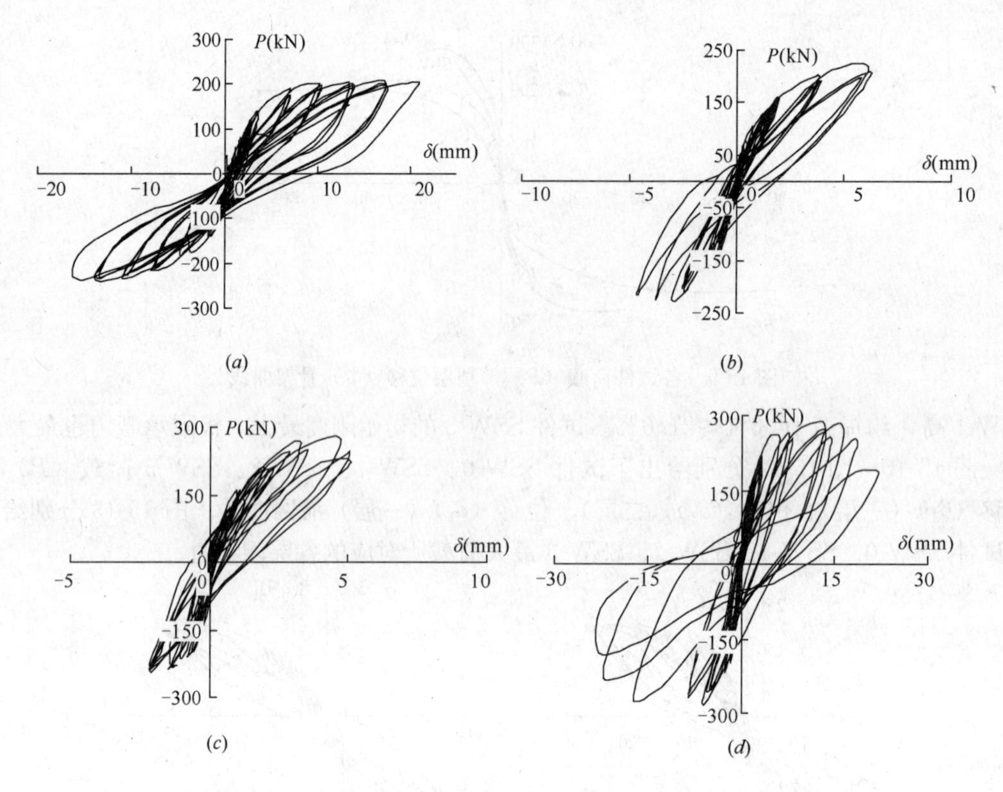

图 15-11　各试件荷载（P）～位移（δ_2）曲线（二层）

（*a*）试件 SSW-0；（*b*）试件 SSW-1；（*c*）试件 SSW-2；（*d*）试件 SSW-3

出了实测各试件的延性系数。由表 15-3 可见：

（1）试件 SSW-1、SSW-2、SSW-3 的延性系数都比试件 SSW-0 的延性系数小，说明错列剪力墙结构的延性要求比相同条件的传统框架-剪力墙结构要稍差。但试件 SSW-1、SSW-2、SSW-3 的延性系数在 3.5～4.5 之间，仍具有一定的延性，能满足工程抗震的要求。

（2）就错列剪力墙试件而言，试件 SSW-2、SSW-3 的延性系数要比试件 SSW-1 的大，且试件 SSW-3 的延性系数最大，这表明三种类型的错列剪力墙结构中，类型 2、3 的延性要比类型 1 的好。

实测各阶段荷载、位移和延性系数　　**表 15-3**

试件编号	加载阶段 / 加载方向	屈服荷载点		峰值荷载力			极限荷载点		
		P_y (kN)	δ_y (mm)	P_m (kN)	δ_m (mm)	$\frac{\delta_m}{\delta_y}$	P_u (kN)	δ_u (mm)	$\frac{\delta_u}{\delta_y}$
SSW-0	正向	139.9	11.4	205	38.62	3.40	198.6	64.52	5.68
	反向	140.1	7.03	241.6	55.3	7.87	227.3	75.6	10.75
SSW-1	正向	160	7.31	222.3	20.71	2.83	205.9	21.31	2.91
	反向	159	5.11	235.4	17.73	3.47	218.2	18.29	3.58
SSW-2	正向	160	4.36	274.5	18.45	4.23	209.9	15.59	3.58
	反向	159.8	3.76	249.7	16.2	4.31	240.3	16.86	4.48
SSW-3	正向	220	4.92	285.1	17.39	3.53	242.5	25.71	5.23
	反向	220	7.99	285	26.13	3.27	237.7	35.23	4.41

注：表中 SSW-0、SSW-1、SSW-2 中的极限荷载指的是试件破坏前的最后一级循环中的最大值；SSW-3 的极限荷载就是峰值荷载的 85%。

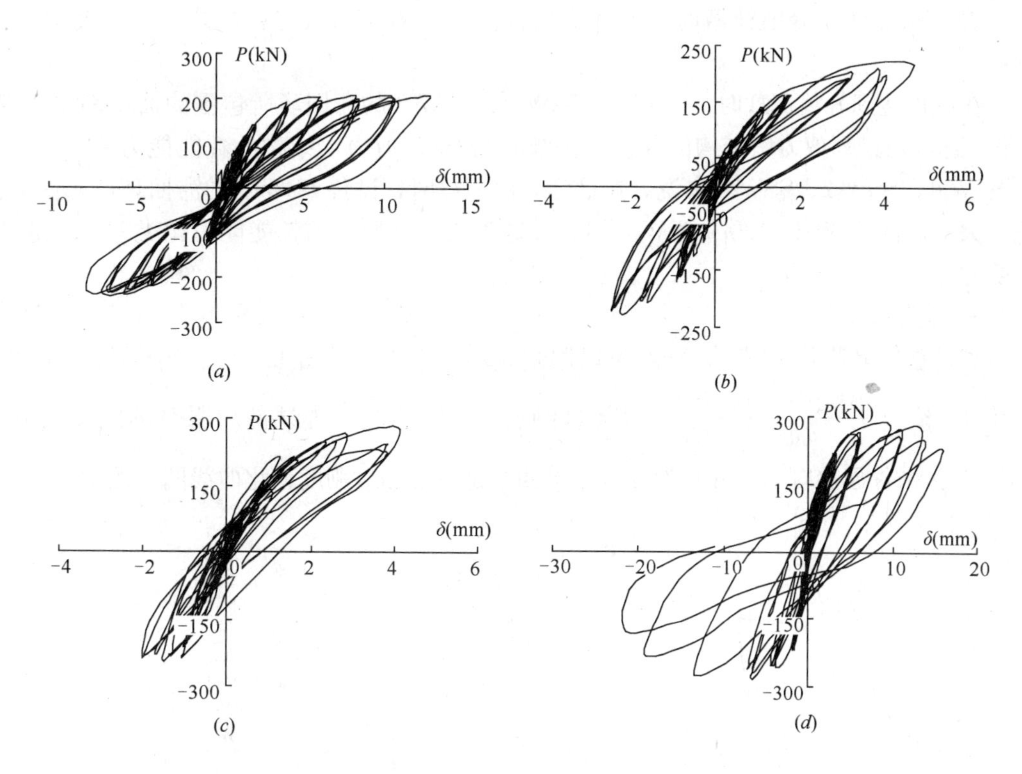

图 15-12　各试件荷载（P）～位移（δ_1）曲线（一层）

（a）试件 SSW-0；（b）试件 SSW-1；（c）试件 SSW-2；（d）试件 SSW-3

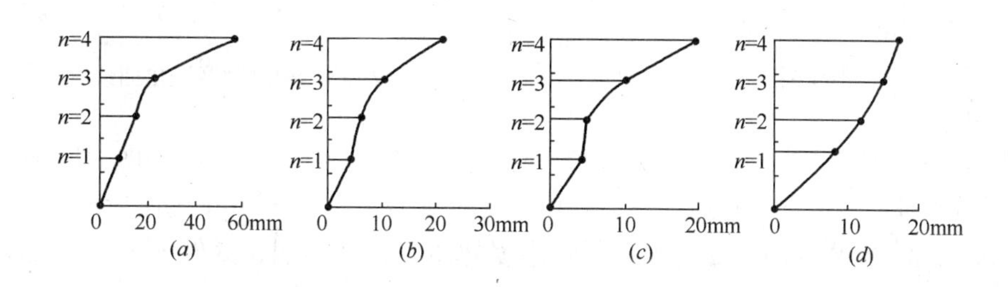

图 15-13　试件最大荷载时各层位移比较（n 为楼层数）

（a）试件 SSW-0；（b）试件 SSW-1；（c）试件 SSW-2；（d）试件 SSW-3

峰值荷载时的实测刚度、阻尼系数与耗能能力　　**表 15-4**

试件	P（kN）	刚度 P/δ（kN/mm）	阻尼系数 h_e	滞回环面积（kN・m）
SSW-0	205.0/241.6	5.31/4.37	0.145	19334.82
SSW-1	222.3/235.4	10.73/13.28	0.164	9030.26
SSW-2	274.5/249.7	14.88/15.41	0.159	9108.21
SSW-3	285.1/285.0	16.39/10.91	0.166	12908.31

注：等效粘结阻尼系数 h_e=（滞回环面积）/（$2\pi\times$等效弹性体 $P\times\delta$ 面积）；表中 P 和P/δ值项内分子项为正向加载数值，分母为反向加载数值。

表 15-4 给出了峰值荷载时，实测各试件刚度、阻尼系数与耗能能力。由表 15-4 可见：

在试件达到峰值荷载时，SSW-1、SSW-2、SSW-3 的滞回环所包围的面积都比 SSW-0 小，这说明错列剪力墙结构的耗能能力比传统框架-剪力墙结构的耗能能力差。对于试件 SSW-1、SSW-2、SSW-3 来说，在达到峰值荷载时，试件 SSW-3 的滞回环所包围的面积最大，试件 SSW-1 和试件 SSW-2 相近，这表明，类型 3 的耗能能力比类型 1、类型 2 的要好。

5. 刚度和变形能力

试件在反复荷载作用下，刚度可以用割线刚度来表示（图 15-14）。割线刚度 K 按下式计算：$K=\dfrac{|+P_i|+|-P_i|}{|+\delta_i|+|-\delta_i|}$。以无量纲 $\beta_k=K/K_y$（K_y 为试件屈服时的刚度）、$\mu=\delta/\delta_y$（δ_y 为试件屈服时的位移）为变量作出四个试件的相对刚度退化曲线图（图 15-15）。

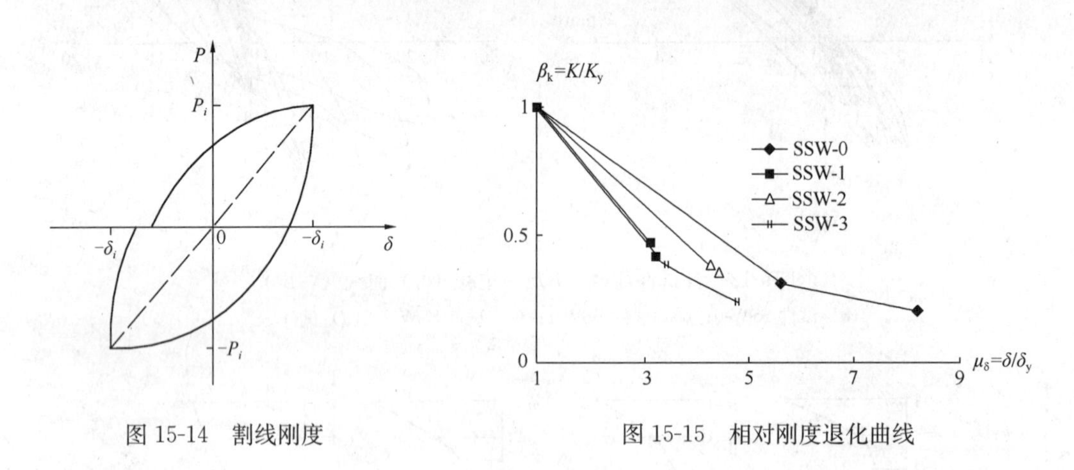

图 15-14　割线刚度

图 15-15　相对刚度退化曲线

从图 15-15 可以看出，错列剪力墙结构的刚度退化程度要比传统框架-剪力墙结构要快。在 $\mu=3$ 时，试件 SSW-2 的刚度约为屈服时刚度的 60%，试件 SSW-1 的刚度约为屈服时刚度的 48%，试件 SSW-3 的刚度约为屈服时刚度的 46%，这表明，试件 SSW-1 和 SSW-3 的刚度退化程度比较接近，试件 SSW-2 的刚度退化要比试件 SSW-1、SSW-3 缓慢。

15.2.3　主要结论

通过对 3 榀错列剪力墙结构模型和 1 榀传统框架-剪力墙结构模型在低周反复荷载作用下的试验研究和分析，可以得出以下主要结论：

（1）由于墙板的隔层错跨布置，使错列剪力墙结构中各构件的内力发生重分布：与传统框架-剪力墙结构相比，错列剪力墙结构中梁存在较大的轴向拉（压）力，墙板底部的弯矩大大减小，内柱的底部固端弯矩增大。结构设计时应考虑错列剪力墙结构的这一工作机理。

（2）错列剪力墙结构（类型 1、2、3）的初始刚度要比传统框架-剪力墙结构的初始刚度大，但错列剪力墙结构的刚度退化程度要比传统框架-剪力墙结构要快。只要合理布置墙板，错列剪力墙结构可提高结构的初始抗侧刚度。

(3) 由于墙板的隔层错跨布置，使得错列剪力墙结构中各层墙板都能发挥作用；墙板中布置X形斜撑钢筋，延缓了墙板裂缝的发生和发展，使墙板裂缝分布更均匀。因此，错列剪力墙结构中墙板宜采用X形斜撑钢筋。

(4) 错列剪力墙结构的延性、耗能能力要比传统框架-剪力墙结构的稍差，但错列剪力墙结构的延性在3.5～4.5之间。因此，只要墙板的布置合理和构造措施恰当，错列剪力墙结构仍具有较好的延性，能够满足工程抗震的要求。

(5) 错列剪力墙结构中，类型3的承载力最高，延性和耗能能力也最好，类型1的承载力最低，延性和耗能能力也最差。类型3的墙板是按S形布置的，墙板起到了斜向支撑的作用，建议错列剪力墙结构宜优先采用这种墙板的布置形式。

15.3 错列剪力墙结构内力的计算方法

错列剪力墙结构内力和位移的计算方法可采用杆件有限元模型、刚性墙板模型、带刚臂的宽柱模型以及高精度有限元模型、墙元等。

15.3.1 杆件有限元模型

类似于框架-剪力墙结构内力和位移的计算机分析方法，采用图15-16所示的一种墙板单元的计算模型来模拟错列剪力墙结构中的墙板。这种计算模式将墙板置换成杆系构件，将墙板和框架的力学性能分开，可方便地将墙板单元组合到框架中去。

分析模型的基本假定：

(1) 受力前后墙板保持平面；

(2) 刚域端部与框架梁柱铰接；

这样处理表面上不考虑墙在节点处的转动约束，实际上由于墙柱刚域使框架梁的刚度提高，也就间接考虑了转动的约束作用。

(3) 墙板单元四个角节点的变形与框架对应节点的变形相协调。

将图15-16中的墙板转化为图15-17的计算模型，墙板的上部节点为1、2，下部节点为3、4。假定上、下部节点之间分别由刚性杆连接，两刚性杆中点i、j为完全刚节点。图13-4所示的符号为节点力和位移的正号方向。杆件ij的截面面积、惯性矩和构件常数，采用对墙板竖轴有关的数值。节点在x方向变位时产生的剪力由弹簧传给构件ij。ij杆件具有包括墙板塑性系数在内的各个特征系数，其中α、α''、α'分别为弯曲刚度、剪切刚

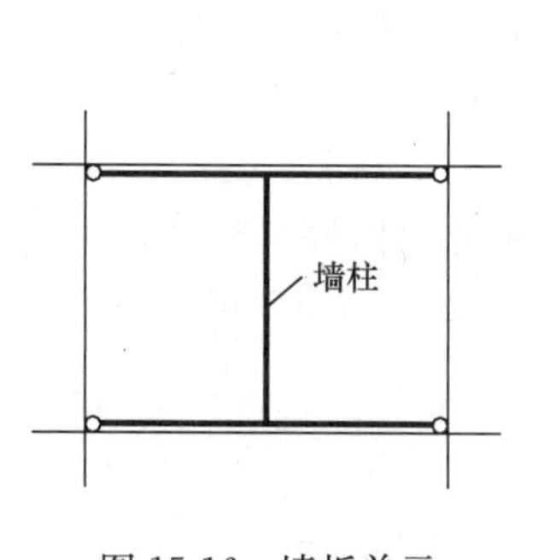

图15-16 墙板单元

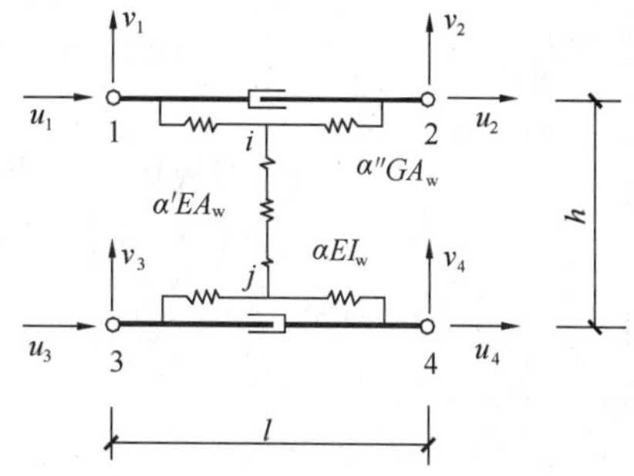

图15-17 墙板单元计算模型

度和轴向刚度的降低系数。墙板四角点的变位用（u_1，v_1）、（u_2，v_2）、（u_3，v_3）及（u_4，v_4）表示。墙板的弯曲、剪切和轴向的变形效应，按图中的弹簧模型考虑，节点 i 和 j 变形后的角度，应与上、下杆的轴线保持垂直相交。

考虑剪切变形的杆件单元刚度矩阵 $[K]^e$ 可表示为

$$[K]^e = \begin{bmatrix} \frac{12\alpha EI_w}{(1+\beta)h^3} & 0 & \frac{6\alpha EI_w}{(1+\beta)h^2} & -\frac{12\alpha EI_w}{(1+\beta)h^3} & 0 & \frac{6\alpha EI_w}{(1+\beta)h^2} \\ 0 & \frac{\alpha' EA_w}{h} & 0 & 0 & -\frac{\alpha' EA_w}{h} & 0 \\ \frac{6\alpha EI_w}{(1+\beta)h^2} & 0 & \frac{(4+\beta)\alpha EI_w}{(1+\beta)h} & -\frac{6\alpha EI_w}{(1+\beta)h^2} & 0 & \frac{(2-\beta)\alpha EI_w}{(1+\beta)h} \\ -\frac{12\alpha EI_w}{(1+\beta)h^3} & 0 & -\frac{6\alpha EI_w}{(1+\beta)h^2} & \frac{12\alpha EI_w}{(1+\beta)h^3} & 0 & -\frac{6\alpha EI_w}{(1+\beta)h^2} \\ 0 & -\frac{\alpha' EA_w}{h} & 0 & 0 & \frac{\alpha' EA_w}{h} & 0 \\ \frac{6\alpha EI_w}{(1+\beta)h^2} & 0 & \frac{(2-\beta)\alpha EI_w}{(1+\beta)h} & -\frac{6\alpha EI_w}{(1+\beta)h^2} & 0 & \frac{(4+\beta)\alpha EI_w}{(1+\beta)h} \end{bmatrix} \tag{15-1}$$

式中 $\beta = \frac{12\alpha EI_w\kappa}{\alpha'' GAh^2}$；

α——弯曲刚度降低系数；

α''——剪切刚度降低系数；

α'——轴向刚度降低系数；

κ——剪力墙截面应力分布系数；

A_w、I_w——剪力墙截面面积和绕墙轴轴线的惯性矩；

h——墙板高度。

单元刚度方程为

$$\{F\} = [K]^e\{\delta\} \tag{15-2}$$

式中 $\{F\}$——单元节点力向量，且 $\{F\} = \{V_i \quad N_i \quad M_i \quad V_j \quad N_j \quad M_j\}^T$；

$\{\delta\}$——单元节点位移向量，且 $\{\delta\} = \{v_i \quad u_i \quad \theta_i \quad v_j \quad u_j \quad \theta_j\}^T$。

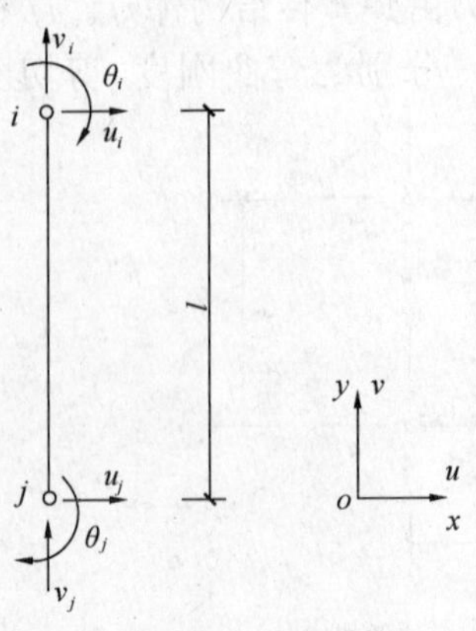

墙板单元节点位移（u_1，v_1）、（u_2，v_2）、（u_3，v_3）及（u_4，v_4）（图 15-17）和考虑杆件剪切变形杆件单元节点位移 $\{v_i \quad u_i \quad \theta_i \quad v_j \quad u_j \quad \theta_j\}$（图 15-18）的关系为：

图 15-18

$$v_i = \frac{(u_1+u_2)}{2}; v_j = \frac{(u_3+u_4)}{2}$$

$$u_i = \frac{(v_1+v_2)}{2}; u_j = \frac{(v_3+v_4)}{2}$$

$$\theta_i = \frac{(v_1 - v_2)}{l};\theta_j = \frac{(v_3 - v_4)}{l}$$

上述两者关系可表示为

$$\begin{Bmatrix} v_i \\ u_i \\ \theta_i \\ v_j \\ u_j \\ \theta_j \end{Bmatrix} = \begin{bmatrix} \frac{1}{2} & 0 & \frac{1}{2} & 0 & 0 & 0 & 0 & 0 \\ 0 & -\frac{1}{2} & 0 & -\frac{1}{2} & 0 & 0 & 0 & 0 \\ 0 & -\frac{1}{l} & 0 & \frac{1}{l} & 0 & 0 & 0 & 0 \\ 0 & 0 & 0 & 0 & \frac{1}{2} & 0 & \frac{1}{2} & 0 \\ 0 & 0 & 0 & 0 & 0 & -\frac{1}{2} & 0 & -\frac{1}{2} \\ 0 & 0 & 0 & 0 & 0 & -\frac{1}{l} & 0 & \frac{1}{l} \end{bmatrix} \begin{Bmatrix} u_1 \\ v_1 \\ u_2 \\ v_2 \\ u_3 \\ v_3 \\ u_4 \\ v_4 \end{Bmatrix}$$

即

$$\{\delta\} = \{R\}\{\delta_{\mathrm{w}}\} \tag{15-3}$$

同理可得

$$\{F\} = [R]\{F_{\mathrm{w}}\} \tag{15-4}$$

将式（15-3)、式（15-4）代入式（15-2）得

$$[R]\{F_{\mathrm{w}}\} = [K]^{\mathrm{e}}[R]\{\delta_{\mathrm{w}}\} \tag{15-5}$$

上式两边同时左乘 $[R]^{\mathrm{T}}$ 得

$$[R]^{\mathrm{T}}[K]^{\mathrm{e}}[R]\{\delta_{\mathrm{w}}\} = [R]^{\mathrm{T}}[R]\{F_{\mathrm{w}}\} \tag{15-6}$$

考虑到 $[K_{\mathrm{w}}]^{\mathrm{e}}\ \{\delta_{\mathrm{w}}\} = \{F_{\mathrm{w}}\}$，可得

$$[K_{\mathrm{w}}]^{\mathrm{e}} = [R]^{\mathrm{T}}[K]^{\mathrm{e}}[R] \tag{15-7}$$

墙板的单元刚度矩阵 $[K_{\mathrm{w}}]^{\mathrm{e}}$ 可表示为式（15-8）所示。

根据上述原理，编者采用 FORTRAN77 语言编制了错列剪力墙结构内力分析的计算机程序（SSSAP)，该程序计算节点数≤200 个，墙板数≤40 片，杆件数≤120 根。若采用 WATCOM 公司的 FORTRAN 编译器，使用扩展内存，所能计算的结构节点、杆件数可大大增加。

程序流程见图 15-19；错列剪力墙结构内力分析源程序（SSSAP）见文献 [15-1]。

$$[K_w]^e=\frac{3\alpha EI_w}{hl^2(1+4n)}\begin{bmatrix}\frac{l}{h} & -\frac{l}{h} & \frac{l^2}{h^2} & \frac{l}{h} & -\frac{l^2}{h^2} & -\frac{l}{h} & -\frac{l^2}{h^2} & \frac{l}{h}\\ -\frac{l}{h} & \frac{4}{3}(1+n)(1+\rho) & -\frac{l}{h} & -\frac{4}{3}(1+n)(1-\rho) & \frac{l}{h} & \frac{2}{3}(1-2n)(1-\mu) & \frac{l}{h} & -\frac{2}{3}(1-2n)(1+\mu)\\ \frac{l^2}{h^2} & -\frac{l}{h} & \frac{l^2}{h^2} & \frac{l}{h} & -\frac{l^2}{h^2} & -\frac{l}{h} & -\frac{l^2}{h^2} & \frac{l}{h}\\ \frac{l}{h} & -\frac{4}{3}(1+n)(1-\rho) & \frac{l}{h} & \frac{4}{3}(1+n)(1+\rho) & -\frac{l}{h} & -\frac{2}{3}(1-2n)(1+\mu) & -\frac{l}{h} & \frac{1}{3}(1-2n)(1-\mu)\\ -\frac{l^2}{h^2} & \frac{l}{h} & -\frac{l^2}{h^2} & -\frac{l}{h} & \frac{l^2}{h^2} & \frac{l}{h} & \frac{l^2}{h^2} & -\frac{l}{h}\\ -\frac{l}{h} & \frac{2}{3}(1-2n)(1-\mu) & -\frac{l}{h} & -\frac{2}{3}(1-2n)(1+\mu) & \frac{l}{h} & \frac{4}{3}(1+n)(1+\rho) & \frac{l}{h} & -\frac{2}{3}(1+n)(1-\rho)\\ -\frac{l^2}{h^2} & \frac{l}{h} & -\frac{l^2}{h^2} & -\frac{l}{h} & \frac{l^2}{h^2} & \frac{l}{h} & \frac{l^2}{h^2} & -\frac{l}{h}\\ \frac{l}{h} & -\frac{2}{3}(1-2n)(1+\mu) & -\frac{l}{h} & \frac{2}{3}(1-2n)(1-\mu) & -\frac{l}{h} & -\frac{4}{3}(1+n)(1-\rho) & -\frac{l}{h} & \frac{2}{3}(1+n)(1+\rho)\end{bmatrix} \tag{15-8}$$

式中，$n=\frac{3\kappa\alpha EI_w}{\alpha''GA_w}$；

$\rho=\frac{\alpha' l^2A_w(1+4n)}{16\alpha I_w(1+n)}$；

$\mu=\frac{\alpha' l^2A_w(1+4n)}{8\alpha I_w(1-2n)}$；

其余符号同前。

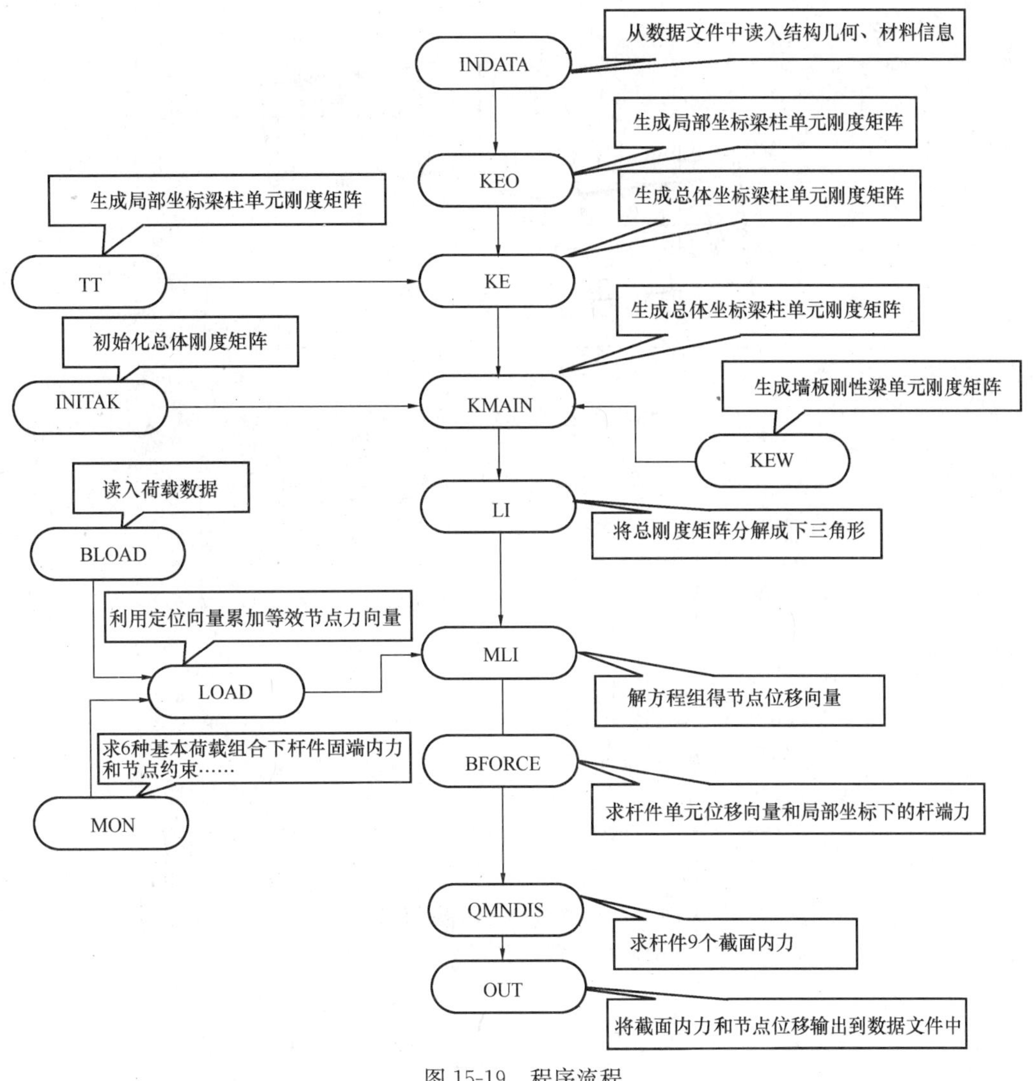

图 15-19　程序流程

15.3.2　刚性墙板模型

取两连续层相邻的墙板，由水平荷载引起的每个刚性墙板有三个自由度，即转角 θ、位移（u，v），如图 15-20（a）所示。框架构件的端部变形可完全地由与之相连的墙板的刚体移动所确定。每块墙板能建立三个平衡方程。作用在墙板自由边上的力如图 15-21（a）所示。

第（$i+1$）楼层第一根柱上、下端内力（图 15-22）为

$$M_1=\frac{2\,(EI_c)_{i+1}}{h_{i+1}^2}\left[(1.5h_i+h_{i+1})\theta_i+(1.5h_{i+2}+2h_{i+1})\theta_{i+2}+3u_i-3u_{i+2}\right]\tag{15-9a}$$

$$M_2=\frac{2\,(EI_c)_{i+1}}{h_{i+1}^2}\left[(1.5h_i+2h_{i+1})\theta_i+(1.5h_{i+2}+h_{i+1})\theta_{i+2}+3u_i-3u_{i+2}\right]\tag{15-9b}$$

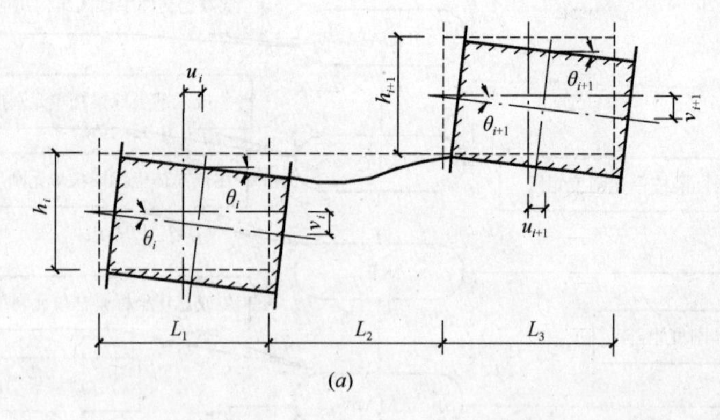

(a)

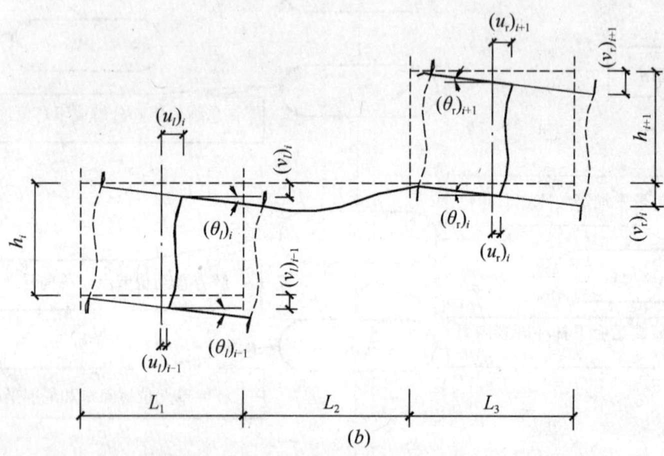

(b)

图 15-20　两连续层墙板的位移

(a) 刚性墙板位移；(b) 可变形墙板位移

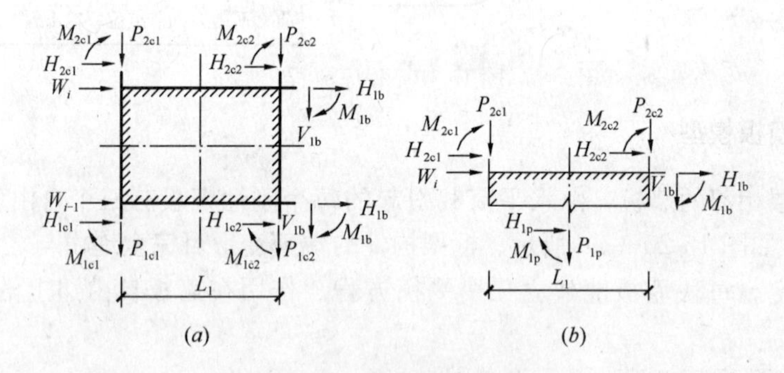

图 15-21　作用在墙板上的力

(a) 作用于刚性墙板上的力；(b) 作用在可变形墙板顶边上的力

$$N_1 = -N_2 = \frac{(EA_c)_{i+1}}{h_{i+1}}\left[0.5L_1\theta_i - 0.5L_1\theta_{i+2} + v_{i+2} - v_i\right] \tag{15-9c}$$

$$V_1 = -V_2 = -\frac{M_1 + M_2}{h_{i+1}} \tag{15-9d}$$

式中　L_1、L_2、L_3——从左至右子结构的单跨跨度；

I_c——柱的惯性矩；

A_c——柱的截面积；

E——弹性模量；

h——楼层高度。

（i）楼层梁的端内力（图 15-23）为

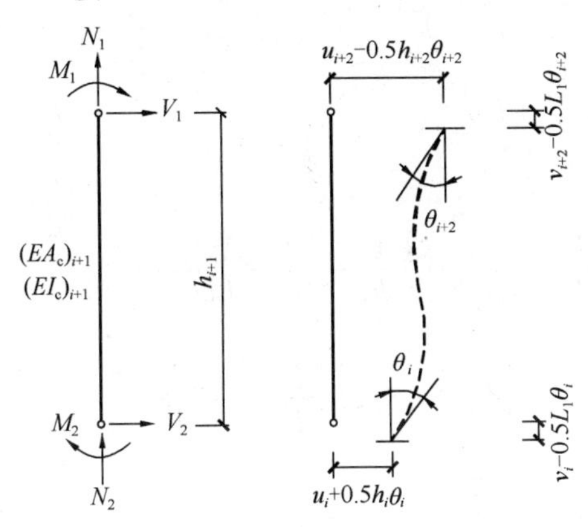

图 15-22　第（$i+1$）楼层第一根柱上、下端内力和变形

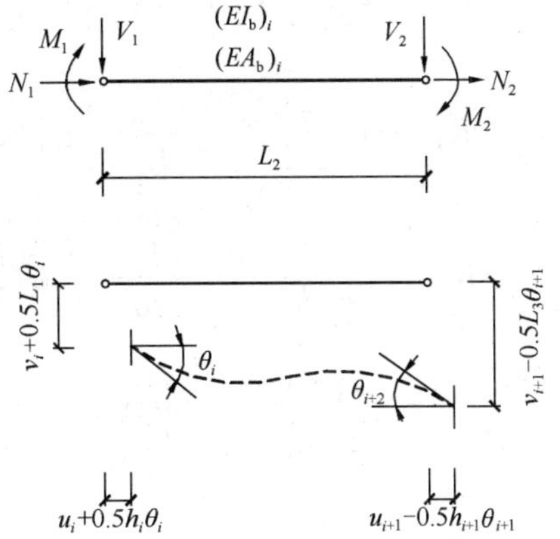

图 15-23　第（i）楼层梁的内力和变形

$$M_1=\frac{2(EI_b)_i}{L_2^2}[(1.5L_1+2L_2)\theta_i+(1.5L_3+L_2)\theta_{i+1}+3v_i-3v_{i+1}] \quad (15\text{-}10a)$$

$$M_2=\frac{2(EI_b)_i}{L_2^2}[(1.5L_1+L_2)\theta_i+(1.5L_3+2L_2)\theta_{i+1}+3v_i-3v_{i+1}] \quad (15\text{-}10b)$$

$$N_1=-N_2=\frac{(EA_b)_i}{L_2}[0.5h_i\theta_i+0.5h_{i+1}\theta_{i+1}+u_i-u_{i+1}] \quad (15\text{-}10c)$$

$$V_1=-V_2=\frac{M_1+M_2}{L_2} \quad (15\text{-}10d)$$

式中　I_b——梁的惯性矩；

A_b——梁的截面积。

其余符号同前。

每块墙板可建立三个平衡方程，整个结构可建立 $3n$ 个方程（方程数等于未知位移数），然后可得到所有的未知位移，最后可求出各杆件的内力，根据作用在墙板上的力采用有限元方法分析墙板的内力和局部应力。

图 15-24 所示刚性墙板的单元刚度矩阵 $[K]^e$ 为

$$[K]^e=\begin{bmatrix} K_{11} & 0 & K_{13} \\ & K_{22} & K_{23} \\ SYM & & K_{33} \end{bmatrix} \quad (15\text{-}11)$$

式中 $K_{11}=24\left[\frac{(I_c)_{i+1}}{H_{i+1}^3}+\frac{(I_c)_{i-1}}{h_{i-1}^3}\right]+2\left[\frac{(A_b)_r}{L_r}+\frac{(A_b)_l}{L_l}\right]$

$$K_{13}=12\left[\frac{(I_c)_{i+1}}{h_{i+1}^2}-\frac{(I_c)_{i-1}}{h_{i-1}^2}\right]+12h_i\left[\frac{(I_c)_{i+1}}{h_{i+1}^3}-\frac{(I_c)_{i-1}}{h_{i-1}^3}\right]$$

$$K_{22}=24\left[\frac{(I_b)_l}{L_l^3}+\frac{(I_b)_r}{L_r^3}\right]+2\left[\frac{(A_c)_{i+1}}{h_{i+1}}+\frac{(A_c)_{i-1}}{h_{i-1}}\right]$$

$$K_{23}=12\left[\frac{(I_b)_r}{L_r^2}-\frac{(I_b)_l}{L_l^2}\right]+12L_h\left[\frac{(I_b)_r}{L_r^3}-\frac{(I_b)_l}{L_l^3}\right]$$

$$K_{33}=8\left[\frac{(I_c)_{i+1}}{h_{i+1}}+\frac{(I_c)_{i-1}}{h_{i-1}}+\frac{(I_b)_l}{L_l}+\frac{(I_b)_r}{L_r}\right]+\frac{L_h^2}{2}\left[\frac{(A_c)_{i+1}}{h_{i+1}}+\frac{(A_c)_{i-1}}{h_{i-1}}\right]+$$

$$6h_i^2\left[\frac{(I_c)_{i+1}}{h_{i+1}^3}+\frac{(I_c)_{i-1}}{h_{i-1}^3}\right]+\frac{h_i^2}{2}\left[\frac{(A_b)_l}{L_l}+\frac{(A_b)_r}{L_r}\right]+6L_h^2\left[\frac{(I_b)_r}{L_r^3}+\frac{(I_b)_l}{L_l^3}\right]+$$

$$12h_i\left[\frac{(I_c)_{i+1}}{h_{i+1}^2}+\frac{(I_c)_{i-1}}{h_{i-1}^2}\right]+12L_h\left[\frac{(I_b)_r}{L_r^2}+\frac{(I_b)_l}{L_l^2}\right]$$

刚性墙板单元力和位移的关系为

$$\{F\}^e=[K]^e\{\delta\}^e \tag{15-12}$$

式中 $\{F\}^e=\{F_h\quad F_v\quad M\}^T$；
$\{\delta\}^e=\{u\quad v\quad \theta\}^T$。

15.3.3 带刚臂的宽柱模型

由梁连接的两连续板的变形如图 15-20*b* 所示，板在顶边中点 T 和底边中点 B 各具有三个自由度，即位移（u、v）和转角 θ。作用在可变形墙体上的力如图 15-21*b*，可建立平衡方程求解未知自由度，进而计算各构件中的内力。

第（$i+1$）楼层第一根柱上、下端内力（图 15-25）为

$$M_1=\frac{2(EI_c)_{i+1}}{h_{i+1}}\left\{(\theta_1)_i+2(\theta_1)_{i+1}-\frac{3}{h_{i+1}}[(u_1)_{i+1}-(u_1)_i]\right\} \tag{15-13a}$$

$$M_1=\frac{2(EI_c)_{i+1}}{h_{i+1}}\left\{2(\theta_1)_i+(\theta_1)_{i+1}-\frac{3}{h_{i+1}}[(u_1)_{i+1}-(u_1)_i]\right\} \tag{15-13b}$$

$$N_1=-N_2=\frac{(EA_c)_{i+1}}{h_{i+1}}[(v_1)_{i+}-(v_1)_i] \tag{15-13c}$$

$$V_1=-V_2=-\frac{M_1+M_2}{h_{i+1}} \tag{15-13d}$$

第（i）层梁在点 T 处的内力（图 15-26）为

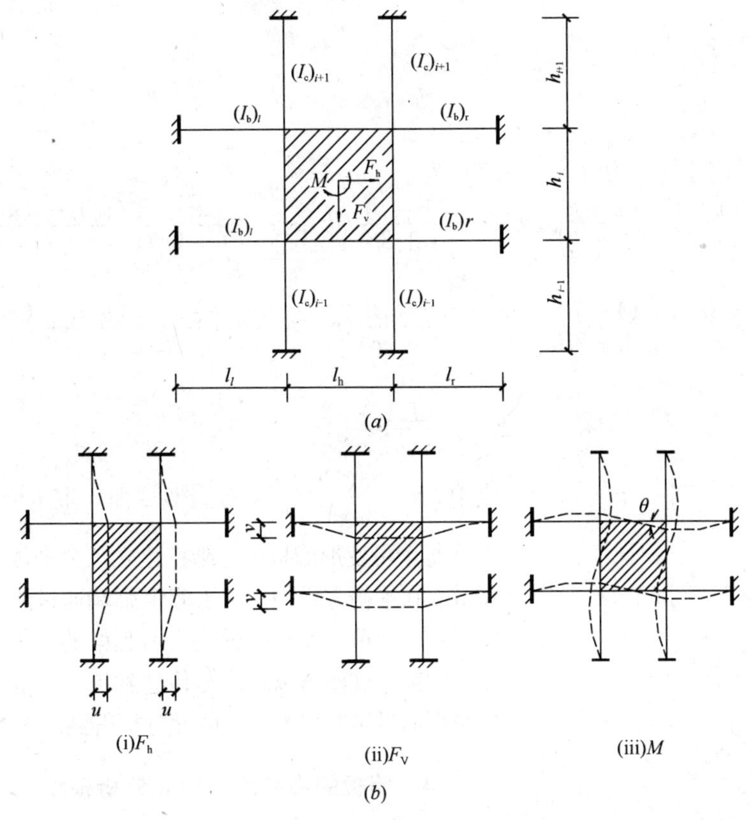

图 15-24 带骨架构件的刚性墙板

（a）力；（b）位移

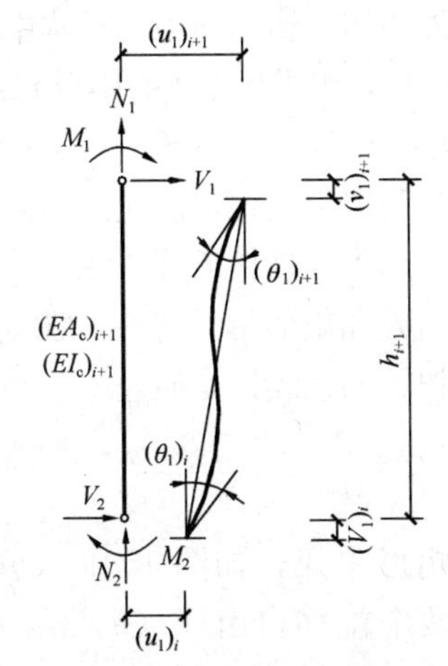

图 15-25 第（$i+1$）楼层第一根柱上、下端内力和变形

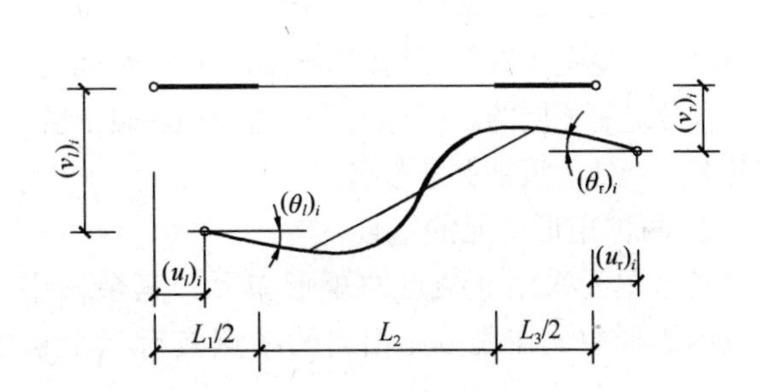

图 15-26 第（i）层梁的内力和变形

$$M_1=\frac{2(EI_b)_i}{L_2}\{[2+6(C_l)_i+6(C_l^2)_i](\theta_l)_i+[1+3(C_l)_i+3(C_r)_i+6(C_l)_i(C_r)_i](\theta_r)_i-\frac{3}{L_2}[(v_r)_i-(v_l)_i][1+2(C_l)_i]\} \tag{15-14a}$$

$$N_1=-N_2=\frac{(EA_b)_i}{L_2}[(u_l)_i-(u_r)_i] \tag{15-14b}$$

式中 $(C_l)_i=\dfrac{L_1}{2L_2}$；

$(C_r)_i=\dfrac{L_3}{2L_2}$。

第（i）层宽柱的内力（图 15-27）为

$$M_1=\frac{2(EI_{\mathrm{p}})_i}{h_i}\left\{\frac{(2+\beta)}{(1+2\beta)}(\theta_l)_i+\frac{(1-\beta)}{(1+2\beta)}(\theta_l)_{i-1}-\frac{3}{(1+2\beta)}\left[\frac{(u_l)_i-(u_l)_{i-1}}{h_i}\right]\right\}\tag{15-15a}$$

$$M_2=\frac{2(EI_{\mathrm{p}})_i}{h_i}\left\{\frac{(1-\beta)}{(1+2\beta)}(\theta_l)_i+\frac{(2+\beta)}{(1+2\beta)}(\theta_l)_{i-1}-\frac{3}{(1+2\beta)}\left[\frac{(u_l)_i-(u_l)_{i-1}}{h_i}\right]\right\}\tag{15-15b}$$

$$N_1=-N_2=\frac{(EA_{\mathrm{p}})_i}{h_i}[(v_l)_i-(v_r)_{i-1}]\tag{15-15c}$$

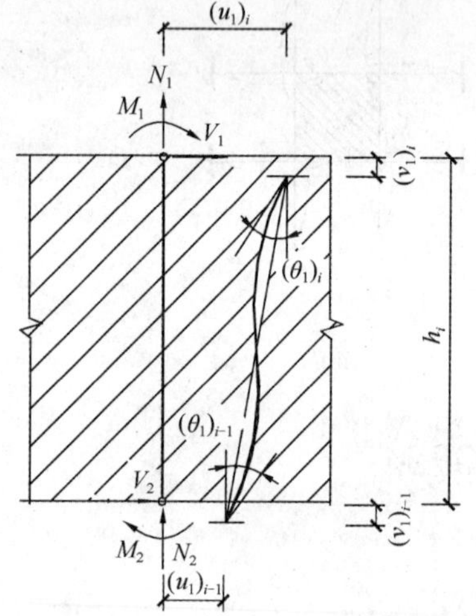

图 15-27 第（i）层宽柱的内力和变形

式中，$\beta=\dfrac{6(EI_{\mathrm{p}})_i\mu}{(GA_{\mathrm{p}})_ih_i^2}$，对矩形截面，取 $\mu=1.2$。

每个可变形墙板顶边结点建立三个平衡方程以求解未知量。在平衡方程中，由于假定梁端通过刚臂连接到墙板中点，墙板剪切变形的影响将引起梁的附加变形。与墙板连接的梁、柱的力以端部力传递到板上，墙板精确的应力分布可通过试验研究或有限元分析得到。

15.3.4 墙板的高精度有限元分析模型

错列剪力墙结构中梁、柱线单元在墙板的角部相遇，至少在那些点应考虑平面外扭转。错列剪力墙结构中墙板宜采用高精度平面有限元分析，可采用下列有限单元：

1. 矩形单元与线单元的组合

梁、柱线单元并不直接与墙板联系，而允许延伸支承在矩形单元结点处的滚轴上，如图 15-28（a）所示。因此，与矩形单元连接的线单元具有 2 个自由度，这避免了线单元端部扭转的不连续性问题。在线单元边界和矩形单元间的一般结点处的位移分量是相同的。只有线单元考虑扭转自由度，骨架构件扭转的连续性是通过线单元支承在几个结点处的滚轴上来考虑。

2. 两种矩形单元的组合

角区单元采用 9 结点的矩形单元，其余采用 8 结点的矩形单元，如图 15-28（b）。9 结点的矩形单元在线单元相遇的结点具有三个自由度，即两个位移自由度（u，v）和一个转角自由度 $\left(\dfrac{1}{2}\left(\dfrac{\partial v}{\partial x}-\dfrac{\partial u}{\partial y}\right)\right)$，其余结点仅有两个位移自由度（$u$，$v$）。在划分为 4 个或 4 个以上单元的墙板中，将有一个四角具有转角自由度的单元。板中其他单元为 8 结点的矩形单元，每个结点具有两个位移自由度。尽管这种单元布置提供了与线单元受弯相匹配的平面内扭转，但为获得满意的结果需要很细的单元划分。为此，可采用 16 自由度的矩形单元替代 8 自由度的矩形单元，15 自由度的矩形单元替代 9 自由度的矩形单元。前者单元的每个结点具有 4 个自由度，即两个位移自由度（u，v）和两个转角自由度

$\left(\frac{\partial v}{\partial x}, -\frac{\partial u}{\partial y}\right)$。后者单元在与骨架构件相遇的结点具有 3 个自由度，即 2 个位移自由度 (u, v) 和 1 个转角自由度 $\left(\frac{1}{2}\left(\frac{\partial v}{\partial x}-\frac{\partial u}{\partial y}\right)\right)$，其余结点均有 4 个自由度。

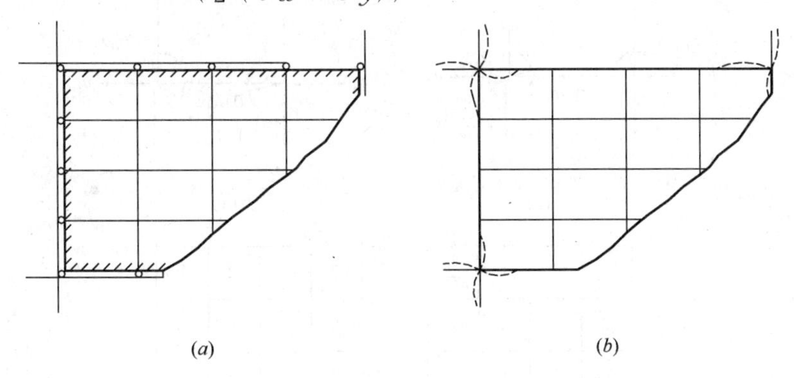

图 15-28 不同类型单元的墙板单元划分

(a) 矩形单元与线单元的组合；(b) 具有 9 自由度的矩形单元

3. *Macleod's* 双矩形单元

Macleod's 矩形单元的每个结点具有 3 个自由度，即 2 个位移自由度 (u, v) 和 1 个转角自由度 $\left(\frac{\partial v}{\partial x}\right)$或$\left(-\frac{\partial u}{\partial y}\right)$。在结点交替转角自由度 $\left(\frac{\partial v}{\partial x}\right)$和$\left(-\frac{\partial u}{\partial y}\right)$，两种类型单元要求具有连续性，所以相邻单元属于不同的类型，见图 15-29。

矩形单元的位移函数满足完全的边界协调，取为

$$u = a_1 + a_2x + a_3y + a_4xy + a_5y^2 + a_6xy^2 \tag{15-16a}$$

$$v = a_7 + a_8x + a_9y + a_{10}xy + a_{11}x^2 + a_{12}x^2y \tag{15-16b}$$

这种双矩形单元具有收敛速度快，且不需要更多的计算机内存。

采用高精度有限元分析墙板单元应力时，墙板单元的数量和布置对其应力结果有影响。文献［15-9］分析表明：墙板单元划分数量越多，水平荷载侧移的收敛性就越好。每块墙板单元划分至少 4×4 个单元。为获得墙板角区的应力集中，每块墙板单元划分 24×13 个单元。

除了墙板中单元的数量外，沿宽度方向单元数量的奇、偶性对分析结果也有影响。传统的连续剪力墙对单元数量的奇、偶性不十分敏感，但错列剪力墙结构对单元数量的奇、偶性恰十分敏感。沿宽度方向奇数单元适用于反对称荷载（如风荷载或水平地震荷载）情况，而偶数单元适用于对称荷载（如重力荷载）情况。

当采用 Macleod's 双矩形单元分析墙板时，在两个方向可采用相同的单元划分，无论以类型 1 开始还是以类型 2 开始的单元划分，两种单元划分计算的侧移和应力结果稍微有差别。这是由于在结点处的单个扭转角在对称情况缺乏对称性的缘故。若不考虑单元的奇、偶数及不考虑荷载的对称与否等其他原因，Macleod's 矩形单元的两种不同布置计算的平均值接近真实结果。因此，对重力荷载和水平荷载而言，通过取用不同单元划分计算结果的平均值可获得满意的结果。

4. 墙元

墙元是在四节点等参平面薄壳单元的基础上凝聚而成的，这种薄壳为平面应力膜与板

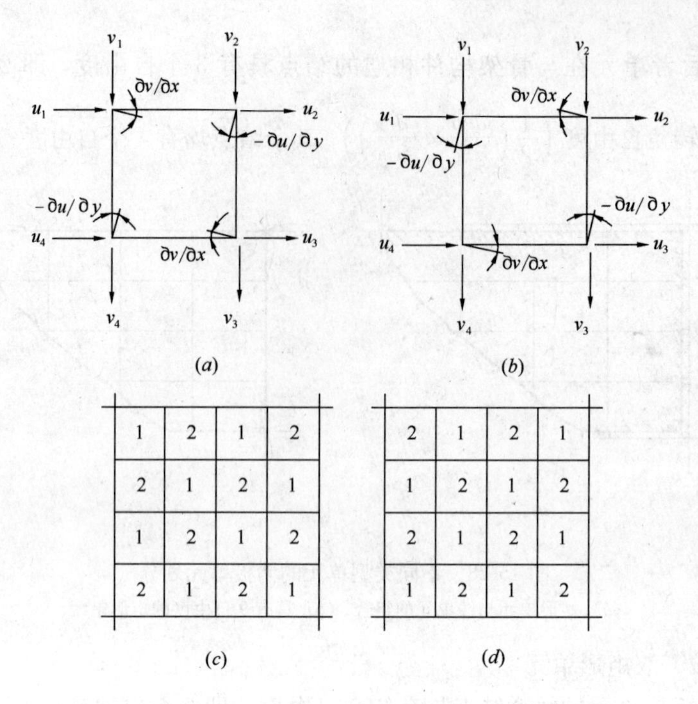

图 15-29 Macleod′s 矩形单元和布置

(*a*) 类型 1；(*b*) 类型 2；(*c*) 布置 1；(*d*) 布置 2

的叠加，平面应力膜单元采用的是“用广义协调条件构造的具有旋转自由度的四边形膜元”；板单元采用“基于 Kirchhoff 理论的四节点等参单元”。壳元的每个节点有六个自由度，其中三个为膜自由度（u，v，θ），三个为板弯曲自由度（w，θ_x，θ_y）。

（1）壳元的膜部分

单元的集合描述如图 15-30 所示，每个节点有两个线自由度和一个平面内旋转自由度，单元的节点位移向量为：

$$\{\delta\}^e = [\{\delta_1\}\{\delta_2\}\{\delta_3\}\{\delta_4\}]^T \tag{15-17}$$

每个节点的位移向量为

$$\{\delta_i\} = [u_i \quad v_i \quad \theta_i]^T \quad (i = 1 \sim 4) \tag{15-18}$$

式中 u_i，v_i——节点线自由度；

θ_i——节点的附加平面内旋转自由度。

单元的位移场（图 15-31）由下列三部分组成

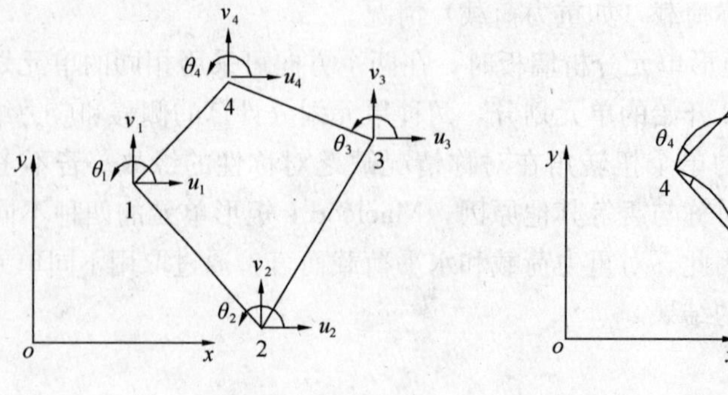

图 15-30 四边形膜元　　图 15-31 附加位移场

$$U = U_0 + U_\theta + U_\rho \tag{15-19}$$

式中　$U_0 = [u_0 \quad v_0]^T$——双线性协调位移场，由节点线自由度确定，且

$$U_0 = \begin{Bmatrix} u_0 \\ v_0 \end{Bmatrix} = \sum_{i=1}^{4} \begin{bmatrix} N_{0i} & 0 \\ 0 & N_{0i} \end{bmatrix} \begin{Bmatrix} u_i \\ v_i \end{Bmatrix} \tag{15-20a}$$

$$N_{0i} = \frac{1}{4}(1+\zeta_i\zeta)(1+\eta_i\eta) \tag{15-20b}$$

ζ、η 和 ζ_i、η_i——等参变换后单元节点的局部坐标；

$$U_\theta = \begin{Bmatrix} u_\theta \\ v_\theta \end{Bmatrix} = \sum_{i=1}^{4} \begin{bmatrix} N_{u\theta \cdot i} \\ N_{v\theta \cdot i} \end{bmatrix} \theta_i \tag{15-21}$$

式中　$N_{u\theta i} = \frac{1}{8}[\zeta_i(1-\zeta^2)(b_1+b_3\eta_i)(1+\eta_i\eta)+\eta_i(1-\eta^2)(b_2+b_3\zeta_i)(1+\zeta_i\zeta)]$

$$N_{v\theta i} = -\frac{1}{8}[\zeta_i(1-\zeta^2)(a_1+a_3\eta_i)(1+\eta_i\eta)+\eta_i(1-\eta^2)(a_2+a_3\zeta_i)(1+\zeta_i\zeta)]$$

$$a_1 = \frac{1}{4}\sum_{i=1}^{4}\zeta_i x_i ; a_2 = \frac{1}{4}\sum_{i=1}^{4}\eta_i x_i ; a_3 = \frac{1}{4}\sum_{i=1}^{4}\zeta_i\eta_i x_i$$

x_i、y_i——单元的节点坐标（i=1～4）；

U_ρ——为提高单元计算精度而引入的泡状位移场。

$$U_\rho = \begin{Bmatrix} u_\rho \\ v_\rho \end{Bmatrix} = \sum_{i=1}^{4} \begin{bmatrix} N_\rho & 0 \\ 0 & N_\rho \end{bmatrix} \begin{Bmatrix} \rho_1 \\ \rho_2 \end{Bmatrix} \tag{15-22}$$

式中　$N_\rho = (1-\zeta^2)(1-\eta^2)$；

ρ_1、ρ_2——任意参数。

记 $[N_i] = \begin{bmatrix} N_{0i} & 0 & N_{u\theta i} \\ 0 & N_{0i} & N_{v\theta i} \end{bmatrix}$，则单元的应变场可写成：

$$\{\varepsilon\} = [B]\{\delta\}^e + [B_\rho]\{\rho\} \tag{15-23}$$

按照上述条件建立的单元刚度矩阵可写为

$$[K]^e = [K_{\delta\delta}] - [K_{\rho\delta}]^T[K_{\rho\rho}]^{-1}[K_{\rho\delta}] \tag{15-24}$$

式中　$[K_{\delta\delta}] = t\int_{-1}^{1}\int_{-1}^{1}[B]^T[D][B] \mid J \mid d\zeta d\eta$；

$[K_{\rho\delta}] = t\int_{-1}^{1}\int_{-1}^{1}[B_\rho]^T[D][B] \mid J \mid d\zeta d\eta$；

$[K_{\rho\rho}] = t\int_{-1}^{1}\int_{-1}^{1}[B_\rho]^T[D][B_\rho] \mid J \mid d\zeta d\eta$；

t——单元厚度。

（2）壳元的板部分

单元描述如图 15-32 所示，每个角点有三个参数：w_i、θ_{xi}、θ_{yi}（i=1～4），每边中点有两个参数：θ_{xi}、θ_{yi}（i=5～8），单元函数为

$$\theta_x = \sum_{i=1}^{8} N_i \theta_{xi} \tag{15-25a}$$

$$\theta_y = \sum_{i=1}^{8} N_i \theta_{yi} \tag{15-25b}$$

式中　N_i（i=1～8）为 8 节点插值函数：

$$N_1 = \hat{N}_1 - \frac{1}{2}N_5 - \frac{1}{2}N_8$$

$$N_2 = \hat{N}_2 - \frac{1}{2}N_5 - \frac{1}{2}N_6$$

$$N_3 = \hat{N}_3 - \frac{1}{2}N_6 - \frac{1}{2}N_7$$

$$N_4 = \hat{N}_4 - \frac{1}{2}N_7 - \frac{1}{2}N_8$$

$$N_5 = \frac{1}{2}(1+\zeta^2)(1-\eta)$$

$$N_6 = \frac{1}{2}(1+\zeta)(1-\eta^2)$$

$$N_7 = \frac{1}{2}(1-\zeta^2)(1+\eta)$$

$$N_8 = \frac{1}{2}(1-\zeta)(1-\eta^2)$$

$$\hat{N}_i = \frac{1}{4}(1+\zeta_i\zeta)(1+\eta_i\eta)\ (i=1\sim 4)$$

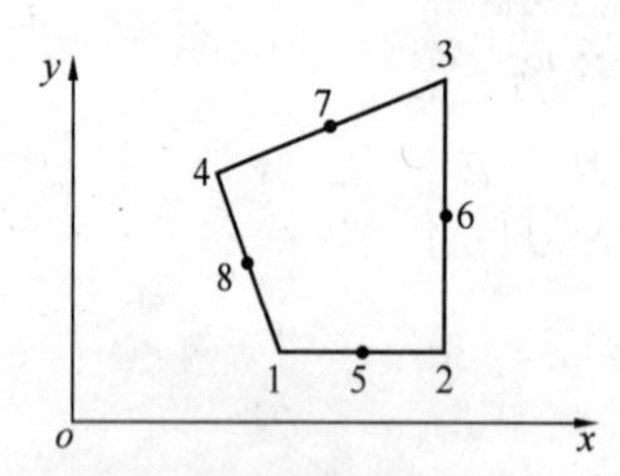

图 15-32　板弯曲单元示意图

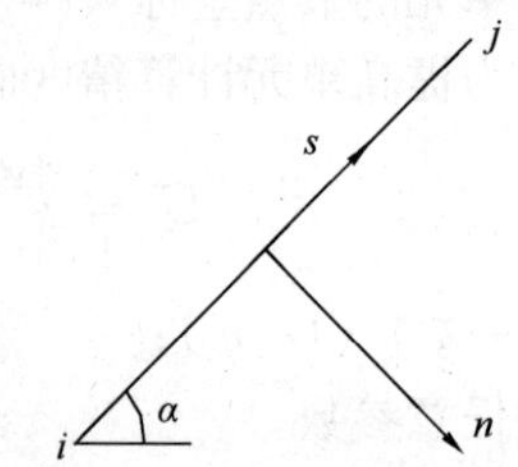

图 15-33　边界切向、法向示意图

引入 Kirchhoff 理论的直线假定，

1）在角点上

$$\left(\frac{\partial w}{\partial x}\right)_i = \theta y_i$$

$$\left(\frac{\partial w}{\partial y}\right)_i = \theta x_i \quad (i = 1 \sim 4)$$

2）各边中点

$$\theta_{\mathrm{sk}} = \frac{1}{2}(\theta_{si} + \theta_{sj})$$

$$\left(\frac{\partial w}{\partial s}\right)_{\mathrm{k}} = -\theta_{\mathrm{nk}} \quad (k = 5 \sim 8)$$

3）沿各边界 ij 上的位移 w 可由其两端节点的四个参数 w_i、$\left(\frac{\partial w}{\partial s}\right)_i$、$w_j$、$\left(\frac{\partial w}{\partial s}\right)_j$ 定义的一次函数确定。

$$\left(\frac{\partial w}{\partial s}\right)_{\mathrm{k}} = \frac{3}{2L_{ij}}(w_j - w_i) - \frac{1}{4}\left[\left(\frac{\partial w}{\partial s}\right)_i + \left(\frac{\partial w}{\partial s}\right)_j\right] \tag{15-26}$$

式中　L_{ij}——ij 边的边长；

n、s——分别表示 ij 边界的法向和切向（图 15-33）。

综合上述条件可得单元的广义应变矩阵

$$[B_{\mathrm{p}}]=\begin{Bmatrix}-\dfrac{\partial\theta_{\mathrm{y}}}{\partial x}\\ \dfrac{\partial\theta_{\mathrm{x}}}{\partial y}\\ \dfrac{\partial\theta_{\mathrm{x}}}{\partial x}-\dfrac{\partial\theta_{\mathrm{y}}}{\partial y}\end{Bmatrix} \tag{15-27}$$

壳元板部分的单元刚度矩阵可写为

$$[K_{\mathrm{p}}]=t\int_{-1}^{1}\int_{-1}^{1}[B_{\mathrm{p}}]^{\mathrm{T}}[D_{\mathrm{p}}][B_{\mathrm{p}}]\mid J\mid \mathrm{d}\zeta\mathrm{d}\eta \tag{15-28}$$

式中　$[D_{\mathrm{p}}]$ ——板的弯曲单元刚度矩阵。

(3) 墙元的凝聚

设一个墙元有 i 个出口，j 个内部节点，墙的平衡方程可写为

$$\begin{bmatrix}[K_{ii}] & [K_{ij}]^{\mathrm{T}}\\ [K_{ji}] & [K_{jj}]\end{bmatrix}\cdot\begin{bmatrix}\{\delta_i\}\\ \{\delta_j\}\end{bmatrix}=\begin{bmatrix}\{P_i\}\\ \{P_j\}\end{bmatrix} \tag{15-29}$$

由上式可得到经凝聚后的墙元的单元刚度矩阵和右端项为：

$$[K_{ii}^{*}]=[K_{ii}]-[K_{ji}]^{\mathrm{T}}[K_{jj}]^{-1}[K_{ji}] \tag{15-30}$$

$$[P_{i}^{*}]=[P_{i}]-[K_{ji}]^{\mathrm{T}}[K_{jj}]^{-1}[P_{j}] \tag{15-31}$$

由于求 $[K_{jj}]^{-1}$ 的计算工作量比较大，为了提高效率，令 $[X_{ji}]=[K_{jj}]^{-1}[K_{jj}]$

则

$$[K_{jj}][X_{ji}]=[K_{jj}]$$

按上式可通过解线性方程组的方法求出 $[X_{ji}]$，则式 (15-30) 和式 (15-31) 可改写为

$$[K_{ii}^{*}]=[K_{ii}]-[K_{ji}]^{\mathrm{T}}[X_{ji}] \tag{15-32}$$

$$[P_{i}^{*}]=[P_{i}]-[X_{ji}]^{\mathrm{T}}[P_{j}] \tag{15-33}$$

15.4　错列剪力墙结构体系的受力分析

图 15-34 为三跨的错列剪力墙结构（类型 1、2、3），层高 4.0m，跨度为 5.0m。剪力

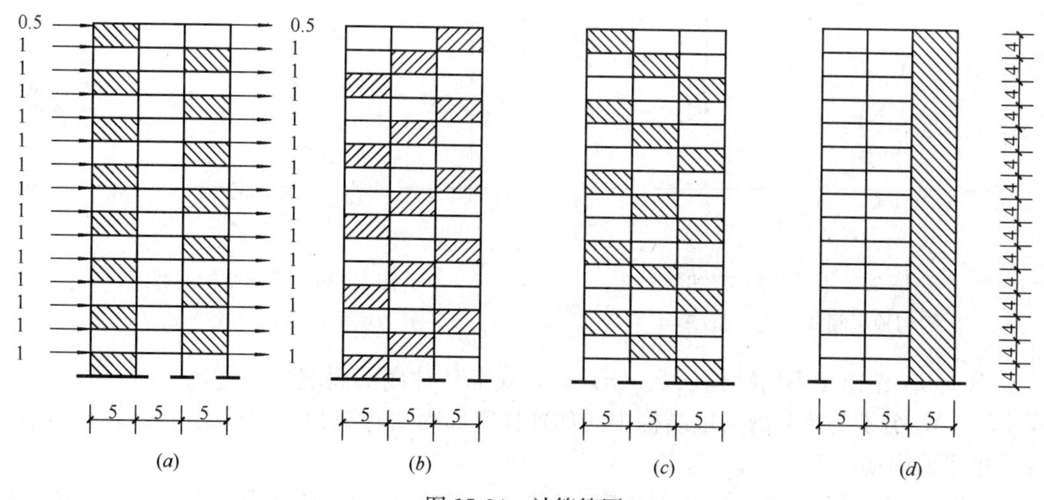

图 15-34　计算简图

(a) 类型 1；(b) 类型 2；(c) 类型 3；(d) 传统框架-剪力墙结构

墙厚度 240mm，剪力墙的边框柱截面 700mm×700mm，梁截面 300mm×700mm。混凝土强度等级 C25。采用本项目编制的错列剪力墙结构内力分析程序（SSSAP）对错列剪力墙结构在单位水平力作用下的内力进行分析，并与传统的框架-剪力墙结构的内力进行比较。

图 15-35 给出了不同结构层数（n）时，结构顶层侧移之比（Δ_s/Δ_c），这里 Δ_s、Δ_c 分别为错列剪力墙结构顶层的水平侧移和传统框架-剪力墙结构顶层的水平侧移。

由图 15-35 可知：在侧向荷载作用下，类型 2 和 3 的结构侧移比类型 1 要小得多。这表明在上述三种类型的错列剪力墙结构中，类型 2 和 3 墙板的布置比类型 1 墙板的布置使整体结构的抗侧刚度提高更大，也更趋均匀。

在楼层数 n=4～12 时，错列剪力墙结构（类型 1）的刚度比传统框架-剪力墙的刚度要大。因此，一般而言类型Ⅰ适用于中等高度（4～12 层）的错列剪力墙结构。

楼层数不超过 20 层的错列剪力墙结构（类型 2、3）的刚度都比传统框架-剪力墙的刚度要大。因此，一般而言类型 2、3 可适用于 20～30 层的错列剪力墙结构。在这一范围内错列剪力墙结构比采用传统框架-剪力墙结构要经济。

图 15-36 给出了不同结构层数时，剪力墙底部弯矩之比（M_{sb}/M_{cb}），这里 M_{sb}、M_{cb} 分别为错列剪力墙结构中剪力墙底部固端弯矩和传统框架-剪力墙结构中剪力墙底部固端弯矩。

由图 15-36 可见，上述三种错列剪力墙结构中剪力墙底部固端弯矩均要比传统框架剪力墙结构中剪力墙底部固端弯矩值小得多，且类型 2 和 3 中，剪力墙底部弯矩大大小于类型 1，约为类型 1 的 50%。错列剪力墙结构能很好地解决了传统框架-剪力墙结构中剪力墙底部弯矩很大的不利，这将对其基础的设计是有益的。

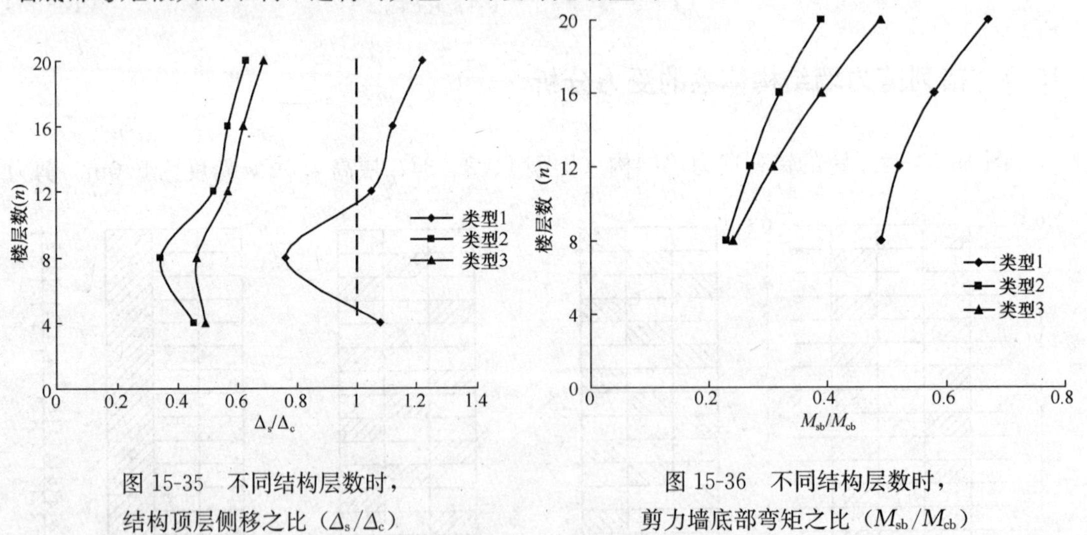

图 15-35 不同结构层数时，结构顶层侧移之比（Δ_s/Δ_c）

图 15-36 不同结构层数时，剪力墙底部弯矩之比（M_{sb}/M_{cb}）

图 15-37 给出了不同结构层数（n）时，底部外柱底部固端弯矩之比（M_{sb}/M_{cb}），这里 M_{sb}、M_{cb} 分别为错列剪力墙结构中底部外柱底部固端弯矩和传统框架-剪力墙结构中相应柱中底部固端弯矩。

由图 15-37 可见，在一定楼层高度的范围内，错列剪力墙结构中柱固端弯矩要比传统框架-剪力墙结构中相应柱的固端弯矩要大。

图 15-38 给出了不同结构层数（n）时，底部内柱底部固端弯矩之比（M_{sb}/M_{cb}），这里 M_{sb}、M_{cb} 分别为错列剪力墙结构中底部内柱底部固端弯矩和传统框架-剪力墙结构中相应柱中底部固端弯矩。

由图 15-38 可见，在 8～20 层的范围内，上述三种类型的错列剪力墙结构中同一位置柱的固端弯矩要比传统框架-剪力墙结构中相应柱的固端弯矩要大。产生这种现象的原因是，由于剪力墙错列布置，使整个结构的刚度更趋均匀，原本由剪力墙承受的弯矩，一部分分配给柱，使剪力墙承担的内力大为减小，柱承担的内力则有所增加。

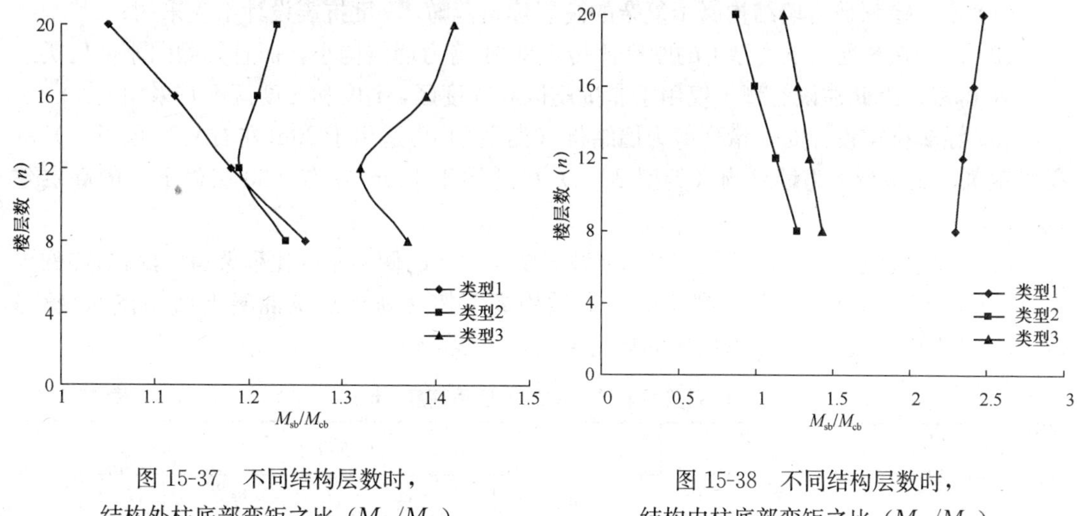

图 15-37 不同结构层数时，结构外柱底部弯矩之比（M_{sb}/M_{cb}）

图 15-38 不同结构层数时，结构内柱底部弯矩之比（M_{sb}/M_{cb}）

表 15-5 给出了类型 1 各层梁的轴向力（N_{sb}/N_{cb}）比较。

类型 1 梁的轴向力比较（N_{sb}/N_{cb}） **表 15-5**

楼层数（n）	类型 1（N_{sb1}/N_{cb}）	楼层数（n）	类型 1（N_{sb1}/N_{cb}）
1	−11.07	2	7.79
3	−8.94	4	9.68
5	−10.56	6	10.62
7	−10.70	8	10.33
9	−8.67	10	6.41
11	−3.55	12	0.82

由表 15-5 可见，与传统框架-剪力墙结构相比，错列剪力墙结构中梁的轴向力要大得多，且越靠近结构底部，楼层中梁的轴向力就越大。在侧向荷载的作用下，类型 1 中梁交替产生拉、压力，而类型 2、3 中同一跨内的梁承受相同向的拉力或压力。

15.5 错列剪力墙结构体系的设计和构造要求

15.5.1 错列剪力墙结构的适用高度

试验结果和理论分析表明，在等墙板布置的错列剪力墙结构中，错列剪力墙结构（类型 1）的承载力和刚度都比较低，因此类型 1 适用于 20 层以下的中等高度建筑，而错列剪力墙结构（类型 2、3）可适用于不超过 30 层的高层建筑。在这一范围内采用错列剪力墙结构（类型 1、2、3）的墙板布置形式比传统框架-剪力墙结构要经济。错列剪力墙结构（类型 4）具有对称性和较大的侧向刚度，可适用于 30 层以上的高层建筑。

根据已有的错列剪力墙结构的静力性能的分析结果[15-3]~[15-10]，并参考《高层建筑混凝土结构技术规程》（JGJ 3—2010），建议错列剪力墙结构的最大适用高度按下列要求取用：

（1）由于错列剪力墙结构属于复杂的高层建筑范畴，9 度抗震设计不应采用；

（2）由于在 8 层以下类型 1 的刚度比传统框架-剪力墙结构小，而且其侧向刚度比类型 2、3 小得多，因此建议类型 1 仅用于非抗震区和 6 度区，7 度和 8 度区不宜采用；

（3）在非抗震设计时，错列剪力墙结构（类型 1）可适用于 80m 左右（20 层以下）的高层建筑，而错列剪力墙结构（类型 2、3）可适用于 120m 左右（30 层以下）的高层建筑；

（4）在抗震设计时，由于类型 2、类型 3 及类型 4 的侧向刚度比框架-剪力墙结构的要大，建议类型 2、类型 3 及类型 4 的最大适用高度按《高层建筑混凝土结构技术规程》（JGJ3—2010）中框架-剪力墙结构的规定取用，见表 15-6。

错列剪力墙结构的最大适用高度（m） **表 15-6**

结构类型	非抗震设计	抗震设计			
		6 度	7 度	8 度	9 度
类型 1	80	60	不宜采用		不应采用
类型 2	120	110	100	80	
类型 3、类型 4	120	110	100	80	

15.5.2 错列剪力墙结构的结构布置

（1）错列剪力墙结构中墙板布置原则

错列剪力墙结构中，与楼层等高和开间等宽的墙板应每层设置，并按图 15-39 所示的布置形式沿结构高度方向进行布置。

（2）错列剪力墙结构体系的横向布置

错列剪力墙结构的建筑平面应简单、规则、合理。平面形状应符合《高层建筑混凝土结构技术规程》（JGJ 3—2010）的规定。同时错列剪力墙结构应力求结构对称、刚度中心和质量中心重合，以避免引起过大的扭转效应。错列剪力墙抗侧构件（类型 1、类型 2 和类型 3）应间隔布置，使结构在横向布置上满足一定的对称性，如图 15-40 所示。

（3）错列剪力墙结构体系的纵向布置

错列剪力墙结构体系在提高横向抗侧刚度及抵抗水平荷载方面要比传统框架-剪力墙结构有独特的优势，但其在纵向结构布置及刚度上显得较为薄弱，为此可在结构两端设置端筒，以保证结构在纵向具有足够的刚度。结构纵向可由两端筒和板墙框架（含外纵框架）协同工作，共同抵抗纵向水平剪力，其中两端筒结构承担了绝大部分纵向水平剪力，

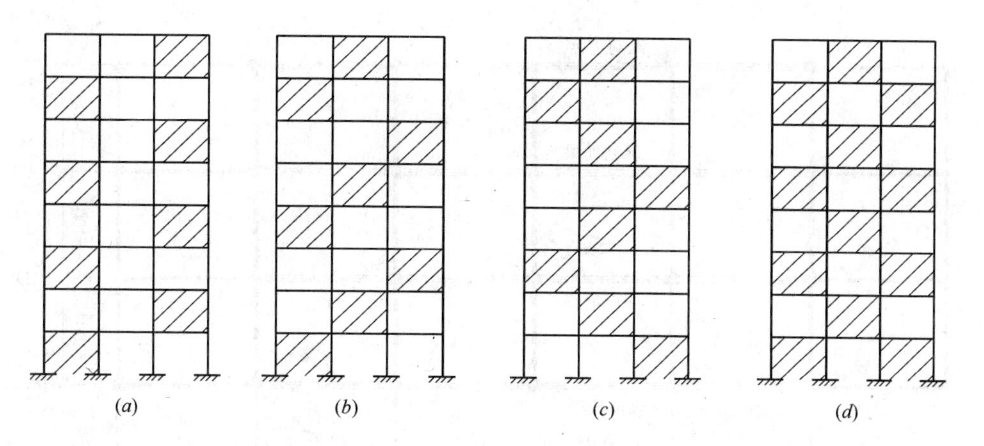

图 15-39 错列剪力墙结构中墙板的布置
(a) 类型 1；(b) 类型 2；(c) 类型 3；(d) 类型 4

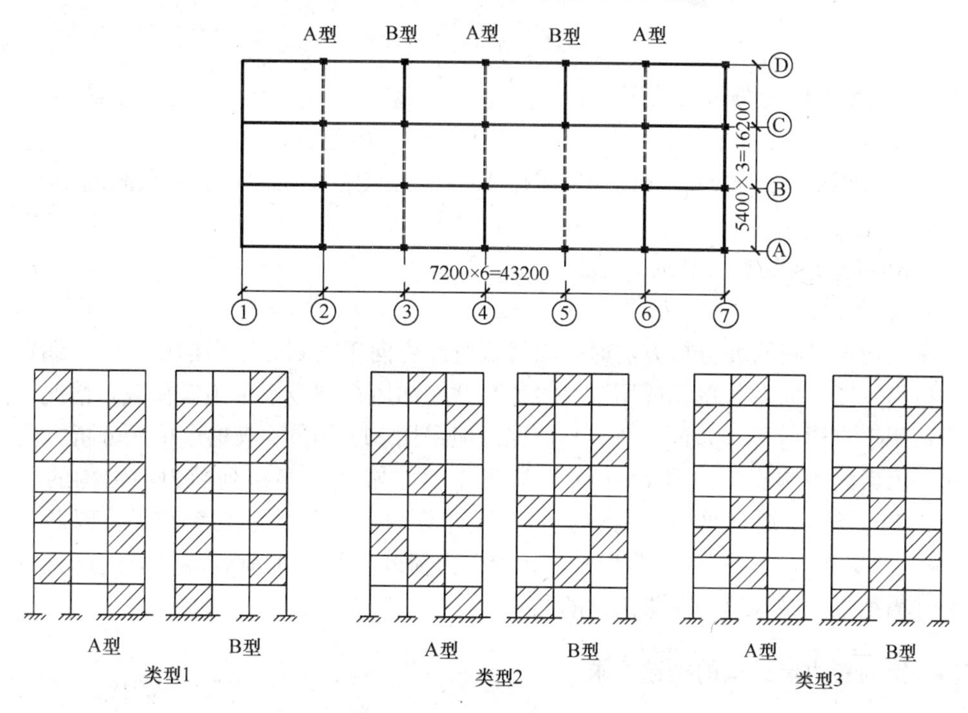

图 15-40 错列剪力墙结构横向布置

如图 15-41 所示。

端筒的刚度不能过大，否则会增加地震层剪力，使筒体墙肢及连梁内力增加，除配筋困难外，也难以予以保证筒体基础有足够的抵抗转动刚度。

在结构底部，应加强端筒塑性铰区墙肢和横向墙体边框柱的抗剪配筋及构造，使各构件呈现强剪弱弯型。此外，一个搭接面切断的钢筋不宜超过 1/2，墙中明、暗柱纵筋应焊接，以使端筒底部出现弯曲屈服，并具有延性，使各构件为压弯延性破坏。

15.5.3 错列剪力墙结构的内力计算方法

错列剪力墙结构内力简化计算方法可采用杆件有限元模型[15-1]、高精度有限元方

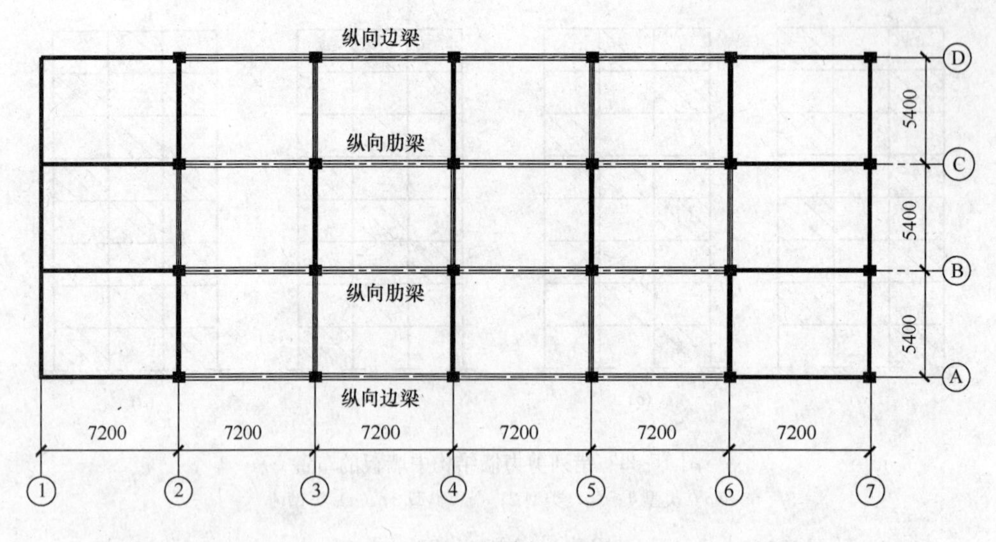

图 15-41 结构的平面布置

法[15-9]。高精度有限元分析可采用：

（1）矩形单元（8 个自由度的矩形单元）与线单元的组合；

（2）两种矩形单元的组合（即角区采用 15 个自由度的矩形单元，其余采用 16 个自由度的矩形单元）；

（3）Macleod′s 双矩形单元；

（4）墙元。

当采用前两种有限元分析方法时，沿墙板宽度方向单元划分应考虑单元奇、偶数的影响，一般沿宽度方向奇数单元适用于反对称荷载（如风荷载或水平地震荷载）情况，而偶数单元适用于对称荷载（如重力荷载）情况。但采用 Macleod′s 双矩形单元分析方法时可不受这一因素的限制影响。Macleod′s 双矩形单元非常适合于错列剪力墙结构的内力分析。由于 Macleod′s 矩形单元的两种不同布置计算的平均值接近真实结果，因此，采用 Macleod′s 双矩形单元进行内力分析时，无论重力荷载还是水平荷载都可取用两种不同单元划分计算结果的平均值来获得满意的结果。

15.5.4 错列剪力墙结构的构造要求

（1）截面的尺寸

1）墙板厚度（b_w）不应小于 200mm，且不应小于层高的 1/16。除了满足规范的要求外，还应使墙板的中心线与柱的中心线重合，防止偏心。

2）梁的截面宽度不应小于 $2b_w$（b_w 为墙板的厚度），梁的截面高度不应小于 $3b_w$。

3）柱的截面宽度不应小于 $2.5b_w$，柱的截面高度不应小于柱的宽度。

（2）错列剪力墙结构中梁的构造要求

试验结果和理论分析表明：与传统的框架-剪力墙结构相比，在错列剪力墙结构中梁存在较大的轴向拉（压）力，因此在进行梁的截面设计时，要考虑这一受力特性。梁应按偏心受力构件进行承载能力极限状态设计。

错列剪力墙结构中梁端加密范围和箍筋构造要求均同钢筋混凝土框架梁。

梁的纵向钢筋的锚固、搭接应按《高层建筑混凝土结构技术规程》（JGJ 3—2010）中的受拉钢筋的锚固和搭接的要求执行。

抗震分析表明[15-11]，与端筒相连边跨的纵向框架梁，在纵向地震作用下变形较大，易进入屈服，它们在支座（端筒）处将受到较大的正负弯矩和剪力，为使其不发生突然破坏或坏而不跨，梁上、下纵向钢筋在支座内的锚固长度不宜小于 l_{aE}（非抗震设计时 l_a），并按出现塑性铰要求配置钢筋，以确保楼板在开裂后仍能传递水平剪力并其具有设计所要求的延性。

（3）错列剪力墙结构中柱的构造要求

分析表明，在一定层高范围内，错列剪力墙结构柱的固端弯矩比传统框架-剪力墙结构中相应柱的固端弯矩要大。这是由于原本由墙板承受的弯矩，一部分分配给柱，使墙板承担的内力大为减小。错列剪力墙结构中柱的内力比传统框架-剪力墙结构中柱的内力要大，因此建议错列剪力墙结构中柱的构造要求应在框架柱的基础上作适当加强。

强震设计时，应将弹性计算的柱平面外地震剪力乘以增大系数 η 后作为其设计剪力，并以此求出平面外的设计弯矩[15-1][15-11]。

错列剪力墙结构中柱端加密范围和箍筋构造要求均同钢筋混凝土框架柱。

（4）错列剪力墙结构中墙板的构造要求

试验结果表明，与传统框架-剪力墙结构相比，错列剪力墙结构中的每层墙板都发挥了作用，因此，错列剪力墙结构中的墙板，应沿全高进行加强。墙板加强的构造要求同传统框架-剪力墙结构中的剪力墙的加强要求。

墙板的水平、竖向分布钢筋的最小配筋率不低于 0.25%，水平、竖向分布钢筋的钢筋直径不宜大于墙板厚度的 1/10；当剪力墙截面厚度 b_w 不大于 400mm 时，可采用双排配筋。各排分布钢筋之间的拉筋间距不应大于 600mm，直径不应小于 6mm。水平及竖向分布钢筋应分别贯穿柱、梁或可靠地锚固在柱、梁内，锚固长度不应小于 l_{aE}。

试验表明[15-3]~[15-5]、[15-8]，试件 SSW-2、SSW-3 中的墙板加设了 X 斜向钢筋，这两个试件中墙板的裂缝比 SSW-1 出现的晚，且试件 SSW-2、SSW-3 中 X 斜向钢筋的应变值在试件破坏前达到了屈服应变，这表明在墙板中加设 X 斜向钢筋对于提高结构强度和延性有一定的作用。为保证剪力墙组成的 X 斜撑充分发挥作用，并有足够的强度和延性，在墙板中配置不小于 2ϕ14 的 X 双向斜向钢筋，并加配箍筋。墙板中钢筋构造如图 15-42 所示。

计算斜撑钢筋面积时，假设墙板的全部剪力均由墙板中的 X 斜撑来承担，并考虑拉压相等，计算简图如图 15-43 所示。则斜撑钢筋面积 A_s 可按下列公式计算：

1）无地震作用组合

$$A_s \geqslant \frac{V_b}{2f_y \sin\alpha} \tag{15-34}$$

2）有地震作用组合

$$A_s \geqslant \frac{\gamma_{RE} V_b}{2f_y \sin\alpha} \tag{15-35}$$

式中 α——斜撑与竖直向的夹角；

V_b——墙板承受的剪力。

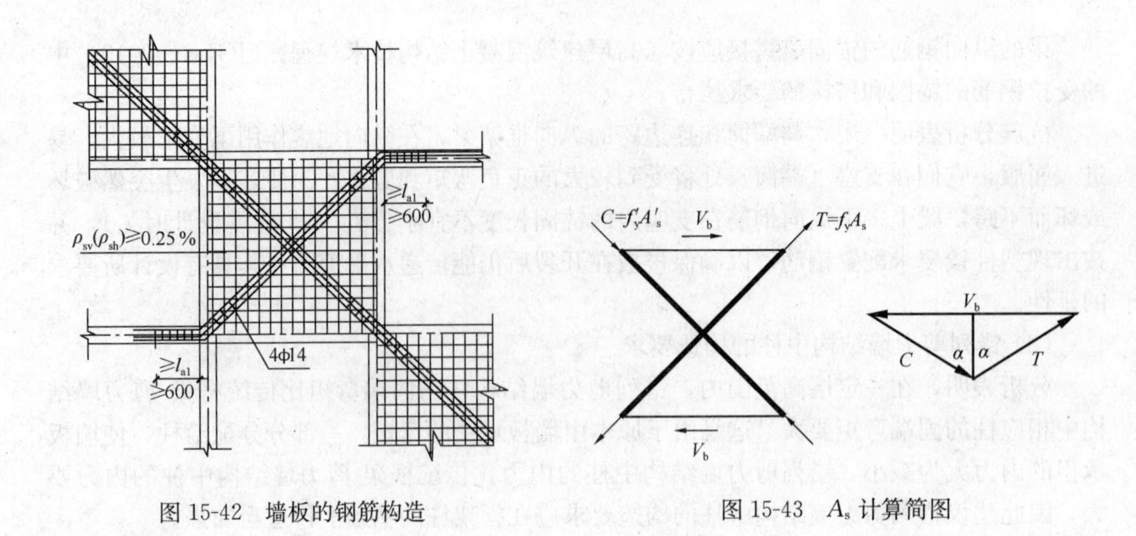

图 15-42 墙板的钢筋构造

图 15-43 A_s 计算简图

斜撑钢筋伸入梁或柱内的长度不应小于 l_{a1}，非抗震设计时，l_{a1} 可取 l_a；抗震设计时 l_{a1} 宜取 l_{aE}。

两个方向斜撑钢筋均应采用箍筋（或拉筋）绑成一体，箍筋（或拉筋）直径不应小于 8mm，箍筋（或拉筋）间距不应大于 200mm，端部加密区不应大于 100mm，加密区的长度不应小于 600mm 及墙板厚度的 2 倍。

在墙板和楼板连接处要特别加强抗剪构造，应将墙中钢筋分别伸入上、下楼板中并按有关规范保证具有一定的锚固长度，使二者有效地连接在一起保证其抗剪承载力，有效地传递剪力。

墙板的其他抗震构造要求应满足框架-剪力墙结构中剪力墙的规定要求。

(5) 错列剪力墙结构中楼板的构造要求

在错列剪力墙结构体系中，由于墙板层层断开，水平剪力不能直接传到底层，而是要通过楼板传递，越往底层楼板传递的剪力就越大，所以结构楼层的楼板应沿全高进行加强，以保证其有足够的强度和刚度保证其能够传递所要求的水平剪力。楼板应采用现浇，其混凝土强度等级不应小于 C25，板厚在满足承载力和变形的同时，一般底部各层楼板厚度 $h=150\sim180$mm，上部各层楼板厚度 $h=130\sim150$mm，并应配置部少于 $\phi8@200$ 的双向双层分布钢筋。

筒体之间的楼板除承受竖向荷载产生的内力外，还要承受纵向水平荷载产生的弯矩和剪力，并在传递水平力方面起重要作用。抗震分析表明[15-11]，与端筒相连的楼板，在纵向地震作用下变形较大，易进入屈服，它们在支座处将受到较大的正、负弯矩和剪力，为使其不发生突然破坏或坏而不跨，楼板上、下钢筋在支座内的锚固长度不宜小于 l_{aE}，并按出现塑性铰要求配筋，以确保楼板在开裂后仍能传递水平剪力并具有设计所要求的延性。

在楼板边缘应设置具有一定高度的纵向边梁（图 15-41），与错列剪力墙的外边框柱形成两道外纵向抗侧力框架，最好在顶层楼板边缘设置刚度较大的边梁，使其具有类似于顶层加强层的作用，可有效地提高结构纵向整体抗侧刚度。

在楼板纵向外边缘设置连续边梁的作用：① 与错列横墙边框柱形成纵向框架，以增大结构纵向抗侧刚度；② 楼板在承受竖向荷载时，可使其为四边支承的双向板，降低楼板厚度；③ 边梁对错列横墙平面外稳定起约束作用，并提高横墙抗扭能力，边梁还可以作为外挑阳台板的端支承。

若纵向刚度需要时，可在端筒之间楼板两内纵轴线处加设 250mm×450mm 的纵向肋梁（图 15-41），与错列墙板的内边框柱形成纵向框架，以保证纵向框架以至整个结构在纵向具有足够的抗侧刚度和抗震能力。

（6）错列剪力墙结构中梁柱节点构造要求

试验表明[15-3]~[15-5]，错列剪力墙结构中梁柱节点的受力复杂，节点破坏较严重，因此，错列剪力墙结构中梁柱节点应加强，节点区箍筋加密要求同柱加密区要求。同时，为减小角区的应力集中现象，在上、下墙板相交处宜采用圆角过渡外形。

参 考 文 献

[15-1] 唐兴荣编著. 高层建筑混凝土转换层结构设计与施工[M]. 北京：中国建筑工业出版社，2002

[15-2] 唐兴荣编著. 特殊和复杂高层建筑结构设计[M]. 北京：机械工业出版社，2006

[15-3] 唐兴荣，沈萍. 钢筋混凝土错列剪力墙结构抗震性能的试验研究(Ⅰ)[J]. 四川建筑科学研究，2008，34(6)：138～144

[15-4] 唐兴荣，沈萍. 钢筋混凝土错列剪力墙结构抗震性能的试验研究(Ⅱ)[J]. 四川建筑科学研究，2009，35(1)：161～165

[15-5] 唐兴荣，沈萍. 钢筋混凝土错列剪力墙结构抗震性能的试验研究(Ⅲ)[J]. 四川建筑科学研究，2009，35(2)：157～161

[15-6] 唐兴荣，何若全，姚江峰. 侧向荷载作用下错列剪力墙结构的性能分析[J]. 苏州城建环保学院学报，2002，15(3)：12～18

[15-7] 沈萍，唐兴荣. 错列剪力墙结构的受力机理和静力性能分析. 苏州科技学院学报(工程技术版)，2007，20(3)：19～22

[15-8] 沈萍. 钢筋混凝土错列剪力墙结构的试验研究与理论分析[D]. 苏州科技学院硕士学位论文(导师：唐兴荣)，2007

[15-9] K N V Prasada Rao，Seetharamulu K. Staggered Shear Panels in Tall Buildings. ASCE. Journal of Structural Engineering，1983，109(5)：1174～1193

[15-10] K N V Prasada Rao. Tall Buildings with Staggered Shear Walls. Technology，New Delhi，India1978，in fulfillment of the requirements for the degree of Doctor of Philosophy.

[15-11] 刘建新. 隔层错跨剪力墙结构体系的抗震设计探讨[J]. 建筑结构，1999，(2)：20～22

[15-12] 中华人民共和国行业标准. 高层建筑混凝土结构技术规程(JGJ 3—2010)[S]. 北京：中国建筑工业出版社，2010

16 带转换层高层建筑结构的动力分析

16.1 概述

高层建筑结构用时程分析法进行地震作用分析时，其力学模型可以采用杆系模型和层间模型两大类。杆系模型是以结构的杆件为基本计算单元，将结构的质量集中于各个杆件的节点处，从而形成竖向串并联多自由度体系。杆系模型能较好地反映出结构各个杆件的受力变形，但对水平结构，其每一节点就有三个位移分量，因而未知数多，计算工作量大，在结构抗震设计中很少采用。况且，对带转换层高层建筑中转换层及各个杆件质量集中方法、节点未知量的确定等还有待进一步探讨。层间模型假定结构每层质量只集中在各楼层和屋盖处，用反映层间结构受力变形特点的杆件连接各集中质点，从而整个结构成为一个下端固定并在各楼层及屋盖处具有集中质点的串联多自由度振动模型。与杆系模型相比其特点是未知量少，计算比较简单，且能给出各楼层的水平位移，从而可以发现塑性变形集中的薄弱层的位置，在工程设计中采用较多。根据不同类型结构在地震作用下的侧向变形特点，层间模型又可分为层间剪切型（S 模型）、层间弯曲型（B 模型）、层间弯剪型（SB 模型）以及局部层间弯剪型（局部 SB 模型）等。

高层建筑的转换层有各种形式，有的是厚板或箱形转换结构，当塔楼面积较小时，转换层的刚度很大，可视为刚性转换层；有的是墙梁、桁架式或空腹桁架式，当楼层面积较大时，转换层不宜视为刚性，即应考虑转换层的弹性变形[16-1]。

本章基于编者所进行的带转换层高层建筑结构的动力试验研究[16-2][16-3]，以及现行的《建筑抗震设计规范》[16-4]（GB 50011—2010）、《高层建筑混凝土结构技术规程》[16-5]（JGJ 3—2010），介绍水平地震作用下带转换层高层建筑结构的动力分析方法，以及竖向地震作用下转换结构的动力分析方法。

16.2 带转换层高层建筑结构动力试验研究

16.2.1 带转换层高层建筑结构的拟动力试验

为了研究带桁架转换层结构的拟动力特性，编者结合南京新世纪广场工程，对一榀带预应力高强混凝土桁架转换层的框架结构进行了拟动力试验研究和理论分析[16-2][16-3][16-7]，着重研究桁架转换层结构的弹性地震反应。

1. 模型设计

一般来说，要使缩尺模型真实地模拟原结构的动力特性，就必须严格按照动力模型的相似原则进行设计和试验，即模型与原型结构应满足五方面的相似条件：（1）物理条件相似；（2）几何条件相似；（3）边界条件相似；（4）动平衡方程式；（5）运动初始条件相似，这样才能保证模型与原型结构的动力反应相似。但实际模型设计时，要全部满足五个方面相似条件是比较困难的，一般可以根据试验目的对模型设计的要求有所侧重。模型的相似关系见表 16-1。

试验模型为一榀带预应力转换桁架的四层框架结构（图 16-1）。根据加载装置的承载条件，应在模型各层均匀地附加质量，但考虑到原型结构上部传下来的重力荷载代表值很大，为方便计，仅考虑模型柱顶有集中质量，每个柱 $m=100\text{kN}$。

桁架下弦根据转换桁架的抗裂度和预应力度的要求配置 2ϕ^{s}5 碳素钢丝，控制张拉应力 $\sigma_{\text{con}}=0.65f_{\text{ptk}}$，总张拉力 $N_{\text{p}}=30\text{kN}$。

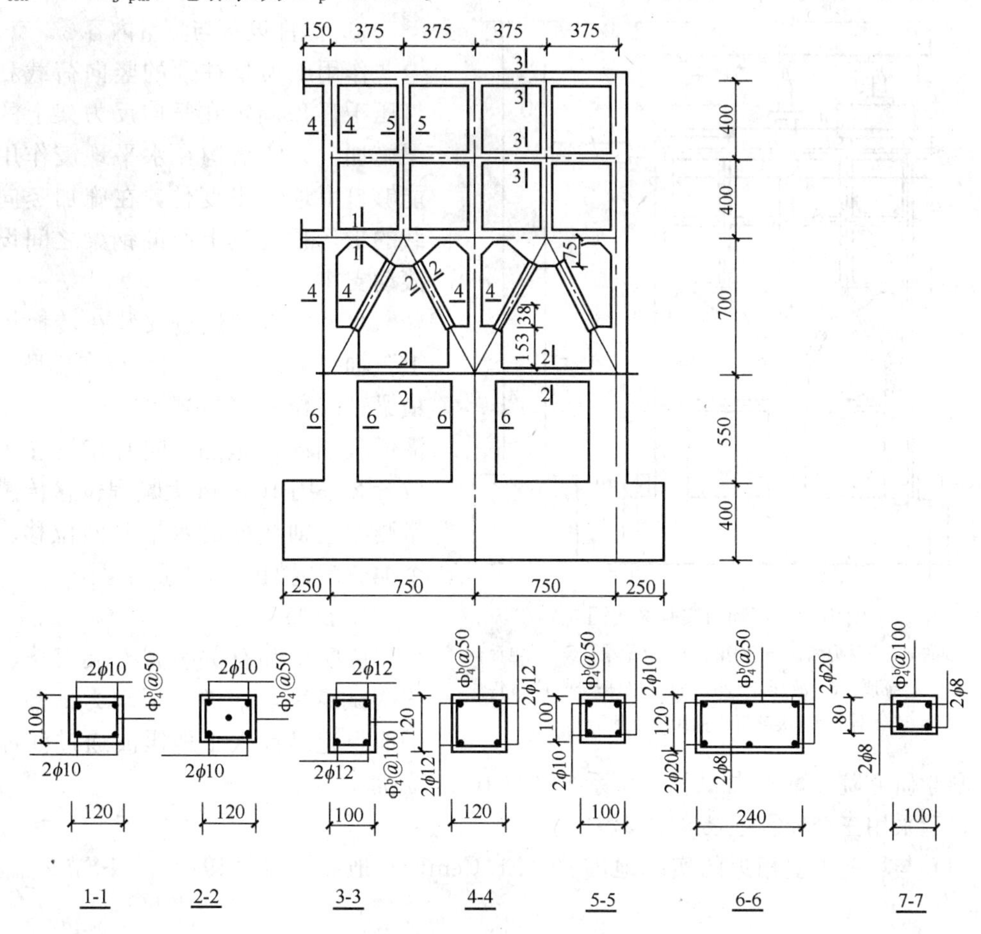

图 16-1 模型几何尺寸和配筋图

模型相似关系 **表 16-1**

项目	材料特性 EGμ	长度	面积	质量	频率	速度	加速度	荷载	位移	应力	应变	轴力	剪力	弯矩
原型	1	1	1	1	1	1	1	1	1	1	1	1	1	1
模型	1	$\frac{1}{10}$	$\frac{1}{100}$	$\frac{1}{100}$	$\sqrt{10}$	$\frac{1}{\sqrt{10}}$	1	$\frac{1}{100}$	$\frac{1}{10}$	1	1	$\frac{1}{100}$	$\frac{1}{100}$	$\frac{1}{100}$

2. 模型制作

模型的配筋根据模型与原型结构的相关性直接计算得到。模型受力钢筋采用 HPB235 级钢，$\phi^b 4$ 钢丝作为箍筋。

模型混凝土材料选用 42.5R 矿渣硅酸盐水泥，5～25mm 碎石，细度模数为 2.5 中砂。为了获得高强度混凝土，参加 1.2%水泥用量的 J-II 高强混凝土减水剂。实测混凝土立方体强度 55.3N/mm^2，混凝土棱柱体强度 44.0N/mm^2，混凝土弹性模量 3.55×10^4N/mm^2。模型采用木模制作并按预制构件的常规现场养护的方法养护。

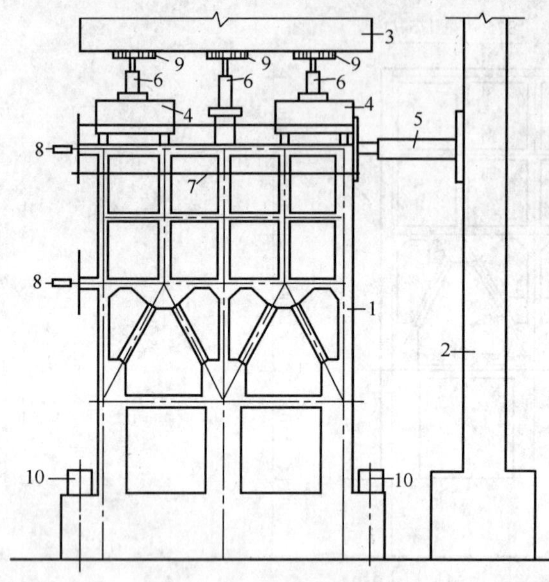

图 16-2 拟动力实验装置图

1—试件；2—反力墙；3—钢梁；4—分配梁；5——电液伺服拉压千斤顶；6—液压千斤顶；7—拉杆；8—位移传感器；9—滚动滑车；10—小钢梁

3. 试件设备与测量内容

作用于模型柱顶的竖向荷载利用液压千斤顶固定在竖向反力架上的钢梁施加，为使结构在水平地震作用下能够自由地水平变位，在施加竖向荷载的千斤顶与其上面的钢梁之间设置滚动支座。

水平地震波通过安装在转换桁架上弦轴线位置（位置 1）或在模型顶部横梁轴线位置（位置 2）的 600kN 电液伺服加载器施加。同时在位置 1 和位置 2 采用 100mm 大量程位移传感器量测相应轴线处的水平侧向位移。整个加载装置如图 16-2 所示。

4. 试验工况

待模型和有关装置安装完毕，系统调试结束，即进行拟动力试验。水平地震记录或人工地震波通过江苏省建筑科学研究院计算机-加载器伺服系统（图 16-3）施加。

试验采用三个地震记录或地震波：

(1) 与场地类型相近的实际地震波（EL-Centro）地震记录（1940 年 N-S，$\ddot{x}_{g,max}=$

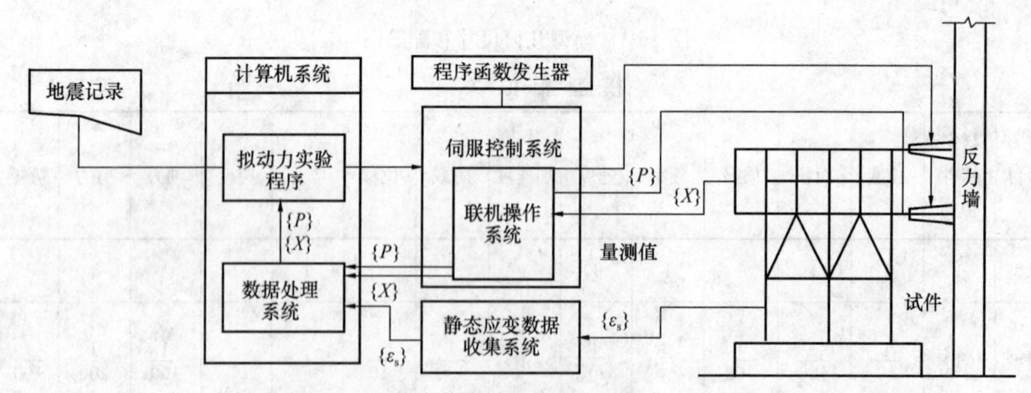

图 16-3 江苏省建科院大型结构拟动力试验系统

341.7gal，1gal=0.01m/s^2）；

（2）按《建筑抗震设计规范》（GBJ 11—89）平均加速度生成的人工波（MMWI1波），$\ddot{x}_{g,max}$=215.84gal（1gal=0.01m/s^2）。

（3）根据原型结构场地特征生成的人工地震波（MMWI2 波），$\ddot{x}_{g,max}$=170.0gal，（1gal=0.01m/s^2）。

试验时，通过调整地震波加速度值控制模型处于弹性工作阶段。

5. 拟动力试验方法

拟动力试验中的数值积分法可分为两大类：显式积分法和隐式积分法，到目前为止在拟动力试验中采用的方法大都是显式数值积分方法，而隐式数值积分方法仍处于理论研究和试验验证中。隐式数值积分方法主要有 Wilson-θ 法、Newmark-β 和 α-方法。江苏省建筑科学研究院大型结构拟动力试验系统采用隐式数值积分法——Wilson-θ 法，这里以单自由度体系为例说明隐式数值积分法用于拟动力试验中的流程。

动力方程为

$$m\ddot{x}_i + c\dot{x}_i + r_i = f_i \tag{16-1}$$

式中 r_i——t 时刻模型的恢复力；

f_i——t 时刻的 $-m\ddot{x}_g$（t）。

根据 Wilson-θ 法的假定有

$$x(t+\tau) = x(t) + \tau\dot{x}(t) + \frac{\tau^2}{6}[\ddot{x}(t+\tau) + 2\ddot{x}(t)] \tag{16-2}$$

$$\dot{x}(t+\tau) = \dot{x}(t) + \frac{\tau}{2}[\ddot{x}(t+\tau) + \ddot{x}(t)] \tag{16-3}$$

将式（16-2）、式（16-3）代入动力方程并整理得

$$m^*\ddot{x}(t+\tau) = P^* \tag{16-4}$$

式中 m^*——有效质量，且 $m^* = m + c\dfrac{\tau}{2} + k\dfrac{\tau^2}{6}$；

P^*——有效荷载，且

$$P^* = (1-\theta)f_i + \theta f_{i+1} - c[\dot{x}(t) + \frac{\tau}{2}\ddot{x}(t)] - k[x(t) + \tau\dot{x}(t) + \frac{\tau^2}{3}\ddot{x}(t)]$$

在 $t+\Delta t$ 时刻的加速度 $\ddot{x}$（$t+\Delta t$）、速度 $\dot{x}$（$t+\Delta t$）和位移 x（$t+\Delta t$）分别为

$$\ddot{x}(t+\Delta t) = \left(1-\frac{1}{\theta}\right)\ddot{x}(t) + \frac{1}{\theta}\ddot{x}(t+\tau) \tag{16-5}$$

$$\dot{x}(t+\Delta t) = \dot{x}(t) + \frac{\Delta t}{2}[\ddot{x}(t) + \ddot{x}(t+\Delta t)] \tag{16-6}$$

$$x(t+\Delta t) = x(t) + \Delta t\dot{x}(t) + \frac{\Delta t^2}{6}[\ddot{x}(t+\Delta t) + 2\ddot{x}(t)] \tag{16-7}$$

从上式可以看出，计算 $i+1$ 步位移 x（$t+\Delta t$）时需要知道 $i+1$ 步的刚度，即恢复力 r_{i+1}，而 $i+1$ 时刻，刚度是未知的，所以实现加载过程需采用迭代法进行。第一次迭代刚度 $k=r_i/x_i$，直至满足动力方程式（16-1）为止。此时的位移 x（$t+\Delta t$）、恢复力 r_{i+1}，第 $i+1$ 步的加载过程即告完成，在此基础上又可进行下一步的计算和加载。

6. 主要试验结果与分析

拟动力试验过程及主要试验结果列于表 16-2。表中 1＃表示电液伺服加载器在桁架上弦轴线处，2＃表示电液伺服加载器在顶层横梁轴线处；（·）数值为时程分析值。

拟动力试验主要结果 **表 16-2**

序号	地震波记录	加速度峰值(gal)	最大反应位移值（mm）				基地剪力（kN）		电液伺服加载器位置
			顶层		桁架上弦				
			正向	反向	正向	反向	正向	反向	
1	EL-Centro	3.42	0.082	0.079	0.062 (0.0638)	0.059 (0.0606)	8.02 (8.244)	7.80 (7.826)	
2	EL-Centro	6.83	0.160	0.152	0.120 (0.1226)	0.118 (0.1207)	16.20 (16.44)	15.0 (15.60)	1＃
3	MMWI1 波	2.16	0.027	0.030	0.0220 (0.0235)	0.0262 (0.0279)	3.00 (0.042)	3.46 (3.611)	
4	EL-Centro	34.17	0.980 (−1.023)	1.020 (1.179)	0.42	0.45	47.8 (48.6)	54.2 (56.0)	
5	MMWI1 波	21.58	0.624 (0.645)	0.620 (0.618)	0.35	0.38	29.2 (30.63)	29.5 (29.32)	2＃
6	MMWI2 波	34.00	1.32 (1.468)	1.24 (1.371)	0.50	0.48	63.2 (69.7)	62.0 (65.1)	

输入 EL-Centro 地震记录（$\ddot{x}_{g,max}=34.17$gal），人工地震波（MMWI1）（$\ddot{x}_{g,max}=21.58$gal）以及人工地震波（MMWI2）（$\ddot{x}_{g,max}=34.0$gal）时，模型处于弹性工作阶段。图 16-4 给出了模型横梁轴线位置输入 EL-Centro 波时实测模型顶层位移时程曲线，图中虚线为实测值，实线为计算值（数值用括号括起，以后各图均这样表示）。横梁顶层轴线处最大位移反应值正向 0.98mm（$\Delta/H=1/2090$），相应最大位移反应时刻 $t=6.38$s；反向为 1.02mm（$\Delta/H=1/2000$），相应最大位移反应时刻 $t=5.64$s。最大位移反应时各层的位移曲线及基底剪力分布如图 16-5 所示。

图 16-6、图 16-7 给出了在模型位置 2＃输入人工地震波（MMWI2）（$\ddot{x}_{g,max}=34.0$gal）时，模型拟动力试验实测结果。

从图 16-5、图 16-7 实测模型水平位移结果来看，具有桁架转换层的框架结构具有局部弯剪的变形特征，转换桁架上部框架变形呈剪切型，而转换桁架及其下部框架变形呈弯剪型。

文献［16-2］采用 Fortran77 算法语言编制了单自由度体系结构的弹性和非线性时程分析程序（NSTEP. FOR）用于分析单自由度体系的地震反应，对 EL-Centro 波（$\ddot{x}_{g,max}=34.17$gal）、MMWI1 波（$\ddot{x}_{g,max}=21.58$gal）及 MMWI2 波（$\ddot{x}_{g,max}=34.0$gal）作用下模型进行了地震反应分析。分析结果分别列于表 16-2 和图 16-4～图 16-7 中。

通过对带预应力混凝土转换桁架转换层结构模型的拟动力试验和时程分析，得到以下主要结论：

（1）带桁架转换层框架结构的变形特性由框架的剪切型（S 型）转变为局部弯剪型

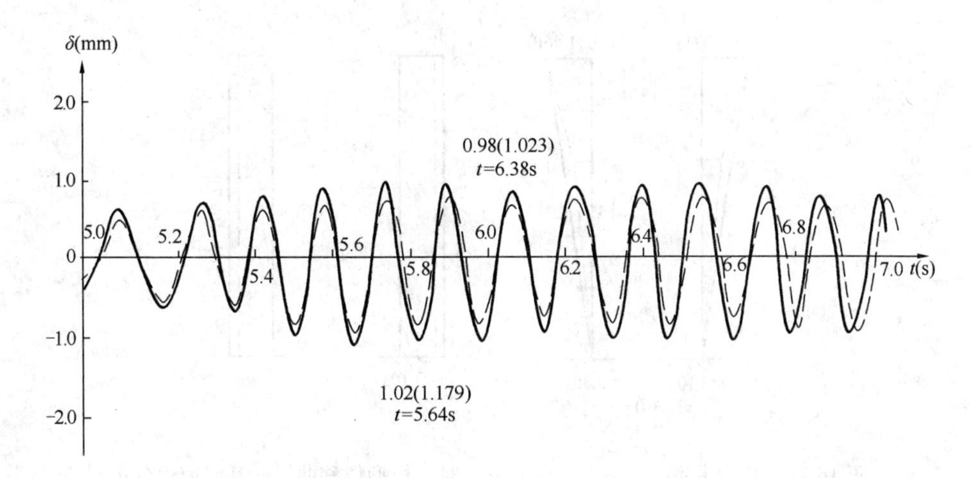

图 16-4　EL-Centro 波（$\ddot{x}_{g,max}=34.17$gal）时，模型顶层位移反应时程曲线

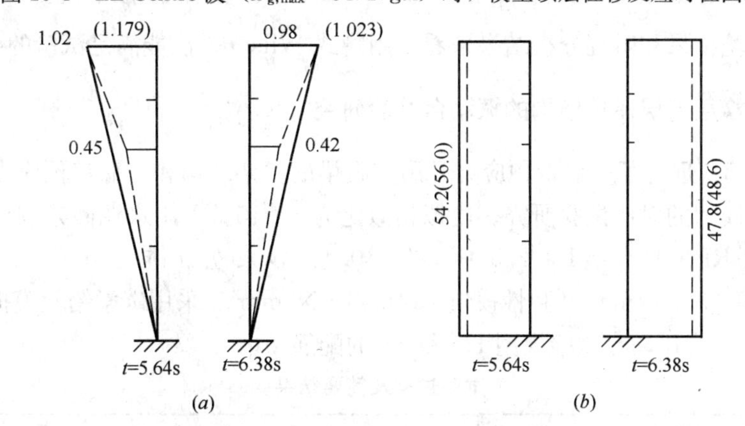

图 16-5　EL-Centro 波（$\ddot{x}_{g,max}=34.17$gal）时，模型位移曲线、基底剪力分布

（*a*）模型最大反应位移曲线（单位：mm）；（*b*）模型最大位移时基底剪力（单位：kN）

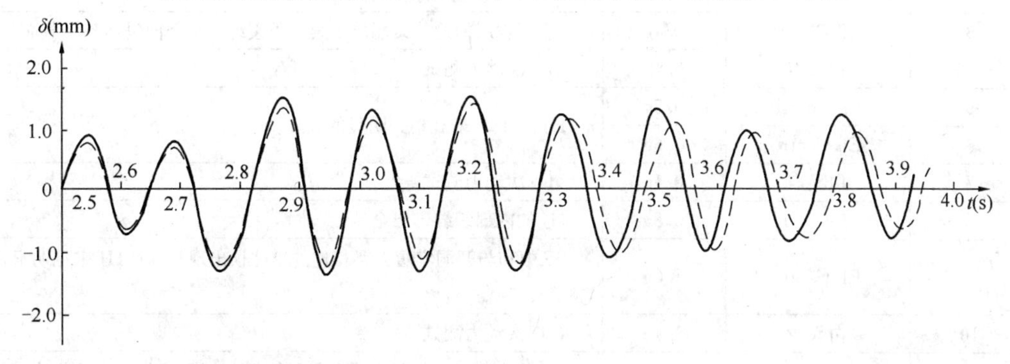

图 16-6　MMWI2 波（$\ddot{x}_{g,max}=34.0$gal）时，模型顶层位移反应时程曲线

（局部 SB 型），即转换桁架上部框架呈剪切型（S 型），转换桁架及其下部框架呈弯剪型（SB 型）。带桁架转换层结构的水平地震作用计算和水平地震作用下的直接动力法应考虑这样一变形特性。带桁架转换层框架结构自振频率和相应振型的分析程序验证了这一动力特性。

（2）目前拟动力试验中都是采用显式积分法，隐式积分法仍处于验证阶段。从单质点

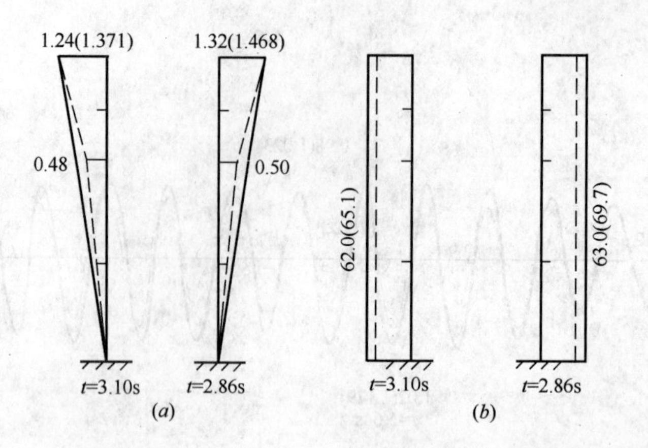

图 16-7　MMWI2 波（$\ddot{x}_{g,max}=34.0$gal）时，模型位移曲线、基底剪力分布

(*a*) 模型最大反应位移曲线（单位：mm）；(*b*) 模型最大位移时基底剪力（单位：kN）

体系拟动力试验结果和时程分析结果来看采用隐式 Wilson-θ 法能满足试验的要求。

16.2.2　带转换层高层建筑结构的振动台试验研究

文献［16-8］进行了一榀带预应力开洞实腹梁的框架结构和一榀带预应力桁架的框架结构的振动台模型的对比试验研究。模拟相似比为 1∶15。采用水泥砂浆制作，其配合比为水泥∶砂∶RPA∶水＝1∶2.5∶0.07∶0.4，砂浆立方体（70.7mm×70.7mm×70.7mm）强度 23.5N/mm^2，弹性模量 2.21×10^{4}N/mm^2。采用碳素铅丝模拟实际结构中的钢筋。图 16-8 为振动台试验模型 HJ 和 SF 的配筋图。

试验过程及简要结果　　**表 16-3**

序号	输入地震记录	加速度峰值	模型状态
1	白噪声	0.1g	振动前动力测试
2	EL-Centro	0.2g	HJ、SF 模型处于弹性工作阶段
3	EL-Centro	0.4g	HJ 第六层的边跨梁端出现第一条裂缝，呈竖向贯通整个截面
4	白噪声	0.1g	第二次动力测试
5	EL-Centro	0.5g	HJ、SF 均未观察到明显的裂缝
6	EL-Centro	0.6g	
7	白噪声	0.1g	第三次动力测试
8	EL-Centro	0.8g	HJ 的内部裂缝已出全
9	EL-Centro	1.0g	SF 中和与开洞实腹大梁相连的中柱顶出现裂缝；HJ 未见明显的裂缝
10	白噪声	0.1g	第四次动力测试
11	EL-Centro	1.4g	HJ 转换层以上各层梁端出现多条裂缝；SF 在与转换层相连的下面两层的边柱柱顶处出现明显的大裂缝
12	白噪声	0.1g	第五次动力测试
13	EL-Centro	2.0g	HJ 转换层以上各梁的梁端几乎出现了裂缝，同时转换层相连的下面两层的柱顶开裂；SF 的裂缝也基本出齐
14	白噪声	0.1g	第六次动力测试
15	正弦波	2.0g	共振扫描破坏

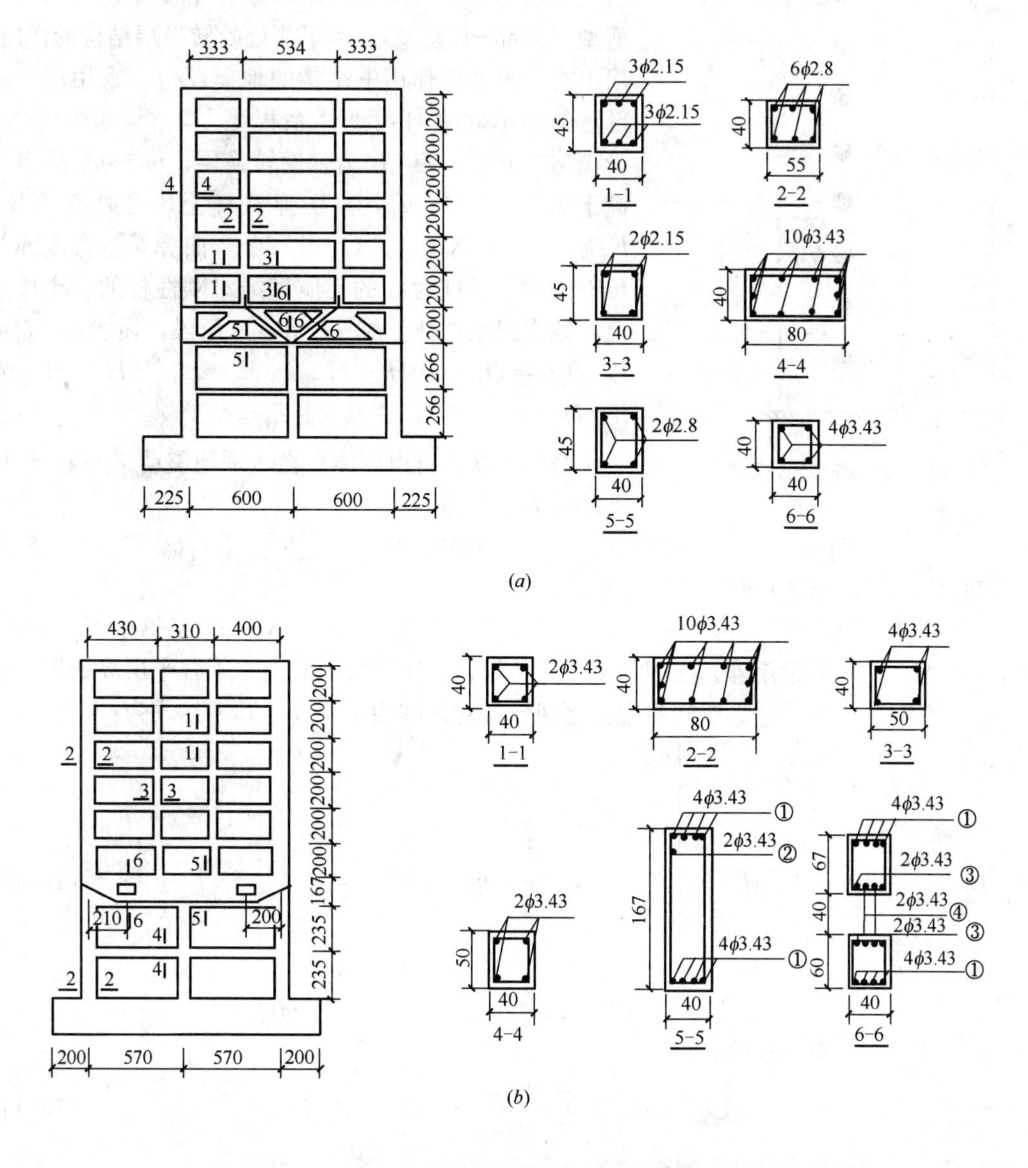

图 16-8　振动台试验模型配筋见图

(*a*) HJ 模型配筋图；(*b*) SF 模型配筋图

从两榀模型的实测基本振型曲线可见，SF 模型表现为剪切型，而 HJ 模型转换层及其以下具有弯剪型的特性，上部结构具有剪切型的特性。

16.3　带转换层高层建筑结构在水平地震作用下的动力分析

16.3.1　结构动力方程的建立

带弹性转换层框架结构的拟动力试验结果和理论分析表明，转换层以上各层层间变形呈剪切型（S 模型），转换层及其下部各层层间变形呈弯剪型（SB 模型）。定义由层间剪

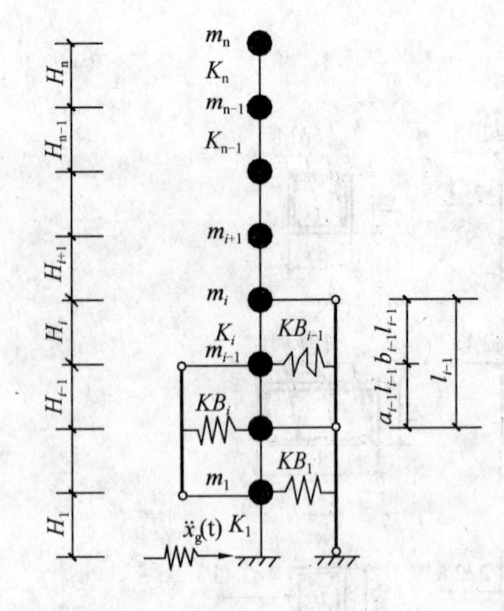

图 16-9 局部 SB 模型

切型和层间弯剪型组成的串联多自由度体系为局部弯剪型（局部 SB 模型）。为了能反映转换层结构的作用，求出在水平地震作用下结构的地震反应，采用层间局部弯剪型串联多自由度体系模型[16-2][16-9]（图 16-9）。设模型有 n 层，第 i 层为弹性转换层，$m_1 \sim m_n$ 质点支撑于 $K_1 \sim K_n$ 的 n 个剪切弹簧杆上，另外有 KB_1，KB_2，……，KB_{i-1}，$(i-1)$ 个弯曲弹簧。弯曲弹簧 KB_i 支撑于长度为 l_i 的无质量绝对刚性杆的一个质点上，该点把刚性杆分成 $a_i l_i$ 和 $b_i l_i$ 两段，显然 $a_i + b_i = 1$，且 $b_i = H_{i+1}/(H_i + H_{i+1})$、$a_i = H_i/(H_i + H_{i+1})$、$l_i = H_i + H_{i+1}$。

竖向串联多自由度体系在水平地震动 $\ddot{x}_g(t)$ 作用下的动力方程为：

$$[M]\{\ddot{x}(t)\} + [C(t)]\{\dot{x}(t)\} + [K(t)]\{x(t)\} = [M][E]\ddot{x}_g(t) \tag{16-8}$$

动力方程式（16-8）改写为增量形式：

$$[M]\{\Delta\ddot{x}(t)\} + [C(t)]\{\Delta\dot{x}(t)\} + [K(t)]\{\Delta x(t)\} = [M][E]\Delta\ddot{x}_g(t) \tag{16-9}$$

式中 $[M]$ ——质量矩阵。层间质量等于每层楼面质量加上其上、下各半层高的墙、柱的质量。层间质量按序组成的对角阵为质量阵，其表达式为：

$$[M] = \begin{bmatrix} m_1 & & & & & [0] \\ & m_2 & & & & \\ & & \ddots & & & \\ & & & m_i & & \\ & & & & \ddots & \\ & [0] & & & m_{n-1} & \\ & & & & & m_n \end{bmatrix} \tag{16-10}$$

$[C]$ ——阻尼矩阵，且

$$[C] = [M]\left(\sum_{i=1}^{n} \frac{2\xi_i \omega_i}{m_i}\{Y_i\}\{Y_i\}^{\mathrm{T}}\right)[M] \tag{16-11}$$

式中 ω_i——结构第 i 个自振频率；

$\{Y_i\}$ ——ω_i 相应的振型；

ξ_i——结构第 i 层的阻尼比。

正交化处理后的阻尼矩阵形式为：

$$[C] = \begin{bmatrix} C_1 & & & & & [0] \\ & C_2 & & & & \\ & & \ddots & & & \\ & & & C_i & & \\ & & & & \ddots & \\ & [0] & & & C_{n-1} & \\ & & & & & C_n \end{bmatrix} \tag{16-12}$$

$[K(t)]$ ——刚度矩阵，且 $[K(t)] = [K]_S + [K]_B$ (16-13)

式中

$$
[K]_S = \begin{bmatrix}
K_1+K_2 & -K_2 & & & & & & [0] \\
-K_2 & K_2+K_3 & -K_3 & & & & & \\
& & \ddots & & & & & \\
& & -K_i & K_i+K_{i+1} & -K_{i+1} & & & \\
& & & & \ddots & & & \\
& [0] & & & -K_{n-1} & K_{n-1}+K_n & -K_n \\
& & & & & -K_n & K_n
\end{bmatrix};
$$

$$
[K]_B = \begin{bmatrix}
B_{11} & B_{12} & B_{13} & & & & & [0] \\
B_{21} & B_{22} & B_{23} & B_{24} & & & & \\
B_{31} & B_{32} & B_{33} & B_{34} & B_{35} & & & \\
& & & & & & & \\
& & B_{i-2i-4} & B_{i-2i-3} & B_{i-2i-2} & B_{i-2i-1} & B_{i-2i} & \\
& & & B_{i-1i-3} & B_{i-1i-2} & B_{i-1i-1} & B_{i-1i} & 0 \\
& & & & B_{ii-2} & B_{ii-1} & B_{ii} & 0 \quad 0 \\
& & [0] & & & & & \\
\end{bmatrix}
$$

式中 $B_{ii-2} = a_{i-1}b_{i-1}KB_{i-1}$ $(3 \sim i)$

$B_{ii-1} = -a_{i-1}KB_{i-1} - b_iKB_i$ $(2 \sim i-1)$

$B_{ii-1} = -a_iKB_i$

$B_{ii} = a_{i-1}^2KB_{i-1} + KB_i + b_{i+1}^2$ $(2 \sim i-2)$

$B_{i-1i-1} = a_{i-2}^2KB_{i-2} + KB_{i-1}$

$B_{ii} = 0$

$B_{ii+1} = -a_iKB_i - b_{i+1}KB_{i+1}$ $(1 \sim i-2)$

$B_{i-1\,i+1} = -a_{i+1}KB_{i-1}$

$B_{ii+1} = 0$

$B_{ii+2} = a_{i+1}b_{i+1}KB_{i+1}$ $(1 \sim i-2)$

$B_{i-1\,i+1} = 0$

$B_{ii+2} = 0$

其余元素为 0；

$a_i + b_i = 1.0$ $(i = i-1, i)$

$b_i = \dfrac{H_{i+1}}{H_i + H_{i+1}}$ $(i = i-1, i)$

16.3.2 恢复力特性

1. 弹性转换层的侧向刚度

由于转换层承托着上部结构巨大的竖向荷载，又处于内力状态和边界条件都很复杂的高层建筑底部，是整个结构的关键受力部位，转换层有较大的安全储备，其侧向刚度较大，考虑到转换层的这一特点，在时程分析时，可视转换层为弹性体，整个时程分析过程均取其等效弹性刚度。

实腹墙梁（图 16-10*a*）：按竖向剪切柱考虑

$$\widetilde{K}=\frac{AG}{\mu H_0} \tag{16-14}$$

式中 A——剪切柱竖向截面面积；

G——混凝土剪切弹性模量；

μ——剪应力不均匀分布的系数，矩形截面取 $\mu=1.2$。

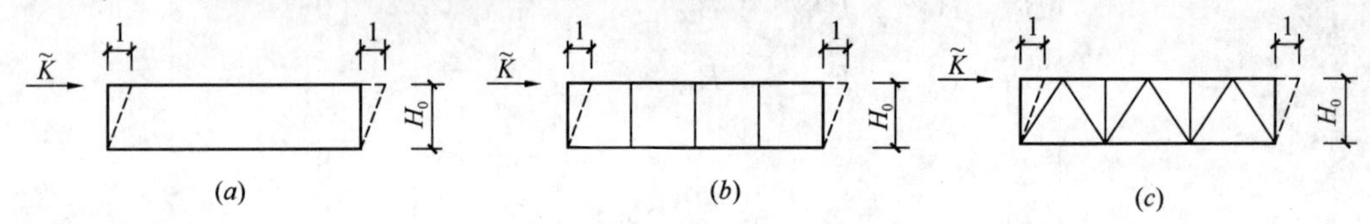

图 16-10 转换层的层间侧向刚度

空腹桁架（图 16-10*b*）：按框架或壁式框架用反弯点法或 D 值法计算。对等节间空腹桁架可取为：

$$\widetilde{K}=\frac{12}{H_0^2\left(\dfrac{H_0}{\Sigma EI_{\mathrm{co}}}+\dfrac{l}{\Sigma EI_{\mathrm{bo}}}\right)} \tag{16-15}$$

式中 l——节间长度；

I_{bo}、I_{co}——分别为梁、柱截面的惯性矩。

桁架（图 16-10*c*）：可按桁架计算 $\widetilde{K}$ 值。

对其他转换层情况，可根据具体情况求出其 $\widetilde{K}$ 值。

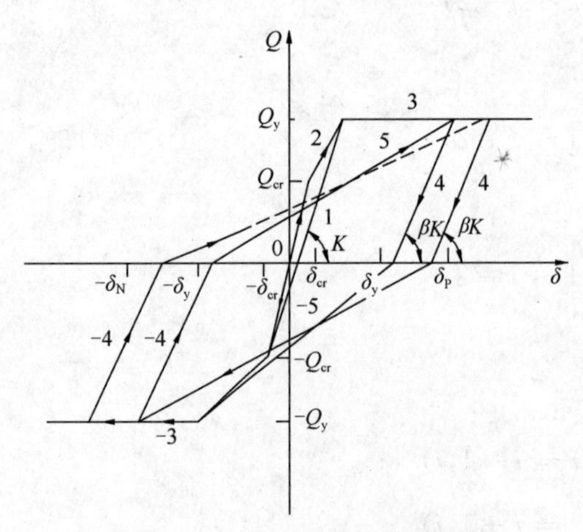

图 16-11 退化三线性滞回模型

2. 转换层上、下部结构的层间侧向刚度

取转换层上、下部结构的层间恢复力模型为退化三线型（图 16-11）。骨架曲线有两个转换点 Q_{cr} 和 Q_{y}，分别与开裂点和屈服点相对应，相应的层间位移为 δ_{cr} 和 δ_{y}。滞回曲线沿 0、1、2……顺序进行。

在层间局部 SB 模型中，剪切弹簧的层间剪力 $Q_{\mathrm{S}i}$、弯曲弹簧的层间剪力 $Q_{\mathrm{B}i}$ 与其相应的层间变形 $\delta_{\mathrm{S}i}$、$\delta_{\mathrm{B}i}$，分别存在如下关系：

$$Q_{\mathrm{S}i}=\overline{K}_{\mathrm{S}i}\delta_{\mathrm{S}i}+(NLF)_{\mathrm{S}i} \tag{16-16a}$$

$$Q_{\mathrm{B}i}=\overline{K}_{\mathrm{B}i}\delta_{\mathrm{B}i}+(NLF)_{\mathrm{B}i} \tag{16-16b}$$

式中　　$\overline{K}_{Si}$、$\overline{K}_{Bi}$——分别为第 i 层剪切弹簧和弯曲弹簧的状态刚度；

$(NLF)_{Si}$、$(NLF)_{Bi}$——分别为 i 层剪切弹簧和弯曲弹簧的非线性力；

δ_{Si}为——剪切弹簧的层间变形，且 $\delta_{Si}=\delta_i$；

δ_{Bi}——弯曲弹簧的变形，且 $\delta_{Bi}=b_i\delta_i-a_i\delta_{i+1}$。

动力方程式（16-8）可改写成：

$$[M]\{\ddot{x}(t)\}+[C]\{\dot{x}(t)\}+[\overline{K}]\{x(t)\}=[M]\{E\}\ddot{x}_g(t)-\{NLF\} \tag{16-17}$$

式中　$[K]=[K]_S+[K]_B$；

$\{NLF\}=\{NLF\}_S+\{NLF\}_B$；

$\{NLF\}_S$——剪切弹簧非线性力向量，按式（16-18）确定：

$$\{NLF\}_S=\begin{bmatrix} NLF_1-NLF_2 \\ NLF_2-NLF_3 \\ \vdots \\ NLF_i-NLF_{i-1} \\ \vdots \\ NLF_{n-1}-NLF_n \\ NLF_n \end{bmatrix} \tag{16-18}$$

$\{NLF\}_B$——弯曲弹簧的非线性力向量，按式（16-19）确定：

$$\{NLF\}_B=\begin{bmatrix} (a_1+b_1)(NLF)_{B1}-b_2(NLF)_{B2} \\ -a_1(NLF)_{Bi-3}+(a_2+b_2)(NLF)_{B2}-b_3(NLF)_{B3} \\ \vdots \\ -a_{i-3}(NLF)_{Bi-3}+(a_{i-2}+b_{i-2})(NLF)_{Bi-2}-b_{i-1}(NLF)_{Bi-1} \\ -a_{i-2}(NLF)_{Bi-2}+(a_{i-1}+b_{i-1})(NLF)_{Bi-1} \\ -a_{i-1}(NLF)_{Bi-1} \\ \vdots \end{bmatrix} \tag{16-19}$$

一般情况下，剪切弹簧处于弹塑性状态，而弯曲弹簧处于弹性状态。因此，可不考虑弯曲弹簧的非线性力向量，即 $\{NLF\}_B=\{0\}$。也就是 $\{NLF\}=\{NLF\}_S$。剪切弹簧的状态刚度和非线性力的变化规律详见表 16-4。

剪切弹簧的状态刚度和非线性力的变化　　表 16-4

原状态	状态刚度 $(K)_i$	非线性力 $\{NLF\}_i$	新状态	状态改变条件
0	K_0	0	2	$\delta>\delta_{cr}$
			−2	$\delta<-\delta_{cr}$
2	K_2	$(K_1-K_2)\delta_{cr}$	3	$\delta>\delta_y$
			1	$\delta>\delta_y\cap\dot{\delta}<0$
1	K	$-(K_0-K)\delta_{cr}$	−2	$\delta<-\delta_{cr}$
3	K_3	$(K_1-K_2)\delta_{cr}+(K_2-K_3)\delta_y$	4	$\dot{\delta}<0$，此时记下 δ_p、Q_p 值
4	βK	$Q_p-\beta K\delta_p$	3	$\delta<\delta_p$
			−5	$Q<0$ 此时记下 δ_A、$Q_A=0$

续表

原状态	状态刚度 $(K)_i$	非线性力 $\{NLF\}_i$	新状态	状态改变条件
5	$K_p=\dfrac{Q_p-Q_c}{\delta_p-\delta_c}$	$Q_c-K_{cp}\delta_c$	3	$\delta>\delta_p$
-2	K_2	$-(K_1-K_2)\ \delta_{cr}$	-3	$\delta<-\delta_{cr}$
-3	K_3	$-(K_1-K_2)\ \delta_{cr}$		$\dot{\delta}<0$，此时记下 δ_N、Q_N 值
-4	βK	$Q_N-\beta K\delta_n$	-3	$\delta<\delta_N$
			5	$Q>0$，此时记下 δ_C、$Q_C=0$
-5	$K_{an}=\dfrac{Q_A-Q_N}{\delta_A-\delta_N}$	$Q_A-K_{an}\delta_A$	-3	$\delta<\delta_N$
			-4	

3. 恢复力模型中的特征参数

恢复力计算模型中的特征参数是指确定骨架曲线上开裂点、屈服点的特征点的坐标所需的计算参数。开裂点通常由开裂荷载 Q_{cr} 和弹性刚度 K_0 来确定。屈服点可由屈服荷载 Q_y 和屈服位移 δ_y 来确定。

（1）楼层的弹性刚度 K_0 值

由反弯点法或 D 值法来确定楼层的弹性刚度 K_0。对等跨等高框架可按下式取值：

$$K_0=\frac{12}{H_0\left(\dfrac{H_0}{\sum EI_c}+\dfrac{l}{\sum EI_b}\right)} \tag{16-20}$$

式中 H_0——层高；

l——跨度；

I_b、I_c——梁、柱截面惯性矩。

（2）层间开裂剪力 Q_{cr} 值

取本楼层柱的平均开裂承载力，即

$$Q_{cr}=\frac{1}{n}\sum_{j=1}^{n}Q_{cr,j}^{(i)}=\frac{1}{n}\sum_{j=1}^{n}\frac{M_{cr,j}^{(i)}}{h^{(i)}} \tag{16-21}$$

式中 $M_{cr,j}^{(i)}$——第 i 层第 j 根柱的开裂弯矩，可按下式计算：

$$M_{cr,j}^{(i)}=\frac{\gamma f_{tk}W_0}{1\pm\dfrac{r_0}{e_0}} \tag{16-22}$$

其中 γ——截面塑性系数，对矩形截面取 $\gamma=1.75$；偏心受压时，分母取负号；偏心受拉时，分母取正号。

（3）层间屈服剪力 Q_y 值

层间屈服剪力 Q_y 值取同层各柱屈服剪力之和，即

$$Q_y=\frac{1}{n}\sum_{j=1}^{n}Q_{y,j}^{(i)} \tag{16-23}$$

式中 $Q_{y,j}^{(i)}$——第 i 层第 j 根柱的屈服剪力，可按下式计算：

$$Q_{y,j}^{(i)}=\frac{\widetilde{M}_{yc,j}^{上(i)}+\widetilde{M}_{yc,j}^{下(i)}}{h_{n}^{(i)}} \tag{16-24}$$

式中　　$h_{n}^{(i)}$——第 i 层柱净高；

$\widetilde{M}_{yc,j}^{上(i)}$、$\widetilde{M}_{yc,j}^{下(i)}$——分别为第 i 层第 j 根柱的柱顶截面和柱底截面有效屈服弯矩，由下列公式确定。

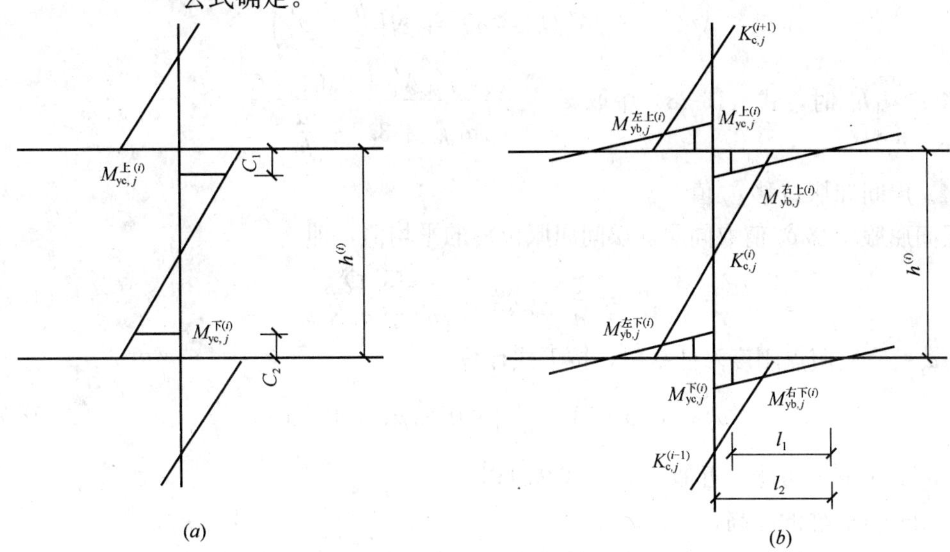

图 16-12　层间屈服剪力计算

(a) $\Sigma M_{yb}>\Sigma M_{yc}$；(b) $\Sigma M_{yb}<\Sigma M_{yc}$

1) 当 $\Sigma M_{yb}>\Sigma M_{yc}$时，即弱柱型（图 16-12a）

$$\begin{aligned}\widetilde{M}_{yc,j}^{上(i)}&=M_{yc,j}^{上(i)}\\ \widetilde{M}_{yc,j}^{下(i)}&=M_{yc,j}^{下(i)}\end{aligned} \tag{16-25}$$

式中　$M_{yc,j}^{上(i)}$、$M_{yc,j}^{下(i)}$——分别为第 i 层第 j 根柱的柱顶和柱底截面屈服弯矩。

2) 当 $\Sigma M_{yb}<\Sigma M_{yc}$时，即强柱型（图 16-12b）

$$\begin{aligned}\widetilde{M}_{yc,j}^{上(i)}&=\frac{K_{c,j}^{(i)}}{K_{c,j}^{(i)}+K_{c,j}^{(i+1)}}\Sigma M_{yb,j}^{上(i)}\\ \widetilde{M}_{yc,j}^{上(i)}&=M_{yc,j}^{上(i)}\end{aligned} \tag{16-26a}$$

取其中较小者。

$$\begin{aligned}\widetilde{M}_{yc,j}^{下(i)}&=\frac{K_{c,j}^{(i)}}{K_{c,j}^{(i)}+K_{c,j}^{(i-1)}}\Sigma M_{yb,j}^{下(i)}\\ \widetilde{M}_{yc,j}^{下(i)}&=M_{yc,j}^{下(i)}\end{aligned} \tag{16-26b}$$

取其中较小者。

式中　$K_{c,j}^{(i-1)}$、$K_{c,j}^{(i)}$、$K_{c,j}^{(i+1)}$——分别为第 $i-1$、i 及 $i+1$ 层第 j 根柱的线刚度；

$\Sigma M_{yb,j}^{上(i)}$、$\Sigma M_{yb,j}^{下(i)}$——分别为第 i 层上节点及下节点梁端截面的屈服弯矩之和。

梁的屈服弯矩 M_{yb} 按下式计算

$$M_{yb}=0.9f_{yk}A_{s}h_{0} \tag{16-27}$$

柱的屈服弯矩 M_{yc} 按下式计算

$$M_{yc}=\alpha_1 f_{ck}bx\left(h_0-\frac{x}{2}\right)+f'_{yk}A'_s(h_0-a'_s)-N\left(\frac{h}{2}-a'_s\right) \tag{16-28}$$

其中，$2a'_s \leqslant \frac{N}{\alpha_1 f_{ck}b} \leqslant \xi_b h_0$

当 $x<2a'_s$ 时

$$M_{yc}=f'_{yk}A'_s(h_0-a'_s)+N\left(\frac{h}{2}-a'_s\right) \tag{16-29}$$

当 $x>\xi_b h_0$ 时，式（16-28）中取 $x=\dfrac{N-f'_{yk}A'_s+2.64f_{yk}A_s}{\alpha_1 f_{ck}+3.3f_{yk}\dfrac{a_s}{h_0}}$

（4）层间屈服位移 δ_y 值

层间屈服位移 δ_y 值取同层柱层间屈服位移的平均值，即

$$\delta_y^{(i)}=\frac{1}{n}\sum_{j=1}^{n}\delta_{y,j}^{(i)}=\frac{1}{n}\sum_{j=1}^{n}\frac{Q_{y,j}^{(i)}}{\alpha_y K_0} \tag{16-30}$$

式中 α_y——屈服点刚度降低系数，按下式计算

$$\alpha_y=0.035\left(1+\frac{a}{h_0}\right)+0.27\mu_N+1.65\alpha_E\rho \tag{16-31}$$

式中 a/h_0——剪跨比，近似取 $H_n/(2h_0)$；

H_n——柱的净高；

α_E——钢筋与混凝土弹性模量之比 $\alpha_E=E_s/E_c$；

ρ——柱受拉钢筋配筋率。

4. 临界点的判别

在时程分析中所采用的滞回曲线为三线性模型，每段的刚度不相同。因此，由前一段进入后一段时，要相应改变刚度。各段之间的交点称为临界点。在计算过程中必须随时判断是否经过临界点，以及时改变刚度。

三线性滞回模型有三种情况会出现临界点，此时，步长 Δt 需缩短到 Δt_k，使 $t+\Delta t_k$ 时的层间相对位移正好处于临界点处。先以 Δt_k 为步长，计算 $x(t+\Delta t_k)$、$\dot{x}(t+\Delta t_k)$、$\ddot{x}(t+\Delta t_k)$ 和 $Q(t+\Delta t_k)$；然后以此为初值，按后一段的刚度，以（$\Delta t-\Delta t_k$）为步长，计算 $x(t+\Delta t)$、$\dot{x}(t+\Delta t)$、$\ddot{x}(t+\Delta t)$ 和 $Q(t+\Delta t)$。

（1）$\dot{\delta}_i\dot{\delta}_{i+1}\geqslant 0$，$|Q_{i+1}|>|Q_s|$，即从弹性状态进入塑性状态，称第一类型临界点（图 16-13a）。

1）$|Q_{i+1}|>|Q_s|$

拐点处的边界条件：$Q_{i+1}=Q_i+\Delta t.K$；$Q_s=Q_i+\Delta t_k.K$

由此得到 $\Delta t_k=\dfrac{Q_s-Q_i}{Q_{i+1}-Q_i}\Delta t$

式中 Δt——标准步长；

Δt_k——缩短步长。

2）$Q_{i+1}<-Q_s$

同理可得：$\Delta t_k=\dfrac{-Q_s-Q_i}{Q_{i+1}-Q_i}\Delta t$

(2) $\dot{\delta}_i\dot{\delta}_{i+1}\leqslant 0$，即前后两步的运动方向变号，称第二类型拐点（图 16-13*b*）。

积分时段 Δt 内加速度线性变化，速度按二次抛物线变化，即

$$\begin{cases}\ddot{x}=2a\tau+b & (0\leqslant\tau\leqslant\Delta t)\\ \dot{x}=a\tau^2+b\tau+c & (0\leqslant\tau\leqslant\Delta t)\end{cases}$$

边界条件为：$\tau=0$ 时，$\dot{x}=\dot{\delta}_i$，$\ddot{x}=\ddot{\delta}_i$；

$\tau=\Delta t$ 时，$\dot{x}=\dot{\delta}_{i+1}$

代入上式整理后得到：

$$a=(\dot{\delta}_{i+1}-\dot{\delta}_i-\ddot{\delta}\Delta t)/\Delta t,b=\ddot{\delta}_i,c=\dot{\delta}_i$$

在拐点处，必定 $\dot{x}=0$，即 $0=a\Delta t_{\mathrm{k}}^2+b\Delta t_{\mathrm{k}}+\mathrm{c}$，由此可求得 Δt_{k}。

实际上，由于在拐点处速度为零，因此，在拐点附近位移 δ 与内力 Q 变化不大。在程序中也可以不插入，直接按塑性阶段的条件计算 x（$t+\Delta t$）、$\dot{x}$（$t+\Delta t$）、$\ddot{x}$（$t+\Delta t$），这样处理的误差也不大。

(3) $Q_{i+1}<0$，称第三类型拐点（图 16-13*c*）。

拐点处的边界条件：Q（$t+\Delta t_{\mathrm{k}}$）$=0$，由此可得到 $\Delta t_{\mathrm{k}}=\dfrac{Q_i}{Q_i-Q_{i+1}}\Delta t$

每层均需进行拐点判断，若干个层出现拐点，则必须逐层比较，找出最小的 $(\Delta t_{\mathrm{k}})_{\min}$，以 $(\Delta t_{\mathrm{k}})_{\min}$ 作为缩短的步长，重复计算，直至满足精度要求。

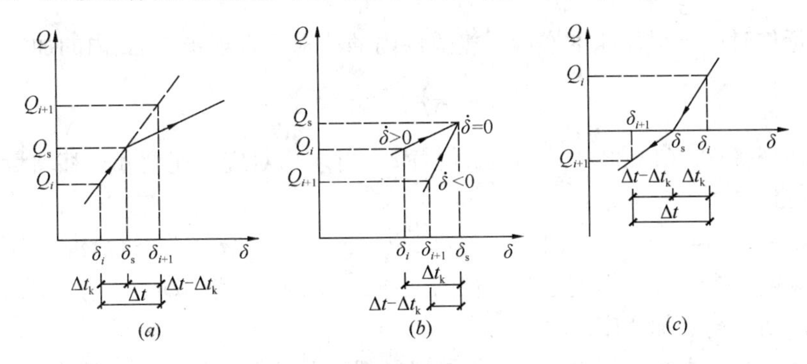

图 16-13　拐点的确定

(*a*) 第一类拐点；(*b*) 第二类拐点；(*c*) 第三类拐点

16.3.3　动力方程的求解

由于作为输入地震波的地面运动加速度时程 $\ddot{x}_{\mathrm{g}}(t)$是随机的，无法用时间函数曲线来表示，因此串联多自由度体系的动力反应只能采用直接积分法（或称步步积分法）来求解。

工程中应用的求解动力反应的直接积分法有多种，常用的有线性加速度法、Wilsion-θ 法和 Newmark-β 法等，这里增量方程的求解采用 Wilson-θ 法（图 16-14）。Wilson-θ 法是线性加速度法的推广。线性加速度法要求每步长 $t\rightarrow t+\Delta t$ 之内

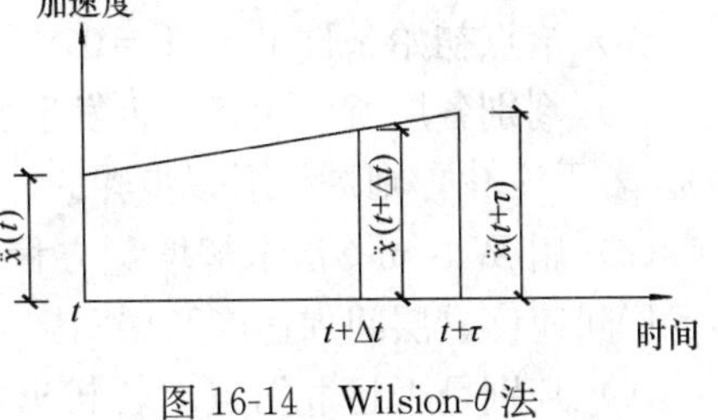

图 16-14　Wilson-θ 法

加速度按线性变化，但 Wilson-θ 法则要求加速度在 $t\to t+\tau$ 之间作线性变化，其中 $\tau=\theta\Delta t$，当 $\theta\geqslant 1.37$ 时，Wilson-θ 法是无条件地稳定的（在线性范围内）。

在 τ 内：

$$\{\hat{\Delta}\dot{x}(t)\}=\tau\{\ddot{x}(t)\}+\frac{\tau}{2}\{\hat{\Delta}\ddot{x}(t)\} \tag{16-32}$$

$$\{\hat{\Delta}x(t)\}=\tau\{\dot{x}(t)\}+\frac{\tau^2}{2}\{\ddot{x}(t)\}+\frac{\tau^2}{6}\{\hat{\Delta}\ddot{x}(t)\} \tag{16-33}$$

由此可解出用 $\hat{\Delta}x(t)$ 表示的 $\hat{\Delta}\dot{x}(t)$ 和 $\hat{\Delta}\ddot{x}(t)$，代入增量方程得：

$$[\hat{K}(t)]\{\hat{\Delta}x(t)\}=\{\hat{\Delta}\hat{P}(t)\} \tag{16-34}$$

式中 $$[\hat{K}(t)]=[K(t)]+\frac{6}{\tau^2}[M]+\frac{3}{\tau}[C] \tag{16-35}$$

$$\{\hat{\Delta}\hat{P}(t)\}=\{\Delta\hat{P}(t)\}-\{\Delta NLF\}+[M]\left(\frac{6}{\tau}\{\dot{x}(t)\}+3\{\ddot{x}(t)\}+[C]3\{\dot{x}(t)\}+\frac{\tau}{2}\{\ddot{x}(t)\}\right) \tag{16-36}$$

其中 $\{\Delta\hat{P}(t)\}=-[M]\{1\}[\ddot{x}_{\mathrm{g}}(t+\tau)-\ddot{x}_{\mathrm{g}}(t)]$

求解拟静力方程式（16-34）得到 $\{\hat{\Delta}x(t)\}$ 后代入

$$\{\hat{\Delta}\ddot{x}(t)\}=\frac{6}{\tau^2}\{\hat{\Delta}x(t)\}-\frac{6}{\tau}\{\dot{x}(t)\}-3\{\ddot{x}(t)\} \tag{16-37}$$

可求得延伸时段内得加速度增量，按线性内插法求得常规步长 Δt 内的加速度增量：

$$\{\ddot{x}(t)\}=\frac{1}{\theta}\{\hat{\Delta}\ddot{x}(t)\} \tag{16-38}$$

代入式（16-37）、(16-38)，并用 Δt 代替 τ，可求出对应的速度和位移增量向量 $\{\Delta\dot{x}(t)\}$、$\{\Delta x(t)\}$。

根据 $\{x(t+\Delta t)\}=\{x(t)\}+\{\Delta x(t)\}$、$\{\dot{x}(t+\Delta t)\}=\{\dot{x}(t)\}+\{\dot{x}(t)\}$，可求得下一时段的位移和速度。为了提高精度，把求得的位移、速度再回代到动力方程，求得的加速度作为下一时段初的初始加速度。

基于上述方法，文献［16-2］编制了层间局部弯剪型的串联多自由度体系的时程分析程序（SBSM・FOR)，用于分析带弹性转换层框架结构的地反应。程序计算步骤如下：

(1) 输入控制参数、结构参数；

(2) 形成质量矩阵 $[M]$；

(3) 形成初始刚度矩阵 $[K]=[K]_{\mathrm{S}}+[K]_{\mathrm{B}}$；

(4) 求解结构的自振频率，确定阻尼矩阵 $[C]$；

(5) 输入地震波时程；

(6) 给点初始条件 ISTEP=0，$T=0$，按步长进行第一时段的计算；

(7) 判别各层所处状态是否发生变化，若发生变化，则求出拐点位置，然后进行步骤(9)。若无变化，则进行下一步骤的计算；

(8) 用 Wilson-θ 法求解增量方程，计算 $t+\Delta t$ 时刻的地震反应值。并计算出层间位移、层间速度、层间加速度及层间恢复力；

(9) 判别是否超过拐点。若超出拐点，则缩短步长 $(\Delta t_{\mathrm{k}})_{\min}$。求出拐点位置后，以

$(\Delta t_k)_{min}$为步长进行步骤（8）；若无变化，则进行下一时段的计算，即 ISTEP＝ISTEP＋1，直至最后一个时段的计算；

（10）打印计算结果。

16.3.4 算例

采用层间局部弯剪型串联多自由度体系的时程分析程序对文献［16-8］带转换大梁的九层框架模型（SF）弹塑性地震反应进行分析。SF 模型的层间质量（m_i）分别为 $m_1=1699.0$kN，$m_2=m_3=1295.0$kN，$m_4=m_5=m_6=m_7=m_8=1279.6$kN，$m_9=622.9$kN。剪切刚度（$K_i$）分别为 $K_1=K_2=K_4=3.106\times10^4$kN/m，$K_3=93.18\times10^4$kN/m，$K_5=K_6=K_7=K_8=K_9=0.949\times10^4$kN/m。弯曲刚度（$KB_i$）分别为 $KB_1=KB_2=2.89\times10^9$kN/m。模型配筋见图 16-8b。计算时，考虑到模型转换大梁的高度小于层高，取图 16-15 所示的计算模式。

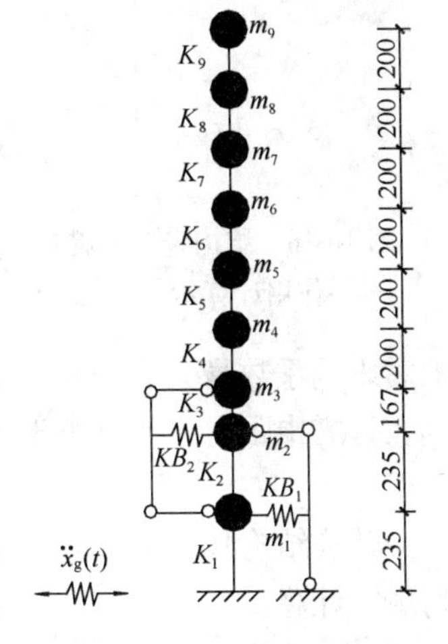

图 16-15　SF 模型计算简图

地震波采用振动台试验用的 EL-Centro 波（N-S，1940.5.18），峰值加速度分别取 0.2g、0.4g、0.5g、0.6g、0.8g、1.0g、1.4g 和 2.0g（g=9.8m/s^2），积分步长为 0.02s。计算持续时间为 10s，阻尼比取 0.05。从计算的各层加速度计算值与实测值的比较（表 16-5）可见，两者符合较好。

SF 模型各层加速度实测值与计算值比较（m/s^2）　　**表 16-5**

地震波峰值	第一层		第三层		第五层		第七层	
	试验值	计算值	试验值	计算值	试验值	计算值	试验值	计算值
1.96	2.50	2.54	3.08	3.12	4.88	4.92	6.84	6.81
3.92	3.88	3.90	8.13	8.30	7.61	7.61	9.43	9.45
4.90	5.09	5.12	9.66	9.72	7.85	7.90	10.14	10.30
5.88	6.94	6.95	12.15	12.30	9.86	10.01	14.12	14.15
7.84	8.39	8.50	14.64	14.70	16.95	16.85	19.77	19.80
9.80	9.20	9.22	15.50	15.46	17.56	17.71	20.72	20.72
13.72	11.11	11.20	15.17	15.10	19.57	19.55	22.33	22.40
19.60	12.08	12.40	19.57	19.62	19.00	18.87	21.15	21.20

16.4 带转换层高层建筑结构在竖向地震作用下的动力分析

16.4.1 规范设计方法

转换层结构常常承受其上部结构传下来的巨大的竖向荷载，而下部却取消了部分支承柱（或墙）以形成大空间。这样，当竖向地震作用时，转换结构将承受很大的竖向地震作用，如果设计不当，则大跨度的转换结构容易发生震害。因此，对于大跨度的转换结构应考虑竖向地震作用的影响。

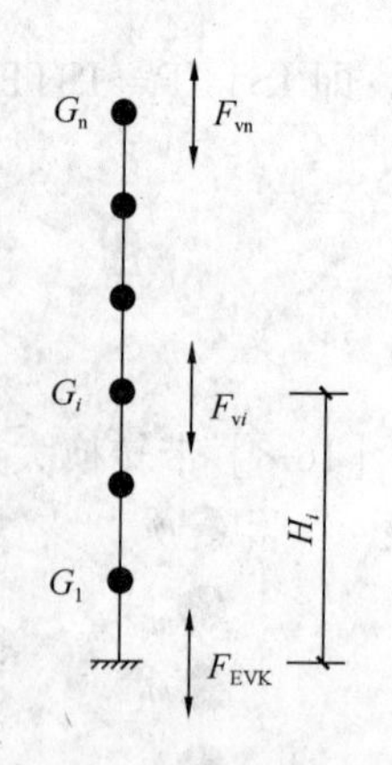

图 16-16　结构竖向地震作用计算示意

高层建筑中转换结构的竖向地震作用大小与其所处的位置以及支承的刚度都有一定的关系，因此对于跨度较大、所处位置较高的转换结构，宜采用时程分析法或振型分解反应谱方法进行竖向地震作用计算。

《高层建筑混凝土结构技术规程》（JGJ 3—2010）第4.3.14条规定，跨度大于12m的转换结构的竖向地震作用效应标准值宜采用时程分析法或振型分解反应谱方法进行计算。

采用时程分析法或振型分解反应谱方法进行竖向地震计算时需注意：

① 时程分析计算时输入的地震加速度最大值可按规定的水平输入最大值的65%采用。

② 反应谱分析时结构竖向地震影响系数最大值可按水平地震影响系数最大值的65%采用。但鉴于竖向反应谱的特征周期与水平反应谱相比，尤其在远震中距时，明显小于水平反应谱，因此，设计特征周期均按设计地震分组按第一组采用。

转换结构竖向地震作用标准值可采用时程分析法或振型分解反应谱法计算，也可按下列规定计算：

（1）结构总竖向地震作用标准值可按下列公式计算：

$$F_{Evk} = \alpha_{vmax} G_{eq} \tag{16-39a}$$

$$G_{eq} = 0.75 G_E \tag{16-39b}$$

$$\alpha_{vmax} = 0.65 \alpha_{max} \tag{16-39c}$$

式中　F_{Evk}——结构总竖向地震作用标准值；

α_{vmax}——结构竖向地震影响系数最大值；

α_{max}——结构水平地震影响系数最大值；

G_{eq}——结构等效总重力荷载代表值；

G_E——计算竖向地震作用时，结构总重力荷载代表值，应取各质点重力荷载代表值之和。

（2）结构质点 i 的竖向地震作用标准值可按下式计算：

$$F_{vi} = \frac{G_i H_i}{\sum_{j=1}^{n} G_j H_j} F_{Evk} \tag{16-40}$$

式中　F_{vi}——质点 i 的竖向地震作用标准值；

G_i、G_j——分别为集中于质点 i、j 的重力荷载代表值；

H_i、H_j——分别为质点 i、j 的计算高度。

（3）楼层构件的竖向地震作用效应可按各构件承受的重力荷载代表值比例分配，并宜乘以增大系数1.5。

高层建筑中，转换结构的竖向地震作用标准值，不宜小于转换结构承受的重力荷载代表值与竖向地震作用系数（表16-6）的乘积。

竖向地震作用系数 **表 16-6**

设防烈度	7度	8度	
设计基本地震加速度	0.15g	0.20g	0.30g
竖向地震作用系数	0.08	0.10	0.15

注：g为重力加速度。

16.4.2 直接动力分析法

为了能准确地反映高层建筑转换结构在竖向地震作用下的地震反应，应进行转换结构的直接动力分析。建立图 16-17 所示的并联多质点模型[16-10]~[16-12]，来计算转换结构在竖向地震作用下的位移、弯矩、剪力。每一串多质点串，可以认为是单独的墙或柱。有时也可以认为某一串质点是结构的一部分（包括若干墙、柱），以减少计算时的独立自由度的数目（图 16-18）。

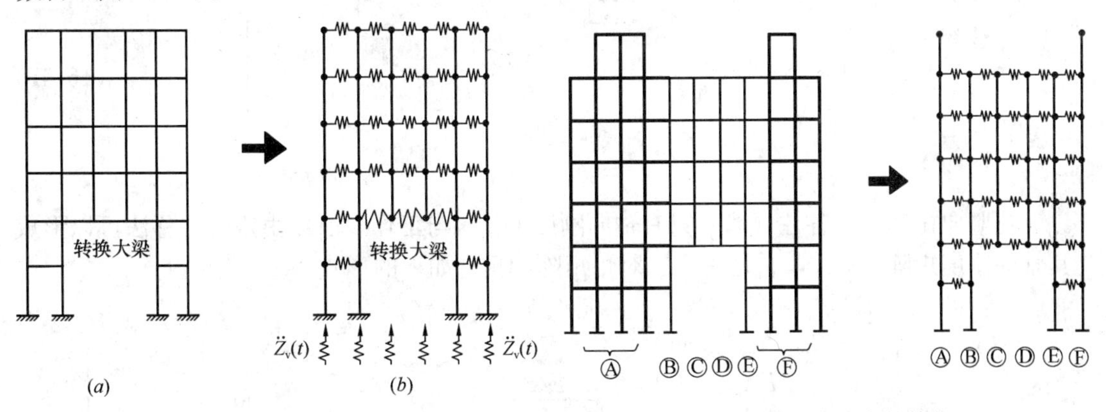

图 16-17 并联多质点模型

(a) 结构；(b) 振动模型

图 16-18 自由度的简化

结构物的质量（包括结构的自重和楼面的使用荷载）集中到梁、柱的节点上，每一柱（或由结构一部分所形成的等效柱）成为一个质点串，质点串通过楼面梁相互联结而形成并联质点系。

竖向地震力作用下并联质点系的动力方程：

$$[M]\{\ddot{w}\}+[C][\dot{w}]+[K]\{w\}=-[M]\{\ddot{Z}_{\mathrm{v}}\} \tag{16-41}$$

式中 $\{w\}$、$[\dot{w}]$、$\{\ddot{w}\}$ ——分别为位移、速度、加速度向量；

$[M]$ ——质量矩阵，由各串的质量矩阵 $[M_i]$ 组成

$$[M]=\begin{bmatrix}[M_1] & & & & \\ & [M_2] & & [0] & \\ & & \ddots & & \\ & & & [M_i] & \\ & [0] & & & \ddots \\ & & & & & [M_n]\end{bmatrix} \tag{16-42}$$

其中，第 i 串质点的质量矩阵 $[M_i]$ 为

$$[M_i]=\begin{bmatrix} m_{i1} & & & & & \\ & m_{i2} & & & [0] & \\ & & \ddots & & & \\ & & & m_{ii} & & \\ & [0] & & & \ddots & \\ & & & & & m_{in} \end{bmatrix} \tag{16-43}$$

结构在竖向振动时，其刚度矩阵 $[K]$ 由柱（墙）的轴向刚度矩阵 $[K]_c$ 和楼板（梁）的刚度矩阵 $[K]_b$ 组成，即

$$[K]=[K]_c+[K]_b \tag{16-44}$$

式中 $[K]_c$——由各柱的轴向刚度矩阵组成：

$$[K]_c=\begin{bmatrix} [K]_{c1} & & & & & \\ & [K]_{c2} & & & [0] & \\ & & \ddots & & & \\ & & & [K]_{ci} & & \\ & [0] & & & \ddots & \\ & & & & & [K]_{cm} \end{bmatrix} \tag{16-45}$$

在竖向振动时，各柱（墙）只有轴向刚度 EA 参与工作，所以由矩阵位移法可以形成其轴向刚度矩阵 $[K]_{ci}$，它是一个三对角矩阵，具有如下的形式：

$$[K]_{ci}=\begin{bmatrix} \frac{EA_{i1}}{l_{i1}} & -\frac{EA_{i1}}{l_{i1}} & & & & \\ -\frac{EA_{i1}}{l_{i1}} & \frac{EA_{i1}}{l_{i1}}+\frac{EA_{i2}}{l_{i2}} & -\frac{EA_{i2}}{l_{i2}} & & [0] & \\ & \ddots & \ddots & \ddots & & \\ & & -\frac{EA_{ij-1}}{l_{ij-1}} & \frac{EA_{ij-1}}{l_{ij-1}}+\frac{EA_{ij}}{l_{ij}} & -\frac{EA_{ij}}{l_{ij}} & \\ & [0] & & \ddots & \ddots & \\ & & & & -\frac{EA_{in-1}}{l_{in-1}} & \frac{EA_{in}}{l_{in}} \end{bmatrix} \tag{16-46}$$

楼面梁（板）作为弯剪构件，其刚度矩阵为：

$$[K]_b^{j,k}=\frac{12EI}{l^3}\begin{bmatrix} \frac{1}{1+\beta} & -\frac{1}{1+\beta} \\ -\frac{1}{1+\beta} & \frac{1}{1+\beta} \end{bmatrix} \tag{16-47}$$

式中 $\beta=\frac{12\mu EI_b}{GA_b l^2}$

当转换梁截面高度较大，跨度和截面高度 $l/h\leqslant 2$ 时，梁以剪切变形为主，其刚度矩阵可取为：

$$[K]_b^{j,k} = \frac{GA_1}{\mu l}\begin{bmatrix} \frac{1}{1+\beta} & -\frac{1}{1+\beta} \\ -\frac{1}{1+\beta} & \frac{1}{1+\beta} \end{bmatrix} \tag{16-48}$$

式中　$\beta = \dfrac{GA_b l^2}{12\mu EI_b}$

　　$[C]$ ——阻尼矩阵，取质量矩阵和刚度矩阵的线性组合，即

$$[C] = \alpha_1[M] + \beta_1[K] \tag{16-49}$$

式中，α_1、β_1——系数，可取 $\alpha_1 = \beta_1 = 0.03$。

这样，给定地震记录，求解动力方程式（16-41），可得结构的竖向位移向量 $\{w\}$，由节点的竖向位移向量 $\{w\}$，可得各柱的轴力 N_{cE} 和梁的剪力 V_{bE}。由转换梁支承柱的轴力，可以计算转换梁弯矩 M_{bE}。

在计算转换梁弯矩 M_{bE} 时，给出了两种端部约束条件：

(1) 两端为铰接，两端有竖向位移和转动；

(2) 两端只有竖向位移，而没有转动。

按照约束条件可以得到跨中最大弯矩，按约束条件可以得到最大支座弯矩。按上述两种条件计算的弯矩包络图设计较为安全（图 16-19)。

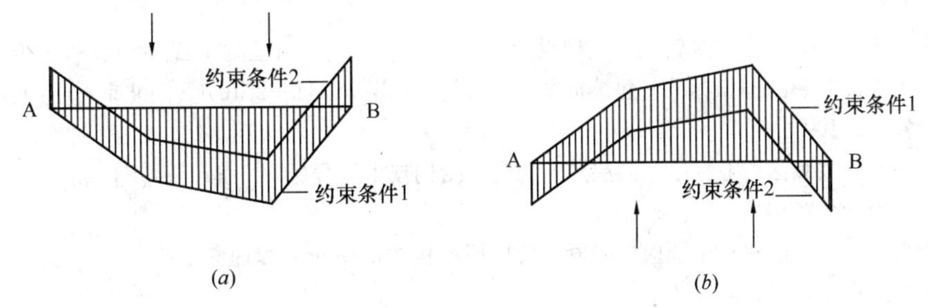

图 16-19　转换梁的设计弯矩 M_{bE}

(a) 正向地震；(b) 反向地震

进行转换梁设计时，还要考虑地震方向上、下相反两种情况，因此转换梁的主要受力钢筋设计时，要考虑反向地震作用：

$$M_b = \gamma_G M_{bG} \pm \gamma_{Ev} M_{bE} \tag{16-50}$$

式中　M_{bG}——重力荷载代表值产生的弯矩；

　　M_{bE}——竖向地震作用产生的弯矩；

　　γ_G——重力荷载分项系数，取 $\gamma_G = 1.2$；

　　γ_{Ev}——竖向地震作用分项系数，取 $\gamma_{Ev} = 1.3$。

进行转换结构竖向地震作用时程分析时，应符合下列要求：

(1) 应按建筑场地类别和设计地震分组选取实际地震记录和人工模拟的加速度时程曲线，其中实际地震记录的数量不应少于总数量的 2/3，多组时程曲线的平均地震影响曲线在统计意义上相符；弹性时程分析时，每条时程曲线计算所得结构底部剪力不应小于振型分解反应谱法计算结果的 65%，多条时程曲线计算所得结构底部剪力的平均值不应小于振型分解反应谱计算结果的 80%。

(2) 地震波的持续时间不宜小于建筑结构基本自振周期的 5 倍和 15s，地震波的时间间距可取 0.01s 或 0.02s。

(3) 时程分析计算时输入的地震加速度最大值可按规定的水平输入最大值（表 16-7）的 65%采用。

时程分析输入地震加速度的最大值（cm/s^2） **表 16-7**

设防烈度	6 度	7 度	8 度	9 度
多遇地震	18	35（55）	70（110）	140
设防地震	50	100（150）	200（300）	400
罕遇地震	125	220（310）	400（510）	620

注：7、8 度时括号内数值分别用于设计基本加速度为 $0.15g$ 和 $0.30g$ 的地区，此处 g 为重力加速度。

(4) 当取三组时程曲线进行计算时，结构地震作用效应宜取时程法计算结果的包络值与振型分解反应谱计算结果的较大值；当取七组及七组以上时程曲线进行计算时，结构地震作用效应可取时程法计算结果的平均值与振型分解反应谱法计算结果的较大值。

参 考 文 献

[16-1] 唐兴荣编著. 高层建筑转换层结构设计与施工[M]. 北京：中国建筑工业出版社，2002

[16-2] 中华人民共和国国家标准. 建筑抗震设计及规范(GB 50011—2010)[S]. 北京：中国建筑工业出版社，2010

[16-3] 中华人民共和国行业标准. 高层建筑混凝土结构技术规程(JGJ 3—2010)[S]. 北京：中国建筑工业出版社，2010

[16-4] 唐兴荣. 多、层建筑中预应力混凝土转换层结构的试验研究和理论分析[D]. 南京：东南大学土木工程学院，1998

[16-5] 唐兴荣，蒋荣生，丁大钧，孙宝俊. 带预应力混凝土桁架转换层结构模型的拟动力试验研究[J]. 南京工业大学学报，2003，(4)：14～19

[16-6] 唐兴荣. 拟动力试验中几种数值方法的精度和稳定性分析[J]. 苏州城建环保学院学报，1997，3：21～28

[16-7] 唐兴荣，姚江峰. 带转换层高层建筑结构的弹塑性地震反应分析[J]. 南京工业大学学报，2006，3(28)：33～38

[16-8] 包世华，王建东. 带弹性转换层的高层建筑结构的简化计算[J]. 建筑结构，1995，(10)：3～27

[16-9] 申强. 预应力混凝土换结构抗震性能的试验研究和理论分析[D]. 南京：东南大学土木系，1996～04

[16-10] 赵西安. 高层建筑转换层结构在竖向震作用下的直接动力分析[J]. 建筑结构，1992，3：3～7

[16-11] 赵西安. 高层钢筋混凝土建筑结构抗震设计的一些建议[J]. 建筑结构，1994，4：3～10

[16-12] 赵西安. 高层建筑结构空间三维分析计算中的若干问题[J]. 建筑结构，1993，12：3～10

17 带转换层高层建筑结构基于性能的抗震设计

随着经济的快速发展，城市数量、规模的不断扩大以及人口密度的增加，地震灾害所造成的经济损失越来越严重。这说明采用基于承载力（或强度）的设计方法存在一定弊端。规范采用“小震不坏、中震可修、大震不倒”的三水准二阶段抗震设计方法，仅仅是以保障生命安全为单一设防目标的，在地震发生时，仅能避免在罕遇地震下主体结构发生倒塌性破坏，保护人的生命安全。但是，现代建筑内部的设备价值远超过结构本身的造价，一些建筑自身功能的重要性以及这些建筑在地震破坏中所造成的经济损失和次生灾害，往往超出了业主和社会所承受的能力。因此，抗震设计在考虑保障人身安全的基础上，如何控制地震中的破坏所产生的经济损失，满足不同使用者提出的多功能要求，并保证建筑结构使用功能的延续问题，成为现代地震工作者研究的重要课题之一。人们逐步意识到对结构起破坏作用的控制因素不是内力而是位移、变形。在 20 世纪 90 年代初期，美国加州大学伯克利分校的 J. P. Moehie 提出了基于位移的抗震设计思想，主张改进基于承载力（或强度）的设计方法，这种设计方法的核心思想是从总体上控制结构位移和层间位移水准，而基于性能抗震设计理论是在基于位移设计思想基础上产生发展的。

17.1 基于性能抗震设计理论的研究现状

自美国加州结构工程师协会（SEAOC，Structure Engineer Association of California）[17-1]提出基于结构性能的抗震设计理论框架，美国、日本和新西兰等国家的一些地震工程界学者对其进行了多方面深入研究。美国加州结构工程师协会于 1992 年成立放眼 21 世纪委员会（Vision 2000 Committee SEAOC），旨在建立基于结构性能的抗震设计理论框架。此外，美国地震工程研究中心（EERC，1998 年已更名为 Pacific Earthquake Engineering Research Center，PEER）和国家地震工程研究中心（National Center for Earthquake Engineering Research ，NCEER）也针对基于性能的抗震设计理论展开了一系列研究工作。1994 年 4 月日本建设省启动了一项 3 年联合研究开发项目，称为“建筑结构现代工程方法开发”，目的也是进行基于性能的抗震设计理论的深入研究。目前，一些研究成果已经写入规范和标准。美国应用技术委员会（ATC Applied Technology Council）于 1995 年发表 ATC-34 报告和 1996 年发表的 ATC-40 以及美国的联邦紧急事务管理厅（FEMA Federal Emergency Management）发表的 FEMA-273（1996）、FEMA-274（1997）、FEMA-350（2000）、FEMA-353（2000）等系列报告中均包含了基于结构性能的抗震设计理论的相关内容。美国国际规范委员会（ICC）1997 年出版的《国际建筑规范 2000（草案）》IBC2000（Draft）强调了与结构性能/位移设计有关的内容。1998 年欧洲 CEB 出版的《钢筋混凝土结构控制弹塑性反应的抗震设计：设计概念及规范的新进展》中体现了基于结构性能抗震设计的理论构架。我国对此也进行了一些理论研究，在基于性能的抗震设防水准理论方面，我国自然科学基金“九五”项目中的重大项目“大型复杂结构的关键科学问题及设计理论”也包含了“基于性态抗震设防标准”的子课题。在《建筑抗震设计规范》(GB 50011—2001)[17-2]第3.6.2条款中明确提到“本规范推荐了二种非线性分析方法：静力的非线性分析（推覆分析）和动力的非线性分析（弹塑性时程分析）”。

基于性能的抗震设计分析方法的研究也一直很活跃，ATC-40报告中采用了由Freeman提出的能力谱分析方法；FEMA-273报告中推荐采用位移影响系数法，用于评估结构的抗震性能和确定结构的目标位移。此外，Fajfar在1987年提出的N2方法[17-3][17-4]、Chopra改进能力谱法[17-5]。Balram Gupta，Sashi K. Kunnath[17-6]提出了适应谱推覆分析方法，也体现出结构高阶振型的非固定水平静力加载模式来体现结构反应的动力特性，也体现出结构和地震频谱特性的耦联效应；R. D. Bertero，V. V. Bertero[17-7]提出基于性能的概念综合设计法，该方法也同时考虑了概率设计、局部结构和非结构构件的损伤、累计损伤等诸多方面，并且采用合理的设计谱，用位移和延性两个指标控制结构的损伤。A. K. Chopra，Rakesh. K. Goe[17-8][17-9]改进了PUSH-OVER分析方法，采用基于每一阶段振型固定的侧向力分布模式，对结构推覆分析获得该振型的目标位移，考虑振型参与系数利用振型遇合法则确定各阶振型下结构的总体目标位移，再对结构进行推覆分析，评价结构的总体抗震性能。Black，Aschheim[17-10][17-11]研究发现结构的屈服位移，在相同的楼层数，不同的自振周期等条件下，具有较好的稳定性，所以利用屈服位移稳定性这一优点，将其作为设计指标，提出了一种基于结构屈服位移为设计指标的设计方法。

国内学者对于基于性能的抗震设计理论方法也进行了大量的研究，提出了许多改进方法。文献[17-12]介绍了PUSH-OVER方法的基本原理和具体的实施步骤，并就进一步的研究内容提出了建议。文献[17-13]介绍了能力谱方法、位移影响系数法和适应谱PUSH-OVER方法的实现过程。文献[17-14]采用了动力时程分析和静力弹塑性分析方法，对结构响应（顶点位移、层间位移以及底部剪力）进行了对比分析，从而提出了对静力弹塑性分析方法的水平荷载模式和结构目标位移的改进方法。文献[17-15]考虑到在进行非对称结构的PUSH-OVER分析时，从两个相反的方向加载所得到的分析结果有所差异，提出了循环往复的加载方式，将一次循环加载过程近似看作是一次地震作用过程，从而更真实地模拟地震。此外，文献[17-16]对基于性能的结构抗震设计中的一些问题进行了探讨，分别考虑反映结构抗震设计“共性”和“个性”的两类目标性能水平，直接采用可靠度的表达形式，并将结构构件层次的可靠度应用水平过渡到不同性能要求的结构优化设计方法。文献[17-17]首次提出了基于性态的三环节抗震设计方法，并将现有的设防内容改为：确定设防烈度或设计地震动参数、确定建筑的重要性等级、确定结构抗震设计类别。文献[17-18]系统介绍了国外建筑规范、标准采用基于位移的抗震设计理论的研究现状，以及位移延性系数法、能力谱方法和直接基于位移法三种方法，讨论了需要研究解决的若干问题，指出要研究适用于日常设计中实施的基于位移的抗震设计方法这一研究方向。

基于性能的抗震设计理论还不成熟，处于从定性向定量转化的研究阶段，具体实施还要有一个过程。但基于性能的抗震设计理论已被认为是近十年来结构工程取得的主要成就之一，也是结构抗震设计理论的发展趋势。

基于性能的抗震设计思想正逐步在我国超限高层建筑中尝试运用[17-19]。在《高层建筑混凝土结构技术规程》(JGJ 3—2010）中增加了结构抗震性能设计基本方法。毋庸置疑，带转换层高层建筑结构设计适宜采用基于性能的抗震设计方法。

本章阐述带转换层高层建筑结构的抗震性能目标、性能水准以及实施抗震性能设计的方法，为今后类似转换结构设计提供了借鉴。

17.2 基于性能的抗震设计的主要工作

结构抗震性能设计的主要工作包括：

1. 结构方案分析论证

分析结构方案在房屋高度、规则性、结构类型、场地条件或抗震设防标准等方面的特殊要求，确定结构设计是否需要采用抗震性能设计方法，并作为选用抗震性能目标的主要依据。多数情况下，需要采用抗震性能设计的工程，一般表现为不能完全符合抗震概念设计的要求。因此，结构方案特殊性的分析中要注重分析结构方案不符合抗震概念设计的情况和程度。结构工程师应根据规程有关抗震概念设计的规定，与建筑师协调，改进结构方案，尽量减少结构不符合概念设计的情况和程度，不应采用严重不规则的结构方案。对于特别不规则结构，可进行抗震性能设计，但须慎重选用抗震性能目标，并通过深入分析论证。

建筑师、结构工程师、设备工程师和经济师对初步选定的方案进行论证和评价，设计方案论证中，强调对各项具体性能要求采取的措施，包括结构体系、采用新材料、新设备和新技术的依据以及必要的试验，非结构幕墙、各项设备、隔墙等抗震措施，详细的计算分析（弹性及非线性分析），细部构造，经济分析等。如经论证、评价对初步选定的方案不满意，则进行二次设计或由业主修改性能目标。论证完成后送专家评审，如评审不通过或需要修改，则进行修改设计。

2. 选用抗震性能目标

结构抗震性能目标应综合考虑抗震设防类别、设防烈度、场地条件、结构的特殊性、建造费用、震后损失和修复难易程度等各项因素选定。

抗震性能目标是指在设定的地震地面运动水准下建筑物的预期性能水准。我国《建筑抗震设计规范》（GB 50011—2010）地震地面运动一般设定三个水准：设计基准期 50 年内超越概率为 63%的地震烈度取为第一水准烈度，即小震；设计基准期 50 年内超越概率为 10%的地震烈度取为第二水准烈度，即中震；设计基准期 50 年内超越概率为 2%～3%的地震烈度取为第三水准烈度，即大震。《高层建筑混凝土结构技术规程》（JGJ 3—2010）将结构的抗震性能目标分为 A、B、C、D 四个等级（表 17-1），结构抗震性能分为 1、2、3、4、5 五个水准（表 17-2），每个性能目标均与一组在指定地震地面运动下的结构抗震性能水准相对应。

根据行政管理部门或有关的文件、标准制订建筑抗震性能目标和性能水准。抗震性能目标经业主初步选定后，建筑师开始进行建筑方案设计。

3. 结构抗震性能分析论证

结构抗震性能分析论证的重点是深入的计算分析和工程判断，找出结构有可能出现的薄弱部位，提出有针对性的抗震加强措施，必须的试验验证，分析论证结构可达到预期的抗震性能目标。一般需要进行以下工作：

（1）分析确定结构超出规程适用范围及不规则性的情况和程度。

（2）认定场地条件、抗震设防类别和地震动参数。

（3）深入的弹性和弹塑性计算分析（静力分析和时程分析），并判断计算结果的合理性。

（4）找出结构有可能出现的薄弱部位以及需要加强的关键部位，提出针对性的抗震加强措施。

（5）必要时还需进行构件、节点或整体模型的抗震试验，补充提出论证依据，例如对规程未列入的新型结构方案又无震害和试验依据或对计算分析难以判断、抗震概念难以接受的复杂结构方案。

基于性能的抗震设计基本步骤大致由性能目标设定、选用和设计方案选择、论证、评审组成。图 17-1 为基于性能抗震设计的基本步骤框图。

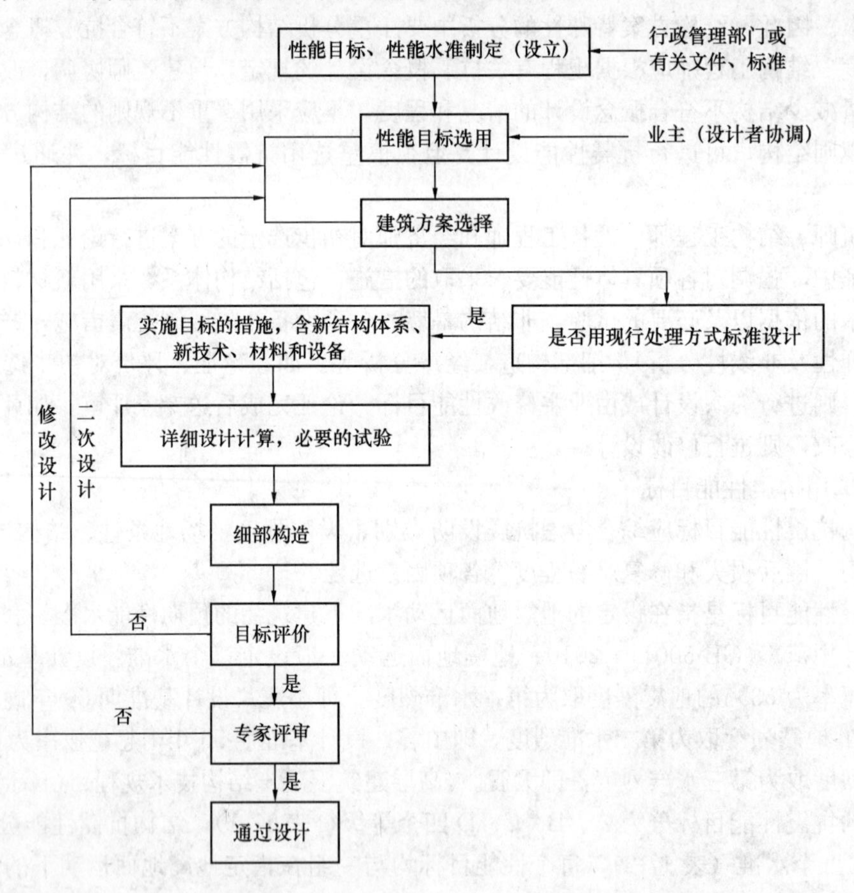

图 17-1　性能抗震设计基本步骤框图

17.3　带转换层高层建筑结构基于性能抗震设计方法

带转换层高层建筑结构是竖向不规则甚至竖向特别不规则结构。在实际工程中经常会遇到超过规范规定或规范中没有具体规定的问题，这些工程的抗震设计不能套用现行标准，缺少明确具体的目标、依据和手段，要使框支柱和落地剪力墙在罕遇地震下不发生严重破坏，仅按多遇地震计算的内力进行设计和构造是难以实现的。设计人员应根据具体工程的复杂程度，进行仔细的分析、专门的研究和论证，必要时还要进行模型试验，从而确定采取比现行规范更加有效具体的抗震措施，因此，抗震设计时，带转换层高层建筑结构较适合采用基于性能的抗震设计方法。

17.3.1 结构性能目标组成和选用

1. 结构性能目标组成

每个复杂和超限高层建筑结构可以根据具体的设防烈度、场地条件、房屋高度、不规则的部位和程度以及业主的经济实力，选择结构在三个水准地震作用下的性能水准，从而实现相应的结构设计。表 17-1 给出了一些可供选择的性能目标。

结构抗震性能目标 **表 17-1**

地震水准 \ 性能水准 \ 性能目标	A	B	C	D
多遇地震（小震）	1	1	1	1
设防烈度地震（中震）	1	2	3	4
预估的罕遇地震（大震）	2	3	4	5

性能目标 A：多遇地震（小震）和设防烈度地震（中震）均满足性能水准 1 的要求，预估的罕遇地震（大震）下满足性能水准 2 的要求；整体结构基本完好，部分构件轻微损坏。

性能目标 B：多遇地震（小震）下满足性能水准 1 的要求，设防烈度地震（中震）下满足性能水准 2 的要求，预估的罕遇地震（大震）下满足性能水准 3 的要求；部分结构构件轻度损坏。

性能目标 C：多遇地震（小震）下满足性能水准 1 的要求，设防烈度地震（中震）下满足性能水准 3 的要求，预估的罕遇地震（大震）下满足性能水准 4 的要求；结构中度损坏。

性能目标 D：多遇地震（小震）下满足性能水准 1 的要求，设防烈度地震（中震）下满足性能水准 4 的要求，预估的罕遇地震（大震）下满足性能水准 5 的要求；结构比较严重损坏。

2. 性能目标的选用

选用性能目标时需综合考虑抗震设防类别、设防烈度、场地条件、结构的特殊性、建造费用、震后损失和修复难易程度等因素。鉴于地震地面运动的不确定性以及对结构在强烈地震下非线性分析方法（计算模型及参数的选用等）存在不少经验因素，缺少从强震记录、设计施工资料到实际震害的验证，对结构抗震性能的判断难以十分准确，尤其是对长周期的超高层建筑或特别不规则结构的判断难度更大，因此在性能目标选用中宜偏于安全一些。

例如：特别不规则的、房屋高度超过 B 级高度很多的高层建筑或处于不利地段特别不规则结构，可考虑选用A级性能目标。

房屋高度超过B级高度较多或不规则性超过规程使用范围很多时，可考虑选用B级或C级性能目标；

房屋高度超过B级高度或不规则性超过适用范围较多时，可考虑选用C级性能目标。

房屋高度超过A级高度或不规则性超过适用范围较少时，可考虑选用C级或D级性能目标。

结构方案中仅有部分区域结构布置比较复杂或结构的设防标准、场地条件等特殊性，使设计人员难以直接按规程规定的常规方法进行设计时，可考虑选用C级或D级性能目标。

实际工程情况很复杂，需综合考虑各因素。选择性能目标时，一般需征求业主和有关专家的意见。

17.3.2 结构的抗震性能水准和判别准则

1. 结构的抗震性能水准

《高层建筑混凝土结构技术规程》（JGJ 3—2010）给出了五个抗震性能水准（表17-2），具体内容如下：

第1性能水准：结构在地震作用下完好、无损伤，一般不需修理即可继续使用。

第2性能水准：结构在地震作用下基本完好，仅耗能构件轻微损坏，稍加修理即可继续使用。

第3性能水准：结构在地震作用下发生轻度损坏，关键构件轻微损坏，部分普通竖向构件轻微损坏，耗能构件轻度损坏，部分中度损坏；经过一般修理后可继续使用。

第4性能水准：结构在地震作用下发生中度损坏，关键构件轻度损坏，部分普通竖向构件中度损坏，耗能构件中度损坏，部分比较严重损坏；经过修复或加固后可继续使用。

第5性能水准：结构在地震作用下比较严重损坏，关键构件中度损坏，部分普通竖向构件比较严重损坏，耗能构件严重损坏；需排险大修。

各性能水准结构预期的震后性能状况　　表17-2

结构抗震性能水准	宏观损坏程度	损坏部位			继续使用的可能性
		关键构件	普通竖向构件	耗能构件	
1	完好、无损坏	无损坏	无损坏	无损坏	不需要修理可继续使用
2	基本完好、轻微损坏	无损坏	无损坏	轻微损坏	稍加修理即可继续使用
3	轻度损坏	轻微损坏	轻微损坏	轻度损坏、部分中度损坏	一般修理后可继续使用
4	中度损坏	轻度损坏	部分构件中度损坏	中度损坏、部分比较严重损坏	修复或加固后可继续使用
5	比较严重损坏	中度损坏	部分构件比较严重损坏	比较严重损坏	需排险大修

表中“关键构件”是指构件的失效可能引起结构的连续破坏或危及生命安全的严重破坏，可由结构工程师根据工程实际情况分析确定。例如底部加强部位的重要竖向构件、水平转换构件及与其相连竖向支承构件、大跨度连体结构的连接体及与其相连的竖向支承构件、大悬挑结构的主要悬挑构件、加强层伸臂和周边环带结构的竖向支承构件、承托上部多个楼层框架柱的腰桁架、长短柱在同一楼层且数量相当时该层各个长短柱、扭转变形很大部位的竖向（斜向）构件、重要的斜撑构件等。“普通竖向构件”是指“关键构件”之外的竖向构件。“耗能构件”包括框架梁、剪力墙、连梁及耗能支撑等。

《高层建筑混凝土结构技术规程》（JGJ 3—2010）提出的A、B、C、D四级结构抗震性能目标和五个结构抗震性能水准（1、2、3、4、5），结构在不同水准地震下的性能水准以及性能目标的示意图见图17-2。

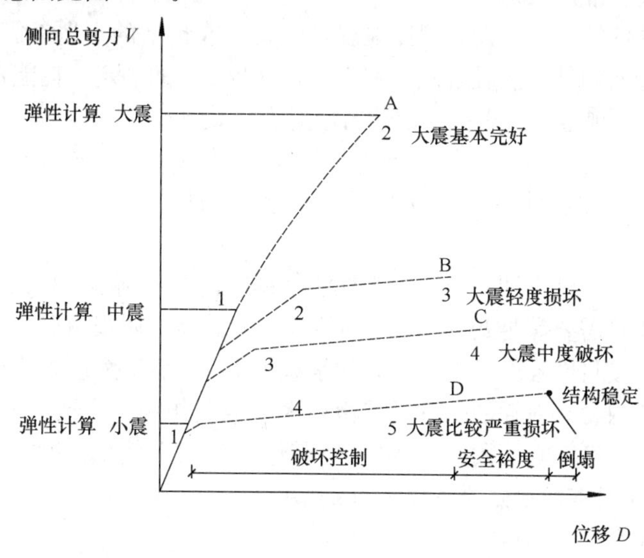

图17-2 抗震性能目标和性能水准示意图

2. 性能水准的判别准则

判别结构在地震作用下是否满足上述五个性能水准的准则如下：

(1) 第1性能水准的结构

第1性能水准的结构应满足弹性设计要求。在多遇地震（小震）作用下，其承载力和变形应符合《高层建筑混凝土结构技术规程》（JGJ 3—2010）的有关规定；在设防烈度地震（中震）作用下，结构构件的抗震承载力应符合下式规定：

$$\gamma_G S_{GE} + \gamma_{Eh} S_{Ehk}^* + \gamma_{Ev} S_{Evk}^* \leqslant R_d / \gamma_{RE} \tag{17-1}$$

式中 S_{GE}——重力荷载代表值的构件内力；

S_{Ehk}^*——水平地震作用标准值的构件内力，不需考虑与抗震等级有关的增大系数；

S_{Evk}^*——竖向地震作用标准值的构件内力，不需考虑与抗震等级有关的增大系数；

R_d——构件承载力设计值；

γ_{RE}——构件承载力抗震调整系数；

γ_G、γ_{Eh}、γ_{Ev} ——分别为重力荷载分项系数、水平地震作用分项系数和竖向地震作用分项系数。

也就是说，要求全部构件的抗震承载力满足弹性设计要求。在多遇地震（小震）作用下，结构的层间位移、结构构件的承载力及结构整体稳定等均应满足《高层建筑混凝土结构技术规程》(JGJ 3—2010）的有关规定；结构构件的抗震等级不宜低于《高层建筑混凝土结构技术规程》（JGJ 3—2010）的有关规定，需要特别加强的构件可适当提高抗震等级，已为特一级的不再提高。在设防烈度（中震）作用下，构件承载力需满足弹性设计要求，如式（17-1)，其中不计入风荷载作用效应的组合，地震作用标准值的构件内力（S^*_{Ehk}、S^*_{Evk}）计算中不需要乘以与抗震等级有关的增大系数。

(2) 第2性能水准的结构

第2性能水准的结构，在设防烈度地震（中震）或预估的罕遇地震（大震）作用下，关键构件及普通竖向构件的抗震承载力宜符合式（17-1）的规定；耗能构件的受剪承载力宜符合式（17-1）的规定，其正截面承载力应符合下式规定：

$$S_{GE} + S^*_{Ehk} + 0.4S^*_{Evk} \leqslant R_k \tag{17-2}$$

式中 R_k ——截面承载力标准值，按材料强度标准值计算；

其余符号同前。

第2性能水准结构的设计要求与第1性能水准结构的差别是，框架梁、剪力墙连梁等耗能构件的正截面只需要满足式（17-2）的要求，即满足“屈服承载力设计”。“屈服承载力设计”是指构件按材料强度标准值计算的承载力 R_k 不小于按重力荷载及地震作用标准值计算的构件组合内力。对耗能构件只需验算水平地震作用为主要可变荷载的组合工况，式（17-2）中重力荷载分项系数 γ_G、水平地震作用分项系数 γ_{Eh} 及抗震承载力调整系数 γ_{RE} 均取1.0，竖向地震作用分项系数 γ_{Ev} 取0.4.

(3) 第3性能水准的结构

第3性能水准的结构应进行弹塑性计算分析。在设防烈度地震（中震）或预估地震（大震）作用下，关键构件及普通竖向构件的正截面承载力应符合式（17-2）的规定，水平长悬臂结构和大跨度结构中的关键构件正截面承载力尚应符合式（17-3）的规定，其受剪承载力宜符合式（17-1）的规定。在预估的罕遇地震（大震）作用下，结构薄弱部位的层间位移角应满足《高层建筑混凝土结构技术规程》（JGJ 3—2010）第3.7.5条的规定。

$$S_{GE} + 0.4S^*_{Ehk} + S^*_{Evk} \leqslant R_k \tag{17-3}$$

也就是说，第3性能水准结构，允许部分框架梁、剪力墙连梁等耗能构件正截面承载力进入屈服阶段，受剪承载力宜符合式（17-2）的要求。竖向构件及关键构件正截面承载力应满足式（17-2）“屈服承载力设计”的要求；水平长悬臂结构和大跨度结构中的关键构件正截面“屈服承载力设计”需要同时满足式（17-2）及式（17-3）的要求。式（17-3）表示竖向地震为主要可变作用的组合工况，式中重力荷载分项系数 γ_G、竖向水平地震作用分项系数 γ_{Ev} 及抗震承载力调整系数 γ_{RE} 均取1.0，水平、竖向地震作用分项系数 γ_{Eh}、γ_{Ev} 取0.4；这些构件的受剪承载力宜符合式（17-1）的要求。整体结构进入弹塑性状态，应进行弹塑性分析。为了方便设计，允许采用等效弹性方法计算竖向构件及关键部位构件的组合内力（S_{GE}、S^*_{Ehk}、S^*_{Evk}），计算中可适当考虑结构阻尼比的增加（增加值一般不大于0.02）以及剪力墙连梁刚度的折减（刚度折减系数一般不小于0.3）。实际工程设计中，可以先对底部加强部位和薄弱部位的竖向构件承载力按上述方法计算，再通过弹塑性分析校核全部竖向构件均未屈服。

（4）第4性能水准的结构

第4性能水准的结构应进行弹塑性计算分析。在设防烈度地震（中震）或预估地震（大震）作用下，关键构件的抗震承载力应符合式（17-2）的规定，水平长悬臂结构和大跨度结构中的关键构件正截面承载力尚应符合式（17-3）的规定；部分竖向构件以及大部分耗能构件进入屈服阶段，但钢筋混凝土竖向构件的受剪截面应符合式（17-4）的规定，钢一混凝土组合剪力墙的受剪承载力应符合式（17-5）的规定。在预估的罕遇地震（大震）作用下，结构薄弱部位的层间位移角符合《高层建筑混凝土结构技术规程》(JGJ 3—2010）第3.7.5条的规定。

$$V_{GE}+V_{Ek}^{*}\leqslant 0.15f_{ck}bh_0 \tag{17-4}$$

$$(V_{GE}+V_{Ek}^{*})-(0.25f_{ak}A_a+0.5f_{spk}A_{sp})\leqslant 0.15f_{ck}bh_0 \tag{17-5}$$

式中 V_{GE}——重力荷载代表值作用下的构件剪力（N）；

V_{Ek}^{*}——地震作用标准值的构件剪力（N），不需考虑与抗震等级有关的增大系数；

f_{ck}——混凝土轴心抗压强度标准值（N/mm^2）；

f_{ak}——剪力墙端部暗柱中型钢的强度标准值（N/mm^2）；

A_a——剪力墙端部暗柱中型钢的截面面积（mm^2）；

f_{spk}——剪力墙内钢板的强度标准值（N/mm^2）；

A_{sp}——剪力墙内钢板的横截面面积（mm^2）。

也就是说，关键构件抗震承载力应满足式（17-2）“屈服承载力设计”的要求，水平长悬臂结构和大跨度结构中的关键构件抗震承载力要同时满足式（17-2）及式（17-3）的要求；允许部分竖向构件及大部分框架梁、剪力墙连梁等耗能构件进入屈服阶段，但构件受剪截面应满足截面限制条件，这是防止构件发生脆性受剪破坏的最低要求。式（17-4）和式（17-5）中，V_{GE}、V_{Ek}^{*} 可按弹塑性计算结果取值，也可按等效弹性方法计算结果取值（一般情况下是偏于安全的）。结构的抗震性能必须通过弹塑性计算加以深入分析，例如弹塑性层间位移角、构件屈服的次序及塑性铰分布、塑性铰部位钢材受拉塑性应变及混凝土受压损伤程度、结构的薄弱部位、整体结构的承载力不发生下降等。整体结构的承载力可通过静力弹塑性方法进行估算。

（5）第5性能水准的结构

第5性能水准的结构应进行弹塑性计算分析。在预估的罕遇地震作用下，关键构件的抗震承载力宜符合式（17-2）的规定；较多的竖向构件进入屈服阶段，但同一楼层的竖向构件不宜全部屈服；竖向构件的受剪截面应符合式（17-4）或式（17-5）的规定；允许部分耗能构件发生比较严重的破坏；结构薄弱部位的层间位移角应符合《高层建筑混凝土结构技术规程》(JGJ 3—2010）第3.7.5条的规定。

第5性能水准结构的设计要求与第4性能水准结构的差别是，关键构件承载力宜满足“屈服承载力设计”的要求，允许比较多的竖向构件进入屈服阶段，并允许部分“梁”等耗能构件发生比较严重的破坏。结构的抗震性能必须通过弹塑性计算加以深入分析，尤其应注意同一楼层的竖向构件不宜全部进入屈服并宜控制整体结构承载力下降的幅度不超过10%。

17.3.3　结构抗震计算和试验要求

基于性能设计的计算分析应特别详尽，上述性能要求中的构件承载力、变形计算、屈服后的性能均以比较正确的计算分析和能反映结构实际受力状态的合理力学模型为前提。因此，建议实现性能设计的结构抗震计算和试验应符合下列要求：

1. 结构计算模型

弹性计算和非线性计算分析中，结构的分析模型应根据结构实际情况确定。所选取的分析模型应能较正确地反映结构中各构件的实际受力状况。

对带转换层的高层建筑结构，应注意区分不落地柱和墙体的转换梁、框支柱相邻层的计算层数和层高、转换厚板有限元的类型和划分等；

对剪力墙，应注意非线性分析中的计算模型和参数的确定；

对平面尺寸不规则或内部开设大洞口的结构，应根据洞口位置、大小、数量和分布以及抗侧力构件的布置，正确选择分片刚性楼盖或整体非刚性楼盖的计算模型，如楼板不能在大震下处于基本弹性状态，则需要研究提出合理的计算模型。

对采用消能减震的结构，应正确确定构件和整体结构有效阻尼比，注意构件、节点的模拟和计算参数对整体结构的影响。

体型复杂、结构布置复杂的高层建筑结构的受力情况复杂，采用至少两种不同力学模型的结构分析软件进行整体分析，有时还需通过相应的模型试验，以保证力学分析的可靠性。

2. 电算结果的分析

斜向地震作用计算时，应主要检查斜向抗侧力构件的内力和配筋。平面轮廓规则或基本对称的高层建筑结构，不要求计算双向地震作用效应，但仍应采用偶然偏心方法计入地震的扭转效应。

应注意严格控制高层建筑的最小地震作用。当地震影响系数计算的结构总地震剪力小于规定值时，表示该结构刚度较小，非线性和阻尼比的影响明显，所受的地震作用主要不是地震加速度引起的，而是地面运动速度和位移的作用；当小于规定值较多时，宜调整构件选型或结构总体布置使刚度有所增大，再结合周期折减等方法使地震力不小于规定值。

对于不落地构件通过次梁转换的计算结果应慎重对待。设计时对不落地的竖向抗侧力构件（墙、柱、支撑等）的地震作用如何通过次梁传递到主梁又传递到落地竖向构件要有明确的计算，并采取相应的构造措施，方可视为有明确的计算简图和合理的传递途径。

结构刚度突变的控制，在弹性分析阶段，由于结构侧向刚度有多种不同的定义，使刚度比值的计算结果可能不相同。因此，刚度突变的判断宜综合考虑各种方法，包括相邻层的层间位移角的比值、上下楼层竖向构件横截面总面积比、等效剪切刚度、等效弯剪刚度等。在抗震性能设计中，对于性能目标为C、D的结构，需要进行非线性分析，其刚度突变的控制，可主要通过层间位移角是否满足相应的性能要求予以判断。

结构楼层扭转位移比计算时，需要注意：所谓刚性楼盖，国外规范的定义是：在规定的侧向荷载作用下，计算的楼盖平面内最大变形不超过该楼层抗侧力体系中竖向构件平均层间位移的2倍；一般情况需要考虑偶然偏心的影响，但偏心值的大小如遇到很长裙房等特殊情况，不一定取该方向楼板总长度的5%；最大值与平均值的计算，均取楼层中同一轴线两端的竖向构件计算，不考虑楼板中悬挑的端部；偶然偏心与双向水平地震可不同时考虑，当应取二者的不利情况。对于主楼与裙房相连导致结构底部扭转位移过大或其他特殊情况使扭转位移比过大，此时，如小震下计算的最大层间位移超过规范限值的 1/3，构件对应于标准值的抗震承载力满足在中震下的地震内力组合要求，大震下的最大层间位移可控制在 1/500～1/300，即满足性能水准 4 的要求，则扭转位移比的不规则性可放松。

3. 时程分析

复杂高层建筑的抗震设计，往往需要采用时程分析法进行补充计算，其前提是输入的地震加速度波形选择正确，即单条波计算的结构总地震剪力不小于按反应谱方法计算的 65%，多条波计算的平均值不小于反应谱法的 80%。考虑双向水平地震作用时，同一组地震波的两个水平分量的计算度比值可取 1∶0.85；考虑竖向地震和双向水平地震作用时，同一组地震波的两个水平分量和竖向分量的加速度比值可取 1∶0.85∶0.65。

对计算结果的比较，不仅要比较各层的地震作用力、楼层剪力和层间位移的大小，按较大值检查构件的截面和配筋，还要分析相邻层的变化程度，发现突变部位，有助于判断薄弱部位。

当超限高层建筑的高度较大或比较复杂时，尚可采用多条波的包络或平均值加一倍方差为时程计算结果参与比较。

4. 竖向地震分析

复杂和超限高层建筑中的转换大梁、长悬臂构件和连体结构的连接体本身，7 度、8 度设计时应按规定考虑竖向地震作用。计算时宜采用时程分析法，要特别注意竖向地震的高位放大和跨中放大，避免震害。

5. 薄弱层变形分析

对于相邻层侧向刚度或承载力相差悬殊的竖向不规则高层结构宜验算薄弱层弹塑性变形，以保证整体刚度和整体安全。结构抗震性能设计时，弹塑性分析计算是很重要的手段之一。目前常用静力弹塑性分析方法（PUSH-OVER 方法）、弹塑性时程分析法等。

弹塑性时程分析能比较准确而完整地得出结构在罕遇地震下的反应全过程，但计算分析工作繁琐，且计算结果受到所选用地震波以及构件恢复力和屈服模型的影响较大，在设计重要高层建筑结构采用时，要尽量使构件恢复力模型符合构件的实际特性。

静力弹塑性分析方法（PUSH-OVER 方法）是对结构在罕遇地震作用下进行弹塑性变形分析的一种简化方法，本质上是一种静力分析方法。具体地说，就是在结构计算模型上施加按某种规则分布的水平侧向力，单调加载并逐级加大；一旦有构件开裂（或屈服）即修改其刚度（或使其退出工作），进而修改结构总刚度矩阵，进行下一步计算，依次循环直到结构达到预定的状态（成为机构、位移超限或达到目标位移），从而判别是否满足相应的抗震能力。该方法能够很好地估计结构的整体和局部弹塑性变形，同时也能揭示弹性设计中存在的隐患（包括层屈服机制、过大变形以及强度、刚度突变等）。研究成果和工程应用表明，在一定适用范围内 PUSH-OVER 方法能够较为准确地反映结构的非线性地震反应特征，对于一般的高层建筑结构不失为一种可行的简化分析方法。

静力弹塑性方法（PUSH-OVER 方法）和弹塑性时程分析法的适用范围：

（1）高度不超过 150m 高层建筑或高度在 150～200m 非特别不规则的高层建筑可采用静力弹塑性分析方法。主要是考虑到静力弹塑性方法计算软件设计人员比较容易掌握，对计算结果的工程判断也容易一些，但计算分析中采用的侧向作用力分布形式宜适当考虑高振型的影响，可采用规程第 3.4.5 条提出的“规定水平地震力”分布形式。

(2) 高度在 150～200m 的基本自振周期大于 4s 或特别不规则高层建筑结构以及高度超过 200m 的高层建筑，应采用弹塑性时程分析。

高度超过 300m 的结构，为使弹塑性时程分析计算结果有较大的把握，应有两个独立的计算，进行校核。

对复杂结构进行施工模拟分析十分必要。弹塑性分析应以施工全过程完成后的静载内力为初始状态。当施工方案与施工模拟计算不同时，应重新调整相应计算。

一般情况下，弹塑性时程分析宜采用双向地震输入；对竖向地震作用比较敏感的结构（如连体结构、大跨度转换结构、长悬臂结构、高度超过 300m 的结构等）宜采用三向地震输入。

17.4 工程实例

17.4.1 上海裕年国际商务大厦

1. 工程概况

裕年国际商务大厦[17-22]位于上海市恒丰路汉中路口，由裕年发展置业（上海）有限公司投资建设，为 27 层高层建筑。由上海现代都市院负责建筑、结构和机电设计。结构地上部分为 27 层，屋顶周边有一圈约 3.0m 高的钢构架。主要屋面处高度为 98.3m。地下部分 2 层，埋深约 10.0m。本工程地下 2 层均为车库和设备用房（其中地下第 2 层为战时 6 级人防），地上 1～5 层为大堂、餐饮、休闲、行政管理和机房等，6 层及以上为客

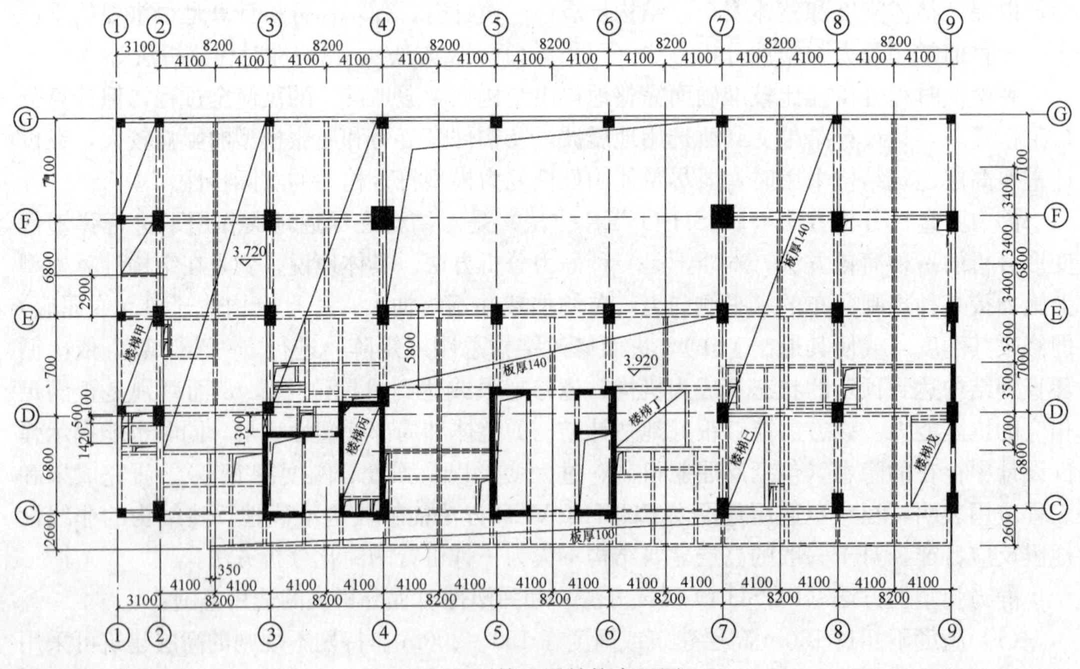

图 17-3 第 2 层结构布置图

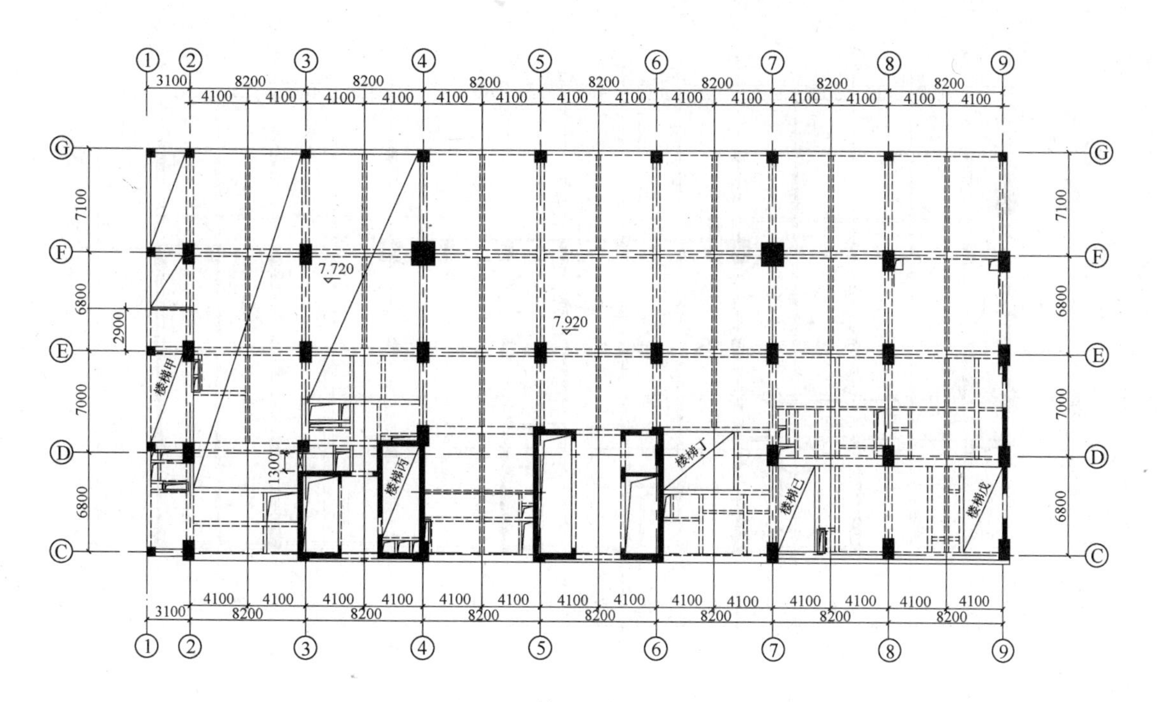

图 17-4　第 3 层结构布置图

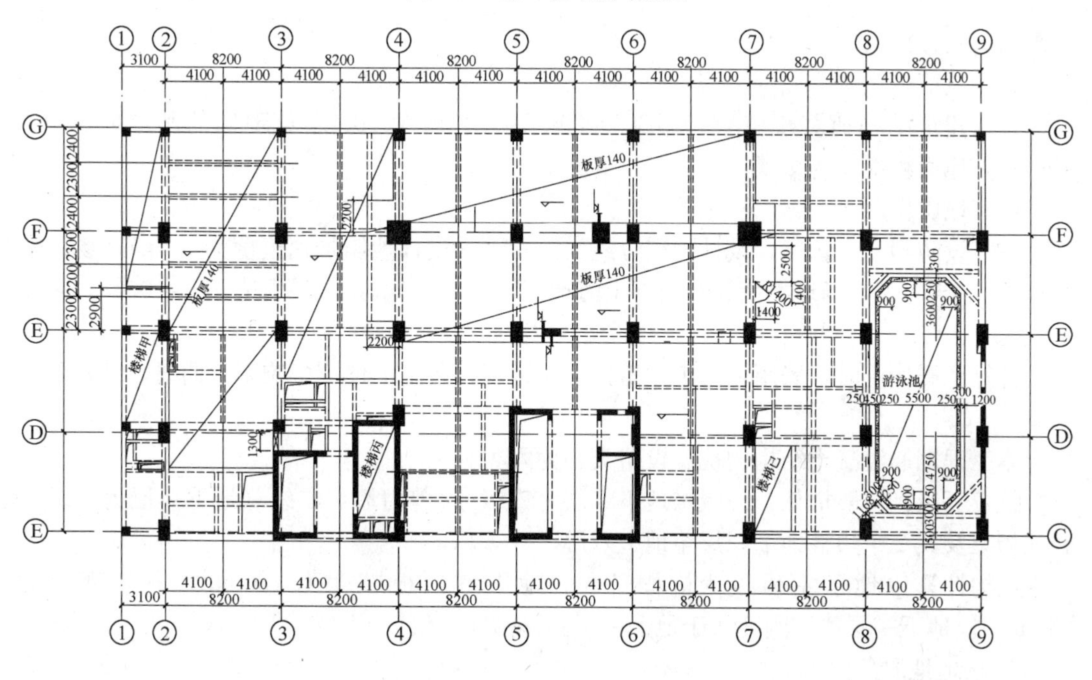

图 17-5　第 4 层结构布置图

房。总建筑面积为 44065m²。其中，地上部分为 38015.2m²，地下部分为 6049.8m²。图 17-3～图 17-6 给出了 2、3、4、5 层结构布置图。

2. 设计荷载取值

（1）楼面、屋面恒载及活荷载

本工程常用的结构荷载取值按《建筑结构荷载规范》（GB 50009—2001），特殊设备

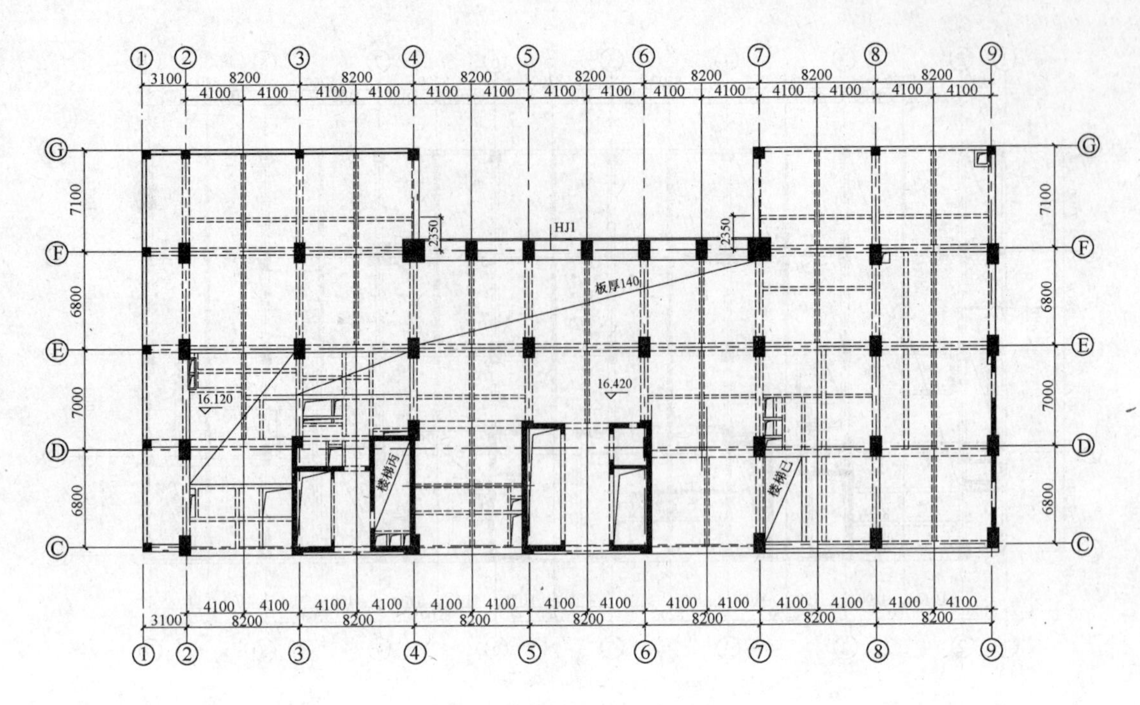

图 17-6　第 5 层结构布置图

荷载由有关方提供。

(2) 风荷载

按《建筑结构荷载规范》 (GB 50009—2001) 取用 100 年重现期的基本风压 0.6 kN/m^2，地面粗糙度为C类。

(3) 地震作用

抗震设防烈度为 7 度，设计地震分组为第一组（设计地震加速度值为 0.1g），场地特征周期 $T_g=0.9s$，场地类型为Ⅳ类（上海地区）。地震影响系数最大值 $\alpha_{max}=0.08$（多遇地震）。

计算地震作用时，采用上海市建筑抗震设计规程所附的地震影响系数曲线，结构阻尼比 $\xi=0.05$。

本工程钢筋混凝土结构的抗震设防类别为丙类。

抗震等级：一般框架：二级（地下 2 层为三级）；剪力墙：二级（地下 2 层为三级）；转换桁架及其 2 个边柱地下一层至地上六层：一级。

结构计算以地下室顶板为嵌固部位，地下室顶板厚度为 180mm（室外部分为 250mm）。地下一层侧移刚度大于地上一层侧移刚度 2 倍以上。

3. 场地地质条件

本工程地质勘察报告显示，场地埋深 20m 以内之②-3 层土为饱和砂质粉土，经震动液化判别，属轻微等级液化土层。由于本工程采用桩基，按上海市《地基基础设计规程》(DGJ 08—11—1999)，本措施满足规范要求。

本工程按常规桩基进行设计，采用钻孔灌注桩。基础采用桩筏基础。基础底板厚 1200～2100mm。大部分底板厚 1650mm。

主楼下桩采用桩径为 850mm，桩长 59m，C25 水下混凝土，单桩承压承载力设计值取为2950KN，桩尖持力层为⑨-1层，共274根。主楼以外桩采用桩径为550mm，桩长25m，C25水下混凝土，单桩抗拔承载力设计值为610kN，桩尖持力层为⑦-2层，共50根。

沉降分析采用桩基筏板计算程序TBSP。计算结果表明，最大沉降可以控制在40mm。

因本工程离地铁较近，仅7m左右，故地下室外墙采用地下连续墙，且二墙合一。

4. 结构方案论证

(1) 建筑结构布置

本工程采用钢筋混凝土框架－抗震墙结构体系。结构地下室平面呈梯形，地上部分平面为矩形。主楼27层（结构计算30层），裙房4层。裙房层高4.0～4.5m。裙房以上为标准层，层高3.5m。主要屋面处高度为98.3m。地下部分2层，埋深约10m。结构高宽比<5。

(2) 超限情况的认定

因建筑功能要求，本工程在2层楼面开了个24.6m×13.9m的大洞（大堂共享空间），其一半位于裙房，另一半位于主楼。开洞面积A_0为该层楼面面积A的19%，有效楼板宽度b(除电梯井处外）为该层楼板典型宽度B的57%，电梯井处$S_1+S_2>5\text{m}$，$S_1=2.6\text{m}>2\text{m}$，$S_2=5.8\text{m}>2\text{m}$，$(S_1+S_2)/B<0.5$。

结构平面凹进一侧尺寸，相应于（裙房＋主楼）为43%，相应于主楼为30%。

因建筑功能要求，在底层大堂共享空间和3层宴会厅拔除2个柱子，故在4层和5层设置了一叠层桁架作为转换结构，以支承其上的框架柱。

5. 针对超限情况的抗震措施

对2层楼面大洞周边楼板增加板厚20mm，并对洞周边板适当增加配筋量。

对叠层转换桁架，由于下弦和中弦存在拉力，且下弦的拉力比较大，故对下弦和中弦采用了预应力筋和非预应力筋的混合配筋。大部分拉力由非预应力筋承担，预应力钢筋承担小部分拉力和裂缝控制。

结构计算采用两种空间分析程序（SATWE和ETABS）进行分析比较，采用考虑扭转偶联的振型分解反应谱法和弹性时程分析。

6. 结构分析的主要结果汇总及比较

(1) 计算软件

本工程结构的整体计算采用SATWE和ETABS电算程序。SATWE程序是目前我国结构设计计算常用的软件。

(2) 主要计算参数

1) 抗震设防烈度为7度，场地类型为Ⅳ类，采用上海地区反应谱。

2) 分别采用振型分解反应谱法和时程法计算结构响应。采用SATWE程序计算时，振型数取为15，采用ETABS程序计算时，振型数取为40。各振型贡献按CQC组合。

3) 对4、5、6层存在转换桁架的3个楼层，采用刚性楼板、局部弹性楼板，整层弹性楼板和桁架部分无楼板多种假定进行对比整体分析，以考虑楼板刚度变化对水平力分配的影响。

4) 弹性时程分析所取地面运动最大加速度为35gal，选取El-Centro地震加速度时程（南北），Pasadena地震加速度时程和上海Ⅳ类土人工加速度时程SHM2，共三条地震加速度时程。

5）采用 SATWE 电算程序进行结构分析时，发现计算 5 层（结构 4 层）之刚度比、位移比和承载能力比超限。但将转换桁架的斜杆取消，则以上电算指标均正常。

（3）反应谱法主要计算结果

1）计算得到的前 6 阶模态的震动周期结果列于表 17-3，两个程序计算得到的第一和第二阶模态均为平动，第 3 阶模态为扭转。从表 17-3 可见，扭转周期比满足要求，有效质量系数满足要求。

结构动力特性　　　　**表 17-3**

<table>
<tr><th>程序名称</th><th>周期序号</th><th>周期</th><th>(x+y)
平动比例
(%)</th><th>扭转比例
(%)</th><th>扭转
周期比</th><th>结构总质量
(t)</th><th>有效质
量系数
(%)</th></tr>
<tr><td rowspan="6">SATWE</td><td>T1</td><td>2.58</td><td>100</td><td>0</td><td rowspan="6">0.74</td><td rowspan="6">57388</td><td rowspan="3">96.88
(X 向)</td></tr>
<tr><td>T2</td><td>2.51</td><td>100</td><td>0</td></tr>
<tr><td>T3</td><td>1.92</td><td>1</td><td>99</td></tr>
<tr><td>T4</td><td>0.78</td><td>99</td><td>1</td><td rowspan="3">94.78
(Y 向)</td></tr>
<tr><td>T5</td><td>0.66</td><td>53</td><td>47</td></tr>
<tr><td>T6</td><td>0.62</td><td>48</td><td>52</td></tr>
<tr><td rowspan="6">ETABS</td><td>T1</td><td>2.52</td><td colspan="2">0.63+53.22+1.1</td><td rowspan="6">0.84</td><td rowspan="6">58300</td><td rowspan="3">94.00
(X 向)</td></tr>
<tr><td>T2</td><td>2.44</td><td colspan="2">55.47+0.66+0.01</td></tr>
<tr><td>T3</td><td>2.14</td><td colspan="2">0.03+1.01+46.13</td></tr>
<tr><td>T4</td><td>0.76</td><td colspan="2">13.02+0.02+0.44</td><td rowspan="3">95.00
(Y 向)</td></tr>
<tr><td>T5</td><td>0.64</td><td colspan="2">0.07+8.05+4.38</td></tr>
<tr><td>T6</td><td>0.60</td><td colspan="2">0.00+6.97+6.75</td></tr>
</table>

2）反应谱法计算得到的结构最大响应位移结果列于表 17-4。由表 17-4 可见，个别层间位移角及位移比超限，剪重比均满足要求。

3）分析表明，地震作用下结构的层剪力沿竖向的分布情况无明显突变，满足规范要求。

4）结构刚度比计算结果见计算书。

反应谱法结构地震响应计算结果　　　　**表 17-4**

<table>
<tr><th colspan="2" rowspan="2">结构响应</th><th colspan="2">SATWE</th><th colspan="2">ETABS</th></tr>
<tr><th>地震作用</th><th>风作用</th><th>地震作用</th><th>风作用</th></tr>
<tr><td rowspan="2">最大层间位移角</td><td>x 向</td><td>1/809</td><td>1/4993</td><td>1/824</td><td>1/5178</td></tr>
<tr><td>y 向</td><td>1/799</td><td>1/2040</td><td>1/764</td><td>1/2106</td></tr>
<tr><td rowspan="2">最大层间位移
平均层间位移</td><td>x 向</td><td>1.30</td><td>1.28</td><td>1.05</td><td>1.05</td></tr>
<tr><td>y 向</td><td>1.15</td><td>1.13</td><td>1.16</td><td>1.10</td></tr>
<tr><td rowspan="2">基底剪重比
(%)</td><td>x 向</td><td>3.05</td><td>0.05</td><td>3.16</td><td>0.05</td></tr>
<tr><td>y 向</td><td>2.91</td><td>1.24</td><td>3.08</td><td>1.22</td></tr>
</table>

(4) 时程法主要计算结果及比较与分析

时程法计算结果见表 17-5、表 17-6。

时程法结构地震响应计算结果 **表 17-5**

结构响应		最大层间位移角		最大层间位移/平均层间位移		基底剪重比(%)	
		x 向	y 向	x 向	y 向	x 向	y 向
SATWE	EL-Centro	1/1614	1/1440	1.11	1.45	1.68	1.56
	Pasadena	1/984	1/756	1.19	1.41	2.44	3.25
	SHM2-4	1/621	1/634	1.20	1.45	3.60	3.50
ETABS	EL-Centro	1/1532	1/1696	—	—	1.53	2.06
	Pasadena	1/764	1/1631	—	—	3.50	1.64
	SHM2-4	1/1007	1/946	—	—	3.48	3.89

反应谱法（CQC）与时程法地震响应（结构底部剪力）计算结果 **表 17-6**

		结构底部剪力(kN)		结构底部平均剪力(kN)		时程法底部剪力/CQC法底部剪力		时程法底部平均剪力/CQC法底部剪力	
		x 向	y 向	x 向	y 向	x 向	y 向	x 向	y 向
SATWE	EL-Centro	9615	8935			0.55	0.53		
	Pasadena	13998	18624	14743	15915	0.80	1.12	0.84	0.95
	SHWE-4	20618	20136			1.18	1.21		
	CQC	17519	16702	17519	16702	—	—	—	—
ETABS	EL-Centro	8934	12020			0.48	0.67		
	Pasadena	20430	9583	16558	14751	1.11	0.53	0.90	0.82
	SHWE-4	20310	22650			1.10	1.26		
	CQC	18450	17940	18450	17940	—	—	—	—

对应于输入的 3 条地震时程曲线，每条时程曲线计算所得结构底部剪力和 3 条时程曲线计算所得结构底部剪力的平均值与反应谱法计算结果的比值见表 17-6。由表 17-6 可见，两个电算程序计算所得时程法结构底部剪力与反映谱法结构底部剪力之比，其单条时程曲线计算结果有的小于 65%，而 3 条时程曲线计算平均值均大于 80%。

7. 试验研究报告和主要结果

鉴于本工程结构有超限项目，且电算程序上存在某些不确定性，特委托苏州科技学院制作了 1/8 比例模型进行静荷载试验和 1/25 比例的模型进行模拟地震振动台试验。结构试验的主要结论如下：

(1) 静荷载结构试验

通过预应力混凝土叠层桁架转换结构静力性能的试验研究，可以得出以下结论和设计建议：

1) 试验表明，按“强受压斜腹杆、强节点”设计的预应力混凝土叠层桁架转换构件能够满足承载力和变形的要求，且在使用荷载（$P=300\mathrm{kN}$）作用下模型结构处于弹性工作状态，模型结构破坏 $P_u=800\mathrm{kN}$，远大于使用荷载。

2）试验表明，竖向荷载加载点与叠层桁架下弦边节点间的斜腹杆承受很大的轴向压力，试件破坏时，出现沿其轴线的纵向裂缝，类似于轴心受压构件。因此，为了确保其延性，应采取加强斜腹杆的措施。

3）试验表明，叠层桁架竖直腹杆以承受弯矩为主，设计时应按“强剪弱弯”进行配筋设计，加强箍筋配置，并加强与上、下弦杆的连接构造。

4）桁架节点区截面尺寸及其箍筋数量应满足截面抗剪承载力的要求。试验表明，叠层桁架节点采用八字形配筋形式是有效的。

（2）模拟地震振动台试验

通过上海裕年国际商务大厦结构的振动台试验研究，可以得出以下主要结论：

1）模型结构，当台面输入7度基本烈度地震动时，模型结构基本处于弹性阶段；当台面输入7度罕遇烈度地震后，结构进入典型的非线性反应阶段；当台面输入7度罕遇强烈度地震（工况16：R7.5P）后，在模型结构沿地震动方向的筒体墙体连梁端部出现微小的可见裂缝，8度罕遇烈度地震动输入后，模型结构的自振频率进一步下降，表明模型结构破坏程度相当严重，结构没有倒塌。试验结果表明该结构能满足“小震不破、中震可修、大震不倒”的抗震设计原则，能承受8度罕遇强烈度地震作用而不倒塌。

2）从每次地震动输入后模型结构的频率变化看，在7度多遇烈度地震波输入后，模型结构的第一阶自振频率仅下降3.84%，说明模型结构处于弹性工作状态。在7度基本烈度地震波输入后，模型结构的第一阶自振频率仅下降8.79%，表明结构仍基本处于弹性工作状态。随着输入烈度的不断提高，模型结构开裂不断发展，使其刚度不断减小。7度罕遇烈度地震波输入后，模型结构的第一阶频率下降约20%，模型结构的损伤较为严重。

3）试验结果表明，28层（屋顶）以下模型结构的加速度放大系数一般在3.0以下，最大加速度放大系数为3.74，说明鞭梢效应不明显。

4）试验结果表明，各种地震波及其不同加速度峰值作用下，结构的各层位移反应值不同，随着3种波输入峰值加速度的增加，结构各层位移反应增大，其中Pasadena波作用下的位移反应最大。当Pasadena波加速度达0.55g时最大位移值发生在结构顶层，达6.403mm，Shw2002波次之。在各种地震波作用下，模型结构各层位移反应值呈倒三角形分布，结构变形呈弯剪型，结构顶层最大位移与结构高度的比值为1/621，满足规范的要求。

5）试验结果表明，顶层最大水平位移均小于该楼层两端弹性水平位移平均值的1.2倍，这表明结构的扭转效应规则。

6）试验结果表明，在7度多遇烈度（小震）、7度基本烈度（中震）以及7度罕遇烈度（大震）地震动作用下，预应力混凝土叠层桁架仍基本处于弹性状态。

8. 转换层实体监测及结果分析

根据本工程预应力叠层转换桁架的受力特点，并结合其施工工艺，确定测试内容包括：（1）叠层桁架各弦杆控制截面以及与其相连上、下柱端截面钢筋拉压力（布置20个钢筋测力计）；

（2）叠层桁架各弦杆和斜腹杆混凝土轴向应变（布置8个混凝土表面应变计）；

(3) 叠层桁架下弦所在楼板混凝土应变（布置 6 个混凝土表面应变计）；

(4) 叠层桁架下弦各节点的竖向和水平向位移等（布置 7 个观测点）。

施工过程中，进行了 42 次数据监测，测试数据表明：

(1) 叠层转换桁架及与之相连的柱端控制截面钢筋应力的测量结果反映的截面的受力特征与结构受力过程基本吻合。整个施工过程中，各控制截面钢筋的应力均远小于的屈服应力，叠层桁架下弦、中弦、上弦杆和斜腹杆的混凝土轴向压应变均远小于混凝土极限压应变，这表明叠层转换桁架在施工过程中的安全性有足够的保证。

(2) 叠层转换桁架的竖向变形特征符合设计要求。预应力张拉使叠层桁架产生向上反拱，但这个数值很小，实测最大的反拱值为 1.10mm。随着支撑擦除、外荷载增加，变形恢复方向，并缓慢增加。叠层桁架下弦支撑拆除时，叠层桁架跨中最大竖向位移值为 −0.55mm。

9. 结构抗震性能的综合评价

本工程属于体形不规则的超限高层建筑。由于结构设计中采取了较为合理的结构布置，并对结构的薄弱部位采取了较为有效的措施，从而减小了体型不规则带来的不利影响，使得结构仍具有良好的抗震性能，计算结果满足现行规范和规程的要求。

两个程序（SATWE 程序、ETABS 程序）的计算结果基本规律一致，只是由于对某些特殊情况的处理方法上存在差异，计算结果在数值上存在一定差异，但均在工程上可接受的范围内。

1/8 比例模型静荷载试验结果表明：按“强受压斜腹杆、强节点”设计的预应力混凝土叠层桁架转换构件能够满足承载力和变形的要求，且在使用荷载（$P=300$kN）作用下模型结构处于弹性工作状态，模型结构破坏 $P_u=800$kN，远大于使用荷载。

1/25 比例模型模拟地震振动台试验结果表明：模型结构，当台面输入 7 度基本烈度地震动时，模型结构基本处于弹性阶段；当台面输入 7 度罕遇烈度地震后，结构进入典型的非线性反应阶段；当台面输入 7 度罕遇强烈度地震（工况 16：R7.5P）后，在模型结构沿地震动方向的筒体墙体连梁端部出现微小的可见裂缝，8 度罕遇烈度地震动输入后，模型结构的自振频率进一步下降，表明模型结构破坏程度相当严重，结构没有倒塌。试验结果表明该结构能满足“小震不破、中震可修、大震不倒”的抗震设计原则，能承受 8 度罕遇强烈度地震作用而不倒塌。

在 7 度多遇烈度（小震）、7 度基本烈度（中震）以及 7 度罕遇烈度（大震）地震动作用下，预应力混凝土叠层桁架仍基本处于弹性状态。

17.4.2 福州市某高层双塔住宅楼

1. 工程概况

福州市某高层双塔住宅楼[17-23]，地下 1 层，地上 28 层，1、2 层为大底盘商场及会所，夹层为非机动车停车库，2 层以上为高层住宅。该工程原设计采用了大柱网框架-剪力墙结构，因规划调整等原因，开发商根据市场需求重新设计了户型。为满足建筑新要求，上部结构改为小柱网框架-剪力墙结构。转换部位上、下层结构平面见图 17-7 和图 17-8。

2. 性能目标的选择和性能设计

该工程为 7 度设防的框架-剪力墙结构高层民用住宅，房屋高度、高厚比及不规则性

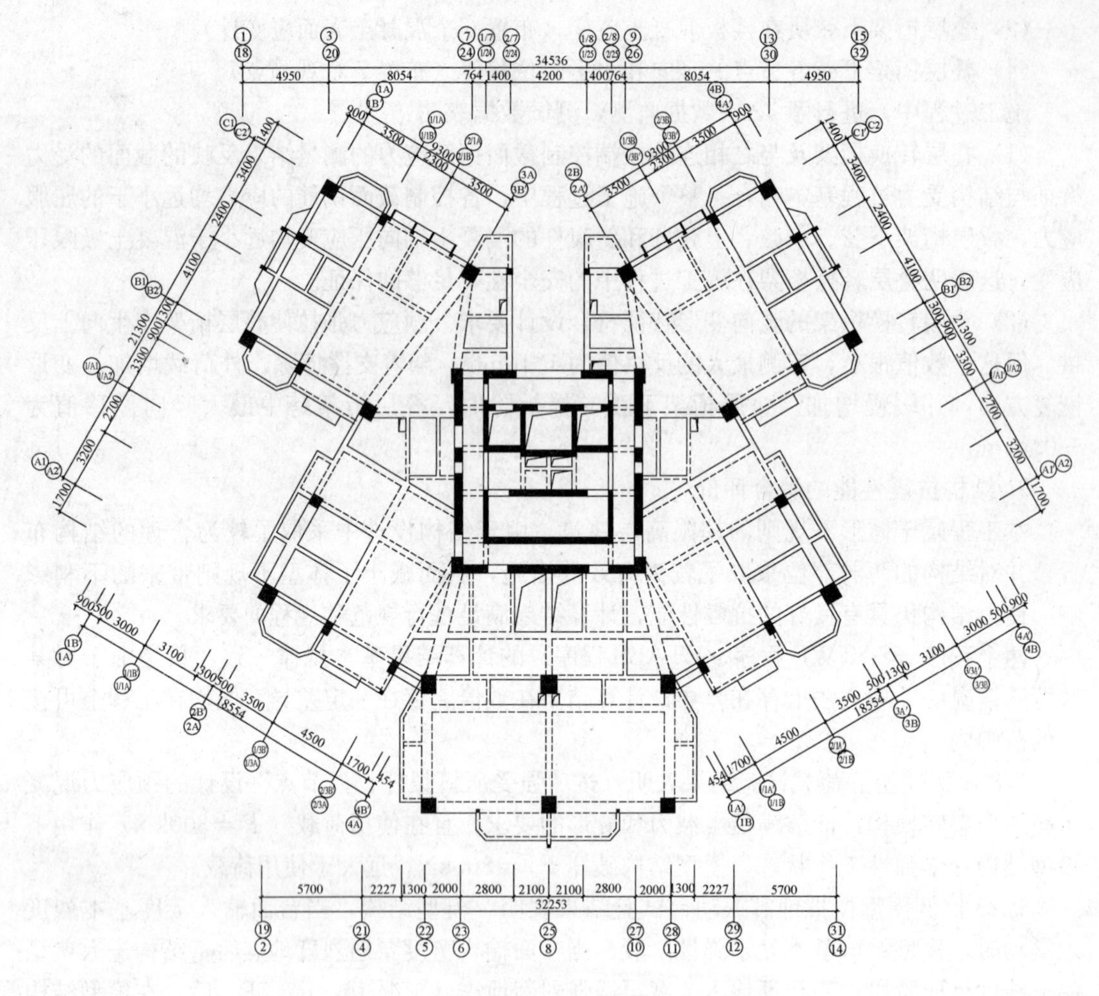

图 17-7　转换部位上层（三层）结构平面

均不超过规范限值，由此，结构抗震性能目标选定为“D”，即中震下部分构件屈服，大震下多数构件屈服。剪力墙抗震等级为二级，框架抗震等级为二级，转换结构适当加强。该工程结构体系的特性是带有转换层，转换结构抗震性能的优劣直接影响了整体结构的抗震性能，所以，转换层的性能设计是该工程抗震性能设计的关键。

为保证转换层的抗震性能，首先应合理选择转换层的结构体系。一方面确保有效地传递上部建筑传来的巨大自重和活荷载，另一方面满足设计规范对侧向荷载和抗震动等力的要求。与此同时，充分利用转换层空间，提高使用效率，节约投资也应认真考虑。

在本工程中，因应建筑户型调整，结构柱网改变。经与业主和建筑师协商，将下部结构的竖向构件（框柱、剪力墙）全部延续到上部，这样最大限度地保证了结构抗震性能合理。对于几榀边框梁上抬柱，在综合比较上述各种转换体系的优劣，结合业主对转换层景观及使用（转换层要求能通透）的要求，确定采用桁架转换结构体系。与其他几种转换结构相比，桁架式转换结构性能优点明显：节省材料和成本，通风采光良好，转换层利用率高，且不会发生突然的破坏过程。作为整体结构抗震性能的关键点，设计要求转换层中震弹性，位移也应从严控制。

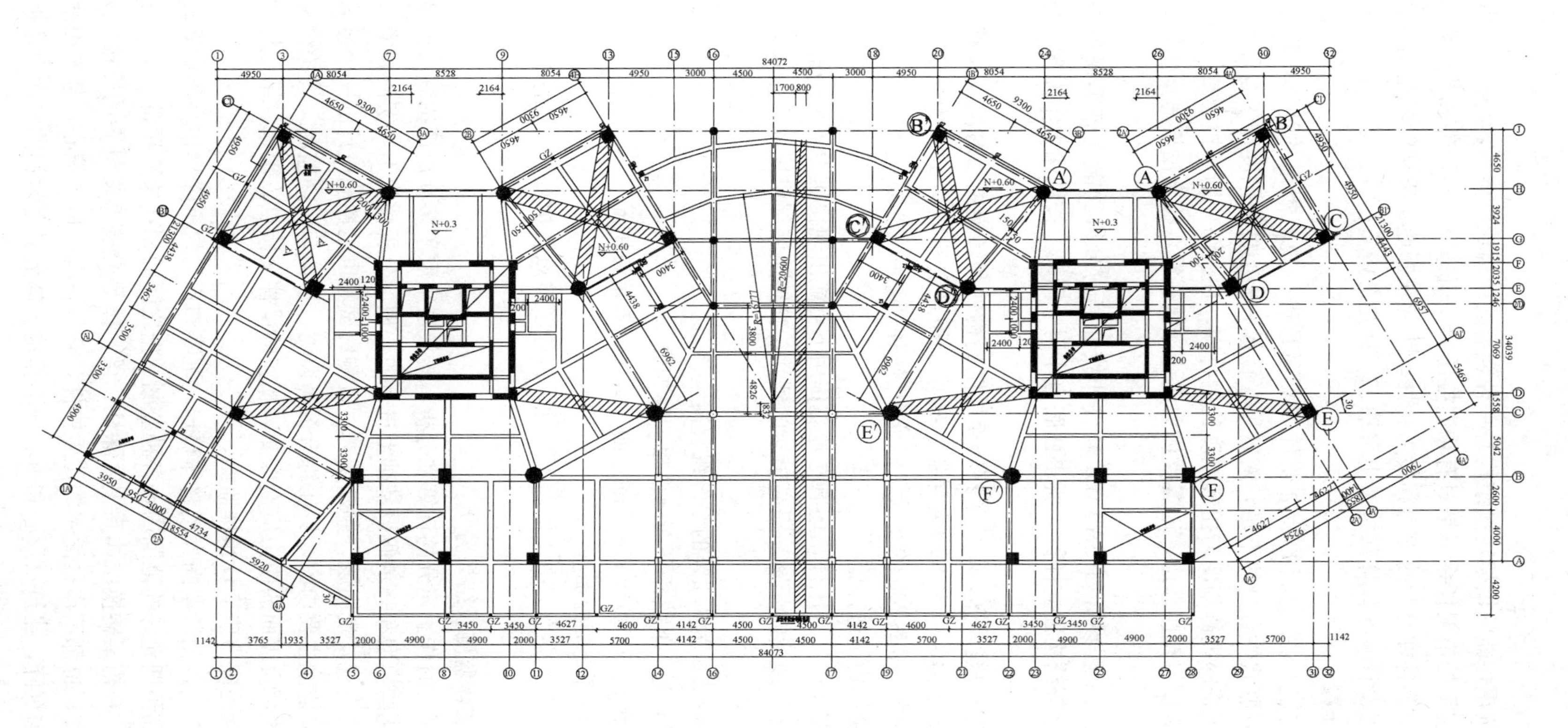

图 17-8　转换部位下层（二层）结构平面

3. 结构的计算和构造

具有较好抗震性能的桁架转换结构是一种轻型的结构转换体系，与传统的结构力学概念不同的是，这里的桁架杆系不是只有轴向拉压力，而是每一个杆件和节点都可能存在拉压、弯、剪、扭等各种复杂的受力和传力特性。为能较好地解决这个轻型结构转换体系复杂内力，该工程设计时在计算和构造上采取了下列几个措施：

(1) 结构计算

1) 采用目前国内最通用的标准软件 SATWE 进行规范规定的计算，即小震弹性计算。计算中为克服软件自身的不足，对转换层楼板和桁架杆件刚度作了合理调整。从计算结果来看，本工程的抗侧刚度与扭转刚度比例合理，柱、墙分别承担的抗倾覆弯矩比例合适。除了屋面塔楼与转换部位，地震反应力曲线连续平滑，符合框架－剪力墙结构的受力特征。

2) 考虑到该工程设计时 SATWE 软件非线性静力分析功能（施工模拟加载）的欠缺，将转换层上部结构独立计算，所得柱底力作用于桁架上按结构力学原理手算，确保常态下桁架安全。

3) 进行结构中震计算，着重考察转换层结构构件和转换层相对层间位移。计算结果表明，各转换桁架构件中震下均未屈服，转换层相对层间位移 x 向为 1/323，y 向为 1/357，均小于轻微破坏 1/200 的要求，保证中震弹性。

(2) 转换层结构构造措施

桁架中既有拉杆又有压杆，还有在地震作用下可能出现拉压力转变的杆件。为了减缓在复杂受力下杆件裂缝的开展，提高桁架的延性，在转换层部位采取了一系列针对性构造措施：

1) 桁架采用掺量为 1.2%的钢纤维混凝土浇筑。

2) 转换桁架上、下弦杆平面内楼板加厚加强。

3) 下弦杆两侧各 600mm 宽范围板面、板底配置抗拉钢筋。

4) 弦杆、腹杆交接处加腋。

这些措施消除了应力集中，提高了延性，保证了节点区承载力，同时减缓了杆件裂缝开展。

4. 转换层实体监测及结果分析

本工程在设计时作了充分的计算和分析，转换层采取了多项保证措施。但是，理论分析总是在理想化的模型和一定假设基础上进行的，理论分析替代不了实测，实测既可验证理论分析，更可直观发现问题，判断问题。实测和试验也是性能设计的一个显著特点。我们要求的第三方监测主要内容是：①综合沉降监测、不均匀沉降监测。②关键部位的钢筋应力，混凝土内部及表面的应力应变监测，相应的梁柱交接点、斜撑、下弦杆和混凝土表面四种不同类型的应力应变计预埋监测。

测试数据表明，测试期间大楼整体稳定，沉降和不均匀沉降量很小，钢筋和混凝土的应力应变值都在预期允许的范围内，各种监测数据之间的相互关系正常。

测试表明：在桁架转换层体系中，除柱、梁、撑等交接点受复杂的三维应力作用外，所有的桁架杆件，也都不再是简单的拉压构件，它包含有弯矩、偏心，甚至因地基与桩基的沉降及不均匀沉降，建筑物形心和重心的不相重合都会引起附加的平面内及平面外弯曲和扭转，这些因素相互耦合在一起，使结构的实际受力状态与预定的计算状态有一定的偏差，因此，要消除各种附加因素的不利影响，合理设计、精心施工、加强监测都是必不可少的。

参 考 文 献

[17-1] SEAOV Vision 2000 Committee. Performance-Based Seismic Engineering of Building[R]. Report Prepared by Structural Engineer Association of California，Sacramento，California，USA，1995

[17-2] GB 50011—2001 建筑抗震设计规范[S].

[17-3] Peter Fajfar and Peter Gaspersic. The N2 Method for the Seismic Damage Analysis of RC Buildings[J]. Earthquake Engineering Structure Dynamic. 1996：25：31～46

[17-4] Peter Fajfar. Capacity Spectrum Method Based on Inelastic Demand Spectra[J]. Earthquake Engineering Structure Dynamic. 1999，28(1)：979～993

[17-5] Anil K. Chopra and Rakesh K. Goel. Capacity-Demand-Diagram Methods Based on Inelastic Design Spectrum[J]. Earthquake Spectra. 1999(15)：637～656

[17-6] Balram Gupta，Sashi K. Kunnath. Adaptive Spectra-Based Pushover Procedure for Seismic Evaluation of Structures[J]. Earthquake Spectra，2000，16(2)

[17-7] R. D. Bertero and V. Bertero. Performance-based seismic engineering：the need for a reliable conceptual comprehensive approach[J]. Earthquake Engineering Structural Dynamic. 2002：31：627～652

[17-8] Anil K. chopra and Rakesh K. Goel. A modal pushover analysis procedure for estimating seismic demands for buildings[J]. Earthquake Engineering Structural Dynamic 2002(31)：561～582

[17-9] Chatpan chintanapakdee and Anil K. Chopra. Evaluation of Modal Pushover analysis Using Generic Frames[J]. Earthquake Engineering Structural Dynamic 2003(32)：417～442

[17-10] Mark Aschheim. Seiamic Design Based on the Yield Displacement[J]. Earthquake Spectra. 2002(18)：581～600

[17-11] Mark Aschheim and Edgar F. black. Yield point Spectra for Seismic Design and Rehabilitation[J]. Earthquake Spectra. 2000(16)：317～330

[17-12] 叶燎原，潘 文. 结构静力弹塑性分析(push-over)的原理和计算实例[J]. 建筑结构学报. 2002. 21(1)：37～43

[17-13] 魏 巍，冯启民. 几种 push-over 分析方法对比研究[J]. 地震工程与工程振动. 2002. 22(4)：66～73

[17-14] 杨 溥，李英民，王亚勇，赖明. 结构静力弹塑性分析(push-over)方法的改进[J]. 建筑结构学报. 2000. 21：44～50

[17-15] 叶献国，种 迅，李康宁，周锡元. push-over 方法与循环往复加载分析的研究[J]. 合肥工业大学学报(自然科学版). 2001. 24(6)：1019～1024

[17-16] 程耿东，李 刚. 基于功能的结构抗震设计中一些问题的探讨[J]. 建筑结构学报. 2000. 21.(1)：5～11

[17-17] 谢礼立，马玉宏. 基于抗震性态的设防标准研究[J]. 地震学报. 2002.24.(2)：200～209

[17-18] 钱稼茹，罗文斌. 建筑结构基于位移的抗震设计[J]. 建筑结构. 2001.31.(4)：3～6

[17-19] 徐培福，戴国莹. 超限高层建筑结构基于性能抗震设计研究[J]. 土木工程学报. 2005. 38.(1)：1～10

［17-20］ 程耿东．基于功能的结构抗震设计中一些问题的探［J］．建筑结构学报，2000，21(1)．
［17-21］ 马宏旺，吕西林．建筑结构基于性能抗震设计的几问题［J］．同济大学学报，2002，30(12)．
［17-22］ 唐兴荣．上海裕年国际商务大厦结构振动台试验研究报告［R］．苏州：苏州科技学院，2009
［17-23］ 夏 昌．带转换层高层建筑结构基于性能的抗震设计［J］．福建建筑．2008，115(1)：96-98
［17-24］ 中华人民共和国行业标准．高层建筑混凝土结构技术规程(JGJ 3—2002)［S］．北京：中国建筑工业出版社，2002
［17-25］ 中华人民共和国行业标准．高层建筑混凝土结构技术规程(JGJ 3—2010)［S］．北京：中国建筑工业出版社，2010
［17-26］ CECS 160：2004 建筑工程抗震性态设计通则(试用)［S］
［17-27］ 唐兴荣．特殊和复杂高层建筑结构设计［M］．北京：机械工业出版社，2006
［17-28］ 徐培福，傅学怡，王翠坤，肖从真．复杂高层建筑结构设计［M］．北京：中国建筑工业出版社，2005
［17-29］ 中华人民共和国建设部．超限高层建筑工程抗震设防管理规定．2002
［17-30］ 中华人民共和国建设部．全国超限高层建筑工程抗震设防审查专家委员会抗震设防专项审查办法．2006
［17-31］ 中华人民共和国建设部．超限高层建筑工程抗震设防专项审查技术要点．2006

18 高层建筑转换层结构的施工

由于转换层结构的跨度和承受的竖向荷载均很大，致使转换层结构的截面尺寸不可避免地高而大。一般转换梁的截面高度为跨度1/4～1/6，目前实际工程中转换梁常用截面高度为1.6～4.0m，只有在跨度较小或承托的层数较少时才采用较小的截面高度0.9～1.4m，而跨度较大且承托的层数较多或构造条件特殊时才采用较大的截面高度4.0～8.2m。转换厚板的厚度约为柱距的1/3～1/5，一般转换厚板的厚度可达2.0～2.8m。另外，转换层的连续施工强度大，有的施工过程复杂，有一定的难度等。由于转换层结构的上述特点，在确定转换层结构施工方案时应考虑下列几个方面的问题[18-1][18-2]：

(1) 转换层的自重和施工荷载往往非常大，应选择合理的模板支撑方案，并进行模板支撑体系的设计。

(2) 对大体积转换层，混凝土施工时应考虑采取减小混凝土水化热，防止新浇混凝土温度裂缝的措施。

(3) 转换构件的跨度和承受的荷载都很大，其配筋较多，而且钢筋骨架的高度较高，施工时应采取措施保证钢筋骨架的稳定和便于钢筋的布置。

(4) 对预应力混凝土转换构件，由于其跨度和承受的荷载都很大，预应力钢筋数量大，因此要合理选择预应力的张拉技术以防止张拉阶段预拉区开裂或反拱过大。

(5) 设置模板支撑系统后，转换结构构件施工阶段的受力状态与使用阶段是不同的，应对转换梁（或厚板）及其下部楼层的楼板进行施工阶段的承载力验算。

可以说，高层建筑转换层结构施工的关键是确定转换层的施工方案，它直接影响到施工阶段结构的安全、工程质量和施工成本。

18.1 钢筋混凝土转换层结构的施工

18.1.1 转换构件底模板的支撑系统

转换构件的混凝土自重以及施工荷载是非常大的，因此确定转换构件底模板的支撑系统是转换层施工的关键之一。目前，转换梁（厚板）模板支撑的施工方法，归纳起来，可分为三大类：第一类，荷载传递法，即层层支撑法，转换层大梁（厚板）一次浇筑成型，施工期间的荷载通过支撑传递到下部可支承的结构上；第二类，叠合浇筑法，即应用叠合梁的原理将转换梁（厚板）分为两次或三次浇筑叠合成型的方法，以减少大梁（厚板）一次成型带来的支承困难，利用先形成的结构支承上部叠合层施工荷载；第三类，吊模法是利用结构自身构造或外加辅助性传力构件，将模板系统和混凝土自身施工荷载传递给结构本身的下部构件（柱、暗柱等），在模板没有下部支撑的情况进行结构构件施工的模板支撑方法。

(1) 荷载传递法（层层支撑法）

荷载传递法是转换梁（厚板）施工中考虑一次支模浇筑混凝土成型。由于转换构件底模的施工荷载很大，其支撑往往需要从转换构件底一直撑到底层地面或地下室的底板。该方案需准备大量的模板支撑材料，材料的租借费或一次购置费太大。因此这种施工技术适用于施工现场可用的支撑材料较多，且转换构件在高层建筑中位置较低的情况。

当转换层位置较高时，也可将转换梁（厚板）的混凝土自重和施工荷载通过支撑系统由若干层楼板共同承担。支承楼板的数量应通过计算来确定。必要时可同设计单位商量对支撑楼板设计进行变更，增加支撑楼板的厚度，提高楼板的承载力。

也可考虑充分利用转换层支承柱的传力作用。转换层的自重及施工荷载，一部分通过梁两端柱面挑出的钢牛腿或柱面插出的多排斜撑杆构成的梁下斜撑支架体系将转换层底的绝大部分荷载传递给混凝土柱；另一部分通过楼面设置的竖向支撑构成的梁下排架体系将其余的荷载传递给下面若干个楼层，即由若干个楼层共同承担这部分荷载。

搭设模板支撑时，要求上、下层支撑在同一竖向位置上，以保证荷载的正确传递，同时应确定合理的支撑拆除次序。另外，由于转换层单位面积上均布荷载较大，要求模板能够承受较大的荷载和变形，所以模板应采用钢模板。支撑系统多采用扣件式钢管脚手架(Q235 号钢、48.3mm×3.5mm)。

扣件式脚手架落地支撑应注意的问题：

1）由于在转换层施工中支撑承受的荷载较大，所以必须进行承载力验算后才可以采用该种支撑形式。

2）必须注意施工过程中支撑系统的变形观测，在施加施工荷载和浇灌混凝土的同时，安排专人进行不间断的测量，发现下部支撑有变形立即停止施工，防止安全事故的发生。

具体操作方法是在紧贴模板底部拉一水平钢丝，为方便观测，在钢丝表面涂抹红色油漆，用经纬仪观测钢丝的位移情况。

(2) 叠合浇筑法

叠合浇筑法是应用叠合梁原理设置水平施工缝，将转换梁（厚板）分两次或多次浇筑叠合成型。该方案利用第一次浇筑混凝土形成的梁（板）支承第二次浇筑混凝土的自重及施工荷载。利用第二次浇筑混凝土与第一次浇筑混凝土形成的叠合梁（板）支承第三次浇筑混凝土的自重及施工荷载。采用这种施工技术时，转换梁（厚板）下的钢管支撑系统只需考虑承受第一次的混凝土自重和施工荷载，因而可大为减小其下部钢管支撑的负荷，减少大量模板材料，同时因混凝土分层浇筑可缓解大体积混凝土水化热高、温度应力过大对控制裂缝的不利影响。

但采用叠合浇筑法施工，必然存在新旧混凝土结合面的处理问题，在一些工程中，有些未采取有效地加强措施，甚至未按照规范要求对结合面进行认真处理。例如有些未设置抗剪钢筋；有些采用剪力墩的措施，但因施工难以操作，浇筑时水泥浆流失后变成了砂石墩，无法起到增强结合面的抗剪能力的作用；还有一些由于转换层钢筋密集，对新旧混凝土结合面甚至没有进行专门的界面处理，如清除浮浆、凿毛等工序。高层建筑的转换层梁(厚板)是主体结构的重要构件之一，当设计使用年限内可能出现最不利荷载作用时，这种叠合梁能否保证结构具有足够的可靠度，确保人们生命财产的安全，值得每一个工程技术人员的关注。国内的研究表明：随着荷载增加，新老混凝土界面发生初始滑移，模型中由斜向受压混凝土传递的压力在界面处发生了改变，由直接传递的压力变为界面处的剪切摩擦力。当老混凝土界面进行了凿毛处理后，界面一旦产生相对滑移，相互咬合的混凝土界面就会出现错位，表现在界面处除竖向位移外，还存在横向向外的位移，因此在结合面上设置抗剪钢筋对横向向外的位移有良好的作用。虽然目前相关的研究只给出了破坏机理，对新老混凝土结合面的剪切摩擦力很难进行科学量化，转换梁（厚板）应慎重采用叠合浇筑法，若必须采用时，应认真做好结合面的处理，除了根据工程经验和规范要求采用相关加强措施外，还应设置抗剪钢筋以提高结合面的粘结力。

叠合浇筑法施工注意事项：

1）若模板及支撑系统设计仅考虑第一次浇筑混凝土厚度的施工荷载及自重，则第一次浇筑的混凝土要承受整个转换层混凝土的自重和施工荷载，因而必须保证第一次浇筑的混凝土达到一定的强度，一般须达到设计强度的90%以上，按C50混凝土在平均温度为20℃时所需的技术间歇要20d左右，待拆除模板后再浇筑第二层混凝土。

2）若为了缩短工期也可考虑第二次浇混凝土时，模板不拆除。这样模板和支撑系统在浇筑首次混凝土时，仅承受该部分结构的自重和施工荷载，浇筑第二次混凝土时将与首次浇筑成型的混凝土结构共同承担二次浇筑时的自重和施工荷载，两者各自所承担的荷载份额原则上遵循变形协调规律，按各自的刚度分担。因此，模板和支撑系统的内力和变形将是上述两个过程的叠加值，计算时应加以注意。

3）转换层首次浇筑的混凝土结构在第二次混凝土浇筑前处于零应力状态，在第二次混凝土浇筑后转变为受力状态，其内力的大小取决于水平施工缝的位置和模板支撑系统的刚度两个主要因素。转换层结构腹部设计时一般都不配置受力钢筋，因此采用二次浇筑法时，应根据实际计算内力情况验算其负弯矩，必要时增加梁（暗梁）负弯矩钢筋来保证结构承载力。

4）由于转换层要完成上、下层剪力的重新分配，在平面内受力很大，分成二次浇筑后势必形成水平施工缝。这样对混凝土受力产生一定削弱，特别是施工缝处的抗剪性能影响较大。针对这一问题，在施工时必须要确保上、下层混凝土有良好的结合。除在混凝土终凝后对表面立即刷毛处理外，还应在两层混凝土之间增设抗剪钢筋和混凝土剪力礅，以满足抗剪的要求。

5）由于转换层梁（厚板）一般截面尺寸比较大，为了防止混凝土在其叠合面处发生早期收缩开裂，可在叠合处加设钢筋网片。

6）水平施工缝位置的确定应征求设计单位的意见，设置在受力相对较小且有一定高度的位置，若位置选择太低或太高均起不到节约施工成本的作用。第一次浇筑高度一般为全截面高度的1/4，具体应根据设计受力情况，结合施工方案经计算比较后确定。

（3）吊模法

吊模法是利用结构自身构造或外加辅助性传力构件，将模板系统和混凝土自身施工荷载传递给结构本身的下部构件（柱、暗柱等），在模板没有下部支撑的情况进行结构构件施工的模板支撑方法。

吊模系统主要包括支墩、吊架、吊杆和模板系统四部分组成，施工荷载的传递路径：施工荷载→模板→吊杆→吊架（型钢）→支墩（柱）。吊模法施工具有传力明确，构造简明，工程成本较低等优点，主要适用于桥涵、大跨结构、较大的高位构件、预应力混凝土结构和型钢筋混凝土结构中。由于大体积混凝土的施工荷载较大，所以必须对吊模系统各组成部分进行承载力与变形验算，以确保构件施工的质量与安全。

1）吊模法施工的工艺方法

①支墩。支墩是吊模法施工中整个构件荷载的支撑部分，所以支墩的选用必须能承受足够大的荷载，否则直接影响到施工的安全。在工程实践中支墩可以用型钢焊接成格构柱的形式，制作成工具式支墩，可以周转使用，但在使用前必须对支墩进行承载力和变形验算，并且要保证工具式支墩在使用中有足够的稳定性。另外，也可以利用转换结构自身的特点，由转换构件内某一部分充当，这样不仅可以节约成本，也可以大大提高施工的速度。

②吊架。吊架可以用型钢或角钢焊接成可以拼接的钢构架做成工具式的吊架，通过设计验算，标出所能承受的额定荷载。转换层结构施工中，先应充分利用工程的特点，依据工程自身的情况，有意识地创造吊模支撑的条件，尤其是在型钢筋混凝土中，因为型钢本身可以考虑充当吊架，所以型钢混凝土转换构件更适合于吊模法施工。

③吊杆。在吊模结构中，吊杆通常采用 Q235 圆钢制作，可以制作成工具式吊杆周转使用。在使用时加套管，使用后卸荷，从套管抽出后擦油保管，以便以后重复使用。吊杆带螺栓的部分可以采用对拉螺杆的计算方法，连接承受内、外楞传来的集中荷载。

2）吊模支撑应注意的问题

①吊模法施工时，吊杆对钢桁架的预加应力的影响，必要时要对吊架进行承载力和变形的验算。

②吊杆安装要保证足够的垂直度，保证在施加荷载时不会产生伸缩变形。对于带螺帽的一端应先墩粗后再进行套丝，保证螺帽端螺杆的质量。

③吊杆要靠近型钢构架进行安装，以免产生过大的挠度变形，以至造成转换构件的挠度也偏大。

从结构受力角度来说，转换梁（厚板）宜采用一次浇筑成型，转换梁（厚板）最有利的施工模板支撑体系以最短的途径、最简单的方法传到竖向构件上，最后传到基础上。传统的支模方案中设置多层支模体系，施工荷载的传力途径比较复杂，转换梁（厚板）应慎重采用叠合层施工方案，吊模法虽然传力途径比较直接，但在一般民用高层建筑中应用成本较高。因此，需要施工与设计密切配合，寻求最有力的施工支模体系。上述三种转换构件支撑情况对比见表 18-1。

三种支撑形式对比表 **表 18-1**

支撑方式 / 项目	荷载传递法（层层支撑法）	叠合浇筑法	吊模法
安全	要求每层支撑对应，工人的技术水平直接影响结构的安全，安全很难保证	要求每层叠合梁（板）之间处理，多依靠工人操作水平，安全不宜保证	操作简便，模板安装方便，安全容易得到保证
质量	一般能得到控制	不易得到控制	能得到很好控制
工期	支模和拆模工程量较大，工期一般	存在较长的技术间歇，工期会有所延误	一次支模，不需支撑，一次施工，工期短

续表

项目 \ 支撑方式	荷载传递法（层层支撑法）	叠合浇筑法	吊模法
工程造价	综合工程造价很高	综合工程造价较低	综合工程造价一般
施工技术水平	技术要求简单，施工难度一般	技术要求高，要求设计单位配合验算，施工难度很高	技术要求很高，要求设计单位配合验算，施工难度一般
适用范围	主要适用于低位转换层和现场支撑材料较多的情况	主要适用于高位转换和现场支撑材料不足的情况	尤其适合于型钢混凝土转换层结构中，也适合于通过添加型钢桁架的转换层结构中

18.1.2 混凝土工程

在大跨度超高度转换梁及转换厚板的混凝土施工时，应采取措施防止新浇混凝土产生温度裂缝。目前实际工程中采取的措施有：

（1）根据混凝土的配合比和预计的施工气候及现场条件，采用大体积混凝土结构三维有限元温度分析程序（3D－TFEP），对大跨度超高度转换梁及转换厚板整个过程中的温度状况进行模拟计算，掌握混凝土在浇筑后一个月内的各部位温度的变化规律，为大跨度超高度转换梁及转换厚板的施工提供科学的预测分析和依据。

（2）大体积混凝土由于水化热引起的内外温度超过25℃，就会产生有害裂缝。大体积混凝土转换结构施工时，可采取如下措施控制混凝土内外温差小于25℃：

1）蓄热保温法，即常规保温方法。混凝土的养护要把握二个关键，即在升温阶段以保湿为主，在降温阶段以保温为主。

2）内降外保法，即在大体积混凝土内部循环埋管通水冷却降温，使大体积混凝土水化热温升降低，减少混凝土内部与混凝土表面的温差，然后在大体积混凝土转换结构构件的上表面及其底面采取保湿措施。

3）蓄水养护法，即在混凝土初凝后先洒水养护2h，随后进行蓄水养护，蓄水高度一般为100mm。

（3）浇筑厚大的转换结构构件的混凝土时，为防止混凝土内外温差过大和提高混凝土抗拉强度，在选用水泥方面可采取下列措施：

1）优先选用水化热低的矿渣硅酸盐水泥或火山灰硅酸盐水泥。

2）掺用沸石粉代替部分水泥，降低水泥用量，使水化热相应降低。

3）掺入减水剂，减少水泥用量，使混凝土缓凝，推迟水化热峰值的出现，使升温延长，降低水化热峰值，使混凝土的表面温度梯度减少。

（4）浇筑厚大的转换结构构件的混凝土时，为防止混凝土内外温差过大和提高混凝土抗拉强度，在施工方法上可采取下列措施：

1）采取先施工转换结构构件周围的结构或墙体，防止混凝土表面散热过快，内外温差过大。

2）变冬季施工的不利因素为有利因素，减低混凝土的入模温度。在夏季高温气候施工时，采用冰水搅拌，以减低混凝土的入模温度。

3）采用分层次施工，每层厚 300～500mm，连续浇筑，并在前一层混凝土初凝之前，将后一层混凝土浇筑完毕。

4）采用叠合梁原理，将转换结构构件按叠合梁施工，可缓解大体积混凝土水化热高、温度应力过大对控制裂缝的不利影响。

18.1.3 钢筋工程

转换梁的含钢量大，主筋长，布置密，在梁、柱节点区钢筋“相聚”。因此，正确地翻样和下料，合理安排好钢筋就位次序是钢筋施工的关键。

(1) 钢筋翻样和下料

钢筋翻样前必须弄清设计意图，审核、熟悉设计文件及有关说明，掌握现行规范的有关规定。翻样时考虑好钢筋之间的穿插避让关系，确定制作尺寸和绑扎次序。

(2) 一般转换结构构件的主筋接头全部采用闪光对焊或锥螺纹接头连接、冷挤压套筒连接；对于两端做弯头的钢筋，采用可调伸螺纹接头解决钢筋旋转的困难。

(3) 当转换梁高度或转换板厚度较大时，应采取措施保证钢筋骨架的稳定和便于操作。

18.1.4 转换梁模板和支撑系统设计实例

某高层商住楼，地上 1～2 层为裙房，框架-剪力墙结构；4 层以上为住宅，剪力墙结构，3 层转换层，层高 4.55m，转换梁截面尺寸 1.4m×2.0m，楼板厚度 180mm。试进行转换梁模板和支撑系统设计。

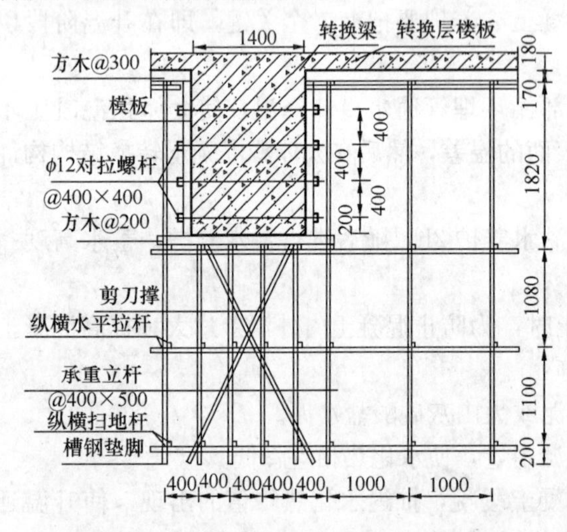

图 18-1　转换梁和楼板模板和支撑系统

1. 模板及支撑体系的设计方案

转换梁及周边楼板的模板及其支撑体系设计（见图 18-1），主要使用材料为 50mm×100mm 木方，9 层胶合板和普通钢管（ϕ48.3×3.6）。

(1) 转换梁底模

支架搭设高度为 2.55m，梁底木方间距为 0.2m，钢管间距为 0.4m。梁宽 1.4m 为 6 道承重立杆。梁底钢管排架在梁底处的每个节点增加保险扣件 2 个。纵横扫地杆距楼面 0.2m，第二道纵横水平杆距扫地杆 1.1m，第三道纵横水平杆在梁底。在转换梁底设置剪刀撑，以增强梁底钢管排架的整体稳定。

(2) 转换梁侧模

竖向木方间距为 0.2m，横向钢管间距为 0.4m，用 ϕ12 螺杆对拉（间距为 0.4m×0.4m），钢管外侧用两个伞形扣和双螺帽加固，第一排螺杆从梁底 0.2m 开始设置。

(3) 楼板模板

支架搭设高度为4.37m，方木间距为0.3m，钢管纵横间距均为1.0m，承重立杆纵横间距为1.0m。纵横扫地杆距楼面0.2m，第二道纵横水平杆距扫地杆1.1m，第三道纵横水平杆在梁底。在内部每4.0m×4.0m范围内设置剪刀撑，以增强满堂脚手架的整体稳定。

2. 转换层模板支撑体系验算

(1) 转换梁底模验算

1) 荷载计算

钢筋混凝土自重：$g_1=25.0\times2.0\times0.20=10.0\text{kN/m}$

模板的自重线荷载：$g_2=0.35\times0.20=0.07\text{kN/m}$

活荷载为施工荷载标准值与振捣混凝土时产生的荷载：

$$q=(2.50+2.00)\times0.20=0.90\text{kN/m}$$

2) 方木的支撑力计算（计算简图见图18-2）

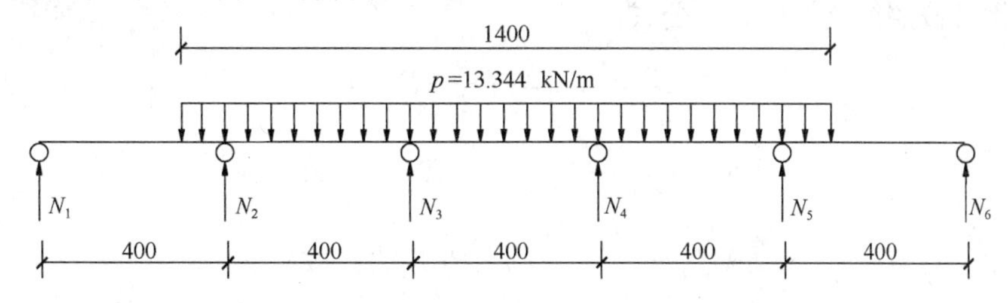

图18-2 梁底方木计算简图

方木的均布荷载设计值：

$$p=1.2\times(10.0+0.07)+1.4\times0.90=13.344\text{kN/m}$$

经计算可得 N_i（$i=1\sim6$）：

$$N_1=N_6=0.167\text{kN}、N_2=N_5=3.836\text{kN}、N_3=N_4=5.338\text{kN}$$

3) 方木的截面惯性矩和截面抵抗矩计算

$$I=\frac{1}{12}bh^3=\frac{1}{12}\times5.0\times10.0^3=416.67\text{cm}^4$$

$$W=\frac{1}{6}bh^2=\frac{1}{6}\times5.0\times10.0^2=83.33\text{cm}^3$$

方木选用木材：杉木；方木弹性模量 $E=9000.0\text{N/mm}^2$；方木抗弯强度设计值 $f_m=11.0\text{N/mm}^2$；方木抗剪强度设计值 $f_v=1.40\text{N/mm}^2$。

4) 方木抗弯强度验算

按5跨连续梁计算，查表得出：

$$\alpha_M=-0.121,\ \alpha_V=-0.620,\ \alpha_w=0.967$$

最大弯矩：$M=\alpha_M pl^2=-0.121\times13.344\times0.4^2=-0.258\text{kN}\cdot\text{m}$

截面应力：$\sigma=\dfrac{M}{W}=\dfrac{0.258\times10^6}{83.33\times10^3}=3.10\text{N/mm}^2<f_m=11.0\text{N/mm}^2$（满足要求）

5) 方木抗剪强度验算

最大剪力：　$V=\alpha_V pl=-0.620\times13.344\times0.40=-3.309\text{kN}$

截面抗剪强度：$\tau=\frac{3}{2}\frac{V}{bh}=\frac{3}{2}\times\frac{3.309\times10^3}{50\times100}=0.993\text{N/mm}^2<f_v=1.40\text{N/mm}^2$（满足要求）

6）方木挠度验算

$$最大变形\ w=\frac{\alpha_w pl^4}{100EI}=\frac{0.967\times13.344\times400^4}{100\times9000.0\times416.67\times10^4}=0.088\text{mm}$$

$<l/250=400/250=1.6\text{mm}$（满足要求）

（2）转换梁底支撑纵向钢管的验算

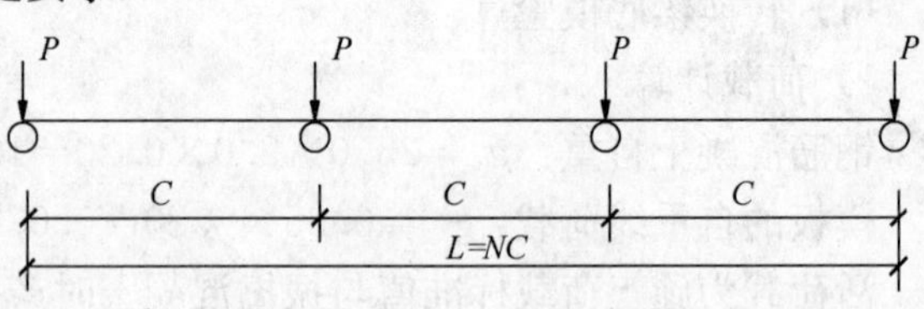

图 18-3　梁底纵向钢管计算简图

按照集中荷载作用下的简支梁计算考虑最不利荷载，取方木最大的支座反力的钢管为分析对象（见图18-3）。

集中荷载 $P=N_3=N_4=5.338\text{kN}$

支承钢管按照简支梁的计算公式：

$$R_A=R_B=\frac{N-1}{2}P+P \tag{18-1}$$

$$M_{max}=\frac{(N^2-1)PL}{8N}(N\ 为奇数) \tag{18-2a}$$

$$M_{max}=\frac{N-1}{2}P+P(N\ 为偶数) \tag{18-2b}$$

其中，$N=\frac{L}{C}=\frac{500}{200}=2.5$，取 $N=3$。将 N 和 P 代入式（18-1）和式（18-2）可得：

钢管的支座反力：$R_A=R_B=\frac{N-1}{2}P+P=10.676\text{kN}$

钢管的最大弯矩：$M_{max}=\frac{(N^2-1)\ PL}{8N}=0.890\text{kN}\cdot\text{m}$

截面应力：$\sigma=\frac{M}{W}=\frac{0.890\times10^6}{5080}=175.20\ \text{N/mm}^2<f=205\ \text{N/mm}^2$（满足要求）

（3）转换梁底支撑横向钢管的验算

横向钢管只起构造作用，通过扣件连接到立杆。

（4）承重立杆的稳定性验算

承重立杆的稳定性计算公式

$$\sigma=\frac{N}{\varphi A}\leqslant f \tag{18-3}$$

式中　N——立杆的轴心压力设计值，它包括：

横杆的最大支座反力 $N_1=R_A=10.676\text{kN}$

钢管排架的自重 $N_2=1.2\times0.149\times2.55=0.456\text{kN}$

模板的自重 $N_3=0.5\times0.4\times0.5=0.10\text{kN}$

$$N=N_1+N_2+N_3=10.676+0456+0.10=11.232\text{kN}$$

钢管（$\phi48.3\times3.6$）：

截面面积 $A=5.06\text{cm}^2$，惯性矩 $I=12.19\text{cm}^4$，截面模量 $W=5.05\text{cm}^3$，回转半径 $i=$

1.57cm，每米长度质量 3.97 kg/m，抗弯强度 $f=205\ \mathrm{N/mm^2}$。

钢管使用长度 $L=2.5\mathrm{m}$，在中间设水平横杆，取 $l_0=L/2=1.25\mathrm{m}$，$\lambda=l_0/i=1250/15.7=79.62$，查有关表格，可得稳定系数 $\varphi=0.785$，则

$$\sigma=\frac{N}{\varphi A}=\frac{11.232\times10^3}{0.785\times506}=28.28\ \mathrm{N/mm^2}<f=205\ \mathrm{N/mm^2}\text{（满足要求）}$$

（5）转换梁侧模验算

1）侧压力的计算

新浇混凝土侧压力计算取式（18-4）和式（18-5）两式中的较小值乘以分项系数 1.2，倾倒混凝土产生侧压力为 $4.00\ \mathrm{kN/m^2}$。

$$F=0.22\gamma_c t_0\beta_1\beta_2\sqrt{V} \tag{18-4}$$

$$F=\gamma_c H \tag{18-5}$$

取混凝土重度 $\gamma_c=24\mathrm{kN/m^3}$，外加剂修正系数 $\beta_1=1.2$（掺缓凝作用外加剂），混凝土坍落度影响修正系数 $\beta_2=1.15$，混凝土入模温度 $t=25℃$，新浇混凝土的初凝时间 $t_0=\frac{200}{t+15}=\frac{200}{25+15}=5\mathrm{h}$，混凝土入模速度 $V=2.5\mathrm{m/h}$，则

$$F=0.22\gamma_c t_0\beta_1\beta_2\sqrt{V}=0.22\times24.0\times5\times1.2\times1.15\times\sqrt{2.5}=57.60\mathrm{kN/m^2}$$

$$F=\gamma_c H=24\times2.0=48.0\mathrm{kN/m^2}$$

取两者的较小值 $F=48.0\mathrm{kN/m^2}$，则

$$F=1.2\times48.0+1.4\times4.0=63.2\mathrm{kN/m^2}$$

2）梁侧方木抗弯强度验算（计算简图见图 18-4）

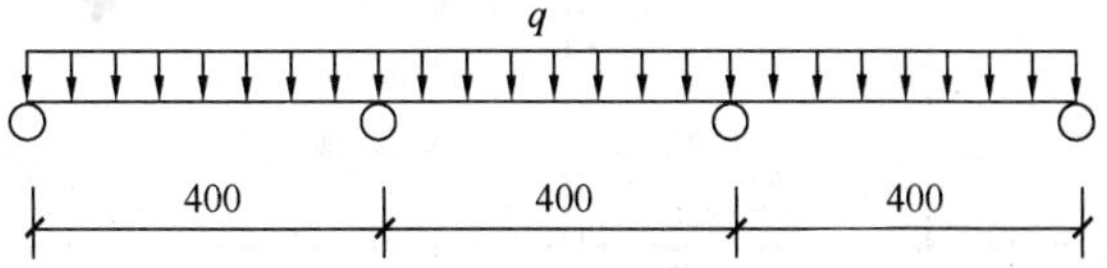

按 3 跨连续梁计算，查表得出：

$\alpha_M=-0.177$，$\alpha_V=-0.617$，$\alpha_w=0.990$

图 18-4　梁侧方木计算简图

作用在梁侧模板的均布荷载为：

$$q=(1.2\times48.0+1.4\times4.0)\times0.20=12.64\mathrm{kN/m}$$

最大弯矩：$M=\alpha_M pl^2=-0.177\times12.64\times0.4^2=-3.358\mathrm{kN\cdot m}$

截面应力：$\sigma=\frac{M}{W}=\frac{0.358\times10^6}{83.33\times10^3}=4.296\mathrm{N/mm^2}<f_m=11.0\mathrm{N/mm^2}$（满足要求）

3）梁侧方木抗剪强度验算

最大剪力：$V=\alpha_V pl=-0.617\times12.64\times0.40=-3.12\mathrm{kN}$

截面抗剪强度：$\tau=\frac{3}{2}\frac{V}{bh}=\frac{3}{2}\times\frac{3.12\times10^3}{50\times100}=0.936\mathrm{N/mm^2}<f_v=1.40\mathrm{N/mm^2}$（满足要求）

4）梁侧方木挠度验算

最大变形 $w=\frac{\alpha_w pl^4}{100\mathrm{EI}}=\frac{0.967\times12.64\times400^4}{100\times9000.0\times416.67\times10^4}=0.083\mathrm{mm}$

$<l/250=400/250=1.6\mathrm{mm}$（满足要求）

5）穿梁对拉螺杆验算

按最大侧压力计算，每根螺杆承受的拉力为：

$$P=FA=63.20\times0.40\times0.40=10.112\text{kN}$$

每根螺杆可承受的拉力为：

$$fA=215\times76=16340\text{N}=16.340\text{kN}>P=10.112\text{kN}\ (\text{满足要求})$$

综上所述，模板支撑体系中使用的方木、对拉螺杆和支撑钢管的强度都满足要求。

18.1.5 工程实例

1. 煤炭部武汉设计研究院科技综合楼[18-3]

煤炭部武汉设计研究院科技综合楼，外柱内筒结构，四角为剪力墙组成的L形角柱。主楼为32.4m×43.2m的矩形平面，首层短边外柱距2.7m、长边外柱距7.2m，第二层为结构转换层，长边设转换梁，将第3层及其以上的长边外柱距转换为3.6m，成为外密柱式筒中筒结构。转换梁截面尺寸为0.90m×5.10m，与2、3层楼面结构连为一体，梁跨中还留有放置采光窗的直径为1.20m的圆孔。转换梁配筋如图18-5所示。

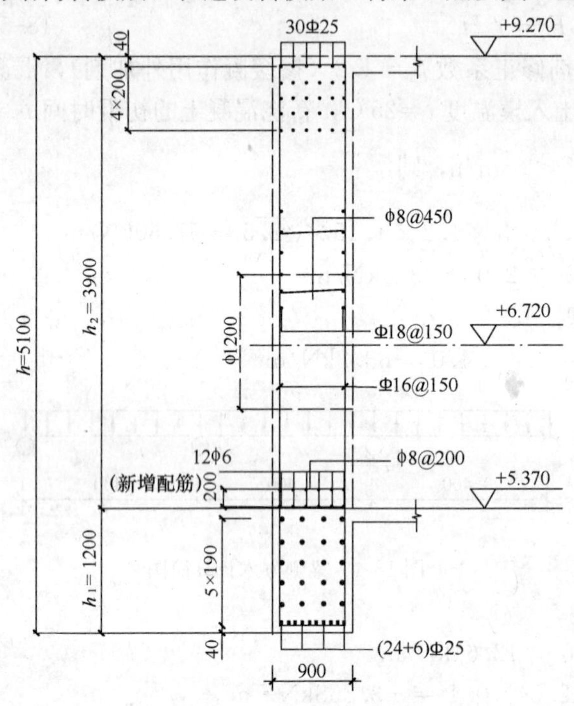

图18-5 转换梁配筋示意

(1) 施工缝位置

考虑到转换梁与上、下楼层连为一体，必须有一道水平施工缝，按叠合梁原理施工。在第2层楼面（+5.370m）留置水平施工缝，并在叠合面适当增加构造配筋（图18-5）。

(2) 施工方案

采用叠合梁原理，将施工缝以下的梁自重和施工荷载（$q_1=44.85\text{kN/m}$）用$\phi48\times3.5$的钢管架料作模板支撑。待梁混凝土达一定强度后，承担叠合部分施工的全部荷载（$q_2=152.96\text{kN/m}$）。

(3) 钢筋工程

转换梁的柱、梁钢筋需在第一次浇筑前一次绑扎到位，高度为5.05m的箍筋、多层水平钢筋及圆孔加强暗环梁钢筋的穿插、定位、固定采取以下措施：

在转换梁两侧搭设双排脚手架，保证钢筋骨架的稳定和便于操作（如图18-6）。

铺设第1层（底层）钢筋后，从第2层钢筋开始，在每跨梁内用2根短钢管找好标高，扣接在两侧脚手架上，作为钢筋的临时支托，校正钢筋位置焊好支架后，撤去短钢管。按此次序自下而上逐层放好水平钢筋及圆洞暗环梁钢筋，绑好箍筋及“S”钩。

2. 惠阳富景大厦[18-4]

富景大厦位于广东省惠阳市南门西街（大亚湾工业开发区旁），是一座多功能的综合大厦，平面呈L形，长边138.0m，宽18.0m；短边70.0m，宽20.0m，高层塔楼位于L形建筑的转角处（图18-7）。大厦地下1层，地上33层，裙楼为9层和7层，总高度

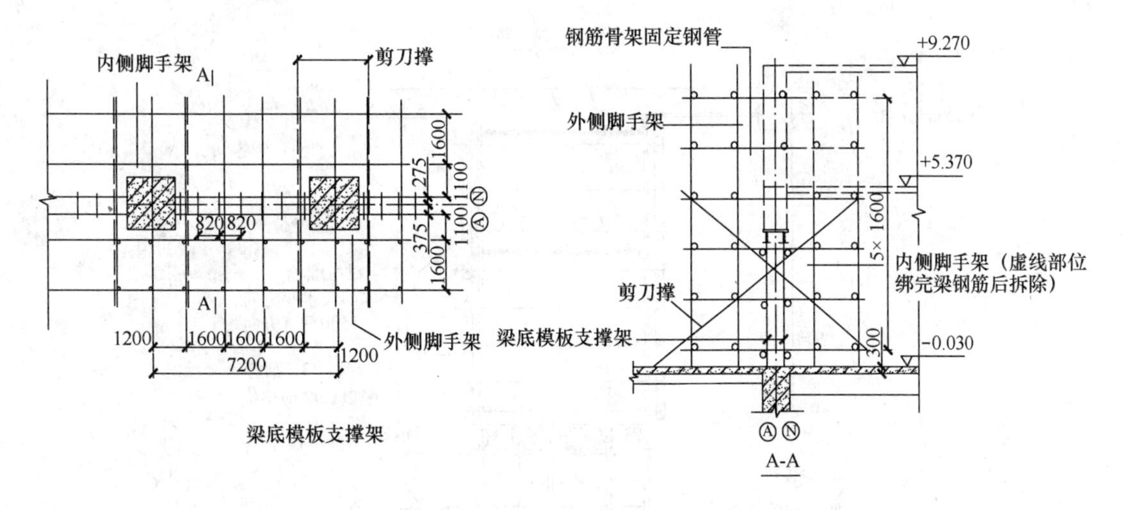

图 18-6　转换梁脚手架示意图

109.0m。裙楼采用钢筋混凝土框架结构，塔楼采用剪力墙结构，第 9 层为框架-剪力墙结构体系的转换层。转换梁截面尺寸：1.0m×2.8m、1.0m×2.5m、1.0m×2.3m、1.0m×2.0m。

（1）转换层的施工方案

考虑到第 8 层楼板无法承受上部转换梁自重和施工荷载，需设置多层满堂钢管支撑体系。为减轻支撑的负荷，利用迭合梁原理，将转换梁分三次浇捣（图 18-8），利用第一次形成的钢筋混凝土梁、柱作为传力系统与钢管支撑体系共同分担上部混凝土及施工荷载，以减少楼板的压力，减低工程成本。

（2）第一次或第二次混凝土浇筑高度应比要求稍高 50mm。在第一次或第二次混凝土浇筑后用高压水冲刷施工缝，将积淀物冲刷掉。施工缝应严格按施工验收规范施工，且施工缝处事先必须设附加插筋，以增强抵抗剪切力的能力，预留 6 根Φ 25 的钢筋，纵向间距 500mm，钢筋长度 600mm，施工缝上下各半（图 18-8）。

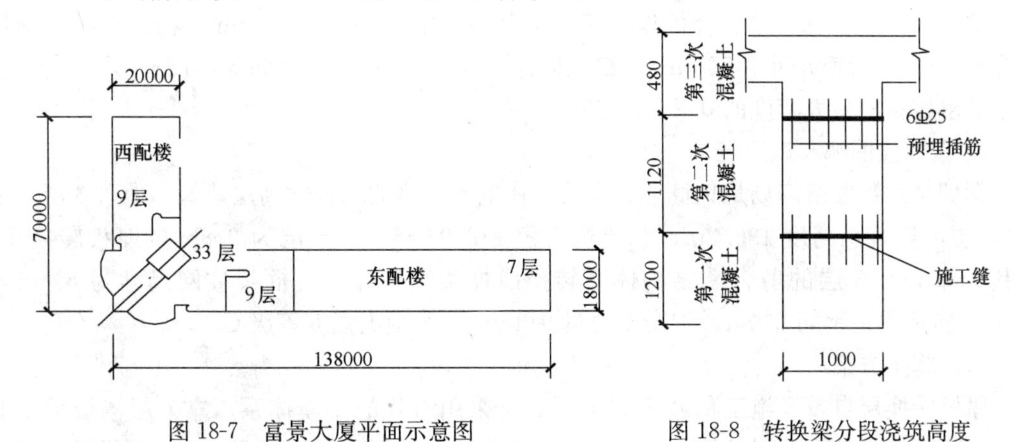

图 18-7　富景大厦平面示意图　　　图 18-8　转换梁分段浇筑高度

（3）转换梁模板支撑系统（图 18-9）：采用 ϕ48×3.5 标准钢管搭设模板支撑系统，钢管支撑只考虑承受第一次浇筑的混凝土自重及施工荷载。根据计算必须用第 8 层以下两层的支撑传递至下面两层的楼盖系统承担。要求第 7、8 层顶板混凝土浇筑后，梁板支撑模

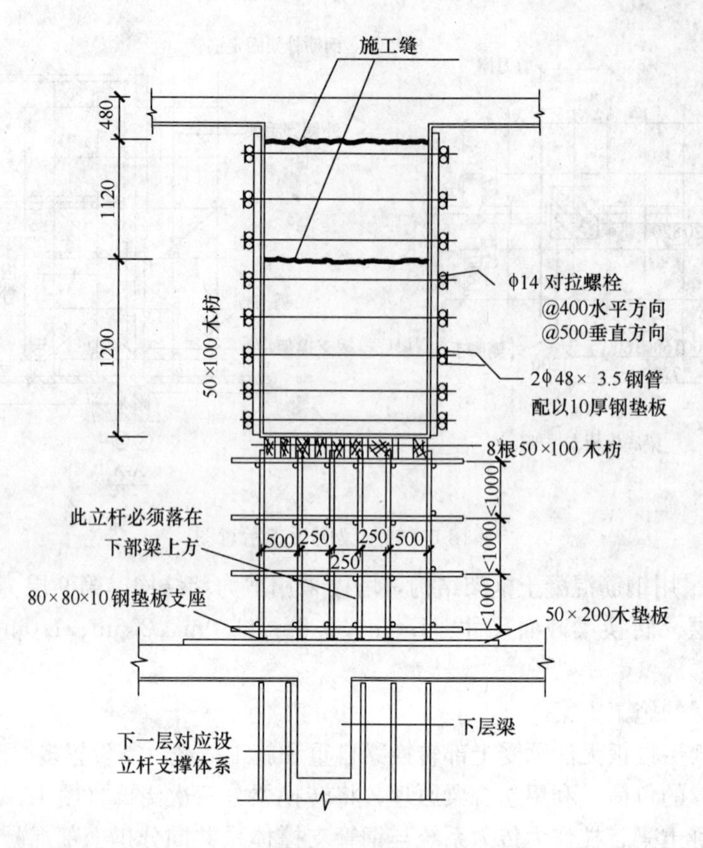

图 18-9　转换梁模板支撑体系

板均不能拆除。

支撑体系立杆间距为 500mm，大横杆步距不大于 1000mm，梁下小立杆间距 250mm，在靠近杆顶和杆脚处，各用水平连杆双向拉固，剪刀撑设置在梁两侧的立杆垂直面上。立杆下采用通长铺设 200mm×50mm 木枋配钢垫板，整个支撑架按满堂脚手架的要求搭设。

梁模板采用 18mm 厚胶合板作模板，梁背枋采用 50mm×100mm 木枋配对拉螺栓用标准钢管固定。背枋间距 500mm，螺栓间距：水平 500mm，竖向 400mm。梁模板安装时，要求按梁的最大跨度的 0.25%起拱。

3. 深圳佳丽娜友谊广场

深圳佳丽娜友谊广场是集商业、办公、住宅于一体的综合性高层建筑。地下 3 层，地上 33 层，建筑总高度 106.2m，总建筑面积 132593m^2。第 6 层为 2.8m 的厚板转换层，将其上部 7～33 层的剪力墙结构体系转换成框架结构体系，框架柱网尺寸为 8.4m×8.4m。转换厚板钢筋 2600t，混凝土总量 9145m^3，混凝土强度等级 C30。

(1) 施工方案

厚板转换层自重及施工荷载 79.9kN/m^2，采用常规的支模体系，靠下层楼板承受如此大的荷载势必破坏下层结构；而采用分层卸载的方法则必须从地下室底板起搭设 9 层支撑架，靠各层楼面的变形协调来传递扩散荷载，这样既不经济也不能保证结构楼板不产生开裂现象。经过分析比较和计算，确定转换厚板采用叠合梁的原理，将转换板混凝土分两次浇筑，第一次浇筑 1.2m 厚，待其强度增长达到 90%后浇筑第二层 1.6m 厚混凝土，利用第一层先浇板承受第二层后浇板的施工荷载，转换板的钢筋相应分两层绑扎。

(2) 为使转换板的整板的抗力性能不因混凝土分两次浇筑而降低，必须在两浇筑层结合面采取特殊处理措施，保证两层混凝土板协同工作。

预留坑槽：在先浇层板上表面留设间距 1000mm 呈梅花形布置的混凝土坑槽，槽深为 100mm，平面边长 300mm，通过预埋木盒来实现。

预留竖向抗剪钢筋：利用绑扎钢筋时的架子筋Φ 32@1000 同时做抗剪钢筋。

混凝土表面处理：对先浇层板混凝土上表面，在混凝土初凝前涂刷一道高效缓凝剂—界面剂，混凝土终凝后立即用水冲洗即可露出表面石子，下次混凝土浇筑前再充分水润。

(3) 在第二层 1.6m 厚混凝土下部适当增设一层钢筋网以提高结构的抗裂性，避免第二层混凝土因受先浇的第一层混凝土的表面约束而产生裂缝，同时有助于减少因水化热引起的温度裂缝。

(4) 模板支撑系统

模板支撑系统只需考虑第一次浇筑 1.2m 厚混凝土板时施工荷载，底模荷载为 34.3kN/m²，为此采用钢结构桁架和托架的底模支撑体系。钢结构平面布置见图 18-10（取一个标准柱网）。

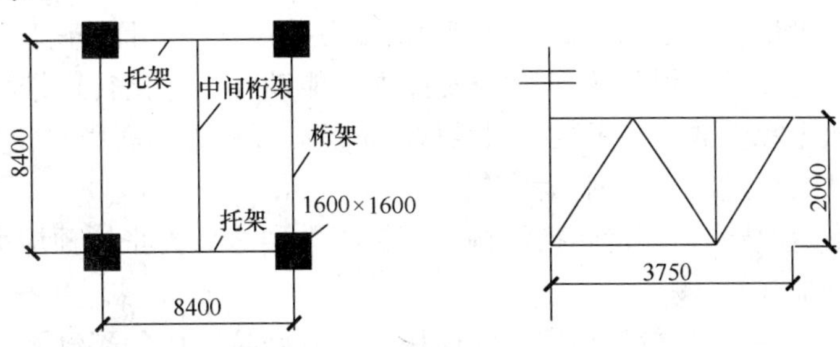

图 18-10　钢结构平面布置

(5) 钢筋工程

转换厚板配筋如图 18-11 所示，钢筋绑扎分两次完成，先绑扎下层 1.2m 范围内Φ 32@110 和Φ 20@200 两层钢筋，待混凝土浇筑完并处理好上表面后再绑扎上部 1.6m 范围内钢筋。

转换厚板 2.8m 高整板各层钢筋网片的固定，使用钢筋作立杆焊接形成间距 1m 的架立网，作为各层钢筋的支撑体系。在 1.35m 高位置增设Φ 12@100 双向钢筋网，以提高混凝土抗裂性，避免温度应力和收缩应力引起混凝土开裂。

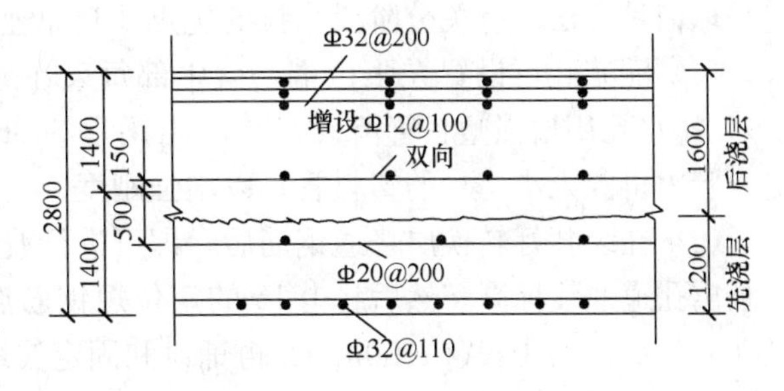

图 18-11　转换厚板配筋

(6) 混凝土工程：转换厚板混凝土养护采用蓄水法，在混凝土初凝后先洒水养护 2 小时，随后进行蓄水养护，蓄水高度 100mm。

在转换厚板不同深度各相关部位埋设测温点，及时观测记录混凝土内部温度变化情况，及时采取措施，调整混凝土的养护水温。

18.2 预应力混凝土转换层结构的施工

18.2.1 转换层预应力工程施工

（1）必须严格检查钢绞线、锚具、夹片、波纹管等材料的质量。

钢绞线经材性和无粘结包裹层检查合格后下料。

锚具、夹具按《混凝土结构工程施工规范》（GB 50666—2011）和《预应力筋用锚具、夹具和联结器》（GB/T 14370—2007）的要求进行检查。

波纹管应抽样进行盛水试验，检查是否漏水。

（2）后张法预应力转换梁或厚板的预应力筋有先穿和后穿两种方法，但考虑到其截面尺寸大，预应力筋长且配筋较多，工程中大多采用先穿预应力筋的方法。此时应注意：

在混凝土初凝以前需经常抽动预应力筋以防止其被漏浆粘住。

从混凝土浇筑到预应力钢筋张拉、灌浆，中间有相当长的时间间隔，采用分阶段张拉技术则时间更长。应采取措施防止预应力钢筋生锈。

（3）预应力转换层结构施工中最具有特色的是分阶段张拉，且分阶段张拉不仅仅是预应力施工的方法，还是结构设计人员充分发挥主观能动性，优化转换结构设计的重要手段。转换梁或厚板上承受数层甚至数十层结构的荷载，预应力钢筋用量较多，要防止张拉阶段预拉区开裂或反拱过大有下列几种方法：

1）采用择期张拉技术，即待转换结构上部施工数层之后再张拉预应力，在此之前转换梁下的支撑必须加强。

2）在预拉区配置一定数量的预应力钢筋用以控制张拉阶段的裂缝及过大的反拱，该部分的预应力筋是使用阶段所不需要的。

3）采用分阶段张拉技术。

分阶段张拉可定义为预应力是逐渐施加以平衡各阶段荷载的预应力技术。施加的荷载可以是外荷载，也可以是由于本身体积的变化（弹性压缩、收缩和徐变）而产生的内部应力。分阶段张拉技术由于张拉次数较多，施工费用略高，结构设计人员应根据具体情况决定采取何种方法。有关分阶段张拉的优点及其原理将在下面论述。

（4）灌浆孔可设置在张拉端，梁中部每束在最高点设置一个或多个排气孔（兼泌水孔），排水孔用增强塑料管留设，并高出梁顶 300mm。为防止塑料管在浇捣混凝土时压扁，管内再穿入小一号的塑料管，以增强刚度。

（5）在绑扎好转换层普通钢筋后，即可进行波纹管的铺设。以波纹管底为准，在箍筋上画出孔道曲线标高；然后将Φ 16 的定位短钢筋点焊在箍筋孔道曲线标高处，其间距边段@500mm，跨中段@1000mm；再铺设和固定波纹管，并用 U 形钢筋（ϕ6）扣上波纹管后点焊在定位短钢筋上。

（6）作隐蔽工程检查，检查重点是波纹管有无破损；套管接头有无包裹；预应力束的最高点、最低点、反弯点是否与设计一致；张拉端和固定端的安装是否妥当；张拉端外露长度是否足够等；预应力曲线筋远看是否流畅；预应力钢筋是否基本平行等。检查后作记录备档，立侧模前纠正。

(7) 孔道灌浆及端部封裹：从灌浆孔均匀地一次灌满孔道，待另一端泌水孔和锚具出气孔冒出浓浆后封闭泌水孔（出气孔）并继续加压到0.6MPa，持荷2min后封闭灌浆孔。灌浆后及时检查泌水情况并进行人工补浆。张拉和灌浆结束后用小型砂轮切割机从锚具外30mm切断多余预应力筋，防腐处理后用微膨胀细石混凝土封闭。

18.2.2 分阶段张拉技术

1. 分阶段张拉技术优点

(1) 转换梁的高度可保持一个绝对最小值。梁的高度大小对挠度和反拱较敏感，在采用较小截面高度时，只有分阶段张拉才能保证施工和使用阶段转换梁基本处于平直状态，既无过大反拱又无过大挠度。在满足承载力和刚度要求的前提下，转换梁的截面高度较小时对抗震是有利的。

(2) 较大部分的预应力损失可被补偿，预应力筋的数量可显著减少。分阶段张拉可以张拉部分预应力束后即灌浆，也可以张拉全部完成后再灌浆。后者在最后阶段全部预应力筋可以再次张拉到控制应力，相当数量的预应力损失被补偿，预应力损失减小，预应力筋可节约10%以上。必须注意的是补偿预应力损失要求孔道中的预应力筋在数月内处于张紧和末灌浆状态，应采取有效的方法防止预应力筋锈蚀。在有些环境下，张拉之后较短时间内必须灌浆。

(3) 每阶段逐次加载时，可控制其工作应力。

(4) 挠度和反拱容易控制。

2. 分阶段张拉的步骤（图18-12）

第一步（第1天）：转换梁施工。

假设要建的大梁跨度L，具有最小截面高度H，最终将支承一座12层的大楼。混凝土28d抗压强度5000Psi。

由脚手架或脚手架上桁架支承的模板，承受大梁的自重D_0。

在梁中留有多个预留孔道。

第二步（第五天）：施加第一阶段预应力N_{p1}。

当混凝土的抗压强度最低达到3000Psi时，施加第一次预应力N_{p1}（第一阶段）。这一部分预应力产生的等效荷载W_{B1}平衡大梁自重D_0加上第一阶段施加的荷载W_1（在此处是头三层楼板的静荷载）。

注意，在第一步完成时，梁跨中下部纤维产生的最大压应力为$0.45f'_c$，同时梁上部纤维最大拉应力为$3.0\sqrt{f'_c}$。

第三步（第25天）：施加第一阶段荷载W_1。

假定三层楼板已从第五天进行到第25天，作用在梁上的全载为W_1。

这时，混凝土的抗压强度几乎达到规定的数值5000Psi。在跨中，上部纤维压应力为$0.45f'_c$，下部纤维拉应力为$3.0\sqrt{f'_c}$。

这些应力几乎与第二部的应力相反。同时，垂直挠度从向上起拱（在较低的混凝土弹性模量E_2时）变化为较小的向下的挠度（在混凝土弹性模量E_3时）。

第四步（第25天）：施加第二阶段预应力N_{p2}。

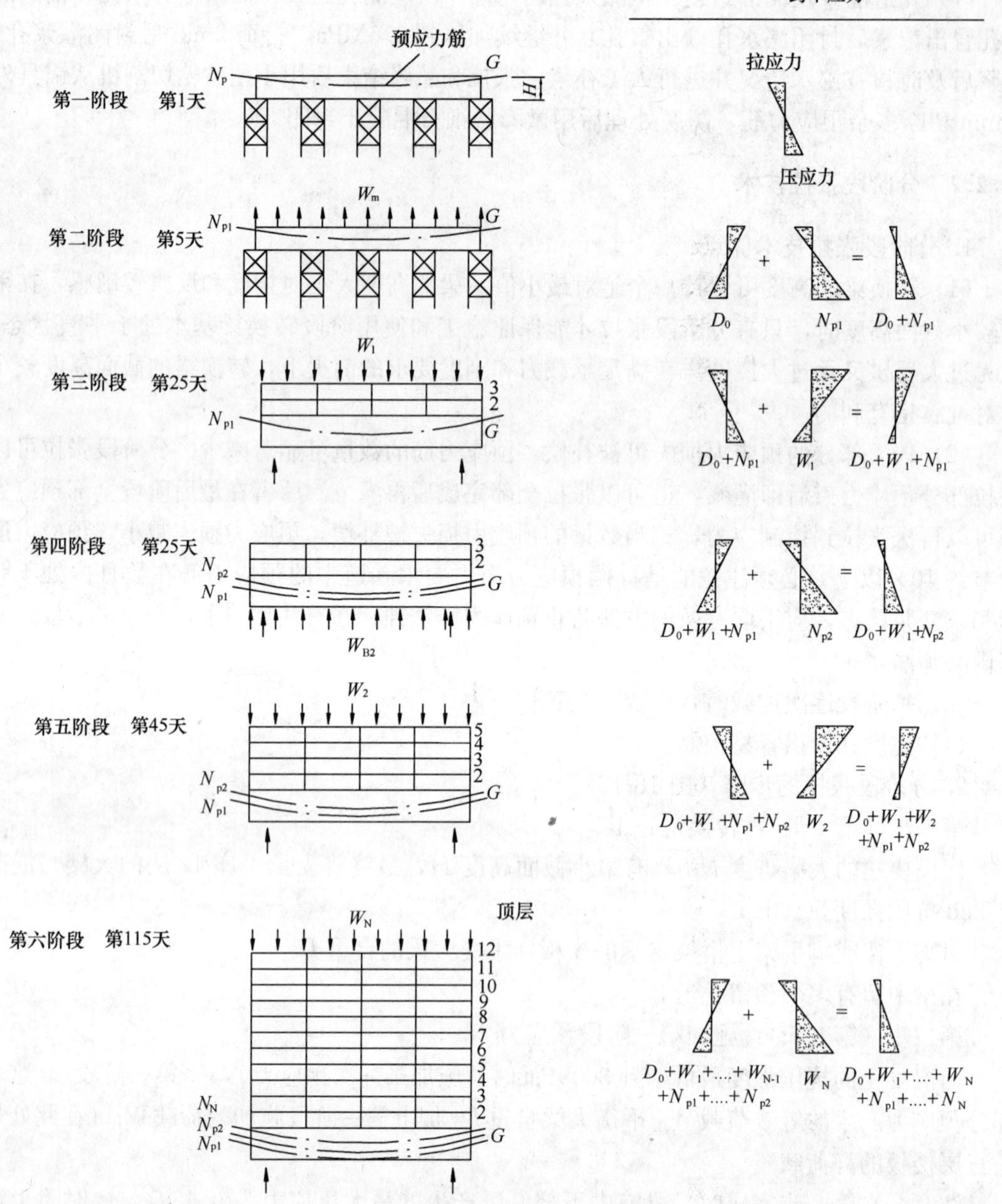

图 18-12　分阶段后张法原理和力学特性（各施工阶段应力状态）

第二阶段预应力 N_{p2} 的施加是用以平衡（W_{B2}）预期要增加的第三、四层楼板的荷载。梁内应力再次反向，于是上部纤维拉应力安全地保持低于开裂应力值 $3.0\sqrt{f'_c}$，同样下部纤维压应力也应控制在安全水平内。注意，梁内剪力也随着施加每一阶段的压应力而增加。

第五步（第 45 天）：施加第二阶段荷载 W_2。

完成第五层结构的施工，四、五两层全部荷载作用在梁上使梁的应力状态发生变化，与第三步相似。

第六步（第 115 天）：施加第 N 阶段预应力。

预应力钢筋再次张拉。

经过（N－1）阶段的张拉和连续施工，在梁浇筑后第 115d 达到 12 层（屋面），在这 4 个月内（仅施加近似均匀的法向压应力），预应力筋中的压应力损失已经发生（在此阶段尚未灌浆），并发生了下列体积变化：混凝土的弹性压缩、混凝土的徐变、预应力筋的松弛。

18.2.3 工程实例

1. 江苏省会议中心[18-5]

江苏省会议中心，地下 1 层，地上 30 层，总建筑面积 32064m^2。该工程 1～3 层为会议室及公共部分，跨度为 15.6m，4 层以上为 3.90m 小开间的客房部分。第 4 层设转换层，该层 J 轴处设一根 15.6m×3 跨的预应力转换连续梁（图 18-13）。转换梁截面尺寸为 1500mm×3600mm，预应力钢筋布置采用有粘结和无粘结预应力混合配筋，梁顶部和底部均配 8 束 9ϕ^j15 直线束有粘结预应力筋，用 ϕ80 波纹管留孔；中间曲线束配 104 根 Uϕ^j15 无粘结预应力钢绞线（图 18-14）。钢绞线抗拉强度标准值 $f_{ptk} \geqslant 1860\text{N/mm}^2$，控制应力 $\sigma_{con} = 0.75 f_{ptk}$。

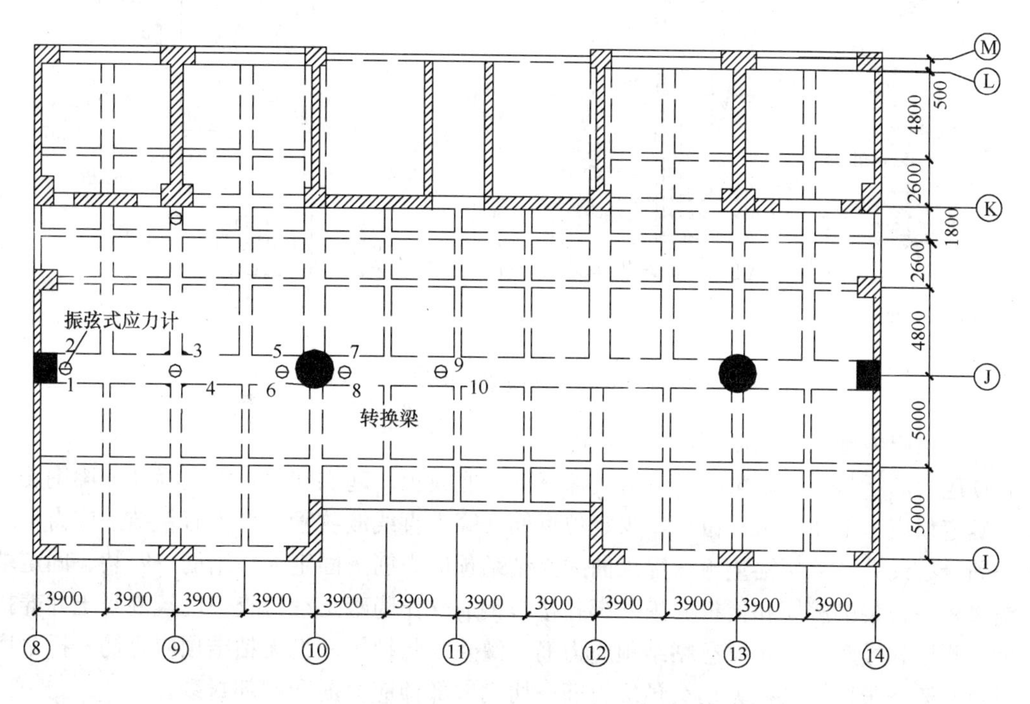

图 18-13 江苏省会议中心 4 层（转换层）平面

（1）预应力筋经材性和无粘结包裹层检查合格后下料

锚具使用前经静载试验，按《混凝土结构工程施工规范》（GB 50666—2011）和《预应力筋用锚具、夹具和联结器》（GB/T 14370—2007）的要求检查其锚具效率系数及试件断裂时的极限总应变。

在无粘结钢筋张拉前，任意选取三束用机测法测定无粘结筋的摩擦损失。

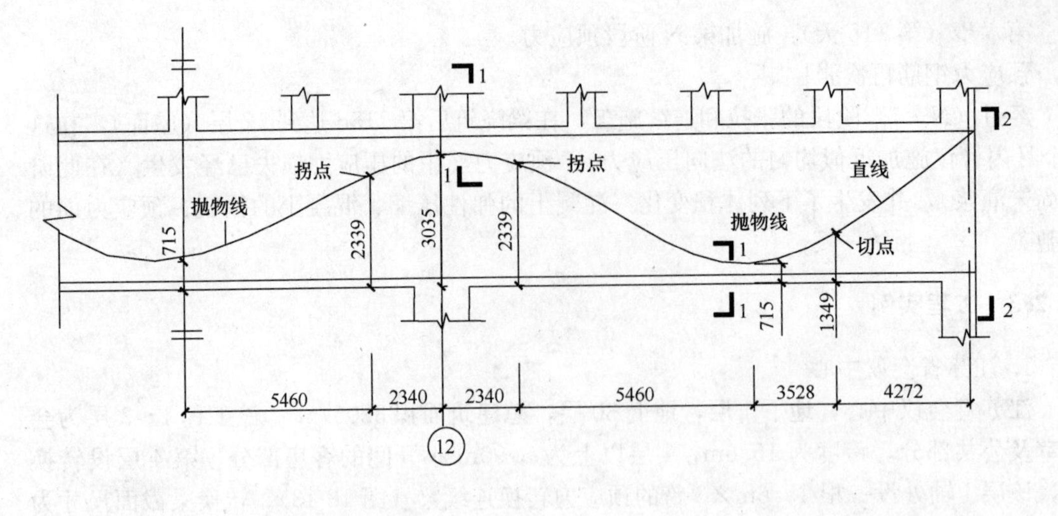

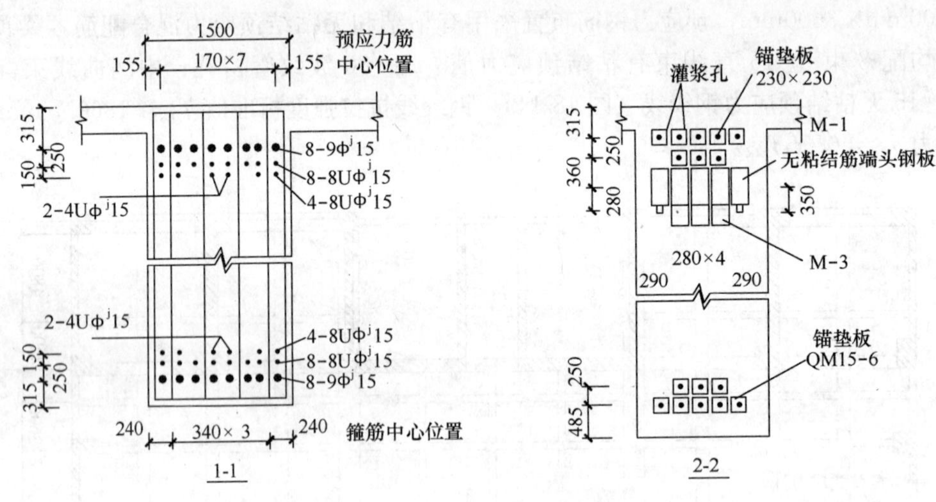

图 18-14　转换梁结构简图

(2) 预应力施工工艺流程

预应力筋下料→搭设梁、板钢管支撑→铺梁底模板、起拱和校正梁底标高→梁钢筋骨架→确定预应力筋曲线坐标位置，焊定位钢筋→穿入直线波纹管→穿入有粘结预应力钢绞线→固定波纹管及端部锚垫板→穿入曲线无粘结预应力筋→固定无粘结筋→安装、固定端部锚垫板→安装梁侧模和楼板底模→绑扎楼板钢筋→作隐蔽工程检查→浇筑混凝土并养护→拆梁侧模和板底模→张拉有粘结预应力筋、灌浆→张拉第一批无粘结预应力筋→拆梁底模板及支架→张拉第二批无粘结预应力筋→切割端部预应力筋和端部封裹。

(3) 预应力筋采用分阶段、对称张拉方法，当转换梁混凝土达 100%后张拉全部直线束预应力筋和 40 根无粘结筋，其余 64 根无粘结筋待主体混凝土结构施工到 18 层再行张拉。全部预应力筋均采用两端张拉。

(4) 波纹管的坐标位置必须正确，在最高点、最低点和反弯点处的坐标误差及水平位置和两波纹管中心距的误差应小于±10mm。孔道波纹管安装后，整体目测达到无明显折点。波纹管和锚垫板安装注意牢固、平整，端部的铁锚垫板与孔道垂直。

(5) 灌浆孔设置在张拉端，梁中部每束在最高点设置一个排气孔（兼泌水孔），排水孔用增强塑料管留设，并高出梁顶 300mm。为防止塑料管在浇捣混凝土时压扁，管内再穿入小一号的塑料管，以增强刚度。

(6) 以波纹管底为准，在箍筋上画出孔道曲线标高；然后将Φ 16 的定位短钢筋点焊在箍筋孔道曲线标高处，其间距边段@500mm，跨中段@1000mm；再铺设和固定波纹管，并用 U 型钢筋（ϕ6）扣上波纹管后点焊在定位短钢筋上。

(7) 在混凝土浇筑过程中派有专人拉动钢绞线，保证混凝土浇筑完毕 2h 后钢绞线仍能拉动。

2. 苏州工业园区国际大厦[18-6]

苏州工业园区国际大厦工程，地下 2 层，裙楼 4 层，地上 19 层的框架-剪力墙结构，总建筑面积 56000m^2。在第七层（标高 28.75m）处有 5 根大跨度预应力井式转换梁（图 18-15），上抬 12 层 9.0m×9.0m 柱网的框架结构，在转换梁下形成 27.0m×18.0m、高 25.0m 的空间。YKL1 截面尺寸 1.0m×3.0m，YL1 截面尺寸 1.0m×3.5m，YKL2 截面尺寸 1.0m×3.5m。

(1) 波纹管的铺设及张拉端部安装

波纹管安装过程：绑扎转换梁普通钢筋→处理梁底保护层→在梁箍筋上画出孔道曲线标高（以管底为准）→按孔道标高焊固定托架（@800）→铺设和固定波纹管→留设灌浆（泌水）孔→安装和固定锚垫板→穿钢绞线→检查验收。

灌浆（泌水）孔留设在折线最高处，每处留一个。灌浆孔按常规做法，塑料管留出梁面约 500mm。波纹管接头处、灌浆（泌水）孔处封裹应严密、牢固、不得漏浆，灌浆（泌水）孔必须通顺。

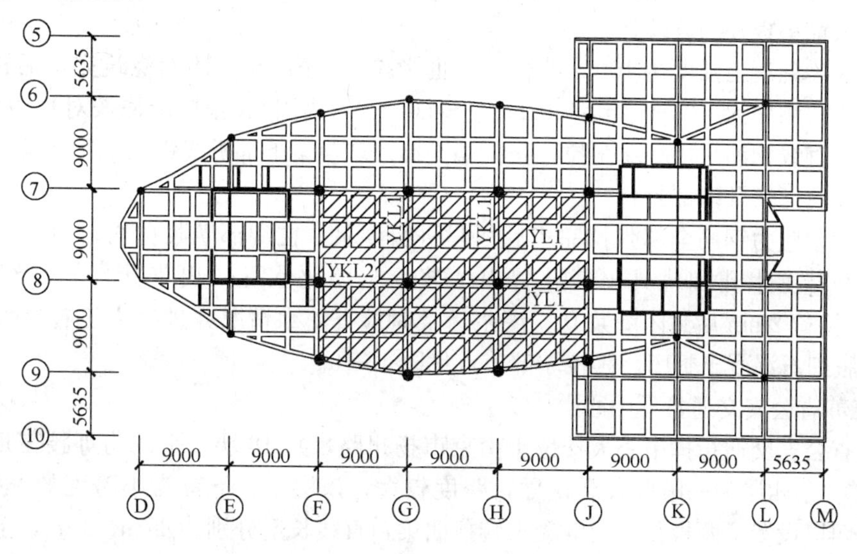

图 18-15　井式转换梁布置示意

(2) 预应力筋下料与穿筋

钢绞线下料后及时穿入孔道，以免生锈后增加穿束阻力。下料长度＝孔道的实际长度＋张拉工作长度。张拉工作长度考虑工作锚、千斤定、工具锚所需长度并留出适当余量，整束张拉时，张拉端的工作长度取 900～1000mm。

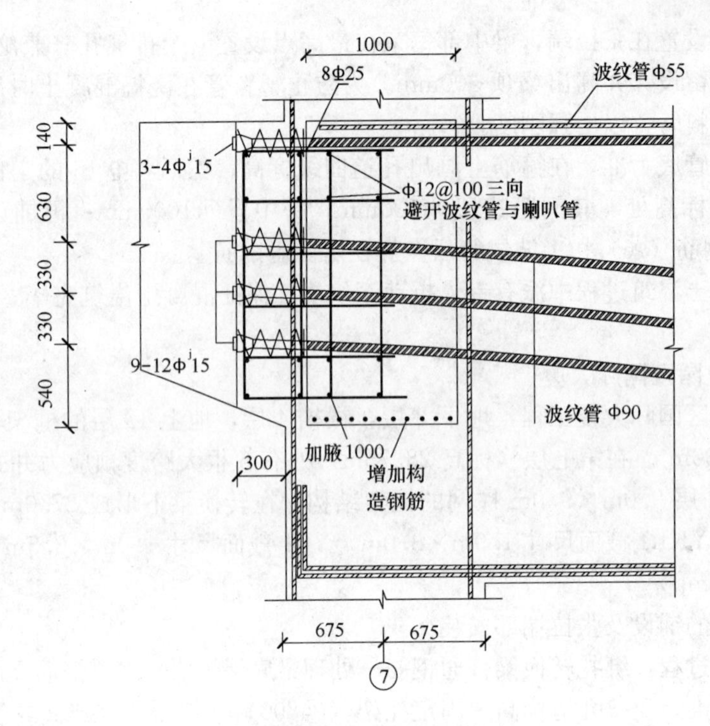

图 18-16　张拉端部节点示意

预应力筋采用先穿法，待波纹管固定完毕在混凝土浇筑前穿入。

(3) 预应力张拉

在浇筑混凝土 2d 后，混凝土达到能拆端模的强度，即可拆除端头模板，清理端部混凝土，除去锚垫板外的波纹管。

在转换梁混凝土强度达 100％进行第 1 批张拉，待第 16 层楼面浇筑完毕后进行第 2 批张拉。张拉顺序为：0→$0.2\sigma_{con}$→$0.6\sigma_{con}$→$1.05\sigma_{con}$（锚固）。张拉严格按对称原则进行。转换梁上部直线钢筋采用一端张拉，张拉端交错。转换梁下部折线钢筋采用两端张拉。

(4) 孔道灌浆及端部封裹

待一批预应力钢筋全部张拉完毕后尽早进行灌浆。在端部灌浆孔均匀地一次灌满孔道，待另一端泌水孔和锚具出气孔冒出浓浆后封闭泌水孔（出气孔）并继续加压到 0.6MPa，持荷 2min 后封闭灌浆孔。灌浆后及时检查泌水情况并进行人工补浆。端部用 C30 微膨胀细石混凝土封闭，张拉端部节点见图 18-16。

3. 江苏省公安交通指挥中心[18-7]

江苏省公安交通指挥中心大楼位于南京市扬州路，共 18 层，平面为等腰三角形，其锐角为39°。第四层为一扇形大会议厅，跨度较大，该层上、下皆为小跨度的办公用房，因此在第四层设置了两根预应力混凝土转换曲梁，直线长度分别为 17m、13m，上部结构（14 层）的荷载通过两根柱子传到转换曲梁上（图 18-17）。转换曲梁 KL11 截面尺寸 1000mm×2600mm，配 10 束 6ϕ15 钢绞线（图 18-18）；转换曲梁 KL12 截面尺寸 1000mm×2000mm，配 8 束 6ϕ15 钢绞线。钢绞线抗拉强度标准值 $f_{ptk}=1860\text{N/mm}^2$，张拉控制应力 $\sigma_{con}=0.7f_{ptk}=1302\text{N/mm}^2$，预留孔道采用 ϕ70 波纹管，锚具采用 QM15-6 的Ⅰ类锚具。混凝土强度等级 C45。

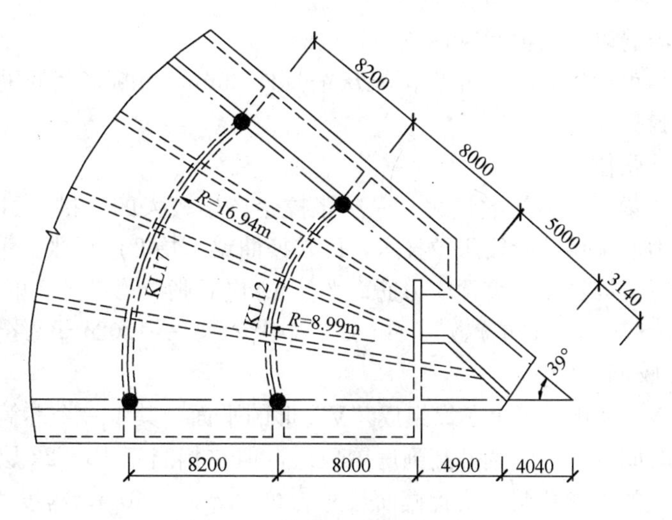

图 18-17　结构平面布置（局部）

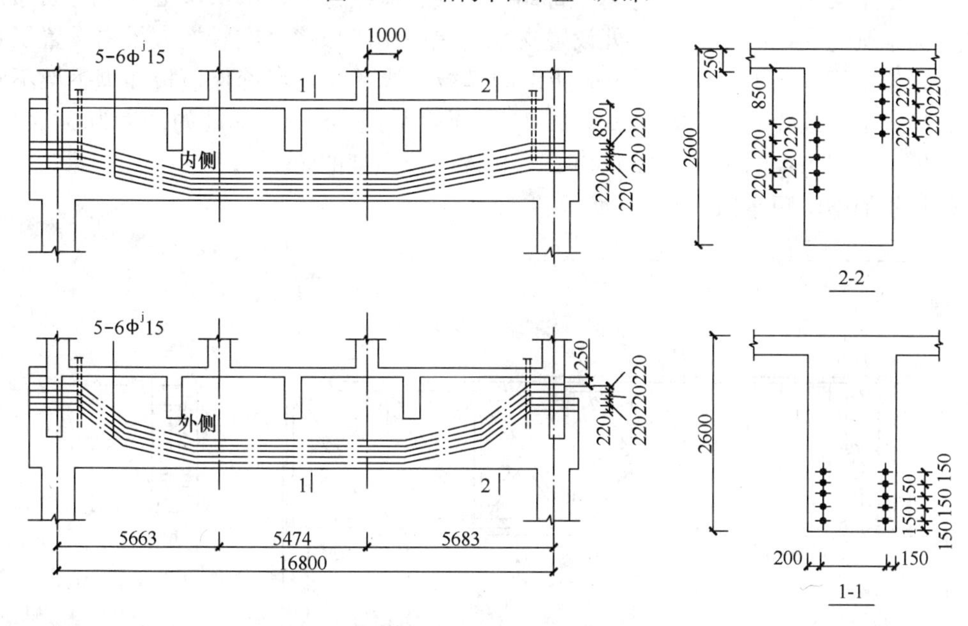

图 18-18　KL11 预应力筋布置

（1）孔道留设及穿筋

转换曲梁侧边有很密的抗扭纵筋，箍筋为四肢也很密。为保证曲梁竖向和水平的位置，在确定箍筋宽度时应考虑预应力筋水平方向的位置，保证箍筋不与波纹管冲突。同时将箍筋的弯勾部分弯曲半径做得大些，使通过角部的纵筋尽量靠近边缘。

为保证竖向和水平向预应力筋位置的准确，先用粉笔在箍筋上标出坐标位置，边段间距 500mm，中段间距 1000mm，用Φ 16 的定位钢筋点焊于箍筋上，再用 ϕ6 钢筋加工成 U 形，波纹管穿过之后扣上 U 形钢筋并将其点焊于Φ 16 的定位刚劲上。

在预应力混凝土转换曲梁的内侧须设置专门的侧向防崩钢筋，该工程采用 ϕ12 的钢筋加工防崩钢筋，按设计要求的间距布置。

该工程采用预应力筋采用先穿方法，这时应注意预应力筋的防锈，并在混凝土初凝以前经常抽动预应力筋以防其被漏浆粘住。

张拉与灌浆结束后用小型砂轮切割机从锚具外30mm切断多余的钢绞线，防腐处理后用细石混凝土封裹。

(2) 预应力筋张拉方式

考虑到转换曲梁预应力筋数量大，一次张拉会产生较大的反拱，引起转换梁上部开裂。该工程预应力筋采用分阶段张拉技术，即转换曲梁上抬2层后张拉第一批4束预应力筋；上抬6层后张拉第二批4束预应力筋；上抬10层后张拉第三批2束预应力筋。

张拉程序：$0 \rightarrow 0.2\sigma_{con}$（初读数）$\rightarrow 0.6\sigma_{con}$（中读数）$\rightarrow 1.02\sigma_{con}$（终读数）。

4. 新加坡I.B.M.大楼

新加坡I.B.M.大楼由三个芯筒组成“V”形的平面，其中一个芯筒升至18层为止，其余两个芯筒及其间的楼层继续升高到房屋顶层，但在相当于18～22层的高度部分没有楼层，形成一个大的矩形孔洞。设置截面尺寸为2.40m×7.40m，跨度为41.70m的预应力转换大梁来支承24～41层的全部上部结构，其总荷载为105000kN，已包括办公楼的活荷载。为了避免在地面以上92m处设置支承和提高施工效率，在转换大梁内设置了钢桁架。钢桁架可用来支承浇捣混凝土时所需的模板和脚手架，以确保模板和脚手架不致走动。转换大梁钢绞线的轮廓曲线如图18-19所示，采用BS5896标准的每束为30×1/2英寸的钢绞线束，每束的张拉力为4140kN（极限受拉强度的75%）。

转换梁的施工顺序如图18-20所示。

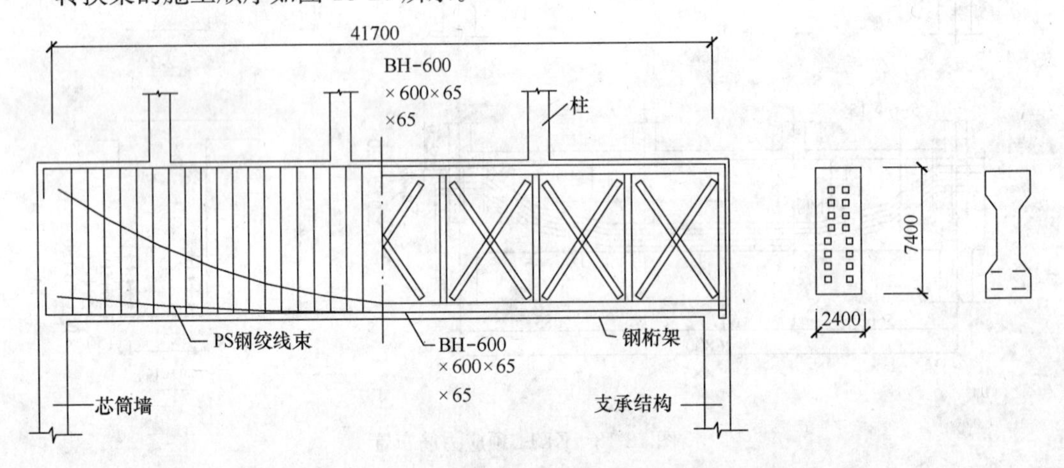

图18-19 预应力钢绞线束的布置和埋入钢桁架的立面图

预应力筋的张拉次序如图18-21所示，在转换梁混凝土浇捣之后，张拉钢绞线束①与②。以后，每浇捣四层楼的混凝土，随着在上面各层逐步施加荷载，接着张拉钢绞线束③与④。

图18-22转换梁跨中的位移（δ）与浇捣了混凝土的上部层数的关系。由图18-22可见，随着上部楼层混凝土浇捣的进展，逐步增加预应力钢绞线的根数，使得转换梁的跨中保持接近于水平的状态。图中δ_1为由于扣除预应力损失后的张拉应力而引起的向上位移；δ_{1T}为在张力放松传递阶段的向上位移；δ_2为由于已施工的上部楼层的静荷载所引起的向下的位移；而δ'_2为仅由静荷载引起的向下的位移。

由于该工程转换梁的截面尺寸（2.40m×7.40m）很大，每根梁需浇灌650m^{3}的混凝

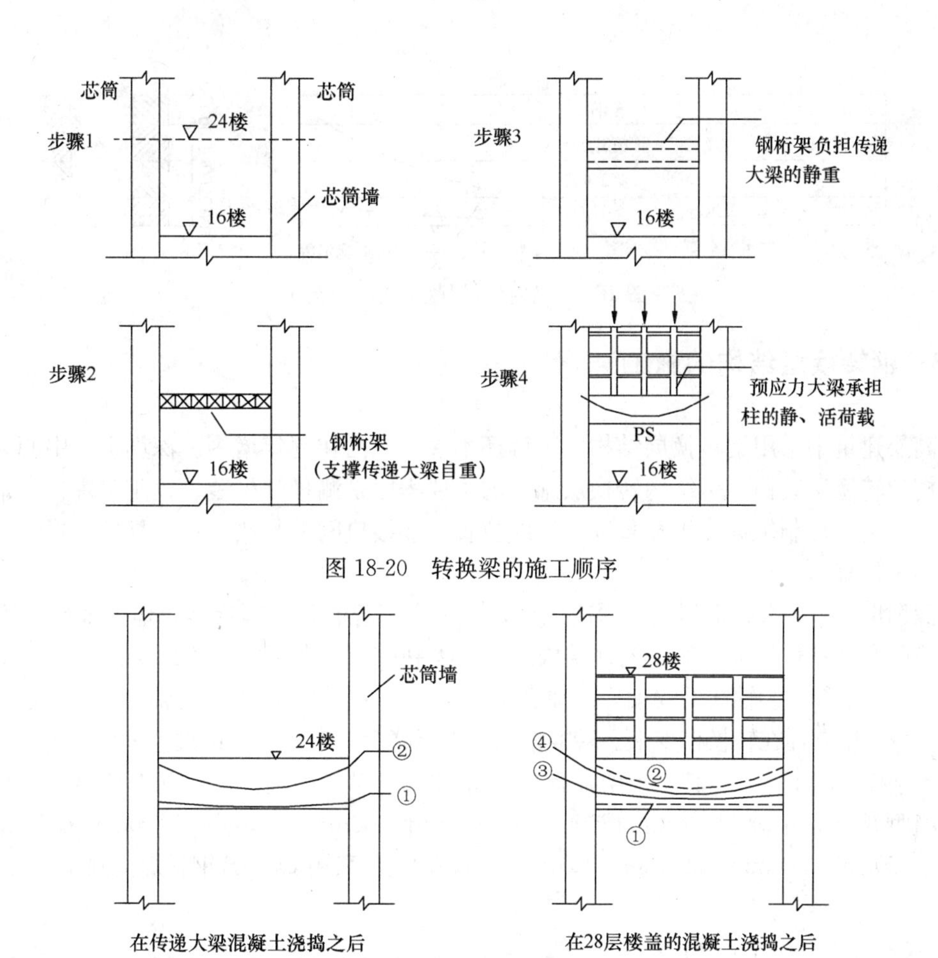

图 18-20　转换梁的施工顺序

图 18-21　预应力钢绞线束张拉次序

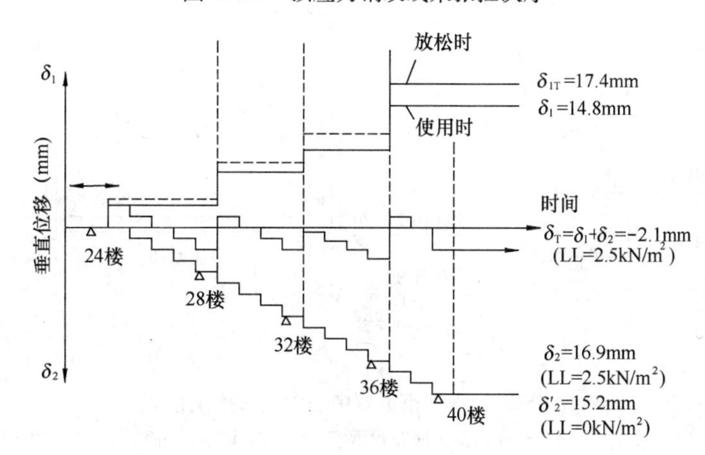

图 18-22　转换梁跨中的位移（δ）与浇捣了混凝土的上部层数的关系

土，因此混凝土浇捣时必须考虑水平施工缝的设置。混凝土的浇捣分四个阶段，第一阶段高度为 1.5m，第二阶段和第三阶段各为 2.2m，第四阶段为 1.5m，施工缝的位置如图 18-23所示。

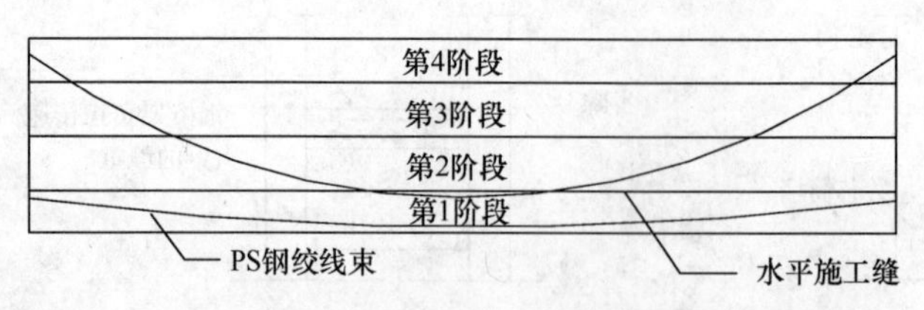

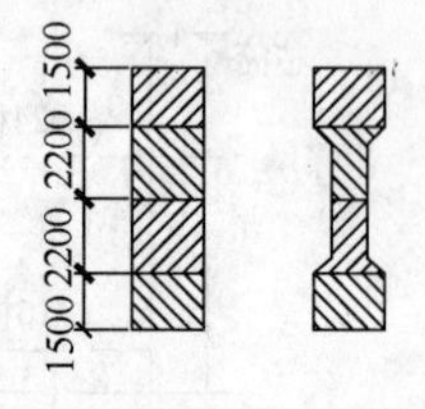

图 18-23 转换梁混凝土浇捣的次序

18.3 钢转换层结构的施工

高层建筑中采用钢转换层结构的工程还不多，但已在逐年增多。深圳世贸中心大厦采用钢桁架转换层结构。钢结构转换层施工的主要程序是测量、吊装、校正和焊接。钢转换层施工的主要控制指标为①垂直度与轴线位置；②接口间隙与错边；③焊接变形（产生垂直偏移和位移）。

深圳世贸中心大厦工程位于深南大道，是一座高智能化的写字楼，地下3层，地上53层，采用钢筋混凝土劲性框架-筒体结构。在裙楼中⑥～⑧轴线形成宽17.2m、高19.81m的中庭，第6层⑥～⑧轴线的Ⓐ轴～Ⓕ轴之间设置六榀转换钢结桁架，⑦轴上7～53层的劲性钢筋混凝土柱支撑在转换桁架上。转换桁架位于标高19.81～34.85m的空间内，桁架间设有水平十字撑（图18-24）。转换桁架共有64段钢柱，96节桁架构件，总重约1544t，构件全部采用箱型截面，主要尺寸为：1200mm×1200mm×50mm×50mm，1200mm×1000mm×50mm×50mm，800mm×800mm×36mm×36mm，全部采用Q345B钢材焊接制作。

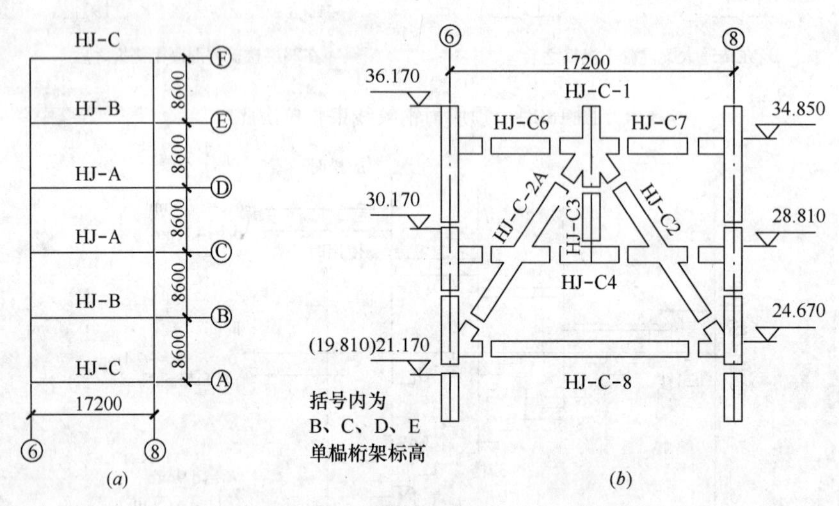

图 18-24 深圳市世贸中心大厦转换钢桁架

(*a*) 转换桁架平面布置示意；(*b*) 转换桁架立面

1. 测量放线

采用激光天顶仪将地面上的控制网点投递到第六层楼面。以六层楼面上的控制网点为准，用经纬仪、标准钢尺和弹簧秤配合将轴线放到钢柱柱顶，得到各轴的轴线，并在钢柱上的四个侧面上标识四个轴线控制点。

同理，在水平横梁（标高）的牛腿上做出距标准轴线800mm的辅助轴线，用于测量桁架的平面度和构件的吊装校正。

2. 吊装

每榀桁架吊装时，先吊大横梁、两人字架、再吊中间的水平和立桁架，最后吊装大节点，同时连接斜桁架和大节点的耳板，并在斜桁架的焊缝间隙处加塞钢板，使大节点的重量由两斜桁架承担。以Ⓕ轴线为例，吊装程序为：立柱→HJ-C-8→HJ-C-2（HJ-C-2A）→HJ-C4→HJ-C-1→HJ-6（HJ-7）。

根据桁架的特点，采取“单件就位、单件初校、整体校正”的方式。转换桁架安装过程中，钢柱的校正和桁架安装均按照轴线进行控制，钢柱和桁架中心线的偏差均应小于100mm。在保证桁架垂直度的前提下进行焊缝接口处的间隙与错边调整。

（1）对焊缝间隙过大但小于18mm的焊口，采用多层多道焊接工艺；

对大于18mm的焊口加设宽垫板后，在靠近母材一侧的坡口内进行焊接补肉，达到图纸要求的6～9mm后，将缝打磨平整，并进行UT探伤，合格后再焊接；

对间隙过小，3mm以下的焊口，采用氧－乙炔火焰切割或气刨的方式，修整出标准坡口，保证间隙在6～9mm范围内，然后加设工艺垫板；

对喇叭口接头，进行不均匀的补肉，使间隙达到均匀状态。

（2）对焊口错边采取以下处理方法（δ指最终实际错边，规范允许值$\delta\leqslant3$mm）：

1）平行错边或扭转错边$\delta\leqslant5$mm，采用焊缝补强处理；

2）5mm$<\delta\leqslant$18mm采用贴板补强处理；

3）18mm$<\delta\leqslant$22mm采用加传力板方法处理；

4）22mm$<\delta\leqslant$25mm采用加传力板、加贴板处理。

3. 焊接

焊接是保证校正结果和桁架质量的重要手段，其中的关键是控制焊接变形和焊接应力。

（1）焊接程序的选择

1）按大节点为中心可对称扩散的顺序，对称焊接，尽量采用相同的焊接电流和速度，使焊缝能够均匀收缩。

2）对同一构件应先焊接一端，冷却后焊接另一端，即让变形处于自由状态下，减少焊接应力的累加。

3）对交叉点，交叉两侧焊缝可同时对称焊接。

4）一条焊缝应先立焊后仰平焊，立焊同时对称焊接，并在平仰焊缝两侧实施刚性固定，待焊缝冷却到常温后，再进行仰焊和平焊。

5）活口收缝时，如在牛腿上则可以适当采取反变形措施，即预先将钢柱向变形相反的方向倾斜，同时焊接过程中采取“加圆钢固定”、“退焊”、“焊后加热焊缝”等工艺措施，减少焊接温度应力和应变。

（2）减少焊接变形和焊接应力的措施

1）严格按照规定的焊接顺序施焊。

2）尽可能对称施焊，使产生的变形均匀、直线分布、不产生弯转。

3）对缝隙较大及预留的活口进行焊接时，可以在焊接间隙中加入20～30mm长的ϕ32圆钢，沿焊缝等距两点分布，采用焊缝点焊固定，待焊缝完成钢板厚度的一半以上后，将圆钢去除，并将余下的焊缝完成。这种方法起到了刚性固定作用，使坡口内的焊缝收缩受到限制，减少焊接收缩变形。

4）为防止焊缝焊接过程中起弧和收弧点因温度差而产生的焊接应力以及变形的不均匀，在焊接过程中应采取逐步退焊工艺进行操作，同时对接头进行清理。

5）在焊接过程中，应合理应用多层多道焊工艺，尽量减少与母材的接触面积，在焊缝与母材之间创造一个能够自由收缩的间隙。必须注意安装构件完成后加设的垫板，在直坡口侧必须先焊接牢固，防止垫板上翘造成未熔合。

6）为了有效地释放焊接过程中产生的焊接应力，对于填充层可以采用气动圆头风镐或手锤对焊缝进行均匀的敲打，打底焊缝和盖焊缝除外。

7）对个别缝隙或应力较大的焊口在实施以上措施的同时，也可以在焊缝两侧加焊刚性固定板限制收缩。

4. 焊接工艺

（1）焊前预热

对大于 36mm 的厚钢板，在焊接前采用烤枪对焊缝坡口及两端 100mm 范围内进行预热处理，预热温度 100～120℃，采用电子测温仪监控，达到温度后进行焊接。

（2）焊条烘干处理

在焊条使用前，将焊条在 350～400℃烘干箱内烘干 1h，采用保温筒盛装，随取随用，焊条在空气中外露 4h 以后必须重新烘干，重新烘干次数不得多于 2 次。

（3）仰焊质量保证措施

1）严格按焊接顺序和方法进行。

2）焊前进行清理坡口间隙，进行确认、修整，加设工艺垫板并确保垫板焊接牢固且不产生弯曲或上翘影响焊缝的熔深，确保打底层焊透。

3）焊层间应用风铲清理焊渣，对于两边沟槽及深度夹渣采用碳弧气刨清除干净，并用磨光机打磨后重新焊接。

4）在交接班时，应用氧－乙炔火焰对焊缝进行烘烤，去除湿气，使之具有一定的温度，减少温度应力。

5. 焊缝质量检测

采用超声波探伤仪检验焊缝质量，对有缺陷的焊缝，应清除缺陷两端 50mm 部分，并按正式焊缝相同的焊接工艺进行补焊，直至焊缝达到质量要求。

18.4 高层建筑转换层结构的施工力学问题

高层建筑中转换结构构件常常要承受其上部结构传下来的巨大竖向荷载（或悬挂下部结构的多层荷载），使得转换结构构件的内力很大，因此，竖向荷载成了控制转换结构构件设计的主要因素，同时转换结构构件通常具有数倍于上部结构的跨度，其竖向挠度成为严格控制的目标。因此，为保证转换结构构件具有足够的强度和刚度，致使转换结构构件的截面尺寸不可避免地高而大。以往高层建筑结构设计强调的是结构使用阶段，而对高层建筑转换层结构设计除须考虑使用阶段外，还应考虑施工阶段的力学问题。

应根据工程的实际情况和转换层结的特点，合理选择转换层结构的模板支撑方案，确定模板支撑的布置方式，明确支撑的荷载传递途径，以考虑其对结构楼板或梁承载力的影响。一般情况下，转换层的混凝土自重以及施工荷载是非常大的，而这又是结构设计中未能考虑的附加荷载。设计阶段未能考虑到转换层的施工方案，往往需要待施工阶段才能采取相应的措施来修改相关构件的设计。

当转换层底模板的支撑系统采用常规浇筑法施工时，由于转换层底模的施工荷载很大，其支撑往往需要从转换层底一直支撑到下部几层楼面或底层地面（或地下室的底板）。此时，应对相应楼板的承载力进行验算。

当转换层底模板的支撑系统采用叠合法施工时，应注意叠合面的处理，必要时在叠合面处采取特殊的构造措施，以保证转换层的整体承载力不因混凝土的分成浇筑而降低。同时，应对叠合浇筑的转换梁或厚板进行施工阶段的承载力验算。

当转换层底模板的支撑系统采用荷载传递方法施工时，支撑楼面的数量应通过计算来确定。必要时可同设计单位商量对相应楼板的设计进行更改，增加转换层下面若干层楼板的厚度，提高楼板的承载力。

例如芜湖新百货大厦工程，地下 1 层，地上 31 层，大厦 6 层以下主要用作商场，采用大柱网框架结构，8 层以上主要用作宾馆客房，在第 7 层设置转换层，其外围转换梁截面尺寸 1.0m×3.0m，跨度为 8.3m，混凝土强度等级 C40。考虑到转换梁自重较大（75kN/m），再加上施工时模板及施工活荷载（5.0kN/m），这样转换梁总线荷载达 80kN/m，下层楼板无法直接承受，施工中考虑采用叠合梁原理，将转换梁分三次浇筑，其水平施工缝分别设在第 7 层楼面和 8 层楼盖框架梁底，混凝土三次浇筑的高度分别为 0.80m、1.35m 和 0.85m（图 18-25）。

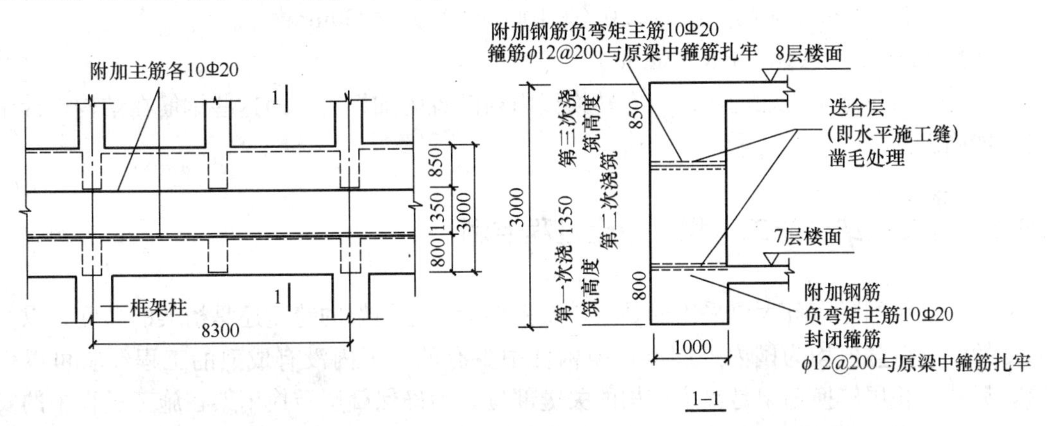

图 18-25　转换梁示意图

（1）第一次浇筑混凝土形成的梁所承受的荷载

永久荷载（自重）：$g_k=25\times1.0\times(0.8+1.35)=53.75\text{kN/m}$

可变荷载（模板及施工活荷载）：$q_k=5.0\text{kN/m}$

荷载设计值：　　　$q=1.2\times53.75+1.4\times5.0=71.5\text{kN/m}$

按等跨连续梁进行弹性内力计算（图 18-26）。

在梁内产生的支座最大内力：

$$M_{max}=-0.105ql^2=-0.105\times71.5\times8.3^2=-517.2\text{kN}\cdot\text{m}$$

$$V_{max}=0.606ql=0.606\times71.5\times8.3=359.6\text{kN}$$

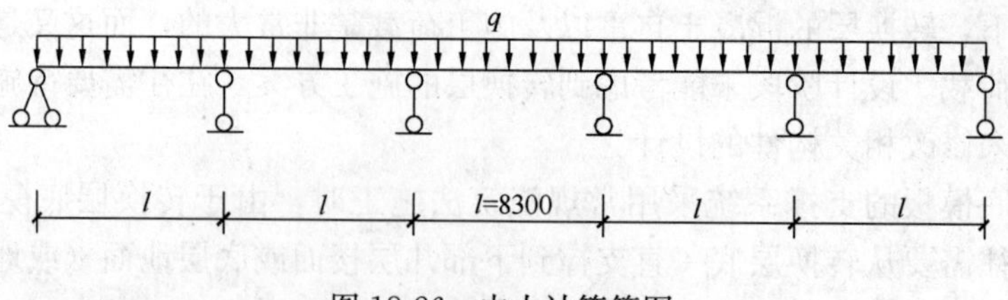

图 18-26　内力计算简图

（2）第二次浇筑混凝土形成的梁所承受的荷载

永久荷载（自重）：$g_k=25\times1.0\times3.0=75.0\text{kN/m}$

可变荷载（模板及施工活荷载）：$q_k=5.0\text{kN/m}$

荷载设计值：$q=1.2\times75+1.4\times5.0=97.0\text{kN/m}$

在梁内产生的支座最大内力：

$$M_{max}=-0.105ql^2=-0.105\times97.0\times8.3^2=-701.65\text{kN}\cdot\text{m}$$

$$V_{max}=0.606ql=0.606\times97.0\times8.3=487.9\text{kN}$$

（3）截面设计

施工阶段转换梁混凝土强度等级取其设计强度的 70%，即

$f'_c=0.7f_c=0.7\times19.1=13.37\text{N/mm}^2$，按《混凝土结构设计规范》（GB 50010—2010）进行正截面承载力计算。第一次浇筑形成的梁内需增设负弯矩钢筋面积：

$A'_s=2333.43\text{mm}^2$，选配 8Φ20($A'_s=2513.27\text{mm}^2>\rho_{min}bh_0=0.20\%\times1000\times765=1530\text{mm}^2$)

第二次浇筑形成的梁内需增设负弯矩钢筋面积：

$A'_s=1112.21\text{mm}^2<\rho_{min}bh_0=0.20\%\times1000\times2115=4230\text{mm}^2$

选配 14Φ20（$A'_s=4398.24\text{mm}^2$）

可见，由于施工方法的不同，在转换梁内须配置附加钢筋，而这些钢筋在结构设计中是不能确定的。

18.5　转换层结构施工过程受力全过程监测

上海裕年国际商务大厦采用的叠层转换桁架无论是桁架的跨度还是桁架的高度，以及承受的竖向荷载值均为国内外同类转换构件中少有的，国内没有成熟的工程经验可以借鉴。另外，叠层转换桁架是整个结构的关键部位，为确保叠层转换桁架在施工过程中的安全，对该工程中的预应力混凝土叠层转换桁架施工过程中的结构力学性能进行全过程监控是保证结构施工安全的重要环节和有力措施。通过对施工过程中叠层桁架及相连柱端各控制截面的钢筋应力和混凝土应变进行施工过程跟踪监测，对叠层转换桁架关键设计进行验证，并积累宝贵的重大工程经验[18-8][18-9]。

18.5.1　工程概况

上海裕年国际商务大厦地下 2 层均为车库和设备用房（其中地下第 2 层为战时 6 级人防）；地上 28 层（含顶层机房），其中 1 层、2 层为大堂吧、酒店、餐厅等；3 层为宴会厅和会议中心；4 层为健身、娱乐中心等；5 层为酒店管理、后勤、员工餐厅等；6～27 层旅馆，28 层为电梯机房。结构总高度 98.3m，总建筑面积为 44065m^2，其中，地上部分为 38015.2m²，地下部分为 6049.8m²。

为了在 4 层以下满足宴会厅、会议中心等大空间功能的要求，在④、⑦轴之间，F 轴线上柱抽掉，形成跨度为 3×8.2m＝24.6m 的大柱距。在转换的楼层（第 4、5 层）设置跨度为 24.6m，高度为（3.9m＋3.9m）的预应力叠层桁架转换层。该工程采用带转换层的钢筋混凝土框架-剪力墙结构，属于复杂高层建筑结构，设防烈度 7 度（0.1g）。

上海裕年国际商务大厦预应力混凝土转换桁架下弦配置 12-7Uϕ^s15.2 无粘结预应力筋，中弦配置 4-6Uϕ^s15.2 无粘结预应力筋，如图 18-27 所示。

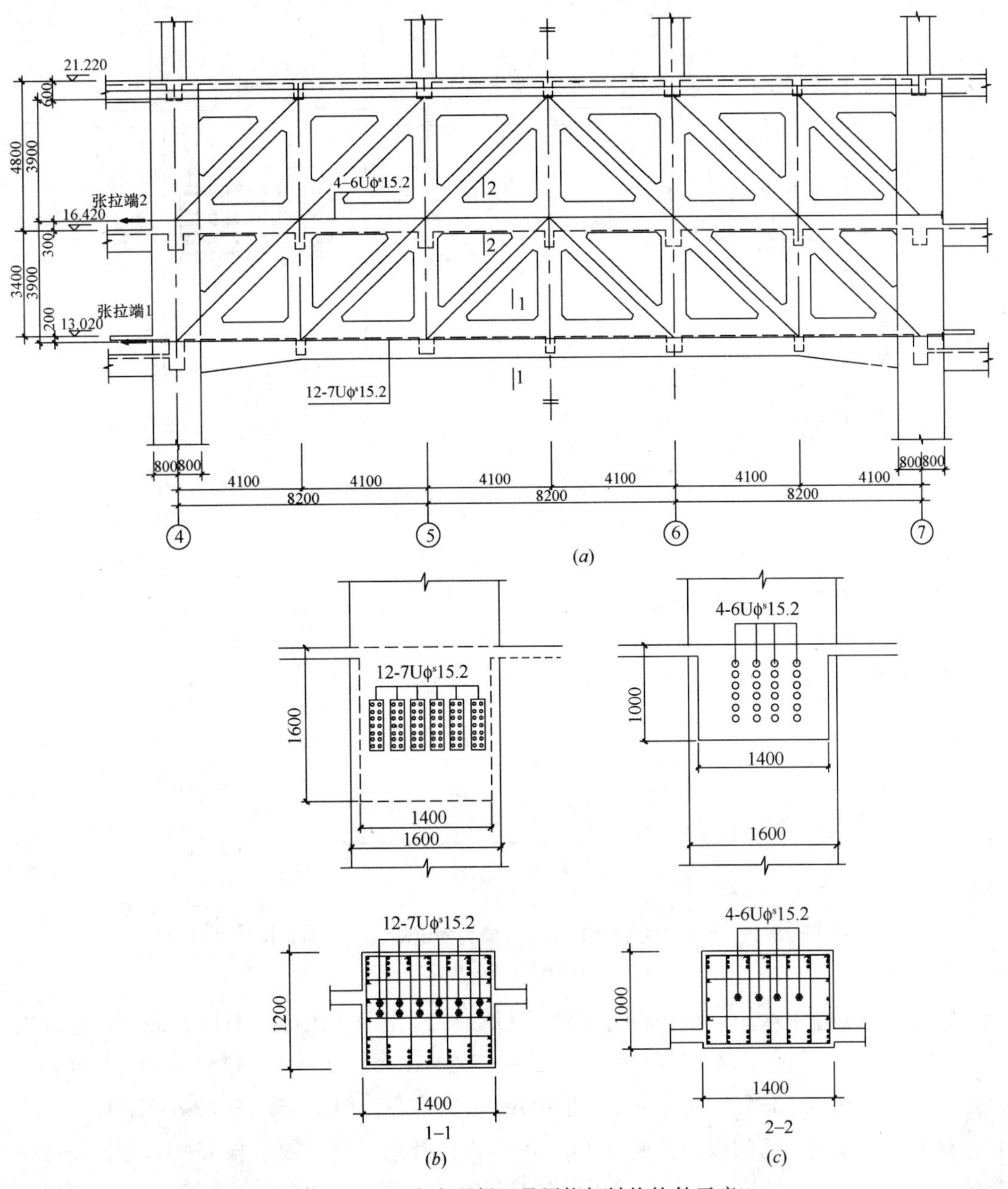

图 18-27　预应力混凝土叠层桁架转换构件示意

（a）叠层桁架立面；（b）张拉端 1 详图；（c）张拉端 2 详图

叠层桁架下弦预应力筋分两批张拉，中弦预应力筋一次张拉。下弦第一批张拉：主体结构施工至第10楼层，张拉下弦54Uϕ^s15.2预应力筋；第二批张拉：主体结构施工至20楼层，张拉下弦其余30Uϕ^s15.2预应力筋和中弦24Uϕ^s15.2预应力筋。即

第一批张拉下弦54Uϕ^s15.2钢筋，共分8批张拉(图18-28*a*)，即(1-1)7Uϕ^s15.2→(1-2)7Uϕ^s15.2→(1-3)7Uϕ^s15.2→(1-4)7Uϕ^s15.2→(1-5)6Uϕ^s15.2→(1-6)6Uϕ^s15.2→(1-7)8Uϕ^s15.2→(1-8)6Uϕ^s15.2。每根无粘结预应力筋的张拉控制力187.7kN，总张拉力N_{p11}=9948.1kN(注：54根无粘结预应力钢筋中有1根预应力筋张拉失效)。

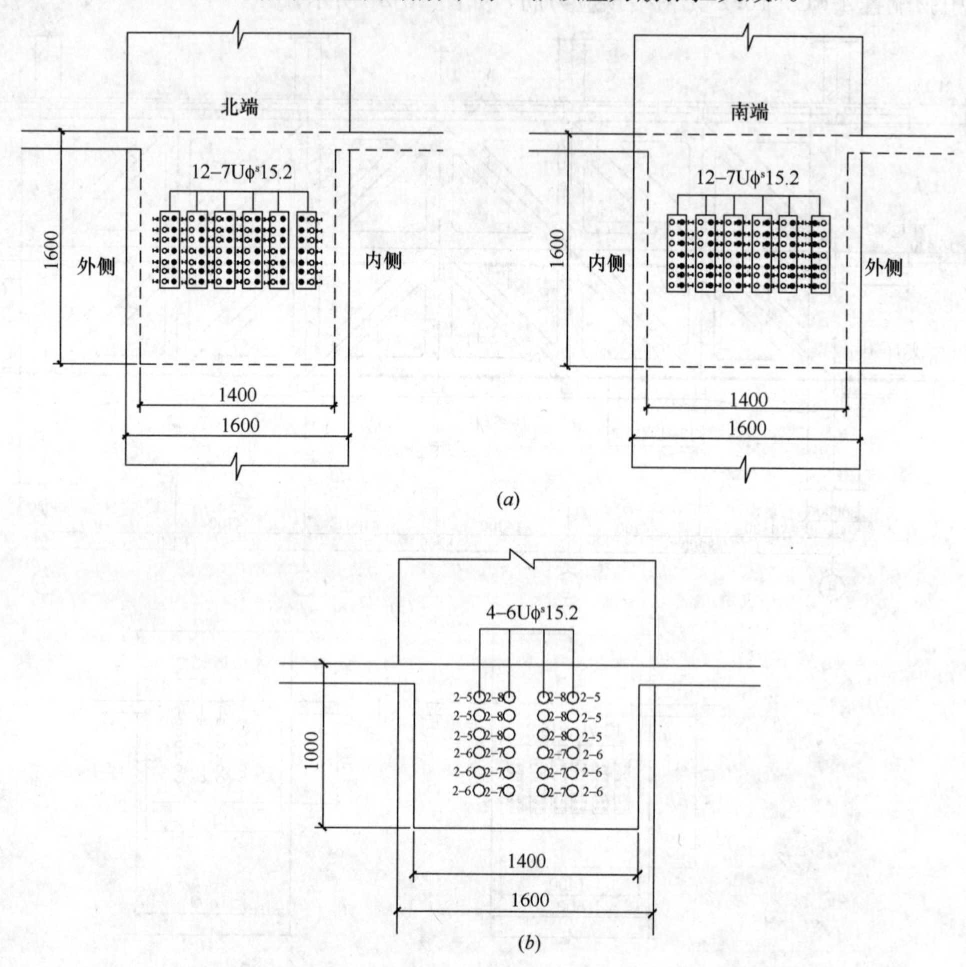

图18-28 预应力张拉次序示意（●为固定端、数字为张拉批次）
(*a*) 下弦；(*b*) 中弦

第二批先张拉下弦第一批张拉余下的30Uϕ^s15.2，再张拉中弦24Uϕ^s15.2，共分8次张拉(图18-28*b*)，即下弦(2-1)6Uϕ^s15.2→(2-2)8Uϕ^s15.2→(2-3)8Uϕ^s15.2→(2-4)8Uϕ^s15.2→中弦(2-5)6Uϕ^s15.2→(2－6)6Uϕ^s15.2→(2-7)6Uϕ^s15.2→(2-8)Uϕ^s15.2。下弦每根无粘结预应力筋的张拉控制力195.3kN(以弥补第一批张拉1根Uϕ^s15.2失效所引起的应力降低)，总张拉力N_{p12}＝5859.0kN；中弦每根无粘结预应力筋的张拉控制力187.7kN，总张拉力N_{p22}＝4504.8kN。

18.5.2 监测的内容和方法

(1) 测试内容

根据本工程预应力叠层转换桁架的受力特点，并结合其施工工艺，确定测试内容包括：

1) 叠层桁架各弦杆控制截面以及与其相连上、下柱端截面钢筋拉压力；

2) 叠层桁架各弦杆和斜腹杆混凝土轴向应变；

3) 叠层桁架下弦所在楼板混凝土应变；

4) 叠层桁架下弦各节点的竖向和水平向位移等。

(2) 测点布置

叠层桁架及相连柱端各控制截面布置20个钢筋测力计（图18-29）、各弦杆和斜腹杆布置8个混凝土表面应变计（图18-30），下弦杆所在楼板（板底）布置6个混凝土表面应变计（图18-31），叠层桁架下弦节点布置7个观测点（图18-30）。

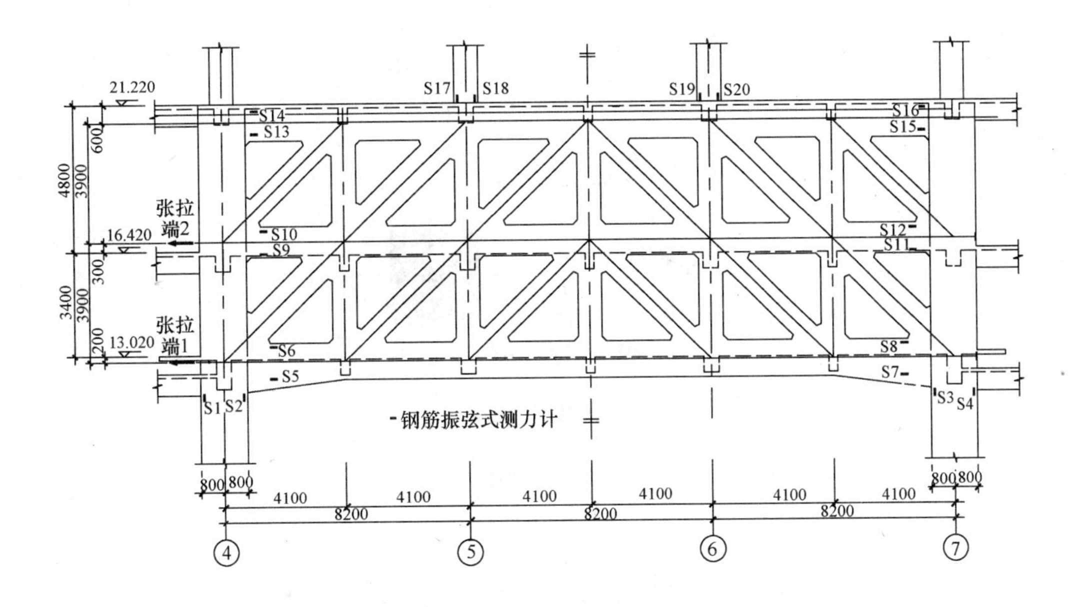

图18-29 转换桁架钢筋测力计布置

(3) 仪器设备

采用JTM-V1000型振弦式钢筋测力计（规格：ϕ25、ϕ32）测定叠层桁架及相连柱端钢筋的应力；采用JMT-V5000D型振弦式表面应变计测定转换桁架及下弦杆所在楼板的混凝土应变；采用TC802全站仪测定转换桁架下弦节点处的竖向和水平位移值。

(4) 观测情况

叠层桁架各控制截面钢筋拉压力、混凝土应变计以及桁架下弦节点处竖向和水平位移值共观测42个情况，见表18-2和图18-32。

每个情况均测读一遍数据，包括钢筋测力计、混凝土表面应变计、楼板面混凝土应变计数据，以及采用全站仪测读叠层桁架下弦节点的竖向和水平位移值。

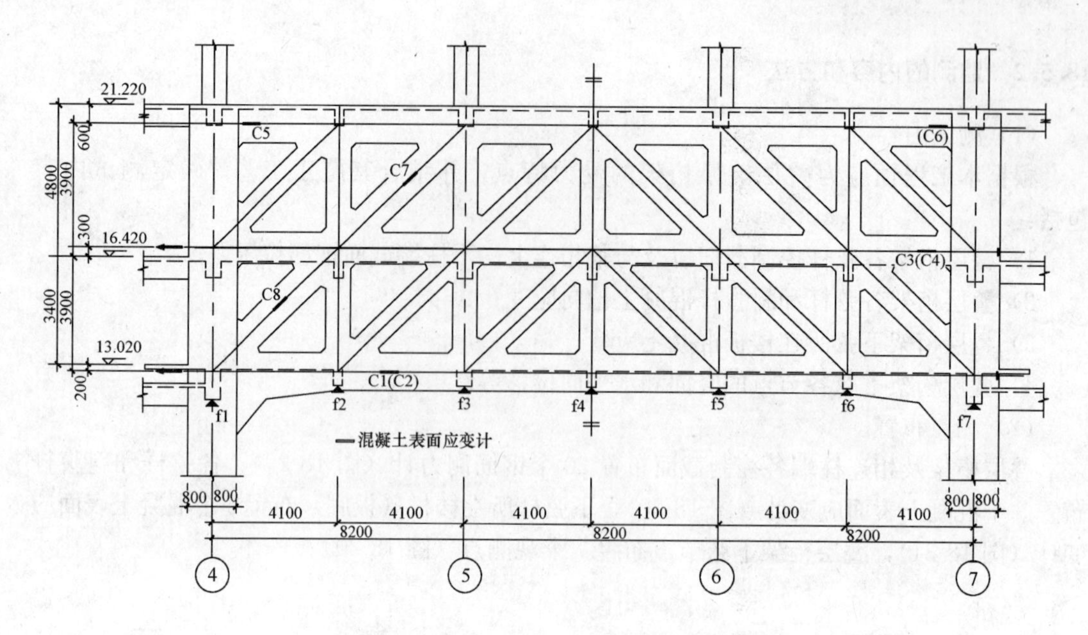

图 18-30　转换桁架混凝土表面应变计布置

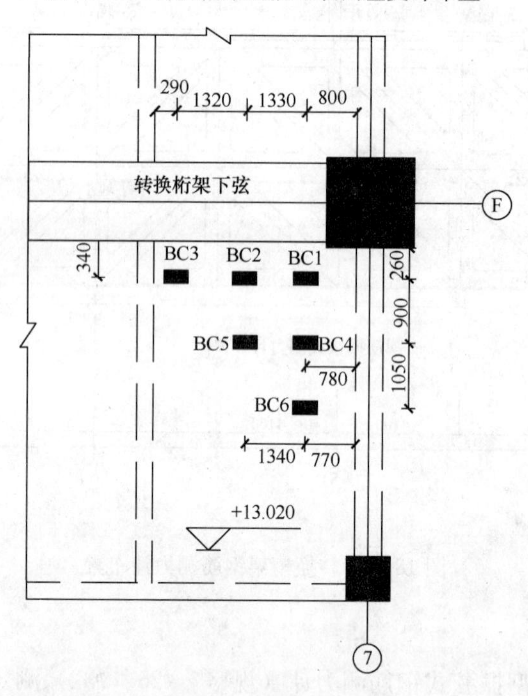

图 18-31　转换桁架下弦楼板底面混凝土应变计布置

施工监测情况　**表 18-2**

情况	观测情况	备注
情况 01	4 层楼面混凝土浇筑完成	首次测读叠层桁架下弦钢筋测力计数据
情况 02	5 层楼面混凝土浇筑完成	首次测读叠层桁架中弦钢筋测力计数据
情况 03	6 层楼面混凝土浇筑完成	首次测读叠层桁架上弦测力计数据
情况 04	7 层楼面混凝土浇筑完成	

续表

情况	观 测 情 况	备 注
情况 05	8 层楼面混凝土浇筑完成	
情况 06	9 层楼面混凝土浇筑完成	
情况 07	10 层楼面混凝土浇筑完成	
情况 08	11 层楼面混凝土浇筑完成	
情况 09	第一批预应力张拉（第 1 次）	张拉下弦（1-1）7Uϕ^s15.2 首次测读混凝土表面应变计
情况 10	第一批预应力张拉（第 2 次）	张拉下弦（1-2）7Uϕ^s15.2
情况 11	第一批预应力张拉（第 3 次）	张拉下弦（1-3）7Uϕ^s15.2
情况 12	第一批预应力张拉（第 4 次）	张拉下弦（1-4）7Uϕ^s15.2
情况 13	第一批预应力张拉（第 5 次）	张拉下弦（1-5）6Uϕ^s15.2
情况 14	第一批预应力张拉（第 6 次）	张拉下弦（1-6）6Uϕ^s15.2
情况 15	第一批预应力张拉（第 7 次）	张拉下弦（1-7）8Uϕ^s15.2
情况 16	第一批预应力张拉（第 8 次）	张拉下弦（1-8）6Uϕ^s15.2
情况 17	12 层楼面混凝土浇筑完成	
情况 18	13 层楼面混凝土浇筑完成	
情况 19	14 层楼面混凝土浇筑完成	
情况 20	15 层楼面混凝土浇筑完成	
情况 21	16 层楼面混凝土浇筑完成	
情况 22	17 层楼面混凝土浇筑完成	
情况 23	18 层楼面混凝土浇筑完成	
情况 24	19 层楼面混凝土浇筑完成	
情况 25	20 层楼面混凝土浇筑完成	
情况 26	第二批预应力张拉（第 1 次）	张拉下弦（2-1）6Uϕ^s15.2
情况 27	第二批预应力张拉（第 2 次）	张拉下弦（2-2）8Uϕ^s15.2
情况 28	第二批预应力张拉（第 3 次）	张拉下弦（2-3）8Uϕ^s15.2
情况 29	第二批预应力张拉（第 4 次）	张拉下弦（2-4）8Uϕ^s15.2
情况 30	第二批预应力张拉（第 5 次）	张拉中弦（2-5）6Uϕ^s15.2
情况 31	第二批预应力张拉（第 6 次）	张拉中弦（2-6）6Uϕ^s15.2
情况 32	第二批预应力张拉（第 7 次）	张拉中弦（2-7）6Uϕ^s15.2
情况 33	第二批预应力张拉（第 8 次）	张拉中弦（2-8）Uϕ^s15.2
情况 34	叠层桁架下弦支撑拆除	拆除下弦所有支撑
情况 35	21 层楼面混凝土浇筑完成	
情况 36	22 层楼面混凝土浇筑完成	
情况 37	23 层楼面混凝土浇筑完成	
情况 38	24 层楼面混凝土浇筑完成	
情况 39	25 层楼面混凝土浇筑完成	
情况 40	26 层楼面混凝土浇筑完成	
情况 41	27 层楼面混凝土浇筑完成	
情况 42	28 层楼面混凝土浇筑完成	结构封顶

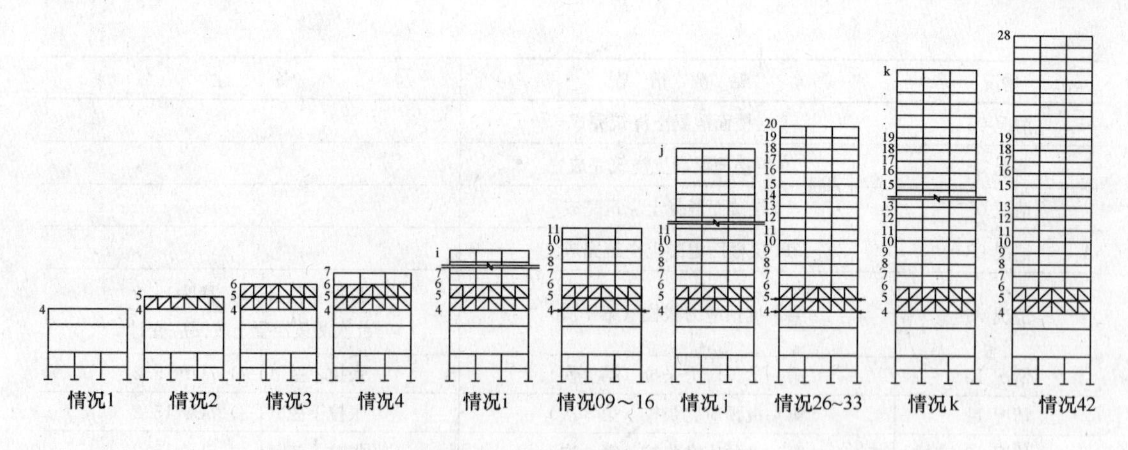

图 18-32　施工监测工况示意

钢筋拉压力按计算公式：

$$P_i = K \times (f_i^2 - f_0^2) \tag{18-6}$$

式中　P_i——第 i 情况被测钢筋的荷载（kN）；

K——钢筋计的标定系数（kN/F）；

f_0——钢筋计初始读数（Hz）；

f_i——第 i 情况被测钢筋计测试读数（Hz）。

混凝土应变按计算公式：

$$\varepsilon_i = K \times (f_i^2 - f_0^2) \tag{18-7}$$

式中　ε_i——第 i 情况被测混凝土的应变（$\mu\varepsilon$）；

K——混凝土应变计的标定系数（$\mu\varepsilon/Hz^2$）；

f_0——混凝土应变计初始读数（Hz）；

f_i——第 i 情况混凝土应变计测试读数（Hz）。

18.5.3　施工过程监测数据分析

1. 实测叠层桁架钢筋拉压力分析

实测表明（表 18-3），叠层桁架各弦杆端截面钢筋均为压力，其最大压应力约 −30MPa左右；而与叠层桁架相连的下柱、上柱端截面的最大压应力分别为 −55.550MPa、−80.924MPa。

实测钢筋受力最大值　　**表 18-3**

控制截面	最大压力（kN）	相应压应力（MPa）	备　注
与下弦相连下柱截面	−27.270	−55.550	S2、情况 27
下弦截面	−15.153	−30.868	S5、情况 27
中弦截面	−25.250	−31.400	S10、情况 22
上弦截面	−16.078	−32.752	S16、情况 22
与下弦相连上柱截面	−39.426	−80.924	S17、情况 28

（1）与叠层桁架下弦相连柱端部截面钢筋拉压力

图 18-33 给出了与叠层桁架下弦相连柱端截面钢筋受力的时程曲线，由图 18-33 可知：

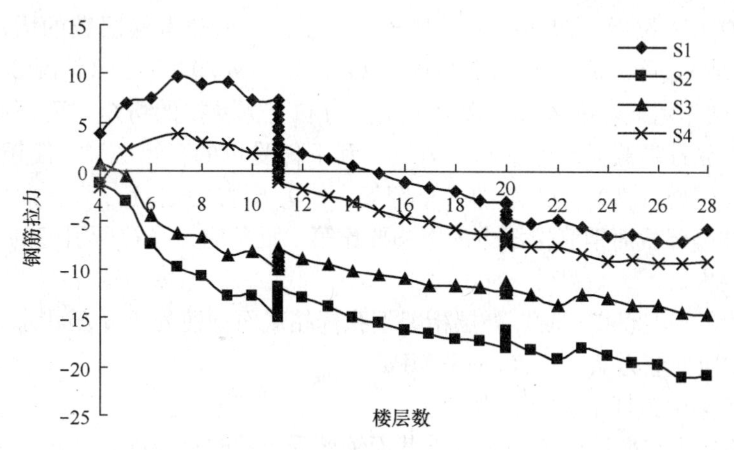

图 18-33　与叠层桁架下弦相连柱端截面钢筋受力时程曲线

1）钢筋（S1、S4）开始时处于受拉状态，随着楼层数的增加逐渐转化为受压状态，$(P_1)_{max}=9.7017$kN（情况 04）、$(P_1)_{min}=-7.1378$kN（情况 41）；$(P_4)_{max}=3.7684$kN（情况 04）、$(P_4)_{min}=-9.1461$kN（情况 42）。

2）钢筋（S2、S3）在整个施工过程中均处于受压状态，且随着楼层数的增加逐渐增大，$(P_2)_{min}=-27.2702$kN（情况 41），$(P_3)_{min}=-14.6402$kN（情况 42）。

3）叠层桁架弦杆预应力的施加使与叠层桁架下弦相连柱端截面产生轴向压力 ΔN 和内侧受拉的弯矩 ΔM，使钢筋（S1、S4）的拉力减小，钢筋（S2、S3）的压力减小，且钢筋（S1、S4）的拉力减小值大于钢筋（S2、S3）的压力减小值。第一批预应力张拉对叠层桁架相连柱端部截面钢筋拉压力的影响要比第二批预应力张拉所引起的相同截面钢筋拉压力的影响要大。

（2）叠层桁架下弦杆钢筋拉压力

图 18-34 给出了与叠层桁架下弦端截面钢筋受力的时程曲线。从图 18-34 可知：

1）S5 钢筋开始时处于受拉状态，随后的整个施工过程中处于受压状态，且随着楼层

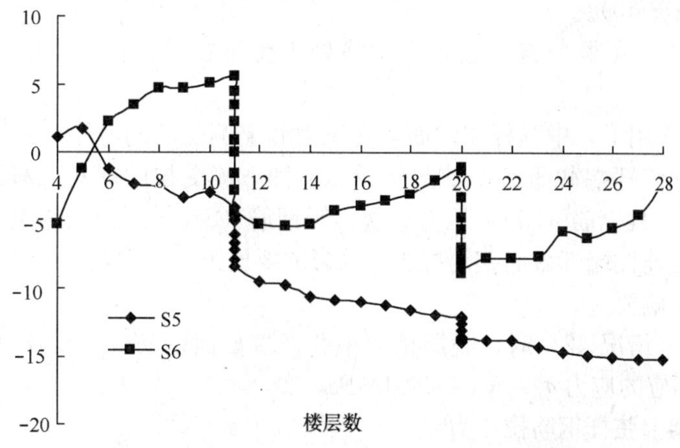

图 18-34　叠层桁架下弦端截面钢筋受力时程曲线

数的增加，钢筋所受到的压力增加，$(P_5)_{min}=-15.1289$kN（情况 42）。

2）在下弦杆第一批张拉前处于受拉状态，S6 钢筋随着楼层数的增加其拉力增加。下弦杆第一批预应力张拉后，钢筋（S6）处于受压状态，但随着楼层数的增加，其压力减小。最大拉力$(P_6)_{max}=5.615$kN（情况 08）、$(P_6)_{min}=-8.9265$kN（情况 33）。

3）竖向荷载作用下，下弦杆端截面承受拉力和上侧受拉的弯矩，而下弦预应力的施加使叠层桁架下弦杆端截面产生轴向压力 ΔN 和下侧受拉的弯矩 ΔM，使钢筋（S5、S6）的压力增大，且钢筋（S6）压力增量大于钢筋（S5）压力的增量。第一批预应力张拉对叠层桁架相连柱端部截面钢筋拉压力的影响要比第二批预应力张拉所引起的相同截面钢筋拉压力的影响要大。

4）结构封顶（情况 42）时，叠层桁架下弦杆端截面钢筋处于受压状态，$(P_5)_{min}=-15.1289$kN，相应的应力 $\sigma_s=-30.8187$MPa。

（3）叠层桁架中弦杆钢筋拉压力

图 18-35 给出了与叠层桁架中弦杆端截面钢筋受力的时程曲线，从图 18-35 可知：

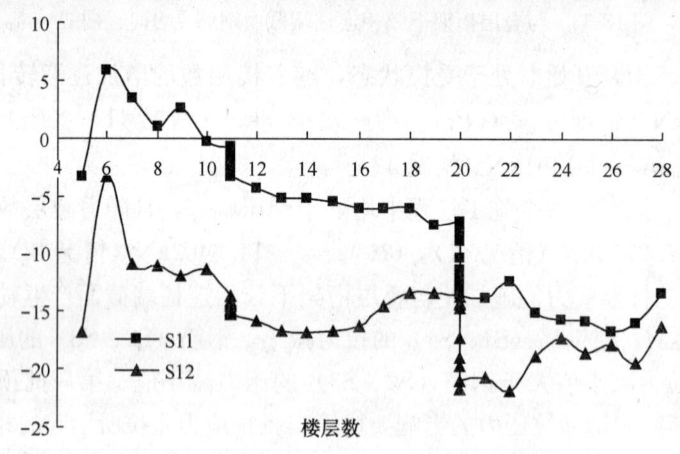

图 18-35　叠层桁架中弦端截面钢筋受力时程曲线

1）在下弦杆第一批预应力张拉前，钢筋（S11）处于受拉状态，而下弦杆预应力第一批张拉后，钢筋（S11）处于受压状态，且$(P_{11})_{max}=5.7898$kN（情况 03）、$(P_{11})_{min}=-16.6822$kN（情况 40）。

2）钢筋（S12）在整个施工过程中始终处于受压状态，且$(P_{12})_{min}=-21.9103$kN（情况 36）。

3）竖向荷载作用下，中弦杆端截面承受拉力和上侧受拉的弯矩，而下弦预应力的施加使与叠层桁架中弦杆端截面产生轴向压力 ΔN 和下侧受拉的弯矩 ΔM，使钢筋（S11、S12）的压力增大，且钢筋（S11）压力增量大于钢筋（S12）压力的增量。第二批预应力张拉对叠层桁架相连柱端部截面钢筋拉压力的影响要比第一批预应力张拉所引起的相同截面钢筋拉压力的影响要大。

4）结构封顶（情况 42）时，叠层桁架中弦杆端截面钢筋处于受压状态，$(P_{12})_{min}=-21.9103$kN，相应的应力 $\sigma_s=-27.2431$MPa。

（4）叠层桁架上弦杆钢筋拉压力

图 18-36 给出了与叠层桁架上弦杆端截面钢筋受力的时程曲线，从图 18-36 可知：

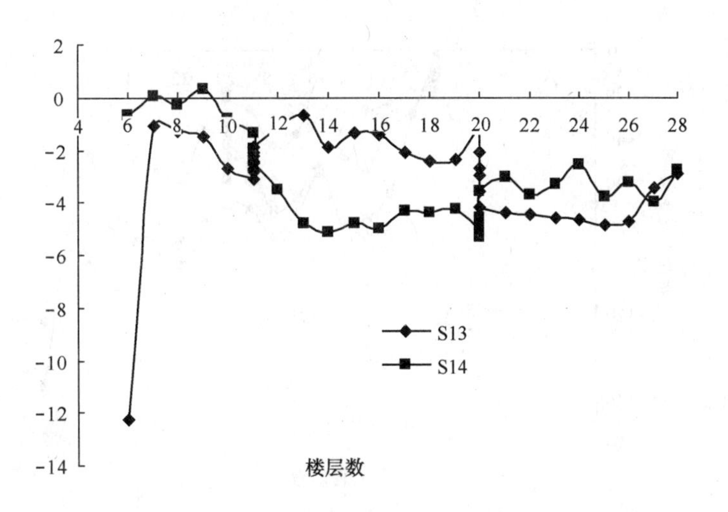

图 18-36　叠层桁架上弦端截面钢筋受力时程曲线

1）在整个施工过程中，钢筋（S13、S14）处于受压状态，且最大压应力发生在情况03，且$(P_{13})_{min}=-12.25853$kN，相应的应力$\sigma_s=-24.9715$MPa。

2）竖向荷载作用下，上弦杆端截面承受压力和上侧受拉的弯矩，而上弦预应力的施加使与叠层桁架中弦杆端截面产生轴向压力ΔN和下侧受拉的弯矩ΔM，使钢筋（S13）的压力减小，钢筋（S14）的压力增大。

（5）与叠层桁架上弦相连柱端截面钢筋拉压力

图 18-37 给出了与叠层桁架上弦相连柱端截面钢筋受力与楼层数关系图，从图 18-37 可知：

1）在整个施工过程中，钢筋（S17～S20）处于受压状态。且预应力张拉对与叠层桁架相连的上柱钢筋拉压力的影响很小。

2）钢筋最大压力发生在结构封顶（情况 42）时，且$(P_{17})_{min}=-39.7256$kN，相应的应力$\sigma_s=-80.924$MPa。

图 18-37　与叠层桁架上弦相连柱端截面钢筋受力时程曲线

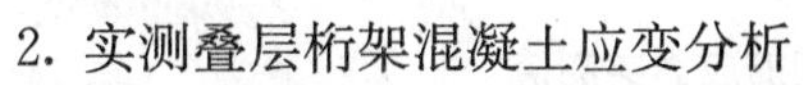

2. 实测叠层桁架混凝土应变分析

图 18-38 给出了叠层桁架下弦、中弦、上弦杆实测混凝土平均轴向应变时程曲线。图 18-39 给出了叠层桁架斜腹杆实测混凝土轴向应变时程曲线。

由图 18-38 可见，叠层桁架下弦杆第一批预应力张拉后，其下弦、中弦、上弦杆的混凝土轴向应变均为压应变，且最大平均压应变分别为$\bar{\varepsilon}_{c,1\text{-}2}=-122.767\mu\varepsilon$（情况 42）、$\bar{\varepsilon}_{c,3\text{-}4}=-155.214\mu\varepsilon$（情况 42）、$\bar{\varepsilon}_{c,5\text{-}6}=-150.384\mu\varepsilon$（情况 42）。

由图 18-39 可见，斜腹杆混凝土轴向压应变随着楼层数的增加而增大，其最大压应变$\varepsilon_{c,8}=-312.5931\mu\varepsilon$，平均压应变$\bar{\varepsilon}_{c,7\text{-}8}=-285.8411\mu\varepsilon$（情况 42）。

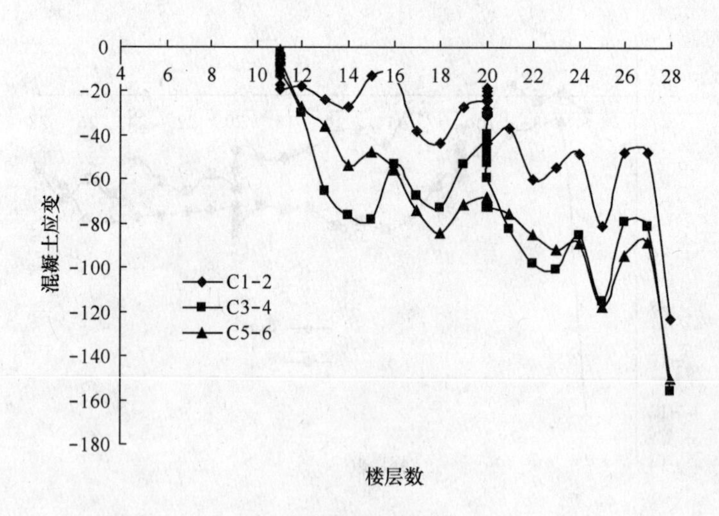

图 18-38　叠层桁架下弦、中弦和上弦杆混凝土轴向压应变时程曲线

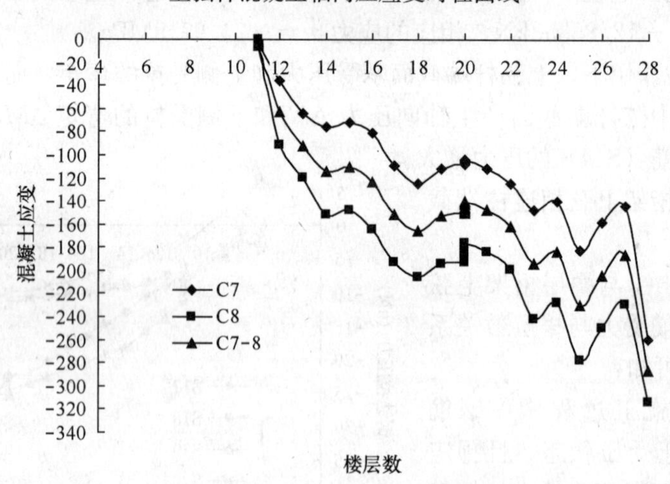

图 18-39　叠层桁架斜腹杆混凝土轴向压应变时程曲线

18.5.4　预应力施工监测数据分析

1. 实测叠层桁架钢筋拉压力分析

实测叠层桁架预应力张拉引起的钢筋应力如表 18-4 所示。

叠层桁架预应力张拉引起的钢筋应力实测值　　**表 18-4**

截面位置		下弦第一批张拉		下弦第二张拉		中弦张拉	
		ΔP（kN）	$\Delta\sigma_s$（MPa）	ΔP（kN）	$\Delta\sigma_s$（MPa）	ΔP（kN）	$\Delta\sigma_s$（MPa）
与下弦相连柱	S1	−4.4789	−9.1239	−1.9250	−3.9216	0.2477	0.5046
	S2	3.0867	6.2878	1.8761	3.8220	−0.3141	−0.6399
	S3	2.1658	4.412	1.2440	2.5343	−0.2418	−0.4926
	S4	−2.919	−5.9462	−1.1628	−2.3689	0.4088	0.8328

续表

截面位置		下弦第一批张拉		下弦第二张拉		中弦张拉	
		ΔP（kN）	$\Delta\sigma_s$（MPa）	ΔP（kN）	$\Delta\sigma_s$（MPa）	ΔP（kN）	$\Delta\sigma_s$（MPa）
下弦	S5	−4.2913	−8.7417	−1.7299	−3.5242	0.1845	0.3759
	S6	−9.9479	−20.2646	−4.3874	−8.9380	−3.1936	−6.5060
中弦	S11	−2.6661	−3.3150	−1.4054	−1.7475	−3.6894	−4.5874
	S12	−1.5141	−1.8826	−0.3997	−0.4970	−7.0412	−8.7550
上弦	S13	1.2258	2.4970	0.0520	0.1059	−2.5052	−5.1036
	S14	−1.0632	−2.1658	−0.1556	−0.3170	−0.6374	−1.2985
	S15	1.1923	2.4288	0.1209	0.2463	−2.0853	−4.2482
	S16	−1.6018	−3.2630	−0.0384	−0.0782	0.8740	1.7805
与上弦相连柱	S17	0.8636	1.7592	0.1440	0.2934	−0.3716	−0.7570
	S18	−0.7891	−1.6075	−0.4422	−0.9009	0.1039	0.2117
	S19	−2.0527	−4.1815	−0.6412	−1.3063	0.1943	0.3958
	S20	0.6458	1.1550	0	0	−0.0710	−0.1446

（1）下弦预应力张拉引起的次内力（次弯矩、次轴力）与外荷载在叠层桁架中引起的内力（弯矩、轴力）相反，对结构有利。

（2）预应力张拉使叠层桁架下弦、中弦和上弦杆产生的钢筋平均压应力分别为−23.800MPa、−10.392MPa 和 −3.141MPa，相应的混凝土轴向压应力分别为−1.934MPa、−0.844MPa 和−0.255MPa。

2. 实测叠层桁架混凝土应变分析

表 18-5 给出了叠层桁架预应力张拉引起的混凝土应变实测值。由表 18-5 可见：

（1）下弦杆预应力张拉引起叠层桁架下弦、中弦和上弦的混凝土轴向应变平均值分别为 $\Delta\bar{\varepsilon}_{12}=-28.431\mu\varepsilon$、$\Delta\bar{\varepsilon}_{34}=-18.792\mu\varepsilon$ 和 $\Delta\bar{\varepsilon}_{56}=-8.523\mu\varepsilon$，且 $\Delta\bar{\varepsilon}_{34}\approx(\Delta\bar{\varepsilon}_{12}+\Delta\bar{\varepsilon}_{56})/2$，即沿高度方向各弦杆的轴向应变分布规律基本符合平面假定。

叠层桁架预应力张拉引起的混凝土应变实测值比较　　表 18-5

截面位置		下弦第一批张拉		下弦第二批张拉		完成下弦张拉		中弦张拉	
		$\Delta\varepsilon$ ($\mu\varepsilon$)	$\Delta\bar{\varepsilon}$ ($\mu\varepsilon$)	$\Delta\varepsilon$ ($\mu\varepsilon$)	$\Delta\bar{\varepsilon}$ ($\mu\varepsilon$)	$\Delta\varepsilon$ ($\mu\varepsilon$)	$\Delta\bar{\varepsilon}$ ($\mu\varepsilon$)	$\Delta\varepsilon$ ($\mu\varepsilon$)	$\Delta\bar{\varepsilon}$ ($\mu\varepsilon$)
下弦杆	C1	−17.823	−19.018	−7.818	−9.413	−25.641	−28.431	−3.591	−4.057
	C2	−20.213		−11.007		−31.220		−4.523	
中弦杆	C3	−7.735	−11.831	−13.198	−6.962	−20.933	−18.792	−3.980	−5.790
	C4	−15.926		−0.725		−16.651		−7.600	
上弦杆	C5	−6.354	−6.327	−3.549	−2.196	−9.903	−8.523	3.549	1.2128
	C6	−6.300		−0.843		−7.143		−1.124	
斜腹杆	C7	−5.416	−5.171	−2.322	−5.536	−7.738	−10.707	0.464	4.7684
	C8	−4.926		−8.749		−13.675		9.072	

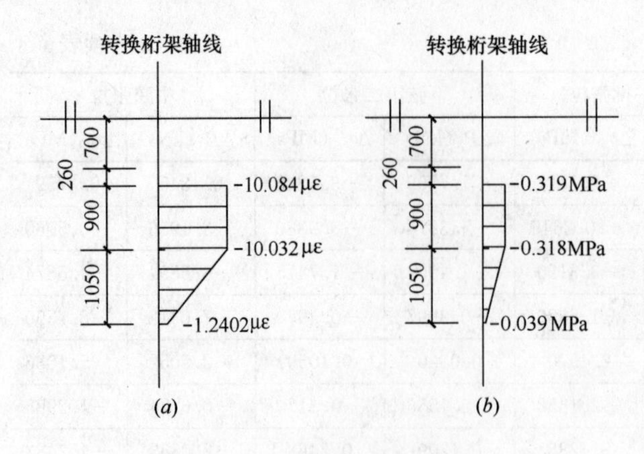

图 18-40 实测混凝土平均应变分布和平均应力分布规律

(*a*) 实测混凝土平均应变分布规律；(*b*) 实测混凝土平均应力分布规律

(2) 预应力张拉使叠层桁架下弦、中弦和上弦杆中产生的混凝土平均轴向压应变分别为－32.488$\mu\varepsilon$、－24.582$\mu\varepsilon$和－7.310$\mu\varepsilon$，相应混凝土轴向压应力分别为－1.056MPa、－0.799MPa和－0.238MPa。

3. 实测楼板混凝土应变分析

完成第一批张拉后，混凝土的平均压应变分别为：$\bar{\varepsilon}_{C1,2,3}=-10.084\mu\varepsilon$ ($\sigma_c=-0.319$MPa)，$\bar{\varepsilon}_{C4,5}=-10.032\mu\varepsilon$ ($\sigma_c=-0.318$MPa)，$\varepsilon_{C6}=-1.2402\mu\varepsilon$ ($\sigma_c=-0.0393$MPa)。实测混凝土平均应变分布和平均应力分布如图 18-40 所示。

根据实测楼板混凝土压应力的分布规律，假定楼板上混凝土应力的分布规律如图 18-41 所示。混凝土楼板所承受压力 $N_c=129.408$kN，约占第一批预应力总张拉控制力的 1.3%。

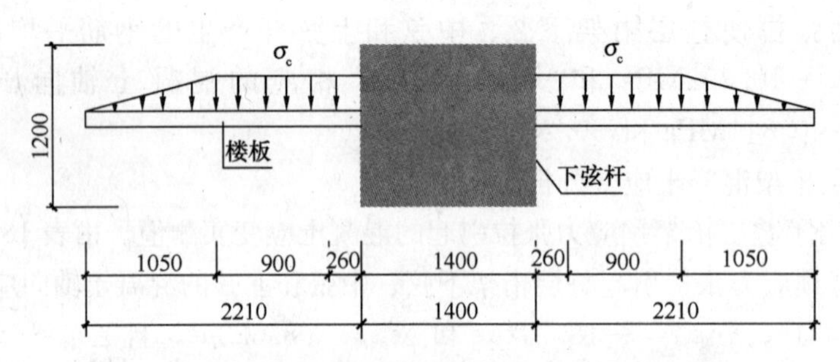

图 18-41 假定楼板上混凝土应力的分布规律

18.5.5 实测叠层桁架竖向、水平位移分析

实测叠层桁架下弦杆节点处竖向、水平变形如图 18-42 所示。由图 18-42 可见：

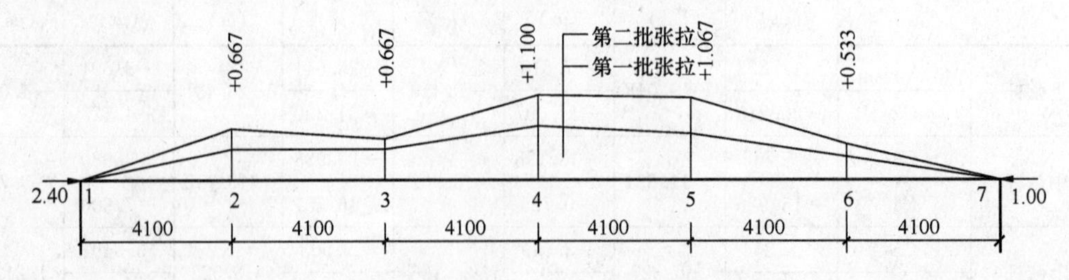

图 18-42 实测叠层桁架下弦节点处竖向位移和水平位移图

(1) 下弦第一批预应力张拉使叠层桁架产生向上最大反拱值 0.7mm，其下弦杆轴向

压缩值 1.90mm。下弦第 2 批预应力张拉和中弦预应力张拉使叠层桁架产生向上最大反拱值 0.467mm，其下弦杆轴向压缩值 1.50mm。因此，预应力张拉使叠层桁架产生向上的最大反拱值 1.1mm，其下弦杆轴向压缩值 3.4mm。

（2）叠层桁架下弦杆下支撑拆除时，叠层桁架产生向下的竖向位移值分别为 $f_2=-0.117$mm、$f_3=-0.333$mm、$f_4=-0.55$mm、$f_5=-0.367$mm、$f_6=-0.283$mm。

通过对上海裕年国家商务大厦预应力混凝土叠层转换桁架施工过程监测数据分析，可以得到以下主要结论：

（1）施加预应力使带叠层桁架的超静定结构产生次内力（次弯矩、次轴力），引起结构内力重分布。分析表明，预应力张拉所引起与转换桁架相连柱的上端截面、下弦端截面、中弦端截面、上弦端截面以及与转换桁架相连柱的下端截面的次内力与外荷载在相应截面引起的内力（弯矩、轴力）方向相反。

（2）叠层转换桁架及与之相连的柱端控制截面钢筋应力的测量结果反映的截面的受力特征与结构受力过程基本吻合。整个施工过程中，各控制截面钢筋的应力均远小于的屈服应力，叠层桁架下弦、中弦、上弦杆和斜腹杆的混凝土轴向压应变均远小于混凝土极限压应变，这表明叠层转换桁架在施工过程中的安全性有足够的保证。

（3）下弦杆预应力张拉引起叠层桁架下弦、中弦和上弦的混凝土轴向应变平均值分别为 $\Delta\bar{\varepsilon}_{12}=-28.431\mu\varepsilon$、$\Delta\bar{\varepsilon}_{34}=-18.792\mu\varepsilon$ 和 $\Delta\bar{\varepsilon}_{56}=-8.523\mu\varepsilon$，且 $\Delta\bar{\varepsilon}_{34}\approx(\Delta\bar{\varepsilon}_{12}+\Delta\bar{\varepsilon}_{56})/2$，即沿高度方向各弦杆的轴向应变分布规律基本符合平面假定。

（4）下弦杆预应力张拉使楼板混凝土受压，且其承受的压力约占预应力总张拉控制应力的 1.3%。因此，当楼板与弦杆之间未设置后浇带时，应考虑楼板承担一部分预应力，建议进行超张拉（2%～3%）σ_{con}。

（5）叠层转换桁架的竖向变形特征符合设计要求。预应力张拉使叠层桁架产生向上反拱，但这个数值很小，实测最大的反拱值为 1.10mm。随着支撑擦除、外荷载增加，变形恢复方向，并缓慢增加。叠层桁架下弦支撑拆除时，叠层桁架跨中最大竖向位移值为 −0.55mm。

18.6 转换层混凝土徐变、收缩和水化热

18.6.1 转换结构混凝土徐变

在进行转换梁承载力计算和挠度验算时，还须考虑混凝土徐变的影响。这对跨度大受荷重的转换梁更为重要。关于徐变的计算常采用有效模量法，该理论将徐变归入弹性变形，即徐变问题转化为相当的弹性变形来处理。

混凝土有效弹性模量 $E_c(\tau)$ 是应力与总应变之比，即

$$E_c(\tau)=\frac{\sigma(\tau)}{\sigma(\tau)\cdot C(t,\tau)+\sigma(t)/E(\tau)}=\frac{E(\tau)}{1+C(t,\tau)\cdot E(\tau)}=\frac{E(\tau)}{1+\phi(t,\tau)}\tag{18-8}$$

式中 $\phi(t,\tau)$——徐变系数，可用 ACI209 方法来计算；

$C(t,\tau)$——徐变量；

$E(\tau)$——混凝土弹性模量。

对一个给定的应力 $\sigma(t)$，总应变 $\varepsilon(t)$ 为：

$$\varepsilon(t)=\frac{\sigma(t)}{E_c(t)} \tag{18-9}$$

有效模量法（EM 法）是一种近似计算方法，但在工程设计方面几乎所有的规范都推荐的还是线性分析方法。所以，上述建议方法既能满足工程设计的需要，用起来又简便。

18.6.2 混凝土收缩和水化热

大体积混凝土在结构设计和浇筑混凝土时，须采取结构构造和施工措施，来避免混凝土的收缩和混凝土内外温差过大而开裂。

1. 混凝土内外温度计算

混凝土内外温度按式（18-10）计算：

$$T=\frac{WQ_0}{C\cdot\gamma_c}(1-e^{-mt}) \tag{18-10}$$

式中 T——混凝土绝对温度；

W——每立方米混凝土水泥用量（kg/m^3）；

Q_0——单位水泥 28d 的累积水化热（J/kg）；

C——混凝土的比热；

γ_c——混凝土的密度（kg/m^3）；

t——混凝土的龄期；

m——常数，与水泥品种、浇筑时的温度有关。

求混凝土最高绝对温升 T_{max} 时，令 $e^{-mt}=0$。即

$$T_{max}=\frac{WQ_0}{C\cdot\gamma_c}$$

对大体积混凝土最高温度发生在第 3 天，因此，混凝土浇筑后内部最高温度 T_H：

$$T_H=T_t+T_0 \tag{18-11}$$

式中 T_t——混凝土内部实际最高温升（℃）；

T_0——混凝土入摸时的温度，按 10℃计算。

不采取任何保温措施，按大体积混凝土施工进行估算，在第 3 天混凝土表面温度能达到 T，因而混凝土内外温度 ΔT：

$$\Delta T=T_H-T$$

根据宝钢经验，控制混凝土内外温差 $\Delta T<25$℃。

2. 温度应力计算

由于降温与混凝土收缩的共同作用，可能引起混凝土开裂的最大拉应力 σ_{max} 为

$$\sigma_{max}=\Sigma\Delta\sigma_i=\sum_{i=1}^{n}\alpha_c\Delta T_iE_i\left(1-\frac{1}{ch\left(\beta\frac{L}{2}\right)}\right)S(t,t_\lambda) \tag{18-12}$$

式中 α_c——混凝土线膨胀系数；

$\beta=\sqrt{\frac{C_x}{1+E_i}}$，$C_x$ 为阻力系数。

18.7　高层建筑转换层结构施工的几点建议

通过对高层建筑转换层结构施工工艺的分析和总结，可得以下施工建议[18-2]：

1. 对截面尺寸较大的转换构件宜按大体积混凝土组织施工。在进行转换结构截面承载力计算和挠度验算时，还需要考虑转换结构混凝土徐变、收缩的影响及大体积混凝土的水化热问题。在选用水泥方面和施工方法上，应采取防止混凝土内外温差过大和提高混凝土抗拉强度的措施。

2. 转换结构的自重及施工荷载较大，必须对其模板支撑方案进行设计以保证支撑系统具有足够的强度和稳定性。搭设支撑时，要求上、下层支撑在同一位置，以保证荷载的正确传递。同时，应确定合理的拆除支撑的次序，使施工阶段的受力达最小。

3. 当转换结构下层空间高度较大，难以设置脚手架支撑时，可采取下列措施：

（1）转换结构采用内埋型钢（或钢结构）的方法，型钢（或钢结构）可以来支撑浇筑混凝土时所需的模板和脚手架，以确保模板和脚手架不致走动。

（2）采用叠合梁原理将转换梁（厚板）混凝土分两次浇筑，即采用一次形成的钢筋混凝土梁（板）来支承第二次浇筑的混凝土和施工荷载，形成叠合梁（板），以解决转换梁（厚板）的施工荷载传递问题，为保证第一次浇筑混凝土梁（板）和第二次浇筑混凝土叠合面的抗剪承载力，将施工缝做成齿槽。

4. 由于转换结构承托的竖向荷载较大，预应力钢筋的用量较多，要采取措施防止张拉阶段预拉区开裂或反拱过大，可采取择期张拉技术或分阶段张拉技术，即待转换结构上部施工数层之后再张拉预应力或分期分批张拉预应力钢筋以平衡各阶段荷载的预应力技术。采用择期张拉的预应力技术在张拉之前转换结构下的支撑必须加强。

5. 设置模板支撑系统后，转换结构施工阶段的受力状态与使用阶段是不同的，应对转换梁（厚板）及其下部楼层的楼板进行施工阶段的承载力验算。结构设计时，应综合考虑转换结构的施工支模方案，建立符合实际的力学分析模式，达到设计和施工的统一。

参　考　文　献

[18-1]　唐兴荣．高层建筑转换层结构设计与施工[M]．北京：中国建筑工业出版社，2002

[18-2]　唐兴荣．高层建筑转换层结构施工中几个问题的探讨[J]．施工技术，2000，29(8)：35、51.

[18-3]　郭晴霞，袁世俊．5．1m高转换层大梁施工技术[J]．施工技术，1998，27(8)：12～13

[18-4]　王驿．富景大厦转换层的施工[J]．施工技术，1996，25(2)：18～19

[18-5]　李金根，郭正兴．钢筋混凝土转换大梁预应力施工技术[J]．施工技术，1997，26(12)：25～27

[18-6]　张谨，李维滨，荀杰．大跨度预应力井式转换梁施工[J]．施工技术，1998，27(12)：28～29

[18-7]　冯健，张涛．预应力混凝土曲线转换梁施工[J]．施工技术，1997，(12)：11～12

[18-8]　唐兴荣，王燕，王恒光，李翠杰．预应力混凝土叠层桁架转换结构的施工技术和实测数据分析[J]．施工技术，2009，38(10)：54～57

[18-9]　唐兴荣．上海裕年国际商务大厦预应力叠层桁架施工过程观测数据分析报告[R]．苏州：苏州科技学院，2009

附录一　带转换层高层建筑结构工程实例

带梁式转换层高层建筑结构主要特征数据　　附表 1-1

序号	工程名称	层数	结构类型	转换层类型	承托层数	跨度(m)	截面尺寸(m×m)	材料
1	深圳云峰花园	39	框架-剪力墙结构	梁式(托墙)	30	7.5	0.8×2.0、1.5×2.0	R.C.
2	深圳海滨花园	29	框支剪力墙结构	梁式(托墙、加腋)	24	11.1	1.0×1.6、1.1×1.8	R.C.
3	深圳彩龙商业城	34+3	框架-核心筒(5层以下) 剪力墙结构(5层以上)	梁式(托墙)	29	14.82	1.2×2.4、2.4×2.4	R.C.
4	深圳荔湖花苑大厦	30	框支剪力墙结构	梁式(托墙)	26	10.2	1.0×1.8、1.3×2.2	R.C.
5	天津华信商厦	48+3	筒中筒结构	梁式(托柱)	46	8.0	1.3×4.0	P.C.
6	南京新世纪广场	30+2	框支剪力墙结构	梁式(托墙)	30	9.90	1.2×2.2	R.C.
		55+2	框架-筒体结构	斜杆桁架(托柱)	50	8.125	高 7.0	P.C.
7	深圳园岭中心区园中花园	35	框架-筒体结构	梁式(加腋)	30	7.6	0.8×1.8	R.C.
8	珠海园明山庄商住楼	31	框支剪力墙结构	梁式(托墙、加腋)	27	6.7	梁高 1.8	R.C.
9	辽宁省艺术中心大厦	20	框架-剪力墙结构	梁式(托柱)	13	23.4	0.55×3.5	R.C.
10	西安小寨1号院高层综合楼	30	框架-剪力墙结构	梁式	25	6.3	梁高 1.2	R.C.
11	四川广元星江大厦	25	框支剪力墙结构	梁式(托墙)	21		梁高 1.9	R.C.
12	上海控江大楼1号楼	30	筒中筒结构	梁式	27		0.3×1.5、0.5×1.8	R.C.
13	广东南海瑞安花园	43	框架-筒体结构	梁式 桁架式	35	8.0	1.6×1.9、1.7×1.9	R.C.
14	广东惠州好利商业中心	32	框架-筒体结构	梁式	23	9.575	0.8×2.8	R.C.
15	南京状元楼酒楼	12+1	框架结构	梁式(托柱、开洞) 梁式(托柱)	9 3	8.6 19.6	0.6×2.5(主楼) 0.7×2.5(裙楼)	P.C.

续表

序号	工程名称	层数	结构类型	转换层类型	承托层数	跨度(m)	截面尺寸(m×m)	材料
16	广东迎宾馆	10	框支剪力墙结构	梁式(托墙)	8	6.8	0.5×2.5	R. C.
17	北京煤炭总公司高层商住楼	18+2	框支剪力墙结构	梁式(托墙、加腋)	16	6.8	0.6×0.9	R. C.
18	北京军队离休干部活动中心	21+2	框架-剪力墙结构	梁式(托墙)	17	7.2	0.4×1.2	R. C.
19	北京南洋饭店	24+2	框支剪力墙结构	梁式(托墙)	19	8.0	1.5×4.8	R. C.
20	广州嘉应宾馆	30+2	框支剪力墙结构	梁式(托墙)	25	10.6	0.4×3.8、0.5×3.8	R. C.
21	深圳沙头角大厦	23	框支剪力墙结构	梁式(托墙)	29	7.6	0.7×1.8	R. C.
22	深圳华侨大酒店	28+1	框支剪力墙结构	梁式(托墙)	22	12.0	1.7×2.5	R. C.
23	广东肇庆星湖大酒店	34+1	筒中筒结构	梁式(托柱)	28	8.1	0.5×2.5	R. C.
24	西安华辉大酒店	20+1	框支剪力墙结构	梁式(托墙)	15		1.0×1.0	R. C.
25	深圳外贸中心大厦	39+1	筒中筒结构	梁式(托柱)	34	7.4	1.8×4.0	R. C.
26	深圳四川大厦	34+1	框架-筒体结构	梁式(托柱)	14	11.25	0.7×2.85	R. C.
27	北京渔阳饭店	28+2	筒中筒结构	梁式(托柱)	25	7.6	1.0×1.85	R. C.
28	深圳航空大厦	37+1	筒中筒结构	梁式(托柱)	32	7.9	1.0×3.9	R. C.
29	深圳亚洲大酒店	33+1	巨型框架结构	梁式(托柱)	每6层设大梁			R. C.
30	深圳中国银行大厦	36+1	框架-筒体结构	梁式(空腹)(托柱)	30	20.0	2.0×5.4	R. C.
31	北京铁路局20号区高层住宅	12	框架-剪力墙结构	梁式(开洞)	9	7.5	0.4×2.5、0.6×2.5	R. C.
32	苏州八面风商厦	22	巨型框架结构	梁式(托柱)	每14层设梁	21.5	1.5×2.5	P. C.
33	北京商务会馆	15	框支剪力墙结构	梁式(托墙)	11	9.0	0.6×1.2、0.6×1.5	R. C.
34	深圳福田保税区管理中心	57	框支剪力墙结构	梁式(托墙)	50	7.5	梁高1.5	S. R. C.
35	深圳裕龙大厦		框支剪力墙结构	梁式(托墙)		6.0	0.6×1.74	R. C.
36	深圳华裕花园	34	框支剪力墙结构	梁式(托墙)	37	11.1	1.0×1.8、0.8×2.4	R. C.

续表

序号	工程名称	层数	结构类型	转换层类型	承托层数	跨度(m)	截面尺寸(m×m)	材料
37	深圳流花大厦		框支剪力墙结构	梁式(托墙)		6.6	0.8×1.4	R.C.
38	北京太平洋饭店	19	框支剪力墙结构	梁式(托墙)	11	7.8	梁高 2.4	R.C.
39	北京国际贸易中心国际旅馆	26	框架-剪力墙结构	梁式(托柱)	20	9.0	梁高 1.8	S.R.C.
40	上海华亭宾馆	30	框架-剪力墙结构	梁式(托柱)	24	9.07	梁高 5.85	R.C.
41	广西柳州工业品贸易中心	32	框支剪力墙结构	梁式(托墙)	25		1.0×2.0	R.C.
42	广州金鹰大厦	34	框支剪力墙结构	梁式(托墙)	29	6.7	0.7×1.6	R.C.
43	深圳大滩大厦	30	框支剪力墙结构	梁式(托墙)	23	6.3	0.7×1.6	R.C.
44	深圳瑞信大厦	28	框架-筒体结构	梁式	24	6.8	0.7×1.6	R.C.
45	浙江宁波金龙饭店	27	框支剪力墙结构	梁式(托墙)	26	8.2	0.8×4.0	R.C.
46	深圳东乐大厦	31	框支剪力墙结构	梁式(托墙)	27	5.14	0.6×2.0	R.C.
47	上海天鹅宾馆		框架-筒体结构	梁式		7.0	梁高 2.4	R.C.
48	深圳金陵宾馆	26	框支剪力墙结构	梁式(托墙)	20	6.2	1.4×3.3、2.1×3.3	R.C.
49	深圳新洲花园大厦	35	框架-筒体结构	梁式(托墙)	30	14.4	1.3×2.7、1.5×2.8	R.C.
50	深圳福底住宅楼		框支剪力墙结构	梁式(托墙)		7.1	0.8×1.8、0.8×2.3	R.C.
51	深圳怡泰住宅楼	43	框支剪力墙结构	梁式(托墙)	34	8.55	0.8×2.5	R.C.
52	深圳国基大厦	35	框支剪力墙结构	梁式(托墙)	28	11.7	0.6×2.0、0.8×2.5	R.C.
53	深圳北国大酒店	40	框支剪力墙结构	梁式(托墙)	30 20	32.2	梁高 8.2、梁高 7.2	S.R.C.
54	深圳蛇口湾厦海景花园	38	框支剪力墙结构	梁式(托墙)	24		板厚 2.1	R.C.
55	深圳新元大厦	34	框支剪力墙结构	梁式(托墙)	26	10.8	0.6×2.0、0.8×2.5	R.C.
56	深圳绿川宾馆	18	框架-剪力墙结构	梁式	12	4.8	0.7×1.0	R.C.
57	深圳海神广场	50+3	框架-剪力墙结构	梁式(托柱)	14、15、16	9.3	1.2×2.0、0.45×1.9、0.40×1.7	S.R.C.

续表

序号	工程名称	层数	结构类型	转换层类型	承托层数	跨度(m)	截面尺寸(m×m)	材料
58	深圳红岭大厦	31	框支剪力墙结构	梁式(托墙)	26	9.3	0.9×1.8	R. C.
59	北京六里屯居住楼	15	框支剪力墙结构	梁式(托墙)	14	7.2	0.6×1.1	S. R. C.
60	苏州华兴信息工程大楼	34	框架-剪力墙结构	梁式	27	8.4	0.8×1.8	P. C.
61	苏州工业园区国际大厦	20+2	框架-剪力墙结构	梁式	12	27.0、18.0	1.0×3.0、1.0×3.5	P. C.
62	北京市人民检察院	6	框架-剪力墙结构	梁式(托柱)	4	24.0	0.6×3.2	P. C.
63	香港金钟二期工程	44	框架-筒体结构	梁式	38	9.0	2.5×4.0	R. C.
64	香港康乐中心	52	筒中筒结构	梁式	51	16.45	2.2×3.56	P. C.
65	厦门国际金融大厦	26	巨型框架-筒体结构	梁式	每5层设梁	30.0	0.8×6.0	P. C.
66	南京钟山宾馆3号楼	30+1	框架-剪力墙结构	梁式	16	最大15.6	0.8×3.5	P. C.
67	香港 Harbor Road Development	49	框架-筒体结构	梁式	46	12.0、9.6	1.8×4.25	R. C.
68	墨尔本 Collins Place	47	框架-筒体结构	梁式	12	8.2	0.76×1.52	P. C.
69	深圳聚龙大厦	32+2	框架-剪力墙结构	梁式(加腋)	30	19.4	0.6×1.6×0.45×0.45	R. C.
70	杭州铁路客站及综合楼	17	框架-剪力墙结构	梁式(箱形)	3	32.0	1.8×3.5(壁厚400)、0.8×3.3(实腹)	P. C.
71	上海华美达广场	31		梁式	28	19.4	1.0×4.8、1.6×4.8	R. C.
72	上海国际农业展览中心	9	框架结构	梁式	屋面	39.2	0.7~0.45×4.4	P. C.
73	江苏省公安厅交通指挥中心大楼	18	框架-剪力墙结构	曲线梁式(托柱)	14	17.0、13.0(直线长度)	1.0×2.6	P. C.
74	江苏省会议中心	30+1	框架-剪力墙结构	梁式(托柱)	27	15.6	1.5×3.6	P. C.
75	苏州科技学院高层商住楼	18+1	框架-筒体结构	梁式(托墙)	17		梁高1.8	R. C.
76	芜湖新百货大厦	31	框架-剪力墙结构	梁式	24	8.3	1.0×3.0	R. C.
77	广东惠阳富景大厦	33	框支剪力墙结构	梁式(托墙)	24		1.0×2.8、2.5、2.3	R. C.

续表

序号	工程名称	层数	结构类型	转换层类型	承托层数	跨度(m)	截面尺寸(m×m)	材料
78	煤炭部武汉设计研究院科技综合楼		外柱-内筒结构	梁式		7.2	0.9×5.1	R.C.
79	山东省世界贸易中心二期工程	8	框架结构	梁式(托柱)	2			P.C.
80	新加坡 I.B.M. 大厦	41	巨型框架结构	梁式(托柱)	18	41.7	2.4×7.4	P.S.R.C.
81	大连越秀广场大厦	30+3 (局部 32)	框筒结构(转换层以下) 剪力墙结构(转换层以上)	梁式	25		3.2(1.5、 1.0、0.8)×2.2	R.C.
82	鼎盛时代大厦	26+4	框架内筒结构(转换层以下) 短肢剪力墙核芯筒(转换层以上)	梁式	22		0.6×1.6 0.7×1.8 0.8×2.0	R.C.
83	南京国投大厦	32+2	框架-剪力墙结构	梁式	26	16.0 8.0	1.0×3.7(边) 1.0×4.2(中)	P.C.
84	煤炭部武汉设计 研究院科技综合楼		外密柱式筒中筒结构	梁式	第 2 层	7.2	0.9×5.1	R.C.
85	重庆地王广场	40+4	框架-剪力墙结构	梁式	30	10.2	1.0×2.4	R.C.
86	深圳俊园工程	47+3	框架-筒体结构	梁式	第 11 层 36		四角 0.4、0.8×2.5 核心筒周围 0.9、 1.05、1.5、1.6× 2.5 四周 2.0×2.5	R.C.
87	上海中欣大厦	42+2	框架-筒体结构	梁式(开洞)	36	4.5~9.0	1.4(1.2)×3.6	R.C.
88	南京金山大厦	35+3	框架-筒体结构	梁式(钢骨)	29	7.6	0.85×2.0	P.C. S.R.C
89	南京华信大厦	26+2	框架-剪力墙(转换层以下) 短肢剪力墙的结(转换层以上)	梁式	20	6.6	0.6×2.0(有剪力墙) 0.5×2.0(无剪力墙)	R.C.
90	永和文化苑	28+2	部分框支剪力墙结构	梁式(托墙)	27	最大跨度 10.2m	1.6×2.0 加腋 1.2(长)×0.4(高)	R.C.

续表

序号	工程名称	层数	结构类型	转换层类型	承托层数	跨度(m)	截面尺寸(m×m)	材料
91	上海佳成大厦	17+1	部分框支剪力墙结构	梁式(托墙)	11	最大跨度 7.8m	0.8×1.6	R. C.
92	世茂湖滨花园 3 号楼	22、25、28、26+1	部分框支剪力墙结构	梁式(托墙)	二层及局部四层		0.8×1.6	S. R. C
93	深圳国际名苑大厦	34+2	部分框支剪力墙结构	梁式(托墙)	26		0.8×1.8	S. F. R. C.(钢纤维混凝土)
94	海南三亚天域酒店	C 区 4+1 D 区 6+1	框架结构	梁式(托柱)	C 区：3 层 D 区：5 层	9.0	C 区：0.5×1.4 D 区：0.5×1.55	R. C.
95	中南大学湘雅二医院第二住院部	20+3	框架-剪力墙结构	梁式(托柱)	17	15.0	0.7×2.27	R. C.
96	大连联合大厦	52+4	筒中筒结构	梁式(托柱)	46	6.6	0.8×3.0	R. C.
97	北京银泰中心	B、C：42+4	筒中筒结构	梁式(托柱)	40	最大跨度 13.5	2.0×6.0	R. C.
98	盛大金馨工程 2 号楼	42+2	部分框支剪力墙结构	梁式(托墙)	40	最大跨度 12.0	1.8×2.2	S. R. C
99	名汇商业大厦	33+4	框架-剪力墙结构	梁式(托墙)	26		主转换梁：1.0×1.55	S. R. C
100	滨江花园高层住宅楼	26+1	部分框支剪力墙结构	梁式(托墙)	21		0.8×2.0	R. C
101	北京市公安局刑科大楼	东塔 9+2 西塔 14+2	框架-剪力墙结构	梁式	11	22.9	1.0×4.8	P. C.
102	全国海关信息中心备份中心	11(局部 15)+2	框架-剪力墙结构	梁式	13	16.0	1.4×2.1	P. C.
103	滨江花园高层住宅楼	26+1	框支剪力结构	梁式(托墙)	22	—	0.8×2.0	R. C.

续表

序号	工程名称	层数	结构类型	转换层类型	承托层数	跨度(m)	截面尺寸(m×m)	材料
104	中国石化科研办公大厦(北京)	高区：26＋4 低区：10＋4	框架-剪力墙结构	梁式(托柱)	16 6	27.6	钢箱梁 1.3×1.8	S.P.C.
105	郑州曼哈顿广场(一期)	31＋1 (局部2)	框支剪力墙结构	梁式(托墙)	28	—	0.8×1.8、 1.0×1.8、 1.2×2.0	R.C.
106	烟台站改造还建工程住宅楼	24＋2	框架-剪力墙结构	梁式(托墙)	20	—	最大 0.95×2.4	R.C.
107	陆家嘴时代金融中心	46＋4	型钢混凝土框架-核心筒结构	梁式(托柱)	46	10.5	1.4×3.2	S.R.C.
108	深圳榭丽花园三期 (东方明珠城)	32＋1	框架-剪力墙结构	梁式	27	—	0.6×1.4、 0.8×1.8、 1.3×2.0、 1.8×2.0	R.C.
109	佛山粤荣大厦	30＋1	框筒结构(5层以下) 平板剪力墙一核心筒结构 (5层以上)	梁式(箱形)	25	2×10.7＋10.4 2×9.7＋10.4	肋梁 0.6×2.0， 上下板厚 0.25 (箱形截面 3.25×2.0)	R.C.
110	保定市阳光佳苑C区3号商住楼	30＋2	框支剪力墙结构(5层以下) 剪力墙结构(5层以上)	梁式	26	—	1.2×2.0 0.8×1.8	R.C.
111	滨江明珠苑商住楼	29	框架-剪力墙结构	梁式	24	最大跨度 9.0	1.4×2.2	R.C.
112	郑州市龙源世纪花园2号楼	23＋1	框架-剪力墙结构(5层以下) 剪力墙结构(5层以上)	梁式	18	—	最小 0.9×1.5 最大 1.0×1.9	R.C.
113	洛阳国际贸易中心	29＋1	框支剪力墙结构(5层以下) 剪力墙结构(5层以上)	梁式	24	—	梁高 0.6～2.4 最大：0.8×2.4	R.C.

续表

序号	工程名称	层数	结构类型	转换层类型	承托层数	跨度(m)	截面尺寸(m×m)	材料
114	江西省军区机关干部 经济适用住房3号、4号楼	25＋1	框架结构	梁式(托柱)	22	—	最大：1.1×1.8	R. C.
115	广州三九凯华城CDEF区 (国际轻纺城)	7＋2	框架-剪力墙结构	箱形梁(承托三片剪力墙)	4	41.70	5.0×6.3 上下翼板0.3m 肋梁宽度0.80 和1.25	P. C.
116	苏州嘉宝广场	23＋1	框架-剪力墙结构	梁式(托墙)	19		1.6×1.8	R. C.
117	成都苏宁广场	6＋2	框架结构	梁式(托柱)	6	28.7～33.89	梁高6.0、肋宽1.0 底部1.5、顶部2.0 上、下翼缘高度1.0	P. C.
118	哈尔滨市花圃大厦	24＋1	框架-剪力墙结构(5层以下) 剪力墙结构(5层以上)	梁式	20		1.2×1.8	R. C.
119	哈尔滨市江南春大厦	25＋3	框架-剪力墙结构(8层以下) 剪力墙结构(8层以上)	梁式	17		1.4×1.8	R. C.
120	杭州娃哈哈美食城	主楼7＋2 筒体5＋2	框架结构 筒体结构	梁式(托柱、曲梁)	3	环梁直径24m， 梁跨度25.0m	曲梁1.6×2.6 其他1.0×2.5	R. C.
121	上海北苑大厦	25＋1	框架结构(4层以下) 剪力墙结构(4层以上)	梁式(托墙)	21	9.9	1.1×3.6	R. C.
122	上海浦东惠杨大厦	22＋2	框支剪力墙＋内筒结构	梁式(托墙)	18	8.0	0.8×2.2 1.0×2.2 1.4×2.2	R. C.
123	华南师范大学校教师村	31＋1	框架-剪力墙结构	梁式	27		0.7×3.0 0.8×3.0	R. C.

续表

序号	工程名称	层数	结构类型	转换层类型	承托层数	跨度(m)	截面尺寸(m×m)	材料
124	深圳市富怡苑工程	24	框架剪力墙结构(2层以下) 剪力墙结构(4层及以上)	梁式	21	最大8.65 7.0	0.8×1.6 最大截面0.8×1.8	R.C.
125	广州市规划局办公楼 广州市城建档案库业务楼	12+1	框架结构(局部为剪力墙)	梁式(托柱)	第11层 第12层	8.3 5.5	0.35×0.95 0.3×0.65	R.C.
126	广州粤财大厦	53+4		梁式	第8层(45) 第35层	16.0 11.0、6.0	4.5×4.0 0.9×2.0、0.8×0.8	R.C.
127	厦门湖北大厦	31		梁式	26	最大10.3	最大1.25×2.93	R.C.
128	贵阳腾达广场	25+3	框剪-核心筒结构	梁式	20		0.7×1.6～1.3×2.0	R.C.
129	深圳时富花园	23+1	框架-剪力墙结构(4层以下) 短肢剪力墙结构(4层以上)	梁式	19		0.8×1.8、0.8(1.0)×2.0(2.3)、1.2×2.3	R.C.
130	长沙通华名都	1#28+2 2#26+2 3#24+2	框架-剪力墙结构(4层以下) 剪力墙结构(4层以上)	梁式(托墙)	1#24 2#22 3#20		0.6～1.1×1.6～2.8 最大1.0×2.8	R.C.
131	深圳水湾六号院	31+2	框支剪力墙结构(3层以下) 小肢剪力墙-筒体结构 (3层以上)	梁式(托墙)	29	最大7.0	0.8×2.0、 1.0×2.2、 1.2×1.5	R.C.
132	南京新街口百货商场II期	61+3	筒中筒结构	环形梁式(托柱)	52	9.6	1.4×3.4	R.C.
133	北京团结湖大厦	26+2	框支剪力墙结构	梁式(托墙)	25		1.2、1.5、1.8×2.0	R.C.
134	成都锦江花园城	32+3	大底盘双塔楼框支剪力墙结构	梁式(托墙)	29	6.6	0.7×2.0、 0.8×1.8、0.7×1.5	R.C.
135	广州珠江新岸公寓	32+2	框支剪力墙结构	梁式(托墙)	27		主转换1.7×2.6、 1.5×2.6(典型) 次转换1.3×2.2、 1.0×1.8	R.C.

续表

序号	工程名称	层数	结构类型	转换层类型	承托层数	跨度(m)	截面尺寸(m×m)	材料
136	南宁怡景西湖新天地广场	28＋2	框架-剪力墙结构	梁式(托墙)	27		最大 1.8×2.2	R. C.
137	厦门市枋湖片区高层住宅(4 号)	27	框支剪力墙结构	梁式(托墙)	26		0.6×1.2	S. R. C.
138	珠海天朗海峰国际中心	58＋3	部分框支剪力墙结构	梁式(托墙)	54		0.6×1.0	S. R. C.
139	西北油漆厂 7 号高层住宅楼	26	框架-剪力墙结构	梁式(托墙)	23	8.4	0.75×3.0	R. C.
140	武汉天恒大厦	22＋1	框架-剪力墙结构	梁式(托柱)	18	2×8.4＋8.4	1.0×4.8	R. C.
141	成都王府井商城	45＋3	框架-筒体结构	梁式(托柱)	40	7.8	1.2×5.15	R. C.
142	汕头市利侨生产厂房	6	框架结构	梁式(托柱)	4	净跨 14.9	1.2×1.3	R. C.
143	上海东方出版大厦	24＋1	框架-筒体结构	梁式(托柱)	20	净跨 12.0	1.2×4.6	R. C.
144	阜阳师范学院新区教学主楼(C 区)	8(局部 9 层)＋1	框架-剪力墙结构	梁式(托柱)	4	28.8	0.6×2.4	P. C.
145	南宁新闻中心	20＋1	框架-剪力墙结构	梁式(托柱)	16	13.1	0.7×5.7	P. C.
146	广州逸雅居商住楼	30＋3	部分框支剪力墙结构	梁式(托墙)	25	7.8	0.6×1.4～1.0×1.8	R. C.
147	广西聚宝都市华庭大楼	30	框架-剪力墙结构	梁式	26		0.7×1.6～1.1×2.5	R. C.
148	广州金海湾花园	44＋3	框架-剪力墙结构	梁式(托柱)	38		1.0×2.6	P. C.
149	武汉天恒大厦	22＋1	框架-剪力墙结构	梁式(托柱)		净跨 14.75	1.0×4.8	R. C.
150	深圳富怡苑	24	框架-剪力墙结构	梁式(托墙)	21	最大 8.65	梁高度 0.8～1.8	R. C.
151	西安高新国际商务中心	40＋2	外框筒、内墙筒的“筒中筒”结构	梁式(托柱)	35	9.0	1.4×6.0	R. C.
152	新天地高层综合楼(A 塔)	25＋2	框架-剪力墙结构	梁式(托墙)	22	净跨 7.85	0.9×2.7	R. C.
153	上海浦东盛大金磐公寓 2 号楼	42＋2	部分框支剪力墙结构	梁式(托墙)	39		1.2×2.0、1.1×2.2 1.8×2.2、0.8×2.4	S. R. C.
154	顺德富丽大厦	28＋1	框架-剪力墙结构	梁式(托墙)	23	6.6	0.6×2.0	R. C.
155	汕头市明珠花园二期	28＋1	框架-剪力墙结构	梁式(托墙)	25	11.4	1.0×3.8	R. C.

注：R. C. —钢筋混凝土；P. C. —预应力混凝土；S. R. C. —钢骨混凝土；S. —钢结构。

带桁架转换层高层建筑结构主要特征数据 **附表 1-2**

序号	工程名称	层数	结构类型	转换层类型	承托层数	跨度(m)	桁架高度(m)	材料
1	上海龙门宾馆	25	框架-筒体结构	桁架(斜杆)	17	7.4	桁架高 5.0	P. C.
2	上海铁路大厦	25	框架-筒体结构	桁架(斜杆)	17	7.4	桁架高 5.0	P. C.
3	温州医学院第一附属医院病房综合楼	18	框支剪力墙结构	桁架(空腹)	14	6.4	桁架高 2.0	R. C.
4	新上海国际大厦	38	框架-筒体结构	桁架		18.0	桁架高＝层高	P. C.
5	衡阳市巴可大厦	17	框架结构	桁架(斜杆)	13	16.0	桁架高 3.9	P. C.
6	上海兴联大厦	25	框架-剪力墙结构	桁架	21	8.9	桁架高 2.9	R. C.
7	深圳世贸中心大厦	53	劲性框架-筒体结构	桁架(斜杆)	47	17.2	桁架高 4.14+6.04 1200mm×1200mm ×50mm×50mm 1200mm×1000mm ×50mm×50mm 800mm×800mm ×36mm×36mm	S.
8	湖南省人民银行“银安大厦”	33+2	框架-剪力墙结构	桁架(空腹)	26		桁架高 4.0	R. C.
9	南京水产大厦		框架-剪力墙(筒体)结构	桁架(斜杆)	第 6 层	3×12.6	桁架高 4.8 上下弦大梁截面 1000mm×1200mm、 1200mm×1600mm	P. C.
10	上实南洋广场	40+3	框架-剪力墙结构	桁架(空腹)	30			
11	瑞通广场	28+1	框架-筒体结构	桁架(斜杆)	24	8.0	桁架高 5.0	R. C.
12	上海兴联大厦	25+1	框架和落地剪力墙(1～3),剪力墙(5 层以上)	桁架(空腹)	21	8.9	桁架高 2.9	R. C.
13	东京新桥 NS 大厦	18	钢框架结构	桁架(斜杆)	11	25.6	桁架高 11	S.
14	The Bank of New Zealand	30	钢框架结构	桁架(斜杆)	22	10.744	桁架高 3 层	S.

续表

序号	工程名称	层数	结构类型	转换层类型	承托层数	跨度(m)	桁架高度(m)	材料
15	南京新华大厦	50+2	框架(核心钢管高强混凝土和预应力宽扁梁)-核心筒结构	桁架(斜杆)	8、9层楼面、7层网架屋面	8.0+8.0	桁架高 4.5	P. C.
16	广州嘉洲翠庭大厦	25+2	下部：框架-核心筒结构 上部：短肢剪力墙-芯筒结构	主桁架(斜杆) 次桁架(空腹)	22	6.84+6.1 (主桁架)	桁架高 2.9	P. C.
17	深圳现代商务大厦	32+3	筒中筒结构	桁架(斜杆)	26	7.8	桁架高=层高 (第6层)	S. R. C.
18	深业中心大厦	34+4		桁架(空腹)	28	13.5	桁架高 5.6	R. C.
19	浙江省电力调度大楼	15+3	框架-剪力墙结构	桁架(斜杆)	54	HJ1：50.865 HJ2：39.492+19.27 HJ3：40.0+24.82	桁架高 8.0 弦杆：0.6×0.6 箱形截面 腹杆：0.5×0.6 工形截面	S.
20	上海裕年国家商务酒店	28+2	框架-剪力墙结构	叠层桁架 (斜杆)	23	24.6	桁架高 3.9+3.9 上、下弦杆：1.43×1.2 中弦杆：1.4×1.0	P. C.
21	山东世界贸易中心会展楼	9+2	框架结构	叠层桁架 (空腹)	3			P. C.
22	浙江省交通规划设计研究院综合办公楼	14(局部15)+1	框架-剪力墙结构	叠层桁架 (空腹)	11	19.20		P. C.
23	长春客车厂技术中心大厦			桁架(斜杆)		21.33	桁架高 5.25	P. C.
24	雁城浩洋大厦	17	框架结构	桁架(斜杆)	13	16.0	桁架高 3.90	P. C.
25	东莞市某影剧院	9+1	框架结构	叠层桁架 (斜杆)	6	19.5 22.0	桁架高 4.0+5.0 下弦 0.6×2.0 斜腹杆 0.5×0.8(或 1.0)	P. C.
26	韶关电力调度通信中心	29+2		桁架(斜杆)	24	2×13.083	桁架高=5层高	S. R. C.

续表

序号	工程名称	层数	结构类型	转换层类型	承托层数	跨度(m)	桁架高度(m)	材料
27	苏州唯亭科技创业基地	11+1	框架结构	叠层桁架 (空腹)	8	27.0	桁架高 4.5+4.5 上弦 1.2×0.9 (850×350×14×30) 中弦 1.4×0.9 (1050×350×18×36) 下弦 1.6×1.0 (1200×400×20×45)	S.R.C.
28	山东某商务综合楼	18+1	框架-剪力墙结构	叠层桁架 (斜杆)	12	25.2	桁架高 3.9+3.9+3.9	S.R.C.
29	苏州工业园区某高层建筑	30+2	框架-剪力墙结构	桁架 (斜杆)	26	14.4	桁架高 2.65 下弦、斜腹杆—型钢 上弦—钢骨混凝土	S.R.C.
30	国检大厦	31+2	框架-双核心筒结构	叠层桁架 (斜杆)	27	15.9	桁架高 3.65+4.15 上弦 1.1×0.7 中弦 0.9×0.7 下弦 1.1×1.0 斜腹杆 1.0×1.0	R.C.
31	深圳华融大厦	35+3	型钢框架-核心筒结构	搭接块 (小牛腿)	2层Ⓛ轴、⑪轴相交处柱在 2层以下错位至Ⓚ轴、⑪轴相交处		上、下柱中心 偏差 950mm	S.R.C.
				桁架(斜杆)	31	8.0	桁架高 4.3	S.R.C.
				斜撑(柱)转换	⑰轴柱在10层、29层、 33层内收 2.0; Ⓒ、Ⓜ柱内收 1.35		斜撑高 3.6+2.8	S.R.C.
32	无锡站前商贸区 B05 工程	12+1	框架结构	叠层桁架 (斜杆)	7	16.8、21.0 和 25.2	桁架高 4.2+4.2 上、中、下杆 0.8×0.9 斜腹杆 0.7×0.8、0.8×0.8	P.C.
33	深圳市民中心	方塔楼 15 圆塔楼 12	钢-混凝土组合结构	叠层桁架 (斜杆)	9	净跨 34.2	桁架总高 14.38	S.

注:R.C.—钢筋混凝土;P.C.—预应力混凝土;S.R.C.—钢骨混凝土;S.—钢结构。

带搭接柱转换层高层建筑结构主要特征数据 附表 1-3

序号	工程名称	层数	结构类型	转换层类型	转换层位置	截面尺寸(m×m)	材料
1	马来西亚吉隆坡石油大厦	95+3	框架-核心筒-伸臂结构	搭接柱转换	57～60层 70～73层 79～82层	3层高的变截面柱	R. C.
2	深圳福建兴业银行大厦	28	框架-核心筒结构	搭接柱转换	第3层 第10层 第22层	4.40(宽)×4.82(高) 2.55(宽)×3.50(高) 2.30(宽)×3.50(高)	P. C.
3	南京金鹰国际商城	58+2	筒中筒结构	搭接柱转换	第26层 第50层	2.4(宽)×第26层高 2.1(宽)×第50层高	R. C.
4	福建厦门银聚祥邸	40+4	框架-核心筒结构	搭接柱转换	第36层	1.4(宽)×5.1(高)	R. C.
5	呼和浩特大唐国际喜来登大酒店	24+2	框架-剪力墙结构	搭接柱转换	第22层	上下柱中心距0.5×层高	R. C.
6	北京新东安市场	11+3(局部4)	框架结构	搭接柱转换	第6层	4.1(宽)×4.8(高)	R. C.
7	中国平安保险客服及后援技术中心	3～8+1	框架结构	搭接柱转换	4层	1.95(宽)×4.5(高)	R. C.
8	深圳规划大厦	8+1	框架结构(含少量剪力墙)	B区：搭接柱转换 A区：梁式(双向)	5层 承托5层	3.0(宽)×3.9(高) 0.6×1.9～2.0	R. C.

注：R. C.—钢筋混凝土；P. C.—预应力混凝土；S. R. C.—钢骨混凝土；S.—钢结构。

带斜撑(柱)转换层高层建筑结构主要特征数据 附表 1-4

序号	工程名称	层数	结构类型	转换层类型	转换层位置	截面尺寸(m×m)	材料
1	沈阳华利广场	33	框架-筒体结构	斜撑(柱)转换	第5、6层	2层高(8.7m) 1∶0.296	R. C.
2	深圳2000大厦	26	框架-筒体结构	斜撑(柱)转换	22～23层之间	1层高(3.55m) 1∶0.316、1∶0.632、1∶0.949	R. C.
3	珠海信息大厦	25	框架-筒体结构	斜撑(柱)转换	第13层	1层高(4.6m) 1∶0.739、1∶1.087	R. C.

续表

序号	工程名称	层数	结构类型	转换层类型	转换层位置	截面尺寸(m×m)	材料
4	武汉世界贸易大厦	58	筒中筒结构	斜撑(柱)转换	第53、54层	2层高(6.4m) 1∶0.547	R.C.
5	绥芬河海关办公楼	14+1	框架-剪力墙结构	斜撑(柱)转换	第3、4、5层	3层高(10.8m) 1∶0.556、1∶0.833	R.C.
6	广州粤财大厦	50	框架-筒体结构	斜撑(柱)转换	第34a、35层	2层高(10.3m) 1∶0.374	R.C.
7	重庆银星商城	28	框架-筒体结构	V形斜柱转换	第9、10层	2层高(8.4m) 1∶4.7	R.C.
8	成都南洋商厦	16	框架-筒体结构	V形斜柱转换	第5、6层	2层高(5.45m) 1∶4.54	R.C.
9	辽宁省艺术中心	18	框架-剪力墙结构	斜撑(柱)转换	第11、12、13层	1～3层(3.3m、6.6m、9.9m) 1∶1.182	R.C.
10	日本东京绿园大厦	13	钢框架结构	V形斜柱转换	第5、6层	2层高	S.
11	福州香格里拉酒店	26+1	框架-剪力墙结构	V形斜柱转换	第5、6层	高6.20m	R.C.
12	北京中国银行总部大厦	15+4	框架结构	空间内锥形悬挑结构	第4～8层	3层高	
13	武汉佳丽广场	57+2	筒中筒结构	梁式(托柱)	第10层	1.2×2.0	R.C.
				斜撑(柱)转换	第33层	内收1.1，高度3.4+3.8	R.C.
				斜墙转换	第44层	高度3.8	R.C.
				梁式(托柱)	1层楼面、地下1层楼面	跨度5.019，截面1.3×1.5	S.R.C.

注：R.C.—钢筋混凝土；P.C.—预应力混凝土；S.R.C.—钢骨混凝土；S.—钢结构。

附表 1-5

带箱形转换层高层建筑结构主要特征数据

序号	工程名称	层数	结构类型	转换层类型	承托层数	截面尺寸(m×m)	材料
1	北京艺苑假日皇冠饭店	10	框架结构	箱形	7	梁高 4.05	R. C.
2	深圳荔景大厦	26	框架-筒体	箱形	13	1.2×2.7	R. C.
3	四川北海工行大厦	40	筒中筒结构	箱形(托柱)	30		R. C.
4	青岛东海国际大厦	35+3	外框架剪力墙-内筒(四层以下) 外剪力墙-内筒(五层以上)	箱形	30	2.2 厚板 300mm(上、下)	R. C.
5	惠州市麦科特商贸广场	30	框架-剪力墙结构	箱形	25	5.0 厚板 200mm(上)+180mm(下)	R. C.
6	总参管理局汽车服务中心综合楼	14+1	部分框支剪力墙结构	箱形	13	2.4 厚板 200mm(上、下)	R. C.
7	绍兴市中兴商城高层公寓	18+1	部分框支剪力墙结构	箱形	14	2.2 厚板 200mm(上、下)	R. C.
8	上海威海花园	18+2	核心井筒+剪力墙结构	箱形	18	3.05 厚板 200mm(上、下)	R. C.
9	庆化开元高科大厦	31+1	框支剪力墙(3 及以下) 框架-剪力墙结构(层 4) 剪力墙结构(层 4 以上)	箱形	28	1200×2400(框支主梁) 700×2400(框支次梁) 厚板 180mm(上、下)	R. C.
10	上海恒益公寓	25+1	框支剪力墙(4 及以下) 剪力墙结构(层 4 以上)	箱形	21	800×2800～1000×3000 厚板 250mm(上)、220mm(下)	R. C.
11	哈尔滨海外大厦	2+32	框架-剪力墙(12 及以下) 剪力墙结构(层 12 以上)	箱形	20	上、下 800×1200，其间 250mm 混凝土墙：300×2900 厚板 300mm(上)、200mm(下)	R. C.
12	佛山市粤荣大厦	30+1	5 层以下：框架-筒体 5 层以上：剪力墙结构	箱形	25	预应力箱形转换梁 3.25×2.0	P. R. C.
13	中国水科院科研综合楼	A 座：12+3	框架-剪力墙结构	箱形	11	井字肋梁：1.0×4.5 厚板 250mm(上)、200mm(下)	P. R. C.
14	高科广场 B 栋商住楼	29+2	部分框支剪力墙结构	箱形	26	井字肋梁：1.0×2.0 厚板 180mm(上、下)	R. C.

续表

序号	工程名称	层数	结构类型	转换层类型	承托层数	截面尺寸(m×m)	材料
15	常熟华府世家	32～33+2	剪力墙结构	箱形	29～30	井字肋梁：0.8×2.0 厚板 200mm(上、下)	R. C.
16	厦门镇海明珠大厦	32+1	部分框支剪力墙结构	箱形	28	井字肋梁：0.5、0.6、0.8、1.0×2.2 厚板 200mm(上、下)	R. C.
17	武汉闽东国际城	27+1	部分框支剪力墙结构	箱形	24	井字肋梁：0.25～0.70×3.27 厚板 350mm(上、下)	R. C.
18	武汉水果湖大厦	32(含1层电梯间)+2	框支剪力墙-筒体结构	箱形	24	井字肋梁：0.40、0.45、0.50×2.70 厚板 300mm(上、下)	R. C.
19	重庆国际贸易中心	39+4	框架-核心筒结构	箱形	39	井字肋梁 1.3×4.3 厚板 200mm(上、下)	R. C.
20	沈阳东方时代广场	30		箱形	25	井字肋梁高 1.8～2.1 厚板 180mm(上、下)	R. C.
21	厦门蓝湾国际	31+2 30+2	框架-剪力墙结构(1层) 剪力墙结构(2层及以上)	箱形	30(或29)	井字肋梁高 0.35、0.40、0.60、0.80、1.1、1.3、1.6×2.3 厚板 200mm(上、下)	R. C.
22	厦门“三个中心”综合楼	32	框架-剪力墙结构(5层) 剪力墙结构(5层及以上)	箱形	27	井字肋梁高 0.40～1.20×2.2 厚板 350mm(上、下)	R. C.
23	武汉闽东国际城	27+1	框支剪力墙结构(3层以下) 剪力墙结构(3层以上)	箱形	24	井字肋梁高 0.25～0.7×3.27 厚板 200mm(上、下)	R. C.
24	深圳市白沙岭居住区20-22号高层商住楼	33+1	框架-核心筒结构	箱形(局部)	30	井字肋梁高 0.7×2.5 厚板 220mm(上、下)	R. C.
25	北京星城广厦	办公 18+3(局部2) 公寓 26+3(局部2)	框架结构(裙房) 框架-剪力墙结构(办公楼) 剪力墙结构(下部采用内外筒结构)(公寓)	箱形	21	肋梁高 1.8 板厚：350(上)、250(下)	R. C.
				叠层桁架(斜杆)	22	桁架高 4.8+6.0	R. C.

注：R. C.—钢筋混凝土；P. C.—预应力混凝土；S. R. C.—钢骨混凝土；S.—钢结构。

带板式转换层高层建筑结构主要特征数据 **附表 1-6**

序号	工程名称	层数	结构类型	转换层类型	承托层数	截面尺寸(m)	材料
1	深圳福田彩虹城大厦	38	框支剪力墙结构	板式	31	板厚 2.4	R. C.
2	深圳佳丽娜友谊广场	35+3	框架-筒体(7 层以下) 剪力墙(7 层以上)	板式	26	板厚 2.8	R. C.
3	福州新同达广场	35	框架-筒体结构	板式	27	板厚 2.2	R. C.
4	珠海香洲港湾花园	28	框支剪力墙结构	板式	22	板厚 2.2	R. C.
5	南京娄子巷小区商住楼 D7—07、08	30+1	框架-剪力墙结构	板式	25	板厚 2.0	P. C.
6	香港绿杨新村	36	框支剪力墙结构	板式	30	板厚 2.0	R. C.
7	香港 Provident Center	30	框支剪力墙结构	板式	26	板厚 2.0	R. C.
8	捷克 Hotel Kyjev	21	剪力墙结构	板式	16	板厚 1.4	R. C.
9	深圳华彩花园住宅	34	框支剪力墙结构	板式	29	板厚 2.2	R. C.
10	福建金桥广场	35 36	框架-筒体结构 框架-剪力墙结构	板式	30 31	板厚 2.2	R. C.
11	深圳皇岗花园		框支板	板式	第 4 层转换层	板厚 1.5 1.0×1.5	R. C.
12	河南绿云小区高层住宅	23	框支剪力墙结构	板式	21	板厚 1.4	R. C.
13	广州金碧花园五期商住楼南座	26+3	框架-剪力墙(首层及地下室) 剪力墙结构(二层以上)	板式	24	板厚 1.8 (局部 150mm～500mm)	R. C.
14	上海中远两湾城(一期)	34+1	框支剪力墙结构	板式	33	板厚 1.8	R. C.
15	宁波明星广场(双塔楼)	26+2	框架-剪力墙(地下室及 1～6 层) 剪力墙(6 层以上)	板式	20	板厚 2.0	R. C.
16	蛇口湾厦海景花园	33+1～2	框架-剪力墙(地下室及 1～3 层) 剪力墙(5 层以上)	板式	29	板厚 2.1	R. C.
17	南京陆军指挥学院宏安大厦	33+1	混凝土心筒框架(3 层以下) 剪力墙(3 层以上)	板式	30	板厚 2.1	S. R. C.

续表

序号	工程名称	层数	结构类型	转换层类型	承托层数	截面尺寸(m)	材料
18	香港荃湾“海天豪苑”商住大厦	28+2	框架-筒体(1～6层) 剪力墙(7～28层)	板式	21	板厚2.5～2.8	R. C.
19	济南三箭·银苑花园	29+3	大开间剪力墙结构(5层以上) 框架剪力墙(5层以下)	板式	25	板厚2.0	R. C.
20	天津万科都市花园商住楼	22+2	框架-芯筒(4层以下) 剪力墙(4层以上)	板式	19	板厚1.9	R. C.
21	广州天秀大厦	A：32 B：36 C：33	框架-剪力墙结构(4层以下) 剪力墙结构(4层以上)	板式	28 32 29	板厚2.0	R. C.
22	福建花开富贵工程	B：31+2	框架-筒体(6层以下) 剪力墙(6层以上)	板式	25	板厚2.2	R. C.
23	广州金桂园(二期)	14+1 (局部2)	框架-筒体(2层以下) 剪力墙(2层以上)	板式	13	板厚0.70	R. C.
24	北京新东安市场	11+3	框架-剪力墙结构	板式	L-2层	板厚1.6	R. C.
25	宁波浙海大厦(一期)	52+2	框架-剪力墙结构	板式	41	板厚2.0/板厚3.2	P. C.
26	南昌市某商住楼	21	短肢剪力墙较多的剪力墙结构	板式	18	板厚1.0	P. C.
27	宁波浙海大厦二期	52+2	框架-剪力墙结构	板式	47	板厚2.0	P. C.
28	保定康乐广场高层住宅	25+2	框支剪力墙结构(2层以下) 剪力墙结构(2层以上)	板式	24	板厚1.71	P. C.
29	义乌时代广场	30	框支剪力墙结构	板式	26	板厚1.8	R. C.
30	上海乾鸿苑大厦	15～19+1	框支剪力墙(1层以下) 短肢剪力墙(1层以上)	板式	14～18	板厚0.97	P. C.

续表

序号	工程名称	层数	结构类型	转换层类型	承托层数	截面尺寸(m)	材料
31	南宁市金之岛广场(B塔楼)	30+2	筒中筒结构(5层以下) 框架-剪力墙结构(5层以上)	板式	26	板厚2.4	R. C.
32	金太阳商住楼	16+1	框架-剪力墙结构	板式	14	板厚1.6	R. C.
33	河南金融广场	27+2	框架-剪力墙结构(4层以下) 剪力墙结构(4层以上)	板式	23	板厚1.6	R. C.
34	上海东方巴黎霞飞苑(A座)	35+1	剪力墙结构	板式(局部)	32	板厚2.0	R. C.
35	杭州金潮大厦	32	框架-剪力墙结构(5层以下) 剪力墙结构(5层以上)	板式	27	板厚2.2	R. C.
36	南昌市博泰威尼斯	12	剪力墙结构	板式	11	板厚0.9	R. C.
37	湖南怀化某商住楼	30+2	外框内筒结构(10层以下) 剪力墙结构(10层以上)	板式	20	板厚2.0	R. C.
38	东阳希宝广场	33+1	框架结构(5层以下) 剪力墙结构(5层以上)	板式	29	板厚1.8	R. C.
39	洛阳市商务局高层商住楼	26+1	框架-剪力墙结构(3层以下) 剪力墙结构(3层以上)	板式	20	板厚1.7	R. C.
40	上海长征医院医教综合楼	6+3	框架结构(含少量剪力墙)	板式	5	板1(40.0×32.0)和 板2(32.0×16.0) 厚度均为0.75m	R. C.
41	青岛瀚海华庭	33+3	框架-剪力墙结构(3层以下) 剪力墙结构(4层以上)	板式	30	板厚2.2	R. C.
42	顺德多喜中心	28+1	框架-剪力墙结构	板式	23	板厚2.3	R. C.

注：R. C.—钢筋混凝土；P. C.—预应力混凝土；S. R. C.—钢骨混凝土；S.—钢结构。

带宽扁梁梁式转换层高层建筑结构主要特征数据 附表 1-7

序号	工程名称	层数	结构类型	转换层类型	承托层数	跨度(m)	截面尺寸(m×m)	材料
1	深圳皇岗花园		框架-筒体结构	宽扁梁	第4层		2.8×1.5	R.C.
2	深圳五洲宾馆	12	框架结构	宽扁梁	第4层	8.4～10.0	(1.5～2.0)×1.2	R.C.
3	深圳翠海花园B型住宅	15～18	筒体-短肢墙结构	宽扁梁	第1层	8.4～10.0	(2.0～2.5)×(0.8～1.0)	R.C.
4	上海惠浦大厦	20+1	部分框支剪力墙结构	宽扁梁	第5层	9.3	3.0(2.9)×1.7	R.C.
5	深圳大学科技楼	15	框架-剪力墙结构	宽扁梁	13	17.0	3.0×1.2	R.C.
6	深圳红树西岸高层住宅楼	31+2	部分框支剪力墙结构	宽扁梁	30	—	1.4、1.5、1.7、2.0、2.5、3.0、3.6、4.0、4.35、6.0×1.2	R.C.
7	上海阳光水景城	26～27+1	部分框支剪力墙结构	宽扁梁	25～26	最大跨度13.4	宽扁梁高1.8	R.C.
8	广州东方之珠	27+2	框架柱、剪力墙和核心筒结构(4层以下) 框架-核心筒结构(4层以上)	宽扁梁 (托墙)	25	9.9	3.6×1.9	R.C.

注：R.C.—钢筋混凝土；P.C.—预应力混凝土；S.R.C.—钢骨混凝土；S.—钢结构。

附录二　框支剪力墙内力系数表

单跨底层框架的框支剪力墙在垂直荷载作用下的内力系数　　　　附表 2-1

框支梁高跨比（h_b/L）	0.10			0.13			0.16		
框支柱截面高跨比（h_c/L）	0.06	0.08	0.10	0.06	0.08	0.10	0.06	0.08	0.10
边柱上方墙板最大应力 σ_y	−4.7	−4.1	−3.6	−4.1	−3.7	−3.3	−3.6	−3.1	−2.9
框架梁最大拉应力 N_b	0.18	0.16	0.15	0.20	0.18	0.16	0.21	0.19	0.17
框架梁跨中弯矩 M_4	0.006	0.005	0.004	0.011	0.009	0.006	0.015	0.013	0.011
框架梁边支座弯矩 M_3	−0.001	−0.001	−0.001	−0.002	−0.002	−0.002	−0.003	−0.003	−0.003
框架柱柱顶弯矩 M_2	−0.003	−0.005	−0.007	−0.003	−0.005	−0.005	−0.003	−0.005	−0.007
框架柱柱脚弯矩 M_1	0.002	0.003	0.004	0.002	0.003	0.003	0.04	0.003	0.004
框架柱柱轴力 N_c	0.5	0.5	0.5	0.5	0.5	0.5	0.5	0.5	0.5

注：应力 σ_y 乘以 q/t_w；轴力 N 乘以 qL；弯矩 M 乘以 qL^2。

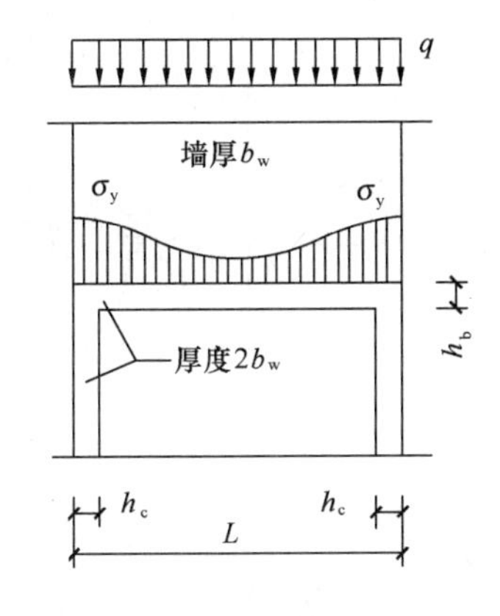

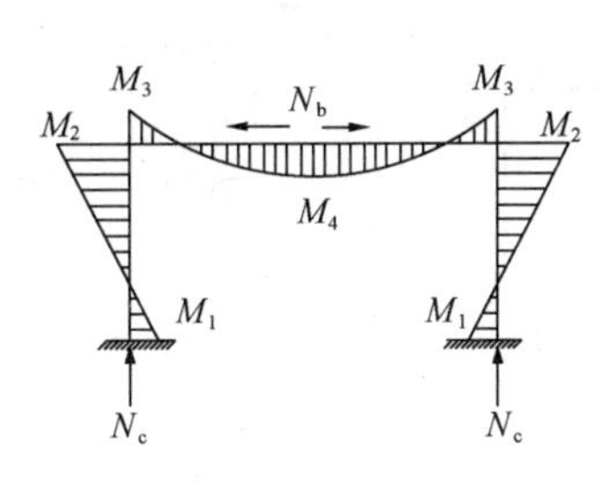

附图 2-1

底层为双跨框架时墙板应力系数和框架内力、位移系数　　　　附表 2-2

框支梁、柱尺寸		框支梁高跨比 h_b/L	0.10			0.13			0.16		
		框支柱高跨比 h_c/L	0.06	0.08	0.10	0.06	0.08	0.10	0.06	0.08	0.10
墙板	边柱上方最大垂直应力 σ_{y1}		−5.927	−4.969	−4.155	−5.410	−4.670	−4.021	−4.881	−4.142	−3.792
墙板	中柱上方最大垂直应力 σ_{y2}		−3.483	−3.275	−3.085	−2.817	−2.736	−2.629	−2.373	−2.219	−2.170
墙板	中柱上方水平拉应力	σ_{x0}	1.002	0.889	0.777	0.940	0.854	0.768	0.842	0.780	0.709
墙板	中柱上方水平拉应力	拉应力区水平范围 B	0.75L	0.70L	0.70L	0.70L	0.65L	0.65L	0.60L	0.55L	0.50L
墙板	中柱上方水平拉应力	拉应力区垂直范围 A	0.40L	0.40L	0.40L	0.40L	0.40L	0.40L	0.40L	0.40L	0.40L
框支梁	最大拉力 N_b	数值	0.183	0.168	0.154	0.202	0.187	0.167	0.205	0.193	0.174
框支梁	最大拉力 N_b	N_b 截面距外侧	0.35L	0.40L	0.45L	0.35L	0.40L	0.45L	0.45L	0.45L	0.45L

续表

框支梁	梁底最大拉应力 $\sigma_{x,max}$	数值	1.636	1.368	1.252	1.536	1.276	1.122	1.429	1.177	1.061
		$\sigma_{x,max}$ 截面距外侧	0.20L	0.20L	0.30L	0.20L	0.20L	0.30L	0.20L	0.25L	0.30L
	梁边支座弯矩 M_3		−0.060	−0.62	−0.063	−0.083	−0.088	−0.089	−0.112	−0.113	−0.119
	梁跨中最大弯矩 M_4	数值	0.309	0.252	0.211	0.538	0.430	0.273	0.792	0.635	0.544
		M_4 截面距外侧	0.15L	0.20L	0.25L	0.15L	0.20L	0.25L	0.20L	0.25L	0.25L
	梁中支座弯矩 M_5		−0.487	−0.439	−0.385	−0.768	−0.701	−0.628	−1.014	−0.958	−0.867
框支柱	中支柱轴力 N_2		−0.809	−0.819	−0.824	−0.809	−0.819	−0.824	−0.809	−0.819	−0.824
	边支柱轴力 N_1		−0.596	−0.590	−0.588	−0.590	−0.590	−0.588	−0.596	−0.590	−0.588
	边柱柱顶弯矩 M_2		−0.149	−0.246	−0.347	−0.144	−0.239	−0.343	−0.126	−0.202	−0.313
	边柱柱脚弯矩 M_1		0.067	0.124	0.188	0.066	0.122	0.187	0.059	0.106	0.172
挠度	框架梁跨中挠度 f		1.429	1.264	1.133	1.364	1.205	1.100	1.294	1.073	1.050

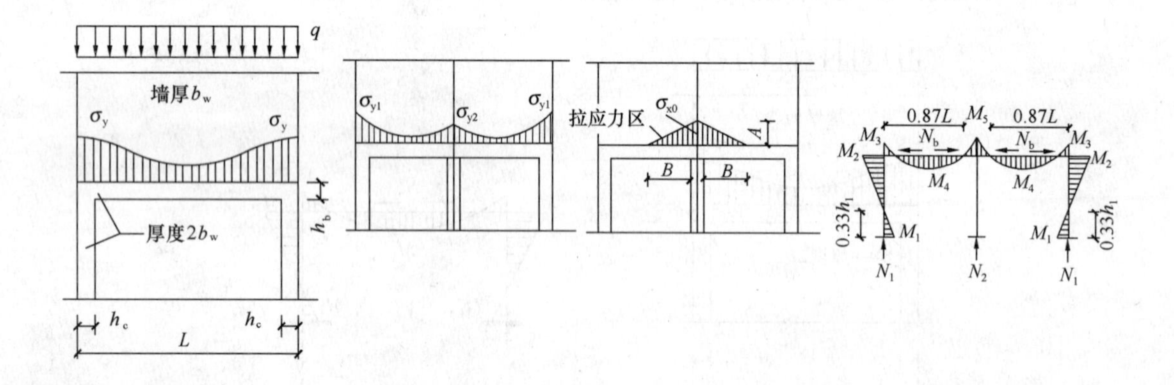

附图 2-2

竖向荷载作用下框支梁的剪力系数 附表 2-3

框支梁梁高与跨度之比 h_b/L		0.10			0.13			0.16		
框支柱截面高度与跨度之比 h_c/L		0.06	0.08	0.10	0.06	0.08	0.10	0.06	0.08	0.10
双跨	边柱支承面 V_{b1}	0.17	0.15	0.13	0.18	0.16	0.14	0.20	0.18	0.16
	中柱支承面 V_{b2}	0.22	0.20	0.18	0.25	0.22	0.20	0.30	0.27	0.25
单跨 V_b		0.20	0.18	0.16	0.23	0.20	0.17	0.25	0.22	0.20

注：V_b 为表中数值乘以 qL 。

墙体有洞口时框支梁的弯矩修正系数 附表 2-4

L \ S/L	0.0	0.1	0.2	0.3	0.4	0.5	0.6
6.0m	1.00	1.20	1.22	1.25	1.28	1.30	1.35
7.0m	1.00	1.22	1.25	1.28	1.32	1.35	1.40
9.0m	1.00	1.25	1.30	1.35	1.40	1.45	1.50

注：S 为墙体洞口宽度之和；L 为梁跨度。

墙体有洞口时框支梁的轴力修正系数 附表 2-5

L \ S/L	0.0	0.1	0.2	0.3	0.4	0.5	0.6
6.0m	1.00	0.97	0.93	0.88	0.85	0.80	0.76
7.0m	1.00	0.98	0.95	0.93	0.90	0.88	0.85
9.0m	1.00	0.99	0.98	0.96	0.95	0.93	0.90

注：S 为墙体洞口宽度之和；L 为梁跨度。

墙体有洞口时框支梁的剪力修正系数 附表 2-6

L \ S/L	0.0	0.1	0.2	0.3	0.4	0.5	0.6
6.0m	1.00	105	1.08	1.10	1.12	1.15	1.18
7.0m	1.00	1.07	1.10	1.12	1.15	1.18	1.20
9.0m	1.00	1.10	1.12	1.15	1.18	1.22	1.25

注：S 为墙体洞口宽度之和；L 为梁跨度。

水平荷载作用下框支梁的剪力系数和最大拉力系数 附表 2-7

框支梁高跨比 h_b/L		0.10			0.13			0.16			0.20		
框支柱高跨之 h_c/L		0.60	0.08	0.10	0.06	0.08	0.10	0.06	0.08	0.10	0.06	0.08	0.10
双跨	边柱支承面 V_{b1}	0.33	0.30	0.27	0.38	0.33	0.30	0.45	0.40	0.37	0.50	0.46	0.42
	中柱支承面 V_{b2}	0.22	0.20	0.18	0.25	0.22	0.20	0.30	0.27	0.25	0.35	0.32	0.28
单跨框架梁剪力 V_b		0.28	0.25	0.22	0.32	0.28	0.25	0.36	0.33	0.31	0.43	0.39	0.35
托梁内最大轴力 N_{max}		0.17	0.15	0.14	0.18	0.16	0.15	0.19	0.17	0.16	0.20	0.18	0.17

注：V_b 、N_{max} 为上述系数乘以 $\frac{3M}{2B}$；B 为剪力墙宽度；M 为托梁上方倾覆力矩。